图书在版编目（CIP）数据

建筑设计资料集 第4分册 教科·文化·宗教·博览·观演 / 中国建筑工业出版社，中国建筑学会总主编 . -3版 . -北京：中国建筑工业出版社，2017.8

ISBN 978-7-112-20942-2

Ⅰ.①建… Ⅱ.①中… ②中… Ⅲ.①建筑设计-资料 Ⅳ.① TU206

中国版本图书馆CIP数据核字（2017）第140499号

责任编辑：陆新之　刘　静　徐　冉　刘　丹
封面设计：康　羽
版面制作：陈志波　周文辉　刘　岩　王智慧　张　雪
责任校对：姜小莲　关　健

建筑设计资料集（第三版）

第4分册　教科·文化·宗教·博览·观演

*

中国建筑工业出版社出版、发行（北京海淀三里河路9号）
各地新华书店、建筑书店经销
北京顺诚彩色印刷有限公司印刷
*
开本：880×1230 毫米　1/16　印张：35¼　字数：1410 千字
2017 年 9 月第三版　2017 年 9 月第一次印刷
定价：**238.00元**
ISBN 978-7-112-20942-2
　　　（25967）

版权所有　翻印必究
如有印装质量问题，可寄本社退换
（邮政编码　100037）

建筑设计资料集

(第三版)

第4分册 教科·文化·宗教·博览·观演

中国建筑工业出版社

《建筑设计资料集》(第三版)
总编写分工

总 主 编 单 位：中国建筑工业出版社　中国建筑学会

第1分册　建筑总论
分 册 主 编 单 位：清华大学建筑学院　同济大学建筑与城市规划学院
　　　　　　　　　重庆大学建筑城规学院　西安建筑科技大学建筑学院

第2分册　居住
分 册 主 编 单 位：清华大学建筑设计研究院有限公司
分册联合主编单位：重庆大学建筑城规学院

第3分册　办公·金融·司法·广电·邮政
分 册 主 编 单 位：华东建筑集团股份有限公司
分册联合主编单位：同济大学建筑与城市规划学院

第4分册　教科·文化·宗教·博览·观演
分 册 主 编 单 位：中国建筑设计院有限公司
分册联合主编单位：华南理工大学建筑学院

第5分册　休闲娱乐·餐饮·旅馆·商业
分 册 主 编 单 位：中国中建设计集团有限公司
分册联合主编单位：天津大学建筑学院

第6分册　体育·医疗·福利
分 册 主 编 单 位：中国中元国际工程有限公司
分册联合主编单位：哈尔滨工业大学建筑学院

第7分册　交通·物流·工业·市政
分 册 主 编 单 位：北京市建筑设计研究院有限公司
分册联合主编单位：西安建筑科技大学建筑学院

第8分册　建筑专题
分 册 主 编 单 位：东南大学建筑学院　天津大学建筑学院
　　　　　　　　　哈尔滨工业大学建筑学院　华南理工大学建筑学院

《建筑设计资料集》（第三版）总编委会

顾问委员会（以姓氏笔画为序）

马国馨　王小东　王伯扬　王建国　刘加平　齐　康　关肇邺
李根华　李道增　吴良镛　吴硕贤　何镜堂　张钦楠　张锦秋
尚春明　郑时龄　孟建民　钟训正　常　青　崔　愷　彭一刚
程泰宁　傅熹年　戴复东　魏敦山

总编委会

主　任

宋春华

副主任（以姓氏笔画为序）

王珮云　沈元勤　周　畅

大纲编制委员会委员（以姓氏笔画为序）

丁　建　王建国　朱小地　朱文一　庄惟敏　刘克成　孙一民
吴长福　宋春华　沈元勤　张　桦　张　颀　周　畅　官　庆
赵万民　修　龙　梅洪元

总编委会委员（以姓氏笔画为序）

丁　建　王　漪　王珮云　牛盾生　卢　峰　朱小地　朱文一
庄惟敏　刘克成　孙一民　李岳岩　吴长福　邱文航　冷嘉伟
汪　恒　汪孝安　沈　迪　沈元勤　宋　昆　宋春华　张　颀
张洛先　陆新之　邵韦平　金　虹　周　畅　周文连　周燕珉
单　军　官　庆　赵万民　顾　均　倪　阳　梅洪元　章　明
韩冬青

总编委会办公室

主任：陆新之

成员：刘　静　徐　冉　刘　丹　曹　扬

第4分册编委会

分册主编单位
中国建筑设计院有限公司

分册联合主编单位
华南理工大学建筑学院

分册参编单位（以首字笔画为序）

OPEN建筑事务所
大连市建筑设计研究院有限公司
上海复旦规划建筑设计研究院有限公司
广州中信恒德设计院有限公司
广州市城市规划勘测设计研究院
天津大学建筑学院
天津市建筑设计院
中广电广播电影电视设计研究院
中国中元国际工程有限公司
中国电影科研所
中国妇女儿童博物馆
中国建筑西北设计研究院有限公司
中国建筑西南设计研究院有限公司
中国建筑科学研究院
中国科学院大学建筑研究与设计中心
中国航空规划设计研究总院有限公司
中科院建筑设计研究院有限公司
中科院基建处
东南大学建筑设计研究院有限公司
东南大学建筑学院
北京市建筑设计研究院有限公司
北京华清安地建筑设计事务所有限公司
西安建筑科技大学建筑学院
同济大学建筑与城市规划学院
同济大学建筑设计研究院（集团）有限公司
华东建筑集团股份有限公司上海建筑设计研究院有限公司
华东建筑集团股份有限公司华东建筑设计研究总院
华东建筑集团股份有限公司华东都市建筑设计研究总院
华南理工大学建筑设计研究院
直向建筑设计事务所
杭州子午舞台设计有限公司
国家档案局科研所
国家消防工程技术研究中心
重庆大学规划研究院有限公司
重庆大学建筑城规学院
总装备部工程设计研究总院
浙江大学建筑设计研究院有限公司
清华大学建筑设计研究院有限公司
清华大学建筑学院
深圳市建筑设计研究总院有限公司
奥意建筑工程设计有限公司
赛恩照明

分册编委会

主　任：何镜堂　崔　恺

副主任：顾　均　张　祺　汪　恒　倪　阳　郭卫宏　陶　郅　周庆琳　王贵祥

委　员：（以姓氏笔画为序）

　　　　王文胜　王贵祥　任力之　刘世强　刘宇波　刘明骏　许懋彦　孙宗列
　　　　李建广　何镜堂　宋　辉　张　浩　张　祺　陈春红　武申申　金　鹏
　　　　周庆琳　胡　纹　姜世峰　钱　方　倪　阳　高　崧　郭卫宏　唐大为
　　　　陶　郅　黄　汇　曹晓昕　崔　彤　崔　恺　崔海东　董丹申　熊　涛
　　　　黎志涛　潘子凌　潘忠诚

分册办公室

　　　　汤小溪　迟　鸣　杨晓琳　刘　骁

前　　言

　　一代人有一代人的责任和使命。编好第三版《建筑设计资料集》，传承前两版的优良传统，记录改革开放以来建筑行业的设计成果和技术进步，为时代为后人留下一部经典的工具书，是这一代人面对历史、面向未来的责任和使命。

　　《建筑设计资料集》是一部由中国人创造的行业工具书，其编写方式和体例由中国建筑师独创，并倾注了两代参与者的心血和智慧。《建筑设计资料集》（第一版）于1960年开始编写，1964年出版第1册，1966年出版第2册，1978年出版第3册。第二版于1987年启动编写，1998年10册全部出齐。前两版资料集为指导当时的建筑设计实践发挥了重要作用，因其高水准高质量被业界誉为"天书"。

　　随着我国城镇化的快速发展和建筑行业市场化变革的推进，建筑设计的技术水平有了长足的进步，工作领域和工作内容也大大拓展和延伸。建筑科技的迅速发展，建筑类型的不断增加，建筑材料的日益丰富，规范标准的制订修订，都使得老版资料集内容无法适应行业发展需要，亟需重新组织编写第三版。

　　《建筑设计资料集》是一项巨大的系统工程，也是国家层面的经典品牌。如何传承前两版的优良传统，并在前两版成功的基础上有更大的发展和创新，无疑是一项巨大的挑战。总主编单位中国建筑工业出版社和中国建筑学会联合国内建筑行业的两百余家单位，三千余名专家，自2010年开始编写，前后历时近8年，经过无数次的审核和修改，最终完成了这部备受瞩目的大型工具书的编写工作。

　　《建筑设计资料集》（第三版）具有以下三方面特点：

　　一、内容更广，规模更大，信息更全，是一部当代中国建筑设计领域的"百科全书"

　　新版资料集更加系统全面，从最初策划到最终成书，都是为了既做成建筑行业大型工具书，又做成一部我国当代建筑设计领域的"百科全书"。

　　新版资料集共分8册，分别是：《第1分册　建筑总论》；《第2分册　居住》；《第3分册　办公·金融·司法·广电·邮政》；《第4分册　教科·文化·宗教·博览·观演》；《第5分册　休闲娱乐·餐饮·旅馆·商业》；《第6分册　体育·医疗·福利》；《第7分册　交通·物流·工业·市政》；《第8分册　建筑专题》。全书共66个专题，内容涵盖各个建筑领域和建筑类型。全书正文3500多页，比第一版1613页、第二版2289页，篇幅上有着大幅度的提升。

　　新版资料集一半以上的章节是新增章节，包括：场地设计；建筑材料；老年人住宅；超高层城市办公综合体；特殊教育学校；宗教建筑；杂技、马戏剧场；休闲娱乐建筑；商业综合体；老年医院；福利建筑；殡葬建筑；综合客运交通枢纽；物流建筑；市政建筑；历史建筑保护设计；地域性建筑；绿色建筑；建筑改造设计；地下建筑；建筑智能化设计；城市设计；等等。

　　非新增章节也都重拟大纲和重新编写，内容更系统全面，更契合时代需求。

　　绝大多数章节由来自不同单位的多位专家共同研究编写，并邀请多名业界知名专家审稿，以此确保编写内容的深度和广度。

二、编写阵容权威，技术先进科学，实例典型新颖，以增值服务方式实现内容扩充和动态更新

总编委会和各主编单位为编好这部备受瞩目的大型工具书，进行了充分的行业组织及发动工作，调动了几乎一切可以调动的资源，组织了多家知名单位和多位知名专家进行编写和审稿，从组织上保障了内容的权威性和先进性。

新版资料集从大纲设定到内容编写，都力求反映新时代的新技术、新成果、新实例、新理念、新趋势。通过记录总结新时代建筑设计的技术进步和设计成果，更好地指引建筑设计实践，提升行业的设计水平。

新版资料集收集了一两千个优秀实例，无法在纸书上充分呈现，为使读者更好地了解相关实例信息，适应数字化阅读需求，新版资料集专门开发了增值服务功能。增值服务内容以实例和相关规范标准为主，可采用一书一码方式在电脑上查阅。读者如购买一册图书，可获得这一册图书相关增值服务内容的授权码，如整套购买，则可获得所有增值服务内容的授权。增值服务内容将进行动态扩充和更新，以弥补纸质出版物组织修订和制版印刷周期较长的缺陷。

三、文字精练，制图精美，检索方便，达到了大型工具书"资料全、方便查、查得到"的要求

第三版的编写和绘图工作告别了前两版用鸭嘴笔、尺规作图和铅字印刷的时代，进入到计算机绘图排版和数字印刷时代。为保证几千名编写专家的编写、绘图和版面质量，总编委会制定了统一的编写和绘图标准，由多名审稿专家和编辑多次审核稿件，再组织参编专家进行多次反复修改，确保了全套图书编写体例的统一和编写内容的水准。

新版资料集沿用前两版定版设计形式，以图表为主，辅以少量文字。全书所有图片都按照绘图标准进行了重新绘制，所有的文字内容和版面设计都经过反复修改和完善。文字表述多用短句，以条目化和要点式为主，版面设计和标题设置都要求检索方便，使读者翻开就能找到所需答案。

一代人书写一代人的资料集。《建筑设计资料集》（第三版）是我们这一代人交出的答卷，同时承载着我们这一代人多年来孜孜以求的探索和希望。希望我们这一代人创造的资料集，能够成为建筑行业的又一部经典著作，为我国城乡建设事业和建筑设计行业的发展，作出新的历史性贡献。

《建筑设计资料集》（第三版）总编委会

2017年5月23日

目　录

1　教科建筑

幼儿园
- 基本内容 1
- 平面组合 2
- 活动室 3
- 寝室・卫生间 4
- 综合活动室・专用活动室 5
- 厨房・保健室・隔离室・洗衣房 6
- 交通空间 7
- 室外活动场地 8
- 实例 9

中小学校
- 综述 13
- 校园 14
- 体育场地 16
- 供暖通风设施 17
- 给水排水设施 18
- 电气 19
- 建筑构成 20
- 墙体和门窗 23
- 中小学学生人体尺度与教室基本设备 24
- 普通教室 25
- 新型普通教室（教学区） 28
- 科学教室 29
- 实验室 30
- 物理实验室 32
- 化学实验室 33
- 生物实验室 34
- 综合实验室 35
- 演示实验室 36
- 史地教室 38
- 计算机教室 39
- 语言教室 40
- 美术教室・书法教室 41
- 音乐教室 42
- 舞蹈教室 43
- 劳动教室 44
- 技术教室 45
- 合班教室 46
- 风雨操场 47
- 风雨操场・游泳池（馆） 48
- 图书室 49
- 体质测试室・心理辅导室・心理活动室 50
- 广播室・网络控制室・发餐室・饮水处 51
- 卫生室（保健室） 52
- 实例 53

高等院校
- 概述 61
- 校园总体规划 62
- 大学园区规划 76
- 校园改扩建 78
- 教学科研区 80
- 体育运动区 82
- 学生生活区 83
- 公共教学楼 85
- 公共实验楼 88
- 院系学院楼 91
- 综合型教学建筑 95
- 图书馆 99
- 活动中心 103
- 食堂 107

职业教育院校
- 概述 109
- 实训中心 110
- 实训室 111
- 校园总体规划 114
- 实例 115

特殊教育学校
- 概述 116
- 建筑设计 117
- 普通教室 118
- 专用教室 119
- 公共活动及康复用房 120
- 生活服务用房・资源教室 121
- 技能培训用房 122
- 室外空间・室内环境 123
- 器材与无障碍设计 124
- 实例 125

科学实验建筑
- 总论 131
- 规划与布局 132
- 建筑平面布局 134
- 平面交通系统 136
- 实验与研究室 137
- 单元模块 138
- 空间尺度 139
- 交往空间 140
- 空气环境设计 141
- 配套管线工程 143
- 化学实验室 144
- 生物安全实验室 147

实验动物设施 150
地学实验室 151
天文观测建筑 153
电子实验室 155
工业测试实验室 157
声学实验室 160
光学实验室 162

2 文化建筑

文化馆
定义·规模·选址·总平面 164
房间组成 165
平面设计 166
空间形式与组合 167
观演用房·游艺用房 168
展览用房·交谊用房 169
阅览用房·培训用房 170
实例 171

档案馆
概述 176
选址·总平面·空间组合·库厅扩建 177
库房 178
对外服务用房 180
业务及技术用房 183
特殊的构造方法 185
设备的特殊要求 186

图书馆
概述 187
选址与总平面 188
总体空间布局 189
阅览室 191
阅览室设计技术参数 194
阅览室家具常用设计参数 195
书库 196
公共服务区 200
信息查询空间 201
借阅处 202
业务用房 203
室内环境 204
相关技术设计 207
实例 208

青少年活动中心
概述 220

功能分析与流线 221
展览展示·观演区域·普通教室 222
美术教室·舞蹈教室 223
音乐教室 224
辅助空间及用房·安全防护·
无障碍设计·室内家具设计 225
实例 226

3 宗教建筑

宗教建筑总论
定义·分类·功能构成·建设场地 233

佛教建筑
基本内容 234
历代寺院布局 235
礼佛区建筑·山门 237
天王殿·钟鼓楼 238
大雄宝殿 239
大雄宝殿·藏经阁 240
配殿·罗汉堂·楼阁 241
其他配殿 242
佛塔·经幢 243
佛学院 244
实例 245

道教建筑
概述 251
规划布局 252
平面组合 253
空间组合 254
各功能区设计 256
实例 257

基督教建筑
概述·分类 259
方位·规模·功能布局 260
功能分区·建筑风格 261
平面布局 262
空间特征·光线特征 264
洗礼池·圣坛·歌坛 265
修道院 266
实例 267

伊斯兰教建筑
概述 272
清真寺 273
陵墓 279

教经堂 280
建筑装饰 281
实例 282

4 博览建筑

会议建筑
概述 286
场地设计 287
功能组成·布局原则 288
平、剖面设计要点 289
入口大厅·公共大厅·会议厅前厅·
卫生间 290
剧场式会议厅 291
剧场式会议厅·大型多功能厅 292
特殊功能会议厅及其他功能空间 293
会议室 294
会议设施 295
会议设施·顶棚系统·视线设计 296
声学设计 297
主要技术用房 298
音视频系统 299
灯光系统 301
空调设备系统 302
实例 303

展览建筑
概述 309
场地设计·建筑组合类型 310
外部交通流线 311
功能分区与流线 312
标准展厅 313
模块式设计及展厅配套 314
展位布置与展厅连接 315
室外展场·登录厅 316
公共交通廊、休息区及其他 317
餐饮中心·贵宾接待·商业设施·
卫生设施 318
消防设计 319
仓储区及辅助设施 320
技术、结构及给水排水 321
强电、暖通、建筑节能 322
实例 323

博物馆
基本概念 331

布局与要求 …… 332	总体设计 …… 383	杂技、马戏剧场
基本构成 …… 333	展示区 …… 384	概述 …… 497
陈列展览区 …… 334	互动区、服务区及办公后勤区 …… 385	总平面 …… 498
公共服务区 …… 337	实例 …… 386	前厅 …… 499
藏品库区 …… 339		观众厅 …… 500
技术用房·业务科研用房·办公用房 …… 341		舞台 …… 502
常规展示 …… 342	**5 观演建筑**	后台 …… 504
其他展示 …… 343		专业设备 …… 505
光环境 …… 344		实例 …… 507
藏品保护 …… 346	**演艺建筑**	**电影院**
节能设计·声学设计·智能化系统 …… 347	概述 …… 389	概述 …… 512
实例 …… 348	设计要点 …… 392	选址与总平面 …… 513
自然博物馆	基地总平面 …… 393	观众厅 …… 514
基本概念与选址布局 …… 357	休息厅 …… 395	银幕 …… 521
功能构成·流线分析·展示方式·科研办公 …… 358	观众厅 …… 399	声学设计 …… 522
展示陈列区 …… 359	后台 …… 409	还音系统 …… 524
收藏修复区·科普教育区 …… 360	舞台 …… 415	放映系统 …… 526
主题园 …… 361	舞台机械 …… 423	放映室 …… 528
实例 …… 362	舞台灯光 …… 438	暖通与电气 …… 529
科学技术馆	音频、视频 …… 442	公共区域 …… 530
基本内容 …… 365	建筑声学 …… 446	巨幕影院 …… 531
功能构成·特效电影院设计 …… 366	消防设计 …… 449	实例 …… 533
展览内容 …… 367	歌剧院 …… 452	
实例 …… 368	戏剧院 …… 458	附录一 第4分册编写分工 …… 539
纪念馆	音乐厅 …… 463	
概述 …… 372	实验剧场 …… 475	附录二 第4分册审稿专家及实例初审专家 …… 549
外部空间 …… 373	主题剧场 …… 480	
内部空间 …… 374	演艺中心 …… 483	附录三 《建筑设计资料集》(第三版)实例提供核心单位 …… 550
实例 …… 376	露天剧场 …… 485	
城市规划展示馆	中国戏台 …… 487	后记 …… 551
基本内容 …… 382	实例 …… 490	

基本内容 [1] 幼儿园

任务

幼儿园是对3~6岁幼儿进行科学保育的场所，提供包括活动场所、明媚阳光、良好卫生、营养膳食、人身安全等必备条件，使幼儿身心在舒适的建筑环境中得到健康发展，并在游戏中逐步形成良好的行为习惯和个性。

分类

1. 全日制幼儿园；
2. 寄宿制幼儿园。

规模

办园规模　　　　　　　　　　　　　　　　　表1

规模	班数	人数
大型	12班	300~360人
中型	9班	230~270人
小型	6班	150~180人

班级规模　　　　　　　　　　　　　　　　　表2

编班	年龄	每班人数
小班	3~4岁	20~25人
中班	4~5岁	26~30人
大班	5~6岁	31~35人

注：寄宿制幼儿园各班人数可酌情减少。

设计要求

1. 应提供功能齐全、配置合理、使用灵活的各类幼儿生活用房。
2. 创造适宜幼儿身心健康发展的建筑环境，使之儿童化、绿化、美化、净化。满足日照通风条件的要求，避免不利的环境因素对幼儿生理、心理产生的危害。
3. 保障幼儿的安全，要特别关注幼儿最易接触部位的室内外细部设计，完备监控设施，防范危险发生。
4. 有利于保教人员的管理和后勤的供应服务。

选址与总平面

1. 选址原则
（1）选址应避开不利的自然条件和城市设施。
（2）布点应适中便利。
（3）环境应优美卫生。
（4）地段应舒畅安全。
（5）用地应达标规整。
2. 总平面设计原则
（1）园门外应有缓冲地带。
（2）功能关系应明确。
（3）游戏场地应平整、开阔。
（4）建筑物与场地应有良好的日照通风。
（5）室外场地设施的配置应满足教学要求。
（6）创造优美的景观和绿化环境。

1 幼儿园总平面组成内容

2 幼儿园总平面功能关系

参考指标

幼儿园用地面积与建筑面积（单位：m²/人）　　表3

名称	用地面积			建筑面积		
	6班	9班	12班	6班	9班	12班
全日制幼儿园	16.79	15.77	15.19	13.55	13.13	12.77
寄宿制幼儿园	17.58	16.53	15.91	14.05	13.51	12.96

全日制幼儿园各类用房使用面积（单位：m²）　　表4

功能区	房间名称	规模			备注
		6班	9班	12班	
幼儿生活用房	活动室	63	63	63	每班计140
	寝室	50	50	50	
	卫生间	18	18	18	
	存物间	9	9	9	
	综合活动室	150	200	230	开展多样较大型活动用
	*专用活动室	40/每3个班			设美工、角色、舞蹈室等
管理用房	办公室	120	160	180	设园长、教师等办公室
	图书兼会议室	20	30	40	供阅览、开会、接待用
	保健室	20	25	30	供开展保健及存放检品用
	*教具制作室	—	20	25	兼陈列教具用
	门卫室	18	18	18	兼收发、值班、监控
	贮藏室	39	54	75	分设用品、玩具、杂物贮藏
	教工厕所	18	24	30	分设男、女、无障碍厕所
幼儿厨房	副食加工间	50	35	45	
	主食加工间		20	24	
	*点心间		15	20	
	切配间	15	20	25	
	备餐间	15	18	24	从窗口传递食物
	二次更衣间	6	8	10	专供进入备餐间之前用
	洗碗消毒间	12	15	20	
	主副食库	18	30	50	9班及以上宜分设
	休息更衣室	15	20	30	
	合计	131	181	248	
后勤用房	配电室	8	10	12	
	开水间	8	10	12	
	洗衣房	12	15	18	

注：1. 根据幼儿园需要与条件，可增设教工餐厅及其厨房。
2. 寄宿制幼儿园另设隔离室，6、9班的面积各为8m²，12班的面积为2×8m²。
3. 寄宿制幼儿园另设集中浴室，面积为30m²，或在各班卧室内的卫生间设淋浴隔断。
4. 寄宿制幼儿园另设保育员值宿室，6、9、12班的面积分别为15m²、2×15m²、3×15m²。
5. 带"*"房间视条件而设。

园舍布置方式　　　　　　　　　　　　　　　　表5

"图底"关系	特点	优点	缺点
	"图"居中，呈树枝状；"底"分散在周边	建筑日照、通风条件好；建筑体形活泼，尺度适宜	无较大完整游戏场地；小院日照、通风欠佳
	"图"居周边呈四合院；"底"居中	幼儿生活用房日照通风条件好；有利于幼儿园管理与服务	游戏场地较闭塞；东西向房间较多
	"图"与"底"呈南北纵向布局	建筑与场地均获得良好的日照和通风条件；幼儿生活用房视野好，与游戏场地关系密切	场地主入口与建筑主入口相距较远
	"图"与"底"呈东西横向布局	建筑与场地均获得良好的日照和通风条件	幼儿生活用房与游戏场地关系欠密切
	"图"居西北角，呈L形布局；"底"居用地东南角	建筑与场地均获得良好的日照和通风条件；场地完整、开阔，活动与游戏场地关系好	—

幼儿园 [2] 平面组合

平面布置原则

1. 应结合用地条件，合理布置园舍与游戏场地的最佳布局，充分满足各自的使用需求。
2. 幼儿用房、管理用房、后勤用房三大功能分区明确，功能关系有机。
3. 班级活动单元各幼儿用房布置紧凑，满足日照通风要求。
4. 有利于创造造型的小尺度特征。

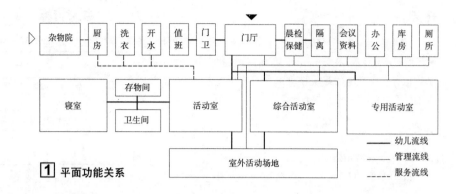

1 平面功能关系

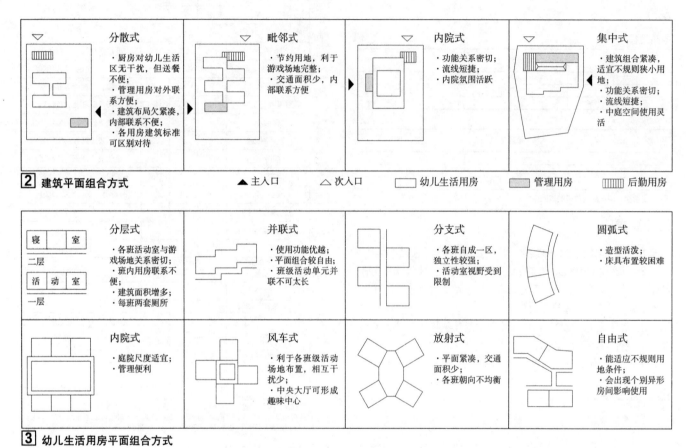

2 建筑平面组合方式

3 幼儿生活用房平面组合方式

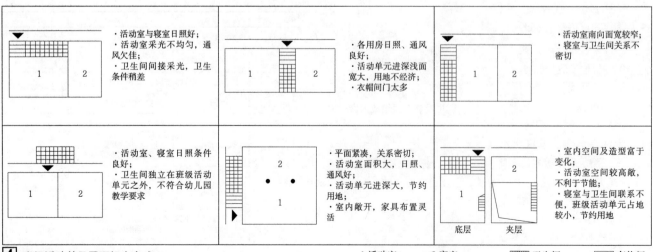

4 班级活动单元平面组合方式　　1 活动室　2 寝室

活动室 [3] 幼儿园

平面设计要求

1. 面积达标,长边朝南,冬至日底层日照不少于3h,由大小空间结合而成。
2. 光线明亮,通风良好。
3. 室内避免出现凸出物,阳角必须抹圆。
4. 应有一片完整墙面作为展示用。
5. 室内净高不低于3.0m。
6. 地面采用暖性、弹性材料。

门窗设计要求

1. 门的数量应符合《建筑设计防火规范》GB 50016,门扇开启不影响公共交通。
2. 以半玻木门为宜,门的双面应平滑无棱角。
3. 门拉手形式与安装高度应兼顾成人与幼儿使用方便。
4. 窗台距地宜为0.7m,距地1.3m以下应为固定扇。
5. 南向窗台面宜有0.4m宽度作为自然角。

家具设计要求

1. 家具配置应齐全,以满足幼儿园教学需要。
2. 应按幼儿人体工程学要求进行家具配置与设计。
3. 家具形式宜以固定家具与活动家具相结合。
4. 家具必须稳固、轻便、新颖、易于擦拭。
5. 各班家具色彩基调宜有别,并点缀鲜艳色,以增强班级识别性和悦目性。

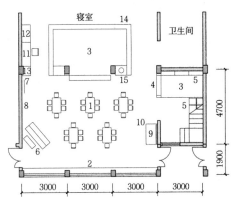

2 活动室平面示例

1 幼儿桌椅
2 自然角、玩具柜
3 兴趣游戏角
4 活动玩具柜
5 固定玩具柜
6 钢琴
7 活动白板
8 展示墙
9 壁挂电视屏
10 备餐桌
11 教师办公桌
12 电脑桌
13 教具存物柜
14 衣帽矮柜隔断
15 水杯柜及开水桶

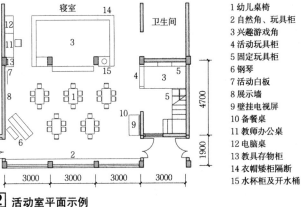

3 活动室室内透视

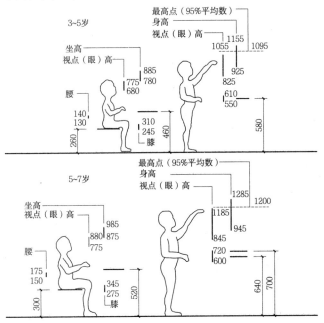

1 幼儿坐立姿势的人体尺度

4 自然角与固定玩具柜

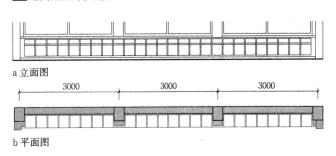

a 立面图
b 平面图

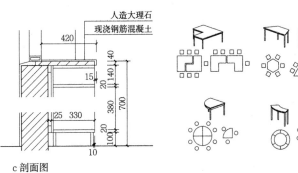

5 各种几何开关的桌子

幼儿桌椅尺寸(单位:mm) 表1

编班	幼儿身高	桌			椅				桌椅面高差
		高(A)	长(B)	宽(C)	椅面高(D)	椅面深(E)	椅面宽(F)	靠背高(G)	
小班	950~990	440	1000	700	235	220	250	250	205
中班	1000~1090	475	1050	700	260	240	260	270	215
大班	1100~1200	515	1050	700	285	260	270	290	230

幼儿园 [4] 寝室·卫生间

寝室

1. 平面设计要求
(1) 寝室应每班独立设置，且保证每一幼儿有独立床铺。
(2) 全日制幼儿园寝室应与活动室毗邻，寄宿制幼儿园寝室应集中布置。
(3) 通风良好，寄宿制幼儿园寝室应朝南。
(4) 床铺排列应符合幼儿睡眠正确行为所需方式。
(5) 寄宿制幼儿园寝室内应设贮藏柜和卫生间。
(6) 寄宿制幼儿园在寝室区宜设保育员值班室。
(7) 在活动单元面积紧张情况下，可选择适宜的特殊床具，以利灵活有效地利用空间。

2. 门窗设计要求
(1) 窗台距地不低于0.9m，距地1.3m以下为固定扇。
(2) 窗地比为1:6。
(3) 寄宿制幼儿园寝室设双扇外开半玻木门，并增设纱门、纱窗和窗帘。

3. 家具设计要求
(1) 床具尺寸应适应幼儿身材。
(2) 床具选材宜为木板床，且具有透气性。
(3) 床具布置应排列整齐紧凑。
(4) 床具侧面不应紧贴外墙。
(5) 双层床应沿内墙布置。

卫生间

1. 设计要求
(1) 位置应紧邻活动室和寝室。
(2) 男女幼儿按合用卫生间设计。
(3) 盥洗与厕所功能分区应明确。
(4) 所有洁具与设施应符合幼儿人体尺度和卫生防疫要求。
(5) 室内通风好，有条件朝南尤佳。
(6) 地面应易清洗、防滑。

2. 每班卫生间设备要求
(1) 大便槽厕位4个，每个尺寸800m×700m。
(2) 小便槽长2400m。
(3) 盥洗台长2400m（水龙头6个）。
(4) 污水池1个。
(5) 淋浴1个（视地区气候条件而设）。

幼儿床具尺寸（单位：mm） 表1

编班	长(L)	宽(W)	高(H)
小班	1200	600	300
中班	1300	650	320
大班	1400	700	350

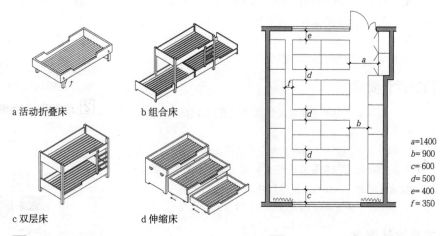

a 活动折叠床　　b 组合床
c 双层床　　　　d 伸缩床

$a=1400$
$b=900$
$c=600$
$d=500$
$e=400$
$f=350$

1 特殊床具形式　　**2** 床位布置的间距尺寸

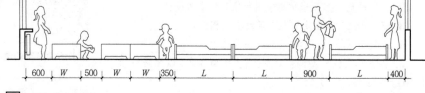

3 寝室走道功能尺寸

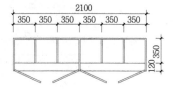

a 平面图

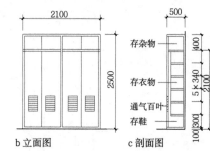

b 立面图　　c 剖面图

4 壁橱

5 卫生间平面布置示例

6 盥洗室

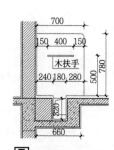

8 毛巾杆

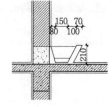

7 大便槽（楼层）　　**9** 小便槽（楼层）

综合活动室·专用活动室 [5] 幼儿园

综合活动室

1. 要有较好的朝向和通风条件,窗地比1:5。
2. 地面应具有弹性。
3. 净高不低于3.90m。

a 舞台构造

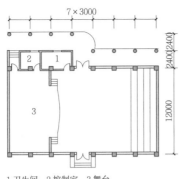

1 卫生间 2 控制室 3 舞台
b 平面布置

1 综合活动室

舞蹈室

1. 在端墙设高1.8~2.0m的通长照身镜。
2. 地面为架空木地板。
3. 窗台不低于1.8m。
4. 沿墙设练功把杆。

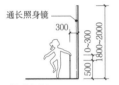

a 练功把杆

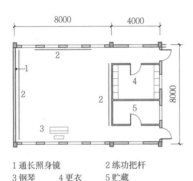

1 通长照身镜   2 练功把杆
3 钢琴   4 更衣   5 贮藏
b 平面布置

2 舞蹈活动室

电脑室

1. 计算机台位布置便于幼儿就座及操作,便于教师环视。
2. 为避免眩光,计算机台位应垂直于采光窗。
3. 电脑桌与凳的尺寸应符合幼儿身材。

a 电脑桌凳

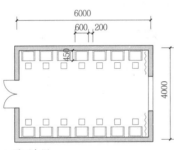

b 平面布置

3 电脑室

科学探索室

1. 平面宜规整,便于教师观察各处幼儿活动。
2. 各项探索活动应分组布置。

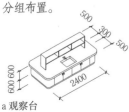

a 观察台

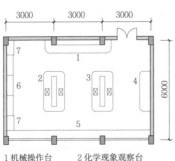

1 机械操作台   2 化学现象观察台
3 物理现象观察台   4 天体现象认知台
5 生物实验观察台   6 标本展示柜
7 贮藏柜
b 平面布置

4 科学探索室

角色游戏室

1. 平面布置便于教师环视全场。
2. 视游戏动作的幅度安排各角色游戏的范围。
3. 利用活动家具灵活分隔空间。

a 厨具

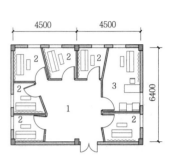

1 家庭角色游戏 2 烹饪角色游戏
3 门诊角色游戏 4 购物角色游戏
5 交通角色游戏 6 接待角色游戏
b 平面布置

5 角色游戏室

琴房

1. 单间琴房平面宜为不规则形。
2. 单间琴房面积为5~6m²。
3. 每间琴房宜有一面实墙配丝绒壁帘,以调音质。

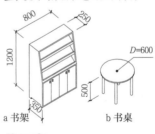

a 钢琴   b 琴凳

1 门厅 2 琴房 3 教师工作室
c 平面布置

6 琴房

图书室

1. 图书室宜朝南。
2. 家具形式宜富于趣味性,布置可灵活。
3. 可适当做地台,铺软垫,便于幼儿席地而坐阅读。

a 书架   b 书桌

1 地台 2 书桌 3 书架 4 书柜
c 平面布置

7 图书室

美工室

1. 宜单面采光,实墙宜长。
2. 宜多设置美工柜,以分类贮存绘画工具、用品及作业。
3. 展示方式易于张挂,无危险隐患。
4. 宜设置涂鸦墙。

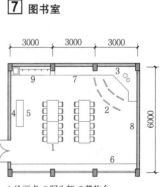

a 画架

1 绘画桌 2 写生架 3 静物台
4 涂鸦墙 5 颜料桌 6 作业柜
7 用品柜 8 展示墙 9 洗池
b 平面布置

8 美工室

幼儿园 [6] 厨房·保健室·隔离室·洗衣房

厨房

1. 应严格按卫生防疫要求进行合理的流程与空间设计。
2. 避免生熟食流线交叉、洁污相混。
3. 组织好气流，以保证通风排气良好。
4. 墙、地面应易清洗，排水通畅。
5. 要有防鼠避蝇措施。

保健室、隔离室

1. 保健室、隔离室不应设在幼儿活动的主要通道上。
2. 保健室与隔离室之间设观察窗。
3. 隔离室安放床位不得超过两床。
4. 隔离室附近应设病儿专用厕所。
5. 有条件的幼儿园可另设单独室外小院或出口。

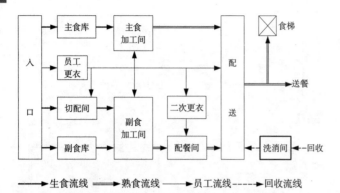

1 厨房主要功能关系流程

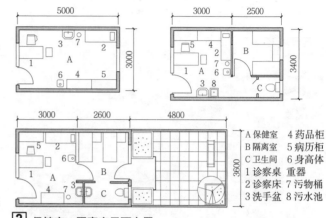

3 保健室、隔离室平面布置

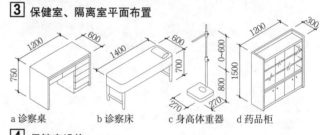

a 诊察桌　　b 诊察床　　c 身高体重器　　d 药品柜

4 保健室设施

洗衣房

1. 宜设置在幼儿园用房顶层，可方便利用屋顶晾晒衣物。
2. 需设一间存物库房。

2 12班厨房平面布置示例（各房间设施见表1）

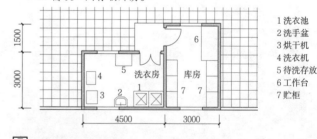

5 洗衣房平面布置示例

厨房设备及尺寸（单位：mm）　　　　表1

房间	设备名称	尺寸（长×宽×高）	房间	设备名称	尺寸（长×宽×高）	房间	设备名称	尺寸（长×宽×高）	房间	设备名称	尺寸（长×宽×高）
副食加工间	1 四层货架	1500×500×1800	点心间	1 烤箱	二层二盘	洗消间	1 电热开水器	12kW	主食加工间	1 集气罩	3410×1000×500
	2 单槽水池	1000×800×800		2 点心架	按烤箱尺寸订制		2 双层工作台	1800×800×800		2 蒸饭箱	80kg
	3 集气罩	3000×1000×500		3 发酵箱	500×700×1550		3 三槽水池	1800×750×800		3 四层货架	1500×500×1800
	4 蒸饭车	50kg		4 开水器带座	9kW		4 双门消毒柜	900×400×1200		4 双层工作台	1200×800×800
	5 单眼矮汤炉	650×650×580		5 搅拌机	B20		5 保洁柜	1120×550×1800		5 淘米池	
	6 脱排油烟罩	4500×1100×500		6 压面机	110型	配餐间	1 单向移门工作台	1800×800×800	切配间	1 四门冰箱	1235×700×1920
	7 调理台	450×950×800		7 和面机	1-WT25型		2 带架平冷工作台	1800×800×800		2 六门冰箱	1870×700×1920
	8 双眼大锅灶	1800×950×800		8 单槽水池	600×600×800		3 双门展示柜	1235×700×1920		3 四层货架	1500×500×1800
	9 单眼大锅灶	950×950×800		9 四门冰箱	1235×700×1920		4 双层工作台	1800×800×800		4 四层货架	1500×500×1800
	10 地架	1500×500×250		10 木棉工作台	1800×800×800		5 单水池	600×600×800		5 三槽水池	1800×750×800
	11 双长移动工作台	1800×800×800		11 面粉车	500×500×500		6 四层货架	1500×500×1800		6 双层工作台	1800×800×800
主食库	1 四层货架	1500×500×1800	副食库	1 四层货架	1500×500×1800	二次更衣	单槽水池	600×600×800		7 平冷工作台	1800×800×800
	2 地架	1500×500×250		2 地架	1500×500×250					8 绞肉机	180×530×300

门厅

1. 建筑面积：小型幼儿园为30~40m²；中型幼儿园为40~60m²；大型幼儿园为60~80m²。
2. 建筑以一层为宜。
3. 宜设宣传栏，展示墙。

a 封闭式

b 开敞式   c 半开敞式

1 门厅形式   1 门厅 2 晨检 3 门卫 4 保健 5 隔离 6 办公

走廊

1. 幼儿生活用房区不应采用中廊。南方幼儿园以南外廊为宜，夏可遮阳，冬可享受阳光，凭栏可观景。北方北廊应做封闭暖廊。
2. 走廊净宽为1.8~2.2m，长度符合疏散要求。
3. 外廊栏杆宜为通透式，宜采用不便攀登的垂直线饰，其净空距离不大于0.11m。栏杆高不得小于1.2m。
4. 走廊内禁止设台阶，有高差需做1:12坡道。
5. 外廊楼地面应向外侧找坡，以便及时排除积水，但栏杆下端到楼面0.10m高度处应以实体遮挡，以防物体外落。
6. 外廊宜做透明雨披，防止雨雪飘入廊内。

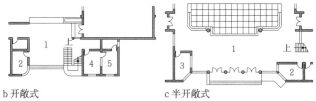

a 剖面图

b 平面图

2 室外连廊示例

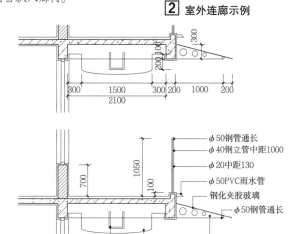

3 外廊构造大样示例

楼梯

1. 踏步尺寸宽不应小于260mm，高宜为130~140mm。
2. 内楼梯栏杆高为0.9m，栏杆宜采用通透式，且为不便攀登的垂直线饰金属栏杆，木制扶手。
3. 外楼梯栏杆外侧宜为实心栏板，内侧宜为通透式，且为不便攀登的垂直线饰金属栏杆。
4. 宜在楼梯两侧专为幼儿加设木制扶手，其高度距踏步面外缘不应大于600mm。
5. 在满足使用与安全的前提下，宜创造新颖的形式。

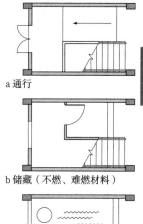

a 通行

b 储藏（不燃、难燃材料）

c 景观

4 底层梯段下部空间处理示例

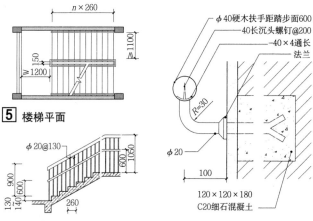

5 楼梯平面

6 楼梯栏杆   **7** 幼儿靠墙扶手构造大样示例

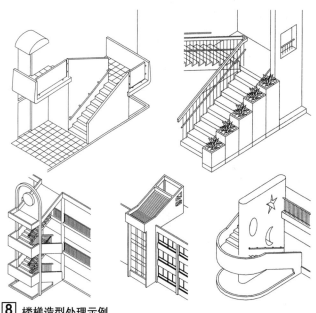

8 楼梯造型处理示例

幼儿园 [8] 室外活动场地

设计要求

1. 场地各类游戏活动区应功能分区明确。
2. 各班级活动场地位置宜接近其活动室，楼层班级活动场地宜尽量利用本层屋顶平台。
3. 应有较大且开阔的公共活动场地，其长度不小于35m，宽度不小于17m，面积不小于600m²。场地宜铺设柔软地面。
4. 器械活动场地宜集中布置在用地边缘地带，并满足各项器械活动的安全保护范围，以软地面（草坪、土地）为宜，且具有良好的渗水性。
5. 有条件的幼儿园可在朝阳背风处设置砂池、戏水池，但应保持洗沙的松软和清洁，以及水质的无菌与水体的更换。
6. 用地范围内宜根据活动功能要求配置乔木、灌木、草坪、花卉。有条件的幼儿园可开辟种植园地，严禁种植有刺、有毒、有异味的植物。
7. 活动场地内根据功能和景观要求，宜点缀若干环境小品（升旗台、伞亭、花架、雕塑、布告栏等），注意其尺度宜小巧、有童趣。

活动场地面积指标（单位：m²/人） 表1

分类	班级活动场地	全园活动场地
指标	2	2

注：班级活动场地数量为N-2（N为班级数量）。

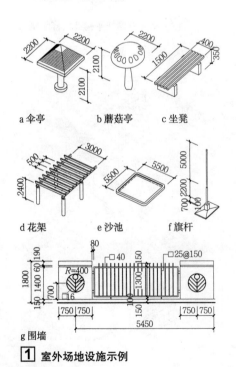

1 室外场地设施示例

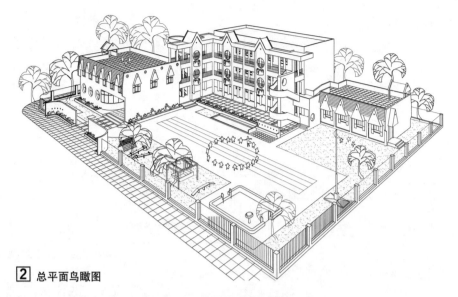

2 总平面鸟瞰图

3 总平面布置示例

1 幼儿入口
2 集体活动场地
3 班级活动场地
4 屋顶活动场地
5 器械活动场地
6 戏水池
7 蘑菇亭
8 草坪
9 花架
10 砂池
11 洗手
12 种植园地
13 小动物房舍
14 宣传栏
15 旗杆
16 雕塑
17 门卫
18 教师存车
19 杂物院
20 后勤入口

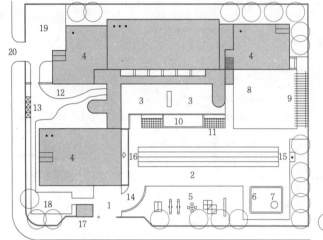

器械维护设施范围 表2

器械名称	维护设施范围	器械名称	维护设施范围	器械名称	维护设施范围
秋千	6550	跷跷板	6000	硬攀爬架	5000
浪船	5350	平衡木	7000	软攀爬架	3800
滑梯	8200	转椅		低铁架	5200

实例［9］幼儿园

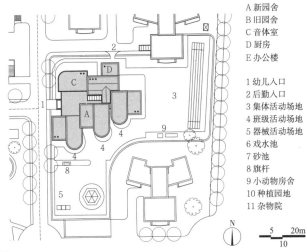

A 新园舍
B 旧园舍
C 音体室
D 厨房
E 办公楼

1 幼儿入口
2 后勤入口
3 集体活动场地
4 班级活动场地
5 器械活动场地
6 戏水池
7 砂池
8 旗杆
9 小动物房舍
10 种植园地
11 杂物院

1 南京聚福园幼儿园（南京城镇建筑设计咨询有限公司）

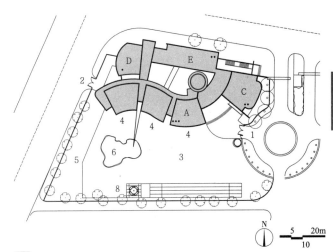

4 上海东方城市花园小区爱绿幼儿园
（华东建筑集团股份有限公司华东建筑设计研究总院）

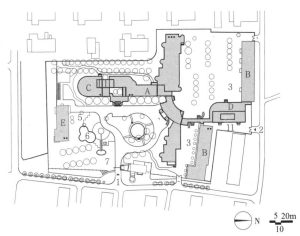

2 清华大学洁华幼儿园（清华大学建筑设计研究院有限公司）

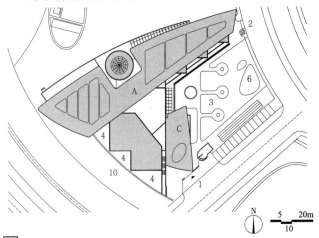

5 苏州工业园区新洲幼儿园（上海日清建筑设计有限公司）

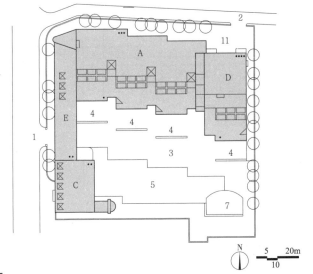

3 江苏东台市幼儿园（东南大学建筑设计研究院有限公司）

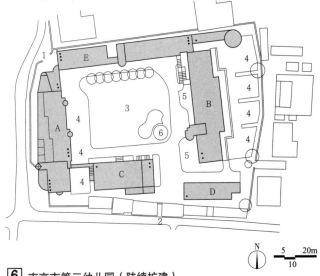

6 南京市第三幼儿园（陆续扩建）
（东南大学建筑设计研究院有限公司）

经济技术指标 表1

分项	南京聚福园幼儿园	清华大学洁华幼儿园	江苏东台市幼儿园	上海东方城市花园小区爱绿幼儿园	苏州工业园区新洲幼儿园	南京市第三幼儿园
办园规模	6班	9班	33班+12亲子班	16班	12班	9班（全托）
用地面积	3500m², 19.44m²/人	5939m², 22m²/人	16000m², 16m²/人	7300m², 15.21m²/人	3623m², 10.06m²/人	3888m², 21.8m²/人
总建筑面积	2280m², 12.67m²/人	3243m², 12m²/人	11000m², 11m²/人	6300m², 13.12m²/人	4669m², 12.97m²/人	4486m², 16.61m²/人
建筑密度	24.36%	23.2%	30.92%	40.91%	38.1%	35%

幼儿园 [10] 实例

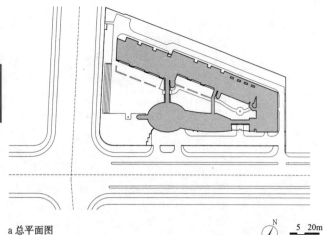

a 总平面图

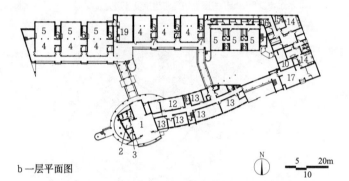

b 一层平面图

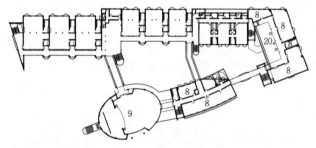

c 二层平面图

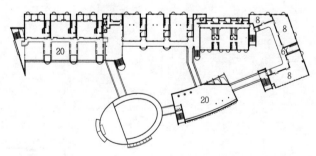

d 三层平面图

1 南京外国语学校附属幼儿园

名称	主要技术指标	设计时间	设计单位
南京外国语学校附属幼儿园	建筑面积 7798m²	2006	东南大学建筑设计研究院有限公司

幼儿园位于仙林区大学城独立梯形地块，为9班全日制、9班寄宿制。使用功能齐全，内外空间开放，兴趣教室多样，造型特色突出，场地环境优美，是一座符合现代幼儿园教学、可提供立体室外活动场所的幼儿园建筑

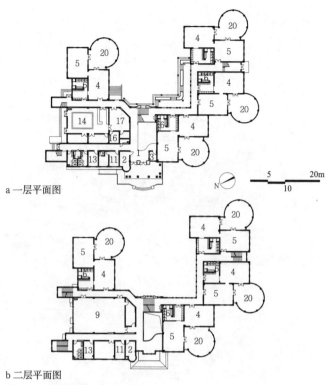

a 一层平面图

b 二层平面图

2 深圳万科园第四幼儿园

名称	主要技术指标	设计时间	设计单位
深圳万科园第四幼儿园	建筑面积 3452m²	2008	筑博设计（集团）股份有限公司

幼儿园地处小区东端，为12班全日制。因用地局限，故平面作匚字形，以保证各幼儿用房均有好朝向。活动单元设计别致，均设有较大圆形活动平台，不但弥补场地不足之缺陷，而且增添了造型的新颖

1 门厅
2 晨检室
3 值班室
4 活动室
5 寝室
6 卫生间
7 衣帽间
8 兴趣活动室
9 多功能活动室
10 幼儿浴室
11 医务室
12 资料室
13 办公室
14 厨房
15 备餐
16 洗消间
17 教工餐厅
18 洗衣间
19 贮藏
20 活动平台

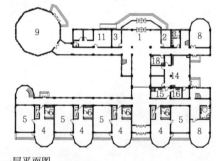

a 一层平面图

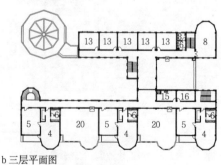

b 三层平面图

3 济南商河县实验幼儿园

名称	主要技术指标	设计时间	设计单位
济南商河县实验幼儿园	建筑面积 4437m²	2010	济南中建筑设计院有限公司

幼儿园位于县城独立规整地块，与第二实验小学毗邻，为12班全日制。平面布局简洁，功能分区明确，幼儿生活用房均为好的朝向，园舍前后室外活动场地宽阔，活动设施齐全

实例 [11] 幼儿园

a 一层平面图

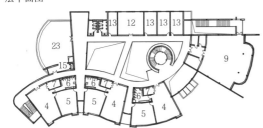

b 二层平面图

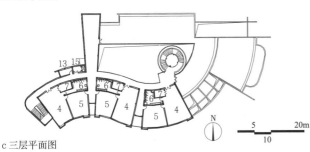

c 三层平面图

1 门厅
2 晨检室
3 值班室
4 活动室
5 寝室
6 卫生间
7 衣帽间
8 兴趣活动室
9 多功能活动室
10 隔离室
11 医务室
12 会议兼资料室
13 办公室
14 厨房
15 备餐
16 洗消间
17 教工餐厅
18 洗衣间
19 贮藏
20 女厕
21 男厕
22 溜冰场
23 屋顶平台
24 内院

1 上海东方城花园小区爱绿幼儿园

名称	主要技术指标	设计时间	设计单位
上海东方城花园小区爱绿幼儿园	建筑面积 3243m²	2002	华东建筑集团股份有限公司 华东建筑设计研究总院

幼儿园为9班全日制，地处用地北部，南部为室外活动场地，两者日照、通风均好。平面布局活泼又不失功能合理，并创造了新颖的建筑造型

a 一层平面图

b 二层平面图

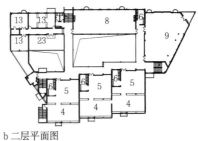

c 三层平面图

3 南京科睿幼儿园

名称	主要技术指标	设计时间	设计单位
南京科睿幼儿园	建筑面积 3799m²	2008	东南大学建筑设计研究院有限公司

幼儿园为9班全日制。平面因地制宜，功能分区明确，房间布局合理。为表达小尺度感，形态因此力求变化，并创造屋顶活动平台，以弥补场地不足

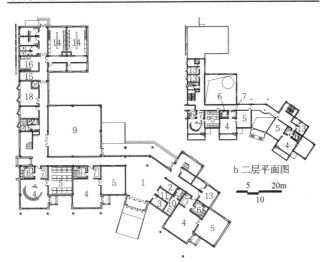

a 一层平面图

b 二层平面图

2 长春保利花园幼儿园

名称	主要技术指标	设计时间	设计单位
长春保利花园幼儿园	建筑面积 3080m²	2009	吉林省建筑设计院有限责任公司

幼儿园为9班全日制。受用地所限，平面为L形。功能布局紧凑合理，各幼儿用房均有好的朝向，惟室外活动场地面积不大

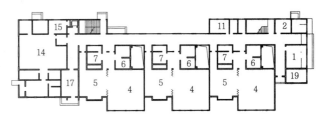

a 一层平面图

b 二层平面图

4 上海徐汇区盛华幼儿园

名称	主要技术指标	设计时间	设计单位
上海徐汇区盛华幼儿园	建筑面积 4022m²	2009	上海宏图建筑师事务所

幼儿园地处上海徐汇区银都路开发小区，为9班全日制。因用地紧张，故平面布局紧凑简洁，活动单元设计独特，日照通风均佳

幼儿园 [12] 实例

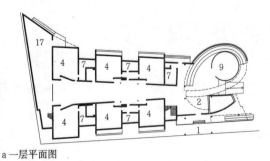

a 一层平面图

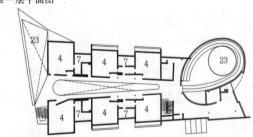

b 二层平面图

1 萨提特幼儿园（泰国曼谷）

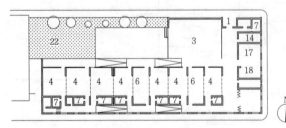

2 埃尔查帕拉尔幼儿园（西班牙格拉纳达）

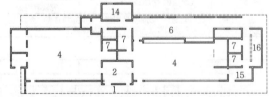

3 Mon+essori 幼儿园（美国旧金山）

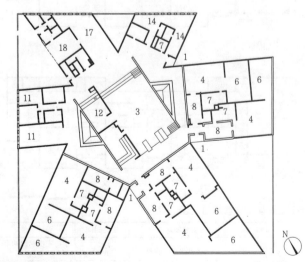

4 塔尔图幼儿园（爱沙尼亚）

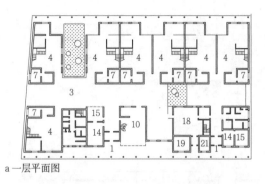

a 一层平面图

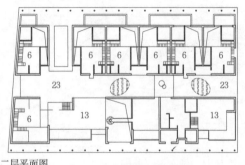

b 二层平面图

5 圣·菲利斯幼儿园（意大利伊米莉亚）

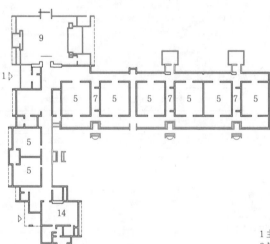

6 千叶县四街道市幼稚园（日本）

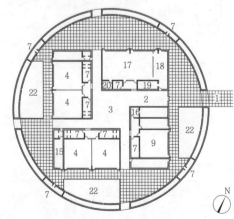

7 贝纳通幼儿园（意大利特雷维索）

1 主入口
2 门厅
3 交往空间
4 活动室
5 保育室
6 寝室
7 卫生间
8 衣帽间
9 游戏室
10 艺术室
11 创意活动室
12 音乐室
13 集体活动室
14 办公
15 会议
16 接待
17 餐厅
18 厨房
19 库房
20 洗衣
21 休息
22 庭院
23 上空

综述 [1] 中小学校

设计原则

1. 满足教学功能要求。
2. 有益于学生身心健康成长。
3. 校园本质安全,师生在学校内全过程安全。校园具备国家规定的防灾避难能力。
4. 坚持以人为本、精心设计、科技创新和可持续发展的目标,遵循绿色行动方案的基本方针,建设绿色学校。

学制　表1

类型	学制	备注
非完全小学	一年级~四年级,共4年	—
小学	一年级~六年级,共6年	个别省市小学为五年制,初中为四年制,不作为典型资料介绍
初中	一年级~三年级,共3年	
高中	一年级~三年级,共3年	部分省市在高中试办大学预科班,未列入资料介绍
完全中学	一年级~六年级,共6年	含初中3年+高中3年
九年制校	一年级~九年级,共9年	含小学6年+初中3年

适宜规模　表2

类型	规模
非完全小学	4班
小学	18班、24班、30班
初中	18班、24班、30班
高中	24班、30班、36班
完全中学	24班、30班、36班
九年制校	18班、27班、36班、45班

班额　表3

类型	班额
非完全小学	每班不多于30名学生
小学	每班不多于45名学生
中学	每班不多于50名学生

办公及管理用房使用面积参考指标　表4

类别	房间名称	面积(m²) 小学	面积(m²) 中学	备注
办公及管理用房	职能部门及师生组织办公室	14~32/间	14~32/间	含校领导、行政、教务、总务等办公室及档案室等辅助用房
	会议室	24~100	24~100	根据学校不同规模确定不同大小的会议室
	管理用房合计	84~121	90~121	包括值班室、传达室、安防监控室、网络控制室等
	卫生室	36	48	分两间
生活服务用房	食堂 学生食堂	75.6/百人	72.3/百人	—
	食堂 教工食堂	1.6/人	1.6/人	
	浴室	5~9	5~10	

室内设施设置参考指标　表5

类别	房间名称		小学	中学	备注
生活服务用房	饮水间		每层不少于2水嘴	每层不少于2水嘴	每40人1水嘴
	学生卫生间	男	每40人1洗手盆、2小便斗、1大便器		大便器可设1.20m长大便槽,小便斗可设0.6m长小便槽
		女	每13人设1大便器		大便器可设1.20m长大便槽
	教职工卫生间	男	每40人1洗手盆、2小便斗、1大便器		
		女	每13人设1大便器		

❶ 关于中小学用房使用面积参考指标表应注意以下几点:
(1) 各种用房的间数及使用面积依学校规模、课程及课时安排、办学特色及校园环境而异;
(2) 加强课程共用可能性以提高用房的使用效率;
(3) 部分场地与用房(如操场、风雨操场、报告厅、图书馆)的设置应关注向社会开放的可能性;
(4) 表6无设备用房、校办工厂、学生宿舍、自行车及机动车停车设施等面积指标;用地面积和建筑面积应根据实际情况相应增加。

教学用房、教学辅助用房使用面积及净高(下限)参考指标❶　表6

序号	房间名称		面积(m²/间) 小学	面积(m²/间) 中学	净高(m) 小学	净高(m) 中学	备注
普通教室	普通教室		62	70	3	3.1	未含储物柜
	教师休息室		3.5/人	3.5/人	—	—	随普通教室适当分层设置
	科学教室		87	—	3.1	—	
	化学实验室		—	99	—	3.1	
	物理(力学)实验室		—	125	—	3.1	
	物理(热学)实验室		—	100	—	3.1	小规模校的热学实验室可兼用于光学、声学、电学实验,但设施应完善
	物理(光学)实验室		—	96	—	3.1	
	物理(电学)实验室		—	96	—	3.1	
	生物(观察)实验室		—	100	—	3.1	含显微镜柜
	生物(解剖)实验室		—	96	—	3.1	
	演示实验室(1班)		—	72	—	—	阶梯式,可容纳1个班
	演示实验室(2班)		—	115	—	—	阶梯式,可容纳2个班
	双边演示实验室		—	108	—	—	阶梯式,师生可同时实验
	综合实验室		—	146	—	3.1	实验桌可调,另设储藏室
	仪器室		18	24	—	—	各实验室均设
	药品室		18	24	—	—	仅化学及生物实验室设
	实验员室		12	12	—	—	各实验室均设
	准备室		18	24	—	—	各实验室均设
	标本陈列室		42	42	—	—	可设陈列室或陈列廊
	史地教室		—	96	—	3.1	
	资料储藏室		12	12	—	—	历史、地理课分设储藏室
	资料陈列空间		—	30	—	—	
专用教室	计算机教室		95	100	3.1	3.1	可兼用于语言课
	辅助用房		24	24	—	—	
	语言教室		95	96	3	3	
	情景对话教室		95	96	3	3	设相应课程的学校设置
	语言资料室		24	24	—	—	
	美术教室		97	109	3	3.1	按写生教室设置
			91	—	3	—	按书画教室设置
	教具室		24	24	—	—	
	书法教室		95	100	3	3.1	
	书法资料室		12	12	—	—	
	音乐教室		77	82	3	3.1	
	唱游课教室		108	—	3	—	
	乐器存放室		24	24	—	—	
	舞蹈教室		157	157	4.5	4.5	兼供技巧武术、形体用时面积可为204
	辅助用房		12	12	—	—	
	风雨操场		899或988	899或988			随设置项目确定面积与高度
	体育器材室		40	40	—	—	
	游泳池(馆)		6×25m泳道	8×50m泳道			
	辅助用房		114	120	—	—	
	劳技教室		87	96	3.1	3.1	
	辅助用房		12	18	—	—	
公共教学活动空间	合班教室		95	—	—	—	阶梯式,可容纳2个班
			172	202	—	—	阶梯式,可容纳4个班
	辅助用房		12	24	—	—	
	图书室(学生阅览)		1.8/座	1.9/座	—	—	每一阅览室的座位数及书库藏书量按各地区办学条件规定计算
	图书室(教师阅览)		2.3/座	2.3/座	—	—	
	图书室(视听阅览)		1.8/座	2.0/座	—	—	
	图书室(报刊阅览)		1.8/座	2.3/座	—	—	
	图书室(开架藏书)		400~500册/m²		—	—	各地不同
	图书室(闭架藏书)		500~600册/m²		—	—	各地不同
	图书室(密集书架)		800~1200册/m²		—	—	
	图书室(视听资料)		12	12	—	—	
	图书室(采编空间)		32	32	—	—	
	图书室(借书空间)		10	10	—	—	含集体借书
	德育展览空间		60/校	60/校	—	—	
	学生社团工作室		8	10	—	—	间数依需要
	体质测试室		40	42	—	—	含候室
	心理咨询室		47	47	—	—	依学校规模调整
	心理活动室		47	47	—	—	供学生观摩自编自演心理剧用
	任课教师办公室		5/人	5/人	—	—	

注:小学不含非完全小学。

中小学校 [2] 校园

场地选址

1. 中小学校应建设在阳光充足、空气流动、场地干燥、排水通畅、地势较高的宜建地段。校内应有布置运动场地和设置基础市政设施的条件。

2. 城镇完全小学的服务半径宜为500m，城镇初级中学的服务半径宜为1000m。

3. 多个学校校址集中或组成学区时，各校宜合建可共用的建筑和场地。分设多个校址的学校可依教学及其他条件的需要，分散设置或在适中的校园内集中建设可共用的建筑和场地。

4. 学校周边应有良好的交通条件，宜设置临时停车场地。与学校毗邻的城市主干道应设置适当的安全设施，以保障学生安全跨越。

5. 禁止建设在地震、地质塌裂、暗河、洪涝等自然灾害及人为风险高的地段和污染超标的地段；应远离殡仪馆、医院的太平间、传染病房等建筑和易燃易爆场所。

6. 高压电线、长输天然气管道、输油管道严禁穿越或跨越学校校园；当在学校周边敷设时，安全防护距离及防护措施应符合相关规定。

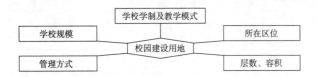

1. 学校建设内容因所在地区的自然、人文、资源环境差异及规划要求而不同。
2. 学制含完全小学、非完全小学、初级中学、高级中学、完全中学、九年制学校。
3. 管理方式有市直属、区属、大专院校附设、民办等多种；含专读制、寄宿制。
4. 建筑层数：小学不高于4层，中学不高于5层。

1 学校基地规模确定关系图

中小学校主要体育项目的用地计算参考值　　　　表1

项目	最小场地（m）	最小用地（m²）	备注
广播体操	—	小学2.88/生 中学3.88/生	按全校学生生数计算，可与球场共用
60m直跑道	92.00×6.88	632.96	4道
100m直跑道	132.00×6.88	908.16	4道
	132.00×9.32	1230.24	6道
200m环道	91.00×50.20（60m直跑道，环道内侧半径18m）	4659.20	4道环形跑道；含6道直跑道
	132.00×50.20（100m直跑道，环道内侧半径18m）	6626.40	
300m环道	136.55×62.20	8493.41	6道环形跑道；含8道100m直跑道
400m环道	176.00×92.08	16206.08	6道环形跑道；含8道、6道100m直跑道
足球（11人制）	94.00×48.00	4512.00	—
篮球	32.00×19.00	608.00	
排球	24.00×15.00	360.00	
网球	36.57×18.29	668.87	
羽毛球	16.4×7.58	124.31	
乒乓球	14.00×7.00	98.00	
棒球	40.50×40.50	7614.30	
垒球	24.10×26.10	3850.00	
跳高	坑5.10×3.00	706.76	最小助跑半径15.00m
跳远	坑2.76×9.00	248.76	最小助跑长度40.00m
立定跳远	坑2.76×9.00	59.03	起跳板后1.2m
铁饼	半径85.50的40°扇面	2642.55	落地半径80.00m
铅球	半径29.40的40°扇面	360.38	落地半径25.00m
武术、体操	14.00宽	320.00	包括器械等用地

注：体育用地范围计量界定于各种项目的安全保护区（含投掷类项目的落地区）的外缘。

用地设置

1. 应集约用地，合理利用地下空间，提高土地利用率。

2. 除依所在地规定计量容积率外，中小学校的土地利用效率宜以"学校可比容积率"判断。

3. 学校可比容积率=地上总建筑面积/学校可比总用地面积（"学校可比总用地面积"是指建设用地中扣除环形跑道占地后的用地面积）。

4. 建设用地包括建筑用地、体育用地、绿化用地、道路及广场停车场用地。宜预留发展用地。

（1）建筑用地：包括全部地上建筑物、构筑物、棚架用地。

（2）体育用地：各种场地、用地指标见表1。

各种场地的数量依规模、体育课时及学生每天在校参加有组织的体育锻炼1小时计算。

（3）绿化用地：包括集中绿地、零星绿地、水面和供教学的种植园及小动物饲养园。

各种绿地内的步行甬道计入绿化用地；

铺栽植被达标的绿地停车场用地计入绿化用地；

宽度不小于8m的绿地计入集中绿地；

体育场地不计入绿地；

地下建（构）筑物顶部栽植覆土厚度达到学校所在地规定，且乔木种植量达标的用地计入绿化用地。

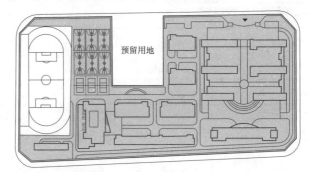

图示中有底色部分为学校可比总用地面积，即校园中除环形跑道及预留用地外的用地，与学生总人数成比例增减。

2 学校可比容积率图示

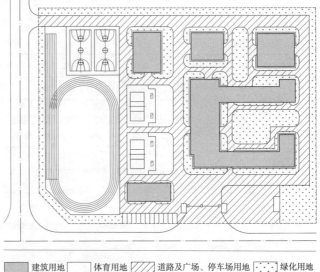

图例：■ 建筑用地　□ 体育用地　▨ 道路及广场、停车场用地　⋯ 绿化用地

3 中小学校用地示意图

总平面

1. 校园出入口

中小学校的校园应设置2个出入口；宜设置机动车专用出入口。应避免人流、车流交叉。出入口应与市政交通衔接，但不应直接与城市主干道连接。校园主要出入口应设置缓冲场地，需考虑家长接送学生的停车问题，以及为校园出入口外教师与家长交接预留空间。

2. 校园道路

校园应设消防车道。校园道路每通行100人道路净宽0.70m。每一路段的宽度应按该段道路通达的建筑物容纳人数之和计算，且每段道路的宽度不宜小于3.00m。

3. 升旗广场

中小学校应在校园的显要位置设置国旗升旗场地。

4. 教学用房

各类小学的主要教学用房不应设在四层以上；各类中学的主要教学用房不应设在五层以上。以教学年级班为单位，设计平面及布置层次。要求见表1。

平面布局设计要求 表1

设计要求 / 各部分名称	好的朝向	安静的环境	对外联系方便	靠近门厅	可为独立单元	考虑彼此干扰问题			靠近室外出入口	紧靠校门	有专用场地	好的通风
						教室	专业教室	实验室 教师办公室				
低年级教室	○	○			○			○	○			○
普通教室	○	○			○							○
实验室	○							○				○
音乐教室						○	○	○				
专业教室						○		○				○
学生休息室		○				○						
图书阅览室	○	○										
科技活动室		○	○									
体育用房			○		○			○	○		○	
教室办公室			○									
行政办公室			○	○								
劳动教室 技术教室			○								○	
医务室			○	○								
传达室			○	○					○	○		
职工食堂					○				○			
学生厕所									○			
教师厕所									○			

注：○代表关系紧密。

布局类型

1. 布局的集中与分散

建筑和体育场地的集中与分散布局类型，很大程度上取决于基地的大小和形状。

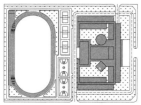

a 集中式　　　　　　　　　b 分散式

1 布局的集中与分散

2. 空间的主导与中心

空间的主导与中心的形成和基地的大小、形状有关，和学校的使用模式有关，也和公共空间的限定方式有关。

 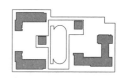

基地狭小以保证体育场地的排布为先　　体育场地、图书馆、风雨操场等校园共享设施的布局以方便两校合用

a 以体育场地为主导　　b 以校园公共设施为主导的两校合用模式

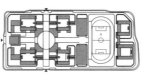

强调整体校园公共空间的界面限定和序列组织，不突出某一建筑单体　　以校园中心建筑为核心节点，形成校园主要轴线或若干公共空间

c 以校园公共空间为主导　　d 以校园中心建筑为主导

2 空间的主导与中心

声环境

1. 各教室之间应避免噪声干扰，室内噪声级应在50dB以下。

2. 学校主要教学用房设置窗户的外墙与铁路路轨的距离不应小于300m，与高速路、地上轨道交通线或城市主干道的距离不应小于80m。

3. 各类教室的外窗与相对的教学用房或室外文体活动场地边缘间的距离不应小于25m。

各种活动产生的声级（单位：dB） 表2

标准	普通教室		音乐教室 合唱	劳技教室	运动场		广播操
	朗读	教师讲课			自由活动	体育课	
<50	90~95	70~80	82~96	>80	65~85	70~80	>80

日照

1. 教学用房大部分要有合适的朝向和良好的通风条件。朝向以南向和东南向为主。南向普通教室冬至日底层满窗日照不应小于2小时。

2. 主采光面位于学生座位左侧。

3. 至少应有1间科学教室或生物实验室能在冬季获得直射阳光。

风环境

1. 应根据学校所在地的冬夏主导风向合理布置建筑物及构筑物。

2. 为了采光通风，教学楼以单内廊或外廊为宜，对教室天然采光要求高的教学用房避免中内廊。实验室、计算机教室可以采用中内廊。

3. 食堂不应与教学用房合并设置，宜设在校园的下风向。

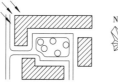 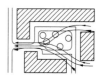

a 冬季主导风向（被建筑物遮挡）　　b 春夏秋季主导风向（有效疏导气流）

图中建筑物布置方式有效地阻挡了冬季主导风向，而春、夏、秋季的气流则有效地通过建筑布置引入内环境，提高了舒适性。

3 建筑布置与主导风向

中小学校 [4] 体育场地

基本要求

1. 场地平整，安全。
2. 室外田径场及足球、篮球、排球等球类场地的长轴宜南北向布置；长轴南偏东宜小于20°，南偏西宜小于10°。
3. 各体育场地间需预留安全分隔设施的安装条件。
4. 场地需进行排水设计。
5. 在体育场周边的适当位置宜设置洗手池、洗脚池等附属设施。
6. 当体育场地中心与最近的卫生间距离超过90m时，需要附建室外厕所；所建室外厕所的服务人数可依学生总人数的15%计算。室外厕所宜预留防灾避难时扩建的条件。

场地尺寸

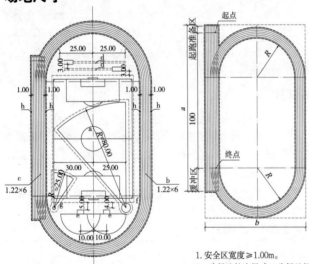

1. 安全区宽度≥1.00m。
2. a 为场地长边尺寸，b 为场地短边尺寸，R 为环道内径。a 根据起跑准备区及缓冲区长度的选择进行调整，b 根据环道内径 R 及跑道数量的设置进行调整。

- a 11人制足球场
- b 环形跑道
- c 100m直跑道
- d 跳远及三级跳场地
- e 跳高场地
- f 铁饼场地
- g 铅球场地
- h 安全区

1 400m环形跑道场地综合布置图

学校田径运动场尺寸　　　　　　　　　　　　　　　　表1

类型	子项	场地尺寸(m)				转弯半径(m)			跑道宽度(m)	
		A	B	C	L	R	r_1	r_2	D	d
400m环形跑道类型	普通400m环形跑道	92.08	174.03	73.00	84.39	36.50	36.50	—	7.32	9.76
	A型双曲率式400m跑道	99.08	166.67	80.00	80.03	35.00	51.50	34.00	7.32	9.76
	B型双曲率式400m跑道	91.08	169.61	72.00	98.53	27.22	48.00	24.00	7.32	9.76
	C型双曲率式400m跑道	90.80	172.24	71.72	95.60	30.00	40.00	25.86	7.32	9.76

注：尺寸标注见 2。

学校田径运动场尺寸　　　　　　　　　　　　　　　　表2

类型	子项	场地尺寸(m)						转弯半径(m)		跑道宽度(m)	
		A	B	C	L	l_1	l_2	R	r_1	r_2	D	d
200m环形跑道类型	A型200m环形跑道(200m从直道上起跑)	52.64	165.49	36.00	42.51	37.61	57.49	18.00	18.00	—	4.88	7.32
	B型200m环形跑道(200m从弯道上起跑)	50.20	127.88	36.00	42.51	37.61	—	18.00	—	—	4.88	7.32

注：尺寸标注见 3。

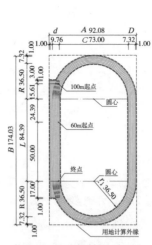

a 普通400m环形跑道场地平面图

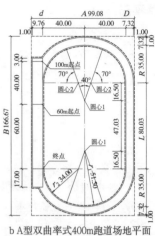

b A型双曲率式400m跑道场地平面图（半径51.50m和34.00m）

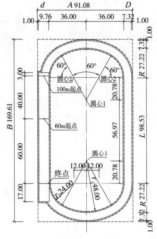

c B型双曲率式400m跑道场地平面图（半径48.00m和24.00m）

d C型双曲率式400m跑道场地平面图（半径40.00m和25.86m）

2 400m环形跑道场地图

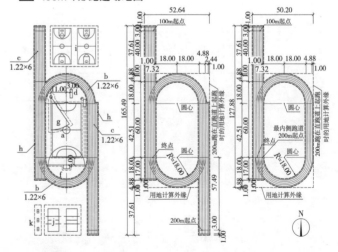

- a 5人制足球场
- b 环形跑道
- c 直跑道
- d 立定跳远场地
- e 跳远及三级跳场地
- f 跳高场地
- g 铅球场地
- h 安全区
- i 篮球场地
- j 排球场地
- k 乒乓球场地

左图与中图：
A型200m环形跑道场地平面图（200m从直道上起跑）

右图：
B型200m环形跑道场地平面图（200m从弯道上起跑）

3 200m环形跑道场地与综合布置图

供暖通风设施 [5] 中小学校

设计要点

中小学校建筑的供暖通风与空气调节系统的设计应满足舒适度与绿色建筑的要求。

1. 中小学校建筑的集中供暖系统应以热水为供热介质，并实现分室控温，宜有分区或分层控制手段。
2. 各房间通风换气量应符合规定要求。
3. 教学用房、学生宿舍在夏季通过开窗通风不能达到基本热舒适度时，应设置空调或安装电风扇。

新风换气机

在严格要求新风量或没有条件自然进风的情况下，可以采用新风换气机进行集中进、排风。

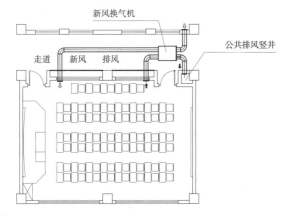

① 教室新风换气机

集中排风

化学实验室的桌式排风经过桌下集中管道排至室外，排放口远离有人员行动的空间。

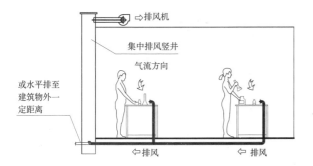

② 集中排风

窗式通风方式

窗式进风由幕墙通风器实现进风，窗式通风器安装在固定窗框的上部或下部，适用于塑钢、铝合金以及木窗，具有防尘、防虫的优点，清洗方便，通风器可以与窗框及玻璃严密结合，具有良好的防水、防风性能。

窗式通风器测试条件下，每延米进风量为120m³/h。

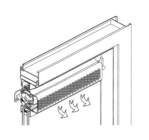 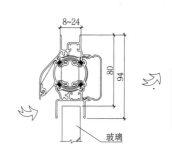

③ 窗式通风器结构示意图

④ 窗式通风器安装位置示意图

侧墙进风通风方式

在进风量可实现的条件下，可以在散热器上方侧墙处安装侧墙进风器，侧墙进风器可以实现过滤、消声、平衡风量等功能。进风管φ100~150mm，测试条件下，进风量80~120m³/h。

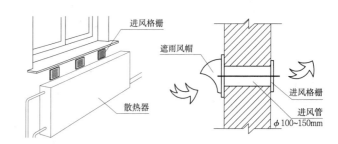

⑤ 侧墙进风详图

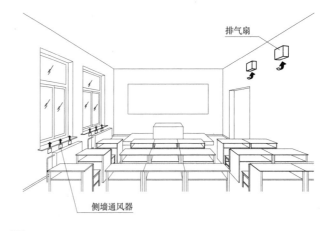

⑥ 侧墙进风器安装位置示意图

中小学校 [6] 给水排水设施

基本要求

中小学校需设置完善的给水排水设施。给水排水设施应便于学生使用并保证使用安全。

1. 卫生器具及设备的设置需与学校规模及建设条件相匹配。卫生器具选型需考虑学生的生理、心理特点，以及课间集中使用等特点。
2. 用水器具和配件需采用节水性能良好、坚固耐用，且便于管理维修的产品。室内消火栓箱、灭火器箱等不宜采用普通玻璃门。
3. 设备及管线布置需考虑噪声、振动等对环境的影响。水泵房宜独立设置，不宜设置在教学建筑内。当必须设置在教学建筑内时，水泵房的围护结构、设备及管道安装等均需设置消声及减振措施。排水立管不宜设置在教室、实验室等安静要求较高的房间内，当受条件限制必须设置时，排水立管需暗装，并选用低噪声管材。
4. 根据地区差异及生活习惯合理设置饮用水的供应设施，提供足够方便的开水或饮用净水。
5. 根据所在地的自然条件、水资源情况及经济技术发展水平，合理设置雨水收集利用系统。
6. 按当地有关规定配套建设中水设施。
7. 化学实验室、食堂等房间排出的废水，应经过处理后再排入排水干管。
8. 运动场地需进行排水设计。

设施构成

中小学校的给水排水设施主要包括校区给水排水、建筑内部给水（包括冷水、热水及饮水供应）、建筑内部排水、建筑消防、体育场给水排水、屋面雨水排水及游泳池循环净化等设施。

运动场地排水设施

1. 球类场地宜以中线或纵向对称中线为分水线，坡向排水沟。
2. 排水坡度根据场地面层材质及建设条件确定。一般控制在0.3%~0.8%的范围内。

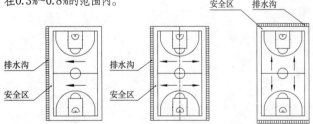

[1] 篮球场排水示意图（横向单侧排水、横向双侧排水、纵向排水）

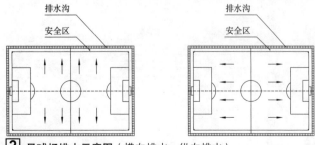

[2] 足球场排水示意图（横向排水、纵向排水）

雨水收集、利用设施

可采用雨水入渗系统、收集回用系统、调蓄排放系统之一或者进行系统组合。校园内如果有景观水体，一般优先考虑用雨水作为水体补充用水。校园内如果绿化较多，土壤有足够的入渗能力，雨水可进行入渗处理。

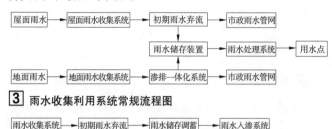

[3] 雨水收集利用系统常规流程图

[4] 雨水入渗利用流程图

实验室废水排放

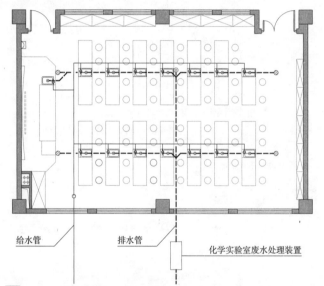

[5] 无机化学实验室给水排水管道示意图

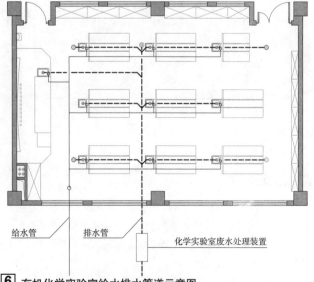

[6] 有机化学实验室给水排水管道示意图

基本要求

电气设施需安全、高效、节能。

1. 学校的总配电箱和电能计量装置宜位于负荷中心。各层应分别设置电源切断装置。
2. 附设在建筑物内的变电所，不应与教室相贴邻。
3. 建筑物内各层应分别设置强、弱电竖井。竖井宜避免邻近烟道、热力管道和其他散热量大或潮湿的设施。
4. 实验室内管线多时应采取加厚楼层地面的做法。
5. 实验室教学用电需设专用配电线路。电学实验室需设交、直流电源装置，电源控制箱宜设置在教师演示桌内，学生实验桌上需设置一组包括不同电压的电源插座，每一电源宜分设开关。
6. 教室内照明灯具应选用高效节能灯具，且具有分路控制及节电措施；应设置专用黑板照明灯具；课桌照明灯具长轴方向需与黑板垂直。

系统构成

电气系统主要包括供配电系统、照明系统、动力配电系统、校园信息设施系统、校园公共安全系统等。

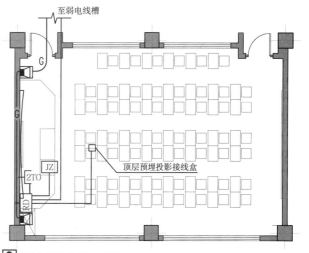

3 教室弱电布置示意图

4 强电竖井布置示意图　　**5** 弱电竖井布置示意图

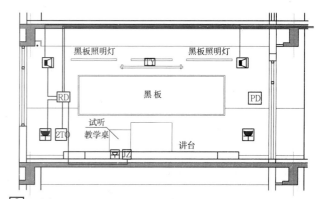

6 教室前立面电气布置示意图

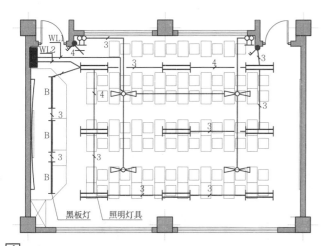

1 教室照明布置示意图

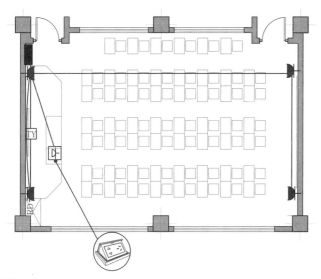

2 教室插座布置示意图

图例示意及安装说明　　表1

图例	设备名称	型号及规格	安装高度
	壁装扬声器	预留86暗装底盒	下皮距地2.8m壁装
JZ	视听教学桌接线盒	专用接线盒	讲台暗装
RD	弱电综合箱	内置广播功放	下皮距地1.5m暗装
2TO	双孔信息插座	预留86暗装底盒	下皮距讲台0.3m暗装
PD	暗装配电箱	~220V	下皮距地1.5m暗装
	电源插座	~220V, 10A	下皮距讲台0.3m
	铜制地面电源插座	~220V, 10A	讲台暗装
TY	投影幕电源接线盒	预留86暗装底盒	黑板上沿0.2m暗装
	摇头电风扇	~220V	顶棚安装
B	专用黑板照明灯具	~220V	顶棚安装
	教室照明灯具	~220V	顶棚安装

中小学校 [8] 建筑构成

功能构成

1. 基本功能

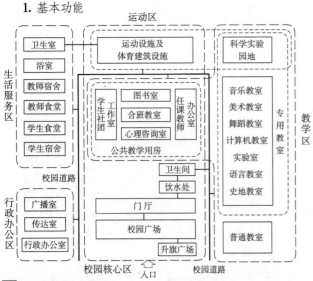

[1] 基本功能与模块划分

教学区：含普通教室、专用教室、公共教学用房。专用教室包括美术教室、音乐教室、语言教室、计算机教室等；公共教学用房包括图书室、合班教室、任课教师办公室、学生社团工作室等。

行政办公用区：含行政办公室、传达室、广播室、卫生室等。

生活服务区：含学生食堂、教师食堂、浴室、学生宿舍、教师宿舍、设备用房等。

运动区：含运动场地、体育建筑设施等。

校园核心区：含升旗广场、校园广场。

2. 校园空间和共享设施

校园空间可以划分为教学活动区、校园核心区（可以是校园广场、升旗广场，也可以是集中绿化区）、生活活动区、体育活动区、其他零星活动区（含供学生活动、交流、读书的公共或私密的各种小空间）。

校园空间构成　　　　　　　　　　　　　表1

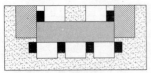

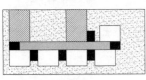

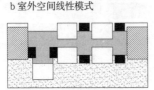

□教学用房　■服务设施　▨共享空间　▨主要交通　□室外场地

[2] 室内外公共空间转换

功能构成模式　　　　　　　　　　　　　表2

基本模式	变化模式
集中式：公共教学用房居中布置，最大程度减小交通距离，教室在两翼，产生小组群	
分支式：公共教学用房单侧布置，分区明确，干扰小，可以形成尽量多的教室小组群，并围合出室外空间	集中分支式：兼顾交通距离、功能分区、教室小组群和室外空间的形成
哑铃式：公共教学用房在教室两侧尽端布置，功能分区明确，教室不易形成小组群	哑铃群簇式：教室形成小组群，在主交通上增加二级交通，分区明确，空间丰富，生长性强
庭院式：室外空间限定明确，功能分区明确	庭院群簇式：教室形成小组群，共享公共教学用房，交通联系方便，分区明确，空间聚合感强

注：□主要交通，■服务设施，▨普通教室，▨公共教学用房。

拼组构成

1. 单元组合

普通教室是最基本的使用单元，可以以一个教室为单元进行拼组；也可以几个教室拼组形成一个基本单元，再次拼组形成小组群。

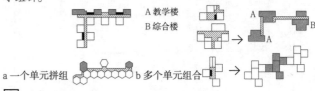

a 一个单元拼组　　b 多个单元组合

[3] 单元组合示意

2. 形态构成

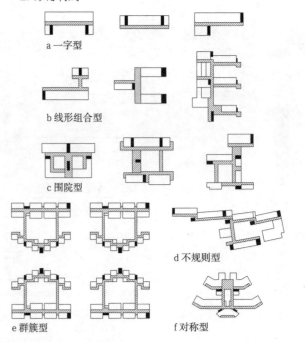

a 一字型

b 线形组合型

c 围院型

d 不规则型

e 群簇型　　　　f 对称型

[4] 建筑平面形态构成　　□教室　■楼梯　▨走廊或外廊

建筑物出入口

1. 校园内除建筑面积不大于200m²、人数不超过50人的单层建筑外，每栋建筑应设置2个出入口。单栋建筑面积不超过500m²，且耐火等级为一、二级的低层建筑可设1个出入口。
2. 教学用房在建筑的主要出入口处宜设门厅。
3. 教学用建筑物出入口净通行宽度不得小于1.40m，门内与门外各1.50m范围内不宜设置台阶。
4. 在寒冷或风沙大的地区，教学用建筑物出入口应设挡风间或双道门。
5. 教学用建筑物的出入口应设置无障碍设施，并应采取防止上部物体坠落和地面防滑的措施。
6. 停车场地及地下车库的出入口不应直接通向师生人流集中的道路。

a

b

c

图a、图c适用于严寒、寒冷或风沙较大的地区。
图b适用于设置单道门的建筑。

1 建筑物出入口平面示例

门厅

门厅为教学楼主要交通枢纽，是学校公示、宣传和交流中心，需要设置布告牌等展示空间。

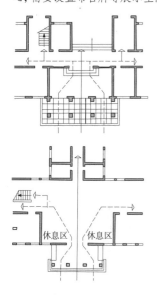

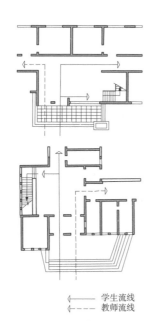

→ 学生流线
→ 教师流线

2 门厅交通分析示意图

建筑物室内外结合部

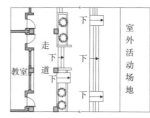
a 示例一

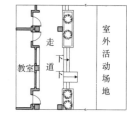
b 示例二

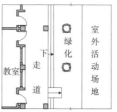
c 示例三

教学楼与室外活动场地间设计应防止噪声干扰，并提供休憩观赏空间。

3 分隔室内外空间的设计手法

a 建筑物出入口上设置雨篷一   b 建筑物出入口上设置雨篷二

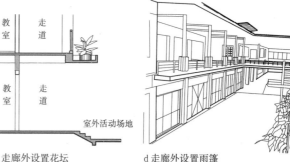
c 走廊外设置花坛   d 走廊外设置雨篷

中小学校建筑物室内外结合部应设计防止上部掉落杂物的措施，避免对下方出入的师生造成安全隐患。

e 合理布局走廊空间

4 建筑室内外结合部安全设计示意图

楼梯

1. 教学用房的楼梯梯段宽度不应小于1.2m，并应按0.6m的整数倍增加梯段宽度。每一独立建筑物内最少需要2部楼梯。疏散楼梯不得采用螺旋楼梯和扇形踏步。楼梯两梯段间楼梯井净宽不应大于0.11m；大于0.11m时，必须采用有效的安全防护措施。两梯段扶手间的水平净距宜为0.10~0.20m。

2. 中小学校楼梯扶手的设置应符合下列规定：楼梯宽度为2股人流时，应至少在一侧设置扶手；楼梯宽度达3股人流时，两侧均应设置扶手；楼梯宽度达4股人流时，应加设中间扶手。

3. 除首层及顶层外，教学楼疏散楼梯在中间层的楼层平台与梯段接口处宜设置缓冲空间。

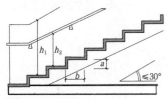

1 楼梯基本尺寸

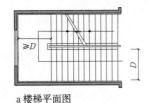

2 无梯井式楼梯

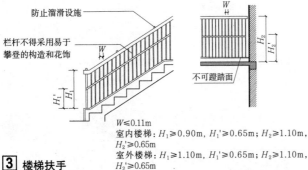

3 楼梯扶手

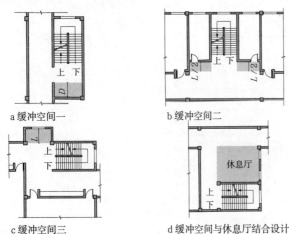

4 楼梯缓冲空间

走道

1. 教学用建筑的走道宽度应符合下列规定：应根据在该走道上各教学用房疏散的总人数，按照《中小学校设计规范》GB 50099规定计算走道的疏散宽度。

2. 走道宜适度加宽，满足学生进行社交、聊天、研讨、游戏活动的功能。

3. 一层走道与教室之间不应设高差，以免造成学生活动的危险。二层及以上走道应避免突然的高差或排水沟细缝，防止学生跌倒受伤。外廊栏杆高度不应低于1100mm。栏杆不应采用易于攀登的花格。

a 内走道　　b 外廊

1. 走道最小宽度：
教学用房外廊≥1.8m，内走道≥2.4m；行政及教师办公用房走道≥1.5m。
2. 走道内的壁柱、消火栓、教室开启的门窗等设施所占用的空间不得计入疏散宽度。
3. 中小学校的建筑物内，当走廊有高差变化应设置台阶时，台阶处应有天然采光或照明，踏步级数不得少于3级，并不得采用扇形踏步。

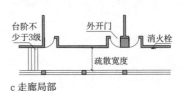

5 走廊形式及设计要点

坡道

当走道中高差不足3级踏步时，应设置坡道。坡道的坡度不应大于1:8，不宜小于1:12。

坡道应做防滑处理；坡道和台阶在与走廊连接时应有一段缓冲空间，提醒行人注意走廊上突然的上下活动。

6 坡道

学生休息厅

由于课间休息时间段短，学生常常来不及到操场活动，可在教室附近设置休息厅，方便学生休息、活动、研讨及游戏。可结合走廊、楼梯缓冲区及教学楼间的连廊设置。集中式休息厅的大小以能放开1~2张乒乓球台为宜。休息厅数目依具体要求而定。

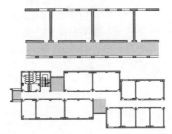

宽走道式休息厅，适用于外走廊式的校舍设计。走道宽度一般在2.5~3.3m之间。

综合式休息厅，结合走廊端部、楼梯间缓冲区及教室间设置。

7 学生休息厅

外墙

教学用房外墙应根据地区气候特点设计保温(或隔热)节能构造。

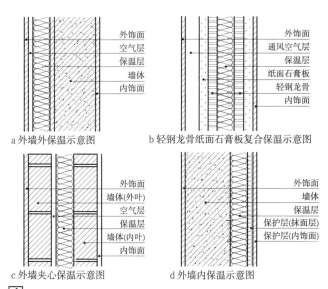

1 外墙保温构造

内墙

教学用房及公共活动区的墙体内饰面应耐擦洗，宜设墙裙。墙裙高度：小学不低于1.20m，中学不低于1.40m，舞蹈教室不低于2.10m，风雨操场不低于2.10m。阳角及方柱边缘宜做圆角。

内墙的隔声质量应符合国家有关标准规定　　　　表1

房间名称	空气声隔声标准	顶部楼板撞击声隔声单值评价量
语言教室、阅览室	≥50dB	<65
普通教室与不产生噪声的房间之间	≥45dB	<75
普通教室与产生噪声的房间之间	≥50dB	<65
音乐教室等	≥45dB	<65

门

教学用房的疏散门扇必须开向疏散方向，且不挤占走道的疏散通道，疏散门净通行宽度不小于0.90m。教学用房的门扇应附设观察窗，观察窗可采用镀膜玻璃，观察活动不干扰室内。

教学用房疏散通道上的门不得使用弹簧门、旋转门、推拉门、大玻璃门等不利于疏散通畅、安全的门。教学用房门应设置闭门器。

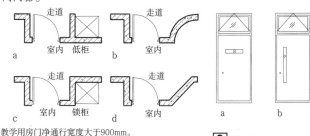

教学用房门净通行宽度大于900mm。

2 教学用房疏散门的设置　　**3** 教学用房门扇附设观察窗

窗

教学用房外窗的传热系数及气密性应按照国家和地方节能标准及要求确定。可根据不同地区气候情况选用不同的窗型，满足采光、通风、隔声要求，但不可使用有色玻璃。二层及二层以上临空外窗的开启扇不得外开。内平开窗开启扇的下缘低于2.0m时，开启后需平贴在固定扇上或平贴在墙上。

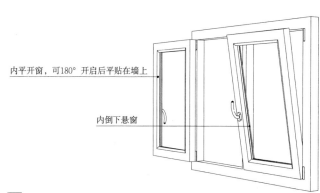

4 180°内平开窗、内倒下悬窗开启示意图

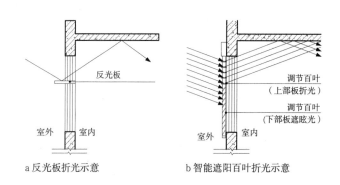

a 反光板折光示意　　b 智能遮阳百叶折光示意

5 反光板与遮光百叶示意

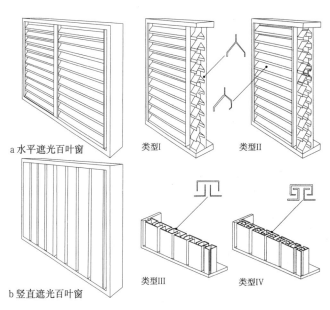

a 水平遮光百叶窗

b 竖直遮光百叶窗

6 遮光通风窗（用于光学实验室、暗室等房间）示意图

中小学校 [12] 中小学学生人体尺度与教室基本设备

中小学学生人体尺度

中小学学生身高及各部尺寸（单位：mm）　　　表1

年龄	H 男	H 女
7~	1255	1241
8~	1307	1294
9~	1358	1350
10~	1409	1413
11~	1463	1472
12~	1524	1522
13~	1599	1560
14~	1653	1578
15~	1688	1585
16~	1705	1590
17~	1714	1593
18~	1714	1593

注：本表数据摘自《2010年中国学生体质与健康调研报告》。

课桌椅尺寸及颜色标识

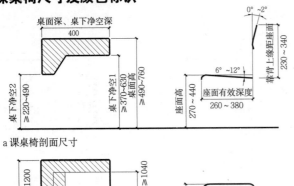

a 课桌椅剖面尺寸

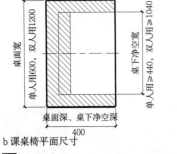

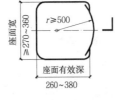

b 课桌椅平面尺寸

1 课桌椅尺寸

课桌椅各型号的身高范围及颜色标识（单位：mm）　　表2

课桌椅各型号	桌面高	座面高	身高范围	颜色标识
0号	790	460	≥1800	浅蓝
1号	760	440	1730~1870	蓝
2号	730	420	1650~1790	白
3号	700	400	1580~1720	绿
4号	670	380	1500~1640	白
5号	640	360	1430~1570	红
6号	610	340	1350~1490	白
7号	580	320	1280~1420	黄
8号	560	300	1200~1340	白
9号	520	290	1130~1270	紫
10号	490	270	≤1190	白

注：①、表2摘自《学校课桌椅功能尺寸》GB 3976-2014。

讲台、黑板、白板

讲台（单位：mm）　　　表3

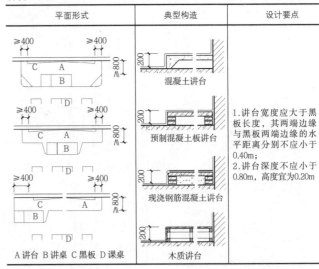

A 讲台　B 讲桌　C 黑板　D 课桌

设计要点：
1. 讲台宽度应大于黑板长度，其两端边缘与黑板两端边缘的水平距离分别不应小于0.40m。
2. 讲台深度不应小于0.80m，高度宜为0.20m

黑板、白板　　　表4

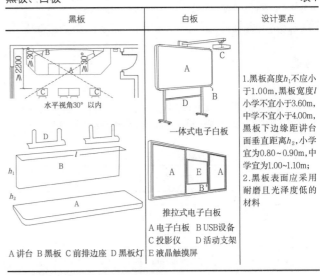

A 电子白板　B USB设备
C 投影仪　　D 活动支架
A 讲台　B 黑板　C 前排边座　D 黑板灯

设计要点：
1. 黑板高度h_1不应小于1.00m，黑板宽度l小学不宜小于3.60m，中学不宜小于4.00m，黑板下边缘距讲台面垂直距离h_2，小学宜为0.80~0.90m，中学宜为1.00~1.10m；
2. 黑板表面应采用耐磨且光泽度低的材料

视听器材设施

A 黑板　B 可上收屏幕（有条件的情况下可采用组合推拉白板或交互式电子白板）
C 投影仪　D 讲桌+多媒体教学机（有条件的情况下可采用数位讲台）　E 音箱　F 黑板灯

2 教室内视听器材设置示意图

普通教室 [13] 中小学校

设计要求

1. 教室需有良好的朝向，充足而均匀的光线，避免直射阳光的照射，以自学生座位左侧射入光线为主。普通教室冬至日满窗日照应不小于2小时。教室为南向外廊式布局时，应以北向为主要采光面。课桌面采光系数≥2%，窗地比≥1:5，还应设置满足照度要求、用眼卫生要求的照明灯具。课桌面维持平均照度300lx，照度均匀度≥0.7，统一眩光值(URG) 19，显色指数Ra≥80。

2. 教室的声学环境，应满足空气隔声标准≥50db，顶部楼板撞击声隔声标准≤65db。

3. 教室内供暖设计温度≥18℃，换气量≥19m³/(h·人)。

4. 教室内应有保证教学活动所需的设施及设备(如黑板、电器教材、广播、计时设施等)，并应设有存放卫生用具、衣物、雨具等设施。

5. 教室设计应利于教学改革及引进电教设施(如音响、播映图像设备等)。

教室尺寸及面积参考指标 表1

类别	容量(人/班)		序号	教室净尺寸(进深×开间)(mm)	教室轴线尺寸(进深×开间)(mm)	使用面积(m²)	人均使用面积(m²)	
	近期	远期					近期	远期
小学	45	40	1	6960×8760	7200×9000	60.97	1.35	1.52
			2	6660×9060	6900×9300	60.3	1.34	1.51
			3	7260×8460	7500×8700	61.4	1.36	1.53
			4	7860×7860	8100×8100	61.8	1.37	1.54
中学	50	45	1	7860×8460	8100×8700	66.5	1.33	1.48
			2	7560×9060	7800×9300	68.5	1.37	1.52
			3	8460×8460	8700×8700	71.6	1.43	1.59
			4	7260×9660	7300×9900	70.1	1.40	1.56

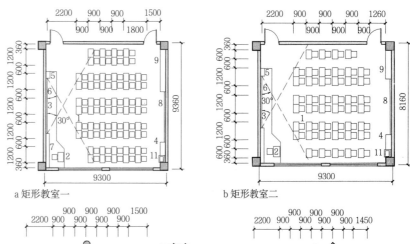

a 矩形教室一　　　　　　　　　b 矩形教室二

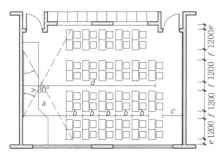

布置应满足视听及书写要求，便于通行并尽量不跨座而直接就座。
a >2200mm
b >900mm（非完全小学>850mm）
c >600mm
d <8000mm（中学<9000mm）
e >150mm
f >600mm（非完全小学>550mm）

1 教室布置及有关尺寸

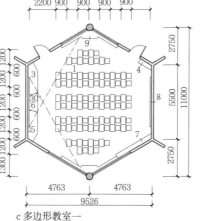 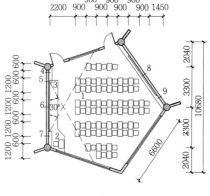

c 多边形教室一　　　　　　　d 多边形教室二

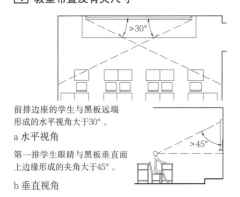

前排边座的学生与黑板远端形成的水平视角大于30°。
a 水平视角

第一排学生眼睛与黑板垂直面上边缘形成的夹角大于45°。
b 垂直视角

2 座位的良好视角

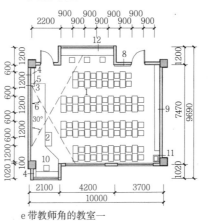 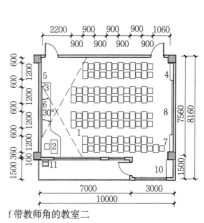

e 带教师角的教室一　　　　　f 带教师角的教室二

1 课桌　2 讲桌　3 讲台　4 清洁柜　5 音箱　6 黑板　7 书架柜　8 墙报布告板　9 衣服雨具架
10 教师角　11 洗手池　12 计算机角

3 教室的平面形式及课桌椅布置

中小学校 [14] 普通教室

教室空间布置

教室内各种空间所需设施、设备　　　　　　　表1

项目	内容	设施与设备
学习空间	上课、研讨等活动，自习	疏散通道宽度≥600mm
讲授空间	进行讲授、演示等活动，教材准备	黑板、讲台、讲桌、投影银幕、电源插座
储物空间	教材、教具的存放，生活用具存放，清洁用具存放	教具（教材）架（柜）、储物柜或搁架、雨具架、挂衣钩、清洁用品柜
展示空间	学生作业展览、宣传知识、信息通告	"学习园地"栏、布告展示栏

教室内部装修要求

1. 装修做法应安全、坚固、耐用，并便于维护、清洁。
2. 选材应以绿色建材为主。用材必须符合对室内环境污染控制有关的国家标准的规定。
3. 楼、地面需光滑适度、易于清洁、不起灰，且热工性能好。
4. 内墙饰面需耐久、无光泽、易擦洗。宜设墙裙。
5. 临空窗台不能低于0.90m。
6. 教室宜设转暗装置或遮光帘、百叶等。
7. 色彩：室内墙面宜采用反射系数高的浅淡色调，色彩不超过2~3种。前墙色彩应降低黑板与周围的亮度比。

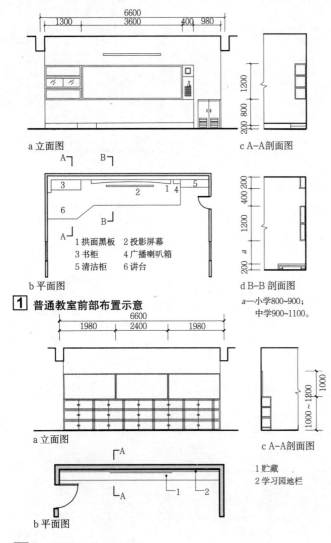

1 普通教室前部布置示意

2 普通教室后部布置示意

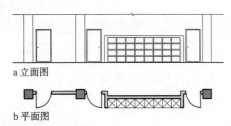

3 设置走廊储物柜布置示意图

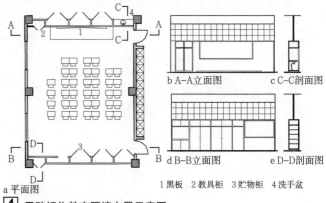

1 黑板　2 教具柜　3 贮物柜　4 洗手盆

4 用壁柜作教室隔墙布置示意图

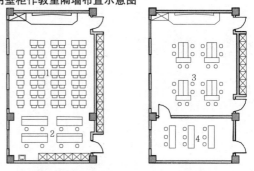

1 普通教学区　2 实验区　3 大组讨论区　4 小班学习区

5 扩展型普通教室平面示意图

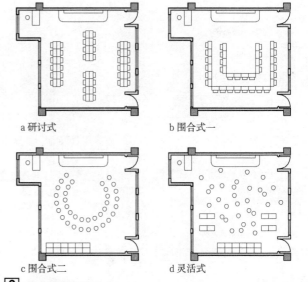

6 教室多种布置形式

普通教室单元平面及组合模式

普通教室单元平面及组合模式　　　　　　　　　　　　　　　　　　　　　　　表1

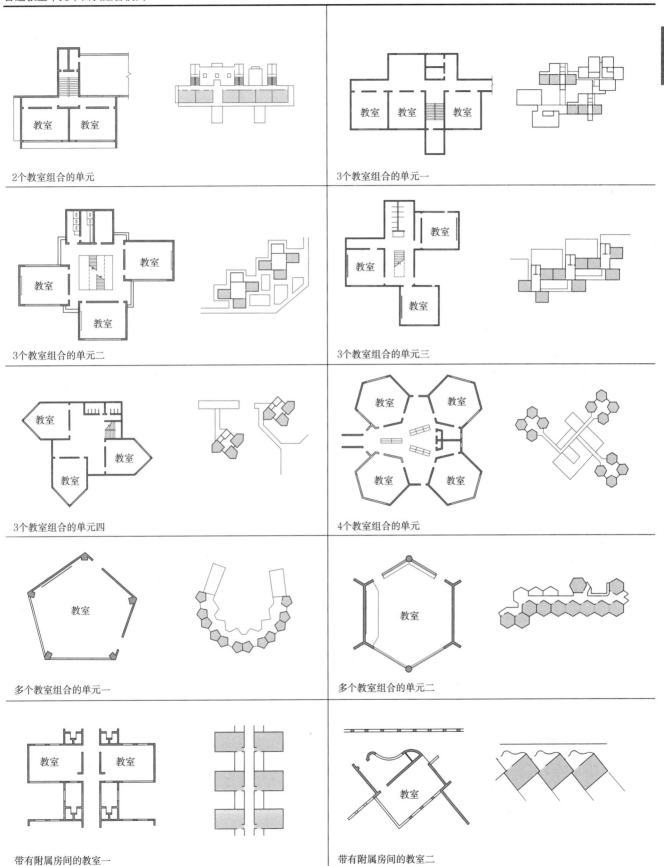

2个教室组合的单元	3个教室组合的单元一
3个教室组合的单元二	3个教室组合的单元三
3个教室组合的单元四	4个教室组合的单元
多个教室组合的单元一	多个教室组合的单元二
带有附属房间的教室一	带有附属房间的教室二

中小学校 [16] 新型普通教室（教学区）

新型普通教室（教学区）

1. 中小学教育发展，对普通教室空间提出多功能、灵活使用的要求，发展出多种新型普通教室（教学区）的空间类型。

2. 相比传统的普通教室的功能（学习、展示、储物）空间，新型普通教室增加了如计算机角、教师空间、角落安静空间等，使多种教学方法的实施成为可能。

3. 通过新型教室（教学区）内家具、隔墙等灵活布置，使教学空间具有灵活适应性。

4. 根据不同的教学方法和教学组织方式，主要有多功能普通教室、年级教学区、综合教学区等新型普通教学空间类型。

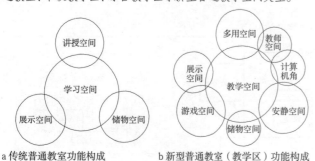

a 传统普通教室功能构成　　b 新型普通教室（教学区）功能构成

1 普通教室（教学区）功能构成发展比较

a 带有隔声滑动墙的教学区平面图

b 隔声滑动墙收起时的教学区室内透视图

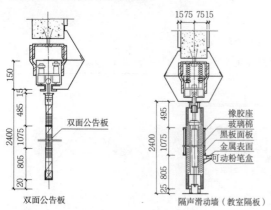

c 1-1 剖面图　　d 2-2 剖面图

2 新型普通教室（教学区）平面、透视及详图

3 台湾广英国小教室平面

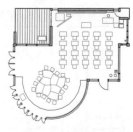

4 日本沙雷吉奥小学教室平面

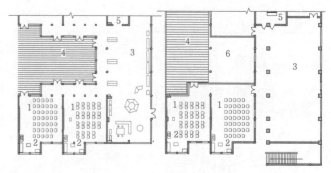

a 低年级学区　　b 中年级学区

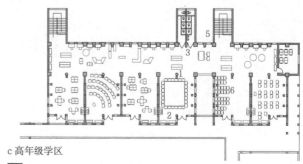

c 高年级学区

5 日本筑波市立东小学年级学区平面

1 教室　2 教师空间　3 室内开放空间　4 室外开放空间　5 辅助空间　6 天井　7 英文教室　8 小组活动　9 资源中心　10 社会课教室　11 研究室　12 国语教室　13 美术教室

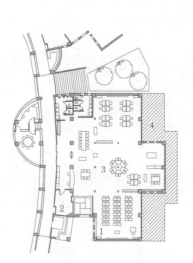

6 日本棚仓町立社川小学教学区平面

7 日本阿帕斯初级中学教学区平面

科学教室

1. 科学课程是使学生了解技术知识，掌握基本方法，树立科学思想，依此培养学生处理实验问题、参与公共事务的能力，并逐渐强化学生在科学、技术、社会、环境等多方面的认识与能力的教育。
2. 科学教室应附设仪器室、实验员室、准备室。
3. 冬季获得直射阳光的科学教室应在阳光直射的位置，设置摆放盆栽植物的设施。
4. 科学教室内应设置密闭地漏。
5. 宜在科学教室附近附设植物培养室，在校园下风方向附设种植园及小动物饲养园。

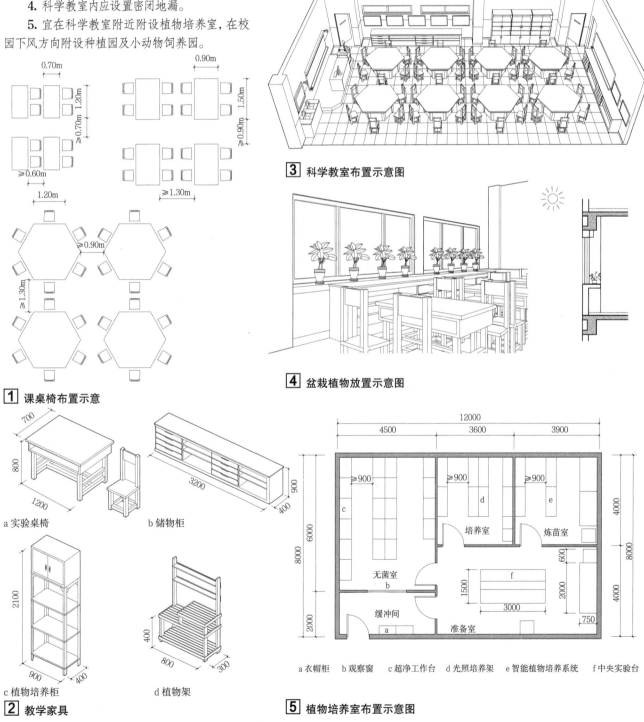

1 课桌椅布置示意

2 教学家具
a 实验桌椅　b 储物柜　c 植物培养柜　d 植物架

3 科学教室布置示意图

4 盆栽植物放置示意图

5 植物培养室布置示意图
a 衣帽柜　b 观察窗　c 超净工作台　d 光照培养架　e 智能植物培养系统　f 中央实验台

中小学校 [18] 实验室

空间组合

实验室应附设仪器室、药品室、实验员室、准备室等辅助用房。教师办公室可以根据实际情况选择设置,面积数由教师数量确定。各类实验室空间组合模式如下所示（天平室可附设于仪器室,置于固定平稳的天平桌台上）。

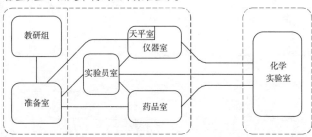

1 化学实验室功能构成模式图

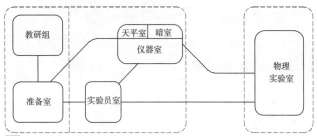

2 物理实验室功能构成模式图

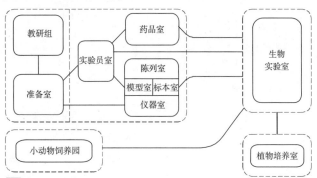

3 生物实验室功能构成模式图

面积

各类实验室面积参考指标　　表1

类别	面积（m²）	备注
化学实验室	99	—
力学实验室（物理）	125	按设置气垫导轨仪计算
光学实验室（物理）	96	暗室部分可依据具体工程设计
热学实验室（物理）	100	—
电学实验室（物理）	96	—
显微镜观察实验室（生物）	100	当前数值为显微镜分散存放,若集中存放,实验室所需面积稍大
解剖实验室（生物）	96	—

注：均按容纳50名学生、双人单侧实验桌横排布置计算。

辅助用房面积参考指标　　表2

类别	实验员室	仪器室	药品室	准备室	标本陈列室
面积（m²）	12.00	24.00	24.00	24.00	42.00

平面组合模式

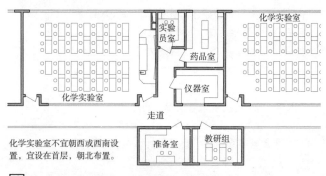

化学实验室不宜朝西或西南设置,宜设在首层,朝北布置。

4 化学实验室及辅助用房平面组合示意图

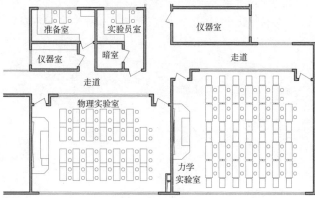

5 物理实验室及辅助用房平面组合示意图

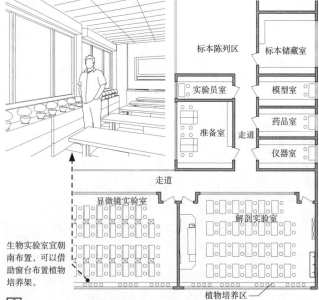

生物实验室宜朝南布置,可以借助窗台布置植物培养架。

6 生物实验室及辅助用房平面组合示意图

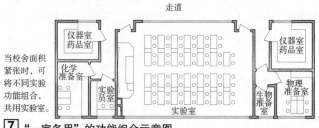

当校舍面积紧张时,可将不同实验功能组合,共用实验室。

7 "一室多用"的功能组合示意图

实验室家具及室内设施

实验桌贴墙布置时与侧墙或柱子的距离不小于0.15m。

实验桌与墙之间有通道时，通道净宽不小于0.60m。

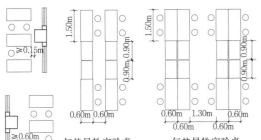

气垫导轨实验桌（双人单侧操作）　　气垫导轨实验桌（四人双侧操作）

双人单侧操作　　四人双侧操作　　岛式实验桌（6人）

1 各科实验桌布置的净距尺寸示意图

最前排实验桌距黑板不小于2.50m，最后一排实验桌距离黑板不大于11.0m，且距教室后墙不小于1.20m；边排座椅视角不小于30°。

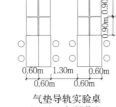

2 实验桌视角、视距要求

3 探究型实验室家具组合示意图

实验室辅助用房夹具示意图　　表1

准备桌	标本柜
仪器柜	仪器药品柜

实验室辅助用房夹具示意图　　续表

物理实验桌（单人双侧）	气垫导轨实验桌
物理实验桌（四人双侧）	电学实验桌
化学实验桌	化学教师演示实验桌
生物显微镜实验桌	生物解剖实验桌一
生物解剖实验桌二	周边实验台
探究型实验室实验桌示意一	探究型实验室实验桌示意二
大型岛式实验台	

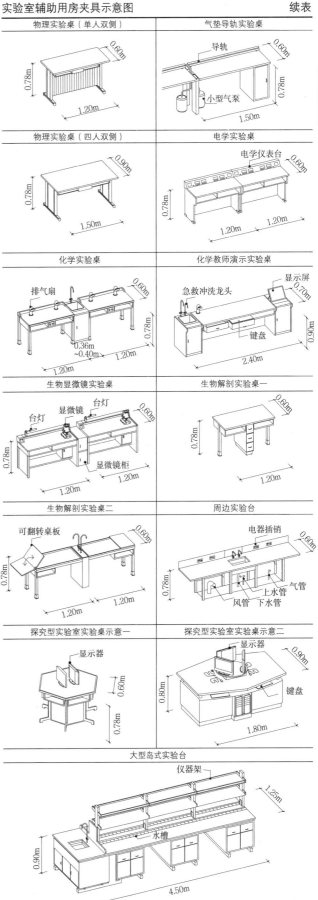

中小学校 [20] 物理实验室

物理实验室

1. 力学实验室需设置气垫导轨，在实验桌一端设置气泵电源插座；另一端与相邻桌椅、墙壁或橱柜的间距 d 不应小于 0.90m。

2. 光学实验室的门窗宜设遮光措施。内墙面宜采用深色。实验桌上宜设置局部照明。特色教学需要时可附设暗室。

3. 热学实验室应在每一实验桌旁设置给排水装置，并设置热源。

4. 电学实验室应在每一个实验桌上设置一组包括不同电压的交、直流电源插座，插座上每一电源宜设分开关，电源的总控制开关应设在教师演示实验桌内。

物理实验室净距尺寸控制　　　　　　　　　　　表1

类别	a	b	c	d
力学实验室	≥2500mm	≥1200mm	≥1800mm（900m×2）	≥900mm（单走道）
热学、光学、电学实验室	≥2500mm	≥1200mm	≥700mm	≥150mm（无走道）≥600mm（有走道）

注：表中 a、b、c、d 见 [1]～[4] 图中所示。

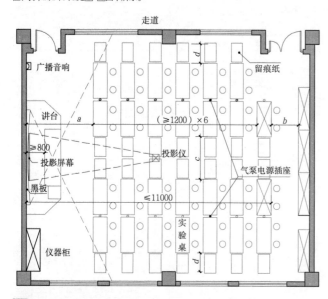

[1] 力学实验室布置示意图

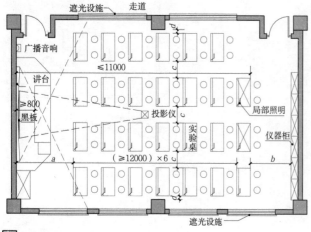

[2] 光学实验室布置示意图

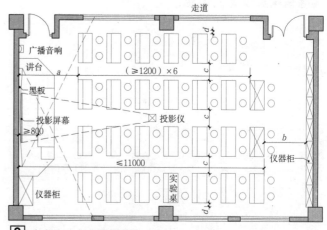

[3] 电学实验室布置示意图

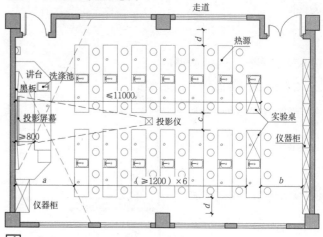

[4] 热学实验室布置示意图

[5] 北京四中电学实验室

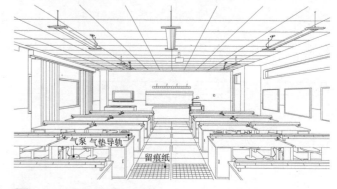

[6] 北京四中气垫导轨实验室

化学实验室

1. 化学实验室宜设在建筑物首层。化学实验室、化学药品室的朝向不宜朝西或西南。

2. 化学实验桌的端部应设洗涤池；岛式实验桌可在桌面中间设通长洗涤槽。每一间化学实验室内应至少设置1个急救冲洗水嘴，急救冲洗水嘴的工作压力不得大于0.01MPa。

3. 化学实验室的排风设置：

(1) 侧墙排风（必设）：侧墙至少应设置2个机械排风扇，排风扇下沿在距楼地面以上0.10~0.15m高度处。在排风扇的室内一侧设置保护罩，采暖地区为保温的保护罩。在排风扇的室外一侧设置挡风罩。

(2) 上排风：上悬式排风口，可升降、旋转。

(3) 台面排风：详见 5 化学实验台排风口示意。上排风、台面排风方式择一即可。

4. 化学实验室、药品室、准备室宜采用易冲洗、耐酸碱、耐腐蚀的楼地面做法，并装设密闭地漏，位置参见 1 。

化学实验室净距尺寸控制　　　　　　　　　　　表1

类别	a	b	c	d
化学实验室	≥2500mm	≥1200mm	≥700mm（单走道）	≥150mm（无走道）≥600mm（单走道）

注：表中a、b、c、d见 1 ~ 3 图中所示。

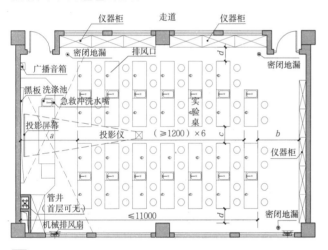

1 化学实验室双人单侧实验桌布置示意图

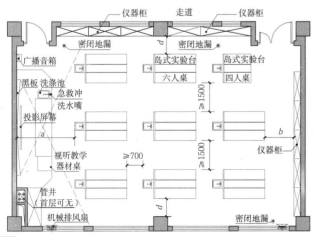

2 化学实验室岛式实验桌布置示意图

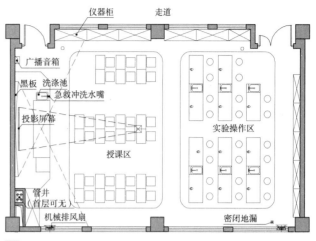

3 复合型化学教室示意图（小班授课、实验合一）

4 有机化学实验室示意图

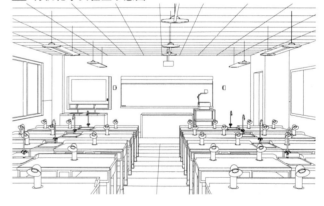

5 无机化学实验室示意图

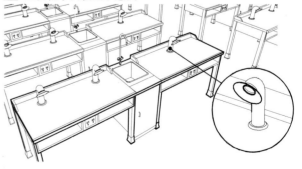

6 化学实验台台面排风口示意图

排风口管道可以上下伸缩，具有一定的灵活性

中小学校 [22] 生物实验室

生物实验室

1. 生物实验室一般包括显微镜观察实验室和解剖实验室。
2. 应附设仪器室、药品室、实验员室、准备室、标本储藏室及陈列室，宜设置模型室并就近附设植物培养室。
3. 冬季获得直射阳光的生物实验室应在阳光直射的位置，设置摆放盆栽植物的设施。
4. 生物显微镜观察实验室内的实验桌旁宜设置显微镜储藏柜。实验桌上宜设置局部照明设施。
5. 生物解剖实验室的给水排水设施可集中设置，也可在每个实验桌旁分别设置。

生物实验室净距尺寸控制　　　　　　　　　　　　　　　表1

类别	a	b	c	d
生物实验室	≥2500mm	≥1200mm	≥700mm	≥150mm（无走道） ≥600mm（有走道）

注：表中a、b、c、d见 1～3 图中所示。

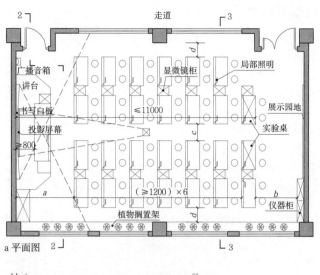
a 平面图

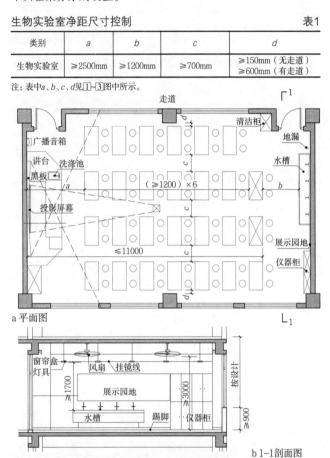
1 生物解剖实验室集中设置给排水设施示意图

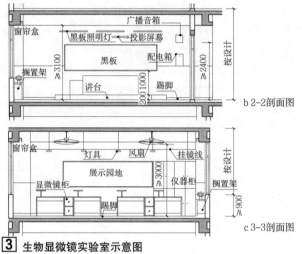
b 2-2剖面图

c 3-3剖面图

3 生物显微镜实验室示意图

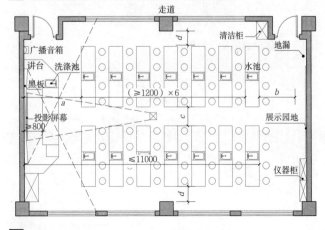
2 生物解剖实验室桌端分散设置给排水示意图

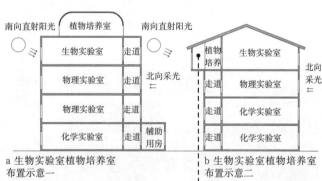
a 生物实验室植物培养室布置示意一
b 生物实验室植物培养室布置示意二

北京景山中学，结合局部外挑的南向走廊设置植物培养室。

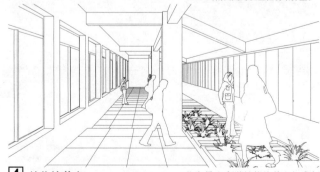
4 植物培养室　　　　c 北京景山中学植物培养空间实例

综合实验室

1. 需适应不同学科融合的新课程的教学要求，实验台及其布置方式可随新课程需要调整。
2. 实验室中心设置约100m²无固定装置的空间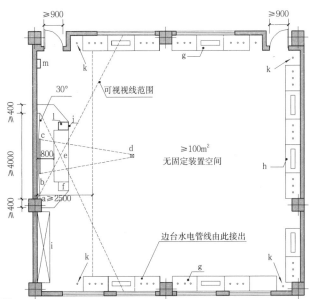，可随课程需要择定实验桌及布置格局。
3. 沿墙（除讲台侧）设置固定试验台，给水排水、热源、电插座、排风管均设在固定试验台上，以软管与移动试验台连接。
4. 如本实验室邻近无化学、物理、生物实验室，宜在附近设置仪器室、药品室。

a 固定实验桌　　贴墙设置　　靠窗设置

b 可移动实验桌

4 实验桌示意图

1 综合实验室平面图

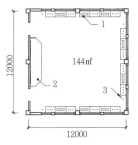

a 讲台　b 黑板　c 投影屏幕
d 投影仪　e 教师演示桌
f 视听教学器材桌
g 靠窗固定实验桌
h 靠墙固定实验桌
i 教具仪器药品柜
j 急救冲洗水嘴　k 密闭地漏
l 洗涤池　m 广播音箱
n 可移动实验桌

2 北京景山学校综合实验室平面图

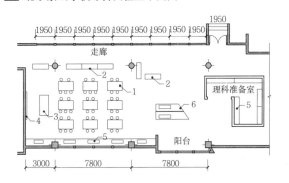

1 可移动实验桌　4 滑动黑板
2 可移动书架　　5 作业台
3 教师桌　　　　6 洗物槽

3 日本打濑小学理科室（综合实验室）平面图

a 空间示意

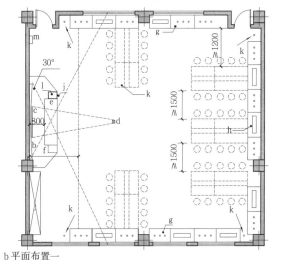

b 平面布置一

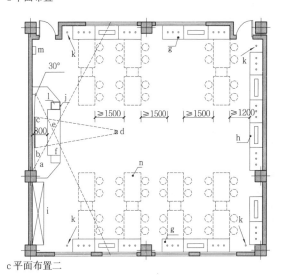

c 平面布置二

5 实验桌布置示意图

中小学校 [24] 演示实验室

设计要点

1. 教师在讲台上做实验，应使每个学生都能看清教师完成实验的全过程。
2. 宜按容纳1个班或2个班设置。
3. 楼地面应为阶梯式升起，视点定位于教师演示实验台桌面中心，宜充分利用楼板升起后的底部空间。
4. 一般演示实验室为学生观看教师做实验的实验室，可放置有书写功能的座椅，每排座位宜错位布置，隔排视线升高值宜为0.12m。
5. 双边演示实验室（教师演示时学生同时进行实验），除教师实验桌椅外，还应放置学生实验桌椅，每排视线升高值宜为0.06m，应设置便于仪器药品车通行的坡道，宽度不应小于0.70m。

室内环境

演示实验室的课桌面及黑板面照度要求与其他实验室相同，宜设与投影仪联动的转暗设施；声环境及通风换气设施应符合中小学校实验室的相关要求。

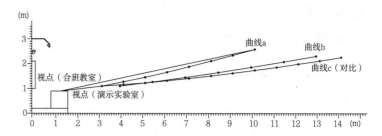

曲线a 演示实验室（普通1~2个班）
曲线b 演示实验室（边演示边实验）
曲线c 合班教室（中学4个班）

1 视线升起曲线分析图

a 一般演示实验室（普通1~2个班）

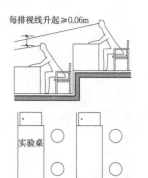

b 双边演示实验室（边演示边实验）

2 两种演示实验室视线升起对比

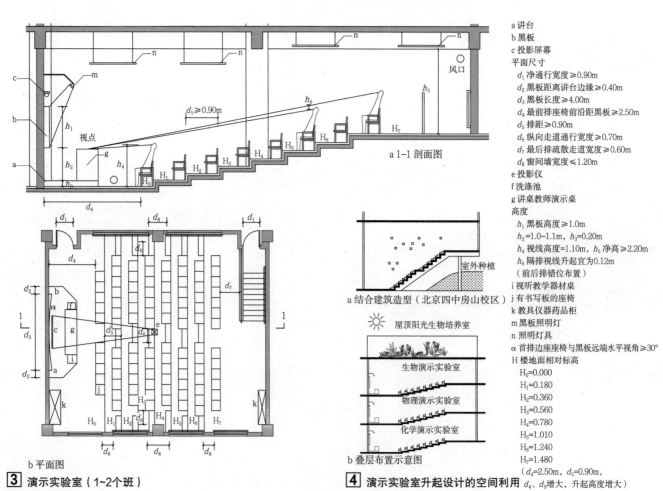

a 1-1剖面图

b 平面图

3 演示实验室（1~2个班）

a 结合建筑造型（北京四中房山校区）

b 叠层布置示意图

4 演示实验室升起设计的空间利用

a 讲台
b 黑板
c 投影屏幕
平面尺寸
d_1 净通行宽度≥0.90m
d_2 黑板距离讲台边缘≥0.40m
d_3 黑板长度≥4.00m
d_4 最前排座椅前沿距黑板≥2.50m
d_5 排距≥0.90m
d_6 纵向走道通行宽度≥0.70m
d_7 最后排疏散走道宽度≥0.60m
d_8 窗间墙宽度≤1.20m
e 投影仪
f 洗涤池
g 讲桌教师演示桌
高度
h_1 黑板高度≥1.0m
h_2 =1.0~1.1m，h_3 =0.20m
h_4 视线高度=1.10m，h_5 净高≥2.20m
h_6 隔排视线升起宜为0.12m（前后排错位布置）
i 视听教学器材桌
j 有书写板的座椅
k 教具仪器药品柜
m 黑板照明灯
n 照明灯具
α 首排边座座椅与黑板远端水平视角≥30°
H 楼地面相对标高
H_0 =0.000
H_1 =0.180
H_2 =0.360
H_3 =0.560
H_4 =0.780
H_5 =1.010
H_6 =1.240
H_7 =1.480
（d_4 =2.50m，d_5 =0.90m，d_4、d_5 增大，升起高度增大）

演示实验室 [25] 中小学校

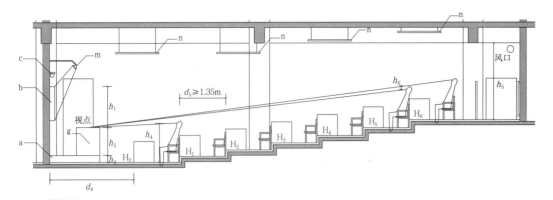

a 1-1剖面图

②实验器材药品车

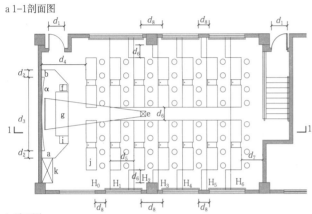

b 平面图

a 讲台	高度	H 楼地面相对标高
b 黑板	h_1 黑板高度≥1.0m	$H_0=0.000$
c 投影屏幕	h_2 1.0~1.1m	$H_1=0.170$
平面尺寸	h_3 0.20m	$H_2=0.350$
d_1 通行宽度≥0.90m	h_4 视线高度1.10m	$H_3=0.550$
d_2 黑板距离讲台边缘≥0.40m	h_5 净高≥2.20m	$H_4=0.760$
d_3 黑板长度≥4.00m	h_6 每排视线升起宜为0.06m	$H_5=0.980$
d_4 最前排座椅前沿距黑板2.50m	i 视听教学器材桌	$H_6=1.210$
d_5 排距≥1.35m	j 双人单侧实验桌	($d_4=2.50$m,
d_6 纵向坡道通行宽度≥0.70m	k 教具仪器药品柜	$d_5=0.90$m,
d_7 最后排疏散走道宽度≥1.20m	m 黑板照明灯	d_4、d_5增大,
d_8 窗间墙宽度≤1.20m	n 照明灯具	升起高度增大)
e 投影仪	α 首排边座座椅与黑板远	
f 洗涤池	端水平视角≥30°	
g 讲桌、教师演示桌		

① 演示实验室（边演示边实验）

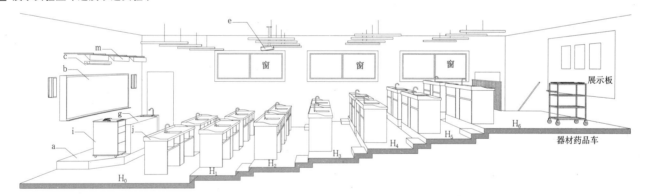

③ 演示实验室（边演示边实验）剖透视图

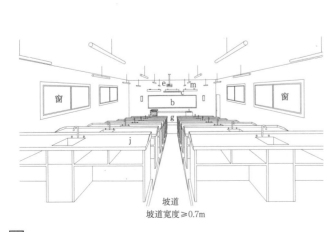

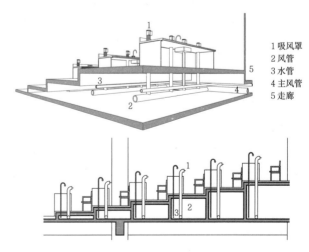

1 吸风罩
2 风管
3 水管
4 主风管
5 走廊

④ 演示实验室（边演示边实验）透视图

⑤ 利用升起空间布置管线

中小学校 [26] 史地教室

设计要点

1. 依学校规模确定历史与地理教室合一或分设。
2. 应附设历史资料储藏室、地理资料储藏室和陈列空间（陈列空间可设陈列室或陈列廊）。有条件时可设置天文观测或科普设施。
3. 设置要求：
   (1) 挂镜线；
   (2) 学生用地球仪存放柜，可集中设置，也可分散设在课桌旁 [1]；
   (3) 设标本展示柜，也可扩大为陈列活动区；
   (4) 设简易天象仪的史地教室，宜设课桌局部照明设施。

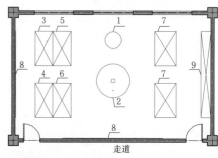

1 地形地球仪
2 三球运行仪
3 文献资料
4 土壤标本
5 地质模型
6 岩石标本
7 地质沙盘
8 挂图板
9 陈列柜

[2] 地理资料陈列、活动室布置示意图

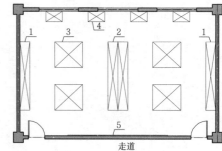

1 单面陈列柜
2 双面陈列柜
3 方形陈列柜
4 低平陈列柜
5 挂图板

[3] 历史资料陈列室布置示意图

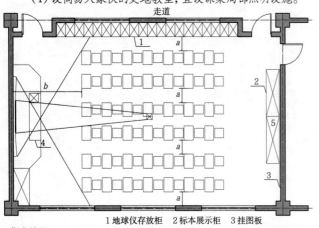

a 集中设置

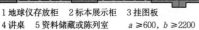

1 地球仪存放柜　2 标本展示柜　3 挂图板
4 讲桌　5 资料储藏或陈列室　$a \geq 600$, $b \geq 2200$

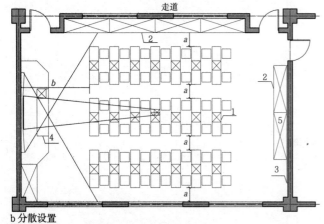

b 分散设置

[1] 史地教室布置示意图

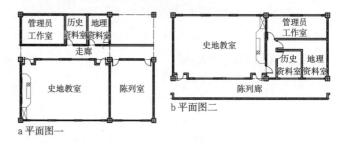

a 平面图一　　b 平面图二

c 平面图三　　走道

[4] 史地教室与辅助用房拼组示意图

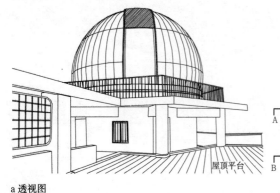

a 透视图

[5] 北京四中天文观测台

b 剖面图　1 360° 水平旋转轨道　2 弧形开启扇

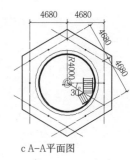

c A-A 平面图

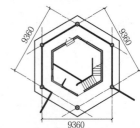

d B-B 平面图

设计要点

1. 学生用计算机桌平面尺寸不应小于0.75m×0.65m,每桌配置一台计算机,排距宜不小于1.35m。
2. 教室前墙应设置书写白板。
3. 不得采用无导出静电功能的木地板、塑料地板等楼地面做法。
4. 师生计算机桌间应设置网线联系,供教学互动。网线置于防静电架空地板内或楼地面垫层中预置的电缆槽内。
5. 兼作接受远程教育的教室时,应设置外网接口。
6. 宜设置调控温湿度的设施。
7. 应附设辅助用房(管理员工作室及教学资料存放)。

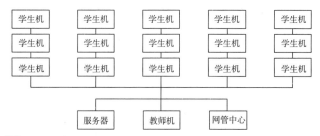

[1] 计算机教室主要设备连接关系示意图

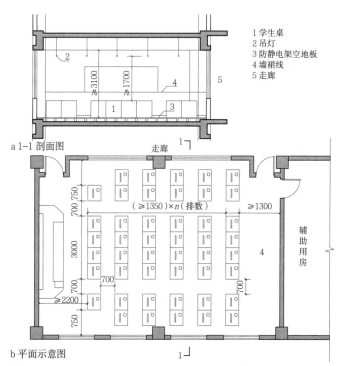

[2] 计算机教室座位布置示意图

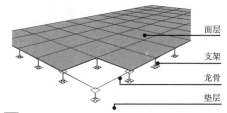

[3] 防静电架空地板示意图

[4] 普通单人计算机台

[5] 普通双人计算机台

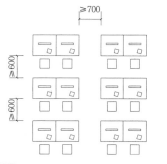

[6] 计算机台布置尺寸

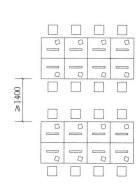

[7] 计算机教室座位布置示意图

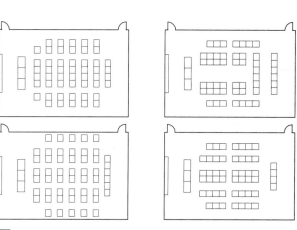

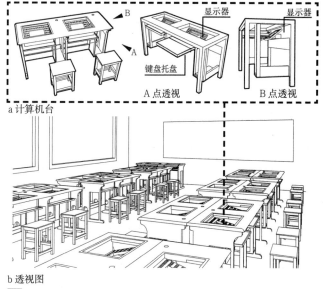

[8] 德国某中学计算机教室座位布置实例

中小学校 [28] 语言教室

设计要点

1. 语言教室内配置教师与学生（每生一台）使用的语言设备（语言机或计算机），设网线相互连通。
2. 宜采用架空地板或在楼地面垫层中设置电缆槽，敷设师生对讲的电缆线。
3. 语言教室室内环境要求：温度适宜；采光与照明充足；隔声、吸声、防尘效果良好。
4. 条件困难的小规模学校可兼用计算机教室完成语言教学。

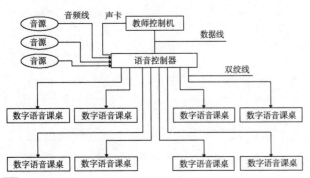

1 语言教室主要设备连接关系示意图

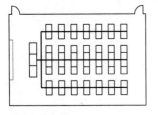
a 纵向电缆布线

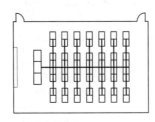
b 横向电缆布线

2 语言教室电缆线布置示意图

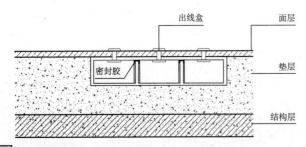

3 电缆槽示意图

语言教室室内允许噪声级　　　表1

测试位置	允许噪声级（A声级，dB）	
	低限要求	高标准要求
语言教室室内	≤40	≤35

语言教室围护结构空气隔声标准低限要求　　　表2

构件	空气声隔声单值评价量+频谱修正量（dB）	
语言教室隔墙与楼板	计权隔声量+粉红噪声频谱修正量 R_W+C	≥50
语言教室与相邻房间之间	计权标准化声压级差+粉红噪声频谱修正量 $D_{nT,w}+C$	≥50

注：C—粉红噪声频谱修正量；$D_{nT,w}$—计权标准化声压级差；R_W—计权隔声量。

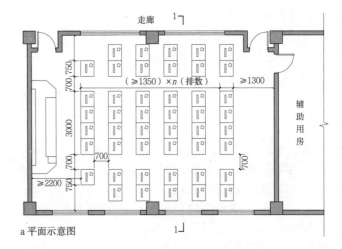
a 平面示意图

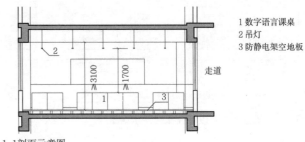
b 1-1剖面示意图

1 数字语言课桌
2 吊灯
3 防静电架空地板

4 语言教室

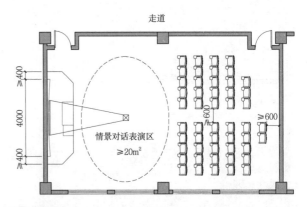
a 座位布置方式一

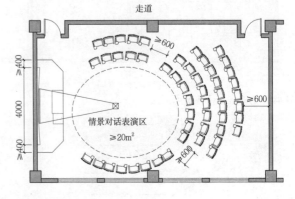
b 座位布置方式二

5 情景对话教室

美术教室

1. 宜有良好的北向（或北向天窗）的天然采光。
2. 采用人工照明时，应避免眩光。
3. 宜设书写白板、水池及高低两组挂镜线。宜设教具柜。
4. 墙面及顶棚应为白色。
5. 写生课时应以静物台为核心成组布置画架或画凳。画架写生每位学生占用面积宜为2.50m²；画凳写生时宜为2.15m²。

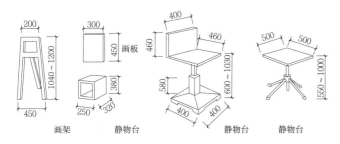

1 教学用具

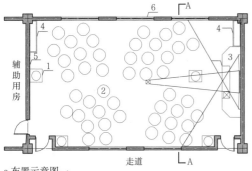

a 布置示意图一

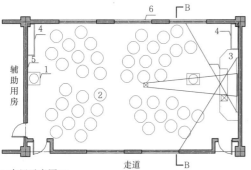

b 布置示意图二

1 模型台
2 画凳
3 讲台
4 水池
5 挂画板
6 北向开窗

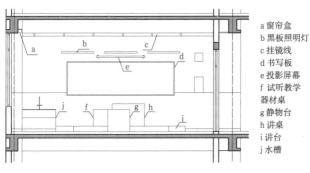

c A—A剖面图

a 窗帘盒
b 黑板照明灯
c 挂镜线
d 书写板
e 投影屏幕
f 试听教学器材桌
g 静物台
h 讲桌
i 讲台
j 水槽

2 美术教室布置示意图

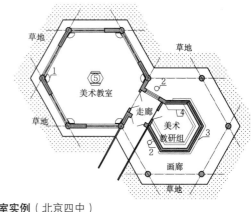

1 静物台
2 雕塑陈列
3 陈列窗
4 工作台
5 天窗

3 美术教室实例（北京四中）

A 画桌　B 杂物柜　C 画笔架　D 挂图板

4 美术教室实例（呼伦贝尔市海拉尔区胜利小学）

书法教室

1. 书法条案平面尺寸为1.50m×0.60m，可供两名学生合用。纵向走道宽度不应小于0.70m。
2. 应设水池及高低两组挂镜线。
3. 书法教室可兼供国画教学。

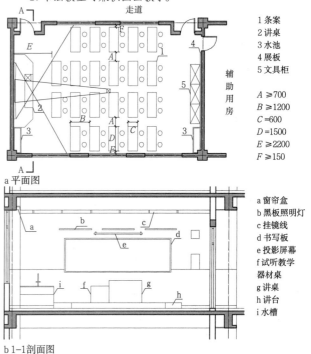

a 平面图

1 条案
2 讲桌
3 水池
4 展板
5 文具柜

$A \geq 700$
$B \geq 1200$
$C = 600$
$D = 1500$
$E \geq 2200$
$F \geq 150$

b 1—1剖面图

a 窗帘盒
b 黑板照明灯
c 挂镜线
d 书写板
e 投影屏幕
f 试听教学器材桌
g 讲桌
h 讲台
i 水槽

5 书法教室布置示意图

中小学校 [30] 音乐教室

设计要求

1. 各类小学的音乐教室中，应有1间能容纳1个班的唱游课音乐教室。一般唱游课音乐教室面积不小于108m²，可容纳45座。
2. 中小学校至少应有1间音乐教室能满足声乐课教学的要求，宜在紧接后墙处设置2~3排阶梯式合唱台，每级高度宜为0.20m，宽度宜为0.60m。
3. 音乐教室应设置五线谱黑板。黑板宽度不小于3.60m。讲台上布置教师用琴的位置，并设置电教设备设施。讲台宽度宜为2.00~3.00m。
4. 音乐教室宜附设乐器存放室。
5. 音乐教室室内装修应关注混响时间及吸声措施，教室的门窗应隔声。
6. 琴房内应设置电源插座，并应考虑室内音响质量和隔声设计。

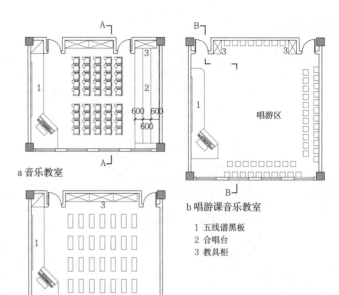

a 音乐教室
b 唱游课音乐教室
c 电子琴教室

1 五线谱黑板
2 合唱台
3 教具柜

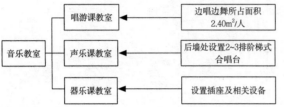

1 音乐教室分类

教室布置

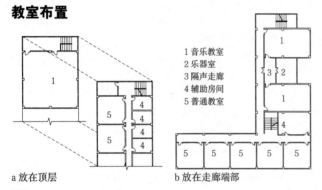

a 放在顶层　　b 放在走廊端部

1 音乐教室　2 乐器室　3 隔声走廊　4 辅助房间　5 普通教室

2 音乐教室的位置

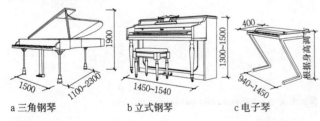

a 三角钢琴　　b 立式钢琴　　c 电子琴

3 大型乐器尺寸

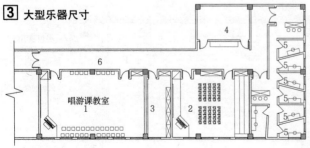

1 唱游课教室　2 普通音乐教室　3 教师办公室　4 乐器存放室　5 琴房　6 隔声走廊

4 音乐教室示意图

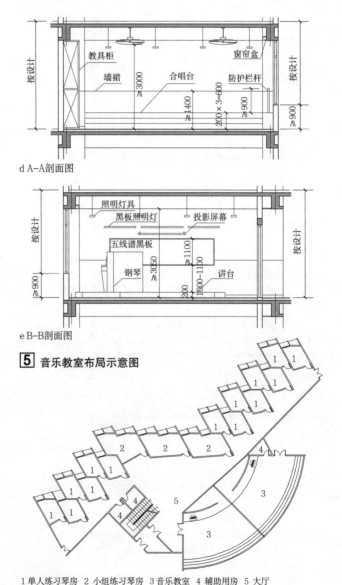

d A-A剖面图

e B-B剖面图

5 音乐教室布局示意图

1 单人练习琴房　2 小组练习琴房　3 音乐教室　4 辅助用房　5 大厅

6 音乐中心示意图

设计要求

1. 舞蹈教室宜满足舞蹈艺术课、体操课、技巧课、武术课的教学要求，并可开展形体训练活动。每个学生的使用面积不宜小于6m²。
2. 舞蹈教室应附设更衣室（包含教师专用更衣室），宜附设卫生间、浴室和器材贮藏室等附属用房。
3. 舞蹈教室按男女学生分班上课的需要设置。
4. 室内宜设带防护网的吸顶灯，并应设电源插座、窗帘盒、供暖等各种设施暗装。
5. 舞蹈教室宜采用木地板。
6. 当学校有地方或民族舞蹈课时，舞蹈教室设计宜满足其特殊要求。
7. 舞蹈教室室内净高根据活动内容需求确定，且不低于4.5m。武术课教室室内净高不低于8m。

室内设施

1. 舞蹈教室内在与采光窗相垂直的一面墙上设通长镜面，镜面含镜座总高度不宜小于2.10m，镜座高度不宜大于0.30m。
2. 镜面两侧的墙上及后墙应装设可升降的把杆，镜面上宜装设移动把杆。把杆升高时的高度应为0.90m（小学低年级为0.65m）；把杆与墙面的净距不应小于0.40m。
3. 舞蹈教室地板的主要材料为聚氯乙烯。
4. 舞蹈教室地板应具有光而不滑、润而不涩、软硬适中的特性。

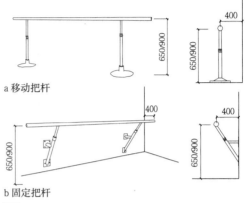

[2] 把杆示意图

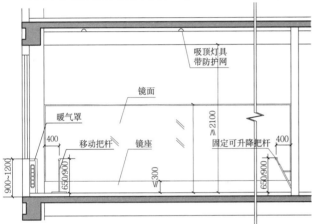

a A-A剖面图

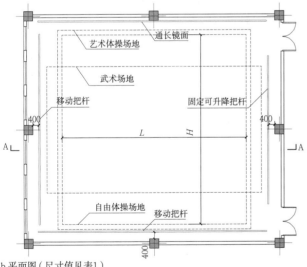

b 平面图（尺寸值见表1）

[1] 舞蹈教室

自由体操、艺术体操、武术场地尺寸表（单位：m）　　表1

项目	场地长L	场地宽H	最小安全宽度	净高
自由体操场地	12	12	1	≥8
艺术体操场地	13	13	4	≥8
武术场地	14	8	2	≥8

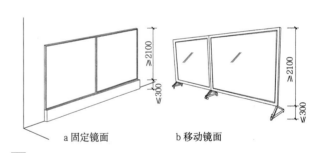

a 固定镜面　　b 移动镜面

[3] 镜面示意图

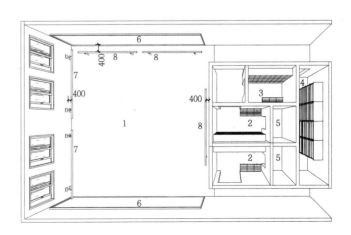

1 舞蹈教室　2 学生更衣室　3 教师更衣室　4 乐器存放室
5 卫生间　6 镜子　7 固定可升降把杆　8 移动把杆

[4] 舞蹈教室示意图

中小学校 [32] 劳动教室

劳动教室

1. 劳动课程包含编织、缝纫、种植、饲养、家政、手工艺制作、模型制作等内容。
2. 小学校设置的劳动课程中,烹调冷加工、农艺等专业的教室会产生气味,易对邻近教室及校园造成污染,应设置有效的排气设施。
3. 有振动或发出噪声的劳动教室应采取减振减噪、隔振隔声措施。
4. 部分劳动课程可以利用普通教室或其他专用教室。

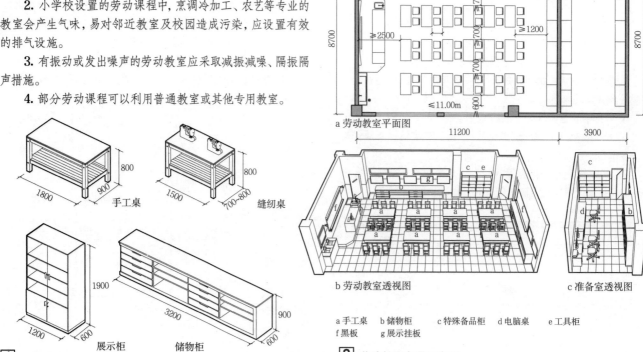

a 手工桌　　b 储物柜　　c 特殊备品柜　　d 电脑桌　　e 工具柜
f 黑板　　g 展示挂板

[1] 主要家具尺寸　　　　　　　　[2] 劳动教室布置示意图

[3] 劳动教室平面布置图

技术教室

1. 初中劳技必修课为金工、木工课，设置专业教室。
2. 中学设置金工、木工技术教室，为优化组织教学空间，可将一个班每节课分别在两个教室同时上课，共用准备用房。
3. 金工、木工技术教室可分组布置或按工位布置，需设置充足的活动空间，以满足教学辅导等要求。
4. 除学生独立操作台外，应设置部分公共机床。
5. 有振动或发出噪声的技术教室应采取减振减噪、隔振隔声措施。
6. 金工准备室内需设置进行器材维修的空间。

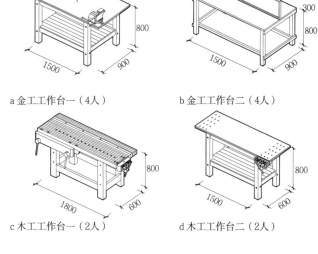

a 金工工作台一（4人）　　b 金工工作台二（4人）

c 木工工作台一（2人）　　d 木工工作台二（2人）

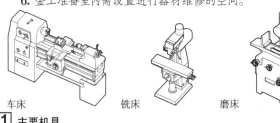

车床　　铣床　　磨床

[1] 主要机具

[2] 主要家具尺寸

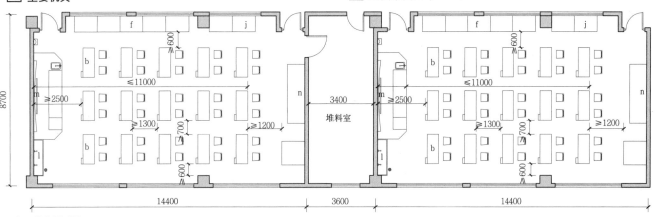

a 木工教室平面图

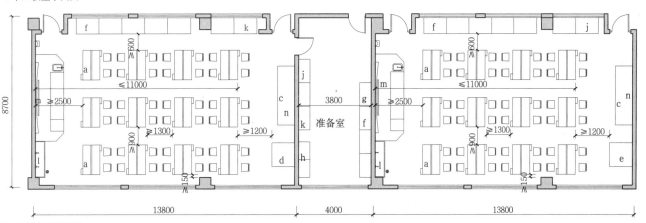

b 金工教室平面图

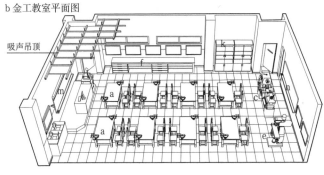

a 金工工作台　b 木工工作台　c 车床
d 铣床　　　　e 磨床　　　　f 储物柜
g 药品柜　　　h 电脑桌　　　j 修理桌
k 工具柜　　　l 水槽　　　　m 黑板
n 展板

c 金工教室布置示例

[3] 技术教室布置示意

中小学校 [34] 合班教室

设计要点

1. 用于中小学多个班学生一起上课。
2. 小学应以容纳2个班为宜,中学以容纳一个或半个年级为宜。
3. 楼地面作升起设计时,视点定于黑板底边中心处,视线的隔排升高值宜为0.12m。当小学2个班的合班教室兼作唱游课时不应作升起设计,且不应设置固定课桌椅。

教学设备

1. 前墙宜安装推拉黑板、投影屏幕或智能屏幕。
2. 当小学教室长度超过9.00m,中学教室长度超过10.00m时,宜加设显示屏,显示屏宜设遮光板(罩)。

室内环境

1. 光环境:课桌面及黑板面照度要求与普通教室相同,在采用投影仪等现代教学设施进行教学时,宜设置与投影仪联动的转暗设施。
2. 声环境:混响时间不应大于0.8s。
3. 空气质量:室内人员每小时人均所需新风量应不小于16m³;每小时换气次数不小于3次。

中小学校长方形标准合班教室数据统计表　　　　表1

类别	小学			中学		
规模(班级数量)	2班	3班	4班	2班	4班	8班
座位数(座)	90	135	180	100	200	400
估算建筑面积(m²)	108	140	172	120	213	360

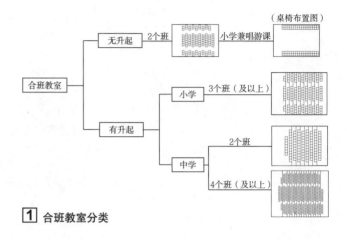

[1] 合班教室分类

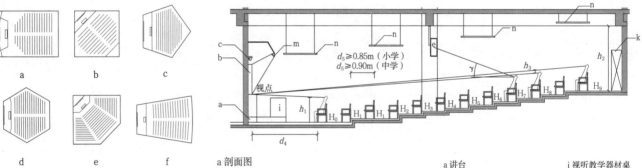

a 剖面图

[2] 合班教室形状示意图

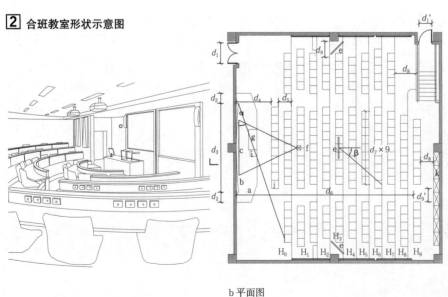

a 讲台
b 推拉黑板
c 投影屏幕
平面尺寸
d_1 净通行宽度≥1.40m
d_1' 净通行宽度≥0.90m
d_2 黑板距离讲台边缘≥0.40m
d_3 黑板长度≥4.00m
d_4 首排座椅前沿距黑板≥2.50m
d_5 排距≥0.85m(小学)
　　排距≥0.90m(中学)
d_6 最后排座椅距黑板≤24.00m
　　当不增设显示屏时≤18.00m
d_7 座椅宽度≥0.55m
d_8 最后排疏散走道宽度≥0.60m
d_8' 靠墙走道宽度≥0.60m
d_9 横竖向走道宽度≥0.90m
e 显示屏(增设)
f 投影仪
g 讲桌
高度
h_1 视线高度为1.10m
h_2 净高≥2.20m
h_3 隔排视线升起宜为0.12m(前后排错位布置)

i 视听教学器材桌
j 有书写板的座椅
k 教具柜
m 黑板照明灯
n 照明灯具
H 楼地面相对标高
H_0=0.000
H_1=0.130
H_2=0.310
H_3=0.410
H_4=0.520
H_5=0.640
H_6=0.760
H_7=0.890
H_8=1.020
H_9=1.160
(d_4=2.50m,d_5=0.90m,d_4、d_5增大,升起高度增大)

[3] 墨尔本某学校实例　　　[4] 中学4个班合班教室

场地功能

风雨操场是作为运动项目的教学、训练或比赛场地，可有围护结构（体育馆），也可无围护结构。

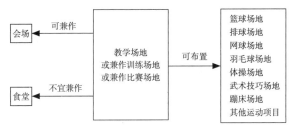

[1] 中小学风雨操场场地组成

设计要点

1. 附设体育器材室时，宜邻近室外体育场地，并应设外借窗口及易于搬运体育器材的门和通道；体育器材室室内应采取防虫、防潮措施。

2. 附设更衣室、卫生间、浴室、各类机房、广播等辅助用房时，更衣室面积及更衣柜数量、卫生间（浴室）面积及卫生器具数量应符合国家现行有关标准的规定。

3. 当兼顾多功能用途时，可为多功能使用留有余地和灵活可变的条件；在场地、出入口、相关专用设备、配套设施等方面为多功能用途提供可能性。

4. 无围护结构时，应避免眩光影响，设置必要的水平遮阳板或遮光灌木。水平遮阳板可根据入射光线调节角度，遮光灌木不低于2.1m。

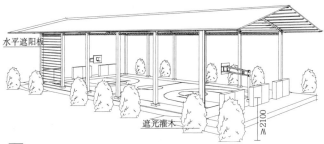

[2] 无围护结构的风雨操场示意图

场地内运动项目构成

当场地内分别设置多种项目时，各场地间应有安全防护设施。

项目构成与面积关系　　　　　　　　　　　　表1

类别	面积（m²）	训练项目
Ⅰ型	204	自由体操场地（1个）（适用于小规模校园，可兼作舞蹈教室使用）
Ⅱ型	900	篮球场地（1个）
Ⅲ型	1000	篮球场地（1个）、器械体操场地（1个）
Ⅳ型	1118	排球场地（1个）、羽毛球场（2个）
Ⅴ型	1296	篮球场地（1个）、排球场地（1个）、器械体操场地（1个）

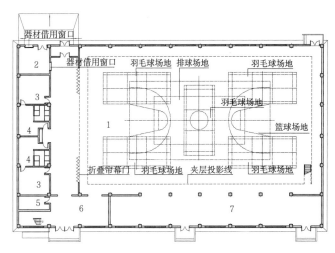

1 场地　2 器材室　3 卫生间　4 更衣室　5 值班室　6 门厅
7 室内运动器械场地或乒乓球场地

[3] 体育馆平面布置示意图

材料与构造

1. 场内楼地面材料应根据主要运动项目的要求确定，不宜采用刚性面层材料。墙面和顶棚选用有吸声减噪作用的材料及构造做法，且应易擦洗；对于柱、低窗窗口、暖气等高度低于2m的部分应设防撞措施；2.1m以下的墙面宜为深色。

2. 门和门框应与墙平齐，门应向疏散方向开启，并应符合安全疏散的规定。

3. 屋顶结构应设计预留安装吊环、吊杆、吊绳、爬梯等健身器材的吊钩，并留有增加悬吊设备的余地，满足使用安全及技术要求；兼作集会场所使用时，需进行声学设计，预留灯光、音响等设备条件。

通风与采光

1. 风雨操场宜采用天然采光，并根据项目和多功能使用时对光线的要求，设置必要的遮光和防眩光措施。

2. 风雨操场宜采用自然通风，在近地处设置遮光通风窗或通风口，保证空气通畅。

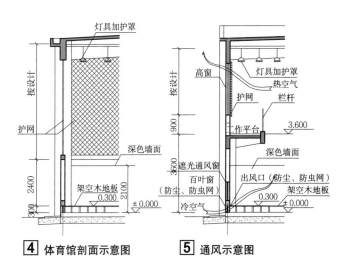

[4] 体育馆剖面示意图　[5] 通风示意图

中小学校 [36] 风雨操场·游泳池（馆）

风雨操场运动场地和器械布置

各运动场相关数据（单位：m） 表1

项目	场地长	场地宽	边线/端线最小安全距离	净高	备注
比赛篮球场	28	15	5/6	≥7	
教学训练篮球场	28	15	2/2	≥6	
小学教学用篮球场	18	10	2/2	≥6	
初中教学用篮球场	26	13	2/2	≥6	1.可设部分供教学使用的半片球场；2.网球场净高为网上方净高
排球场	18	9	3/3	≥7	
单打羽毛球场	13.4	5.18	2/2	≥9	
双打羽毛球场	13.4	6.1	2/2	≥9	
单打网球场	23.77	8.23	3.66/6.4	≥12.5	
双打网球场	23.77	10.97	3.66/6.4	≥12.5	

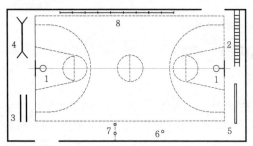

1 篮球篮板　2 横梯　3 双杠　4 单杠　5 平衡木　6 吊绳　7 吊环　8 肋木

室内地面应预留安装体操器械所需埋件；固定运动器械的预埋件不应凸出地面或墙面。

[1] 室内运动器械布置

吊环基本尺寸（单位：mm） 表2

项目	两环宽度	悬垂点高度	环圈距地面高度	环架立柱内侧间距
中学	500±5	5000	2200±50	2500±100
小学	500±5	4500	1800±50	2200±100

注：1. 两环宽度是指两环圈的中心距或者是吊环圈的环带中心距。
　　2. 环圈距地面的高度是指环圈内径的下部距运动地面的高度。
　　3. 悬垂点高度是指吊环器材的上横梁悬挂环带的连接点距运动地面的高度。

横梯基本尺寸（单位：mm） 表3

项目	长度	有效使用宽度	最高使用高度	纵向握持间距
中学	4000±500	600±100	≤2300	≤350
小学	4000±500	600±100	≤2100	≤300

注：1. 平行梯的有效使用宽度是指可提供使用者安全悬垂握持的有效宽度。
　　2. 最高使用高度是指自运动地面计起至可供使用者安全悬垂握持的最高处零部件上表面的高度距离。

中小学攀岩墙器材基本尺寸 表4

个体墙体宽度（mm）	墙体高度（m）	攀爬块数量（个/m²）	大号攀块表面积（cm²）	中号攀块表面积（cm²）	小号攀块表面积（cm²）	抓紧处厚度（mm）
≥1500	≤4000	≥4	150	100	60	≤55

注：1. 攀岩墙攀登面装置的攀爬块，应基本均衡地大小间隔分布。例如：每平方米4个攀爬块，宜有大号攀爬块1个，中号攀爬块2个，小号攀爬块1个。
　　2. 个体墙体宽度是指满足一个人运动攀登时安全适宜的最小墙面宽度。
　　3. 攀爬块表面积是指单个攀爬块上，除去与墙面接触的平面和紧固件孔位以后，凸出在攀爬墙之外的裸露表面积。
　　4. 抓紧处厚度是指各类形状的攀爬块上，供攀登者手掌安全抓紧而专门设置的在垂直或水平方向的抓紧处厚度。
　　5. 攀岩墙应由专业单位制作和施工。

游泳池（馆）设计要点

1. 小学校泳池宜为6泳道，中学校泳池宜为8泳道，泳道宽应为2.5m，泳道长为50m或25m。在气候适宜的条件下，宜建室外游泳池，室外游泳池长轴宜南北向。

2. 中小学校游泳池、游泳馆内不得设置跳水池，且不宜设置深水区。

3. 当游泳池设有观众席或观摩区域时，游泳者和观众的交通路线和场地应分开。

4. 泳池入口处应设置强制通过式浸脚消毒池，池长不应小于2.00m，宽度应与通道相同，深度不宜小于0.20m；淋浴室与脚消毒池之间应当设置强制通过式淋浴装置。

5. 泳池设计应符合国家现行标准《建筑给水排水设计规范》GB 50015和《游泳池给水排水工程技术规程》CJJ 122的有关规定。

6. 主体结构应防腐蚀，外部围护结构及外墙门窗等应满足隔汽、防潮、保温、隔热及防止结露的要求。馆内装饰材料、设备及设施应有防潮、防腐蚀措施。

7. 游泳馆室内2.00m高度以上的墙面应采取吸声减噪措施。

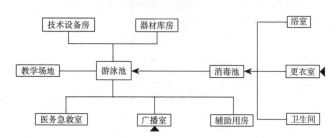

[2] 游泳池（馆）场地组成

1 游泳池　2 教学示范场地　3 男更衣室　4 女更衣室　5 教师更衣室　6 浸脚消毒池　7 医务室

a 平面图

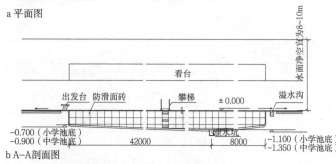

b A—A 剖面图

[3] 游泳池布置示意图

图书室 [37] 中小学校

功能组成

图书室应包括阅览室（含学生阅览室、教师阅览室、视听阅览室、报刊阅览室等）、借书空间（个人借书台、集体借书台、目录及检索）、书库、工作室（登录、编目、整修）及展示空间，可附设研讨空间（研讨室、小报告厅等）。

设计要点

1. 设置于学生出入方便、环境安静的区域。
2. 报刊阅览室可独立设置，也可附设在图书室的公共交流空间内。
3. 展示空间宜设置在图书室入口处，也可开放设置。
4. 阅览室内宜设有部分开架阅览的条件。
5. 在规模较小的学校，视听阅览室可兼作计算机教室、语言教室和远程教育教室。
6. 借书空间的使用面积不宜小于 $10.00m^2$。
7. 书库应采取防火、降温、隔热、通风、防潮、防虫及防鼠的措施。
8. 阅览室布置需与青少年课外教育相结合，有益于青少年身心健康发育。
9. 教师与学生的阅览室宜分开设置。

使用面积指标　　　　　　　　　表1

房间名称	小学（m²/每座）	中学（m²/每座）	备注
学生阅览室	1.80	1.90	
教师阅览室	2.30	2.30	
视听阅览室	1.80	2.00	宜附设面积≥12m²的资料储藏室
报刊阅览室	1.80	2.30	可不集中设置

书库藏书面积指标　　　　　　　表2

房间名称	书库单位面积藏书量（册/m²）
开架书库	400~500
闭架书库	500~600
密集书库	800~1200

注：每生藏书量应依据各地办学条件标准。

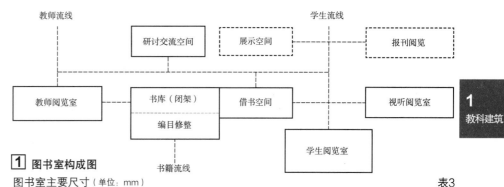

1 图书室构成图

图书室主要尺寸（单位：mm）　　　　　　　　　　表3

a	≥1300	d	≥900	g	200~220	i	≥1700	m	≥900
b	≥1500	e	≥1300	h	闭架≥800	j	≤1200	n	≥1300
c	≥1600	f	450		开架≥1000	k	≥700	p	≥600

注：表中a~t见 2 图中所示。

A 投影屏幕　B 单人阅览桌600×600（小学）700×700（中学）　C 双人双面阅览桌900×1300（小学）1000×1400（中学）　D 三人双面阅览桌900×2000（小学）1000×2100（中学）　E 单排低书架　F 双排书架　G 借书台　H 储物柜　J 单人计算机桌　K 展示园地　L 广播音箱　M 带有观察口的平开门

2 图书馆房间组平面示意图

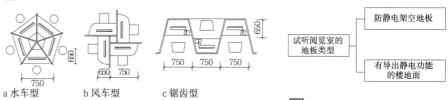

a 普通阅览桌　c 设局部照明的阅览桌
b 斜面阅览桌　d 带隔断的双面阅览桌　e 梯形阅览桌（括号内为小学生尺寸）

3 几种常见阅览桌类型

a 水车型　b 风车型　c 锯齿型

4 阅览桌的多种组合方式

试听阅览室的地板类型
- 防静电架空地板
- 有导出静电功能的楼地面

5 视听阅览室的地板类型

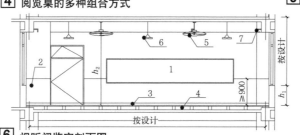

1 展示园地
2 墙裙
3 踢脚
4 防静电架空地板
5 电风扇
6 照明灯具
7 窗帘盒

图中对应高度：h_1≥1200mm，h_2≥3000mm

6 视听阅览室剖面图

中小学校 [38] 体质测试室・心理辅导室・心理活动室

体质测试室

1. 体质测试室应具备对身高、体重、视力、肺活量、心速等符合《国家学生体质健康标准》规定的测试条件。

2. 体质测试室宜设在风雨操场或医务室附近。若建在风雨操场附近，方便进行体能测试；若建在医务室附近，则可以由学校的卫生保健机构管理体质测试工作。

3. 体质测试室宜设为相通的2间，附设可容纳半个班的等候空间，适宜于各班男女学生分别测试。

4. 体质测试时，活动量较大，体质测试室应有良好的天然采光和自然通风。

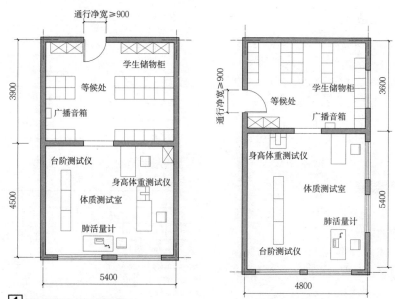

1 体质测试室平面布置

基于私密度构成的类型分析　　　　　　　　　　　　表1

分类	方式	空间类型	教具设置
私密	学生单独面对计算机选择问卷，从计算机上得到忠告	电脑咨询室	带隔断的单人计算机桌
半私密	小空间，面对面	谈心室	桌椅
公开	将共性问题提炼讨论，编排心理剧，表演后研讨	展示园地 心理剧表演区	沙盘、模型架、展示板

心理辅导室

1. 应具备沙盘测试、电脑咨询及谈心的适宜空间。

2. 宜分设为相连通的3间。

3. 电脑咨询室的显示器布置应便于保护学生私密性。

4. 宜安静、明亮。

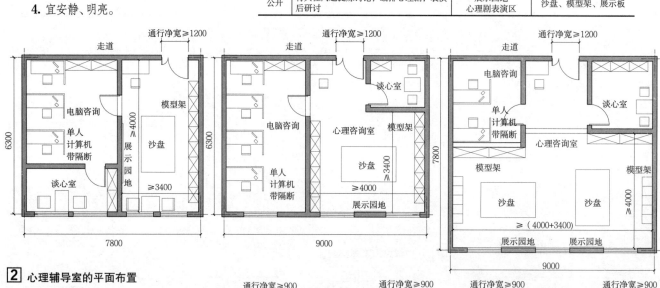

2 心理辅导室的平面布置

心理活动室

心理活动室针对团体辅导活动，一般容纳1个班，并应布置心理剧表演区，约20m²。

表演区以游戏、心理拓展为主要方式，开展班级心理活动和小型团体辅导。

团体辅导可以针对一个班级或主题进行，也可以针对具有相同问题的团体进行。

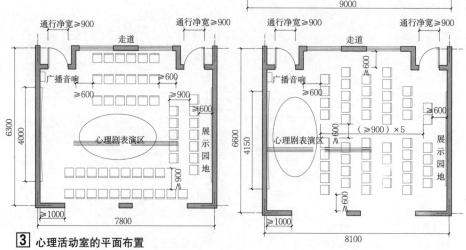

3 心理活动室的平面布置

广播室

1. 广播室承担上下课铃、播放通知、课间操及播放其他教学活动需要的工作。
2. 广播室可与领操台合设,也可设于教学用房内。
3. 窗面向操场,便于配合课间操,召唤全体师生。
4. 设隔声门窗,与相邻的主要教学用房需做隔声处理。
5. 广播室内设置综合操作台及广播线路接线箱、储物柜等设施。

网络控制室

1. 设于计算机教室附近,可以高效利用各种教学资源。
2. 多个网络器材在一个较小空间内运行,散热量大,宜设空调。
3. 室内采用防静电架空地板,采用地板采暖时,楼地面采用相适应的构造处理。

发餐室

1. 由送餐公司送午餐或只设厨房不设餐厅的学校,应设配餐室、发餐室。
2. 配餐室内应附设洗手盆和洗涤池,可设食物加热设施。
3. 与教学用房合设时,应尽量设置在对教学活动干扰最小的位置。
4. 与教工餐厅合设时,应避免与教工用餐人流交叉,宜设置单独出入口。
5. 排队领餐处的缓冲空间应与发餐窗口长度匹配,避免排队人数过多造成拥挤,带来安全隐患。

饮水处

1. 中小学校的饮用水管线与室外公厕、垃圾站等污染源距离大于25m。
2. 教学用建筑内应在每层设饮水处,每处按每40~45人设置1个饮水水嘴计算水嘴的数量。
3. 教学用建筑内每层的饮水处应设等候空间,避免挤占走道等疏散空间。
4. 饮水槽的水嘴高度一般小学为1m,中学为1.1m。
5. 饮水处楼地面采用防滑构造做法,室内设密闭地漏。
6. 开水炉饮水空间应预留充足的等候排队空间,避免拥挤。

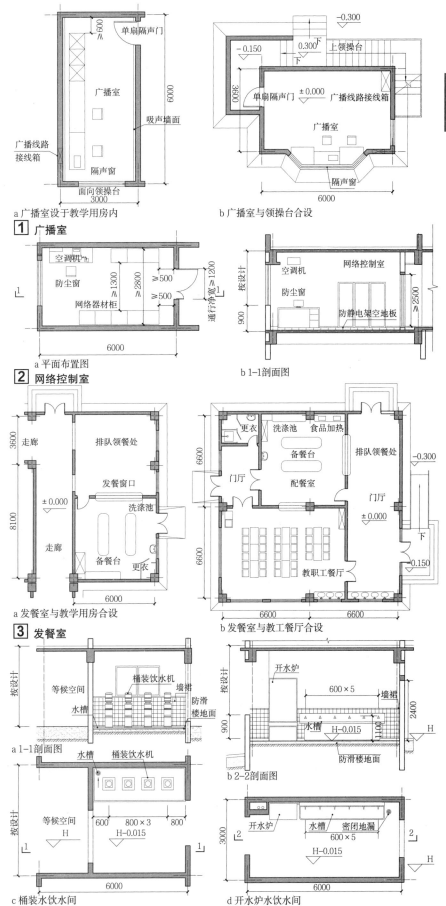

中小学校 [40] 卫生室（保健室）

卫生室（保健室）

1. 卫生室（保健室）是医生与师生直接交流、初步检查、诊断，并完成诊查记录的场所。
2. 卫生室（保健室）宜设在首层，方便急救车就近停靠，并宜邻近体育场。
3. 小学卫生室可设1间，中学可分设相连通的2间，分别为接诊室和检查、治疗室。
4. 卫生室的面积和形状应能容纳常用简单的诊疗设备，并满足视力检查（需要6.0m长空间，有镜面反射可减少为3.5m）；每间房间的面积约15m²。
5. 卫生室宜附设候诊空间，面积不宜小于20m²。
6. 室内设洗手盆、洗涤池和电源插座。
7. 卫生室（保健室）的房间，楼地面采用防滑构造做法，室内设密闭地漏。

建筑要求 表1

建筑要求	规格
装修	墙地面应便于清扫、冲洗，对环境无污染
门窗	门应设置非通视窗采光；窗户设置应保证天然采光和通风的需要，U形门把手
安全私密	需设置隔帘保护病患隐私

相关专业要求 表2

机电要求		备注
医疗气体	氧气（O）	
	负压（V）	
	正压（A）	
弱电	网络接口	
	电话接口	
	呼叫电视	
强电	照明	维持平均照度300lx，色温3300~5300K，显色指数Ra≥80
	电插座	220V，50Hz，五孔
	接地	小于1Ω
给水排水	上下水	安装混水器，洗手盆
	地漏	密闭地漏
暖通	湿度%	40~45
	温度℃	冬季21~22，夏季26~27，宜优先采用自然通风
室内环境	空气质量	换气次数2.0（次/h）新风量38m³/(h·人)
采光		参考平面：地面 采光系数≥2%，窗地面积比1:5

家具和设备 表3

家具和设备		备注
家具	诊桌	宜圆角
	诊察床	宜安装一次性床垫卷筒纸
	脚凳	
	垃圾筒	
	诊椅	可升降
	衣架	尺度据产品型号定
	帘轨	L形
	洗手盆	宜配防水板、镜子、洗手液等
	圆凳	
设备	工作站	包括显示器、主机、打印机
	LED	尺度据产品型号定
	观片灯	尺度据产品型号定

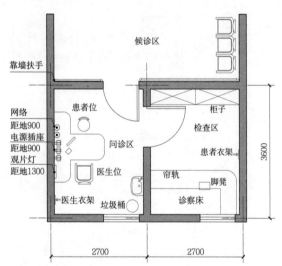

a 附设候诊室的卫生室

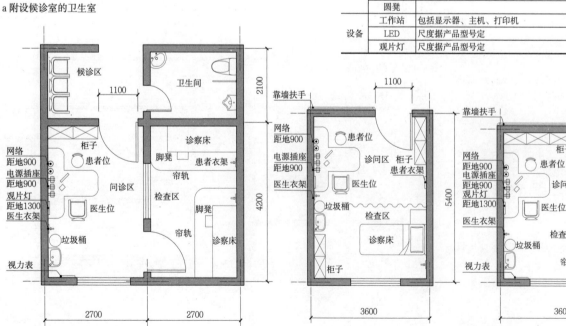

b 附设卫生间的卫生室　　　　c 单间卫生室一　　　　d 单间卫生室二

[1] 卫生室

实例 [41] 中小学校

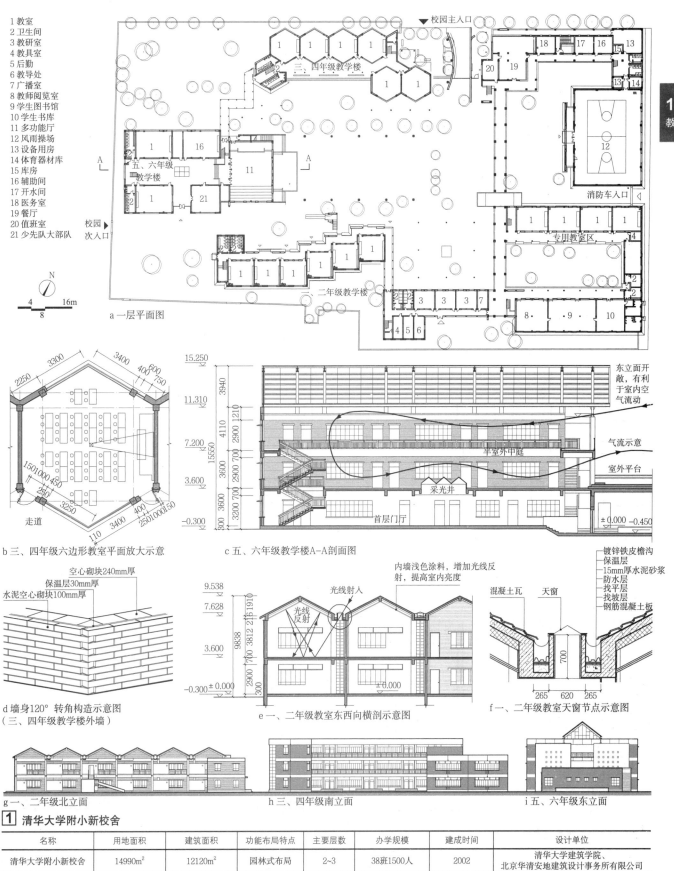

1 教室
2 卫生间
3 教研室
4 教具室
5 后勤
6 教导处
7 广播室
8 教师阅览室
9 学生图书馆
10 学生书库
11 多功能厅
12 风雨操场
13 设备用房
14 体育器材库
15 库房
16 辅助间
17 开水间
18 医务室
19 餐厅
20 值班室
21 少先队大部队

a 一层平面图
b 三、四年级六边形教室平面放大示意
c 五、六年级教学楼A-A剖面图
d 墙身120°转角构造示意图（三、四年级教学楼外墙）
e 一、二年级教室东西向横剖示意图
f 一、二年级教室天窗节点示意图
g 一、二年级北立面
h 三、四年级南立面
i 五、六年级东立面

1 清华大学附小新校舍

名称	用地面积	建筑面积	功能布局特点	主要层数	办学规模	建成时间	设计单位
清华大学附小新校舍	14990m²	12120m²	园林式布局	2~3	38班1500人	2002	清华大学建筑学院、北京华清安地建筑设计事务所有限公司

清华附小新校舍在校原址重建。操场在用地北面，隔了一条路。老校建筑三排三列，其间生长着很多老树。新校建筑不拘一格，与老树穿插交织成具有园林感的丰富环境。大量半室外走廊促使孩童体验四季，无惧寒暑，接近自然美景。从儿童到少年的学制漫长，丰富性成为设计的重要目标。将普通教室部分建成3栋不同的楼，各自特征鲜明。孩童可3次进入有趣的建筑学习。新校舍还有一座"书院"，是覆盖着浓荫的宁静深院。
建筑采用青灰砌块以表达真实的材料砌筑感和构架关系，细部构件夸张地运用了鲜艳的色彩。灰与彩，承继了中国北方建筑的用色经验，沉静而又生动。

中小学校 [42] 实例

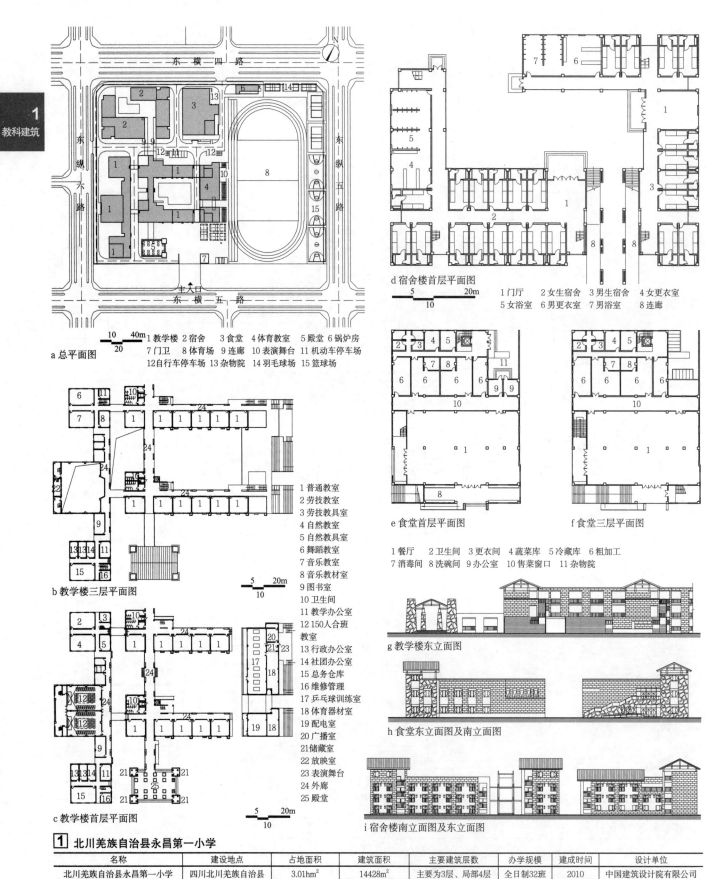

1 北川羌族自治县永昌第一小学

名称	建设地点	占地面积	建筑面积	主要建筑层数	办学规模	建成时间	设计单位
北川羌族自治县永昌第一小学	四川北川羌族自治县	3.01hm²	14428m²	主要为3层、局部4层	全日制32班	2010	中国建筑设计院有限公司

北川新县城永昌镇是"5·12"特大地震后唯一一个整体异地迁建的县城。重建后的永昌一小是北川新县城一所全员寄宿制小学。总平面布局将学校分为普通教学区、行政办公区、专项教室区、生活服务区、体育活动区5个部分。建筑层数控制在3层以内，宿舍部分局部4层，利用不同层高的屋顶平台和连廊，以及与体育场看台相连接，提供更多的疏散路径。同时，底层围合的庭院空间与室外环境相结合，给学生提供安全感。从传统羌寨聚落的建筑形态和空间形态中提炼建筑元素，通过现代建筑的语言进行表达，充分反映羌族传统特色风貌。校园建筑力求朴素简洁，采用体现当地羌族文化的色彩与材料。学校整体选择了深灰色片岩，具有厚重感和安全感；部分采用白色涂料，明快而素净。几种材料的叠加组合抽象地表达了羌族建筑文化特点

实例 [43] 中小学校

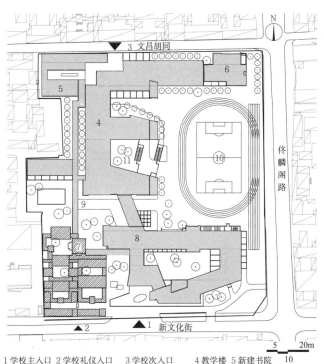

1 学校主入口 2 学校礼仪入口 3 学校次入口 4 教学楼 5 新建书院
6 食堂后勤楼 7 保留复建四合院 8 综合素质教学楼 9 游廊 10 200m跑道及足球场
11 下沉庭院

a 总平面图

1 普通教室
2 办公室
3 多功能厅
4 汽车库入口
5 开放讨论区
6 开放活动区
7 配餐间
8 游廊
9 活动室
10 交流展示区
11 医疗室
12 科学教室
13 保留复建四合院
14 庭院
15 计算机教室
16 汽车库出口
17 心理活动室
18 地下一层采光井
19 下沉庭院

b 首层平面图

c 入口雨篷透视图

1 普通教室
2 办公室
3 宿舍
4 室外活动平台
5 开放讨论区
6 开放活动区
7 辅助教室
8 廊道兼景观平台
9 排练厅
10 入口雨篷

d 标准层平面图

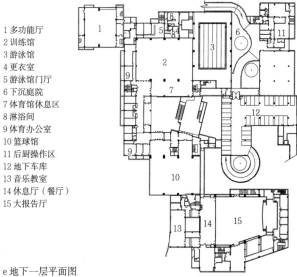

1 多功能厅
2 训练馆
3 游泳馆
4 更衣室
5 游泳馆门厅
6 下沉庭院
7 体育馆休息区
8 淋浴室
9 体育办公室
10 篮球馆
11 后厨操作区
12 地下车库
13 音乐教室
14 休息厅（餐厅）
15 大报告厅

e 地下一层平面图

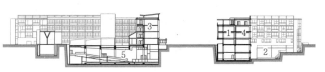

1 普通教室 2 下沉庭院 3 专业教室 4 活动间 5 多功能厅

f 素质楼C-C剖面图   g A-A剖面图

1 训练馆 2 下沉庭院 3 篮球馆 4 入口门厅

h B-B剖面图

1 北京市第二实验小学

名称	建设地点	占地面积	建筑面积	主要建筑层数	办学规模	建成时间	设计单位
北京市第二实验小学	北京市西城区	22705m²	42000m²	地上4层、地下2层	全日制48班	2006	北京市建筑设计研究院有限公司

项目地处城市核心地区，用地面积极为有限，而所需校园规模及教学功能用房标准较高，调和两者间矛盾为本规划设计的重要和难点。规划设计保留基地既有的传统民居院落及部分高大乔木，将其有机纳入新建筑群，在有限的基地内，使校园形成传统与现代、文化与景观有机融合的丰富空间。同时空间利用立体化、高效集约化，为师生创造不同形态的校园交流场所。考虑小学生学和玩并重的成长需要，在建筑设计中引入了集交往性、教学性、交通性于一体的复合式公共空间概念，将建筑内部不同功能模块紧密高效地连接在一起，使教学生活空间与课余活动空间有效融合。

中小学校 [44] 实例

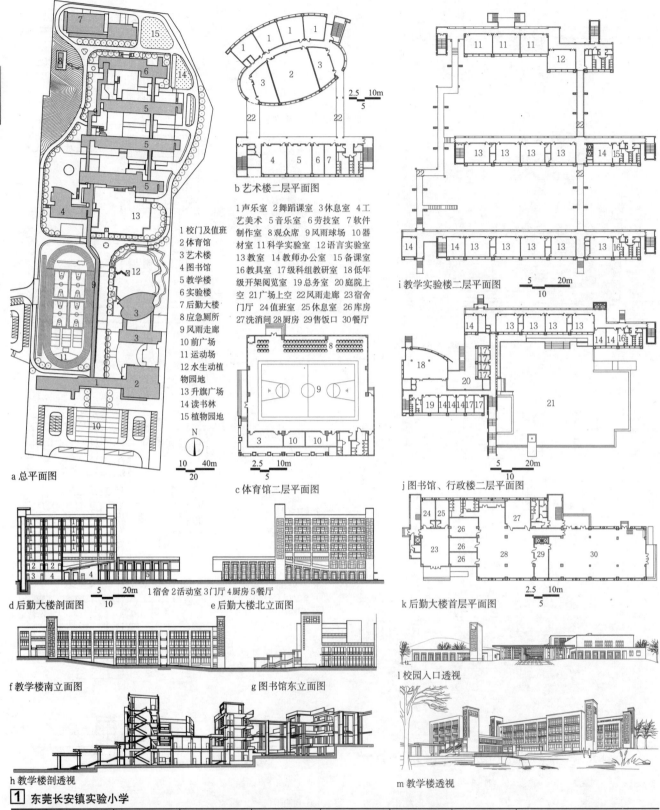

1 校门及值班 2 体育馆 3 艺术楼 4 图书馆 5 教学楼 6 实验楼 7 后勤大楼 8 应急厕所 9 风雨走廊 10 前广场 11 运动场 12 水生动植物园地 13 升旗广场 14 读书林 15 植物园地

1 声乐室 2 舞蹈课室 3 休息室 4 工艺美术 5 音乐室 6 劳技室 7 软件制作室 8 观众席 9 风雨球场 10 器材室 11 科学实验室 12 语言实验室 13 教室 14 教师办公室 15 备课室 16 教具室 17 级科组教研室 18 低年级开架阅览室 19 总务室 20 庭院上空 21 广场上空 22 风雨走廊 23 宿舍门厅 24 值班室 25 休息室 26 库房 27 洗消间 28 厨房 29 售饭口 30 餐厅

1 东莞长安镇实验小学

名称	占地面积	建筑面积	结构形式	主要建筑层数	办学规模	建成时间	设计单位
东莞长安镇实验小学	66000m²	35000m²	钢筋混凝土结构	5层	全日制36班	2015	华南理工大学建筑设计研究院

设计主要从两个方面考虑：一是利用基地原有景观要素，营造户外主题活动场所，如利用池塘营造水生动植物科学园地（后改为学生菜园）、利用山势坡地设置读书林等；二是利用走廊、架空层、空间节点设置尽可能多样化的室内外活动、交流、休息空间，通过丰富、多元、趣味的小空间，让小学生接受潜移默化的环境熏陶，达到环境育人的目的。在满足小学教学楼层数规定的基础上，尽量压低建筑层数和体量，既便于孩子日常使用，又通过低矮手法呼应原有山林环境。建筑体量有意分化错落为较小的体块组合，一是考虑减少建筑体量与山林环境的冲突，二是让建筑分解为贴近儿童尺度的体量，使建筑宜人。为适应岭南地域气候环境，在造型追求三段式构图的前提下，尽量选择轻巧通透的建筑元素，营造既有山林书院的典雅端庄，又有城市学堂灵活轻松特质的现代小学校园，例如连廊顶盖、垂直遮阳、不锈钢栏杆等建筑构件注重轻巧细致，同时利用太阳光影刻画丰富的形体立面细节

实例 [45] 中小学校

1 普通教室 2 阶梯教室 3 办公室 4 互动讨论区 5 外廊 6 实验教室 7 展示区
8 艺术教室 9 舞台 10 比赛场地 11 就餐区 12 半开放式就餐区 13 阶梯会议厅
14 礼堂 15 宿舍 16 淋浴间 17 多功能活动室

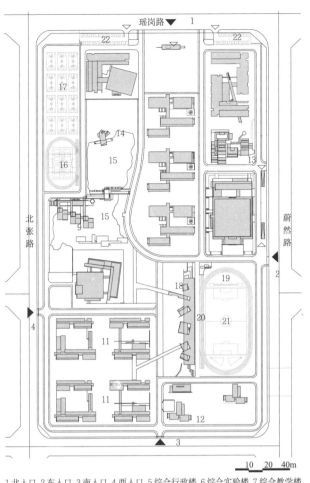

1 北入口 2 东入口 3 南入口 4 西入口 5 综合行政楼 6 综合实验楼 7 综合教学楼
8 综合艺体楼 9 国际部综合教学楼 10 生活服务楼 11 学生公寓楼 12 教师公寓楼
13 传统书院图书馆 14 心理咨询室 15 保留水塘 16 200m跑道操场 17 篮球场
18 保留农田 19 升旗台 20 看台 21 400m标准跑道及足球场 22 树下停车兼等候区

a 总平面图

b 综合教学A-A楼剖面图

c 综合艺体楼B-B剖面图

d 综合行政楼C-C剖面图

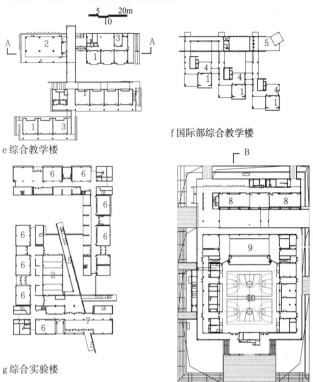

e 综合教学楼

f 国际部综合教学楼

g 综合实验楼

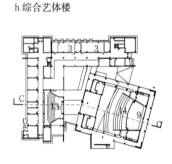

h 综合艺体楼

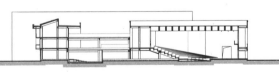

i 生活服务楼

j 综合行政楼

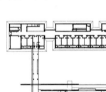

k 学生公寓楼A

l 学生公寓楼B

1 合肥肥东一中新校区

名称	建设地点	占地面积	建筑面积	主要建筑层数	办学规模	建成时间	设计单位
合肥肥东一中新校区	安徽合肥肥东新城	243630m²	136500m²	5	120班中学	2013	北京市建筑设计研究院有限公司

肥东一中新校区规划设计面临国内基础教育新校区设计的共通课题：学校所在新城区未形成成熟的城市环境及人文语境；忽视地域传统建筑文化对校园空间的影响；大规模大尺度校园缺少人性关怀，日常学习空间转换不便；短时快速一次性规划建设使校园单调乏味等。
规划设计保留利用了基地内原有水塘和农田，以巢湖北岸民居聚落特有的"九龙攒珠"的布局形式为规划理念，依此组织校园空间和景观设计；在不同教学组团的建筑中引入年级教学功能复合化的设计手法，有效提高单体建筑年级教学功能的使用效率。在学校生活后勤部分设计规划中，对如何与"教育即生活，生活即教育"的理念相契合亦作了回应。在建筑单体的风格、体量、尺度及乡土韵味营造方面，采用了"粗粮细做"的原则，在形成校园空间形态的多样性的同时，塑造和体现出校园整体环境场所质朴、田园的人文气质

中小学校 [46] 实例

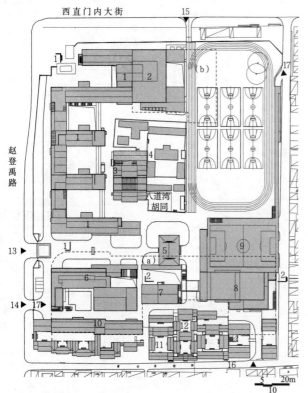

1 教学实验楼 2 体育馆 3 鲁迅书院 4 鲁迅旧居 5 志成楼 6 办公楼 7 志成讲堂
8 金帆音乐厅 9 乐器博物馆 10 南办公楼 11 志成书院 12 国学馆 13 主入口
14 车行出入口 15 应急疏散出入口 16 后勤出入口 17 地库出入口
（a）办公楼、金帆音乐厅地下一层 （b）体育馆地下一层
a 总平面图

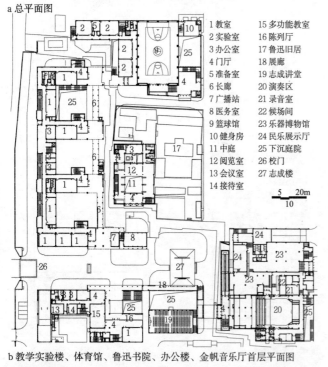

1 教室	15 多功能教室	
2 实验室	16 陈列厅	
3 办公室	17 鲁迅旧居	
4 门厅	18 展廊	
5 准备室	19 志成讲堂	
6 长廊	20 演奏区	
7 广播站	21 录音室	
8 医务室	22 候场间	
9 篮球馆	23 乐器博物馆	
10 健身房	24 民乐展示厅	
11 中庭	25 下沉庭院	
12 阅览室	26 校门	
13 会议室	27 志成楼	
14 接待室		

b 教学实验楼、体育馆、鲁迅书院、办公楼、金帆音乐厅首层平面图

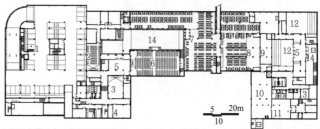

1 地下车库 2 多功能教室 3 演音室 4 录音室 5 门厅 6 志成讲堂 7 学生食堂
8 售饭间 9 洗消间 10 操作间 11 粗加工间 12 排音厅 13 排练室 14 内院
c 办公楼、金帆音乐厅地下一层平面图

1 教室 2 自行车库 3 下沉庭院
d 1-1 教学实验楼剖面图

1 排练厅 2 下沉庭院 3 管风琴 4 观众席 5 门厅 6 学生食堂
7 售卖间 8 洗消间 9 舞台
e 2-2 金帆音乐厅剖面图

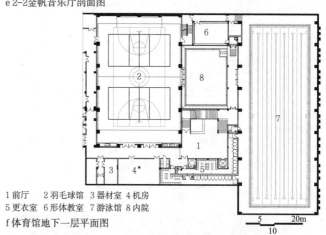

1 前厅 2 羽毛球馆 3 器材室 4 机房
5 更衣室 6 形体教室 7 游泳馆 8 内院
f 体育馆地下一层平面图

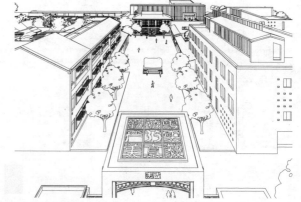

g 校门主轴线透视图

1 北京市第三十五中学

名称	建设地点	占地面积	建筑面积	主要建筑物层数	办学规模	建成时间	设计单位
北京市第三十五中学	北京市西城区	17045m²	61737m²	地上1~4层、地下1~2层	36班高中	2015	中国建筑设计院有限公司

校园处于城市新老过渡的区域，设计将原场地中保留下来的鲁迅家族旧居、前公用胡同古建院落、八道湾胡同，以及复建的志成楼与整体校园格局融合在一起，成为校园的文化核心与历史脉络。校园主要采用现代中式风格，外界面方正平直，内部空间开放活跃，多层院落式的布局延续了北京旧城的城市肌理。胡同、长廊、庭院为学校和师生提供了丰富的展示和交流空间，形成了园林式的教学环境。校园内设置了不同类型、规模的下沉庭院和采光中庭，为学生使用的区域提供了良好的自然采光和通风。为配合学校"五制"教育教学改革和培养高素质、创新型人才的教育理念，建设了金帆音乐厅、中科院高端实验室等创新型内容

实例 [47] 中小学校

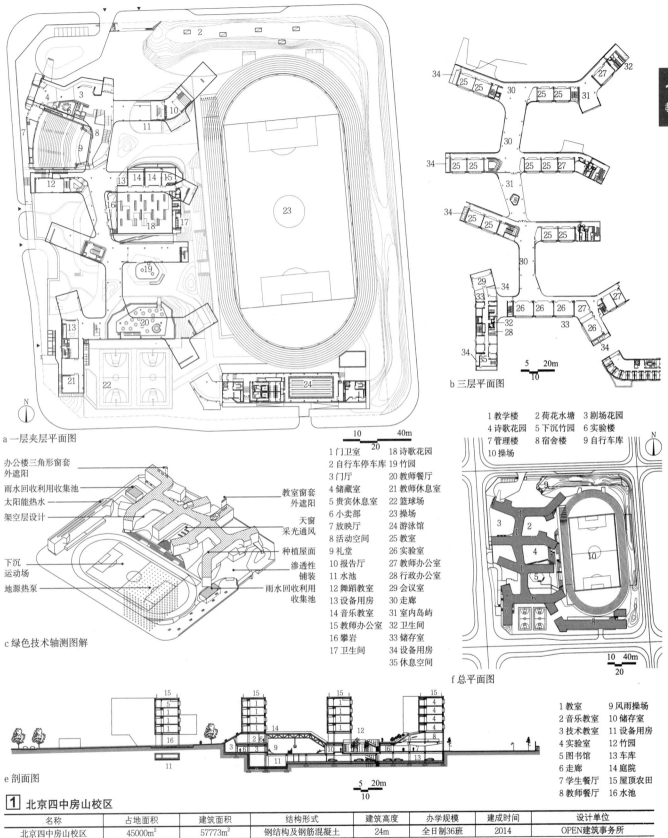

a 一层夹层平面图

b 三层平面图

c 绿色技术轴测图解

办公楼三角形窗套外遮阳
雨水回收利用收集池
太阳能热水
架空层设计
下沉运动场
地源热泵

教室窗套外遮阳
天窗采光通风
种植屋面
渗透性铺装
雨水回收利用收集池

1 门卫室
2 自行车停车库
3 门厅
4 储藏室
5 贵宾休息室
6 小卖部
7 放映厅
8 活动空间
9 礼堂
10 报告厅
11 水池
12 舞蹈教室
13 设备用房
14 音乐教室
15 教师办公室
16 攀岩
17 卫生间
18 诗歌花园
19 竹园
20 教师餐厅
21 教师休息室
22 篮球场
23 操场
24 游泳馆
25 教室
26 实验室
27 教师办公室
28 行政办公室
29 会议室
30 走廊
31 室内岛屿
32 卫生间
33 储存室
34 设备用房
35 休息空间

1 教学楼 2 荷花水塘 3 剧场花园
4 诗歌花园 5 下沉竹园 6 实验楼
7 管理楼 8 宿舍楼 9 自行车库
10 操场

f 总平面图

e 剖面图

1 教室 9 风雨操场
2 音乐教室 10 储存室
3 技术教室 11 设备用房
4 实验室 12 竹园
5 图书馆 13 车库
6 走廊 14 庭院
7 学生餐厅 15 屋顶农田
8 教师餐厅 16 水池

1 北京四中房山校区

名称	占地面积	建筑面积	结构形式	建筑高度	办学规模	建成时间	设计单位
北京四中房山校区	45000m²	57773m²	钢结构及钢筋混凝土	24m	全日制36班	2014	OPEN建筑事务所

学校的功能空间分成上下两部分，并在其间插入了花园。垂直并置的上部建筑和下部空间，在"中间地带"（架空的夹层）以不同方式相互接触、支撑或连接。这既是营造空间的策略，也象征了这个新学校中正式与非正式教学空间的关系。

这个项目是中国第一个获得绿色建筑三星级认证的中学（其标准超过LEED金级认证）。为了最大化地利用自然通风和自然光线，并减少冬天及夏天的冷热负荷，被动式节能策略几乎运用在设计的方方面面，大到建筑的布局和几何形态，小到窗户的细部设计。地面透水砖的铺装和屋顶绿化有助于减少地表径流，3个位于地下的大型雨水回收池从操场收集宝贵的雨水灌溉农田和花园。地源热泵技术为大型公共空间提供了可持续能源，同时独立控制的VRV机组服务于所有单独的教学空间，确保使用的灵活性。整个项目使用了简单、自然和耐用的材料，如竹木胶合板、水刷石、石材和暴露混凝土等

中小学校 [48] 实例

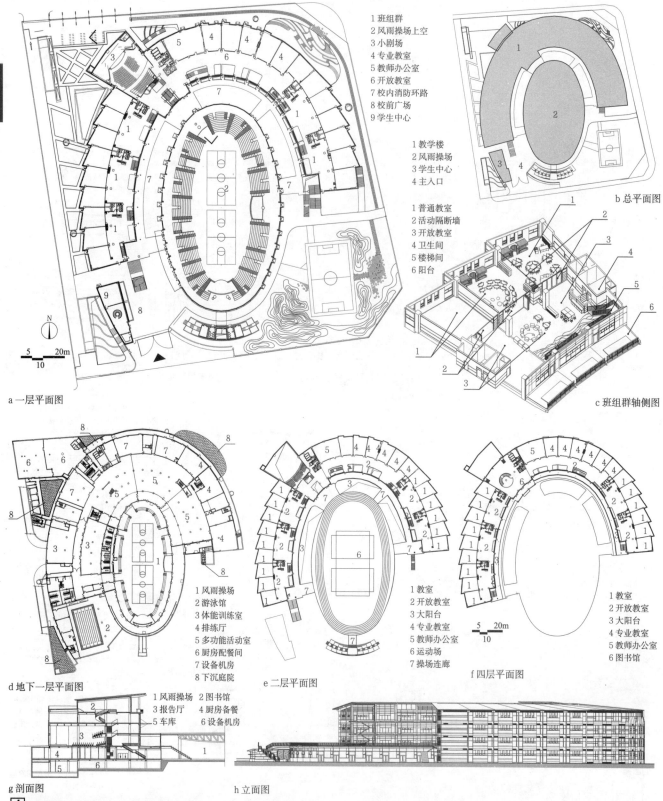

1 班组群
2 风雨操场上空
3 小剧场
4 专业教室
5 教师办公室
6 开放教室
7 校内消防环路
8 校前广场
9 学生中心

a 一层平面图

1 教学楼
2 风雨操场
3 学生中心
4 主入口

b 总平面图

1 普通教室
2 活动隔断墙
3 开放教室
4 卫生间
5 楼梯间
6 阳台

c 班组群轴侧图

1 风雨操场
2 游泳馆
3 体能训练室
4 排练厅
5 多功能活动室
6 厨房配餐间
7 设备机房
8 下沉庭院

d 地下一层平面图

1 教室
2 开放教室
3 大阳台
4 专业教室
5 教师办公室
6 运动场
7 操场连廊

e 二层平面图

1 教室
2 开放教室
3 大阳台
4 专业教室
5 教师办公室
6 图书馆

f 四层平面图

1 风雨操场 2 图书馆
3 报告厅   4 厨房备餐
5 车库   6 设备机房

g 剖面图

h 立面图

1 北京市中关村第三小学万柳北校区

名称	占地面积	建筑面积	结构形式	办学规模	建成时间	设计单位
北京市中关村第三小学万柳北校区	23500m²	45728m²	钢结构及钢筋混凝土	全日制36班	2015	美国Bridge3公司、中国建筑设计院有限公司

项目位于城市成熟居住区中心，为适应近似正方形的紧凑场地，设计采用向南侧开口的C形集中式布局的教学楼方案，中间环抱着椭圆形半地下的风雨操场。教学楼地上4层，每层布置5个"班组群"，每个班组群由3个可分可合的普通教室和1个开放教室，以及卫生间和楼梯间等组成。普通教室之间以及普通教室与开放教室之间采用活动隔断，根据课程需要组合各种教学空间，实现由封闭式到开放式、从单一功能到多维功能、从物理空间到课程空间的空间转换。班组群是师生家庭式的学习基地，由不同年级的学生组成，让大孩子和小孩子共同学习和进步。风雨操场的活动场地位于地下一层，而它的屋面作为学生主要的室外运动场地，通过4个连廊与教学楼二层平接。入口广场的地下一层有游泳馆，可以更好地与社区共享。

概述 [1] 高等院校

定义

普通高等学校是指以通过国家规定的专门入学考试的高级中学毕业学生为主要培养对象的全日制大学、独立设置的学院和高等专科学校、高等职业技术学校。本章节的"高等院校"仅指全日制大学和独立设置的学院。高等专科学校和高等职业技术学校见"职业教育院校"章节。

大学校园规划包括校园总体布局、道路交通、绿化系统、空间组织等方面的规划设计。本章节的分区规划针对教学科研区、体育运动区、学生生活区三个主要功能区。本章节的大学建筑单体设计包括公共教学楼、公共实验楼、院系学院楼、综合型教学建筑、图书馆、活动中心、学生宿舍和食堂。学生宿舍、教师公寓、学校行政楼、体育馆和会堂等其他建筑类型详见相应章节。

高等院校分类

高等院校规模与指标

高校的建设规模应按批准的办学规模、相应类别学校的建筑面积指标和选择配置校舍项目的建筑面积确定。建设用地以各类学校的校舍建筑总面积和相应的容积率为依据测算核定。

1. 高校建设用地容积率参考

一般院校(综合、师范、民族、理工、农林、医药、财经、政法、外语院校)0.5;体育院校0.45;艺术院校0.6。

2. 校舍建筑面积指标

学校必须配置的十二项校舍建筑面积指标(表2),以学校办学规模为参数。研究生(包括硕士研究生和博士研究生)使用的校舍,在实验研究、图书馆、学生宿舍三项用房上有别于本科生,应在本科生生均建筑面积指标基础上增加补助指标,其他校舍生均建筑面积指标与本科生相同。研究生校舍建筑面积补助指标(表3),采用在校硕士、博士研究生人数为参数。

四种分类方式　　　　表1

分类依据	学校类别
按发展定位	研究型、研究教学型、教学研究型、教学型、专业型
按学科类型	综合大学、理工院校、师范院校、财经院校、政法院校、医药院校、外语院校、农林院校、体育院校、艺术院校
按与城市的关系	城市集中型、城市分散型、郊区型
按规模	小型规模校园(对应学生数大致在5000人以下) 中型规模校园(对应学生数大致为5001~10000人) 大型规模校园(对应学生数大致为10001~20000人) 特大规模校园(对应学生数大致为20001人以上)

研究生校舍建筑面积补助参考指标(单位:m²/生)　　　　表3

学科	研究生	补助内容			合计
		实验研究用房	图书馆	学生宿舍	
工学、理学、农(林)学、医学、艺术	硕士生	6.0	0.5	5.0	11.5
	博士生	8.0	0.5	14.0	22.5
文学、外语、经济、法学、管理学	硕士生	4.0	0.5	5.0	9.5
	博士生	6.0	0.5	14.0	20.5
师范艺术、艺术设计、体育	硕士生	4.0	0.5	5.0	9.5
	博士生	6.0	0.5	14.0	20.5

十二项校舍建筑面积参考指标(单位:m²/生)　　　　表2

学校类别	综合大学(1)			综合大学(2)			师范、民族院校			理工院校			农林院校			医药院校			财经、政法院校			外语院校			体育院校			艺术院校		
学科结构	文法类60% 理工类40%			理工类60% 文法类40%			文法类45% 理工类40% 艺术类10% 体育类5%			理工类70% 文法类30%			理工类70% 文法类30%			医学类90% 文法类10%			文法类100%			外语类90% 文法类10%			体育类90% 文法类10%			艺术类100%		
办学规模(万)	0.5	1	2	0.5	1	2	0.5	1	2	0.5	1	2	0.5	1	2	0.5	1	2	0.5	1	2	0.5	1	2	0.3	0.5	0.8	0.2	0.5	0.8
教室	2.83	2.83	2.83	2.88	2.88	2.88	2.88	2.88	2.88	2.95	2.95	2.95	2.84	2.84	2.84	2.75	2.75	2.75	2.66	2.66	2.66	3.30	3.30	3.30	1.85	1.85	1.85	10.28	10.28	10.28
实验实习用房	5.43	4.63	4.00	6.75	5.76	5.02	5.66	4.77	4.02	7.43	6.33	5.56	7.43	6.33	5.56	7.40	6.60	6.36	1.54	1.26	1.01	1.54	1.26	1.01	1.78	1.59	1.36	10.60	7.77	6.91
图书馆	2.02	1.74	1.54	2.00	1.71	1.50	2.02	1.74	1.54	2.00	1.71	1.50	2.00	1.71	1.50	2.00	1.71	1.50	2.02	1.74	1.54	2.02	1.74	1.54	1.93	1.77	1.62	2.50	2.10	2.00
室内体育用房	1.11	1.37	1.05	1.11	1.37	1.05	1.11	1.37	1.05	1.11	1.37	1.05	1.11	1.37	1.05	1.11	1.37	1.05	1.11	1.37	1.05	1.11	1.37	1.05	11.04	10.04	9.12	1.14	1.11	1.09
校行政办公用房	0.80	0.70	0.60	0.80	0.70	0.60	0.80	0.70	0.60	0.80	0.70	0.60	0.80	0.70	0.60	0.80	0.70	0.60	0.80	0.70	0.60	0.80	0.70	0.60	0.95	0.80	0.75	1.00	0.80	0.75
院系及教师办公用房	1.31	1.27	1.23	1.31	1.27	1.23	1.31	1.27	1.23	1.31	1.27	1.23	1.31	1.27	1.23	1.31	1.27	1.23	1.31	1.27	1.23	1.31	1.27	1.23	1.31	1.28	1.31	1.90	1.70	1.60
师生活动用房	0.40	0.35	0.30	0.40	0.35	0.30	0.40	0.35	0.30	0.40	0.35	0.30	0.40	0.35	0.30	0.40	0.35	0.30	0.40	0.35	0.30	0.40	0.35	0.30	0.40	0.37	0.30	0.50	0.40	0.37
会堂	0.50	0.40	0.30	0.50	0.40	0.30	0.50	0.40	0.30	0.50	0.40	0.30	0.50	0.40	0.30	0.50	0.40	0.30	0.50	0.40	0.30	0.50	0.40	0.30	0.50	0.45	0.30	0.60	0.50	0.45
学生宿舍(公寓)	10.00																													
食堂	1.30	1.25	1.20	1.30	1.25	1.20	1.30	1.25	1.20	1.30	1.25	1.20	1.30	1.25	1.20	1.30	1.25	1.20	1.30	1.25	1.20	1.30	1.25	1.20	1.35	1.30	1.27	1.40	1.30	1.27
单身教师宿舍(公寓)	0.50	0.40	0.40	0.50	0.40	0.40	0.50	0.40	0.40	0.50	0.40	0.40	0.50	0.40	0.40	0.50	0.40	0.40	0.50	0.40	0.40	0.50	0.40	0.40	0.50	0.45	0.40	0.50	0.50	0.45
后勤及附属用房	1.94	1.77	1.57	1.94	1.77	1.57	1.94	1.77	1.57	1.94	1.77	1.57	1.94	1.77	1.57	1.94	1.77	1.57	1.94	1.77	1.57	1.94	1.77	1.57	2.28	1.94	1.84	2.50	1.94	1.84
合计	28.14	26.71	25.02	29.49	27.86	26.05	28.42	26.90	25.09	30.24	28.50	26.66	30.13	28.39	26.55	30.01	28.57	27.26	24.08	23.17	21.86	24.72	23.81	22.50	34.07	32.00	30.36	42.92	38.40	37.01

注:1. 学校办学规模小于或大于表中所列的规模值时,其指标应分别采用表中最小或最大规模时的指标值;如学校办学规模介于表列规模值之间时,可用插入法取值。
2. 表2不含研究生实验研究用房、图书馆、学生宿舍三项建筑面积补助指标。
3. 办学规模小于2000人、专业门类多的艺术院校,其教室、实验实习用房、系及教师办公用房、后勤及附属用房四项指标,在表2基础上可乘以调整系数1.2~1.4。
4. 本页中的指标适用于新建的普通本科高等学校,改建、扩建的学校可参照。
5. 新建普通高等学校应合理确定建设规模,改建、扩建的普通高等学校建设项目应在充分利用原有设施的基础上进行。

高等院校 [2] 校园总体规划

校址选择的原则

1. 选址宜与周边高校相对集中。
2. 有利于学校—社区—社会的互利互补。
3. 生态自然环境优良，远离污染源。
4. 合理配置土地资源，可利用丘陵山坡。
5. 有可持续发展的空间。
6. 有良好的社会文化基础。

校园选址类型

校园选址类型　　表1

类型	定义	规模	特点	实例
独立选址	选址与本部分离，与其他大学校园不毗邻。适用于新校区建设、老校区扩建或者整体校区搬迁	用地规模完整，相对中等或者较大	1.校区内部功能较为完整，并与周边规划形成互补；2.应较为注重自身校内空间的营造	1.山东大学青岛校区；2.上海大学宝山校区
毗邻选址	选址与老校区相邻。适用于老校区扩建发展	用地规模相对中等或者较小	1.新老校区之间易建立紧密联系；2.应注重两区间功能的整合和空间的一体化设计	1.浙江大学紫金港校区西区；2.天津科技大学泰达校区东区
集聚选址	选址与周边其他校园聚集。适用于大学城建设或者相近学科校园之间因资源共享的共同选址	用地规模相对中等	1.多个校园间形成集聚效应，促进资源共享；2.应注重各校园功能间互动、互补	1.广州华南理工大学大学城校区；2.天津南开大学津南校区

总体布局

各功能组成定义与简介　　表2

功能组成	定义与简介
教学科研	大学校园的主体部分，是师生教学、科研、学术交流与课余学习的场所，包括教学楼、实验楼、图书馆、校系行政楼、礼堂、讲堂、报告厅等建筑。随着大学校园自身的发展和教育理念的演变，出现了学术中心、展览中心、科研楼、计算机中心、视听中心等较新功能的建筑
学生生活	学生课余休息、娱乐的主要场所，包括学生宿舍、公寓、学生活动中心、学生食堂、浴室、商店等生活设施及部分户外活动场地
体育运动	进行体育教学与学生课余体育锻炼的主要场所，包括体育用地和场馆。体育用地主要包括：田径场（标准、非标准）、篮球场、排球场、网球场、室外器械场地（单杠、双杠、吊环等）、游泳池等；场馆主要包括：综合体育馆、篮球馆、游泳馆、风雨操场等
后勤服务	为教学、科研以及师生生活提供全面服务保障的场所，包括车库、医院、招待所、邮局、后勤供应管理机构、校办工厂、技术劳动开发中心、三废处理室、各类仓库以及水、热、电和各种特殊气体供应室等服务设施
科技产业	部分大学校园与科技工业园区相结合的产物，它将传统校园中一部分实验与科研功能剥离出来，与社会化产业相结合，形成一个相对独立完善的区域
教工生活	部分高校的青年教师周转房小区，包括青年教师周转房、福利设施及其附属用房等

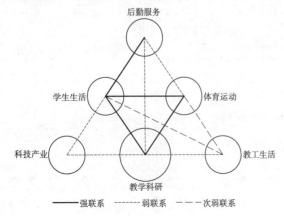

1 各功能组成关系

强联系 ——— 弱联系 - - - 次弱联系 ---

影响校园总体结构模式的主要因素

1. 学科类型，教学模式，教学理念。
2. 用地规模及形态。
3. 现状用地环境因素。
4. 周边环境因素。
5. 内部功能组成。
6. 设计理念与技术。

常见总体结构模式

常见校园总体结构模式图示　　表3

类型		特点及优缺点	示意图
品字形	布局模式	基于校园步行尺度控制的原则，把教学、宿舍、体育三者呈品字形布置，各区之间紧密联系	
	特点	1.布局紧凑，各区形成一个品字形结构，往返便捷；2.三个功能区域之间能同时紧密联系；3.适用于规模相对中等或偏小的用地	
复合品字形	布局模式	教学与宿舍、体育之间基于品字形联系形成多重的品字形结构	
	特点	1.教学分别与宿舍和体育分别形成多个品字形结构，各区之间往返便捷；2.教学与各个区域联系紧密；3.适合于相对较大规模的用地	
组团形	布局模式	教学（主要指由学科院系组成的教学科研区）、宿舍与体育形成明确的组团，由若干组团围合成整个校园结构	
	特点	1.校园形成若干个尺度较小的组团；2.各个组团内部功能完整，联系紧密；3.适合于相对较大规模的用地	
圈层形	布局模式	教学位于校园中心，其他各区呈环状围绕教学布置，呈辐射状向外发展	
	特点	1.教学与宿舍、体育可成分组的、层圈式布置；2.中央教学一般为公共教学或者共享设施；3.适合于相对中等偏大规模要求的用地	
带形	布局模式	教学呈带状布置，沿轴线向一侧或两侧发展，其他区域与其平行布置	
	特点	1.教学与其他区域平行发展，往返距离短；2.教学呈带形，与其他各个功能区都可产生直接联系；3.较适合于形状修长的地块	

注：▓▓ 校级平台，▭▭ 教学，▨▨ 宿舍，▢ 体育，⇨ 发展方向

校园总体规划 [3] 高等院校

功能分析

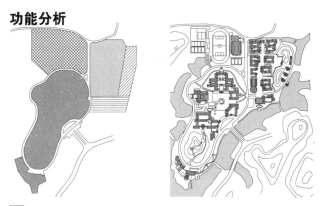

1 品字形（华南师范大学南海校区）

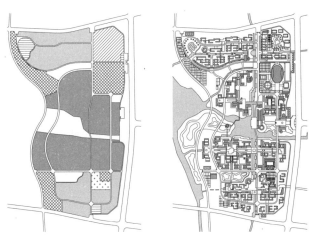

2 复合品字形（江南大学）

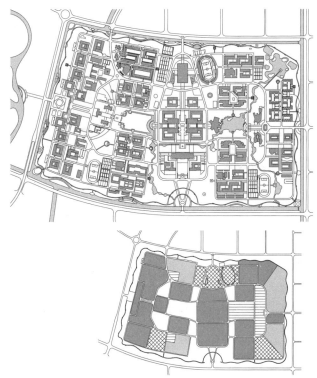

3 复合品字形（南开大学津南校区）

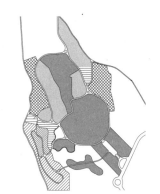

4 带形（南京审计大学）

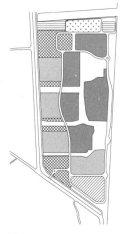 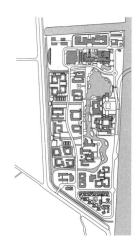

5 组团形（澳门大学横琴校区）

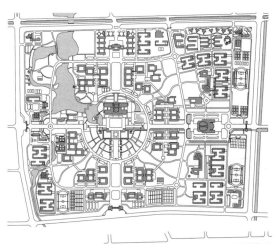

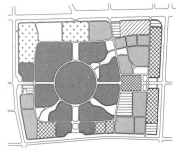

6 圈层形（东南大学九龙湖校区）

■ 教学科研区　■ 学生生活区　▨ 体育运动区　≡ 后勤服务区　▨ 教工生活区　⋯ 科技产业区

高等院校 [4] 校园总体规划

车行交通规划

1. 校园车行交通较城市车行交通具有以下特点：机动车的流量较小；机动车行的速度较慢；非机动车流量较大。

2. 车行交通规划要点：应注意在安全的基础上，达到便捷可达、通而不畅、顺而不穿的目标，避免人流与车流的交叉。

校园车行道路的布局形态　　　　　　　　　　　　　　　　　　　　　　　　　　表1

网络式（网格式）	环式	分支式（树枝形）	综合式
	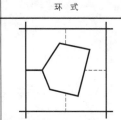		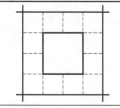
形式上形成网格肌理，通过交叉的道路划分地块。利于形成校园的网格生长格局，利于车辆直达建筑，有较大的车辆通行量。设计需避免形式单调，空间识别性差及交叉口对步行系统的干扰	外环为车行，中心常为步行，是校园规划较多采用的一种车行路网布置形式。利于人车分流，但当环形过大时，往往会使道路的可达性减弱。设计时需保持较好的交通可达性	主次分明，利于车辆直达建筑。但主道路占据中心，易造成交通压力大、人车混行等问题。常用于狭长的地形	利用网络式、环式、分支式的各自优点，加以综合运用的道路网形式。兼顾各自优点，具有很好的适应性。这种交通方式是较为常见的一种

车行道路布局形态实例

1 网络式（西安电子科技大学南校区）

—— 校园内部主干道
---- 校园内部次干道

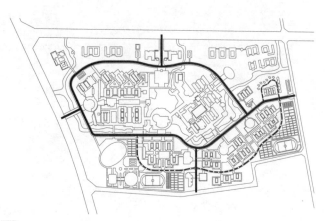

2 环式（中国矿业大学南湖校区）

3 分支式（南京大学仙林校区）

4 综合式（浙江大学紫金港校区东区）

校园车行道路宽度参考指标（校园规模单位：hm²，道路宽度单位：m）　　　　表2

校园	规模	主干道宽	次干道宽	支路宽	校园	规模	主干道宽	次干道宽	支路宽
南开大学津南校区	290	12	10	8	合肥工业大学翡翠湖校区	99.5	18（3+12+3）*	14（3+8+3）*	3
南京大学仙林校区	188	26（3+20+3）*	13（3+7+3）*	7	南华大学雨母校区	93.3	12	7	
江南大学	239	24	12	9	重庆理工大学花溪校区	78	14（2.5+9+2.5）*	9（1.5+6+1.5）*	4
西安电子科技大学南校区	206	18	9	6	华南理工大学大学城校区	77.8	60（大学城干道）	9~13	6
浙江大学紫金港校区东区	197	22（3+16+3）*	14（3+8+3）*	5	南京中医药大学仙林校区	59	13（2+9+2）*	11（2+7+2）*	2~3
中山大学珠海校区	182	18（4.5+9+4.5）*	15（3+9+3）*	6	安徽中医药大学少荃湖校区	60.4	12	7	4
重庆大学虎溪校区	160	18	9	5	华南师范大学南海校区	33	13	8.5	4
南京邮电大学仙林校区	134.8	22（3+16+3）*	12	8	广东药科大学大学城校区	38.1	60（大学城干道）	13	—
南京审计大学	108	15	10	6	上海大学宝山校区东区	35.2	13（东西干道）	10	5
四川大学江安校区	200	24	11	4	中国美术学院南山校区	4.4	7	—	—

注：加"*"号数据括号中数值的含义为"人行道宽度+车行道宽度+人行道宽度"。

步行交通规划

1. 步行是校园主要的交通方式，校园步行交通具有以下特点：上下课时大量人流的"阵发性"；换课时间不同人流的"交错性"；步行空间的多样性。
2. 步行交通规划要点：充分考虑交通安全、路径连贯、到达便捷；遵循步行优先、距离适宜、人流与车流互不冲突的原则；结合校园绿化景观系统布置。

大学校园步行空间类型　　　　　　　　　　　　　表1

类型	定义	设计要点
局部步行道	大学校园内某一段专用于人行走的道路	宜与校园步行系统有良好的连接；若为限时步行道，需考虑车辆易穿越
区域间线性步行道	用于联系校园各个功能区域，是校园步行最为常见的一种	综合考虑短距离往返便捷等客观因素；线性步行道路还应注重良好的校园空间体验
步行区域	校园中以步行交通为主要方式，且一般不允许机动车通行的区域	根据人的步行合理范围、空间尺度等确定区域大小；注重步行区域的舒适性和可参与性

校园停车

1. 遵循安全、便捷、节约用地、生态环保的基本原则。
2. 选择以下几类合适的停车位置。
　（1）校园入口位置：在校园入口处布置适当车位可避免过多的车辆进入校内，影响校内安全、交通秩序。
　（2）对外联系建筑及办公建筑：在行政楼、交流中心等建筑场所设置一定数量的停车位。
　（3）教师使用较多的建筑：公共教学楼、学院楼等。
3. 教工宿舍区按住宅停车指标要求布置车位。
4. 利用地下室及人防空间布置停车位。

部分地区高校停车参考指标　　　　　　　　　　　　　表2

地区		机动车			非机动车
广州（泊/100m²建筑面积）		A区		B区	5
		0.5~0.8		0.8	
重庆（泊/100m²建筑面积）		0.5（按扣除教学区面积计算）			—
郑州（泊/100名师生）		3.0~5.0			80
天津（泊/100名学生）		6.0			60
厦门（泊/100学生）	综合型大学	8.0			70
	中专、大专、职校	6.0			
沈阳（泊/100名师生）		二环内	二环到三环	三环外	—
		1.5	5.0	6.0	
南昌（泊/100名学生）		一类区	二类区	三类区	40
		2.0	2.5	3.0	
苏州（泊/100名学生）		一类区	二类区	三类区	50
		6.0~6.6	≥6.0	≥6.0	
南京（泊/100教工）		一类区	二类区	三类区	—
	综合型大学	15.0~20.0	≥30.0	≥30.0	—
	中专、大专、职校	10.0~15.0	≥20.0	≥25.0	—

注：本表数据仅供参考，具体停车配建指标以当地当时规定为准。

景观规划

景观组成要素：校园建筑、校园广场、校园道路、雕塑与小品、植物配置、水体、地面铺装、公共设施等。

1. 以师生为本：校园室外景观具有"第二课堂"意义，设计宜体现人性化，利于学生交往。
2. 可持续发展：尊重原有自然条件，充分利用绿色能源、节约资源，并考虑校园景观可持续发展。
3. 文化性：景观的设置宜适当体现校园文化与学术氛围。
4. 整体性：校园景观设计与校园规划、建筑应形成统一的整体，相辅相成。

几种典型的校园主体空间　　　　　　　　　　　　　表3

类型	礼仪空间	园林空间	街道空间
特点	轴线对称、大草坪、广场、景观节点，人工、理性、庄重、仪式感强。实例：中山大学广州南校区教学区、北京大学主入口轴线、安徽理工大学山南校区主入口轴线（下图）等	山水结合、湖岛相衬，自然、浪漫，富有中国古典园林韵味。实例：南京审计大学中心区、四川大学江安校区中心区、广东药科大学中心区（下图）等	各种教学或生活设施由道路轴串联，形成尺度适宜、功能复合、交往多样的街道式景观空间。实例：上海大学宝山校区东区、江南大学学院街和宿舍街（下图）等
实例	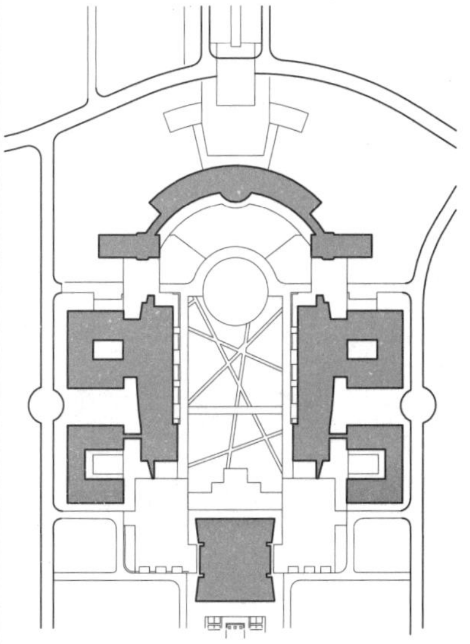	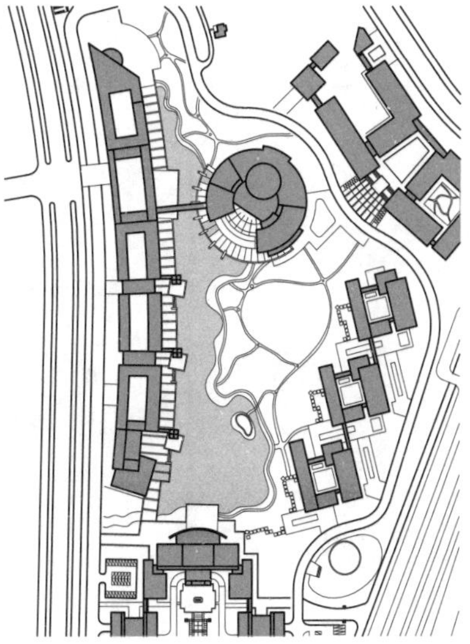	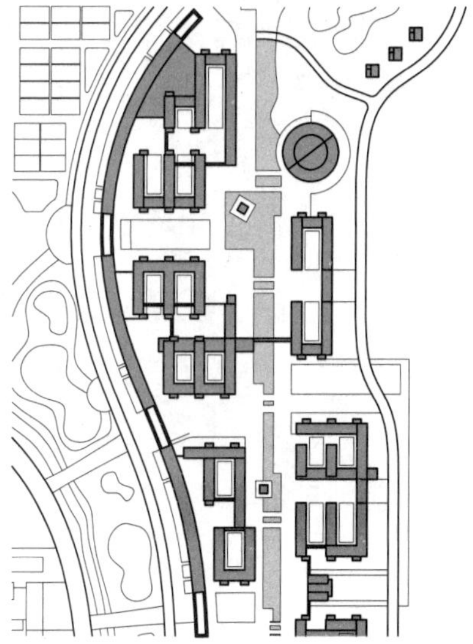

高等院校 [6] 校园总体规划

校园预留发展用地

校园建设应具有前瞻性，为日后校园的发展预留适当的用地。校园发展用地预留分为集中预留和分散预留两种。

预留发展用地类型　　　　　　　　　　　　　　　　　　　　　　　　　　　表1

集中预留		分散预留	
1.发展用地集中预留； 2.发展用地规模相对较大； 3.发展区域的功能以及可建规模自由度较大		1.发展用地分散预留； 2.发展用地规模相对较小； 3.建成区域容易在附近找到扩展用地	
实例： 天津大学北洋园校区		实例： 安徽理工大学山南校区	

注：▇ 预留用地。

常见的校园发展控制模式

校园建设在预留用地的同时，需要有一套发展控制模式在发展中保持校园空间的秩序及结构，可分为单元控制模式、轴线控制模式、形态控制模式、综合模式四种。

校园发展控制模式分类　　　　　　　　　　　　　　　　　　　　　　　　表2

	说明	图示		说明	图示
单元控制模式	1.以重复的基本母题对总体校园空间秩序进行控制； 2.通常以形态相似的建筑或建筑组团形成母题单元； 3.建筑单元可根据需要合理增加；组团单元可分批建设，各个建设时期的校园形态相对完整； 4.适用的预留发展用地类型：集中预留	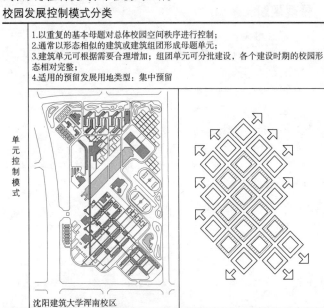 沈阳建筑大学浑南校区	形态控制模式	1.以一种或者若干种明确的形态作为校园生长建设的控制原则，如圆形、方形、网格等； 2.通常以道路作为基本元素形成明确的控制形态； 3.校园的建筑及公共空间以该形态为基础设计，校园可以根据形态进行扩建而保持校园整体秩序； 4.适用的预留发展用地类型：分散预留	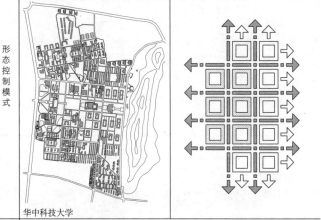 华中科技大学
轴线控制模式	1.以轴线建立校园空间秩序，校园沿轴线方向及线性两侧方向发展； 2.校园空间秩序感与纵深感强烈； 3.校园空间等级根据主次轴线划分，层级清晰； 4.适用的预留发展用地类型：集中预留、分散预留	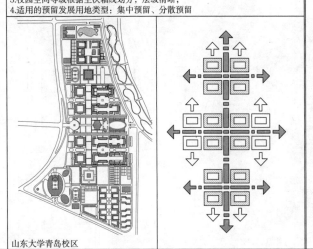 山东大学青岛校区	综合模式	1.由以上几种模式组合控制，并且以其中一种为主导的校园综合性发展模式； 2.提高校园空间发展的灵活性，满足学校多种的需求； 3.适用的预留发展用地类型：集中预留、分散预留	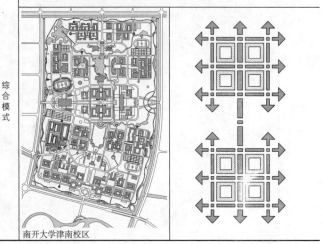 南开大学津南校区

注：▇ 现有建筑，▢ 发展建筑，⬌ 控制轴线，⇨ 发展趋势。

校园总体规划 [7] 高等院校

1 教科建筑

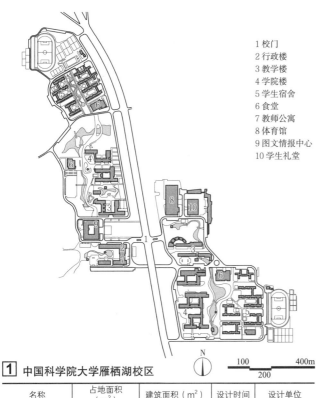

1 校门
2 行政楼
3 教学楼
4 学院楼
5 学生宿舍
6 食堂
7 教师公寓
8 体育馆
9 图文情报中心
10 学生礼堂

1 中国科学院大学雁栖湖校区

名称	占地面积（m²）	建筑面积（m²）	设计时间	设计单位
中国科学院大学雁栖湖校区	716000	344580	2011	中科院建筑设计研究院有限公司

东、西两区校园各有一套教学生活配套建筑，一方面有利于减少师生穿过高速路的次数，另一方面两侧的线性骨架有利于弹性生长，分期实施。地下过街通道结合高架连廊形成公共活动区。"风车式"建筑组团使有机生长成为可能

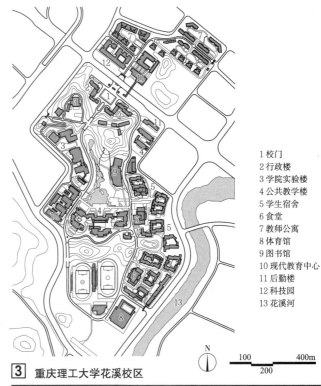

1 校门
2 行政楼
3 学院实验楼
4 公共教学楼
5 学生宿舍
6 食堂
7 教师公寓
8 体育馆
9 图书馆
10 现代教育中心
11 后勤楼
12 科技园
13 花溪河

3 重庆理工大学花溪校区

名称	占地面积（m²）	建筑面积（m²）	设计时间	设计单位
重庆理工大学花溪校区	695200	690000	2003	华南理工大学建筑设计研究院

保留基地原生态自然基底，利用基地原有景观元素进行规划，形成建筑与自然疏密相间的规划结构；对原有池塘进行改造，形成多层次的中心区水体景观；将花溪河景观引入建筑组团内部，互相渗透，形成山、水、建筑一体化的校园空间

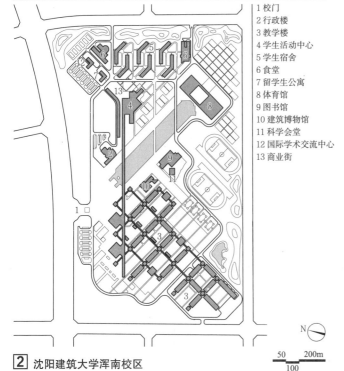

1 校门
2 行政楼
3 教学楼
4 学生活动中心
5 学生宿舍
6 食堂
7 留学生公寓
8 体育馆
9 图书馆
10 建筑博物馆
11 科学会堂
12 国际学术交流中心
13 商业街

2 沈阳建筑大学浑南校区

名称	占地面积（m²）	建筑面积（m²）	设计时间	设计单位
沈阳建筑大学浑南校区	896000	300000	2000	深圳中深建筑设计有限公司

通过正对校园主入口的景观主轴将整个校区分成了东西两部分：东面是学生生活区，西部为教学区。体育活动区则位于校区的南面。整个校区通过一条贯通东西的"建艺长廊"将学生生活区与教学区相互联通，成为规划的线性主干

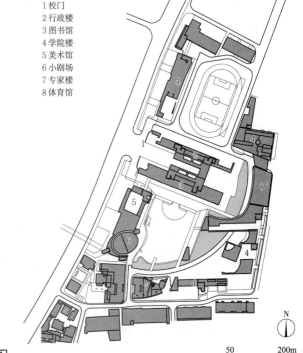

1 校门
2 行政楼
3 图书馆
4 学院楼
5 美术馆
6 小剧场
7 专家楼
8 体育馆

4 中国美术学院南山校区

名称	占地面积（m²）	建筑面积（m²）	设计时间	设计单位
中国美术学院南山校区	43519	62112	2003	北京市建筑设计研究院有限公司

以一个复合型的核心建筑交汇纵横，并以不同高度、不同层面的空间序列，构成纪念性文化广场的主题空间。其他建筑物沿周边布局，最大限度地形成校园中心的共享绿地与运动场地。采用多种形式的底层架空方法构成立体交通组织系统

高等院校 [8] 校园总体规划

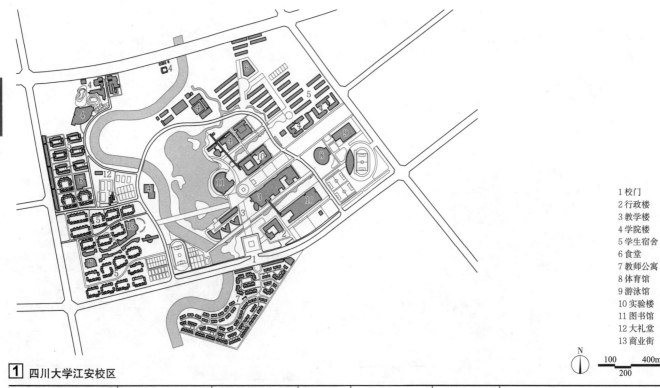

1 校门
2 行政楼
3 教学楼
4 学院楼
5 学生宿舍
6 食堂
7 教师公寓
8 体育馆
9 游泳馆
10 实验楼
11 图书馆
12 大礼堂
13 商业街

1 四川大学江安校区

名称	占地面积（m²）	建筑面积（m²）	容积率	学生规模（万人）	设计时间	设计单位
四川大学江安校区	2001000	1036380	0.52	3.5	2002	上海同济城市规划设计研究院

基地中心有江安河环绕贯穿其间，规划将水体引入校园核心，形成一湖一岛的核心空间格局。进而依托河流结合休闲运动带、植物园等，将此空间的周边扩展延伸，建构纵贯校园南北的开放化、园林化的生态核心。围绕"绿色中心"布置教学区、学生生活区与教师生活区。教学区采取带状布局结构，功能带与绿带相间，最大限度地将"绿色中心"的生态环境向教学区渗透、延伸。学生生活区采取组团式布局结构，组团间以大片绿化相隔。教师生活区采取带状的布局结构

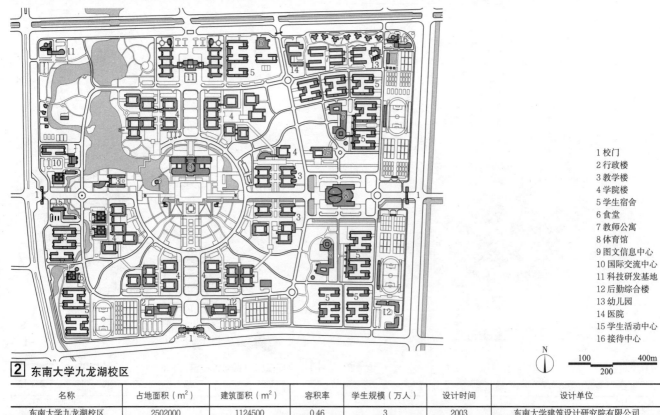

1 校门
2 行政楼
3 教学楼
4 学院楼
5 学生宿舍
6 食堂
7 教师公寓
8 体育馆
9 图文信息中心
10 国际交流中心
11 科技研发基地
12 后勤综合楼
13 幼儿园
14 医院
15 学生活动中心
16 接待中心

2 东南大学九龙湖校区

名称	占地面积（m²）	建筑面积（m²）	容积率	学生规模（万人）	设计时间	设计单位
东南大学九龙湖校区	2502000	1124500	0.46	3	2003	东南大学建筑设计研究院有限公司

①"核心+族群"的校园形态：公共核心教学组团结合各个专业教学族群，形成内聚式细胞结构。通过不同层级的开放空间组织形成空间网络，满足多层次的交往需求。②圈层结构，实现人车分流：规划形成双环形道路网络，将空间分成公共内核、系科族群环、生活与运动带的圈层结构。利用原有地形和水系形成放射状楔形绿地，结合设置步行系统，从而有效实现人车分流。③生态意境的全面融合：内圈层由图书信息中心与绿地构成校园的"绿核"，结合西北面九龙湖，连通3条楔形绿化，塑造校园生态系统

校园总体规划 [9] 高等院校

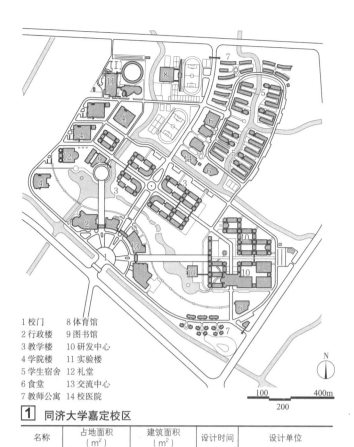

1 校门　　8 体育馆
2 行政楼　9 图书馆
3 教学楼　10 研发中心
4 学院楼　11 实验楼
5 学生宿舍 12 礼堂
6 食堂　　13 交流中心
7 教师公寓 14 校医院

1 同济大学嘉定校区

名称	占地面积（m²）	建筑面积（m²）	设计时间	设计单位
同济大学嘉定校区	1500000	729000	2003	同济大学建筑设计研究院（集团）有限公司

依据校园师生活动的主要人、车流线构建了3条轴线：首先正对主校门设置南北向景观大道，并借此形成校园的中轴线，同时在中轴线左右两侧各设置一条主步行轴线。3条轴线构成了校园建筑持续发展、有机生长的骨架

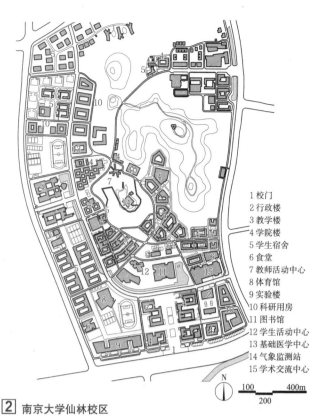

1 校门
2 行政楼
3 教学楼
4 学院楼
5 学生宿舍
6 食堂
7 教师活动中心
8 体育馆
9 实验楼
10 科研用房
11 图书馆
12 学生活动中心
13 基础医学中心
14 气象监测站
15 学术交流中心

2 南京大学仙林校区

名称	占地面积（m²）	建筑面积（m²）	设计时间	设计单位
南京大学仙林校区	1885000	1500000	2006	南京大学建筑规划设计研究院有限公司

规划通过整理基地中心区的原有山体，使之成为整个校园乃至周边社区的生态绿肺。每个学院都相对独立，有各自的教学组团和生活组团，组团内部通过一系列庭院进行空间的组织，并强化了建筑群的序列感

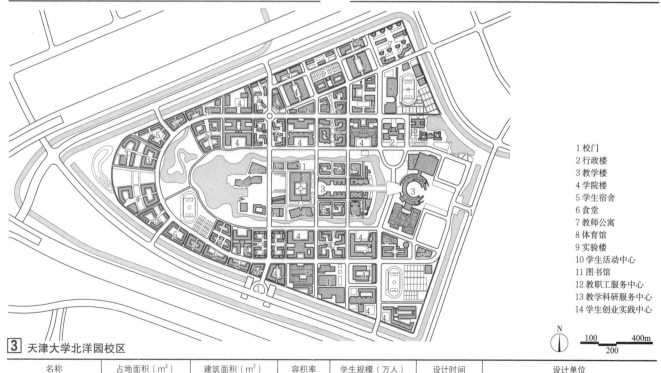

1 校门
2 行政楼
3 教学楼
4 学院楼
5 学生宿舍
6 食堂
7 教师公寓
8 体育馆
9 实验楼
10 学生活动中心
11 图书馆
12 教职工服务中心
13 教学科研服务中心
14 学生创业实践中心

3 天津大学北洋园校区

名称	占地面积（m²）	建筑面积（m²）	容积率	学生规模（万人）	设计时间	设计单位
天津大学北洋园校区	2860700	1550677	0.60	3.6	2011	天津华汇工程建筑设计有限公司、天津大学建筑设计规划研究总院

规划体现了"一个中心、三个融合"的理念，即以学生成长为中心，形成学科的集聚与融合、教学和科研的融合、学生和教师的融合。沿东西向主轴，营造以学生公共活动为中心的中轴空间；围绕生态绿廊依次设置的学院组团，形成各具特色的通廊，体现了学科交叉与融合；沿学校外围布置的学院便于大学服务社会，同时面对城市社区形成良好的建筑形象；镶嵌错落布置的宿舍及公共设施，形成能促进交流的可步行校园；均衡布置运动休闲设施，合理预留未来发展用地

高等院校 [10] 校园总体规划

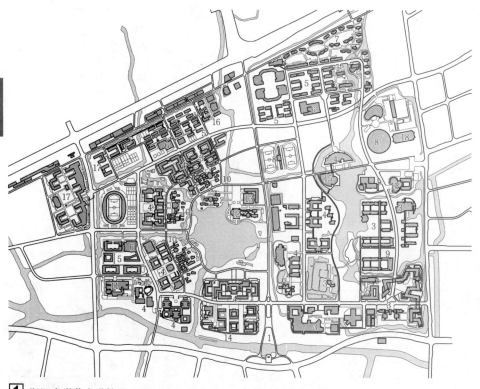

1 校门
2 行政楼
3 教学楼
4 学院楼
5 学生宿舍
6 食堂
7 教师公寓
8 体育馆
9 实验楼
10 研究平台交叉中心
11 艺术博物馆
12 求是书院
13 图书馆（校史档案馆）
14 教育中心
15 剧场
16 实验用房
17 人才生活配套用房
18 风雨操场

1 浙江大学紫金港校区

名称	占地面积（m²）	建筑面积（m²）	容积率	学生规模（万人）	设计时间	设计单位
浙江大学紫金港校区（东区）	1980000	940000	0.47	2.5	2000	华南理工大学建筑设计研究院
浙江大学紫金港校区（西区）	1659000	1572240	0.95	1.55	2009	浙江大学建筑设计研究院有限公司

东区对校园现有水系进行整合，以曲水生态带串起大大小小几十个园林空间。西区以"多心复环"的规划思路，解决超大型校园的功能要求和交通问题，营造尺度宜人的校园空间。规划对"大学园林"的内涵作拓展延伸，充分保护利用基地内的原生湿地，体现江南水乡的环境特色，完成由东区向西区发展的自然过渡，构筑东西区一体化的生态校园环境。针对西区以研究型教学为基本运作的功能特点，探索适应学科组群发展的组团型规划及建筑模式

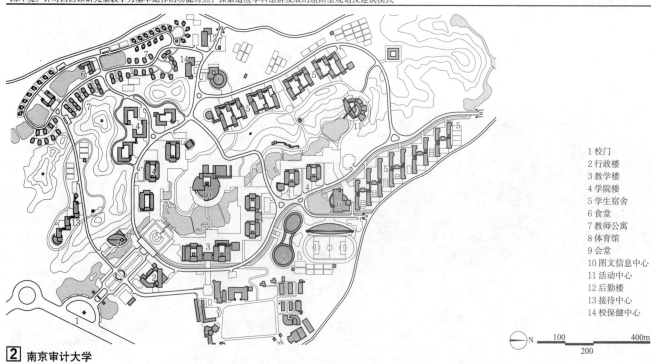

1 校门
2 行政楼
3 教学楼
4 学院楼
5 学生宿舍
6 食堂
7 教师公寓
8 体育馆
9 会堂
10 图文信息中心
11 活动中心
12 后勤楼
13 接待中心
14 校保健中心

2 南京审计大学

名称	占地面积（m²）	建筑面积（m²）	容积率	学生规模（万人）	设计时间	设计单位
南京审计大学	1081000	398100	0.37	1.5	2003	华南理工大学建筑设计研究院

用地处于老山丘陵地带，主要特色在于老山的余脉形成的脊状丘陵与并行的跌级水系。规划将校园与校内外山水景观结合，借鉴园林借景的手法，通过空间轴线的规划、建筑空间的围合、视线通廊的设计，使校园形成处处有景、层次丰富的效果。各分区利用山谷分散布置，形成教学、生活、运动并重的簇群式布局，解决山地校园的分区与联系问题。宿舍区按学院归类，与其对应学院分布于中央山脊两侧，避免中央山脊对教学区和宿舍区形成隔断。建筑采用散点式自由灵活布置，强化山水相依的生态校园特色

校园总体规划 [11] 高等院校

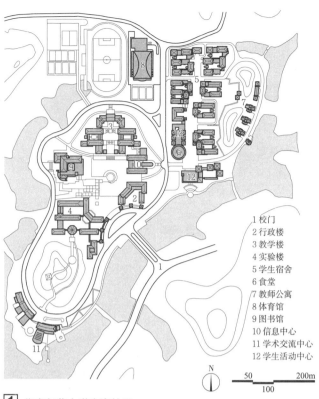

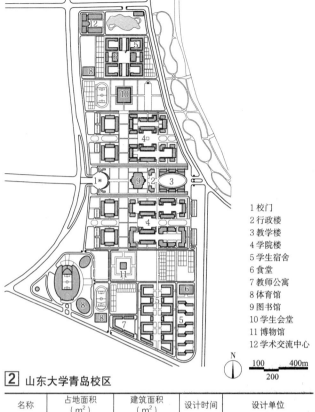

1 校门
2 行政楼
3 教学楼
4 实验楼
5 学生宿舍
6 食堂
7 教师公寓
8 体育馆
9 图书馆
10 信息中心
11 学术交流中心
12 学生活动中心

1 华南师范大学南海校区

名称	占地面积（m²）	建筑面积（m²）	设计时间	设计单位
华南师范大学南海校区	270000	145000	2000	华南理工大学建筑设计研究院

规划保留了校园内南北两座原生的山丘作为生态绿核，建筑围绕绿核布置，形成校园的主体结构。建筑分为4组相对完整的区域，分布于山林之中，应地形的变化而形成各自的空间特色，彼此间联系便捷而又有所隔离

1 校门
2 行政楼
3 教学楼
4 学院楼
5 学生宿舍
6 食堂
7 教师公寓
8 体育馆
9 图书馆
10 学生会堂
11 博物馆
12 学术交流中心

2 山东大学青岛校区

名称	占地面积（m²）	建筑面积（m²）	设计时间	设计单位
山东大学青岛校区	2027800	1000000	2010	Perkins Eastman、山东建大建筑规划设计研究院

校区内的南北主轴线勾连东西向副轴线，跨接了各个学院院落和相应的宿舍区，串联教工住宅，构建出宜人的校园秩序及温馨的空间氛围，展现出适宜的学院尺度，形成了清晰的功能脉络、便捷的交通流线及严密的空间秩序感

1 校门
2 行政楼
3 教学楼
4 学院楼
5 学生宿舍
6 食堂
7 教师公寓
8 体育馆
9 会议中心
10 图文信息中心
11 实验大楼
12 人文馆
13 学生活动中心
14 展览中心
15 科技楼群

3 重庆师范大学大学城校区

名称	占地面积（m²）	建筑面积（m²）	容积率	学生规模（万人）	设计时间	设计单位
重庆师范大学大学城校区	1613200	1164700	0.72	2.7	2004	华南理工大学建筑设计研究院

规划采取复合式的功能分区，形成了多中心的校园格局，以人性化的步行尺度创造了密度适宜、联系方便、尺度亲切的校园空间。同时充分尊重原有的生态环境，将原有的山体及水体形成的生态格局进行保留，作为校园中的生态绿心，并借鉴园林手法适当开挖水面，加强生态校园的氛围。各建筑组团成簇群式的发展，以自由形态为主，建筑隐没在园林山水之间

高等院校 [12] 校园总体规划

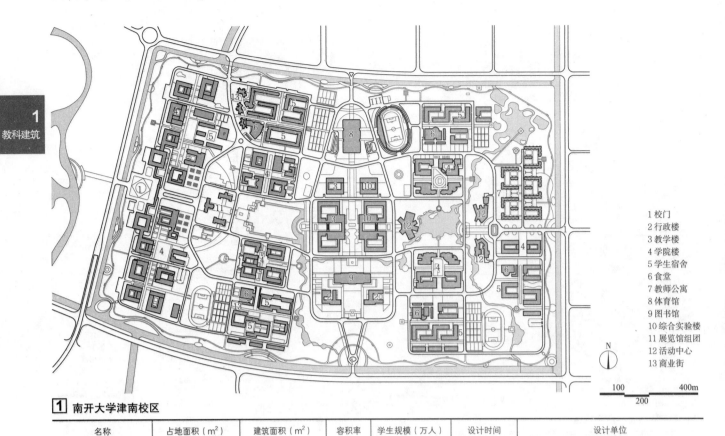

1 校门
2 行政楼
3 教学楼
4 学院楼
5 学生宿舍
6 食堂
7 教师公寓
8 体育馆
9 图书馆
10 综合实验楼
11 展览馆组团
12 活动中心
13 商业街

1 南开大学津南校区

名称	占地面积（m²）	建筑面积（m²）	容积率	学生规模（万人）	设计时间	设计单位
南开大学津南校区	2486000	1501300	0.60	3.7	2010	同济大学建筑设计研究院（集团）有限公司

①强调集聚与共享的学科集群发展：将校园各相关学科加以整合，相近学科组团集群发展，形成利于共享交流的学科群；并将公共资源区集中设置，利于共享。②产学研一体化的多组团圈层结构，打造组团各有侧重，产学研集成式的布局模式：内圈侧重教学、研究，外圈侧重生活、服务，同时两头侧重开发服务，以此形成圈层结构。③以人为本，资源均衡配置，营造书院式组团模式：公共资源区居中设置，均好利用；体育设施均衡布置，兼顾分期发展；营造相互交流的书院式组团模式与人性化的交通布局

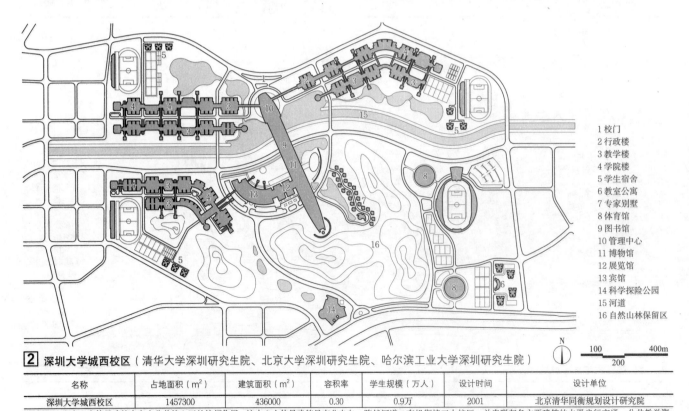

1 校门
2 行政楼
3 教学楼
4 学院楼
5 学生宿舍
6 教室公寓
7 专家别墅
8 体育馆
9 图书馆
10 管理中心
11 博物馆
12 展览馆
13 宾馆
14 科学探险公园
15 河道
16 自然山林保留区

2 深圳大学城西校区（清华大学深圳研究生院、北京大学深圳研究生院、哈尔滨工业大学深圳研究生院）

名称	占地面积（m²）	建筑面积（m²）	容积率	学生规模（万人）	设计时间	设计单位
深圳大学城西校区	1457300	436000	0.30	0.9万	2001	北京清华同衡规划设计研究院

规划以一座中心大体量建筑来突出公共核心区的统领作用。该中心大体量建筑呈南北走向，跨越河道，有机衔接三大校区，并串联起各主要建筑的水平步行交通。公共教学资源布置在中心区域，使各个学校都能有效共享。各校区内的建筑呈单元式链状集中布局，由模块式的建筑单元串联而成，每一个建筑单元具有统一的建筑模数尺寸、菜单式选择的功能布局、相似的建造模式、拼接插接的连接方式，提高了建造的灵活性与选择性。建筑单元之间由开敞连廊连接，满足南方气候的通风、日照等需求

校园总体规划 [13] 高等院校

1 教科建筑

1 校门
2 行政楼
3 教学楼
4 学院楼
5 学生宿舍
6 食堂
7 实验中心
8 体育馆
9 远程教育中心
10 图书馆
11 大礼堂
12 校医院

1 上海大学宝山校区

名称	占地面积（m²）	建筑面积（m²）	容积率	学生规模（万人）	设计时间	设计单位
上海大学宝山校区（西区）	1012100	360000	0.36	1.2	1998	浙江大学建筑设计研究院有限公司、浙江省建筑设计研究院
上海大学宝山校区（东区）	333000	240000	0.72	0.5	2005	华南理工大学建筑设计研究院

校园分为东西两区。东区功能以学院群落为主，采用"中心园林—共享平台—研究社区"的模式。为了改善各专业封闭独立的传统布局，采用有利于学科交叉、资源共享的学科组团式布局，将相近学科的学院以共享园林为中心相邻布置，并在共享空间中设计交往园林和公共资源中心、学科图书馆等公共平台，实现相近学科的资源共享，营造园林化的研究生教学区。西区以绿地为中心，教学区与生活区并重，突出了顺应自然的斜向脉络和面向城市的开放结构

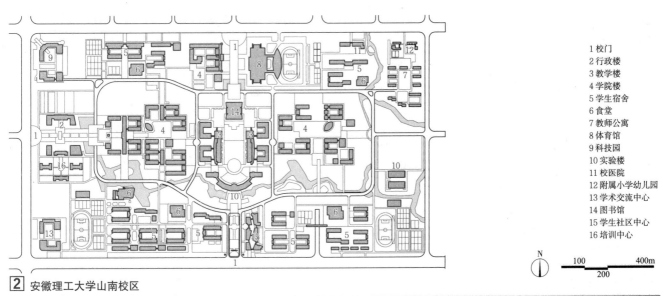

1 校门
2 行政楼
3 教学楼
4 学院楼
5 学生宿舍
6 食堂
7 教师公寓
8 体育馆
9 科技园
10 实验楼
11 校医院
12 附属小学幼儿园
13 学术交流中心
14 图书馆
15 学生社区中心
16 培训中心

2 安徽理工大学山南校区

名称	占地面积（m²）	建筑面积（m²）	容积率	学生规模（万人）	设计时间	设计单位
安徽理工大学山南校区	2000000	1254510	0.63	3.5	2010	上海同济城市规划设计研究院

规划结合学校的规模以及功能和分期建设的要求，采用了中心核心功能结合外部绿环的模式，解决了大型校园的交通便捷性问题。将使用频率最高的教学及实验居中布置，其中图书馆及公共教学等核心功能位于校园几何中心，大大缩小了学生出行的交通距离；体育馆、医院、科技园、继续教育、教师生活等与城市共享的设施靠北带状展开，便于与城市联系；学生生活区及相关设施集中布置于南侧，形成一个完整的学生生活社区，便于设施配套

73

高等院校 [14] 校园总体规划

1 校门
2 行政楼
3 教学楼
4 学院楼
5 学生宿舍
6 食堂
7 教师公寓
8 体育馆
9 实验楼
10 图书馆
11 会堂
12 音乐厅
13 网络中心
14 校医院
15 附属小学幼儿园
16 生活福利设施

1 郑州大学主校区

名称	占地面积（m²）	建筑面积（m²）	容积率	学生规模（万人）	设计时间	设计单位
郑州大学主校区	2715000	1403440	0.52	4.0	2002	华南理工大学建筑设计研究院

规划采用整体化的手法，以模数化的网络划分地块，形成了统一的肌理和适宜的空间尺度。东西、南北两条轴线的交会处形成了整个校园的公共交流中心，沿轴线向外扩展则构成了学院的交流空间，并通过各个学院组团延伸到了学生生活区，有效地建立起由中心向周围拓展的"交流—学习—生活"模式。校园主要步行空间沿着两条正交的轴线布置，而环形的车行路网与之相嵌套，从而建立起了校园内人行、车行互不干扰的交通系统

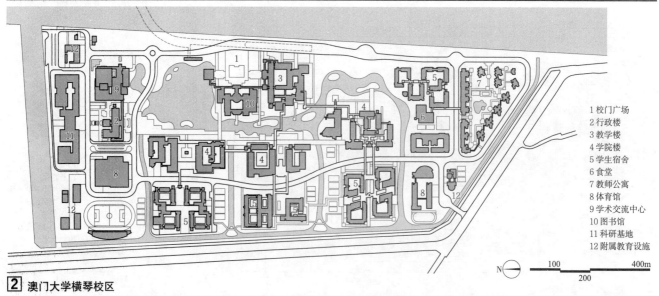

1 校门广场
2 行政楼
3 教学楼
4 学院楼
5 学生宿舍
6 食堂
7 教师公寓
8 体育馆
9 学术交流中心
10 图书馆
11 科研基地
12 附属教育设施

2 澳门大学横琴校区

名称	占地面积（m²）	建筑面积（m²）	容积率	学生规模（万人）	设计时间	设计单位
澳门大学横琴校区	1090000	816000	0.75	1.0	2009	华南理工大学建筑设计研究院

根据用地形状较为狭长的特点，采用组团型的总体规划模式：将教学簇群和对应的生活簇群组成组团布置，形成3个书院。各书院与其余功能组团围绕生态园林构成的南北景观轴线布置，并以舒适的步行尺度300 m来控制组团的大小和相邻组团间的距离。各组团内部和相互之间设有风雨连廊和二层步行平台等立体化的步行交通联系。通过沿教学组团和中心景观区外围设置主环路，保证高效联系各个功能组团的同时车流不进入校园中央步行区域，从而构建了各自有效运行且互不干扰的人车分流交通系统

校园总体规划 [15] 高等院校

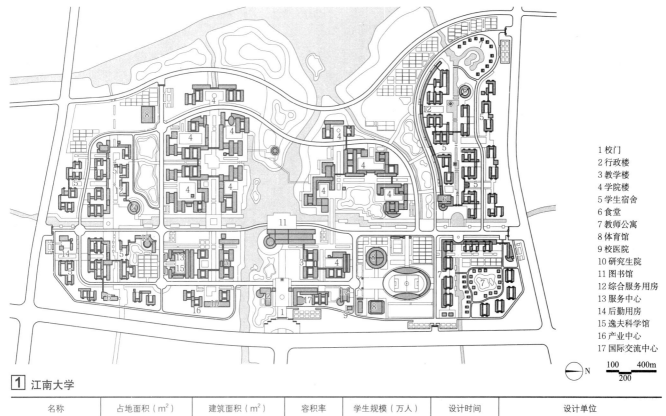

1 校门
2 行政楼
3 教学楼
4 学院楼
5 学生宿舍
6 食堂
7 教师公寓
8 体育馆
9 校医院
10 研究生院
11 图书馆
12 综合服务用房
13 服务中心
14 后勤用房
15 逸夫科学馆
16 产业中心
17 国际交流中心

1 江南大学

名称	占地面积（m²）	建筑面积（m²）	容积率	学生规模（万人）	设计时间	设计单位
江南大学	2000000	700000	0.35	2.3	2002	华南理工大学建筑设计研究院

各个组团沿中央曲水步行带进行"指状"的布局，结合原有水系，形成具有江南水乡街道韵味的校园空间。在形成清晰的功能分区与便捷流线的同时，使校园空间与太湖风景区、长广溪绿化带相互融合渗透。校园中心布置图书馆，教学楼群按照学科的特点组合划分为两部分，分别置于校园中心园林南北两侧，建筑沿河道两岸展开布置；将对应的学生宿舍连同附属建筑设施也分为两个部分，位于校园南北两侧且临近城市道路，一方面便于学生对外联系，另一方面也解决了宿舍区上课人流的交通便捷性问题

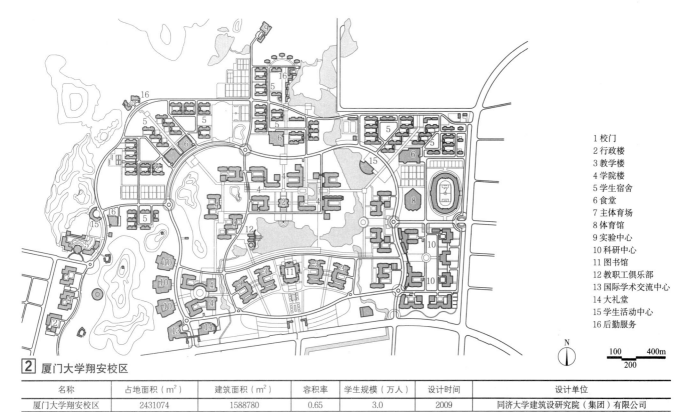

1 校门
2 行政楼
3 教学楼
4 学院楼
5 学生宿舍
6 食堂
7 主体育场
8 体育馆
9 实验中心
10 科研中心
11 图书馆
12 教职工俱乐部
13 国际学术交流中心
14 大礼堂
15 学生活动中心
16 后勤服务

2 厦门大学翔安校区

名称	占地面积（m²）	建筑面积（m²）	容积率	学生规模（万人）	设计时间	设计单位
厦门大学翔安校区	2431074	1588780	0.65	3.0	2009	同济大学建筑设计研究院（集团）有限公司

规划保留山体，形成基地西侧东北—西南走向的山脉，并对原有的水系加以改造和整合，在基地东侧形成南北走向的水脉。两脉相会于中心区，构成校园的生态核心区。在功能布局上以集约化的建筑形式将公共教学组群布置在校园中心，沿用地的东西长轴对应布置学区和学生生活区，强化各组群的共享性，适当缩小学生的往返距离；在校园中心区和生活区之间形成一条以商店、食堂等公共服务设施和广场步行带为主的休闲共享带，成为校园的轴带和联系纽带

高等院校 [16] 大学园区规划

概述

大学园区是围绕一个或多个大学所发展、建立的社区，通常综合或聚集了教育、科研、产业和生活服务等多种职能，甚至构成为具有一定规模的城镇，因此也常被称为大学城。

资源共享、后勤社会化和产、学、研相结合等是大学园区的规划与建设主旨。通过硬件设施与科教资源的相互开放及合作，有助于减少高校的投资与重复建设，促进学科间的融合与优势互补。

分类

大学园区主要类别　　　　　　　　　　　　　　　　表1

类型		特性	案例
按形成方式分	自然生长型	大学经过长期历史发展逐步扩张，功能及形态与城市有机交融在一起	剑桥大学 波士顿大学城
	行政主导型	政府直接建设，整合或吸引教育、科学资源促进经济发展，主导园区的发展战略和研究方向	筑波大学城 深圳大学城
	企业开发型	由企业投资兴建，招租大学进驻，采用市场化机制运行，社会化程度高	东方大学城 松江大学城
	多方共建型	政府统一规划、提供土地并配建基础设施，高校筹资自建校区，企业建设经营后勤生活等服务辅助功能	广州大学城 宁波高教园区
按大学数量分	单个大学型	基于一所著名大学发展或建设而成，常与高科技创新产业紧密结合，成为所处城镇的特色和支柱	牛津大学 巴黎大学
	多元集聚型	若干大学集中在一起构成特定城市区域，学校间资源共享，并辐射、拉动周边地区的发展	下沙高教园区 合肥大学城
按规模分	小型	师生人数少于6万，对所处城市的联系及依赖较大	长安大学城 呈贡县大学城
	中型	师生人数6万~10万，自身具有较为完善的功能及设施	无锡大学城 沈北大学城
	大型	师生人数10万以上，能主导构建相对完整独立的城镇或市区	江宁大学城 榆中科教城

部分大学园区规模信息表　　　　　　　　　　表2

名称	地点	占地面积（hm²）	学校数量	师生人数（万人）	建设时间
波士顿大学城	美国，波士顿	630	65	6.8	1636年
剑桥大学	英国，伦敦	3000	1	2.5	1284年
牛津大学	英国，伦敦	4000	1	2.4	1167年
筑波大学城	日本，东京	28400	46	6.5	1970年
雁山大学城	广西，桂林	67.8	6	9	2009年
临沂大学城	山东，临沂	150	3	2.2	2003年
团结大学城	四川，成都	193	4	7	2006年
仙林大学城	江苏，南京	200	13	15	2005年
重庆大学城	重庆	200	14	25	2005年
龙子湖大学城	河南，郑州	220	15	40	2003年
深圳大学城	广东，深圳	300	9	1	2002年
东方大学城	河北，廊坊	330	6	5	1999年
常州大学城	江苏，常州	373	6	7	2002年
宁波高教园区	浙江，宁波	413.3	7	10	1999年
温州大学城	浙江，温州	430	4	6	2000年
松江大学城	上海	480	7	15	2005年
花溪大学城	贵州，贵阳	500	6	8	2009年
良乡大学城	北京	649	5	9~10	2002年
桂林洋大学城	海南，海口	686	8	10	2006年
大庆大学城	黑龙江，大庆	1000	7	10	2003年
无锡大学城	江苏，无锡	1000	8	4	2001年
沈北大学城	辽宁，沈阳	1070	13	7	2001年
下沙高教园区	浙江，杭州	1091	14	32	2000年
合肥大学城	安徽，合肥	1334	20	12	2001年
闽侯大学城	福建，福州	1450	7	20	2000年
南昌高教园区	江西，南昌	2500	7	8	2002年
长安大学城	陕西，西安	2510	18	4	2005年
江宁大学城	江苏，南京	2700	15	15	2002年
集美大学城	福建，厦门	3132	10	20	2003年
榆中科教城	甘肃，兰州	3299	9	25	2004年
呈贡县大学城	云南，昆明	4315	15	4	2004年

区位选址　　　　　　　　　　　　　　　　表3

	城内园区	城市边缘	卫星城区
模式	城市／大学园区	城市／大学园区	城市／大学园区
实例	上海杨浦大学城	杭州下沙高教园区	廊坊东方大学城

功能组成

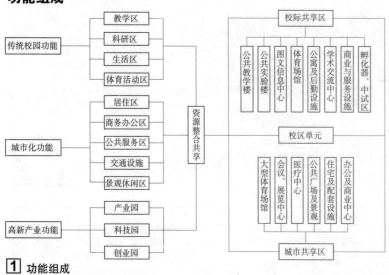

1 功能组成

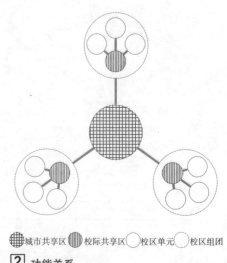

2 功能关系

大学园区规划 [17] 高等院校

结构布局

结构布局模式 表1

分类	模式	特征	案例
平行带状式	大学 / 共享区 / 大学	各个校区与园区共享资源平行伸展布局，相互联系紧密、直接	松江大学城 良乡大学城 黄家湖大学城
中心轴式	大学 / 共享中心 / 共享带	共享资源构成轴线并贯穿园区，各个校区围绕共享轴呈向心式布局	临沂大学城 沙河高教园区 无锡大学城 常州大学城
圈层式	大学 / 共享中心 / 共享带	园区共享资源布置在中心，各高校的教学区、生活区、科研区等以环形向外扩展	福州大学城 温州大学城 深圳大学城 合肥大学城
轴向圈层式	共享带 / 大学 / 共享中心 / 组团共享	共享轴贯通园区；学科联系较密切的资源组合为扇形组团环绕中心，组团内设置次一级的校际共享资源	江宁大学城 苏州研究生城 龙子湖大学城

a 良乡大学城　　b 黄家湖大学城
1 平行带状式

a 沙河高教园区　　b 常州大学城
2 中心轴式

a 温州大学城　　b 合肥大学城
3 圈层式

a 江宁大学城　　b 龙子湖大学城
4 轴向圈层式

校区单元　教育共享带　集中绿化　居住用地　生活共享带

实例

5 杭州下沙高教园区

名称	主要技术指标	设计时间	设计单位
杭州下沙高教园区	总规划用地1091hm²；总建筑面积480万m²；规划学生16万人	2000	浙江大学建筑设计研究院

以纵向绿轴（含绕城高速路）划为东西两区。两区均为平行带状布局，共享公共设施及绿地呈东西向展开，各教学及生活区在其南北两侧布置，相互联系紧密

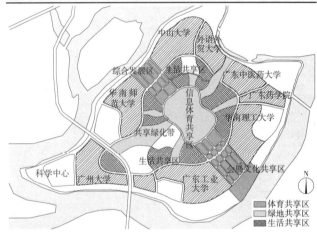

6 广州大学城

名称	主要技术指标	设计时间	设计单位
广州大学城	总规划用地1798hm²；总建筑面积755万m²；规划学生15万人	2003	广州市城市规划编制研究中心

采取政府主导的统筹建设模式和轴向圈层式空间结构。以南北向交通主轴联系主城区，高校聚集为5个组团，围绕中心的生态公园及城市级共享设施呈放射式布局

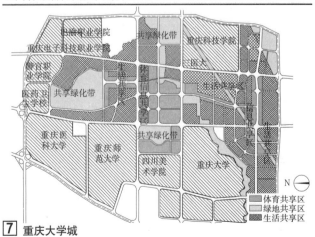

7 重庆大学城

名称	主要技术指标	设计时间	设计单位
重庆大学城	总规划用地3300hm²；校舍总面积410万m² ；规划学生15万人	2003	华南理工大学建筑设计研究院

采取多方共建模式和平行带状式布局。高校、基础设施与开发用地各占1/3，并与周边的科技园、物流园形成区域循环体系，直接拉动重庆西部新城的发展

高等院校 [18] 校园改扩建

定义

高校在原地扩张或建设新校区的发展过程中,对原有校园的空间、功能、道路、环境以及建筑等进行调整、改造和更新,以适应学校的需求并充分发挥原有校园的价值。

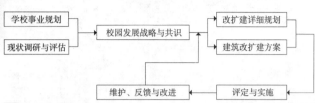

1 改扩建的步骤

调研与评估

采取史料法、问卷法、现场调查法等对校园以下内容进行研究和评价。

调研与评估的内容   表1

类别	内容
外部条件	校园与城市及所处社区的关系;周边环境的各种资源与限制条件;校园外部扩建用地的可行性
校园概况	学校的教育理念,各个校区的分工与定位,校园发展或转型的目标;校园的历史、演变、特色与传统等
功能使用	现状功能板块的内容及相互关系;校园各种功能的需求与规模;土地使用的强度与潜力;公共服务设施的分布与状况
道路系统	出入口与城市的衔接;车行与人行的流线及路宽;停车位置与容量;师生活动路线与主要空间及建筑功能的连接关系
空间环境	外部空间的结构与层次;自然景观资源的属性与品质;校园风格的特色与整体性;具有历史或文化意义的场所或资源分布
建筑质量	从历史价值、使用价值和艺术价值等方面进行综合评估,划分出可拆除建筑、需改造建筑及应保护建筑;制定近期与中长期拆、改计划
文保单位	文物保护单位的数量、年代、等级与保护状况等
基础设施	水、电、气、网络等管线的位置、年代、容量与质量

部分老校区土地利用情况   表2

学校名称	学校占地（hm²）	建筑面积（万m²）	学生人数（万人）	容积率
天津大学	146.57	107.09	2.6	0.73
清华大学	356	168	2.7	0.48
北京大学	183.3	122	2.6	0.67
武汉大学	362	219	4	0.6
同济大学	141.8	102	5	0.72
复旦大学	140	100	3.6	0.71
南开大学	148	100	3.4	0.68

改扩建规划原则

1. 整体原则:综合考虑校园各种物质要素关系及其与校园文化的整合,尊重历史、尊重环境、尊重原有规划,延续校园特色,建立有机生长秩序。

2. 参与原则:建立教职工、学生及使用者们民主参与的体制和过程,体现校园的人本与主体性。

3. 可持续原则:节能、节地、节水、节材和减少碳排放活动,应用环保新技术、新工艺,提高资源利用率,发展绿色、生态校园。

4. 开放性原则:建立开放且多元的校园,校园空间与城市的总体发展相配合,共享各种活动场所与服务设施,促进各学科、部门的交流与联系,加强与邻里社区的互动,成为城市开放空间系统中的一环。

5. 建立长效机制:加强职能与资料建设,建立持续评估、诊断、协调与改善的机制。

改扩建规划主要内容与方法

改扩建规划主要内容与方法   表3

目标与方法	主要内容	措施与要点
确立规划定位	本次规划的性质与内容	规划的范围与项目
		规划时限及在校园发展中的所处阶段
	本次规划的参与模式	象征性参与:告知、征询意见等
		权力性参与:共同计划、行使代表权等
提高土地效率	合理调整土地利用方式,充分发挥土地价值	公共教学等功能转移至新校区
		后勤服务等功能转向社会化
		充实与加强研究、孵化等功能
		增加或拓展校园的外部开放空间
	加大土地使用强度,适当提高容积率	加建、扩建、改建等,合理发展高层建筑
		结合下沉广场,开发地下空间
传承空间结构	尊重和完善原有校园结构,结合现实环境条件,确定空间发展模式	完善主要轴线或轴线群
		完善主要外部空间、层级及序列
		延续建筑的肌理特征或组合方式
		发展方向的考虑及用地预留
		弹性拓展的思路及模式
优化功能分区	根据学校发展需求,重新划分和整合功能板块	调整功能分区的构成及大小,规模适宜
		调整功能分区的相互关系,适当混合
改善交通系统	根据校园规模、车流量及外部环境,制定人车分流或适当混行的策略	校园出入口的整合与分工
		道路分级,优化道路宽度与断面
		车辆准入、限行、限速的方案与设施
	充分规划机动车与非机动车的停车规模与地点,兼顾秩序与便利	结合主要车行出入口设置集中停车场
		积极建设地下停车设施
		合理利用校园的消极空间停车
		建筑底层架空停车
	提供舒适、连续的步行空间,贯通主要场所与设施,激发活动与交往	沿校园主轴线打造连续的建筑灰空间
		全面的无障碍通行环境,提高可达性
		结合空间节点、建筑出入口设置具有多元服务设施、内外渗透的场所
		沿步行空间重塑校园的整体意象与风格
完善校园环境	塑造统一的校园环境意象,突出景观与文化特色	结合自然资源塑造校园山水景观
		提炼和加强主要外部空间的文化内涵
		协调校园建筑的外观与风格
		总体设计标识、小品及辅助设施等
	保护重点区域	对校区各区划分等级,制定相应策略
		全面保护校园文化与历史的核心区
		依法保护文保单位及其周边环境
	充分利用绿植"软界面"提升校园环境品质	以特定的品种或种植方式形成校园特色
		通过列植、丛植或密植限定和划分空间
		配置合适绿植来美化环境,遮挡不佳面
权衡建筑需求	小规模、分片式逐步发展,避免大拆大建	通盘分配投资计划,控制年度拆建量
		建筑内部改造与功能置换来满足需求
升级设备设施	节约并高效利用各种资源,发展绿色校园、智能校园	更新水、电、热、气管线与设备
		充分利用地热、太阳能等可再生能源
		智能用水、用电、用热等计量与管理
		雨水收集、中水系统,循环利用水资源
妥善分期实施	根据项目性质及投资效用,拆改建平衡过渡	分区实施,逐片更新和发展
		分类实施,逐步统筹改造

建筑改扩建

建筑改造   表4

内容	方法
建筑功能	功能置换;重新分隔内部空间;调整空间组合方式等
建筑形象	清洁、清理外立面;最大限度地保持重要历史建筑的原貌,修复受损坏的部分
建筑工程	结构及抗震加固;门窗修缮;装修更新;补强防水措施;增设外围护保温层等
建筑设备	改善室内微气候;集约、智能化布置各类管线;更换节能灯具、节水器具和节气设备

建筑扩建   表5

方法	要点
毗邻扩展	功能与交通的衔接;外部空间的整体性;新老建筑风格的协调
竖向扩展	向地下开挖空间或向上空增加层数,需考虑老建筑的结构状况
独立扩展	新建用房与老建筑完全脱开,形成对比

校园改扩建 [19] 高等院校

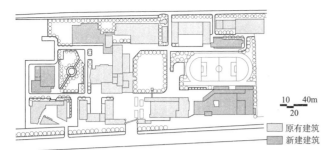

1 北京电影学院扩建

名称	主要技术指标	设计时间
北京电影学院扩建规划	总用地面积7hm²；总建筑面积95000m²；规划学生数1150人	2003

采取原址扩建，大量利用地下、架空和屋顶空间，紧密连接新旧建筑形成整体

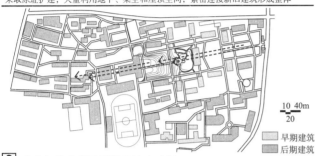

2 南京师范大学随园校区扩建过程

名称	主要技术指标	设计时间	设计师
南京师范大学随园校区	总用地面积26.4hm²；规划学生数0.7万人	1921至今	亨利·墨菲、吕彦直等

校园多次扩建都充分尊重早期规划中与西山山脊方向重合的校园空间轴线序列

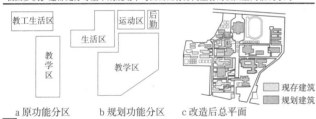

3 江南大学校园规划示意图

名称	主要技术指标	设计时间	设计单位
江南大学校园规划	总用地面积24.8hm²；总建筑面积93000m²；规划学生0.5万人	20世纪80年代	无锡轻工大学建筑设计研究院

将部分教工宿舍改造为学生宿舍，完善了校园的功能结构

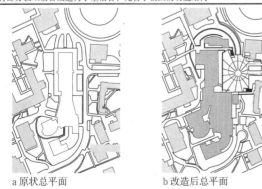

4 美国辛辛那提音乐学院改扩建

名称	主要技术指标	设计时间	设计单位
美国辛辛那提音乐学院	总建筑面积26500m²；规划学生数1500人	1992~1999	贝·考伯·弗里德及合伙人事务所

扩建部分将空间进行围合，中断原先穿越的道路，形成了有吸引力的聚集场所

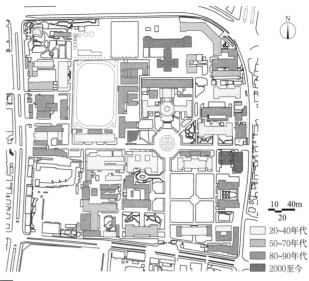

5 东南大学扩建过程

名称	主要技术指标	设计时间	设计单位
东南大学	总用地面积42hm²；总建筑面积47.6万m²；规划学生数1.5万人	1921至今	韦尔逊、东南建筑公司等

充分尊重老校区的结构特征，按照几何构图沿校门至大礼堂的空间轴线生长

6 北京大学海淀校区重要历史价值区域保护

名称	主要技术指标	设计时间	设计单位
北京大学海淀校区	总用地面积168hm²；总建筑面积67万m²	1991	北京大学发展规划部

采取3种策略，重点保护园林水系和有文物价值的优秀建筑

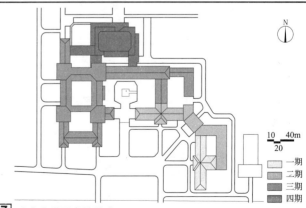

7 清华大学图书馆扩建

名称	主要技术指标	设计时间	设计师
清华大学图书馆	总建筑面积4.3万m²	1919~2015	亨利·墨菲、杨廷宝、关肇邺等

采取毗邻扩展的方式，3次扩建与老馆浑然一体

高等院校 [20] 教学科研区

基本组成

教学科研区主要包括公共教学区(楼)、公共实验区(楼)和院(系)楼、图书馆、行政楼、礼堂、讲堂、报告厅等。

教学科研区构成要素一览表　　　　　　　　表1

类别	功能	形式
公共教学区	进行公共基础教学的区域。包括一般教室、制图教室、阶梯教室及附属用房等	一般靠近图书馆、公共实验区、院系学院区，避免噪声、气体的干扰。单体一般采用走道式的空间组合方式
公共实验区	进行公共实验教学的区域。包括公共和专业基础实验室、语音室等用房，按学科含物理、化工、材料、生物、信息与计算机、声学等专业实验室	一般靠近图书馆、公共教学区、院系学院区，避免噪声、气体的干扰。单体一般采用走道式的空间组合方式
院系学院区	是为一个或几个院系设置的区域。包括院系行政用房、教师办公用房、师生研究用房、专业实验室、专业课教室、报告厅及辅助房间	一般布置在教学科研区，靠近学生生活区和体育运动区，多毗邻公共教学区、院系实验区
教学辅助用房	非主要教学场所，是对主要教学区的重要补充。一般包括图书馆、礼堂、讲堂、报告厅等	一般与公共教学区、公共实验区、院系学院区结合或毗邻，独立布置，图书馆、行政楼往往单独成栋

设计要点

1. 各构成要素相对集中，便于课间场所转换。
2. 区块内交通组织应便捷流畅。
3. 各构成要素应具有良好的可识别性。

功能组织方式

1. 功能分区式

特点：按照功能特征将教学中心区分为公共教学区、公共实验区以及院系学院区三大功能区。

分区明确，相互间的干扰较少，管理方便。

在规模增大时，各区联系不紧密，空间灵活性较差。

1 功能分区示意图

2. 学科分区式

特点：按照学科大类将中心教学设施分为理、工、农、医四大类并分别形成组团。

便于有效实现相关系科之间的资源共享。

结构较松散，无明确中心，难免重复建设。

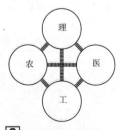

2 学科分区示意图

3. 混合分区式

特点：各教学设施不按特定功能和类别聚合，而是相互穿插融合，具有较强的空间灵活性。

校园空间复合多样，交通组织灵活便捷，建筑利用率较高。

功能多元，流线交错，易相互干扰。

3 混合分区示意图
▬▬ 主要联系　－－－ 次要联系
1 实验楼　2 院系楼

实例

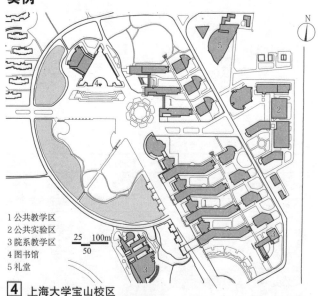

1 公共教学区
2 公共实验区
3 院系教学区
4 图书馆
5 礼堂

4 上海大学宝山校区

名称	主要技术指标	设计时间	设计单位
上海大学宝山校区	建筑面积约103000m²	2005	浙江大学建筑设计研究院有限公司

从使用功能和基地条件具体要求出发，在规则中寻求变化，实用并较为活跃

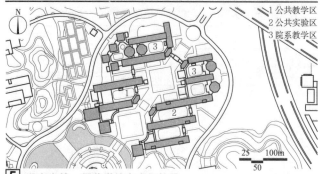

1 公共教学区
2 公共实验区
3 院系教学区

5 湖南省第一师范学校东方红校区

名称	主要技术指标	设计时间	设计单位
湖南省第一师范学校东方红校区	建筑面积约72000m²	2003	同济大学建筑设计研究院(集团)有限公司

以广场轴线作为中心，简洁灵活地布置教学组团和图书馆

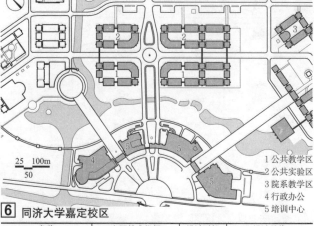

1 公共教学区
2 公共实验区
3 院系教学区
4 行政办公
5 培训中心

6 同济大学嘉定校区

名称	主要技术指标	设计时间	设计单位
同济大学嘉定校区	建筑面积约153000m²	2002	同济大学建筑设计研究院(集团)有限公司

以一条南北向的公共轴线贯穿校园；以"巨构"的方式将建筑组织成行政服务、公共教学、生活休闲、二级学院和研发实训五大片区

教学科研区 [21] 高等院校

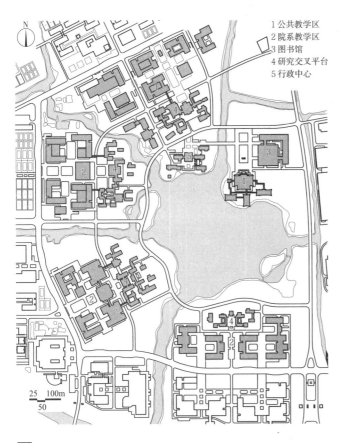

1 公共教学区
2 院系教学区
3 图书馆
4 研究交叉平台
5 行政中心

1 浙江大学紫金港校区西区

名称	主要技术指标	设计时间	设计单位
浙江大学紫金港校区西区	建筑面积约373850m²	2009	浙江大学建筑设计研究院有限公司

保留基地内的主要景观并加以利用，教学中心区围绕其布置

1 公共教学区
2 公共实验区
3 院系教学区
4 图书馆
5 行政办公
6 报告厅

2 广东药科大学

名称	主要技术指标	设计时间	设计单位
广东药科大学	建筑面积约244000 m²	2003	华南理工大学建筑设计研究院

教学楼和管理楼被设计成一个"巨构"，利用架空、廊道、平台等作为公共空间，并与实验区、院系教学组团一起围绕中心景观布置

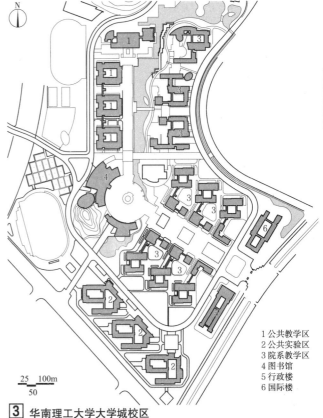

1 公共教学区
2 公共实验区
3 院系教学区
4 图书馆
5 行政楼
6 国际楼

3 华南理工大学大学城校区

名称	主要技术指标	设计时间	设计单位
华南理工大学大学城校区	建筑面积约344000 m²	2003	华南理工大学建筑设计研究院

主要教学建筑沿主轴线两侧呈组团式布置，以图书馆为核心，布置公共教学楼、公共实验楼等公共教学设施

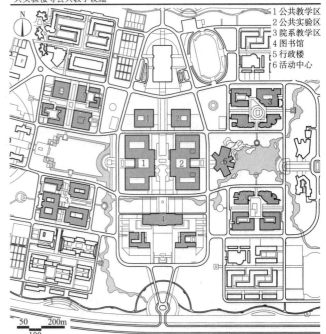

1 公共教学区
2 公共实验区
3 院系教学区
4 图书馆
5 行政楼
6 活动中心

4 南开大学津南校区

名称	主要技术指标	设计时间	设计单位
南开大学津南校区	建筑面积约488000m²	2010	同济大学建筑设计研究院（集团）有限公司

以图书馆为中心，利用南北向公共服务建筑"实轴"和东西向自然与人文交融的景观"虚轴"组织校园

高等院校 [22] 体育运动区

基本组成

高校体育运动场所一般包括室外运动场所——田径（足球）场、篮球场、网球场、排球场、器械运动场等；室内运动场所——风雨操场（体育馆）、游泳馆等。

设计要点

1. 应避免毗邻教学区，宜接近生活区。
2. 兼作对内大型集会场所，满足集散要求。
3. 便于对外开放使用，承担社会功能。
4. 室外运动场（球场）应南北朝向，当不能满足时允许略有偏角，参照《体育建筑设计规范》JGJ 31 进行设计；球场间及邻近马路一侧应设置围护网。

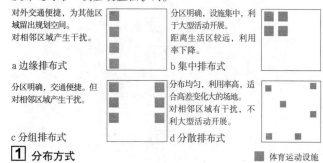

a 边缘排布式：对外交通便捷，为其他区域留出规划空间。对相邻区域产生干扰。

b 集中排布式：分区明确，设施集中，利于大型活动开展。距离生活区较远，利用率下降。

c 分组排布式：分区明确，交通便捷。但对相邻区域产生干扰。

d 分散排布式：分布均匀，利用率高，适合高差变化大的场地。对相邻区域有干扰，不利大型活动开展。

■ 体育运动设施

⑴ 分布方式

实例

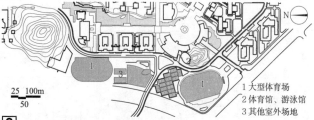

⑵ 华南理工大学大学城校区

名称	体育运动区占地面积	设计时间	设计单位
华南理工大学大学城校区	约23900 m²	2003	华南理工大学建筑设计研究院

设施集中，分区明确，为其他功能区留出空间

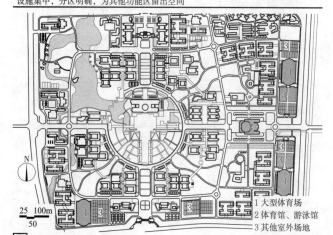

⑶ 东南大学九龙湖校区

名称	体育运动区占地面积	设计时间	设计单位
东南大学九龙湖校区	约121000m²	2013	东南大学建筑设计研究院有限公司

在校园中心区外围形成环路，在中心区限制车辆通行，环路之外的体育设施集中沿道路布置

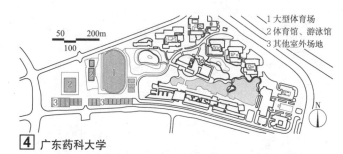

1 大型体育场
2 体育馆、游泳馆
3 其他室外场地

⑷ 广东药科大学

名称	体育运动区占地面积	设计时间	设计单位
广东药科大学	约25600 m²	2003	华南理工大学建筑设计研究院

校园用地狭长，体育设施集中布置于校园西侧端头部

1 大型体育场
2 体育馆、游泳馆
3 其他室外场地

⑸ 山西大学工程学院

名称	体育运动区占地面积	设计时间	设计单位
山西大学工程学院	约59000 m²	2009	东南大学建筑设计研究院有限公司

分区明确，交通便捷，有更多校园体育资源为社区服务

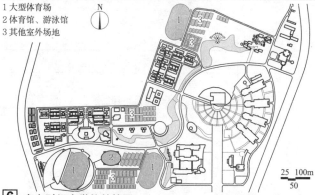

1 大型体育场
2 体育馆、游泳馆
3 其他室外场地

⑹ 南京财经大学仙林校区

名称	体育运动区占地面积	设计时间	设计单位
南京财经大学仙林校区	约90900m²	2000	东南大学建筑设计研究院有限公司

沿边缘布置体育设施、会堂、学术中心、学生生活设施，能更好地与城市形成有机的联系

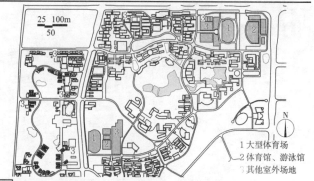

1 大型体育场
2 体育馆、游泳馆
3 其他室外场地

⑺ 重庆大学虎溪校区

名称	体育运动区占地面积	设计时间	设计单位
重庆大学虎溪校区	约82000m²	2004	华南理工大学建筑设计研究院

对中心区集中的山丘群进行整体保留，体育设施顺应地形的特征布置

基本组成

学生生活区组成　　　　　　　　　　　　　　　　　　表1

类别	功能	形式
学生宿舍	满足学生住宿需求的室内空间	多层或高层建筑，主要为通廊式或单元式，常由多栋组成
学生食堂	满足宿舍区及周边学生与教职工就餐需求的室内空间	单栋多层建筑为主
学生活动中心	满足学生进行各类课余活动的室内空间	单栋多层建筑为主
生活服务设施	满足宿舍区及周边学生与教职工其他生活服务需求的室内空间	常分散布置在宿舍区并附设于宿舍、食堂及学生活动中心等建筑内
运动场地	满足宿舍区及周边学生与教职工日常运动的场地与设施	以室外运动场地为主

注：生活服务设施主要包括小超市、书店、文印店、花店、水果店、眼镜店、银行、咖啡吧、网吧、照相馆、理发店、浴室、洗衣房、缝纫房等。

设计要点

1. 宿舍应注意争取最佳朝向，通过良好的组群布局，争取自然采光通风。
2. 应注意食堂的位置，既方便使用，又避免干扰与污染。
3. 应结合学生的课外学习、交流、文体活动等多方面需求，设计各类户外活动空间。
4. 应合理塑造形态和布局，通过塑造具有辨识度的建筑与空间，传承校园文化，塑造校园记忆。
5. 合理安排自行车停车库(场)。

规模

学生生活区的规模受学生人数控制。本科、硕士、博士等不同阶段的学生及留学生人数比例的不同，各高校所在地域的不同，均对生活区的建设规模有一定的影响。

高等院校学生宿舍容积率与建筑密度指标参考　　　　　表2

学校	学生规模	生活区用地	生活区容积率	建筑密度
北京清华大学大石桥	22400人	284000m²	1.27	17.1%
天津南开大学津南校区	35000人	390000m²	1.27	25.3%
山东师范大学长清校区	30000人	320000m²	0.99	18.8%
浙江大学紫金港校区西区	15500人	286000m²	0.93	23.8%
南京东南大学九龙湖校区	32000人	338600m²	1.25	26.3%
无锡江南大学	28000人	302000m²	1.93	31%
厦门大学翔安校区	30000人	287800m²	1.35	24.8%
珠海澳门大学横琴校区	15000人	200000m²	1.80	25.8%
郑州大学校区	40000人	463000m²	0.92	17.9%
昆明云南师范大学呈贡校区	30000人	121500m²	1.3	26.1%
重庆医科大学缙云校区	20000人	216730m²	1.0	19.1%
沈阳工业大学中央校区	17000人	198000m²	0.87	15.9%

功能组合方式

学生生活区以宿舍为主体，以食堂和活动中心为核心；室外运动场地则多布置在生活区的周边空地；生活服务设施多按需散布在宿舍、食堂等建筑中。学生街模式将生活服务设施相对集中布置，形成服务一条街。

1 普通型　特点：生活服务设施分散在宿舍、食堂等建筑中。

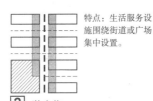

2 学生街　特点：生活服务设施围绕街道或广场集中设置。

☐宿舍　▨食堂　--- 主要街道　---- 次要道路　▩生活服务设施

实例

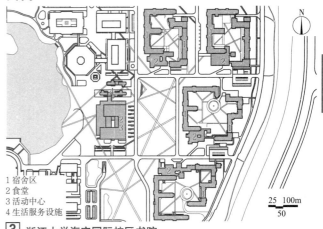

1 宿舍区
2 食堂
3 活动中心
4 生活服务设施

3 浙江大学海宁国际校区书院

名称	主要技术指标	设计时间	设计单位
浙江大学海宁国际校区书院	建筑面积约121320m²，学生规模约9074人	2015	浙江大学建筑设计研究院有限公司

围合式布局的书院制学生宿舍，不仅是学生休息和睡觉的地方，也是活动、学习、娱乐和第二课堂开设的场所。学生对自己的书院有明显的归属感和认同感

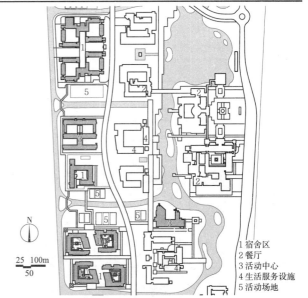

1 宿舍区
2 餐厅
3 活动中心
4 生活服务设施
5 活动场地

4 澳门大学横琴校区学生生活区

名称	主要技术指标	设计时间	设计单位
澳门大学横琴校区学生生活区	建筑面积约210000m²，学生规模约10000人	2009	华南理工大学建筑设计研究院

围合式的学生公寓分组团布置，以景观和体育活动设施分隔，与教学区沟通方便

1 宿舍区
2 食堂
3 活动中心
4 生活服务设施
5 活动场地

5 浙江大学紫金港校区西区学生生活区组团

名称	主要技术指标	设计时间	设计单位
浙江大学紫金港校区西区学生生活区组团	建筑面积约100000m²，学生规模6000人	2013	浙江大学建筑设计研究院有限公司

学生公寓组团以半围合的方式布置，食堂与学生服务中心围合形成学生广场，是学生街模式的发展

高等院校 [24] 学生生活区

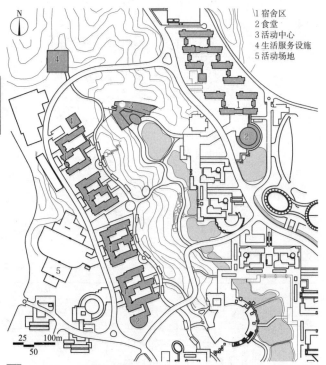

1 宿舍区
2 食堂
3 活动中心
4 生活服务设施
5 活动场地

1 南京审计大学学生生活区

名称	主要技术指标	设计时间	设计单位
南京审计大学学生生活区	建筑面积约165000m², 学生规模约15000人	2004	华南理工大学建筑设计研究院

建筑结合地形，垂直于等高线分布，跨越山腰与山谷，让出谷地，形成校园中心景观

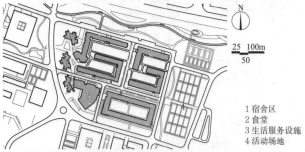

1 宿舍区
2 食堂
3 生活服务设施
4 活动场地

2 南开大学津南校区文科学生生活区

名称	主要技术指标	设计时间	设计单位
南开大学津南校区文科学生生活区	建筑面积约127000m², 学生规模约6200人	2012	同济大学建筑设计研究院（集团）有限公司

为"学生街"模式，形体变化生动，形成较多半开放的室外小空间，较符合学生的个性

1 宿舍区
2 食堂
3 活动中心
4 生活服务设施

3 江南大学学生生活区

名称	主要技术指标	设计时间	设计单位
江南大学学生生活区	建筑面积145000m², 学生规模约7500人	2004	华南理工大学建筑设计研究院

结合无锡江南水乡的地域特色，以"水街"作为学生生活区群落的主轴，丰富了"学生街"这一规划手法的文化内涵

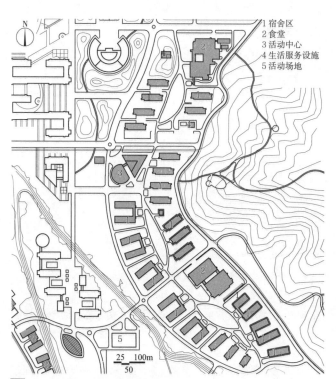

1 宿舍区
2 食堂
3 活动中心
4 生活服务设施
5 活动场地

4 山东师范大学长清校区学生生活区

名称	主要技术指标	设计时间	设计单位
山东师范大学长清校区学生生活区	建筑面积约286000m², 学生规模约25000人	2011	浙江大学建筑设计研究院有限公司

建筑物在行列式排列的基础上，利用山谷平地，顺应地势布置，保留自然山体，形成有趣的室外公共空间

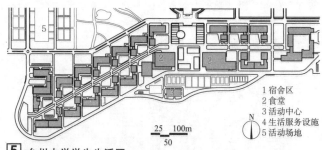

1 宿舍区
2 食堂
3 活动中心
4 生活服务设施
5 活动场地

5 台州大学学生生活区

名称	主要技术指标	设计时间	设计单位
台州大学学生生活区	建筑面积约110000m², 学生规模约9800人	2012	浙江大学建筑设计研究院有限公司

采用半围合式手法，利用斜轴与L形的体量，形成紧凑而活跃的空间

1 宿舍区
2 食堂
3 活动中心
4 教师公寓

6 华南师范大学南海校区学生生活区

名称	主要技术指标	设计时间	设计单位
华南师范大学南海校区学生生活区	建筑面积162000m², 学生规模约7000人	2001	华南理工大学建筑设计研究院

根据基地的地形特质，将学生宿舍与教师公寓隔山并置，布局紧凑，分合适度

概述

1. 公共教学楼是高等院校进行公共基础教学的建筑。普通院校公共教学楼的主要功能包括各种一般教室（中小教室、合班教室、阶梯教室）、制图教室及附属用房等。艺术院校公共教学楼的主要功能包括公共基础课（文化课）、专业基础课、专业课教室（琴房、形体房、画室、各种中小型排练用房等）及附属用房。

2. 学校根据教学要求确定各类教室的配置比例。每层应设教师休息室。附属用房包括管理室、卫生间、饮水间、贮藏室等。

3. 空间组合方式一般采用走道式。走道式分为外廊式、内廊式和双廊式。以走道式为基础，还可产生院落式、单元式等组合方式。

4. 适当利用建筑形体转折和变化，结合走道组织休息交往空间。

交通组织

1. 水平交通：单侧走廊或外廊的净宽不小于2.10m，内走廊净宽不小于2.70m。

2. 垂直交通：包括楼梯、电梯、坡道等，位置与数量依功能及消防要求而定。

3. 交通枢纽：包括门厅、过厅、中庭等形式，起到人流集散、空间过渡及转换、与垂直交通相衔接的作用。

4. 交通流线组织：交通要素明确，整体联系流畅。

公共空间

公共空间可结合室内门厅、走廊、中庭、边厅，或室内外过渡空间如门廊、架空层、骑楼、室外平台、下沉广场、屋顶花园等场所，设置绿化、座椅、水面、小品，创造适宜的空间。

按学科分配的教室建筑面积参考指标（单位：m^2/生）　　　表1

学科名称	指标	学科名称	指标
工学	3.20	文学、哲学、教育学、历史学、管理学	2.80
建筑学	5.70	经济学、法学	2.66
理学、医学	2.75	艺术	10.28
农（林）学	2.56	师范艺术、艺术设计	5.54
外语	3.36	体育	1.85

注：表中数据为建议值。

按学校类别分配的教室建筑面积参考指标（单位：m^2/生）　　　表2

学校类别		指标	学校类别		指标
综合大学(1)	文法类60% 理工类40%	2.83	综合大学(2)	文法类40% 理工类60%	2.88
师范、民族院校		2.88	财经、政法院校		2.66
理工院校		2.95	外语院校		3.30
农林院校		2.84	体育院校		1.85
医药院校		2.75	艺术院校		10.28

注：表中数据为建议值。

各类教室的常用参考指标　　　表3

教室类别	使用面积指标（m^2/座）	轴线尺寸（进深×开间）（m）	层高（m）
30~40人的小教室	1.80~1.50	6.50×9.60	3.60
50~60人的小教室	1.50~1.40	7.80×10.80	3.90
80~90人的中教室	1.30~1.20	8.40×13.20	3.90
100~120人的中教室	1.20~1.10	12.00×12.60	4.20
150~180人的阶梯教室	1.10~1.00	12.30×15.30	4.50
240~250人的阶梯教室	1.00~0.90	13.70×21.00	4.80
300~360人的阶梯教室	0.90	15.00×20.00	5.40

设计要点

教室平面需考虑布置投影仪等设备，超过百人教室宜起坡布置（每排升起0.1m，当错位布置时，隔排升起宜0.12m）。

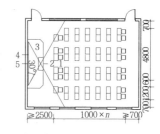
a 中小普通教室

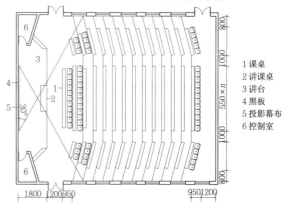
b 180座阶梯教室

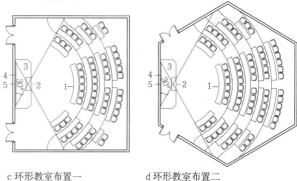
c 环形教室布置一　　　d 环形教室布置二

1 课桌　2 讲课桌　3 讲台　4 黑板　5 投影幕布　6 控制室

1 常见的教室布局示例

室内环境

应保证建筑朝向最佳，自然采光充分，避免室内阳光直射。主采光面要位于学生座位左侧，宜北向窗为主采光面。美术教室宜北向或北天窗采光。灯具选型要防止眩光干扰。室内要有良好的自然通风，换气次数不小于4.5(次/h)。一般教室的室内允许噪声级不大于45dB，琴房、形体房、排练用房要采取吸声措施。

教学用房的采光及照度表　　　表4

用房名称	采光系数最低值C_{min}(%)	窗地比	桌面平均照度(lx)	黑板面平均照度(lx)	照度均匀度
教室、报告厅	2	1:5	450	500	不低于0.7
绘图室、绘画教室	3	1:5	500	—	

室内装修要求表　　　表5

位置	设计要点
楼地面	防滑、防尘，易于清洗，耐磨，热工性能好
内墙面	粉刷应坚固、耐久、无光泽、易擦洗
顶棚	宜采用反射系数高的白色
门窗	选材与构造要求坚固、耐用并便于清洁、擦洗安全

高等院校 [26] 公共教学楼

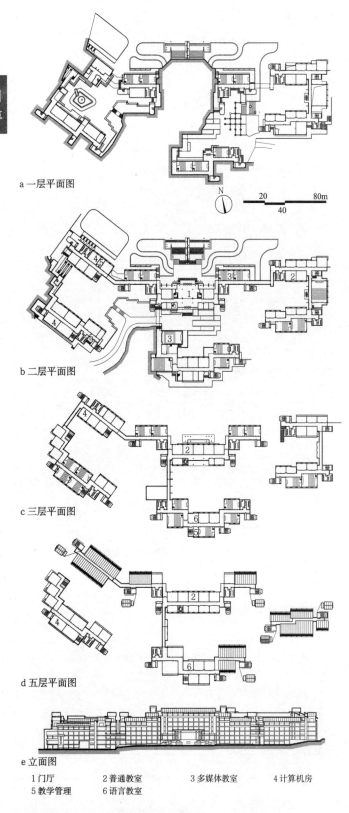

a 一层平面图

b 二层平面图

c 三层平面图

d 五层平面图

e 立面图

1 门厅　　2 普通教室　　3 多媒体教室　　4 计算机房
5 教学管理　6 语言教室

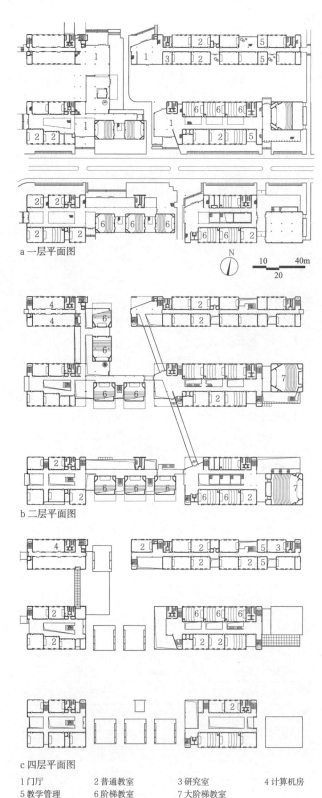

a 一层平面图

b 二层平面图

c 四层平面图

1 门厅　　2 普通教室　　3 研究室　　4 计算机房
5 教学管理　6 阶梯教室　　7 大阶梯教室

1 重庆理工大学花溪校区公共教学楼

名称	主要技术指标	设计时间	设计单位
重庆理工大学花溪校区公共教学楼	建筑面积 50725m²	2006	华南理工大学建筑设计研究院

大楼地上6层。用地为自然丘陵地形。设计从地形环境入手，寻求建筑与环境的整体相融，用现代手法表现重庆的地域文化。借鉴民居形态，随地形自然地错位、转折，弱化尺度感，增加立面层次性

2 同济大学嘉定校区综合教学楼

名称	主要技术指标	设计时间	设计单位
同济大学嘉定校区综合教学楼	建筑面积 41048m²	2006	同济大学建筑设计研究院（集团）有限公司

大楼由3座4层建筑组成。打破常规条块分割的设计手法，将其作为整体考虑，将多个序列的单体通过"桥"和"连接体"连接。根据进深不同，分别采用内廊式和中庭式的平面布局

公共教学楼 [27] 高等院校

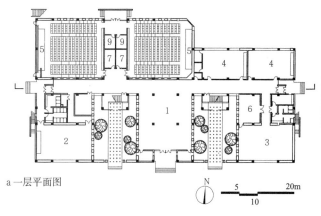

a 一层平面图

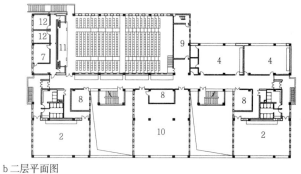

b 二层平面图

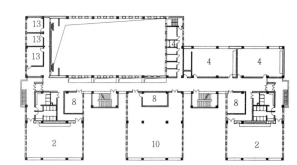

c 三层平面图

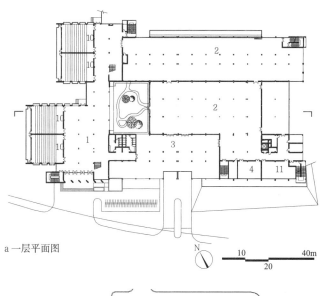

a 一层平面图

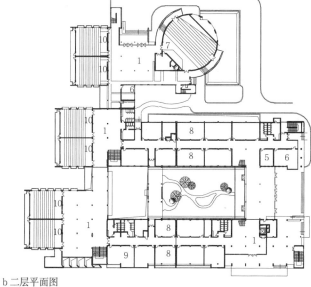

b 二层平面图

c 立面图

d 剖面图

1 门厅　　　　2 学生室内活动场地　　3 自行车库　　4 计算机房
5 教学管理　　6 语言教室　　　　　　7 报告厅　　　8 普通教室
9 机动用房　　10 合班教室　　　　　　11 配电室

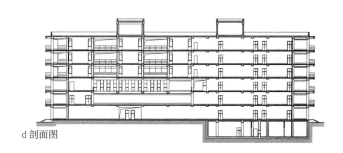

d 剖面图

1 门厅　　　　　2 语音教室　　3 会议室　　　4 100人教室　　5 200人教室
6 接待室　　　　7 休息室　　　8 设备间　　　9 器材室　　　　10 计算机教室
11 400人报告厅　12 服务室　　　13 办公室

1 哈尔滨工业大学（威海）教学楼

名称	主要技术指标	设计时间	设计单位
哈尔滨工业大学（威海）教学楼	建筑面积 34694m²	2006	浙江大学建筑设计研究院有限公司

本工程从分析场地、环境等制约因素入手，着力解决功能分布及流线组织，在造型上突破以往教学楼的单调、呆板，创作了一座简洁、现代的白色建筑。整个建筑分为东西两大部分，两者之间以一个共享大厅连接

2 北京外国语大学逸夫楼

名称	主要技术指标	设计时间	设计单位
北京外国语大学逸夫楼	建筑面积 11296m²	2002	中旭建筑设计有限责任公司

本工程地上6层，地下局部1层，针对教学建筑的特点，运用理性的建筑表达方式，以完好的室内外教学环境、丰富的空间处理、低廉的造价和生态观念，简约的风格，开创了一种新型的教学建筑设计思路

高等院校 [28] 公共实验楼

概述

1. 公共实验楼是高等院校进行公共实验教学的建筑，包括公共和专业基础课所需的实验室、计算机室、语音室等用房。按学科分为物理、化工、生物、信息与计算机等实验室。公共实验楼的布置应避免噪声和有害气体的干扰。

2. 一般由实验用房、实验辅助用房、附属用房等组成。实验辅助用房包括实验准备室、仪器室、标本室、模型室、陈列室、动物室、充电室、更衣室等。附属用房包括管理室、卫生间、制水间、休息室、实验人员办公室、贮藏室等。

3. 一般采用走道式组合方式，走道式分为外廊式、内廊式、双廊式。以走道式为基础，又可产生院落式、单元式等组合方式。

设计要点

1. 对于有特殊要求的实验室应采取相应措施。
2. 有大型仪器设备的应考虑实验室的位置和层高要求。
3. 有振动的、产生有害气体的和具有或产生腐蚀性危险物的应考虑实验室的位置要求。
4. 有器材供应的和产生较多垃圾的实验室应协调好交通组织，产生的废气、废液和废渣要根据相关要求设置储存或处理空间。

面积指标

按学校类别分配的公共实验室建筑面积参考指标（单位：m²/生） 表1

学校类别	办学规模	生均指标	学校类别	办学规模	生均指标
综合大学（1）	5000	2.17	综合大学（2）	5000	2.70
	10000	1.85		10000	2.30
	20000	1.60		20000	2.01
师范、民族院校	5000	2.26	财经、政法、外语院校	5000	0.62
	10000	1.91		10000	0.50
	20000	1.61		20000	0.40
理工、农林院校	5000	2.97	体育院校	3000	0.71
	10000	2.53		5000	0.64
	20000	2.22		8000	0.54
医药院校	5000	2.96	艺术院校	2000	4.24
	10000	2.64		5000	3.11
	20000	2.54		8000	2.76

注：表中数据为建议值。

室内环境

1. 采光：应有充分的自然采光，实验桌宜设局部照明。
2. 通风：产生气体的房间、药品储藏室及通风柜等应设置有效的排气装置。计算机室等对温度有一定要求的用房，可配置空调。实验室换气次数不小于3.0（次/h），辅助用房不小于2.0（次/h），并应采取有组织的自然通风措施。
3. 排气：对产生废气的物理、化学、生物实验室，当自然通风无法满足室内环境要求时，需设置机械排气系统。
4. 隔声：室内允许噪声级不大于45dB。有振动的房间应采取有效的防撞击措施。

实验用房的采光及照度表 表2

用房名称	采光系数最低值C_{min}(%)	窗地比	平均照度(lx)	规定照度的平面	照度均匀度
实验室用房	2	1:5	300	实验桌面	
实验辅助用房	2	1:5	300	桌面	不低于0.7
计算中心	2	1:5	300	机台面	

交通组织

1. 水平交通：单侧走廊或外廊的净宽不小于2.10m，内走廊净宽不小于2.70m，在需要运输大型仪器设备时，可适当加宽。
2. 垂直交通、交通枢纽、交通流线组织等要求见"公共教学楼"的相关条款。

实验室的常用指标 表3

房间类别	轴线尺寸（进深×开间）(m)	层高(m)
实验用房	(8.00~10.00)×(9.60~15.00)	4.20
实验辅助用房	(8.00~10.00)×(4.20~7.50)	4.20

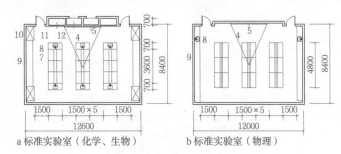

a 标准实验室（化学、生物）   b 标准实验室（物理）

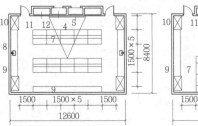

c 实验室（桌子可活动）

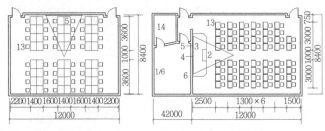

d 标准实验室（计算机）   e 标准实验室（语音）

1 准备室　　2 讲课桌　　3 讲台　　4 黑板
5 投影幕布　6 控制室　　7 实验桌　8 水槽
9 实验台　　10 通风柜　 11 排风井　12 钢瓶间
13 机台　　 14 录音室

1 常用实验室平面布置

室内装修要点表 表4

位置	用房名称	设计要点
楼地面	实验室	防滑、防尘、易于清洗、耐磨、热工性能好的材料
	生化实验室	耐腐蚀（耐酸、碱腐蚀、耐各种溶剂腐蚀）
	计算机室	采用防静电材料
	用水房间	应有可靠的防滑、防水、排水设施
内墙面	实验室	粉刷应坚固、耐久、无光泽、易擦洗
	用水房间	宜粘贴瓷砖墙面
	特殊房间	应满足防辐射、防静电、防电磁、洁净的要求
顶棚	实验室	宜采用反射系数高的白色
门窗	实验室	选材与构造要求坚固、耐用并便于清洁，擦洗时安全性强

公共实验楼 [29] 高等院校

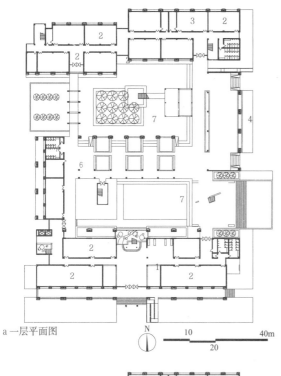

a 一层平面图

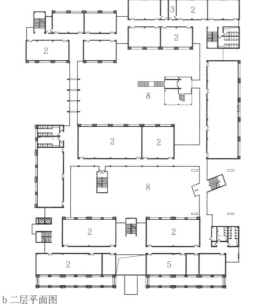

b 二层平面图

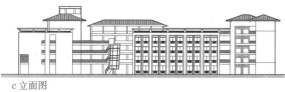

c 立面图

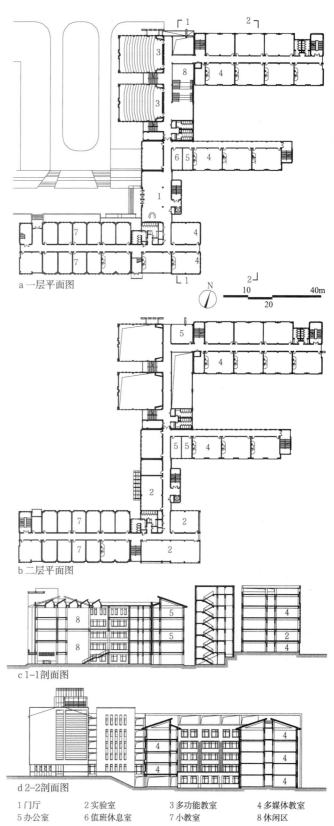

a 一层平面图

b 二层平面图

c 1-1剖面图

d 2-2剖面图

| 1 门厅 | 2 实验室 | 3 准备室 | 4 自行车库 |
| 5 办公室 | 6 设备机房 | 7 内庭院 | 8 上空 |

1 重庆大学虎溪校区第一实验楼

名称	主要技术指标	设计时间	设计单位
重庆大学虎溪校区第一实验楼	建筑面积 58405m²	2006年	华南理工大学建筑设计研究院

该建筑地上5层，设有多个学院实验室、大学生创新实验室中心、物理学院行政办公及教师工作室。基地地形东低西高，坡度平缓。地形起伏变化，设计者结合地形与环境创造出重庆山水特色和现代风格交互融合的丰富的教学空间

| 1 门厅 | 2 实验室 | 3 多功能教室 | 4 多媒体教室 |
| 5 办公室 | 6 值班休息室 | 7 小教室 | 8 休闲区 |

2 云南师范大学呈贡校区公共实验楼

名称	主要技术指标	设计时间	设计单位
云南师范大学呈贡校区公共实验楼	建筑面积 53738m²	2010	同济大学建筑设计研究院（集团）有限公司

该建筑地上5层，各体量结合基地的地形，通过转折、穿插、连廊等围合成庭院。平面根据动静分开的原则，人流较大的设在北段；空间较大的演播室设在上部；中部围绕中庭设置富有特色的室内空间元素

高等院校 [30] 公共实验楼

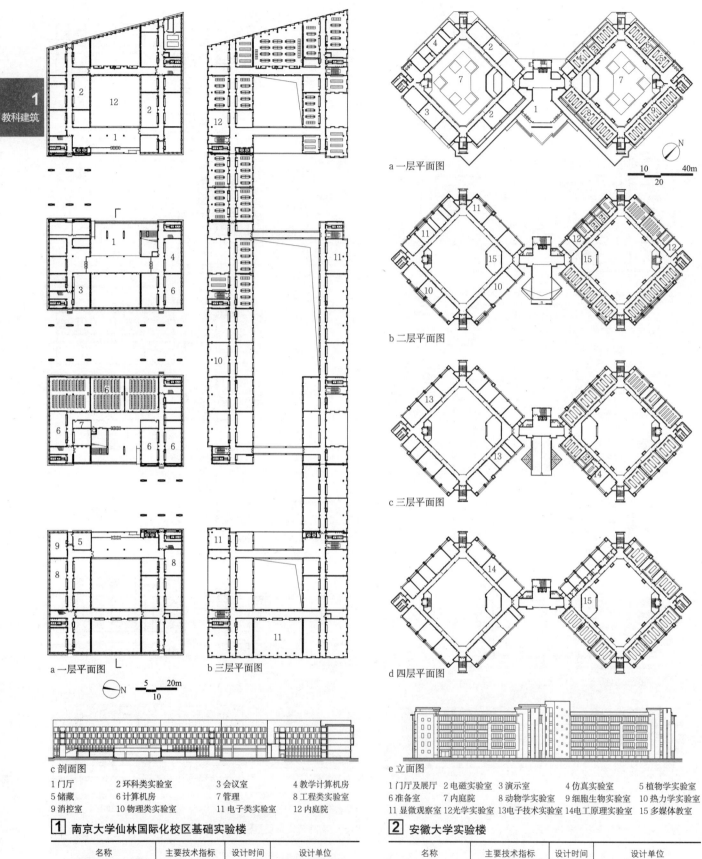

a 一层平面图
b 三层平面图
c 剖面图

a 一层平面图
b 二层平面图
c 三层平面图
d 四层平面图
e 立面图

1 门厅	2 环科类实验室	3 会议室	4 教学计算机房
5 储藏	6 计算机房	7 管理	8 工程类实验室
9 消控室	10 物理类实验室	11 电子类实验室	12 内庭院

1 门厅及展厅 2 电磁实验室 3 演示室 4 仿真实验室 5 植物学实验室
6 准备室 7 内庭院 8 动物学实验室 9 细胞生物实验室 10 热力学实验室
11 显微观察室 12 光学实验室 13 电子技术实验室 14 电工原理实验室 15 多媒体教室

1 南京大学仙林国际化校区基础实验楼

名称	主要技术指标	设计时间	设计单位
南京大学仙林国际化校区基础实验楼	建筑面积 53093m²	2010	南京大学建筑规划设计研究院有限公司

该建筑地上5层,呈内院围合式的布局,并根据功能划分单元布置,各类实验室采用标准化设计手法,同时依实际需要进行灵活组合。实验楼单元之间局部架空,在达到景观视觉通透性的同时亦满足交通便捷及高效性

2 安徽大学实验楼

名称	主要技术指标	设计时间	设计单位
安徽大学实验楼	建筑面积 27190m²	2005	同济大学建筑设计研究院(集团)有限公司

该建筑地上5层,由两个理性方形体量咬合,营造了内部院落与外部空间的交融。平面充分体现理性与空间逻辑,外轮廓的连接转折之势自然围合成主入口广场空间。立面语言表现出了现代且带有地方性的特点

概述

随着高校规模不断扩大,专业进一步细分,各高校产生了一批以院系为核心的独立建筑体,即院系学院楼,具有很强的专业性。

院系学院楼主要包括院系行政用房、教师办公用房、师生研究用房、专业实验室、专业课教室及辅助房间,供本院系独立调配使用。

院系学院楼的功能构成　　　　　　　　　　表1

房间分类	功能分区
办公	行政管理、接待
研究	研究室、工作室、资料室
专业教学	绘图教室、美术教室、多媒体教室、语音教室、计算机房等
实验	专业实用房间、重点实验室
公共交流	会议与研讨、报告厅、展厅、陈列厅
辅助	门厅、门卫、卫生间、设备用房等

选址

院系学院楼应布置在教学科研区,一般与公共教学、实验区成组团布置,学生可以方便地来往于各个教室,且宜靠近学生生活区和体育运动区。

1 院系学院楼选址

功能构成

院系学院楼的具体功能设置由学校按人才培养模式及教学组织模式确定。

按照学科分类分为单一学科院系楼和相邻学科组合而成的院系楼;按内容分类分为办公研究型、教学实验型及综合型等;按专业分类分为医学院、经管学院、理工学院、建筑学院、艺术学院、音乐学院等。

院系学院楼办公室和教室实验室的基本尺寸一般等同于公共教学楼。

院系学院楼的类型(按内容分类)　　　　　　表2

类型	特点
办公研究型	以办公、研究室为功能主体
教学实验型	以教学、实验用房为功能主体
综合型	办公、教学、实验用房面积比例相当

院系学院楼的类型(按专业分类)　　　　　　表3

类型	分类
文科	哲学、经济学、法学、教育学、文学、管理学
理工科	理学、工学、军事学、医学、农学

院系学院楼的常用数据　　　　　　　　　　表4

房间类别	轴线尺寸(进深x开间)(m)	层高(m)
单间办公	(6~8)×4	4.2
开放式办公	(8~10)×(10~20)	4.2
教室	参见"公共教学楼"篇	
实验室	参见"公共实验楼"篇	

空间结构

院系学院楼一般由公共空间、大型教室、实验室等大空间以及研究办公等小空间组合而成。根据他们不同的组合关系可以分为以下几大类。

1. 竖向结构:公共空间以及专业教室或实验室等大空间位于低区;办公、研究室等私密的小空间位于高区垂直布局。
2. 线性结构:公共空间及公共教室等大空间组成主楼,办公、研究等小空间呈行列式均匀分布,沿主楼方向布置。
3. 单元式结构:大空间及多个小空间形成单元,联系在公共空间四周。
4. 复合式结构:含多种结构类型,公共空间具有很强的共享性。

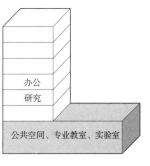 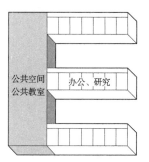

a 竖向结构　　　　　　　b 线性结构

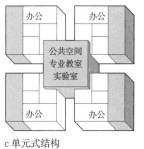 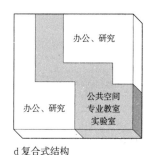

c 单元式结构　　　　　　d 复合式结构

■ 大空间房间　　□ 小空间房间

2 院系学院楼空间结构示意图

交通组织

根据人在建筑中的交通动线把一系列空间组织起来,通过交通组织分割空间,从而达到划分不同功能区域的目的。一般分为以下几类组织方式。

1. 水平式:用一条专供交通联系用的狭长的空间——走道,来连接各使用空间。
2. 垂直式:用楼梯、电梯等垂直交通工具来连接各使用空间。
3. 中庭式:通过中庭这种专供人流集散和交通联系用的空间,把各主要使用空间连成一体。
4. 套间式:把各使用空间直接衔接在一起而形成整体。
5. 复合式:空间是连续的,水平式交通、垂直式交通等各种类型的交通组织方式复合在一起。

高等院校 [32] 院系学院楼

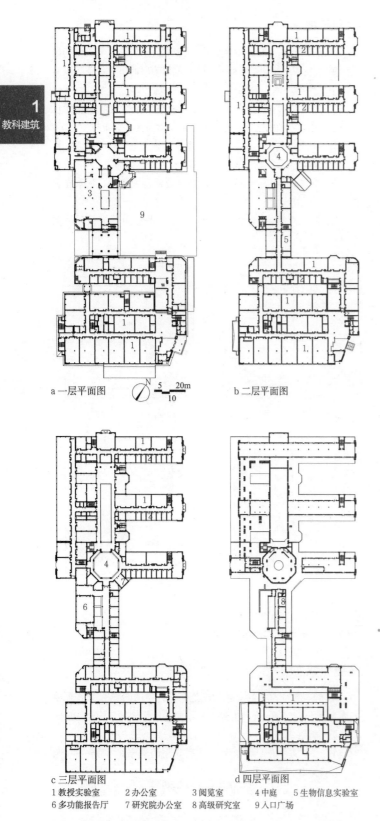

a 一层平面图　　b 二层平面图　　c 三层平面图　　d 四层平面图

1 教授实验室　2 办公室　3 阅览室　4 中庭　5 生物信息实验室
6 多功能报告厅　7 研究院办公室　8 高级研究室　9 入口广场

1 清华大学医学院

名称	主要技术指标	设计时间	设计单位
清华大学医学院	建筑面积 46500m²	2004	清华大学建筑设计研究院有限公司

医学院位于清华大学老校园内，采用"中庭+双走廊"的模式，中庭侧面的使用空间为辅助空间，将实验室布置在公共空间的外围，沿东西方向展开成三翼，这样每一翼都有良好的采光和通风。

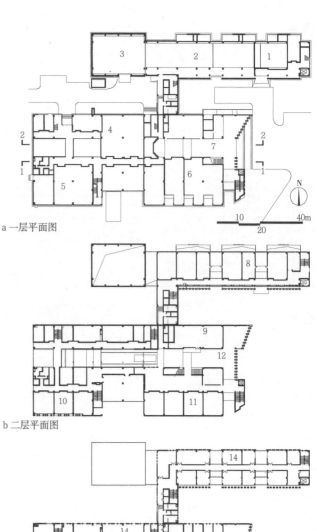

a 一层平面图　b 二层平面图　c 三层平面图
d 1-1 剖面图　e 2-2 剖面图

1 高速切削（恒温）　2 振动车间　3 报告厅　4 空调制冷间　5 热工实验室
6 学院展示厅　7 入口门厅　8 数控加工训练中心　9 机器人设计组装实验室
10 换热器　11 院办公室　12 学生入口　13 学生工作室　14 实验室

2 同济大学机械工程学院

名称	主要技术指标	设计时间	设计单位
同济大学机械工程学院	建筑面积 19890m²	2005	同济大学建筑设计研究院（集团）有限公司

同济大学机械工程学院综合办公、教学、实验、科研等功能为一体，通过一系列庭院空间的创造，将自然生态景观纳入建筑中，使得绿化景观在建筑中简洁流畅，形成一条线性的景观绿化轴，在工业机械的形态中体现人性化设计。

院系学院楼 ［33］ 高等院校

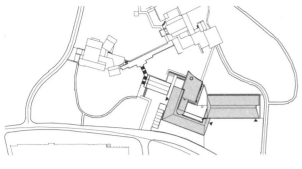
a 总平面图

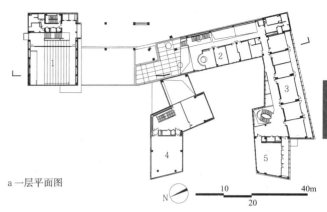
a 一层平面图

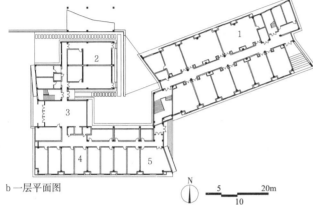
b 一层平面图

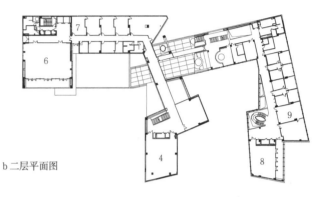
b 二层平面图

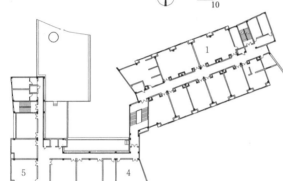
c 二层平面图

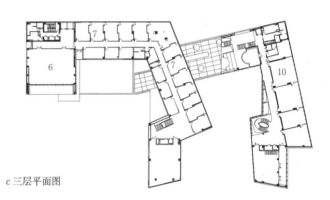
c 三层平面图

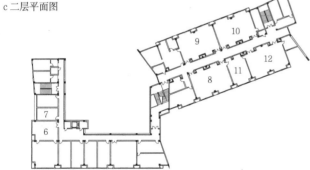
d 三层平面图

1 实验室　2 茶叶加工实验室　3 门厅　4 教授办公室　5 会议室
6 档案室　7 图书资料室　8 茶艺实训室　9 感官审评室　10 形体实训室
11 准备室　12 茶艺实训室

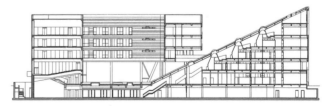
d 剖面图

1 185人报告厅　2 院长办公室　3 行政办公室　4 大办公室　5 矩形报告厅
6 多功能厅　7 办公　8 阶梯扇形教室　9 教室休息室　10 教室

1 浙江农林大学茶文化学院

名称	主要技术指标	设计时间	设计单位
浙江农林大学茶文化学院	建筑面积 5822m²	2007	浙江大学建筑设计研究院有限公司

建筑依山而建，建筑主体顺着等高线布置，由U字形和一字形组合而成，形态舒展，样式优美。院子向山地打开，提供自然通风的同时也丰富了空间层次。体量大小、高低错落有致，与山地契合。在构造上选用竹、毛石等材料，就地取材，节省造价，又与自然融为一体

2 同济大学中法中心

名称	主要技术指标	设计时间	设计单位
同济大学中法中心	建筑面积 13575m²	2004	同济大学建筑设计研究院（集团）有限公司

建筑分为既分又合的3个部分，分别用于教学、办公和公共交流。3个不同单元采用不同的材质组合、色彩和构造做法来建构。建筑两个单元穿插处的屋顶水池和下沉庭院既丰富了景观层次，又改善了微气候

高等院校 [34] 院系学院楼

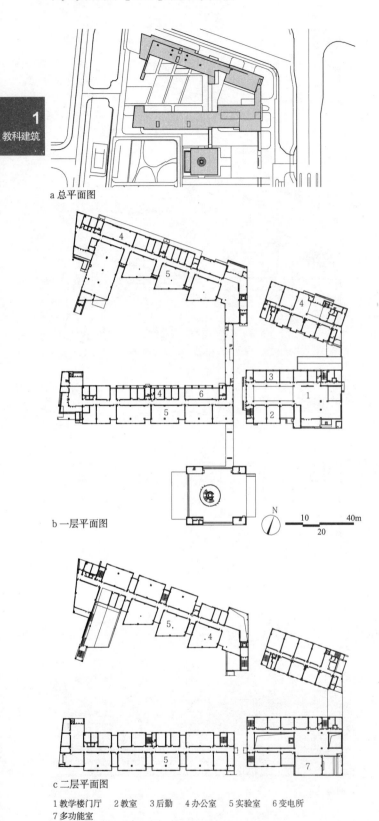

a 总平面图

b 一层平面图

c 二层平面图

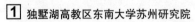

1 教学楼门厅　2 教室　3 后勤　4 办公室　5 实验室　6 变电所
7 多功能室

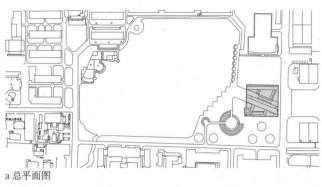

a 总平面图

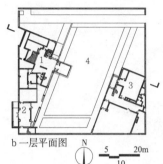

b 一层平面图

c 二层平面图

d 三层平面图

e 屋顶平面图

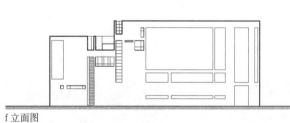

f 立面图

g 剖面图

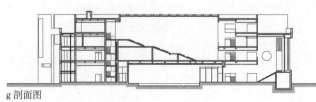

1 门厅　　2 校史馆门厅　3 音像观摩　4 水池　　5 活动室　　6 校史馆展厅
7 展室　　8 会客厅　　　9 座谈室　　10 书桌兼画室
11 画馆　 12 摄影室　　 13 图书室　 14 教研室

1 独墅湖高教区东南大学苏州研究院

名称	主要技术指标	设计时间	设计单位
独墅湖高教区东南大学苏州研究院	建筑面积 66667m²	2007	东南大学建筑设计研究院有限公司

项目位于新老苏州交界处,建筑体量打破原有的几何原型,或错动或延伸,从而产生更多的"折线"而非直线,同时材质上采用白色和灰色涂料,可让人将其与老苏州的建筑空间联系在一起

2 天津大学文学艺术研究院

名称	主要技术指标	设计时间	设计单位
天津大学文学艺术研究院	建筑面积 5108m²	2001	天津华汇工程建筑设计有限公司

设计结合校园环境,以大尺度的方形院落将主体建筑及保留大树围建其中。斜向轴线将建筑一分为二,并指向青年湖。建筑底层被抬起,使得人们可以自由穿行其中,立面上采用大小不一、形状各异的洞口,减少院墙的压迫感

综合型教学建筑 [35] 高等院校

概述

综合型教学建筑是指除了教学功能外,另具一种或数种使用功能的教学建筑。它与现代高等教育呈现出的多元化、综合化、信息化、国际化、生态化、产学研一体化等特征是密不可分的。

该类建筑通常体量较大,多种功能集成,空间复合,可提高土地使用率,实现资源共享,加强师生交流及学科交流等。

功能构成

按功能的组合关系可分为以下几类。

综合型教学建筑的种类及功能构成　　　　表1

种类	主体功能	其他功能
教学实验楼	教学、实验	办公
教学办公楼	教学、办公	报告厅
教学科研楼	教学、实验、研究室	办公、阅览、报告厅
研究生院	教学、研究室、办公、展示	阅览、报告厅
留学生院	教学、办公、展示、报告厅	阅览、宿舍、餐厅
院系楼	教学、实验、研究室、办公	阅览、展示、报告厅
多院系综合楼	多个院系	图文信息、档案馆、学术交流

组合方式

根据使用功能的多少、建筑面积的大小以及建筑用地的情况,各个功能块可有不同的组合方式,主要有水平并置、竖向叠置、混合布置等。设计时应优先满足主体功能的布局,并分别满足各个功能区的基本要求,同时需注意朝向、楼层的高低,处理好动与静、洁与污、公共与私密、人流的疏与密等关系,并且确保结构合理。

交通组织

根据功能布局要求,交通组织主要有横向、竖向、混合等几种模式。

1. 横向模式的各功能区交通主要依赖于走道、中庭、院落、广场、内街等。

2. 竖向模式的各功能区交通主要依赖于楼梯、电梯、台阶、坡道、下沉式庭院等。

3. 混合模式的各功能区同时沿水平向和竖直向布置,要注意做好楼内不同功能区人流的出入口、导向及分流,增强各区域的识别性,并应安排好人流和货流的进出及流线。

如果场地有一定高差,可在不同的标高和部位,设置人流及货流的出入口,实现立体交通、人车分流。

公共空间

综合型教学建筑有着集约、共享、复合等使用特点,为了促进知识的交流与传播,增强人与人之间多维度的交往,其公共空间的设计可结合中庭、边庭、空中花园、庭院、内街、露台、下沉式庭院、架空空间、广场等,将阳光、空气、绿化、水景等自然之物引入室内。并可置入一些其他的功能空间如报告厅、书店、交流厅、咖啡厅等,借助跃层、错层、架空、悬吊、出挑、楼中楼等手法,以丰富公共空间的层次,营造出不同的氛围。

a 横向模式　　b 竖向模式　　c 混合模式

[1] 功能与交通组合方式图

   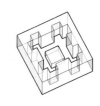

a 庭院　　　　b 下沉式庭院　　c 全围合庭院

d 内庭+屋顶花园　　e 架空空间　　f 骑楼

g 广场　　　　h 中庭　　　　i 子母式中庭

j 阶梯式中庭　　k 边庭　　　　l 庭院+中庭

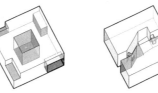 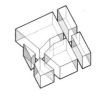

m 中庭+边庭+露台　　n 内街+内广场　　o 街网

[2] 公共空间示意图

高等院校 [36] 综合型教学建筑

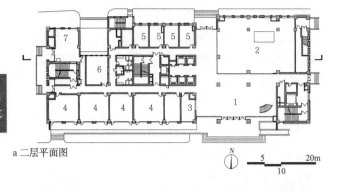

a 二层平面图

b 四层平面图

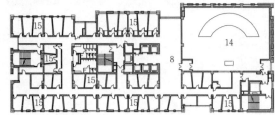

c 十四层平面图

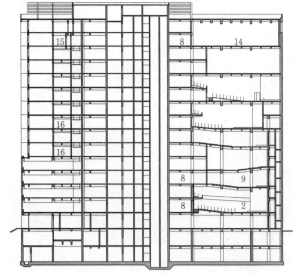

d 剖面图

1 门厅　　　　2 书店/咖啡厅　　3 值班/播音控制　　4 教务管理用房
5 教学管理　　6 教务档案　　　　7 消控中心　　　　8 交流厅
9 大阶梯教室　10 小阶梯教室　　 11 小教室　　　　 12 大教室
13 过厅　　　 14 管弦乐大排练厅　15 琴房　　　　　 16 小排练厅

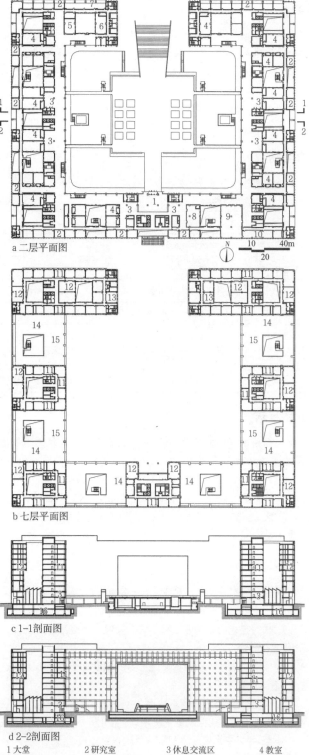

a 二层平面图

b 七层平面图

c 1-1 剖面图

d 2-2 剖面图

1 大堂　　　　　2 研究室　　　　3 休息交流区　　4 教室
5 多功能实验室　6 网络培训机房　7 NOC/NIC技术部　8 接待室
9 咖啡厅　　　　10 加工间　　　　11 机关办公　　　12 会议室
13 办公室　　　14 屋顶平台　　　15 屋顶绿化　　　 16 地下车库

1 中央音乐学院综合教学楼

名称	主要技术指标	设计时间	设计单位
中央音乐学院综合教学楼	建筑面积 36610m²	2006	同济大学建筑设计研究院（集团）有限公司

教学楼地上15层，地下2层。平面大致可分为左右两个部分，左边为各类专业音乐课室，右边为阶梯教室、报告厅、演讲厅、排练厅，这些高大空间上下叠加，充分利用了倾斜楼板下的声学特性和室内净高

2 北京航空航天大学东南区教学科研楼

名称	主要技术指标	设计时间	设计单位
北京航空航天大学东南区教学科研楼	建筑面积 64398m²	2006	北京市建筑设计研究院有限公司

科研楼由7座11层的主塔楼和联系其间的6层建筑（副塔）组成。地上分为周边的教学科研办公楼及中央的学术交流中心两部分。学术交流中心的屋顶平台之上为绿化休闲广场

综合型教学建筑 [37] 高等院校

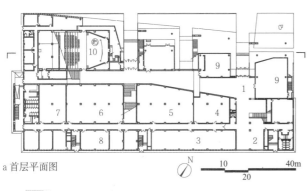
a 首层平面图

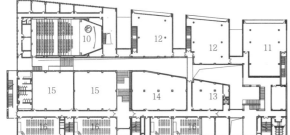
b 二层平面图

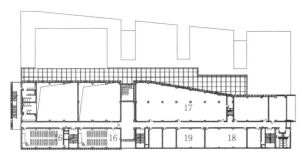
c 三层平面图

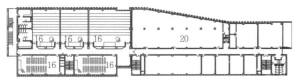
d 四层平面图

e 剖面图

a 二层平面图　　b 五层平面图
c 八层平面图　　d 十一层平面图
e 十四层平面图　f 十七层平面图
g 1-1剖面图　　h 2-2剖面图

1 大厅	2 图书检索	3 综合图书库	4 图书服务中心
5 音乐理论书库	6 乐谱书库	7 外文图书阅览室	8 采编办公室
9 接待室	10 多功能厅	11 学生报刊阅览室	12 音响欣赏室
13 工具书阅览室	14 唱片库	15 排练厅	16 教室
17 电子阅览室	18 教师参考室	19 办公室	20 网络机房

1 展厅	2 教室	3 教师休息室	4 茶室
5 中庭上空	6 大会议室	7 研究室	8 多媒体中心
9 会议室	10 办公室	11 会客区	12 国际会议中心

1 天津音乐学院综合教学楼

名称	主要技术指标	设计时间	设计单位
天津音乐学院综合教学楼	建筑面积 18059.89m²	2006	天津华汇工程建筑设计有限公司

教学楼为汇集教学、图书阅览、办公等多种功能的综合体。主要分为图书馆和教学用房两大功能，图书馆人流直接进入主门厅，教学楼人流通过专用门厅的一部大楼梯引入二层，巧妙地将两股人流引向不同的功能区

2 同济大学教学科研综合楼

名称	主要技术指标	设计时间	设计单位
同济大学教学科研综合楼	建筑面积 46240m²	2007	同济大学建筑设计研究院（集团）有限公司

综合楼主要功能为教学、科研、办公，并辅以会议、展示等。平面居中位置为一个16.2m见方的采光中庭，与之相连的多个边庭空间顺势螺旋上升排布，边庭由低到高分别设置了咖啡厅、阶梯教室、多媒体会议厅等

高等院校 [38] 综合型教学建筑

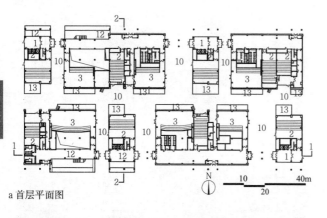

a 首层平面图

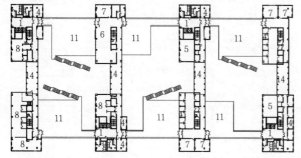

b 三层平面图

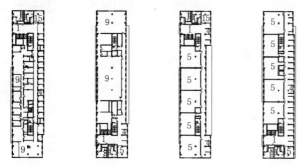

c 四、五层平面图

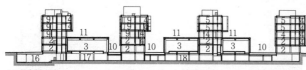

d 1-1剖面图

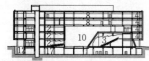

e 2-2剖面图　　f 立面图

1 电梯厅　　　　2 公共教室　　　　3 公共阶梯教室　　4 办公室
5 普通教学实验室　6 洁净室　　　　　7 计算机教室　　　8 实验室
9 生化实验室　　10 室外庭院及走道　11 景观屋面及步道　12 下沉庭院
13 景观水池　　14 公共休闲廊　　　15 休息室　　　　　16 地下卸货区
17 地下餐厅　　18 地下汽车库

1 西交利物浦大学科研楼

名称	主要技术指标	设计时间	设计单位
苏州独墅湖高教区西交利物浦大学科研楼	建筑面积 45041m²	2008	苏州设计研究院股份有限公司、美国帕金斯维尔建筑设计事务所

建筑的公共部分和阶梯教室等设置在一、二层,实验室设置在三、四、五层。大楼南向纵列四行布置,与公共部分连接,连接处形成交通中心,形成从公共向教学区的自然过渡。整个科研楼流线简洁,功能分区明确

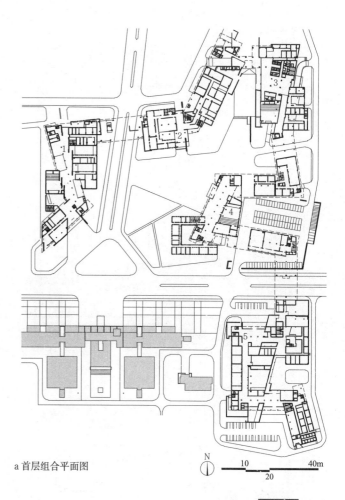

a 首层组合平面图

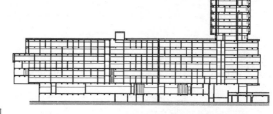

b 剖面图

c 立面图

1 动物与科学学院　2 生物工程与食品科学学院　3 国家实验室　4 环境与资源学院
5 农业与生物技术学院

2 浙江大学紫金港校区农生组团

名称	主要技术指标	设计时间	设计单位
浙江大学紫金港校区农生组团	建筑面积 137200m²	2008	中国建筑设计院有限公司

建筑主体为教学实验楼,组团内各学科具有相关性,建筑布局用一个链状结构将各学院首尾相接。学院间可设共享实验区,使学院间联系更加便捷顺畅。建筑主体为单元组合的方式,立面上体现出功能与空间的统一

概述

高等院校图书馆是为高等学校教学和科学研究服务的学术性机构，负责提供中外文史、科技资料等图文信息服务，是日常师生教学、自学与学术交流的场所。如今，文献资料信息化程度逐步提高，图书馆数字化得到广泛应用。

选址

1. 原则

（1）要求综合校园总体布局、人流分布和建筑的功能要求等因素选址。要求位置适中，交通便捷，接近校园教学区和学生生活区。

（2）要求安静、安全，避开城市主干道，远离校内运动场、游泳池或噪声大的工厂车间及实验室。

（3）要求良好的自然和地质条件，考虑通风和防水要求。

（4）要求应考虑发展与扩建用地。

2. 区位

（1）位于教学区中心：方便在校师生使用，体现校园文化氛围。

（2）位于教学区和生活区之间：从学生的行为方式出发，提高图书馆的利用率。

（3）位于校园入口：适用于规模较大图书馆，强化图书馆标志性和作用，便于面向社会开放。

（4）位于校园景观中心：为读者提供良好的自然景观。

a 位于教学区中心
（同济大学图书馆）

b 位于教学区与生活区之间
（宁波大学图书馆）

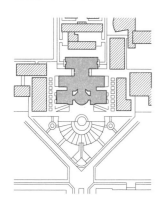
c 位于校园入口
（中国石油大学图书馆）

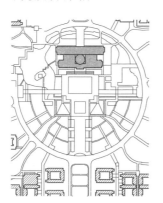
d 位于校园景观中心
（东南大学李文正图书馆）

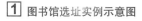
① 图书馆选址实例示意图

基本功能空间

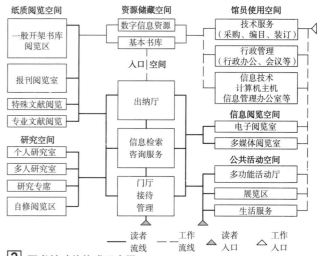
② 图书馆功能构成示意图

功能分区及组合方式

1. 合理划分"静区"和"动区"。静区包括阅览空间、信息技术空间、研究空间等；动区包括公共活动空间等。

2. 学生人流量大、活动频繁的空间，如出纳厅、自修阅览区、报刊阅览室应布置在主层。一般主层多为建筑二层，通过台阶由室外直接引入。

3. 基本书库及馆员使用空间等宜布置在底层。

4. 多功能厅、展览区等公共活动空间可与图书馆主体分离，形成独立建筑，通过连廊等方式连接主体建筑。条件有限无法分离时，应与纸质阅览空间、信息技术空间保持适当距离，并设有单独出入口。

5. 主体建筑一般以 5 层以下为宜，若为高层建筑时，高层部分宜布置专题阅览空间与研究空间。

6. 应结合纸质阅览空间、信息技术空间、公共活动空间与建筑中庭等布置交往空间。

基本指标

按学科类别分配的图书馆建筑面积指标（单位：m²/生） 表1

学科	学科办学规模（人）							研究生补助指标
	1000	2000	3000	5000	8000	10000	15000	
农（林）医学、理、工、体育	2.44	1.99	1.81	1.63	1.48	1.42	1.34	0.50
文、法、经济学、外语	2.65	2.21	2.02	1.83	1.68	1.62	1.54	0.50
艺术	2.98	2.50	2.29	2.10	2.00	—	—	0.50

注：1. 学科规模系指理、工、农（林）、医、体各学科学生人数的总和或文、法、经济、外语各学科学生人数的总和。
2. 艺术学科规模大于 8000 人时采用 8000 人的指标。
3. 如学校各学科的实际规模介于表列规模之间时，可用插入法取值。

按学校类别分配的图书馆建筑面积指标（单位：m²/生） 表2

学校类别	办学规模（人）					
	2000	3000	5000	8000	10000	20000
综合大学（1）、师范、民族、财经、政法、外语院校	—	—	2.02	—	1.74	1.54
综合大学（2）、理工、农林、医药院校	—	—	2.00	—	1.71	1.50
体育院校	—	1.93	1.77	1.62	—	—
艺术院校	2.50	—	2.10	2.00	—	—

注：研究生的补助建筑面积指标按表1执行。

高等院校 [40] 图书馆

总体要求

1. 高校图书馆具有较强的专业性,在藏阅等功能上与社会公共图书馆相似,但在学校教学和科研工作服务等方面,有自己独特的特点。

2. 高校图书馆宜采用同柱网、同层高、同荷载的模式,应具有内部空间大、柱距间单元面积大、实墙分隔少的特点。结构多采用框架结构,并多采用矩形柱网。

3. 模数式的空间与有限度的流动空间结合,内部不宜曲折,可达性高,同时满足自然通风采光要求。

藏阅空间

1. 高校图书馆侧重阅览,以开架阅读为主。借、阅、藏三大空间面积需灵活分配,藏阅结合,单纯书库面积减小,一般设置密集书库,设计中应增加建筑内部功能的可扩展性,具有藏阅合一的特点。

2. 高校图书馆人流受教学计划影响大,使用及借阅人流有明显的阶段性和集中性,出纳空间大于社会图书馆。

3. 阅览空间应包括教师专用阅览室,应设置24小时学生阅览室或自习室,以及工具书自修阅览室,宜对外设独立出入口。

阅览空间主要布局形式及特点 表1

布局形式	特点	图示	实例
平行布置	易于管理,藏、阅之间可分可合,分区明确,读者活动路线方向明确,干扰较少,"阅"和"藏"两种功能空间一般都可自然采光		日本东京都立大学图书馆
内藏外阅	书架排列于平面中部,阅览空间环绕四周。此布局方式可以满足阅读空间的物理要求,也利于书籍保护,设计中应解决藏书采光和通风		美国埃克塞特大学图书馆
外藏内阅	阅览区域居中,藏书空间环绕四周,需设置中庭或天井将光线引入阅览区		荷兰代尔夫特理工大学图书馆
交叉布置	将藏、阅彻底融合,一般出现在"阅览层"面积较大的图书馆中,藏书与读者间的接触面增大,可以营造出多样化的阅览空间形式		广州大学图书馆设计

我国高校图书馆阅览与书库面积分配一览表 表2

馆名	总建筑面积(m²)	阅览与书库建筑面积分配		
		纸质阅览	电子阅览	书库
浙大图书信息中心	23100	34.7%	8.7%	2.8%
福州大学图书馆	35396	15.8%	2.2%	3.2%
东南大学九龙湖校区李文正图书馆	53828	20.7%	4.2%	1.0%
南京工业大学江浦校区图书馆	38023	18.1%	13.6%	4.8%
云南民族大学呈贡校区图书馆	39850	17.6%	6.3%	2.8%

研究空间

1. 研究空间应满足研究、讨论等功能多种形式的研究阅览要求。研究空间一般可由教师或学生申请长期使用。

2. 研究空间分类及特点:

(1) 个人研究室:可集中布置于阅览空间内,配备计算机,隔断要有良好的隔声性能。

(2) 多人研究室:6~10人为基本单位,3.5~4m²/人,桌椅一般布置在房间中间,沿墙设置书架。当并置多个研究室时,至少在其中一个配备多媒体数字设备。

(3) 研究专席:研究人员在某一时期预定专用于研究资料,可在紧邻专席或对面设一矮屏风确保隐私。如在基本书库内设专席时,应布置在窗边及其他干扰少的位置。

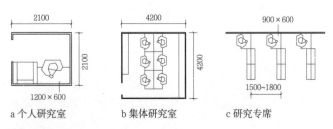

a 个人研究室   b 集体研究室   c 研究专席

1 研究空间分类示意图

公共活动空间

1. 大中型高校图书馆应布置多功能厅和展览区。满足学术报告、演讲、会议、文艺会演等用途。

2. 当代高校图书馆常增设生活服务空间,提供简餐、饮料等服务。

我国部分高校图书馆概况 表3

馆名	建设时间	建设规模(m²)	层数	藏书量(万册)	阅览座数量	层高(m)	柱距(m)	阅览形式
东北大学图书馆	1984	15960	4	150	1710	3.8	5×6	闭架
复旦大学图书馆	1985	13180	3	200	1260	3.9	5	闭架
深圳大学图书馆	1986	23370	4	120	2400	4.0	7×8	开架
西北大学图书馆	1989	15161	4	180	1360	4.2	7.5	闭架
北京农业大学图书馆	1990	12115	4	160	1200	3.9	6.6	开架
北京交通大学图书馆	1993	12065	7	120	1200	3.9	10.2	开架
海南大学图书馆	1997	33106	5	208	3704	4.0	7.5	开架
南京师范大学敬文图书馆	2001	20480	6	100	3733	4.5	7.5	开架
北京林业大学新图书馆	2003	24345	5	100	3000	4.5	6	开架
浙江大学紫金港图书信息中心	2003	23100	5	80	1750	4.8	7.5	开架
北京大学图书馆新馆	2005	52878	4	600	4800	4.5	7.5	开架
东南大学九龙湖校区李文正图书馆	2006	52878	5	600	4800	4.5	7.5	开架
福州大学旗山校区图书馆	2006	35396	5	120	35000	4.5	7.5	开架
南京工业大学浦口校区图书馆	2006	36000	6	100	2600	4.5	8	开架
华南理工大学大学城校区图书馆	2006	42139	9	160	5000	4.2	8	开架
同济大学嘉定校区图书馆	2008	31600	12	150	5763	4.8	8	开架
重庆大学虎溪校区图书馆	2009	34351	15	60	600	4.2	8	开架
南京大学杜厦图书馆	2009	53000	5	300	5196	4.5	8.4	开架
澳门大学横琴校区图书馆	2010	33000	7	60	3000	8.4	5.4	开架
清华大学人文社科图书馆	2011	20000	7	120	1000	4.4	7.5	开架
河南科技学院新图书馆	2011	30180	12	260	4200	3.9	10.2	开架
贵州大学花溪校区图书馆	2012	59539	12	180	8000	4.5	8.4	开架

图书馆［41］高等院校

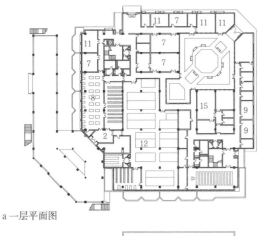

a 一层平面图

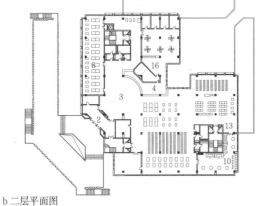

b 二层平面图

1 展览
2 门厅
3 检索
4 出纳
5 多功能厅
6 会议
7 办公
8 阅览室
9 研究室
10 休息室
11 机房
12 书库
13 语音室
14 文献资源
15 电子阅览
16 编目

c 三层平面图

d 剖面图

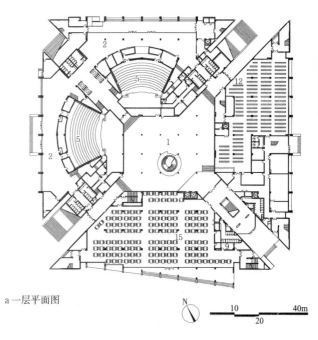

a 一层平面图

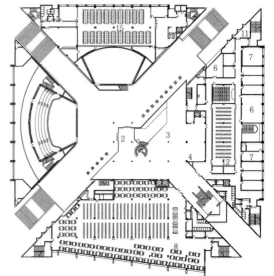

b 二层平面图

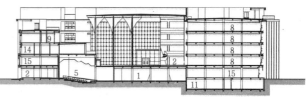

c 剖面图

1 北京农业大学图书馆

名称	主要技术指标	设计时间	设计单位
北京农业大学图书馆	建筑面积12115m²	1990	北京市建筑设计研究院有限公司

该图书馆位于校门内北侧，处于教学科研区中心。建筑设计中采用国外现代图书馆建筑常用的模数式设计方法，各层尽量少设置内隔墙，形成大面积空间，可以分区段安排不同功能使用，从而具有很大的灵活性。该馆建筑平面布置紧凑，使用面积所占比例较高，路线清晰

2 福州大学旗山校区图书馆

名称	主要技术指标	设计时间	设计单位
福州大学旗山校区图书馆	建筑面积35396m²	2006	华南理工大学建筑设计研究院

福州大学旗山校区图书馆位于新校区的核心地带，为校园各个主要建筑物所环绕，与周围的广场、水面等共同构成学校的文化精神场所。规划上考虑了使用人流联系的便利性，通过二层平台接纳多个方向的人流，形成内聚式开放空间。充分尊重地形的特殊性，使建筑与地块景观融于一体

高等院校 [42] 图书馆

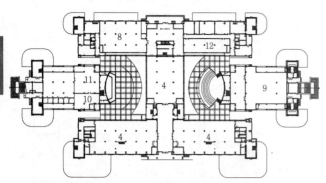

a 一层平面图

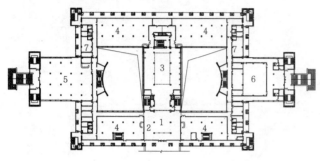

b 二层平面图

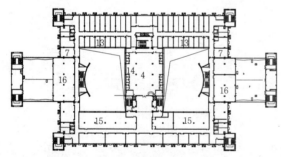

c 五层平面图

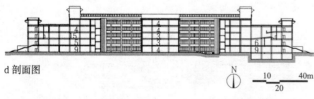

d 剖面图

1 门厅　2 出纳　3 检索　4 阅览室　5 电子阅览　6 多功能厅
7 办公　8 自习室　9 展览　10 书店　11 休息茶座　12 采编办公
13 书库　14 研究室　15 多媒体　16 图书管理

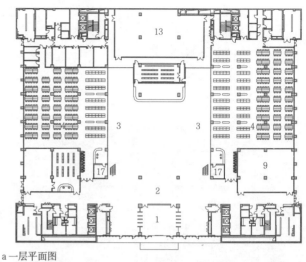

a 一层平面图

b 三层平面图

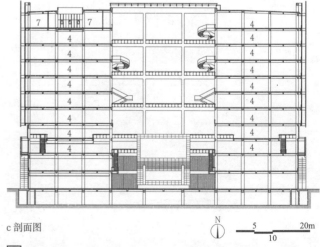

c 剖面图

1 东南大学九龙湖校区李文正图书馆

名称	主要技术指标	设计时间	设计单位
东南大学九龙湖校区李文正图书馆	建筑面积 53828m²	2006	东南大学建筑设计研究院有限公司

东南大学九龙湖校区李文正图书馆位于东南大学九龙湖校区中央中心圆环北侧，南为校区中心广场，各院系群及公共教学组团分布在四周，对图书馆形成围合，结合环绕的水系和宽敞的中央大道，使图书馆成为整个新校区的中心。建筑为5层高，高度为24m。图书馆采用南北、东西双向中轴对称的布置形式

2 贵州大学花溪校区图书馆

名称	主要技术指标	设计时间	设计单位
贵州大学花溪校区图书馆	建筑面积 59539m²	2012	同济大学建筑设计研究院（集团）有限公司

贵州大学花溪校区图书馆位于新校区的校园主轴上，西侧临近校内绿化山体，东侧为校园礼仪入口，面向城市干道，承担着塑造校园形象的重任；设计中体现出贵州大学的地域特色与历史传统，塑造了文化底蕴深厚的大学建筑。图书馆地上10层，地下1层，建筑高度53.2m。藏书量180万册，阅览座位数9000个

概述

活动中心，又称师生活动用房，是高等院校师生活动、交流的场所，可分为学生活动中心、教工活动中心和师生活动中心。

会堂作为学校重要的集会场所，常与活动中心合建。会堂的最大建设规模应控制在建筑面积6000m²以内，座位数宜控制在800~1500座之间。会堂的建筑标准可参照剧场的设计规范（5000人规模的高校参照丙级、10000人规模的高校参照乙级、20000人规模的高校参照甲级，但前厅、休息厅、侧台等标准均有所降低）。建筑面积指标（K值）可按0.8计算。

师生活动中心建筑面积指标（单位：m²/生）　　　表1

办学规模	1000	2000	3000	5000	8000	10000	20000
指标	0.60	0.50	0.45	0.40	0.37	0.35	0.30

注：1. 办学规模为在校生人数；1000人指标用于体育、艺术高职高专院校。
2. 表中数据为建议值。

会堂建筑面积指标（单位：m²/生）　　　表2

办学规模	≤3000	5000	8000	10000	20000
指标	0.60	0.50	0.45	0.40	0.30

注：1. 办学规模为在校生人数。
2. 办学规模小于3000人时，生均标准采用0.6m²。
3. 20000人以上办学规模高校的会堂建筑面积不大于6000m²。
4. 表中数据为建议值。

选址

根据不同使用人群，活动中心的位置会有所不同。

学生活动中心属于学生生活区，位置选择较灵活，一般选址于交通便利的区域，方便学生使用。具体而言可选址于以下区域：

1. 生活区内部，可靠近食堂或学生宿舍；
2. 教学区外围，可靠近图书馆；
3. 教学区和生活区之间；
4. 根据校园特点独立选址，如校园入口附近、人流集散点、校园风景区或者文体活动区等。

教工活动中心一般靠近教职工生活区。

师生活动中心一般位于学生生活区的外围，方便对外使用。

功能构成

活动中心的功能可概括为：文体活动的场所，学生交流及师生交流的平台，学生自我展示的舞台，勤工助学、自主创业的渠道，学习与训练的基地。

学生活动中心内通常包括多项组成内容，一般可分为办公用房、文化娱乐用房，并可同会堂、多功能室相组合。

教工活动中心可参考小型文化馆。

师生活动中心一般以学生活动为主，考虑到教职工活动一般和学生活动是错时进行的，为节约资源，活动用房可师生兼用。

功能构成表　　　表3

名称		主要功能
办公用房		学生会、研究生会、团委会、科技服务中心以及信息服务中心、心理咨询、帮困助学、勤工助学、就业指导中心等
活动及管理用房	一般社团活动室	文学社、书法社、摄影社、美术社、学生报社等
	文学社团排练室	民乐、管弦乐、军乐、声乐、舞蹈等
	群众性活动室	学生组织或个人举办的展览、讨论、讲座、联谊等活动用房
	娱乐活动室	棋牌、台球、电子游戏等
	健身用房	小型健身房、武术房、瑜伽房、体操房等
会堂		一般设置较为专业舞台，可进行大型演出的场所
多功能室		舞厅、展览、联欢、集会或排练等较大活动的场所
其他可组合用房	广播站	广播站
	服务用房	书店、百货、邮局、银行、理发、复印、修理等
	小型餐饮用房	快餐店、咖啡厅、茶室

组合方式

活动中心具有综合性和多用性的特点，内部空间组织一方面需要考虑不同功能用房的相对独立，动、静分区；另一方面需要充分考虑使用的灵活性，方便统筹安排、资源共享，如开放空间的合理布置，可叠加、可错时使用的功能房间的合理组合，可灵活分隔空间的布置等。

当会堂与活动中心合建时，与其他功能的组合有以下几种方式。

1. 集中式：以会堂为中心集中布置；
2. 串联式：会堂与其他用房通过走廊等线性空间串联；
3. 院落围合式：会堂与各类空间相对围合。

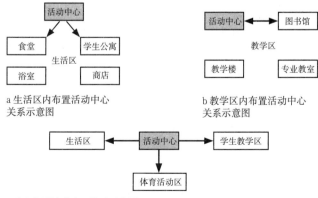

1 活动中心选址示意图

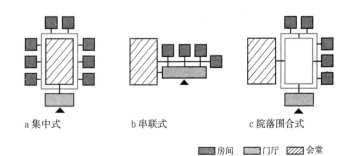

2 会堂与其他功能组合方式示意图

高等院校 [44] 活动中心

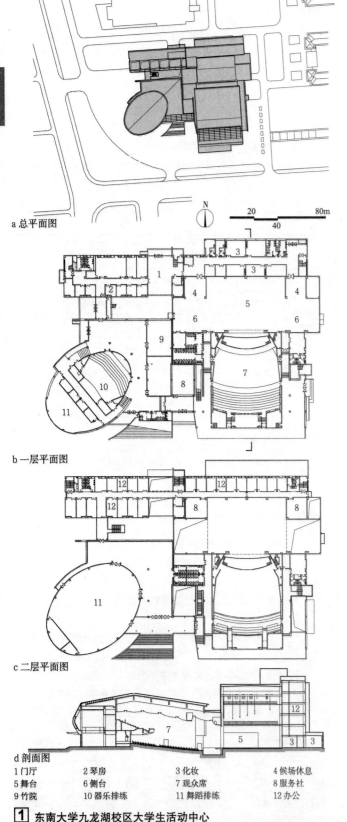

a 总平面图
b 一层平面图
c 二层平面图
d 剖面图

1 门厅　　2 琴房　　3 化妆　　4 候场休息
5 舞台　　6 侧台　　7 观众席　　8 服务社
9 竹院　　10 器乐排练　　11 舞蹈排练　　12 办公

1 东南大学九龙湖校区大学生活动中心

名称	主要技术指标	设计时间	设计单位
东南大学九龙湖校区大学生活动中心	建筑面积 16700m²	2006	东南大学建筑设计研究院有限公司

由6层的主楼和2个大空间体量组成，分为3个相对独立的功能区域：学生服务与自我管理区，包括团委、学生会、就业指导中心；多功能文娱活动区，包括900m²多功能厅、舞台排练厅、演讲厅；1200座礼堂

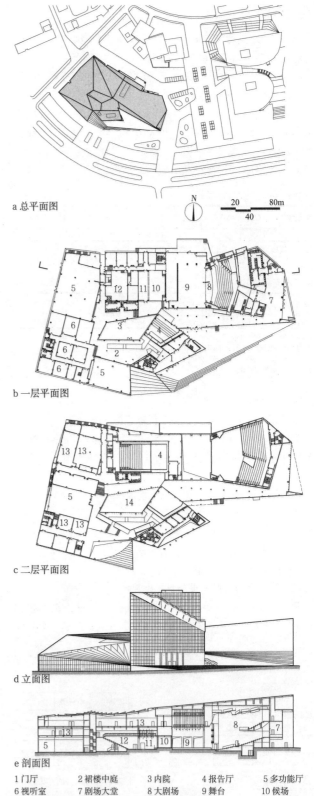

a 总平面图
b 一层平面图
c 二层平面图
d 立面图
e 剖面图

1 门厅　　2 裙楼中庭　　3 内院　　4 报告厅　　5 多功能厅
6 视听室　　7 剧场大堂　　8 大剧场　　9 舞台　　10 候场
11 小剧场舞台　　12 小剧场　　13 活动室　　14 内院上空

2 南京大学仙林国际化校区大学生活动中心

名称	主要技术指标	设计时间	设计单位
南京大学仙林国际化校区大学生活动中心	建筑面积 17150m²	2008	南京大学建筑规划设计研究院、Preston Scott Cohen.Inc

塔楼10层，裙房1~2层自由布局并围合出内院。裙房内报告厅人数1125座，另设有294座的小剧场、107座的科技报告厅，以及不同规模的多功能厅。塔楼内主要为各类办公用房

活动中心 [45] 高等院校

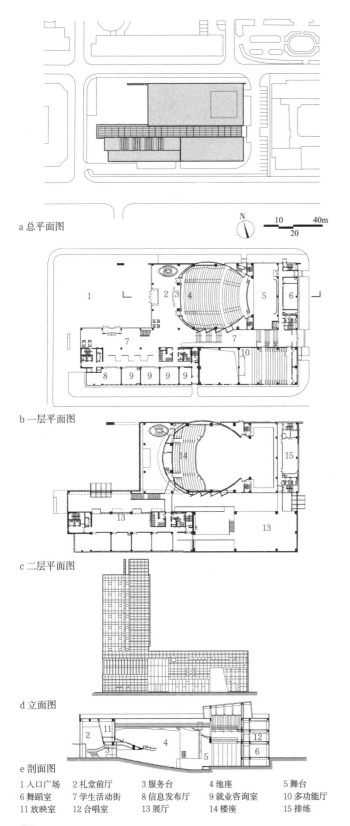
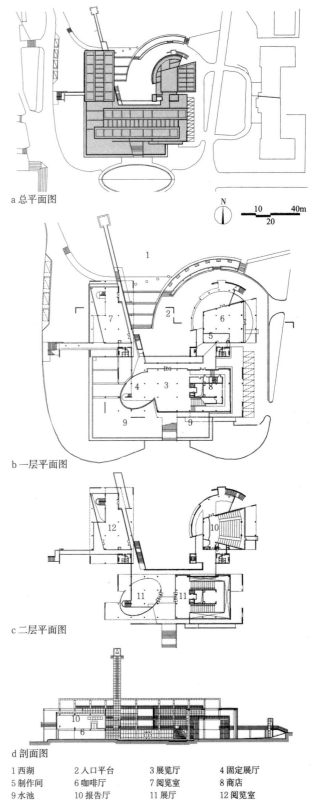

a 总平面图　　　　b 一层平面图　　　　c 二层平面图　　　　d 立面图　　　　e 剖面图

1 入口广场　　　2 礼堂前厅　　　3 服务台　　　4 池座　　　5 舞台
6 舞蹈室　　　　7 学生活动街　　8 信息发布厅　9 就业咨询室　10 多功能厅
11 放映室　　　 12 合唱室　　　 13 展厅　　　14 楼座　　　15 排练

1 兰州大学大学生活动中心

名称	主要技术指标	设计时间	设计单位
兰州大学大学生活动中心	建筑面积 14400m²	2010	同济大学建筑设计研究院（集团）有限公司

10层的塔楼和2层的裙房通过一条室内的学生街与会堂相连。会堂为1400座。裙房内另设有能容纳360人的多功能厅以及开放式展厅等大空间。塔楼内的功能包括就业指导、文体兴趣活动用房、各类社团办公用房等

a 总平面图　　　b 一层平面图　　　c 二层平面图　　　d 剖面图

1 西湖　　　2 入口平台　　　3 展览厅　　　4 固定展厅
5 制作间　　6 咖啡厅　　　　7 阅览室　　　8 商店
9 水池　　　10 报告厅　　　 11 展厅　　　12 阅览室

2 华南理工大学逸夫人文馆

名称	主要技术指标	设计时间	设计单位
华南理工大学逸夫人文馆	建筑面积 6398m²	2003	华南理工大学建筑设计研究院

展厅、阅览室和报告厅3个主要的功能分别布置在场地的东、南、北3个方位，以开敞式的连廊把3个组成部分融合在一起，并与北侧湖面呼应。体量为3~4层。报告厅为222座

高等院校 [46] 活动中心

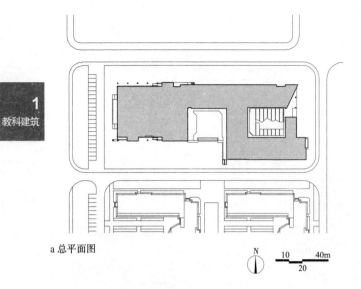

a 总平面图

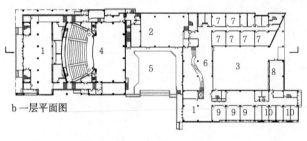

b 一层平面图

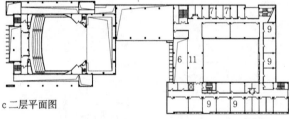

c 二层平面图

d 立面图

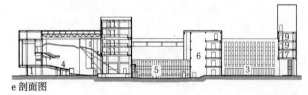

e 剖面图

1 门厅	2 休息厅	3 内院	4 剧场
5 下沉广场	6 休息厅	7 班级活动室	8 实习中心
9 办公室	10 项目室	11 天桥	

1 天津工业大学大学生活动中心

名称	主要技术指标	设计时间	设计单位
天津工业大学大学生活动中心	建筑面积 15377.64m²	2010	天津大学建筑设计研究总院

建筑根据功能划分为两大分区：A区——综合办公、活动区，包括各类学生活动室及团委、学生处、学生会等相关管理、办公用房；B区——大礼堂：可容纳1123人同时观演，舞台以及观众厅的设计能充分满足会议、歌舞、话剧、电影等多种观演需要

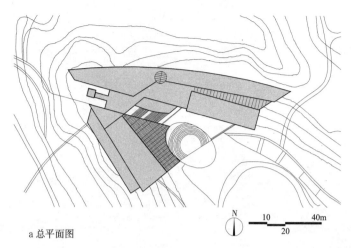

a 总平面图

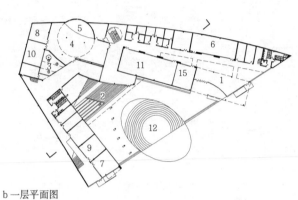

b 一层平面图

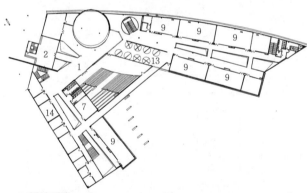

c 二层平面图

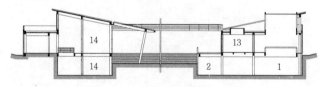

d 剖面图

1 门厅	2 休息厅	3 内院	4 多功能厅	5 舞台
6 合唱室	7 会议室	8 化妆室	9 社团活动室	10 贵宾接待室
11 舞蹈排练室	12 室外滨水剧场	13 展览厅	14 管理	15 民乐

2 南京审计大学学生活动中心

名称	主要技术指标	设计时间	设计单位
南京审计大学学生活动中心	建筑面积 5497m²	2006	华南理工大学建筑设计研究院

由两大空间体量结合山地地形围绕室外剧场组成。两侧建筑通过公共大厅相连接，北侧主体建筑设有多功能厅、展厅、音乐舞蹈排练房、书吧、大活动室，西侧建筑由社团办公室、大学生创业中心、会议室、管理用房组成

选址

高校食堂一般布置于生活区中，宜布置在学生宿舍与教学区之间。选址应尽量处于下风向或非主导风向干扰线上，并考虑室外绿化空间设计。国外的大学多在教学区内设置食堂，或独立设置，或结合教学楼或图书馆建筑设置小型餐饮服务中心，提供速食餐点。

基本功能空间

1. 餐厅：窗口式餐厅、自选式餐厅、点菜式餐厅等。
2. 厨房：主副食加工间、主副食品库、餐具库、冷库、操作间、备餐间、洗碗消毒、垃圾收集处理间、煤气闸房等。
3. 附属用房：办公室、更衣室、休息室、卫生间等。
4. 综合经营：超市、活动中心、洗浴中心、洗衣房等。

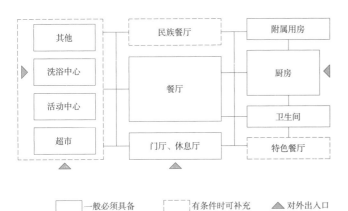

□ 一般必须具备　▭ 有条件时可补充　▲ 对外出入口

[1] 功能构成示意图

基本指标

高校食堂应相对集中建设，建筑面积指标详见校舍建筑面积指标食堂部分。学生食堂中，回族等少数民族的民族餐厅按就餐人数，其生均建筑面积指标在标准基础上增加$0.5m^2$/生。学生食堂用餐人数一般以5000人左右为宜。

全国部分高校食堂概况　　　　　　　　　　　　　　　　　表1

食堂名称	建成时间(年)	建筑面积(m^2)	地上(下)层数	厨房比例	就餐比例	辅助用房比例	综合经营比例	层高(m)	就餐人数	柱距(m)
清华大学西区食堂	2001	13250	3(1)	15.9%	35.9%	32.1%	16.1%	5.1	3400	8
浙江大学紫金港校区学生食堂	2002	26800	3(1)	26.4%	32.9%	1.7%	1.3%	5.4	10000	8
上海工程技术大学学生食堂	2005	5938	2(0)	27.6%	27.4%	4.4%	0	4.8	1564	7.2
上海海事大学学生食堂	2007	4283	2(1)	25.6%	36.4%	5.3%	0	4.8	1130	7.2
东华理工大学南昌校区食堂	2008	11280	4(0)	13.2%	25.5%	3.2%	9.2%	4.8	2800	8
东华理工大学教工食堂	2009	7000	4(0)	22.0%	15.8%	1.0%	0.2%	4.8	1092	8
江苏警官学院浦口校区食堂	2010	14522	3(1)	19.8%	28.2%	5.1%	1.0%	4.5	3308	8
上海大学东校区食堂	2011	5535	3(0)	27.5%	29.7%	6.8%	3.2%	4.5	1112	8

设计要点

1. 就餐时段集中：高校食堂通常有较为固定的就餐时间，有明显的高峰时段。每个就餐者就餐时间较短，餐台重复使用率高。

2. 就餐方式多元综合，包括窗口式、自选式、点菜式等。多样选择以符合各地域、各民族不同饮食习惯的需求。

（1）窗口式：通常由备餐间、窗口和就餐区组成。公共大空间采用统一规格的餐桌餐椅，以解决大量学生的用餐问题。另外应采用"现做现卖"的就餐形式，厨房、操作间、备餐间和售餐间综合为制售间。此方式应满足消防要求。

（2）自选式：由窗口式演变，就餐者自由选择饭菜，统一至收银台付费。有别于自助餐厅，常见于国外高校。通常用收银台分隔管理自选区与就餐区。

（3）点菜式：有专门的服务人员提供服务，就餐者到达餐厅就座，由服务员点菜送菜并收拾残余，通常包括茶餐厅、西餐厅等。

3. 高校食堂除餐饮基本功能外，还应考虑学生交往与交流的场所。

4. 当代高校食堂已经融入浴室、理发、超市及学生活动中心等功能，改变了单一的功能格局。

5. 教工就餐区一般可综合于学生食堂中。

高校食堂就餐方式　　　　　　　　　　　　　　　　　表2

窗口式		自选式	点菜式
普通式	风味餐厅		
厨房	厨房	厨房	厨房
售卖	售卖	售卖	售卖
就餐	就餐	就餐	就餐

高校食堂的多功能性　　　　　　　　　　　　　　　　　表3

高校综合餐饮服务中心	特色餐厅			综合经营							
	自助餐厅	风味餐厅	宴会	糕点	酒吧	咖啡	超市	书店	理发	银行	洗浴中心	活动中心
清华大学西区饮食广场	●				●	●		●				
哈尔滨工业大学学府食堂	●	●										●
北京大学农园餐饮服务中心		●	●				●					
哈尔滨医科大学饮食服务中心				●			●	●				
北京交通大学学生一食堂				●	●							
重庆大学A区餐饮服务中心		●			●	●						
重庆大学B区学生餐厅	●		●	●		●						
重庆师范大学学生二食堂	●					●						●
暨南大学珠海学院餐饮活动中心	●											●
黑龙江大学B区服务中心		●										●
浙江大学紫金港校区食堂							●	●	●	●		
山东大学学生综合服务楼							●		●	●	●	

注：● 表示该食堂配置此项功能。

高等院校 [48] 食堂

1 教科建筑

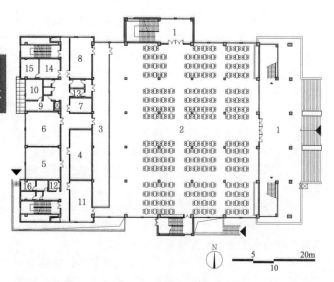

1 平台	2 餐厅	3 备餐区	4 精加工	5 蒸煮间	6 烹饪间	7 冷餐区
8 风味餐厅	9 保洁室	10 餐具库	11 洗碗间	12 杂物间	13 更衣室	14 办公室
15 值班室	16 卫生间					

1 东华理工大学南昌校区南区学生食堂二层平面图

名称	主要技术指标	设计时间	设计单位
东华理工大学南昌校区南区学生食堂	建筑面积11280m²	2003	东南大学建筑设计研究院有限公司

该食堂位于东华理工大学南昌校区校园西南角的学生生活区，设计为主体4层的多层综合楼。在功能布局上，一层为厨房粗加工（西区）和食品超市（东区）；二层、三层为学生食堂；四层为综合运动场地，提供学生日常活动的场所

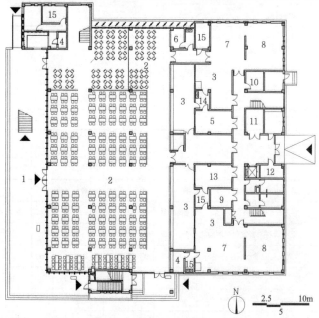

1 平台	2 餐厅	3 备餐区	4 熟食间	5 蒸煮间	6 冷餐区	7 精加工
8 粗加工	9 主食库	10 副食库	11 冷冻库	12 调味库	13 面点间	14 更衣室
15 卫生间						

2 上海海事大学临港校区学生食堂一层平面图

名称	主要技术指标	设计时间	设计单位
上海海事大学临港校区学生食堂	建筑面积4202m²	2005	同济大学建筑设计研究院（集团）有限公司

该食堂位于校区西北部。就餐总座位数为1130座，定位为二级食堂。南靠公共教学区，西靠校医院，东北面为产学研用房预留用地，处于北入口的东侧。主要为学校北区的学生提供就餐服务，同时又可以兼顾校外人员就餐的需要

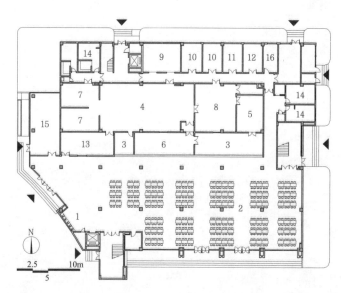

1 门厅	2 餐厅	3 冷餐区	4 操作区	5 蒸煮间	6 备餐区
7 加工间	8 面点间	9 冷库	10 主食库	11 副食库	12 调味库
13 洗碗间	14 更衣室	15 超市	16 办公室		

3 上海大学宝山校区食堂一层平面图

名称	主要技术指标	设计时间	设计单位
上海大学宝山校区食堂	建筑面积5535m²	2011	华南理工大学建筑设计研究院

该食堂位于上海大学宝山校区校前区，设计为主体4层的多层综合楼。设计中营造采光中庭、空中花园等特色空间，提升师生就餐环境的空间品质，利用屋顶棚架结合建筑造型来减弱太阳辐射，有效降低建筑能耗

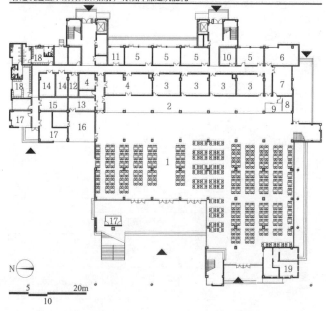

1 餐厅	2 备餐区	3 操作间	4 面点间	5 粗加工间	6 蒸煮间	7 西点烘烤
8 冷餐区	9 西点出售间	10 主食库	11 面粉库	12 调味库	13 餐具库
14 冷库	15 家具库	16 洗碗间	17 办公室	18 更衣室	19 卫生间

4 上海工程技术大学松江校区学生食堂一层平面图

名称	主要技术指标	设计时间	设计单位
上海工程技术大学松江校区学生食堂	建筑面积5938m²	2005	同济大学建筑设计研究院（集团）有限公司

该食堂位于校区教学组团东南部。就餐区域临近教学楼出入口，厨房加工区域按单元式厨房布置。二层设置教师餐厅和小包房若干，学生餐厅与教师餐厅相对独立。总共可容纳1564人同时就餐

概述

1. 定义：职业教育院校是从事职业教育的机构，注重培养学生实际动手能力。职业教育院校包含教育部门管理的职业教育院校与人社部门管理的技工学校。

2. 专业理论教学与实训教学一体化是职业教育的主要特征，理论与实训的教学比例按照专业特点分别考虑，满足实训教学任务是规划设计的重点。

3. 职业技术学院可分为综合类、师范类、工业类、农林类、医药类、财经类、政法类、外语类、管理类、体育类、艺术类等。

4. 中等职业学校可按农业、制造业、服务业进行分类。校舍用房包括教室、图书馆、风雨操场、教学行政用房、学生宿舍、食堂、教师公寓及附属用房。

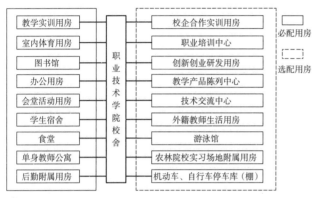

1 校舍用房项目构成图

职业教育院校的办学层次　　表1

职业教育院校	中等职业学校、职业高中	高中学历
	职业技术学院	现阶段为大专学历教育
技工学校	省一类技工学校	培养三个层次： 中级技工（高中学历） 高级技工 预备技师（大专学历）
	省重点技工学校	
	国家重点技工学校	
	高级技工学校	
	技师学院	

职业教育院校的选址　　表2

选址原则	具体内容
均衡布局	紧扣产业优势布局教育资源，把握区域平衡的原则布置职业教育资源
统筹考虑	与城市规划统筹考虑，通过开拓新校区推进城市化，促进城市空间优化
用地要求	自然条件良好，原有的水系、文物、地貌及生态环境保护用地应加以考虑

各主要功能组成定义及简介　　表3

功能组成	定义与简介
公共教学行政	承担各院系公共教学课程的场所，包括公共教学楼、公共实验楼、图书馆、校行政楼、礼堂、报告厅。随着教育理念的进步，出现了展览馆、博物馆、计算机中心、视听中心等功能用房
实训教学	实训教学根据专业不同，应包含专业理论教学楼、专业技能教学楼、理实一体化教学楼、系行政楼、训练馆、技能鉴定中心
学生生活	学生课余休息、就寝、娱乐的主要场所，包括学生宿舍、公寓、学生活动中心、学生食堂、浴室、商店、银行等生活设施及部分户外活动场地
体育运动	进行体育教学及学生课余锻炼的主要场所，体育类院校的实训场地，包括体育馆、体育场地有田径场、篮球场、排球场、网球场、室外器械场地、游泳池；体育馆包括综合训练馆、游泳馆、风雨操场
创新创业及科技产业	引入企业投资形成校企合作的校办工厂，形成一个相对独立、完善的区域。包括校办企业、校企共建实训中心、科技创新基地、创业孵化平台等
后勤服务	为教学、科研及师生生活提供服务保障功能区，包括车库、医院、招待所（技术交流中心）、邮局、后勤综合管理机构、水、热、电及各种特殊气体供应、三废处理、仓库、停车场库、人防设施
教工生活	是部分青年教师的周转房，包括教工值班用房、短期培训住宿、福利设施及附属用房

功能特点

1. 职业教育院校应根据不同专业需求设置理实一体化实训室。在面积指标控制上将教学实验实训用房视作一类，统称为教学实训用房，包括公共课程教室、专业理论教室、专业技能实训室及教研办公用房。

2. 公共课程、专业理论课程、专业技能课程之间的比例大致为20%、40%、40%。公共教学楼是各系（学院）共用的校舍，专业理论教室由各系（学院）独立使用，专业技能实训室中可按20%比例作为实验室规划（如计算机房、语音室、物理实验室）。

3. 实训用房的规划设计应符合职业教育应变社会的特点，留有余地。应切实考虑不同专业的具体需求，提高设备使用效率。

影响实训区规划设计的主要因素　　表4

技术类别	按技术大类群分为三种组团，做到分类集中、统筹规划、预留发展、应变需求
实训工位	实训工位影响实训单元的设计，根据不同专业确定实训工位，实训单元的设备台套数应满足"训足练够"的要求，以设备单元组合成为专业实训区域
教学模式	不同专业需求影响理论与实训之间的组合形式
区域关系	办学理念影响校企合作区、技能鉴定区、技能培训区的规划及彼此关系

实训区规划设计要点　　表5

校园整体规划	总平面布置要求功能分区明确、布局合理、联系方便、互不干扰
	以5分钟步行距离为半径，形成含有公共教学功能的组团，合理布置生活区、教学区、实训区
	生产性实训应考虑原料及成品的流线、仓储需求、动力电、压缩空气、燃油燃气等问题，宜布置在靠近出入口或主要道路的位置
统筹建设 分类集中	以实训区为规划布局重点，优先考虑工业类实训中心，规划中要考虑资源整合、集中配送、负荷均匀的要求
	按照技术大类群分，技术大类群相同的实训中心形成组团。技术大类不同的实训中心相对独立
	技术应用类实训中心应有对外交流的便利性
	管理服务类专业与技术应用类专业有生产工艺重合的，以技术应用类为规划主体
	创意设计类实训中心可相对独立布置
	相近专业实训室应布局在一起，并尽量形成生产工艺工序上的序列
	充分研究院系、学院、校企合作之间实训专业共享的可能性，节约用地与投资
	荷载大、有污染的实训室应布置在下风向及低层
	工业类实训中心要考虑规划"三站三室"，即压缩空气站、氧乙炔站、维修工具站；耗材室、教材室、安全质量教育室
	根据工学结合、校企共建的要求，预留未来发展用地
	为某个专业的实训中心预先规划一定的场地。对技术应用类（制造业）首层的地资源规划应特别慎重，预留布置重型设备或者特殊精密设备的可能性
创新创业及 科技产业	以实训区为依托，靠近校园边界布置，交通便利，便于分期建设
	考虑适当商业服务配套，与周围科技产业园共同规划
生活区规划	对外培训、职业技能鉴定约占全校教学的30%~50%，应当考虑培训学员的食宿需求
	初中起点的五年制学生宿舍区宜集中规划，食堂也宜分开设置。在少数民族地区应考虑不同饮食习惯的学生食堂
	毕业学年大部分学生外出定岗实习，宿舍面积不宜减小，供培训学员调配使用

部分校舍规划设计要点　　表6

图书馆	按普通高校图书馆面积的90%测算
	荷载、模数、层高统一考虑
	可设置技术交流中心
	考虑藏、借、阅、编四个功能及信息服务中心功能
	适当考虑作为社区图书馆的功能需求
公共教学楼	教学实验实训用房的20%面积为公共教学楼面积
	分区设置时应考虑相应教学组团的基础教学需求
	统一规划，预留发展空间
公共实验楼	按教学的实际需求设置，尽量接近实训组团以共享

职业教育院校 [2] 实训中心

概述

1. 定义：实训中心是实验、实训、实习的场所，是由各种类型的实训室构成的集教学、实训、职业技能鉴定与技术服务为一体的教学机构。实训中心是实训区内的主要校舍，实训区还包括了室外实训场地。

2. 实训中心的分类

按《高等职业学校建设标准》分为11大专业类别：综合类、师范类、工业类、农林类、医药类、财经类、政法类、外语类、管理类、体育类、艺术类。

3. 实训中心可按照技术大类群分为技术应用类实训室、管理服务类实训室、创意设计类实训室三类。技术应用类实训室要求贴近生产技术及工艺质量；管理服务类实训室以实务案例或者流程为主体；创意设计类以审美表现及技法制作为中心。

4. 除了公共教学以外，专业理论课程与专业技能课程都在实训中心内完成。实训中心实训室的表现形式如下。

（1）教学实训：是完成专业理论课程的实训方式。这些实训室表现为普通教室、阶梯教室、多功能室，对于荷载与材料的要求不高。

（2）仿真性实训：模仿实际生产环境，但不生产产品。其实质是将生产流线或工艺按培训需求拆分成若干个实训室，以并联或者串联的方式有序排列。

（3）生产性实训：按照订单要求，生产合格产品。实训室内设置未经教学需求拆分的真实生产设备。同时配备原材料和成品运输、各类工艺工序配套用房。实训室等同于设置在校区内的工厂。通过灵活隔断的教学空间实现理论教学与实训学习在一个大空间中解决。实训室多用于扩展实训。

（4）理论与实践一体化实训：在实训室前端灵活隔断形成教学空间，使得理论教学与实际操作在一个实训室内同步进行。

实训中心功能构成 表1

实训室（实训中心）	应用技术类	包含专业理论教学室、专业技能实训室、理实一体化实训室。如机电、数控、汽车、商贸
	管理服务类	
	创意设计类	
室外实训场	应用技术类	包含仿真性实训场、展示型实训场。如农林、建筑、水利、铁路、民航
	创意设计类	包含展示型实训场、室外工作坊、室外展台。如陶艺、服装、家具

实训中心教育模式分类 表2

教育模式分类	内容	特点	适用
按技术应用领域分类	机械、电子、汽车、自控、管理、艺术等应用类别	便于技术间的交流互助，充分利用资源，避免重复建设，投资大，类别全	规模较大的院校
按学科属性分类	按物理、化学、电子、机械	有利于学科建设和基础教程的建设与改革。职业性较弱，缺乏项目导向	职业学校基础实训
按专业设置分类	按细分专业要求设置	有利于紧贴新技术、新专业，适应性较低	需设新专业时

实训中心的实训场景设计 表3

教学模式	教学设计模式	建筑形式
课程内容导向模式	以满足深层教学内容为依据	以满足荷载和排放的教室为主要形式，应用最为广泛
物质环境模拟模式	模仿企业空间布局的真实场景	校内仿真实训室
项目生产导向模式	按照企业的工作过程模式来组织实训过程	校企共建的生产厂房

功能构成

实训中心功能构成 表4

功能分类	简述
专业技能教学	训练学生实操技能的空间，设计应符合生产工艺流程与教学观摩要求
专业理论教学	可分为固定理论教学与流动理论教学。可单独成室，或者与专业技能教学合并设置
展览展示	教学实训作品、设备模型、教学及科研成果展示。可设于实训区内，也可单独设置
技能鉴定	一般结合实训教学区设置，需考虑视线隔离
资料及贮存	包含实训资料、工具贮存、耗材贮存及危险品贮存

按专业分的实训用房配置表 表5

实训类型	必要的配备
制造类	实训车间、准备室、储藏间、设备间、理论资料室
电子信息类	计算机房、准备室、教研室
农林牧类	作物栽培农用棚、理论教室、教研室
医药卫生类	模拟病房、模拟药房、理论教室、阶梯教室
财经政法管理类	各类仿真实训室、管理用房、储藏间
语言文化类	各类仿真实训室、多媒体教室、阶梯教室
体育艺术类	体育场馆、排练厅、琴房、画室、剧场

设计要点

1. 根据职业教育特点划分技术大类群，确定各专业实训室的类别、数量、技术要求。经分类后再进行总体协调，考虑局部共享功能，统筹建设方案，形成一定的建设规模并留有发展余地。

2. 基础实训室承担多个院系公共实训，用于直接展示及学习基础操作，或者获取实验数据。设计中不宜再拆分，单间实训室即可满足要求，彼此间联系比较松散；应考虑与其他实训组团共享。

3. 技术应用类实训室中技术类别相近且密切联系的实训室要尽量靠近，以方便使用。需要动力电、压缩空气、氧气乙炔与三废处理的实训室应靠近设置，集中供应，集中处理。产生噪声的实训室应远离其他教学实训室区域。要充分考虑设备的技术要求和教学要求的矛盾与统一。单人设备布置数量以20台（套）为好，多人设备可折减，要考虑学生聚集观看、操作、演示的缓冲空间，确保安全。工科制造业类首层应采用大跨度与高层高的空间。

4. 管理服务类实训室以实务、案例、问题、流程为主，不涉及生产产品。以按教学要求分解的仿真类实训室为主，设计与普通教室相近。也有真实的场景模拟，如医护类有其仿真的要求，其中口腔、康复专业亦可对外服务。

5. 创意设计类实训室以表现、审美、技法、制作为中心，既有仿真教学，也有产品生产（如设计工作室）。服装、工业设计、珠宝、动漫、音乐、艺术等专业对跨度、采光、荷载会有特殊要求。也有以工作室为中心组织实训室的布局方式。

6. 各实训区应区分场景，避免学生串岗，便于管理。不同专业实训室应按照职业环境要求尽量模拟真实的生产环境。

7. 要有完善的流线设计，实训室内的人流、物流、车流要符合技术要求，要考虑技能鉴定考试时的功能流线需求。

8. 要营造整体职业环境。公共职业环境应营造现代企业整体观感，局部职业环境应根据各专业实训室的行业实际情况，贴近现代企业环境构建。按技术大类组织不同职业环境，以职业环境营造为核心，整合教育环境要求。

实训室［3］职业教育院校

汽车维修实训室

1. 实训设备的安装应符合有关国家标准和行业标准。
2. 按功能、性质、模块进行区域划分，方便教学。模块间按一定的工序形成流线。
3. 设备之间布局应间隙合理，道路畅通，通风良好。
4. 用电实训设备原则上靠墙摆放，应便于安装线缆、插座。
5. 根据设备摆放位置安装插座及布置线缆；非用电类实训设备可根据实训室场地大小、位置灵活布局。
6. 考虑废气污染排放问题，带运行功能的发动机实训设备应选择靠窗、通风好的地方成排摆列，便于安装废气排放系统；地面考虑排水。
7. 举升机安装位置应考虑地面深度、硬度要求，电路、气路布局应合理，方便车辆进出及停放。

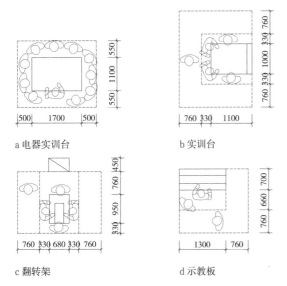

a 电器实训台　　　　b 实训台

c 翻转架　　　　　　d 示教板

① 发动机理实一体化实训室主要设备单项操作空间

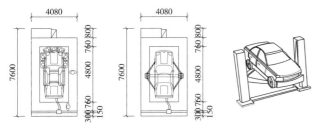

a 剪式举升机实训工位　　b 双柱举升机实训工位　　c 双柱举升机实训工位3D图

② 基于7人的整车实训工位

a 超能电容示教板　　　b 翻转架工具车　　　c 电源转换系统实训台
（1000×600×1610）　（960×640×850）　　（1375×800×1620）

③ 实训台

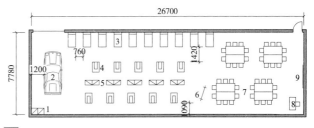

④ 底盘理实一体化实训室

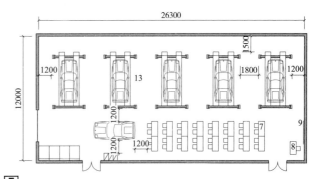

⑤ 整车诊断理实一体化实训室

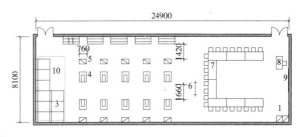

⑥ 发动机理实一体化实训室一

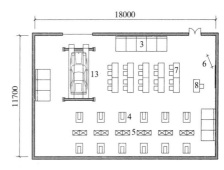

⑦ 发动机理实一体化实训室二

1 洗手池
2 实物解剖车
3 底盘实训台
4 翻转架
5 工具箱
6 移动黑板
7 理论教学桌椅
8 教师机
9 投影幕与黑板
10 闲置设备存放区
11 示教板
12 车身电气实训台
13 双柱举升机实训工位

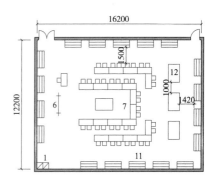

⑧ 车身电器理实一体化实训室

111

职业教育院校 [4] 实训室

医护专业实训室

1. 医护实训用房主要有基础护理操作室、模拟手术室、模拟ICU、急救实训室、心肺复苏室、妇科实训室、产科实训室、儿科实训室、母婴实训室、外科护理实训室、内科护理实训室、无菌技术室、电子仿真病人诊断室、形体训练实训室。

2. 设计中应有合理的总体规划，以医疗护理功能模块划分，注意流线清晰，分区明确。实训室采光充分，色彩柔和。

3. 实训辅助用房一般由护士站、更衣室、准备室、标本室和模型室构成，应与实训用房相结合。护士站一般为开放式布置，作为护理实训空间的开端。更衣室和准备室应布置在每个科室的合理距离内，并方便教师的准备使用。标本室和模型室对空间物理环境的要求较为严格，应布置在北向通风处。

护理实训用房组成   表1

功能用房	用房组成
辅助用房	护士站、更衣室、准备室、标本室、模型室
教学用房	护理示教室、健康评估实训室、医护形态实训室、医护仿真实训室
实践用房	基础护理操作室、急救实训室、妇科护理室、产科实训室、母婴实训室、外科护理实训室、内科护理实训室、无菌技术室、模拟手术室、模拟ICU、心肺复苏室、儿科护理室、电子仿真诊断室、形体训练实训室
附属用房	办公室、交通空间、库房、储藏、模型室等

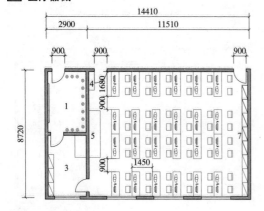

a 治疗车（780×420×860） b 换药车（640×450×800） c 器械柜（900×360×1700）
d 单摇双折病床（2020×900×500） e 平行床（1200×600×750）

1 医疗器械

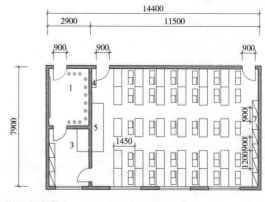

2 无菌操作实训室

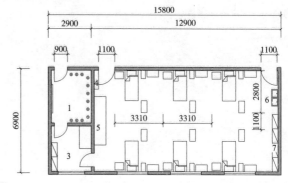

3 急救实训室

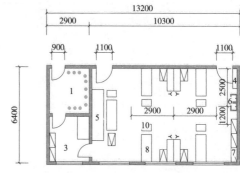

4 妇产科实训室

1 更衣室　　2 医用洗手池　　3 准备室
4 卫生区　　5 讲台　　　　　6 水池
7 器械柜　　8 双轴治疗车　　9 消毒锅
10 治疗车　 11 镜子　　　　　12 栏杆
13 操作台

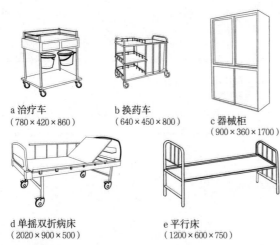

5 内科实训室

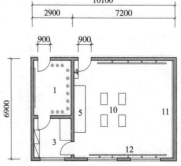

6 形体训练室

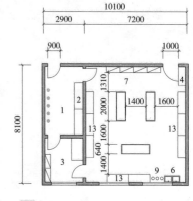

7 外科实训室

服装、自动化、3D导游实训室

1. 服装实训室

服装实训属于创意设计类，采用仿真职业环境的实训室模式，包含"案例认知、产品体验、项目导入"三阶段，设版房、样品间、设计室、大小裁床、大小烫台、电动衣车等实际生产能力的设备设施。服装实训也可以服装设计工作室为核心组建实训室。

2. 自动化实训室

自动化实训为技术应用类，是真实职业环境的实训室模式，以"模块化"与"项目化"进行规划，实训室对荷载、配电、压缩空气、耗材要求较高。要求上轻下重，集中配送。自动化专业实训室投资较大，应规划综合实验实训室。

3. 3D导游实训室

3D导游实训净高应不小于3.3m，主要设备为三通道立体环幕系统，维修通道不小于0.8m，设温度控制与散热措施。控制室应避免阳光直射。学生座位前后分区，前面为观摩区，后面为仿真洽谈区。

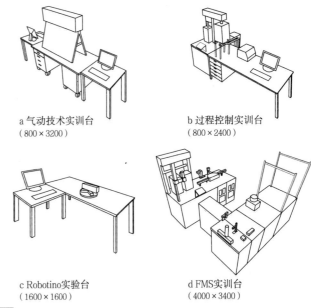

a 气动技术实训台 （800×3200）
b 过程控制实训台 （800×2400）

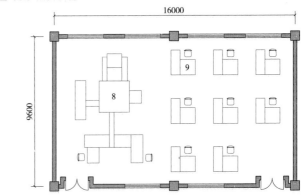

c Robotino实验台 （1600×1600）
d FMS实训台 （4000×3400）

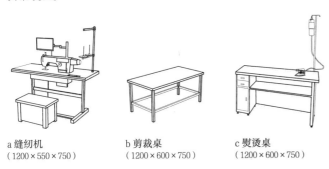

a 缝纫机 （1200×550×750）
b 剪裁桌 （1200×600×750）
c 熨烫桌 （1200×600×750）

[1] 服装实训台

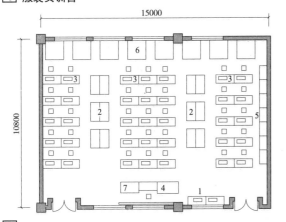

[2] 服装实训室一

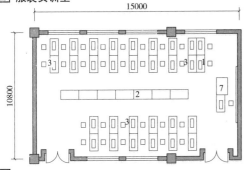

[3] 服装实训室二

[4] 自动化实训台

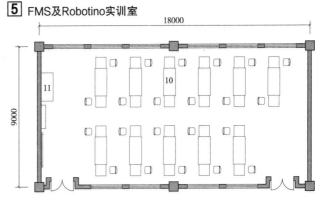

[5] FMS及Robotino实训室

[6] 气动技术实训室

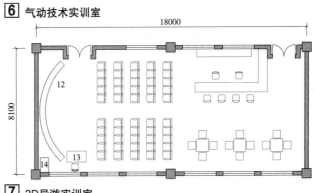

[7] 3D导游实训室

1 四线缝纫机
2 熨烫桌
3 缝纫机
4 一体化桌
5 储物柜
6 裁剪桌
7 多媒体讲台
8 FMS实训台
9 Robotino实训台
10 气动技术实训台
11 讲台
12 金属环形幕布
13 主控台
14 控制台

职业教育院校 [6] 校园总体规划

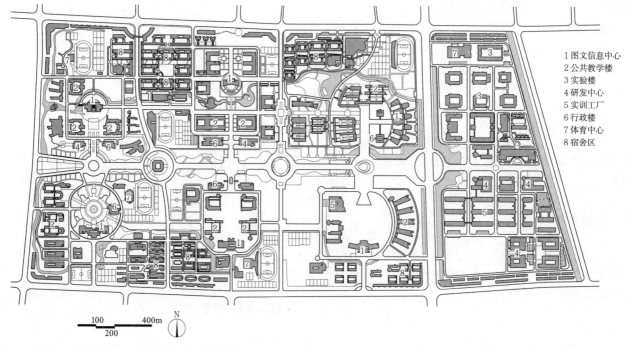

1 图文信息中心
2 公共教学楼
3 实验楼
4 研发中心
5 实训工厂
6 行政楼
7 体育中心
8 宿舍区

1 常州大学城

名称	主要技术指标	设计时间	设计单位	
常州大学城	规划面积3700000m²	2002	上海同济城市规划设计研究院	常州大学城由常州纺织服装职业技术学院（工业学院）、江苏石油化工学院（石油学院）、常州机电职业技术学院（机电学院）和常州信息职业技术学院（信息学院）等6所大学组成

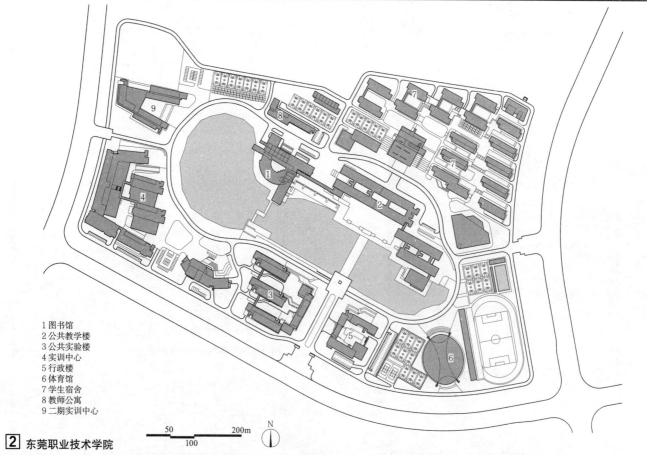

1 图书馆
2 公共教学楼
3 公共实验楼
4 实训中心
5 行政楼
6 体育馆
7 学生宿舍
8 教师公寓
9 二期实训中心

2 东莞职业技术学院

名称	主要技术指标	设计时间	设计单位	
东莞职业技术学院	建筑面积330800m²	2007	华南理工大学建筑设计研究院	东莞职业技术学院规划设计力图建立传承创新、富有特色的校园环境，将建筑地域性、时代性和文化性结合起来。体现了职业学院多学科并存和包容性强的特点，综合教学实验楼、图书馆、工业实训中心以及学生宿舍以校园景观湖为核心，形成空间开阔又相互关联的整体格局

实例［7］职业教育院校

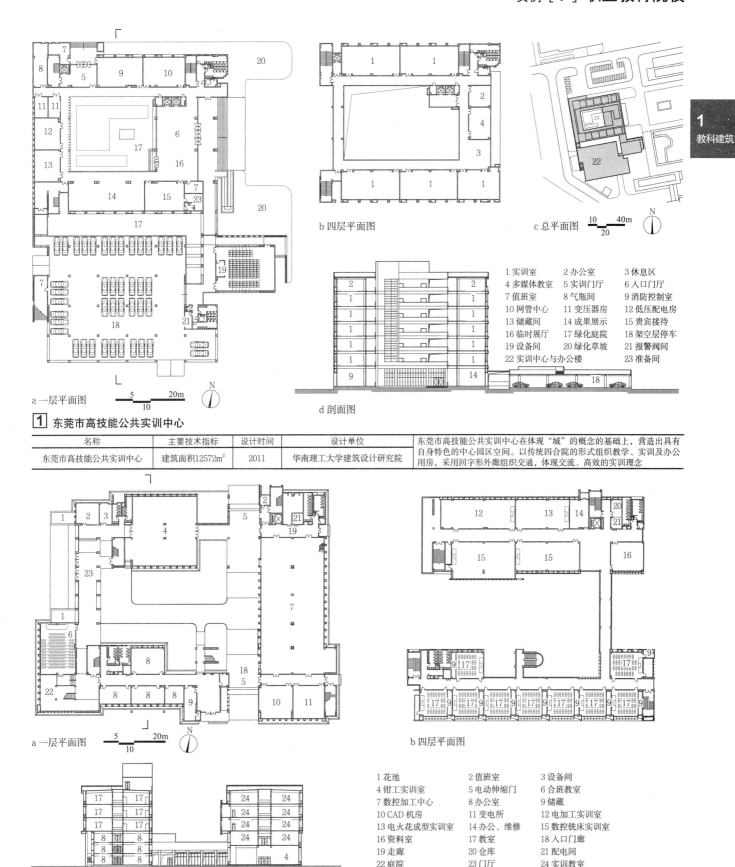

a 一层平面图
b 四层平面图
c 总平面图
d 剖面图

1 实训室　　2 办公室　　3 休息区
4 多媒体教室　5 实训门厅　6 入口门厅
7 值班室　　8 气瓶间　　9 消防控制室
10 网管中心　11 变压器房　12 低压配电房
13 储藏间　　14 成果展示　15 贵宾接待
16 临时展厅　17 绿化庭院　18 架空层停车
19 设备间　　20 绿化草坡　21 报警阀间
22 实训中心与办公楼　　　23 准备间

1 东莞市高技能公共实训中心

名称	主要技术指标	设计时间	设计单位	东莞市高技能公共实训中心在体现"城"的概念的基础上，营造出具有自身特色的中心园区空间。以传统四合院的形式组织教学、实训及办公用房，采用回字形外廊组织交通，体现交流、高效的实训理念
东莞市高技能公共实训中心	建筑面积12572m²	2011	华南理工大学建筑设计研究院	

a 一层平面图
b 四层平面图
c 剖面图

1 花池　　　2 值班室　　3 设备间
4 钳工实训室　5 电动伸缩门　6 合班教室
7 数控加工中心　8 办公室　　9 储藏
10 CAD机房　11 变电所　　12 电加工实训室
13 电火花成型实训室　14 办公、维修　15 数控铣床实训室
16 资料室　　17 教室　　　18 入口门廊
19 走廊　　　20 仓库　　　21 配电间
22 庭院　　　23 门厅　　　24 实训教室

2 东莞市高级技工学校现代制造业院系楼

名称	主要技术指标	设计时间	设计单位	院系楼由大车间实训室、教学一体化实训室、公共教室以及办公室组成，将大车间实训室设置在首层，公共教室与一体化实训室同层布置，体现了多学科交叉的理念
东莞市高级技工学校现代制造业院系楼	建筑面积17539m²	2011	华南理工大学建筑设计研究院	

特殊教育学校 [1] 概述

定义与术语

1. 定义：由政府、企业（事业）组织、社会团体、其他社会组织及公民个人依法举办的专门对残疾儿童、青少年实施特殊教育的机构。

2. 与普通中小学校的区别：普通中小学内设置特殊教育班，采用随班就读的方式安置残疾学生。

3. 基本术语

特殊儿童：分广义与狭义两种理解。广义的特殊儿童是指与正常儿童在各方面有显著差异的各类儿童。狭义上是指身心发展上有各种缺陷的儿童，也就是残疾儿童。本文所指的特殊儿童主要是指狭义上的残疾儿童。

盲校：为视力残疾儿童、青少年实施特殊教育的机构。除与普通学校具有相同的教育任务外，还有补偿视力缺陷、培养生活自理能力和一定的劳动技能的教育任务，为其平等地参与社会竞争创造条件。

聋校：为听力及语言残疾儿童、青少年实施特殊教育的机构。聋校除与普通学校具有相同的教育任务外，还有弥补听觉缺陷，使其身心正常发展的特殊任务。

培智学校：为弱智儿童、青少年实施特殊教育的机构。从智力残疾儿童的特点出发进行教学和训练，补偿其治理无力和适应行为缺陷，将其培养成为能适应社会生活、自食其力的劳动者。

特殊教育学校分类   表1

分类		特点
学前教育		包括3岁以下残疾儿童早期康复、教育
九年义务教育	盲校	以大量随班就读和特教班为主体，以特教学校为骨干，提供多种办学形式，为残疾儿童、少年提供义务教育机会
	聋校	
	培智学校	
	综合学校 全综合学校	同时收治盲、聋、培智三类适龄学生
	部分综合学校	收治盲、聋、培智三类学生中的两类
职业教育		包括普通职教、残疾人职教和特校教育等层次
高级中等以上教育		包括聋人、盲人高中及特校高等院校等
成人教育		包括函授、广播电视、自学考试和远程教学

注：目前社会大量需求、教育部重点建设的特殊教育学校是指九年制义务教育阶段招收盲、聋、培智学生的学校。

功能组织

特殊教育学校与普通中小学相比，除正常教学用房外，还根据需要设置了专门针对残疾儿童康复训练、自理劳动训练、医疗康复评测这几项教学内容相关的专用教室。同时，有条件、有需要的学校，可酌情考虑设置职业训练用房。

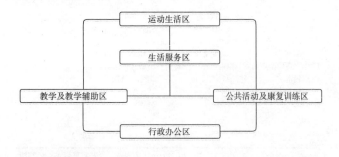

[1] 特殊教育学校功能分区设置图

规划设计要点

1. 根据实际情况，应满足国家普通幼儿园、中小学或高等院校建设有关规定、指标、规范和标准。如教室长边相对或与运动场相对，间距不应小于25m，具体参考中小学及高等学校相关章节。

2. 教学用房与学生宿舍应保证冬至日底窗满日照不小于3h。

3. 学校建筑布局应遵循以下原则：
（1）应紧凑集中、布局合理、分区明确、易于识别；
（2）必须利于安全疏散；
（3）盲校、培智学校校舍的功能分区、体量组合、水平及垂直联系应简洁明晰，流线通畅，严禁采用弧形平面组合；
（4）盲校、培智学校的主要建筑物之间应采用廊道联系。

4. 目前特殊教育学校都有一定的示范、指导作用，应考虑学校具有较强的社会功能，应可以向社区开放，发挥康复、咨询指导作用。

5. 康复训练场地应包括：体能训练场地和盲校定向行走训练场地。场地面积指标应不小于每人4m²，且总面积不小于400m²。

运动场地数量及面积   表2

类型	盲校			聋校			培智学校		
项目	9班	18班	27班	9班	18班	27班	9班	18班	27班
200m环形跑道（片）	1	1	1	1	1	1	1	1	1
篮球场（片）	-	-	-	1	2	3	1	2	3
占地面积（m²）	4628	4628	4628	5186	5744	6302	5186	5744	6302

注：表中数据引自《特殊教育学校建设标准》（建标156-2011）。

平面布局原则

1. 总平面布置要求功能分区明确、布局合理、联系方便、互不干扰。教学区应布置在校园的静区，保证良好的朝向。教学区与活动场地之间既有一定分隔，也要便于联系。

2. 学校内有较多的生活训练、康复训练室，应与普通教室分别设置，实现动静分区。

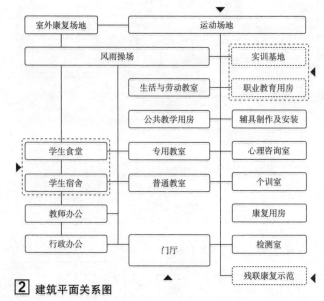

[2] 建筑平面关系图

建筑设计要点

1. 特殊教育学校内最主要的功能空间包括两部分：教学空间与康复空间。其中教学空间主要满足学生日常上课需求，根据功能不同，分为普通教室与专用教室两大类。

2. 普通教室是学生在学校内学习的重要活动空间，主要进行日常课程教学，原则上，每一个班级应有一个专门的普通教室保证正常教学。

3. 根据学生残疾类型的不同，普通教室的设置也有所区别，应有针对性地调整桌椅布局、空间形式、教学方法等细节设计。

4. 特殊教育学校的校舍应尽可能建成低层或多层楼房，其中儿童教学用房应在三层及以下，低年级及培智生教室应尽可能以首层为主。

5. 康复训练的范围包括康复教室及校园内可能的活动场所，如盲生的定向行走训练场地，包括从教室到食堂、宿舍等路线，需统筹考虑。康复教室的设置需紧密结合康复训练行为及康复器材使用的物理、心理需求，并适当考虑医教结合。

6. 办公用房供教学和行政人员办公使用，宜根据特殊教育学校管理工作的需要合理安排，尽可能兼用、合用，同时要适当考虑办公自动化设施所需面积。

7. 学生宿舍单间居室居住人数不宜超过8人，盲校、培智学校全部学生均住单层铺。聋校学生宿舍可布置为上、下铺的双层床，低年级学生住下层铺，高年级学生住上层铺。

8. 盲校宜集中设学生浴室，男女分设，专人管理。

9. 教学用房、宿舍的内走廊净宽度不应小于3000mm，外廊及单面内廊的净宽度不应小于2100mm。

建设用地面积参考指标（单位：m²） 表1

学校类别	学校规模	建设用地面积 I	建设用地面积 II
盲校	9班	13104	15216
盲校	18班	18767	22559
盲校	27班	—	27896
聋校	9班	13542	15526
聋校	18班	18966	22414
聋校	27班	—	39379
培智学校	9班	12338	13761
培智学校	18班	17100	19974
培智学校	27班	—	25670

注：1. 表中数据引自《特殊教育学校建设标准》（建标156-2011）。
2. 根据相关建设标准，各类校舍面积分为必备指标和选配指标，必备指标分为一级指标和二级指标，校园建设用地面积指标分为I类和II类。新建学校应按必备指标加选配指标执行，首期建设指标不应低于必备指标。县级城镇首期建设不应低于一级指标，地(州)以上不应低于二级指标。
本文中所列一级、二级指标，均遵照以上说明。
上表中I类建设用地指标是指满足校舍总建筑面积一级指标加选配指标的建筑用地和其他各项用地之和所需的建设用地面积；II类建设用地指标是指满足校舍总建筑面积二级指标加选配指标的建筑用地和其他各项用地之和所需的建设用地面积。

校舍总建筑面积和班均建筑面积参考指标（单位：m²） 表2

学校类别	项目名称	必备指标 一级指标 9班	必备指标 一级指标 18班	必备指标 二级指标 9班	必备指标 二级指标 18班	必备指标 二级指标 27班	选配指标 9班	选配指标 18班	选配指标 27班
盲校	建筑面积合计	4782	7822	6302	10552	13708	728	1542	2005
盲校	班均面积合计	531	435	700	586	508	81	86	74
聋校	建筑面积合计	4150	6558	5578	9042	12357	1228	2055	3085
聋校	班均面积合计	461	364	620	502	458	136	114	114
培智学校	建筑面积合计	3792	6173	4817	8243	11103	683	1025	1560
培智学校	班均面积合计	421	343	535	458	411	76	57	58

注：表中数据引自《特殊教育学校建设标准》（建标156-2011）。

盲校普通教室

1. 教室分为3个区域，前面为教师授课区，中部为学生学习区，后面为储物区，设储物柜、摆放直观教具等，有条件的可考虑设置洗手池。

2. 盲文课本较大，所用单人课桌的一侧应设储物柜，俗称"一头沉"。桌子前后设高度15mm的格挡，防止物品滑落。

3. 盲校内有相当比例的低视力学生，学生课桌桌面坡度应可调节，并应设放大阅读设备。

4. 室内应有足够的采光条件，并设遮光措施，低视力学生可配备局部照明。

盲校学生的课程设置及相应的教学用房配置 表3

课程设置	空间分类	教学空间名称
思想品德、历史、地理、科学、语文、外语、美工、音乐	教学空间	普通教室；专用教室（语言教室、计算机教室、直观教室、音乐教室、美工教室、实验室等）
	公共教学空间	多功能活动室、图书阅览室（低视力视听阅览室）

盲校教学及教学辅助用房使用面积参考指标（单位：m²/间） 表4

学校类别	必备指标 一级指标 9班	必备指标 一级指标 18班	必备指标 二级指标 9班	必备指标 二级指标 18班	必备指标 二级指标 27班	选配指标 9班	选配指标 18班	选配指标 27班
1.普通教室	4782	7822	6302	10552	13708	—	—	—
2.专用教室小计	627	738	893	1137	1198	137	118	119
语言教室	47	47	61	122	122	—	—	—
计算机教室	44	44	61	122	122	—	—	—
直观教室	88	132	122	183	183	—	—	—
音乐教室	44	88	61	122	122	—	—	—
乐器室	21	21	40	40	40	—	—	—
美工教室及教具室	88	88	122	122	122	—	—	—
实验室	94	94	122	122	122	—	—	—
仪器及准备室	42	42	60	60	60	—	—	—
生活劳动教室	65	88	122	122	122	—	—	—
劳技教室	94	94	122	122	183	—	—	—
地理教室	—	—	—	—	—	61	61	61
小琴房	—	—	—	—	—	76	57	58

注：表中数据引自《特殊教育学校建设标准》（建标156-2011）。

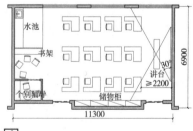

全班听课时，座位应为单座单行排列。低视力学生所用课桌桌面应能翻起，便于近距离阅读或书写。教学时需利用大量教具，矩形教室平面与家具形状、布置及活动方式较容易协调。教室的主入口可考虑设置平开门，防止学生不慎撞伤。

1 盲校学生普通教室示例一

a 全班授课

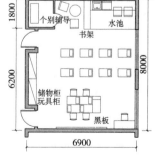

b 分组学习、个别授课

2 盲校学生普通教室示例二

特殊教育学校 [3] 普通教室

聋校普通教室

1. 聋生平时多用手语及口形交流，因此教学课桌多面向教师和黑板，呈圆形布置，课桌面呈梯形，方便拼合，前后长度为500~550mm、600mm；宽度为420mm。
2. 教师授课区需对教师头部作局部照明，得到较高亮度，方便学生看清老师口形，照明灯具应配合座椅布置方式。
3. 教室前墙应设置色彩灯泡，通过亮灯、闪烁等方式传达上课、下课、集合等信息。教室门上应设观察窗。

聋校教学及教学辅助用房使用面积参考指标（单位：m²/间） 表1

学校类别	必备指标					选配指标		
	一级指标		二级指标					
	9班	18班	9班	18班	27班	9班	18班	27班
1.普通教室	360	720	486	972	1458	—	—	—
2.专用教室小计	570	605	777	807	1189	91	91	91
语训教室	18	30	30	60	60	30	30	30
律动教室及辅房	98	98	100	200	200			
美工教室及教具室	68	68	80	80	160			
多媒体教室	47	47	80	80	160			
计算机教室	44	44	61	122	122			
实验室	94	94	122	122	122			
仪器及准备室	42	42	60	60	60			
生活与劳动教室	65	88	122	122	122			
劳技教室	94	94	122	122	183			
职业技术教室	—	—	—	—	—	61	61	61

注：表中数据引自《特殊教育学校建设标准》（建标156-2011）。

a 矩形平面　　　　　　b 不规则平面

桌椅面向教师和黑板呈圆弧形布置，以便互相看清手语和口语；为便于座位布置，课桌面呈梯形。教室后部有较大的活动空间，便于开展各种形式教学活动，这种方式是最普遍的一种平面形式。

[1] 聋校学生普通教室示例

a 全班授课　　　　　　b 分组学习、个别授课

教室规格按照不同学习形态（对全班上课、分组学习、个别指导等）进行不同形式的座位布置。室内应设有书架（柜）、讲桌、教具柜等，还应有存放学生物品的空间。存储柜可以利用上部空间设置吊柜，以便腾出更多的活动教学空间。

[2] "一室多用"的聋校学生普通教室示例

培智学校普通教室

1. 培智学生对噪声敏感、易怒。因此教学房间内噪声等级不宜高于35dB。
2. 低年级培智学生教学以游戏、生活训练为主，教室内空间可灵活布置，并设专门的游戏活动空间，不宜采用过多固定设施。教室应有专门的电教器材及教具存放空间，有条件室内可设洗手池及面镜。
3. 卫生间可与普通教室相邻设置，培养学生自理能力。

培智校教学及教学辅助用房使用面积参考指标（单位：m²/间） 表2

学校类别	必备指标					选配指标		
	一级指标		二级指标					
	9班	18班	9班	18班	27班	9班	18班	27班
1.普通教室	396	792	486	972	1458	—	—	—
2.专用教室小计	291	335	381	564	762	176	237	352
唱游教室	44	44	61	61	122			
心理辅导个训室	12	12	15	15	30			
计算机教室	44	44	61	122	122			
美工教室及教具室	56	56	61	122	122			
家政训练教室	47	47	61	61	122			
语训教室	44	44	61	61	122			
劳技教室	44	88	61	122	122			
律动教室及辅房	—	—	—	—	—	100	100	200
乐器室	—	—	—	—	—	15	15	30
情景室	—	—	—	—	—	61	122	122

注：表中数据引自《特殊教育学校建设标准》（建标156-2011）。

教室内所使用的课桌椅规格，应采用可调整高低的课桌椅，以适应学生需要，尺寸不宜小于1000mm×500mm，布置形式为单桌排列。

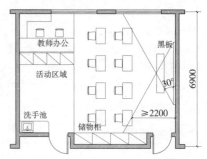

[3] 培智学校学生普通教室示例

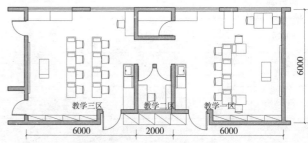

教室按课程和学生的需求分为不同空间，共享安静区（可进行"一对一"教学）和储藏室。这种模式的小组教学或小班教学更有利于学生的学习。

[4] 培智学校学生普通教学空间组合示例

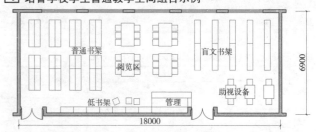

阅览区面积要适当宽裕，要考虑桌椅的多种布置方式，以便进行小组活动。书架的形式分为普通书架和低书架。针对盲学生使用的阅览区要设置独立的阅读区域，包括盲文书架、助视设备等；针对聋学生，应设置电子阅览区。

[5] 图书阅览室示例

专用教室

专用教室是指除普通教室外，根据残疾学生特点有针对性设计的教学功能教室，是特殊教育学校建筑中重要的教学空间。包括计算机教室、音乐教室、美工教室、生活与劳动技能教室等，以及针对不同学校所需设置的如语言教室、语训教室、律动教室、心理疏导个训室等。

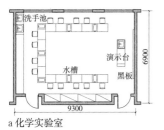
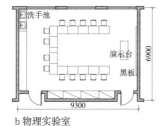

a 化学实验室　　b 物理实验室

化学实验室使用的实验桌规格为0.6m×0.8m，每桌一侧均设有0.6m×0.4m的水池，采用面向黑板呈U字形的布置形式，化学实验室内应有良好的排气措施，并采用硬质、易清洗的硬质地面材料。物理、生物共用实验室桌侧不需设置水池，但在教室后部应设配有2~3个水龙头的水池。

1 化学、物理实验室示例

按照动静不同的手工作业活动形成不同的分区。室内设有存放展示品和模型的展示台；教室内还应沿墙设置大面积的手工操作台，储物柜可以多利用上部的空间设置吊柜，以便有更多室内空间可供教学活动；并配有准备间，准备间内设有水池。

2 美工教室示例

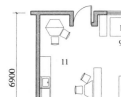

1 书架
2 教师指导区
3 长凳
4 安静区
5 展板
6 轮椅存放
7 准备
8 游戏
9 一对一教学区
10 地垫
11 独立实践区

劳技教室可开展多种教学活动。教室设有多个分区，方便小组活动，诸如3~5人教师指导活动区、一对一教学指导区、独立实践区、小组游戏区和安静区。教室可以直接通向室外，室内、室外的过渡空间设有遮阴的雨篷或爬藤植物，宽度达到2m以上，方便学生进行多种室外活动。

3 劳技教室示例

生活训练教室主要是加强儿童的社会适应能力，有两种布置方式：①完全模拟现实生活的住宅环境，适合少数学生教学；②大空间内布置多个生活房间，适合大班学生人数较多的教学。

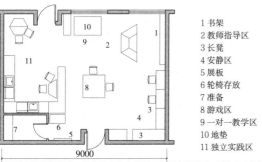

4 生活训练教室示例

语言教室是对盲童进行外语教学的专用教室。盲童所使用的语言学习用桌规格为0.55m×1.7m（双人用），其布置形式与普通中小学相似，面向讲台成行成排布置，出于盲童行动不便的考虑，教室中每个座位旁均应有走道，不允许跨座入位。课桌的前后排距不小于1.2m，桌间走道不小于1m，桌墙间走道不小于0.8m。

5 语言教室示例

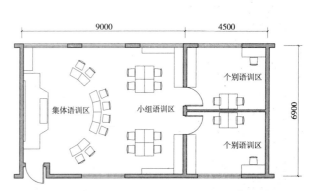

集体语训室可将学生课桌围成半圆形面向教师，通过导线和耳机与主控台相连，以方便教师进行针对性调整。大空间可设置分组教学的小空间，用家具或遮板分隔。语言个训室可在大空间布置，也可单独布置。

6 语训教室示例

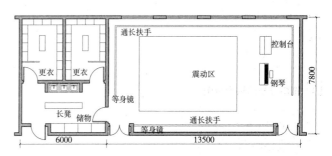

律动课是一至三年级聋生的必修课。通过对聋生的视觉、触觉、震动等感官进行音乐、舞蹈、体操、游戏等内容的学习与训练，发展感知能力，达到整体能力的提高。律动教室应保证足够的面积且有较大进深，以适应多种活动的需要。教室至少一面墙设通长照身镜，镜高不小于2.5m。地板设弹性木地板。

7 律动教室示例

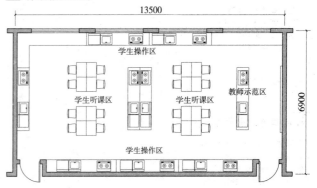

家政室的空间布置宜宽敞，操作台和教师讲解区都应留有足够的回转余地。室内所设置的燃气、电、给排水管道线路宜暗装；室内应有良好的通风及排风措施，室内地面、墙壁、顶棚应采用易清洗、不积灰尘的材料装修。

8 家政教室示例

特殊教育学校 [5] 公共活动及康复用房

公共活动及康复用房

公共活动用房及康复用房使用面积参考指标（单位：m²/间）　表1

学校类别	用房名称	必备指标				选配指标		
		一级指标		二级指标				
		9班	18班	9班	18班	27班	9班	18班	27班
盲校	图书阅览室	166	271	180	300	400	—	—	—
	多功能活动室	120	180	180	240	240	—	—	—
	电教器材室	21	21	30	30	30	—	—	—
	体育康复训练室	56	56	122	183	183	—	—	—
	体育器材室	21	21	30	61	61	—	—	—
	风雨操场	—	—	—	—	—	—	252	252
	心理咨询室	—	—	—	—	—	30	30	30
	视力检测室	—	—	—	—	—	30	30	30
聋校	图书阅览室	79	118	150	270	370	—	—	—
	多功能活动室	120	180	180	240	240	—	—	—
	电教器材室	21	21	30	30	30	—	—	—
	体育康复训练室	56	56	61	122	122	—	—	—
	体育器材室	21	21	30	30	30	—	—	—
	风雨操场	—	—	—	—	—	280	560	840
	心理咨询室	—	—	—	—	—	30	30	30
	听力检测室	—	—	—	—	—	30	30	30
	耳膜制作室	—	—	—	—	—	30	30	30
培智学校	图书阅览室	65	106	90	122	183	—	—	—
	多功能活动室	120	160	180	240	240	—	—	—
	电教器材室	21	21	30	30	30	—	—	—
	体育康复训练室	56	56	61	122	122	—	—	—
	体育器材室	21	21	30	30	30	—	—	—
	感觉统合训练室	122	122	122	122	122	—	—	—
	心理咨询室	—	—	—	—	—	30	30	30

盲道铺设应注意安全性，与教室实墙、柱等突出位置留有一定的安全距离，保证儿童在教学中的安全。对低视力和全盲学生要留出专门的一对一教学空间。

1 个训区　2 集体训练
3 储物柜　4 休息等候

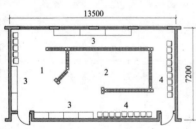

1 定向行走训练室示例

训练室应拥有自然采光、部分遮光和暗室多种光环境。应预留足够的安放和使用各种光学和非光学助视器的空间。

1 视力评估
2 图片模型视训区
3 电子屏幕助视阅读区

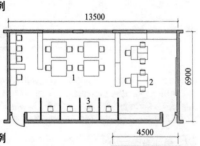

2 视觉康复训练室示例

心理咨询室要求安静隔声、明亮舒适、便于使用。可包括不同功能形式，如个体、团体心理咨询室，也可酌情设置沙盘室、宣泄室等。

1 软包玩具　2 沙池
3 沙盘　　　4 玩具柜

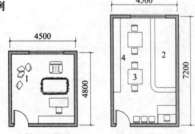

a 个体心理咨询室　　b 沙盘室

3 心理咨询室示例

听力检测室必须有安静的环境，隔声室不开窗，采用浮筑结构、消声通风管道及隔声门等措施，保证隔声效果。房间长度达到6m以保证良好的混响效果。

1 隔声室　2 控制室
3 扬声器　4 耳模制作

4 听力检测室示例

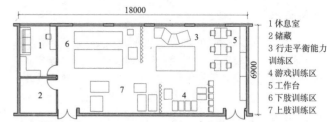

训练室要宽敞明亮，有空调及良好的通风条件，地面要防滑，康复器械应按治疗程序来布局，便于移动。空间布置应能满足一对一教学和小组教学需要。避免有突出物。地面选用木地板，内墙1.2m以下采用软性材料包装。

5 体育康复训练室示例

因智障学生注意力不易集中，稳定性差，所以空间不宜过大。环境宜轻松愉快，色彩亮丽活泼，地面采用木地板或地毯，增加学生安全感，此类房间也可兼作心理辅导室。

6 智力检测室示例

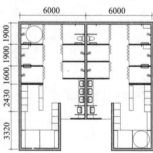

水疗室根据学校规模和要求，有很大差异，由于没有相关标准和规范，目前特殊教育学校水疗室的设计主要是参考医院及康复机构水疗室。本例为小型水疗池。

7 水疗训练室示例

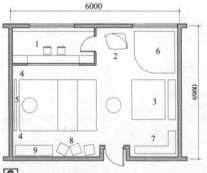

更衣室和淋浴室设在方便轮椅乘坐者到达的地方，其中的设施应进行相应的无障碍设计，要保证更衣室和淋浴室中有足够的轮椅活动空间，并留有可供学生和护理人员同时入浴的空间。

8 无障碍更衣室、淋浴室示例

多感官训练室是透过精心设计的灯光、声音与各式各样精巧的高科技设施，给予学生各种充满触觉、前庭觉、本体觉、视觉、听觉等各种感官刺激。

1 控制室　　6 光振球池
2 豆袋　　　7 触摸墙
3 嗅觉发生器 8 地垫
4 摄像机　　9 波波管
5 电视机

9 多感官功能室示例

1 休息室
2 储藏
3 前庭刺激区
4 游戏训练区
5 弹跳平衡区
6 储物柜
7 入口等候

感觉统合训练室的器材较多，应按所针对的康复项目分组摆放，有利于专门的分组教学。训练室楼地面应按实际情况选择铺设地毯或弹性木地板，内墙1.2m以下采用软性材料包装。空间形状宜规整、好用。

10 感觉统合训练室示例

生活服务用房

公共活动用房及康复用房使用面积参考指标（单位：m²/间）　表1

学校类别	用房名称	必备指标					选配指标		
		一级指标		二级指标					
		9班	18班	9班	18班	27班	9班	18班	27班
盲校	学生宿舍	518	1037	648	1296	1944	216	432	648
	学生食堂	177	311	216	389	518	—	—	—
	学生浴室	32	65	65	130	194	—	—	—
	学生厕所	48	96	48	96	144	—	—	—
	教工厕所	16	28	16	28	40	—	—	—
	单身教工宿舍	81	161	93	186	279	—	—	—
	教工食堂	31	56	37	68	93	—	—	—
	其他生活用房	119	173	140	216	227	—	—	—
聋校	学生宿舍	324	648	432	864	1296	216	432	648
	学生食堂	177	311	216	389	518	—	—	—
	学生浴室	27	54	54	108	162	—	—	—
	学生厕所	48	96	48	96	144	—	—	—
	教工厕所	16	28	16	28	40	—	—	—
	单身教工宿舍	81	161	93	186	279	—	—	—
	教工食堂	31	56	37	68	93	—	—	—
	其他生活用房	119	173	140	216	227	—	—	—
培智学校	学生宿舍	346	691	432	864	1296	144	288	432
	学生食堂	118	207	144	259	346	—	—	—
	学生浴室	22	43	44	87	130	—	—	—
	学生厕所	32	64	32	64	96	—	—	—
	教工厕所	16	32	16	32	48	—	—	—
	单身教工宿舍	94	187	108	216	324	—	—	—
	教工食堂	36	65	43	78	108	—	—	—
	其他生活用房	79	115	94	144	151	—	—	—

注：表中数据引自《特殊教育学校建设标准》（建标156-2011）。

宿舍设计要点

宿舍应男女分区或分楼层，并遵循高年级在上、低年级在下的配置原则。宿舍内设单层床的房间净高不应低于2.60m，双层床的净高不应低于3.40m。

单间居室居住人数不宜超过6人。盲校、培智学校全部学生均住单层铺。盲校宿舍单元内不设卫生间，采用公共卫生间和公共浴室的形式。宿舍单元和卫生间室内应有完善的无障碍设施。聋校学生宿舍可布置为上、下铺的双层床，低年级学生住下层铺，高年级学生住上层铺。培智学校无障碍厕所宜设置在教室附近，并每层设置一个坐（躺）厕。

宿舍床位

床铺应根据就读学生的年龄段及身体发育程度设置。盲校及培智学校为单层铺，室内应有放置物品的储物柜、学习桌等设置，并考虑完善的无障碍设置。聋校可正常设置上下铺或学习桌在下的上层铺。

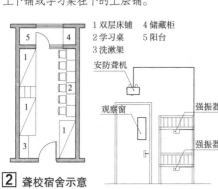

1 单层床铺　2 学习桌　3 洗漱架　4 储藏柜　5 阳台

1 盲校宿舍示意

1 双层床铺　4 储藏柜　2 学习桌　5 阳台　3 洗漱架

聋生休息时难以听到消防安全警示，因此需要在每张床位的下面设置强振器，并在宿舍明显位置设带警示灯的聋机，与值班室监控室联动。

2 聋校宿舍示意

资源教室

1. 定义：资源教室是指在普通学校或特殊教育学校内设置的专门教室。为有特殊教育需要的学生提供咨询、个案管理、教学心理诊断，拟定个别化教育计划，提供教学支持、学习辅导、个别补救教学和康复训练、教学评估等各种作用为一体的专门教室。室内提供了包括特殊教育课程、教材、专业图书、教学教具、康复器材等多种图书和设备。

2. 设计要点：资源教室一般设在学校图书室或心理咨询室旁边，方便资源共享；或设于教学楼一楼。资源教室的建设面积应有60~100m²。教室应采取无障碍设计，满足日照、采光、朝向、通风、防噪条件，设置有学习、游戏活动、康复训练的空间。规划资源教室时应根据实际需求并结合学校现有用房进行设计。如果学校没有足够面积的单间用房，也可以按照功能分区进行多间连片规划，建立资源教室"群"。

我国特殊教育的几种基本形式　表2

名称	安置位置	说明
特殊教育学校	专门建设的学校	以中、重度障碍学生为主，是我国特殊教育的主体形式
特殊教育班	普通学校中专门的班级	以轻度障碍为主，课程更加灵活
随班就读	普通学校的普通班级	以轻度障碍为主，必要时需结合资源教室配置
资源教室	普通学校或特殊教育学校的专用教室	使用灵活，更好地促进学生融入普通班级教学。分小组教学和个别化教学两种
送教上门	学生家庭	以严重病疾、行为问题严重或家庭困难的学生为主，教师或志愿者在课余时间上门提供教学服务
病房学校	医院	为长期住院、严重病弱、社交障碍学生提供的"爱心病房学校"

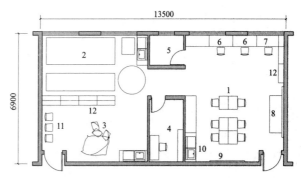

1 学习区　2 康复区　3 游戏区　4 个别辅导　5 工具储藏　6 助视区　7 助听区
8 讲台　9 黑板　10 洗手池　11 等候　12 书架

3 资源教室示意一

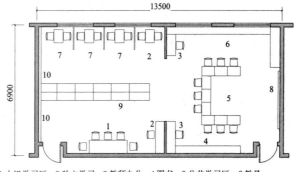

1 小组学习区　2 独立学习　3 教师办公　4 图书　5 公共学习区　6 教具
7 一对一学习　8 黑板　9 图书储物　10 展示墙

4 资源教室示意二

特殊教育学校 [7] 技能培训用房

技能培训空间

有条件的学校可以设置职业技术训练用房，针对残疾学生的职业技能训练一般在九年义务教育之后展开，主要针对盲生和聋生。智障学生以生活自理为教育目的，不考虑职业技能培训。

学生主要技能培训专业及空间位置规划　　　　表1

学生类别	培训技能	空间位置	
盲生	针灸按摩	任意层	可与其他专业一起设置
	音乐调律	首层	应单独设置
	陶艺	任意层	可与其他专业一起设置
聋生	面点烹饪	任意层	应单独设置
	计算机应用	任意层	可与其他专业一起设置
	服装设计	首层	可与其他专业一起设置
	园艺花卉	首层	应单独设置
	工艺美术	任意层	可与其他专业一起设置

注：有些职业培训空间与企业合营，培训空间单独设置或在校外设置，设计中应注意以下几点：
1. 尽量靠近学校，并有方便的交通联系；
2. 校外空间与正常人使用的培训空间之间要有隔离，尽量减少对特殊学生使用空间的干扰；
3. 对外营业的培训空间要有供残疾人进出的独立出入口。

按摩教室

按摩教室分为两部分：理论教学区与实际操作区。两部分相对独立，分别授课，教室间应方便联系。可在操作区前设置模拟前台接待处，为学生提供实习条件，室内设计要点如下：
1. 地面材料要防滑，不反光，避免眩光影响；
2. 要有进水口、出水口，并设置高低两种水池；
3. 要有温度调节装置；
4. 床位摆放要注意间距，保证学生操作空间。

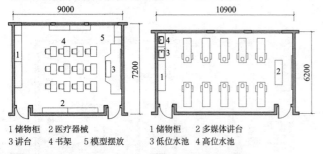

1 储物柜　2 医疗器械　　　　　1 储物柜　2 多媒体讲台
3 讲台　4 书架　5 模型摆放　　3 低位水池　4 高位水池

1 按摩教室理论教学　　2 按摩教室实践教学

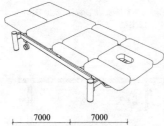

按摩床常规尺寸：长1.9m×宽0.7m×高0.6m。盲校教学用按摩床一般可采用位置固定的简易按摩床，避免环境改变给学生带来的不便。

3 常用按摩床

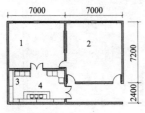

a 组合方式一　　　　　　b 组合方式二
1 实习区　2 理论教学区　3 储物柜　4 前台接待

4 按摩教室组合示意

琴房

琴室的平面形式通常有矩形、不规则形、扇形、梯形等，因家具简单，对音质要求高，故以不规则形最佳。琴室产生噪声较大，宜集中成排布置在离教学区较远的位置，并采取单独的隔声措施。

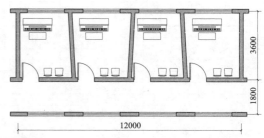

5 琴房示意

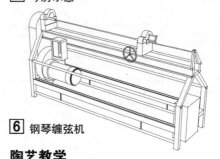

钢琴缠弦机的尺寸约为1.5m×0.6m×1.0m。缠弦机应单独放置，长边靠墙面布置，并在附近设储物柜。机器前后留有足够的操作空间。

6 钢琴缠弦机

陶艺教学

为盲生教学服务的陶艺教室，空间涵盖内容较多，包括造型学、艺术学、泥条盘筑成型、手捏成型、陶塑成型、拉坯成型、烘烤等课程，因此教室主要功能空间较大，其中陶瓷烧制空间约为烧制电炉面积的3倍以上，一般为1m×1m×0.9m范围。

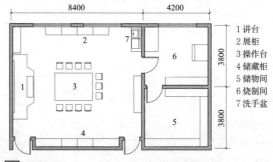

1 讲台　2 展柜　3 操作台　4 储藏柜　5 储物间　6 烧制间　7 洗手盆

7 陶艺教室示意

园艺教学

园艺教学包括室外场地和室内场地两种，在北方地区较适合采用室内场地，保证作物成长。室内分为主要的种植与认知区域和休息、洗手、储物等辅助区域。室内地面应注意防滑，并保证足够的通风和湿度。

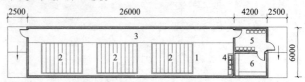

1 花卉剪裁区　2 花卉种植区　3 花卉认知区　4 洗手池　5 休息　6 储藏

8 园艺教学示意

室外空间设计

1. 田径场地及球类场地的长轴应为南北向，并在场地周围设置绿化带。
2. 盲学校的田径场地边界周围应布置绿化，弯道的转弯处应设置触感标识。
3. 运动场周边适当位置应设置学生用洗手池、洗脚池、卫生间，并在室内设置更衣设施。
4. 学校绿化用地内严禁种植带刺和有毒的植物。
5. 盲校（包括有盲生的综合学校）的路面应铺设行进盲道和提示盲道。

室外场地的组成　　　　　　　　　　　　　　　表1

类别	项目
室外运动设施	运动场、球类场地、游泳池等
室外教育设施	室外学习活动园地、游戏场地、康复训练场地
绿地设施	园林、绿化小品、种植园、动植物园地
其他设施	校门、前庭广场、道路等

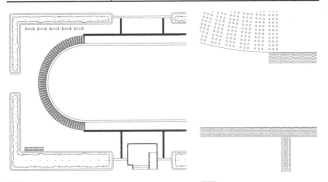

1 运动场地示例　　　2 触感标识示例

游泳池设计

游泳池周边应设置防止学生不慎掉入泳池的设施。距游泳池边缘0.60m及距外屏障内侧0.60m范围内，地面材料的触感应有不同的处理。培智学校在游泳池端部应考虑使用轮椅学生的出入水口（机械辅助或坡道两种形式）。

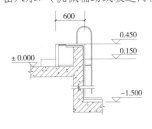 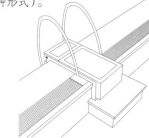

3 泳池出水口剖面示例　　4 泳池出水口示例

盲校风雨操场设计

因为门球比赛规则需要，门球场地应设在噪声干扰较少的地方。场地周围应留有足够的缓冲空间，并配备洗手间、更衣间等辅助用房。

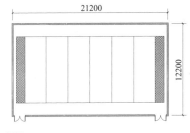

5 盲校风雨操场示例

❶ 表2、表3、表5中数据引自《特殊教育学校建设设计规范》JGJ 76-2003。

室内环境设计

1. 设计中应充分利用天然采光及自然通风。
2. 学校配备各种设备器材的选用、安装、管线敷设及运行，应满足节能、方便和安全等要求。
3. 各种外露的设备、器材、管道等的控制件等应考虑位置的安全性及使用的易操作性，并应结合残疾人特点选择适宜的设施。

声环境

视力残疾、低视力学生感知世界的主要方式是听觉和触觉，因此盲校的各处应设置声音提示装置，避免噪声干扰；听力残疾学生在噪声环境中容易产生耳鸣等不适感；智力残疾学生在噪声环境中易分散注意力；精神残疾学生易发生情绪不稳定，产生过敏现象，因此特殊教育学校的声环境应加以控制。

1. 产生噪声的房间（音乐教室、舞蹈教室、琴房、健身房、律动室等）与其他教学用房设于同一教学楼内时，应分区布置，并采取隔声措施。
2. 教学楼内的封闭走廊、门厅及楼梯间内的顶棚，宜设置吸声系数不小于0.50（中频500~1000Hz）的吸声材料，或在走廊的顶棚、墙裙以上墙面设置吸声系数不小于0.30的吸声材料。
3. 校内声环境要求：
（1）有特殊安静要求的房间室内允许噪声级不应高于35dB，一般房间不高于40dB；
（2）隔墙、楼板的空气隔声计权隔声量应大于50dB，楼板撞击声压级不大于75dB。

光环境❶

弱视力残疾学生并非完全无光感，对鲜亮、高对比的环境感知明显；听力残疾学生的主要交流方式为手语阅读；智力残疾学生感受力较低，对微小差异的分辨较困难。因此，室内光环境应注意以下几点：

1. 应有充足的光线；
2. 有适宜的亮度和均匀的照度；
3. 避免有害的眩光；
4. 避免大面积的深颜色。

教室内电气照明标准　　　　　　　　　　　　　表2

房间类别	室内天然临界光照度（lx）	采光系数最低值C_{min}（%）	侧窗窗地面积比
盲校教室及专用教室	200	3	1/3.5
聋校教室及专用教室	200	3	1/3.5
培智学校教室及专用教室	150	2	1/5
教师办公用房	100	1	1/7
走道、楼梯、卫生间	50	—	1/7

教室内各表面的反射比值　　　　　　　　　　　表3

表面类别	反射比	表面类别	反射比
顶棚面	0.70~0.80	侧墙面及后墙面	0.70~0.80
前墙面	0.50~0.60	课桌面	0.30~0.50
地面	0.20~0.30	黑板面	0.15~0.20

供暖设计　　表4

学校类别	温度（℃）
盲校	18
聋校	16~18
培智学校	18
盲校按摩教室	22

换气设计　　表5

房间名称	换气次数（次/小时）
普通教室、实验室	3
保健室	2
学生宿舍	2.5

特殊教育学校 [9] 器材与无障碍设计

教学及康复器材

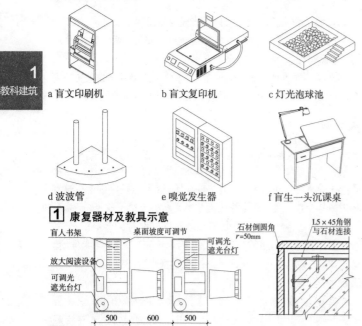

a 盲文印刷机　　b 盲文复印机　　c 灯光泡球池
d 波波管　　e 嗅觉发生器　　f 盲生一头沉课桌

1 康复器材及教具示意

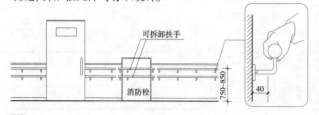

2 盲生课桌平面示意　　**3** 转角包柱构造示意

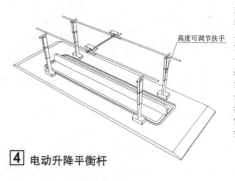

4 电动升降平衡杆

放置在校内感觉统合训练室中。主要的感觉输入：前庭、本体、触觉、视觉。通过练习统合儿童平衡反应的反射感觉，发展儿童下肢力量，让儿童学习通过屈伸膝关节取得平衡的方法。为固定器材，前后需留有足够进入、退出空间。

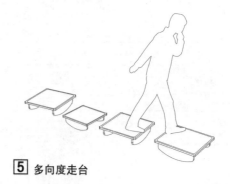

5 多向度走台

放置在校内感觉统合训练室中。相邻两个平衡台的失衡度呈一定角度，儿童在多个台上行走时可接受多个方向的刺激。平衡台的摆放方式可呈垂直向度、S形及圆台形等形态，儿童依次在平衡台上顺序前行或反向行走。周边应留有足够的空间，地面采用弹性防滑材料。

无障碍设计

特殊教育学校内应考虑无障碍设计。此外，不同种类的特殊教育学校内，应有针对性地加强或减少相关无障碍设施。

1. 盲校：盲校除全盲学生外，低视力学生占有很高比例，因此要加强节点处的标识设计，尽量避免不必要的台阶，高差可采用坡道形式处理。因为学生在学校内生活、学习一段时间后，就会熟悉校园内的环境，因此有些设施，如长、直走廊两侧的突出扶手可采取简化形式，设置导盲带。

2. 聋校：聋校不必设专门的视觉无障碍系统，主要考虑提高听力障碍带来的感知范围有限，以及改善手语、可视交流的空间节点无障碍设计。

3. 培智学校：智力障碍学生多具有一定程度的视觉或听觉感官障碍，并且有明显的认知问题，因此应考虑完善的无障碍设施，并加强无障碍标识设计。

无障碍环境导向

无障碍导向系统从功能上讲主要是使残疾人能够克服身体上的障碍，引导他们顺利行走于街道、建筑物及公共场所。

视力障碍者主要依靠残余视力、触觉和听觉接受导向信息，如通过空间的开放和封闭，墙、地面材质和光滑度等的变化，背景音乐、空间混响声音长短的变化提示所在空间信息。

听力障碍者可通过视觉接受绝大部分导向信息。在需要强调的地方，可借助信号灯、空间高度和亮度的变化、有反射的镜面等强化信息。

智力障碍者的导向信息尽量做到视觉、听觉、触觉的设计统一化，需简单明了，并具有易识别性、易理解性和标志性，以便引起学生的注意。

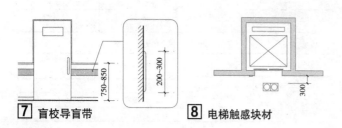

6 盲校双层扶手　　**7** 盲校导盲带　　**8** 电梯触感块材

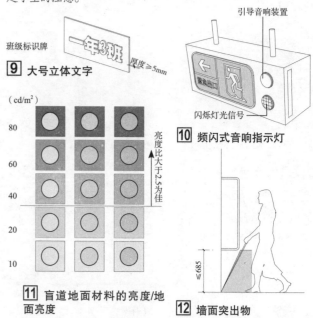

9 大号立体文字　　**10** 频闪式音响指示灯
11 盲道地面材料的亮度/地面亮度　　**12** 墙面突出物

实例[10] 特殊教育学校

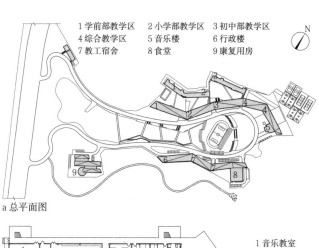

1 学前部教学区　2 小学部教学区　3 初中部教学区
4 综合教学区　5 音乐楼　6 行政楼
7 教工宿舍　8 食堂　9 康复用房

a 总平面图

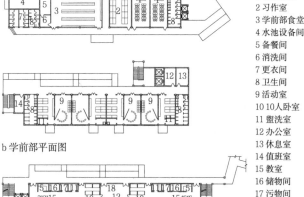

b 学前部平面图

1 音乐教室
2 习作室
3 学前部食堂
4 水池设备间
5 备餐间
6 消洗间
7 更衣间
8 卫生间
9 活动室
10 10人卧室
11 盥洗室
12 办公室
13 休息室
14 值班室
15 教室
16 储物间
17 污物间
18 康复室
19 教师休息
20 器材

c 小学部平面图

1 教室
2 16人卧室
3 备餐间
4 储物间
5 污物间
6 盥洗室
7 康复室
8 教师休息
9 办公室
10 器材
11 卫生间
12 4人卧室

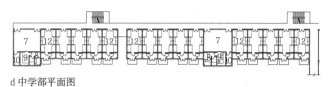

d 中学部平面图

e 中学部剖面图

1 广州康复实验学校

名称	建筑面积	设计时间	设计单位
广州康复实验学校	2.1万m²	2008	华南理工大学建筑设计研究院

建筑分为3个主要部分：学生生活区、行政办公区、职工宿舍及食堂区。根据项目原有地形情况，将用地分为4个高差明显的台地，分别安排学前部教学生活、小学部教学生活、初中部教学生活，以及综合教学4个体系，每个体系互相独立而又有方便的交通联系

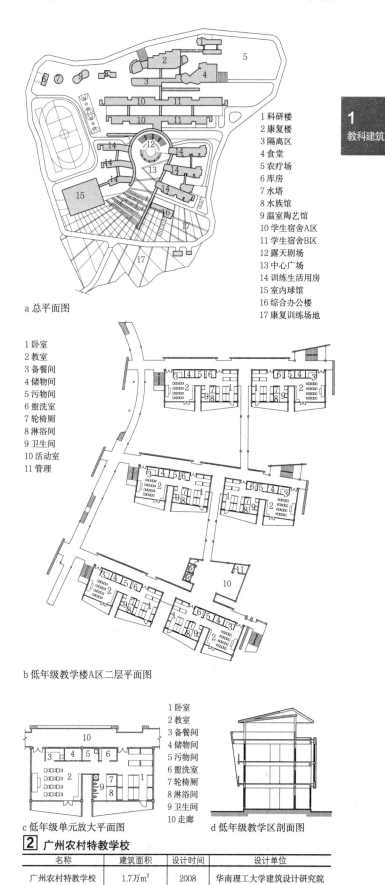

1 科研楼
2 康复楼
3 隔离区
4 食堂
5 农疗场
6 库房
7 水塔
8 水族馆
9 温室陶艺馆
10 学生宿舍A区
11 学生宿舍B区
12 露天剧场
13 中心广场
14 训练生活用房
15 室内球馆
16 综合办公楼
17 康复训练场地

a 总平面图

1 卧室
2 教室
3 备餐间
4 储物间
5 污物间
6 盥洗室
7 轮椅厕
8 淋浴间
9 卫生间
10 活动室
11 管理

b 低年级教学楼A区二层平面图

1 卧室
2 教室
3 备餐间
4 储物间
5 污物间
6 盥洗室
7 轮椅厕
8 淋浴间
9 卫生间
10 走廊

c 低年级单元放大平面图　　d 低年级教学区剖面图

2 广州农村特教学校

名称	建筑面积	设计时间	设计单位
广州农村特教学校	1.7万m²	2008	华南理工大学建筑设计研究院

项目招生面向广州地区农村县镇特殊儿童。校园教学生活区分为4级台地，沿用地外围设计环形道路，可方便到达每级台地，教学中心区、生活区内为步行区域，实现人车分流设计。校园建设了全天候整体式步行系统，折线教学楼之间形成了多层次的外部交往空间

特殊教育学校 [11] 实例

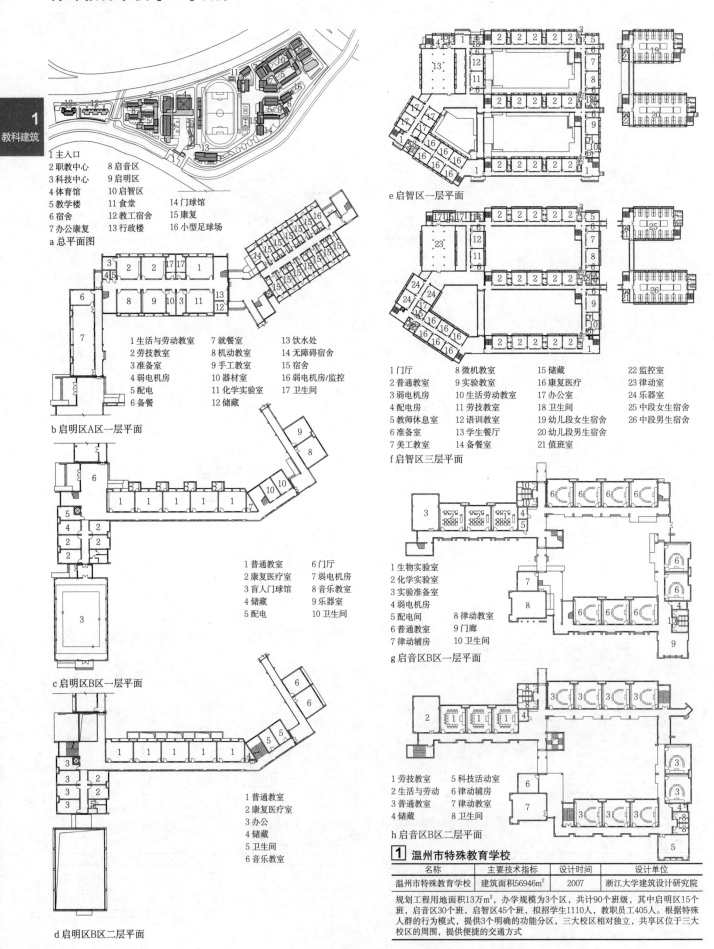

1 温州市特殊教育学校

名称	主要技术指标	设计时间	设计单位
温州市特殊教育学校	建筑面积56946m²	2007	浙江大学建筑设计研究院

规划工程用地面积13万m²，办学规模为3个区，共计90个班级，其中启明区15个班，启音30个班，启智区45个班，拟招学生1110人，教职员工405人。根据特殊人群的行为模式，提供3个明确的功能分区，三大校区相对独立，共享区位于三大校区的周围，提供便捷的交通方式

实例 [12] 特殊教育学校

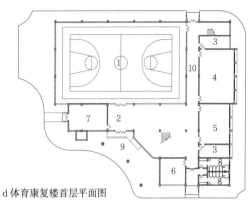

1 风雨操场　2 门厅　3 准备室　4 律动教室　5 康复室　6 器材室　7 配电房　8 卫生间　9 门廊　10 走廊

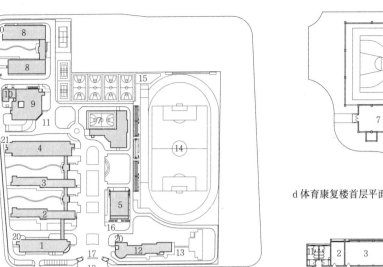

1 行政楼　2 小学普通教学楼　3 初高中普通教学楼　4 专用及公共教学楼
5 报告厅　6 专用及公共教学楼　7 风雨操场及康复训练楼　8 学生宿舍（教工）
9 食堂　10 附属用房　11 生活区广场　12 学前教育楼
13 室外游戏场　14 400m标准田径场　15 软塑器械场地　16 钟楼
17 大门传达室　18 人流出入口　19 机动车出入口　20 供应入口
21 垃圾收集站

a 总平面图

d 体育康复楼首层平面图

e 专用及公共教学楼首层平面图

1 初中普通教室　6 清洁间
2 教师休息室　7 卫生间
3 过厅　　　　8 选修教室
4 连廊　　　　9 连廊屋顶
5 走廊　　　　10 小学普通教室

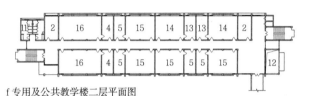

f 专用及公共教学楼二层平面图

1 门厅　　　　2 教师办公室　3 劳技教室　　4 辅助用房　　5 准备室
6 物理实验室　7 化学实验室　8 生物实验室　9 管理室　　　10 门廊
11 卫生间　　12 门廊上空　　13 教具室　　14 语训教室　　15 实习教室
16 生活与劳动教室　17 计算机教室　18 网络中心　19 美术教具室　20 美术教室
21 科技活动室　22 心理咨询室　23 语训小教室　24 二层屋面

g 专用及公共教学楼三层平面图

b 普通教学楼首层平面图

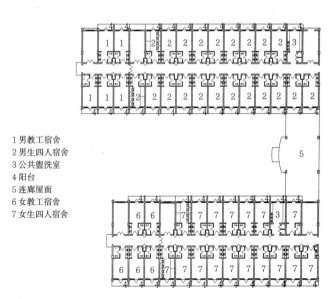

1 男教工宿舍
2 男生四人宿舍
3 公共盥洗室
4 阳台
5 连廊屋面
6 女教工宿舍
7 女生四人宿舍

c 普通教学楼二层平面图

1 杭州聋人学校

名称	建筑面积	设计时间	设计单位
杭州聋人学校	35000m²	2005	浙江工业大学建筑规划设计研究院有限公司

杭州聋人学校新校区涵盖学前教育、小学、初中、普高及职高各学龄阶段。办学规模54班，每班14名学生，同时设置语训、听力、微格、律动、体育等教学康复用房。校园总体布局沿南北纵向空间展开，建筑以半围合的庭院为单元，通过连廊连为整体。设计以错落式双坡屋顶为元素，建筑体态轻盈、活泼，富于动感。建筑色彩以灰白色主体，与赭红色相间，色彩丰富而和谐，视觉感受温馨而雅致。

h 宿舍二层平面图

特殊教育学校 [13] 实例

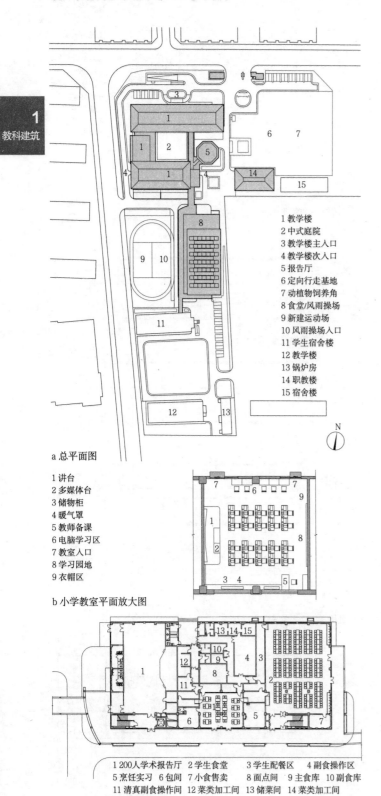

a 总平面图

1 教学楼
2 中式庭院
3 教学楼主入口
4 教学楼次入口
5 报告厅
6 定向行走基地
7 动植物饲养角
8 食堂/风雨操场
9 新建运动场
10 风雨操场入口
11 学生宿舍楼
12 教学楼
13 锅炉房
14 职教楼
15 宿舍楼

1 讲台
2 多媒体台
3 储物柜
4 暖气罩
5 教师备课
6 电脑学习区
7 教室入口
8 学习园地
9 衣帽区

b 小学教室平面放大图

1 200人学术报告厅　2 学生食堂　3 学生配餐区　4 副食操作区
5 烹饪实习　6 包间　7 小食售卖　8 面点间　9 主食库　10 副食库
11 清真副食操作间　12 菜类加工间　13 储菜间　14 菜类加工间
15 肉类加工间

c 风雨操场首层平面图

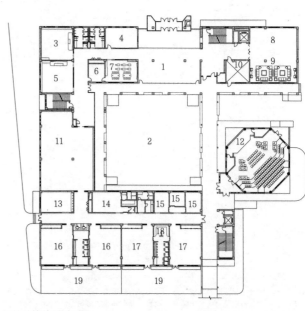

d 教学楼首层平面图

1 门厅　　　　2 内院　　　　3 美术教室　　　4 陶艺泥工作品展示　5 手工教室
6 准备室　　　7 陶艺泥工教室　8 校史展览　　　9 贵宾接待
10 消防、安防值班室　11 感觉统合训练室　12 阶梯教室　　13 餐厅/洗消间
14 水疗室　15 医务室　16 多重残疾活动室　17 幼儿活动室　18 卫生间
19 室外活动场地　20 活动平台　21 室外活动平台　22 办公区
23 教师休息室　24 基础教育办公室　25 通用技术教室　26 综合科技馆
27 普通教室　28 地理教室　29 物理实验室　30 学生活动室
31 团队办公室　32 德育办公室　33 教师办公室　34 志愿教师休息室
35 物理准备室　36 物理仪器室

e 教学楼三层平面图

1 北京市盲人学校

名称	建筑面积	设计时间	设计单位
北京市盲人学校	25000m²	2009	北京市建筑设计研究院有限公司

建筑风格寻求传统和现代的契合点，以传统的建筑元素体现现代化的盲人学校，体现出百年老校的历史积淀。院落式教学楼功能紧凑，联系便捷；多视角、多体验的中心庭院——园林化环境，提供了盲生课间的户外空间。主要交通空间配合玻璃幕墙，干净、醒目，可引导人流

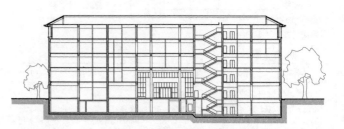

f 教学楼剖面图

实例[14] 特殊教育学校

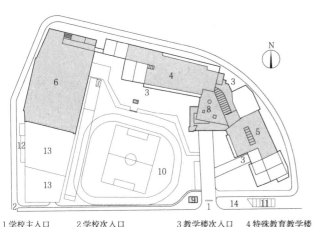

1 学校主入口　2 学校次入口　3 教学楼次入口　4 特殊教育教学楼
5 普通教育教学楼　6 风雨操场　7 门厅　8 学生阅览室
9 门房　10 200m环形4跑道运动场　11 机动车停车位　12 非机动车停车位
13 堆土景观　14 港湾式停车入口

a 总平面图

1 门厅　2 值班　3 普通教室　4 培智教室
5 临时小餐厅　6 教师办公区域　7 卫生间　8 学前融合教室
9 学前教育教室　10 烹饪教室　11 教师办公室　12 会议室
13 下沉风雨操场　14 粗加工　15 细加工　16 更衣
17 主食库　18 副食库　19 热加工　20 消洗
21 二次更衣　22 备餐　23 底层架空　24 残疾人坡道
25 开水间

b 首层平面图

1 看台　2 露台　3 普通教室　4 培智教室
5 准备室　6 教师办公区域　7 卫生间　8 残卫
9 盥洗间　10 开水间　11 劳动教室　12 科学教室
13 教师办公室　14 教师阅览室　15 学术报告厅　16 学生阅读室
17 活动空间

c 二层平面图

1 书画室　2 露台　3 普通教室　4 工艺美术室
5 语训室　6 心理评估室　7 卫生间　8 准备室
9 教具储藏室　10 教师办公室　11 陶艺室　12 开水间
13 音乐治疗室　14 多功能活动室　15 音乐律动室　16 残疾人卫生间
17 盥洗间

d 三层平面图

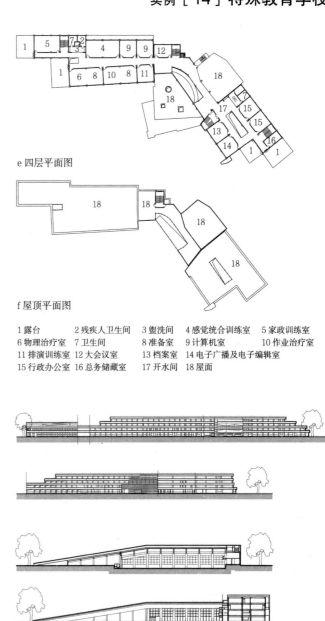

e 四层平面图

f 屋顶平面图

1 露台　2 残疾人卫生间　3 盥洗间　4 感觉统合训练室　5 家政训练室
6 物理治疗室　7 卫生间　8 准备室　9 计算机室　10 作业治疗室
11 排演训练室　12 大会议室　13 档案室　14 电子广播及电子编辑室
15 行政办公室　16 总务储藏室　17 开水间　18 屋面

g 立面及剖面图

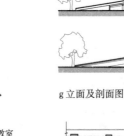

1 普通教室　2 教师办公区域　3 卫生间

h 教室单元放大平面图

1 成都同辉国际学校

名称	建筑面积	用地面积	设计单位
成都同辉国际学校	14413m²	21565m²	四川省建筑设计研究院

设计引入共享中庭、覆土上人屋面和层层跌落的室外露台，为正常学生和培智学生提供多种融合互动的场所。独特的"L"形教室可为培智教学提供相对独立的教师办公区，让学生始终处在老师的陪伴中。教室中附设卫生间也为培智教育和普通教育的低年级学生提供更人性化的帮助

特殊教育学校 [15] 实例

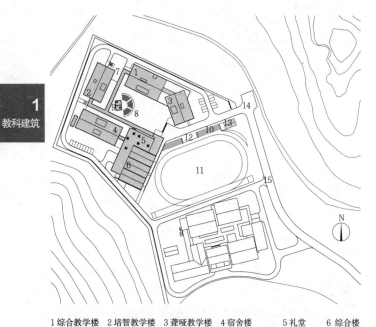

a 总平面图

1 综合教学楼　2 培智教学楼　3 聋哑教学楼　4 宿舍楼　5 礼堂　6 综合楼
7 游戏场地　8 露天剧场　9 舞台　10 体育场看台　11 体育场　12 主席台
13 门卫　14 特殊学校主入口　15 次入口（后勤出入口）

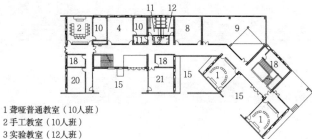

b 综合及聋哑教学楼首层平面图

1 聋哑普通教室（10人班）
2 手工教室（10人班）
3 实验教室（12人班）
4 美术教室（10人班）
5 计算机教室（12人班）
6 律动教室（10人班）
7 语言集体教室（20人班）
8 心理咨询辅导室
9 图书阅览室
10 准备室
11 男卫生间
12 女卫生间
13 清洁间
14 活动空间
15 庭院
16 庭院上空
17 广播室
18 教师办公室
19 语言小训练室
20 卫生保健室
21 家政辅导室
22 图书阅览室上空
23 感觉综合训练室
24 行政办公室
25 办公室
26 露台
27 会议室
28 阳台

c 综合及聋哑教学楼二层平面图

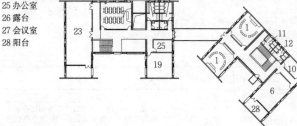

d 综合及聋哑教学楼三层平面图

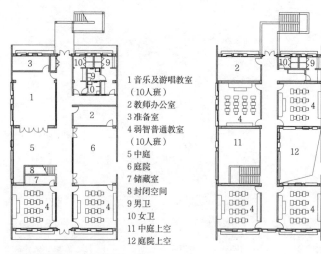

e 培智教学楼首层及二层平面图

1 音乐及游唱教室（10人班）
2 教师办公室
3 准备室
4 弱智普通教室（10人班）
5 中庭
6 庭院
7 储藏室
8 封闭空间
9 男卫
10 女卫
11 中庭上空
12 庭院上空

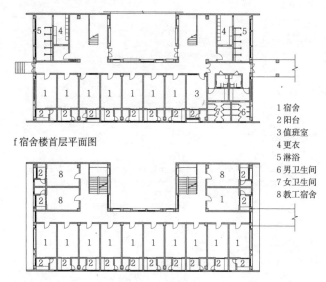

f 宿舍楼首层平面图

1 宿舍
2 阳台
3 值班室
4 更衣
5 淋浴
6 男卫生间
7 女卫生间
8 教工宿舍

g 宿舍楼二层平面图

h 综合及聋哑教学楼立面图

i 综合及聋哑教学楼剖面图

1 德阳特殊教育学校

名称	建筑面积	设计时间	设计单位
德阳特殊教育学校	7998m²	2011	中国建筑西南设计研究院有限公司

这是一所企业援建的公益性学校。坡屋顶的小房子开着窗房是孩子们对家的想象。设计将整个学校主要教学生活空间化解为5个大小不一的坡屋顶小房子。每个房子都是房间围绕着中心天井，形成一个"凹"字形平面布局；5个小房子再围绕着中心庭院，形成一个微型村落。建筑空间充满高低、明暗的丰富变化。

概述

科学实验建筑是指为科学研究、实验、检测等活动提供空间环境的场所,包括与之相关的建筑物、构筑物及场地等。

分类

1. 按学科分类

自然科学:包括数学、物理、化学、天文、地学、生物技术科学、医学及相应的支撑结构系统和管理系统。例如数学所、物理所、化学所、天文台、地质所、动物所、光电研究所等。

社会科学:包括文学、史学、哲学、经济学、法学、艺术及其他。例如文学所、史学所、哲学所、经济学所、法学所及艺术研究所等。此类建筑基本类型与普通办公建筑相似,可参考资料集第3分册"办公建筑"专题。

2. 按所属分类

政府类、研究所(院)类、院校类、企业类、民间类。

3. 按投资分类

公益类:政府投资的各类研究所(院)、园区、院校等的科学实验建筑,以及公益性企业、民间基金类科学实验建筑。

商业类:政府、企业、公司投资的有商业目的科学实验建筑。

相关参考标准

科研建筑工程各类用房参考比例(单位:%)　　　表1

学科名称	总计	房屋分类			
		科研用房	科研辅助用房	公用设施	行政及生活服务用房
1.数学学科	100	37~43	21~25	14~16	20~24
2.物理学科					
理论物理	100	30~36	23~27	16~18	23~27
实验物理	100	52~58	17~21	8~10	15~19
力学与声学	100	52~58	18~22	7~9	15~19
核物理	100	49~55	23~27	4~6	16~20
3.化学学科					
化学	100	50~56	15~19	7~9	19~25
化工	100	46~51	20~24	7~9	19~24
4.天文学科					
天体物理与天体测量	100	51~56	11~14	8~10	23~27
授时	100	51~56	9~13	8~10	25~28
人卫观测	100	55~60	13~16	7~9	18~22
5.地学学科					
地理	100	53~59	14~18	8~10	17~21
海洋	100	55~61	12~16	8~10	17~21
土壤	100	57~63	16~20	5~7	14~18
地质	100	57~63	16~20	5~7	14~18
农业资源与环境	100	60~64	13~17	5~7	15~19
6.生物学科					
实验生物	100	55~61	17~21	5~7	15~19
动物	100	52~58	19~23	6~8	15~19
植物	100	41~47	27~31	6~8	18~22
心理学	100	59~65	17~21	5~7	14~18
7.技术科学学科					
计算机科学与技术	100	54~60	17~21	8~10	13~17
电子科学与技术	100	53~59	19~23	8~10	12~16
信息与通信工程技术	100	54~60	20~24	7~9	11~15
控制科学与工程	100	60~66	9~13	7~9	16~20
光电技术	100	57~62	16~20	9~12	11~13
能源科学技术	100	54~60	17~21	8~12	12~16
材料科学与工程	100	54~60	17~21	8~12	12~16
环境科学与工程	100	54~59	17~21	8~12	12~16
空间科学与技术	100	54~60	17~21	8~12	11~15
测绘科学与技术	100	54~60	17~21	8~12	12~16

建筑功能分区

1. 科研实验区域:通用实验室、专用实验室、研究工作室、教学研究室、观测室、准备间、培养间、实验动物房、温室、暗室、淋浴间、消毒间、库房等;

2. 科研辅助区域:图书情报资料室、学术报告厅、交流讨论空间、科研展示空间等;

3. 公共设施区域:水、电、气、油、制冷、空调、低温及热力系统等相配套的用房及设备;通信、消防、三废处理间;维修工场、车库等;

4. 行政及生活服务区域:行政办公、福利卫生用房、宿舍、接待用房、行政库房等。

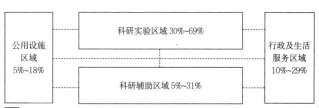

1 建筑分区之间的相互关系

科研建筑规划面积参考指标(单位:m²/人)　　　表2

学科名称	人员规模(人)					
	200	400	600	900	1200	1500	1800
1.数学学科	39.0	38.0	37.0	36.0	35.0		
2.物理学科							
理论物理	37.0	36.0	35.0				
实验物理	54.0	52.0	50.0	48.0	47.0		
力学与声学	57.0	55.0	53.0	51.0	49.0		
核物理		75.0	74.0	72.5	71.0	70.0	67.0
3.化学学科							
化学		64.0	62.0	60.0	58.0	57.0	
化工		76.0	74.0	72.0	70.0	68.0	
4.天文学科							
天体物理与天体测量		66.0	64.0	63.0			
授时		66.0	64.0	63.0			
人卫观测		54.0	52.0	50.0	48.0	46.0	
5.地学学科							
地理	46.0	44.0	43.0	42.0	41.0	40.0	
海洋			52.0	50.0	48.0	46.0	
土壤		56.0	54.0	52.0	50.0	48.0	
地质		64.0	63.0	62.0	61.0		
农业资源与环境		45.0	44.0	43.0	42.0	41.0	
6.生物学科							
实验生物		59.0	57.0	55.0	53.0	51.0	
动物	64.0	62.0	60.0	58.0	56.0	54.0	
植物		69.0	67.0	65.0	63.0	61.0	
心理学		48.0	46.0	44.0			
7.技术科学学科							
计算机技术		53.0	51.0	49.0	48.0	47.0	
电子科学与技术		63.0	61.0	59.0	57.0	55.0	
信息与通信工程技术			46.0	44.0	42.0	40.0	
控制科学与工程				56.0	54.0	52.0	
光电技术			92.0	91.0	90.0	89.0	
能源科学技术			62.0	60.0	58.0	56.0	
材料科学与工程			91.0	90.0	89.0	88.0	
环境科学与工程			41.0	39.0	37.0	35.0	
空间科学与技术			80.0	78.0	76.0		
测绘科学与技术		41.0	40.0	39.0	38.0	37.0	

注:1. 科研机构全体人员包括编制人员,主管部门核定的客座和研究生。科研机构人员应包括:①编制人员:事业单位的在编人员;②项目聘用人员:主管部门核定备案人员;③在读的学生:所内在读硕士研究生、博士研究生;④客座人员:包括访问学者、合作研究人员及博士后。

2. 科研机构全体人员规模,小于表1人员规模下限(200人)的,按下限的建筑面积指标执行;大于表1人员规模上限(2000人)的,应另行作补充规定。全体人员规模介于表1两个人员规模之间的,应采用插入法计算建筑面积指标。

科学实验建筑 [2] 规划与布局

选址原则

1. 满足功能：场址能有效支持科学实验建筑物、构筑物及场地的建设与发展，以及建成后科学实验的顺利开展。
2. 以人为本：场址在有利于科学家开展研究工作的同时，方便科学家开展社会交流活动。
3. 环境安全：该场址建成科学实验建筑后，场地环境的声、光、热、气、粉尘、病菌，乃至爆炸、燃烧、辐射等环境影响参数，必须符合有关法律、法规、规范等规定。
4. 经济性：在满足上述原则的基础上，场址选择必须有利于降低建设投资。

场地规划

1. 竖向设计：与实际场地有机结合，实现无障碍设计，达到场地土方工程量最小化与挖填方的平衡。
2. 交通组织：系统解决消防车流、设备物流、普通车流的流线问题；尽量以人车分流的交通组织手段规划步行区。
3. 园林景观：配合相应学科研究的环境隔离功能，呼应学科人文特点，配置多样性植被，创造学术性科研景观环境，并为科学家们创造安全的室外思考、交流、讨论场所。
4. 分期建设：应节约用地，宜预留建设发展场地。

规划要求

除社会科学的研究室、一般自然科学的研究室，以及相应的支撑结构系统和管理系统等为一般办公建筑外，其他自然科学中各基础科学在总体规划中有不同的要求。

1. 数理学：包括数学和物理学。有屏蔽要求的要远离电磁波的干扰源，有防振防噪声要求的要远离振源和噪声源，要求超净的要布置在粉尘少、绿化好的地段。
2. 化学：应布置在下风方向及下游地段，保持一定的间距和良好的通风，应有绿化隔离，设置排毒和排污处。
3. 天文学：一般昼夜观测。选址要求全年晴天数多，大气能见度好，气流平稳宁静，扰动少，射电望远镜要求电磁波干扰少。一般均建在高原或湖中小岛等环境中以利观测。规划布局多为散点式，以避免光线和视线的相互干扰，影响观测和视角的质量。
4. 地学：地学研究范围较广，一般要求地质稳定，电磁波干扰小，背景噪声小，远离铁矿及其他地质条件复杂的地段；有的要求远离江河湖海，减少海潮对观测的干扰；有的采用钻洞的办法以提高基准点的稳定性和准确性；同时应考虑交通和生活均较方便，以利管理。
5. 生物学：生物净化无菌室、负压实验室、动物房、人工气候室等具有不同特点，一般要求环境洁净、安静，有的要求远离电磁波、强磁场及辐射等干扰，以免影响实验结果。生物安全实验室应根据生物安全等级采取法定的隔离距离及措施。
6. 技术科学：研究面较广，不同的学科要求也不同。例如：高能防辐射学科，应建在人员少、灰尘少、下风方向及下游地段，并布置一定的绿化隔离带，尽可能利用自然屏障自成一区。同时因用电量大，必须保证供电。

规划布局模式

● 中心功能
○ 标准功能

[1] 独立式

[2] 单中心式

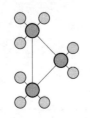

[3] 多中心式

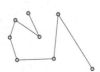

[4] 散点式

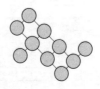

[5] 单元式

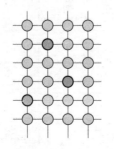

[6] 集团式

根据园区规划规模、用地条件、建筑功能及科研需求不同，科学实验建筑规划布局模式可分为以下6种。

1. 独立式

整个园区内只有一栋建筑，单栋建筑集合所有功能于一身。独立式用于用地紧张区域，或用于较小的科学实验建筑，以最大化利用土地。内部使用便捷、高效。

2. 单中心式

单中心式是一种传统的布局模式。以一座主体建筑为核心，其他建筑围绕它展开布局。这种统一规划、逐步发展的模式适用于多数现代研究所。

3. 多中心式

园区内有多个中心楼座，其他辅楼以放射状或生长式等模式围绕多个中心楼座展开布局。适用于多个学科组合的大科学园区等。

4. 散点式

这种配置多依据地段特征及功能要求进行分散式布局，由不同功能的多幢实验楼、研究楼及辅助建筑灵活组合而成，采用较多。尤其适用于有不同要求的天文观测室和地学的观测台站。

5. 单元式

用一个简单的单元组成多样形式，形成不同的空间，有利于推行模数和标准化，便于工业化生产和施工。

6. 集团式

大专院校的研究区：由于大专院校教学和科研的需要，结合不同的学科需求，形成多学科的研究区。

研究中心：结合地区、学科，由几个研究所成组成群布置，并形成一定规模，成为某地方的地区性科学研究中心。有的既具有地区性，又以某学科为中心形成地区单科研究中心。

科学园：在更大的规模和范围内，由较多的科研、教育、生产、经营与生活区等组成一个大型综合研究、开发、教育、高技术生产和生活区域，又称科学园区。

规划与布局 [3] 科学实验建筑

实例

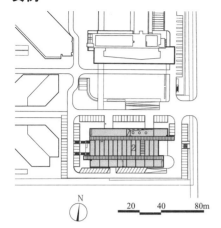

1 办公室　2 中庭（高层为机房）

1 独立式
（中科院计算技术研究所，北京）

1 科研实验楼　2 科研实验楼二期工程
3 模式识别实验室　4 临时行政办公楼
5 外国专家公寓　6 预留发展用房

2 单中心式
（中科院自动化研究所，北京）

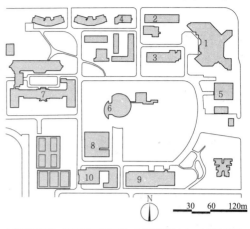

1 教学研究楼　2 工程物理研究所　3 数学研究中心　4 行政管理
5 预留发展用房　6 凝聚态物理实验楼　7 中科院物理研究所
8 食堂　9 研究生宿舍楼　10 医务室

3 多中心式
（中科院中关村基础科学园区，北京）

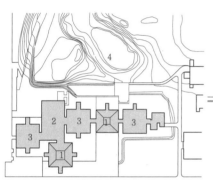

1 实验室（底层入口）　2 实验室（底层库房）
3 实验室　4 鱼池

4 单元式
（宾夕法尼亚大学生物实验楼，美国费城）

1 实验楼　2 发展实验楼　3 行政楼　4 行政办公区
5 植物温室　6 停车场

5 单元式
（麦克斯·普朗克生物化学中心，德国慕尼黑）

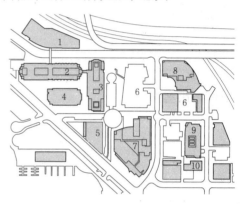

1 实验楼　2 基础科学楼　3 临床研究　4 人体生物学研究
5 设备楼　6 停车场　7 接待和公共卫生研究　8 门诊楼
9 行政管理楼　10 儿童保育

6 多中心式
（佛瑞德·哈钦森癌症研究中心，美国西雅图）

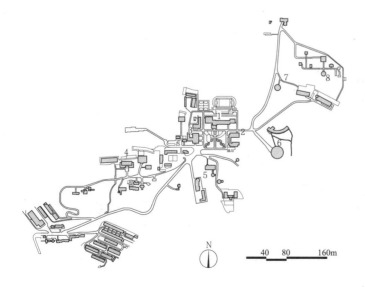

1 主楼　2 行政楼　3 食堂　4 太阳楼　5 科普基地　6 40m射电望远镜　7 1.2m望远镜　8 天体力学与天体测量

7 散点式（国家天文台云南天文台，云南昆明）

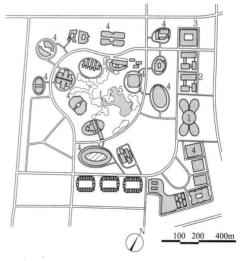

1 会议服务中心　2 软件质量检测中心　3 信息中心
4 研发办公　5 景观

8 集团式（上地信息产业基地，北京）

133

科学实验建筑 [4] 建筑平面布局

平面布局模式

科学实验建筑会根据功能和规模选取一种或多种布局类型，以平面基本单元为基础，形成多种单元组合模式。这种组合模式适合科研快速发展的需要，有利于灵活性的提高和实验室及其管网的相对集中。改扩建时，可以根据需要增加若干个单元，而不影响建筑的完整外形。根据组织方式的不同，科学实验建筑主要有以下几种常见布局模式，如表1所示。

平面布局模式 表1

线形平面	L形平面	半围合式平面
	L形（走廊式）　L形（走廊接大空间）	U形　　工字形

院落式平面	梳形平面	多向生长式平面
单个内院　内院组合	单向梳形　双向梳形	多向生长式

平面布局实例

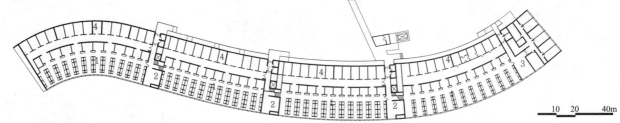

1 开放实验室　2 休息空间　3 会议室　4 办公室

1 线形平面（加利福尼亚大学旧金山分校干细胞中心，美国旧金山）

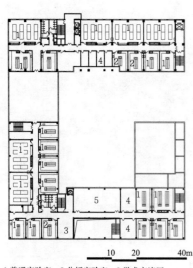

1 普通实验室　2 分析实验室　3 学术交流区
4 办公室　5 大空间办公

2 半围合式平面
（中科院大连化物所能源工程楼，辽宁大连）

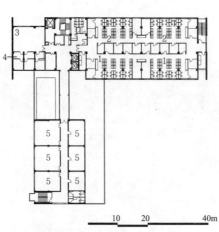

1 大空间实验室　2 冲洗室　3 学术交流区
4 小型研究室　5 办公室

3 L形平面
（中科院生物物理所蛋白质楼，北京）

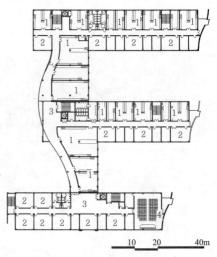

1 实验室　2 办公室　3 学术交流区　4 会议室

4 梳形平面
（中科院沈阳生态研究所，辽宁沈阳）

建筑平面布局［5］科学实验建筑

1 教科建筑

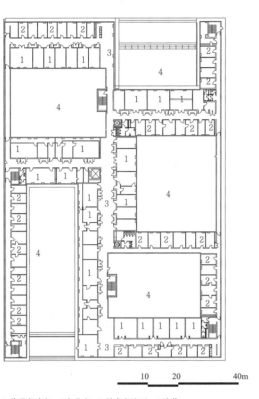

1 普通实验室　2 办公室　3 学术交流区　4 院落
1 院落式平面（柏林洪堡大学物理研究所，德国柏林）

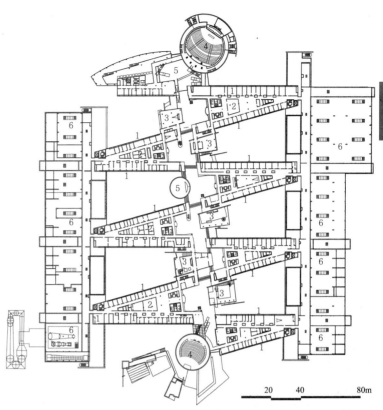

1 实验室/办公室　2 会议室/培训室/计算机房　3 学术交流区　4 报告厅　5 咖啡厅　6 检测大厅
2 双向梳形平面（慕尼黑工业大学机械工程系，德国慕尼黑）

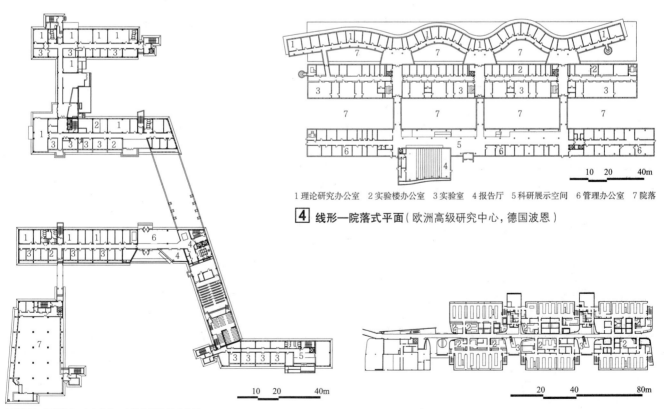

1 理论研究办公室　2 实验楼办公室　3 实验室　4 报告厅　5 科研展示空间　6 管理办公室　7 院落
4 线形—院落式平面（欧洲高级研究中心，德国波恩）

1 实验室　2 培养室　3 办公室　4 学术交流/活动空间
5 会议室　6 共享大厅　7 标本库
3 多向生长式平面（中科院动物研究所，北京）

1 实验室　2 科研办公室　3 学术交流区
5 线形平面（皇家墨尔本理工大学生物科学楼，澳大利亚墨尔本）

135

科学实验建筑 [6] 平面交通系统

平面设计原则

实验室建筑的主要特点是实验内容多，工艺要求复杂，工程管线较多。实验建筑平面设计除了遵循一般建筑物平面设计原则外，还需要遵循下列原则。

1. 同类实验室宜集中设置。
2. 相同工程管网类型的实验室宜集中设置。
3. 有洁净要求的实验室宜集中设置。
4. 有隔振要求的实验室及大荷载的大型仪器室宜设于底层或地下室，有条件时宜将实验室与其他建筑物隔开。
5. 有防辐射要求的实验室宜集中设置。
6. 有毒性物质产生的实验室宜集中设置。
7. 服务型公共仪器设施用房相对集中设置。
8. 随着实验室研究主体团队型的发展，研究对象的不断更新及现代学科的交叉，实验建筑还需要满足灵活可变性、可持续发展和促进交往的原则。

交通组织模式

实验建筑平面布局按交通组织模式分为：单走廊系统、双走廊系统、内外走廊系统（表1）。

1 物理实验室　2 办公室　3 会议室　4 走廊

1 单走廊系统
（中科院苏州纳米仿生研究所科研办公楼）

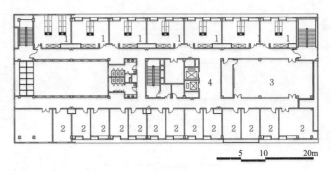

1 实验室　2 办公室　3 超净实验室　4 走廊

2 双走廊系统
（中科院地球化学所金阳新所环境化学实验楼）

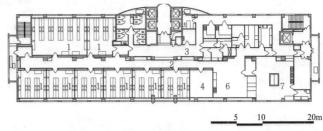

1 实验室　2 洁净走廊　3 外部走廊　4 堆笼室
5 更衣、风淋　6 内准备　7 外准备

3 洁污分流走廊系统
（中科院上海生命科学研究院动物房）

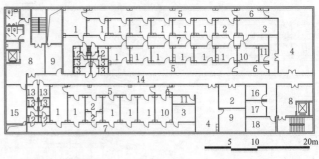

1 实验室　2 操作室　3 清洁储藏室　4 洗消间　5 污物走廊　6 出口缓冲　7 清洁走廊
8 门厅　9 物品间　10 检疫室　11 接收　12 风淋　13 更衣室　14 参观走廊
15 办公室　16 饲料间　17 药品间　18 垫料间

4 组合走廊系统
（中科院广州生物医药与健康研究院动物实验中心）

走廊系统示意图　　表1

走廊系统	走廊系统示意图	优缺点
单走廊系统		单走廊系统是实验建筑中最常见的平面形式，一般为中间走廊，两侧布置实验室、研究室。 优点：该形式体形简洁，便于施工，造价较低，易于布置管道，有良好的自然通风和采光。由于进深较小，可以结合开放式布局灵活地利用内部空间。 不足：应避免走廊过长带来的交通噪声及单调的空间感受。同时，由于墙面过长，不便于设置空调、洁净要求较高的封闭型实验室
双走廊系统		双走廊系统是在单走廊系统基础上，加大进深，两侧布置实验室、研究室，中间布置特殊实验室，采用环形走廊，更利于流动性和人员疏散。 优点：它特别有利于空调面积较多的实验建筑，利于节约能源，室内温度波动小。同时，由于建筑物加大了进深，可以节约用地，实验物件管网也易于集中设置，各实验室间交通相对缩短。双走廊中部房间适合设置有洁净要求或其他无自然采光要求的实验室及服务设施（设备间、恒温室、冷藏室、冷冻室、培养室、暗室等）。 不足：20~25m大进深建筑，中心区域的设置阻碍了采光通风和内部空间的流通，缺乏一定的灵活性
洁污分流走廊系统		某些特殊的实验建筑，如动物房、医疗实验楼等，根据实验特点，需要分隔设置洁净走道和污物走道。 优点：适合有洁污分流需要或需隔绝有危害物质的布局。 不足：交通面积较大
组合走廊系统		根据具体的实验需求，有些实验建筑会组合多种基本走廊系统，产生较为复杂的平面交通形式

平面布局原则

研究室是供研究人员书写研究报告、论文，阅读有关资料的房间。实验室与研究室的平面布局原则为：

1. 实验室与研究室之间联系方便。
2. 尽量避免实验时产生的有害气体、实验设备产生的噪声等对研究室的影响。
3. 布局时应综合考虑功能、经济等方面的因素。
4. 应考虑计算机和自动化全面融入实验室研究带来的新需求。
5. 应考虑小型会议及开放式休息交流空间的设置需求。

平面布局形式

1. 内含型

实验室与研究室在同一平面空间内，即在实验室里或开放布局的实验区内设置办公桌或研究室（表1）。

优点：实验室与研究室联系密切，建筑进深较大，节约用地，管道布置较为经济。

不足：实验室与研究室相互影响，不能均享采光，且不宜设置产生有毒物质的实验室。

2. 毗连型

研究室毗连主要实验室，与实验室交错布置（表2）。

优点：实验室与研究室联系方便，且有一定的独立性，有利于团队工作。同时采光良好。

不足：管道布置及建筑用地不经济，造价昂贵。两者仍有一定的影响，且不宜设置产生有毒物质的实验室。

3. 分离型

实验室与研究室各自相对集中，分离布置在同一建筑的不同区域或完全分离成两栋建筑（表3）。

优点：实验室与研究室相互影响最小，管道布置相对集中，经济合理。

不足：实验室与研究室分离较远，联系不便。日后改研究室为实验室的费用较高。

内含型布局形式 表1

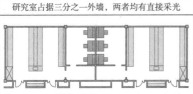
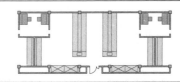
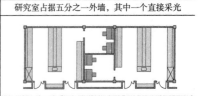

毗连型布局形式 表2

分离型布局形式 表3

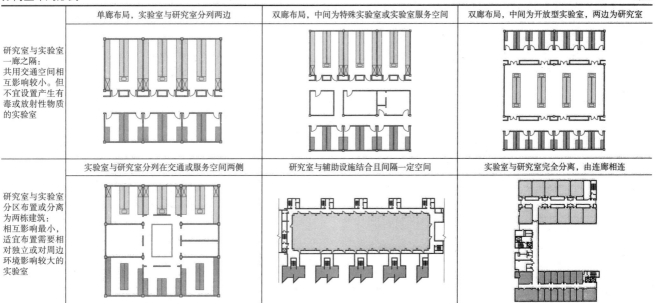

注：实验室，研究室。

科学实验建筑 [8] 单元模块

基本实验室模块

基本实验室模块可被定义为能够支持一般科研实验活动的"最小"的空间单元。其开间、进深、层高的尺度必须依据科研人员的行为模式以及实验室仪器设备的布置要求而定。不同类型的实验室空间均可理解为基本实验室模块的演绎与组合。能否合理设定基本实验室模块,决定了实验室的易用性及建设与运营的经济性。

1 实验台　2 边台　3 通风柜　4 记录台　5 试剂柜　6 器皿柜

1 基本实验室模块示意图

双向实验室单元

基本实验室单元在模数系统内延两个方向拓展,形成双向实验室单元,可使平面获得更大的通用性与灵活性。

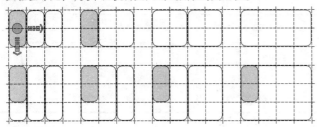

2 平面单元拓展模式

单边靠墙实验台,一般用于开间进深较小,实验内容相对固定的实验空间,如准备间、消洗间等;中央岛式实验台所需开间进深较大,适应性较强,能够布置更为通用的实验室。
岛式实验台与外窗的关系一般为垂直或平行布置,根据具体项目内容而定。

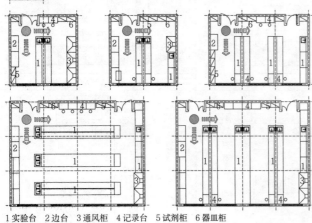

1 实验台　2 边台　3 通风柜　4 记录台　5 试剂柜　6 器皿柜

3 双向单元拓展示意

三维模块

双向实验室单元在竖直方向上延伸拓展,并充分协调楼电梯、卫生间及机电设备与管道系统,组成上下层间灵活可变的三维模块。

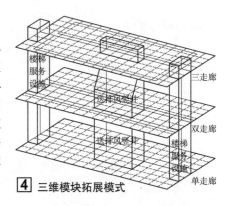

4 三维模块拓展模式

开放式实验室

当今的研究机构正逐步向这种智能化、开放式和灵活式布局相结合的混合型开放式布局方向发展。这种开放式布局将实验室、研究室、设备服务区融为一个整体,形成一个多功能、复合式的"大空间实验区"。

优势:节省交通面积,距离短,高效便捷;创造出随处可见的交流空间;大空间更利于灵活划分和再改造。墙体和门的数量相对较少,节约成本。

不足:存在一定的噪声干扰,过大的大空间会降低工作效率。

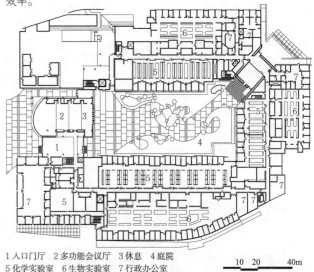

1 入口门厅　2 多功能会议厅　3 休息　4 庭院
5 化学实验室　6 生物实验室　7 行政办公室

5 强生药物研发拉后亚园区二期工程

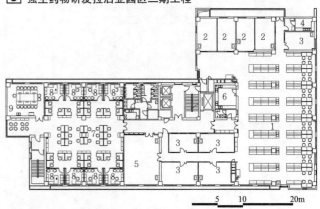

1 开放实验室　2 仪器室(洁净)　3 仪器室　4 暗室　5 备用实验室　6 洗刷间
7 开放办公区　8 PI办公室　9 讨论室

6 中科院基因组学实验楼

实验室空间尺度

实验室空间尺度一般指实验室的开间、进深、层高、走廊的尺度。它根据科研人员的活动范围及实验设备布置要求而定。

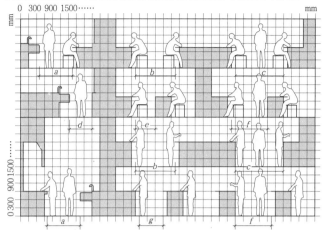

$a \geq 1250$；$b \geq 1400$，宜为1500；$c \geq 1600$，宜为1800；$d \geq 800$；$e \geq 700$，宜为750；$f \geq 1200$，宜为1350；$g \geq 750$，宜为900。

[1] 实验空间人体尺度

开间

实验室单元模块的开间主要取决于实验人员活动空间以及实验设备管网合理布置的必需尺度。

1. 普通化学、生物、物理实验室岛式实验台的宽度约为1.2~1.8m，含工程管网的该类实验台宽度不小于1.4m。
2. 靠墙试验台的宽度约为0.6~0.9m，含工程管网的靠墙实验台宽度不小于0.75m，两个实验台之间的距离为1.2~1.8m。建议不小于1.5m（满足无障碍通行需要）。
3. 预设改变平面划分时分隔墙体为150mm，因此单元模块开间一般为3.0m（经济型）、3.3m（常规型）、3.6m（舒适型）三种较为合理，后两种更适应房间灵活划分的需要。

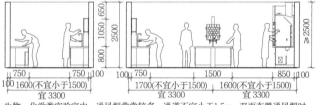

生物、化学类实验室中，通风橱常常较多，通道不宜小于1.5m，双面布置通风橱时，实验室开间模数宜相应放大。

[2] 典型实验开间使用示意

进深

实验室单元模块的进深主要取决于5个方面：①根据实验性质确定每个实验人员所需的实验台长度；②实验台的布置方式，相同长度的岛式实验台比半岛式实验台所需要的进深大；③实验台的端部是否布置研究人员的办公桌，窗边是否设置临时书写台；④通风柜的布置方式，通风柜平行窗户布置比垂直窗户布置的进深大；⑤采光通风方式。综合上述五个方面的因素，进深一般在6.0~10.0m。

层高

实验室单元模块的层高主要取决于实验建筑的类型，空调系统管道、静压箱等所占用的空间对层高影响较大。

1. 一般化学、生物、物理实验室的层高建议采用3.9~4.5m。放射化学实验用通风柜必须加装过滤器，层高应相应增加。
2. 有温湿度、洁净要求的实验室如需设技术夹层，夹层净高至少1.0m。设备需经常检修的技术夹层，建议为2.2~2.7m。
3. 为节约能源，洁净实验室的净高较低，一般为2.5~2.6m。
4. 底层由于需设置较大型的仪器设备，故层高略高，具体高度应视其设备安装及使用要求、管道走向及吊顶布置等而定。考虑预留多种可能性和可持续性发展，建议选择上限尺度。

走廊宽度

实验室的走廊宽度主要取决于5个方面：①交通量的大小；②走廊的长度；③门窗的开启方式；④是否有仪器及小型设备的频繁移动；⑤有无物品临时存放。

实验室的走廊一般分为下列5种：①单面走廊；②中间走廊（中间双走廊）；③检修走廊；④安全走廊与参观走廊；⑤设备管道走廊。一般实验室走廊的交通量较大，需运送小型仪器和其他实验设备，不宜过窄，但也不宜过宽，防止走廊边堆放杂物，影响环境质量。

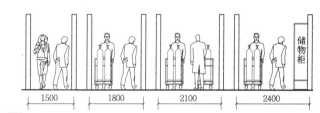

[3] 实验建筑走廊使用示意

典型科学实验建筑实验室空间尺度表　　　　　　　　　　表1

实验楼名称	开间（m）	进深（m）	层高（m）	走廊净宽度（m）
中国科学院电子所功率实验楼扩建	6.0	6.32	4.2、3.8	2.26
中国科学院电工研究所电气工程楼	4.6、4.5	7.5	8.05	2.3
中关村软件园孵化器一号楼	7.5	10.0、7.5	4.35、3.6	2.25
中科院计算技术研究所综合楼	4.2	6.6	4.2	2.3
动物研究所迁建工程科研实验楼	3.6	7.2、6.6	5.4、4.5、4.2	2.2、2.0
兰州近代物理所实验楼	6.0	7.6	6.0、5.0	2.1
中科院苏州纳米仿生研究所	9.0	10.0、7.2	5.6、4.2	1.8
中科院烟台海岸可持续发展研究所	7.2、3.6	10.6、6.0	5.6、4.2、3.9	4.0（管井）、2.1
环境科学前沿综合研究平台建设项目	7.8、6	8.1	4.1、3.55	2.2
中国遥感卫星地面站科研楼	4.0	9.4、6.0	4.5、4.2	2.0
中科院自动化所智能信息平台	10.5、8.4	13.7、9.1	4.8	2.3
兴隆科研试验楼	7.2	9.6、6.6	3.9、3.6	2.0
中国科学院地球化学研究所金阳新所环境化学实验楼	4.05	6.0	4.5、4.2	2.0
中科院化学研究所B楼	6.6	7.5	4.8、3.9	5.3（管井）、2.0
中国科学院烟台海岸带可持续发展研究所临海台站	7.8	7.5	4.8、4.2	2.2、1.9

科学实验建筑 [10] 交往空间

交往空间定义

交往空间是为研究人员提供沟通与交流场所的空间。在科学实验建筑中,合理布置的交往空间将提供沟通和交流的平台,是注重团队合作的新一代科研建筑不可或缺的重要空间组成部分。

一般分类:正式与非正式的交流空间、内部沟通与对外交流空间、社交活动场所等。

交往空间布局

1. 集中式:在单元模块交接点设置交往空间,将中庭或庭院空间设置为交往空间。
2. 串联式:将串联单元模块的服务设施扩大化作为交往空间。
3. 嵌入式:平面中嵌入的生态仓等休憩空间作为交往空间。
4. 分散式:将走廊、楼梯等交通空间进行局部扩大化处理,作为可随时停留、便于交流的空间。

交往空间布局类型 表1

集中式	串联式	嵌入式	分散式

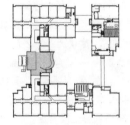
a 中关村软件园平面图

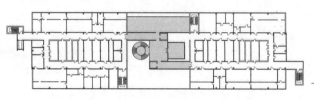
b 麦克斯·普朗克分子细胞生物学和基因学研究所平面图

c 麦克斯·普朗克分子细胞生物学和基因学研究所中庭透视图

1 集中式

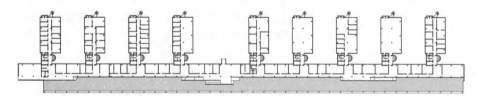
a 莱茵·易北科学园区技术中心平面图

b 中庭透视图

2 串联式

a 利物浦大学生物科学楼平面图

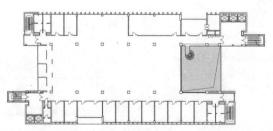
b 中国科学院计算机所平面图

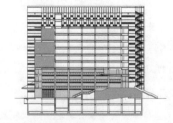
c 中国科学院计算机所剖面图

3 嵌入式

a 带有休息座椅的楼梯间

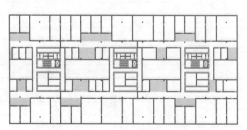
b 科隆大学医学院实验大楼平面图

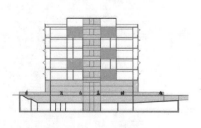
c 科隆大学医学院实验大楼剖面图

4 分散式

概述

实验室室内空气环境设计参数包括温度、湿度、空气洁净度及新风量等。维持实验室良好的室内空气环境,需要设置空调新风系统和通风系统;有恒温恒湿与洁净需求的实验室需要设置恒温恒湿净化空调系统。

实验室空调系统

根据实验室的规模、性质不同,按空气处理设备的设置情况,实验室空调系统分为分散式系统、半集中式系统和集中式系统(表1)。

实验室空调系统　　　　　　　　　　　　　　　　　　　　　　　　　　　　　　　　表1

空调系统	系统说明	主要形式	系统特点
分散式系统	每个房间的空气处理分别由各自的整体式(或分体式)空调器承担	房间空调器(分体空调、窗式空调)	安装管理方便,使用灵活,需要就近设置室外机位,适用面积较小且无工艺要求的实验室
		单元式空调(风冷直膨式恒温恒湿、风冷机房专用空调)	安装管理方便,使用灵活,需要就近设置室外机位,适用具有恒温恒湿要求的面积较小的实验室
半集中式系统	除了有集中的空气处理设备外,在各个空调房间内还分别有处理空气的"末端装置"	风机盘管+新风系统	使用相对灵活,占用吊顶空间较小
		多联分体空调+新风系统	
集中式系统	空气处理设备集中设置在机房内,空气经处理后由风管道集中送入各房间	单风道定风量空调系统	空气品质好,各房间无法独立调节,占用吊顶空间大;适用于实验室面积较大或有恒温恒湿及洁净要求的实验室
		变风量空调系统	空气品质好,各房间可独立调节,占用吊顶空间大,造价高;适用于标准较高的实验室

注:上述是基本的空调方式,实验室可根据功能需求的不同,灵活采用一种或几种空调系统形式。

实验室通风系统

实验室的实验过程中,经常会产生各种难闻的、有腐蚀性的、有毒的、有生物危害的或易燃易爆的气体。这些有害气体应及时收集处理,尽快排出实验室,否则会污染室内空气,影响实验人员的健康与安全,影响实验设备的精度和使用期限。因此实验室通风是实验室设计中不可或缺的组成部分。实验室常见通风方式有全面通风与局部排风。

1. 全面通风

实验室设备、材料不断散发热、湿及有害气体,发生源分散或不固定而无法采用局部排风,或设置局部排风无法满足要求时,则需要设置全面通风系统。

2. 局部排风

局部排风是在有害物产生后就近收集处理、达标排出的一种通风方式。常采用局部排风装置和通风柜将废气排除。此种方式能以较少的风量排除大量的有害物,在实验室中被广泛采用。

通风柜是实验室中最重要的设备,在日常实验中进行药品配制、倾倒、混合等操作时,会产生一些有毒、有害的气体。通风柜能为操作者提供一个安全的操作空间,并能高效地将烟雾、气体排放出去,避免危害实验室人员的健康。

全面通风系统特点及适用条件　　　　　　　　表2

全面通风系统	特点及适用条件
自然通风	实验室对温湿度、洁净度无特殊要求,产生的有害物及热湿量较少,气候条件适宜,每个实验室有可开启外窗或较大的进排风竖井及百叶风口
机械排风,自然补风	实验室对温湿度、洁净度无特殊要求,气候条件适宜,每个实验室有可开启外窗或较大的进风竖井及百叶风口
机械排风,机械补风(新风系统)	实验室对温湿度、洁净度有一定要求。可根据实验要求对补风(新风)进行冷热、加湿除湿及净化处理

局部排风类型与特点　　　　　　　　表3

类型	特点
变风量通风柜	与变风量排风系统配合使用,其排风量随活动拉门开口的大小而改变,但始终保持恒定的表面风速。与定风量系统相比,变风量排风系统需要一套自动控制系统,所以初期投资相对较大,但从长期运行来讲比较节约能源,会降低系统的运行成本。它的运行机理如下:当通风柜的活动拉门开口的大小改变时,控制系统通过表面风速测量仪检测通风柜拉门开口风速的大小,并通过传感器传输给中央控制器,由控制器发出信号,调节风阀的开口大小或马达的转速以改变排风量的大小,从而达到恒定表面风速的目的
定风量通风柜(旁通式通风柜)	标准型
	补风型
	配套风机型

定风量通风柜(旁通式通风柜)特点:与定风量排气系统配合使用,无论活动拉门如何变化,它总是保持恒定的排气量。当活动拉门拉下时,通过位于通风柜上方的百叶补风以达到恒定的排气量的目的。这种排气系统的通风柜表面风速变动较大。初投资小,控制相对简单,能耗大

排风装置类型　　　　　　　　表4

局部排风装置种类	特点
排气罩	常用为伞形罩,一般设置在实验设备上方,排除设备散发的热、湿及有害气体
万向排风罩	也是伞形排风罩,但排风罩口可根据需要在一定范围内任意移动,使用灵活
实验台排风口	试验台上设置排风口,多在教学实验室采用
实验装置及设备排风	通风药品柜、培养箱等设置排风装置

操作口平均风速　　　　　　　　表5

有害气体的排风方式	操作口吸风速度(m/s)
局部排气口	0.3~0.5
通风柜	0.4~0.5
通风柜(极毒物或少量放射性有害物)	0.5~0.6
放射性工作箱	1

科学实验建筑 [12] 空气环境设计

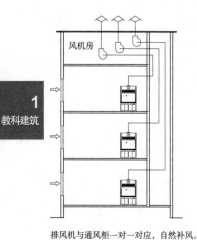
a 定风量通风柜排风示意图一
排风机与通风柜一对一对应，自然补风。

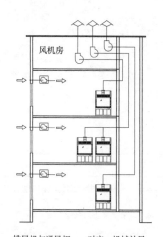
b 定风量通风柜排风示意图二
排风机与通风柜一对一对应，机械补风。

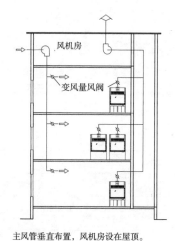
c 变风量排风系统示意图一
主风管垂直布置，风机房设在屋顶。

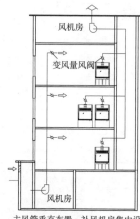
d 变风量排风系统示意图二
主风管垂直布置，补风机房集中设在地下，排风机房设置在屋顶。

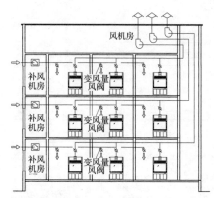
e 变风量排风系统示意图三
主风管水平布置，补风机房分层设置，排风机房设置在屋顶。

1 全面通风系统示意图

2 万向排风罩、通风药品柜、排风罩

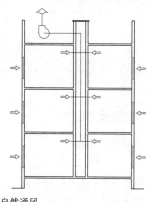
a 自然通风

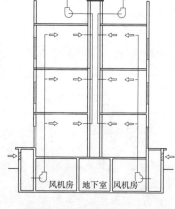
b 机械排风，自然补风

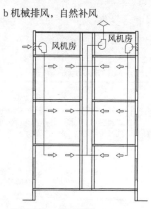
c 机械排风，机械补风

4 局部排风系统示意图

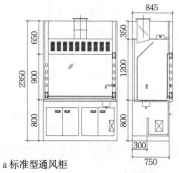
a 标准型通风柜

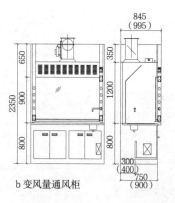
b 变风量通风柜

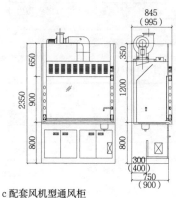
c 配套风机型通风柜

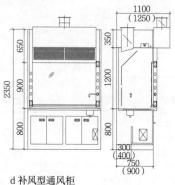
d 补风型通风柜

3 通风柜

配套管线工程种类

实验室需要配套强弱电、给水、排水、蒸汽、冷却水、实验气体等公用管线工程。

公用管线工程类别表　　　　　　　　　　　　　　　　表1

种类		特点
水	市政给水	由市政管网直接供给或经加压后供给实验室
	热水	可集中供给或实验室就地制备热水
蒸汽		用量较大时，设置蒸汽锅炉供给；用量较少时可考虑就地制备
纯水	蒸馏水、去离子水、高纯水	用量较大时设置集中制备水站管道供应，用量较小时采用瓶装供应或就地设置小型设备供水
排水	一般排水	排入市政管道
	特殊排水	经过处理后排入市政管道，无法自行处理的污水应收集储存交由专业机构处理
冷却水		主要为实验设备和实验过程的冷却需要；用水量较大时采用冷却塔或冷却水池为冷却水降温；用量较大或要求冷却水温度较低时，采用冷却水机组为冷却水降温
气体	甲烷、一氧化碳、氢、氧等	易燃、易爆、有毒，危害较大，不能与其他管线同井敷设；可采用钢瓶或管网供应
	压缩空气、氮气、氩气等	气体危害较小，气体管道可同井敷设，使用分散，用量较大时采用管网集中供应
电	强电（交流、直流）	实验室三相交流用电较多；特殊实验室需要直流电
	弱电（电话、网络、消防报警、智能化）	为满足机电设备控制、实验室设备及办公需要配置

系统形式

各种管网都是由总管、干管和支管三部分组成。总管是指从室外管网到实验室内的一段管道；干管是指从总管分至各单元的一段管道；支管是指从干管连接到试验台和实验设备的管道。管线系统形式为垂直分配系统、水平分配系统及混合式分配系统。

配套管线系统形式表　　　　　　　　　　　　　　　　表2

管线系统	特点	图示
垂直分配系统	总管水平敷设，由总管分出的干管都是垂直布置，通到各楼层所需的实验单元。水平总管可敷设在底层、顶层或技术夹层内。层高占用小，面积占用大	
水平分配系统	总管垂直敷设，在各层由总管分出的水平干管，接支管到楼层的每个实验单元。垂直总管可敷设在管道井及设备间内。层高占用大，面积占用小	
混合式分配系统	建筑体形狭长或体量较大时垂直分配与水平分配系统可结合使用	

注：1 总管，2 干管，3 支管。

布置原则

1. 在满足实验要求的前提下，应尽量使各种管线的线路最短，弯头最少。
2. 各种管道应按一定间距和顺序排列。符合安全要求。
3. 管道应便于施工安装、检修、改装增加。

配套管线布置方式　　　　　　　　　　　　　　　　　表3

方式	特点
明露式	管线全部明露，架设检修方便，易积灰。布置时应使管线相对集中，排列整齐
隐藏式	管线埋设在地面、墙体内，或安装在管井、吊顶、技术夹层内。易于保证实验室洁净，但应考虑管道检修方便
混合式	管线部分外露部分隐蔽，应扬长避短

电气特征

实验楼的电气方面一般配置变配电系统、动力系统、照明系统、防雷接地系统及弱电系统。

实验室动力用电应自成动力系统，从楼座变配电站至用电设备，一般经由配电干线、支干线和支线进行配电（表4）。

实验室的照明宜按楼层统一配电，实验室宜留接地端子，实验室内应留电话、网络信息插座。

每间实验室宜单独设置动力配电箱，负责给本房间实验设备供电。实验室内的大容量设备应单独回路供电，小容量设备采用插座、插座箱的方式供电；电源插座的数量和规格要根据不同的工艺设备要求而区别对待；实验室应有足够的电源插座。

对一些特殊的精密、贵重仪器设备，要求提供稳压、恒流、稳频、抗干扰的电源；必要时需建立不中断供电系统，要配备专用电源，如UPS不间断电源等。

实验室动力用电线路类型　　　　　　　　　　　　　　表4

类型	起点终点	导体及敷设
配电干线	从变配电站至楼层配电柜	采用电缆形式，在地下室的水平线槽和配电竖井内敷设
支干线	从楼层配电柜至实验室内配电箱	采用电缆形式，在各楼层的水平线槽敷设，至适当位置穿管接实验室内配电箱
支线	从实验室内配电箱至用电设备或电源插座（箱）	采用导线形式，分别在地面和吊顶内穿管敷设，再经墙内暗敷或者采用镀锌钢明管敷设至用电设备或电源插座（箱）

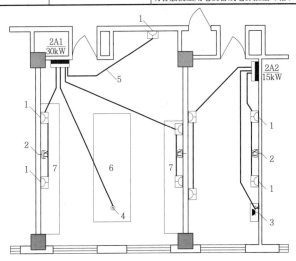

1 插座箱　2 双口信息插座　3 空调插座　4 接线盒　5 支线
6 中间实验台　7 标准边实验台

1 实验室电气线路示意图

科学实验建筑 [14] 化学实验室

设计要求

化学实验室布局选址应不影响周围环境；宜位于城镇主导风向的下风向，基于卫生防疫及环保部门的意见并通过环境影响性评价。以研究性实验为主要工作内容的化学实验室，由于其研究的对象物质往往以少量、微量的状态存在，一般通过处理均可满足排放标准，对环境影响较为温和。

1. 化学类实验室是湿性实验室的典型代表。化学实验室常配备纯水及各类实验用气体，实验室排水管道设施、家具台面必须耐酸碱及有机试剂等化学腐蚀。

2. 为隔离日常实验中相关化学反应，以及试剂配制、制剂混合、使用挥发性物质等操作中产生的一些有毒、有害及有刺激性气味的气体，化学实验室内一般必须设置通风柜将实验区域内的烟雾、气体高效排除，以保证实验人员的健康工作。

3. 应用较多通风柜的化学实验室，大量室内空气不断被排出室外，实验室空间常年处于负压状态。为保证室内空气环境的稳定性以及科研工作的舒适性，建议设置补风系统协同工作，对排出空气进行补偿，补风量需考虑排风系统的工况并经通风专业计算确定。

4. 排风系统的室外机，应注意消声及减振隔振措施，避免给各类精密仪器带来干扰，影响数据准确性；避免对附近建筑与居民造成影响。

5. 实验过程易燃易爆的，实验可能产生易燃易爆产物的，应加强防火、防爆的安全防护措施；产生有毒有害产物的，应有相应隔离疏散措施。

6. 实验用废液、废气应及时收集处理，通过酸碱中和等措施，除去其有毒、有害性状，达标排放。

7. 为防止化学研究过程中不可预见的意外情况，实验室范围，应设置紧急洗眼、淋浴装置，以保障科研人员的安全。

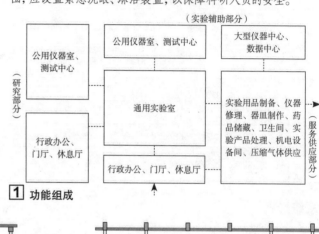

[1] 功能组成

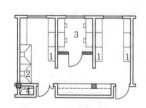

a 实验室附设研究室

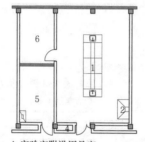

b 实验室附设用品室

c 实验室附设准备室（教学用）

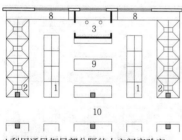

d 利用通风柜局部分隔的大空间实验室（附设研究室）

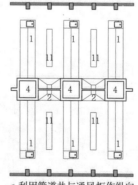

e 利用管道井与通风柜作纵向分隔的大空间实验室

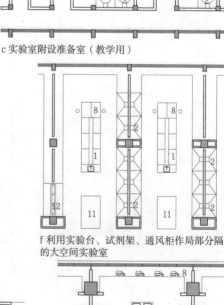

f 利用实验台、试剂架、通风柜作局部分隔的大空间实验室

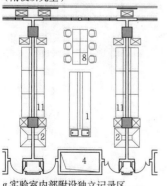

g 实验室内部附设独立记录区

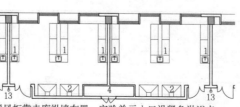

h 通风柜靠走廊纵墙布置，实验单元入口设紧急淋浴点

i 实验室内部附设靠窗记录区

1 实验台　2 通风柜　3 研究室　4 管道井　5 药品室　6 仪器室　7 准备室　8 记录台　9 水槽　10 走道　11 辅助台　12 试剂架　13 紧急淋浴　14 药品柜

[2] 平面布置形式

化学实验室 [15] 科学实验建筑

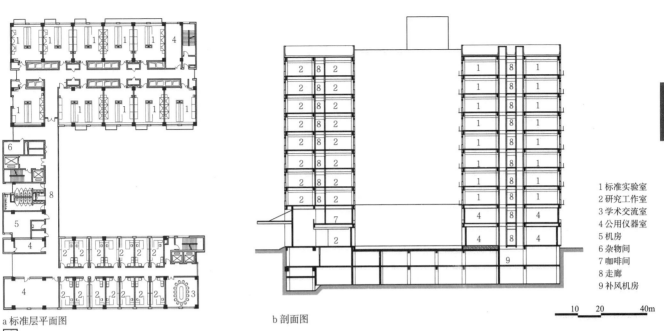

a 标准层平面图　　　b 剖面图

1 标准实验室
2 研究工作室
3 学术交流室
4 公用仪器室
5 机房
6 杂物间
7 咖啡间
8 走廊
9 补风机房

[1] 中科院化学研究所分子科学创新研究平台（北京）

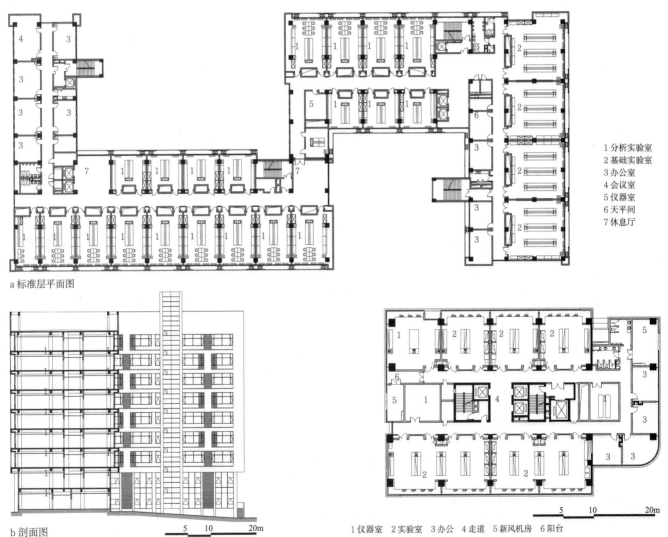

a 标准层平面图

1 分析实验室
2 基础实验室
3 办公室
4 会议室
5 仪器室
6 天平间
7 休息厅

b 剖面图

[2] 中国科技大学环境资源楼（安徽合肥）

1 仪器室　2 实验室　3 办公　4 走道　5 新风机房　6 阳台

[3] 中科院上海有机化学研究所药物中间体研发平台标准层平面图（上海）

科学实验建筑 [16] 化学实验室

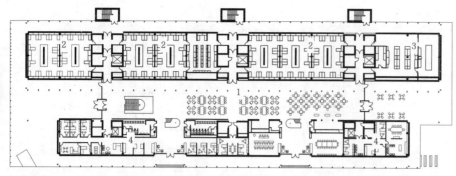

a 首层平面图

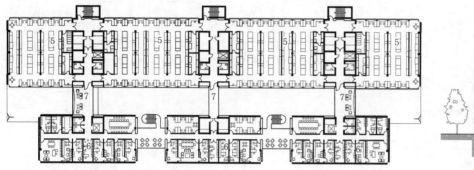

b 二层平面图

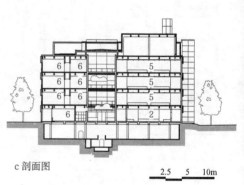

c 剖面图

1 中庭 2 教学实验室 3 实验辅助 4 门厅 5 实验室 6 办公室 7 学术讨论区

1 普林斯顿大学弗里克化学实验楼（美国）

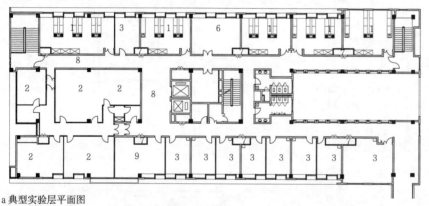

a 典型实验层平面图

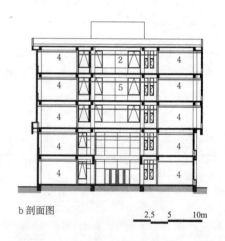

b 剖面图

1 化学实验室 2 净化实验室 3 天平室 4 科研办公室 5 学术交流区 6 纯水间 7 设备管井 8 走道 9 机房

2 中科院地球化学所环境实验楼（贵州贵阳）

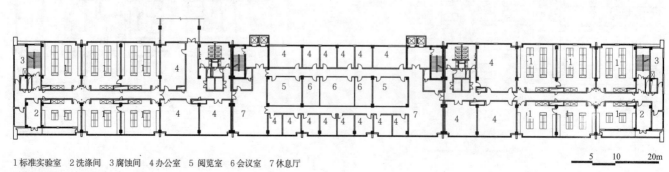

1 标准实验室 2 洗涤间 3 腐蚀间 4 办公室 5 阅览室 6 会议室 7 休息厅

3 中科院苏州纳米仿生研究所科研办公楼标准层平面图（江苏苏州）

概述

生物安全实验室指通过防护屏障和管理措施,达到生物安全要求的微生物实验室和动物实验室。生物安全实验室区域包括主实验室及其辅助用房。生物安全实验室一般实施两级屏障。一级屏障通过各级生物安全柜、动物隔离器和个人防护装备等实现,为操作者和被操作对象之间的隔离;二级屏障通过建筑结构、通风空调、给水排水、电气和控制系统来实现,为生物安全实验室和外部环境的隔离。

分级

我国根据传染病原的传染性和危害性,将其分为4个不同的危害等级。根据《人间传染的病原微生物名录》要求,不同危害程度的病原微生物实验及其动物实验需要在与其相适应的各级别生物安全实验室里进行。参照国际标准,根据对所操作生物因子采取的防护措施,将实验室生物安全防护水平由低至高分为一级、二级、三级和四级;一级防护水平最低,四级最高。

生物安全实验室的分级 表1

分级	生物危害程度	操作对象
一级	低个体危害,低群体危害	对人体、动植物或环境危害较小,不具有对健康成人、动植物致病的致病因子
二级	中等个体危害,有限群体危害	对人体、动植物或环境具有中等危害或具有潜在危险的致病因子,对健康成人、动物和环境不会造成严重危害。具备有效的预防和治疗措施
三级	高个体危害,低群体危害	对人体、动植物或环境具有高度危害性,通过直接接触或气溶胶使人传染上严重的甚至是致命疾病;或对动植物和环境具有高度危害的致病因子;通常有预防和治疗措施
四级	高个体危害,高群体危害	对人体、动植物或环境具有高度危害性,通过气溶胶途径传播或传播途径不明;或未知的、高度危险的致病因子;没有预防和治疗措施

分类

生物安全实验室根据所操作致病性生物因子的传播途径可分为a类和b类。a类指操作非经空气传播生物因子的实验室;b类指操作经空气传播生物因子的实验室。b1类生物安全实验室指可有效利用安全隔离装置进行操作的实验室;b2类生物安全实验室指不能有效利用安全隔离装置进行操作的实验室。

四级生物安全实验室根据使用生物安全柜的类型和穿着防护服的不同,分为生物安全柜型和正压服型两类。

规划与布局

实验室选址、设计和建造应符合国家和地方的环境保护和建设主管部门等的规定和要求。实验室的防火和安全通道设置应符合国家的消防规定和要求,同时应考虑生物安全的特殊要求;必要时,应事先征询消防主管部门的建议。实验室的安全保卫应符合国家相关部门对该类设施的安全管理规定和要求。

生物安全实验室的位置要求 表2

实验室级别	平面位置	选址和建筑间距
一级	可共用建筑物,实验室有可控制进出的门	无要求
二级	可共用建筑物,与建筑物其他部分可相通,但应设可自动关闭的带锁的门	无要求
三级	与其他实验室可共用建筑物,但应自成一区,宜设在其一端或一侧	防护区室外排风口与公共场所和居住建筑的水平距离不应小于20m
四级	独立建筑物,或与其他级别的生物安全实验室共用建筑物,但应在建筑中独立的隔离区域内	宜远离市区。主实验室所在建筑物离相邻建筑物或构筑物的距离不应小于相邻建筑物或构筑物高度的1.5倍

技术指标

主实验室的主要技术指标 表3

级别	相对于大气的最小负压(Pa)	与室外方向上相邻相通房间的最小负压差(Pa)	洁净度级别	最小换气次数(次/h)	温度(℃)	相对湿度(%)	噪声[dB(A)]	平均照度(lx)	围护结构严密性(包括主实验室及相邻缓冲间)
BSL-1/ABSL-1	—	—	—	可开窗	18~28	≤70	≤60	200	—
BSL-2/ABSL-2中的a类和b1类	—	—	—	可开窗	18~27	30~70	≤60	300	—
ABSL-2中的b2类	-30	-10	8	12	18~27	30~70	≤60	300	
BSL-3中的a类	-30	-10	7或8	15或12	18~25	30~70	≤60	300	所有缝隙应无可见泄漏
BSL-3中的b1类	-40	-15							
ABSL-3中的a和b1类	-60	-15							
ABSL-3中的b2类	-80	-25							空气压力维持在-250Pa时,房间内每小时泄漏的空气量不应超过受测房间净容积的10%;房间维持-500Pa后,20 min内自然衰减的气压小于-250Pa
BSL-4	—	-25							
ABSL-4	-100	-25							

注:1. BSL表示仅从事体外操作的实验室的相应生物安全防护水平;ABSL表示包括从事动物活体操作的实验室的生物安全防护水平。
2. 三级和四级动物生物安全实验室的解剖间等房间压力通常比主实验室低10 Pa。
3. 本表中的噪声不包括生物安全柜、动物隔离器等设备的噪声,如果包括上述设备的噪声,则最大不应超过68 dB(A)。
4. 动物生物安全实验室内的参数还应符合《实验动物设施建筑技术规范》GB 50477的有关要求。

三级和四级生物安全实验室其他房间的主要技术指标 表4

房间名称	洁净级别	最小换气次数(次/h)	与室外方向上相邻相通房间的最小负压差(Pa)	温度(℃)	相对湿度(%)	噪声[dB(A)]	最低照度(lx)
主实验室的缓冲间	7或8	15或12	-10	18~27	30~70	≤60	200
隔离走廊	7或8	15或12	-10	18~27	30~70	≤60	200
准备间	7或8	15或12	-10	18~27	30~70	≤60	200
防护服更换间	8	10	-10	18~26	—	≤60	200
防护区内的淋浴间	—	10	-10	18~26	—	≤60	200
非防护区内的淋浴间	—	—	—	18~26	—	—	150
化学淋浴间	—	4	-10	18~28	—	≤60	150
ABSL-4的动物尸体处理设备间和防护区污水处理设备间	—	4	-10	18~28	—	—	200
清洁衣物更换间	—	—	—	18~26	—	≤60	150

注:1. 如果在准备间安装生物安全柜,则最大噪声不应超过68dB(A)。
2. 当房间处于值班运行时(例如动物隔离器室的夜间运行),在各房间压差保持不变的前提下,值班换气次数可以低于表3和表4中规定的数字,具体数据应计算确定。
3. 对于有特殊要求的生物安全实验室,空气洁净级别可高于表3和表4的规定,设计换气次数也应随之提高。

科学实验建筑 [18] 生物安全实验室

平面布置形式

1 教科建筑

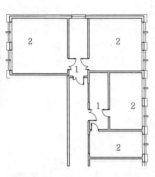

a 有缓冲　　　　　　　　b 无缓冲

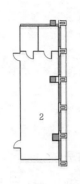

1 二级生物安全实验室

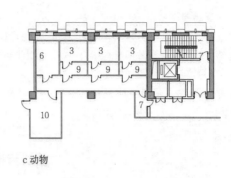

c 动物

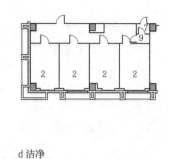

d 洁净

1 缓冲	2 BSL-2	3 ABSL-2	4 BSL-3	5 ABSL-3	6 解剖间
7 一次更衣室	8 淋浴	9 二次更衣室	10 洗消间	11 更换防护服	
12 化学淋浴	13 活毒废水处理间	14 活毒废水管道夹层			
15 实验室工作层	16 高效空气过滤层	17 空调设备层			

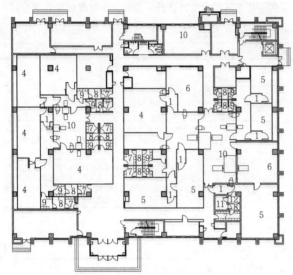

a 独立建筑（包含6套实验室）

b 独立层

2 三级生物安全实验室

剖面布置形式

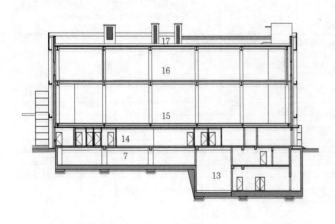

3 三级实验室剖面图

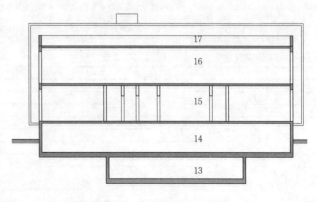

4 三级实验室剖面图（无活毒废水排放）

5 四级实验室剖面图

流动路线分析

1. 人员流动路线

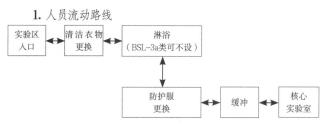

① 三级生物安全实验防护区人员流动路线

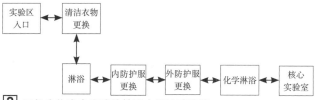

② 四级生物安全实验防护区人员流动路线

2. 物品流动路线

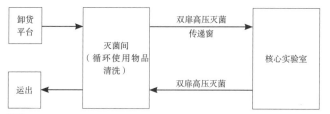

③ 适用于BSL-3、BSL-4和ABSL-3、ABSL-4中a类或b1类实验室

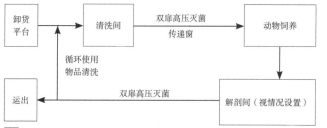

④ 适用于ABSL-3、ABSL-4中b2类实验室

3. 动物流动路线

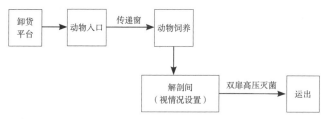

⑤ ABSL-2、ABSL-3、ABSL-4中a类和b1类实验室动物流线

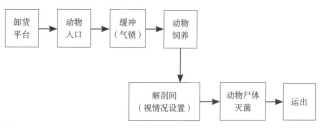

⑥ ABSL-3、ABSL-4中b2类实验室动物流线

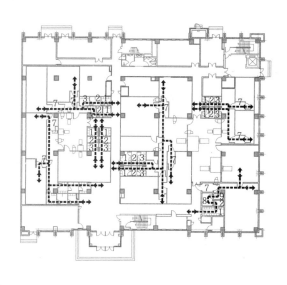

⑦ 生物安全实验防护区人员流动路线示意图

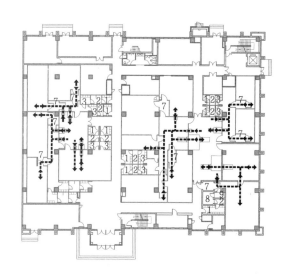

⑧ 生物安全实验防护区物品流动路线示意图

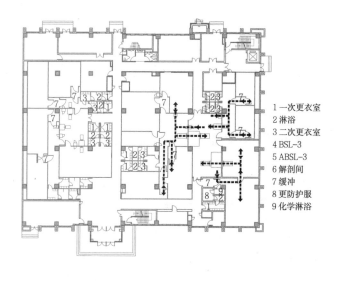

1—一次更衣室
2—淋浴
3—二次更衣室
4—BSL-3
5—ABSL-3
6—解剖间
7—缓冲
8—更防护服
9—化学淋浴

⑨ 生物安全实验防护区动物流动路线示意图

科学实验建筑 [20] 实验动物设施

实验动物的环境设施,按空气净化的控制程度可分为:普通环境设施、屏障环境设施和隔离环境设施,以适应不同级别的动物饲育和实验要求。

普通环境建筑设计要求

1. 按实验动物饲育、实验的不同功能要求,布置动物饲育用房、辅助饲育用房、动物实验用房、辅助实验用房及辅助用房。

2. 动物尸体和废弃物出口需单独设置,人员出入口不宜与之合用;动物尸体的运输路线需避开人员路线;动物与废弃物暂存处应选择隐蔽位置,与主体建筑保持适当间距。

3. 大型实验动物设施宜单独布置化粪池。

4. 实验动物设施的入口部位应设置不小于50cm高的金属或其他材质的防鼠板,防止昆虫、野鼠等动物进入和实验动物外逃。

5. 实验动物设施设置电梯时应考虑设洁、污分开的2台电梯,并采取有效的隔声措施以免对动物产生噪声影响。

6. 地面采用无缝防滑耐腐蚀材料,与墙面相交的位置做半径不小于30mm的圆弧。

7. 清洗消毒室需设置排水坡度不小于1%的地漏或排水沟,并应做好地面防水处理。

8. 新风口应设在高于室外地面2.5m以上的位置,尽可能远离污染源,同时需安装保护网来阻挡绒毛、防鼠、防昆虫,并需采取有效的防雨措施。

9. 养虫室应根据不同的生物特点注意控制设计温度、湿度和光照等。

10. 马、牛等大型动物一般采取开放式饲养,因其粪便中含有不易消化的食物纤维,应考虑布置饲料粉碎设备。

屏障和隔离环境建筑设计要求

1. 应在有空气压力变化的相接部位设置缓冲间,二次更衣可以兼做缓冲间。

2. 门窗应有良好的密闭性和安全性,密闭门宜朝向空气压力较高的房间开启,并能自动关闭。实验室、缓冲室的门应设观察窗和门锁。

3. 净化区内不能设置卫生间、排水沟或者地漏。

环境设施类型 表1

环境设施类型	使用功能	适用动物级别
普通环境	实验动物生产、动物实验、检疫	基础动物
屏障环境	实验动物生产、动物实验、检疫	清洁动物、SPF动物
隔离环境	实验动物生产、动物实验、检疫	SPF动物、悉生动物、无菌动物

注:1. 摘自《实验动物环境及设施》GB 14925-2010。
2. 悉生动物是一种动物与微生物的复合体。
3. 悉生动物饲养于隔离环境中,与无菌动物的饲养要求相同。

功能房间 表2

功能	房间名称
动物饲育用房	育种室、饲育室等
辅助饲育用房	动物接收室、检疫隔离室、更衣室、缓冲间、清洗消毒室、隔离走廊等
动物实验用房	主实验室、解剖室、动物尸体处理用房等
辅助实验用房	更衣室、缓冲室、监控室、清洗消毒室、隔离走廊等
辅助用房	门厅、办公室、卫生间、设备用房等

建筑消防要求

1. 屏障环境设施独立建造或附属设置在不低于二级耐火等级的建筑中。

2. 三级生物安全实验室的耐火等级不应低于二级;四级生物安全实验室的耐火等级应为一级。

3. 面积大于50m²的屏障环境设施安全出口应不少于2个,位于洁净区的一个可采用固定的钢化玻璃密闭,同时需配备紧急时可击碎玻璃的应急工具。

4. 实验动物设施饲育及实验用房的吊顶内可不设消防设施,吊顶材料必须为不燃烧体并有较高的耐火极限值。

5. 净化区内不应设置自动喷水灭火系统,应根据需要采取其他灭火措施。

建筑通风及隔声要求

1. 普通环境设施应设置带防虫纱窗的窗户进行自然通风。

2. 对噪声敏感的动物与大噪声的动物分区布置,同时采取有效的隔声措施。

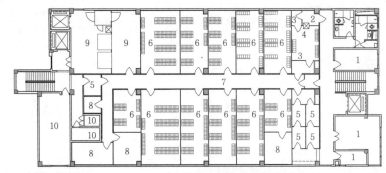

a 二层平面图

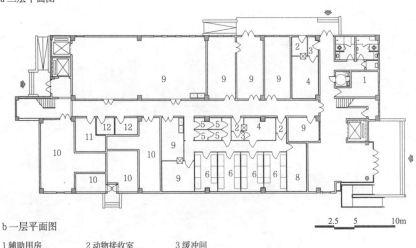

b 一层平面图

1 辅助用房 2 动物接收室 3 缓冲间
4 动物检疫室 5 更衣室 6 饲育室
7 清洁走廊 8 实验用房 9 辅助实验用房
10 设备机房 11 动物解剖室 12 动物尸体处理用房

1 实验动物房实例

组成

地学实验室是地理学、地质学、地球物理、大气科学、海洋学、水文学、环境科学、测绘学等学科的实验室。其组成包括通用实验室、专用实验室、观察站台、标本库。

1. 通用实验室：电镜室、光谱分析室、红外感应实验室、化验室、暗室、计算机房等。
2. 专用实验室：泥石流实验室、滑坡模拟室、地震模拟室、海浪冲击、大气环流实验室、陆水循环实验室、风洞实验室、人工降雨实验室、人工模拟干旱环境气候室、高温高压实验室等。
3. 观察站台：地震台、地磁台、冰川观察站、泥石流观察站、滑坡观察站、生态观察站、遥感实验站、重力观察站、地热观察站、地下流体观察站等。
4. 标本库：岩芯库、冰芯库等。

设计特点

1. 通用实验室：实验室空间模数与普通生化、物理实验室相同，通常与研究室、资料室合建成研究实验楼。
2. 专用实验室：设备体量大，专业性强，对振动干扰要求较高时宜远离振源，附设于综合楼时宜布置于首层或地下；对电磁场有特殊要求时，应有电磁屏蔽措施；一般有空气洁净及温度、湿度的特殊要求，需附设净化空调系统，其机房面积约占实验室面积的三分之一；主空间周围布置控制室、仪表室、研究室等，宜单建或放在大楼一侧。
3. 观察台站：选址均在野外适合观察或实验的场所，建筑规模小，环境条件要求高，配备专用观察和实验仪器。远离城市的观察站台，应设发电机房和职工生活设施。
4. 标本库：一般新建科学实验园区里为满足实验要求，标本库建筑面积宜占园区总建筑面积的20%~30%。

实例

实验大厅为66m×12m，设有长37m、宽1.2m、坡度为1:0.45的模拟实验槽，用于研究泥石流的力学特性、运动规律和构成机理。

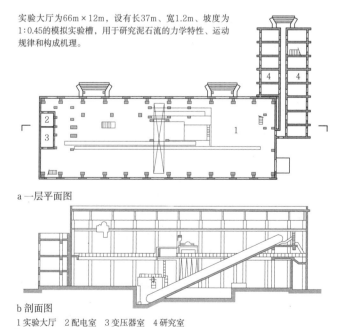

a 一层平面图

b 剖面图

1 实验大厅　2 配电室　3 变压器室　4 研究室

1 中国科学院成都山地灾害与环境研究所泥石流实验室

1 UPS室　2 实验室　3 控制室　4 空调机房

2 中国科学院地质与地球物理研究所MC-ICP-MS实验室平面图

该实验室由控制室、实验室、UPS室及空调机房组成，建筑总面积180m²。由于仪器对振动、空气质量要求较高，该实验室设置在建筑首层，层高为4.5m，且配备不间断电源（UPS）、空调及空气过滤系统。实验人员主要在控制室进行操作，与仪器室之间用带有观察窗的铝塑板隔断墙分离。

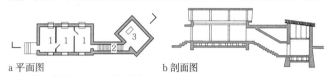

a 平面图　　　　　　　　b 剖面图

1 实验室　2 通道　3 无定向磁力仪实验室

地磁台选址要求地磁强度均衡，四周无强磁场干扰源，选用铜筋等无磁材料建造。

3 北京地磁中心古地磁实验室

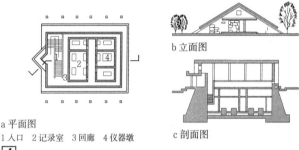

a 平面图　　　　　　　　b 立面图

1 入口　2 记录室　3 回廊　4 仪器墩

c 剖面图

4 北京地磁中心地磁记录室

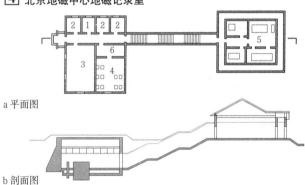

a 平面图

b 剖面图

1 电池室　2 工作室　3 修理室　4 记录室　5 观察室　6 洗相室

地震观察台选址要远离振动干扰源，地基稳定，环境幽静，地震信号取自地下50~200m。

5 北京温泉地震观察台

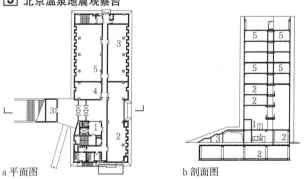

a 平面图　　　　　　　　b 剖面图

1 门厅　2 交流休息　3 岩芯库　4 实验室　5 办公室

地球环境所岩心库地上10层，地下1层，总建筑面积6889m²。地下为设备用房及恒温恒湿岩芯库房，首层为建筑次入口及岩心库房，二层为主入口，二层为接待、交流及办公用房。三至五层为岩心库房，六至九层为实验及辅助用房，十层为研究人员办公室。建筑一至三层层高为4.5m，四至七层为3.9m。

6 中国科学院地球环境研究所岩芯库

科学实验建筑 [22] 地学实验室

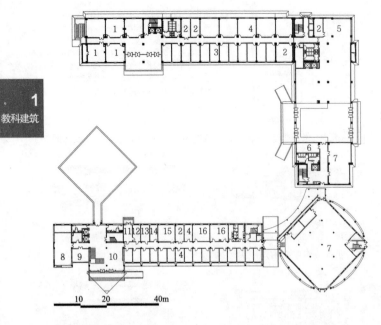

1 实验室 2 空调机房 3 研究室 4 办公室 5 展览厅 6 管理室 7 阅览室 8 教室
9 会议室 10 大堂 11 消防中心 12 楼控监视室 13 网络机房
14 网络办公室 15 配线架室 16 档案室

该实验楼由新旧两栋建筑组成。南侧由旧楼改造而成，集合了会议、办公、研究室等功能，层高为3.6m。北侧L形新楼地上8层，地下1层。主要功能有办公室、研究室、展厅、资料室及实验室，其中实验室集中布置在建筑西北角，与其他功能空间适当隔离。层高为3.6m。

1 中国科学院地理科学与资源环境研究所科研楼首层平面图

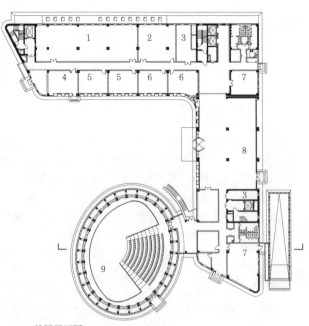

a 首层平面图

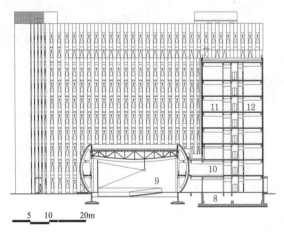

b 剖面图

该中心实验楼地上10层，地下1层，标准层层高3.8m。建筑集合了卫星接收，数据分析、整合、输出展示、成果保存与保密，科研开放教育展陈，人员研究，应急救灾指挥等功能。

1 阅览室 2 业务办公室 3 新风机房 4 消防控制室 5 规划战略室
6 数字地球学会 7 接待室 8 展示 9 数字地球可视化大厅
10 操控室 11 科研辅助用房 12 卫生间

2 中国科学院对地观测与数字地球科学中心科研楼

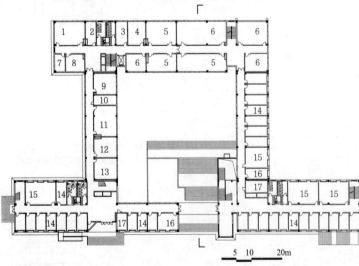

a 首层平面图

1 土壤学实验室 2 消化间 3 玻璃仪器库 4 土壤学样品处理 5 矿物古生物实验测试
6 地震模拟试验系统 7 土壤学培养室 8 土壤学仪器室 9 样品处理室 10 新风机房
11 微观生态学实验室 12 仪器室 13 储藏室 14 办公室 15 教室 16 资料室 17 配线间
18 矿物岩石标本观察室 19 应用地球物理模型试验 20 岩土力学与地质学实验室

该项目主体5层，除教学研究部分外，还包含两大学院相关学科的主要实验用房；地球科学学院涉及矿物物理、地震模拟、古生物、矿物及岩石、GPS等相关研究内容；资源环境学院涉及环境化学、微观生态学、第四纪地质学、水环境系统与资源安全、宏观生态学土壤学等相关研究内容；考虑了废物废液处理和排放，及局部高空间等功能性需求。层高4.2m。

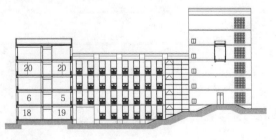

b 剖面图

3 中国科学院大学怀柔校区地球科学学院与资源环境学院实验教学综合楼

概述

天文建筑因使用的天文仪器不同而不同。光学望远镜观测室由活动屋盖与固定墙身两部分组成。

1. 特点：活动屋盖、开启式天窗、望远镜的隔振基墩。
2. 分类：以圆形屋盖与三角形屋盖区分。
3. 设计要求：

（1）天窗开启轻便，屋盖驱动灵活，并能与其跟踪的星体随动，噪声低。圆顶直径与望远镜口径之比约为10:1；天窗宽度为圆顶直径的三分之一。

（2）创造望远镜观测环境良好的大气宁静度：

观测室要求恒温，室内昼夜温差不超过±2℃；

折轴分光室工作仪（12小时计）温差应不大于1℃；

观测室及狭缝工作室通风换气量达10分钟一次；

望远镜基墩隔振精度约为1角秒；

建筑物要求一级避雷，接地电阻不大于0.5Ω；

可开启、转动及隔振的建筑节点，构造设计需隔热、密封。

（3）提供检修的安全、方便条件，外吊装除外：

圆顶内设吊车与活动吊装口盖；圆顶内外设置扶梯、平台、观测梯、检修梯、望远镜部件拆卸的停放位置及检修灯源。

（4）寒夜工作、生活辅助设施：

楼、电梯，工作环廊，夜餐室与卫生间的设计均需消除烟囱热效应，宜设置脚灯、遮光帘。

建筑类型

a 单侧推开方顶　　b 双侧开三角顶　　c 挠拖开圆顶　　d 双向开圆顶

e 翻开式圆顶　　f 单孔转圆顶　　g 左右开圆顶　　h 上下开圆顶

i 发髻式圆顶　　j 组合式天窗　　k 三瓣旋转圆顶　　l 网状空间

m 天线阵　　n 垂直式　　o 水平式　　p 充气式帐篷

1 天文观测建筑类型

总体布局

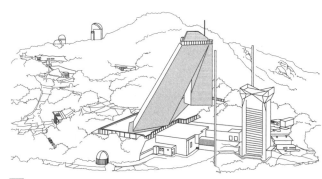

2 美国国家光学天文台

3 欧洲南方天文台

观测室

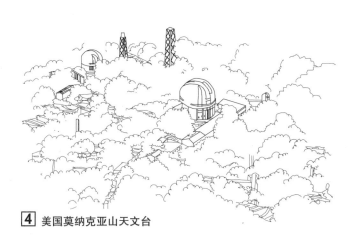

4 美国莫纳克亚山天文台

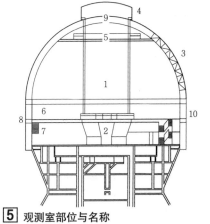

1 望远镜
2 基墩
3 圆顶
4 天窗
5 桁车
6 内环廊
7 滑触线
8 传动装置
9 天窗大拱
10 圆顶底环廊

5 观测室部位与名称

科学实验建筑 [24] 天文观测建筑

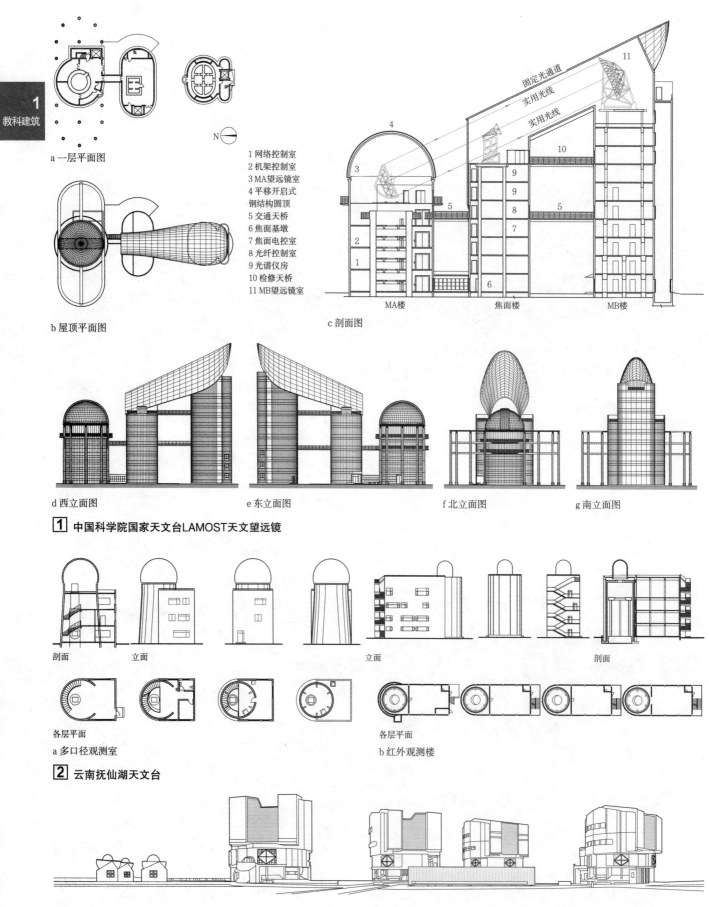

a 一层平面图

1 网络控制室
2 机架控制室
3 MA望远镜室
4 平移开启式钢结构圆顶
5 交通天桥
6 焦面基墩
7 焦面电控室
8 光纤控制室
9 光谱仪房
10 检修天桥
11 MB望远镜室

b 屋顶平面图

c 剖面图

d 西立面图　　e 东立面图　　f 北立面图　　g 南立面图

[1] 中国科学院国家天文台LAMOST天文望远镜

剖面　　立面　　　　　　立面　　　　　　　　　　　　剖面

各层平面　　　　　　　　各层平面
a 多口径观测室　　　　　b 红外观测楼

[2] 云南抚仙湖天文台

[3] 欧洲南方天文台观测室透视图

概述

电子实验室是指对电子元器件的研发、试验、测试的物理空间。包括集成电路实验室、薄膜场效应晶体管实验室、阵列（ARRAY）实验室、生化（CF）实验室、模块（MOUDLE）实验室、光学试验室、面板试验室，以及上述电子元器件的检测、测试室等。最近几年还出现了利用电脑软件模拟的虚拟电子实验室，例如CircuitLogix, Multisim与PSpice。

分类

1. 生产型电子实验室

生产型电子实验室相当于一个小型生产车间，布置有小型生产线及设备等，大多进行中间试验，也可以研发、研制新产品。

2. 测试型电子实验室

由于实际的制作过程所带来的以及材料本身或多或少都存在的缺陷，因而无论怎样完美的产品都会产生不良的个体，测试型电子实验室就是运用各种方法，检测那些在制造过程中由于物理缺陷而引起的不符合要求的样品。根据产品的类型和测试的目的，需要进行不同的测试。

测试型电子实验室分类　　　　　　　　　　　表1

测试产品使用性能实验室		测试产品物理性能实验室		
微波暗室	集成电路测试室	传感器测试室	电子器件老化实验室	DPA（破坏性物理分析）实验室	噪声试验间
节能产品测试室	中央处理器/数字信号处理评测室	EMC实验室	环境实验室	机械环境实验室	雨淋实验室

设计要求

1. 生产型电子实验室

生产型电子实验室一般由主生产车间和设备用房组成。因为生产工艺的要求不同，所以对建筑空间的需求不同，对洁净环境的需求也不同，需要控制对产品质量造成危害的杂质和微粒数量。有的对温度、湿度、压差、噪声、振动、静电、照度等有特殊要求。

2. 测试型电子实验室

（1）老化实验室

老化房，又叫烧机房，是针对高性能电子产品仿真出一种高温、恶劣环境测试的设备，是提高产品稳定性、可靠性的重要试验设备。

1 老化房　2 老化车　3 喷头

1 老化实验室

（2）微波暗室

微波暗室类似于光学暗室，不同的是微波暗室要屏蔽的不仅是可见光，还包括其他波长的电磁波。微波暗室是用吸波材料来制造一个封闭空间，在暗室内制造一个纯净的电磁环境，以方便排除外界电磁干扰。

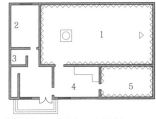

1 微波暗室　2 实验室　3 门卫室
4 控制室　5 CMC室

2 微波暗室

（3）雨淋实验室

雨淋实验室主要测试开合产品外壳或密封件在水试验后或者在试验期间能否保证该设备及元器件良好的工作性能和技术状态。

（4）EMC实验室

EMC实验室（Electro Magnetic Compatibility Lab）即电磁兼容性实验室，是测试设备或系统在其电磁环境中符合要求运行并不对其环境中的任何设备产生无法忍受的电磁干扰的能力。

（5）环境实验室

环境实验室是考虑电子产品在储存、运输或使用过程中，受到周围环境条件的影响，将降低它的性能以至危害操作者的人身或财产安全，从而进行自然暴露试验、现场运行试验和人工模拟试验三类实验。

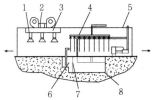

1 风管　2 风机　3 风箱　4 淋雨系统
5 房体　6 吸水槽　7 过滤网　8 回水室

3 雨淋实验室

1 实验室　2 分析室

4 EMC实验室

1 实验室　2 设备房　3 分析室

5 环境实验室

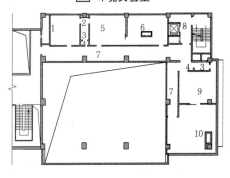

a 一层平面图

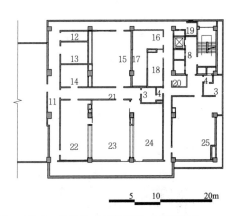

b 二层平面图

1 透视电镜　2 缓冲间　3 更衣室　4 换鞋区　5 显微形貌室　6 样品制备室
7 疏散走道　8 前室　9 化学实验室　10 医学实验室　11 参观走廊　12 实验用具间
13 数据分析室　14 探针台间　15 电子束光刻室　16 真空泵　17 空调机房
18 预留实验用品间　19 实验氢气瓶　20 配电间　21 洁净走廊　22 操作平台室
23 刻黄光室　24 真空镀膜间　25 分子束外延生长室

6 生产型电子实验室（光启理工学院实验室）

科学实验建筑 [26] 电子实验室

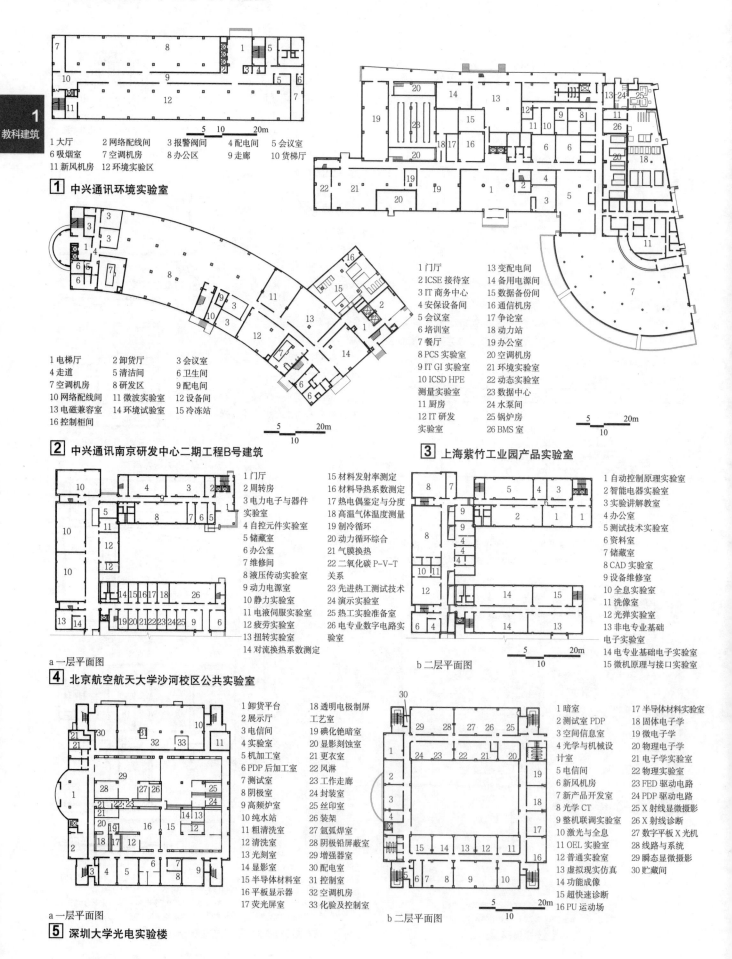

1 大厅　2 网络配线间　3 报警阀间　4 配电间　5 会议室
6 吸烟室　7 空调机房　8 办公区　9 走廊　10 货梯厅
11 新风机房　12 环境实验区

1 中兴通讯环境实验室

1 电梯厅　2 卸货厅　3 会议室
4 走道　5 清洁间　6 卫生间
7 空调机房　8 研发区　9 配电间
10 网络配线间　11 微波实验室　12 设备间
13 电磁兼容室　14 环境试验室　15 冷冻站
16 控制柜间

1 门厅　13 变配电间
2 ICSE 接待室　14 备用电源间
3 IT 商务中心　15 数据备份间
4 安保设备间　16 通信机房
5 会议室　17 争论室
6 培训室　18 动力站
7 餐厅　19 办公室
8 PCS 实验室　20 空调机房
9 IT GI 实验室　21 环境实验室
10 ICSD HPE　22 动态实验室
测量实验室　23 数据中心
11 厨房　24 水泵房
12 IT 研发　25 锅炉房
实验室　26 BMS 室

2 中兴通讯南京研发中心二期工程B号建筑

1 门厅　15 材料发射率测定
2 周转房　16 材料导热系数测定
3 电力电子与器件　17 热电偶鉴定与分度
实验室　18 高温气体温度测量
4 自控元件实验室　19 制冷循环
5 储藏室　20 动力循环综合
6 办公室　21 气膜换热
7 维修间　22 二氧化碳 P-V-T
8 液压传动实验室　关系
9 动力电源室　23 先进热工测试技术
10 静力实验室　24 演示实验室
11 电液伺服实验室　25 热工实验准备室
12 疲劳实验室　26 电专业数字电路实
13 扭转实验室　验室
14 对流换热系数测定

a 一层平面图

3 上海紫竹工业园产品实验室

1 自动控制原理实验室
2 智能电器实验室
3 实验讲解教室
4 办公室
5 测试技术实验室
6 资料室
7 储藏室
8 CAD 实验室
9 设备维修室
10 全息实验室
11 洗像室
12 光弹实验室
13 非电专业基础
电子实验室
14 电专业基础电子实验室
15 微机原理与接口实验室

b 二层平面图

4 北京航空航天大学沙河校区公共实验室

1 卸货平台　18 透明电极制屏
2 展示厅　工艺室
3 电信间　19 碘化铯暗室
4 实验室　20 显影刻蚀室
5 机加工室　21 更衣室
6 PDP 后加工室　22 风淋
7 测试室　23 工作走廊
8 阴极室　24 封装室
9 高频炉室　25 丝印室
10 纯水站　26 装架
11 粗清洗室　27 氩弧焊室
12 清洗室　28 阴极铅屏蔽室
13 光刻室　29 增强器室
14 显影室　30 配电室
15 半导体材料室　31 控制室
16 平板显示器　32 空调机房
17 荧光屏室　33 化验及控制室

1 暗室　17 半导体材料实验室
2 测试室 PDP　18 固体电子学
3 空间信息室　19 微电子学
4 光学与机械设　20 物理电子学
计室　21 电子学实验室
5 电信间　22 物理实验室
6 新风机房　23 FED 驱动电路
7 新产品开发室　24 PDP 驱动电路
8 光学 CT　25 X 射线显微摄影
9 整机联调实验室　26 X 射线诊断
10 激光与全息　27 数字平板 X 光机
11 OEL 实验室　28 线路与系统
12 普通实验室　29 瞬态显微摄影
13 虚拟现实仿真　30 贮藏间
14 功能成像
15 超快速诊断
16 PU 运动场

a 一层平面图　　b 二层平面图

5 深圳大学光电实验楼

定义

工业测试实验室是提供工业材料及产品在研制、生产、维修过程中测试的场所,一般包括测试间、试样加工室、维修室、研究室、技术资料室、会议室、化学品贮存间、试样贮存间、试验报告贮存间、底片贮存间、动力站房等。

总平面布置

工业测试实验室应布置在环境噪声低,清洁,振动及电磁辐射影响小,远离有爆炸和火灾危险、散发腐蚀性和有毒气体、粉尘等有害物质的场所,并位于全年最小风频率的下风向。测试中心的位置应远离铁路、主要交通干道及其他产生振动的场所,防振要求较高的仪器、设备与振源的距离应符合表1的规定。仪器、设备的允许振动速度与频率及允许振幅的关系应符合表2的规定。

工艺布置

应功能分区明确、布局合理,预留发展空间。柱网的确定应根据采用的试验流程、试验设备及结构形式确定,并应满足试验操作、设备维修、运输的要求。下列试验室,宜布置在单层建筑物或多层建筑物的底层:有隔振要求的精密仪器试验室(如五十万分之一精度天平、电子探针、透射电镜、原子力显微镜等);设备体积或重量较大的试验室;设备振动较大的试验室;需要进行辐射防护设计的试验室(如X射线探伤机房、电子束加速器机房、γ射线探伤试验室等)。3层及以上的工业测试实验室宜设电梯,满足仪器、设备等运输要求。

对于使用或产生易燃易爆物质的房间,宜布置在建筑物顶层且下风向。产生有害气体、粉尘的房间,宜布置在建筑物的下风向。有温、湿度精度要求的试验室、化学品贮存间等,宜朝北布置。电子显微组织分析试验室等精密仪器试验室应远离振源。精密仪器试验室不宜与使用强酸、强碱等腐蚀性物质的试验室相邻。精密电子仪器设备应远离变电站及大功率用电设备。射线检测试验室应布置在人流稀少的区域。

工艺环境条件:振动、噪声、磁场、洁净度、温度、湿度等,应符合现行有关标准、理化试验技术条件及仪器、设备说明书的规定。

防辐射

X射线探伤机机房、工业CT主机房等有电离辐射的试验室应采取电离辐射防护措施,应根据射线的主照射方向、射线能量及射线源和操纵台的距离,计算确定防护墙、防护门和顶棚的防护设计。辐射室与外界宜设置迷宫式人行通道,预留孔洞、门、通道应选取在辐射最弱的方位。辐射室墙体可采用特种砂浆做防护砂浆面层,也可采用铅板或铅复合板敷面。墙面应平整,不积灰尘。地面应不起尘、易清洗,宜采用耐辐射地坪,在工艺需要时应选用耐磨地坪材料。屏蔽体的通风管道、电缆管道、物品的传输管道等各类管道的取向应避开有用辐射及辐射峰值的方向。

仪器、设备的允许振动速度与频率及允许振幅的关系　　表2

允许振幅(μ) \ 频率(Hz) 仪器设备允许的振动速度(mm/s)	5	10	15	20	25	30	35	40
0.05	1.60	0.80	0.53	0.40	0.32	0.27	0.23	0.20
0.10	3.18	1.59	1.06	0.80	0.64	0.54	0.46	0.40
0.20	6.37	3.18	2.16	1.60	1.28	1.08	0.92	0.80
0.50	16.00	8.00	5.30	4.00	3.20	2.70	2.30	2.00
1.00	32.00	16.00	10.60	8.00	6.40	5.40	4.60	3.98
1.50	47.75	23.87	15.90	11.90	9.55	8.00	6.82	5.97
2.00	63.66	31.83	21.20	16.00	12.70	10.60	9.10	7.96
2.50	79.58	39.79	26.53	19.90	15.90	13.30	11.40	9.95
3.00	95.50	47.75	31.83	23.90	19.10	15.90	13.60	11.94

注:本表引自《工业企业总平面设计规范》GB 50187-2012。

防振间距(单位:m)　　表1

振源		量级		允许振动速度(mm/s)								
		单位	量值	0.05	0.10	0.20	0.50	1.00	1.50	2.00	2.50	3.00
锻锤		t	≤1	145	120	100	75	55	45	35	30	30
			2	215	195	175	150	135	125	115	110	105
			3	230	205	185	160	140	130	120	115	110
落锤		t·m	60	140	120	105	85	70	60	55	50	45
			120	145	130	115	90	80	70	60	60	55
			180	150	135	115	95	80	70	65	60	55
活塞式空气压缩机		m³/min	≤10	40	30	25	20	15	10	10	5	5
			20~60	60	40	35	30	20	15	10	5	5
			60~100	100	80	60	50	30	20	10	5	5
透平式空气压缩机	10000m³/h制氧机	m³/h	55000	90	75	60	40	30	20	15	15	10
	26000m³/h制氧机		155000	145	125	105	80	60	50	45	35	35
火车	标准轨距铁路	km/h	≤10	90	75	60	40	25	20	15	10	10
			20~30	95	80	60	45	30	20	15	15	10
			50左右	140	120	95	70	50	35	30	25	20
汽车	沥青路面 15t载重汽车	km/h	≤10	55	40	30	15	10	5	5	5	5
			20~30	80	60	45	25	15	10	5	5	5
	25t载重汽车		35	155	135	115	95	75	65	60	55	50
	35t载重汽车		30	135	115	100	75	60	50	40	35	35
	80t牵引车		12	145	125	105	80	60	50	45	40	35
	混凝土路面 15t载重汽车		≤10	65	50	35	20	10	5	5	5	5
			20~30	90	70	55	40	25	20	15	10	10
水爆清砂		t/件	2~5	130	110	85	60	45	35	30	25	20
			20	210	185	160	130	105	95	85	80	75

注:本表引自《工业企业总平面设计规范》GB 50187-2012。

科学实验建筑 [28] 工业测试实验室

内装修

工业测试实验室应按实验室的不同使用要求选择相应的室内装修。根据使用要求划分为四级标准：清洁、易清洗、特殊和一般。

1. 有精密仪器的试验室应满足"清洁"的要求。地面应平整、光滑、不起尘、易清扫；墙面、顶棚应平整、不积灰、易清扫，墙面、顶棚、地面之间的交角宜做成圆角。地面有清洁和弹性使用要求时，宜采用树脂类自流平材料面层、橡胶板、聚氯乙烯板等面层。

2. 地面、墙面易被油料、水溶液及其他溶剂所污染而定期冲洗的实验室应满足"易清洗"的要求，地面应易冲洗、抗污染、防漏水；墙面应平整、光滑、易擦洗。

3. 有防腐蚀、防辐射、电磁屏蔽、隔振、隔噪声、防（导）静电等"特殊"要求的试验室，其室内装修要求应能满足工艺要求及国家相关规范的规定。

4. "一般"普通试验室，其室内装修选择办公建筑的中档装修标准为宜。

洁净室内墙壁和顶棚的表面应平整、光滑、不起尘，避免眩光，便于除尘，并应减少凹凸面，踢脚不应突出墙面。地面应平整、耐磨、易清洗、不开裂，且不易积聚静电。可采用环氧树脂自流平地面及密封窗，墙面和顶棚宜采用金属壁板。

电磁屏蔽

电磁屏蔽室按结构形式分为简易电磁屏蔽室、组装式电磁屏蔽室、焊接式电磁屏蔽室。简易电磁屏蔽室宜以主体建筑为依托，可选用金属网、金属板、金属薄膜或喷涂型等屏蔽材料。组装式电磁屏蔽室由模块化屏蔽单元（钢板）拼接而成。焊接式电磁屏蔽室宜采用钢型材支撑和屏蔽板材整体焊接的屏蔽体。

隔振

隔振设计包括对测试环境产生有害振动影响的动力设施的主动隔振，及对周围环境振动反应敏感或受环境振动影响而不能正常使用的仪器、仪表或机器的被动隔振。

主动隔振可采用钢筋混凝土台座结构或具有足够刚度的钢支架作为台座结构，地面屏障式隔振及隔振沟可作为隔振的辅助措施。隔振台座重量不宜小于机器设备自重，对于旋转式机器，通常应为机器自重的1.5~2倍；对往复式机器等，宜取机器重量的3~5倍；冲击类机器的隔振机座重量，应由传至机座的动力和设备的允许振幅来决定。隔振器宜设置在隔振对象的底座或台座结构下，包括橡胶隔振器、空气弹簧隔振器等。

有防振动要求的仪器、设备主要有：天平间、大型金相显微镜间、电子显微镜间、扫描电子显微镜间、电子探针间等。常用的隔振措施有：基础下加砂垫层、基础四周设隔振缝；仪器下设隔振垫或减振平台等。

特殊实验室及仪器有隔振的要求，如表1~表3。

三坐标测量机在频域范围内的容许振动值　　表1

测量精度	容许震动位移峰值（μm）	容许震动加速度峰值（mm/s^2）	对应频率（Hz）
$1.0 \times 10^{-5}L < \varepsilon \leq 1.0 \times 10^{-4}L$	4.0	—	<8
	—	10.0	8~30
	—	20.0	50~100
$1.0 \times 10^{-6}L < \varepsilon \leq 1.0 \times 10^{-5}L$	2.0	—	<8
	—	5.0	8~30
	—	10.0	50~100
$\varepsilon \leq 1.0 \times 10^{-6}L$	1.0	—	<8
	—	2.5	8~30
	—	5.0	50~100

注：本表摘自《建筑工程容许振动标准》GB 50868-2013。

计量与检测仪器在时域范围内的容许振动值　　表2

仪器名称	容许振动位移峰值（μm）	容许振动速度峰值（$\mu m/s$）
精度为$0.03\mu m$光波的干涉孔径测量仪、精度为$0.02\mu m$的干涉仪、精度为$0.01\mu m$的光管测角仪	—	30.0
表面粗糙度为$0.025\mu m$的测量仪	—	50.0
检流计、$0.2\mu m$分光镜（测角仪）	—	100.0
精度为1×10^{-7}的一级天平	1.5	—
精度为$1\mu m$的立式（卧式）光学比较仪、投影光学仪、测量计	—	200.0
精度为1×10^{-5}~1×10^{-7}的单盘天平和三级天平	3.0	—
接触式干涉仪	—	300.0
六级天平、分析天平、陀螺仪摇摆试验台、陀螺仪偏角试验台、陀螺仪阻尼试验台	4.8	—
卧式光度计、阿贝比长仪、电位计、万能测长仪	—	500.0
台式光点反射检流计、硬度计、色谱仪、湿度控制仪	10.0	—
卧式光学仪、扭簧比较仪、直接光谱分析仪	—	700.0
示波检线器、动平衡机	—	1000.0

注：本表摘自《建筑工程容许振动标准》GB 50868-2013。

计量与检测仪器在时域范围内的容许振动值　　表3

仪器名称	容许振动位移均方根值（μm）	容许振动速度均方根值（$\mu m/s$）	对应频率（Hz）
原器天平、绝对重力仪、微加速度仪	—	5.0	2~30
量块基准设备、激光波长基准设备、2m比长仪、喷泉时频基准设备	—	10.0	2~30
水平准线基准、光辐射传感器测试仪	—	20.0	2~30
激光能量基准与标准设备、光学传递函数评价基准设备、光谱辐射基准设备	1.8	—	5~30

注：本表摘自《建筑工程容许振动标准》GB 50868-2013。

防（导）静电

静电敏感的计量、理化实验室，电子元器件测试场所，易燃易爆特种危险化学品试验场所，军用火工燃爆产品试验场所等，应采用防（导）静电地面。防静（导）电地面可选择：树脂类防静电整体面层、橡胶类防静电面层、石瓷板类防静电面层、移动式地垫等。防静电工作区的墙柱面应设置导电层，刷涂防静电涂层或装饰静电耗散层。

工业测试实验室 [29] 科学实验建筑

a 一层平面图　　　　　　　　　　　　b 二层平面图　　　　　　　　　　　　c 地下室平面图

1 气瓶间　2 走廊　3 更衣、空气吹淋室　4 "结"研制室　5 废气间　6 固态光频链研究室　7 固态光频链准备室　8 微颗粒基准室　9 量块清洗液储存间　10 空调机房　11 储存室　12 量块清洗室　13 超导薄膜制作室　14 物品干燥室　15 物品清洗室　16 激光波长准备室　17 激光波长基准室　18 网络配线间　19 磁卡检测室　20 量块辅助室　21 量块基准室过渡区　22 量块基准室　23 光辐射传感器测试室　24 光辐射传感器准备室　25 高稳定激光器研究室　26 光盘检测室　27 激光小功率基准室　28 激光能量基准室　29 控制室　30 机电维修室　31 配电室　32 弱电间　33 数据处理室　34 技术交流室　35 信息资料室　36 纳米基准室　37 光纤测量室

1 中国计量科学院洁净实验楼（北京）

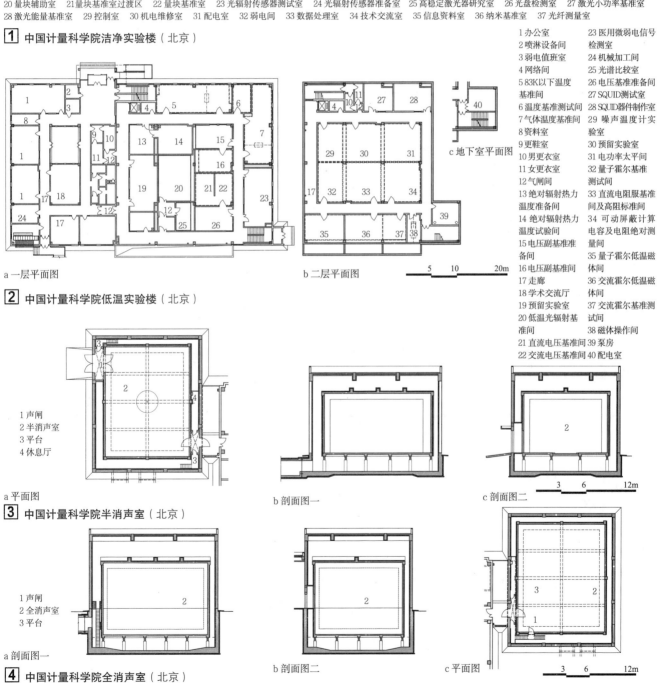

a 一层平面图　　　　　　　　　　　　b 二层平面图　　　　　　　　　　　　c 地下室平面图

1 办公室　2 喷淋设备间　3 弱电值班室　4 网络间　5 83K以下温度基准间　6 温度基准测试间　7 气体温度基准间　8 资料室　9 更鞋室　10 男更衣室　11 女更衣室　12 气闸间　13 绝对辐射热力温度准备间　14 绝对辐射热力温度试验间　15 电压基准准备间　16 电压副基准间　17 走廊　18 学术交流厅　19 预留实验室　20 低温光辐射基准间　21 直流电压基准间　22 交流电压基准间　23 医用微弱电信号检测室　24 机械加工间　25 光谱比较室　26 电压基准准备间　27 SQUID测试室　28 SQUID器件制作室　29 噪声温度计实验室　30 预留实验室　31 电功率太平间　32 量子霍尔基准测试间　33 直流电阻服基准间及高阻标准间　34 可动屏蔽计算电容及电阻绝对测量间　35 量子霍尔低温磁体间　36 交流霍尔低温磁体间　37 交流霍尔基准测试间　38 磁体操作间　39 泵房　40 配电室

2 中国计量科学院低温实验楼（北京）

a 平面图　　　b 剖面图一　　　c 剖面图二

1 声闸　2 半消声室　3 平台　4 休息厅

3 中国计量科学院半消声室（北京）

a 剖面图一　　　b 剖面图二　　　c 平面图

1 声闸　2 全消声室　3 平台

4 中国计量科学院全消声室（北京）

科学实验建筑 [30] 声学实验室

一般要求

声学试验室主要包括混响室、隔声室、消声室等声学测试房间。选址要注意基地周围噪声源和振动源的情况，同时要保证大型试件的运输方便。

混响室

1. 用途

混响室用于测定声波无规入射声场时，各种材料或构件的吸声系数、噪声源的声功率级、空气中的声吸收，也可作无规入射声场听力测试、对灵敏机件作耐噪声试验（噪声疲劳）等。

测量吸声系数的混响室，空室时混响时间必须大于表1数值。

混响室声学要求　　　　　　　　　　　　表1

频率（Hz）	125	250	500	1000	2000	4000
时间（s）	5	5	5	4.5	3.5	2

2. 声学要求

(1) 根据声学要求，矩形混响室高、宽、长的尺寸以1:2:2的比例为宜，体积以$200±20m^3$为宜；不平行界面混响室各界面的倾斜度不能太小，应在5°～10°之间。

(2) 混响室中的试件面积为$10～12m^2$，其长宽比在0.7～1之间，一般设置在地板上。试件边缘要用1cm厚的坚硬、光滑材料围边。声强衰变前稳态声源信号的声级与背景噪声级之差不应小于40dB。

(3) 为使置有吸声试件的混响室仍能保持必要的扩散度，在混响室内往往设置各种扩散体和扩散装置。常见的有三种：

第一种：在墙面和平顶等界面上设置凸圆柱切体面、不同半径的球切体面等各种扩散体。要求有足够的刚度和尽量小的表面吸声系数。

第二种：在室内空间无规则地吊装各种形状的扩散体，常采用约10mm厚的胶合板或硬质聚氯乙烯板等材料制成。每块面积为$0.8～2m^2$，其总面积应大致接近于室内地面面积，扩散体在每一界面上投影面积的百分数应大致相同。

第三种：在室内设置旋转扩散体，以达到声音向不同方向扩散。此种扩散装置占据空间较大，往往影响使用，而且薄板还会引起共振吸声。

(4) 混响室的结构一般为18～20cm厚的钢筋混凝土或一砖墙，并由隔振弹簧支承。

国内外部分混响室　　　　　　　　　　　　表2

名称	体积（m^3）	总表面积（m^2）	形状	扩散方式	表面处理	混响时间（s） 125Hz	500Hz	4000Hz
中国科学院大混响室	425	340	矩形	24片夹布胶木片 1.79m×0.97m×0.002m	平顶、油漆墙面、瓷砖地面、水磨石	29.3	18.9	4.6
中国科学院标准混响室	177	192	矩形	凸圆柱面	平顶、瓷砖墙面、水磨石地面、水磨石	3.96	18.9	4.6
中国建筑科学研究院	248	239	矩形	悬吊扩散体	平顶、油漆墙面、瓷砖地面、水磨石	17.6	10	4
广播大厦	220	—	不规则形	不平行墙悬吊扩散体	油漆	18.66	13.5	3.5
UCLA（美）	170	186	矩形	3.66m×3.66m转扇	粉刷	17	12.5	4.4

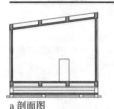

a 剖面图　　b 平面图

1 不平行界面混响室（莫斯科大学混响室）

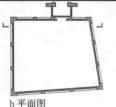

1 大混响室　2 标准混响室

2 矩形混响室（中国科学院声学研究所混响室）

1 千斤顶　2 垫块

3 混响室试件升降台

4 界面上的扩散体（同济大学混响室）

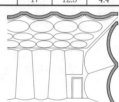

5 悬挂扩散体　　**6** 旋转扩散体

消声器实验室

1. 用途

消声器实验室用于测定消声器的传声损失、插入损失、气流速度、通风状态下气流再生噪声、压力损失等。

2. 声学要求

(1) 实验室通常由连通的3个房间组成：风机室、消声器安装室和接收室。通常接收室为混响室。该混响室要求满足《声学 声压法测定噪声源声功率级混响室精密法》GB/T 6881.1中规定，要求截止频率为125Hz，室内容积可大于$300m^3$。

(2) 风机室要求有良好的进风系统，且进风系统需要作消声处理。风机安装需要良好的减振处理。

(3) 消声器安装室一般布置在一楼，考虑大件试件的搬运，最好有起重设备。

(4) 消声器安装在测试管道中央，消声器上游直管段长度应大于管道直径的5倍。

(5) 接收室应有良好的排风系统，且排风系统要求作消声处理。

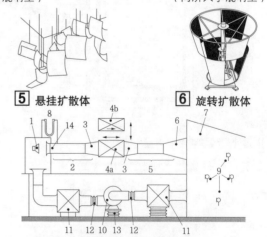

1 在声源箱里的扬声器单元　2 试件前方的测试管道　3 变径管　4a 试件　4b 替换管
5 试件后方的测试管道　6 连接管部件，同样也用作气流扩散　7 混响室
8 静压测量　9 混响室中传声器位置（可与8互换）
10 风机（根据声传播方向，可提供正向或反向气流）11 风机消声器　12 柔性管
13 隔振器　14 流量测试喷嘴（孔板或文丘里管式）

7 消声器插入损失的混响室法测量系统

隔声室

1. 种类和用途

(1) 空气声隔声室。用于混响室法测定各种材料和构件对空气声的隔声性能——隔声量R。

(2) 撞击声隔声室。用于采用国际标准打击机撞击楼板，测定各种材料和构件对撞击声的隔声性能LPN(规范化撞击声压级)。

2. 设计要求

(1) 两种隔声室都由完全分开隔振的两个房间——声源室和接收室组成。两者之间有试件孔相通；两种隔声室的接收室可以合用，但使用率很高时，以分别建造为宜。也可将隔声室中的1间或2间的体积放大兼作混响室用。

(2) 撞击声接收室一般布置在一楼，需考虑大型试件运入，并有起重设备。如将声源室设在底层，接收室设在地下，需考虑严密防水措施。

(3) 隔声室的声学要求大致与混响室相同，对撞击声声源的要求可以低一些。隔声墙体(或楼板)隔声量应比被测试件隔声量≥10dB。

(4) 隔声室的体积不应小于$50m^3$，两个房间的体积和形状不应完全相同，其体积相差不应小于10%；一般宜采用$100±10m^3$。

(5) 隔声室试件孔尺寸要求约为$10m^2$，其任一边要大于2.5m。

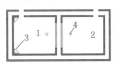

1 声源室 2 接收室
3 扬声器 4 传声器

1 空气声隔声室

1 声源室 2 接收室
3 打击器 4 传声器

2 撞击声隔声室剖面

1 声源室 2 接收室
3 仪器室

3 接收室合用的隔声室剖面（南京大学隔声室）

a 平面图
1 声源室 2 接收室

b 剖面图

1 声源室 2 接收室 3 地面

4 接收室兼作混响室（意大利国立电工研究所隔声室）

5 撞击声接收室设在地下（清华大学隔声室）

消声室

1. 用途

消声室用于传声器的校准；电声仪器设备的性能测试；语言、听觉等有关的测试和研究工作；机器和其他声源发声特性的测定；以及其他需避免反射声或外来噪声干扰其测试的工作。

2. 设计要求

(1) 消声室的大小根据测试要求确定，消声室的边长至少是测量距离的2.5倍，房间尺寸一般以平面对角线衡量，它必须比最低被测频率的波长大，或为其数倍。

(2) 消声室吸声结构要求其吸声系数为1，同时必须注意防止外界的噪声和机械振动干扰。消声室的背景噪声应小于被测声源声级10dB(A)。

(3) 吸声结构通常采用吸声尖劈，尖劈长度(包括空腔)一般均为截止频率的1/4波长。尖劈有多种形式，通常以双劈式为佳。

(4) 消声室吸声尖劈应采用有强吸声性能的多孔材料制作，同时要求价格便宜，制作和施工方便，防火、防潮，容重轻，防虫蛀，不易老化霉烂和不易损坏。

(5) 全消声室内的地网，常用的有钢丝绳、冷拉钢筋、高强度钢丝等，其中以钢丝绳为最佳，网格的孔距一般为100mm左右，要求在一个人的重量下，网的挠度不超过2~3mm。

(6) 消声室可设计成五面吸声体的半消声室，半消声室地面应为坚硬光滑的反射面。

国内外部分消声室　　　　　　　　　　　　　　　　　　　　　表1

名称	建筑结构内表面尺寸(m)	吸声结构			截止频率(Hz)	隔振垫层
		材料和形式	密度(kg/m²)	空腔深度(mm)		
中国科学院消声室	9×7.2×7.2	1m长铁丝网尖劈，内填松乱的玻璃纤维	100	45	80	玻璃纤维包
南京大学消声室	13.7×10.1×9	1.15m长酚醛胶合玻璃纤维尖劈	90	15	70	软木
河北工程大学消声室	7.8×5.3×4.9	0.85m长铁丝网尖劈，内填松乱的玻璃纤维	80	100	100	玻璃纤维包
德国哥根廷大学消声室	16.5×(10.3~12.6)×7.2	0.9m长玻璃纤维尖劈，掺入重量比为6.7%的石墨粉	150	12	70	—

落水管噪声实验室

落水管实验室用于建筑排水管道系统所发噪声的测试。测试结果可用于建筑排水管道系统相关产品和材料之间的比对，也可用于特定条件下建筑排水管道系统噪声特性的估计。

建筑排水管道系统噪声测试提供两种实验室方案，方案一为低配置，包括一层两间混响室，分别为声源室和接收室，声源室和接收室中间为实验墙。该方案适用于不含卫生器具的建筑排水单立管系统所发噪声测试。

方案二为高配置，包括上下两层混响室，每一层两个房间，分别为声源室和接收室，声源室和接收室中间为实验墙。该方案适用于不含卫生器具的建筑排水单立管系统所发噪声以及含有卫生器具的建筑排水管道系统所发噪声的测试。实验室基本结构如**6**所示。

方案一和方案二中每间测试室室内净高度为2.8±0.5m，空间体积至少$50m^3$。实验室墙宽度至少3.5m。顶棚和地板上预留开口用于安装实验样品。

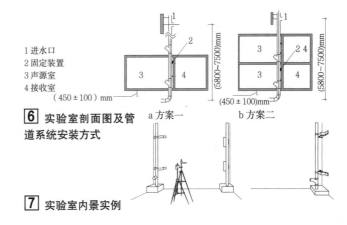

1 进水口
2 固定装置
3 声源室
4 接收室

a 方案一　　　b 方案二

6 实验室剖面图及管道系统安装方式

7 实验室内景实例

科学实验建筑 [32] 光学实验室

设计要求

1. 光学工艺正在由粗糙到精密、由单纯的光学工艺发展为多工种的综合性工艺，因此光学工艺对建筑设计的要求类似于精密机械及电子工业的要求。特别是对空调方面，如恒温恒湿、空气净化、气流、排风等问题，以及防振、隔振、防潮、防尘、防腐蚀等问题，都应给予足够的重视和妥善的解决。

2. 在建筑总体布局上，根据工艺要求及配合关系而定，应设于较洁净的环境，而且有充分的绿化间隔距离。由于光学刻度、激光计量、精密光学仪器对振动极为敏感，所以应远离交通干道。地下水位高是造成振动的因素之一，所以宜选择地下水位较低的地区。同时还要注意风向，宜处于污染源的上风向。

3. 化学实验室的模数，应按照设备大小、检修、操作的合理活动距离确定，一般采用较小模数，例如3.0m左右，甚至2.4～2.7m。房间的进深一般在6.0m左右，主要的玻璃精磨、抛光一类实验室应不小于7.2m。房间净高以3.0m左右为宜，最高不超过3.5m。

4. 空调：空调系统的选定与使用对象和使用方式有关，应考虑一次投资、维护保养的消耗，实验室内容更新变换的灵活性要求，建筑布置合理性等经济适用问题。大部分光学实验室的温度参数为20℃，湿度参数为60%，室内的温度波动在1%～2%之间，湿度波动在5%～10%以内。

5. 防尘：一般均要达到空调系统的清洁过滤水平。如条件许可应经净化处理，减少微尘的含量。其中光学冷加工的胶合实验室，在小范围内要达到超净条件。

6. 防振：振动对光学实验室影响很大。在选址上应根据仪器设备对振动的敏感级别来考虑与外界振源的距离，并且考虑土质、地形、地下水位对传振的影响。在结构方面利用设缝来防止振动的传导。某些防振要求较高的设备下应设独立的隔振基础，对设备管线的隔振也要作相应的处理，以减少振动的传导。

7. 防潮：对海拔低、水位高、空气湿度大的地区，应重视防潮问题。有防潮要求的实验室、地坪宜采用加气混凝土、沥青混凝土作为垫层，也可以作架空地板处理。保温墙身要做隔汽层，注意门窗构造的密闭处理。空调系统为了控制湿度，除了一般冷热去湿方法外，可以采用氯化锂吸湿方法；这种方法同时还有去霉菌作用，是较可取的防潮去湿手段。

8. 给水与排水：给水供应要求洁净，有些实验室要用离子水、蒸馏水、冷却循环用水。排水方面，有些实验室的排水需要沉淀或中和处理。

9. 供电：包括一般照明电源、动力电源、自动控制信号的弱电、备用电源及稳压设备等。光学实验室电源负荷非常大，往往要单独设置电源变配电设备。

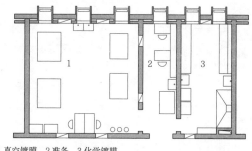

1 真空镀膜 2 准备 3 化学镀膜

3 镀膜实验室

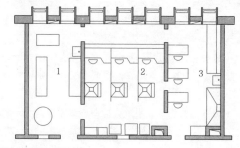

1 测量 2 胶合 3 拆胶

4 胶合实验室

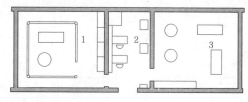

1 光栅刻划 2 缩放 3 机械刻划

5 光学零件刻度实验室

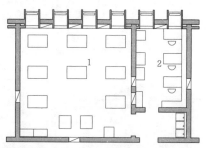

1 抛光 2 检验

6 高速精磨抛光实验室及检验室

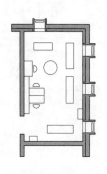

1 光学实验室

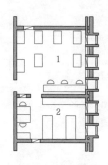

1 磨边 2 检验

2 定心磨边实验室

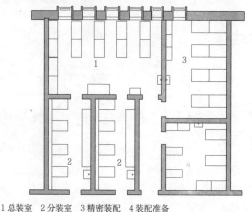

1 总装室 2 分装室 3 精密装配 4 装配准备

7 光学仪器总装实验室

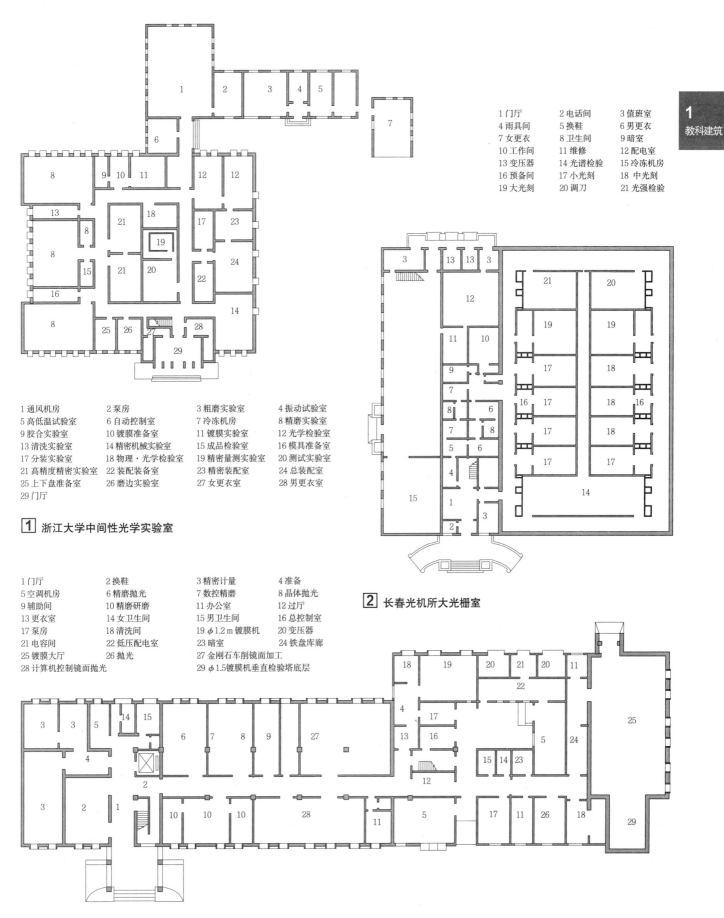

文化馆 [1] 定义·规模·选址·总平面

定义

文化馆是指具有组织群众文化活动、普及文化艺术知识、辅导基层文化骨干、开展社会教育工作等功能,并提供与功能相适应的专业活动设施的公共文化服务场所,包括省(自治区、直辖市)、计划单列市、地区(市、自治州、盟)、县(市、区)的各级文化馆和群众艺术馆。

文化馆是县和县级以上人民政府设立的公益性文化事业机构,是我国公共文化服务体系的重要组成部分。

建设规模与项目组成

1. 文化馆按其行政级别分为省(直辖市)级、地(市)级、县(区)级和乡镇(街道)级四级,按其建设规模分为大型馆、中型馆和小型馆三种类型。

2. 文化馆房屋建筑包括:群众活动展示用房、学习辅导用房、专业工作以及管理辅助用房。

3. 文化馆室外场地包括:开展群众文化艺术和信息交流活动的室外活动场地,美化环境的绿地、休憩场地,道路及停车场地等。

全国文化馆建筑面积规模(单位:m²) 表1

数据内容	省级文化馆	计划单列市文化馆	直辖市区级馆	地级市文化馆	计划单列市级馆	县级市文化馆	地级市区级馆	直辖市计划单列市县级馆	县级文化馆
样本数(个)	17	4	41	34	50	47	50	17	127
平均数	5305	6363	5596	4344	3156	2503	1724	2416	1894
中位数	3800	6747	4506	3950	3000	2009	1500	2248	1467

注:数据来源于2006年全国文化馆抽样调查,涉及4个直辖市、19个省。

选址

1. 文化馆应选择在人口聚集,环境、工程地质及水文地质条件良好,交通便利的地方,能为更多的市民提供便捷服务,提高使用效率。

2. 宜靠近城市广场、公园,需要时可以借用这些开敞空间开展大型的文化活动,或者靠近其他城市文化娱乐设施或文化管理部门。

3. 应与医院、学校、幼儿园、住宅等需要相对安静环境的建筑保持一定的距离。

4. 同一城镇的不同类型文化馆,应统一规划,均衡布局,满足相应的服务人口和服务半径要求。

文化馆服务人口及服务半径 表2

服务人口(万人)	服务半径(km)
30~50	3~4km,原则上乘公交车或自行车30分钟内可达
10~20	1.5~2km,原则上步行30分钟可达

总平面

1. 设计原则:总平面布局应当功能组织合理、动静分区明确、空间构成紧凑、日照通风良好、结合自然环境,有效组织建筑的室内外空间,节约集约用地。

2. 交通组织

(1) 基地应紧邻城市道路出入口并留出集散缓冲空间,符合城镇规划和建设的相关要求。

(2) 大型排练厅、观演厅、展览厅、多功能厅等人流量较大,集散集中的用房,应对外设置不少于2个出入口,并合理组织紧急疏散通道,最好设置在底层;如必须放二层,需设置便捷疏散通道。

(3) 考虑自行车和机动车停车场。自行车停车场应方便自行车存取,机动车停车应考虑结合地面、地下停车及社会停车设施。地面停车面积应控制在建设用地总面积的8%以内。

文化馆分类及设置原则 表3

文化馆分类	服务人口(万人)	建筑面积	设置原则
大型馆	≥50	≥6000m²	省会城市、直辖市及人口50万以上的大城市
中型馆	20~50 ≥30	≥4000m²且<6000m²	中等城市 人口30万以上的区、镇区
小型馆	5~20 ≤30	≥800m²且<4000m²	小城市、县城 人口5~30万的区、独立组团、镇区

注:参考《文化馆建设标准》建标(2010)136号。

文化馆设计参考指标一 表4

类型	建设用地总面积(m²)	室外活动场地面积(m²)	建筑密度(%)	容积率	停车场地控制
大型馆	4500~6500	1200~2000	25~40	≥1.3	机动车:控制在建设用地总面积的8%以内;自行车:按每百平方米建筑面积2个车位配置
中型馆	3500~5000	900~1500	25~40	≥1.2	
小型馆	2000~4000	600~1000	25~40	≥1.0	

注:参考《文化馆建设用地指标》建标(2008)128号。

文化馆设计参考指标二 表5

数据内容	省级馆	地市级馆	县区级馆
室外活动场地平均值(m²)	2383	2295	1288
室外活动场地中位数(m²)	1100	1200	600
容积率平均值	1.48	1.34	1.17
容积率中位数	1.02	0.94	0.78

注:参考《文化馆建设用地指标》建标(2008)128号。

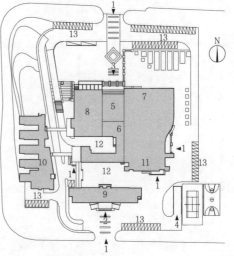

1 办公入口
2 文化厅办公楼入口
3 音乐厅入口
4 地下车库出入口
5 群众艺术馆主馆
6 群众艺术馆办公楼
7 音乐厅
8 多功能剧场
9 省文化厅办公楼
10 群众艺术馆后勤培训楼
11 展览、培训
12 内院
13 绿化停车

[1] 湖南省群众艺术馆

房间组成 [2] 文化馆

文化馆的房间组成

表1

功能	项目构成	活动内容	大型馆	中型馆	小型馆	使用面积控制要求	设施设备	活动内容
群众活动用房	演艺活动	大型排练厅（400~600座）	●	—	—	800~1200m²	扩音系统、舞台照明、舞台机械、放映厅设备，观演厅应设残疾人座椅；当观演规模超过300座时，应满足《剧场建筑设计规范》JGJ 57和《电影院建筑设计规范》JGJ 58的有关规定	业余文艺团队的调演、会演、排练、观摩和交流性演出；群众集会（讲座、会议、报告会）、影视放映
		观演厅（150~300座）	○	●	○	400~800m²		
		多功能厅（小型排练、报告）	●	●	●	300~500m²		
		放映室	●	●	●			
		化妆室	●	●	●			
		卫生间	●	●	●			
	游艺娱乐	综合活动室	○	○	○	30m²/间为宜		棋弈类活动、球类活动、特殊球类活动、电子游艺、声光磁控游艺、儿童老人游艺
		儿童活动室	●	○	—	100~120m²/间为宜	儿童活动室外宜附设儿童活动场地	
		老人活动室	●	●	○	60~90m²/间为宜	考虑残疾人卫生间	
		特色文化活动室	●	●	○	100~150m²/间为宜	围棋、象棋、麻将、棋牌桌、台球台、乒乓球台及用具；保龄球设备，各种立式、卧式电子游戏厅，各种声光磁控游戏机	
	交流展示	展览厅	●	●	●	展览厅≥65m²/间，共250~500m²为宜	活动屏板、活动展板、挂镜线、窗帘杆	绘画、书法、雕塑、摄影展览；实事宣传展览；文物展览
		宣传廊	●	●	●		放映机、音响设备、陈列柜	
	图书阅览	阅览室	●	●	●	100~150m²/间为宜	开架书架、阅览桌椅，儿童阅览室选用轻巧、无尖锐棱角的家具；便于绘画、书法、雕刻、工艺品、乡土资料古籍保管的设备；书架、报架；其他声像资料柜；阅览桌椅的排列尺寸可参照《图书馆建筑设计规范》JGJ 38执行	图书资料阅览、资料交流保管、书报储藏
		资料档案室、书报储存室	●	●	●	25~50m²为宜		
	交谊用房	舞厅	○	○	○		乐台、舞池、调音台、话筒、扬声器、旋转彩灯	舞会、音乐歌舞茶座
		茶座	○	○	○		音响设备、话筒、扬声器	
		管理间、存衣处	○	○	○			
学习辅导用房	教室	大教室	●	○	○	≥1.4m²/人，120m²/间为宜	黑板、讲台、清洁用具、挂衣钩、电源插座；尺寸排布不得小于《中小学校建筑设计规范》GB 50099中的规定	讲课、讨论、会议、科技知识讲座
		小教室	●	●	●	≥1.4m²/人，60m²/间为宜		
		计算机与网络教室	●	●	●	70~100m²/间为宜	电源、架空地板	计算机学习
		多媒体视听教室	●	●	○	100~180m²/间为宜		
	舞蹈排练	舞蹈综合排练厅	●	●	●	≥6m²/人，200~400m²/间为宜	卫生间、器械储藏间、练功把杆、照身镜、木地板、黑板、讲台、挂镜线、窗帘杆、洗涤池、局部照明	舞蹈、健美排练
	学习室	独立学习室（音乐、书法、美术、曲艺等）	●	●	●	美术、书法≥2.8m²/人，其他≥2.0m²/人，60m²/间为宜		美术、书法、器乐、声乐、合奏、合唱的练习与辅导、戏曲排练
专业工作部分	文艺创作	文艺创作室	●	●	●	一般工作室24m²/间为宜；琴房≥6m²/间；美术、书法工作室24m²/间为宜；其他有特殊要求的专业工作室可根据实际需求确定使用面积		文艺创作
	研究整理	非物质文化遗产工作室、文化艺术档案室	●	●	●			研究整理
	其他专业工作	音像、摄影、音乐、戏曲、舞蹈、美术、书法等工作室	●	●	●		设遮光设施、洗涤池；设若干琴房、钢琴等乐器、录音机、点唱机；暗室要有遮光设施及通风换气设施，及冲洗台、工作台；录音、摄像、录像、编辑机、监视器、录音和控制室之间设隔声观察窗	美术、书法；音乐练习创作；戏曲；摄影；录音、录像；出版、编辑
		刊物编辑、出版工作室	○	○	○			
		网络文化服务、机房	●	●				
管理辅助用房	行政管理	办公室	●	●	●	应符合《党政机关办公用房建设标准》的要求	电话、电脑、打字机、印刷机；录音设备、音响设备	行政管理、会议接待
	会议接待	会议、接待室	●	●	○	60~90m²为宜		
	储存库房	道具库房、储藏间	●	●	●	室内停车面积平均40m²/辆为宜；值班室面积不宜小于6m²；其他用房按使用功能要求及建设规模配建需求确定使用面积		传达、收发、车库，走道（水平或垂直联系）
	建筑设备	水池水箱水泵房、变配电室	●	●	●			
		维修室、锅炉房/换热站、空调机房、监控室等	●	●	●			
	后勤服务	值班、库房等	●	●	○		监控设备、电话	
		车库等	●	●	—			

注：1. 规模应按照当地人口、经济以及文化设施等情况确定。组成内容应考虑当地群众习俗与爱好、文化层次等因素，适当调整。
2. 采暖及空调等设备用房的设置，可根据具体地区及条件核计。
3. 表中●为应设用房项目，○为可设用房项目。文化馆建筑群众活动用房构成的设置数量差异较大，各馆可根据实际需求及本馆特长合理确定。

文化馆 [3] 平面设计

平面设计

1. 多种流线的组织梳理。文化馆内部包含多种功能，用房种类繁多，流线复杂，在设计中，应避免交叉，快捷高效。

2. 安全高效的疏散方式。充分考虑特殊人群的使用要求，满足无障碍设计。应以多层为主。对于人流量大而且集散相对集中的活动场所，设计中要考虑在应对火灾、地震等危机情况发生时的紧急疏散。

3. 满足空间复合使用的需求。从集约的角度来讲，满足使用功能的特殊性，并且考虑到今后的可持续发展，文化馆的空间设计要满足空间复合使用的需求。例如教室设置多媒体投影演示、视听播放等多功能厅使用的设备。应重视群众活动空间的人性化设计。

4. 强化环保理念，利用自然资源，坚持以自然采光、通风为主。室内外装修应突出地方特色和民族特色，就地取材并选择安全、环保、经济、实用的建筑材料。

5. 特殊需求房间的专业设计。文化馆的大多数用房具有特殊的技术要求，如观演厅、舞厅及录音室等具有非常强的专业性和技术性，必要时要进行专项设计。

6. 合理安排功能用房的使用面积比例与建筑使用面积系数。各类功能用房的使用面积比例参见表1，文化馆建筑的使用面积系数宜为65%。

使用面积系数是指文化馆建筑中群众活动用房、学习辅导用房、专业工作部分以及管理辅助用房的使用面积之和与其总建筑面积的比值。

文化馆各种用房使用面积比例　　　　表1

名称	建筑面积/使用面积（m²）	各用房使用面积比例（%）							
		观演用房	游艺用房	展览用房	阅览用房	交谊用房	学习辅导用房	专业工作用房	管理辅助用房
浙江绍兴县文化馆	3125/2024	19.6	23.5	7.2	10.8	—	12	7.7	17.8
江苏南京南湖小区文化馆	2431/2173	18	6.5	9.6	8.7	7.1	18	16.6	7.7
江苏苏州郊区文化馆	3000/2173	13.8	24.7	5.1	8.4	24.8	6	9.8	2.8
北京东城区文化宫	7252/4803	—	23.7	12.7	2.4	15.7	13.8	11	4.5
上海曲阳新村文化馆	3966/2744	49.1	6.7	8.1	—	16.5	3.1	7	2.8
河北邯郸苏曹镇文化中心	2013/2105	—	27	18	22	—	13	—	—
文化馆建议比例	—	20	14	10	8	10	18	8	12

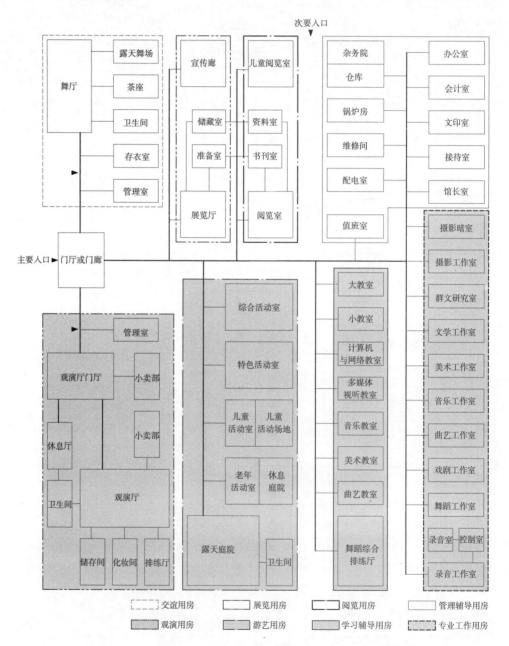

1 一般文化馆功能关系组合图

空间形式与组合

1. 文化馆内部空间的组织应适合使用变化和发展的需要，特别是群众活动空间要符合多种活动的使用要求，具有高度的灵活性，设计上要采用灵活可变的空间形式与组合。

2. 空间组合的表现形式

（1）流动式空间：在较大的活动厅室中，由若干不到顶、不交接、不承重的墙分隔成需要的空间，具有强烈的导向性、流动性。展览用房最适于采用这种形式 [2]。

（2）多用途厅室：独立空间根据不同的家具陈设形成多种使用功能 [3]。

（3）系列空间单元：将若干空间单元有机组合，形成系列空间，教室、研究室等用房适于采用这种形式 [4]。

（4）幕隔式空间：大开间、大进深空间利用帷幕、活动隔断分隔成若干小房间。活动室适于采用这种形式 [5]。

（5）空间灵活分隔：大空间，利用家具、书柜、屏风等分隔成若干小空间。展览用房、阅览用房适于采用这种形式 [6]。

（6）辅助空间与主体空间：辅助和主体空间分离、邻接或靠近的空间组合体，以创造相对完整的主体空间。交谊用房、游艺室等较普遍地采用这种形式 [7]。

3. 空间的综合利用

为便于主要空间的综合利用，主要空间应符合多种用途要求的最低面积和净高指标。一般用房宜考虑灵活可变的空间组合，以满足房间兼用或互换的要求。必要时活动空间还可由本区向他区延伸，或由室内向室外延伸，以提高空间的综合利用率 [1]。

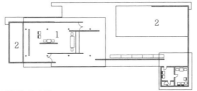

1 展厅　2 水池

[2] 巴塞罗那世界博览会德国馆

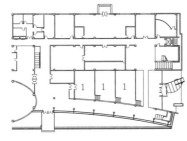

1 休闲空间兼作展厅

[3] 海淀社区中心

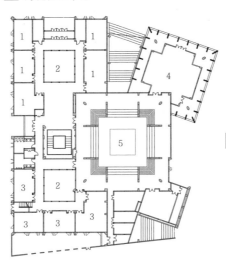

1 活动室　2 院落　3 培训教室
4 展厅　5 共享大厅

[4] 康巴艺术中心

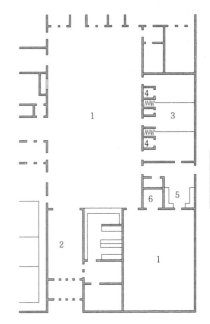

1 游艺室　2 门厅　3 小组活动室
4 壁橱　5 厨房　6 仓库

[5] 美国某儿童俱乐部游艺室

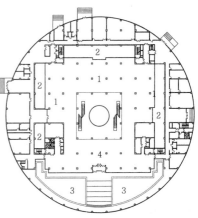

1 展厅　2 内庭院　3 水池　4 门厅

[6] 世界客属文化中心

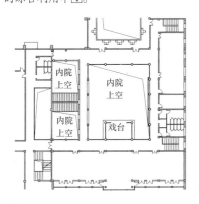

[1] 重庆市川剧艺术中心

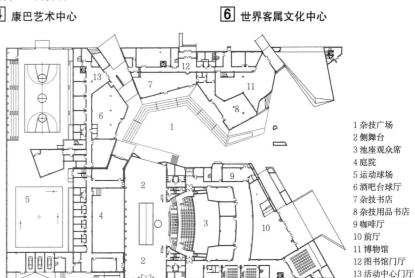

1 杂技广场
2 侧舞台
3 池座观众席
4 庭院
5 运动球场
6 酒吧台球厅
7 杂技书店
8 杂技用品书店
9 咖啡厅
10 前厅
11 博物馆
12 图书馆门厅
13 活动中心门厅

[7] 吴桥杂技艺术中心

文化馆 [5] 观演用房·游艺用房

观演用房

观演用房包括门厅、观演厅、舞台、化妆室、放映室和厕所等。

1. 大型观演厅400~600座，面积800~1200m²；中型观演厅150~300座，面积400~800m²；多功能厅300~500m²。

2. 观演厅规模一般不宜大于500座。根据需求建较大规模的观演厅时，舞台可考虑安装较完善的舞台机械设备。

3. 当观演厅规模超过300座时，观演厅的座位排列、走道宽度、视线和声学设计以及放映室设计，可参照剧场和电影院的有关资料。

4. 当观演厅为300座以下时，可做成平地面的多用途厅。厅使用面积包括开敞式舞台面积在内，按0.5~0.7m²/座计算。舞台的屋面高度可与观演厅同高(舞台空间净高＞观演厅净高)。

5. 多功能厅应满足观演、交谊、游艺等活动的使用要求。使用面积不宜＜200m²。当为矩形房间时，宽度不宜＜10m，并应设足够面积的椅子存放空间。

游艺用房

游艺用房包括综合活动室、儿童活动室、老人活动室、特色文化活动室。

1. 应根据活动内容和实际需要设置供若干活动项目使用的大、中、小游艺室，并附设管理间、贮存间。

2. 当规模较大时，宜分设儿童游艺室和老年人游艺室。

3. 设置儿童、老年人专用活动房间时，应布置在当地最佳朝向和出入安全、方便的地方，并宜设适合儿童和老年人使用的卫生间。

4. 游艺室使用面积不应小于下列要求：
大游艺室≥65m²；
中游艺室≥45m²；
小游艺室≥25m²。

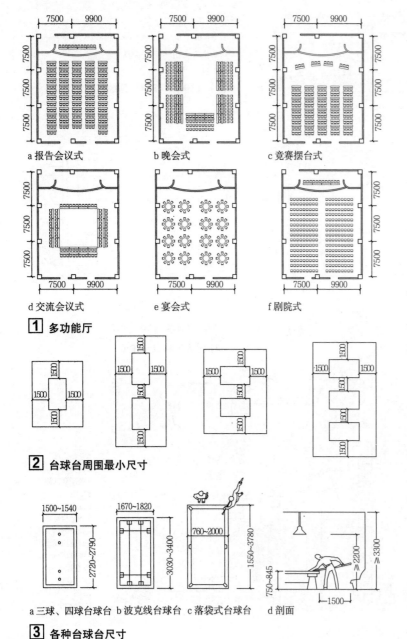

1 多功能厅
2 台球台周围最小尺寸
3 各种台球台尺寸
a 三球、四球台球台 b 波克线台球台 c 落袋式台球台 d 剖面

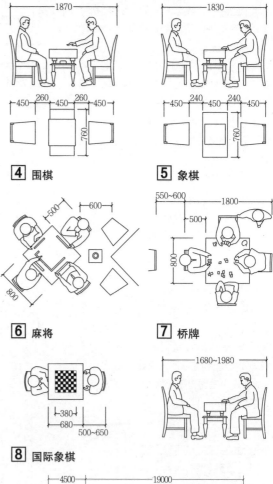

4 围棋　　5 象棋　　6 麻将　　7 桥牌　　8 国际象棋

9 保龄球

展览用房

包括展厅(廊)、贮藏间等。

1. 展室过大时,考虑分解成几个展室,每个展厅使用面积不宜小于65m²。
2. 展厅以自然采光为主,并应避免眩光及直射光。陈列空间设置可供灵活布置版面的展屏和照明设施。
3. 常见的展线有串联式、放射式、放射串联式、走道式、大厅式等。
4. 参观路线应通顺,没有反向迂回和互相交叉。窗地比以不小于1/5为宜。
5. 可在参观路线的适当位置设简单的休息场所。

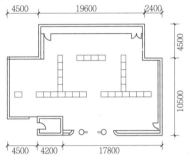

[1] 展厅平面示例

交谊用房

包括歌舞厅、管理间、卫生间、小卖部等,均应符合防火和公共场所卫生标准的要求。

1. 设舞池、声光控制间、存衣间、准备间、配餐间和贮藏间等。
2. 舞厅平均每人占有面积不小于1.5m²(舞池内每人占有面积不小于0.8m²)。卡拉OK、音乐茶座每人占有面积不小于1.25m²。
3. 宜具有单独开放条件和对外出入口。
4. 舞池设光滑地面,厅内有较好的音质条件、灯光照明与隔声措施。
5. 男厕:250人以下设1个大便器,每增加1~500人增设1个大便器。女厕:不超过40人设1个大便器,41~70人设3个大便器,71~100人设4个大便器,每增加1~40人增设1个大便器(男厕大小便器数量与女厕大便器数量比适宜为1:1.5)。

循环方式和流线、空间、展品的关系 表1

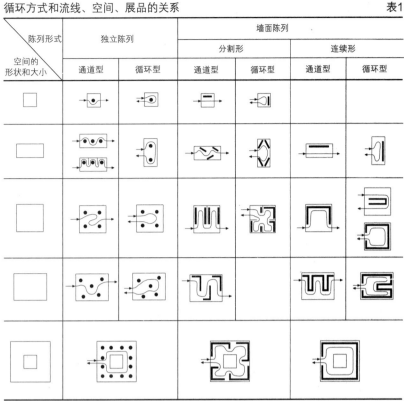

注:□陈列空间,•独立展品,～流线,— 展板。

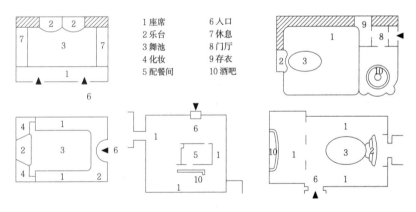

1 座席　6 入口
2 乐台　7 休息
3 舞池　8 门厅
4 化妆　9 存衣
5 配餐间　10 酒吧

▨ 管理间、准备间、吸烟室、声光控制室、卫生间等辅助用房

[2] 歌厅、歌舞厅平面形式

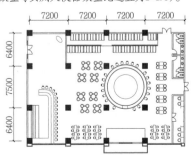

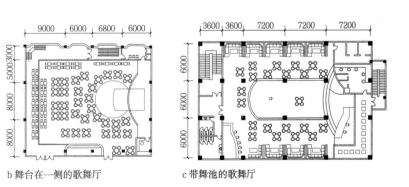

a 舞台在中央的歌舞厅　　b 舞台在一侧的歌舞厅　　c 带舞池的歌舞厅

[3] 歌厅、歌舞厅实例平面

文化馆 [7] 阅览用房·培训用房

阅览用房

包括阅览室、资料室、书报贮存间、工作间等。

1. 设于馆内较安静的部位。
2. 应光线充足，照度均匀，避免眩光及直射光，窗地比以不小于1/5为宜。采光窗应设遮光设施。
3. 规模较大时宜分设儿童阅览室，并邻近儿童游艺室，与室外活动场地相连通。
4. 儿童阅览室阅览桌可采用多种形式的家居造型和灵活多变的排列形式，使用明快协调的室内装修色彩，并应考虑陪同少儿的家长阅览和休息座椅。
5. 工作间设置复印机和计算机查询、传输、打印等功能。

培训用房

由普通教室、视听教室、学习室及综合排练室等组成，学习室包括音乐、书法、美术、曲艺教室。

1. 普通教室每班40～80人为宜，每人使用面积≥1.4m²。大教室120m²为宜，小教室60m²为宜。
2. 视听教室每间100～180m²为宜；学习室每班≤30人，每间大概60m²；排练室每人使用面积≥6m²，每间200～400m²为宜。
3. 其位置除排练室外，均应布置在馆内安静区。

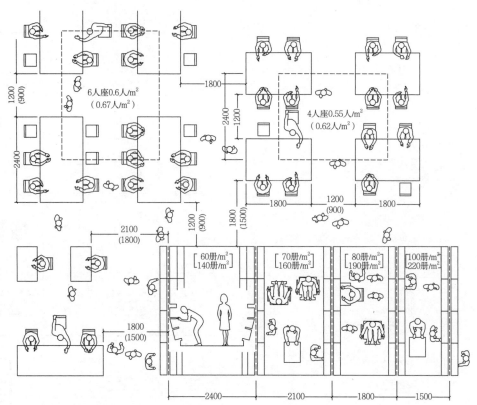

1. ( )内的数值是读者人数少时采用。
2. [ ]内的数值是按图中的间距布置时收藏书籍的册数，上边的数值是低书架（3层），下边的数值为高书架（7层）。
3. 参见《图书馆建筑设计规范》JGJ 038-2015。

1 阅览桌、书架的布置及其藏书能力

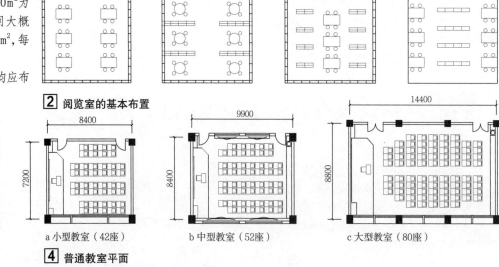

2 阅览室的基本布置

a 小型教室（42座）　　b 中型教室（52座）　　c 大型教室（80座）

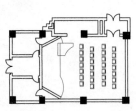

3 音乐教室平面

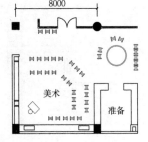 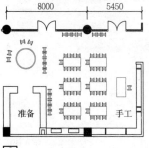 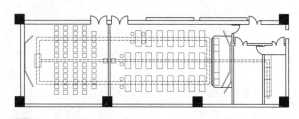

4 普通教室平面

5 美术室平面　　**6** 手工室平面　　**7** 视听教室平面

实例 [8] 文化馆

2 文化建筑

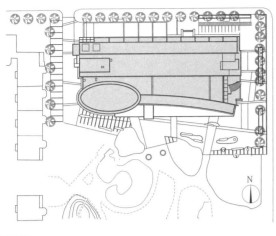

a 总平面图

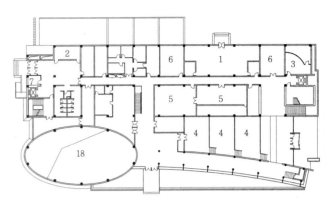

b 一层平面图

c 二层平面图

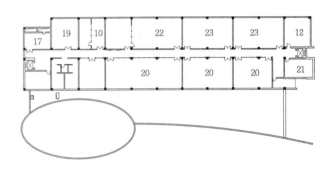

d 三层平面图

1 银行营业厅　2 售卖　3 小卖　4 交往平台　5 对外服务窗口　6 接待　7 值班　8 大报告厅
9 会议室　10 办公室　11 书画室　12 管理　13 心理咨询　14 社区卫生中心　15 盲人按摩室　16 休息廊
17 空调机房　18 地下泳池上空　19 监控室　20 培训室　21 吸烟室　22 网络中心　23 教室

1 北京海淀社区中心

名称	主要技术指标	设计时间	设计单位
北京海淀社区中心	建筑面积12382.8m²	2004	清华大学建筑设计研究院有限公司
建筑设计理念立意于表达政府对社区居民的服务职能，体现建筑向公众开放、市民平等参与社区文化活动的精神，同时充分考虑建筑与周围环境的协调呼应			

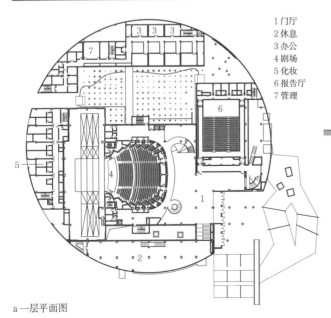

1 门厅
2 休息
3 办公
4 剧场
5 化妆
6 报告厅
7 管理

a 一层平面图

2 常熟江南文化中心

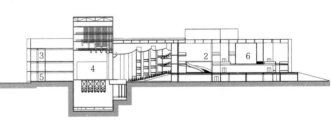

b 剖面图

名称	主要技术指标	设计时间	设计单位
常熟江南文化中心	建筑面积21000m²	2009	清华大学建筑设计研究院有限公司

江南文化艺术中心采用了传统建筑尤其是江南园林建筑的设计元素，结合现代建筑的语言，表达了常熟所具有的深厚历史文化积淀以及时代感

171

文化馆 [9] 实例

2 文化建筑

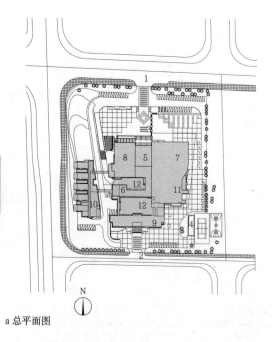

a 总平面图

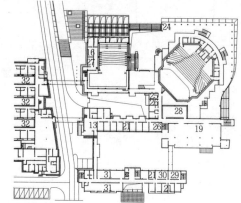

c 二层平面图

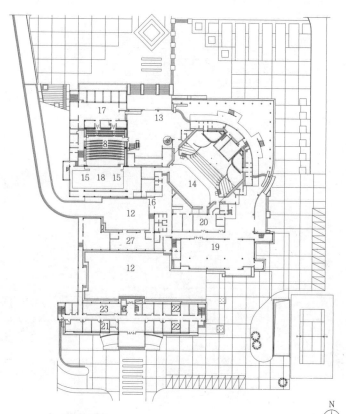

b 一层平面图

1 群艺馆办公入口　12 内院　　　　　23 库房
2 文化厅办公入口　13 入口门厅　　　24 音像商店
3 音乐厅入口　　　14 音乐厅（600座）25 编辑室
4 地下车库入口　　15 侧台　　　　　26 摄影工作室
5 群艺馆主馆　　　16 空调机房　　　27 配电房
6 群艺馆办公楼　　17 休息厅　　　　28 舞蹈教室
7 音乐厅　　　　　18 舞台　　　　　29 会议室
8 多功能剧场　　　19 展览厅　　　　30 档案室
9 省文化厅办公楼　20 贵宾休息　　　31 监控中心
10 群艺馆后勤培训楼 21 办公　　　　　32 后勤
11 展览培训　　　　22 节目检审

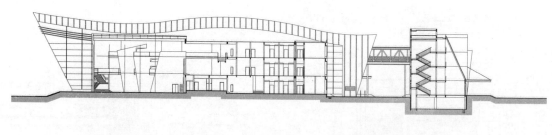

d 剖面图

e 立面图

1 湖南省群众艺术馆

名称	主要技术指标	设计时间	设计单位
湖南省群众艺术馆	建筑面积19800.78m²	2005	湖南省建筑设计院

项目由音乐厅、群艺馆培训用房、群艺馆后勤用房、湖南省民间艺术保护中心和湖南省文化厅办公楼组成。项目充分利用场地高差进行竖向布置

实例 [10] 文化馆

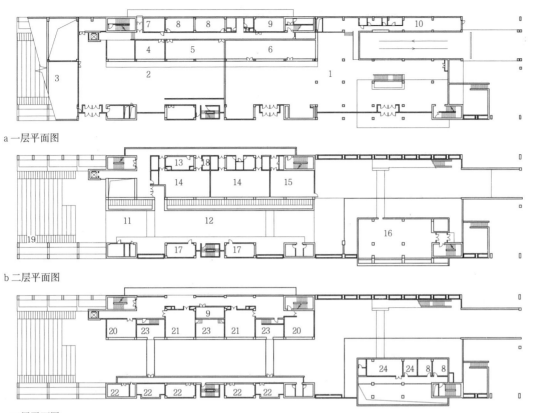

a 一层平面图
b 二层平面图
c 三层平面图

1 书店
2 文化馆展厅
3 库房
4 摄影
5 会议室
6 读者交流区
7 档案室
8 办公
9 空调机房
10 值班
11 文化馆公众入口
12 文化广场
13 教师休息
14 舞蹈教室
15 培训教室
16 营业厅
17 小卖
18 更衣
19 露天台阶
20 书法教室
21 美术教室
22 声乐教室
23 平台
24 会议洽谈

1 北京延庆文化中心

名称	主要技术指标	设计时间	设计单位
北京延庆文化中心	建筑面积29999m²	2006	中国建筑设计院有限公司

北京延庆文化中心集多项功能于一体，包括档案馆、图书馆、剧场博物馆、文化馆和新华书店等子项

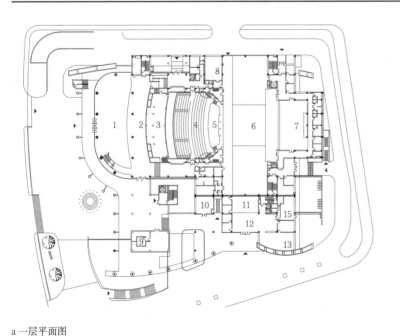

a 一层平面图

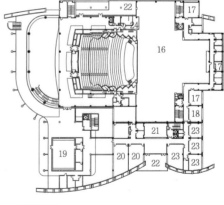

b 二层平面图

1 剧院门厅　2 艺术浮雕　3 静压室　4 观众厅
5 乐池　6 主台　7 后台　8 贵宾接待
9 售票服务　10 配套服务　11 休息中庭　12 群艺馆门厅
13 群艺馆展示　14 抢妆、服装　15 消防监控　16 上空
17 化妆　18 网络机房　19 报告厅　20 书法
21 休息厅　22 平台　23 少儿艺术培训　24 舞台机械控制室

2 丽水文化艺术中心

名称	主要技术指标	设计时间	设计单位
丽水文化艺术中心	建筑面积34831m²	2010	浙江大学城乡规划设计研究院

丽水文化艺术中心是一个既满足现代使用要求又有着鲜明特质的大剧院，山水舞动、就地取材，具有通风腔体和多样的开放空间

文化馆 [11] 实例

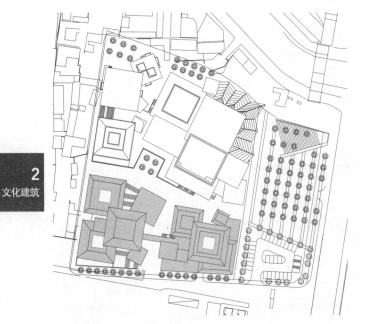

a 总平面图

1 共享大厅　　　2 院落　　　　　3 茶室
4 音乐舞蹈室　　5 唐卡绘画室　　6 泥塑工作室
7 美术书法室　　8 过厅　　　　　9 活动室
10 展厅　　　　　11 环廊　　　　　12 新风机房
13 接待　　　　　14 儿童阅览　　　15 加工配送
16 装订文献消毒　17 管理用房　　　18 书库
19 出纳　　　　　20 前厅　　　　　21 检索区
22 期刊阅览　　　23 公共活动平台　24 室外展场
25 半室外展场　　26 平台　　　　　27 电子阅览
28 领导干部阅览室 29 办公室

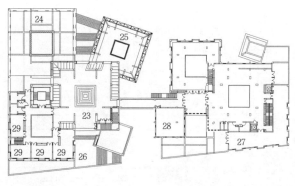

c 二层平面图

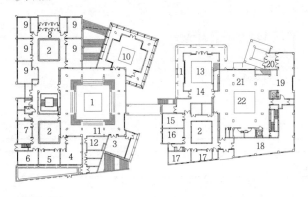

b 一层平面图

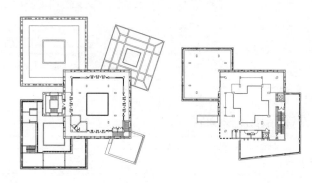

d 三层平面图

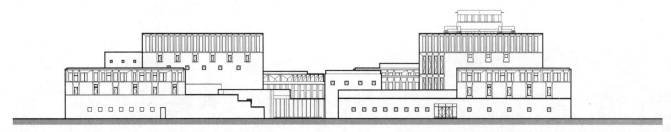

e 立面图一

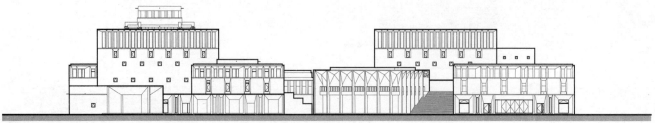

f 立面图二

1 康巴艺术中心

名称	主要技术指标	设计时间	设计单位
康巴艺术中心	建筑面积20610m²	2012	中国建筑设计院有限公司
康巴艺术中心注重整体与细节的协调统一，独具特色，充分体现贴近实际、民族特色、地域风貌和时代特征的重建思想			

174

实例 [12] 文化馆

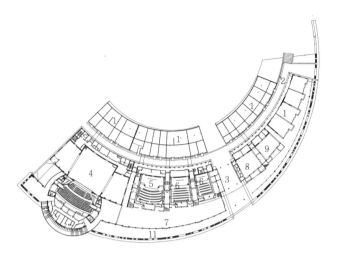

a 一层平面图

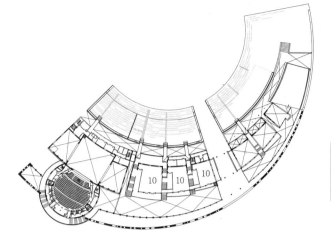

b 二层平面图

1 商店　2 商业外街　3 市民步道　4 大剧场　5 小剧场　6 电影院
7 长廊　8 多功能厅　9 舞厅　10 展厅　11 廊檐

1 凉山民族文化艺术中心

名称	主要技术指标	设计时间	设计单位
凉山民族文化艺术中心	建筑面积20000m²	2005	中国建筑设计院有限公司

凉山民族文化艺术中心是一座以演艺中心为主体，融学术交流、展览、商业、娱乐为一体的多功能文化建筑，是彝族传统文化与现代艺术的结合与相互诠释

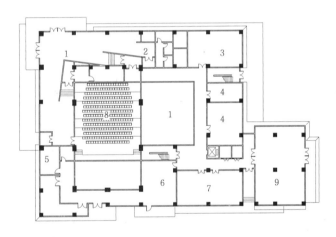

a 文化馆一层平面图

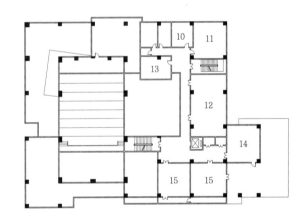

b 文化馆二层平面图

1 门厅　　　9 展厅
2 接待　　　10 书法室
3 儿童活动室　11 美术
4 活动室　　12 舞蹈培训室
5 化妆室　　13 电子采编
6 侧台　　　14 协会活动室
7 综合活动室　15 活动室
8 观演厅

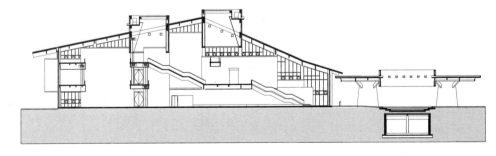

c 剖面图

2 北川羌族自治县文化中心

名称	主要技术指标	设计时间	设计单位
北川羌族自治县文化中心	三馆总建筑面积14098m²	2009	中国建筑设计院有限公司

北川羌族自治县文化中心由三部分组成：博物（澳门援建）、图书馆、文化馆（山东援建）

档案馆 [1] 概述

概述

1. 档案馆是集中收集、保管并提供利用特定范围内档案的专门机构和场所。内设有档案库区、档案业务及技术用房、对外服务用房、办公及附属用房等。

2. 中国的档案建筑由于诸多原因长期处于封闭保密阶段，随着社会的发展、部分档案的解密、展览功能的增加，部分空间得以公开展现，但涉及档案的库房及查阅等功能用房，其保密防盗体系仍需完整，详见表1。

档案馆建筑功能演变表　　　　　　　　　　　　表1

阶段 类别	保密式管理阶段	封闭式管理阶段	开放式管理阶段
时间	20世纪70年代以前	20世纪70~90年代	20世纪90年代至今
主要功能	库房、门厅、武警站卫、围墙	库房、业务技术用房、门厅、阅览、武警站卫、围墙	库房、业务技术用房、门厅、阅览、展厅
简图	库房	库房／阅览	库房／展厅／阅览
特点	中国的古代档案建筑最初是以库房为主，对外封闭保密	各新建馆开始增设阅览、档案接收及技术保护用房等。但查阅档案仍需凭介绍信出入，档案馆仍处在武警站岗的对外封闭管理阶段	在确保档案体系完整的前提下，增设市民广场、共享中庭和对外展厅，扩大各类查阅用房，使档案馆建筑同其他文化建筑一样为市民服务

分类

按性质分为国家综合档案馆及专业档案馆两大类，详见表2。

档案馆建筑分类　　　　　　　　　　　　　表2

分类	国家综合档案馆						专业档案馆		
性质	中央级档案馆	省级档案馆			市、县级档案馆			城建、照片、企事业单位档案馆	
类别	—	一类	二类	三类	一类	二类	三类	一类	二类	三类
馆藏档案数量	—	90万卷以上	70~90万卷	70万卷以下	40万卷以上	30~40万卷	30万卷以下	20万卷以上	10~20万卷	10万卷以下
等级	特级	甲级			乙级			—		
耐久年限	100年以上	100年以上			50~100年			50~100年		
耐火等级	一级	一级			不低于二级			一级或二级		
抗震等级	地震基本烈度为7度及以上地区应按基本烈度设防，6度地区重要城市档案馆库区建筑可按7度设防									

国内已建部分档案馆建筑主要经济技术指标表　　　　表3

馆名	建造年代	用地面积(m²)	库房面积(m²)	对外用房面积		业务技术用房面积(m²)	办公用房面积(m²)	附属用房面积(m²)	总建筑面积(m²)
				查阅室(m²)	展厅(m²)				
福建省档案馆	2008.11	27503	14000	7800	6000	6000	2500	5176	41476
广东省档案馆	1995.2	13792	14010	2100	4450	2900	2500	1450	34941
广州市档案馆(三期)	—	—	—	26200		—	—	—	26226
广州市档案馆(二期)	2013.5	50013	19210	—	13646		4109	8035	45000
广州市档案馆(一期)	2010.8		8150	5500		6500		8650	28800
江苏省档案馆	2012.12	33350	19083	12166		6369	4920	8233	50771
宁夏回族自治区档案馆	2010.10	24337	10310	3411	1477	4403	3695	11755	35054
陕西省档案馆	2008.11	40020	6160	3100		2680	2770		16990
沈阳市档案馆	2005.9	14500	7000	350	1700	2000	5579		21779
佛山市档案馆	2012.12	21696	21000	2400	1600	3100	900	3600	35000
金华市档案馆	2007.10	23600	4503	3650		1655	6540	3101	19700
秦皇岛市档案馆	2010.10	6367	4000	4000		2000	1500	500	12686
徐州市档案馆	2009.11	20060	4000	2000	5500	1500	4500	5100	22600
榆林市档案馆	2012.12	16675	4600	3100	1600	3000	2000	1270	15570

建设规模及建筑面积指标

档案馆建设规模按行政区划分级，以现存和今后30年应进馆档案、资料的数量之和为基本依据分类，各相关建筑面积指标详见表4。

建设规模与建筑面积指标表　　　　　　　　表4

级别	类次	馆藏量(万卷)	档案库房(m²)	对外服务用房(m²)	业务和技术用房(m²)	办公用房(m²)	附属用房(m²)	总计(m²)
省级	一类	90以上	5500~6800	5500~6500	6500~7400	1500~1700	1900~2200	20900~24600
	二类	70~90	4300~5500	4600~5500	5500~6500	1200~1500	1600~1900	17200~20900
	三类	70以下	3000~4300	3700~4600	4600~5500	900~1200	1200~1600	13400~17200
市级	一类	40~50	2000~2500	1800~2100	2100~2400	480~570	640~760	7020~8330
	二类	30~40	1500~2000	1500~1800	1800~2100	390~480	520~640	5710~7020
	三类	30以下	1000~1500	1200~1500	1500~1800	270~390	400~520	4370~5710
县级	一类	20~30	1200~1800	700~900	600~900	260~380	280~400	3040~4380
	二类	10~20	600~1200	500~700	300~600	140~260	150~280	1690~3040
	三类	10以下	300~600	200~500	150~300	80~140	70~150	800~1690

档案馆建筑功能流程图

库房是档案建筑的功能主体。由接收、除尘、整理及编目等组成的业务用房为档案入库前做准备；由缩微、翻拍、数字化等组成的技术用房为入库档案或入库前档案做技术及保护工作。一般凡与档案直接接触的均为保密区，间接接触的为监控区，不接触的为开放区。

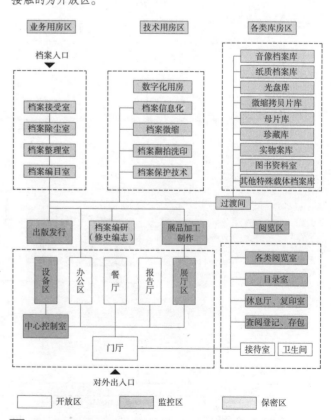

1 各功能用房流程图

选址

1. 工程及水文地质条件较好的地段，避免洪水、山体滑坡等自然灾害威胁。
2. 远离易燃、易爆场所和污染源，且不应在有污染腐蚀性气体源的下风向。
3. 交通便利、城市公用设施比较完备的地段，并预留发展用地。
4. 地势较高、场地干燥、排水通畅、空气流通和环境安静的地段。
5. 高压输电线不得架空穿越馆区。

总平面

1. 档案馆建筑宜独立建造，与其他工程合建时应自成体系。
2. 总平面布置应近远期结合，一次规划、一次建设或分期建设；特别应预留档案库房的发展用地，满足其逐年增加的需求。
3. 人员集散场地、道路、停车场（库）和绿化用地等室外用地应统筹规划。
4. 档案馆建筑应按其功能分为业务、技术用房及库房区、对外服务区、办公及其他附属用房区。业务、技术用房及库房区应相对独立，便于档案保护。对外服务区应独立设置对外出入口，以方便对外利用。

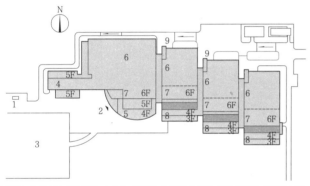

1 国旗 2 主入口 3 停车场 4 办公 5 阅览 6 库房 7 编目 8 技术用房 9 档案入口

建于1993年，总建筑面积16.7万m²，多层。由1个基本单元（库房、编目、阅览及办公）及3个相同组合单元（库房、编目及技术用房）组成。

[1] 美国国家档案馆总平面图

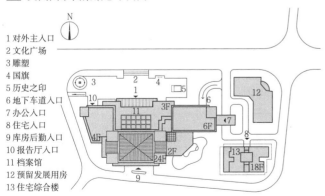

1 对外主入口
2 文化广场
3 雕塑
4 国旗
5 历史之印
6 地下车道入口
7 办公入口
8 住宅入口
9 库房后勤入口
10 报告厅入口
11 档案馆
12 预留发展用房
13 住宅综合楼

始建于1995年，主体总建筑面积3.5万m²，24层。广东省档案馆是中国第一座设置较大展厅并对外开放的档案馆。

[2] 广东省档案馆总平面图

空间组合

在档案馆建筑中，档案库房、业务及技术用房等同属档案内部管理用房，属保密区，在空间组合时简称为"库"。主门厅、阅览室、展厅、报告厅等对外服务用房，属开放区，简称为"厅"。库与厅的组合形式见表1。

库与厅的组合形式　　　　　　　　　　　　　表1

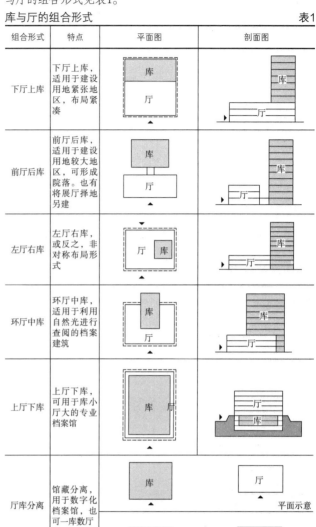

组合形式	特点	平面图	剖面图
下厅上库	下厅上库，适用于建设用地紧张地区，布局紧凑		
前厅后库	前厅后库，适用于建设用地较大地区，可形成院落。也有将展厅择地另建		
左厅右库	左厅右库，或反之，非对称布局形式		
环厅中库	环厅中库，适用于利用自然光进行查阅的档案建筑		
上厅下库	上厅下库，可用于库小厅大的专业档案馆		
厅库分离	馆藏分离，用于数字化档案馆，也可一库数厅	平面示意 / 剖面示意	

库厅扩建

在档案馆建筑功能中，"库"的扩建通常分为水平或端部扩建两种，"厅"的扩建通常分为扩大展厅或查阅功能、教育培训等功能。

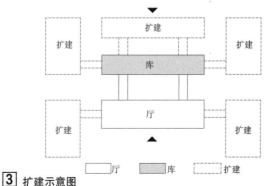

[3] 扩建示意图

档案馆 [3] 库房

设计要点

1. 应根据各档案馆的等级、规模和实际需要，选择设置不同的库房①，或合并设置。
2. 档案库应集中布置，自成一区。除更衣室外区内不应设置其他用房，其他用房之间的交通亦不得穿越库区。
3. 库区或库房入口处应设不小于$6m^2$的缓冲间。库房应设置一定量的热阻体，并应确保六面体热阻值的均衡，尽量避免出现冷桥。
4. 库区内应比库区外楼地面高15mm，并应设置密闭排水口。
5. 每个档案库应设两个独立的出入口，且不宜采用串通或套间布置的方式。
6. 档案库净高不应低于2.60m，不宜高于3.00m。
7. 档案库楼面均布活荷载标准值不应小于$5kN/m^2$，密集架荷载不应小于$12kN/m^2$。为提高使用率应多采用密集架。

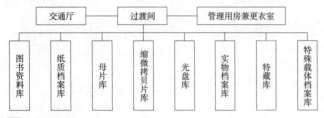

[1] 档案库房分类

各级档案馆档案库房使用面积指标　　表1

面积指标 分类	一类 档案数量（万卷）	一类 使用面积（m^2）	二类 档案数量（万卷）	二类 使用面积（m^2）	三类 档案数量（万卷）	三类 使用面积（m^2）	备注
省级档案库房	90~110	3600~4400	70~90	2800~3600	50~70	2000~2800	按$40m^2$/万卷计算
市级档案库房	40~50	2000~2500	30~40	1500~2000	20~30	1000~1500	按$50m^2$/万卷计算
县级档案库房	20~30	1200~1800	10~20	600~1200	5~10	300~600	按$60m^2$/万卷计算

档案库陈列设计

1. 装具排列的各部分尺寸：主通道净宽不应小于1.20m，两行装具间净宽不应小于0.80m，装具端部与墙的净距离不应小于0.60m，装具背部与墙的净距离不应小于0.10m。
2. 活动式密集架需在楼面上预埋导轨，其相关平面尺寸要求参见[3]。
3. 改进装备以扩大库容量，以贮存额较高的密集架取代档案柜。设计时应按密集架要求设计楼面的均布荷载。

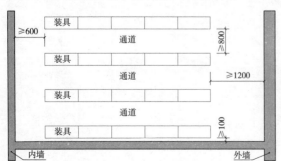

[2] 档案装具排列平面图

装具档案存储定额计算　　表2

档案库类别	每平方米存储档案长度（或卷）
五节档案库	≥2.70延长米（或180卷）
双面档案库	≥3.30延长米（或220卷）
档案密集架	≥7.20延长米（或480卷）

注：档案延长米是档案部门在计算档案总数量时的长度计量习惯单位。档案装盒后，并排竖立于档案柜架上（盒脊朝外），统计所有档案厚度的总和（或统计所有档案占档案柜架的长度），以米为计量单位。档案厚度1米即为1档案延长米。

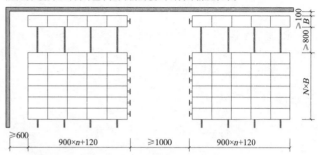

B—密集架厚度；n—密集架节数，每节长900；N—密集架排数。

[3] 密集架平面布置

活动式密集架常用尺寸　　表3

分类	尺寸：高（H）×长（L）×宽（B）(mm)	
密集架	移动架	(2100~2500)×900×500　(2100~2500)×900×600
	单面固定架	(2100~2500)×900×280
	双面固定架	(2100~2500)×900×500

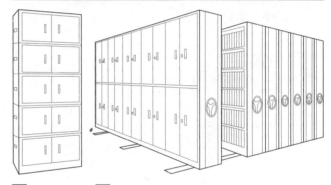

[4] 传统档案柜　　[5] 档案密集柜

库房与业务及技术用房区位关系

业务及技术用房（简称"辅房"）与库房均直接接触档案，故常组合在一起形成对外保密区，区位关系见表4。

库房与业务及技术用房区位关系表　　表4

区位关系	库房上辅房下	辅房上库房下	库房中辅房上下	库房辅房同层
特点	人流量大及有排水功能用房位于下方，设计合理，但负荷大的顶层设业务用房的位于上方，易形成建筑负荷头重脚轻	有除尘要求的业务用房位于顶层，灰尘容易空气排放，但应避免用水用房影响下方库房	根据辅房特点分层设置合理，且顶层设业务用房可防止库房雨水渗漏，利于保温	编目及技术保护用房与库房同层之间联系方便，但二类库房高、荷载及空调温湿度要求不一
剖面示意	B上 A下(C)	C上 B下	C上 B中 C下 A	C B A
图例	A 对外服务用房　B 库房　C 业务及技术用房			
实例	佛山市档案馆 苏州工业园区档案馆	江苏省档案馆	广东省档案馆	秦皇岛市档案馆 美国国家档案馆

库房 [4] 档案馆

布局形式

1. 单一功能复合外墙布局

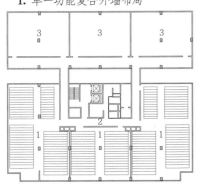

1 档案库
2 缓冲廊
3 预留扩建库房

单一功能，层高、负荷及环境要求单一，核心筒设于一侧，便于扩建利用，平面利用系数高。

[1] 深圳市档案馆库房标准层

名称	设计时间	设计单位
深圳市档案馆	2011	筑博设计（集团）股份有限公司

2. 复合功能复合外墙布局

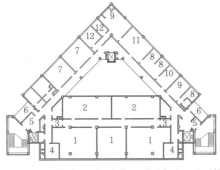

1 实物档案库
2 母片区
3 缓冲间
4 空调机房
5 前室
6 阳台
7 仿真复制室
8 编目室
9 办公室
10 电子档案采集室
11 电子档案接收室
12 装订室

同一平面层功能较多，层高、负荷、环境要求不一，也不利于档案保护。

[2] 秦皇岛市档案馆标准层

3. 地下库区外回廊布局

1 库房
2 办公
3 展厅
4 车库
5 编目

a 地下二层平面图

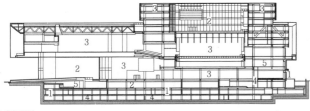

b 剖面图

负二层整层为库区I，功能、层高、负荷、环境要求单一，室外环境温度变化相对小，有利于库内温湿度恒定。防水、防涝设计要求高：①库区不能设在地下最底层；②库区六面体的防水设计要求高；③库区出地面出口处应高出其他地面0.5m，且确保出口不被雨水倒灌。

[3] 广州市城建档案馆

名称	设计时间	设计单位
广州市城建档案馆	2009	华南理工大学建筑设计研究院

4. 单一功能外回廊布局

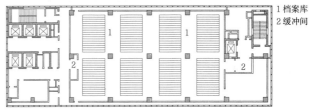

1 档案库
2 缓冲间

平面利用系数低，方便立面处理。

[4] 苏州工业园档案馆库房标准层

库房扩建

一次规划，分期建设：总平面布置时为馆区主体建筑保留水平方向的扩建空间，满足总体规划中分期建设的建筑需要。

1. 水平扩建

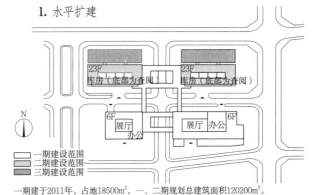

一期建于2011年，占地18500m²，一、二期规划总建筑面积120200m²。

[5] 深圳市档案馆

2. 母体复制

以库房为母体，进行单元的复制和扩建。

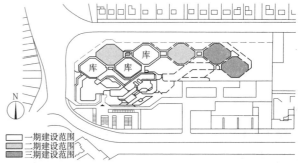

[6] 德国国家档案馆

3. 端部扩建

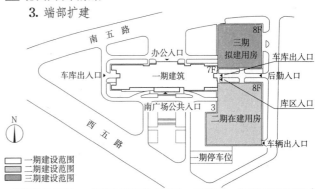

一期建于2006年，二期始建于2012年（在建），三期预留，总建筑面积为10万m²（其中一期2.88万m²、二期4.5万m²）。

[7] 广州市档案馆

名称	设计时间	设计单位
广州市档案馆	2008	广东省建筑设计研究院

档案馆 [5] 对外服务用房

组成

档案馆对外服务用房主要包括以下三个部分。①公共服务类：对外服务大厅(含门厅、值班室等)、接待室、查阅登记室及存包、目录室、对外利用复印室和利用者休息室、饮水处、咖啡厅、餐厅、公共卫生间等功能；②阅览类：开放档案，保密档案，缩微、音像档案及电子档案阅览室，政府公开信息查阅中心；③其他类：展览厅、报告厅等。

设计要点   表1

分类	功能名称	设计要点
公共服务类用房	对外服务大厅	一般应包括入口门厅、值班室、寄存处、接待室、查阅登记室、目录室、对外复印室和利用者休息室、饮水处、公共卫生间等功能。简洁明快的空间组织可以帮助外部人流快捷地分流，顺利地利用档案馆所提供的对外服务
	餐厅、厨房	需要时可设置厨房与餐厅
阅览类用房	开放档案阅览室	宜有自然采光，避免阳光直射与眩光	应设置防盗监控系统；普通阅览室每座使用面积≥3.5m²
	保密档案阅览室	避免阳光直射与眩光	
	缩微档案阅览室	避免阳光直射，宜采用间接照明，阅览桌上应设局部照明	专用阅览室每座使用面积≥4.0m²；单间房间使用面积≥12.0m²
	音像档案阅览室	避免阳光直射，宜采用间接照明	
	电子档案阅览室	避免阳光直射，宜采用间接照明	
	政府公开信息查阅中心	—	
其他类用房	展览厅	展览厅一般与门厅相连接，布置在外来参观访问人方便到达的区域，应避免阳光直射与眩光，设计时应关注展区照度等机电专业的要求。展品可以包括纸质、物品、声光电多媒体等展示
	报告厅	应设置在到达方便、消防疏散有利的位置，应考虑声光电等要求。一般设有主席台、休息室等

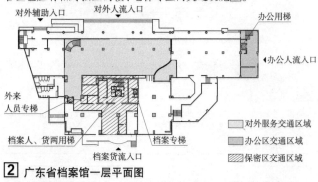

1 对外服务用房组成图

功能分区及交通组织

在档案建筑空间组合中，一般有保密区(物流门厅、库房、业务及技术用房)、对外开放区(包括监控区，指对外门厅、查询阅览、展厅及报告厅)及内部办公区(办公门厅、办公用房)。各区在首层应分别有相对独立的对外出入口，各区在空间上应相对独立，各区也应有相对独立的楼、电梯等竖向交通设施 2。

2 广东省档案馆一层平面图

省级档案馆对外服务用房使用面积指标分类表   表2

		省级					
		一类		二类		三类	
		个数	面积(m²)	个数	面积(m²)	个数	面积(m²)
公共服务类用房	服务大厅	1	300~350	1	250~300	1	200~250
	接待室	1	150~180	1	120~150	1	90~120
	查阅登记室	1	150~180	1	120~150	1	90~120
	目录室	1	150~180	1	120~150	1	90~120
	对外利用复印室	1	80~90	1	70~80	1	60~70
	利用者休息室	1	80~100	1	70~80	1	60~70
	餐厅	1	80~90	1	70~80	1	60~70
	公共卫生间	1	80~90	1	70~80	1	60~70
阅览类用房	开放档案阅览室	1	350~400	1	300~350	1	250~300
	未开放档案阅览室	1	150~180	1	120~150	1	90~120
	缩微档案阅览室	1	100~120	1	80~100	1	60~80
	音像档案阅览室	1	150~180	1	120~150	1	90~120
	现行文件阅览室	1	150~180	1	120~150	1	90~120
	现行文件保管室	1	150~180	1	120~150	1	90~120
其他用房	展览厅	2	1200~1400	2	1000~1200	2	800~1000
	报告厅	1	280~300	1	250~280	1	220~250
使用面积小计			3600~4200		3000~3600		2400~3000

市级档案馆对外服务用房使用面积指标分类表   表3

		市级					
		一类		二类		三类	
		个数	面积(m²)	个数	面积(m²)	个数	面积(m²)
公共服务类用房	服务大厅	1	120~140	1	100~120	1	80~100
	接待室	1	70~80	1	60~70	1	50~60
	查阅登记室	1	70~80	1	60~70	1	50~60
	目录室	1	70~80	1	60~70	1	50~60
	对外利用复印室	1	45~50	1	40~45	1	35~40
	利用者休息室	1	45~50	1	40~45	1	35~40
	餐厅	1	45~50	1	40~45	1	35~40
	公共卫生间	1	45~50	1	40~45	1	35~40
阅览类用房	开放档案阅览室	1	200~250	1	150~200	1	100~150
	未开放档案阅览室	1	70~80	1	60~70	1	50~60
	缩微档案阅览室	1	30~40	1	20~30	1	10~20
	音像档案阅览室	1	70~80	1	60~70	1	50~60
	现行文件阅览室	1	70~80	1	60~70	1	50~60
	现行文件保管室	1	70~80	1	60~70	1	50~60
其他用房	展览厅	2	600~700	2	500~600	2	400~500
	报告厅	1	180~210	1	160~180	1	120~160
使用面积小计			1800~2100		1500~1800		1200~1500

县级档案馆对外服务用房使用面积指标分类表   表4

		县级					
		一类		二类		三类	
		个数	面积(m²)	个数	面积(m²)	个数	面积(m²)
公共服务类用房	服务大厅	1	60~80	1	40~60	1	0~40
	接待室	1	30~40	1	20~30	1	0~20
	查阅登记室	1	30~40	1	20~30	1	10~20
	目录室	1	30~40	1	20~30	1	10~20
	对外利用复印室	1	30~40	1	20~30	1	10~20
	利用者休息室	1	30~40	1	20~30	1	10~20
	餐厅	1	30~40	1	20~30	1	10~20
	公共卫生间	1	30~40	1	20~30	1	10~20
阅览类用房	开放档案阅览室	1	80~100	1	70~80	1	60~70
	未开放档案阅览室	1	30~40	1	20~30	1	10~20
	音像档案阅览室	1	30~40	1	20~30	1	10~20
	现行文件阅览室	1	30~40	1	20~30	1	10~20
	现行文件保管室	1	40~50	1	30~40	1	20~30
其他用房	展览厅	2	160~200	2	120~160	2	80~120
	报告厅	1	60~80	1	40~60	1	0~40
使用面积小计			700~900		500~700		200~500

对外服务用房 [6] 档案馆

布局形式

对外服务用房入口，常为该档案建筑的主入口。多数建筑将其查阅档案及展厅的两个入口合二为一，设置为一个对外出入口。也有部分档案建筑，将其分开设在不同方位，甚至采取大台阶设置在不同楼层，以突出主体建筑形象。

对外服务用房主要功能有入口门厅(A)、档案检目及各类阅览(B)、各类展厅(C)、对外学术报告厅(D)等。其组合方式见表1。

对外服务用房主要功能组合方式　　　　表1

类型	"⊥"形对称布局	"一"形对称布局	位于一端不对称布局	上下两层入口布局
特点	中间门厅，对外用房可3个方位（或竖向逐层）设置	中间门厅，不同对外用房一左一右两个方位（或竖向逐层）设置	入口门厅仅一个方位逐层设置对外各类用房	大台阶，双门厅"L"、"一"或"⊥"形交通组织
功能及空间关系示意				
实例	福建省档案馆 苏州工业园档案馆	广东省档案馆 广州市国家档案馆	广东省佛山市档案馆	江苏省档案馆 秦皇岛市档案馆

"⊥"形对称布局

阅览展厅逐层设置。

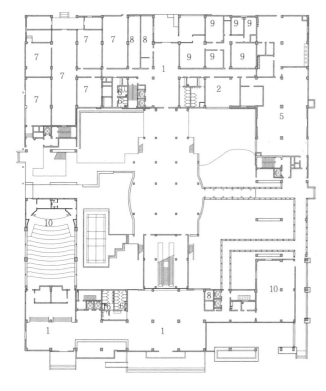

a 一层平面图

1 门厅　2 接待　3 展厅　4 阅览　5 餐厅
6 卫生间　7 设备机房　8 办公用房　9 业务及技术用房　10 会议室

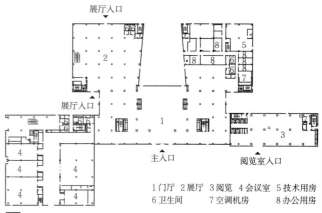

1 门厅　2 展厅　3 阅览　4 会议室　5 技术用房
6 卫生间　7 空调机房　8 办公用房

1 苏州工业园区档案馆一层平面图

名称	设计时间	设计单位
苏州工业园档案馆	2008	澳大利亚JPW建筑设计事务所、中衡设计集团股份有限公司

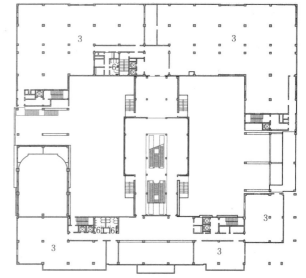

b 二层平面图

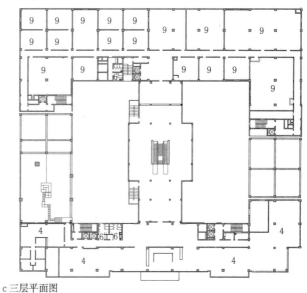

c 三层平面图

2 福建省档案馆新馆

名称	设计时间	设计单位
福建省档案馆新馆	2008	中国水电工程顾问集团有限公司、中国电建集团华东勘测设计研究院有限公司

档案馆 [7] 对外服务用房

"一"形对称布局

阅览展厅一左一右设置，对称布局。

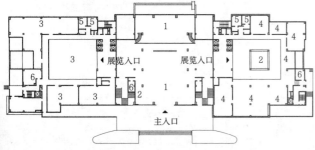

1 门厅 2 接待 3 展厅 4 阅览 5 卫生间 6 设备机房

1 广州市档案馆一层平面图

名称	设计时间	设计单位
广州市档案馆	2008	广东省建筑设计研究院

不对称布局

阅览展厅位于入口一侧，逐层设置。

a 一层平面图

1 门厅 2 接待 3 展厅 4 阅览 5 共享空间 6 卫生间 7 设备机房 8 办公用房
9 业务及技术用房 10 库房 11 中心控制室 12 会议报告厅
b 三层平面图

2 佛山市档案馆

名称	设计时间	设计单位
佛山市档案馆	2010	广州市设计院、英国奥雅纳工程咨询（上海）有限公司深圳分公司、丹麦HLA建筑事务所

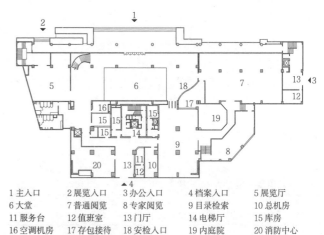

1 主入口   2 展览入口   3 办公入口   4 档案入口   5 展览厅
6 大堂   7 普通阅览   8 专家阅览   9 目录检索   10 总机房
11 服务台 12 值班室   13 门厅   14 电梯厅   15 库房
16 空调机房 17 存包接待 18 安检入口 19 内庭院   20 消防中心

3 广东省档案馆一层平面图

名称	设计时间	设计单位
广东省档案馆	1995	广州市城市规划勘察设计研究院

上下两层入口布局

阅览展厅一上一下设置。

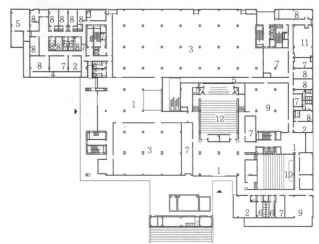

a 一层平面图

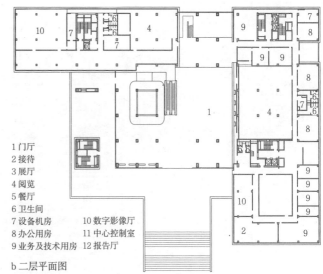

1 门厅
2 接待
3 展厅
4 阅览
5 餐厅
6 卫生间
7 设备机房   10 数字影像厅
8 办公用房   11 中心控制室
9 业务及技术用房 12 报告厅

b 二层平面图

4 江苏省档案馆

名称	设计时间	设计单位
江苏省档案馆	2008	东南大学建筑设计研究院有限公司

组成

档案业务及技术用房一般包括：中心控制室、接收档案用房、整理编目用房、保护技术用房、翻拍洗印用房、缩微技术用房、音像档案技术用房、信息化技术用房；其中接收档案用房一般又包括：接收室、除尘室、消毒室。

设计要点

1. 档案接收整理室：为新进馆档案的暂存和整理用房，应有单独对外入口，也应临近档案货梯。

2. 消毒室：档案消毒方法——低温冷冻法、熏蒸法、真空加氮法。

3. 缩微技术用房：地板需采取防振措施；室内净高不应低于3m，大型拍摄机房净高不应低于3.2m；室内应环境清洁，不起尘埃，防空气污染，有强制排风和空气净化设施。

4. 翻拍洗印用房：应有防光措施，冲洗水源需作净化处理；暗房可与缩微冲洗室或与拷贝室设置一起；胶片库应远离火源。

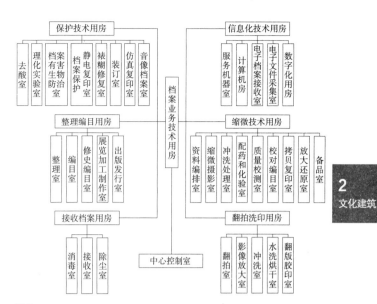

1 档案业务及技术用房组成

消毒方法分类　　　　　　　　　　　　　　　　　　　　　　　　　　　　　　　　　　表1

消毒方法	设计要点	备注
低温冷冻法	应按-30℃的冷库要求进行设计	
熏蒸法	应设置在便于通风换气的用房，并设专用的排气管将污浊空气排出室外，管道出风口应高出建筑物最高处的天面2m以上	除尘、消毒室可设在顶层
真空加氮法	若真空加氮装置无法循环利用氮气时，其设备用房应设置在便于通风换气的位置	

各级档案馆业务及技术用房使用面积指标分类表　　　　　　　　　　　　　　　　　　　表2

		省级						市级						县级					
		一类		二类		三类		一类		二类		三类		一类		二类		三类	
		个数	面积(m²)	个数	面积(m²)	个数	面积(m²)	个数	面积(m²)	个数	面积(m²)	个数	面积(m²)	个数	面积(m²)	个数	面积(m²)	个数	面积(m²)
接受档案用房	中心控制室	1	150~160	1	120~150	1	90~120	1	75~80	1	70~75	1	65~70	1	30~50	1	0~30		
	接收室	1	150~160	1	120~150	1	90~120	1	75~80	1	70~75	1	65~70	1	30~50	1	20~30	1	10~20
	除尘室	1	100~120	1	90~100	1	80~90	1	55~60	1	50~55	1	45~50	1	25~35	1	20~25	1	0~20
	消毒室	1	100~120	1	80~100	1	60~80	1	45~50	1	40~45	1	35~40	1	15~25	1	0~15	—	—
整理编目用房	整理室	1	100~120	1	80~100	1	60~80	1	45~50	1	40~45	1	30~40	1	0~20	—	—	—	—
	编目室	1	300~320	1	280~300	1	250~280	1	230~240	1	220~230	1	200~220	1	90~120	1	60~90	1	40~60
	修史修志室	1	140~160	1	120~140	1	100~120	1	75~80	1	70~75	1	65~70	1	30~50	1	20~30	1	10~20
	展览加工制作室	1	100~120	1	90~100	1	80~90	1	55~60	1	50~55	1	45~50	1	25~35	1	0~25	—	—
	出版发行室	1	200~220	1	180~200	1	160~180	1	90~120	1	80~90	1	60~80	1	20~40	—	—	—	—
保护技术用房	去酸室	1	100~120	1	90~100	1	80~90	1	55~60	1	50~55	1	45~50	—	—	—	—	—	—
	理化试验室	1	140~160	1	120~140	1	100~120	1	75~80	1	70~75	1	65~70	—	—	—	—	—	—
	档案有害生物防治室	1	100~120	1	80~100	1	60~80	1	55~60	1	50~55	1	45~50	1	25~35	1	20~25	1	10~20
	档案保护静电复印室	1	100~120	1	80~100	1	60~80	1	40~50	1	30~40	1	20~30	1	0~10	—	—	—	—
	裱糊修复室	1	200~220	1	180~200	1	160~180	1	100~120	1	90~100	1	80~90	1	45~55	1	40~45	1	30~40
	装订室	1	100~120	1	80~100	1	60~80	1	55~60	1	50~55	1	45~50	1	25~35	1	20~25	1	0~20
	仿真复制室	1	100~120	1	80~100	1	60~80	1	55~60	1	50~55	1	45~50	1	25~35	1	0~25	—	—
	音像档案处理室	1	140~160	1	120~140	1	100~120	1	75~80	1	70~75	1	65~70	—	—	—	—	—	—
翻拍洗印用房	印相放大室	1	100~120	1	80~100	1	60~80	1	40~50	1	30~40	1	20~30	—	—	—	—	—	—
	水洗烘干室	1	100~120	1	80~100	1	60~80	1	40~50	1	30~40	1	20~30	—	—	—	—	—	—
	翻版胶印室	1	100~120	1	80~100	1	60~80	1	40~50	1	30~40	1	20~30	—	—	—	—	—	—
	冲洗处理室/冲洗室	1	60~70	1	50~60	1	40~50	1	20~30	1	15~20	1	0~15	—	—	—	—	—	—
微缩技术用房	资料编排室	1	100~120	1	80~100	1	60~80	1	40~50	1	30~40	1	20~30	—	—	—	—	—	—
	缩微摄影室(大型机)	1	180~200	1	140~180	1	120~140	1	90~100	1	80~90	1	70~80	—	—	—	—	—	—
	缩微摄影室/翻拍室	1	100~120	1	80~100	1	60~80	1	40~50	1	30~40	1	20~30	—	—	—	—	—	—
	配药和化验室	1	60~70	1	50~60	1	40~50	1	20~30	1	15~20	1	0~15	—	—	—	—	—	—
	质量检测室	1	60~70	1	50~60	1	40~50	1	20~30	1	0~20	—	—	—	—	—	—	—	—
	校对编目室	1	60~70	1	50~60	1	40~50	1	20~30	1	0~20	—	—	—	—	—	—	—	—
	拷贝复印室	1	60~70	1	50~60	1	40~50	1	20~30	1	0~20	—	—	—	—	—	—	—	—
	放大还原室	1	60~70	1	50~60	1	40~50	1	20~30	1	0~20	—	—	—	—	—	—	—	—
	备品库	1	50~60	1	40~50	1	30~40	1	15~20	1	0~15	—	—	—	—	—	—	—	—
信息化技术用房	服务器机房	1	140~160	1	120~140	1	100~120	1	75~80	1	70~75	1	65~70	1	30~50	1	20~30	1	10~20
	计算机房	1	150~160	1	120~150	1	90~120	1	75~80	1	70~75	1	65~70	1	30~50	1	20~30	1	10~20
	电子档案接收室	1	100~120	1	90~100	1	80~90	1	55~60	1	50~55	1	45~50	1	25~35	1	20~25	1	0~20
	电子文件采集室	1	100~120	1	90~100	1	80~90	1	55~60	1	50~55	1	45~50	1	25~35	1	20~25	1	0~20
	数字化用房	1	300~320	1	280~300	1	250~280	1	160~180	1	150~160	1	140~150	1	80~100	1	40~80	1	30~40
	使用面积小计		4200~4800		3600~4200		3000~3600		2100~2400		1800~2100		1500~1800		600~900		300~600		150~300

注：表中无数据说明可不设此类用房，若设可参照相近类型档案馆指标。

档案馆 [9] 业务及技术用房

布局形式

档案业务及技术用房可分开或集中设置，其平面布局形式常有如下四种。

1. 单廊式（一）：与厅同层设置，位于一至三层，竖向自成一体，其上为库区，方便档案收集整理，确保库区独立，不被竖向交通穿越。但层高与厅难以统一协调[1]。

2. 单廊式（二）：与库房同层设置，与库房相邻，相互联系方便，竖向能自成一体。但库区独立性不强，同一层两种功能对开窗、空调的要求不一[2]。

3. 内廊式：位于库区下一层设置，人流大的功能在下，交通便捷，能确保库区独立，不被竖向交通穿越。但负荷大的功能在上，可使结构重心上移，且对档案消毒及除尘的高空排放不便[3]。

4. 复廊式：在库区顶部设置，负荷小的功能在上，可使结构重心下移，且顶部对档案的消毒及除尘排放方便。但对库区形成竖向交通穿越，也不得将有用水要求的用房设置在紧邻库区上层[4]。

5. 混合式：单廊式、内廊式、复廊式并存[5]。

业务及技术用房平面布局形式　　　　　　　　　　表1

类型	单廊式	内廊式	复廊式	混合式
特点	位于建筑一侧与其他用房同层设置，一般竖向数层自成一体	适用于进深不大的平面，且一般同层只有一种功能，通风采光良好	适用于开间进深较大的平面，业务及技术用房可在同层或分层设置	适用于开间进深较大的平面，产生较多无自然通风及采光用房
平面示意				
实例	秦皇岛市档案馆 陕西省长武县档案馆	宁夏档案馆 广东省档案馆	江苏省档案馆 广州市国家档案馆	陕西省榆林市档案馆 广东省佛山市档案馆

1 裱糊　　2 展览加工　　3 整理、编目　　4 除尘
5 冲洗处理、水洗烘干　6 翻版胶印　7 整理间　8 储藏室
9 扫描室　10 消毒室　11 数字处理室　12 去酸室
13 有害生物防治室　14 丝网加固室　15 丝网制作　16 仿真复制
17 裱糊修复　18 胶片修复　19 缩微摄影　20 微缩扫描
21 拷贝　22 影像放大室　23 翻拍室　24 音像档案处理室
25 接收室　26 编研室　27 出版发行室　28 编目室
29 静电复印室　30 服务器机房　31 办公室　32 卫生间
33 展览厅　34 阅览室　35 库房　36 设备间
37 报告厅　38 消防控制室

1 实物档案库　　10 电子档案采集室
2 母片区　　　　11 电子档案接收室
3 缓冲区　　　　12 装订室
4 空调机房
5 前室
6 阳台
7 仿真复制室
8 编目室
9 办公室

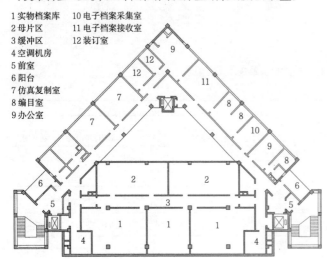

[1] 秦皇岛市档案馆七层平面图

名称	设计时间	设计单位
秦皇岛市档案馆	2009	河北建筑设计研究院有限责任公司

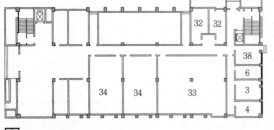

[2] 长武县档案馆一层平面图

名称	设计时间	设计单位
长武县档案馆	2011	南京城镇建筑设计咨询有限公司

[3] 宁夏档案馆三层平面图

名称	设计时间	设计单位
宁夏档案馆	2009	宁夏建筑设计研究院有限公司

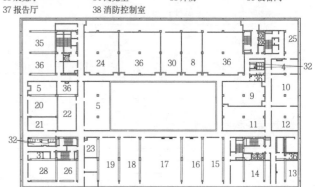

[4] 江苏省档案馆七层平面图

名称	设计时间	设计单位
江苏省档案馆	2008	东南大学建筑设计研究院有限公司

[5] 陕西省榆林市档案馆一层平面图

名称	设计时间	设计单位
榆林市档案馆	2007	中国建筑科学研究院

特殊的构造方法 [10] 档案馆

档案馆防护

档案馆防护类型及要求　　　表1

防护类型	设计要点
防潮防水	1.馆区内应排水通畅，防止积水。 2.室内地面应高出室外地面0.50m以上，且应有防潮措施。 3.建筑顶层和地下室不宜布置库房。特藏库和无地下室的首层库房、地下库房均应采取可靠的防潮防水措施。屋面防水等级应为Ⅰ级；地下防水等级应为Ⅰ级，并应设置机械通风或空调设备。 4.库房内不应有给水排水管穿越。 5.库房设计应保证各面体（6个面）的热阻值均等，避免冷桥带来的结露现象
防日光、防紫外线照射	1.库房、阅览室、展览厅及其他技术用房应防止日光直接射入，避免紫外线对档案及资料的危害。 2.库房、阅览室、展览厅及其他技术用房的人工照明应选用紫外线含量低的光源。 3.当紫外线含量超过75μW/lm时，应采取防紫外线的措施
防尘防污染	1.馆区内绿化应满足防尘、净化空气、降温、防噪声等要求，树种选择应避免飞花扬絮。 2.档案库应防止有害气体和颗粒物对档案的危害。 3.锅炉房、除尘室、消毒室、试验室以及洗印暗室等位置结合需要合理安排并设置通风设备。 4.库房楼、地面应光洁、平整、耐磨。库房内部装修、装具和固定家具等应表面平整、构造简洁，并应选用环保材料
防有害生物	1.管道通过墙壁及楼、地面处均应用不燃材料填塞密实，其他墙身孔洞也应作防护措施，底层地面应采用坚实地坪。 2.库房门与地面的缝隙不应大于5mm，且宜采用金属保温门。 3.馆内应设消毒室或配备消毒设备。 4.库房若设外窗的开启扇时应设纱窗
安全防护	1.建筑外门及首层外窗均应有可靠的安全防护措施。 2.馆内应设入侵报警、视频监控、出入口控制、电子巡查等安全防范系统。 3.馆内重要电子档案保管和利用场所应满足电磁安全屏蔽要求
防火	1.库房中同一防火分区内的库房之间的隔墙均应采用耐火极限不低于3.0h的防火墙，防火分区间及库区与其他部分之间的墙体应采用耐火极限不低于4.0h的防火墙，其内部隔墙可采用耐火极限不低于2.0h的不燃烧体。库房楼板的耐火极限不应低于1.5h。 2.供垂直运输档案、资料的电梯应邻近档案库，并应设在防火门内；电梯井应封闭，其围护结构应为耐火极限不低于2.0h的不燃烧体。 3.特藏库宜单独设置防火分区。 4.库房内不得设置明火设施，装具宜采用不燃烧材料或难燃烧材料。 5.库区建筑及每个防火分区的安全出口不应少于2个。 6.库区缓冲间及档案库的门均应向疏散方向开启，应为甲级防火门。 7.库区的楼梯应采用封闭楼梯间，门应采用不低于乙级的防火门。 8.档案馆建筑应配置灭火器，并应符合《建筑灭火器配置设计规范》GB 50140的规定。 9.馆区应设室外消防给水系统，特级、甲级档案馆中的特藏库和非纸质档案库、服务器机房应设惰性气体灭火系统，并应符合国家有关规范的规定。特级、甲级档案馆中其他档案库房、档案业务用房和技术用房，乙级档案馆中的档案库房可采用洁净气体灭火系统或细水雾灭火系统，并符合国家规范规定

各级档案馆各用房消防系统选择　　　表2

类型		火灾自动报警系统	惰性气体灭火系统	洁净气体灭火系统 细水雾灭火系统
特级档案馆		所有档案库房、档案业务和技术用房	特藏库、非纸质档案库、服务器机房	除特藏库、非纸质档案库、服务器机房以外的档案库房、档案业务和技术用房
甲级档案馆				
乙级档案馆	一类高层	档案库、服务器机房、缩微用房、音像技术用房、空调机房等	规范无要求	档案库房
	非一类高层			

外围护结构要求　　　表3

1.档案库房应减少外围护结构面积。外围护结构应视规格局使用要求及室内温湿度、当地室外气象计算参数和有无采暖、通风、空调设备等具体情况，通过技术经济比较，合理确定其构造	当需要设置采暖设备时，外围护结构的传热系数应在现行国家标准《公共建筑节能设计标准》GB 50189规定的基础上再降低10%
	当需要设置空气调节设备时，外围护结构的传热系数应符合现行国家标准《公共建筑节能设计标准》GB 50189的规定
2.库房屋顶应采取保暖、隔热措施	平屋顶上采用架空层时，基层应设保温、隔热层；架空层应通风流畅，不应小于0.30m
	炎热多雨地区的坡屋顶其下层为空间夹层时，内部应通风流畅
3.缓冲间设置：在进入档案库区或档案库的入口处，均应设置大于6㎡的缓冲间，是减少外界气候条件（包括非库区的室内）对库内的直接影响而建的沟通库内外并能密闭的过渡房间	
4.档案库门应为保温门；窗的气密性能、水密性能及保温性能分级要求应比当地办公建筑的要求提高一级，库房窗的开启扇应增设纱窗，必要时应另设保温窗，以保障外围护结构热阻值的均等，谨防产生冷桥而结露	
5.档案库不提倡开窗，若开时每开间的窗洞面积与外墙面积比不大于1:10，更不得采用跨窗或跨间的通长窗。库区竖向四面体建设采用有保温层的复合墙形式，并应尽可能避免柱梁出现冷桥。库区内应考虑上下层非库区对外设置保温层。保证库区六面体的热阻值相等。当竖向或水平方向留有日后发展空间备用时，在该空间交接处，应临时或永久增设保温层	
6.外墙、内墙、楼板、保温做法详见构造图，必要时外墙保温层外侧可增设锡箔，以防热辐射	

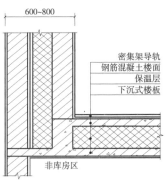

1 外围护构造

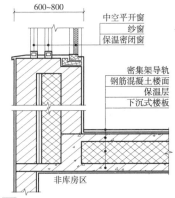

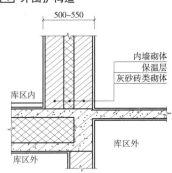

2 内围护墙构造

外围护墙结构类型　　　表4

类型	做法	特点	备注
复合墙体	2~3种材料组成	墙体薄、平面利用率高、保温性能好	目前常用
外回廊式	1~4面设外廊	方便立面处理、平面利用率较低、保温靠内墙	近期少见
外遮阳板式	遮阳板遮阳	造型有一定特点、保温效果不佳	个别档案馆
砖砌厚墙体	外墙厚度4~6m	墙体厚、费材、保温及热阻性好	如：皇史宬

注：外围护结构应防水、防潮、保温、热阻性好，以使库内有一定热惰性。

档案馆 [11] 设备的特殊要求

暖通空调

1. 档案库及技术用房因档案材质不同，对室内温湿度要求也不同，其室内温湿度要求应符合表1、表2的规定。

2. 冬季不设空调的档案库，室内相对湿度为45%~60%。设采暖时，室内干球温度不低于14℃。

3. 档案库不宜采用以水、汽为热媒的采暖系统。确需采用时，应采取有效措施，严防漏水、漏汽，保证库内不能积水；且采暖系统不应有过热现象。

4. 考虑到库房存储的档案载体不同，对温湿度的要求不同，每个档案库房的空调应可独立控制。母片库环境条件要求比较高，温度、湿度值较低，应设独立的空调系统。

5. 通风、空调管道应有气密性良好的进、排风口。管道系统和库房的门窗都应有良好气密性。档案库空调新风、回风处应加设粗、中效过滤器，保证档案库空气含尘度达到要求。

6. 熏蒸室应设排风系统，排风管不宜穿越其他用房，高空排放应达到环保排放标准；控制应室内外分设开关。冷冻室可采用装配式冷库，应考虑压缩机的通风换气。

7. 档案库设有气体灭火系统时，应设置机械排风装置，灭火后，防护区应及时进行通风换气。应符合现行《气体灭火系统设计规范》GB 50370的规定。

纸质和特殊档案库房的温湿度要求　　表1

用房名称		夏季		冬季	
		温度	相对湿度	温度	相对湿度
纸质档案库		22~24℃	50%~60%	14~16℃	45%~55%
特藏库		18~20℃	45%~55%	14~16℃	45%~55%
音像磁带库		22~24℃	45%~55%	14~16℃	45%~55%
胶片库	拷贝片	22~24℃	45%~55%	14~16℃	45%~55%
	母片	13~15℃	35%~45%	13~15℃	35%~45%

注：纸质档案库房和特殊档案库房的温度在规定范围内，每昼夜波动幅度±2℃，相对湿度每昼夜波动幅度为±5%。

其他技术用房温湿度要求　　表2

用房名称	夏季		冬季	
	温度	相对湿度	温度	相对湿度
裱糊室	26~28℃	60%~70%	18~20℃	50%~60%
保护技术试验室	26~28℃	50%~60%	18~20℃	40%~50%
复印室	26~28℃	55%~65%	18~20℃	50%~60%
音像档案阅览室	23~25℃	50%~60%	20~22℃	50%~60%
阅览室	26~28℃	—	18~20℃	—
展览厅	26~28℃	50%~60%	14~18℃	45%~55%
工作间（拍照、拷贝、校对、阅读）	26~28℃	50%~60%	18~20℃	40%~50%

几种档案害虫维持生命湿度表　　表3

霉菌名称	相对湿度
青霉	80%~90%
刺状毛霉	93%
黑曲霉	88%
灰绿曲霉	73%
耐汗真菌	60%
黄曲霉	90%

霉菌生长繁殖温度　　表4

害虫名称	最低温度（℃）	最适温度（℃）	最高温度（℃）
书虱	0~3	25	32
花斑皮蠹	0	30~35	40~47
谷蠹	3~5	34	40.5~54.4
药材甲	0~-10	24~30	31~37
裸蛛甲	0~-10	25	32
黄蛛甲	0~-10	20~25	27~32

注：霉菌生长繁殖的最适宜温度为25~37℃。

国际标准或部分外国档案馆温湿度要求　　表5

档案馆或标准	温度	相对湿度
ISO 11799:2003（E）	14~18℃	35%~50%
美国国家档案馆	18.33℃（65°F）	35%~45%
英国国家档案馆	16~19℃	45%~60%
澳大利亚档案馆	18~22℃	45%~55%
法国国家档案馆	20~24℃	50%~55%
美国国立档案馆	20~24℃	40%~54%
英国丘园档案馆	15~25℃	50%~60%
加拿大	17℃	50%~55%
联合国档案馆	20~24℃	46%~54%
日本	22℃	55%
新加坡	21~24℃	50%~65%
苏联	14~18℃	50%~65%
联邦德国档案馆	18±1℃	50±5%

给水排水

1. 档案库的上层不宜设置给水设施，如必须设置，应做好防水处理。档案库区内不应设置除消防以外的给水点，且其他给水排水管道不应穿越档案库区。给水排水立管不应安装在与档案库相邻的内墙上。

2. 翻拍洗印、缩微技术用房的冲洗处理室应设置满足冲洗要求的给水排水设施，冲洗池污水应单独收集处理。

3. 馆区应设室外消防给水系统，特级、甲级档案馆中的特级库和非纸质档案库、服务器机房应设惰性气体灭火系统，并符合国家有关规范的规定。特级、甲级档案馆中其他档案库房、档案业务用房和技术用房，乙级档案馆中的档案库房可采用洁净气体灭火系统或高压细水雾灭火系统，并符合国家有关规范的规定。

电气

1. 变配电室不宜与档案库毗邻。

2. 库区电源总开关应设于库区外，档案库的电源开关应设于库房外，并应设有防止漏电、过载的安全保护装置。

3. 空调设备和电热装置应单独设置配电线路，并应穿金属管槽保护。

4. 档案馆应设防火灾漏电保护系统。电源线、控制线应采用铜质导体。

5. 档案库、服务器机房、计算机房、缩微技术用房内的配电线路应穿金属管保护，并宜暗敷。缩微阅览室、计算机房照明宜防止显示屏出现灯具影像和反射眩光。

6. 档案馆应考虑建筑物电子信息系统雷电保护，其分级满足现行《建筑物电子信息系统防雷技术规范》GB 50343相关规定。并宜同期建设信息化系统、综合布线系统、建筑智能化系统等智能化系统。

档案馆供电等级及电源设置应符合表6要求。

档案馆供电等级及电源设置表　　表6

档案馆等级	用房	等级	市电供电回路	自备电源
特	档案库、变配电室、水泵房、消防用房	不应低于一级	双路	应设
甲	档案库、变配电室、水泵房、消防用房	不宜低于一级	双路	宜设
乙	档案库、变配电室、水泵房、消防用房	不宜低于二级	宜双路	市级馆，市电单路时，应设

注：档案馆消防用电及其他用电，其负荷等级按现行《建筑设计防火规范》GB 50016、《民用建筑电气设计规范》JGJ 16确定，但不应低于表6的负荷等级。特级档案馆应设自备电源。

概述

图书馆是用于收集、整理、保管、研究和利用书刊资料、多媒体资料等,以借阅方式为主并可提供信息咨询、培训、学术交流等服务的文化建筑。

图书馆的类别按其服务对象的不同可分为公共图书馆、科学研究图书馆、高等学校图书馆、中小学校图书馆、专业图书馆等类型,详见表1。

图书馆的规模没有一个统一的划分标准。公共图书馆的规模根据其所服务的人口数、藏书量等指标划分为大型馆、中型馆和小型馆,详见表2。

图书馆的功能一般由藏书空间、阅览空间、目录检索及出纳空间、公共活动及辅助服务空间、行政办公、业务用房及技术设备用房等部分组成。一般大型、中型图书馆的功能组成关系见[1]、[2]。

现代图书馆的特点:

1. 设计理念由过去的"以藏为主"转变为"以用为主",最大限度地服务于读者;
2. "藏阅合一"的阅览空间模式被广泛采用;
3. 图书馆的内部空间更加注重灵活性和多功能适应性;
4. 图书馆的使用功能向多种服务功能延伸;
5. 信息技术在图书馆建设中得到广泛应用,信息载体趋于多元化。

分类

图书馆分类 表1

类别		特征
公共图书馆	1. 国家图书馆 2. 省(市)自治区图书馆 3. 县(市)图书馆 4. 区图书馆 5. 基层图书馆 6. 少年儿童图书馆	由政府主办并向大众开放的综合图书馆
科学研究图书馆		为科学研究需要而设立在科学研究院、所的专业图书馆
高等学校图书馆	1. 学校图书馆 2. 学院图书馆 3. 科、系图书馆	为教学科研服务而设立在大专院校、专科学校、成人高等学校等的图书馆
中小学校图书馆		为教学服务而设立在中小学校的图书馆
专业图书馆		专门收藏和提供某一学科或某一类文献资料的图书馆

规模

公共图书馆控制指标 表2

规模	服务人口(万人)	建筑面积(m²)	藏书量(万册、件)	阅览座席(座)
大型	400~1000	38000~60000	320~600	2400~3000
	150~400	20000~38000	135~320	1200~2400
中型	100~150	13500~20000	40~135	900~1200
	50~100	7500~13500	45~90	450~900
	20~50	4500~7500	24~45	240~450
小型	10~20	2300~4500	12~24	130~240
	3~10	800~2300	4.5~12	60~130

注:本表源自《公共图书馆建设标准》(建标108-2008)。

功能组成关系

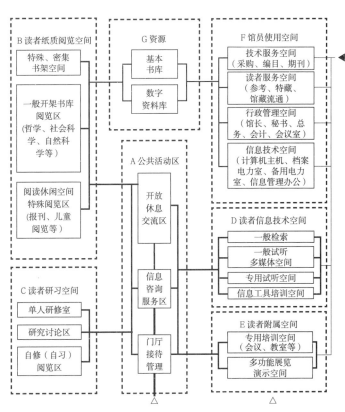

[1] 一般大型图书馆的功能组成关系

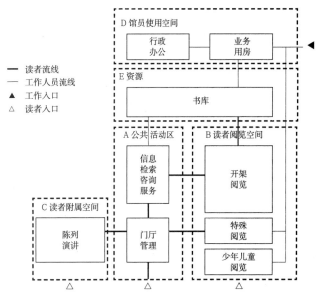

[2] 一般中型图书馆的功能组成关系

图书馆 [2] 选址与总平面

选址要求

1. 馆址的选择应符合当地的总体规划及文化建筑的网点布局。
2. 馆址应选择位置适中、交通方便、环境安静、工程地质及水文地质条件较有利的地段。
3. 基地与易燃易爆、噪声和散发有害气体、强电磁波干扰等污染源的距离，应符合有关安全、消防、卫生、环境保护等标准的规定。
4. 图书馆宜独立建造。当与其他建筑合建时，必须满足图书馆的使用功能和环境要求，保持独立性，最好单独设置出入口，并与演艺类建筑保持一定的隔离间距。

总平面布置

1. 总平面布置应总体布局合理，功能分区明确，各区联系方便、互不干扰，因地制宜，并留有发展用地。
2. 交通组织应实现人、书、车分流，道路布置应便于读者、工作人员进出及安全疏散，便于图书运送和装卸。
3. 设有少年儿童阅览区的图书馆，该区应有单独的对外出入口和室外活动场地。
4. 除当地规划部门有专门的规定外，新建公共图书馆的建筑密度不宜大于40%。
5. 除当地有统筹建设的停车场或停车库外，基地内应设置供读者和工作人员使用的机动车停车场地和非机动车停放设施。
6. 图书馆场地的绿地率宜为30%，或根据当地规划部门要求确定。
7. 场地应进行无障碍设计，并应符合国家现行标准《无障碍设计规范》GB 50763的规定。

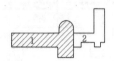

a 水平合建

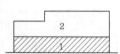

b 垂直合建
1 图书馆建筑
2 非图书馆建筑

1 小型图书馆与其他建筑合建方式

扩建方式与合建方式

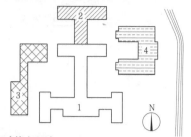

1 主馆（1929）
2 扩建书库（1954）
3 扩建生活办公区（1960）
4 扩建阅览室（1972）

2 分期扩建

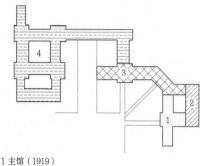

1 主馆（1919）
2 扩建书库（1931）
3 扩建阅览室（1956）
4 扩建新馆（1985）

3 不同时期扩建一

1 原有图书馆
2 音乐厅展览馆
3 扩建新馆

4 不同时期扩建二

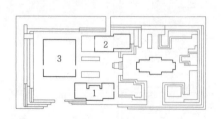

1 图书馆
2 档案馆
3 博物馆

5 图书馆与文化建筑组合布置

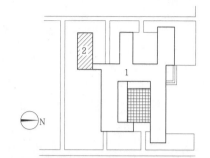

1 一期工程
2 二期工程：扩建书库

6 一次设计，分期实施

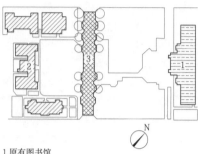

1 原有图书馆
2 教学楼
3 林荫道（地下部分为扩建图书馆）

7 地下扩建

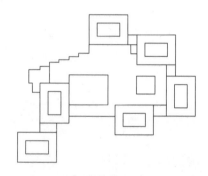

8 单元式扩建生长体系

1 图书馆　2 音乐厅
3 档案馆　4 博物馆

9 图书馆与文化综合体结合布置

公共图书馆基本功能

公共图书馆的基本功能包括教育、信息、文化、休闲4个方面。就教育功能而言,公共图书馆扮演着学习中心、教育支持中心和研究中心的角色;就信息功能而言,公共图书馆是社区信息中心、全球信息资源中心和公民信息素养培训中心;就文化功能而言,公共图书馆扮演着地方文献资源保存中心和文化交流与活动中心的角色;就休闲功能而言,公共图书馆应是社区活动中心和社区居民的休闲中心。

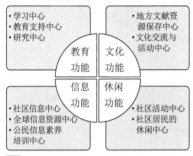

[1] 基本功能

图书馆藏阅空间变化示意

1. 传统式(闭架,以纸质阅览为主)

a 平面示意图
b 剖面示意图

[2] 传统式藏阅空间

2. 复合式(开架,阅读类型增加)

a 平面示意图
b 剖面示意图

[3] 复合式藏阅空间

普通阅览区　数字阅览区　出纳　书架书库

空间布局演进

1. 早期开架式布局

公元前后,由古埃及、古希腊、古罗马的皇室出资修建的皇家贵族图书馆,逐渐向识字的市民开放,以藏为主,藏阅一体,功能单一。以阅览厅为中心。

从文艺复兴开始,图书馆建筑有所发展,但规模仍较小,平面以中间走道、两边排列书架为特征,墙面开窗置于书架之间,成为古老的"开架阅览方式"。

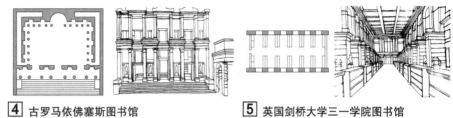

[4] 古罗马依佛塞斯图书馆　　[5] 英国剑桥大学三一学院图书馆

2. 传统闭架式布局

19世纪后,图书馆逐渐从以藏为主、藏阅合一,向藏阅并重、藏阅分离转变,形成了闭架管理布局形式。图书馆建筑通常按功能划分为藏书、阅览、书籍加工三部分空间,以中央大厅为中心。

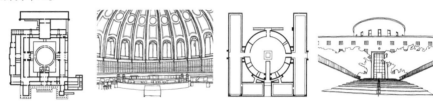

[6] 英国不列颠博物院图书馆　　[7] 瑞典斯德哥尔摩图书馆

3. 开放式布局

在平面布局上首先突破房间的固定分隔,并以大柱网、大空间适应使用上调整互换的灵活性;开始采用了"藏阅合一"的管理方式,大量实行开架借阅,促使传统式截然分隔的"三大空间"解体,基本书库大大压缩或完全取消。经过逐步完善,形成了"模块式"的布局模式。

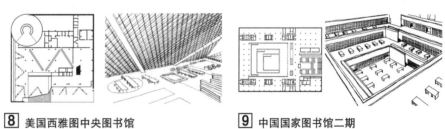

[8] 美国西雅图中央图书馆　　[9] 中国国家图书馆二期

4. 数字化发展

在信息化的背景下,随着网络的普及,现代科技实现了图书馆外延的扩大,提高了图书馆的使用效率,使图书馆成为一个资源共享、信息交换的中心。

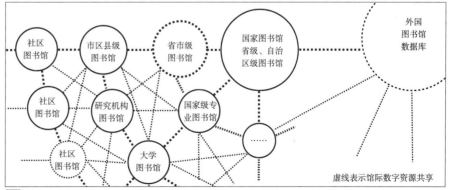

虚线表示馆际数字资源共享

[10] 图书馆馆际功能示意图

图书馆 [4] 总体空间布局

空间布局（规模·平面）

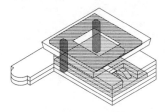 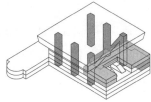 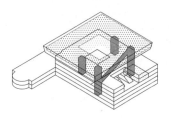 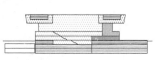

中国国家图书馆（二期），国家级综合型公共图书馆。大空间阅览与分区开放阅览室结合，"回"字形平面。2008年建成，80500m^2。

1 中国国家图书馆（国家综合型，"回"字形平面）

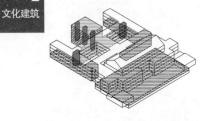 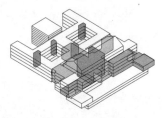 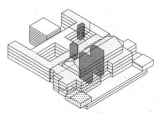 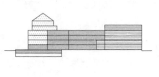

综合大学研究型图书馆。分区开放阅览空间与研究室结合，"田"字形平面。分期增扩建，1975年首期，1998年增建完成，528000m^2。

2 北京大学图书馆（大学研究型，"田"字形平面）

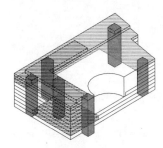 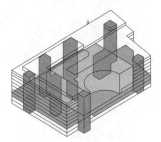 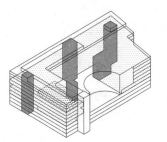 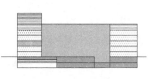

省级综合型公共图书馆。大共享服务空间与分区开放阅览室结合，"门"字形平面。2008年建成，78700m^2。

3 南京图书馆（地方综合型，"门"字形平面）

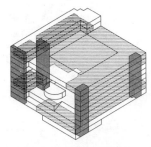 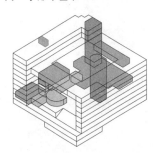 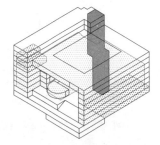 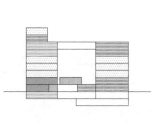

国家级研究型图书馆、信息服务中心。大共享服务空间与分区开放阅览、研究室结合，三边围合"口"字形平面。2001年建成，41000m^2。

4 中科院图书情报中心（专业研究型，"口"字形平面）

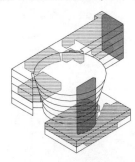 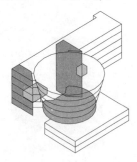 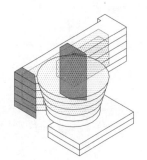 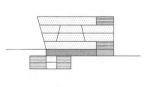

大学图书馆中型专业分馆。大共享服务空间与分区开放阅览、研究室结合，"L"字形平面。2009年建成，20000m^2。

5 清华大学人文社科图书馆（大学分馆型，"L"字形平面）

业务部门　书库　交通　公共服务　公共活动　普通阅览　数字阅览

一般要求

各类图书馆应按其性质、任务、服务对象等设置相应的阅览区。

1. 阅览区域应光线充足，照度均匀，东西向开窗时，应采取有效的遮阳措施。珍善本、舆图、缩微、音像资料和多媒体阅览室等外窗均应设有遮光设施。
2. 阅览区的建筑跨度及层高，应满足家具、设备合理布置的要求，并应考虑开架管理的使用和管理要求，见表1。
3. 使用频繁、开放时间长的阅览室宜临近门厅布置。
4. 阅览区在入口附近设相应的管理设施，并宜设复印机、计算机终端等设备位置，工作间使用面积不宜小于$10m^2$，并宜和管理（出纳）台相连接。
5. 阅览区老年人及残疾读者的专用阅览座席应邻近管理（出纳）台布置。
6. 阅览空间不宜过大，通常在500座以下较为合适。

阅览区建筑跨度及层高　　　　　　　　　　　　　表1

跨度		<9m	≥9m
层高	无空调	≥3.6m	≥4.5m
	有空调	≥4.2m	

舆图阅览室

1. 备有阅览用舆图台和描图台。
2. 留出整片墙面和悬挂大幅舆图的固定设施。
3. 有机密要求的舆图资料，应设机密图纸阅览室。

多媒体阅览室

1. 多媒体阅览室宜靠近计算机中心，并与多媒体资源库相连通。
2. 在出入口处设置管理服务台，读者凭卡阅览、计费。
3. 多媒体阅览室主要供读者在微机上阅读电子或光盘文献，查阅网上信息资料，室内除放置微机、打印机等设施外，还应布置光盘、硬盘等多媒体工具存放柜等设施。
4. 多媒体阅览室的位置条件及面积指标应优于一般阅览室，每个阅览室面积不应大于$150m^2$，同时应设相应的管理用房。
5. 电子阅览室和计算机检索大厅应采用架空地面，对各种线路走向通过室内色彩变化和标识设计予以指示。
6. 电子阅览室安装终端电脑，布置形式可参考视听阅览室。

视听阅览室

1. 视听阅览室包括录音片、光盘、录音带、幻灯片、影片、电视及录像磁带、磁盘等。
2. 视听资料分类见表2。
3. 视觉和听觉两类用房宜自成单元，集体和个人的音响资料视听室宜自成区域，所在位置要求自身安静，与其他阅览室之间互不干扰。
4. 大型视听室可与报告厅合并，按报告厅视听要求独立设置，自设出入口便于单独开放，入口设管理服务台和办公室。
5. 一般视听资料阅览空间包括播音室和放映室两大部分，并按实际需要配备器材室、资料室和维修间。
6. 集体使用视听室包括视听资料阅览、演播室、声像控制室、器材存放室、维修室。需设有防止声像互相干扰的隔绝措施。集体使用视听室尺寸及声学要求见表3。
7. 个人视听室要注意音响效果，必须备耳机及隔间设备。
8. 音像视听室应由视听室、控制室和工作间组成，视听室座位数应按使用要求确定。
9. 视听桌分单座型、双座型，均应设隔板，桌上除电源开关外，还应设局部照明。
10. 室内视听资料包括幻灯片、影片、录像磁带等视觉资料，录音带、唱片等听觉资料，还包括计算机磁盘，通过各种设备，为读者查询资料提供方便。
11. 大型图书馆视听室备有：放映机、摄像机、幻灯机、电视机、放大投影机、收音机、录音机、高速录音复制设备、录放像机、摄像机等设备。
12. 存放资料的库房应设空调设施，以保证资料的安全存放。
13. 窗户设有遮光窗帘，最好使用电动开关。

视听资料分类　　　　　　　　　　　　　　　　　表2

视觉资料	听觉资料	视听觉资料
无声影片、幻灯片、录像带	录音盘、录音磁带、唱片	电视、有声电影、录音录像、磁盘

集体使用视听室　　　　　　　　　　　　　　　　表3

人数(人)	单元尺寸			银幕尺寸		允许噪声级(dB)	混响时间(s)
	长(m)	宽(m)	高(m)	高(m)	宽(m)		
60~130	10~13	8~10	3.5~4.5	1.8	2.4	≤40	0.8

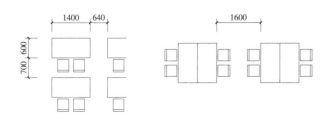

1 计算机台布置尺寸

2 视听阅览室平面布置

图书馆 [6] 阅览室

缩微阅览室

1. 缩微资料阅览室是提供阅读缩微胶卷（片）、缩微照相卡片、印刷卡片、光盘等各种缩微读物，借助一定的设备供读者阅读的阅览室。
2. 缩微阅读机集中管理时，应设专门的缩微阅览室，缩微阅览室宜和缩微胶卷（片）的特藏书库相连通，与闭架书库联系方便。
3. 缩微阅览机分散布置时，应设置专用阅览桌椅。
4. 设置位置以北向为宜，避免西晒和直射阳光，窗上应设遮光装置，并注意通风。
5. 当设在地下室及建筑的最高层时，要有一定的防水、保温、隔热等措施，并远离锅炉房及烟囱。
6. 缩微阅览室室内温度不高于20°，相对湿度以40%~60%为宜。
7. 缩微资料的储藏、出纳、阅览和办公四部分宜放在一起，自成一个独立单元。

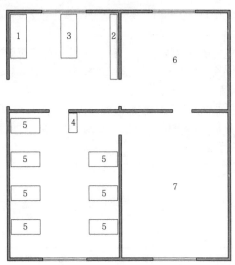

1 目录柜
2 工具书书架
3 电脑检索台
4 管理、出纳台
5 阅览桌
6 办公区
7 储藏区

1 微缩阅览室布置示例

8. 室内设工作人员管理台的位置，应有利于出纳缩微资料，掌握读者阅览情况，指导读者正确使用缩微阅读机。
9. 室内应设间接照明且亮度要低。
10. 内墙面应为暗色无反光材料，以保证阅读机屏幕上的所需亮度，以及读者视线不受干扰。
11. 硝酸基胶片储藏室应按甲类生产要求采取防火、防爆措施，存放柜不应靠近蒸汽管、散热器及其他热源，且每间储藏室的面积不宜大于20~30m²。
12. 缩微阅读器按每台4.5m²考虑。

珍善本阅览室

1. 善本阅览室与善本书库应毗邻布置，两者之间宜设分区门或缓冲门。
2. 大型图书馆宜设善本库、善本阅览室、善本陈列室。
3. 相关房间宜设计在一起，提供恒温、恒湿的藏书条件。

报刊阅览室

1. 供读者阅览报刊的房间，包括普及报刊阅览室、科技期刊阅览室、过期期刊阅览室、外文报刊阅览室。
2. 宜靠近门厅设置。
3. 与报刊库紧密相连，与主书库相通，宜设出纳台。

少年儿童阅览室

1. 少年儿童阅览室应与成人阅览区分隔。
2. 位置最好在底层，并应有单独出入口。
3. 应设儿童活动场地。
4. 规模较大的图书馆，可按不同年龄段，分设几个阅览空间；小型图书馆可以分组布置家具，适当分隔。
5. 要设单独的管理人员工作室和专供儿童使用的厕所或盥洗室。
6. 室内色调要明快，桌椅书架等设备应符合少年儿童的心理特征和生理特征要求，应注意安全，坚固耐用。

视障阅览室

1. 主要为视力障碍（弱视、全盲）的读者提供"阅览"服务。
2. 设有录音机、放大复印机、广视弱视机等硬件设备，以及大字本读物、点字图书以及卡带和唱片等有声图书数据。
3. 盲人读书室应设于图书馆底层交通便捷的位置，并和盲文书库相连通，盲文书桌应便于使用听音设备。

研究室

1. 规模较大的公共图书馆、大学图书馆及科学研究型图书馆宜设有研究室。
2. 平面布置上与其他阅览空间分开，置于安静区域。
3. 室内可设衣柜、沙发，备强电源、弱电端口、门锁开关控制。
4. 研究室分类见表1。

研究室分类　　　　　　　　　　　　　　　　　　表1

	人数（人）	使用面积（m²/座）	房间面积（m²）	设备
集体使用	10	≥4	≥10	演示设备、可书写白板或黑板
个人使用	单独	≥4	2~10	强弱电端口
书库阅览室	单独	1.2~2.5	在闭架书库内靠窗，研究阅览桌与书架之间宜留有走道	强弱电端口

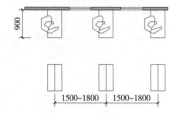 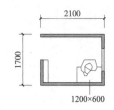

2 个人使用研究室布置

闭架管理阅览室

1. 将阅览的藏书集中于闭架的辅助书库。
2. 辅助书库一般与阅览室毗连。
3. 辅助书库尽可能与基本书库相连通，或设在基本书库底下一层，通过垂直传送设备取送书刊。

半开架管理阅览室

1. 把阅览空间的藏书集中在阅览空间入口或入口附近，设半开架辅助书库，以柜台同阅览空间相隔开。
2. 库内书架间距需加宽100~200mm（与闭架辅助书库相比较）。
3. 书库布置在单独房间，室内较为安静。
4. 书库布置在入口一侧，毗邻出纳台。

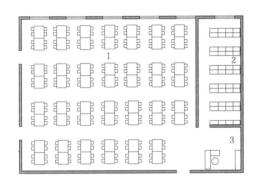

1 阅览　2 藏书　3 管理台

1 书库布置在单独房间的半开架管理阅览室

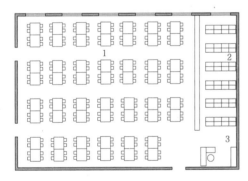

1 阅览　2 藏书　3 管理台

2 书库布置在入口一侧的半开架管理阅览室

开架管理阅览室

1. 开架管理阅览室是阅、藏、管、借一体化管理的阅览室，要布置开架阅览、服务台等。
2. 室内无监测装置时，工作台的设置应使管理人员的视线能够照顾到室内的各个角落。
3. 布置书架要考虑读者在其间自由通行。
4. 布局分为周边布置（书架沿墙周围布置）、成组布置（书架与窗间垂直布置）、分区布置（藏书集中布置在阅览室一端、一侧或中间）、夹层布置（夹层上下均可布置书架和阅览桌）四种开架阅览方式，见表1。

开架管理阅览室布局　　　　　　　　　　　　　　　表1

	周边布置	成组布置	分区布置	夹层布置
优点	管理台靠近入口，工作人员视线不受遮挡，节约藏书空间	从事研究工作的参考阅览空间或专业阅览空间。分门别类地陈列在各个凹室里，就近阅读，保持空间的安静	书刊集中，便于查找。藏书与阅览相对分开，读者干扰较小，两面开窗的阅览空间，可把藏书布置在中央部位或主通道旁，使两侧阅览桌都比较安静	书刊集中，存放量大，空间利用经济，使用方便，室内空间丰富
缺点	阅览室往来穿行互相干扰，不便找书，书架靠在窗间墙上，背光，可布置书架的面积不多且分散	适用人数不多，小凹室阻挡工作人员的视线，管理不便	工作人员视线不能全面照顾阅览区	读者和管理人员上下不方便

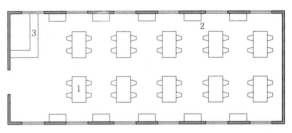

1 阅览桌　2 书架　3 管理台

3 周边布置的开架阅览室

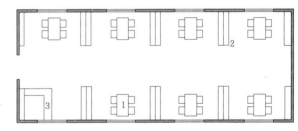

1 阅览桌　2 书架　3 管理台

4 成组布置的开架阅览室

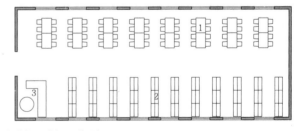

1 阅览桌　2 书架　3 管理台

5 分区布置的开架阅览室

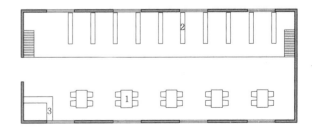

1 阅览桌　2 书架　3 管理台

6 夹层布置的开架阅览室

图书馆 [8] 阅览室设计技术参数

阅览室设计技术参数

阅览室每座使用面积设计计算指标（单位：m²/座） 表1

序号	名称	面积指标（m²/座）
1	普通阅览室	1.8~2.3
2	普通报刊阅览室	1.8~2.3
3	专业参考阅览室	3.5
4	非书资料阅览室	3.5~5.0
5	缩微阅览室	4.0
6	珍善本阅览室	4.0
7	舆图阅览室	5.0
8	集体视听室	1.5（2.0~2.5含控制室）
9	个人视听室	4.0~5.0
10	少年儿童阅览室	1.8
11	视障阅览室	3.5~4.0
12	老龄阅览室	1.8~2.3
13	多媒体阅览室	4.0

注：1. 表中使用面积不含阅览室的藏书区及独立设置的工作间。
2. 集体视听室如含控制室，可采用2.0~2.5m²/座的指标，其他用房如办公、修复、资料库应按实际需要考虑。
3. 序号1、2及12开架管理取上限，闭架管理取下限。

阅览桌椅布置的各种最小尺寸（单位：mm） 表2

条件	a	b	c	d
一般步行	1500	1100	600	500
半侧行	1300	900	500	400
侧行	1200	800	400	300
推一推椅背就可以侧行	1100	700		
需挪动椅子才能够侧行	1050	600		
椅子靠背不能通行	1000	—		

阅览桌椅排列的最小间隔尺寸（单位：mm） 表3

条件		最小间距尺寸		备注
		开架	闭架	
单面阅览桌前后间隔净宽		650	650	适用于单人桌、双人桌
双面阅览桌前后间隔净宽		1300~1500	1300~1500	四人桌取下限，六人桌取上限
阅览桌左右间隔净宽		900	900	
阅览桌之间的主通道净宽		1500	1200	
阅览桌后侧与侧墙之间净距	靠墙无书架时	—	1050	靠墙书架深度按250计算
	靠墙有书架时		1600	
阅览桌侧沿与侧墙之间净距	靠墙无书架时	—	600	靠墙书架深度按250计算
	靠墙有书架时		1300	
阅览桌与出纳台外沿间净宽	单面桌前沿	1850	1850	
	单面桌后沿	2500	2500	
	双面桌前沿	2800	2800	
	双面桌后沿	2800	2800	

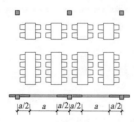

a—阅览桌间距。

1 开间阅览桌布置

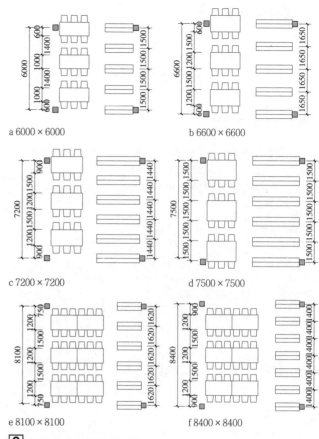

a 6000×6000　　b 6600×6600

c 7200×7200　　d 7500×7500

e 8100×8100　　f 8400×8400

2 柱网尺寸与阅览桌布置

阅览空间平面布置面积参考指标 表4

房间名称	使用情况		平面指标
一般阅览空间	阅览空间座位	单座阅览桌	2.5~3.5m²/人
		2~3座单面阅览桌	2~3m²/人
		4~6座双面阅览桌	1.8~2.5m²/人
		8~12座双面阅览桌	1.7~2.25m²/人
	值班工作人员办公面积	100座以上时	5~10m²
		100座以下时	2~4m²
研究室	6~10人		3~4m²/人
	1~2人		2~4m²/人
书库阅览单间			1.2~1.5m²/间
儿童阅览单间			1.8~2.5m²/人

亮度比 表5

场合	亮度比	场合	亮度比
书本与桌面之间	3:1	窗与相邻表面之间	20:1
书本与远处较暗的表面之间	10:1	正常视野内的任何地方	40:1
书本与远处较亮的表面之间	1:10		

配色举例 表6

色彩	顶棚	窗间墙	墙面	墙裙	地面	阅览桌面	书架	目录柜
明度	>9	8.5~9	7~8	6	5~6	6~7	7~8	6~7
彩度	0~1	1~2	1~2	2~3	2~4	1.5~2	0~2	1~2
色相	N	G~BG	G~BG	G~BG	B~PB	BG	N, BG~PB	BG

注：1. 表内色相代号：G—绿，BG—青绿，B—青，PB—蓝，N—白、灰、无彩色。
2. 阅览桌椅、书架、目录柜等如采用木制品，亦可用木材原色或棕色系。

家具布置

1. 阅览桌一般分单面和双面两种。
2. 桌面上可以根据需要与可能设置挡板，高出桌面400左右，以减少干扰，便于安置台式照明灯具。
3. 颜色宜素淡或贴无光泽的面层。
4. 斜面阅览桌适用于阅览画报、大型图册和部分善本的阅览空间（带托板）。
5. 主通道净宽，闭架阅览时为1.2m，开架阅览时为1.5m。
6. 报纸、儿童等阅览室的家具呈多样化趋势。

专业阅览空间家具最小尺寸

专业阅览空间家具最小尺寸（单位：mm）　　　　表1

序号	家具名称	外形尺寸 长	宽	高	备注
1	视听阅览室读书桌	650（单人）1300（双人）	500	800	桌上附设强弱电插座
2	专业阅览室研究用桌	900，1200	650，750	800	桌上附设强弱电插座
3	视障阅览室读书桌	1000	650	800	桌上附设强弱电插座，并可闭锁。双人中间应有隔板

阅览桌

普通阅览桌的主要尺寸（单位：mm）　　　　表2

规格	桌面宽（B）	桌面深（T）	桌面高（H）	隔板高（H_1）	桌下净空宽（B_1）	高度级差
单人桌	750	500	750~760	≤400	≥650	20
	800	550				
	900	600				
二人桌（单面）	1500	500	720~760	≤400	≥1400	20
	1600	550				
	1800	600				
三人桌（单面）	2100	500	720~760	≤400	≥1900	20
	2200	550				
	2400	600				
四人桌（双面）	1500	1000	720~760	≤400	≥1400	20
	1600	1100				
	1800	1200				
六人桌（双面）	2100	1000	720~760	≤400	≥1900	20
	2200	1100				
	2400	1200				

注：图示见[1]。

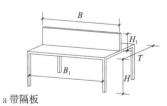

a 带隔板　　　　b 不带隔板

[1] 普通阅览桌分类示意

舆图阅览桌主要尺寸（单位：mm）　　　　表3

主要尺寸	桌面宽（B）	桌面深（T）	桌面高（H）	备注
尺寸	1600~1800	1000~1200	720~760	桌面下设荧光灯及开关；台面30°倾斜，单向或对面排列（坐式）
级差	200	100	20	

注：图示见[2]。

[2] 舆图阅览桌形式、大小　　[3] 阅报桌形式、大小

报纸阅览桌主要尺寸（单位：mm）　　　　表4

规格	桌面宽（B）	桌面深（T）	桌面前沿高（H）	桌面高（H_1）	桌面倾斜角（α）	备注
单人桌	900	650~700	720~740	860~880	10~12°	台面45°倾斜，单向或对面排列（站式）；台面或附近应设电源插座
双人桌	1800	650~700	720~740	860~880	10~12°	
四人桌	1800	650~700	720~740	860~880	10~12°	
尺寸级差	—	50	10	10	—	

注：图示见[3]。

缩微阅览桌主要尺寸（单位：mm）　　　　表5

主要尺寸	桌面宽（B）	桌面深（T）	桌面高（H）	桌下净空宽（B_1）	备注
尺寸	1000~1200	700~750	660~700	≥700	台面或附近应设强弱电插座
级差	100	50	20		

注：图示见[4]。

[4] 缩微阅览桌形式、大小　　[5] 视听桌形式、大小

视听桌主要尺寸（单位：mm）　　　　表6

主要尺寸	桌面宽（B）	桌面深（T）	桌面高（H）	隔板高（H_1）	备注
尺寸	800~900	550~600	660~700	400~460	台面或附近应设电源插座，双人中间应有隔板
级差	100	50	20	20	

注：图示见[5]。

儿童阅览桌主要尺寸（单位：mm）　　　　表7

规格	桌面宽（B）	桌面深（T）	桌面高（H）
二人桌	1000~1200	350~400	520~660
四人桌	1000~1200	700~800	520~660
六人桌	1400~1500	700~800	520~660
组合体桌	500	433	520~660
	600	520	
尺寸级差	100	50	20

阅览椅

阅览椅主要尺寸（单位：mm）　　　　表8

名称	背宽（B_1）	扶手内宽、座前宽（B_2）	座深（T）	座前高（H_1）	扶手高（H_2）
扶手阅览椅	440~480	460~500	400~440	400~420	200~220
靠背阅览椅	340~400	400~440	400~440	400~420	—
儿童阅览椅	270~320	290~360	290~340	290~380	—

名称	背长（L）（mm）	尺寸级差	背斜角（β）	座斜角（α）	角度级差
扶手阅览椅	300~380	10	95~100°	1~4°	1°
靠背阅览椅	300~360	10	95~100°	1~4°	1°
儿童阅览椅	240~290	10	95~100°	1~4°	1°

图书馆 [10] 书库

书库常见布局

书库常见布局　　　　　　　　　　　　　　　　　　　　　　　　　　　　表1

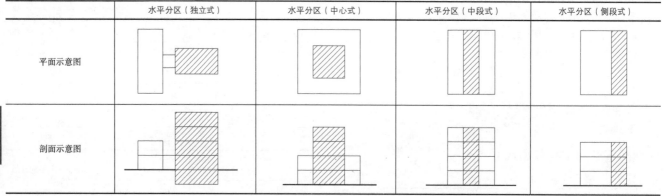

注：▨ 书库。

设计要点

1. 图书馆开架管理已成为主要的管理模式。在这种形势下，要求把最近、最新、参考性最强的常用书放在开架阅览室，由读者自行取阅。

2. 书库的结构形式和柱网尺寸应适合所采用的管理方式和所选书架的排列要求。开架阅览室柱网可适当增大。

3. 基本书库应与辅助书库、目录室、出纳台、阅览室等保持便捷的联系。各开架阅览室的藏书则可分散存放，使读者能在最短的时间内借阅图书资料。

4. 书库的平面布局和书架排列应有利于天然采光、自然通风，并缩短取书距离。

5. 书架宜垂直于开窗的外墙布置。书库采用竖向条形窗时，应对正行道并允许书架档头靠墙。书库采用横向条形窗，其窗宽大于书架之间的行走宽度时，书架档头不得靠墙，书架与外墙之间应留有通道。

6. 珍善本书库应单独设置。缩微、视听、电子出版物等非书资料应按使用方式确定存放位置，文献应设特藏书库收藏。

7. 书库库区的工作人员更衣室、清洁室和专用厕所不得设在书库内。

8. 书库、阅览室藏书区净高不得小于2.40m。当有梁或管线时，其底面净高不宜小于2.30m；采用积层书架的书库结构梁（或管线）时，底面净高不得小于4.70m。

9. 2层及2层以上的书库应至少有一套书刊提升设备。4层及4层以上不宜少于两套。6层及6层以上的书库，除应有提升设备外，宜另设专用货梯。书库的提升设备在每层均应有层面显示装置。

10. 书库安装自动传输设备时，应符合设备安装的技术要求。

11. 书库与阅览室楼地面宜采用同一标高。无水平传输设备时，竖向提升设备（书梯）的位置宜临近书刊出纳台。

12. 凡通往书库的门应为防火门。根据藏书性质设单层或双层防尘密闭窗，并根据日照情况采取遮阳措施。

13. 为了长期、完整、安全地保存图书，书库设计应考虑防火、防晒、防潮、防虫、防紫外线、保湿、隔热、通风等必要防护措施。

书库平面形状的选择

1. 书库平面形状的选择与书架排列、采光、地段等都有关系，同时应满足两项基本要求：平均取书距离短；造价经济。

2. 根据统计分析，书库平面的长边与短边之比约为3:1时，取书距离最短；但平面为正方形或接近正方形的书库因外墙较少而更加经济，故一般多采用正方形或接近正方形的平面。

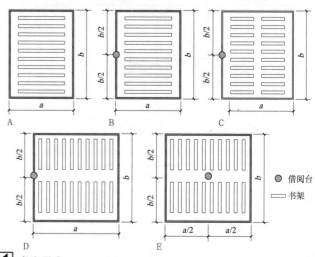

⊙ 借阅台
▭ 书架

1 书库形式

各种书库平面布置的平均取书距离　　　　　表2

取书册数	书库形式				
	A	B	C	D	E
$n=1$	$a+b$	$a+0.5b$	$a+0.5b$	$a+0.5b$	$0.5a+0.5b$
$n=2$	$2a+1.5b$	$2a+0.8b$	$1.5a+0.8b$	$1.3a+b$	$0.8a+b$
$n=3$	$3a+1.5b$	$3a+1.1b$	$1.8a+1.1b$	$1.5a+1.5b$	$1.1a+1.5b$
$n=4$	$4a+1.6b$	$4a+1.2b$	$2.2a+1.2b$	$1.6a+2b$	$1.2a+2b$
$n=5$	$5a+1.7b$	$5a+1.3b$	$2.6a+1.3b$	$1.7a+2.5b$	$1.3a+2.5b$

注：表中各书库形式中，a、b位置及尺度示意见 1 。

书库规模

按照容书量划分的书库　　　　　　　　　　　表3

书库规模	容书量
小型书库	≤10万册
中型书库	10~50万册
大型书库	50~200万册
特大型书库	≥200万册

图书常用参数

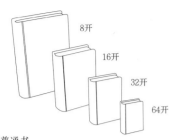
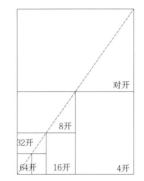
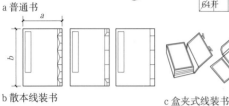

a 普通书　　b 散本线装书　　c 盒夹式线装书

1 图书常用规格

书架常用参数

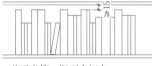
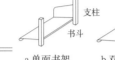

a 普通书籍、期刊合订本　　a 单面书架　　b 双面书架

b 线装书、大本书、散本期刊　　c 书架搁板

2 书籍存放方式　　**3** 书架的基本构造

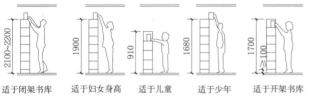

适于闭架书库　　适于妇女身高　　适于儿童　　适于少年　　适于开架书库

4 书架格数与高度

书库构成专用名词

1. 书架搁板：直接承受书籍的水平板。每块为"格"。
2. 档（单元）：书架支柱间上下若干搁板组成"档"。
3. 排（排架）：沿长方向将若干档连续放置即成一"排"或"排架"。排架一端有走道时≤4000；两端有走道时≤8000。
4. 阶（阶层）：在同一水平面上放置若干排架即构成一"阶"或"阶层"。阶高通常为2000~2500。
5. 甲板：分隔书库各阶（阶层）的非承重板。
6. 楼板：分隔书库各层的承重板。
7. 楼板承重式书库：楼板承受该层的全部书架、书籍及其他活荷载。在两层楼板间不再分"阶"，即不设甲板。
8. 书架承重式书库：书架支柱兼作房屋结构支柱，不但承受搁板和书籍的重量，也承受各阶甲板的自重和活荷载。
9. 混合承重式书库：楼板间分设1~2阶。楼板与甲板相当。

书库 [11] 图书馆

中文图书常用规格　　表1

正度纸（B类纸）	正度纸	正8开（B3）	正16开（B4）	正32开（B5）
尺寸（mm）	787×1092	260×370	185×260	130×185
大度纸（A类纸）	大度纸	大8开（A3）	大16开（A4）	大32开（A5）
尺寸（mm）	889×1194	297×420	210×297	210×148

外文图书常用规格（单位：mm）　　表2

相当于中文的开本	俄文书（宽×高）	英文书（宽×高）	德文书（宽×高）	日文书（宽×高）
32开	135×210	150~250	148×210	128×182 148×210
16开	150×225 175×270	250~300	210×297	182×257 210×297
8开	225×300 270×350	>300	297×420	—

线装书常用规格　　表3

线装本	大本			中本							小本	
a(mm)	270	270	330	100	120	125	130	150	170	210	240	70	75
b(mm)	300	380	490	170	95	180	200	260	290	300	340	95	115

注：图示见[1]b。

标准书架尺寸　　表4

名称	规格	尺寸（mm）
书架高度	开架	1700~1800
	闭架	2000~2200
书架宽度	单面	200~220
	双面	400~440
书架分格	六格	320~350
	七格	300~350
书架立柱	中距	900~1100
双面书架中距	开架	1350~1650
	闭架	1150~1350

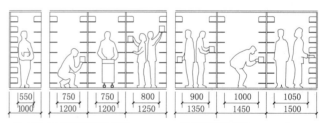

a 最小尺寸　　b 适用于闭架书库　　c 适用于开架书库

5 行道宽度、行距和人流活动尺寸

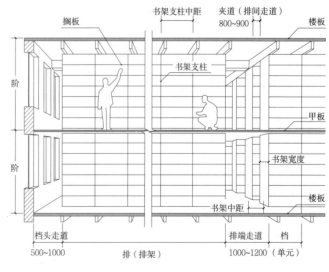

6 书库剖面中的建筑构件

2 文化建筑

图书馆 [12] 书库

特藏书库·特种书架

1. 特藏书库是收藏珍善本图书、音像资料、电子出版物等重要文献资料、对保存条件有特殊要求的库房。

2. 特藏通常包括：报纸合订本、大型出版物；剪报、照片和图片等散页资料；地图、挂图、字画等大幅图纸；国家珍贵文献的古籍线装书、善本书；盲文读物、缩微读物、影片、唱片、录音磁带以及立体地图和拓片等。

3. 特藏品有两种收藏方式：

（1）利用标准薄壁钢柱书架的立柱，针对特藏品的特点，制作特殊的搁板或书斗收藏；

（2）采用特种书架。

4. 常见特种书架：

盲文书籍是依纸面凸点的不同排列而阅读的，故只能垂直存放。

由于盲书的开本较大，所以书架的存放数量也较普通书籍少。

各种报纸合订本存放方式比较　　表1

指标	普通钢书架	钢制报架	木制报架
每叠存放数量（册）	3~6	3~6	3~6
垂直格数	12	12	12
排放方式	单排	双排	双排
架间中距（mm）	1300	1800	1800
夹道宽度（mm）	750	920	920
每平方米地面存放数量（册）	56~112	60~120	67~134
存放数量比（%）	100	107	120

注：按每日4~8版，每册2~3个月合订计算。

密集书库·密集书架

密集书库是采用密集书架收藏文献资料的库房。密集书架可以提高书库有效面积比例，压缩交通面积。

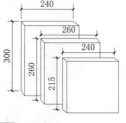

1 盲文书籍

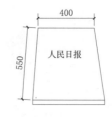

2 报纸合订本

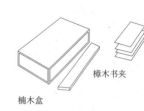

3 善本书盒

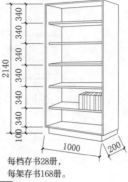

4 盲文书架

每档存书28册，
每架存书168册。

5 画卷柜一

6 画卷柜二

7 双面闭锁式资料柜

8 善本书柜

9 下层搁板加宽书架

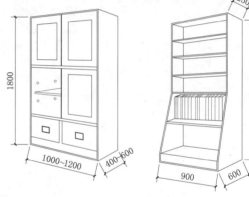

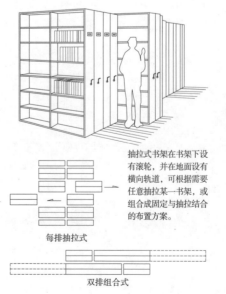

10 旋转式

每排抽拉式

双排组合式

11 抽拉式

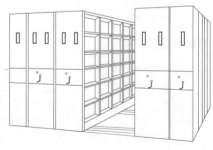

抽拉式书架在书架下设有滚轮，并在地面设有横向轨道，可根据需要任意抽拉某一书架，或组合成固定与抽拉结合的布置方案。

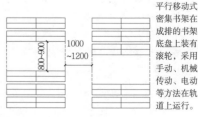

12 平行移动式

平行移动式密集书架在成排的书架底盘上装有滚轮，采用手动、机械传动、电动等方法在轨道上运行。

容书量估算常用参数

藏书空间每标准书架容书量设计估算指标（单位：册/架）　表1

图书馆类型 藏书方式		公共图书馆		高等学校图书馆		少年儿童图书馆	增减度
		中文	外文	中文	外文	中文	
开架	社科	550	400	480	350	400~500 （半开架）	±25%
	科技	520	370	460	330		
	合刊	250	270	220	240		
闭架	社科	640	400	560	350		
	科技	600	370	530	330		
	合刊	290	270	260	240		

注：1. 双面藏书时，标准书架尺寸定为1000mm×450mm，开架藏书按6层计，闭架按7层计，其中填充系数K为75%。
　　2. 盲文书容量按表中1/4计算。
　　3. 密集书架藏书量约为普通标准书架藏书量的1.5~2.0倍。
　　4. 合刊指期刊报纸的合订本。期刊为每半年或全年合订本；报纸为每月合订本，按四开版面8~12版计，每平方米报刊存放面积可容合订本55~85册。

藏书空间单位使用面积容书架量设计计算指标（单位：架/m²）　表2

	含本室内出纳台	不含本室内出纳台
开架藏书	0.5	0.55
闭架藏书	0.6	0.65

书库书架连续排列最多档数　表3

条件	开架	闭架
书架两端有走道	9档	11档
书架一端有走道	5档	6档

书库布置常用参数

书架间通道的最小宽度（单位：m）　表4

通道名称	常用书库		不常用书库
	开架	闭架	
主通道	1.50	1.20	1.00
次通道	1.10	0.75	0.60
档头过道（即靠墙走道）	0.75	0.60	0.60
行道	1.00	0.75	0.60

注：1. 当有水平自动传输设备时，表中主通道宽度由工艺设备确定。
　　2. 布置书架平面时，标准双面书架每档按0.45m（深）×1.00m（长）计算。

书架的种类和书架的间距

书架有直接放在楼板上的标准书架、多层书架和密集书架等，要对使用方式和收藏效率进行调查后再做决定，也可以采用各种书架的组合形式。

书架间距，开架式（中心至中心）最好为150cm，闭架式大于120cm，通常采用135cm为宜。

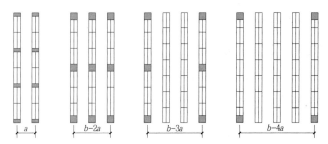

a 书架布置间距　b 书库开间
（a可取1200、1250、1300或1500mm等）

1 书架布置与书库开间

书库设备外形常用参数　表5

名称	外形尺寸（mm）			层间尺寸（mm）			层数	自重（kg）		备注
	长	宽(深)	高	长	宽(深)	高		主架	副架	
单面书架	1000	250	2150	950	200	290	7	45	35	活动钢书架，可调式搁板
双面书架	1000	450	2150	950	450	290	7	70	65	活动钢书架，可调式搁板
二阶积层书架	1000	450	4400	950	450	290	14	240	—	钢甲板、钢梯、钢书架承重、可调式搁板
三档五联密集书架	2850	2500	2400	2750	2500	300	7~8	1950	—	分电动、手动两类，轨道长3.5m
线装书架	1000	500	2000	950	500	300	6	—	—	木架
善本书架	1000	400	1800	950	400	330	5	—	—	带玻璃门木架
单面报架	1200	450	2150	1150	400	200	10	—	—	钢架或木架
双面报架	1200	850	2150	1150	850	200	10	—	—	钢架或木架
微缩资料柜	800	600	1400	750	600	150	8	—	—	应采用非燃烧材料制作
声像资料柜	1000	500	1800	950	500	200	8	—	—	存放盒式录音带、录像带；制材同上
画卷柜	1200	900	1400	1150	900	140	9	—	—	带门木架
双面儿童书架	1000	400	1800	950	400	230	7	—	—	钢架或木架
双面连环画架	1000	350	1800	950	350	150	10	—	—	钢架或木架
盲文书架	1000	380	2140	950	350	380	5	—	—	钢架或木架

图书馆 [14] 公共服务区

门厅

1. 门厅是图书馆的交通枢纽,具有办证、验证、咨询、收发、寄存、门禁监控以及宣传教育等多种功能。
2. 位于总平面中明显而突出的地位,通常应面向主要道路。
3. 与借阅和阅览部分有直接联系,一般宜将浏览性读者用房和公共活动用房(如演讲厅、陈列室等)靠近门厅布置。
4. 当门厅具有较大面积或中庭式空间时,其间可布置展览或咨询台。

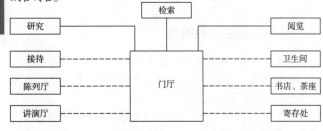

—— 直接关系　---- 间接关系

① 门厅与各部门的关系图

讲演厅(学术报告厅)

1. 超过300座时宜布置在辅楼或裙房内自成一区,并与图书阅览室保持一定的距离,以避免互相干扰。
2. 独立设置的报告厅,应有单独的对外出入口及便捷安全的疏散通道,宜设专用厕所、休息室。
3. 报告厅的厅堂使用面积,每座不应小于0.8~1m²。
4. 放映室使用面积包括其机修间及专用厕所在内应不小于55m²,其进深根据采用的机型确定。

陈列厅(室)或展厅

1. 功能与空间可以灵活组织,可以封闭成厅。
2. 可结合出纳厅、目录厅、休息廊、阅览室、室外壁报栏陈列或布置。
3. 位置应设在读者经常逗留之地,不干扰附近阅览室,其展示墙面宜有一定的延续性,采光均匀,防止阳光直射和眩光。
4. 展具与墙壁之间的走道净宽不宜小于1.5m。
5. 展厅中平行于墙面、竖向陈列的书刊,下沿不宜低于0.5m,上沿不宜高于2.5m。

卫生间

1. 卫生间应分公共用和专用两种,并按规定考虑设残障人士专用卫生间。
2. 设置位置应易找,要有良好的通风、排气处理。
3. 卫生用具按使用人数设置,男女各半计算。

卫生用具数量表　　　　　　　　　　　表1

设施	男	女
坐位、蹲位	250座以下设1个,每增加1~500座增设1个	不超过40座的设1个;41~70座设3个;71~100座设4个;每增加1~40座增设1个
站位	100座以下设2个,每增加1~80座增设1个	—

公共服务区

1. 公共服务区常与门厅、过厅、中厅结合,包括读者休息厅、咖啡厅、读者接待处、咨询问讯处、电话室、寄存处及其办理各种手续的服务台。
2. 寄存处

应靠近读者出入口或分设于各楼层、各大阅览室外,人流活动通过的僻静处。

其使用面积每一阅览室座位不应小于0.02m²,多雨地区可按0.03m²。存物柜数量可按阅览座位的10%~15%确定,存物柜可叠合组装,单格尺寸不宜小于240(宽)×320(高)×440(深),每个存物柜所占使用面积按0.15~0.2m²计算。

3. 读者休息室

其使用面积可按每阅览座位不小于0.1m²设置,最小房间不宜小于15m²。

避开主要人流路线,形成比较舒适的开敞或半开敞空间,供读者驻留、休息。

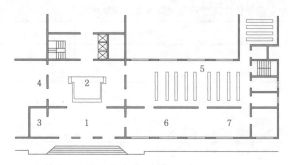

1门厅　2公共服务区　3寄存　4咨询问讯处　5阅览　6读者休息厅　7咖啡厅

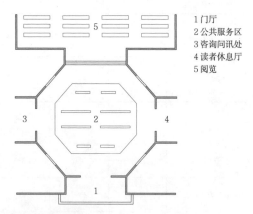

1门厅
2公共服务区
3咨询问讯处
4读者休息厅
5阅览

② 公共服务区平面示意图

书店、茶座

为方便读者使用,大中型图书馆宜设置书店、茶座和咖啡室等。位置可邻近门厅、过厅等交通枢纽或独立设置,环境舒适。

其他

在读者活动范围内,如走廊等处,尽可能考虑设置新书展示栏、鼓励学习知识的名言、文化艺术作品等,以创造浓郁的文化氛围。

信息查询空间概述

1. 信息查询空间是供读者查阅目录的地方。
2. 检索方式包括在线公共目录查询系统、书本目录和卡片目录等。
3. 应靠近读者出入口。当与出纳（借阅）共处同一空间时，应有明确的区分。
4. 目录检索设施可分散设置，便于就近查阅。

目录柜

1. 目录柜不宜嵌入墙内或沿墙排列。
2. 行列式目录柜排列有单面柜和双面柜。
3. 每行长度不宜大于20个卡片屉的排列长度（即3.2m）。每只目录柜应有3.2m²的面积。

目录柜排列最小宽度表　　　　　　　　　　　　表1

布置形式	使用形式	净距(m) 目录台之间距	净距(m) 目录柜与查看台之间距	净距(m) 目录柜之间距	通道净宽(m) 端头走道	通道净宽(m) 中间通道
目录台上放置目录盒	立式	1.20	—	0.60	0.60	1.40
	坐式	1.50	—	0.60	0.60	1.40
目录柜之间设查目台	立式	—	1.20	0.60	0.60	1.40
	坐式	—	1.50	0.60	0.60	1.40
目录柜使用抽拉板	立式	—	—	1.80	0.60	1.40

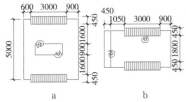

布置方式	每一目录柜占面积(m²/柜)	每万张卡片占面积(m²/万张)
a	3.75	0.73
b	2.43	0.51

1 目录柜、查目台排列间隔尺寸示意图

卡片屉尺寸表　　　　　　　　　　　　　　　　表2

	卡片尺寸(mm) 普通书籍	卡片尺寸(mm) 文献索引	卡片屉尺寸(mm) 普通书籍	卡片屉尺寸(mm) 文献索引
H(高度)	75	105	100	150
W(宽度)	125	150	130	170

目录柜的选型及有关尺寸　　　　　　　　　　　表3

所在位置		目录厅 成人	目录厅 少儿	开架阅览室
使用对象		成人	少儿	开架阅览室
组合体积高度	竖向组合套数目录柜屉型	2~5×5型	2~5×5型	2~4×4型
	目录柜组合高度(m)	1.0	1.0	0.8
	台桌(座)高(m)	0.5	0.3	0.7
	组合目录柜总高度(m)	1.5	1.3	1.5

计算机终端检索

电子计算机检索对于空间的要求较为灵活，既可集中布置，也可分散布置。具体布置可根据图书馆管理需要确定。

电子计算机目录检索台设计参数：
1. 每台微机所占使用面积按2m²计算；
2. 坐式电子计算机检索台高度宜为0.72~0.80m；
3. 立式电子计算机检索台高度宜为1.10~1.20m。

信息服务中心

1. 信息服务中心主要工作为收集、加工、整理、保持各种载体的情报信息，开展信息服务工作。
2. 应靠近门厅设置，可在读者入馆位置，易看到，易通达。
3. 可以设计成一个分隔开的房间或厅，也可设计成一个开放式服务台。
4. 应配备打印、复印设备及电信设备。
5. 留有读者的休息区，可设置供读者使用的电脑终端。

信息服务中心管理台尺寸　　　　　　　　　　　表4

服务对象	外形尺寸(mm) 长	外形尺寸(mm) 宽	外形尺寸(mm) 高
成人	1000	700	800
少儿	1000	600	780

出纳台

1. 出纳台要毗邻基本书库布置，台前要有较宽的外活动空间。
2. 出纳台与书库之间的联系通道尽量同标高，如有高差，设不大于1:8的坡道。
3. 书库通往出纳台的门应向出纳台方向开启，门净宽不应小于1.4m，不得设置门槛，门外1.4m范围内平坦无障碍物。
4. 出纳台上方有电子显示屏告知借书信息，附近设座椅可供读者等候取书。

出纳台设置方式　　　　　　　　　　　　　　　表5

	集中式	同层分散式	分层分散式
特点	在一个借书处办理各种书籍的借、还手续	按不同科目分设出纳台，并有单独的出入口	按楼层将不同科目的书籍分设出纳台
优点	管理集中，工作人员少	方便读者，借书较快	方便读者
缺点	借还书时拥挤	工作人员相应增多	需增加设施或管理人员
适用	较普遍	一般适用于大中型图书馆	一般适用于高校图书馆

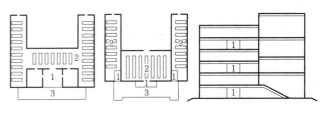

a 集中式　　　b 同层分散式　　　c 分层分散式
1 出纳台　2 书库　3 等候区

2 出纳台的设置方式

出纳台大小　　　　　　　　　　　　　　　　　表6

深度(T)	宽度(B)	高度(H) 内侧	高度(H) 外侧	使用面积指标(S)
≥0.6m	≥1.3~1.5m	适合需求	1.1~1.2m	≥6m²/工作位

出纳台前后空间　　　　　　　　　　　　　　　表7

	无水平传送设备	有水平传送设备
工作区内	≥4m	满足设备要求
外活动区	≥3m	1.2倍工作位且≥18m²

图书馆 [16] 借阅处

概述

1. 借阅处是图书借出、归还并为读者服务的中枢,是书籍、读者和工作人员流动线的交汇中心。
2. 总面积约占全馆总建筑面积的3%~5%。
3. 图书借还手续分集中式、分散式,具体包括:①在总出纳台集中借还;②分借总还;③分台出纳;④还书箱。
4. 借书管理方式分为开架、半开架、闭架三种。
5. 由目录、信息服务中心、出纳、咨询台和书刊陈列四部分组成。
6. 根据馆藏量情况,留有自动分拣系统空间。

集中设置

位置明显,靠近门厅,读者到达路线短捷,一般应布置在图书馆中心部位。与书库应有直接联系,包括垂直联系与水平联系。与阅览室关系密切。通达阅览室、编目部门、典藏部门的工作室应与借书部门有方便的直接联系。

借书部门平面位置安排　　　　　　　　　　表1

位置	优点	缺点	适用
门厅入口处	设在门厅中,适当扩大兼作目录厅,节省辅助面积	不利于自由关闭	小型图书馆
门厅的后面	形成一个自由关闭的单独空间,避免读者穿行。保持借书部门的安静,与书库联系方便	自然通风不良	大中型图书馆
门厅的一侧	自然通风良好,有利于读者进出	—	小型图书馆
中央大厅	出纳台设在进出口处,与闭架书库采用垂直联系	读者需通过借书部门才能进入主要阅览室	—
大阅览室内	便于工作人员监管阅览室	借书人员较多时影响阅览安静	小型图书馆

借书部门剖面位置安排　　　　　　　　　　表2

位置	特点
首层	方便读者,其余层阅览安静
二层(主层)	把不同读者路线开,避免干扰
多层书库中位	借书、还书时间较短

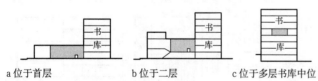

a 位于首层　　　b 位于二层　　　c 位于多层书库中位

[1] 借书部门在剖面上的位置示意图

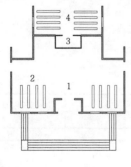

1 门厅　2 检索空间
3 借阅处　4 书库

[2] 借书部门设在门厅

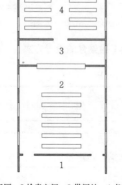

1 门厅　2 检索空间　3 借阅处　4 书库

[3] 借书部门设在门厅后面

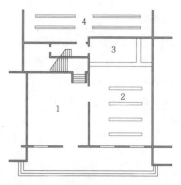

1 门厅　2 检索空间　3 借阅处　4 书库

[4] 借书部门设在门厅一侧

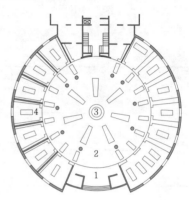

1 门厅　2 检索空间　3 借阅处　4 书库

[5] 借书部门设在中央大厅

分散设置

将借书部门分散设置在各层或各层阅览室中,以实现藏、阅、借一体化。

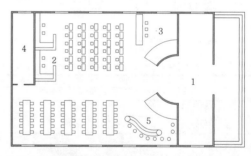

1 门厅　2 检索空间　3 借阅处　4 书库　5 休息区

[6] 借书部门设在大阅览室

自助借还书

自助借还书应包括借书、还书、续借、借阅查询、凭条打印、超期提示、借书证密码修改等功能。可以通过磁条、RFID芯片对图书馆内的印刷品、视听出版物、CD及DVD等流通文献进行借还操作。

自助借还书系统由室内自助还书机、室外自助还书机及室外自助还书亭组成。

自助还书机可分为台式(500×700×500)和立式(550×635×1600)。室外自助还书机亭(4450×1000×2400)前后留800,需有防雨、防尘、防晒的安全措施。

业务用房

图书馆行政、业务和技术设备用房,应根据图书馆的规模、性质、任务、类型和内部组织机构等多方面的因素确定。

在公共图书馆中,业务用房约占总建筑面积的10%~15%;在高校图书馆中约占建筑面积的5%~10%。

1. 行政办公用房

不应和读者人流交叉,应与门厅联系方便。房间的大小按4.5~10m²/工作人员,每个房间不宜小于12m²。

大型图书馆:可设于图书馆一翼,尽量布置在底层,设单独出入口。

中小型图书馆:可与业务用房、技术设备办公用房综合考虑,可与主体建筑分隔联系,也可直接与主体建筑毗连。

2. 内部业务用房

内部业务用房包括采编部门、典藏室、装订室、微缩照相、静电复印室、裱装修整室。

采编部门

采购与编目组应做到既联系又分隔。采编用房设在底层的阳台,设单独出入口,出入口宜设有坡道或与汽车车厢等高的平台,位置和读者活动区分开,与典藏、书库有便捷的联系。

采编部门用房及位置　　　　　　　　表1

内容	中小型图书馆	大型公共图书馆
用房	采购室和编目室合并	采购室:中文、外文 编目室:中文编目、外文编目
用房位置	底层为宜	可单独设在一幢建筑里

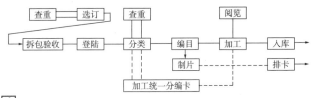

1 采编操作流程示意图

1 拆包验收　2 分类登录　3 编目　4 辅助用房

2 采编用房平面功能分区示意图

典藏室

典藏室是掌握馆藏货源分布、调配、变动和统计全馆藏书数量的业务部门。

位置靠近采编部,并与相关书库便捷联系,不受干扰。

小型图书馆可与书库合并,不单设;大型图书馆应专设典藏室。

典藏室内有办公、存放目录及临时存放新书的地方。每个工作人员业务办公的使用面积不宜小于10m²,最小的房间也不宜小于10m²。新书存放可按每1000册书和300种资料为周转基数,按使用面积不小于12m²推算。

装订室

装订室是装订报刊合订本和修补破损图书的地方。

每一个工作人员的使用面积不小于10m²,装订室最小使用面积不宜少于30m²。室内要求光线良好,有机械通风装置,室内应有上下水道和电源。位置以靠近期刊部门为宜,不宜靠近书库等易燃房间。

缩微照相

1. 宜与书库、期刊库、善本库等有便捷联系。
2. 缩微复制用房应防振动、防灰尘、防污染,配备电源,宜设空气调节。
3. 缩微照相室应设有摄影室、冲洗放大室、器材、药品储存间。
4. 一般工作间、器材间的温度为16~27℃,相对湿度25%~60%。如采取机械通风时应采取净化措施。
5. 摄影室、拷贝还原工作间要防紫外线及灯光干扰,门窗应设遮光设施或安装帷幕,墙及顶棚不宜采用白色或反光材料饰面。
6. 冲洗放大室地面、台面、墙裙、下水管道均应采取防酸碱措施,同时要考虑废液处理。门窗应严密遮光。
7. 放置药品和生胶片等器材的储存间应按不同的规模和要求配备。所在位置需防止受潮、受热。
8. 摄影室净高不得低于3m。

1 出纳及管理台　2 工作台　3 办公桌　4 衣帽柜及书柜　5 微缩摄影　6 胶片干燥机　7 照片自动干燥机　8 轮转机　9 显影机　10 快速印片机　11 晒静电复印机　12 干燥机　13 工具架　14 恒温水池　15 水池　16 放大机　17 配药台

3 缩微照相室平面布置示意图

静电复印室

静电复印室应有通风排气和地面防静电绝缘设施。普通复印机每台工作面积需6~8m²。

裱装修整室

1. 裱装修整室是修整线装书、善本书,裱糊舆图、经卷、字画、金石拓本等的工作房间。需靠近线装书库及特藏书库,并与装订室靠近。
2. 用房按每工作岗位使用面积不小于10m²计算,最小使用面积不小于30m²。
3. 光线要充足,并设在阴面。冬季室温不低于16~18℃,相对湿度50%左右。
4. 室内要有水源、水池,裱糊物品旁边有地下水道,地面可以冲洗并设加热电源。
5. 应有玻璃台面的工作桌(上面有玻璃台面,下面安装电灯)。

除大型综合性藏书图书馆外,其他图书馆可将修裱室和装订室合并设置。

图书馆 [18] 室内环境

天然采光

1. 图书馆阅览空间宜以天然采光为主，在进行建筑布局时，应结合基地具体的日照、方位条件，采用多样化的布局，在满足功能的前提下，尽可能使图书馆的各部分有良好的朝向和天然采光条件。天然采光的形式如表2。

2. 阅览室的天然采光以窗地比作为衡量的指标，窗户面积占阅览室地板面积的1/4~1/6较为合适。

3. 阅览空间的平面应有一个良好的长宽比例，合适的长宽比为(1.5~2.5)∶1。

4. 阅览、藏书、办公空间应光线充足，充分利用天然光，保证照度均匀，避免阳光直射和眩光。

5. 阅览空间朝南布置，尽量避免东西向，或在建筑上加以处理，最好使天然光线从左侧射入。

6. 阅览桌的排列应注意方向性，一般是垂直于外墙窗户布置，以获得良好的光线。单面采光阅览室理想的布置方式是采用单面排列，朝向采光方向。

7. 东西向开窗时，应采取有效的遮阳措施，最大限度利用天然光，提高舒适度。

8. 电子阅览室及多媒体室的外窗均应有遮光设施。

9. 良好的天然采光不仅能提高阅读效率，保护视力，还能节约大量能源，减少环境污染，有助于可持续发展。

10. 夏天为了使光线柔和一些，还需要设置窗帘或采用可调式百叶遮光窗帘，西面和南面还可以设置遮阳板。

11. 图书馆的文献资料如珍善本书、舆图、缩微、音像资料等要防日光和紫外线照射，外窗应有遮光设施，利用透光材料的扩散和折射性能，可减弱阳光对图书资料的直接危害及消除室内的眩光[1]。

12. 天然采光系数建议标准见表1。

13. 图书馆各类用房或场所的天然采光标准不应小于表3中的规定。

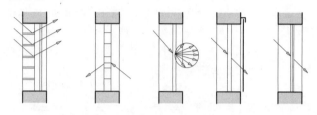

a 加百叶或格片　b 玻璃砖　c 扩散性玻璃　d 设窗帘　e 绿或黄橙色玻璃

1 防止阳光直射的措施示例

天然采光系数建议标准　表1

场所	天然采光系数(%)	相应的工作面照度(lx)			
		晴天	一般	阴暗	非常阴暗
长时间读书	3	900	450	150	60
读书、办公	2	600	300	100	40
会议、讲堂	1.5	450	225	75	30
短时间读书	1	300	150	50	20

图书馆天然采光的形式　表2

分类	垂直面采光		顶面采光	混合采光		
	单面采光	双面采光		高窗、低窗混合采光	天窗、单侧窗混合采光	天窗、双侧窗混合采光
描述	在阅览空间的一侧墙面开窗采光	在阅览空间的双侧墙面开窗采光	在阅览空间的顶棚部位开窗采光	—	—	—
适用地点	适用于跨度较小的房间，如小型阅览空间或研究室	适用于跨度较大的房间	适用于跨度大、采用侧窗不能满足采光要求的空间	用于中等跨度的房间	用于较大跨度的房间	用于较大跨度的房间
其他说明	注意通风，房间高度与进深之比为1∶2较为合适，跨度不大于9m	这种采光的光线充分，照度分布均匀，是阅览空间最常用的采光形式。房间高度与进深之比为1∶4较为合适，一般跨度可达16~18m	其特点是照度分布均匀，靠墙两侧还可以布置书架。采取顶部采光时，应注意防止漏雨和日光直晒，同时要能解决好通风问题	照度分布均匀，靠高窗一侧可放置书架	屋顶设置采光口，使照度分布较均匀	用于较大跨度的房间，屋顶设置采光口，使照度分布较均匀
图示						

图书馆各类用房或场所的天然采光标准值　表3

用房或场所	采光等级	侧面采光			顶部采光		
		采光系数标准值(%)	天然光照度标准值(lx)	窗地面积比(Ac/Ad)	采光系数标准值(%)	天然光照度标准值(lx)	窗地面积比(Ac/Ad)
阅览室、开架书库、行政办公、会议室、业务用房、咨询服务、研究室	III	3	450	1/5	2	300	1/10
检索空间、陈列厅、特种阅览室、报告厅	IV	2	300	1/6	1	150	1/13
基本书库、走廊、楼梯间、卫生间	V	1	150	1/10	0.5	75	1/23

注：本表依据《图书馆建筑设计规范》JGJ 38-2015有关规定编制。

人工照明

1. 图书馆建筑各类用房或场所人工照明设计标准值应符合表1规定。
2. 阅览室空间除要求光线充足外,还要照度均匀,避免眩光,眩光效应见 4。常用的人工照明方式有直接照明和间接照明,直接照明容易造成眩光,间接照明的光效较低 1。设计者可根据需求采用单一或混合型照明方式,适当调整灯具设置的位置或选用防眩光的灯具类型,可有效避免眩光。
3. 在进行照明布置时,通常是根据阅览桌的排列,将灯具设在阅览桌的正上方,且平行于阅览桌的长边。
4. 照明中如果采用台灯时,要注意反射眩光。调整书籍的倾斜角度可避免反射眩光 2;局部照明灯具宜尽量设在书籍的正上方 3。
5. 书库内宜设置配光均匀的灯具,要求避免通道上产生眩光,并使书架上各层书脊的照度均匀。为了增加书架下部的照度,光源与书架面的距离应尽量远些,并采用有特殊反射罩的灯具,以减少书架下格的照度衰减 5、6。
6. 书库内的照明线路,一般可设两套系统,书架档头通道上的照明由入口处的开关控制,书架行道上的照明由行道两端的双联开关控制,还可安装定时开关。

可灵活使用,有利于节能。
a 灯具安装在阅览桌上一

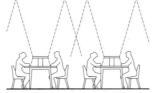
上下出光,充分利用光源效率,有效避免眩光,环境光线柔和。
b 灯具安装在阅览桌上二

2 调整书籍倾斜角度

3 灯具在书籍正上方

光线漫射,光线直接照射阅览桌,光效较高,注意采用避免眩光的措施。
c 光源悬挂较低

光线漫射,有利于避免眩光,室内光线较均匀、柔和,但灯具用量大,不利于节能。
d 光源悬挂较高

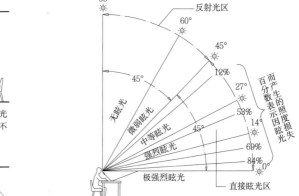
4 眩光效应

有效避免眩光,室内照度分布均匀,但不利于节能。
e 采用发光顶棚照明

有效避免眩光,光线均匀柔和,但光效较低,不利于节能。
f 采用间接照明型灯具

1 阅览室直接与间接照明的方式示例

5 灯具直接安装于书架上

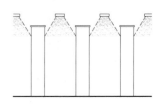
6 灯具设置于通道上方的顶棚上

图书馆建筑各类用房或场所照明设计标准值 表1

房间或场所	参考平面及其高度	照度标准值(lx)	统一眩光值(UGR)	一般显色指数(Ra)	照明功率密度(W/m²)
普通阅览室、少年儿童阅览室	0.75m水平面	300	19	80	9
国家、省级图书馆的阅览室	0.75m水平面	500	19	80	15
特种阅览室	0.75m水平面	300	19	80	9
珍善本阅览室、舆图阅览室	0.75m水平面	500	19	80	15
门厅、陈列室、目录厅、出纳厅	0.75m水平面	300	19	80	9
书库	0.25m垂直面	50	—	80	—
工作间	0.75m水平面	300	19	80	9
典藏间、美工室、研究室	0.75m水平面	300	19	80	9

注:本表依据《图书馆建筑设计规范》JGJ 38-2015有关规定编制。

图书馆 [20] 室内环境

噪声控制

1. 从垂直布局角度分析，把属于较静区的少年儿童阅览室设在底层，把属于特静区的研究人员的参考阅览房间设在上层。图书馆的垂直布局见表1。

2. 图书馆的房间在平面设计时，应按噪声等级分区布置，其允许噪声级不应大于表2的规定。

3. 为保证阅览空间的安静，设计时要求采取措施，对噪声进行控制，其措施见表4。

通风

1. 阅览空间应尽可能两面开窗，利用自然空气对流，以防止夏季闷热和空气污浊。

2. 采用单面开窗时，因容易造成通风不良，应在内墙开设高窗以解决自然通风。

3. 寒冷地区阅览空间冬季不能开窗，必须采取有效的通风措施。除机械通风外，也可仿烟囱效应采取垂直通风方式。

4. 藏书空间的通风较为重要，通风不良、室内闷热时，书籍容易发霉，应设机械通风设施。对于风沙较大和灰尘较多的地区，其进风口宜设置过滤装置。

5. 特藏书库、缩微复制间的进风系统，应进行净化处理。

6. 图书馆内各种用房的通风换气设计参数应符合表3规定。

色彩

1. 图书馆色彩设计应密切结合图书馆的功能特点，有效利用色彩的物理性能和生理、心理效应，发挥色彩的调节作用。

2. 色调整体上应该体现一定的文化品位，用低纯度、高明度或中灰度色系，忌用过于鲜艳刺激的纯色。

3. 注意整体协调性，用色尽量单纯统一，避免过多色数。

4. 室内配色应充分考虑图书馆本身的特殊性，选择配色应尊重使用者的年龄、性别、特殊爱好、性格特点以及民族习惯。

5. 选择配色应注意材料的表面特征，特别是反光特性。

6. 阅览空间以阅览为主，必须充分满足视觉需要。室内色彩有利于创造安静舒适的室内阅览环境，应保证适当的照度、照度分布和背景色彩。对一般阅览空间的基调色，明度应较高，彩度应较弱（<4），色彩宜用镇静色调。书籍封面的明度一般在6~9之间，故书架的明度应与其接近，室内色彩设计可参考表5。

图书馆阅览室的分层布置　　　表1

楼层	分区	房间或场所
上层	特静区	研究人员阅览
中层	静区	普通阅览
下层	较静区	少年儿童阅览室

图书馆各类用房或场所的噪声级分区及允许噪声级　　　表2

噪声级分区	房间或场所	允许噪声级（A声级，dB）
静区	研究室、缩微阅览室、珍善本阅览室、舆图阅览室、普通阅览室、报刊阅览室	40
较静区	少年儿童阅览室、电子阅览室、视听室、办公室	45
闹区	陈列室、读者休息区、目录室、咨询服务、门厅、卫生间、走廊及其他公共活动区	50

图书馆内各种用房的通风换气设计参数　　　表3

房间名称	通风换气次数（次/h）	房间名称	通风换气次数（次/h）
陈列室	1~2	缩微阅览室	2
研究室	1~2	装裱、修整室	2
目录、出纳厅（室）	1~2	会议室	2
缩微复制用房	1~2	书库	1~3
普通阅览室	1~2	少年儿童阅览室	1~3
内部业务用房	1~2	读者休息室	3~5
报告厅	2	复印室	5~10
视听室	2	消毒室	5~10
电子阅览室、舆图阅览室	2	卫生间	5~10

注：本表依据《图书馆建筑设计规范》JGJ 38-2015有关规定编制。

噪声控制　　　表4

来源	噪声源位置	处理措施
外部的	1.交通干道、广场 2.工厂 3.学校、体育场等	1.尽量选择较安静的基地，并使图书馆建筑远离噪声源； 2.将阅览室等要求安静的房间布置在建筑物背向噪声源的一侧或朝向内院； 3.在噪声源与建筑物间设置绿化带或隔声障壁
建筑物内部	1.升降机房、通风机房、水泵房 2.门厅、走廊、楼梯间、卫生间、休息室 3.借阅区、儿童阅览室、小卖部 4.穿行噪声	1.机器有隔振、隔声装置，产生噪声的房间尽可能采用强吸声隔声材料做顶棚、墙面；墙、楼板作隔声处理，布局上阅览区尽量远离噪声； 2.采用吸声性能良好的顶棚、墙壁和地面，布局上远离安静区，避免与阅览区相互连通； 3.儿童阅览室宜置独立分开，在人流路线上与成人读者分开； 4.布局上将较静区布置在前面部位，特静区布置在最后部位；避免不同类型的阅览区设计成互相连通或内外套间走道，避免阅览区和办公区互相连通
房间内部	1.门的开关声 2.桌椅的移动、脚步声、书籍掉落声 3.书页翻动声、谈话声 4.通风设备及荧光灯等	1.门上装自动闭门器及橡胶碰头； 2.桌椅脚上加橡胶垫，地面采用地毯、橡胶等软质材料； 3.顶棚、墙面作吸声处理，阅览空间不宜大，通常在500座以下较合适； 4.通风管道内及出风口处，荧光灯镇流器作局部消声处理

注：本表依据《图书馆建筑设计规范》JGJ 38-2015有关规定编制。

配色举例（按蒙赛尔色彩体系表示）　　　表5

色彩	顶棚	窗间墙	墙面	墙裙	地面	阅览桌面	书架	目录柜
明度	>9	8.5~9	7~8	6	5~6	6~7	7~8	6~7
彩度	0~1	1~2	1~2	2~3	2~4	1.5~2	0~2	1~2
色相	N	G–BG	G~BG	G~BG	B~PB	BG	N、BG~PB	BG

注：1. 表内色相代号：G—绿，BG—青绿，B—青，PB—蓝，N—白、灰、无彩色。
　　2. 阅览桌椅、书架、目录柜等如采用木制品，亦可用木材原色或棕色系。

书籍保护

书籍保护类型及要求   表1

保护类型	设计要点
室内温度控制	基本书库和密集书库的温度不宜低于5℃和高于30℃；相对湿度不宜小于30%和大于65%。 在不设空调的情况下，温度、湿度以低些为好，但要适度。过低会使纸张水分冻结而受损；过高会使纸张中原有水分迅速蒸发而干燥发脆，抗折性降低，加速纸张老化；湿度达到80%时细菌易繁殖，将产生霉变或虫害。 当设置采暖或空调时，冬季采暖室内设计温度为14℃。空气调节系统室内设计相对湿度为冬季30%~60%，夏季40%~65%，库内应保持气流均匀，空气流速不应大于0.5m/s
防水、防潮	各类书库室外场地应排水通畅，防止积水倒灌；书库内应防止地面、墙身返潮，不得出现结露现象。书库屋面雨水宜采用有组织外排法。特藏书库不应有水管进入，其他书库除消防水管外，不得有给排水管道穿过
防日光、紫外线照射	天然采光的书库应采取遮阳措施，防止阳光直射，利用透光材料的扩散不折射性能，不仅可以减弱阳光对图书资料的直接损害，而且可以避免室内的眩光。书库采用人工照明时，应采取消除或减轻紫外线对图书危害的措施；珍善本书库应采用防止紫外线的措施
防尘、防污染	书库的楼、地面应坚实耐磨，墙面和顶棚应表面平整、不易积灰，外门窗应有防尘的密闭措施。特藏书库的通风及空气调节系统应具有空气净化措施。容易产生尘埃与有害气体的锅炉房、尘灰室、洗印暗室等房间应远离书库布置，并设置通风装置，防止危害书籍
防磁、防静电	计算机房和数字资源储存区域应远离产生强磁干扰的电器设备，其楼面、地面应采用不易产生静电或防静电的饰面材料
防盗、安全	图书馆的主要出入口、特藏书库、开架阅览室及重要场所应设安全防范装置，各通道出入口宜设门禁系统。位于底层及有人侵可能部位的外门窗应采取安全防范措施
防虫、防鼠、消毒	书库外窗的开启扇应采取防蚊蝇的措施，其周围绿化应选用不易滋生、引诱害虫的植物，馆内食堂、快餐室、食品小卖部应远离书库布置。 为防止鼠类危害，书库外围护结构上的孔洞应安装防鼠措施，且门与地面的间隙不应大于5mm。 消毒有物理、化学两种方式：经常外借及非长期保存的图书，通过光照进行杀菌消毒；长期保存的图书及珍善本可在专门的消毒室用化学方式进行消毒

通信

1. 信息技术的发展为图书馆带来了新的动力，信息的传输、通信在图书馆中得到广泛应用。

2. 典藏部门利用电子计算机技术对馆内的文献资料进行登记，记录移动情况，统计全馆的藏书数量等。

3. 数字化图书馆通过数据中心为读者提供电子阅览、视听阅览等多种信息资源。

4. 图书馆在为本馆提供信息服务的同时，兼为其他图书馆或部门提供信息资源共享服务。

运输

1. 在开架阅览室及开架书库中读者可以自行取阅图书或就近办理借阅手续。

2. 应用自助还书设施的还书方式在图书馆中逐步得到应用。

3. 一般大、中型图书馆的书库和借阅处之间需设置书籍传送设施。

4. 多层书库一般应配置电梯，借助运输小车方便图书上架、传递及更换图书等。

5. 中小型图书馆书库常用的传递设施有垂直电梯和水平推车等。

6. 大型图书馆书库除配置电梯外，还设有自动选层升降及水平传送装置、立体轨道式传送装置等。

防火设计

1. 耐火等级

（1）藏书量超过100万册的图书馆，建筑耐火等级应为一级。

（2）藏书量不超过100万册的图书馆，建筑耐火等级不应低于二级，其特藏书库的耐火极限应为一级。

2. 设计要点

（1）基本书库、特藏书库、密集书库应采用防火墙和甲级防火门与其毗邻的其他部位分隔。

（2）基本书库、特藏书库、密集书库、开架书库的防火分区最大允许建筑面积：单层建筑不应大于1500m^2；建筑高度不超过24m的多层建筑不应大于1200m^2；高度超过24m的建筑不应大于1000m^2；地下室或半地下室不应大于300m^2。当防火分区设有自动灭火系统时，其允许最大建筑面积可按上述规定增加1.0倍，当局部设置自动灭火系统时，增加面积可按该局部面积的1.0倍计算。

（3）开架阅览室按普通阅览室要求划分防火分区。

（4）采用积层书架的书库，其防火分区面积应按书架层的面积合并计算。

（5）特藏书库、系统网络机房和贵重设备用房应设自动灭火系统，其中不宜用水扑救的场所宜选用气体灭火系统。

（6）藏书量超过100万册的图书馆、建筑高度超过24m的书库、图书馆内的特藏书库，应设置火灾自动报警系统。

（7）图书馆需要控制人员随意出入的疏散门，可设置门禁系统，但应保证火灾时不需使用钥匙等任何工具从内部打开，并应在显著位置设置标识和使用提示。

无障碍设计

应满足一般公共建筑中公用设施的无障碍设计规定，如建筑的停车位、主要出入口、通道、厕所、电梯的无障碍设计，当设有各种服务窗口、公共电话台、饮水器时应设低位服务设施。

1. 安装探测仪的出入口应便于乘轮椅者进出。

2. 应设低位服务台、低位借阅台、低位目录检索台以供坐式查询、借阅。

3. 报告厅、集体视听室应设轮椅席位。

4. 当设有盲人阅览室时，在无障碍出入口，服务台，楼梯间、电梯间入口和盲人阅览室前设行进盲道和提示盲道。

应配有盲人专用的电脑、图书（盲文读物、有声读物）、盲文朗读室等。

5. 宜提供语音导览机、助听器等信息服务。

图书馆 [22] 实例

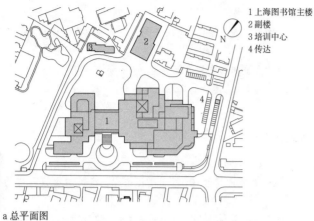

1 上海图书馆主楼
2 副楼
3 培训中心
4 传达

a 总平面图

c 立面图

1 门厅 2 目录厅 3 出纳 4 阅览 5 寄存 6 办公 7 内院
b 首层平面图

d 剖面图

1 上海图书馆

名称	用地面积（m²）	建筑面积（m²）	建筑物层数（层）	设计时间	建成时间	设计单位
上海图书馆	31000	83000（含地上、地下）	地上裙房5层，东塔11层，西塔24层/地下1层	1986	1996	华东建筑集团股份有限公司 上海建筑设计研究院有限公司

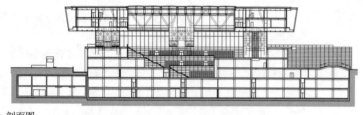

a 剖面图

1 主楼
2 门卫
3 人防疏散出口
4 进风/排风口

c 总平面图

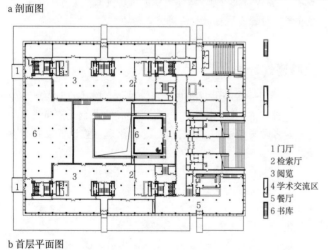

1 门厅
2 检索厅
3 阅览
4 学术交流区
5 餐厅
6 书库

b 首层平面图

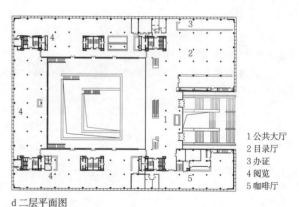

1 公共大厅
2 目录厅
3 办证
4 阅览
5 咖啡厅

d 二层平面图

2 国家图书馆二期暨国家数字图书馆

名称	用地面积（m²）	建筑面积（m²）	建筑物层数（层）	设计时间	建成时间	设计单位
国家图书馆二期暨国家数字图书馆	22000	80537	5	2004	2008	KSP Engel und Zimmermann Architekten、华东建筑集团股份有限公司华东建筑设计研究总院

实例 [23] 图书馆

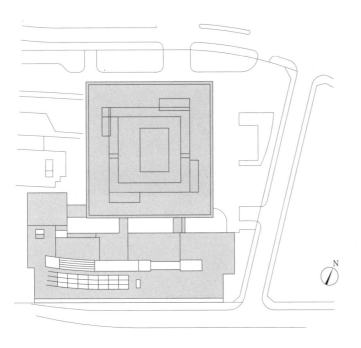

a 总平面图

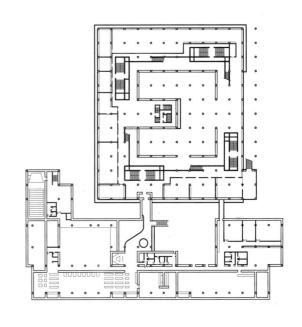

b 三层平面图

1 日本国会图书馆

名称	建筑面积（m²）	建筑物层数（层）	建成时间	设计单位
日本国会图书馆	74911	8	1986	前川国男建筑设计事务所

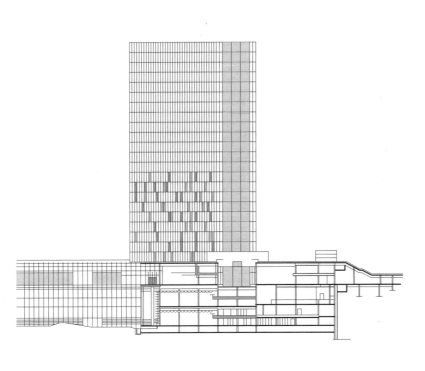

a 剖面图

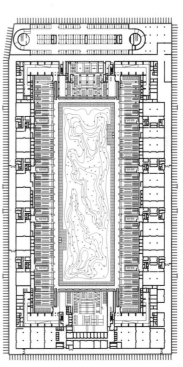

b 三层平面图

2 法国国家图书馆

名称	用地面积（m²）	建筑面积（m²）	建筑物层数（层）	设计时间	建成时间	设计单位
法国国家图书馆	65300	365178	25	1989	1995	多米尼克·佩罗建筑师事务所

图书馆 [24] 实例

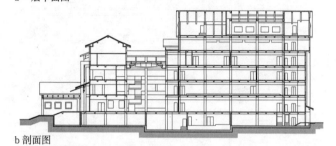

1门厅 2中庭 3目录厅 4综合图书外借 5报刊阅览 6办公

a 一层平面图

b 剖面图

1 苏州图书馆

名称	建筑面积（m²）	设计时间	设计单位
苏州图书馆	25000	1999	苏州设计研究院股份有限公司

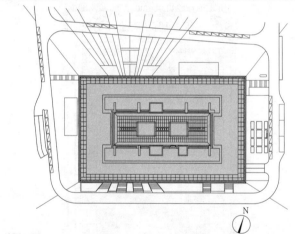

a 总平面图

b 剖面图

2 浦东图书馆

名称	建筑面积（m²）	设计时间	设计单位
浦东图书馆	60885	2007~2009	株式会社日本设计、华东建筑集团股份有限公司华东建筑设计研究总院

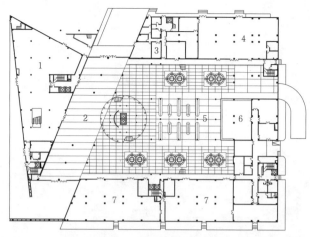

1购书中心 2内庭 3寄存 4儿童阅览 5目录厅 6总服务台 7展览

a 一层平面图

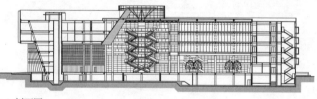

b 剖面图

3 东莞图书馆

名称	建筑面积（m²）	设计时间	设计单位
东莞图书馆	44654	2001	同济大学建筑设计院（集团）有限公司

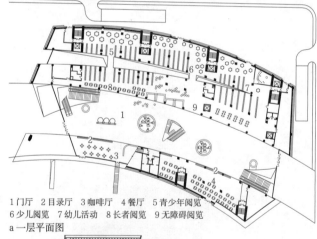

1门厅 2目录厅 3咖啡厅 4餐厅 5青少年阅览
6少儿阅览 7幼儿活动 8长者阅览 9无障碍阅览

a 一层平面图

b 剖面图

4 广州市图书馆

名称	建筑面积（m²）	设计时间	设计单位
广州市图书馆	21067	2005~2012	株式会社日建设计、广州市设计院

实例 [25] 图书馆

1 最新信息索引
2 会议室
3 信息角
4 阅览区
5 儿童阅览
6 办公
7 操作空间
8 电梯厅

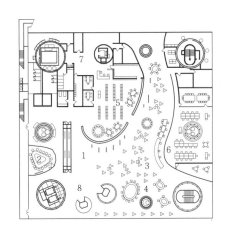

a 二层平面图

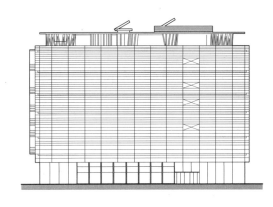

c 剖面图

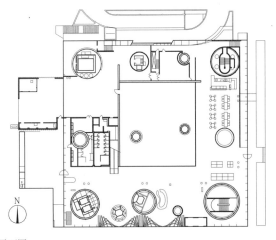

b 一层平面图

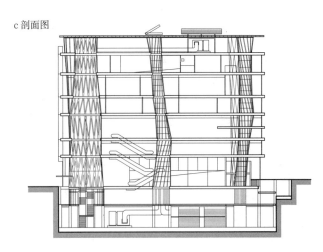

d 剖面图

1 仙台媒体中心

名称	用地面积（m²）	建筑面积（m²）	建筑物层数（层）	设计时间	建成时间	设计单位
仙台媒体中心	2933	21682.15	地上7层，地下2层	1995	2001	伊东丰雄建筑设计事务所

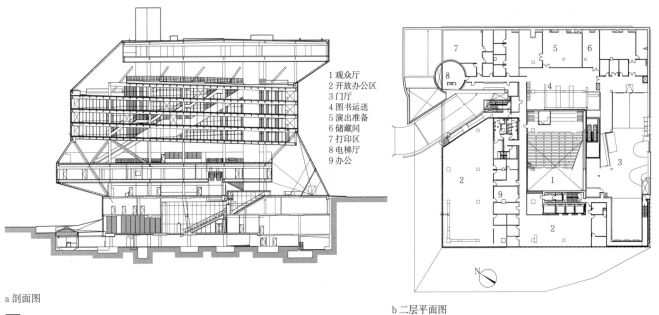

1 观众厅
2 开放办公区
3 门厅
4 图书运送
5 演出准备
6 储藏间
7 打印区
8 电梯厅
9 办公

a 剖面图　　　　　　　　　　　　　　　　　　b 二层平面图

2 西雅图中央图书馆

名称	用地面积（m²）	建筑面积（m²）	建筑物层数（层）	设计时间	建成时间	设计单位
西雅图中央图书馆	500	38300	11	1999	2004	荷兰大都会建筑事务所（OMA）

图书馆 [26] 实例

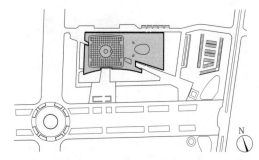

a 总平面图

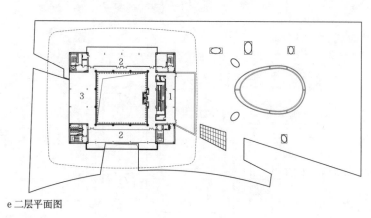

c 立面图

d 剖面图

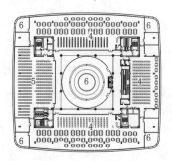

b 三层平面图

1 茶室
2 自习
3 电子阅览
4 开架阅览
5 闭架书库
6 庭院

e 二层平面图

1 金陵图书馆

名称	用地面积（m²）	建筑面积（m²）	建筑物层数（层）	设计时间	建成时间	设计单位
金陵图书馆	38600	25000	4	2005	2007	东南大学建筑设计研究院有限公司

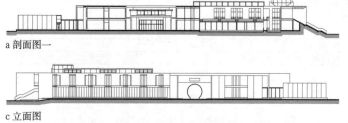

a 剖面图一

b 剖面图二

c 立面图

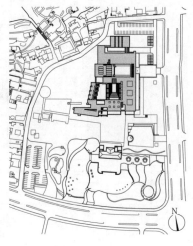

1 阅览
2 图书情报部
3 少儿自习
4 电脑培训
5 古籍展览
6 古籍书库

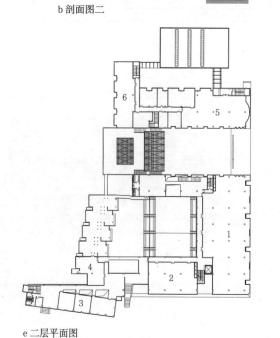

d 总平面图

e 二层平面图

2 常熟图书馆

名称	用地面积（m²）	建筑面积（m²）	建筑物层数（层）	设计时间	建成时间	设计单位
常熟图书馆	39800	11000	2	2002	2004	清华大学建筑设计研究院有限公司

实例 [27] 图书馆

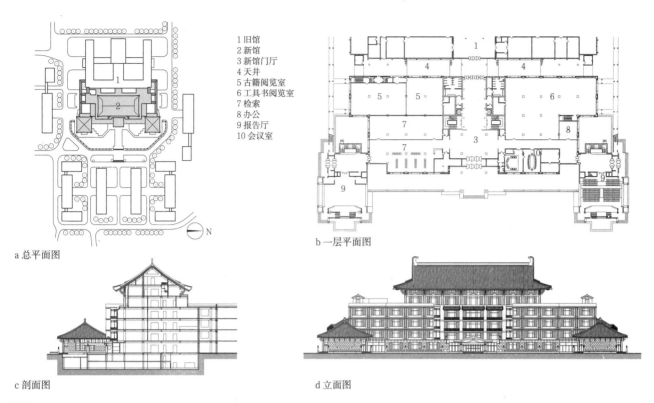

1 旧馆
2 新馆
3 新馆门厅
4 天井
5 古籍阅览室
6 工具书阅览室
7 检索
8 办公
9 报告厅
10 会议室

a 总平面图
b 一层平面图
c 剖面图
d 立面图

1 北京大学图书馆新馆

名称	用地面积（m²）	建筑面积（m²）	建筑物层数（层）	设计时间	建成时间	设计单位
北京大学图书馆新馆	16346	27000	地上6层，局部7层，地下1层	1994	1998	清华大学建筑设计研究院有限公司

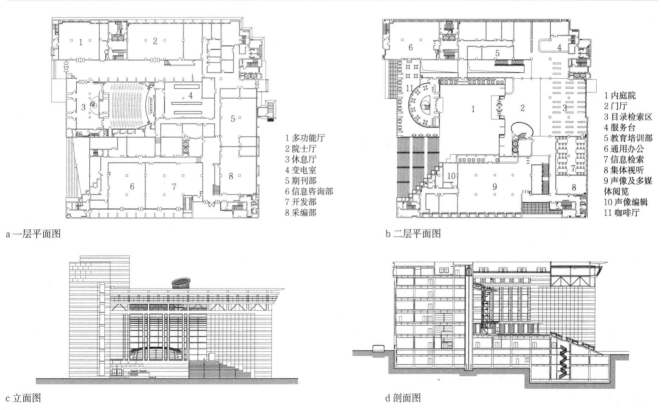

1 多功能厅
2 院士厅
3 休息厅
4 变电室
5 期刊部
6 信息咨询部
7 开发部
8 采编部

1 内庭院
2 门厅
3 目录检索区
4 服务台
5 教育培训部
6 通用办公
7 信息检索
8 集体视听
9 声像及多媒体阅览
10 声像编辑
11 咖啡厅

a 一层平面图
b 二层平面图
c 立面图
d 剖面图

2 中科院图书情报中心

名称	用地面积（m²）	建筑面积（m²）	建筑物层数（层）	设计时间	建成时间	设计单位
中科院图书情报中心	18000	39650	7	1999	2002	中科院建筑设计研究院有限公司

图书馆 [28] 实例

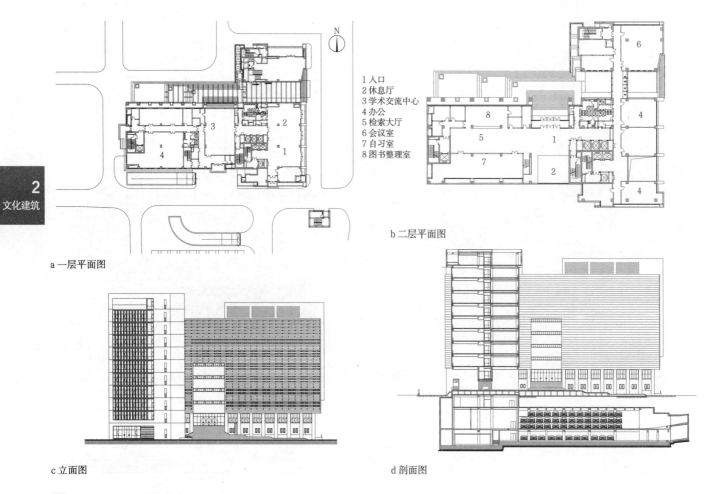

a 一层平面图　　b 二层平面图

1 入口
2 休息厅
3 学术交流中心
4 办公
5 检索大厅
6 会议室
7 自习室
8 图书整理室

c 立面图　　d 剖面图

1 中国青年政治学院图书馆

名称	用地面积（m²）	建筑面积（m²）	建筑物层数（层）	设计时间	建成时间	设计单位
中国青年政治学院图书馆	3600	29200	11	2005	2010	中国建筑设计院有限公司

a 一层平面图　　b 二层平面图　　c 三层平面图

1 入口门厅
2 总服务台
3 阅览区
4 报告厅
5 特色文献
6 中文期刊
7 研讨室
8 外文图书
9 办公区

d 立面图一　　e 立面图二

2 汕头大学图书馆

名称	建筑面积（m²）	建筑物层数（层）	建成时间	设计单位
汕头大学图书馆	20530	3	2009	台湾十月设计公司

实例［29］图书馆

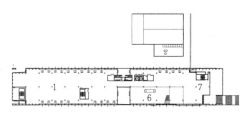

b 二层平面图

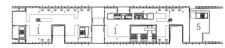

c 四层平面图

2 文化建筑

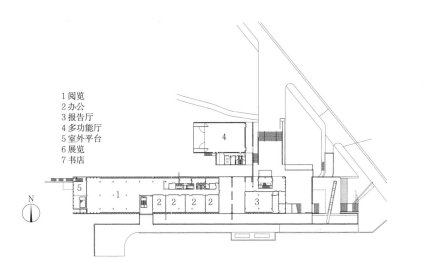

1 阅览
2 办公
3 报告厅
4 多功能厅
5 室外平台
6 展览
7 书店

a 一层平面图

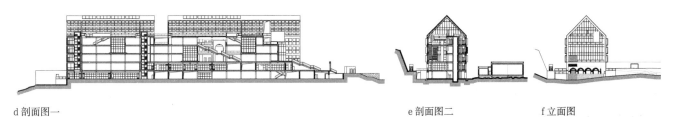

d 剖面图一　　　　　　　　　　　　　　　e 剖面图二　　　　　f 立面图

1 四川美术学院虎溪校区图书馆

名称	用地面积（m²）	建筑面积（m²）	建筑物层数（层）	设计时间	建成时间	设计单位
四川美术学院虎溪校区图书馆	28636	14259	6	2006	2009	深圳汤桦建筑设计事务所有限公司

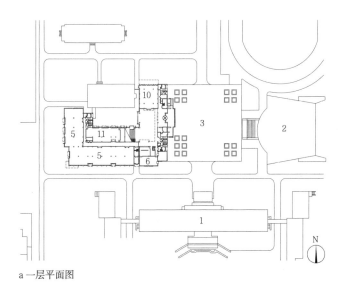

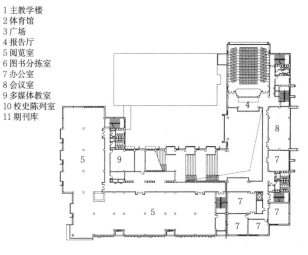

1 主教学楼
2 体育馆
3 广场
4 报告厅
5 阅览室
6 图书分拣室
7 办公室
8 会议室
9 多媒体教室
10 校史陈列室
11 期刊库

a 一层平面图　　　　　　　　　　　　　　b 二层平面图

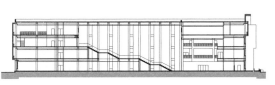

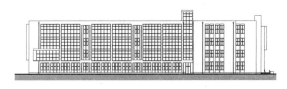

c 剖面图　　　　　　　　　　　　　　　　d 立面图

2 吉林大学农学部图书馆

名称	用地面积（m²）	建筑面积（m²）	建筑物层数（层）	设计时间	建成时间	设计单位
吉林大学农学部图书馆	11267	12306	4	2009	2011	清华大学建筑设计研究院有限公司

图书馆 [30] 实例

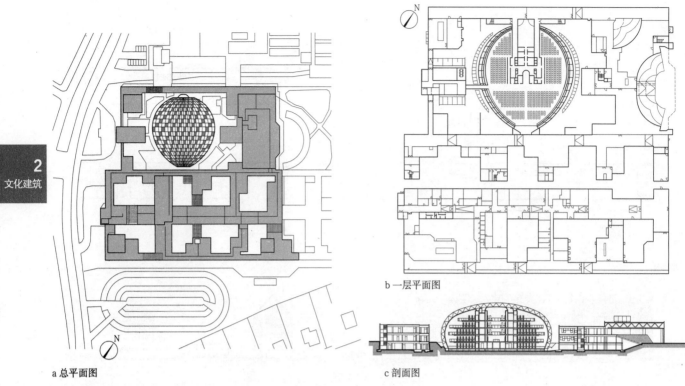

a 总平面图
b 一层平面图
c 剖面图

1 柏林自由大学文献学图书馆

名称	建筑面积（m²）	建筑物层数（层）	设计时间	建成时间	设计单位
柏林自由大学文献学图书馆	46200	5	1997	2005	福斯特及合伙人事务所

a 总平面图
b 剖面图
c 一层平面图
d 二层平面图

2 乌得勒支大学图书馆

名称	建筑面积（m²）	建筑物层数（层）	设计时间	建成时间	设计单位
乌得勒支大学图书馆	36250	9	1997	2004	威尔·阿列茨建筑师事务所

实例 [31] 图书馆

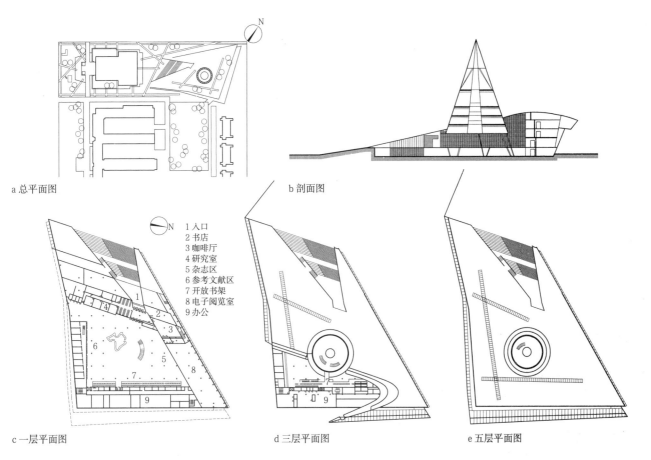

a 总平面图
b 剖面图

1 入口
2 书店
3 咖啡厅
4 研究室
5 杂志区
6 参考文献区
7 开放书架
8 电子阅览室
9 办公

c 一层平面图　　d 三层平面图　　e 五层平面图

1 代尔夫特大学图书馆

名称	用地面积（m²）	建筑面积（m²）	建筑物层数（层）	设计时间	建成时间	设计单位
代尔夫特大学图书馆	15000	14000	7	1993	1998	荷兰麦肯诺建筑事务所（Mecanoo）

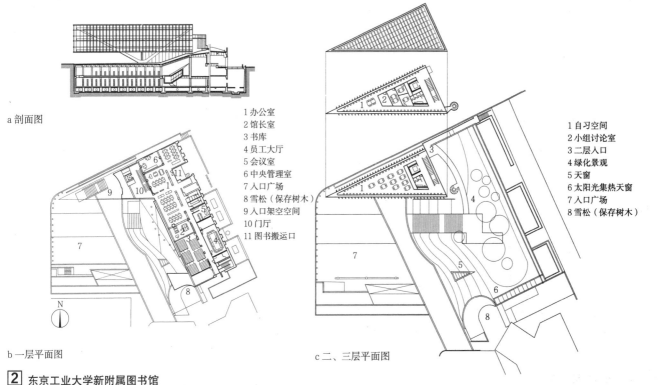

a 剖面图

1 办公室
2 馆长室
3 书库
4 员工大厅
5 会议室
6 中央管理室
7 入口广场
8 雪松（保存树木）
9 入口架空空间
10 门厅
11 图书搬运口

1 自习空间
2 小组讨论室
3 二层入口
4 绿化景观
5 天窗
6 太阳光集热天窗
7 入口广场
8 雪松（保存树木）

b 一层平面图　　c 二、三层平面图

2 东京工业大学新附属图书馆

名称	用地面积（m²）	建筑面积（m²）	建筑物层数（层）	设计时间	建成时间	设计单位
东京工业大学新附属图书馆	137060	8587	3	2008	2011	安田幸一研究室+佐藤总合计画

图书馆 [32] 实例

文化建筑

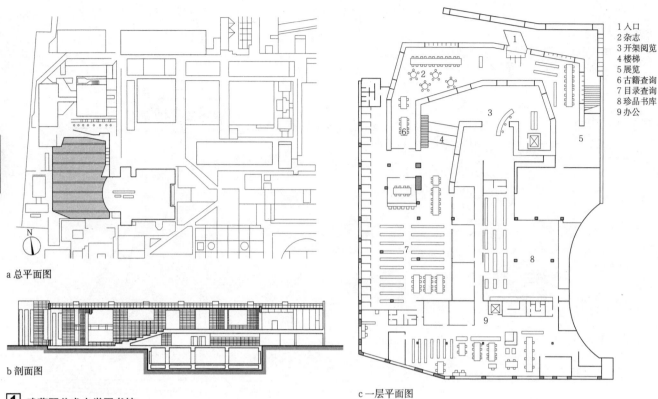

a 总平面图

b 剖面图

c 一层平面图

1 入口
2 杂志
3 开架阅览
4 楼梯
5 展览
6 古籍查询
7 目录查询
8 珍品书库
9 办公

1 武藏野美术大学图书馆

名称	用地面积（m²）	建筑面积（m²）	建筑物层数（层）	设计时间	建成时间	设计单位
武藏野美术大学图书馆	111691	6419	2	2007	2010	藤本壮介建筑师事务所

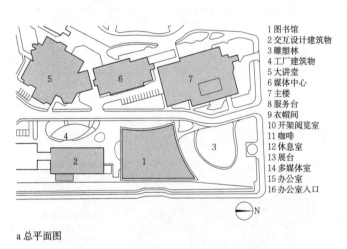

1 图书馆
2 交互设计建筑物
3 雕塑林
4 工厂建筑物
5 大讲堂
6 媒体中心
7 主楼
8 服务台
9 衣帽间
10 开架阅览室
11 咖啡
12 休息室
13 展台
14 多媒体室
15 办公室
16 办公室入口

a 总平面图

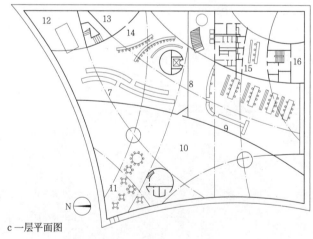

c 一层平面图

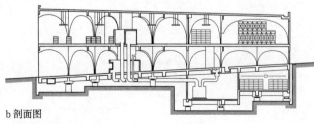

b 剖面图

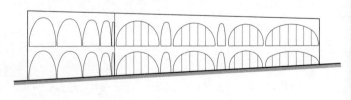

d 立面图

2 多摩美术大学图书馆

名称	用地面积（m²）	建筑面积（m²）	建筑物层数（层）	设计时间	建成时间	设计单位
多摩美术大学图书馆	159184	2242	2	2004	2007	伊东丰雄建筑设计事务所

实例 [33] 图书馆

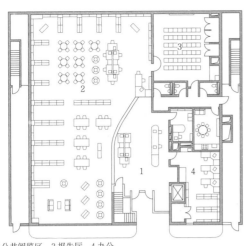

1 门厅　2 公共阅览区　3 报告厅　4 办公

a 一层平面图

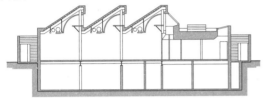

b 剖面图

1　南牙买加公共图书馆分馆

名称	建筑面积（m²）	设计时间	设计单位
南牙买加公共图书馆分馆	13800	1999	Stein Shite建筑师事务所

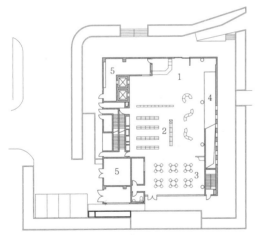

1 门厅　2 书架区　3 咖啡厅　4 坡道　5 办公

a 一层平面图

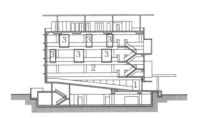

1 坡道　2 中庭　3 阅读"吊舱"

b 剖面图

2　碧山社区图书馆

名称	建筑面积（m²）	建成时间	设计单位
碧山社区图书馆	4200	2002	LOOK建筑师事务所

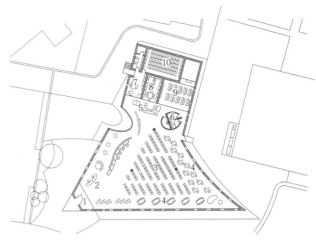

1 门厅　2 信息栏　3 书架区　4 阅览区　5 咨询区　6 卫生间　7 办公　8 研究室
9 多功能厅　10 档案室

a 一层平面图

b 剖面图

3　小布施町立图书馆

名称	建筑面积（m²）	建成时间	设计师
小布施町立图书馆	998	2009	古谷诚章

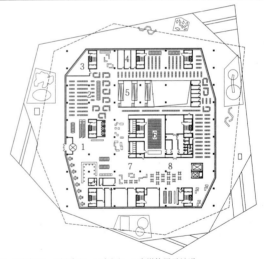

1 门厅　2 书架区　3 阅读室　4 讨论室　5 多媒体展示坡道
6 多功能厅　7 展厅　8 咖啡厅

a 一层平面图

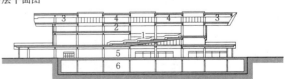

1 多媒体展示坡道　2 阅览　3 办公　4 会议　5 停车场　6 自动泊车系统

b 剖面图

4　丹麦奥尔胡斯Dokk1图书馆

名称	建筑面积（m²）	设计时间	设计单位
丹麦奥尔胡斯Dokk1图书馆	35600	2009	丹麦SHL建筑师事务所

青少年活动中心 [1] 概述

概述

1. 青少年主要指满13周岁但不满18周岁（从生理、心智的发展角度上讲），也就是少年与青年相重合的阶段，处于儿童时期之后，成人之前。青少年活动中心主要服务于13~18岁的青少年，同时兼顾6~12岁的儿童。

2. 青少年活动中心是青少年进行校外教育与生活的基地，是集科技展览、培训、教育和团队活动四大功能为一体的科技型少年活动中心。青少年活动中心是少年儿童校外教育和活动的基地，是对义务教育体系的补充和开拓。

3. 设计特点见表1。

青少年活动中心的设置特点　　　　　　　　　　　表1

特点类型	设置原则
公益性	把社会效益放在首位，创造更多开放性公共空间。青少年活动中心对于发现和培养少年儿童独特天赋和才艺具有重要的作用，所以青少年活动中心建筑除满足最基本的功能要求外，一定要有形式上的"意味"和艺术美感，同时要体现最新的科学和社会价值观
实践性	以实践活动作为校外教育的主要载体，应多考虑场景性空间的设计。建筑空间应尽量满足多种教育的可能性，青少年活动中心应该可以与其他文化设施组合设置
灵活性	建筑空间应尽量满足教育的内容和形式的多样性，根据学生的特点设计不同的教育方法，宜结合城市发展分散化、中小型化，且不宜太集中。宜与室外活动场地和公园绿地相结合，营造舒适的青少年活动场所
主体性	重视少年儿童作为学习者的地位，重视发挥他们在各项活动中的主体作用，建筑空间应为青少年学习提供便利。青少年活动中心应考虑家长与孩子的互动交流场所，适当考虑设置家长等候区、休息区或共同培训等场所

青少年活动中心的设置原则　　　　　　　　　　　表2

类型	等级设置	服务范围或服务半径
大型馆 >6000m²	省会、自治区首府、直辖市和大城市	市区
中型馆 4000~6000m²	中等城市	市区
	市辖区	3.0~4.0km
小型馆 2000~4000m²	小城市、县城	市区或镇区
	市辖区或独立组团	1.5~2.0km

注：由于青少年活动中心未颁布国家建设用地指标，以上指标参照《文化馆建设用地指标》、《城市居住区规划设计规范》及《中共中央办公厅国务院办公厅关于加强青少年学生活动场所建设和管理工作的通知（中办发2000）13号》等文件及规范。

规模测算及服务半径

1. 根据青少年活动中心的规模，建议分为大型馆、中型馆和小型馆3种类型：
建筑面积达到或超过6000m²的为大型馆；
建筑面积达到或超过4000m²但不足6000m²的为中型馆；
建筑面积达到或超过2000m²但不足4000m²的为小型馆。

2. 青少年活动中心的设置原则应满足表1的规定。服务人口不足5万人的地区，不宜设置独立的青少年活动中心建设用地，鼓励青少年活动中心与其他相关文化设施联合建设。

3. 大型馆覆盖的4.0km服务半径内不再设置中型馆；大、中型馆覆盖的2.0km服务半径内不再设置小型馆。

选址原则

青少年活动中心选址原则　　　　　　　　　　　表3

特点类型	设置原则
满足城市规划提出的要求	满足城市规划行政主管部门提出的要求，根据当地人口密度与人口发展趋势和学龄儿童比例，以分区分片为条件结合公共活动中心选址，宜结合城市公园和绿地选址
满足安全需求	总体布置要考虑青少年在消防、安全、疏散上的特殊性，对周边人流、车流的规划设计必须满足安全需要
满足卫生环境的需求	青少年活动中心应有安静及卫生的环境；避免邻近工业生产和生活中所产生的各种污染源（包括废水废气）、生物污染及危险品库。并严禁在地震、地质塌裂、暗河、洪涝等自然灾害及人为风险高的地段和污染超标的地段建设

总平面设计

1. 很好地解决朝向、采光、通风、隔声等问题。

2. 主要出入口不宜开向城镇干道，如必须开向干道，应留出适当的缓行地带。

3. 建议主要的外墙面与铁路的距离不小于300m；与机动流量超过每小时270辆的道路同侧路边的距离不应小于80m。当不足时，应采取有效隔声措施。

4. 主要的用房不应设置在四层以上。建筑的安全出口不少于2个，并应分散设置。超过300座位的报告厅，应独立设置安全出口，并不得少于2个。

5. 基地内应设置供内部和外部使用的机动车停车场地和自行车停放区，方便家长接送。

总平面功能分区

1. 集中独立型：拥有独立用地，用地内建筑根据需要灵活布置，有良好的绿化景观环境，有助于营造出丰富的室内外空间。主要针对大中型少年官与地市级少年官 [1]a。

2. 分散混合型：少年官没有独立完整用地，往往与商业、文化、娱乐等其他文化功能结合布置，但仍具有一定独立性。主要针对中小型或区县级少年官 [1]b。

3. 集中混合型：青少年官与商业、文化、娱乐、办公等其他文化功能在垂直上有所混合，往往形成一栋建筑综合体。不同功能在垂直楼层上进行划分，一般少年官占据低层的空间，高层可以作为办公楼等。既各自保持功能的独立性，又节省用地，主要针对用地紧张的城市核心区的小型少年官，满足青少年就近使用的要求 [1]c。

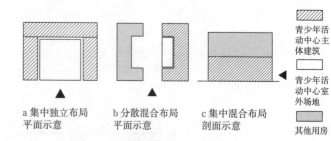

a 集中独立布局平面示意　　b 分散混合布局平面示意　　c 集中混合布局剖面示意

青少年活动中心主体建筑
青少年活动中心室外场地
其他用房

[1] 总平面功能分区示意图

功能分析与流线 [2] 青少年活动中心

功能配置

规模较大、功能齐全的青少年活动中心其内部功能呈多样化趋势，一般可以分为以下几大类：科技活动区、文艺活动区、体育活动区、观演展示区、后勤办公区和室外活动区。国外有的活动中心含健身房、小型体育活动场等。具体功能区域所包含的内容如表1。

功能区域所包含的内容　　　　表1

功能区域	活动内容、形式	功能空间组成	设计要点
科技活动区	科普试验、学科教育、制作实践	实验室、科技阅览室、教室、科技活动室	部分空间需结合特殊设备进行设计
文艺活动区	艺术培训、文艺团体集会	培训教室、活动室、俱乐部	美术教室宜北向布置，注意发声房间的声音干扰
体育活动区	大众健身训练、棋牌活动	练功房、小球场地、棋牌室	—
观演展示区	文艺会演、展览展示、讲座、报告	剧场、多功能厅、展览厅	需考虑瞬时集中人流的集散
后勤办公区	行政管理、办公、会议、储藏、辅助配套	办公室、会议室、库房、设备	应安排在次要景观、采光面；除办公外，其他空间在条件紧张时，可不采光
室外活动区	集会、休闲、娱乐、游戏、体育活动	广场、庭院	尽量安排在南向广场，并尽量完整；应避开噪声、卫生等的污染源；且广场中不应种植带刺的植物

功能、活动内容与设备关系表　　　　表2

功能	活动内容	设施设备	房间	规模 2000~4000m²	规模 4000~6000m²	规模 >6000m²
科技活动区	电子计算机 无线电 报务 航模 生物 化学 数学 地质 天象馆 天文台 气象站 制作车间	相关实验设备 计算机 黑板	活动室	○	●	●
			实验室	○	●	●
文艺活动部区	外语 文艺 朗诵 演讲 绘画 书法 雕塑 摄影 声乐 舞蹈 游艺 木偶 电视 电子游戏	书画工作台 练功把杆 照身镜 五线谱黑板 乐器收藏柜 小乐台 钢琴等常见乐器 视听器材 舞台机械设备 舞台工作照明 扩声系统	画室	●	●	●
			舞蹈排练室	●	●	●
			声乐排练室	●	○	●
			琴房	●	●	●
			小剧场	—	—	○
			视听教室	○	●	●
体育活动区	乒乓球 棋艺 台球 电子竞技 体操 武术 技巧	棋牌桌、围棋等 台球桌 乒乓球台 电子游艺机 室外活动器械	风雨操场（室内）	○	○	●
			活动场地（室外）	●	●	●
			练功房	○	●	●
			棋类游艺室	●	●	●
观演展示区	阅览 展览活动 文艺汇演 讲座 交流	开架式书架 阅览桌椅 展陈设施 影视放映设备 舞台机械设备 舞台工作照明 扩声系统 照明系统	阅览室	●	●	●
			展览厅	—	—	●
			视屏放映	●	●	○
			剧场	●	●	●
			多功能厅	○	●	●
后勤办公区	行政管理 经营管理 能源动力 储藏 环境	电话、电脑 会议室设备 休息、更衣 食宿房间 维修间 锅炉、水泵 室外活动 休息庭院	馆长室	●	●	●
			会议室 办公室	●	●	●
			经营管理室	●	●	●
			辅助房间	●	●	●
			锅炉房 配电间	●	●	●
			设备仓库 杂物仓库	●	●	●
			庭院	●	●	●
辅助	管理人员出入厅导向 收发传达 休息 走道	活动导向图示板 伞架 沙发等	门厅	●	●	●
			服务台	●	●	●
			传达收发室	●	●	●
			休息厅	●	●	●
			过厅	●	●	●
			走廊、楼梯	●	●	●

注：1. 功能设置依据具体项目要求可灵活设置。
2. ●应设置，○建议设置。

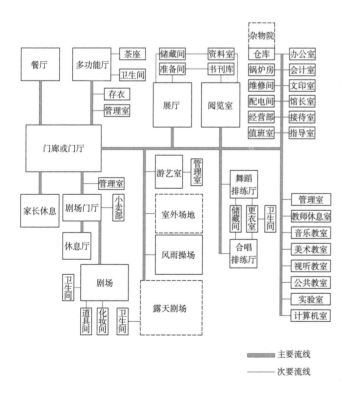

1 青少年活动中心功能流线图

（图例：■■■ 主要流线　── 次要流线）

青少年活动中心 [3] 展览展示·观演区域·普通教室

展览展示

1. 展厅规模应以中、小型为主，可独立设置，亦可与门厅、内院等公共空间结合布置。

2. 青少年活动中心展示内容，以青少年书画、摄影、科技创新成果及手工艺作品为主，展品更新较快，种类多样。多为临时展品，通常不需要严格的温湿环境与光照条件。

3. 展厅宜采用自然通风与采光，朝向以北向为宜。

4. 规格较高的青少年活动中心可设置视频播放室或科技影院以及作品影像动态展示空间（可参见本册"电影院"专题）。

观演区域

1. 包括门厅、观演厅、舞台、化妆室、放映室和厕所等。

2. 青少年活动中心观演厅规模一般不宜大于500座，根据需求确实适宜建较大规模的观演厅时，舞台可考虑安装舞台机械设备（可参见本册"演艺建筑"专题）。

3. 当观演厅规模超过300座时，可作专业剧场，观演厅的座位排列、走道宽度、视线和声学设计以及放映室设计，可参照剧场和电影院的有关资料。

4. 当观演厅为300座以下时，应考虑多用途使用，可做成平地面的多用途厅，厅使用面积（包括开敞式舞台面积在内）按 $0.7 \sim 0.9 m^2$/座计算。舞台的屋面高度可与观演厅同高（舞台空间净高＞观演厅净高）。

5. 多用途厅应满足观演、交谊、游艺等活动的使用要求，实用面积不宜小于 $200m^2$，当为矩形房间时，宽度不宜小于10m，并应设足够面积的椅子存放空间。

普通教室

1. 青少年官的使用人群年龄差异较大，授课的内容和形式也不相同。因此在设计普通教室时，教室的规模宜有所区分，设置2~3种不同尺寸的教室，以满足不同年龄段青少年及儿童对空间的需求和心理感受。

2. 普通教室内单人课桌的平面尺寸应为0.60m×0.40m。

3. 普通教室内的课桌椅布置应符合下列规定：课桌椅的排距不宜小于0.85m；最前排课桌的前沿与前方黑板的水平距离不宜小于2.20m；最后排课桌的后沿与前方黑板的水平距离不宜大于8.00m；教室最后排座椅之后应设横向疏散走道；自最后排课桌后沿至后墙面或固定家具的净距不应小于1.10m；纵向走道宽度不应小于0.60m；沿墙布置的课桌端部与墙面或壁柱、管道等墙面突出物的净距不宜小于0.15m；前排边座座椅与黑板远端的水平视角不应小于30°。

4. 青少年官的普通教室除日常授课功能外，还需考虑青少年分组活动、多媒体放映等功能，因此普通教室的桌椅布置方式应灵活多变。

5. 普通教室应设置投影仪与幕布供多媒体教学使用，普通教室内部应为学生设置专用小型储物柜。

6. 普通教室外宜设置家长等候休息区，休息区可结合走廊等交通空间设置。

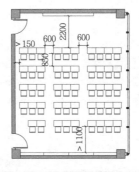

1 单人课桌排布示意图　　**2** 双人课桌排布示意图

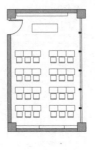
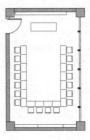
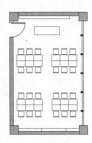

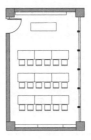
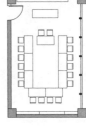
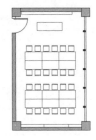

a 授课模式　　b 会议模式　　c 小组讨论模式

3 小型教室平面桌椅布置方式示意图

课桌椅选择标准（单位：cm）　　　　　　　　　　　表1

课桌椅型号	桌面高	座面高	标准身高	学生身高范围	颜色标识
0号	79	46	187.5	≥180	浅蓝
1号	76	44	180.0	173~187	蓝
2号	73	42	172.5	165~179	白
3号	70	40	165.0	158~172	绿
4号	67	38	157.5	150~164	白
5号	64	36	150.0	143~157	红
6号	61	34	142.5	135~149	白
7号	58	32	135.0	128~142	黄
8号	55	30	127.5	120~134	白
9号	52	29	120.0	113~127	紫
10号	49	27	112.5	≤119	白

注：1. 数据来源：根据国家质检总局2003年发布的《学校课桌椅功能尺寸》标准GB/T 3976-2014，普通教室的课桌椅按照不同年龄段青少年的身体尺度分为10种型号。
2. 标准身高系指各型号课桌椅最具代表性的身高。对正在生长发育的儿童及青少年而言，常取各向高段的中值。
3. 学生身高范围厘米以下四舍五入。
4. 颜色标识即标牌的颜色。

美术教室

1. 美术教室应附设教具储藏室，宜设美术作品及学生作品陈列室或展览廊。

2. 美术教室空间宜满足一个班的学生用画架写生的要求。学生写生时的座椅为画凳时，所占面积宜为$2.15m^2$/生；用画架时所占面积宜为$2.50m^2$/生。

3. 美术教室应有良好的北向天然采光。当采用人工照明时，应避免眩光。

4. 美术教室应设置书写白板，宜设存放石膏像等教具的储藏柜。在地质灾害多发地区附近的学校，教具储藏柜应与墙体或楼板有可靠的固定措施。

5. 美术教室内应配置水槽。

6. 美术教室的墙面及顶棚应为白色。

7. 当设置现代艺术课教室时，墙面及顶棚采取吸声措施。

舞蹈教室

1. 舞蹈教室内应在与采光窗相垂直的一面或二面墙上设通长镜面，镜面含镜座总高度不宜小于2.10m，镜座高度不宜大于0.30m。

2. 舞蹈教室宜满足舞蹈艺术课、体操课、技巧课、武术课的教学要求，并可开展形体训练活动。每个学生的使用面积不宜小于$6m^2$。

3. 舞蹈教室应附设更衣室，宜附设卫生间、浴室和器材储藏室。

4. 当青少年活动中心有地方或民族舞蹈课时，舞蹈教室设计宜满足其特殊需要。

5. 舞蹈教室可按男女学生分班上课的需要设置。

6. 舞蹈教室宜设置带防护网的吸顶灯。采暖等各种设施应暗装。

7. 舞蹈教室应采用木地板。为保护练习者关节，木地板宜选用多层、弹性的专用构造弹簧地板。

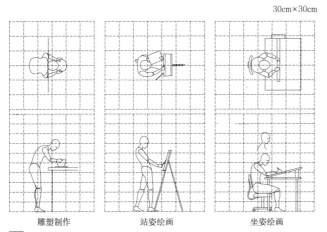

1 美术创作的人体尺度示意图

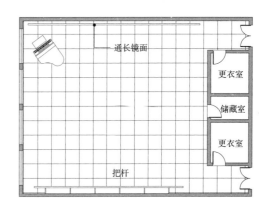

3 舞蹈教室平面示意图

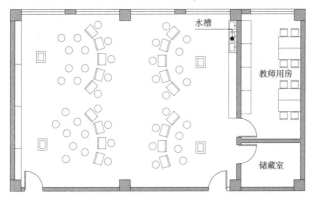

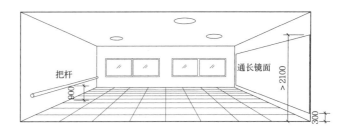

4 舞蹈教室镜面布局示意图

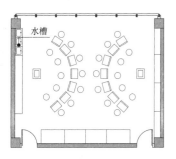
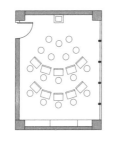

2 美术教室平面示意图

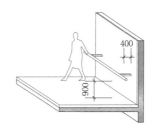

镜面两侧的墙上及后墙上应装设可升降的把杆，镜面上宜装设固定把杆。把杆升高时的高度应为0.90m；把杆与墙间的净距不应小于0.40m。

5 舞蹈教室把杆定位示意图

青少年活动中心 [5] 音乐教室

音乐教室

1. 音乐教室应设置五线谱黑板。
2. 音乐教室的门窗应隔声，墙面及顶棚应采取吸声措施。
3. 器乐教室，根据乐器各类不同面积不同，一般2~5人/间，3~6m²/人。
4. 音乐教室，宜在紧接后墙处设置阶梯式合唱台，每级高度宜为0.20m，宽度宜为0.60m。

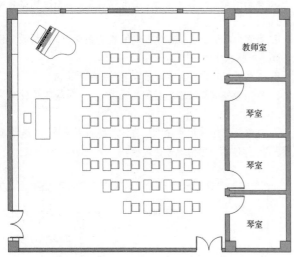

1 音乐教室布置示意图

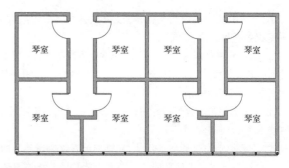

3 琴室布置示意图

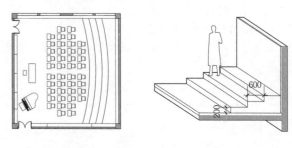

4 带有阶梯合唱台的声乐教室　　5 阶梯式合唱台示意图

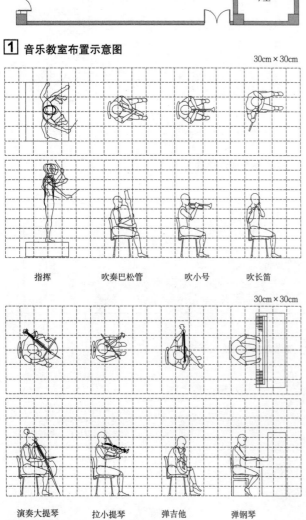

指挥　　吹奏巴松管　　吹小号　　吹长笛

演奏大提琴　　拉小提琴　　弹吉他　　弹钢琴

2 器乐演奏的人体尺度示意图

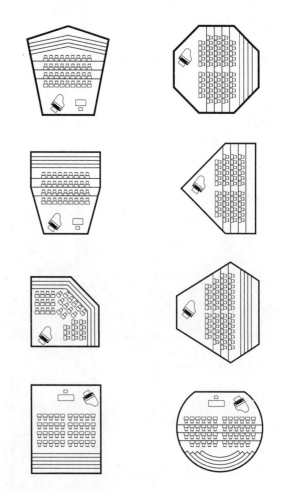

6 常见音乐教室平面示意图

辅助空间及用房

1. 除了前述主要功能空间外，青少年活动中心建筑空间还包含部分辅助功能空间，例如走廊结合家长等候区等功能。单一尺度的走廊容易给儿童带来乏味感，也增加了路径的距离感。在一些青少年活动中心建筑中，可将走廊空间扩大，作为游戏、交往、展示等功能空间，成为培训教室和活动室的延伸，并打破交通空间与活动空间的界限。
2. 建议增加小卖部、存包处、就餐区等辅助用房来为青少年及家长提供完善的服务。
3. 在走廊两侧的教室增加家长观察窗。

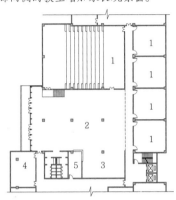

1 教室　2 门厅　3 家长等候休息区　4 办公　5 小卖部

[1] 集中式家长等候休息区示意图

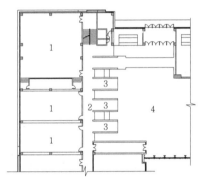

1 教室　2 走廊　3 家长等候休息区　4 门厅

[2] 半分散式家长等候区休息区示意图

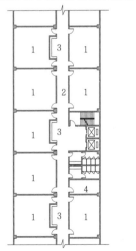

1 教室
2 走廊
3 家长等候休息区
4 管理用房

[3] 分散式家长等候休息区示意图

安全防护

1. 在安全防护方面应注重物理防护、青少年心理防护及电子监控防护这三方面。
2. 在青少年活动中心设计建造时需注重材料的选用，严格按照防火规范进行设计，并注重细部的尺寸。
3. 楼梯两梯段间楼梯井净宽不得大于0.11m；大于0.11m时应采取有效的安全防护措施。楼梯栏杆不得采用易于攀登的构造和花饰；杆件或花饰的镂空处净距不得大于0.11m；楼梯扶手上应加装防止学生溜滑的设施。
4. 在教室临走道的墙上宜设置观察窗，方便家长随时了解青少年学习状况。

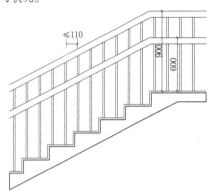

[4] 楼梯双杆扶手示意图

无障碍设计

1. 建筑物至少应有1处为无障碍出入口，且宜位于主要出入口处。
2. 建筑出入口大厅等主要人员聚集场所，有高差或台阶时应设轮椅坡道，宜设置休息座椅和可以放置轮椅的无障碍休息区。
3. 青少年活动中心应设盲人专用图书室或阅览区，在无障碍入口，服务台，楼梯间和电梯间入口，盲人图书室前应设行进盲道和提示盲道。

室内家具设计

在青少年活动中心内，应多设置可自由组合便于搬运的多功能家具，既可以为青少年提供一个活动娱乐的平台，也可成为家长休憩存放物品的空间。

 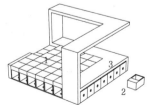

1 活动地台　2 储物箱　3 休息座椅

[5] 可自由组合多功能家具示意图

青少年活动中心 [7] 实例

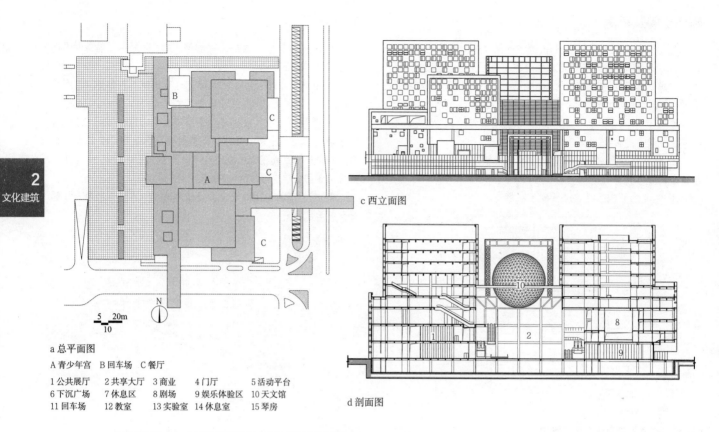

a 总平面图
A 青少年宫　B 回车场　C 餐厅

1 公共展厅　2 共享大厅　3 商业　4 门厅　5 活动平台
6 下沉广场　7 休息区　8 剧场　9 娱乐体验区　10 天文馆
11 回车场　12 教室　13 实验室　14 休息室　15 琴房

c 西立面图

d 剖面图

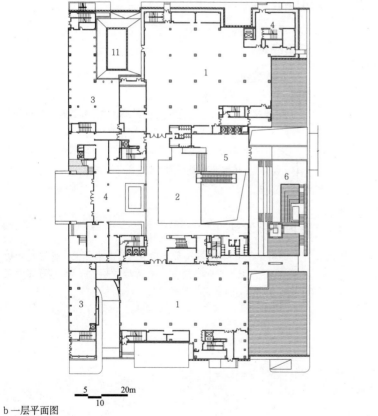

b 一层平面图

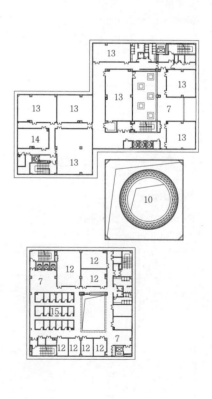

e 七层平面图

1 佛山青少年宫·科技馆

名称	建筑面积	设计时间	设计单位	
佛山青少年宫·科技馆	70535m²	2010	华南理工大学建筑设计研究院	青少年宫与科技馆合并设置，建筑形体简洁轻盈，内部空间丰富，将多种高度不同的功能空间巧妙叠合，功能复合度高，是集中混合型布局的典型实例

实例 [8] 青少年活动中心

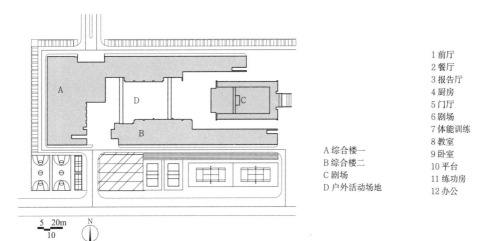

A 综合楼一
B 综合楼二
C 剧场
D 户外活动场地

1 前厅
2 餐厅
3 报告厅
4 厨房
5 门厅
6 剧场
7 体能训练
8 教室
9 卧室
10 平台
11 练功房
12 办公

2 文化建筑

a 总平面图

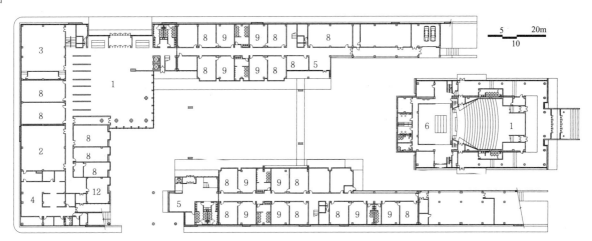

b 一层平面图

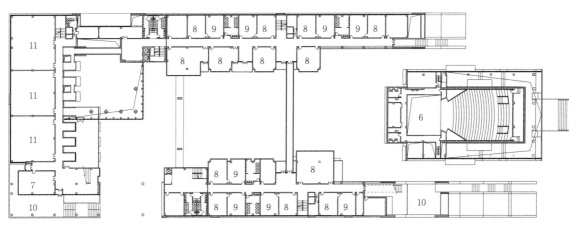

c 二层平面图

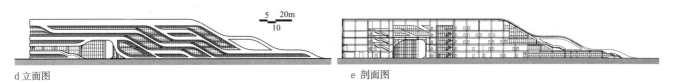

d 立面图　　　　　　　　　　　e 剖面图

1 包头市少年宫

名称	建筑面积	设计时间	设计单位	建筑形体与大地相连接，外观简洁流畅。通过3个相对独立的功能体，围合形成尺度宜人的内向型少年儿童户外活动场地
包头市少年宫	27268m²	2007	中国建筑设计院有限公司	

青少年活动中心 [9] 实例

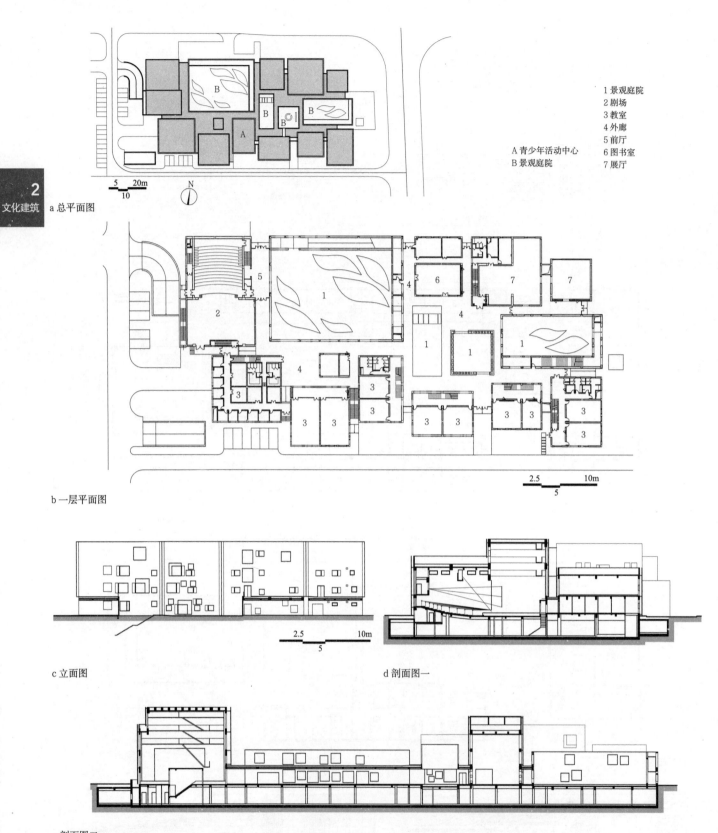

a 总平面图

1 景观庭院
2 剧场
3 教室
4 外廊
5 前厅
6 图书室
7 展厅

A 青少年活动中心
B 景观庭院

b 一层平面图

c 立面图

d 剖面图一

e 剖面图二

1 上海青浦青少年活动中心

名称	建筑面积	设计时间	设计单位	
上海青浦青少年活动中心	14377m²	2009	大舍建筑事务所	建筑将不同的功能空间分解开来，化为相对小体量的个体，再利用庭院、广场、街巷等外部空间类型将其组织在一起，成为一个具有亲切尺度的建筑群落聚合体，重建传统城镇的尺度记忆

实例 [10] 青少年活动中心

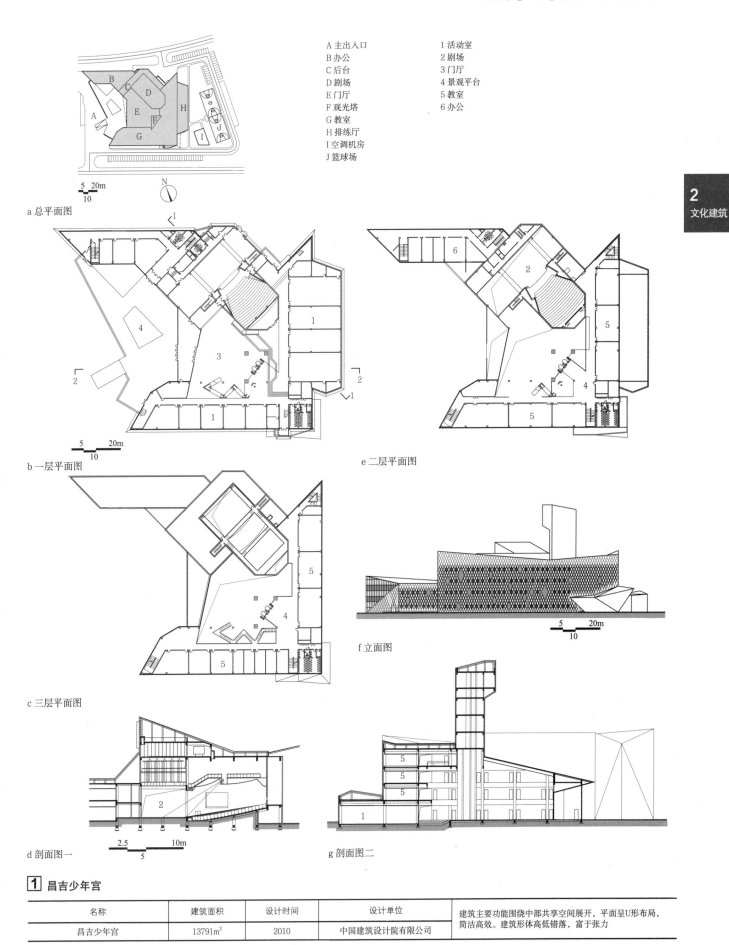

1 昌吉少年宫

名称	建筑面积	设计时间	设计单位	建筑主要功能围绕中部共享空间展开，平面呈U形布局，简洁高效。建筑形体高低错落，富于张力
昌吉少年宫	13791m²	2010	中国建筑设计院有限公司	

青少年活动中心 [11] 实例

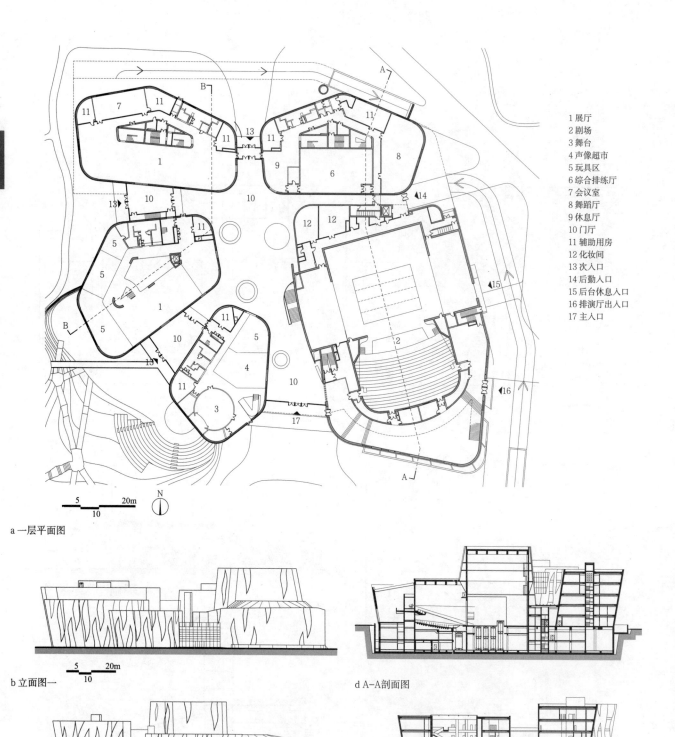

1 展厅
2 剧场
3 舞台
4 声像超市
5 玩具区
6 综合排练厅
7 会议室
8 舞蹈厅
9 休息厅
10 门厅
11 辅助用房
12 化妆间
13 次入口
14 后勤入口
15 后台休息入口
16 排演厅出入口
17 主入口

a 一层平面图

b 立面图一

c 立面图二

d A-A剖面图

e B-B剖面图

1 北京市新少年宫

名称	建筑面积	设计时间	设计单位	建筑依照功能将较大的体量化整为零，形成围绕公共空间的5个独立形体，平面组织逻辑清晰明确又颇具趣味。建筑造型与内部空间实现了较好的统一
北京市新少年宫	22000m²（地上）	2007	北京市建筑设计院有限公司	

实例［12］青少年活动中心

2 文化建筑

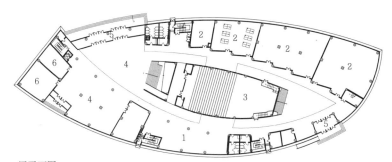

a 一层平面图

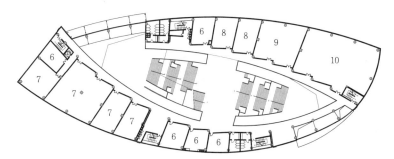

b 二层平面图

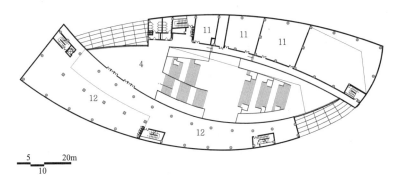

c 三层平面图

d 总平面图

1 展览　　　A 青少年宫
2 活动区　　B 主出入口
3 剧场　　　C 次出入口
4 大厅
5 门厅
6 办公
7 教室
8 声乐
9 舞蹈
10 排练室
11 书画
12 图书馆

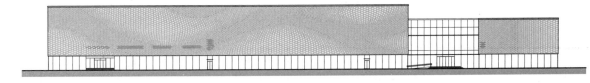

e 立面图

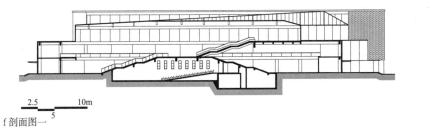

f 剖面图一　　　　　　　　　　　　　　　　　　g 剖面图二

1 鄂尔多斯少年宫

名称	建筑面积	设计时间	设计单位	建筑各功能空间围绕梭形的多层共享中庭展开，平面简洁流畅，通过顶部自然光线的引入，形成氛围良好的室内公共空间
鄂尔多斯少年宫	13000m²	2010	中国建筑技术集团有限公司	

231

青少年活动中心 [13] 实例

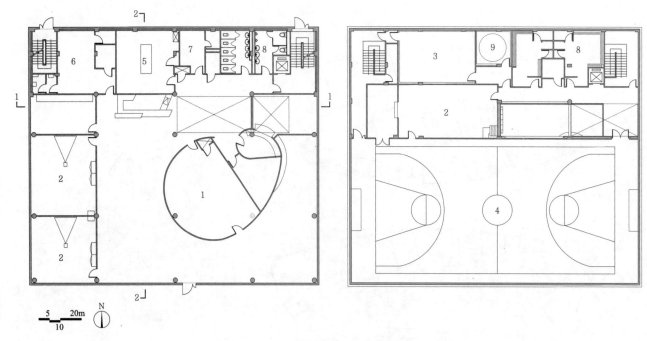

a 一层平面图　　　　　　　　　　　　　　　b 二层平面图

1 办公　2 活动区　3 多媒体中心　4 剧院/体育馆/会议设施　5 厨房　6 服务商店　7 采访室　8 卫生间　9 录制室

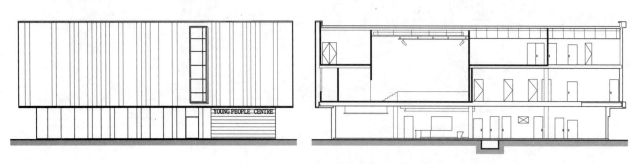

c 立面图一　　　　　　　　　　　　　　　　d A-A 剖面图

e 立面图二　　　　　　　　　　　　　　　　f B-B 剖面图

1 灯塔青少年活动中心

名称	地点	建筑面积	设计单位	建筑根据功能的动静分区与空间的尺度，将多种活动项目合理布置在纯粹的方形体量之中，以轻盈的形态与立面回应周边良好的自然环境，是社区级小型青少年活动中心的优秀实例
灯塔青少年活动中心	英国伯明翰	1930m²	Associated Architects	

定义

宗教建筑，本质上是教团的修行礼忏空间与日常生活起居空间所构成的具有其宗教特征的建筑。

分类

1. 中国的主要宗教有佛教、道教、基督教与伊斯兰教，其对应的宗教建筑通常称为佛寺（寺院）、道观、教堂与清真寺。
2. 这些宗教又分别派生出多种分支流派，如中国佛教可分为汉传、藏传与南传三种，汉传佛教又可分为禅宗、净土宗、律宗、华严宗、天台宗等。
3. 由于各宗教及其流派的教义不同，其宗教建筑格局与空间形态亦有很大差异，而建筑外观造型又受到历史时期与地域文化的深刻影响，具有独特的空间特征。
4. 公共建筑中的小型礼拜空间，参照主体建筑空间的核心礼拜空间设计。

功能构成

各种宗教建筑，通常具有主体朝拜空间、生活起居空间、修行与布道空间、信徒学习空间等。

建设场地

1. 宗教建筑的建设地点可分为城市与乡野。
2. 城市中的宗教建筑一般会选择交通便捷、周围空间宽敞之处，场地周围应有环绕的街巷与道路，场地前应留有开敞空间，以形成较大的集散广场。
3. 乡野中的宗教建筑，布局较为灵活自由，一般宜选择地势稍高起处，使建筑物显得高耸与隆重。
4. 在中国传统文化中，宗教建筑还会考虑风水因素，注意场地的山形地势。一般选择在背山面水处，地势宜有起伏，以前低后高为佳，背后宜有山作屏，两翼亦有山，起护卫作用。前较空阔，以水环绕。

中国宗教各分支的建筑空间配置表　　　　　　　　　　　表1

宗教流派		宗教礼仪场所	主要宗教活动	宗系归属	主要建筑	宗教教育	主要方位与朝向	典型实例
中国佛教	汉传佛教	禅院	禅修	禅宗	山门 钟鼓楼 天王殿 大雄宝殿 藏经楼 大悲阁 佛塔 方丈院 僧寮	佛学院	坐北朝南 坐西朝东 （辽代）	青海乐都瞿昙寺
		律院	戒律	律宗				
		讲寺	经论研究	佛教各宗				
		教寺	世俗教化	天台、华严等宗				
	藏传佛教	宁玛派寺院	显密兼修	红教	殿宇 （拉康） 经堂 佛塔 灵塔 喇嘛塔	扎仓	坐北朝南	拉萨大昭寺
		噶举派寺院	修密为主	白教				
		格鲁派寺院	显密兼修	黄教				
		萨迦派寺院	显密兼修	花教				
	南传佛教	塔寺	主修小乘佛教	佛教上座部				
中国道教		全真教	道教宫观	主修内丹	主张三教合一	三清殿 玉皇殿 玄帝殿 三清阁 龙虎殿 灵官殿	道学院	坐南朝北	北京白云观
		正一教	道教宫观	主修符箓	天师道				
基督教		天主教	天主教堂	三位一体 圣母、基督圣物	罗马教廷 中国天主教主教团	天主教堂	修道院 神学院	坐东朝西 坐北朝南 （中国）	北京西什库教堂
		基督新教	基督教堂	圣经因信称义	主教制、长老制 会众制	基督教堂	神学院	坐东朝西	
		东正教	东正教堂	基督、圣母	东正教 牧首	东正教堂	修道院 神学院	坐东朝西	
伊斯兰教		逊尼派	逊尼派礼拜寺	古兰经 穆罕默德圣训		圣龛 （方向麦加） 礼拜大殿 宣礼塔 沐浴池	伊斯兰教经学院 神学院	坐西朝东 （中国）	北京牛街清真寺
		什叶派	什叶派礼拜寺	古兰经、穆罕默德 伊玛目					
		苏菲派	苏菲派礼拜寺	古兰经、穆罕默德 古兰经注					

佛教建筑 [1] 基本内容

定义

1. 中国的佛教建筑，主要是指以佛像朝拜为主的佛教寺院，以培养佛学人才、研究佛学义理为主要目标的佛学院也属于佛教建筑的范畴。
2. 据中国佛教协会的统计，截至2012年，我国汉传佛教寺院共2.8万余座，藏传佛教寺院3000余座，南传佛教寺院1600余座。汉传佛教寺院占我国寺院总数的85%左右，故本章节以汉传佛教寺院为主要对象。
3. 我国佛教以汉传佛教为主，其建筑多称为寺院或佛寺、伽蓝、丛林、招提、道场等，小型寺院又可称为兰若、精舍。

分类

1. 中国历史上就有对寺院不同的分类方法，南宋按寺院地位将寺院分为五山、十刹、甲刹三个等级，明代沿用类似方法，将寺院分为大寺、次大寺、中寺与小寺四个等级。当代寺院分为两级：全国重点寺院，共142座；其余为非全国重点寺院。
2. 按寺院的教化修行功能可分为：以禅修为主的禅寺；以经论研究为主的讲寺；以世俗教化为主的教寺。
3. 按僧侣性别分：以男性僧众为主体的寺院，称为僧寺或比丘院；以女性僧众为主体的寺院，称为尼寺或比丘尼院。
4. 按主管部门分：获得宗教活动场所资格、属于宗教部门管理的寺院；未获得宗教活动场所资格、属于文物或旅游部门管理的寺院。

规模

1. 从历史早期到晚期，寺院规模与尺度总体上呈现从雄阔宏大到收敛紧凑的转变，明清以后趋势明显。
2. 按寺院的主体规模可分为：特大型寺院（2hm²以上）、大型寺院（1~2hm²）、中型寺院（0.5~1hm²）、小型寺院（0.5hm²以下）。
3. 以全国重点寺院为例，多数寺院的主体规模在0.5~2hm²之间，占总比例50%以上。
4. 近些年所建的寺院的主体规模多在2~4hm²，建筑面积多在1~2万m²。

全国汉传佛教重点寺院分布表　　　　　　　　　　　　　　表1

名称	数量	名称	数量	名称	数量
北京市	7	浙江省	13	广西壮族自治区	1
天津市	1	安徽省	14	重庆市	3
河北省	2	福建省	14	四川省	9
山西省	14	江西省	4	贵州省	2
辽宁省	2	山东省	2	云南省	5
吉林省	3	河南省	2	陕西省	8
黑龙江省	5	湖北省	4	宁夏回族自治区	1
上海市	5	湖南省	6	总计	142
江苏省	13	广东省	5		

注：源自1983年4月9日中华人民共和国国务院批转《国务院宗教事务局关于确定汉族地区佛道教全国重点寺观的报告》，所列中国汉族地区佛教全国重点寺院名单，均为中国大陆（不包括中国港澳、中国台湾）境内汉族地区重要佛教寺庙，共142座。

功能布局

1. 寺院的总体格局通常包括礼佛区、生活区、修学区、接待区与后勤区等五大功能区。
2. 礼佛区是寺院的核心区，其他功能区通常围绕礼佛区来展开布置。

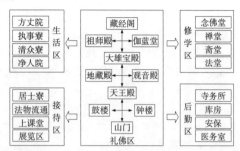

[1] 寺院功能空间布局图

总体空间模式

按照寺院的用地环境与建筑规模，可将寺院的空间模式分为长轴式、正方式与垂直式三种常见方式，此外还有自由布局式的寺院和石窟寺。

中国佛教各流派的建筑空间配置表　　　　　　　　表2

类别	示意图	设计要点
长轴式		1.用地较为狭长，横向不足以设置跨院，故礼佛区、修学区与生活区均沿中轴线前后排列，形成多进院落的平面格局； 2.礼佛区前部可设置放生池、莲桥，加强宗教氛围； 3.接待空间与后勤管理空间可灵活布置，甚至可考虑利用地下空间； 4.这种布局多用于小型寺院或者山地寺院
正方式		1.用地较为宽敞，礼佛区单独设于中路，其他功能区分别设置在礼佛区的两侧，形成横向与纵向均有多重院落的空间格局； 2.左右两侧建筑高度需加以控制，不能影响中路的主体效果； 3.这种布局常用于城市郊外的大型寺院
垂直式		1.通常将礼佛区设置在多层建筑的顶层，不宜将生活区与后勤区布置在礼佛区的上方。 2.如有可能，将礼佛区单独设置于一栋建筑内； 3.这种布局方式常用于城市中心区的小型寺院

注：1山门，2钟鼓楼，3天王殿，4地藏殿，5观音殿，6大雄宝殿，7伽蓝堂，8祖师殿，9藏经阁，10斋堂，11僧寮，12方丈院，13禅堂，14法物流通，15办公。

历代寺院布局 [2] 佛教建筑

历代寺院布局要点

1. 佛教自汉代传入中土以来，经过两千多年的发展，寺院的平面布局模式亦经历了若干次较大的变革。在寺院设计项目中，需结合该寺的发展历史，在平面布局选择时，需考虑各时期典型寺院平面特征。

2. 寺院的平面布局模式大体分为三个发展阶段：汉魏、两晋、南北朝时期，以佛塔为中心的布局；隋、唐、宋、辽、金时期，以中院为中心，四周环绕布置子院的布局；元、明、清时期，以大雄宝殿为中心，前后布置天王殿与藏经阁的布局。

寺院平面布局发展的三个阶段　　　　　　　表1

时期	布局特征	典型实例
汉魏、两晋、南北朝时期	1.汉代为佛教初传期，其空间形制很可能采用西域或天竺样式，以佛塔为中心，其余建筑环绕佛塔布置。 2.东晋时，出现了汉僧将贵族府邸改建而成的汉人寺院，以及僧人在山林中所建的山林寺院或精舍。 3.北朝北魏时期，洛阳出现较多贵族舍宅为寺的记载。 4.南朝梁武帝敕建多座大型皇家寺院，其院规制出现皇宫化	洛阳白马寺（东汉） 笮融浮屠祠（东汉） 建业建初寺（三国） 襄阳长沙寺（前秦） 庐山东林寺（东晋） 洛阳永宁寺（北魏） 洛阳瑶光寺（北魏） 钟山定林寺（刘宋） 建康光宅寺（萧梁） 建康同泰寺（萧梁）
隋、唐、宋、辽、金时期	1.隋唐时期，寺院的平面格局逐渐形成一定规制，即大型寺院以中院为中心，四周布置文殊院、观音院等子院。 2.两宋时期，寺院的平面规制受到禅宗的影响，出现了以佛殿与法堂为中心的七堂伽蓝式布局。 3.辽代寺院受前代寺院的影响较大，以佛塔或佛阁为寺院中心的实例较多	长安大兴善寺（隋） 长安大慈恩寺（唐） 长安西明寺（唐） 五台山佛光寺（唐） 东京大相国寺（宋） 正定隆兴寺（宋） 杭州灵隐寺（宋） 应县佛宫寺（辽） 大同善化寺（辽） 朔州崇福寺（金）
元、明、清时期	1.明代寺院的平面布局逐渐形成定制，中轴线上往往布置金刚殿（山门）、天王殿、大雄宝殿、法堂与毗卢殿，形成较长的中轴线。天王殿前设置钟鼓楼，大雄宝殿前设置观音殿与转轮藏殿。 2.清代寺院与明代寺院较为相似，但转轮藏殿已不多见，有些寺院在大雄宝殿后或东西路加建戒坛	南京灵谷寺（明） 南京天界寺（明） 乐都瞿昙寺（明） 平武报恩寺（明） 北京智化寺（明） 北京潭柘寺（清） 北京戒台寺（清） 北京法源寺（清） 北京碧云寺（清）

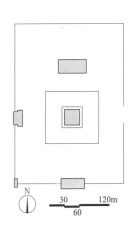

1 河南洛阳永宁寺复原平面（北魏）

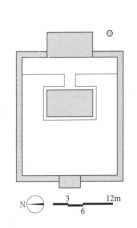

2 山西五台山佛光寺复原平面（唐）

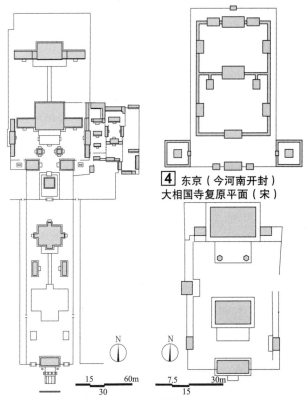

3 河北正定隆兴寺平面（宋）

4 东京（今河南开封）大相国寺复原平面（宋）

5 山西大同善化寺平面（辽）

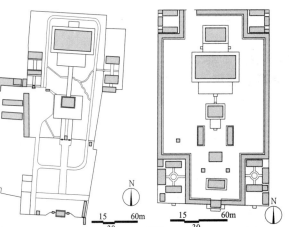

6 辽宁义县奉国寺平面（辽）

7 山西朔州崇福寺平面（金）

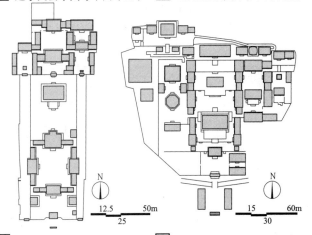

8 北京智化寺平面（明）

9 北京潭柘寺平面（清）

佛教建筑 [3] 历代寺院布局

朝向选择

1. 寺的朝向选择受用地的地形坡向、周边道路等因素影响。通常情况下，寺院的朝向选择应以南向为主。
2. 在山地的地形坡向影响下，寺院的朝向也可能出现东向或西向，甚至北向。
3. 在城市环境中，寺院山门多向城市路开口，从而导致寺院朝向存在各种可能性。

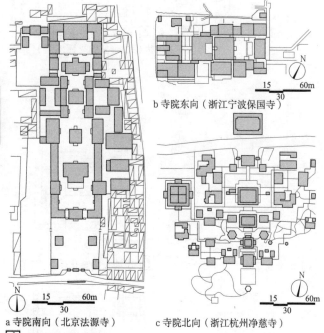

a 寺院南向（北京法源寺）　　b 寺院东向（浙江宁波保国寺）　　c 寺院北向（浙江杭州净慈寺）

1 寺院的不同朝向实例

自然环境利用

1. 寺院布局受环境限制时，需在空间组织、建筑尺度等方面充分与环境互动。
2. 山地寺院往往依山而建，充分利用平缓坡地，形成后高前低的整体格局与层层叠起的立面轮廓。
3. 寺院用地周边如有可利用的水系，则可在山门前设置放生池或环形河道，并因地制宜，设置自然园林景观。
4. 寺院用地范围内如有具保留价值的古树或古建筑，应对古树或古建筑进行空间组织。
5. 寺院用地范围内若发掘出古代建筑遗址或者残存的建筑构件等，应对建筑遗址进行展示性保护，残存的建筑构件就地保存展示或另辟展览空间进行展示。

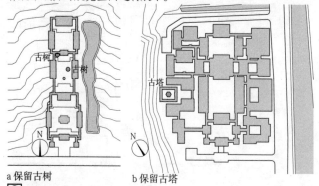

a 保留古树　　b 保留古塔

2 寺院的自然因素利用示意

外部交通

1. 山门附近应设有规模较大的集散广场与停车场。
2. 机动车应能到达寺院内部的特定区域，如方丈院、居士寮、厨房、锅炉房等。
3. 应在寺院周围形成消防环路，对于规模较大的庭院，尽量考虑设置消防车出入口。

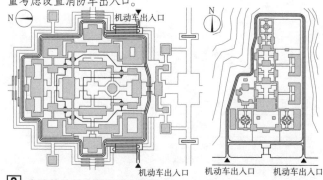

3 寺院的外部交通设计示意图

内部人行交通

1. 内部人行交通主要包括僧众的生活修行流线与香客的参观礼佛流线。通常情况下，僧众与香客的两条流线应各自独立，尽量不发生交叉。
2. 僧众的主要活动区域有方丈院、僧房、斋堂、大雄宝殿、藏经阁与禅堂等。除了大雄宝殿与斋堂，其余区域应能够封闭，不让香客进入。
3. 香客的主要参观流线通常是山门、天王殿、大雄宝殿及其配殿与附属功能区，如居士寮、素菜馆等。

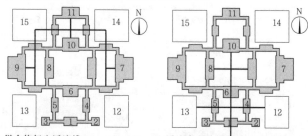

a 僧众修行生活流线　　b 香客参观礼佛流线

1 山门　2 钟楼　3 鼓楼　4 客堂　5 法务流通　6 天王殿　7 斋堂　8 念佛堂　9 禅堂　10 大雄宝殿　11 藏经阁　12 居士寮区　13 素菜馆　14 僧寮　15 方丈院区

4 寺院僧众与香客流线示意图

回廊设置

传统样式的寺院通常采用回廊作为空间组织的重要手段，联系重要的殿堂与功能空间。由于地域气候的差别，南方寺院多设置开敞式回廊，北方寺院多设置封闭式回廊。

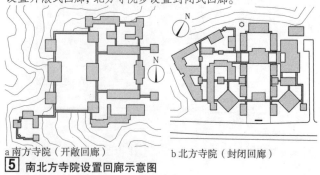

a 南方寺院（开敞回廊）　　b 北方寺院（封闭回廊）

5 南北方寺院设置回廊示意图

礼佛区建筑

1. 礼佛区建筑，通常包括山门、钟鼓楼、天王殿、大雄宝殿、观音殿、地藏殿、藏经阁、伽蓝殿、祖师殿等礼佛建筑，以及客堂、法物流通处等接待建筑。

2. 目前，中国大陆寺院的礼佛区建筑通常按传统样式设计，在建筑开间数、斗栱材分与铺作数（踩数）、屋顶形式与颜色等方面，根据各建筑的等级具有一定的对应关系。通常，大雄宝殿是整座寺院之中等级最高的建筑。

3. 礼佛区建筑的传统样式，可分为唐式、宋式、明清官式与地方风格。应根据寺院的历史渊源与周边的建筑环境，选择适当的建筑风格。

山门

1. 古代寺院常设三座门，以象征佛教教义的三解脱，山门又可称三门。明代以来，山门殿内两侧多立哼哈二将塑像，故山门又称金刚殿。

2. 唐宋时期的寺院山门多为两层门楼式，称为山门楼。面宽五间或七间。一层设金刚塑像，二层可设五百罗汉或千佛塑像。下层单檐，上层重檐。

3. 现存辽金寺院与明清寺院，山门多为单层的三间或五间门殿，四面砌墙，明间辟一门或三门。

4. 山门屋顶最高规格可用庑殿顶，最低可用硬山顶，视寺院的规模而定。

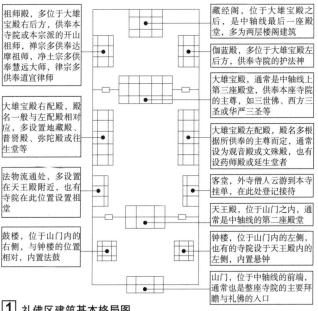

① 礼佛区建筑基本格局图

传统样式的礼佛建筑特征表　　　　　　　　　表1

风格	特征	典型实例
唐式	斗栱硕大，分布舒朗。出檐深远，气势宏大。屋顶曲线较为平缓，建筑色彩较为朴素，少施或不施彩绘	五台山南禅寺大殿
宋式	遵照《营造法式》，设计采用材分制。步架采用折屋之法，屋顶曲线比唐代稍显陡峻。建筑整体色彩华丽，斗栱与梁枋应施彩绘	少林寺初祖庵大殿
清式	遵照清工部《工程做法则例》，设计采用斗口制，斗栱尺度较小，分布较密，已不起主要结构作用。屋顶高度计算采用举架法，屋顶曲线较宋代更为陡峻	承德普宁寺大殿
地方风格	根据不同的地域，明清寺院建筑的地方风格较多。以江南风格为例，江南风格的寺院建筑，屋脊曲线较为明显，角梁采用起戗做法	泉州开元寺大殿

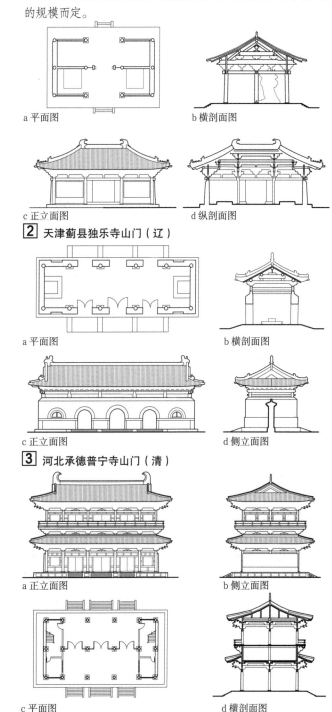

② 天津蓟县独乐寺山门（辽）

③ 河北承德普宁寺山门（清）

④ 河北唐山龙泉寺山门（唐式）

佛教建筑 [5] 天王殿·钟鼓楼

天王殿

1. 天王殿多位于寺院山门内，是整座寺院中轴线的第二座殿堂。因殿内设四大天王与弥勒佛，故称天王殿或弥勒殿。明代以后，寺院多设有天王殿。

2. 天王殿通常三间或五间，进深两间，前后檐设门。天王殿属于护法殿，多用单檐屋顶。

3. 天王殿内中央，朝前（山门）设弥勒佛坐像，朝后（大殿）设韦驮菩萨立像，殿内左右两侧设四大天王塑像。

4. 小型寺院可不单设天王殿，可与山门共用一座殿堂。山门的外侧设哼哈二将塑像，内侧设四大天王塑像、弥勒像与韦驮像。

a 正立面图　　　b 横剖面图

c 平面图　　　d 侧立面图

[1] 河北承德普宁寺天王殿（清）

a 正立面图　　　b 侧立面图

c 平面图　　　d 横剖面图

[2] 河北唐山龙泉寺天王殿（唐式）

a 正立面图　　　b 侧立面图

c 平面图　　　d 横剖面图

[3] 湖北随州慈恩寺天王殿（唐式）

钟鼓楼

1. 寺院的钟鼓楼一般位于山门与天王殿之间的庭院中，呈左钟右鼓的平面布局。

2. 寺院的钟鼓楼格局大约形成于明代中期。在此之前，与钟楼相对的是经楼或经台。

3. 钟鼓楼通常是两层的楼阁造型，小型寺院也可以采用单层的亭式造型。楼阁式的钟鼓楼，通常采用单檐歇山顶。

4. 钟鼓楼内的钟鼓设置，钟通常悬于钟楼上层的梁架，也可置于独立的钟架上，位于钟楼下层；鼓通常置于独立的鼓架，位于鼓楼下层。

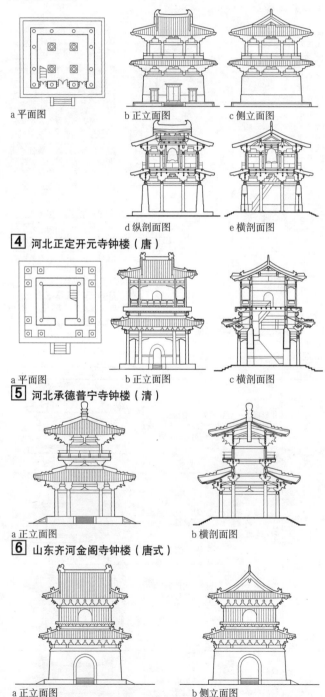

a 平面图　　b 正立面图　　c 侧立面图

d 纵剖面图　　e 横剖面图

[4] 河北正定开元寺钟楼（唐）

a 平面图　　b 正立面图　　c 横剖面图

[5] 河北承德普宁寺钟楼（清）

a 正立面图　　　b 横剖面图

[6] 山东齐河金阁寺钟楼（唐式）

a 正立面图　　　b 侧立面图

[7] 山东邹城兴国寺钟楼（清式）

大雄宝殿

1. 大雄宝殿是寺院最重要的供佛、礼佛建筑，通常位于中轴线的中部，前列天王殿，后置藏经阁，两侧设有配殿。

2. 唐代以来，寺院的中心建筑逐渐从佛塔转变为佛殿。唐宋寺院的大雄宝殿称为大佛殿或佛殿，明清则称大雄宝殿。

3. 大雄宝殿平面多为长方形。面宽多为五间或七间，小型寺院可用三间，大型寺院可用九间或十一间。进深方向间数并无定数，但应留有足够空间，不影响殿内的仪式活动。

4. 大雄宝殿是整座寺院中等级最高的建筑，其斗栱等级与屋顶形制均为整座寺院最高者。一般情况下，大雄宝殿应采用斗栱。

5. 大雄宝殿是规格最高的佛殿，应采用庑殿或歇山顶，不宜用悬山或硬山顶。大型寺院，可用重檐屋顶，如重檐庑殿或重檐歇山。

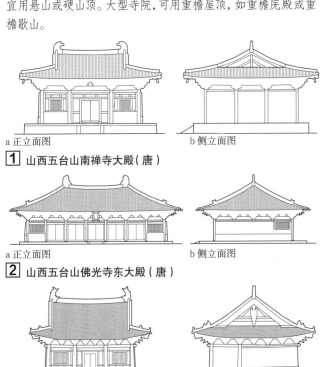

a 正立面图　　b 侧立面图
①山西五台山南禅寺大殿（唐）

a 正立面图　　b 侧立面图
②山西五台山佛光寺东大殿（唐）

a 正立面图　　b 侧立面图
③河南少林寺初祖庵大殿（宋）

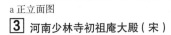

a 正立面图　　b 侧立面图
④山西高平崇明寺中佛殿（宋）

a 正立面图　　b 侧立面图
⑤河北涞源阁院寺文殊殿（辽）

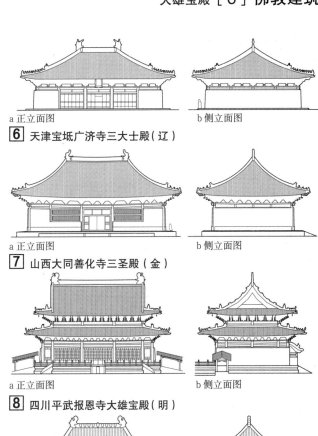

a 正立面图　　b 侧立面图
⑥天津宝坻广济寺三大士殿（辽）

a 正立面图　　b 侧立面图
⑦山西大同善化寺三圣殿（金）

a 正立面图　　b 侧立面图
⑧四川平武报恩寺大雄宝殿（明）

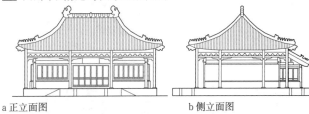

a 正立面图　　b 侧立面图
⑨北京碧云寺大雄宝殿（清）

a 正立面图　　b 侧立面图
⑩河北唐山龙泉寺大雄宝殿（唐式）

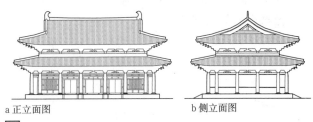

a 正立面图　　b 侧立面图
⑪湖北随州慈恩寺大雄宝殿（唐式）

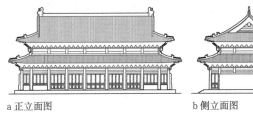

a 正立面图　　b 侧立面图
⑫山东邹城兴国寺大雄宝殿（清式）

佛教建筑 [7] 大雄宝殿·藏经阁

大雄宝殿佛像平面布置

1. 大雄宝殿的室内佛像布置，与殿身的开间数有关。通常，主尊佛的数量比开间数少两座。如九间殿可设七佛，七间殿设五方佛，五间殿设三世佛，三间殿设一佛二胁侍等。

2. 由于佛教宗派不同，所供奉的三尊佛内容也不同，如净土宗供奉西方三圣，华严宗供奉华严三圣，或阿弥陀、释迦牟尼、药师横三世佛，或燃灯古佛、释迦佛、弥勒竖三世佛。

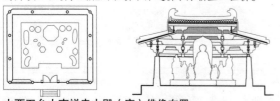

[1] 山西五台山南禅寺大殿（唐）佛像布置

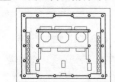
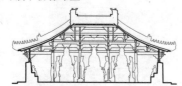

[2] 天津宝坻广济寺三大士殿（辽）佛像布置

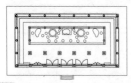
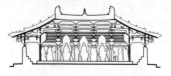

[3] 山西五台山佛光寺东大殿（唐）佛像布置

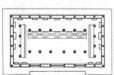
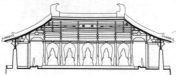

[4] 山西大同华严寺大雄宝殿（辽）佛像布置

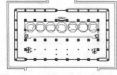
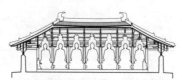

[5] 辽宁义县奉国寺大殿（辽）佛像布置

大雄宝殿佛像视线要求

佛像高度视佛殿的空间尺度而定，从现存佛寺实例来看，古代佛殿的佛像高度大致控制在室内观赏时，仰视佛像头部的角度在19°至23°之间。

a 山西五台山南禅寺大殿　　b 山西五台山佛光寺大殿

c 山西朔州崇福寺弥陀殿　　d 天津宝坻广济寺三大士殿

[6] 大雄宝殿佛像视线分析实例

藏经阁

1. 藏经阁通常位于大雄宝殿之后，是中轴线上最后一座殿堂。

2. 唐宋时期，寺院的后部多建有大型楼阁，至明代，形成了中轴线末端设置藏经阁的定制。

3. 藏经阁通常是两层的楼阁式建筑，故又称为藏经楼。一层供奉毗卢遮那佛，又称毗卢殿；二层藏经。

4. 明清两代寺院的藏经阁下层面宽多为三间或五间，上层采用庑殿顶或歇山顶。

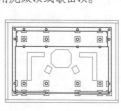

a 平面图　　b 正立面图

[7] 北京智化寺万佛阁（明）

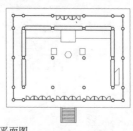

a 平面图　　b 正立面图

[8] 四川平武报恩寺万佛阁（明）

a 正立面图　　b 侧立面图

c 平面图　　d 横剖面图

[9] 河北唐山龙泉寺藏经阁（唐式）

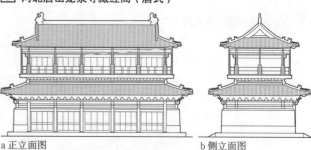

a 正立面图　　b 侧立面图

[10] 山东邹城兴国寺藏经阁（清式）

配殿

1. 大雄宝殿与藏经楼两侧的配殿，可统称为配殿。常见的配殿有观音殿、地藏殿、文殊殿、普贤殿、伽蓝殿、祖师殿等。
2. 唐宋时期，寺院的大雄宝殿周围环绕回廊院，未有配殿配置。明代以来，在大雄宝殿两侧设置配殿逐渐成为定制。
3. 配殿的建筑规制较低，其斗栱等级与屋顶形制应低于中轴线上的殿堂。

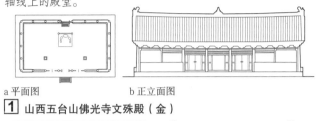

a 平面图　　　　b 正立面图
1 山西五台山佛光寺文殊殿（金）

a 平面图　　　　b 正立面图
2 河北承德普宁寺配殿（清）

罗汉堂

1. 宋代以来，罗汉信仰逐渐兴盛，寺院中通常单独设置罗汉堂，供奉五百罗汉坐像。
2. 受宋代杭州净慈寺罗汉堂的影响，明清以来的罗汉堂平面格局多呈田字形，如碧云寺罗汉堂。平面为矩形的罗汉堂亦有，但不多见。

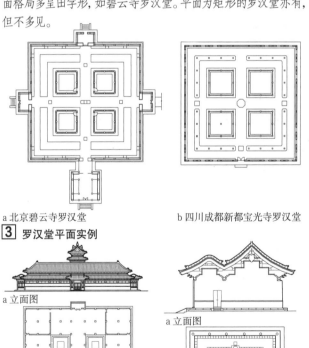

a 北京碧云寺罗汉堂　　　b 四川成都新都宝光寺罗汉堂
3 罗汉堂平面实例

a 立面图　　　　　　　　a 立面图
b 平面图　　　　　　　　b 平面图
4 山东齐河罗汉堂（清式）　**5** 河南辉县白云寺罗汉堂（清式）

楼阁

1. 除了钟鼓楼与藏经阁，寺院中常见的楼阁建筑还有观音阁、大悲阁、文殊阁、普贤阁等。
2. 唐辽时期，大型楼阁多位于寺院的中轴线上，等级较高，如蓟县独乐寺观音阁。宋金以后，楼阁体量变小，多位于大殿两侧，如正定隆兴寺慈氏阁、大同善化寺普贤阁。

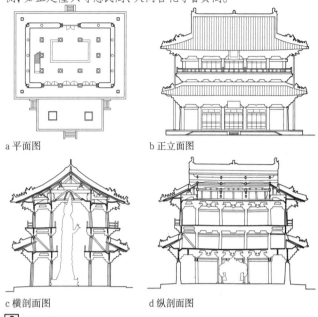

a 平面图　　　　b 正立面图

c 横剖面图　　　d 纵剖面图
6 天津蓟县独乐寺观音阁（辽）

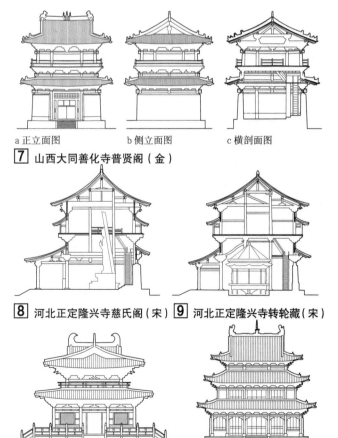

a 正立面图　　b 侧立面图　　c 横剖面图
7 山西大同善化寺普贤阁（金）

8 河北正定隆兴寺慈氏阁（宋）　**9** 河北正定隆兴寺转轮藏（宋）

10 湖北随州慈恩寺大悲阁（唐式）　**11** 河南辉县白云寺弥陀阁（明式）

佛教建筑 [9] 其他配殿

禅堂

1. 禅宗寺院通常设有禅堂,是僧人坐禅之所。按明代敕建禅宗寺院的规制,禅堂多位于大雄宝殿西侧的别院,设有独立的院门。僧人坐禅期间,禅院可封闭。

2. 禅堂的平面近似正方形,居中设达摩祖师坐像,四周沿墙设置长床,祖师正后方是方丈坐帐。

3. 禅堂应为无柱空间,四周窗户应设有较厚的窗帘,使室内保持幽静昏暗的光照效果,有利于坐禅。

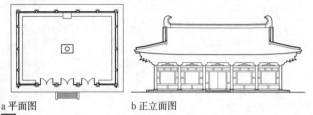

a 平面图　　　　　　b 正立面图

1 广东佛山仁寿寺禅堂(唐式)

斋堂

1. 斋堂是僧人用餐之处。僧人用餐也称为修五观,故斋堂又称五观堂。

2. 斋堂多设于大雄宝殿的东侧,斋堂之内居中靠后设文殊菩萨像,两侧设长桌,相对而坐。

3. 斋堂与禅堂如果是位于中轴线两侧的独立建筑,则可采用现代风格,不必用官式建筑风格。

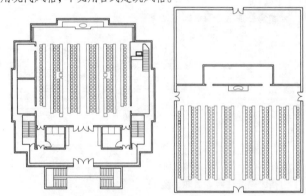

2 湖北随州慈恩寺斋堂平面　3 山西五台山真容寺斋堂平面

戒坛

1. 戒坛是僧人受戒之所。唐以来,重要寺院建有戒坛。明清两代,戒坛多建于殿堂之中,称为戒坛殿。

2. 国内较著名的戒坛有北京戒台寺戒坛、泉州开元寺戒坛、五台山碧云寺戒坛等。

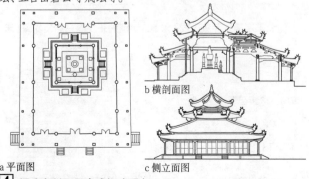

a 平面图　　　　　　c 侧立面图
　　　　　　b 横剖面图

4 福建泉州开元寺戒坛(明)

方丈院

1. 方丈院是方丈及其侍者的起居之所,通常是独立的建筑或院楼,位于寺院的后部较为僻静之处。

2. 方丈院应包括方丈室、佛堂、侍者房、贵宾接待室、餐厅与厨房等功能房间。

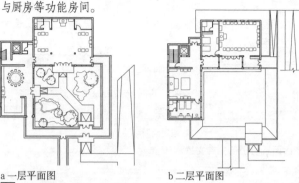

a 一层平面图　　　　b 二层平面图

5 山西五台山真容寺方丈院

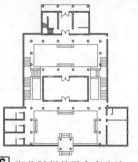 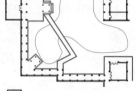

6 湖北随州慈恩寺方丈院　7 江西九江东林下院方丈院

客堂、法物流通处

1. 客堂与法物流通处通常位于礼佛区的前部,可设置在天王殿的左右两侧,也可单独设置于中轴线两侧的别院。

2. 客堂为接待前来挂单僧人登记之处,法物流通处是为香客提供佛像、香烛、佛经等法物流通之处,其建筑规格较低。

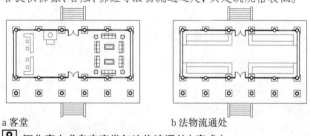

a 客堂　　　　　　　b 法物流通处

8 河北唐山龙泉寺客堂与法物流通处(唐式)

闭关房

大型寺院通常设有闭关房,位于寺院的僻静之处,可长期闭关静修。闭关房的房间平面尺寸可比普通房间略小,房间内能容纳单人床、书桌与衣柜即可。

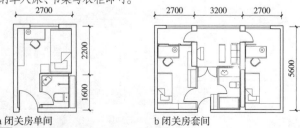

a 闭关房单间　　　　b 闭关房套间

9 湖北随州慈恩寺闭关房(唐式)

佛塔的定义与分类

佛塔是佛教建筑的基本类型之一，是供奉或收藏佛舍利（佛骨）、佛像、佛经、僧人遗体，并供人崇拜的纪念性建筑。

佛塔按材料、造型、平面形式、层数分类如下。

1. 按材料：木塔、砖塔、石塔、陶塔、金属塔。
2. 按造型：楼阁式塔、密檐塔、喇嘛塔、花塔。
3. 按平面形式：十二边形塔、八角塔、六角塔、四角塔。
4. 按层数：单层塔、三层塔、五层塔、七层塔。

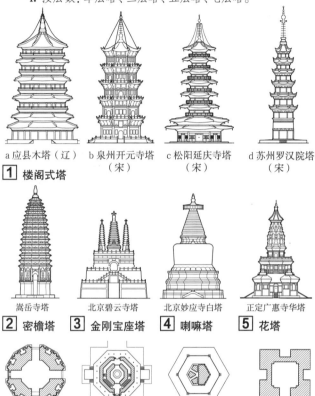

a 应县木塔（辽）　b 泉州开元寺塔（宋）　c 松阳延庆寺塔（宋）　d 苏州罗汉院塔（宋）

[1] 楼阁式塔

嵩岳寺塔　北京碧云寺塔　北京妙应寺白塔　正定广惠寺华塔

[2] 密檐塔　[3] 金刚宝座塔　[4] 喇嘛塔　[5] 花塔

a 嵩岳寺塔（十二边形）　b 应县木塔（八边形）　c 松阳延庆寺塔（六边形）　d 西安香积寺塔（四边形）

[6] 塔的平面类型

塔的位置

1. 唐代以前，佛塔作为崇拜主体，通常建于佛寺的中心，四周环绕以回廊。
2. 唐代开始出现双塔，以东西塔院的形式位于寺院的前部。
3. 宋元以后，佛殿成为寺院中心，佛塔多位于别院或者寺院的后方。

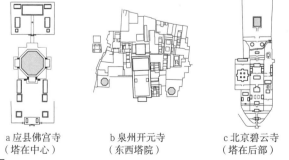

a 应县佛宫寺（塔在中心）　b 泉州开元寺（东西塔院）　c 北京碧云寺（塔在后部）

[7] 不同时期塔的位置实例

佛塔造型

中国传统佛塔的立面造型，通常包括塔基、塔身与塔刹，而塔刹又包括覆钵、露盘、相竿、相轮与宝瓶。

中国传统佛塔的外观造型存在一定的比例关系。以楼阁式塔为例，塔的高度通常以底层柱高或第三层面阔为基本模数。

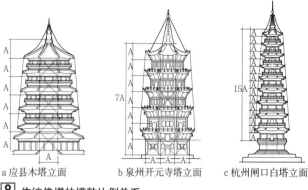

a 应县木塔立面　b 泉州开元寺塔立面　c 杭州闸口白塔立面

[8] 传统佛塔的模数比例关系

佛塔设计实例

佛塔的造型设计应遵循传统佛塔的模数比例关系。此外，佛塔设计应考虑电梯的设置，并结合高层建筑设计的消防要求，设置交叉疏散楼梯。

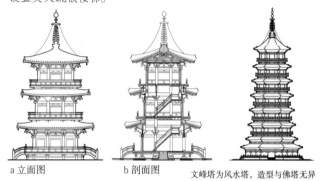

a 立面图　b 剖面图　文峰塔为风水塔，造型与佛塔无异

[9] 江西九江东林大佛三重塔（唐式）　[10] 山东即墨文峰塔（明式）

经幢

经幢，原指一种丝帛制成的伞盖状物，下有长杆，顶装如意宝珠，伞盖四周饰垂幔、飘带，幢幔上常书写佛号或经咒，置于佛前或佛教仪仗中。初唐时始用石刻仿丝帛的幢，后来成为常见的佛教建筑类型。

经幢构成　　　　　　　　　　　　　　　　　表1

位置	名称	形式
最下	幢座	多为覆莲状，下设须弥座
中段	幢身	呈柱状，多作八面体，上雕经文或佛像。主要是刻佛顶尊胜陀罗尼经，也有少数刻心经、楞严经等。极少数刻道德经的是道教石幢。刻经所用文字以汉字为多，也有用少数民族文字的
上部	幢盖	刻垂幔、飘带、花绳等图案
最上	幢顶	刻成仿木构建筑的攒尖顶，顶端托有宝珠

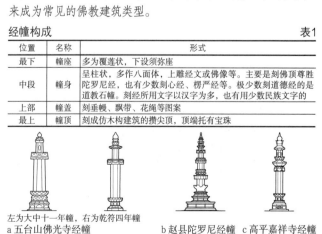

左为大中十一年幢，右为乾符四年幢

a 五台山佛光寺经幢　b 赵县陀罗尼经幢　c 高平嘉祥寺经幢

[11] 经幢实例

佛教建筑 [11] 佛学院

佛学院概述

1. 佛学院，或称佛教学院，是佛教团体举办的培养佛教教职人员和其他佛教专门人才的全日制院校，一般有初级、中级、高级之分。传统佛学院还有男众、女众之分。新建佛学院应符合佛教协会的相关标准；佛教协会未有专门规定的，可比照同等级全日制院校标准。

2. 佛学院在中国的创办始于20世纪初，是佛教教育由中国古代传统"师徒相授"的丛林式教育模式逐步向西方学院式授课模式转变的产物，其教学的基本模式和教学区的主要设施与普通高校趋同。

3. 佛学院是培养僧才的重要基地。学院师生主要是僧人，日常生活必须遵从佛教戒律和特殊仪式、仪轨的要求，如早课、晚课、过堂等。同时佛法修行、宗教体验与实践也是教学内容的重要组成部分。

4. 佛学院的发展趋势是教学学院化，学僧生活丛林（寺庙）化，学修一体。

佛学院的分类　　　　　　　　　　　　　　表1

等级	学制	学历
高等佛学院	4年以上	本科以上
中等佛学校	2至3年	中专或大专

注：参见国家宗教事务局令第6号《宗教院校设立办法》。

佛学院功能组成

1. **教学区**：主要包括教学楼、讲堂、报告厅、行政办公楼、图书馆（藏经楼）等，满足学院日常教学的需要。

2. **生活区**：主要包括教工宿舍、学生宿舍（寮房）、食堂（斋堂），以及其他生活配套设施等。

3. **礼佛区（佛教实践区）**：以寺庙为主体的包括佛堂、禅堂、念佛堂等宗教活动场所，是学僧佛法修行、宗教实践的重要设施。

4. **文体活动区**：包括体育场、体育馆、游泳池、集中绿地、山河林地等。

5. **其他**：包括文化交流中心、佛学研修中心等机构。

佛学院构成模式　　　　　　　　　　　　　　表2

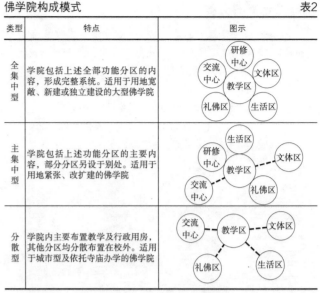

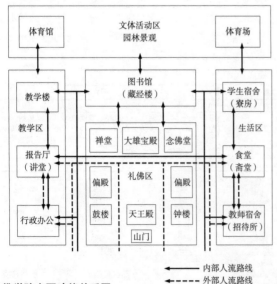

① 佛学院主要功能关系图

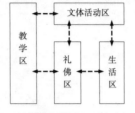

a 平面铺展的空间模式　　　　b 竖向叠合的空间模式

② 佛学院的空间组织

a 寺庙创办的佛学院　　b 佛学院依托寺庙办学　　c 佛学院建有专属的寺庙

③ 佛学院与寺庙的关系

"过堂"仪式及斋堂布置

佛门僧众集体进餐的仪式称为"过堂"，是汉传佛教丛林中特有的仪式。将进食视为一种重要的修行方法，是佛教思想和礼仪的统一。仪式中，僧众集体入座，住持居中，僧众居左右；进餐实行分食制，餐具摆放整齐，由值班僧众添饭，称为"行堂"。

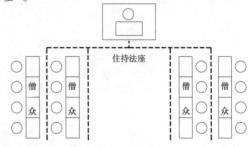

④ 斋堂布置及行堂路线

实例［12］佛教建筑

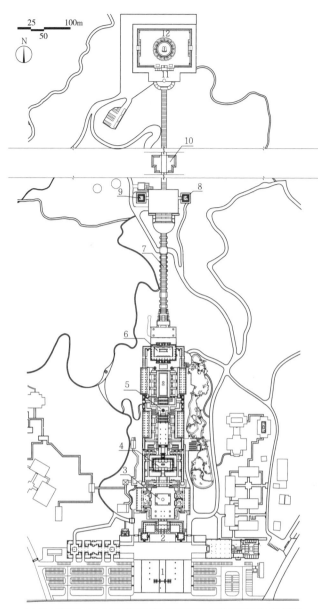

a 总平面图

b 大雄宝殿正立面图

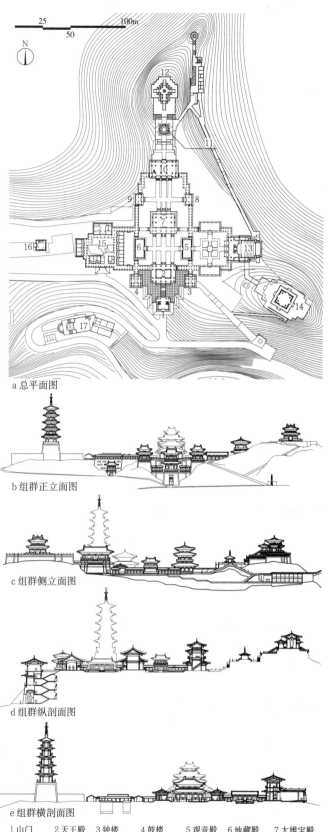

a 总平面图

b 组群正立面图

c 组群侧立面图

d 组群纵剖面图

e 组群横剖面图

1 牌坊、山门广场　2 山门　3 莲池　4 极乐殿　5 三重塔　6 大雄宝殿　7 接引桥
8 钟楼　9 鼓楼　10 拜佛台　11 大佛台　12 阿弥陀佛

1 山门　2 天王殿　3 钟楼　4 鼓楼　5 观音殿　6 地藏殿　7 大雄宝殿
8 伽蓝殿　9 祖师殿　10 藏经阁　11 舍利塔　12 金顶　13 大讲堂　14 大悲阁
15 方丈院　16 五重塔　17 斋堂

1 江西九江庐山东林大佛

名称	设计单位	用地面积	建筑规模	大殿面积	建筑风格
江西九江庐山东林大佛	北京清华同衡规划设计研究院有限公司	75000m²	12000m²	900m²	唐式

2 湖北随州大洪山大慈恩寺

名称	设计单位	用地面积	建筑规模	大殿面积	建筑风格
湖北随州大洪山大慈恩寺	北京清华同衡规划设计研究院有限公司	45000m²	12000m²	450m²	唐式

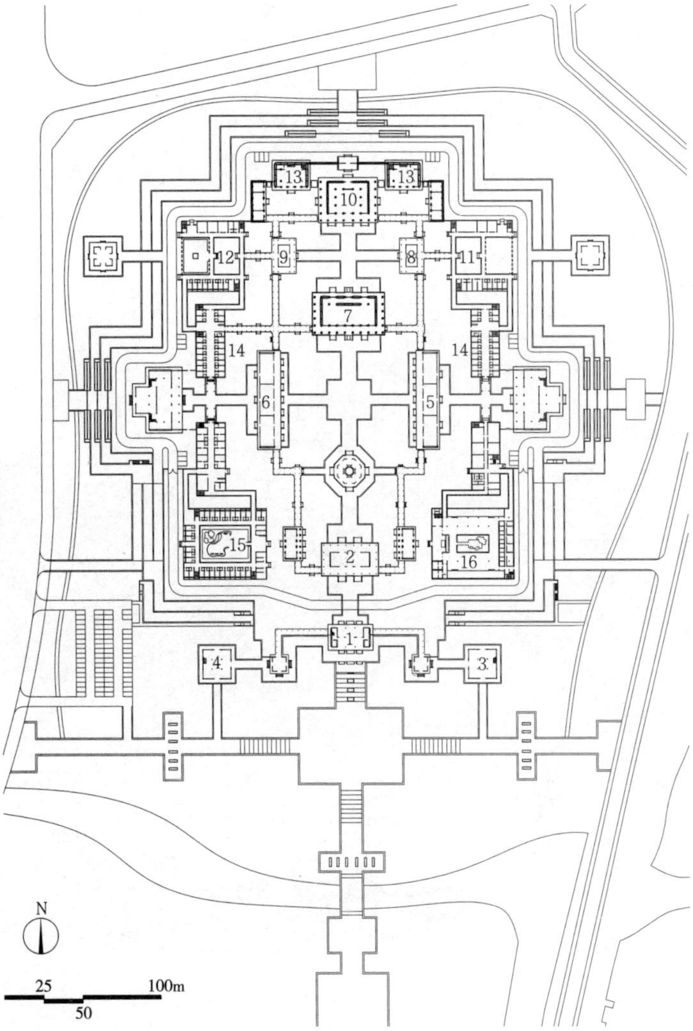

佛教建筑 [13] 实例

a 总平面图

1 山门　2 天王殿　3 钟楼　4 鼓楼　5 延生堂　6 往生堂　7 大雄宝殿
8 伽蓝殿　9 祖师殿　10 藏经阁　11 斋堂　12 禅堂　13 方丈院　14 僧寮
15 莲友舍　16 素菜馆

b 组群正立面图

c 组群横剖面图

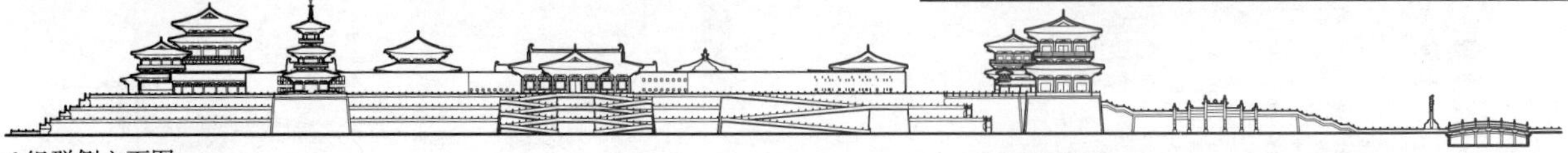

d 组群侧立面图

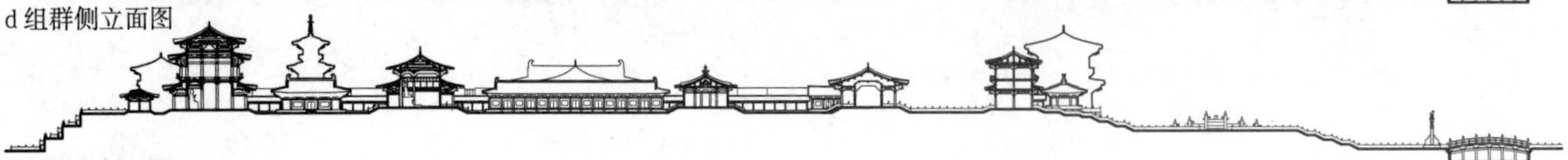

e 组群纵剖面图

1 河北唐山龙泉寺

名称	设计单位	用地面积	建筑规模	大殿面积	建筑风格
河北唐山龙泉寺	北京清华同衡规划设计研究院有限公司	120000m²	45000m²	1270m²	唐式

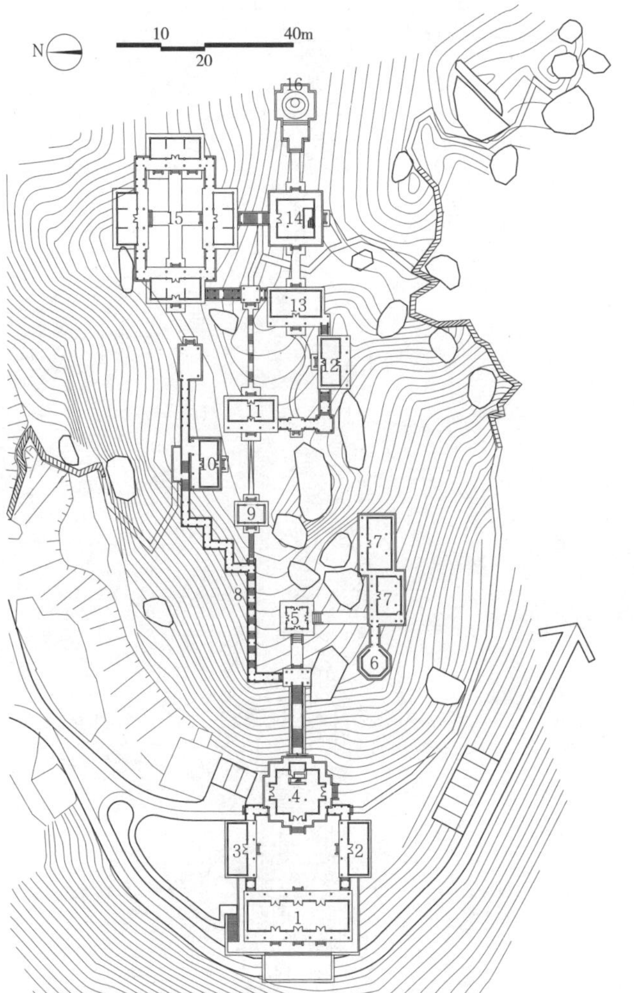

a 总平面图

1 山门与天王殿　2 普贤殿
3 文殊殿　4 大雄殿
5 祖师塔　6 八角塔
7 参禅房　8 爬山廊
9 过殿　10 念佛堂
11 弥陀殿　12 观音殿
13 药师殿
14 藏经阁
15 闭关房
16 释迦佛

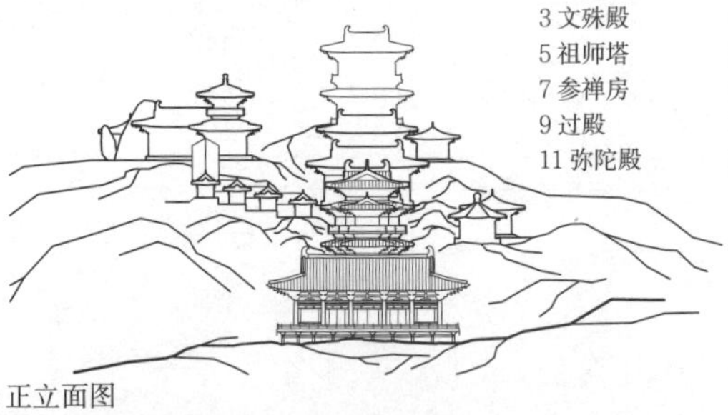

b 正立面图

2 广东汕头狮岩寺

名称	设计单位	用地面积	建筑规模	大殿面积	建筑风格
广东汕头狮岩寺	北京清华同衡规划设计研究院有限公司	26000m²	3500m²	640m²	唐式

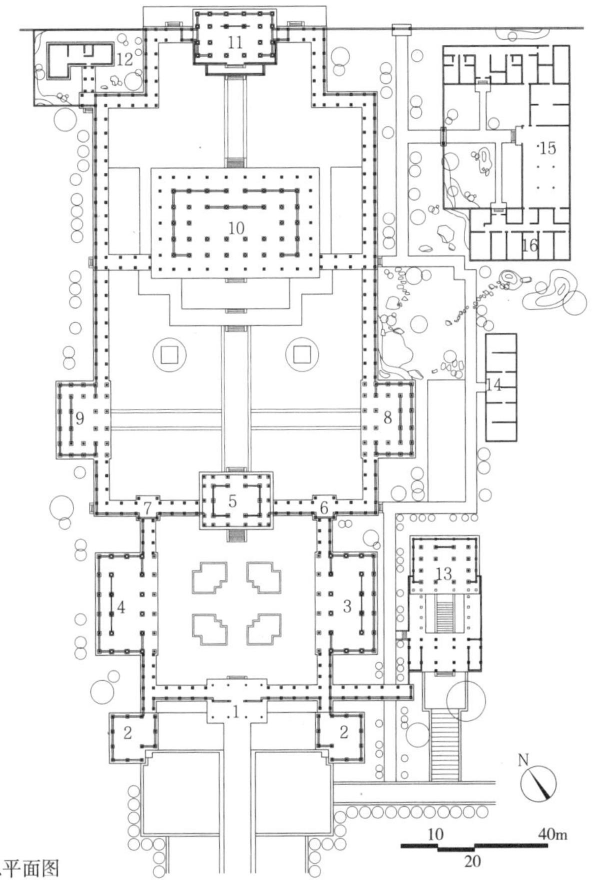

实例 [14] 佛教建筑

a 总平面图

a 总平面图

b 竖向剖面图

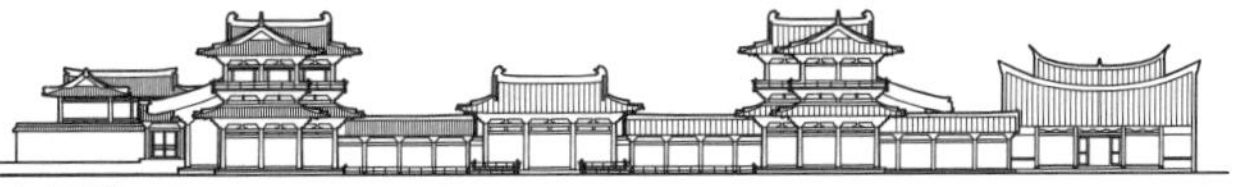

c 正立面图

d 背立面图

e 天王殿立面图

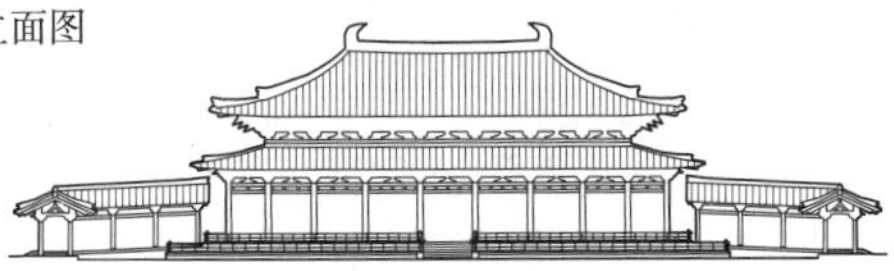

f 大圆通殿立面图

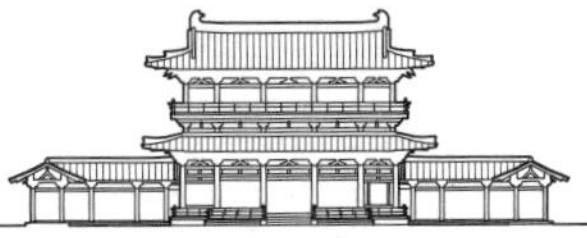

g 法堂立面图

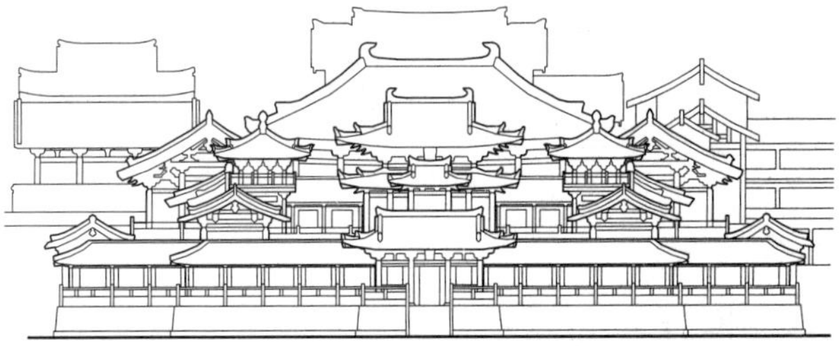

b 山门正立面图

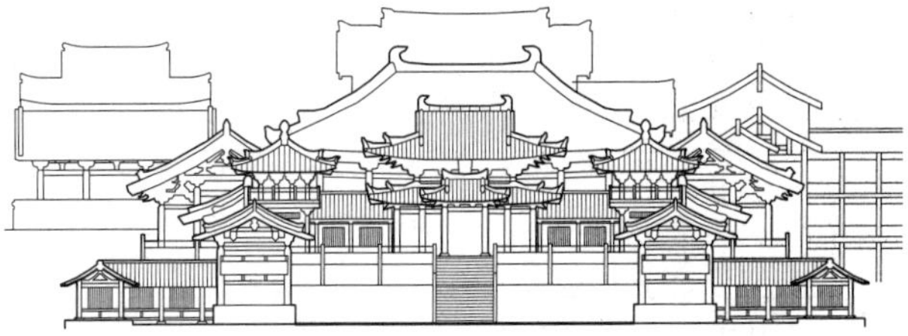

c 天王殿正立面图

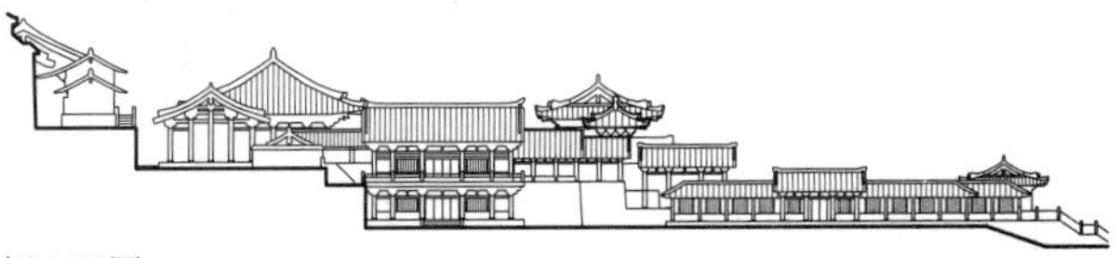

d 侧立面图

1 山门　2 阙阁　3 禅堂　4 财神殿　5 天王殿　6 钟楼　7 鼓楼
8 地藏殿　9 普文殿　10 大圆通殿　11 法堂　12 方丈院　13 妈祖庙
14 卫生间　15 斋堂　16 僧舍

1 山门　　2 天王殿　3 钟楼　4 鼓楼　5 天王殿　6 药师殿　7 观音殿
8 大雄宝殿　9 藏经阁、法堂　10 念佛堂

[1] 江苏苏州观音寺

名称	设计单位	用地面积	建筑规模	大殿面积	建筑风格
江苏苏州观音寺	东南大学建筑设计研究院有限公司	37700m²	8000m²	1000m²	唐式

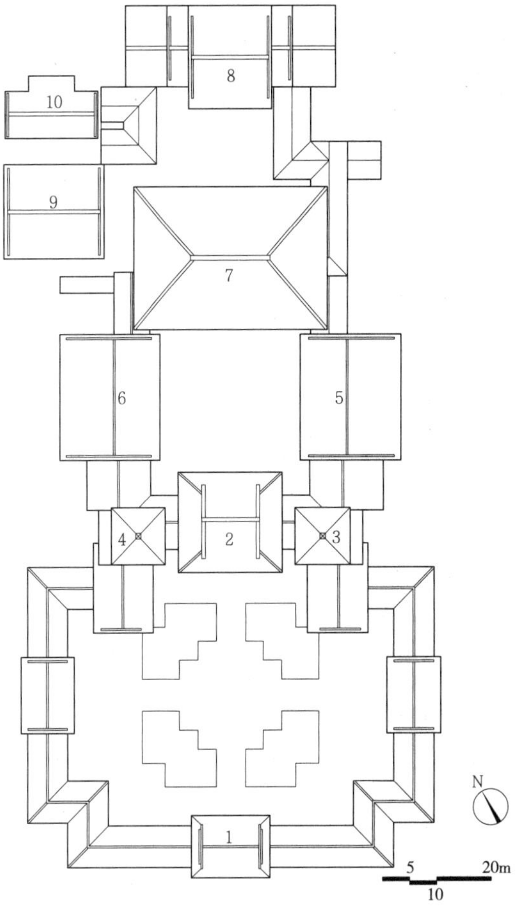

[2] 香港志莲净苑

名称	设计单位	用地面积	建筑规模	大殿面积	建筑风格
香港志莲净苑	中国文化遗产研究院	33000m²	6700m²	670m²	唐式

佛教建筑 [15] 实例

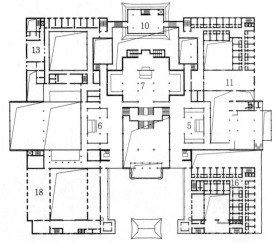

a 二层平面图

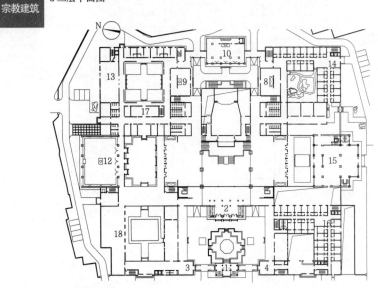

b 一层平面图

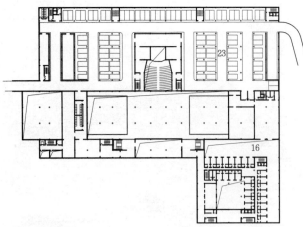

c 地下一层平面图

i 侧立面图

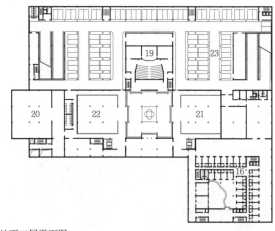

d 地下二层平面图

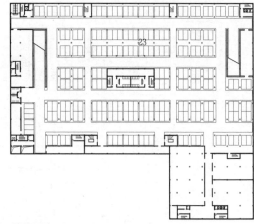

e 地下三层平面图

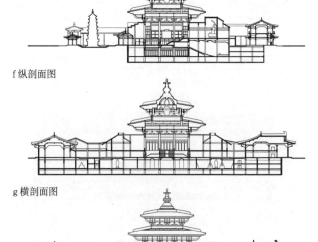

f 纵剖面图

g 横剖面图

h 正立面图

1 山门　2 天王殿　3 钟楼　4 鼓楼　5 观音殿　6 地藏殿　7 大雄宝殿　8 伽蓝殿
9 祖师殿　10 藏经阁　11 斋堂　12 禅堂　13 方丈院　14 僧寮　15 素菜馆　16 上客堂
17 办公　18 展厅　19 弘法讲堂　20 功德堂　21 罗汉堂　22 念佛堂　23 地下车库

1 广东佛山仁寿寺

名称	设计单位	用地面积	建筑规模	大殿面积	建筑风格
广东佛山仁寿寺	北京清华同衡规划设计研究院有限公司	30000m²	26000m²	1080m²	传统创新

实例 [16] 佛教建筑

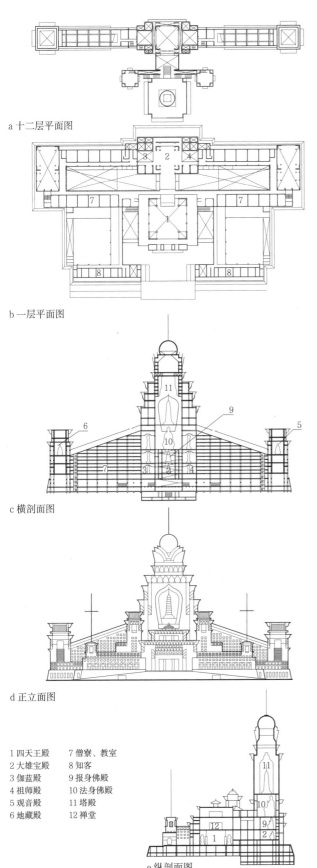

a 十二层平面图
b 一层平面图
c 横剖面图
d 正立面图
e 纵剖面图

1 四天王殿　7 僧寮、教室
2 大雄宝殿　8 知客
3 伽蓝殿　　9 报身佛殿
4 祖师殿　　10 法身佛殿
5 观音殿　　11 塔殿
6 地藏殿　　12 禅堂

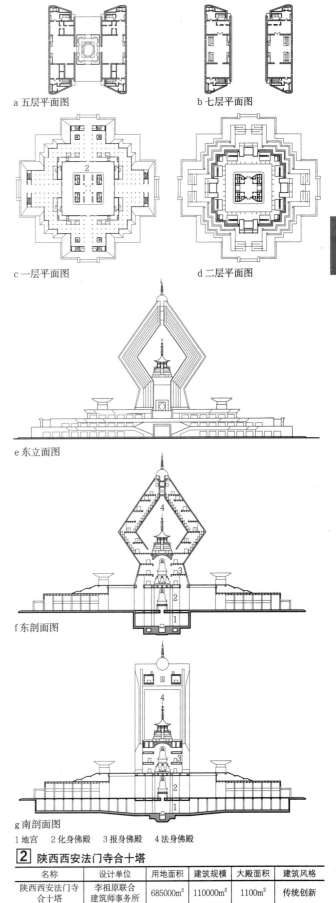

a 五层平面图　b 七层平面图
c 一层平面图　d 二层平面图
e 东立面图
f 东剖面图
g 南剖面图

1 地宫　2 化身佛殿　3 报身佛殿　4 法身佛殿

1 台湾中台禅寺

名称	设计单位	用地面积	建筑规模	大殿面积	建筑风格
台湾中台禅寺	李祖原联合建筑师事务所	52760m²	86000m²	400m²	传统创新

2 陕西西安法门寺合十塔

名称	设计单位	用地面积	建筑规模	大殿面积	建筑风格
陕西西安法门寺合十塔	李祖原联合建筑师事务所	685000m²	110000m²	1100m²	传统创新

3 宗教建筑

249

佛教建筑 [17] 实例

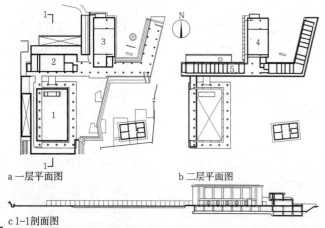

a 一层平面图　　b 二层平面图

c 1-1 剖面图

1 大殿　2 斋堂　3 讲堂　4 小佛堂　5 寮房

1 台湾法鼓山农禅寺

名称	设计单位	用地面积	建筑规模	大殿面积	建筑风格
台湾法鼓山农禅寺	姚仁喜大元建筑工场	27900m²	8400m²	820m²	现代

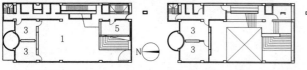

a 一层平面图　　b 二层平面图

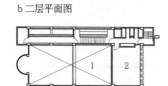

c 三层平面图　　d 四层平面图

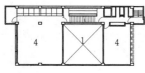 

e 五层平面图　　f 六层平面图

g 七层平面图　　h 八层平面图

i 剖面图

1 中庭　2 大殿　3 办公　4 教室　5 接待室

2 台湾养慧学苑

名称	设计单位	用地面积	建筑规模	大殿面积	建筑风格
台湾养慧学苑	姚仁喜大元建筑工场	420m²	2600m²	320m²	现代

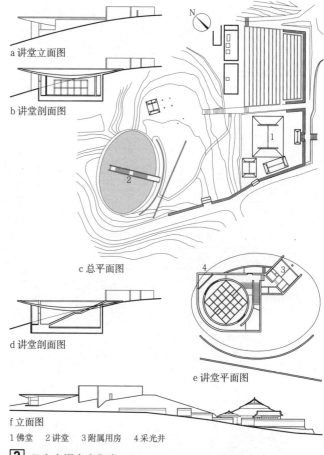

a 讲堂立面图

b 讲堂剖面图

c 总平面图

d 讲堂剖面图

e 讲堂平面图

f 立面图

1 佛堂　2 讲堂　3 附属用房　4 采光井

3 日本本福寺水御堂

名称	设计单位	用地面积	建筑规模	大殿面积	建筑风格
日本本福寺水御堂	安藤忠雄建筑事务所	1200m²	960m²	150m²	现代

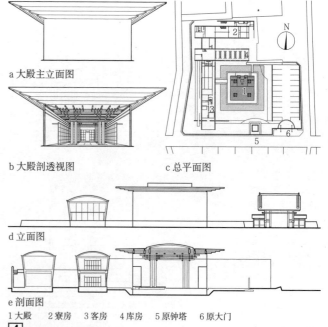

a 大殿主立面图

b 大殿剖透视图　　c 总平面图

d 立面图

e 剖面图

1 大殿　2 寮房　3 客房　4 库房　5 原钟塔　6 原大门

4 日本西条光明寺

名称	设计单位	用地面积	建筑规模	大殿面积	建筑风格
日本西条光明寺	安藤忠雄建筑事务所	2030m²	600m²	120m²	现代

概述 [1] 道教建筑

概述

1. 道教建筑是道教徒用以朝礼圣真、研经修道的建筑物。

2. 早期的天师道时代,以"治堂"作为祭酒、管理地区教务并举行宗教集会的场所,以"坛"作为举行朝礼神明的场所,以"靖"作为静修思过之处。南北朝时期,逐渐形成了集居住、研学、修道为一体的"馆",规模更大者则被称之为"观",意即观测天象的高台楼阁。我国自古就有神仙好楼居的文化传统。

3. 唐代,道教进入全盛时期,道教建筑逐步形成了一定的规制,以轴线式的庭院为基本组合形式,主院落的轴线上以法坛为室外仪式空间,殿堂为室内仪式空间,讲堂为仪式及教育空间,其他附属设施分列于主院落之左右。

4. 至宋代,道教建筑之大型者称之为"宫",意即神明所居之处,至今仍然以"宫观"指代所有的道教建筑。民间信仰的"神祠"或"神庙",即专门祭祀某一(组)神明的场所,也从这时开始由道士管理,其建筑布局多以人世间的府衙、宫阙作为参照。

5. 历史上的道教建筑以传统中式木结构建筑为主,间或有砖石结构,因建造年代不同而呈现出不同朝代、时期、地域的多样化风格。

6. 从概念上来说宗教建筑并不等同于古典建筑,所以在当代的社会环境中,道教建筑也应当从新的建筑材料、技术和理念出发,以当代的建筑设计手法诠释传统的道教精神,不必拘泥于某一时代或地域的传统风格。在自然山地环境中,可突破传统的四方形庭院布局,更好地与环境共生,在用地紧张的城市环境中,则可以尝试以纵向的多楼层发展突破传统的平面轴线布局。

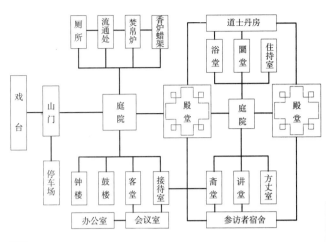

[3] 道教建筑功能分析图

仪式空间名称参考表   表1

类别	功能特点	布局特色
道院	以道士静修功能为主,空间氛围内敛	以神殿作为早晚诵经的仪式中心,并配套有钟鼓楼、道士丹房、斋堂、圜堂等设施
祠庙	以祭祀礼拜功能为主,空间氛围外敞	以神殿作为信众祭拜的中心,并配套有戏台、焚帛炉及多重仪门等礼法及祭祀性建筑设施

[1] 道院功能分类

[2] 祠庙功能分类

部分道教宫观布局类型   表2

类别	案例	地点	轴线式布局	山地式布局	楼台式布局	复合式布局
道院	青羊宫	四川省成都市	○			
	太清宫	河南省亳州市	○			
	崇禧宫	江苏省茅山	○	○		○
	天师府	江西省龙虎山	○			
	永乐宫	山西省芮城县	○			
	白云观	北京市西城区	○			○
	北极阁	山东省济南市	○		○	
	龙门洞	陕西省陇县		○		○
	玉泉观	甘肃省天水市	○	○		○
	冲虚观	广东省罗浮山	○			
	太晖观	湖北省荆州市	○		○	
	仙姑洞	浙江省雁荡山		○	○	
祠庙	碧霞祠	山东省泰山		○		
	东岳庙	山西省蒲县	○			
	城隍庙	上海市黄浦区	○			
	天后宫	辽宁省大孤山	○			
	文昌庙	四川省梓潼县	○			○
	药王庙	河北省安国市	○			
	二王庙	四川省都江堰		○		
	玉皇阁	宁夏区平罗县	○		○	
	武侯祠	陕西省汉中市	○			
	祖庙	广东省佛山市	○			○
	晋祠	山西省太原市		○		
	嘉应观	河南省武陟县	○			○
	后土庙	山西省介休市	○			

道教建筑 [2] 规划布局

规划布局要点

1. 道教建筑深受风水思想影响，强调建筑的朝向。通常以南向为主要朝向，其次为朝东。朝西最差，城市及平原环境中基本不采用，但允许存在朝北的倒座庙。在山地环境中，建筑的朝向主要遵循自然山势，以走势作为参考，不必拘泥于常规。

2. 在较为拥挤的城市环境中规划道教官观建筑，可在平面轴线布局受局限的情况下在垂直方向上进行发展，如加高两侧厢房的层数，或构筑整体的楼层作为地基，将整个或部分宫观抬高。

3. 道教官观强调与自然地貌相结合，一般运用传统轴线院落建筑群布局的方式突出宗教建筑的序列空间。通常强调景观环境的设计，穿插院落布置。建筑布局大都呈前疏后密、前低后高，侧低中高。

4. 道教崇尚自然，故而其建筑的营造特别讲究天人合一，即建筑物与环境的和谐共生；此外在排列组合上，又尊崇礼法的尊卑有序。

布局分类

1. 轴线式布局：轴线式布局是道教建筑的基本布局。一般情况以中心轴线为主轴，较大规模的道教建筑水平向有三轴至五轴。主体建筑依轴线纵向布局，两侧有附属建筑围合，并形成院落。通常轴线布局以山门作为起始，经过主殿（三清殿），最后以后楼阁作为结尾。

2. 山地式布局：建造山地道教建筑，必须结合自然地形地貌。建筑从低到高，选择与等高线垂直地段布局；如地势陡峭，可采取与等高线平行方式布局。在山地式布局中，主体建筑依然可以采取轴线式布局，但轴线的方向与长度则随地势而定。

3. 楼台式布局：楼台式布局往往与轴线式布局结合，作为主轴线最重要的中心组成部分，或主轴线的重要结束部分。除此以外，楼台式布局以圆形、正方形为特征，突出五方六合及天地阴阳、风水八卦的宗教思想。

4. 复合式布局：复合式布局是大型道教建筑的特点，由于其发展历史较长，建筑逐步扩建改造而成。其布局呈现多轴线和多院落形态；也可以为套院布局，或相对独立，甚至两者兼具，在规则的主轴院落外体现出灵活多变的布局特点。

a 总平面图

b 剖面图

| 1 南天门 | 2 碑亭 | 3 龙虎门 | 4 真武殿 |
| 5 二仪殿 | 6 藏经楼 | 7 天乙真庆宫石殿 |

[2] 山地式布局（湖北武当山南岩宫）

[1] 楼台式布局（宁夏平罗玉皇阁）

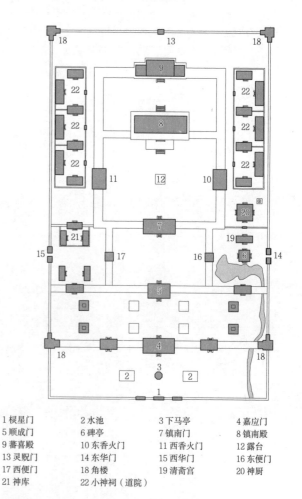

1 棂星门	2 水池	3 下马亭	4 嘉应门
5 顺成门	6 碑亭	7 镇南门	8 镇南殿
9 蕃喜殿	10 东香火门	11 西香火门	12 露台
13 灵贶门	14 东华门	15 西华门	16 东便门
17 西便门	18 角楼	19 清斋宫	20 神厨
21 神库	22 小神祠（道院）

[3] 轴线及复合式布局（湖南衡山南岳庙）

平面组合［3］道教建筑

设计要点

1. 道院：道教与世俗社会紧密关联。为了满足道士日常的宗教生活，道院的平面布局更注重宗教活动与日常起居的功能关系。一般在中轴线上安排山门作为入口，中心庭院内布置殿堂、法坛、讲法堂及藏经阁，两侧则安排钟鼓楼、客堂、浴堂、圊堂、斋堂、丹房、客舍、园林等配套设施。

2. 祠庙：每座祠庙都有一尊或一组主要神明被供奉，平面布局往往效法于古代衙署，中轴线上多以牌坊作为入口，注重在轴线的纵深上设置若干仪式性的大门，并以华表、幡杆、灯杆等建筑小品烘托宗教氛围。主殿位于主院之中，两侧设焚帛炉，四周围廊供奉其他从属于主神的附属神明，有的祠庙在主殿后设计圣父母殿或以穿堂与主殿相连接的寝殿。作为道教主神的三清玉皇往往在两侧另开轴线供奉。

3. 这两类道教建筑都具有教育、住宿、餐饮、零售甚至农业种植、加工等辅助功能，在实际情况中，它们往往并存。道院之中经常设有众多的自然神殿（日月星辰、风雨雷电、山神土地、文武财神、文昌帝君等），以供信徒礼拜祭祀。而祠庙之中，除了供奉主神的殿堂外，往往还具有各类研学修道的附属建筑及设施。

道院建筑功能及比例　　　　　　　　　　　　　　表1

道院规模	神殿	住宿	就餐	其他
大型	20%	52%	22%	6%
小型	30%	42%	14%	14%
祠庙规模	神殿	住宿	就餐	其他
大型	72%	8%	14%	6%
小型	44%	12%	30%	14%

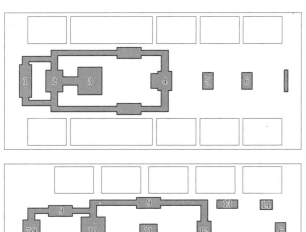

1 后罩　　2 寝殿　　3 正殿　　4 戏台
5 仪门　　6 山门　　7 法堂　　8 藏经阁
9 配殿　　10 三清殿　11 虚皇坛　12 龙虎门
13 客堂　14 钟楼　　15 鼓楼

1 道院、祠庙典型布局示意图

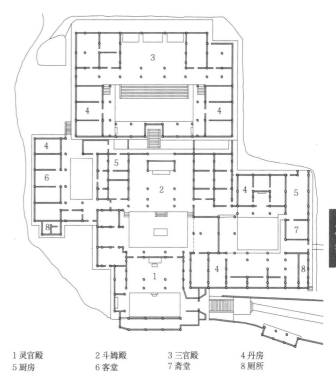

1 灵官殿　　2 斗姆殿　　3 三官殿　　4 丹房
5 厨房　　　6 客堂　　　7 斋堂　　　8 厕所

2 道院平面图（青城山圆明宫）

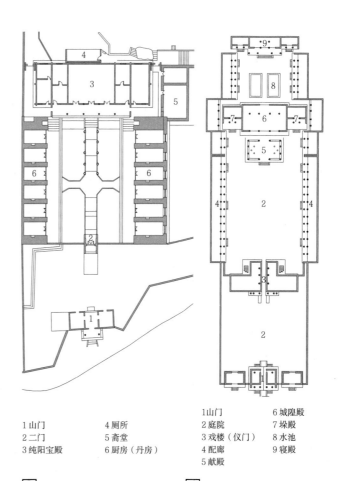

1 山门　　　4 厕所
2 二门　　　5 斋堂
3 纯阳宝殿　6 厨房（丹房）

1 山门　　　6 城隍殿
2 庭院　　　7 垛殿
3 戏楼（仪门）8 水池
4 配廊　　　9 寝殿
5 献殿

3 道院平面图（华山纯阳宫）　　**4** 祠庙平面图（长治城隍庙）

道教建筑 [4] 空间组合

入口

道教建筑以山门为主入口，分为四种进入方式 [1]。山门结合地形安排影壁、牌坊、华表、灵兽、幡杆等一系列仪式性小品，可以四种组合方式烘托入口空间的宗教氛围。在山地环境中，还可利用高差塑造入口空间，使其有居高临下之势；在城市环境中则应使山门与交通道路之间保持足够的空间。

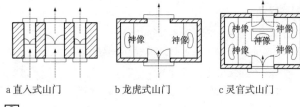

[3] 各类山门形式
a 直入式山门　　b 龙虎式山门　　c 灵官式山门

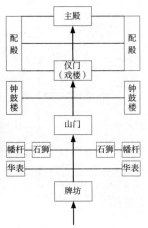

a 神道式入口组合　　b 转折式入口组合

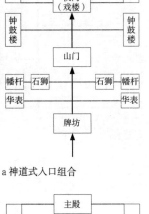

c 东向式入口组合　　d 过街式入口组合

[1] 入口组合形式

戏台

戏台是祠庙中的主要公共娱乐空间，在祠庙布局的中轴线上安排戏台以满足宗教节日中娱神娱人的目的。戏台的布置大抵有两种：①坐落于祠庙山门之外，面朝主殿神像，利用山门外的广场作为观众观剧的空间；②坐落于祠庙内，面朝主殿，利用主殿前的空间以及两侧廊庑作为观剧的空间，这种戏台分上下两层，上层为戏台，下层作为通道。戏台上檐与观众视平线之间的夹角以18°为参考值。

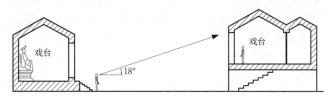

[4] 戏台剖面示意图

庭院

1. 庭院是道教建筑重要的功能区域。为满足宗教礼拜功能，在庭院当中应设置香炉、烛架、焚帛炉；在周围的回廊区域安排客堂、法物流通处、斋堂、厕所等功能设施。

2. 根据建筑的规模，可以在同一轴线上设置多重庭院，也可在主轴线外另设不同轴线的庭院组合。

3. 中心庭院：道教建筑的主体建筑是主殿，一般围绕主殿设置中心庭院。中心庭院以矩形平面为主，长宽比例通常为2:3。

4. 在设计手法上可选用互切于圆心的双圆作为辅助线，圆的直径定义庭院的横向跨度（正脊或檐柱中线）。靠入口处圆心、双圆相切点则可定义东西配殿轴线位置以及法坛、宝鼎香炉的中心位置，靠主殿处圆心可被视作定义建筑正脊、前檐或后檐柱中线位置的参照点。主殿面阔与庭院横向跨度的比例应掌握在1:3至3:4之间。

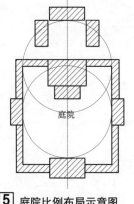 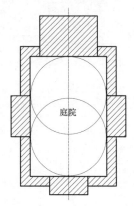

[5] 庭院比例布局示意图

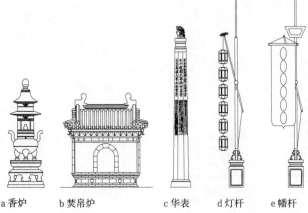

a 香炉　　b 焚帛炉　　c 华表　　d 灯杆　　e 幡杆

[2] 仪式小品

仪式空间

1. 道教建筑内的宗教活动主要以坛场或殿堂作为仪式空间展开，这也是道教建筑最为重要的功能区域。
2. 坛场是露天的仪式空间，按古法以夯土筑成，依照不同的场合又分为雷坛、斗坛等，其中以虚皇坛级别最高，共三级，又称为万寿台；亦有将坛以石材垒砌并于中央树立牌坊（三天门）的做法，如江苏茅山元符官万寿台。
3. 殿堂是室内的仪式空间，其设计标准随时代、工艺、预算及需求而变化；从古建等级以及体量上都应高于同一组道教建筑内其余所有单体建筑。
4. 殿堂内空间按照其使用功能可细分为若干区域：供奉神像的神台区、道士举行法事的仪式区、信徒的礼拜区、道士的值殿区。
5. 外立面通常采取悬挂多幅匾额及对联的方式，突出殿内供奉神明的神格或宗教思想。
6. 神像高度的确定：如信徒站在殿堂入口处仰视30°，视线应到达神像头顶。同样，如站在殿堂外的廊下，则仰视角度为18°。以这两个参照角度确定具体的神像高度。神台的高度不应低于120cm。

仪式空间功能分区　　　　　　　　　　　　　　　　　表1

区域	使用者	器物及家具
神台区	神像	神像、神龛、供桌
仪式区	道士	洞案、经桌、围栏
朝拜区	信徒	拜垫、功德箱
值殿区	道士	书桌、座椅

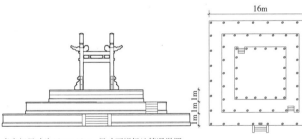

虚皇坛尺寸为16m×16m，尺寸可视场地情况微调。

1 虚皇坛

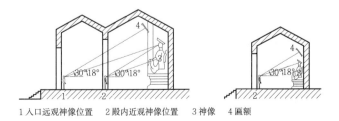

1 入口远观神像位置　2 殿内近观神像位置　3 神像　4 匾额

2 神像及殿堂设计示意图

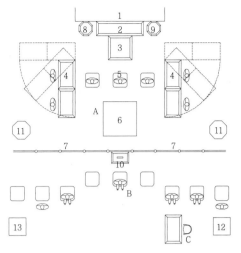

A 仪式区　1 神台　2 供案　3 洞案　4 经桌　5 拜垫
B 瞻礼区　6 罡单位置　7 护栏　8 木鱼　9 磬　10 善款箱
C 值殿区　11 光明灯　12 钟　13 鼓

3 殿堂内部空间分区图

a 木鱼　　b 磬　　c 钟　　d 光明灯

e 洞案　　f 善款箱　　g 经桌　　h 拜垫

4 道教器物

道士墓葬

传统道士墓葬与我国汉族墓葬习俗并无太大区别。一般位于主体建筑之外，朝向依据墓地风水而定，以东向、南向为佳。全真派道士墓葬讲究坐棺，正一派道士则多使用传统卧棺。其埋葬方式为：以砖石建造地官，上覆封土，再以砖石通体包砌并设宝顶。

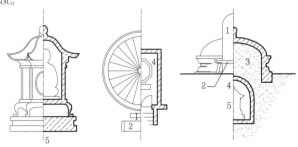

1 墓碑　2 石案　3 封土　4 墓穴　5 棺材

5 道士墓葬

道教建筑 [6] 各功能区设计

讲堂

1. 讲堂是道士讲经说法的场所，可以结合多媒体技术，将其设计成多功能空间。
2. 讲堂正中是师座（讲经布道者），其后设置可移动神龛或画像，为需要时留出安装幻灯幕布的空间。
3. 信徒或听讲者座席区域大小，根据建筑所处地区的需要来进行安排。

斋堂

1. 斋堂即供道士用餐的空间。在平面布局上斋堂与斋厨相连，并被布置在建筑群或主体建筑的东部。
2. 堂正中设祭拜神灵的供桌，供桌前设置住持餐桌。住持餐桌左右两侧，依次排列设置长条餐桌。斋堂空间外廊设置供奉的牌位，上面悬挂云板。
3. 斋堂前配有相应的庭院，供道士在进入斋堂前列队所需。

圜堂

1. 圜堂即供道士集体修行打坐的空间。
2. 在平面布局上，圜堂正中设圜主座，四周设置道众打坐的方凳或条凳。圜主座前设置香案供奉神像并安放香炉，香案前设有水钵滴漏计时架，以计算打坐时间。众道士方凳打坐区可以用板分隔成为若干单元。为保证道众打坐时不受风寒，应尽可能控制室内通风。
3. 圜堂内的人体尺度空间设计参照 7。

丹房

1. 丹房（住宿间）即容纳道士睡觉的地方。丹房配置数量应与建筑规模相应。
2. 以单人间或双人间为主。
3. 丹房室内空间的北侧或东侧需留有放置神龛的空间，床头位置应朝向神龛方向。

浴堂

1. 浴堂是道教徒沐浴的地方。
2. 在举行大型仪式活动及诵经静坐前，道士要沐浴，因此，浴堂建筑设计应提供道教徒随时沐浴的可能。
3. 沐浴形式除淋浴外，还需设置浴池及木桶区域以供香汤等特殊沐浴。
4. 另外，在平面布局上浴堂不得与主殿堂过于靠近。

厕所

1. 在总体布局上应将厕所设置在西侧，满足"东厨西净"的传统布局要求并兼顾风向因素。
2. 厕所男女比例设计根据常住道士性别配置。
3. 道教思想崇拜北斗星空，因此，在厕所设计中要避免小便器及坐便器的方向朝北。

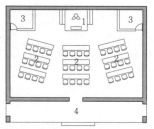

1 师座　2 听众座椅　3 设备间　4 通廊

1 讲堂平面示意图

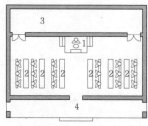

1 师座　2 条案　3 厨房　4 通廊

2 斋堂平面示意图

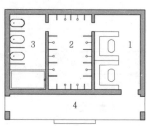

1 更衣间　2 淋浴间　3 浴桶间　4 通廊

3 浴堂平面示意图

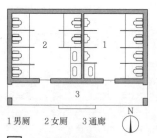

1 男厕　2 女厕　3 通廊

4 厕所平面示意图

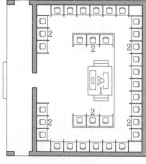

1 师座　2 禅凳

5 圜堂平面示意图

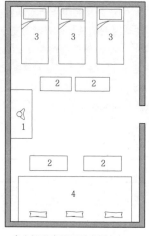

a 多人间丹房平面示意图

1 神龛　2 书桌　3 床　4 通铺

b 单人间丹房平面示意图

6 丹房平面示意图

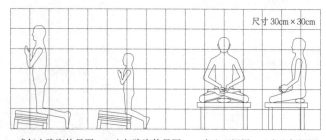

a 成年人跪姿体量图　b 少年跪姿体量图　c 盘坐正视图　d 盘坐侧视图

7 圜堂内的人体尺度

实例 [7] 道教建筑

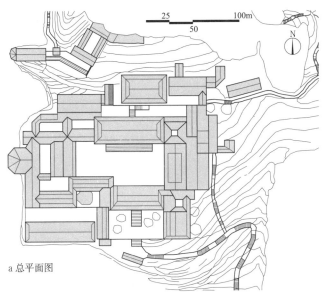

a 总平面图

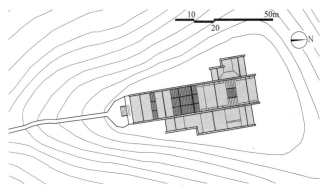

a 总平面图

b 一层平面图

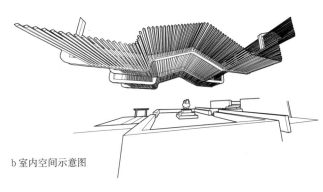

b 室内空间示意图

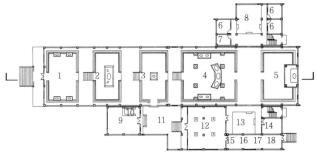

c 平面图

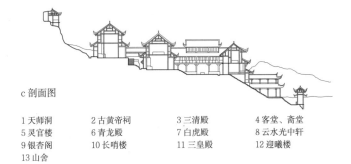

c 剖面图

d 剖面图

1 天师洞　　2 古黄帝祠　　3 三清殿　　4 客堂、斋堂
5 灵官楼　　6 青龙殿　　7 白虎殿　　8 云水光中轩
9 银杏阁　　10 长哨楼　　11 三皇殿　　12 迎曦楼
13 山舍

1 山殿门　　2 中茅殿　　3 香炉庭院　　4 太元宝殿
5 东岳殿 三清阁　　6 寝室　　7 盥洗室　　8 上真道院
9 茶室　　10 柜台　　11 东斋道院　　12 斋堂
13 冲净道院　　14 会客室　　15 配餐区　　16 熟加工
17 生加工　　18 库房

1 四川青城山道观

名称	占地面积	布局类型	功能类型	结构类型	始创年代
四川青城山常道观	0.81hm²	轴线式	道院	砖木结构	东汉

2 江苏茅山德祐观

名称	占地面积	建筑面积	殿堂面积	布局类型	功能类型	结构类型	始创年代
江苏茅山德祐观	0.15hm²	1693.28m²	760.14m²	轴线式	道院	混凝土框架	元代

道教建筑 [8] 实例

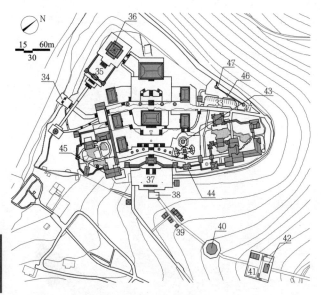

a 总平面图

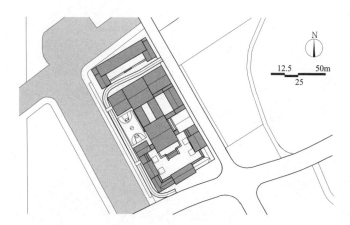

a 总平面图

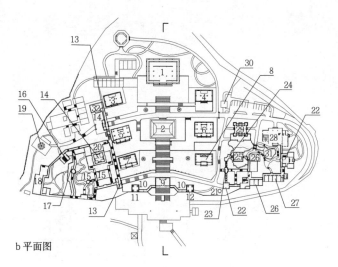

b 平面图

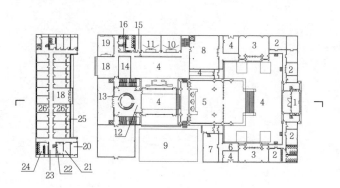

b 一层平面图

c 剖面图

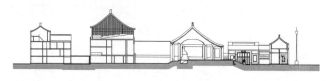

c 剖面图

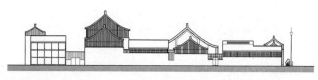

d 立面图

1 三清殿	2 玉皇殿	3 龙王殿	4 慈航殿
5 茅君殿	6 文昌殿	7 财神殿	8 真人殿
9 灵官殿	10 碑廊	11 钟楼	12 鼓楼
13 仪门	14 平台	15 水池	16 长方亭
17 八角亭	18 茶楼	19 御碑亭	20 乾隆行宫
21 井	22 接待室	23 门厅	24 套亭
25 会议室	26 办公	27 道舍	28 素食斋
29 茶室	30 卫生间	31 荷花池	32 小卖部
33 停车场	34 祭天台	35 围廊建筑	36 七星台
37 句曲神宫门楼	38 上承露台	39 休息亭	40 中承露台
41 下承露台	42 关帝庙	43 施真人纪念墓	44 施真人纪念馆
45 展览馆	46 七星观光平台	47 观光亭	

1 门厅	2 鹤坡观管理用房	3 鹤坡观配殿	4 庭院
5 三清殿	6 连廊	7 鹤坡观客堂及管理用房	8 鹤坡观斋堂
9 运动场	10 音乐教室	11 电脑教室	12 灵官殿
13 天师堂	14 茶室	15 储藏	16 茶水
17 图书馆	18 大厅	19 活动室	20 晾衣间
21 更衣室	22 淋浴	23 盥洗间	24 卫生间
25 阳台	26 宿舍		

[1] 穹窿山上真观

名称	占地面积	建筑面积	殿堂面积	布局类型	功能类型	结构类型	始创年代
穹窿山上真观	2.66hm²	7697.38 m²	3145.24 m²	轴线式	道院	砖木结构	晋代

[2] 上海道学院、鹤坡观

名称	占地面积	容积率	建筑高度	布局类型	功能类型	结构类型	建成时间	设计单位
上海道学院、鹤坡观	13394 m²	0.96	17.8m（檐口高度）	轴线式	道学院	混凝土框架	2015	清华大学建筑设计研究院有限公司

概述

1. 基督教脱胎于犹太教，形成于公元1世纪的巴勒斯坦地区。广义的基督教指包括天主教、东正教和新教在内的基督宗教总称，狭义的基督教在国内则指新教。当前基督教信徒遍布五大洲，信徒总量已超过20亿。

基督三大宗教一般特征　　　　　　　　　　　　　　　表1

宗教类型	基本教义	宗教活动	神职人员	一般特征
天主教	基督、圣母崇拜，强调罪与罚、天堂与地狱。以《天主经》、《圣经》、《圣母经》、《圣三光荣经》等为经典	洗礼、成年坚信礼、圣职授职礼、忏悔礼、弥撒礼、婚礼和终傅礼	神父	供奉受难耶稣十字架，祈祷时画十字
东正教	基督、圣母崇拜，强调正统，较为保守、神秘。奉《圣经》为经典	洗礼、成年坚信礼、圣职授职礼、忏悔礼、弥撒礼、婚礼和终傅礼	牧首	供奉受难耶稣十字架，十字架上下增加代表天堂和地狱的横木，祈祷时画十字
新教	基督崇拜，强调信与义、团契精神。奉《圣经》为经典	礼仪简化，取消了7项圣礼，主要礼仪为讲道、唱诗、祷告等	牧师或长老	十字架上没有受难耶稣，祈祷时不画十字

2. 基督教进入中国的历程比较曲折，先后经历四次大规模的传教活动。根据明代西安出土的"大秦景教流行中国碑"记载，基督教（景教）传入中国可追溯到唐贞观九年（公元635年）。唐太宗是一位开明的皇帝，执行开放的文化政策，对各民族及海外文化兼收并蓄，为基督教传入中国提供了机遇。基督教最后进入中国时，新教在传播中发挥了重要作用。由于新教在传播时自称为基督教，故中国人常说的基督教实际上指新教。

分类

1. 基督教建筑主要有基督教堂和修道院两种类型，基督教堂是基督教传教、布道的场所，修道院是基督教教徒学习、生活和修道的场所。大中型基督教堂和修道院可设置附属建筑，如作坊、牲口养殖棚等。

2. 基督教堂主要分为天主教教堂、东正教教堂和新教教堂三大类。修道院则以天主教修道院和东正教修道院两种形式存在。

基督教建筑风格及特征　　　　　　　　　　　　　　　表2

宗教分支	建筑风格	一般特征	代表建筑	典型实例
天主教	巴西利卡式	盛行于公元3~10世纪。一般平面呈长方形，内有多排柱网。建筑外形简洁，采用坡顶，内部装饰豪华	梵蒂冈旧圣彼得大教堂 以色列伯利恒教堂	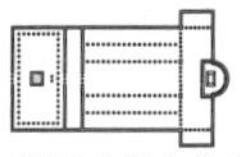 梵蒂冈旧圣彼得大教堂／以色列伯利恒教堂 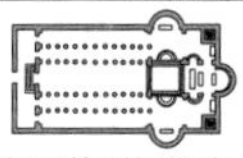
天主教	罗马风式	盛行于公元10~12世纪。拉丁十字巴西利卡平面，立面双塔，采用罗马半圆形拱券，墙体厚重、窗口窄小。线条简单、明快，造型厚重、敦实	英国达兰姆大教堂 意大利比萨主教堂 德国施佩耶尔大教堂	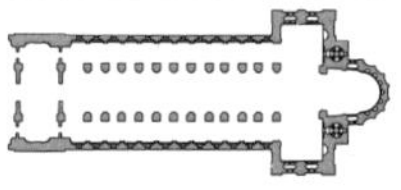 德国施佩耶尔大教堂／法国圣福瓦修道院教堂 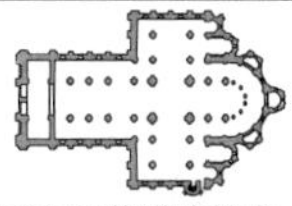
天主教	哥特式	盛行于公元12~15世纪。拉丁十字巴西利卡平面，建筑造型高耸向上，主要结构由肋架拱、飞扶壁、飞券和尖拱组成。教堂内部、外部空间高耸，整个建筑以灵巧、上升的力量体现教会精神	法国巴黎圣母院 德国科隆大教堂 法国贝叶大教堂	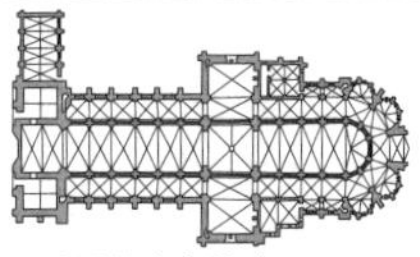 法国贝叶大教堂／法国巴黎圣母院 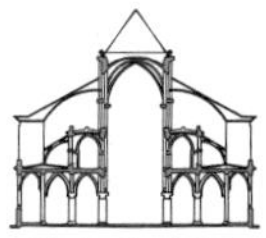
天主教	文艺复兴式	盛行于公元15~16世纪。多为对称集中式平面，以方、圆为主，造型着重体现中央穹顶的外部表现，讲究秩序、均衡、比例，立面和平面体现严谨古典构图	意大利佛罗伦萨主教堂 意大利圣彼得大教堂 意大利坦比哀多教堂	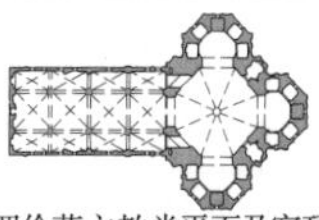  意大利佛罗伦萨主教堂平面及穹顶部分剖面
天主教	巴洛克式	盛行于17~18世纪，起源于意大利。平面形式灵活，弧线形、椭圆形较为多见。排斥古典造型，强调曲线构图，追求动态效果，立面常出现断山花、卷涡、弯曲檐部、凹凸墙面等造型。建筑与雕刻、绘画融为一体，装饰丰富，有强烈的光影效果	英国圣保罗大教堂 意大利圣卡罗教堂 意大利耶稣会教堂	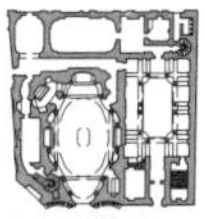 意大利圣卡罗教堂／意大利奎琳岗圣安德烈堂 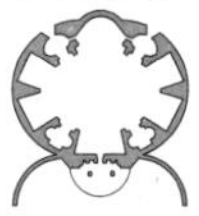
东正教	拜占庭式	东欧东正教教堂常采用的建筑风格，盛行于公元6~14世纪。该类型教堂是一种集中式平面，常以一个或多个穹顶作为建筑布局的中心，习惯采用连拱廊	土耳其圣索菲亚大教堂 意大利威尼斯圣马可教堂 希腊蓝顶教堂	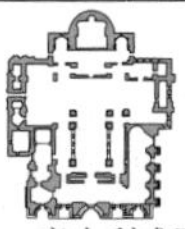  意大利威尼斯圣马可教堂平面及剖面
东正教	俄罗斯式	盛行于16世纪的俄罗斯，后对中国的东正教堂有深入影响。该教堂借鉴拜占庭式教堂平面，以多个圆锥形或洋葱形屋顶形成立面构图中心	莫斯科圣巴西尔大教堂 俄罗斯圣母升天大教堂	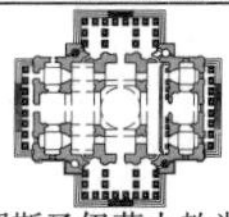 俄罗斯圣伊萨大教堂／俄罗斯圣瓦西里教堂 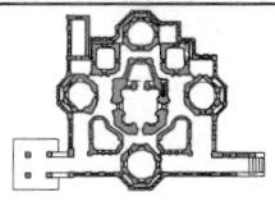
新教	新教	教堂在各个方面延续传统风格，摒弃豪华装修和繁项设计，建筑造型、装修追求简洁、明快，富有人性	德国柏林大教堂 挪威奥斯陆大教堂 芬兰的赫尔辛基大教堂	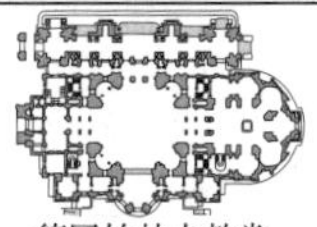 德国柏林大教堂／上海市圣三一堂 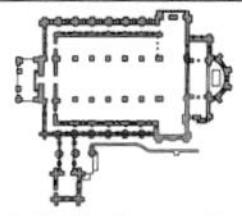

基督教建筑 [2] 方位·规模·功能布局

方位

1. 基督教建筑的总体布局要满足教众日常宗教活动的需要。基督教堂宜建在方便到达且容易被找到的位置，建筑本身应具有区别于其他类型建筑的可识别标志物；修道院建筑寻求隐世，宜建在较为安静的地带或远离城市建造。

2. 基督教建筑传统上有明确的方位朝向，一般按照主入口在西、圣坛在东的坐东朝西式布局。基督教传入中国后，教堂建筑基本上保持了原有的方位朝向，即坐东朝西方位布局，但天主教建筑受到了中国传统文化的影响，部分建筑呈现坐北朝南式布局。

1 教堂与道路、广场的关系

规模

基督教建筑规模大小不一，根据服务范围和服务对象不同可分为大型、中型和小型建筑。不同规模的建筑定位有所差异。

基督教建筑规模 表1

建筑类型	教堂规模		定位
基督教堂	小型教堂	家庭教堂	以家庭或家族使用为主，方便家庭成员日常礼拜、祈祷等使用
		社区教堂	满足街区或社区居民日常宗教活动使用的场所。供村庄、居民范围内信徒日常礼拜使用，可以承办婚、丧等世俗礼仪
	中型教堂		满足小城镇或大型居住区人们日常宗教活动使用的教堂，可以完成信徒入教、忏悔、弥撒活动，以及提供婚、丧礼等世俗礼仪
	大型教堂		满足城市大量人群宗教活动的需要，一般为地区或城市宗教活动中心，可以完成各种宗教活动，以及举办婚、丧礼等世俗礼仪
修道院	小型修道院		以满足僧侣或神职人员修行为主
	中型修道院		除满足神职人员修行外，还可以吸纳部分学生和信徒修道
	大型修道院		除满足神职人员修行外，主要任务是培养学生和为信徒修道提供场所

功能布局

1. 基督教建筑多以独栋的形式出现，少部分建筑将洗礼堂、钟塔等单独设置。

2. 基督教建筑功能布局与其教义有着象征性联系。其外部造型、室内装饰以及功能布局按照不同宗教类型略有差异。

3. 基督教建筑的功能用房可根据建筑规模和实际使用功能设定。小型教堂只设礼拜厅，大中型教堂设有神职人员办公室、祷告室、会议室、接待室和卫生间等附属用房；修道院以廊院为中心，按照建筑规模大小设定相应功能用房。

基督教建筑功能布局及一般特征 表2

建筑类型	建筑规模	造型特征	室内装饰	功能布局
天主教教堂	天主教堂一般较新教教堂大，以社区式为主，少数家庭式教堂，大型教堂居多	形体追求古典风格，庄严、华丽，注重造型感染力，内外有圣徒像雕像	室内追求华丽，注重内部空间营造，供奉圣母、耶稣、圣徒像，悬挂耶稣受难十字架	功能相对复杂，包括弥撒厅、忏悔室、更衣室、唱诗班席位或唱经楼、圣器收藏室等功能用房。教堂多设有洗礼池、圣水盘。弥撒厅一般设有圣体柜、耶稣受难十字架、圣坛、读经台、神职人员座椅等
东正教教堂	东正教堂数量相对较少，按照教众人数设定教堂规模	造型讲究向中心集中，形体庄重，内外不设圣徒像	室内装饰丰富，重视神秘空间营造，四壁挂满圣徒壁画，不设雕像，宗教气氛浓厚	内部设置橱柜、洗礼室、圣坛、圣坛屏、讲台、祷告台、圣器收藏室等设备，最中心部位为弥撒厅，厅内一般不设座椅，信徒站着接受各种仪式。圣坛设有十字架，圣坛旁边安置烛台、读经台
新教教堂	规模相对较小，家庭式、社区式居多，部分为大型教堂	形体简洁，较为朴素，内外不设圣徒像	室内较朴素，不供奉圣徒、圣母像，没有壁画，只放简易十字架（无受难耶稣）	教堂功能简单，主体空间为礼拜堂，满足人们日常礼拜、婚礼等活动需求。圣坛方向设有十字架、读经台、神职人员座椅。大型教堂设有神职人员办公室、祷告室、会议室、接待室和卫生间等附属用房
修道院	依据受众对象的人数设定规模	与同时期教堂风格相似，追求隐世风格	教堂注重装饰，其他以实用为主	以回廊院为中心，安排各种功能用房

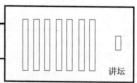

a 仅设置讲坛

b 设置讲坛与圣坛

2 教堂讲坛布局示意

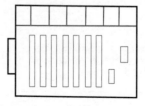

a 单侧布置功能用房

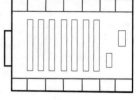

b 双侧布置功能用房

3 教堂功能用房布局示意

建筑风格

1. 基督教各分支建筑在不同历史时期建筑风格有较大变化。天主教建筑历史风格多变，先后出现巴西利卡式、罗马风式、哥特式、文艺复兴式和巴洛克式等风格，成为基督教建筑风格的主流；东正教建筑在保留传统的同时，出现了拜占庭式和俄罗斯式的差别。新教教堂在摒弃繁复装饰的同时，延续传统风格，教堂建筑简洁而不张扬。

2. 中国的基督教建筑受到了西方基督教建筑风格的广泛影响。其中，天主教教堂受西方中世纪教堂风格影响，多为仿罗马风式、哥特式风格，修道院则以西方中世纪修道院为蓝本修建；东正教教堂和修道院以俄罗斯式教堂和修道院为样本建造；新教教堂延续英美等国家新教教堂风格，在空间布局、装饰装修方面追求简洁；当代教堂不受古典风格束缚，出现了自由风格。

3. 中国的教堂建筑和修道院建筑虽受西方基督教建筑风格的深刻影响，但在与中国文化融合的同时，部分建筑融入了中国传统建筑风格。

中国基督教建筑风格及典型实例　　　　　　　　　表1

建筑类型	建筑风格	典型实例
天主教	仿哥特教堂风格	北京西什库天主教堂 上海徐家汇天主教堂 广州天主教圣心教堂
	仿罗马风教堂风格	北京王府井天主教堂 天津望海楼天主教堂 天津西开天主教堂
	仿巴洛克教堂风格	北京宣武门天主教堂 上海董家渡天主教堂
东正教	仿俄罗斯式教堂风格	哈尔滨圣索菲亚教堂 上海圣母大教堂
新教	延续传统，结合新材料、新技术	上海圣三一堂 北京崇文门教堂

功能分区

1. 基督教建筑根据使用功能设有多个分区。依附于布道、传道的基本功能，教堂一般包括前厅、中殿与后堂三大功能区，大中型教堂还包括洗礼区、会客区、办公区等特殊分区。修道院因需满足食、宿、学习、修道等多种功能，一般包括教堂及礼拜区、修道区、藏书区以及含食宿的生活区。大型修道院还包括办公区、休闲区以及满足日常生活必需的种植区、牲畜饲养区、作坊区等。

2. 鉴于各宗教分支教义及礼仪的差异，基督教三大分支教堂在分区划分上略显不同。天主教与东正教教堂一般设置供信徒祷告用的忏悔区，新教教堂因忏悔行为可在任何地点举行，故对此未作特殊要求。天主教主张圣徒崇拜，一些教堂在东端设置圣徒礼拜区；东正教、新教教堂在该方面没有明确分区。

基督教建筑的功能分区　　　　　　　　　表2

规模 教堂类型	小型	中型	大型
天主教教堂	前厅区、中殿区、唱诗班与后堂区	前厅区、中殿区、后堂区、办公区、祷告区与洗礼区	前厅区、中殿区、后堂区、办公区、唱诗班区、洗礼区、圣徒崇拜区、学院区、生活区
东正教教堂	前厅区、中殿区、唱诗班与后堂	前厅区、中殿区、后堂区、唱诗班区、唱诗班	前厅区、中殿区、后堂区、祷告区、唱诗班、办公区
新教教堂	前厅区、中殿区、后堂区	前厅区、中殿区、后堂区、办公区、唱诗班	前厅区、中殿区、后堂区、办公区、唱诗班、洗礼区
修道院	教堂及礼拜区、修道区、生活区	教堂及礼拜区、修道区、生活区、藏书区、办公区	教堂及礼拜区、修道区、生活区、藏书区、办公区、菜窖区、种植区、牲畜饲养区、作坊区

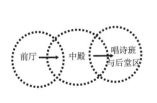

[1] 小型教堂功能分区　　[2] 小型修道院功能分区

[3] 中型天主教教堂功能分区

[4] 中型东正教教堂功能分区

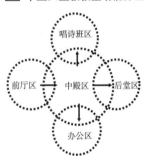

[5] 中型新教教堂功能分区

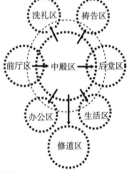

[6] 中型修道院功能分区

[7] 大型东正教堂功能分区

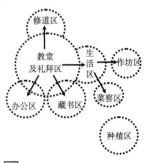

[8] 大型天主教堂功能分区

[9] 大型新教教堂功能分区　　[10] 大型修道院功能分区

基督教建筑 [4] 平面布局 / 天主教

天主教

1. 天主教建筑有天主教堂和修道院两种类型，历史上其平面风格变化最大，先后出现巴西利卡式、拉丁十字式、文艺复兴集中式以及以弧线和曲线为主的巴洛克式。

2. 近代天主教建筑较好地延续了中世纪传统平面格局，个别建筑突破传统平面布局束缚，形式灵活自由，但并未影响拉丁十字式作为其典型平面形制的主体地位。

3. 天主教教堂平面传统上呈东西方位布局，通常主入口在西，圣坛在东，以保证教众做弥撒时可以面向东方的太阳。中国的天主教教堂部分延续了传统的方位格局，以东西方位布局为主；部分教堂受到中国传统方位观念影响，其方位发生变化，呈现坐北朝南式布局。

4. 传统的天主教教堂平面一般包括：前厅、中殿、侧廊、耳堂、歌坛、圣坛以及由多个放射式小教堂组成的圣龛区等几个部分。圣龛多为半圆形，用半穹顶覆盖。圣龛之前是圣坛，圣坛之前是歌坛，为唱诗班席位。两侧耳堂用途灵活，一些作为圣徒雕像崇拜区域，一些作为神职人员墓室使用，少数耳堂用作神职人员办公室。

天主教建筑平面内容及主要装饰　　　　表2

平面内容	主要用房及装饰	备注
前厅	洗礼池、洗礼盆、商店、书店等	悔罪和参观者仅限于该区域
中殿	座椅、读经台、讲台、烛台	通常情况下主入口右侧为读经台，左侧为讲台
唱诗班	唱诗班席位一般隐在圣坛屏后面，分列在进入圣坛屏的通道两侧。设有管风琴等乐器	文艺复兴后教堂唱诗班置于圣所前面，故意露出使用的乐器
避难所（后堂）	避难所由圣坛屏将大殿与其分开，以圣坛为中心，通常地面抬高。圣坛位于放射小教堂（圣龛）前面，而圣坛前面设有高坛。现代教堂也可在主圣坛两侧放置侧圣坛	文艺复兴后圣坛屏取消。放射小教堂内部通常陈设圣徒像
圣器收藏室	圣器包含所有工具、书籍和法衣。室内设壁柜，陈设法衣、圣船、蜡烛、香等	通常设有一个水槽，神父用来净手及取圣水用
圣龛区	由多个放射小教堂或龛组成，内设圣像	供奉圣母或使徒像，供信徒朝拜

天主教教堂平面形式及一般特征　　　　表1

平面类型	历史时期	一般特征	典型实例
巴西利卡式	古罗马	早期基督教教堂采用的平面形式，在古罗马时期应用较广。平面形制较为简单，呈长方形，内有多排柱网，中间为中殿，两侧为通廊，通常中间高两侧低	以色列伯利恒教堂平面
拉丁十字式	中世纪文艺复兴近现代	罗马风、哥特教堂采用的平面形式，常与巴西利卡平面结合使用，形成拉丁十字巴西利卡式平面。该平面纵向狭长，内部多排柱，主入口在西，圣坛在东，两翼较短，半圆形的龛在东部	法国亚眠主教堂
文艺复兴集中式	文艺复兴	文艺复兴时期采用的一种平面形式，以中央穹窿为中心，向四个方向伸出四臂，成为十字形平面，四臂较短，形成较强的集中式构图。平面上追求几何对称的美感	梵蒂冈圣彼得大教堂
巴洛克式	文艺复兴后期	部分巴洛克教堂使用的平面形式。平面常做成曲线形、弧线形或椭圆形，突破传统构图限制，内部布局自由灵活	意大利圣卡罗教堂
近现代、当代自由平面	近现代以后	近代以后教堂中出现的一些自由布局的平面，不拘泥传统教堂的平面形态，不受古典符号限制，平面自由灵活	法国朗香教堂

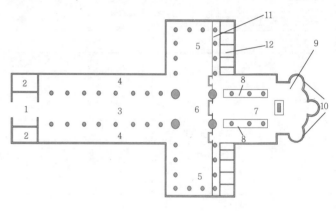

1 前厅　2 商店、洗礼室　3 中殿　4 侧廊　5 耳堂　6 采光塔　7 祭坛
8 唱诗班　9 回廊　10 放射式小教堂　11 圣坛屏　12 圣器收藏室

1 传统天主教教堂平面布局示意图

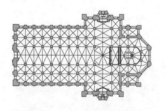

a 意大利米兰大教堂平面

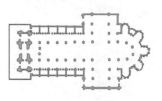

c 上海徐家汇天主教堂平面

b 徐州耶稣圣心堂平面

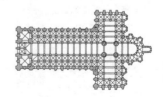

d 法国圣塞南主教堂平面

2 传统天主教教堂平面实例

东正教·新教 / 平面布局 [5] 基督教建筑

东正教

1. 东正教建筑有东正教教堂和修道院两种类型，以希腊十字式为传统的平面形制。
2. 东正教教堂平面呈东西方位布局，主入口在西，圣坛在东，以保证教众做弥撒时可以面向东方。东正教传入中国后，其教堂保持了原有的东西方位格局。
3. 传统的东正教教堂包括前厅、中殿、后堂区三大部分，后堂区再次划分为圣坛区和避难所两个部分。教堂几大部分承载不同的教义内容和使用功能。

东正教教堂几大部分及相关内容　　　　　　表1

部分名称	相关内容	备注
前厅	洗礼盆、烛台、圣像等	洗礼区一般设在教堂外部，设备较为简洁。如外部不适宜洗礼，常安置在教堂前厅、中殿或后堂。也可设置便携式洗礼盆
中殿	一般设有读经台、讲台、烛台等，后方为圣坛屏，有通向圣坛区的3个入口，中间为皇家入口。殿内一般不设座位，但贴近南北墙两侧可安置高足椅。唱诗班位置通常设在两侧耳堂内，中殿两侧可安置侧圣坛	—
圣坛区	圣坛区位于中殿和圣所之间，并以高坛为中心。该区域设有圣宝座，是主教或祭司席位	—
圣所区（避难所）	圣坛是圣所区的中心，在圣坛上放置圣礼圣餐、福音书和烛台表坛。后殿是圣母和基督的画像。圣所北侧为圣器皿储藏室，南侧为法衣存储室	圣坛背后是7支烛台

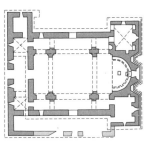

[1] 东正教教堂平面布局示意

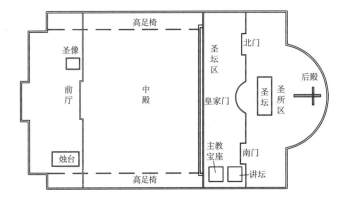

a 格鲁吉亚Tsromi村东正教教堂　　b 亚美尼亚Echmiadzin东正教教堂

[2] 东正教教堂平面实例

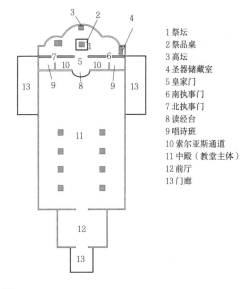

[3] 东正教教堂平面布局示意

1 祭坛
2 祭品桌
3 高坛
4 圣器储藏室
5 皇家门
6 南执事门
7 北执事门
8 读经台
9 唱诗班
10 索尔亚斯通道
11 中殿（教堂主体）
12 前厅
13 门廊

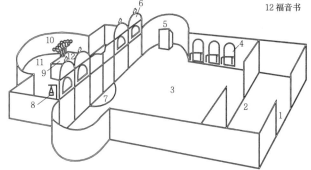

[4] 东正教教堂内部陈设示意

1 入口
2 前厅
3 中殿
4 高足椅
5 讲经台
6 圣坛屏
7 踏步
8 香炉
9 圣坛桌
10 高烛台、圣餐杯、圣餐盘、圣扇、圣愿十字
11 避难所
12 福音书

新教

1. 新教建筑延续传统平面的布局方式，以拉丁十字式为主要风格。同时，部分建筑平面具有时代特征，布局灵活。
2. 教堂平面呈东西方位布局，主入口在西，圣坛在东。新教传入中国后，其教堂平面仍呈东西方位布局。
3. 当代新教教堂受传统约束较少，结合时代技术和艺术特征，教堂平面形式多样。

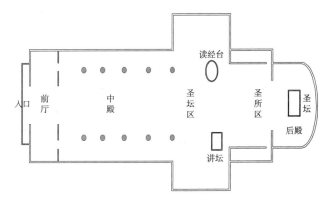

[5] 新教教堂平面布局示意

基督教建筑 [6] 空间特征·光线特征

空间特征

1. 基督教建筑重视内部空间设计，并通过空间设计影响信徒的情绪和心理变化。
2. 建筑空间强化人和上帝的对话。天主教建筑内部空间设计手法多样，将向上、向前作为重要的空间引导方向；东正教建筑注重穹顶覆盖下集中式空间的神秘气氛营造；新教建筑将空间的亲和性作为设计的重点。

基督教建筑内部向上空间引导特征　　　　　　　　　　表1

手法类型	建筑类型	手法特征
顶棚设计	天主教	注重顶棚设计，中世纪教堂采用精致密肋、美丽植物花草、绚丽色彩骨架、精美花纹图案、奇特雕塑等手法引导向上
	东正教	刻意突出穹顶的中心作用，以饱满的穹顶造型和精美的绘画吸引人们向上观看
	新教	注重顶棚设计，常采用精致密肋、美丽植物花草、绚丽色彩骨架、精美花纹图案装饰顶棚
设置侧高窗、顶窗	天主教	教堂室内较为昏暗，开窗较少。为引导人们向上观看，将窗户设置在顶部或高墙上，同时借助彩色玻璃、壁画、窗口造型等手段营造迷幻的光影空间
	东正教	顶部采光，使光线从上部进入。在圣索菲亚大教堂中，主穹顶周围有40个连贯窗，室内开敞，屋顶如悬浮空中，引人向上注目
	新教	一方面借鉴中世纪侧高窗，一方面在当代建筑中，充分发挥顶窗作用，借助彩色玻璃窗或精美的密肋窗扇引人向上
高耸的竖向空间	天主教 新教	窄而高的内部空间使人产生向上的冲动，从而激发崇高、自豪甚至神秘的情绪。竖直高挺的内部空间是天主教、新教建筑中常用的设计手法
动感强烈的集束柱	天主教	传统的天主教建筑常将具有强烈动感的柱子捆扎在一起，形成集束柱，有向上升腾之势。集束柱的枝杈从柱础延伸到拱顶，并跨越到对侧柱础上，动感强烈，强化向上升腾的动态，引人注目
	新教	新教借鉴天主教建筑形态，使用简化了的集束柱
密集的竖线条	天主教	天主教建筑内部从下而上贯通密集的竖线条，使空间形成强烈的升腾之势。通常情况下，挺拔向上的垂直竖线条以优美的姿态紧凑地排列起来，一直排向中厅深处并深入到顶棚的密肋中，强化了挺拔向上的纵深感
	新教	新教借鉴天主教建筑集束柱的升腾之势，常用简化装饰和线条的集束柱
怪诞、奇特的空间组成	天主教	天主教教堂常用怪诞、奇特的空间来象征教义内容。一般在教堂东端放射形小礼拜堂内部空间使用复杂设计，形成繁复错落的空间。一些巴洛克建筑室内采用繁复、奇特、怪诞、夸张的手法来营造内部空间
错落拱券的空间	东正教	以错落的空间布局、凌空交叉的拱券、疏密有致的空间序列引导人们向上注目

基督教建筑内部向前空间引导特征　　　　　　　　　　表2

手法类型	建筑类型	手法特征	示意图
窄而狭的空间	天主教 新教	面宽较窄，进深长，形成一个既窄又狭的平面设计，这种平面使人们不断前进，才能走到尽端	
密集的柱列	天主教 新教	教堂内部设置多排柱，且柱子比较密，人们在前进过程中不断有参照物向后退，促使人们向前前进	
圣龛光线充足	天主教 东正教 新教	教堂室内较为昏暗，但在圣龛方位通常开较大窗口，或者点燃烛台，使正前方光线充足。基于人们热爱光明的特征，光线充足的圣龛引导人们不断前进	
圣坛装饰豪华	天主教 东正教 新教	放在入口正前方的圣坛装饰豪华，并且十分光亮，人们在圣坛的指引下不断前进	

光线特征

1. 与阳光接触是基督教信徒与上帝对话的一种方式，基督教建筑非常重视光线设计。
2. 为充分发挥光线给教堂内部空间带来的特殊效果，教堂设计通过多种手段改善光线的强弱、路径方向、色彩浓淡等，营造具有特殊氛围的宗教空间。
3. 常见的设计手法有上部与顶部采光、悬浮的屋顶光、造型光以及彩色光等。

基督教建筑光线表现手法　　　　　　　　　　表3

手法类型	手法特征	开窗形式
上部或顶部采光	上部或顶部的光线常被渲染成上帝之光，通过设置顶部和上部光线进入室内的途径，能有效地增加建筑内部宗教感染力	顶部采光窗、侧高窗
屋顶光	在引入光线进入室内时，有意将光线从屋顶四周引入，使屋顶如悬浮在空中一样，增加上帝之光的感染力	穹顶四周采光、屋顶边缘线部位开窗
造型光	改变光线进入室内的窗口造型，使光线进入室内时出现各种形态，光线的强弱、色彩也随着窗口造型的变化而变化，使建筑室内出现迷幻的光影	透视窗口、造型窗口、几何形光源
彩色光	为增加室内亦幻亦诗的迷离气氛，教堂引入彩色玻璃窗，光线透过绘制基督教各种内容的五色玻璃，室内洋溢着祥和的基督教气氛	五色玻璃、彩色光源

洗礼池（洗礼室）

1. 洗礼池又叫圣洗池，是基督教信徒入教举行洗礼的地方。基督教教会法典规定，在教堂区圣堂内应设有洗礼池。教堂在实际建造过程中，受到环境或实际使用功能的制约，部分教堂没有洗礼池。

2. 依据教堂规模和信徒数量不同，洗礼池规模和所在位置略有不同。一般情况下在教堂入口、内部中厅或圣坛一侧设置洗礼室或洗礼池，特大型教堂将洗礼室独立于教堂之外，单独建成洗礼堂。

3. 信徒受洗有两种方式：一为点水礼，即牧师在信徒头上点水；二为浸水礼，即信徒入水后全身浸湿。依据受洗方式的不同，洗礼池可分为点水式洗礼池和浸水式洗礼池。

4. 点水式洗礼池规模较小，通常直径在1m左右，造型多为八边形和圆形；浸水式洗礼池多为长方形，有向下进入水池的台阶。

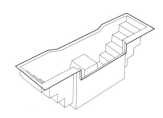

a 双侧入水

b 单侧入水

1 浸水式洗礼池

洗礼池或洗礼室平面位置　表1

分类	平面位置	平面示意
教堂外侧单独设置洗礼室	毗连入口一侧	
	位于教堂中部入口附近	
	贴近祭坛外部	
教堂内部安置洗礼室	居于入口一侧	
	居于祭坛一侧	
	居于中部一侧	
	位于入口内侧	

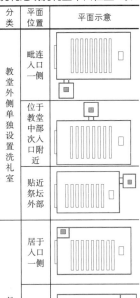

a 林肯教堂及洗礼池

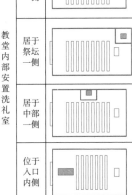

b 克罗地亚St Luke Evangelist教区教堂

2 教堂及洗礼池实例

圣坛

1. 基督教圣坛位于教堂尽端，由圣坛桌、圣像或圣十字架及群众敬奉的贡品组成。

2. 圣坛桌一般为方形坛面，由立柱支撑，其材料最早为木材，后来逐渐被耐久的材料（如石材）取代。

3. 圣坛桌面上一般安放十字架或者圣像，装饰较为华贵，有时有烛台相伴。

4. 简易教堂有时不设祭坛桌，由讲坛取代。

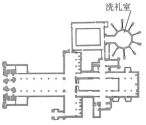

3 圣坛桌造型

a 法国亚眠主教堂

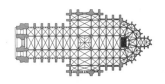

b 法国沙特尔大教堂

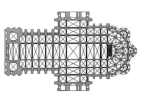

c 法国圣福瓦修道院教堂

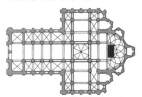

d 德国科隆大教堂

4 圣坛所在位置实例

歌坛

1. 歌坛是教堂中的唱诗班席位，在中国一些教堂中发展成为唱经楼。歌坛一般装修豪华，通常位于圣坛前方，耳堂后方，如出现两排耳堂，则位于二者之间。

2. 歌坛一般包括唱诗班席位、避难所和主教宝座三部分。

3. 大型教堂的歌坛一般分为两排，并列布局，也有呈U字形布局，小型教堂留出唱诗班空间，不设唱诗人员座椅。

歌坛平面位置　表2

平面位置	平面示意
居于礼拜厅两侧	
居于礼拜厅中间	
居于祭坛两侧	
居于礼拜厅一侧	

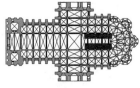

a 法国沙特尔大教堂

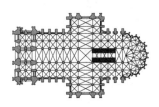

b 德国科隆大教堂

5 歌坛所在位置实例

3 宗教建筑

265

基督教建筑 [8] 修道院

修道院

1. 修道院为基督教建筑的一种类型，是基督教信徒（主要为天主教、东正教信徒）学习、生活和修道的场所。修道院简称修院，又称神学院，分为备修院、小修院、大修院三种，具有人才培养、科学研究和艺术中心等功能。

2. 中世纪修道院是西方传统修道院的典型模式，近代以后修道院建筑风格发生了较大变化，风格不一。

3. 修道院因融食、宿、学习、修道于一体，故内部功能较齐全，一般包括教堂、食堂、宿舍、图书馆、医疗室、接待室以及满足日常修道及其他活动的场所等。一些大型修道院为满足隐修生活，还设有供自给自足的菜园、疗养院及作坊等。

4. 早期的修道院一般贴近教堂附近建造，便于信徒开展宗教活动。通常情况下修道院内设可以进行日常宗教活动的小教堂。中世纪以后许多修道院与大教堂结合设计，使修道院功能更加复杂。

5. 典型的修道院以方形回廊为中心展开布局，回廊有"凹"字形、"回"字形和双"回"字形。修道区一般位于大教堂外侧。

6. 中国天主教目前有几十所神哲学院（修道院），较大规模的有12所，是基督教培养人才的地方，又是基督教开展科学研究的基地。中国修道院按西方修道院的传统风格修建，但大多数融合了中国传统或地方的建筑风格。

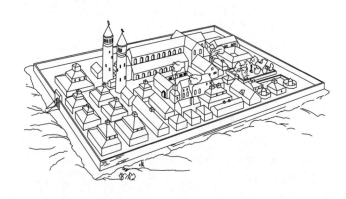

1 9世纪瑞士圣迦尔修道院复原图

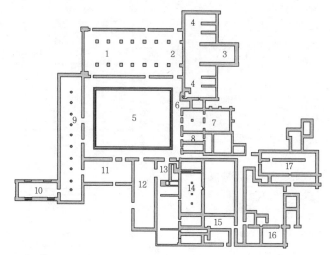

1 教堂正厅　2 高塔　3 内殿　4 南北耳堂　5 回廊　6 图书馆　7 牧师会礼堂
8 会客室　9 兄弟宿舍　10 厕所　11 麦芽坊　12 食堂
13 餐厅　14 学徒宿舍　15 院长宿舍　16 院长接待室　17 疗养院

2 英国科克斯多修道院平面布局

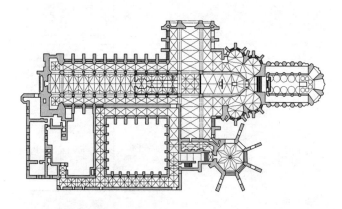

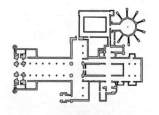

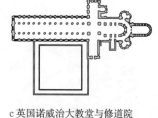

a 英国伦敦威思敏斯特教堂及修道院

b 林肯教堂和修道院

c 英国诺威治大教堂与修道院

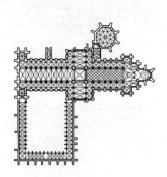

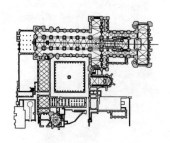

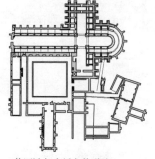

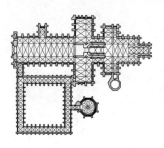

d 英国威尔斯大教堂

e 英国达勒姆大教堂和修道院

f 英国波尔多蟠龙修道院

g 英国索尔兹伯里大教堂

3 修道院与大教堂相结合实例

实例 [9] 基督教建筑

天主教

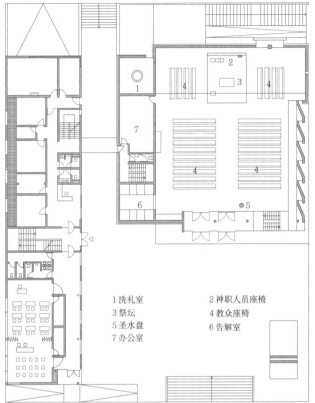

1 洗礼室　2 神职人员座椅
3 祭坛　　4 教众座椅
5 圣水盘　6 告解室
7 办公室

① 克罗地亚St Luke Evangelist教区教堂

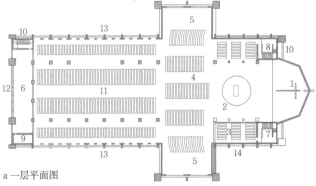

a 一层平面图

1 祭坛　2 圣餐桌　3 侧座　4 通道　5 耳堂　6 主入口　7 圣所　8 综合间　9 管理室
10 垂直交通　11 原有石柱　12 广场　13 外墙　14 百叶窗

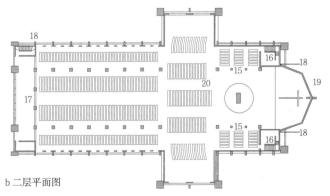

b 二层平面图

15 唱诗班　16 设备间　17 管风琴　18 垂直交通　19 祭坛彩色玻璃窗
20 玫瑰窗光影投射地带

② 海地太子港圣母教堂

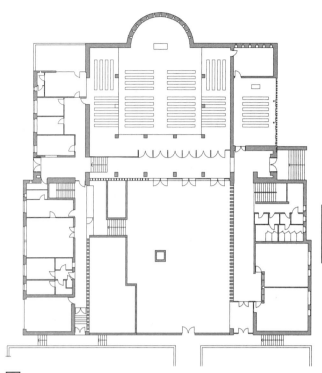

③ 意大利罗马天主教堂

东正教

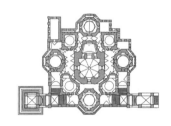 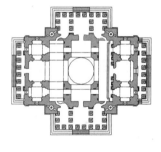

④ 莫斯科红场圣巴锡尔大教堂　⑤ 俄罗斯圣伊萨大教堂

新教

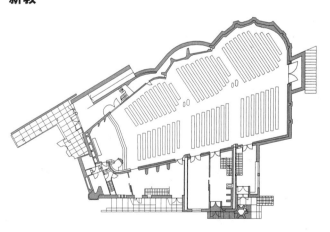

⑥ 芬兰伊马特拉伏克塞涅斯卡教堂

基督教建筑 [10] 实例

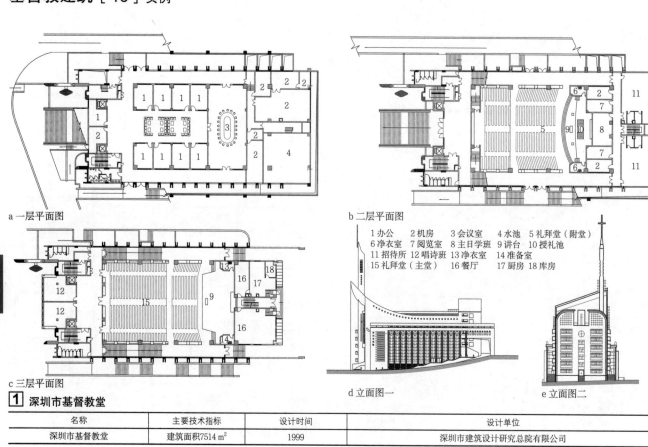

a 一层平面图　　b 二层平面图

1 办公　2 机房　3 会议室　4 水池　5 礼拜堂（附堂）
6 净衣室　7 阅览室　8 主日学班　9 讲台　10 授礼池
11 招待所　12 唱诗班　13 净衣室　14 准备室
15 礼拜堂（主堂）　16 餐厅　17 厨房　18 库房

c 三层平面图　　d 立面图一　　e 立面图二

1 深圳市基督教堂

名称	主要技术指标	设计时间	设计单位
深圳市基督教堂	建筑面积7514 m²	1999	深圳市建筑设计研究总院有限公司

a 地下层平面图　　b 一层平面图

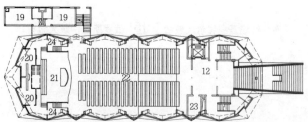

c 二层平面图　　d 三层平面图

e 立面图一

1 办公室　2 工具间　3 会议室
4 车道　5 采光井　6 唱诗班
7 机房　8 卫生间　9 小礼堂
10 厨房　11 餐厅　12 门厅
13 诊所　14 社区服务中心
15 基督教艺术中心　16 售书室
17 洗脚礼　18 自行车库
19 客房　20 更衣室　21 圣台
22 圣殿主会堂（100座）
23 值班室　24 讲道预备室
25 看台　26 教师室

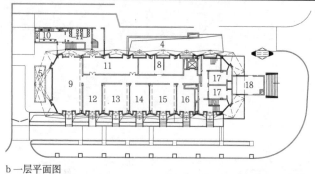

f 立面图二

2 南京市高楼门基督教堂

名称	主要技术指标	设计时间	设计单位
南京市高楼门基督教堂	建筑面积3452 m²	2007	深圳市建筑设计研究总院有限公司

实例 [11] 基督教建筑

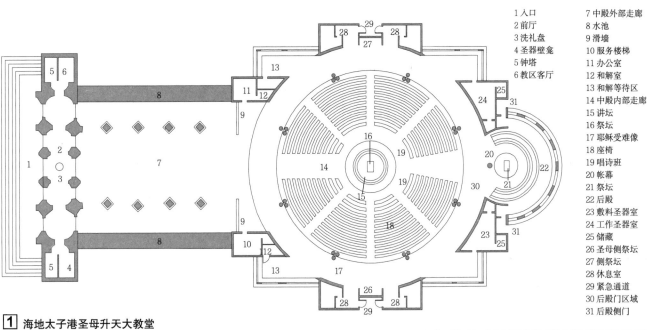

1 入口　　　　7 中殿外部走廊
2 前厅　　　　8 水池
3 洗礼盘　　　9 滑墙
4 圣器壁龛　　10 服务楼梯
5 钟塔　　　　11 办公室
6 教区客厅　　12 和解室
　　　　　　　13 和解等待区
　　　　　　　14 中殿内部走廊
　　　　　　　15 讲坛
　　　　　　　16 祭坛
　　　　　　　17 耶稣受难像
　　　　　　　18 座椅
　　　　　　　19 唱诗班
　　　　　　　20 帐幕
　　　　　　　21 祭坛
　　　　　　　22 后殿
　　　　　　　23 敷料圣器室
　　　　　　　24 工作圣器室
　　　　　　　25 储藏
　　　　　　　26 圣母侧祭坛
　　　　　　　27 侧祭坛
　　　　　　　28 休息室
　　　　　　　29 紧急通道
　　　　　　　30 后殿门区域
　　　　　　　31 后殿侧门

1 海地太子港圣母升天大教堂

名称	主要技术指标	设计时间	设计者
海地太子港圣母升天大教堂	主礼拜堂1200座	2013	Segundo Cardona 团队

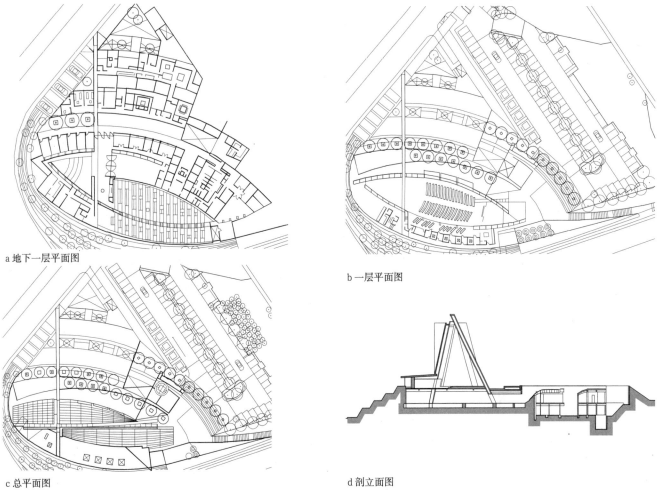

a 地下一层平面图

b 一层平面图

c 总平面图

d 剖立面图

2 墨西哥圣乔斯马瑞艾斯奎瓦教堂

名称	主要技术指标	设计时间	设计单位
墨西哥圣乔斯马瑞艾斯奎瓦教堂	建筑面积4671m²	2008	Javier Sordo Madaleno Bringas建筑事务所

基督教建筑 [12] 实例

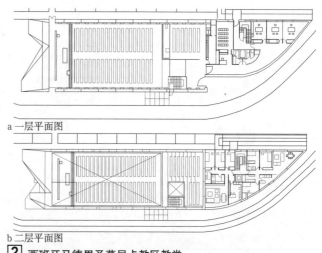

1 克罗地亚约翰教堂传播和教区中心

名称	建成时间	设计师
克罗地亚约翰教堂传播和教区中心	2009	Andrej Uchytil & Renata Waldgoni

a 一层平面图

b 二层平面图

2 西班牙马德里圣莫尼卡教区教堂

名称	主要技术指标	建成时间	设计师
西班牙马德里圣莫尼卡教区教堂	建筑面积1405 m²	2008	维桑与拉莫斯

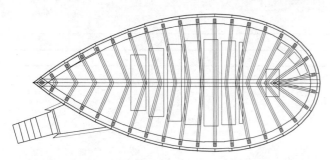

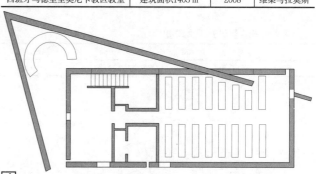

3 瑞士苏姆威格圣本尼迪克特教堂

名称	建成时间	设计师
瑞士苏姆威格圣本尼迪克特教堂	1988	彼得·卒姆托

4 日本大阪光之教堂

名称	主要技术指标	建成时间	设计师
日本大阪光之教堂	建筑面积113 m²	1989	安藤忠雄

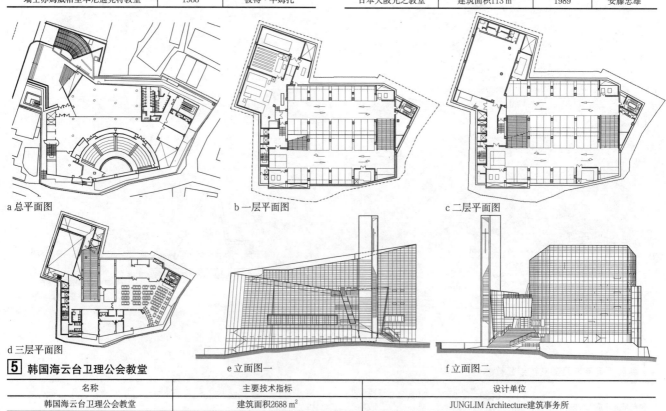

a 总平面图　　b 一层平面图　　c 二层平面图

d 三层平面图　　e 立面图一　　f 立面图二

5 韩国海云台卫理公会教堂

名称	主要技术指标	设计单位
韩国海云台卫理公会教堂	建筑面积2688 m²	JUNGLIM Architecture建筑事务所

实例 [13] 基督教建筑

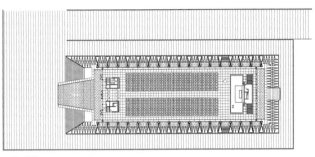
a 平面图

b 剖面图

c 总平面图

1 美国科罗拉多州美国空军学院学员教堂

名称	主要技术指标	建成时间	设计单位
美国科罗拉多州美国空军学院学员教堂	建筑高度46 m	1962	Skidmore, Owings& Merrill建筑事务所

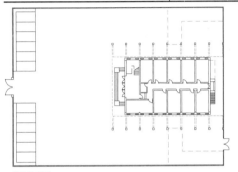
a 总平面图

b 立面图

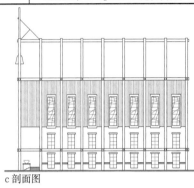
c 剖面图

2 山西晋城乡村教堂

名称	主要技术指标	建成时间	设计单位
山西晋城乡村教堂	建筑面积1250 m²	2007	都市元素（北京）国际建筑设计有限公司

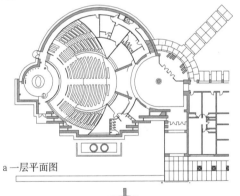
a 一层平面图

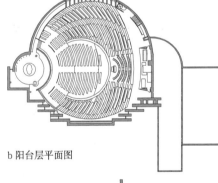
b 阳台层平面图

3 美国哥伦布市圣彼得路德教会

名称	美国哥伦布市圣彼得路德教会
建成时间	1988
设计师	Gunnar Birkerts

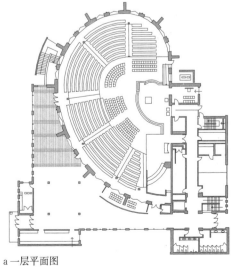
a 一层平面图

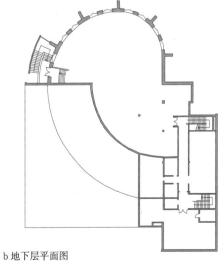
b 地下层平面图

4 美国哥伦布市圣巴塞洛缪罗马天主教堂

名称	美国哥伦布市圣巴塞洛缪罗马天主教堂
建成时间	2002
设计师	Steven R. Risting

伊斯兰教建筑 [1] 概述

概述

1. 唐高宗李治永徽二年（公元651年），伊斯兰教正式传入中国，在中国开始孕育具有中国特色的伊斯兰教建筑文化，形成一批本土化、地域化的伊斯兰教建筑。

2. 伊斯兰教建筑主要指弘扬伊斯兰教的宗教活动场所，包括清真寺（或称礼拜寺）、教经堂、道堂和陵墓（内地称拱北，新疆称麻扎）等建筑。

3. 伊斯兰教建筑起源于阿拉伯半岛，其文明在欧、亚、非三大洲广泛传播发展。"兼容并蓄"的传统，使得伊斯兰教建筑与当地文化相结合，呈现出不同地区的不同建筑特征，变化多端，无固定形式，因地制宜地诠释了伊斯兰教教义影响下的地域建筑。

4. 中国信仰伊斯兰教的有回族、维吾尔族、哈萨克族、东乡族、柯尔克孜族、撒拉族、塔吉克族、乌孜别克族、保安族、塔塔尔族等。其中回族人数众多，分布在全国各省市，其他民族多分布在新疆、甘肃、青海、宁夏等地区，所以伊斯兰教建筑呈现"小集中、大分散"的基本格局。

5. 伊斯兰教建筑在中国可分为三大体系，一个是回族式伊斯兰教建筑，一个是维吾尔式伊斯兰教建筑，还有一种就是近年出现的混合式伊斯兰教建筑。

中国伊斯兰教建筑的分类及特征　　　　　　　　　　表1

类别	民族	特征
回族式	以回族为代表	采用中国传统院落平面布局方式，主体建筑为木构架，装饰纹样和室内彩绘保留阿拉伯建筑的基本风格，形成中国特有的伊斯兰教建筑
维吾尔式	以维吾尔族为代表	保留维吾尔建筑的民族风格，结合当地的气候、建筑材料和建造技术，采用内外殿庭院式布局，多是木质密肋小梁的平屋顶，或以土坯、砖块砌筑穹顶，墙厚窗小。一般建筑群具有装饰性强的券拱大门和高塔式光塔，并在重要建筑物的外表镶嵌彩色玻璃
混合式	以回族为代表	具有近现代建筑的样式，仅在功能和装饰上传承传统伊斯兰建筑的风格，有的还在屋顶上仍沿袭中国传统建筑的特点

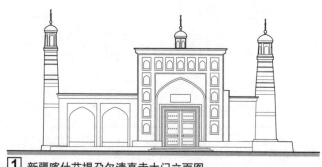

[1] 新疆喀什艾提尕尔清真寺大门立面图

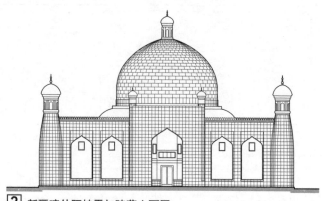

[2] 新疆喀什阿帕霍加陵墓立面图

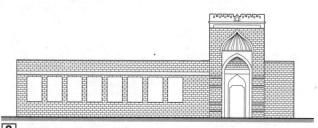

[3] 福建泉州圣友寺立面图

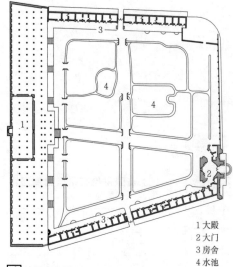

1 大殿
2 大门
3 房舍
4 水池

[4] 新疆喀什艾提尕尔清真寺平面图

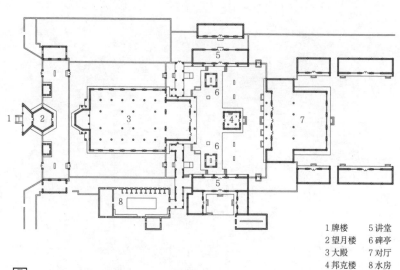

1 牌楼　　5 讲堂
2 望月楼　6 碑亭
3 大殿　　7 对厅
4 邦克楼　8 水房

[5] 北京牛街清真寺平面图

清真寺 [2] 伊斯兰教建筑

总体布局

1. 清真寺又称礼拜寺，是阿拉伯语"麦斯吉德"的意译，原意是"叩拜处"，表示对真主安拉的无比亲近和顺从。由于伊斯兰的宗教生活涉及所有的信奉者，所以清真寺的选址多与居民区相结合，形成"教坊合一"的基本布局，见 [1]。

2. 由于清真寺宗教（礼拜、心灵净化）与社会职能（穆斯林间的交流、节日庆祝、婚丧仪式、调解矛盾、学习宗教文化）的多元化，所以多种功能不同的单体建筑可互相组合，形成一个多样的有形实体空间。

3. 世界各地伊斯兰教信徒在礼拜时均面向麦加天房，而麦加位于中国的西方，所以礼拜墙设在大殿的西墙，整个寺的院落也以此为中心展开，其规模大小决定了寺内基本建筑的种类和数量，而布局方式多依据地形、灵活多变，无一雷同。

4. 根据使用功能的不同，清真寺的空间可划分为主体空间（包括礼仪空间、礼拜空间、传授空间）和辅助空间（包括接待空间和生活空间）。礼仪空间的邦克楼（用于召唤信徒）、水房（用于沐浴），礼拜空间的大殿以及圣龛（位于大殿西墙且朝向麦加）是清真寺的四个主要功能建筑，其他功能可根据清真寺的规模调整设置。

5. 根据流线的组织方式，将回族式清真寺的布局分为直入式、倒座式、转折式三种基本模式；根据院落空间组织方式，将维吾尔式清真寺分为庭院式和殿堂式两种基本模式。

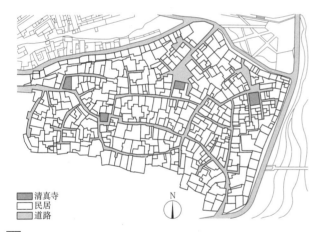

[1] 新疆喀什某街区"教坊合一"的基本布局示意图

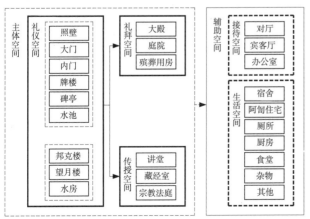

[2] 功能空间组织图

清真寺的规模及建筑功能　　　表1

类别	占地面积	建筑功能
小型	1.5亩以下（1000m²以下）	大殿、邦克楼、水房、办公室等
中型	1.5~6亩（1000~4000m²）	大殿、讲堂、水房、大门、邦克楼、对厅、殡葬用房、宿舍等
大型	6~12亩（4000~8000m²）	大殿、讲堂、水房、大门、内门、邦克楼、望月楼、对厅、殡葬用房、宿舍、陈列室、沐浴室、藏经室、广播室、接待室、休息室、照壁、牌坊、水池等
特大型	12亩以上（8000m²以上）	大殿、讲堂、水房、大门、内门、邦克楼、望月楼、对厅、殡葬用房、宿舍、墓室、女寺、会议室、宗教法庭、水池、教经堂等

回族式清真寺布局的基本模式　　　表2

类别	示意图	设计要点
直入式		1.可为多进院落，层层深入；2.充分利用中国传统四合院的布局方式，形成中轴对称的基本格局，秩序井然，条理清楚；3.门楼、邦克楼、大殿、望月亭等主体建筑位于院落中轴线上，碑亭、讲堂等辅助建筑位于轴线两侧
倒座式		1.大门位于院落西墙，而大殿正门面东开启，两建筑形成"背靠背"的基本格局；2.进入大门后不可直抵大殿，而是由大殿两侧至后院，即从大殿的侧面行进，直至大殿前，反向入大殿
转折式		1.大门位于院落南墙或北墙，进入庭院后，经转折，朝向大殿，即先南北行进，后沿东西方向深入，进入大殿；2.至少经历一次转折，也可与直入式或倒座式相结合，形成多次转折后进入大殿

注：1大殿，2邦克楼，3望月楼，4讲堂，5大门，6水房，7碑亭，8影壁，9对厅，10内门。

维吾尔式清真寺布局的基本模式　　　表3

类别	示意图	设计要点
庭院式		1.入大门后即一庭院，墙和建筑构成合围之势；2.大殿外有一字形或L形、U形的外廊，形成外殿，且外殿是围合庭院的重要建筑；3.大殿由内、外殿组成，外殿较为开敞外向，也称"夏室"；内殿封闭内向，也称"冬室"
殿堂式		1.以大殿为主体，进门后可直接进入大殿，有的大殿正门即是清真寺的大门；2.大殿亦分内、外殿，且自身完整；3.多为不规则的小型殿宇，夹杂在居民区中，形成"一街一寺"的平面布局

注：1内殿，2外殿，3大门，4水池，5光塔。

伊斯兰教建筑 [3] 清真寺

大殿

1. 大殿是清真寺中最重要的建筑，是穆斯林礼拜的场所，位于寺内主要位置。回族式清真寺由月台、卷轩、前殿、中殿、后殿和窑殿组成，维吾尔式清真寺一般由内殿、外殿和外廊组成，其空间组成部分依其规模亦可有删减。

2. 一般清真寺内仅一座用于礼拜的大殿，规模较大的设二、三座。常根据穆斯林人数的增加，进行改扩建。

3. 在中国，大殿在清真寺内坐西朝东，穆斯林面对西方麦加"克尔白"天房的方向，进行礼拜。

4. 每个大殿内都有宣礼台（或称宣讲台、敏拜尔，位于殿内北侧）、基布拉（大殿西侧的礼拜墙）和米哈拉布（朝向麦加方向墙壁上的拱形凹壁）；大殿内并无分隔，铺炕席或地毯，不可穿鞋进入。

5. 回族式清真寺大殿的组成内容根据其规模的大小不同而略有差异，多采用垂直于"基布拉"东西方向布置多柱大厅，上覆以数座屋顶，用勾连搭的屋顶做法，形成中国伊斯兰教建筑特有的"几起几落"的造型。

6. 维吾尔式清真寺大殿一般由木构多柱大厅或穹顶结构构成。其内殿又称窑殿，中设"米哈拉布"和宣礼台，外殿或单侧开敞，或由宽阔的前廊、侧廊组成。

大殿的面积规模及组成　　　表1

类别	建筑面积	容纳礼拜人数	组成内容	实例（建筑面积）
特小型	100m² 以下	150人以下	大殿	西藏昌都清真寺（52m²）
小型	100~300m²	150~500人	卷轩、大殿	甘肃金昌市清真大寺（180m²）
中型	300~600m²	500~1000人	卷轩、大殿、窑殿	山西太原清真古寺（460m²）
大型	600~1000m²	1000~1500人	卷轩、前殿、后殿、窑殿	安徽安庆关南清真寺（620m²）
特大型	1000m² 以上	1500人以上	月台、卷轩、前殿、中殿、后殿、窑殿	河北泊头清真寺（1114m²）

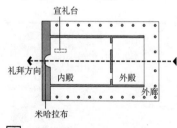

1. 平面多为矩形，常有一圈外廊环绕殿外，有的外廊亦为外殿。
2. 外殿因常在夏季使用，又称"夏殿"；内殿则多在冬季使用，亦称"冬殿"。

1 维吾尔式清真寺大殿平面模式图

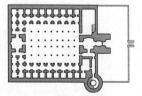
a 新疆吐鲁番苏公塔礼拜寺

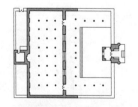
b 新疆喀什奥大西克礼拜寺

2 维吾尔清真寺大殿

维吾尔式清真寺大殿分类及特征　　　表2

类别	建筑特征	实例
木构多柱大厅	主要受力构件为木柱，其上平置木梁，其再施以密肋小梁，后铺柴草抹灰泥，外以厚土墙三面围合，构成平面灵活、横长型或纵深型的平面格局	新疆喀什艾提卡尔清真寺 新疆莎车加曼清真寺 新疆和田加曼清真寺 新疆库车加曼清真寺
穹顶结构	矩形平面，四面分设尖券拱门，用夯土或土坯砖筑厚土墙，砌成半球形或尖形穹顶，构成集中式平面布局	新疆莎车阿夜那清真寺
混合式	外围采用穹顶结构围合，中间用木构平顶式多柱大厅	新疆吐鲁番苏公塔清真寺 新疆哈密阿夜那清真寺

注：根据路秉杰、张广林编著的《中国伊斯兰教建筑》（2005年4月出版）中P201"新疆维吾尔族清真寺礼拜大殿的分类"编制。

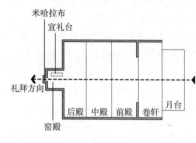

1. 卷轩是大殿的前廊空间，或在殿前采用半封闭、半开敞的抱厦，用作脱鞋处、交流之所，是室内外的过渡空间。
2. 窑殿外常设有周回廊，大殿则亦可使用周回廊、三面廊或不用廊，做法依规模而定。
3. 屋顶常起亭子，有的在窑殿上立一攒尖亭，有的则立多座，用以兼作望月楼或邦克楼。

3 回族式清真寺大殿的平面模式图

回族式清真寺大殿分类及实例　　　表3

平面	实例
凸字形	甘肃兰州桥门街清真寺　青海西宁东关大寺
矩形	云南大理老南门清真寺　山西太原清真寺
中字形	北京牛街礼拜寺　宁夏同心清真大寺
其他	宁夏石嘴山清真大寺　天津南大寺

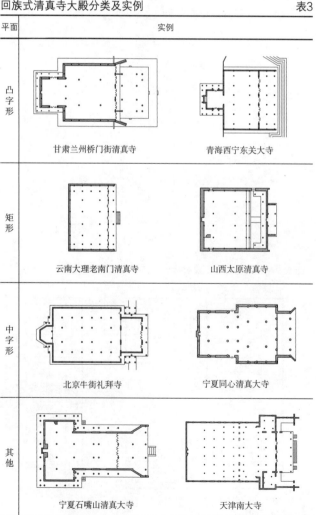

清真寺 [4] 伊斯兰教建筑

邦克楼

1. 邦克楼也称"马那拉(Manara)",清真寺中特有的建筑。邦克楼起初用以呼唤穆斯林按时礼拜,后演变为清真寺的标识或符号,每个清真寺内可设一座或数座不等。

2. 在回族式清真寺中,邦克楼或以"密那楼"、"召唤楼"、"宣礼楼"命名,常采用多层楼阁式木结构。

在维吾尔式清真寺中,邦克楼则高耸如塔,形成高塔式邦克楼,因此又称其为"光塔"。

3. 回族式清真寺中,邦克楼位于院落主轴线的重要节点上,或独立于院中,形成院落的主体建筑;或作为多进院落的二门,成为院落空间划分和引导的重要建筑组成;还有的则偏于院落的某一角而单独存在。

4. 在维吾尔式清真寺中,常见光塔立于大门两侧,或在大殿角部,置一到多个不等,大小形式也皆可不同,小的多为实心,大的则内设螺旋形梯段,不分层,最上置平台,建开敞式圆亭,塔顶成半球形,立刹杆,承新月。外表面贴彩色琉璃或砌水平层状花纹,并设有通风透气孔洞。

5. 邦克楼按平面形式分为圆形、矩形和多边形。还有折中式的,即下部平面为方形,上部平面为圆形或多边形,中间设可供召唤使用的平台作为过渡。

邦克楼多为两层、三层或五层,可采用木构、砖构、土构或混合结构体系。

邦克楼在回族式清真寺中的分布模式 表1

类别	示意图	实例		
独立式	望月楼/大殿/讲堂/大门/讲堂	四川成都鼓楼街清真寺	山西太原清真寺	甘肃兰州解放路西关清真寺
二门楼	望月楼/大殿/讲堂/大门/讲堂	云南巍山回辉登清真寺	青海湟中洪水泉清真寺	山东济宁清真西大寺
偏于一角	望月楼/大殿/讲堂/大门/讲堂	西藏拉萨河坝林清真寺	广东广州怀圣寺	宁夏同心清真大寺

邦克楼在维吾尔式清真寺中的分布模式 表2

类别	示意图	实例	
大门两侧	内庭院/大门	新疆喀什艾提尕尔清真寺	新疆喀什奥大西克礼拜寺
大殿角部	大殿	新疆吐鲁番苏公塔礼拜寺	新疆喀什阿帕克陵园高低礼拜寺

邦克楼的基本空间格局模式 表3

类别	设计要点	示意图	实例	
穿越式	1.两面开敞是常见的空间组织方式,多用在回族式清真寺中;2.位于院落的轴线之上,是庭院中的主体建筑,有时也与内门合二为一		北京牛街礼拜寺	青海湟中洪水泉清真寺
进入式	单侧设门,常用在维吾尔式清真寺中,多是清真寺的标识;多置于大门两侧,或立于大殿的角部,还有的或单独于大殿一侧,或独立位于别院之中		广东广州怀圣寺	青海西宁东关大寺
开敞式	1.四面开敞,常设周回廊;2.位于院落中轴线上,且独立于院中的主体建筑;3.院落尺度与邦克楼相协调,使其具有良好的观赏视线		山西太原清真寺	陕西西安化觉巷清真寺

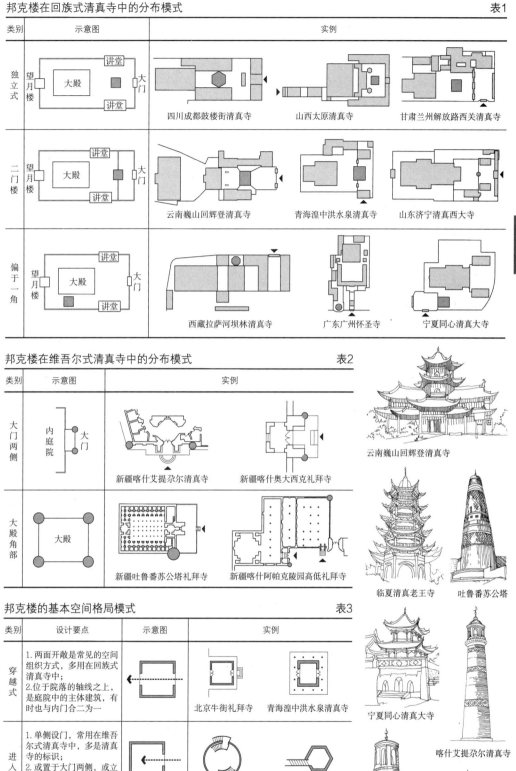

云南巍山回辉登清真寺

临夏清真老王寺   吐鲁番苏公塔

宁夏同心清真大寺

喀什艾提尕尔清真寺

鄯善鲁克沁寺   西安化觉巷清真寺

1 建筑造型实例

伊斯兰教建筑 [5] 清真寺

望月楼

1. 望月楼常见于中国伊斯兰教清真寺中，仅供登临望月，见新月而封斋，以确定封斋和开斋日期之用。

2. 由于望新月是在黄昏时分，且向西天观望，因此常置于清真寺的西部，且其西侧应无遮挡。

3. 在形式上，有的为"亭式"，也有的为"楼阁式"；有的与邦克楼相结合，而有的则立于大殿西侧的屋顶之上，也有的作为门楼引导院落空间，还有的另辟别院，置于院中。

山东临清清真北大寺　内蒙古呼和浩特清真大寺　辽宁沈阳清真南寺

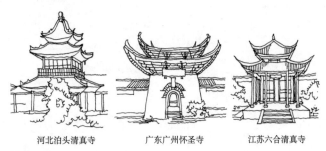

河北泊头清真寺　广东广州怀圣寺　江苏六合清真寺

1 望月楼建筑造型

对厅

与大殿相对，主要用作讲习经卷和接待宾客，形制多同于一般民房，平面常为矩形，多设廊庑。

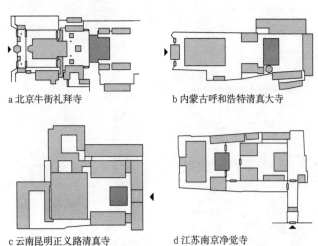

a 北京牛街礼拜寺　b 内蒙古呼和浩特清真大寺

c 云南昆明正义路清真寺　d 江苏南京净觉寺

3 对厅在清真寺中的位置

山东济宁清真东大寺　北京牛街礼拜寺

a 位于清真寺的西墙之上

河北大厂北坞清真寺　上海小桃园清真寺

b 大殿之上

河南郑州北大清真寺　广东广州怀圣寺

c 与门楼结合

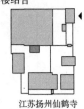

江苏扬州仙鹤寺　四川成都皇城清真寺

d 大殿一侧

2 望月楼在清真寺中的位置

讲堂

清真寺内讲授经卷之所，常在大殿前南北两侧成对称布置，也有在大殿单侧布置一座的，多为三间、五间，规模不大。

讲堂分类　　　　　　　　　　　　　　　　表1

类别	南北讲堂		单侧讲堂
布局模式	模式一	模式二	模式三
			模式四
设计要点	可位于外院或内院中，若为外院，则与大门、邦克楼等建筑围合形成庭院；而若立于内院，则与大殿围合成清真寺的中心庭院		可独立于大殿旁的小庭院之中，亦可在大殿一侧，与大殿、门等建筑围合成一个庭院

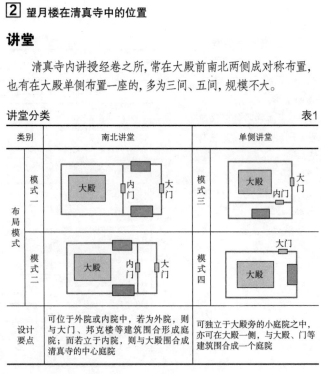

大门

1. 进入清真寺的入口,常设计成带有屋顶的建筑形式,俗称"大门楼"。
2. 回族式清真寺采用单间或三间传统建筑式样,多为砖或木结构,有的还以牌坊为大门。
3. 维吾尔式清真寺则多采用砖构,依托屏风墙,形成券拱式大门。

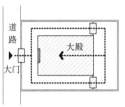
a 南北向道路,寺位于路东

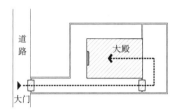
d 东西向道路,寺位于路北

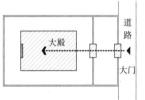
b 南北向道路,寺位于路西

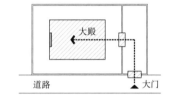

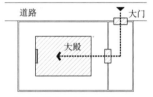
c 南北向道路,寺位于两路之间　　e 东西向道路,寺位于路南

1 大门与道路、大殿的流线关系

维吾尔式清真寺的大门分类　　表1

类别	屏风墙外角夹两塔式	转角式
实例	新疆库车热斯坦清真寺	新疆喀什三柱清真寺
设计要点	较为普遍的形式,屏风墙上开券拱门,两光塔处于券拱门两侧,成向上耸立之势	少有,角部有两面屏风墙,都设券拱门,转角处各置光塔一座,门内为天圆地方式门厅
类别	屏风墙列拱式	方正屏风式
实例	新疆吐鲁番苏公塔清真寺	福建泉州圣友寺
设计要点	在高大的屏风墙上排列一个大券拱和若干小券拱。大券拱作门,内设正常尺度大门,以供出入;小券拱在大券拱两侧及上部整齐排列	屏风墙正面开内凹式门且向内逐层收缩小,与穹顶结构组合成门厅

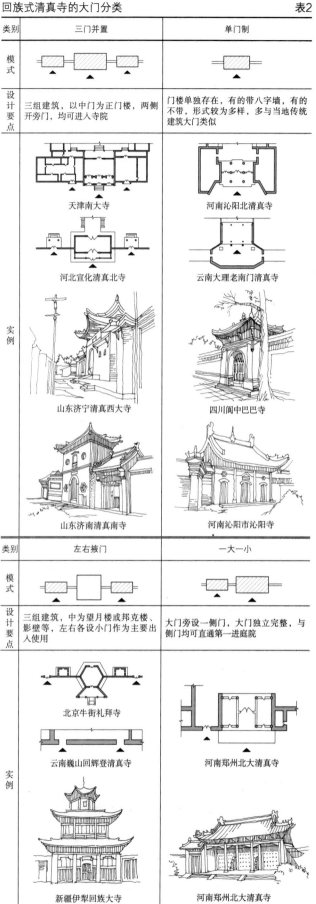

伊斯兰教建筑 [7] 清真寺

内门

1. 内门指清真寺内部进入下一进庭院的入口，是大殿前导空间的重要节点。

2. 常为单间门楼，多用垂花门或屏风形式，小巧而精美。有的与大门类似，形成楼阁式或殿宇式门楼，还有的以牌坊为门，增加空间层次及序列感。

水房

1. 礼拜前的净身之所，是清真寺中特有的建筑类型，男女分别设置。布局较为灵活，多在门的两侧、大殿周边，或另立别院。

2. 净身仪式分大净和小净，小净是指清洗耳眼口鼻、手足等，大净则为全身沐浴，可依寺之大小而设。

3. 内部需要配备公共更衣处、净身小间、污水排除、冷热水供应等基础设施。寒冷的地方需要有锅炉房、燃柴燃煤堆放处、水井等辅助设施。

a 河北沧州清真北大寺

b 河北泊头清真寺

a 大殿之后 上海松江清真寺 云南昆明正义路清真寺

c 上海松江清真寺

d 天津清真大寺

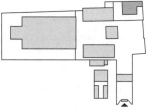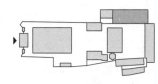
广西桂林西门外街清真寺　内蒙古呼和浩特清真大寺
b 大殿之前

e 陕西西安化觉巷清真寺

f 河南郑州北大清真寺

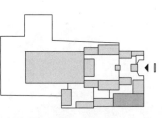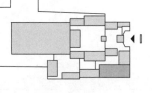
山东济南清真北大寺　安徽安庆清真寺
c 另立别院

g 新疆库车乌恰乡默拉纳和卓寺

h 青海西宁东关大寺

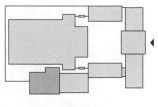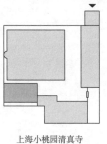
天津南大寺　上海小桃园清真寺
d 大殿两侧

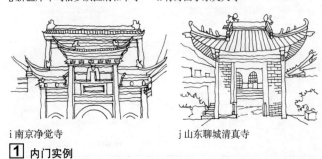
i 南京净觉寺　j 山东聊城清真寺

1 内门实例

2 水房在清真寺中的平面位置

陵墓 [8] 伊斯兰教建筑

设计要点

1. 陵墓又称"圣墓",在内地常被称作"拱北",在新疆又有"麻扎"之说,是伊斯兰教著名的教长或领袖死后的葬地。其内不仅埋葬教长一人,还是家族成员的墓园,有的甚至在其周围布置众多教徒的坟墓,构成某一宗派或集团的公共墓地。

2. 陵墓的组成内容视其规模大小而定,除了墓祠外,还设有大殿、教经堂、住宅、厨房、水房等辅助用房,形成陵园。

3. 建筑风格上,内地的拱北沿用传统四合院建筑,中轴线对称,采用起脊式屋顶结构;新疆的麻扎则多采用集中式的布局方式,规模较大的墓祠多用穹顶,由砖、土坯、琉璃砖等砌成,较小的则用平顶、花窗装饰。

1 墓祠　4 大殿
2 砖牌坊　5 客厅
3 方亭　6 大门

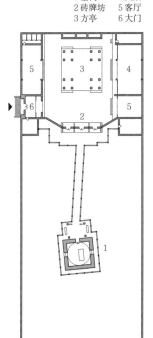

a 陵园平面图　b 墓亭正面　c 墓祠侧面　d 墓祠剖面图

1 广东广州桂花岗斡葛斯墓

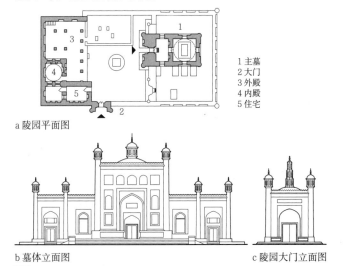

1 主墓　2 大门　3 外殿　4 内殿　5 住宅

a 陵园平面图　b 墓体立面图　c 陵园大门立面图

2 新疆喀什玉素甫麻扎

1 大门楼　4 墓群
2 大殿　5 主墓室
3 正厅　6 二门

a 陵园一层平面图

b 陵园二层平面图

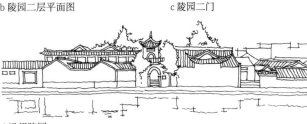

c 陵园二门　d 远望陵园

3 江苏扬州解放桥普哈丁墓

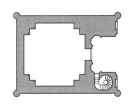 

a 墓室平面图　b 墓室正立面图

4 新疆喀什斯坎德尔麻扎

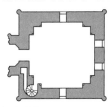

a 墓室平面图　b 墓室剖面图

5 新疆阿图什阿比伯节姆·帕夏页姆麻扎

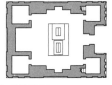 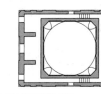

a 墓室一层平面图　b 墓室二层平面图

 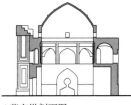

c 墓室背立面图　d 墓室纵剖面图

6 新疆伊犁霍城秃黑鲁·帖木儿王陵墓室

3 宗教建筑

伊斯兰教建筑 [9] 教经堂

定义

"经堂教育"是以清真寺为中心,传习伊斯兰教经典、培养宗教人才的一种专门教育。教经堂也称"经学院",或称"穆德拉莎",是提供这种教育的场所,或者说是伊斯兰教的学校教育建筑,在布置形式上多遵循当地的民族习俗。有的成为清真寺或陵墓建筑不可缺少的组成内容,有的则独立存在。

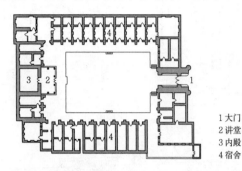

1 大门
2 讲堂
3 内殿
4 宿舍

1 新疆喀什哈力克教经堂平面图

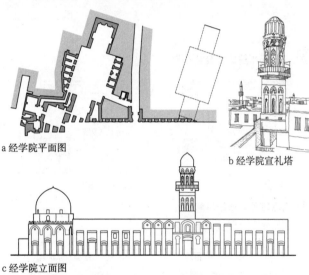

a 经学院平面图
b 经学院宣礼塔
c 经学院立面图

2 埃及开罗 苏丹·沙利赫(Sultan Salih)经学院

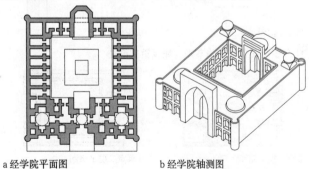

a 经学院平面图
b 经学院轴测图

c 经学院全景图

3 乌兹别克斯坦布哈拉 兀鲁伯(Ulugh beg)经学院

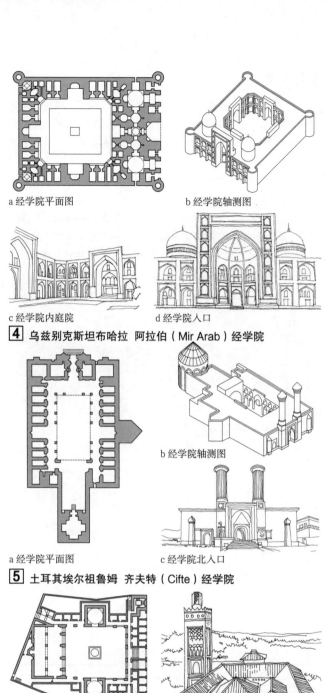

a 经学院平面图
b 经学院轴测图
c 经学院内庭院
d 经学院入口

4 乌兹别克斯坦布哈拉 阿拉伯(Mir Arab)经学院

a 经学院平面图
b 经学院轴测图
c 经学院北入口

5 土耳其埃尔祖鲁姆 齐夫特(Cifte)经学院

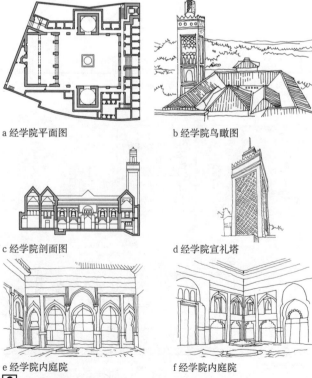

a 经学院平面图
b 经学院鸟瞰图
c 经学院剖面图
d 经学院宣礼塔
e 经学院内庭院
f 经学院内庭院

6 摩洛哥非斯 伊纳尼亚(Inaniyya)经学院

建筑装饰 [10] 伊斯兰教建筑

设计要点

1. 伊斯兰教建筑的装饰题材和纹样常采用几何图案、植物图案及经文图案，不用动物图案。在材料上，则多使用砖雕、木雕、石雕和石膏雕花等。

2. 建筑的入口、檐头和外立面上常采用琉璃砖、砖砌主题图案纹样，门窗多用木花格，室内装饰则多用在梁柱、天棚、墙面、门楣、窗套上，装饰的重点集中在大殿内的基布拉。

3. 以蓝、绿、白作为建筑装饰的主色调，以黄、红、金等暖色调点缀，构成整体协调、变化丰富的装饰图案。

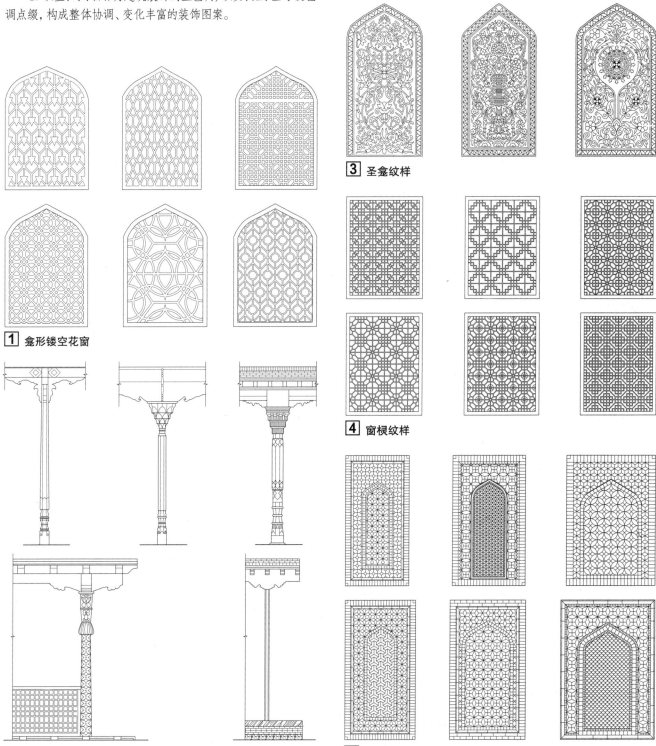

① 龛形镂空花窗

② 新疆伊斯兰教建筑的柱式

③ 圣龛纹样

④ 窗棂纹样

⑤ 清真寺砖雕纹饰

伊斯兰教建筑 [11] 实例

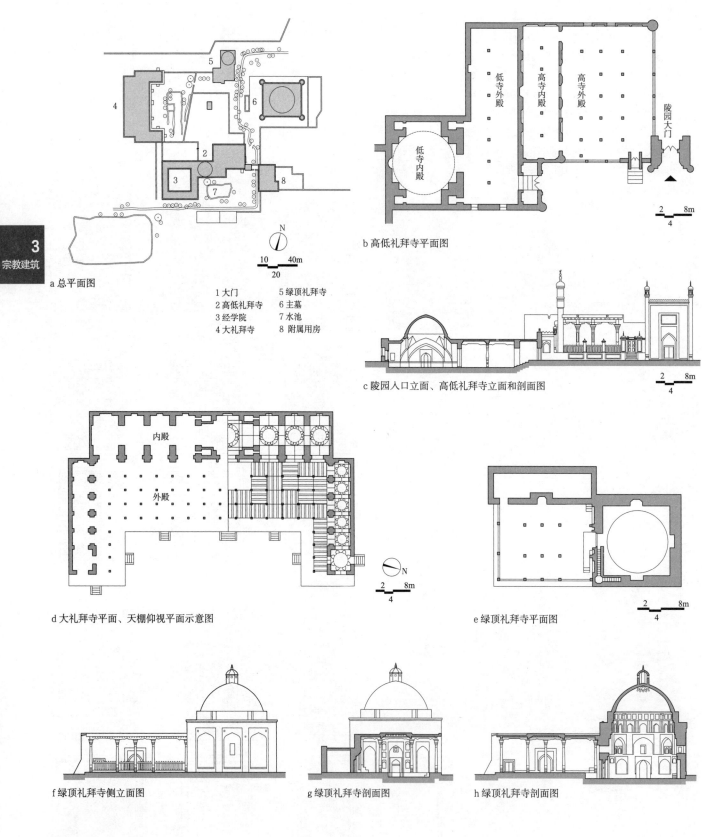

a 总平面图

1 大门　　　5 绿顶礼拜寺
2 高低礼拜寺　6 主墓
3 经学院　　　7 水池
4 大礼拜寺　　8 附属用房

b 高低礼拜寺平面图

c 陵园入口立面、高低礼拜寺立面和剖面图

d 大礼拜寺平面、天棚仰视平面示意图

e 绿顶礼拜寺平面图

f 绿顶礼拜寺侧立面图

g 绿顶礼拜寺剖面图

h 绿顶礼拜寺剖面图

1 新疆喀什阿帕霍加陵园

名称	地点	主要建筑组成	建筑类型	
新疆喀什阿帕霍加陵园	新疆维吾尔自治区喀什市东北郊5km处艾孜热特村	礼拜寺、墓室、经学院、水池、大门、附属用房等	以维吾尔族为代表的维吾尔式伊斯兰建筑实例	始建于1640年，1874年阿古柏花巨资扩建修缮形成今日规模，是新疆境内规模和影响最大的伊斯兰教"霍加"（即圣人后裔）陵墓。墓中埋葬买买提·玉素甫霍加、喀什"霍加政权"国王和阿帕克霍加及其家族5代72人

实例 [12] 伊斯兰教建筑

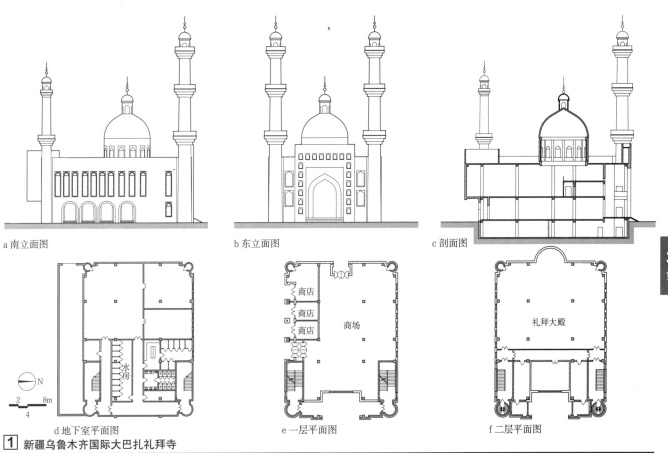

a 南立面图   b 东立面图   c 剖面图

d 地下室平面图   e 一层平面图   f 二层平面图

1 新疆乌鲁木齐国际大巴扎礼拜寺

名称	地点	设计单位	
新疆乌鲁木齐大巴扎礼拜寺	新疆乌鲁木齐天山区二道桥国际大巴扎广场东北角	新疆建筑设计研究院	该礼拜寺是国际大巴扎的重要组成部分，平面近长方形，四角各立一宣礼塔，立面采用红砖与白色窗套相结合的方式，充分体现西域民族特色

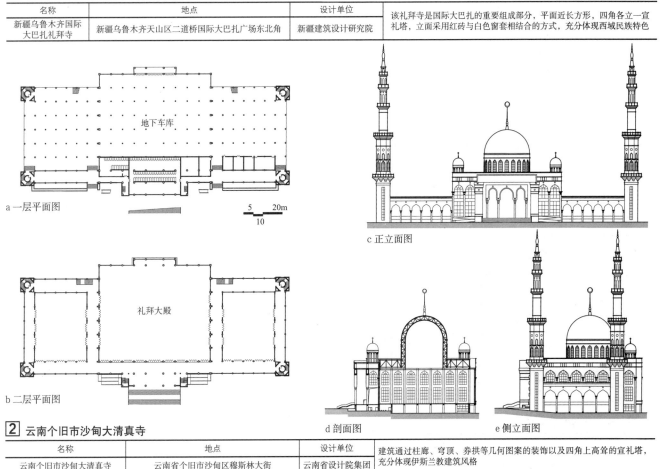

a 一层平面图

b 二层平面图

c 正立面图

d 剖面图   e 侧立面图

2 云南个旧市沙甸大清真寺

名称	地点	设计单位	
云南个旧市沙甸大清真寺	云南省个旧市沙甸区穆斯林大街	云南省设计院集团	建筑通过柱廊、穹顶、券拱等几何图案的装饰以及四角上高耸的宣礼塔，充分体现伊斯兰教建筑风格

伊斯兰教建筑 [13] 实例

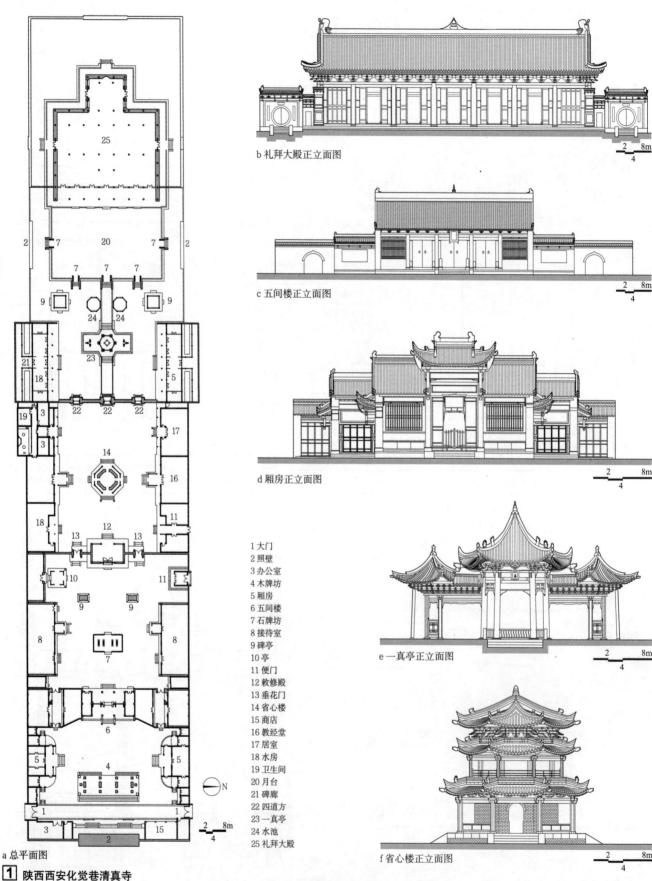

a 总平面图
b 礼拜大殿正立面图
c 五间楼正立面图
d 厢房正立面图
e 一真亭正立面图
f 省心楼正立面图

1 大门
2 照壁
3 办公室
4 木牌坊
5 厢房
6 五间楼
7 石牌坊
8 接待室
9 碑亭
10 亭
11 便门
12 救修殿
13 垂花门
14 省心楼
15 商店
16 教经堂
17 居室
18 水房
19 卫生间
20 月台
21 碑廊
22 四道方
23 一真亭
24 水池
25 礼拜大殿

1 陕西西安化觉巷清真寺

名称	地点	主要建筑组成	建筑类型	
陕西西安化觉巷清真寺	陕西西安城内鼓楼西侧的化觉巷内	门楼、邦克楼、礼拜大殿、水池、水房、教经堂等	以回族为代表的回族式伊斯兰建筑实例	主要建筑为明初遗物，轴线为东西向，南北宽约50m，东西长约250m，面积约为12500m²。沿东西方向布置了五进院落，规模宏大、布局严整

实例 [14] 伊斯兰教建筑

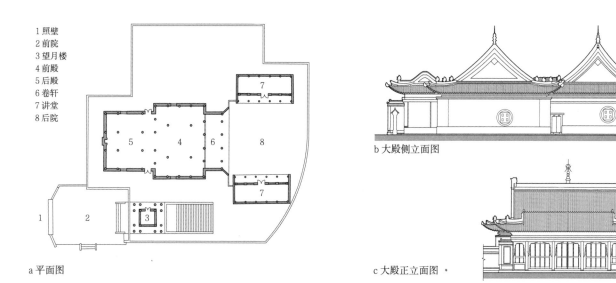

1 照壁
2 前院
3 望月楼
4 前殿
5 后殿
6 卷轩
7 讲堂
8 后院

a 平面图
b 大殿侧立面图
c 大殿正立面图

1 宁夏同心清真大寺

名称	地点	建筑组成	建筑类型	
宁夏同心清真大寺	宁夏同心县城南2km	清真寺、讲堂、望月楼	以回族为代表的回族式伊斯兰建筑实例	始建于明初，经明万历、清乾隆五十六年和光绪三十三年3次扩建维修。由大殿、南北讲堂围合形成三合院，是我国阿拉伯建筑风格与当地传统建筑融为一体的清真寺

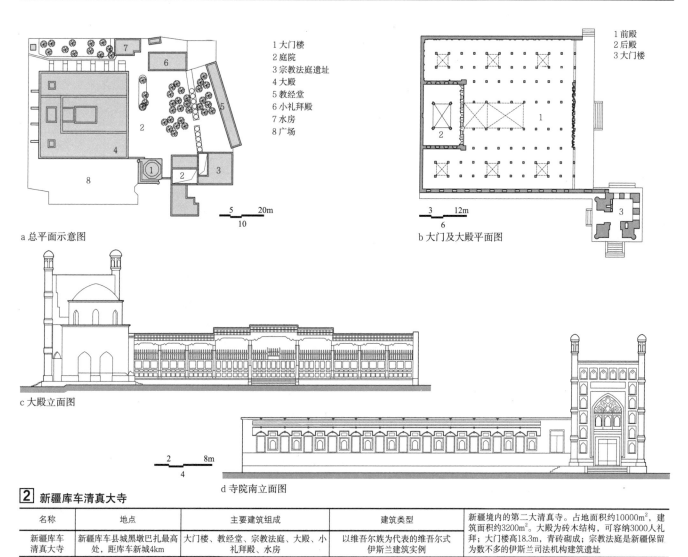

1 大门楼
2 庭院
3 宗教法庭遗址
4 大殿
5 教经堂
6 小礼拜殿
7 水房
8 广场

1 前殿
2 后殿
3 大门楼

a 总平面示意图
b 大门及大殿平面图
c 大殿立面图
d 寺院南立面图

2 新疆库车清真大寺

名称	地点	主要建筑组成	建筑类型	
新疆库车清真大寺	新疆库车县城黑墩巴扎最高处，距库车新城4km	大门楼、教经堂、宗教法庭、大殿、小礼拜殿、水房	以维吾尔族为代表的维吾尔式伊斯兰建筑实例	新疆境内的第二大清真寺。占地面积约10000m^2，建筑面积约3200m^2。大殿为砖木结构，可容纳3000人礼拜；大门楼高18.3m，青砖砌成；宗教法庭是新疆保留为数不多的伊斯兰司法机构建筑遗址

会议建筑 [1] 概述

基本概念

1. 会议建筑是具有一定规模的，以满足各类型会议为主要功能的建筑或建筑群。会议建筑通过设施整合可以兼顾展示功能及各类活动。会议建筑包括多个不同规模的会议厅、会议室、餐饮设施及其他配套附属设施。

2. 会议建筑常与展览建筑组合成综合体，形成会展建筑。

3. 其分类可按建筑功能或建筑规模划分。

（1）按建筑功能分类：

独立式会议建筑，指专门以会议为使用功能的会议建筑或建筑群。如人民大会堂、大连国际会议中心等。

会议建筑综合体，指以大型会议为主要功能的，会议、酒店综合体，有时兼有办公、商业、娱乐等功能。如国家会议中心、广州白云会议中心。

会展建筑会议区，指在会展中心建筑群中，比较独立，会议功能全面的会议中心。如德国杜塞尔多夫会议中心、福州海峡国际会展中心。

其他类型会议建筑，指会议功能形成一定规模的，度假酒店型会议中心、商务酒店型会议中心等。如北京九华山庄度假会议区等。

（2）按建筑规模分类：

按照会议中心建筑面积大小，或综合体中会议区建筑面积的大小，可划分为特大型、大型、中型和小型。

策划

会议中心策划主要依据先期市场可行性研究。其内容应涉及所在区域政治、经济、自然和社会环境特征，会议市场的特点与发展趋势，项目定位和优势，交通等市政设施条件，规划与环保要求，经济和社会效益评价，风险分析与对策等。

选址

1. 应建在城市中交通方便、城市公用设施完备的地区。
2. 最好建在市区或城市近郊。
3. 周边应有酒店。
4. 宜留有适当的扩建余地。
5. 具有良好的城市品牌形象和气候条件，且旅游资源丰富程度较高地区，更有利于会议活动的开展，可提高会议设施的竞争力。

总平面设计要点

1. 总平面设计应适应周围交通条件，合理组织内部交通流线，减少会议代表步行时间。
2. 合理布局各项功能，组织好人流、车流及货物流线。
3. 多栋建筑宜通过地上或地下，室内或半室外空间进行联系。
4. 部分会议建筑为城市重点项目或拥有良好的自然环境，总平面设计着重处理好与城市及环境景观的关系。

按建筑规模划分　　　　　　　　　　　　　　　表1

建筑规模	总建筑面积（m²）
特大型会议建筑	S > 50000
大型会议建筑	20000 < S ≤ 50000
中型会议建筑	5000 < S ≤ 20000
小型会议建筑	S ≤ 5000

国内外会议中心示例　　　　　　　　　　　　　表2

项目名称	城市性质	项目类型	会议用途	规模（m²）
国家会议中心	首都	会议中心综合体	商务/政务	53.00万
广州白云会议中心	省会	会议中心综合体	商务/政务	31.60万
福州海峡国际会展中心	省会	会展中心会议区	商务/政务	38.00万
潍坊鲁台经贸会展中心	地级市	会展中心会议区	商务/政务	12.30万
大连国际会议中心	副省级市	独立会议中心	商务/演出	14.68万
日本东京国际会议中心	首都	独立会议中心	商务/演出	14.50万
德国杜塞尔多夫会议中心	州府	会展中心会议区	商务/会议	27.60万

国内外会议中心选址示例　　　　　　　　　　　表3

项目名称	位置	周边交通情况	周边建筑情况		
			酒店	办公	商业
国家会议中心	城市中心区	城市主干路/地铁	有	有	有
广州白云会议中心	城市近郊	机场/高速路/地铁	有	—	—
大连国际会议中心	城市中心区	城市主干路/地铁	有	有	有
日本东京国际会议中心	城市中心区	城市主干路/地铁	有	有	有
德国杜塞尔多夫会议中心	城市近郊	机场/城铁	有	有	有

会议建筑规模与配套　　　　　　　　　　　　　表4

项目名称	占地面积（m²）	会议建筑面积（m²）	最大会议厅人数	配套展览面积（m²）	配套酒店		
					酒店数量	星级	客房数
国家会议中心	12.21万	27.00万	6000	2.00万	2	五星	750
广州白云会议中心	25.00万	21.60万	2500	6.00万	2	五星	1080
苏州市会议中心	6.80万	16.20万	3000	0.10万	1	四星	416
大连国际会议中心	4.30万	14.68万	2500	—	周边	—	—
上海国际会议中心	2.10万	11.00万	4000	7.90万	1	五星	273
博鳌亚洲论坛会议中心	13.33万	9.10万	3000	1	1	五星	427
北京国际会议中心	2.00万	6.88万	2300	0.50万	1	五星	538

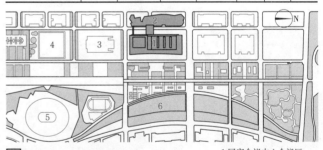

1 国家会议中心总平面图

1 国家会议中心会议区
2 国家会议中心酒店区
3 国家体育馆
4 国家游泳馆
5 国家体育场
6 下沉公园

2 美国Orange County会议中心总平面图

1 会议区西翼
2 会议区东翼
3 酒店
4 停车楼

场地设计要点

1. **广场。** 会议中心主广场应具有衔接建筑主入口、疏散人流的作用,并承担室外集中活动区的功能。广场各出入口应协调场地外公交场站、出租车停靠站、轨道交通等设施,增强建筑的易达性。广场应具备举办开幕式、室外宣传展示等功能。

广场必须有车行道,保证车辆直接到达主入口或主要厅室入口,车道宽度至少满足1辆大巴车通行,1辆停靠。广场设置主旗杆3根,其他旗杆根据实际需要结合场地条件设置。

2. **公众停车场地。** 会议中心停车场地需根据用地情况酌情设计。在近郊或郊区的会议中心建议采取地面停车为主的方式;在城区或城市新区的会议中心建议采用以地下为主,地面为辅的停车方式。

停车数量需根据会议中心规模和城市发展水平,以及当地规划、交通部门的相关要求确定,应有一定的预留发展空间。

3. **大巴车停车场地。** 会议中心地面需要设置大巴车停车场地。

4. **货运场地/货车停车场地。** 满足大型货运车辆停靠,并确保足够的回车空间。用于会议布置的卸货场置于地下,还应考虑净高要求。室内室外卸货均最好有高度1~1.4m的卸货平台。

5. **其他用地/设施**

室外展场:可根据会议中心规模及与展览中心关系设置室外展场,亦可搭建临时会场或餐厅等设施。

绿化用地:符合规划审批要求。

垃圾处理站、动力中心等:对于无地下室的会议建筑,或单栋体量不宜过大的会议建筑,可单独设置。

6. **预留用地:** 根据区域发展规划预留用地,预留用地可初期用于卸货场、室外停车场等大型室外空间。

交通组织要点

1. 与城市道路衔接出入口应不少于2个。
2. 用地内应形成环路,与酒店等功能应有机动车道路相连接,并有各自独立的与城市道路的接驳口。
3. 满足消防道路、疏散、扑救等现行国家防火规范要求。
4. 尽量做到人车分流,步行流线应考虑场地外交通设施站点到场地出入口、建筑主要出入口的易达性。
5. 公众人员流线、贵宾流线、会议货运流线,应尽量做到互不干扰,互不交叉。
6. 公众人员流线应考虑用地周边公共交通设施到达的便利性,如公交、地铁、出租车停靠站点。
7. 贵宾流线应尽量避开车辆较集中区,单独设置流线。宜就近设置停车场。
8. 会议货运流线,包括会议搭建流线、餐厨流线、服务流线应尽量彼此独立设置,并与公众流线及贵宾流线分开。
9. 会议配套设施(如酒店)至会议场地距离步行时间宜控制在5分钟以内。
10. 多栋建筑的会议中心,宜在地上或地下室内、半室外空间设置人行连接通道。

广场设计示例 表1

项目名称	广场面积(m²)	货运场地面积(m²)
国家会议中心	1.81万	0.91万(地上)
广州白云会议中心	8.94万	0.54万(地下)
大连国际会议中心	2.86万	0.31万(地下)
福州海峡国际会展中心会议区	13.56万	3.12万(地上)
潍坊鲁台经贸会展中心会议区	6.58万	2.16万(地上)

公众停车场停车数量示例 表2

项目名称	总建筑面积(m²)	地上停车	地下停车	总停车数量	大巴车停车数量
国家会议中心	27.00万	—	784	784	50(周边)
广州白云会议中心	31.60万	312	350	662	39
大连国际会议中心	14.68万	497	138	635	16(周边)
苏州太湖会议中心	6.00万	32	400	450	18

注:停车数量应满足当地城市规范要求,上述实例仅供参考。

常用货车停车场地设置要求 表3

常用货车类型	车位尺寸(m)	最小净高(m)	地面到车板尺寸(m)	转弯半径(m)
20英尺(约等于6.1m)集装箱货车	3.3×6.5	4.0m	1.3	7.7
40英尺(约等于12.2m)集装箱货车	3.3×12.5	4.2m	1.3	18
25t板式货车	3.3×10.5	—	1.2	14
30t板式货车	4.0×13.5	—	1.25	18

注:板式货车高度应根据当地城市管理限高要求确定。

经济技术指标示例 表4

项目名称	总建筑面积(m²)	建筑高度(m)	建筑层数	建筑密度	容积率	绿化率
福州海峡国际会展中心	38.00万	38	4F/B1	25.27%	0.76	30%
广州白云会议中心	31.60万	24	6F/B1	27.80%	1.10	32.7%
大连国际会议中心	14.68万	57	4F/B1	54.64%	3.37	30%
潍坊鲁台经贸会展中心会议区	12.00万	24	3F/B1	23.90%	0.55	30%

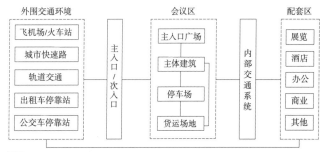

1 总平面功能要素图

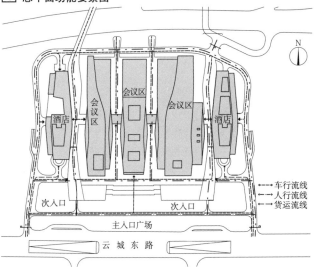

2 广州白云国际会议中心交通组织流线图

会议建筑 [3] 功能组成·布局原则

功能组成

会议中心一般由公共区、会议区、后勤区组成。配套服务区功能一般单独建设，或部分功能置于中心内部。

1. 公共区：指入口大厅、公共大厅、前厅。公共区的功能包括：庆典仪式、票务、寄存、安检、登记、咨询、公用电话、售卖服务、休息、银行、邮局、新闻、商务中心、咖啡厅、卫生间等。

2. 会议区：指主要功能房间区。包括剧场式会议厅、大型多功能会议厅、宴会厅、报告厅、中小会议室、新闻中心、贵宾用房等满足参会人员开会、休息、座谈、新闻发布等功能的房间。

3. 后勤区：指内部的服务用房、技术管理用房，如厨房、备餐、仓储用房、机电用房、停车场库等。

4. 配套服务区：指展览中心、酒店、办公楼等独立功能区，设于会议中心内部或紧邻会议中心，有内部或外部交通联系。

布局原则

1. 会议中心平面布局应与总图场地协调。公共区位于入口广场方向，根据规模大小可设置多个广场及入口；后勤区主要位于卸货场地后勤广场方向；会议区为核心功能区，与公共区及后勤区有机结合布置。

2. 会议中心主要流线包括：参会人员、贵宾、服务人员流线及货物流线。各个流线入口位置应与总图场地协调，并避免各类人员流线间及人员流线与货物流线间的交叉干扰。

3. 整体布局通过公共区的大厅、公共走道及室内外廊道等交通空间，把各个会议区的使用功能有机地联系起来，使参会人员能够顺利到达各个会议室及其他功能房间。

4. 一般大中型会议中心设有公共大厅，根据不同规模及使用性质，需控制好主要大厅的空间尺度。

5. 如会议中心与展览中心、酒店、办公等配套建筑比邻时，应考虑公共大厅与其联通的流线组织。

6. 大中型会议中心应设置贵宾出入口、集中贵宾区和各会议区贵宾室，处理好贵宾流线与各主要会议功能空间关系。

7. 办公房间布置应兼顾对外洽谈接待，同时对内便于物业后勤管理。

8. 后勤区应通过后勤走道与会议室等主要功能房间相连。服务用房应邻近相应会议功能房间，厨房及备餐房间规模需与会议中心主要用餐房间面积相匹配。如餐食由酒店配送，加设备餐房间即可，如服务房间不同层，应设置专用电梯（食梯），并应避免服务流线过长。

1 功能关系图

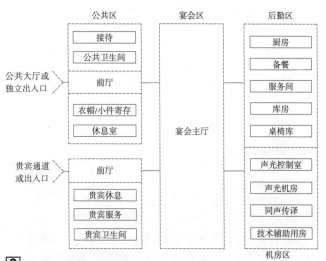

2 宴会厅区域功能关系图

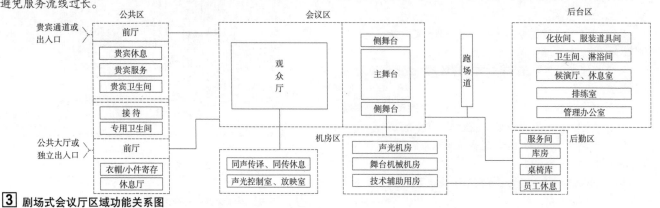

3 剧场式会议厅区域功能关系图

平、剖面设计要点 [4] 会议建筑

平面设计要点

1. 公共大厅及公共走道是供参会人员使用，能够到达各个会议空间的主要交通空间，它与会议功能空间应有机结合。一般组合形式有T字型、E字型、包围型和内部型。

2. 大型多功能会议厅、报告厅、宴会厅、特殊功能会议厅应为无柱空间。应设有独立的前厅及后勤走道，中小型会议建筑前厅也可与公共大厅合用。

3. 宴会厅应配有相对应面积的厨房及备餐，也可由酒店配送餐食，只设备餐间即可。

4. 剧场式会议厅体型复杂，占用层高较高，应设有独立的前厅和后台区，中小型会议建筑前厅可与公共大厅合用。

5. 除无柱空间外，柱网尺寸一般以9~12m为宜，便于中小会议室布置。大型会议中心的中小会议室宜成组布置，集中设置休息厅。

6. 会议中心人员数量较多，瞬时流量大，公共大厅应便于人员集散，以自动扶梯作为上下联系。

7. 大宴会厅、多功能厅(大会堂)等大面积空间会议室，要考虑主要人流入场及疏散路线。电梯、疏散楼梯宜分散均匀布置。

8. 大、中型会议中心应重视消防设计。

9. 不同功能需求会议厅采用不同座椅形式。

使用功能与座椅形式关系　　表1

使用功能	座椅形式
剧场式	固定式
酒会式	活动式
课桌式	活动式
宴会式	活动式

垂直交通流线

1. 多层会议中心垂直交通需高效组织，公共区域应使用自动扶梯和电梯辅助。

2. 后勤区域最好采用汽车坡道直通大型多功能会议厅及宴会厅。如受用地的限制无法设置，也应选用大型货运电梯。

各部分功能面积组成　　表2

项目名称	会议区总建筑面积(m²)	公共大厅、交通面积(m²)	重要配套用房面积(m²)	机房面积(m²)	后勤用房面积(m²)	车库面积(m²)
国家会议中心	12.20万	2.91万	办公：0.91万	2.05万	1.17万	2.69万
广州白云会议中心	17.00万	3.83万	酒店：10.36万	2.13万	0.95万	1.40万
大连国际会议中心	14.68万	4.20万	办公：2.01万	2.01万	1.05万	1.38万
福州海峡国际会展中心	8.26万	2.39万	餐厅：0.23万	1.04万	1.77万	1.27万
潍坊鲁台经贸会展中心	1.88万	0.57万	—	0.24万	0.65万	—

主要会议功能面积组成　　表3

项目名称	剧场式会议厅(m²)	大型多功能会议厅(m²)	特殊功能会议厅(m²)	报告厅(m²)	宴会厅会议厅(m²)	大中小型会议室(m²)	贵宾用房(m²)
国家会议中心	—	6376(1个)	—	614(1个)	4878(1个)	11041(60个)	1020(11个)
广州白云会议中心	4725(1个)	1187(1个)	476(1个)	613(1个)	1600(1个)	11655(56个)	930(10个)
大连国际会议中心	3647(1个)	4899(1个)	644(1个)	—	3593(1个)	4453(26个)	424(3个)
福州海峡国际会展中心	4652(1个)	—	—	—	3262(1个)	9223(31个)	800(7个)
潍坊鲁台经贸会展中心	1608(1个)	—	—	—	980(1个)	1401(9个)	124(2个)
日本京都会议中心	1624(1个)	4500(2个)	1821(2个)	—	1488(1个)	6347(53个)	200(1个)
德国杜塞尔多夫会议中心	—	2165(1个)	—	1080(1个)	—	3676(24个)	107(2个)

公共大厅与会议功能的空间布局类型　表4

类型	图示	特点	案例
T字型		适用于用地紧张的会议中心	香港会议中心
E字型		常见于大型会展中心、会议区及各类型会议中心	国家会议中心、温哥华会议中心
包围型		适合中大型会议中心，较为常见	福州海峡会展中心会议区
内部型		适合进深较大的用地，功能较为复杂的会议中心	汉堡会议中心、广州白云会议中心

注：□会议功能房间，■公共大厅及公共走廊。

货梯规格及功能示例　表5

名称	功能	载重量(T)	轿厢尺寸(m)	服务厅室
国家会议中心	餐饮	2	3.2×2.7	宴会厅
	舞台设施	5	4.1×4.2	多功能厅
	会议货运	3	3.3×3.3	会议厅
大连国际会议中心	餐饮	1.6	2×2.4	宴会厅
	舞台设施	5	5.3×11	多功能厅
	会议货运	3	2×3.8	会议厅
广州白云会议中心	餐饮	2	2.8×2.7	宴会厅
	舞台设施	3	3.2×3.4	多功能厅
	会议货运	3	3×3.2	会议厅

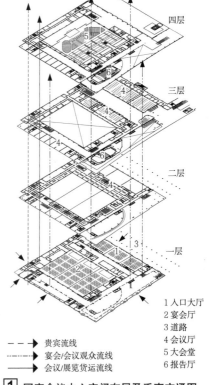

➡ 贵宾流线
┅➡ 宴会/会议观众流线
➡ 会议/展览货运流线

1 入口大厅　2 宴会厅　3 道路　4 会议厅　5 大会堂　6 报告厅

1 国家会议中心空间布局及垂直交通图

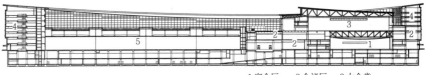

2 国家会议中心剖面　　1 宴会厅　2 会议厅　3 大会堂　4 办公　5 展厅

剖面设计要点

1. 注意组织入口大厅高空间与会议区使用房间部分的空间关系。

2. 大型会议空间与多间小型会议室上下层对应时，宜大会议室在小会议室楼上，有利于结构设计。

3. 大宴会厅、多功能厅(大会堂)等大面积空间层高、净高应按规模合理设计。其周围可设计2~3层的夹层，以布置辅助用房或小会议室。

会议建筑 [5] 入口大厅·公共大厅·会议厅前厅·卫生间

入口大厅/礼仪大厅/登录厅

入口大厅是参会人员主要的入场口，同时为会议提供场馆信息及其他服务。入口大厅应与主入口广场紧密联系。

入口大厅可与公共大厅整合设计。入口大厅单独设置时礼仪性功能较强，可供举办各种典仪活动、表演及临时展陈，因此对于空间尺度要求较大。

入口大厅应具有如下功能：票务、安检、登记、咨询、寄存。衣物存放间面积宜0.04m²/座。其他设施根据不同会议临时设置。

公共大厅

公共大厅为主要参会人员交通联系空间，应与主要会议厅或其前厅直接联系。公共大厅也是一个公共活动空间，可与入口大厅整合设计，是会议建筑中综合性多用途空间的一部分。宜具有如下功能空间和设施：自动售卖、休息/等候/衣物存放、银行、邮局、信息发布、咖啡厅、售卖服务等。

公共大厅宜具有良好的景观，最佳的采光通风条件。

公共大厅实例面积/规模指标　　　　　　　　　　　表1

项目名称	会议区总建筑面积（m²）	公共大厅面积（m²）	人数	人均面积（m²/人）	净高（m）
国家会议中心	121198	29064	11790	2.47	34
德国杜塞尔多夫会议中心	37631	7842	7500	1.04	—
潍坊鲁台经贸会展中心	18830	5747	3923	1.46	24
大连国际会议中心	31994	14951	5000	2.99	34

会议厅前厅

会议厅前厅是指参会人员进入会议厅室前后，以及与会中间的休息、茶点、交流、临时展陈和疏散的空间。前厅直接与会议厅室相连，是会议厅室与公共大厅或入口大厅之间的缓冲空间。

前厅面积均不应小于0.3m²/座，一般为会议厅面积的1/3~2/3。

公共卫生间

1. 卫生间洁具配置标准参照《城市公共厕所设计标准》CJJ 14、《展览建筑设计标准》JGJ 218及《办公建筑设计规范》JGJ 67。剧场式会议厅、报告厅及固定座席的会议厅室及附属场所，参照《城市公共厕所设计标准》CJJ 14中"公共文体活动场所配置的卫生设施"。多功能会议大厅、宴会厅、大会议室参会人数变化较大，设计时根据使用需求掌握，需参照《城市公共厕所设计标准》CJJ 14"公共文体活动场所配置的卫生设施"及《展览建筑设计标准》JGJ 218。中小会议室，参照《办公建筑设计规范》JGJ 67。

2. 公共卫生间布置宜接近会议厅，面积较大的入口大厅及公共大厅宜独立设置公共卫生间。公共卫生间的服务半径不应大于50m，以30m为宜。

3. 公共卫生间宜男女成组布置。

4. 贵宾接待室需设置独立卫生间，洁具数量应计算在整体配置标准内，避免重复设置造成浪费。

5. 卫生间内部的空间，宜略大于《民用建筑设计通则》GB 50352中要求，以便适应集中时间较多人员使用3、4。

6. 宜设置独立无障碍卫生间，并利用无障碍卫生间设置婴儿换洗台。

7. 建议在公共卫生间内设置儿童用手盆、大便器及小便器。

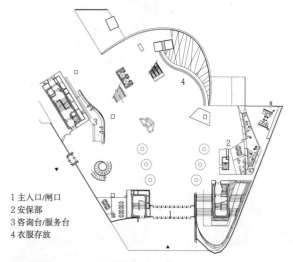

1 主入口/闸口
2 安保部
3 咨询台/服务台
4 衣服存放

1 大连国际会议中心公共大厅平面图

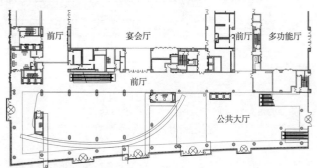

2 国家会议中心公共大厅平面图

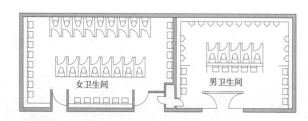

3 京都国际会议中心Annex Hall卫生间平面图

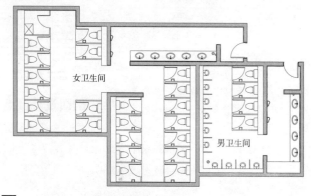

4 国家会议中心宴会厅卫生间平面图

概述

　　剧场式会议厅采用固定式舞台和固定升起的观众席（或设置少量活动座椅），视线及舞台效果良好，观众厅利用率高，是大中型会议中心的重要组成部分，适合会议、典礼、开幕式等活动。剧场式会议厅有较好的室内形象、良好的视线、音质设计。国内此类会议厅通常采用镜框式舞台，采用全部固定坐席，用于政务型及其他大型会议。一般根据需求可同时满足大型晚会、戏剧演出和电影放映等功能。容纳人数一般为1000~2500人，超大型剧场式会议厅可达到5000人。

　　剧场式会议厅在空间形态上与剧场相似，多功能使用的剧场式会议厅往往具有演出功能，设计中宜适当考虑会议厅的演出功能，有利于提高会议厅的使用率。本节就会议厅会议功能设计详细阐述，其他内容参照《剧场建筑设计规范》，也可参考本书"观演建筑"专题。剧场式会议厅所需功能房间见"会议建筑[3]功能区组成·布局原则"。

剧场式会议厅实例　　　　　　　　　　　　　　　表1

项目名称	主席台人数	池座人数	楼座人数	总人数	台口尺寸（宽×高）(m)	舞台尺寸（宽×进深）(m)
东京国际会议中心HALL A	—	3025	1987	5012	(18~24)×(9~12)	57.7×16
广州白云会议中心世纪大会堂	180	1172	1455	2500	18×12	43×23
大连国际会议中心剧场	—	942	670	1612	16×10	28.5×21.4

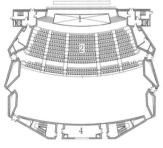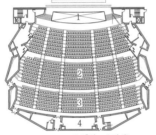

1 乐池　2 池座　3 楼座　4 控制室

1 广州白云会议中心世纪大会堂首层及三层平面图

座席

剧场式会议厅座席设计　　　　　　　　　　　　　表2

名称	设置要求	设计要点
座席	剧场式会议厅观众厅座席应设置为有靠背的固定座席。利用活动主席台布置座席，可设活动座席	考虑到参会人员的活动可能性较大，为减少会议中人员活动带来的影响，座椅排列需注意以下几点： 1.不宜采用长排法布局； 2.最后一排座椅不宜靠墙设置； 3.座席排距应适当增加，短排法、硬椅排距不宜小于0.85m，软椅不宜小于0.95m。台阶式地面排距应适当加大，椅背到后面一排最突出部分水平距离不小于0.35m
贵宾席/带桌座席	一般设置在观众厅前排，采用软席/软席+条形会议桌。国内有政务功能的剧场式会议厅常有全部池座设置带桌座席，此种方式对观众厅面积要求较大，不适用于商业会议	带桌座席椅宽、排距要求： 1.椅距即座椅宽度，尺寸以扶手中距为准，软椅不应小于0.55m，建议尺寸为0.6~0.65m； 2.贵宾席排距，建议尺寸1.05m； 3.带桌座席排距，建议尺寸1.2m

剧场式会议厅座椅排距实例　　　　　　　　　　　表3

项目名称	总人数	有桌座椅		无桌座椅	
		间距	排距	间距	排距
广州白云会议中心	2500	600	1200	550	950
福州海峡国际会展中心	2000	600	1200	600	950
大连国际会议中心	1600	—	—	550	950

主席台/主舞台

　　剧场式会议厅的主席台/主舞台通常有两种形式，镜框式舞台及开放式舞台。

主舞台常用形式　　　　　　　　　　　　　　　　表4

镜框式主席台	开放式舞台
国内有政务功能的剧场式会议厅一般采用镜框式主席台，主席台和台口尺寸需满足人大、政协及大型会议的功能要求，以及典礼、晚会、开幕式等活动	开放式主席台广泛适用于各种商业学术会议厅。剧场式会议厅开放式主席台一般为尽端式
设计时可兼顾戏剧、综艺演出	设计时可兼顾小型音乐会

镜框式主席台设计要点　　　　　　　　　　　　　表5

名称	设计要点
台口尺寸	台口开口尺寸是主席台尺寸的计算依据； 台口宽度满足主席台上80%就坐人员，观众可以看到； 台口高度需考虑观众厅视线、声学等因素
主席台尺寸	主席台尺寸需根据主席台人数和布置方式确定； 主席台平面尺寸以台口宽度为基础，由各功能区域尺寸组成； 主席台每排（包括软包座椅、会议桌、通道）排宽不应小于1.6m，1.8m为舒适。主席团坐席宜设升降台，每排级高0.15~0.16m，并应设轮椅坡道。也可根据会议需求在主席台上临时搭建升起坐席； 主席台坐席两侧工作区尺寸宜为3~5m； 台口大幕需设置檐幕，宜设置大幕； 天幕及天幕后平面区域尺寸宜大于3m，用于会场天幕前布置及工作区

台口和主席台建议尺寸　　　　　　　　　　　　　表6

类别		100人主席台	150人主席台	200人主席台
台口	宽	18	23	24
	高	10~12	12~14	12~14
主台	宽	28	33	34
	进深	17~19	16~18	23~25

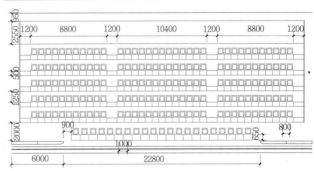

2 150人主席台平面图

剧场式会议厅主席台座椅排距实例　　　　　　　　表7

项目名称	总人数	有桌座椅		升起高度（mm）
		间距	排距	
贵州省人民大会堂	198	临时	1800	300
广州白云会议中心	150	临时	1600	160
福州海峡国际会展中心	196	800、1000	1750、2000	1000
潍坊鲁台经贸展览中心	176	800	1800	1000

会议建筑 [7] 剧场式会议厅·大型多功能厅

主席台设备及舞台机械

1. 剧场式会议厅主席台台上设备

台上设备包括幕布吊杆、灯光吊杆、灯光吊架及多功能吊杆等。幕布吊杆包括檐幕吊杆、边幕吊杆、底幕吊杆、投影幕吊杆等。

2. 主席台台下设备

主席台座席升降机械建议两种做法：3200～3600mm宽1个，对应的座席为2排，后排临时搭建；600～1800mm宽1个，对应1排座席。

3. 台塔

台塔是主席台上方至栅顶的空间，是舞台机械运作的基本空间。塔空间通过吊杆悬挂幕布、照明灯具、放映幕等设备，台塔四周设置天桥。台塔的平面尺寸与主席台相同。台塔空间高度考虑容纳上述设备，一般主席台净高H（舞台面至栅顶的距离）为台口高度上3～5m。

4. 其他要求

台口两侧及台口上方，设置假台口会增加舞台使用的适应性。

镜框式主席台：可以不做侧台，或只做单侧侧台，提供主席台就坐人员中间休息，不需设置后舞台。

开放式主席台：主席台宽度和高度按会议厅空间统一设计，主席台宽度应与观众厅有效座位同宽，保证主席台视线不遮挡。

主席台进深进不应小于6.0m，包括一排主席台就坐人员、讲台及可能设置背景显示屏的尺寸。

5. 活动台

镜框式主席台及开放式主席台，常常使用升降式及伸缩式活动台作为主席台的补充。活动台有两个作用，一种用来改变主席台前区的面积及高度，第二种用来改变主席台的形状。

主席台类型　　　　　　　　　　　　　　　　　　表1

	机械种类	改变主席台前区的面积及高度	改变主席台的形状
升降式	液压机或剪刀式舞台升降机	与主席台同高增加主席台面积；与地面齐平设置观众活动座席；高度在主席台与观众席高度之间，布置不同高度主席台座席或布置会场（如花坛）；降低形成乐池	升起作为伸出式主席台，多用于发布会。与地面齐平设置观众活动座席
伸缩式	齿轮齿条、链条驱动、滚动摩擦、液压牵引	伸出扩大主席台面积；收起设置观众活动座席	伸出形成伸出式舞台；收起设置观众活动座席

大型多功能会议厅（集会大厅）

大型多功能会议厅（集会大厅）为平楼（地）面大厅，单个厅面积较大，可容纳人数一般不低于2000座。一般采用活动舞台、活动隔断和活动座席，用于承接不同规模的大型、超大型会议，同时满足展览、文艺演出功能。

此类会议厅一般还包括前厅（门厅）、衣帽间、贵宾室、声光控制室、同声传译室、储藏室。有时还设有化妆间、厨房等功能房间。

大型多功能会议厅实例　　　　　　　　　　　　表2

项目名称	会堂名称	面积(m²)	长(m)×宽(m)	净高(m)
国家会议中心	大会堂	6400	80×80	12
	大会堂A	3600	45×80	12
	大会堂B	2800	35×80	12
德国杜塞尔多夫会议中心	HALL6	24000	160×160	16/26
日本京都会议中心	Annex Hall	1500	50×30	10

大型多功能会议厅人数统计　　　　　　　　　　表3

项目名称	会堂名称	剧场	课桌	宴会	酒会	面积(m²)
国家会议中心	大会堂	5700	3600	4500	6000	6120
	大会堂A	3200	2000	2600	3500	2580
	大会堂B	2500	1600	1900	2500	3540
德国杜塞尔多夫会议中心	HALL6	10000	—	—	—	25600
日本京都会议中心	Event Hall	2500	1000	1100	—	3136

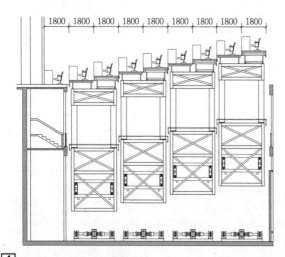

1 升降式主席台座席示意图

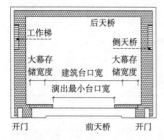

2 台塔首层天桥层示意图

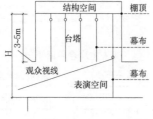

3 台塔剖面示意图

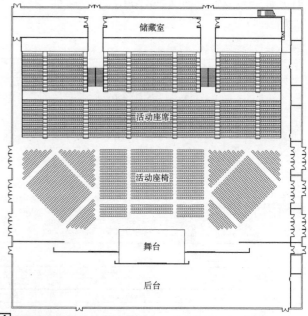

4 国家会议中心大会堂平面图

特殊功能会议厅

特殊功能会议厅座椅一般采用圆形或U形布置，用于多边国际会谈、多方会议，地坪做成平地面或坡地面。

特殊功能会议厅实例　　　　　　　　　　　　　　表1

项目名称	圆形布置人数	U形布置人数	地面形式	面积(m²)	净高(m)
大连国际会议中心2号厅	460	—	平地	1770	—
大连国际会议中心5号厅	—	289	起坡	1010	—
日本京都会议中心A厅	—	592	平地	1360	9
日本京都会议中心B厅	119	—	平地	246	6

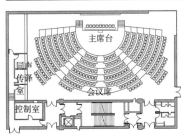　

[1] 大连国际会议中心5号厅平面图　[2] 日本京都会议中心A厅平面图

报告厅

报告厅常采用固定坐席，有舞台，无台口，音视频设备配置及装修标准较高。人数为300~1200人。

报告厅一般还包括前厅（门厅）、贵宾室、声光控制室、同声传译室、化妆间等功能房间。

报告厅实例　　　　　　　　　　　　　　　　表2

项目名称	会堂名称	容纳人数	厅室面积(m²)	舞台尺寸（宽×进深）(m)
国家会议中心报告厅	报告厅	350	537	15×8.5
广州白云会议中心	广东大会堂	936	1187	25×15
德国杜塞尔多夫会议中心	Room1	1028/478	1080	14×7
洛杉矶会议中心	剧场	299	366	无舞台

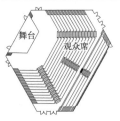　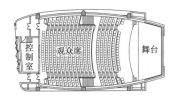

[3] 德国杜塞尔多夫会议中心报告厅　[4] 国家会议中心报告厅

宴会厅

宴会厅是举办宴会的场地。一般同时具有会议、婚礼、展示、表演功能。净面积在500~4000m²不等。一般可以通过活动隔断分隔成若干小厅，需采用平楼（地）面。区别于相同面积的多功能会议厅的主要特征为：具有独立的厨房，室内装饰特征明显。

大宴会厅一般还包括前厅（门厅）、衣帽间、贵宾室、声光控制室、同声传译室、储藏室、化妆间、厨房等功能房间。

宴会厅实例参考指标　　　　　　　　　　　表3

项目名称	净面积(m²)	长×宽(m)	净高(m)	剧场式	课桌式	宴会	酒会	分隔
中国国家会议中心宴会厅	4860	81×60	9.6	4000	2400	3500	4200	3个
加拿大温哥华会议中心宴会厅	4893	95.56×51.21	8.15	6225	3480	2880	6786	4个

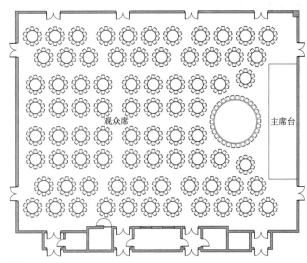

[5] 潍坊鲁台经贸会展中心宴会厅平面图

贵宾用房

贵宾用房指为重要人员提供接待、休息功能的房间，一般包括接待厅、休息室、专用卫生间、衣帽间、服务间。贵宾用房应有便捷、安全、便于管理的贵宾通道、服务通道。非常重要的贵宾用房还包括工作人员办公室、司机休息室、警卫室、医疗室、服务员用房、衣物存放间。

休息厅应具有良好的通风、采光和景观设计。

贵宾用房的面积应根据会议中心的类型确定。一般政务型会议中心贵宾用房面积较大，占主要会议厅室的5%。商业型会议中心贵宾用房面积较小，占到主要会议厅室面积3%~4%即可。也可以利用与主要会议大厅相近的中小会议室，多功能使用，避免浪费。

贵宾用房设计要点　　　　　　　　　　　表4

名称	设计要点
贵宾接待厅	贵宾接待厅和休息室宜分别设置。设有男女单独卫生间、服务用房（茶水间）、吸烟室、司机室、衣帽间。一般为多个成组布置。接待厅室内设计应考虑合影摄像的效果需求
贵宾休息室	应与贵宾接待厅相近，单独设置。休息室内应设贵宾会见室、专用卫生间和公共卫生间、秘书室、警卫室（司机兼用）、服务员用房。面积50~300m²； 与大会主席台和主席团会议厅及对外部有直接、便捷、安全的通道，应避免与其他路线交叉。设单独的专用停车库，如车库设在地下室则应有专用电梯
新闻中心	可酌情设置新闻中心，亦可利用中型会议室进行新闻发布活动。新闻中心贴邻位置宜设贵宾休息用房并可直接连通。独立的新闻中心室内应进行建筑声学装修处理，并预留音视频条件

储藏室

储藏室用于临时储藏宴会厅桌椅、活动舞台、临时灯光音响设施等设备。由于宴会厅临时布置情况很常见，因此储藏室非常必要，但常被忽视。建议储藏室面积为1/10宴会厅面积。在设置垂直货梯的情况下可设置在地下等非主要使用楼层。

厨房及备餐间

厨房是宴会厅的重要组成部分，宜与宴会厅同层设置，至少部分厨房与宴会厅同层设置，不同层的厨房与宴会厅之间应有合理配置的货梯相联系。厨房规模应与宴会厅规模相适应。

会议建筑 [9] 会议室

中小型会议室

中小会议室指面积在30~300m²的会议室。通常成组布置，每组有共同的公共走廊、前厅、卫生间、共用声光控制室、后勤走道等附属设施。

会议走廊双侧布置会议室时，宽度不应小于3.0m；单侧布置会议室时，宽度不应小于2.5m。

走廊如同时兼做与会代表的休息、临时展陈等其他用途，走廊的宽度不宜小于4.0m，净高不宜小于4.0m。

中小型会议室净高　　表1

面积(m²)	净高(m)
30~80	3~3.3
80~150	4~4.5
150~300	5~5.5

东京国际会议中心中型会议室B5灵活布局举例　　表3

布局方式	净面积(m²)	容纳人数	分隔面积/个数	分隔容纳人数
剧场式布局	600	480	280, 300/2	210/225
酒会式布局	600	350	280, 300/2	120/130
课桌式布局	600	312	280, 300/2	120/120
展板式布局	600	252（面）	280, 300/2	93/96（面）
宴会厅布局	600	216	280, 300/2	104/104
围合式布局	600	126	280, 300/2	84/84

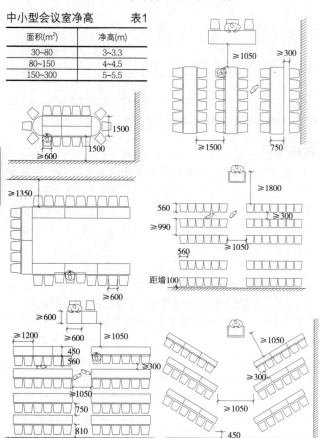

[1] 会议室布局最小尺寸示意图

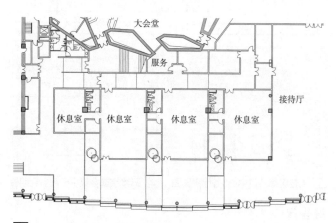

[2] 广州白云会议中心贵宾用房平面图

会议厅室的多功能布局

会议厅室的多功能布局是提高会议中心使用效率的重要方式。不同的功能布局可以举行不同形式会议，容纳不同数量的参会人员。

会议室还可采用活动隔断的方式，调整会议室大小。

会议厅室设计要点　　表2

名称	设计要点
会议厅室	会议厅室的长宽最适宜比例为3:2，大于250m²的厅室也可为2:1。 每个被分隔的会议厅室，均可直接到达前厅、后勤走道，并有独立的门。 每个被分隔的会议厅室宜有各自的设施控制系统，包括空调、灯光、插座、通信设施、视听设备及其他辅助设施的控制。 被分隔的会议厅室之间的隔声效果良好，包括隔断及隔断上方与结构楼板之间的封堵。 隔断本身的吸声效果良好。 每个被分隔的会议厅室宜有各自独立的空调风道系统，避免风道串声。 会议厅室的舞台及投影设备等应适应会议厅室整体使用及分隔使用需要

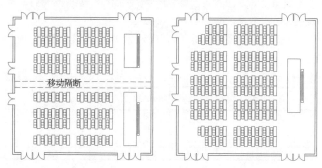

[3] 日本东京国际会议中心中B5会议室课桌式布局图

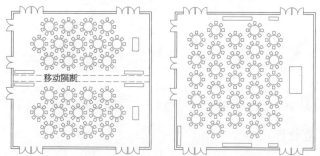

[4] 日本东京国际会议中心中B5会议室宴会厅式布局图

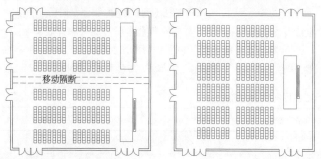

[5] 日本东京国际会议中心中B5会议室剧场式布局图

座席设计

座席设计需根据会议厅室的使用功能,确定固定座席、活动座席、座椅的合理配比。

座椅又分为软质座椅(皮质饰面、软包布饰面)、硬质座椅(木制椅子、其他复合材料等)。不同类型吸声系数不一样,对会议厅室的声学效果有一定影响。软质座椅多用于固定座席,硬质座椅多用于活动座席及活动座椅。

座席分类及特点 表1

分类	特点	可能的配置/种类	适用空间
固定座席	使用方便,支撑结构大多为混凝土结构或永久钢结构。座椅舒适,吸声效果好,观众活动产生的噪声低,座椅外饰美观	不带桌子的座椅宜配置写字翻板;根据需要可配置即席发言、同声传译选听盒、表决器等会议系统;暗装灯光	剧场式会议厅 U形、圆形会议厅 报告厅
活动座席	指具有阶梯的活动座席形式;有一定的灵活性,需要固定的存储空间,采用手动或电动的机械构件作为支撑结构的活动装置	活动座席有多种形式,包括伸缩式活动座席、地埋式活动座席、座椅台车、拼装座席等	大型多功能会议厅 宴会厅
活动座椅	座椅的布局灵活多变,更可根据需要增加桌子。会议中心应设置相应桌椅库	皮质饰面、软包布饰面、木制椅子、其他复合材料	多功能会议厅 宴会厅 中小会议室

活动座席的主要形式 表2

分类	特点
伸缩式活动座席	座席为伸缩式,收纳状态时所有台阶收拢(通过升降台),储藏于舞台后墙或台面以下。使用时可按需求伸出或全部伸出,伸缩驱动为电动,伸出后座椅电动翻起。可用于多功能厅
地埋式活动座席	由翻板及翻转座椅组成,动作均为电动驱动。收纳状态时,座椅储藏于底面以下,台面可做布置展览、宴会等功能使用。可用于多功能厅
气垫式座椅台车	整个舞台面布满小型双层升降台,用于舞台形式改变、座椅运送、座椅收纳。气垫式座椅台车为人力搬运,不用时收纳于升降台下层台面,使用时按需摆放于舞台面。气垫式座椅台车与升降台配合,使舞台功能的变化趋于极致,多用于小型多功能厅
拼装座席	临时拼装座席由金属结构看台及座椅(板)组成。可根据场地使用情况设计搭建,座席布局方式灵活。可作为长期看台(设计使用年限)也可作为临时看台。拼装座席搭建工程量较大,适合空间高大的大型多功能会议厅,适合首层或货运车辆直达的厅,适合噪声要求低的会议及活动

会议桌设计

为满足会议舒适性要求,会场宜设置全部会议桌;如受使用空间限制,为增加会议人数,也可考虑前排设置会议桌。表决器一般设置在会议桌上,没有会议桌也可设置在座椅上。

会议桌分类及特点 表3

分类	特点	可能的配置	适用空间	尺寸(mm) 进深	宽度	高度
固定式	与地面固定连接,或永久摆放	可配置电源、网络连接、即席发言传声器、同声传译选听盒、表决器系统	剧场式会议厅池座或前排,报告厅池座或前排,U形、圆形会议厅,固定布局的大中小会议室	350~450	550~750	700~750
活动式	可根据会议需求灵活布置	可配置即席发言传声器	多功能会议厅、宴会厅、大中小会议室、临时舞台、讲台	350~600	800~2000	750

主席台舞台机械

1. 台下机械:剧场式会议厅主席台一般可利用主舞台升降台,让其按台阶状升起,形成主席台座席台阶。座席台阶每级宽度应大于1600mm,1800mm为舒适。每个座席台阶内包括会议桌、会议座椅及单人行走空间。每级台阶高度以150~300mm为宜。

2. 台上机械:主席台一般可利用主舞台灯光及设备吊杆,满足会标幕、会徽、底幕、锦旗等吊挂需求。

1 固定座椅立面图   2 固定座椅轴测图

3 设置表决器的座椅

4 伸缩式活动座席布置图

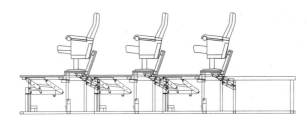

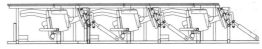

5 地埋式活动座席布置图

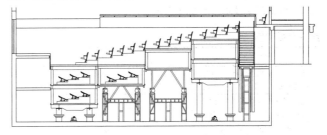

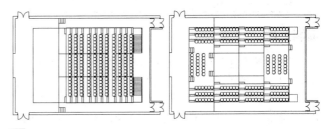

6 气垫式座椅台车布置图

临时舞台（讲台）

临时舞台根据位置和形式的不同，可分为伸出式舞台、岛式舞台、尽端式舞台。多功能厅及宴会厅、大中会议室等平地面大型会议空间，设置临时舞台有利于改善视线及直达声声音效果。临时舞台一般为拼装式钢结构舞台，尺寸根据会议规模及会议需求确定。讲台的高度不应低于0.3m，否则对视线改善不明显，也不宜高于1.1m，否则前排观众很难看到舞台全部。

临时舞台需要在建筑设计时预留位置，以便合理布局声光控制室、同声传译间等功能房间；预留舞台灯光桥架及吊杆位置；预留足够的顶棚及地面荷载条件；另外需保证搭建、使用过程的货运及人员流线合理。

演讲台

演讲台用于发言或会议致辞等，一般为较高的桌子（可以调节高度最好），并放置在舞台（讲台）上。讲台需要配置：防振扩音器、耳麦、数字闹钟（显示实际时间或计时时间），连接投影系统的插口和控制系统，局部照明，可存放笔、水杯和文件的隔板。

活动隔断

中大型会议厅室，为满足不同规模会议使用的需求，常需采用活动隔断灵活划分为若干独立区域。活动隔断可分为电动、手动两种。

活动隔断设置要点　　　　　　　　　　　　　　　　表1

名称	内容
活动隔断设置要点	一般均为有隔声要求的隔断，需根据各使用空间的噪声控制要求，选用不同隔声量的隔断。 需合理安排活动隔断储藏空间。 不宜采用地面有轨道的隔断。 有隔声要求的隔断重量较大，隔断位置及储藏空间需进行结构设计。 有隔声要求的活动隔断上方需设置相同隔声量的隔声封堵。 活动隔断的饰面设计需与会议厅室室内设计协调，并兼顾耐久性。 隔断操作宜简单，宜由一个人移动、安装

楼地面荷载

大型多功能会议厅、宴会厅需要根据不同会议及小型展览需求，楼地面需要提供相应结构荷载。

结构荷载实例　　　　　　　　　　　　　　　　　表2

项目名称	荷载（kg/m²）
京都会议中心大型多功能会议厅	5000
杜塞尔多夫会议中心Hall X+Y	500
国家会议中心大型多功能会议厅	750
福州海峡国际会展中心宴会厅	350
广州白云会议中心宴会厅	400
大连国际会议中心宴会厅	400

顶棚系统

顶棚系统是满足多功能大厅使用要求的重要组成部分，也是技术设计过程中综合问题最多的部分。顶棚综合系统包括：空调系统及照明系统、特殊灯光系统、舞台机械系统、音视频系统、机械排烟系统或自然排烟系统、活动隔断系统、临时吊挂系统、马道系统。

多功能会议大厅顶棚系统设计要点　　　　　　　　表3

系统名称	设计要点
空调系统	1.采用定风量全空气空调系统，顶棚内设置送、回风道，吊顶布置风口。 2.宜预留两个及以上的空调机房，均匀布置在会议厅两端及周边。 3.宜在吊顶（或通透式吊顶）均匀布置旋流送风口；回风口可相对集中布置，例如布置在吊顶四周，或变风机房与会议厅相邻的侧墙中
空调系统减噪措施	1.活动隔断划分的各使用空间，宜将风道分开设置，避免串声。 2.送回风道宜设置消声环节，避免空调机房噪声影响。 3.出风口风速应满足相应的技术规范，避免噪声超标
机械排烟	1.当没有自然排烟条件，则设置机械排烟，顶棚内设置排烟风道，吊顶布置排烟口。 2.顶棚排烟口布置应满足规范对最远点距离不超过30m的要求
消防水系统	大空间布置智能型主动喷水灭火系统，灭火装置按照室内任一点均有两股水柱到达的原则布置
照明系统	会议室照明宜设置智能照明控制系统，按不同的会议场景对照度进行调控，按照建筑布局及精装修设计布置
特殊灯光系统	1.舞台灯光设置应满足主席台区的顶光、面光、背景幕照明等要求。 2.宜采用可控硅灯光控制系统及数字电脑调光台，对每路灯光进行控制
舞台机械系统	1.主要满足特殊灯光、舞台幕布的吊挂系统。 2.满足主席台布置及升降要求
音频系统	均匀布置的吊顶扬声器系统宜与集中布置在台口周围的扬声器系统相结合，满足声像有一定的听音效果
视频系统	吊装的投影系统，按平面功能布局设置
电气消防系统	重要会议室建议采用早期烟雾报警装置，以确保将火灾控制在初期
自然排烟/通风	1.有条件宜做自然排烟系统，设置自然排烟天窗或高侧窗。 2.有吊顶并设天窗时，通常配合格栅形式的通透吊顶。 3.需满足规范对排烟窗的面积及间距要求。 4.可兼顾自然通风功能，满足非会议期间（如布置会场）通风需求
屋顶采光	屋顶自然采光主要为满足非会议期间如布置会场期间照明需求，注意处理自然采光与会议照明关系，宜设置遮光帘。屋顶采光宜与屋面自然排烟窗结合设置，均匀布局
活动隔断系统	1.设置活动隔断会议厅室顶棚需安装活动隔断轨道。 2.由于隔断重量较大，必须进行结构计算。 3.隔断需要在轨道上方采取隔声封堵措施
临时吊挂	临时吊挂点位可在厅内均匀布置，宜结合结构跨度。建议采用4~8m矩阵，吊点承重30~50kg/个
顶棚建筑声学设计	顶棚需根据声学设计要求，进行隔声、吸声、反射等处理，如吸声吊顶板、反射板等
马道	1.多功能大厅宜根据厅的功能布局设置马道，如无永久（主要）布局，马道最好在厅内均匀布置，保证厅内的均好性。 2.马道应满足以下的功能需求：吊顶净高超过4m时可使用马道更换修理照明灯具；设置舞台灯光机械；对屋顶进行局部空调通风；更换修理隔声设备；屋顶吊挂

视线设计

1. 剧场式会议厅、报告厅采用固定座席时，视线设计应按《剧场设计规范》JGJ 57设计，同时可参照本书"观演建筑"专题。

2. 面积较大的平地面会议厅（包括宴会厅、大型多功能会议厅、大会议室）视线设计需注意以下几点：临时舞台建议高度300~600mm，使舞台就坐人员可以看到听众；听众座席建议排距850~950mm；临时银幕安装，如舞台设置讲台、会议桌，银幕下沿距第一排观众座席1.1~1.5m；第一排听众的最大仰视角不宜大于45°；最后一排听众的最远视距宜参照《电影院建筑设计规范》JGJ 58丙级电影院观众厅最远视距要求。

3. 演讲者的动作表情在20m内可以分辨清晰，最远视距超过20m的会议厅室，宜考虑设置投影屏放大演讲者区域影像。

4. 会议厅室应安装投影电视屏幕，屏幕观赏距离主要取决于影像宽度，此外还应考虑屏幕观赏距离。

观赏距离与影像宽度关系　　　　　　　　　　　　表4

观赏距离	最远距离	绝对最近距离	舒适最近距离	最佳座席
影像宽度倍数	6	1.4	2	3~5

噪声控制

会议中心的建筑声学包括噪声控制和室内声学两部分。

会议中心噪声控制的技术指标参照《剧场、电影院和多用途厅堂建筑声学设计规范》GB/T 50356的规定。

1. 主要噪声源及其防治

会议建筑的主要噪声源可分为外部噪声及内部噪声,具体内容及防治方法见表1。

2. 围护结构的隔声

(1) 会议中心大、小会议厅的围护结构应有一定的隔声性能。参照《剧场、电影院和多用途厅堂建筑声学设计规范》GB/T 50356的规定,会议中心围护结构空气声隔声性能宜满足表2的要求。

(2) 根据质量定律,均质墙体的面密度愈大,其隔声性能愈好;采用多层构造即轻结构,在相同面密度的条件下,可以提高中、高频率的隔声量。

(3) 会议中心用隔声门的隔声性能应大于35dB,并应有良好的安全和机械性能。

3. 空调系统消声

(1) 空调系统风管内及出风口的风速,宜按表3选择。

(2) 空调系统的噪声可以通过管道传入各会议室内,因此必须作消声处理。应根据设备的声功率级大小,在管路中设置一定数量的消声器。风管布置时,噪声高的风管不宜穿过噪声要求高的会议室。

4. 设备隔振

水泵、空调箱等机电设备应设置隔振基础。隔振基础系统的固有频率应低于10Hz。对于不同设备,会议中心应采用不同的隔振基础。

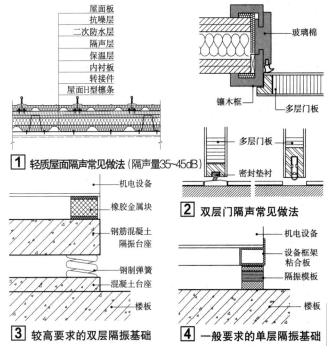

1 轻质屋面隔声常见做法 (隔声量35~45dB)

2 双层门隔声常见做法

3 较高要求的双层隔振基础

4 一般要求的单层隔振基础

室内声学设计

1. 会议中心的体型应避免圆形平面和拱顶,否则应作强吸声和扩散处理。

2. 会议中心的室内设计宜参照《剧场、电影院和多用途厅堂建筑声学设计规范》GB/T 50356中关于室内混响时间的规定。

3. 混响时间过长,影响语言的清晰度;混响时间过短,会影响声音的自然度。

4. 在大空间的会议厅内,应注意防止室内的声缺陷。声缺陷主要指可听闻的回声、颤动回声、声聚焦和声染色等。

5. 会议中心或会议室内应有吸声材料,以控制室内的混响时间。

6. 对不同容积的会议室,500Hz的合适混响时间 T_{60} (s) 的范围见 5 。

7. 125~4000Hz的频率范围内,其他频率相对于500Hz的混响时间比值见表4。

其他频率的混响时间比值 表4

频率 (Hz)	混响时间比值
125	1.0~1.3
250	1.0~1.15
2000	0.9~1.0
4000	0.9~1.0

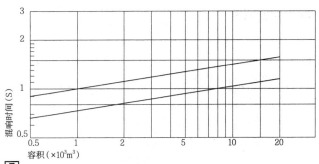

5 会议厅容积—混响时间要求曲线

主要噪声源及防治方法 表1

	主要噪声源	防治噪声的方法
外部噪声	交通噪声、雨噪声和冷却塔等	采取动静分离的原则,进行合理的建筑平、剖面布局
内部噪声	建筑物内部机电设备振动;不同会议室之间的干扰;服务区如厨房、酒吧、卫生间产生的噪声;会议室内部活动产生的噪声如脚步、桌椅、关门、设备噪声	在噪声振动源处采取隔声、隔振措施;加强建筑围护结构的隔声性能,包括屋顶及外墙、外窗;会议厅室采用双层门(声闸);避免不同房间的风道串通;采用地毯等作为地面装修材料

会议室围护结构空气声隔声量的要求值 表2

适用场所	计权隔声量+粉红噪声频谱修正量 Rw+C (dB)
中小会议室之间	50
大会议室之间	60
楼板构造	55
同声传译室之间	40
会议室和走道之间	40~50

注:引自《剧场、电影院和多用途厅堂建筑声学设计规范》GB/T 50356-2005。

风管及送、回风口处风速限值 表3

噪声标准要求值	管道内气流速度的允许值 (m/s)		
NR评价曲线	主风道	支风道	房间出风口
25	5.0	4.5	2.5
30	6.5	5.5	3.3
35	7.5	6.0	4.0
40	9.0	7.0	5.0

会议建筑 [13] 主要技术用房

设施和技术用房配置要求

会议空间主要设施配置要求　　　　　　　　　　表1

位置		剧场式会议厅	大型多功能厅	宴会厅	报告厅	大会议室	中小会议室
座席	排距及视线升起	★	☆	☆	★		
舞台	永久舞台	★	☆	☆	★	☆	
	临时舞台	☆	☆	☆	☆	★	
活动隔断隔声			★	★	★	★	★
顶棚		★	★	☆	★	★	★
地面机电管沟		☆	★	☆	☆	☆	☆
无障碍设施		★	★	★	★	★	★
仓储空间		☆	★	★	☆	☆	

注：★表示应设置；☆表示有条件时设置。

会议空间主要技术用房配置要求　　　　　　　　表2

位置		剧场式会议厅	大型多功能厅	宴会厅	报告厅	大会议室	中小会议室
主要技术用房	声光控制室	★	★	★	★	★	☆
	信号交换机房	★	☆	☆	☆		
	功放机房	★	★	☆	☆		
	灯光设备机房	★	★	☆	☆		
	同声传译室	☆	★	☆	☆	☆	
	转播机房	☆	★	☆	☆		
	网络机房						
空调系统		NR-35	NR-35	NR-35	NR-35	NR-35	NR-35

注：★表示应设置；☆表示有条件时设置。

声光控制室

操作控制扩声系统设备的技术用房，简称声控室；操作控制特种灯光系统设备的技术用房，简称灯控室；声控室及灯控室可依据工作方式独立或合并设置。两者均应设置在会议厅的后部，且能通过观察窗看到主席台及会场，同时声控室应能听到直达声。当会议厅采用活动隔断分隔会场时，控制室观察不到隔离的会议厅，必须设置视频监控系统观察被隔离的会场。

声光控制室的设计条件　　　　　　　　　　　　表3

功能	建设要求
声光控制室	面积不小于25m²；净高不少于2.5m
观察窗	分段或整体开口，可开启；典型尺寸：2.50（W）×1.1（H）
架空地板	防静电地板，净高度不小于20cm
声学装修	如吸声吊顶及墙
通风系统	空调噪声≤40dB(A)；房间噪声标准NR-35
工作台照明	调音台位置设罩灯；100~300lx可调；有标准电源插座
接地电阻	独立，小于1Ω

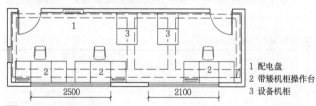

1配电盘　2带矮机柜操作台　3设备机柜

[1] 声光控制室示例

信号交换机房

主席台、会场等的音视频信号源或点位较多，并且需要进行前端信号交换及分配时，需设置的设备机房为信号交换机房。

信号交换机房的设计条件　　　　　　　　　　　表4

功能	建设要求
信号交换机房	面积不小于15m²；净高不少于2.5m
位置	在舞台或主席台上场口附近
架空地板	防静电地板，净高度不小于20cm
通风系统	空调噪声≤45dB(A)
工作照明	100lx；有标准电源插座
接地电阻	独立，小于1Ω

功放机房

会议厅大量采用无源扬声器系统进行扩声时，需相应数量的功率放大器，应在主要扬声器系统附近设置功放机房存放功率放大器。

功放机房的设计条件　　　　　　　　　　　　　表5

功能	建设要求
功放机房	面积不小于15m²；净高不少于2.5m
位置	主要扬声器箱附近
架空地板	防静电地板，净高度不小于20cm
结构荷载	500kg/m²
通风系统	噪声≤45dB(A)
工作照明	100lx；有标准电源插座

同声传译室

具有国际会议或方言会议需求时，应设置同声传译室。同声传译室是翻译员工作的单元空间，其目的在于为翻译员营造合适的语音环境，以及为两个或两个以上不同语种之间提供隔声措施。同声传译室应满足翻译员能舒适地并坐，自由进出互不影响。同声传译室需设置在观众厅的后部或侧部，以便译员对发言人、主持人、银幕没有任何视线遮挡。每间面积不宜小于5m²。

同声传译室的设计条件　　　　　　　　　　　　表6

功能	建设要求
两个翻译员	典型尺寸：W2.50×D2.40×H2.30
三个翻译员	典型尺寸：W3.20×D2.40×H2.30
隔声门	隔声量38dB以上，外开，不上锁
隔声观察窗	窗下皮距离地面高度宜为0.8m，宽度需与翻译隔间同宽；观众厅侧面的同声传译室需朝舞台方向设置观察窗，有效宽度需大于600mm
观察窗玻璃	从观众厅方向需满足装修要求，并避免看到同声传译室内部，从同声传译室内避免镜面反射
隔声联络窗	尺寸不小于0.6m×0.6m
墙体	隔声量应大于40dB
声学装修	使用材料应该无味、防静电、防火；混响时间宜在0.3s至0.5s（500Hz）
通风系统	7次/h；空调噪声≤35dB(A)；温度可控制；房间噪声标准NR-30
译员工作台	高0.73m±0.01m；深≤0.50m；腿部空间宽≥0.45m；空间应能保证翻译员在同时展开几份文件时可以方便地工作
译员座椅	高度和靠背可调节；脚轮不会产生可听见的噪声
照明	100~300lx可调；有标准电源插座

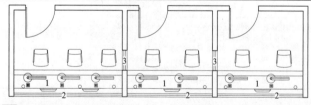

1译员工作台　2隔声观察窗　3隔声联络窗

[2] 同声传译室平面示例

转播机房

为电台、电视台等媒体提供转播车电源及音视频信号的房间。转播机房一般设在离转播车停车位最近、带有对外窗户的房间内。

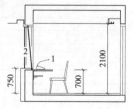

[3] 同声传译室剖面

转播机房的设计条件　　　　　　　　　　　　　表7

功能	建设要求
转播机房	面积不小于10m²
对外窗户	可开启
配电要求	三相五线40kW；电源等级同音视频系统用电要求
桥架需求	有通往主要会场的线缆路径；截面不小于100mm×200mm
接地电阻	独立，小于1Ω

音视频系统设计

扩声系统的主要声学设计指标应按照国家标准《厅堂扩声系统设计规范》GB 50371中选定。

会议建筑主要系统功能配置　　　　　　　　　　　　　　表1

系统		剧场式会议厅	大型多功能厅	宴会厅	报告厅	大会议室	中小会议室	公共区域
扩声系统	集中式扩声扬声器系统	★	☆	☆	☆			
	分散式扩声扬声器系统		★	★	☆	★	★	☆
会议系统	数字无线即席发言系统（红外）			☆	☆	☆	☆	
	数字无线即席发言系统（2.4G/5.8G）	☆	☆	☆	☆	☆	☆	
	数字有线即席发言系统				☆	☆	☆	
	红外同声传译收听系统	☆	☆		☆	☆		
	投票表决系统					☆		
	无纸化多媒体会议系统		☆		☆	☆	☆	
视频系统	投影系统	★	★	☆	★	☆	☆	
	LED显示屏							☆
	平板显示器				☆	☆	☆	
	DLP拼接屏系统		☆	☆				
	平板显示屏拼接系统		☆	☆				☆
	视频摄像系统	★	★	★	★	☆	☆	

注：★表示应设置；☆表示有条件时设置。

剧场式会议厅音视频系统

兼顾文艺演出功能的剧场式会议厅，其扩声系统的主要声学设计指标应按照国家标准《厅堂扩声系统设计规范》GB 50371中演出类选定，还应满足《剧场建筑设计规范》JGJ 57。扩声扬声器系统的布置宜以集中式为主。

剧场式会议厅的设计条件　　　　　　　　　　　　　　表2

功能	建设要求
集中式扩声扬声器系统	应设置"左中右+次低频声道"作为主扩声扬声器系统。一般中声道在台口上方的声桥中央，面向观众席覆盖；左右声道在台口两侧八字墙内，面向观众席覆盖。左右主声道设置在声桥上时，应在台口两侧设置辅助扬声器组
信号接口	主席台或舞台四周应设置综合信号接口箱供连接使用
控制室	应面向舞台口设置声光控制室，在声光控制室内应能聆听到主声道扬声器系统的直达声。舞台上场口附近宜设信号交换机房；观众厅内应预留现场调音位，一般在池座后区中央。具国际会议功能要求时应设同声传译室
视频显示	以大型投影显示系统为主；应能满足电脑、DVD等多媒体设备的播放
视频摄像系统	满足对主席台第一排就坐人员的特写拍摄以及舞台整体拍摄，兼顾会场场景、乐池指挥、上下场口、观众入口等

大型多功能厅/宴会厅音视频系统

大型多功能厅/宴会厅，随会议的形式不同而灵活调整其会场布置，扩声系统应灵活适应多种不同形式的会场需要，其主要声学设计指标宜按照国家标准《厅堂扩声系统设计规范》GB 50371中多用途类选定。扩声扬声器系统的布置宜采用集中式安装与吊顶分散式安装相结合的方式。

大型多功能厅/宴会厅的设计条件　　　　　　　　　　　表3

功能	建设要求
集中式扩声扬声器系统	集中式扩声扬声器系统宜以流动方便吊装为主
分散式扩声扬声器系统	吊顶分散安装的扬声器箱应均匀布置。若大型多功能厅吊顶高度大于10m时，单只扬声器箱覆盖角度宜控制在60°以内；若宴会厅吊顶高度大于5m时，单只扬声器箱覆盖角度宜控制在90°以内
信号接口	主席台或虚拟舞台附近应预留音视频等信号接口箱供连接使用
控制室	宜面向主席台设置声光控制室；具国际会议功能要求时应设同声传译室
视频显示	以大型投影显示系统为主；应能满足电脑、DVD等多媒体设备的播放
视频摄像系统	以能满足对主席台第一排就坐人员的特写拍摄，以及舞台整体拍摄效果为主，兼顾会场场景

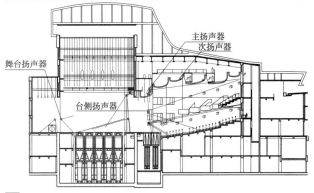

1 剧场式会议厅音视频设备布置剖面图

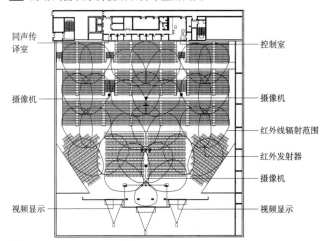

2 大型多功能厅音视频设备布置图

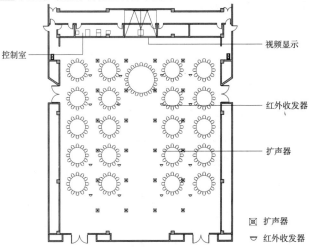

3 大宴会厅音视频设备布置图

会议建筑 [15] 音视频系统

报告厅音视频系统

大型报告厅兼顾文艺演出需要时，扩声系统的主要声学设计指标应按照国家标准《厅堂扩声系统设计规范》GB 50371中多用途类选定。

报告厅的设计条件　　　　　　　　　　　　　　　表1

功能	建设要求
集中式扩声扬声器系统	大型报告厅吊顶高度在5m以上时，宜设置左中右+次低频声道作为主扩声扬声器系统：一般中道在台口上方的声桥中央，面向观众席覆盖；左右声道在台口两侧八字墙内，面向观众席覆盖。左右主声道设置在声桥上时，应在台口两侧设置辅助扬声器组
分散式扩声扬声器系统	作为集中式扩声扬声器系统可能的补充，吊顶分散安装的扬声器箱应均匀布置；当天棚高度在5m以上时，单只扬声器箱覆盖角度宜控制在90°以内
信号接口	主席台或舞台应设置综合信号接口箱供连接使用
控制室	应面向舞台口设置声光控制室，在声光控制室内应聆听到主声道扬声器系统的直达声。主席台上场口附近宜设信号交换机房；具国际会议功能要求时应设同声传译室，间数按N+1（N为外国语言数）
视频显示	以大型投影显示系统为主，宜有平板显示器或背投影屏等作为补充。应能满足电脑、DVD等多媒体设备的播放
视频摄像系统	满足对主席台第一排就坐人员的特写拍摄以及舞台整体景观拍摄，兼顾会场场景、观众入口等

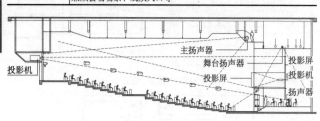

[1] 报告厅音视频设备布置剖面图

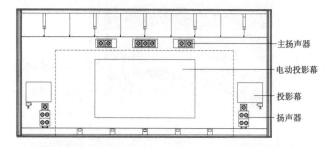

[2] 报告厅音视频设备布置立面图

大会议室音视频系统

规模大并且专用的大型会议室扩声系统的主要声学设计指标，应按照国家标准《厅堂扩声系统设计规范》GB 50371中会议类选定。大型会议室多数以主席会议的形式设置。

新闻发布厅会场的设置基本相同。

大会议室音视频系统的设计条件　　　　　　　　表2

功能	建设要求
集中式扩声扬声器系统	宜在主席台两侧设置节目的声音重放扬声器箱或预留扬声器信号接口，供流动扬声器箱连接使用
分散式扩声扬声器系统	吊顶分散安装的扬声器箱应均匀布置；单只扬声器箱覆盖角度宜控制在90°以内
信号接口	主席台附近应预留音视频等信号接口箱供连接使用
控制室	宜面向主席台设置声光控制室；具国际会议功能要求时应设同声传译室
视频显示	以大型投影显示系统为主，宜预留流动LED显示屏的条件；应能满足电脑、DVD等多媒体设备的播放
视频摄像系统	以能满足对主席台第一排就坐人员的特写拍摄为主，兼顾会场场景

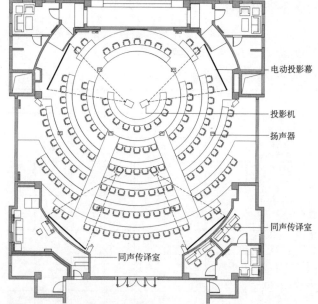

[3] 大会议室音视频设备布置图

中小会议室音视频系统

1. 一般50~60m²及以下的会议室可不设扩声系统，在一侧墙面设置1台平板显示器即可，配备视频显示系统，可配置流动还音系统或录音设备。当发言者与听讲人的距离大于10m时，有必要设置扩声系统，并按会议类选定扩声系统声学特性指标。

2. 扩声扬声器系统的布置。会议室的吊顶高度在3m时，需安装的扬声器箱数量计算方法：全频扬声器最大声压级大于110dB、有效覆盖角(-6dB)90°，则安装间距约4m；会议室的吊顶高度在5m以上时，吊顶安装的全频扬声器宜具有覆盖角控制范围。

中小会议音视频系统室的设计条件　　　　　　　表3

功能	建设要求
集中式扩声扬声器系统	宜在视频显示屏设置节目的声音重放扬声器箱或预留扬声器信号接口，供流动扬声器箱连接使用
分散式扩声扬声器系统	吊顶分散安装的扬声器箱应均匀布置；单只扬声器箱覆盖角度宜控制在90°以内
信号接口	主席台附近应预留音视频等信号接口箱供连接使用
控制室	会议室多以圆桌会议形式为主，宜面向主席位设置声光控制室；不设控制室时宜在会议室一角预留安装600mm×600mm设备机柜的空间；在两间或多间会议室合并使用时，音视频系统还应能互连互通
视频显示	应设置投影或平板显示器；应能满足电脑等多媒体设备的播放
视频摄像系统	以能满足对第一排就坐人员的特写拍摄为主，兼顾会场场景；能满足电视电话会议的需求

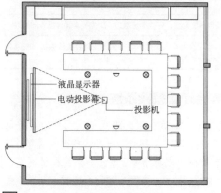

[4] 中小会议室音视频设备布置图

会议建筑照明设计

本节内容包括普通照明（含正常照明和应急照明）、特殊照明（含舞台区效果照明和观众区为舞台补光的面光照明等），以及相关区域的照明控制。

普通照明设计

1. 照明标准值

会议建筑照明标准值及照明功率密度值应符合《建筑照明设计标准》GB 50034 的相关规定，且必须满足表1、表2的规定。

会议建筑室内照明场所的色温　　　　　　　　　表1

光源颜色分类	相关色温(K)	颜色特征	适用场所
I	<3300	暖	宴会厅、大型多功能会议厅、剧场式会议厅、公共大厅
II	3300~5300	中间	多功能厅、大/中小会议室、贵宾用房、登录厅
III	>5300	冷	电子信息系统机房等

注：对于需要进行彩色新闻摄影和电视转播的场所，室内光源的色温宜为2800~3500K，有天然采光的室内的光源色温宜为4500~6500K。

会议建筑照明标准值　　　　　　　　　　　　　表2

房间或场所	参考平面及其高度	照度标准值(lx)	≤ UGR	≥ Ra	照明功率密度(W/m²)（现行值/目标值）
公共大厅、会议厅前厅（序厅）	地面	200	22	80	9/7
会议室、贵宾室	0.75m 水平面	300	19	80	—
视频会议室*	0.75m 水平面	500	19	80	—
大/中小会议室	0.75m 水平面	300	19	80	—
大型多功能厅、宴会厅	0.75m 水平面	300	22	80	—
剧场式会议厅	地面	100~200	19	80	—

注：*视频会议室一般区域照度标准值为500lx，主席区照度标准值为750lx。

2. 公共大厅、登录厅、会议厅前厅（序厅）照明设计

照明灯具的选型以及安装方式需与建筑吊顶形式、结构空间桁架、檩条等相结合；灯具外观、颜色（含镇流器）保持一致，需满足建筑整体效果美观的要求。

照明控制方式宜采用集中控制方式、分区域或定时控制，有条件时可采用智能照明控制方式，实现方便统一管理、节约能源的目的。安装在现场的智能面板应具有防误操作的功能，以提高照明控制的安全性。

3. 大型多功能会议厅、报告厅、剧场式会议厅、宴会厅、大型会议室照明设计

照明灯具的选型以及安装方式需与建筑装修形式紧密结合。照明控制方式宜采用照明智能控制方式，可对各区域根据会议及演出的要求，进行不同的会场照度调节及控制（即可进行30%、50%、75%、100%照度调节）；进行场景模式设定及控制（即可根据使用方的要求，将大型多功能会议厅、报告厅、剧场式会议厅的灯光设置为演出模式、报告模式、会议模式等；将宴会厅的灯光设置成宴会模式、酒会模式、剧场式模式等；大型会议室的灯光设置为会议式模式、课桌式模式、投影模式等），从而形成不同的照明效果，达到方便管理、节约能源的目的。

4. 中、小型会议室、贵宾室照明设计

照明灯具的选型以及安装方式需与建筑吊顶形式紧密结合。照明控制方式宜采用就地控制；在设有投影幕的一侧（投影幕前2m左右），灯具需单独控制，以确保投影影像清晰的效果。有条件时可采用智能控制方式，进行不同的会场照度及控制（即可进行30%、50%、75%、100%照度调节）；进行场景模式设定及控制（即可根据使用方的要求将会议室、贵宾室的灯光设置为会议式模式、投影模式、接待模式等），从而形成不同的照明效果，实现方便管理、节约能源的目的。

5. 应急照明设计

公共大厅、登录厅、观众厅、多功能厅、宴会厅、大型会议室等属于人员密集场所，应设置应急疏散照明和安全照明。应急疏散照明照度不应低于3.0lx，安全照明的照度值不宜低于一般照明照度值的10%。

特种灯光设计

1. 设计要点

特种灯光（也称特殊照明）是指为满足大型多功能厅、剧场式会议厅、报告厅、宴会厅、会议室的电视录制和会议、文艺表演等舞台效果的要求所设置的灯光。

特种灯光包括会议灯光和舞台灯光。

剧场式会议厅、报告厅等具有固定舞台的厅室一般设置固定特种灯光。

大型多功能厅、宴会厅、大会议室是否设置固定特种灯光可根据其是否有电视录制和会议及文艺表演的要求来确定；也可根据会议、演出需求临时搭建，与固定的特种灯光设置相比，临时搭建的灯光会提高会议厅室的使用效率。

中小会议室若没有电视录制的要求则不设特种灯光。特种灯光通常与普通的会议照明相结合，组成一个照明系统。

特种灯光最好满足多功能使用，设计合理的特种灯光会增加厅堂的用途，减少会议布置时间，确保厅室的高频率使用。

2. 会议灯光设计

会议灯光包括：灯具的布置及选择，电源布线及调光控制。

会议照明宜选择节能环保的LED灯具，节能的三基色荧光灯及其他冷光源节能照明灯具。

报告厅舞台区会议灯光的灯具布置及选择应与舞台灯光统一考虑，灯光控制一般由舞台灯光控制系统统一控制。会议室和报告厅观众区的灯光控制一般采用环境调光。灯具布置及选择应与装修相结合。

会议灯光设计参数　　　　　　　　　　　　　　表3

水平照度(lx)	垂直照度(lx)	色温(K)	显色指数
500	750	3200或5600	>85

注：垂直照度、色温、显色指数为有电视摄像录像要求时的参数。

3. 舞台灯光设计

舞台灯光设计包括灯具的布置及选择、调光及信号控制系统、供电系统、电缆布线系统。

舞台灯光的灯具主要有聚光灯、柔光灯、成像灯、染色灯、图案灯、追光灯。

控制系统由调光立柜、直通立柜、放大分配器、环境调光控制台（板），电脑调光台等组成。调光立柜、直通立柜的放置在调光器室。放大分配器布置在灯栅、吊顶、灯光控制室等处。

舞台灯光设计参数　　　　　　　　　　　　　　表4

水平照度(lx)	垂直照度(lx)	色温(K)	显色指数
1000	1500	3200或5600	>85

注：垂直照度、色温、显色指数为有电视摄像录像要求时的参数。

会议建筑 [17] 空调设备系统

临时主席台灯光

1. 临时主席台没有固定照明设计系统和灯光吊杆吊装系统，根据会议要求临时搭建。建筑设计时需要设置灯光控制室、配电间。现场搭建时解决电源的设置，控制系统的选定，线材量、灯具的计算，各灯位之间的合理布局。

2. 为突出主席团成员和会议主题背景，需要设置主席台面光、侧光、逆光、背景灯光等，避免使用热光源，建议采用可调角度的LED等冷光源照明灯。

3. 为确保正确的图像色调及摄像机的白平衡，照射在与会者脸部的光是均匀的，照度应不低于500lx。而主席区应控制在750lx。

4. 光线弱时建议采用辅助灯光，但要避免直射。使用辅助灯光，建议使用临时灯架。

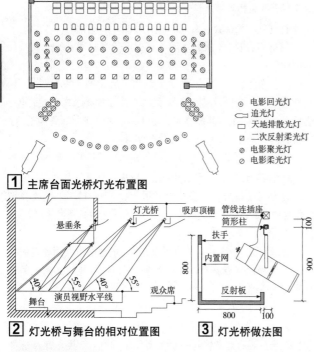

1 主席台面光桥灯光布置图

2 灯光桥与舞台的相对位置图 3 灯光桥做法图

空调设计要点

特大型、大型及中型会议建筑一般采用集中空调系统。需要针对不同地域选择适宜的系统形式，以便于调节控制和节能。因建筑内通常存在大量内区，节能的重点是冬季和过渡季尽量利用自然冷源，减少制冷能耗，以达到节能的目的。

中、小型会议建筑可以根据建筑物的实际情况进行经济技术比较后，确定采用集中型或分散型空调系统。

不同类型房间常见的空调系统形式和送风方式　　　表1

房间类型	空调系统形式				送风方式		
	全空气定风量	全空气整体变风量	全空气末端变风量	风机盘管加新风	顶部送风	上部侧送风	座椅下送风
大型多功能厅	√	√	√		√		
宴会厅	√	√			√		
公共大厅、登录厅	√	√				√	
剧场式会议厅 观众席	√						√
剧场式会议厅 舞台	√					√	
中小会议室			√	√	√	√	
贵宾用房			√	√	√	√	

1. 公共大厅、登录厅

公共大厅、登录厅属于人员密集的大空间场所，通常采用专用的全空气定风量系统。建议采用以下两项节能措施。

（1）系统的最小新风量按卫生要求确定，但是应能够根据室外气象参数变新风比，过渡季宜能达到全新风运行，利用室外新风作为自然冷源以减少制冷机能耗。

（2）人员密集场所的特点是长期停留的人数变化较大。可以采用根据室内温度"整体变风量"运行的变风量系统；也可以根据人员变化手动或自动控制分阶段改变系统风量的设定值，设定后定风量运行，其控制较简单，风机节能效果也很明显。这类人员流动性较强的高大空间可采用上部喷口侧送风方式。

2. 大型多功能会议厅、宴会厅

大型多功能会议厅、宴会厅的特点与公共大厅类似，采用全空气系统。这些场所内一般没有固定座椅，由于人员相对停留时间较长且处于静坐状态，因此常采用均匀性较强、吹风感较小的顶部送风方式。

3. 剧场式会议厅

剧场式会议厅观众区域的特点与大型会议厅等类似，也采用全空气系统。送风形式上可以结合剧场有固定座椅的特点，采用座椅下送风。为使送风均匀，需要在座椅下方的楼板处配合设置相应的土建静压箱。

舞台一般为风速较低的上部侧送风方式，送风温度与座椅下送风不同，而且还要根据舞台的功能独立控制，因此宜设置独立的空调系统。

4. 中小会议室、贵宾用房

中小会议室、贵宾用房需要分室控制房间温度，通常采用的空调系统包括风机盘管加新风系统及变风量系统。

中小会议室、贵宾室通常采用的空调系统　　　表2

系统类型	系统描述	优点	缺点
风机盘管加新风系统	各房间分散设置风机盘管空调机组，处理后的新风统一输送。当存在内区时，因会议室地处内区不存在外围护结构冷热负荷，为消除余热，通常需要采用分区两管制或四管制水系统，以达到在冬季或过渡季可同时对外区供热、对内区供冷的目的	造价较低、分室调控简单易行、占用吊顶空间和机房面积都比较小	房间内风机盘管凝水盘中的冷凝水容易滋生细菌，需经常进行清洗维护；大量敷设有压力的空调冷水管道，增加了事故的发生和维护时的工作难度
变风量系统	集中进行空气处理和输送的全空气系统。每个房间设置末端变风量装置（VAV box），可实现分室控制。该系统的节能主要表现在根据室内负荷的需求改变送风量节约风机电能，卫生条件好。由于末端变风量装置噪声值相对较高，应注意采取消声措施	由于室内没有冷水盘管及其冷凝水，卫生条件较好	系统的控制比较复杂，造价也较高，占用的机房面积、吊顶空间也比风机盘管加新风系统大

会议建筑信息系统

会议建筑信息系统包括多媒体公共信息查询系统和信息显示系统。

会议建筑信息系统设计要点　　　表3

系统类型	设计要点
多媒体公共信息查询系统	应具备会议室的信息检索、查询、导引、公共信息查询等功能；宜支持视频、音频、图片、动画、幻灯、文字等格式；设置在会议区主入口、大堂、休息区、签到处、各层主要交通厅处
信息显示系统	应满足会议期间人员对会议信息的需求；应由视频信号源、控制主机、前端显示屏幕及配套软件等组成；设置在会议区主入口、大堂、休息区、签到处、电梯厅、多功能会议厅、国际会议厅、大型学术报告厅、各规模会议室门外

实例 [18] 会议建筑

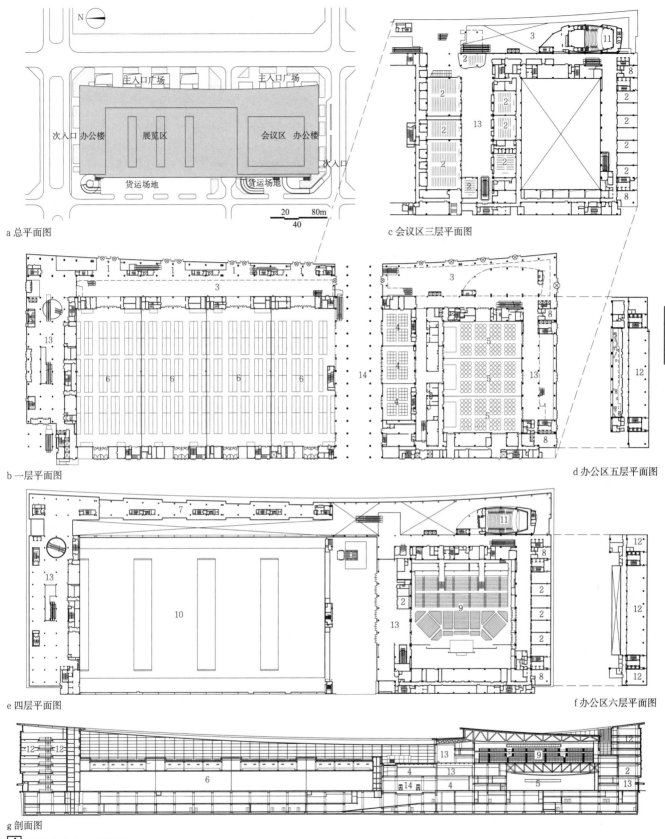

a 总平面图
b 一层平面图
c 会议区三层平面图
d 办公区五层平面图
e 四层平面图
f 办公区六层平面图
g 剖面图

1 国家会议中心会议区

名称	建筑面积	建筑层数/高度	建成时间	设计单位
国家会议中心会议区	27万m²	地下2层，地上8层/45m	2008	北京市建筑设计研究院有限公司

本工程为国家级会议中心，包括1个6000人多功能型会议厅、3000人宴会厅及2万m²展厅以及多个中小会议室。项目位于北京奥林匹克公园核心区，地理位置优越，交通便利。通过面向奥运中心区的内街将各个主要会议功能相互联系，内街造型寓意为连接世界的桥。

1 门厅　2 会议室　3 内街
4 多功能厅　5 宴会厅　6 展览厅
7 综合服务区　8 贵宾室　9 大会堂
10 室外平台　11 报告厅　12 办公室
13 大厅　14 规划道路

4 博览建筑

303

会议建筑 [19] 实例

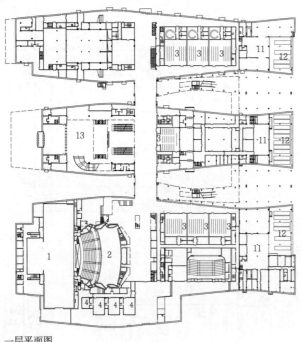

a 一层平面图

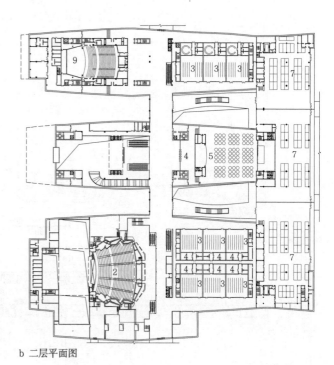

b 二层平面图

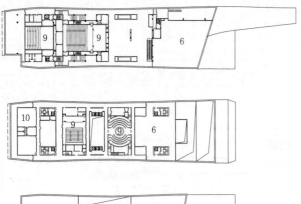

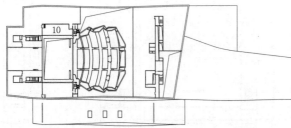

c 五层平面图

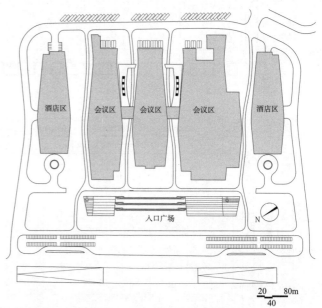

d 总平面图

1 门厅　　　　　7 展览区
2 剧场式会议厅　8 大厅
3 多功能厅　　　9 报告厅
4 休息室　　　　10 影视厅
5 宴会厅　　　　11 卸货区
6 室外平台　　　12 大巴车停车区

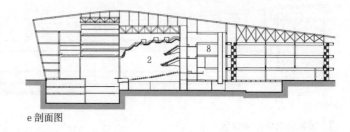

e 剖面图

1 广州白云国际会议中心

名称	建筑面积	建筑层数/高度	建成时间	设计单位
广州白云国际会议中心	31.65万m²	地下1层, 地上6层/42m	2007	中信华南（集团）建筑设计院

本工程为地区级大型会议中心，包括1个2500座剧场式会议厅，1个1200座、1个500座报告厅和1个2000m²宴会厅，1个7000m²展厅，以及多个中小会议室。项目位于白云山风景区，自然环境优越，交通便利，秉承尊重自然的原则，设计将自然景观与城市融为一体

实例 [20] 会议建筑

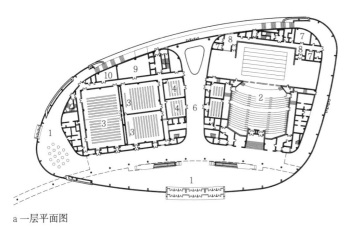
a 一层平面图

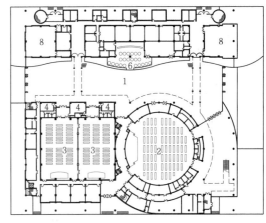
a 一层平面图

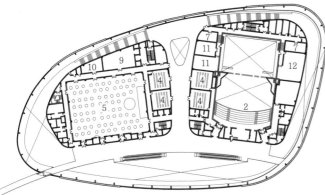
b 二层平面图

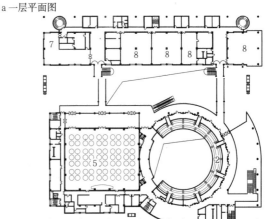
b 二层平面图

c 剖面图

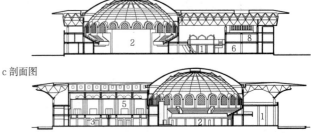
c 剖面图

d 剖面图

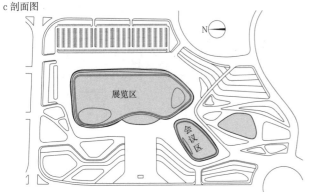
d 总平面图　　40　160m
　　　　　　　　80

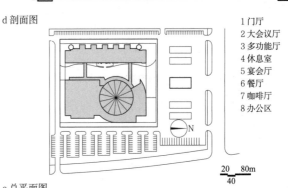
e 总平面图　　20　80m
　　　　　　　　40

1 门厅　　　　7 化妆间
2 剧场式会议厅　8 候场区
3 多功能厅　　9 备餐区
4 休息室　　　10 桌椅区
5 宴会厅　　　11 服装区
6 公共走道　　12 排练间

1 门厅
2 大会议厅
3 多功能厅
4 休息室
5 宴会厅
6 餐厅
7 咖啡厅
8 办公区

1 潍坊鲁台经贸中心会议区

名称	建筑面积	建筑层数/高度	建成时间	设计单位
潍坊鲁台经贸中心会议区	2万m²	地下1层，地上2层/24m	2011	北京市建筑设计研究院有限公司

本工程为地区级会展中心，会议区规模为中型会议建筑。包括1个1200人剧场式会议厅及一个600人宴会厅。项目位于潍坊体育会展公园内，交通便利。建筑设计将会议区及展览区分为两个独立建筑体量，通过室外公共空间及连桥连接，寓意为海边岩石

2 孟加拉国家会议中心

名称	建筑面积	建筑层数/高度	建成时间	设计单位
孟加拉国家会议中心	2万m²	地上3层/29m	2001	北京市建筑设计研究院有限公司

本工程为中国政府援建项目，位于孟加拉国首都达卡。包括1个1700人国际会议厅（特殊功能会议厅）、1个700人宴会厅及多个中小会议室，以及新闻中心和配套项目。设计尊重孟加拉国伊斯兰教信仰，运用当地传统建筑中穹顶、拱券等手法

会议建筑 [21] 实例

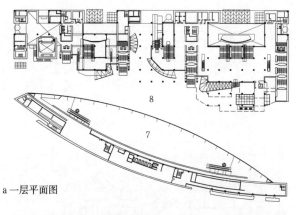

a 一层平面图

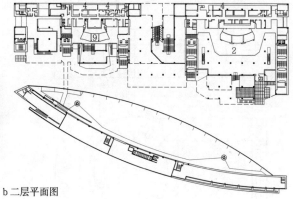

b 二层平面图

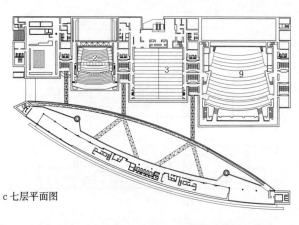

c 七层平面图

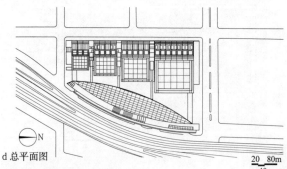

d 总平面图

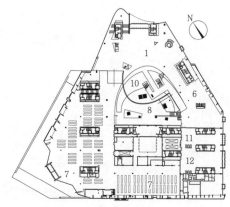

a 一层平面图

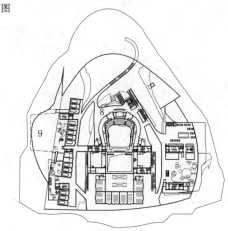

b 二层平面图

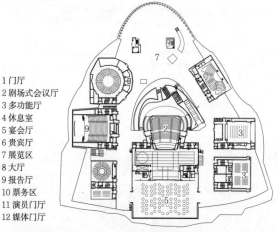

1 门厅
2 剧场式会议厅
3 多功能厅
4 休息室
5 宴会厅
6 贵宾厅
7 展览区
8 大厅
9 报告厅
10 票务区
11 演员门厅
12 媒体门厅

c 三层平面图

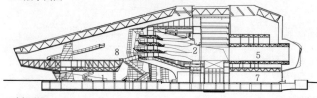

d 剖面图

1 日本东京国际会议中心

名称	建筑面积	建筑层数	建成时间	设计单位
日本东京国际会议中心	14.5万m²	地上7层	1996	美国Rafael Vinoly

本工程为日本国家级会议中心，位于东京市区，风景优美，交通便利，于1996年建成。包括1个5000人剧场式会议厅、1个1500人剧场式会议厅、1个1400m²的多功能大型会议厅、1个5000m²展厅及多个中小型会议室

2 大连国际会议中心

名称	建筑面积	建筑层数/高度	建成时间	设计单位
大连国际会议中心	14.7万m²	地下1层，地上4层/57m	2012	大连市建筑设计研究院有限公司

本工程为地区级大型会议中心，包括1个1600座剧场式会议厅、1个2000人宴会厅及多个特殊功能会议厅。项目位于大连滨海CBD核心区，交通便利，是该区域地标性建筑。内外部自由的建筑形态寓意大海的召唤

实例 [22] 会议建筑

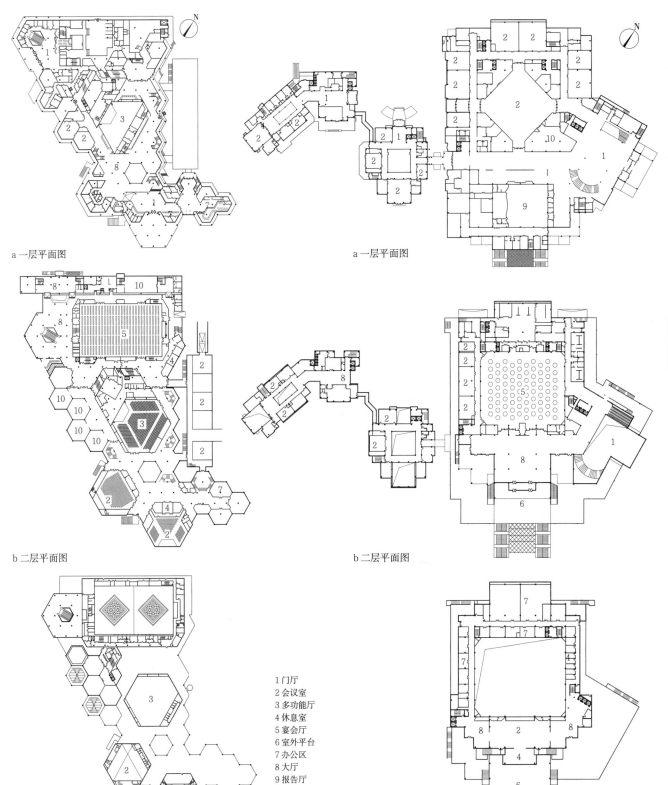

a 一层平面图

a 一层平面图

b 二层平面图

b 二层平面图

c 三层平面图

c 三层平面图

1 门厅
2 会议室
3 多功能厅
4 休息室
5 宴会厅
6 室外平台
7 办公区
8 大厅
9 报告厅
10 餐厅

1 德国杜塞尔多夫国际会议中心

名称	建筑面积	建成时间	建筑层数
德国杜塞尔多夫国际会议中心	27.6万m²	1947	地上3层

本工程为杜塞尔多夫会展中心会议中心。该会议中心依托大规模展厅的会议功能利用，为世界最大的会议中心，总体规模为27.6万m²。包括1个1400人的大型多功能会议厅，1个1000人报告厅及多个中小会议室及特殊功能会议厅

2 苏州太湖国际会议中心

名称	建筑面积	建筑层数	建成时间	设计单位
苏州太湖国际会议中心	6万m²	地上6层	2009	苏州设计研究院股份有限公司

本工程为地区级大型会议中心，包括1个3000人及1个2000人多功能大型会议厅及多个中小型会议室。项目位于太湖景区，风景秀丽，交通便利。寓意为"姑苏台"的中式建筑为主要设计特色

会议建筑 [23] 实例

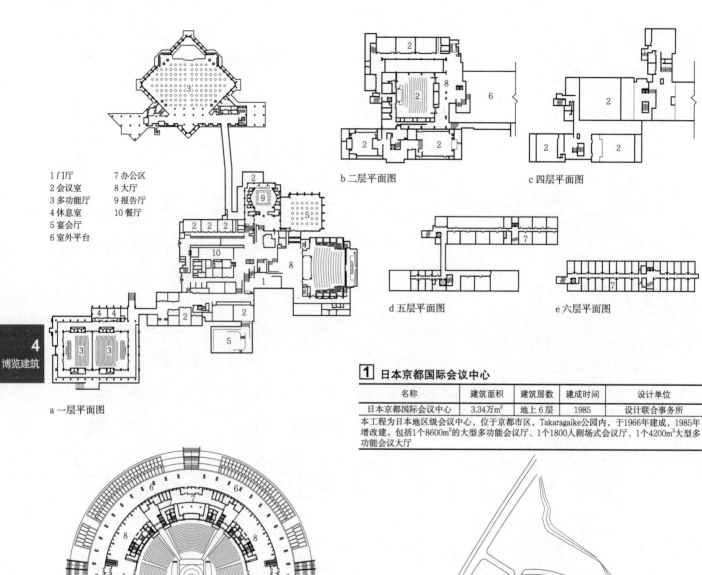

1 日本京都国际会议中心

名称	建筑面积	建筑层数	建成时间	设计单位
日本京都国际会议中心	3.34万m²	地上6层	1985	设计联合事务所

本工程为日本地区级会议中心，位于京都市区，Takaragaike公园内，于1966年建成，1985年增改建。包括1个8600m²的大型多功能会议厅、1个1800人剧场式会议厅、1个4200m²大型多功能会议大厅

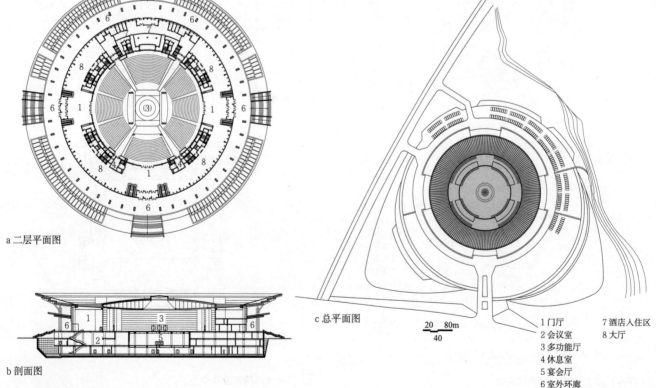

2 北京雁栖湖国际会都会展中心

名称	建筑面积	建筑层数/高度	建成时间	设计单位
北京雁栖湖国际会都会展中心	7.9万m²	地下2层，地上2层/31.8m	2015	北京市建筑设计研究院有限公司

本工程位于北京市怀柔雁栖湖国际会都，是为筹备G20峰会以及APEC峰会所建设的国宾级会议接待建筑。包括1个可分隔式5500m²大型多功能会议厅、1个2200m²大宴会厅和1个1800m²多功能厅，以及各种中小型会议室70余间。同时配有3000m²厨房，可提供5000人同时就餐

基本概念

展览建筑指由一个或多个展览空间组成，进行展览活动的建筑物。展览建筑往往与会议、餐饮、宾馆、娱乐、办公和文化设施等相结合，其职能已远远超出最初单纯举办展览的范畴，演变成为人们之间相互交流与沟通、提供媒介的公共性活动场所。

由于现代化展览、会议活动已逐步由相对独立的模式演化成为"展中有会，会中有展"的互融模式，形成了展览设施和会议设施的并存的"会展建筑"。本篇章涵盖会展建筑中的展览建筑部分，会议部分在会议建筑章节描述。

展览建筑规模可按基地以内总展览面积划分为特大型、大型、中型和小型。

展览类型根据展品不同分为轻型展、中型展、重型展。设计应根据需要确定参数取值，避免浪费。

展览建筑规模　　　　　　　　　　　　　　　　　　　　表1

建筑规模	总展览建筑面积S（m²）
特大型	$S>100000$
大型	$30000<S\leq100000$
中型	$10000<S\leq30000$
小型	$S\leq10000$

注：本表摘自展览建筑设计规范JGJ 218-2010。

展览类型　　　　　　　　　　　　　　　　　　　　　　表2

分类	典型展品
轻型展	轻工业产品，如食品、纺织、皮革、造纸、日用化工、文教艺术体育用品、印刷品等的展览
中型展	一般工业产品，如普通机械、电气、汽车、电子设备等的展览
重型展	重工业设备及产品，如机械加工、化工等的展览

选址

1. 展览建筑的选址必须服从城市总体规划的部署，并同分区规划紧密结合。
2. 具备便利的周边条件以及完善的市政基础设施。
3. 应至少两种快速交通连接，确保会展活动召开期间，不干扰城市交通的正常运转。
4. 可以促进会展业对城市发展的带动作用。

国内部分新建会展建筑的建设概况　　　　　　　　　　表3

序号	会展中心	占地面积（万m²）	建筑面积（万m²）	建设地点	建造年代
1	中国进出口商品交易会琶洲展馆	70.0	39.5	城市远郊	2002
2	深圳国际会展中心	22.0	28.0	城市中心	2004
3	上海新国际博览中心	85.0	25.0	城市近郊	2001
4	中国国际展览中心新馆	155.5	66.0	城市近郊	2008
5	苏州新国际博览中心	18.8	18.5	城市近郊	2005
6	武汉国际会展中心	7.69	12.7	城市中心	2001
7	南宁国际会议展览中心	56.0	15.2	城市近郊	2003
8	南京国际展览中心	12.6	10.8	城市中心	2000
9	西安曲江国际会展中心	13.0	13.0	城市中心	2010
10	香港亚洲国际博览馆	—	7.0	城市远郊	2005

建设地点与城市的关系　　　　　　　　　　　　　　　表4

建设地点	城市中心	城市近郊	城市远郊
图例			
特点	交通便利；可利用既有的配套设施；受场地限制，拓展难度大	邻近轨道交通；可持续性发展	与江河等景观相结合临近机场，便于大型货运；可持续性发展；需建设配套设施

德国展览建筑与市中心距离　　　　　　　　　　　　　表5

建设地点与城市的关系	所在城市	距市中心的距离（km）
城市中心	法兰克福	1
	科隆	2
	斯图加特	3
	杜塞尔多夫	4
城市近郊、城市远郊	汉诺威	6
	柏林	7
	莱比锡	7
	慕尼黑	11

国内主要会展中心选址　　　　　　　　　　　　　　　表6

会展中心	距航空港（km）	距火车站（km）	距市中心（km）	所处位置
厦门国际会展中心	13	8	17	东部滨海开发区
上海新国际博览中心	25（浦东机场）32（虹桥机场）	12	8	浦东新区
苏州新国际博览中心	80（上海虹桥机场）	12	10	苏州工业园区
南京国际展览中心	45	1	—	玄武湖畔
大连世界博览广场	10	4.5	5	星海广场
中国进出口商品交易会琶洲展馆	45	12	10	琶洲新区
成都国际会展中心	13	10	4	世纪城新区

周边环境

1. 交通：交通应便捷，与地铁站、公交站等公共交通设施联系方便；特大型展览建筑选址不应设在城市中心。
2. 环境：以临近城市重要的人工、自然环境为宜，不应选在有害气体和烟尘影响的区域内，且与噪声源或储存易燃、易爆物场所的距离，应符合国家现行有关安全、卫生和环境保护等标准的规定。
3. 水文地貌：宜选择地势平缓、场地干燥、排水畅通、空气流通、工程地质及水文地质条件较好的地段。
4. 公共设施：大型展览建筑其周边应配备完善的公共服务和基础设施。

建筑布局

1. 总平面布置应根据近远期建设计划的要求，进行整体规划，并为可能的改建和扩建留有余地。
2. 总平面布置应功能分区明确、总体布局合理，各部分联系方便、互不干扰。
3. 交通组织合理，流线清晰，道路布置应便于人员进出、展品运送、装卸，并应满足消防车道和人员疏散要求。
4. 展览建筑应配置集散用地。
5. 宜设置室外场地，以满足展出、观众活动、展品临时存放、停车及绿化的需要。

展览建筑 [2] 场地设计·建筑组合类型

场地设计

总体功能主要包括以下几个部分：展览建筑、室外展场、室外人员集散广场、停车场、展品卸货场、临时垃圾堆场、绿化景观、货运通道、消防应急车道等。

1. 展览建筑：主要包括登录厅、展厅、贵宾接待、公共交通区域等，可详见本章后面各节介绍。

2. 室外展场：详见本章后面"室外展场"部分。

3. 室外集散广场：主要出入口处均应设置一定规模的人员疏散广场；地面尽量平整，不宜有较大高差；地面要有一定的承载能力。

人员集散广场除考虑疏散使用，也应和室外展旗、绿化景观结合在一起设计，并考虑作为开幕式或重大新闻发布等使用，故集散广场应根据需求设计。

4. 停车场：展览建筑具有大人流集散的特点，必须配备一定数量的固定停车位（具体数量可按当地政府规划部门要求执行）。停车位的类型包括：小轿车、大轿车、货运车、自行车。停车场可以和绿化结合，和临时展场结合，也可以和临时堆场结合。

5. 展品卸货场：展厅附近应设置展品卸货区，或者卸货平台。

6. 临时垃圾堆场：应设置一定面积的室外垃圾分类及堆放场地。临时垃圾堆场可以和停车场、展品卸货场复合使用。

7. 机动车流：馆区内车行道应考虑小轿车、大轿车、货运车的流线要求、转弯半径要求、宽度要求、车道承载的要求。其中小轿车应满足工作人员车辆、观众车辆、贵宾车辆、出租车停靠。

8. 消防应急车道：应考虑消防应急车辆的流线要求、转弯半径要求、宽度要求、高度要求以及车道承载的要求。

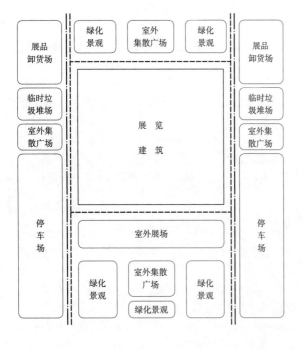

各场地在复合使用时，应注意面积的调整。

1 展览建筑功能布局示意

建筑组合类型

展览建筑形式众多，对总体布局影响较大，具体项目根据用地周边环境、面积大小和形状千差万别，功能的要求均呈现多样化。从建筑组合类型可分为：组团式和集中式。其中集中式又可分为鱼骨状集中式、半鱼骨状集中式、围合状集中式和半围合状集中式。

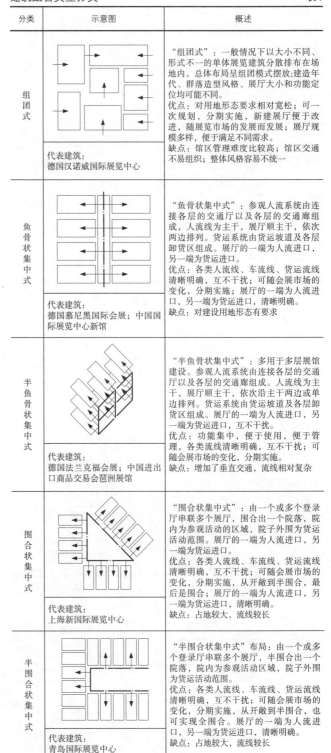

建筑组合类型分类　　表1

外部交通流线 [3] 展览建筑

通道设置

展览建筑的外部交通分为五大通道：人行通道、车行通道、货运通道、消防应急通道、垃圾装卸及运输通道。

通道设计时要特别关注：通道的尺寸、通道的高度控制、通道的宽度及最小转弯半径，还有路面的载重能力。

通道分类　　　　　　　　　　　　　　　　　　　　表1

名称	设计要点
人行通道	可细分为观众通道、参展商通道、贵宾通道、内部管理通道
车行通道	可细分为私家车通道、贵宾车通道、大轿车通道
货运通道	多用于多层展馆建设布展和撤展时展品的进出、装卸；办展时可作为食品服务供应通道
消防应急通道	消防车进入展馆区抢险，以及遇突发性事件所用的通道，应考虑消防以及应急车辆的转弯半径要求
垃圾装卸及运输通道	垃圾一般分为生活垃圾和展览垃圾，生活垃圾适合设置固定堆放点，展览垃圾适合根据不同展览设置相应临时堆放场

交通流线组织

外部交通流线组织的目标：合理设计场内的五大通道，以及人行、车行、货运的三大交通流线，进行安全、畅通、高效的交通组织。

内外衔接：三大交通流线既要做好展馆内部的衔接，还要做好和城市公共交通（公交站点、出租车站点、地铁轻轨站点、市政道路）的合理衔接。

通道的错位使用：由于通道使用的时间和频率存在错位和差异，实际使用时，在保证安全的前提下，可互相借用或者混用，但人车尽可能分开。

人行流线

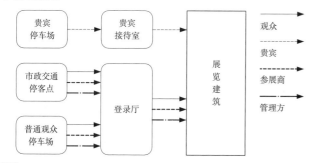

[1] 人行流线示意图

观众：通过观众入口进入会展场地，再由登录厅购票、安检进入公共交通廊，再由公共交通廊进入各展厅。

贵宾：大型、特大型或有特殊要求的展览建筑设置贵宾通道和贵宾室。贵宾通过贵宾入口进入会展场地，再进入贵宾室，通过贵宾室进入展会现场。贵宾通道应方便出入又相对隐蔽，避免与其他流线交叉使用。

参展商：参展商凭证件出入展会现场、参展商库房、参展商办公室、会议室和洽谈室等。

管理方：管理方凭证件出入展会现场、管理方办公室、参展商办公室等。

车行流线

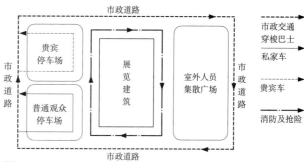

[2] 车行流线示意图

1. 市政交通：包括公交巴士、轨道交通、轮船等，通过城市道路、水路到达会展周边的落客站点。
2. 私家车：通过场地私家车入口进入会展场地，到达私家车停车场。
3. 贵宾车：通过贵宾入口进入会展场地和贵宾停车位。
4. 穿梭巴士：特大型展览建筑可设置穿梭巴士，按具体运营需要，设置从会展场地出入口到登录厅、展厅、室外展场、停车场等处的穿梭巴士。
5. 消防及抢险：经过消防及抢险道路到达场地，实施消防及抢险。在设计之前应确定进入展馆区的穿梭巴士、应急消防的车辆标准，以明确内部道路的宽度、通行高度、道路承载、转弯半径及回转半径。

货运流线

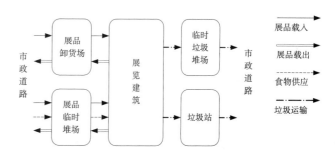

[3] 货运流线示意图

1. 展品载入流线：办展前，拉有展品的货车从市政道路进入会展场地，沿地内道路驶入，进入装卸货场，小型货运车甚至可直接进入展厅卸货安装。
2. 展品载出流线：办展结束，展品打包，在货场装进货车，沿内部货运路线驶出，进入市政道路。
3. 展品的装卸：货车进入展品卸货场（或者卸货平台），装卸展品。
4. 展品临时堆场：展品卸下后，如有临时堆放要求，一般可在展厅内外周转使用。
5. 办展时食品供应服务流线：外部食品供应时间集中，一般可借用靠近展厅的临时堆放区。
6. 垃圾装卸及运输流线：垃圾分生活垃圾和展品垃圾，生活垃圾堆放在垃圾站，展品垃圾堆放在临时垃圾堆场。

展览建筑 [4] 功能分区与流线

功能分区

1. **展厅空间**：会展建筑的主要功能空间，其功能以适应各种展览活动为主。为充分利用展厅的大空间，许多展厅的设计都能满足多功能的使用。

2. **公共服务空间**：在会展建筑中，除举行会议和展览活动的会议厅和展厅之外的空间，如前厅、过厅、票务、办证、海关、商务中心以及各种服务设施等。主体空间和公共服务空间两者结合在一起，共同保障会议和展览等建筑功能得以完整实现。

3. **仓储空间**：指展览布展撤展期间，器材和货品的包装、拆卸、堆放的功能空间。

4. **辅助空间**：每个展厅都必须配备一定的设备用房以及技术管理功能用房等后勤用房，以配合会展建筑的正常运营。

5. **交通设施**：指会展空间用以集散人流车流货流的场所空间，分为内部交通空间与外部交通空间，而会展的内部交通体系往往通过外部交通体系间接与城市交通系统联系。

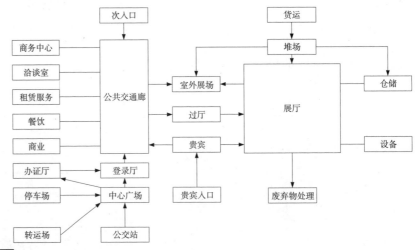

1 功能分区交通流线分析图

展厅配套设施　　　　　　表1

展览部分用房		
展览空间	展厅	
	室外展场	
	洽谈室/区	
公共服务空间	前厅/登录厅	
	公共交通廊	
	过厅	
	办证	
	海关	
	商务中心	
	洽谈室	
	租赁服务	
	餐饮服务中心	
	商业设施	
	卫生间	
	陈列室	
	休息区	
	儿童托管	
	贵宾接待	
仓储空间	海关保税仓	
	室内库房	
	室外堆场	
交通设施	中心广场	
	转运场	
	停车库/场	
	公共交通站场	
	交通辅助设施	
辅助空间及设施	技术管理办公	
	设备用房及管沟等	
	垂直搬运设施设备	
	展厅吊挂	
	废弃物处理设施	

布局及流线组织　　　　　　表2

项目概况		布局方式	交通组织	主要特征
中国进出口商品交易会琶洲展馆				1.多层展厅；2.集中并列式布局；3.均为标准展厅，展厅之间距离为4~6m；4.首层展厅货车可通过两侧货车坡道直接驶入二层展厅；5.人流观展路线为直线型，效率较高；6.首层展厅可根据需要灵活组合
建筑面积	1110000m²			
室内展览面积	338000m²			
室外展览面积	43600m²			
总展览面积	381600m²			
展厅层数	2层			
展厅净高	8~20m			
中国国际展览中心新馆				1.单层展厅；2.分散并列式布局；3.两个展厅为一组，共用一个卸货通道，通道宽度30m；4.人流观展路线为直线型，线路较长；5.部分展厅可合并使用
建筑面积	246000m²			
室内展览面积	100000m²			
室外展览面积	50000m²			
总展览面积	150000m²			
展厅层数	1层			
展厅净高	12~16m			
上海新国际博览中心				1.单层展厅；2.分散围合式布局；3.两个展厅之间距离36m，为卸货提供极大便利；4.人流观展路线为三角形，形成环路，线路较长；5.每个展厅均为独立展厅，灵活性差
建筑面积	250000m²			
室内展览面积	126340m²			
室外展览面积	100000m²			
总展览面积	226340m²			
展厅层数	1层			
展厅净高	13~23m			
武汉国际会展中心				1.单层展厅，位于7m平台，下部为车库；2.集中围合式布局；3.展厅之间连接体为一个三角形展厅，使整个布局形成圆环形观展线路；4.货运由坡道与大型货梯结合；5.展览空间灵活，可根据展览规模组合
建筑面积	457000m²			
室内展览面积	150000m²			
室外展览面积	40000m²			
总展览面积	190000m²			
展厅层数	1层			
展厅净高	17m			
深圳国际会展中心				1.单层展厅；2.分散并列式布局；3.展厅由4个方形展厅、2个小型长方形展厅和1个大型长方形展厅组合而成
建筑面积	280000m²			
室内展览面积	105000m²			
室外展览面积	18000m²			
总展览面积	123000m²			
展厅层数	1层			
展厅净高	13~28m			

展厅单元

展览建筑以展厅单元为主要构成元素，以公共交通空间为骨架，与配套设施共同组成展览建筑。

展厅分类　　　　　　　　　　表1

	展厅分类	实例
按平面形式划分	长方形	中国国际博览中心
	方形	南宁国际会议展览中心
	扇形	武汉国际会展中心
按展厅面积划分（m²）	甲等 S>10000	深圳国际会展中心 中国进出口商品交易会琶洲展馆一、二期
	乙等 5000<S<10000	中国进出口商品交易会琶洲展馆三期
	丙等 S<5000	南宁国际会议展览中心
按层数划分	单层	中国国际博览中心
	多层	中国进出口商品交易会琶洲展馆一、二期

不同平面形式展厅比较　　　　表2

平面形式	特点	实例
长方形	展位布置效率极高；观展方向感强；走道易布置；长边有利于通风采光；短边有利于消防疏散；结构及设备经济性好	中国进出口商品交易会琶洲展馆；中国国际博览中心新馆；上海新国际博览中心
正方形	展位布置效率次高；展台形式调整方便；走道易布置；相同面积通风采光较差	南宁国际会议展览中心；厦门国际会展中心
扇形	布置展位时，展厅面积较浪费；位于边缘的展台灵活性差；联系各展厅的交通廊易形成环形参观线路	武汉国际会展中心；郑州国际会展中心

单层、多层展厅优劣对比分析　　表3

	优点	缺点
单层展厅 实例：中国国际博览中心新馆	1.所有展厅均能满足大荷载要求；2.所有展厅货运更方便快捷，货车可直接驶入展厅，布展和撤展效率较高；3.有利于大空间人流的安全疏散；4.提供完全无柱的展览空间	1.占地面积大，土地利用率较低；2.人流步行的距离较长；3.相对于多层展厅体型系数过大，节能效果较差
多层展厅 实例：中国进出口商品交易会琶洲展馆	1.有利于在较小的基地建设大面积展厅，适合城市中心区用地紧张的展览建筑；2.展厅集中，参观人流的观展路线更为简短高效；3.因外围护减少，建筑较为节能；4.选型更丰富	1.二、三层货运系统较复杂，一般需设置大型货车坡道与大型货运电梯结合利用；2.二、三层展厅大量人流疏散需通过垂直防烟楼梯解决，且防烟楼梯需直通室外或通过安全通道至室外；3.二、三层展厅地面荷载不宜过大，一般1~1.5t；4.一层展厅的柱子对展示有一定影响

展厅平面与展位数量参数比较　　表4

平面示意图	展厅平面	展厅特点及参数
中国进出口商品交易会琶洲展馆 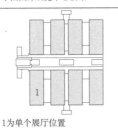 1为单个展厅位置	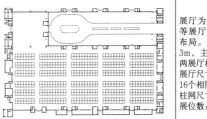	展厅为长方形有柱的甲等展厅，一期为2层局部1层，二期为3层局部2层，顶层为无柱展厅。展位布置虽为横向布局，主通道6m，次通道3m，首层展厅可连通。展厅尺寸：一期86m×143m；二期84m×115m。柱网尺寸：一期30m×30m；二期30m×18m。展位数：550个/展厅
中国国际展览中心新馆 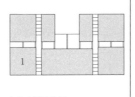 1为单个展厅位置	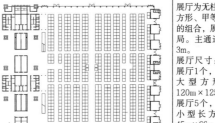	展厅为无柱单层长方形甲等展厅，展位布置为竖向布局，主通道6m，次通道3m，主通道南北贯穿，两两展厅相连。展厅尺寸：72m×168m；共16个相同的展厅单元。柱网尺寸：18m×72m。展位数：576个/展厅
深圳国际会展中心 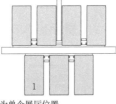 1为单个展厅位置		展厅为无柱单层长方形、方形、甲等、乙等多种规格的组合，展位布置为横向布局。主通道6m，次通道3m。展厅尺寸：特大型长方形展厅1个，240m×125m；大型方形展厅2个，120m×125m；中型长方形展厅5个，60m×125m；小型长方形展厅1个，45m×66m
西安曲江国际会展中心 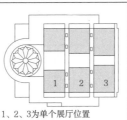 1为单个展厅位置		展厅为无柱单层长方形甲等展厅，典型的模块式单元设计。共7个标准展厅，展位布置为竖向布局。主通道6m，次通道3m，主通道作为消防通道，各展厅可贯通。展厅尺寸：72m×144m。柱网尺寸：12(6)m×72m。展位数：560个/展厅
南宁国际会议展览中心 1、2、3为单个展厅位置		展厅依山而建，上层为6个正方形无柱的丙等展厅，展位设纵向布置，通道为3m，各展厅横向可贯通，下展厅为有柱展厅。展厅尺寸：1号：48m×48m；2号：54m×54m；3号：54m×60m。展厅展位：1号：140个/展厅；2号：196个/展厅；3号：216个/展厅
武汉国际会展中心 1为单个展厅位置		展厅为无柱单层围合式甲等展厅，展厅布局为中轴对称，东西两侧分别由6个长方形的展厅单元围合成环形，形成连接部的扇形展厅，各展厅之间以活动卷门，可分隔亦可连通。展厅尺寸（矩形部分）：126m×72m，面积为9072m²，共12个，扇形连接部分角度为20°，面积为2080m²

展览建筑 [6] 模块式设计及展厅配套

展厅单元模块式设计

展厅的模块式设计是指每个展厅的平面尺寸、服务配套设施、设备的组合及控制、消防疏散方式均采用相同的设计，每个展厅都自成体系，实现独立运作、可分可合，各展厅之间可通过连接体联成，根据展会的规模进行不同组合，体现了现代展览建筑灵活、均好的特点。

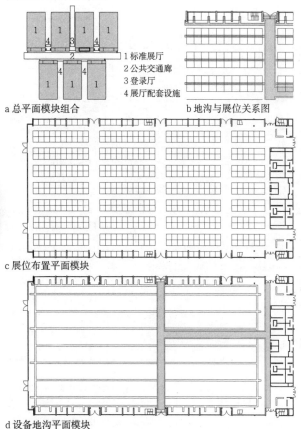

1 展厅单元模块平面图

a 总平面模块组合　　b 地沟与展位关系图
c 展位布置平面模块　　d 设备地沟平面模块

1 标准展厅　2 公共交通廊　3 登录厅　4 展厅配套设施

展厅层高

展厅净高应满足展览使用要求。甲等展厅净高不宜小于12m，乙等展厅净高不宜小于8m，丙等展厅净高不宜小于6m。大型展览建筑建议设计个别层高较高的展厅，净空高度在20m左右，以满足特殊展览及活动需要，这种较高层高的设计为展厅的多功能使用提供了可能性。

标准展厅层高设计数据统计表　表1

展览建筑	展厅	标准展厅室内净高度(m)
中国进出口商品交易会琶洲展馆一期	一层	13~16
	二层	8~20
中国进出口商品交易会琶洲展馆二期	1~8号	11
	11~13号	16~23
	9~10号	9~15
中国国际展览中心新馆	标准	12~16
深圳国际会展中心	标准	13~28
武汉国际会展中心	标准	11~24
上海新国际博览中心	W1~W4 E1~E4	11~17
	W5、E5	17~23
西安曲江国际会展中心	标准	15~20

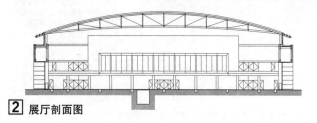

2 展厅剖面图

展厅内部配套设施

展厅内部配套设施一般集中在长方形展厅短边一侧，由于展厅层高一般在12m左右，配套用房可根据不同功能分设在夹层里，通过垂直交通与展厅联系。

展厅配套设施　表2

	平面形式	主要功能
1	展厅过厅	过厅是从交通廊进入展厅的过渡空间
2	洽谈室 休息室 会议室	每间洽谈室或休息室约10~15m²。10000m²展厅需配置约20间洽谈室和10间休息室，有条件时应设置可容纳10~15人的小会议室若干
3	临时服务点	每个展厅均应设置供客人休息的咖啡厅、茶座及快餐服务等
4	设备用房	包括风柜房、风井、强弱电间及雨淋阀间等辅助用房
5	卫生间 饮水间	展览建筑的会议、办公、餐饮等用房宜设置卫生间。展厅应设置公共卫生间，并应符合下列规定：①甲等、乙等展厅宜设置2处以上公共卫生间，位置应方便使用；②对于男卫生间，每1000m²展览面积应至少设置2个大便器、2个小便器、2个洗手盆；③对于女卫生间，每1000m²展览面积应至少设置4个大便器、2个洗手盆；④展厅中宜设置一处以上无性别卫生间；当未设无性别卫生间时，每个卫生间宜设置一个儿童厕位；⑤展厅和前厅的公共卫生间应设置无障碍厕位；特大型、大型展览建筑宜设无障碍专用卫生间；无障碍厕位和专用卫生间的设计应符合现行国家标准《无障碍设计规范》GB 50763的有关规定
6	临时仓库用房	每个展厅需设100~200m²的仓库
7	客梯消防电梯	一般布置在展厅入口附近，方便客人到达各夹层的各功能用房
8	疏散楼梯	一般分布在展厅的两个长边，或与电梯结合布置在展厅入口附近
9	水电、信息及压缩空气等接口	布置形式有三种。①沉井式：适用于多层展馆的上层展厅，如中国进出口商品交易会琶洲展馆一期二层展厅；②管沟式：普遍适用于各类展厅；③垂挂式：适用于钢结构屋面展厅，如广州保利会展中心
10	自动扶梯	用于服务多层展厅间人员的直接沟通，多布置在展厅入口附近
11	垂直货运	二层及二层以上展厅需设置垂直货运系统，主要由大型货梯及较宽大的人行楼梯组成，为快速布展撤展提供有利条件。大型展厅应设置5t货运电梯，可满足货车的驶入
12	撤展垃圾井道	撤展井道是为二层及二层以上展厅设置的，其作用是为了满足上部展厅快速撤展的要求，其尺寸应满足大尺寸布展材料要求（长边>3m，短边>1.5m）。首层垃圾出口处应设有安全装置及卸货平台，便于垃圾车的清运

展厅出入口设计

展厅出入口设计要求　表3

人流出入口设计要求	人流出入口要与公共交通廊相连，且设置过渡空间；确保足够的宽度以满足较大人流量的需求；设计上应注意避免空调热量及冷量的流失
货流出入口设计要求	货物出入口要与卸货场地相连，允许大型货车直接驶向展厅；具备消防车驶入及平时人员疏散的功能，需要特殊构造设计；其构造设计一般有平开式、升降式、滑移式三种做法

国内各会展中心单个展厅人流、货流出入口宽度数据　表4

展厅出入口(m)	广州国际会展中心	中国国际博览中心	深圳国际会展中心	苏州国际博览中心	西安曲江国际会展中心
人流出入口尺寸(宽×高×数量)	2.0×2.4 ×2	1.8×2.4 ×3	2.5×2.4 ×2	2.4×2.4 ×3	2.6×2.6 ×2
货流出入口尺寸(宽×高)	8.5×5.5	5.2×5	5.4×5	5.4×5	5.5×5

平开式门做法

3 平开式门平面标准做法

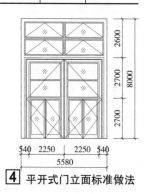

4 平开式门立面标准做法

展厅单元展位布置及观展流线

国际标准展位尺寸为3m×3m，因此决定了展厅柱网尺寸应以3m为模数，大型展厅平面尺寸通常以3m倍数为模数。通常展位间主通道6m（一般不少于5m），次通道3m。展位背对布置，布置方式分为横向通道式和纵向通道式两种。

展位连续布置不宜超过10个（30m），宜分区布置。多层展厅内的柱子宜落在单个展位内，减少对其他展位的影响。

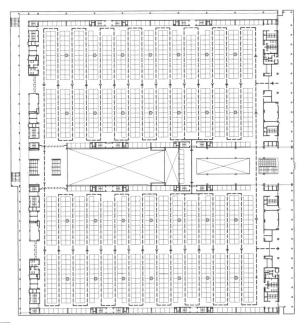

[1] 横向走道展位布置及观展流线

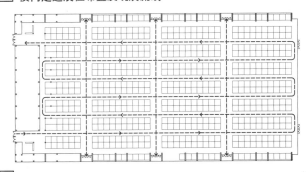

[2] 纵向走道展位布置及观展流线

展厅综合设备接口形式

1. 沉井式：在每个展位地面以下敷设一个综合展位箱，箱盖打开后就可见各类设备的插口。如中国进出口商品交易会琶洲展馆一期二层展厅。该种做法可节省结构高度。

2. 管沟式：在展厅地面上平行铺设贯穿整个展厅的综合管沟，每条管沟的间距为6m或9m，管沟上方铺设可移动钢板，钢板移开后可见到各设备对应插口，管沟截面面积应满足所需要求，大约为0.6m²。管沟式可分为水电共沟和水电分沟两种。大部分单层展厅均为管沟式。

3. 垂挂式：一般用于屋面为钢结构的展厅，在屋架空隙处设置马道，设备管线敷设于马道旁边，使用时即可吊挂至展位处。该种做法不适合有排水需求的展览。

展厅连接方式

展厅连接体　　　　　　　　　　　　　　　　　　表1

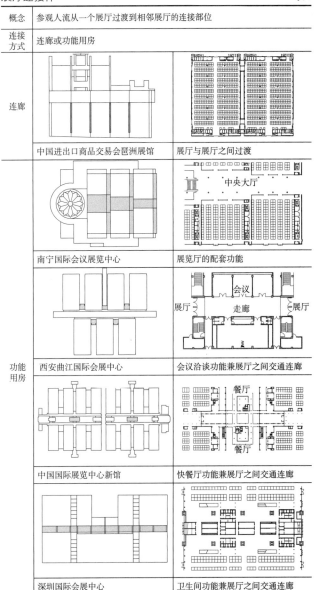

展厅地面及顶棚设计

1. 单层展厅：一般地面荷载应满足2.0~5t/m²。

2. 多层展厅：一般首层荷载应满足2.0~5t/m²，二层及以上展厅地面荷载根据用途灵活设定，一般1.0~1.5t/m²。

3. 展厅地面面层构造：采用100厚C30后浇混凝土整筑，内设200×200直径8mm的钢筋网。展厅地面垫层根据使用情况5~10年更换一次。

4. 展厅顶棚应设有悬挂展品的挂钩，展厅平顶吊挂荷载应根据展览要求确定，每个挂点不宜小于0.3kN/m²。

展厅不同地面荷载对应的展览种类统计表　　　表2

荷载	5t（首层展厅或室外场地）	1~1.5t（二层以上展厅）	0.5t（二层以上展厅）
货运方式	大型货车	中小型货车	叉车或大型货梯
展览类型	机械展、汽车展	家具展、书展	服装展、食品展、化妆品

展览建筑 [8] 室外展场·登录厅

室外展场

1. 室外展场的作用
室外展场是室内展厅的重要补充设施，可用于展示超高、超大、超重的大型展品，如重型机械展、大型军工展、帆船展等；可用来举办大型集会、表演等社会公共活动；可用来临时停放展会车辆；此外还需具备集散功能，可作为城市防灾的安全区域。

2. 室外展场的布置原则
室外展场一般布置在展厅周边的场地上，其配套设施可与展厅共用，室外展场宜与入口广场分开设置。对一些毗邻城市重要景区建造的会展中心来说，其室外展场可邻近这些景区建造，从而在建筑物与景区之间建立缓冲空间 1 、 2 。

3. 室外展场的面积要求
室外展场的规模大小与展览定位有关，各地会展中心的室外展场与首层展厅面积之比一般控制在15%~30%之间。

4. 室外展场的配套设施
卫生设施：包括卫生间、茶水间、仓储等。

管沟设计：室外展场同室内展场一样需要为每一个展位提供水电、信息、压缩空气等接口，管沟间距通常为18m，宽度为600mm，深度600mm，沟底可具备排水功能。

地面荷载：地面可承受$5t/m^2$或以上的荷载。

固展设施：应设置固定展位展品的设施。

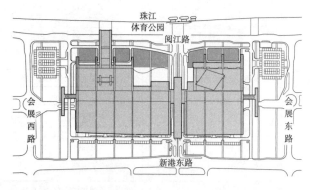

1 中国进出口商品交易会琶洲展馆室外展场

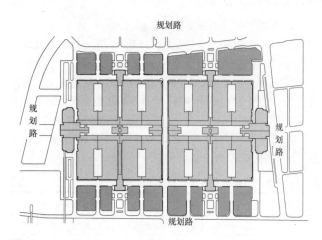

2 中国国际展览中心新馆室外展场

登录厅

1. 登录厅概念及作用
登录厅与展览建筑入口广场及公共交通廊连接，是进出场馆的门厅空间。大型会展中心可在不同方向设置多个登录厅，将所有单元式展厅分为若干展区，可满足多个不同的展会同时举行，避免不同展会之间的相互干扰。其设计应满足售票、检票、安检、新闻发布、记者服务、观众休息、公共电话及卫生设施等功能。登录厅可合并设置办证功能，也可分开设置办证厅。

2. 登录厅规模
登录厅为进入展厅提供验票、安检的功能空间，其面积可根据其服务的展览面积计算得出，即每$1000m^2$展览面积宜设置$50~100m^2$。部分登录厅可与公共交通廊合并使用，但功能设施不应影响交通组织和人员疏散。

3. 登录厅的平面位置与空间高度
登录厅的平面位置参见 3 ，登录厅的空间高度参见表1。

国内大型展览建筑登录厅参数统计　　　　　　　　　　表1

展览馆	展览面积（m^2）	登录厅面积（m^2）	登录厅个数	登录厅高度（m）
中国进出口商品交易会琶洲展馆	约280000 26个展厅	一期：15750 二期：8400	登录厅与公共交通廊合并使用，设置2个独立办证厅	22
中国国际展览中心新馆	约208000 16个展厅	主登录厅：7000 次登录厅：2300	2个主登录厅 6个次登录厅	主登录厅：24 次登录厅：18
深圳国际博览中心	约100000 9个展厅	主登录厅：5000 次登录厅：2000	登录厅与公共交通廊合并使用，1个主登录厅，2个次登录厅	主登录厅：18 次登录厅：18
西安曲江国际会展中心	约72500 7个展厅	主登录厅：4600 次登录厅：2200	2个主登录厅 1个次登录厅	主登录厅：23 次登录厅：10

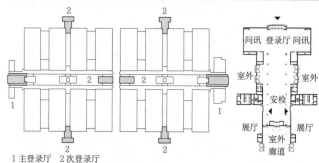

a 中国国际展览中心新馆登录厅位置示意　　b 次登录厅放大简图

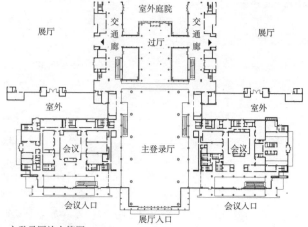

c 主登录厅放大简图

3 中国国际展览中心新馆登录厅位置示意及放大简图

公共交通廊

1. 公共交通廊的定义及作用

公共交通廊是联系各展厅及服务配套设施的交通纽带,是会展建筑重要的交通空间。其作用是组织参观者进出各展馆,具有导向性,同时其线性区域空间集中布置各类配套服务设置,可分成室内及室外两种。

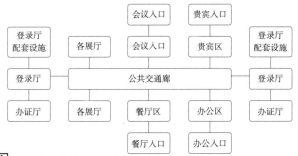

[1] 公共交通廊的平面组织

2. 公共交通廊的竖向布局

单层单边式公共交通廊位于展厅一侧,流线简单直接,有利于交通疏散;单层双边平入式公共交通廊位于中间,有效节约空间,使其布局紧凑,流线便捷,公共交通廊可跨越卸货运道路,形成人车分流的立体交通;单层双边庭院式公共交通廊位于庭院两侧,分别与展厅连通,室外庭院作为缓冲休息空间,有利于消防疏散。

公共交通廊为双层时,为提高人流水平方向的交通效率,设自动快速步道。竖向交通方面设楼梯、自动扶梯与夹层的配套设施连接。

多层展厅公共交通廊首层标高的确定,取决于进入各层展厅人流的疏散便利性。

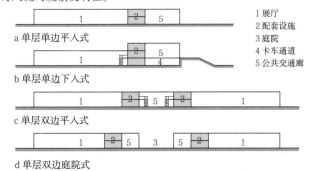

[2] 单层公共交通廊的竖向布局

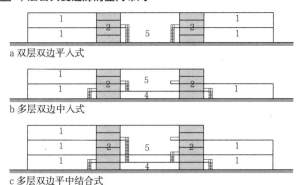

[3] 双层、多层公共交通廊的竖向布局

休息区

1. 结合公共交通廊设置于室外,形成景观走廊。如中国国际展览中心新馆、西安曲江国际会展中心。

2. 利用展厅与展厅之间的室外空间形成休息庭院,如中国进出口商品交易会琶洲展馆。

3. 结合公共交通廊设置于室内,如中国进出口商品交易会琶洲展馆。

4. 结合各展厅的服务点设置。

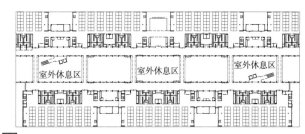

[4] 西安曲江国际会展中心室外休息区

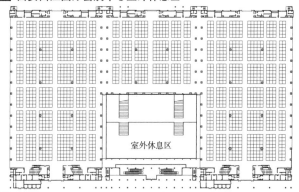

[5] 中国进出口商品交易会琶洲展馆室外休息区

商务中心

为便于参展人员开展各种商务活动,应在公共交通廊两侧或入口大厅处设置商务中心,包含复印打字、旅行订票、邮电通信、广告制作等辅助设施的综合服务柜台及窗口,便于参展商及采购商集中办理各类事务。

海关

大型会展应设置海关办公室,以方便海关派员进驻展览场所执行监管任务,在展馆内集中办理申报登记、查验放行等海关手续。海关办公室应具备网络、通信、取暖、降温、休息和卫生等条件,同时应设置海关仓库。

[6] 海关与展厅位置关系图

公共安全保障设施

为确保安全及时处理突发性危机事件,需要设置派出所、消防控制中心、安防控制中心及医疗急救室。这类设施通常设置在公共交通空间一侧,位置较醒目容易寻找且可以直通室外。

展览建筑 [10] 餐饮中心·贵宾接待·商业设施·卫生设施

餐饮中心

1. 餐饮的类别及设置

在展览建筑中，餐饮服务通常分为三个类别：

（1）快餐供应点：该类餐厅通常为临时租约式，服务于大量的参观人群，其特点是人员周转快，食品供应基本为配送，食物品种较为简单。位置宜临近展厅，与展厅相结合，方便大量参观人流的进出。

（2）快餐厅：同时能够在短时间内解决大量参展人流就餐问题。

（3）商务餐厅：一般为常驻式，设计可参照《饮食建筑设计规范》JGJ 64，必须按餐厅比例设置厨房。可按参观人群的类别分为不同风味的餐厅，这类餐厅在设置上应相对独立，有良好就餐环境，并有利于非展时期对外开放使用。

2. 厨房的布置原则

厨房应有独立后勤流线，位置应远离各参展流线。厨房应位于建筑物的下风向，并和餐厅应形成独立的防火分区。

3. 餐厅的流线设计

餐厅作为服务性的建筑，应充分考虑各种流线的设计，包括就餐者流线、制作及送餐流线、进货流线以及餐具回收和厨余垃圾的处理流线等。各种流线不应相互交叉。在会展建筑中其位置宜相对独立，同时方便人流的组织。

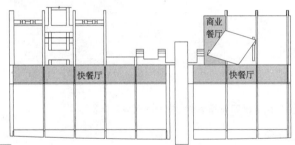

1 中国进出口商品交易会琶洲展馆餐厅分布示意

餐厅的面积配比参考　　　　　　　　　　　　　　　　表1

展馆名称	展厅面积（m²）	餐厅面积（m²）	餐厅设计要点	周边配套说明
中国进出口商品交易会琶洲展馆	260000	35000	大型会展配套餐厅应分散设置，位置居中，应考虑无展期独立经营	周边餐饮设施较少，交易会期间人流量巨大，对餐饮配套需求量大
中国国际展览中心新馆	100000	2100	小型餐厅应集中设置	周边餐饮设施相对不够完善
西安国际会展中心	100000	0	—	周边餐饮设施完善，除少量快餐供应点，不需要其他餐饮配套设施

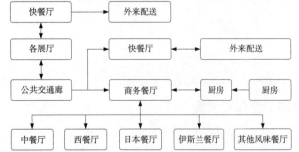

2 餐厅流线示意图

贵宾接待

贵宾接待应有独立的、较私密的出入口；可直接连接公共交通廊进入展厅；应有独立的配套设施，如会议室、接待室、休息室、卫生间和茶水间等。

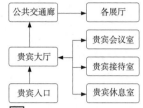

3 贵宾接待流线图

商业设施

根据不同展览情况，在公共交通廊两侧设置出租商铺。由于参观展览有着巨大的观众流量，设计中要考虑商铺的合理布置；为满足承租者的需要，设计中要预留电、气接口。

卫生设施

1. 展厅应设置足够面积的公共卫生间，女厕厕位等于男厕厕位数加小便斗数量总和；小便斗及坐便器附近均应设置搁板或挂钩；入口不宜设门，设计时应考虑避免视线干扰；每组男女卫生间至少设置1个残疾人卫生间及1个清洁间，女厕所的无障碍设施包括至少1个无障碍厕位和1个无障碍洗手盆；男厕所的无障碍设施包括至少1个无障碍厕位、1个无障碍小便器和1个无障碍洗手盆，具体要求详见展厅内部配套设施。大型展会的卫生间设计可根据展会内容针对男女性别不同，调整男女厕位的比例，建议设置可转换卫生间。

2. 登录厅应设置独立公共卫生间。

3. 公共交通廊应均匀布置公共卫生间，应避免公共卫生间出入口设置对人们的视线和嗅觉产生干扰，并设置引导标识以便于寻找。考虑到会展建筑的交通空间和展厅通常紧密相连且处于同层，此类卫生间前室或通道可以考虑分别通向中央大厅和展厅的双向出入口。

4. 展览建筑的会议、办公、餐饮、贵宾休息室等空间宜设置独立卫生间。

5. 室外展场需要设置公共卫生间。

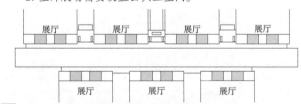

4 西安曲江国际会展中心公共卫生间分布示意

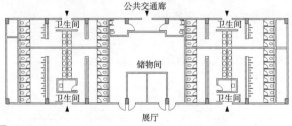

5 西安曲江国际会展中心公共卫生间放大平面示意

6 可转换卫生间平面示意

消防设计 [11] 展览建筑

消防性能化设计

展览建筑涉及处理超大型空间的建筑消防问题，是会展中心工程技术设计的重中之重。消防设计应严格按照现行《建筑设计防火规范》GB 50016和《展览建筑设计规范》JGJ 218的规定进行相关消防设计。当展厅面积超出规范规定限值，在使用上又有特殊要求时，可采用性能化设计方法。性能化设计的理念为：当展厅面积超大，疏散距离超过规定距离时，可利用计算机进行模拟计算，利用展厅上部庞大的蓄烟空间，使高温烟气集中在上部。当火灾发生时上部自动排烟窗打开，减弱展厅内的烟气浓度、热辐射强度、对流热强度及烟气的毒性含量，同时延缓了烟气向下扩散，保证人员高度以下的能见度，当烟气蓄满上空影响2.1m以下人行空间时，人员已完成疏散。

在实际过程中，由于人的行为多样，火情多变，每个展厅的布置各式各样，因此在设计上应保证各防火区划分简明合理，同时必须保证疏散通道的通畅性和消防设施的可靠性，以确保消防安全。

展厅防火分区面积的限定　　　　　　　　　　　　　　表1

展厅类别	防火分区的最大面积（m²）	条件
单层建筑内或多层建筑首层的展厅	10000	设置自动灭火系统、排烟设施和火灾自动报警系统
多层建筑内的地上展厅	5000	设置自动灭火系统
	2500	未设置自动灭火系统
高层建筑裙房的展厅	5000	裙房与高层建筑之间有防火分隔措施，设置自动灭火系统
	2500	有防火分隔措施，未设置自动灭火系统
高层建筑内的地上展厅	4000	设置自动灭火系统、排烟设施和火灾自动报警系统
多层或高层建筑内的地下展厅	2000	设置自动灭火系统、排烟设施和火灾自动报警系统

注：本表数据来自《建筑设计防火规范》GB 50016-2014。

设计要点

1. 展览厅的疏散人数应根据展览厅的建筑面积和人员密度计算，展览厅内的人员密度不宜小于0.75人/m²。

2. 安全疏散距离：展厅内任何一点至最近安全出口的直线距离不应大于30m，当单层、多层建筑物内设置自动灭火系统时，其安全疏散距离可增大25%。

3. 安全疏散宽度：展览厅的疏散门、安全出口、疏散走道及疏散楼梯的各自总宽度，应根据疏散人数按每100人的最小疏散净宽度计算确定。疏散总净宽度应按该层及以上疏散人数最多的一层人数计算。设计疏散宽度应大于计算疏散宽度。

每100人最小疏散宽度　　　　　　　　　　　　　　表2

建筑层数		耐火等级一、二级（m/百人）
地上楼层	1~2层	0.65
	3层	0.75
	≥4层	1.00
地下楼层	与地面出入口地面的高差 ΔH≤10m	0.75
	与地面出入口地面的高差 ΔH>10m	1.00

注：人员密度、安全疏散距离及安全疏散宽度正文及表格数据来自《建筑设计防火规范》GB 50016-2014。

安全疏散方式及特点　　　　　　　　　　　　　　表3

适用情况	疏散方式	实例
单层展厅 1万m²/展厅	直接疏散至展览厅室外；展厅内最远点至展厅外门距离不超过37.5m；方便快捷；右图填充部分为公共交通廊，准安全区域	
超大型单层展厅 2万~3万m²	由展厅内最远点至展厅门口的距离超出《展览建筑设计规范》要求的距离；通过增加地下安全通道疏散至室外安全区域；右图填充部分为地下安全通道	
大型的多层展厅（有大型室外平台及坡道）	公共交通廊为高大空间，二层及以上的展厅设有大型的室外卸货平台；通过安全通道、室外坡道等准安全区域结合防烟楼梯进行疏散；右图填充部分为室外平台，准安全区域	
集中式的多层展厅	公共交通及卸货空间相对集约；通过防烟楼梯和室外楼梯进行疏散；因需要解决较大疏散宽度楼梯占用的空间较多；右图填充部分为室外平台，准安全区域	

性能化设计实例

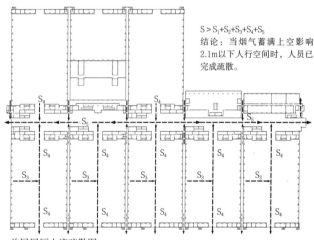

S > S₁+S₂+S₃+S₄+S₅
结论：当烟气蓄满上空影响2.1m以下人行空间时，人员已完成疏散。

a 首层展厅人流疏散图

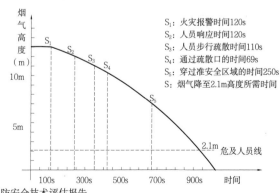

S₁：火灾报警时间120s
S₂：人员响应时间120s
S₃：人员步行疏散时间110s
S₄：通过疏散口的时间69s
S₅：穿过准安全区域的时间250s
S：烟气降至2.1m高度所需时间

b 消防安全技术评估报告

[1] 中国进出口商品交易会琶洲展馆

展览建筑 [12] 仓储区及辅助设施

仓储区设计要点

仓储空间主要分为室内库房、室外堆场、海关仓储区。

1. 室内库房： 分为展览方库房和管理方库房。并根据使用要求另设装卸区。

2. 室外堆场： 应设置集装箱、包装箱、展览搭建用品等堆放空间和临时垃圾堆放空间（常见集装箱尺寸见表1）。

位置：靠近机动车入口、停车场、室外展场，紧邻展厅 [1]。

形式与组合方式：根据室外堆场与展厅的相对位置及其使用功能的差异，室外堆场分为通道式、货场式 [2]。

通道式：利用周边道路作为卸货场地，既是堆货区，又是平行通道，集中式布局展厅多采用此形式，宽度宜大于18m。

货场式：利用展厅之间场地作为堆货场，货场在展期间可兼做室外展场。一般单元式展厅多采用此形式，因为要满足货车回车要求，宽度宜大于36m。

3. 海关仓储区： 也叫保税仓库，指专门存放经海关核准的保税货物的仓库。在展览建筑中，多用于存放外国参展商带来的展品。

辅助设施设计要点

1. 地面荷载： 由于堆场荷载较大，地面材料宜采用高承载力透水路面做法，同时要满足货车与消防车荷载。

2. 设备接口： 作为室外展场时，宜预留必要室外设备接口，接口类型视展览性质而定。

3. 防撞设施： 堆场常有货车穿行，位于此区域的室外设备、构筑物、建筑外墙以及室外结构柱应设置防撞设施。

4. 搬运设备： 通常采用各种搬运叉车将各种展品货物从货车上卸下，并搬运至展厅适当位置。不同荷载要求的展厅或库房，应选用合适的搬运车，以免对楼地面造成破坏（常用叉车参数见表2）。

5. 卸货方式： 货车卸货一般需要设置750~1000mm高的卸货平台，也可根据情况临时搭建，以方便叉车卸货。可采用两种方式 [4]。

6. 综合设备管沟： 展厅内通过设置综合设备管沟，给每个展位地面出线盒内配置相应的设备末端 [3]。

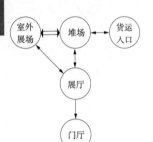

[1] 室外堆场位置

a 通道式 通道式室外堆货场 D≥18m

b 货场式 货场式室外堆货场 D≥36m

[2] 形式与组合方式

集装箱参数表 表1

参数		20英尺 A	20英尺 B	20英尺 C	40英尺 A	40英尺 B
材质		A	B	C	A	B
外部尺寸(mm)	长	6058	6058	6058	12192	12192
	宽	2438	2438	2438	2438	2438
	高	2438	2438	2438	2591	2591
内部尺寸(mm)	长	5930	5884	5888	12062	12052
	宽	2350	2345	2331	2350	2342
名义高度(mm)		2260	2240	2255	2380	2367
净空高度(mm)		2180	2180	—	2350	—
门框尺寸(mm)	宽	2350	2342	2340	2035	2347
	高	2154	2135	2143	2284	2265
容积(m³)		31.5	30.9	31	67.6	66.5
自重(kg)		1600	1700	2230	2990	3410
总重(kg)		24000	24000	24000	30480	30480
载重(kg)		22400	22300	21770	27490	27070

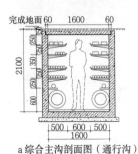

a 综合主沟剖面图（通行沟）

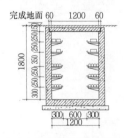

b 电主沟剖面图（半通行沟）

[3] 常见设备管沟

常用叉车参数 表2

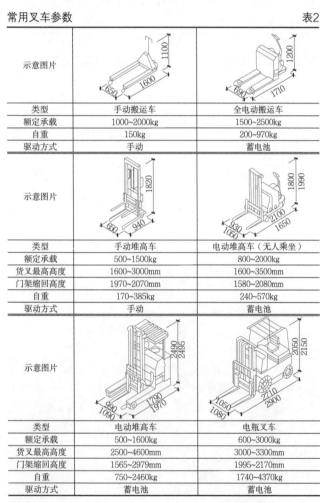

a 卸货方式一

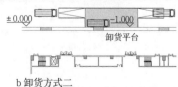

b 卸货方式二

[4] 卸货方式

防火分区与安全疏散

消防设计应严格按照现行《建筑设计防火规范》GB 50016和《展览建筑设计规范》JGJ 218的规定进行相关消防设计,如有突破规范的情况,应按国家相关规范程序进行分析、评估和论证。

安全疏散　　　　　　　　　　　　　　　　　　　　　　表1

简图	疏散方式	适用情况	简图	疏散方式	适用情况
(展厅-通道-展厅-通道-展厅)	展厅之间疏散	适用于大进深展厅排布	(通道-展厅-展厅-展厅-通道)	相邻展厅两侧疏散	适用于可灵活分隔且进深不大的展厅
(展厅-展厅-展厅)	不相连展厅两侧疏散	适用于展厅不相连情况,若经过消防论证,消防可互相借用	(展厅-展厅-展厅-通往地下-通往地下-通往地下)	地下疏散	适用于极大量人群快速疏散

安全保卫

根据风险等级与防护级别划分,展览建筑的安保系统设置应符合现行相关规范的有关规定。安全保卫系统的中枢部门与消防控制室可相邻或共同设置。

安全保卫系统选用配置表　　　　　　　　　　　表2

类型	火灾自动报警	防爆安全检查	视频安防监控	入侵报警	门禁控制	应急指挥联动
小型展览馆	●	○	●	○	○	○
中型展览馆	●	●	●	●	○	○
大型展览馆	●	●	●	●	●	●
特大型展览馆	●	●	●	●	●	●

注:●需配置;○宜配置。

结构设计要点

现存展览建筑多数为"混凝土(预应力混凝土)框架楼盖+钢结构大跨度屋盖"的结构形式,在现代展览建筑中采用全钢结构形式的建筑日趋增多。

展览建筑常见结构类型及柱网尺寸表　　　　　　表3

规模	常见楼盖结构形式	楼盖柱网(m)	常见屋盖结构形式	屋盖柱网(m)
小型展厅	混凝土框架 预应力-混凝土框架	12~15	混凝土或钢结构屋盖	24~45
中型展厅	预应力-混凝土框架 钢结构[1]	15~18	钢结构或空间结构或其杂交结构[2]	30~54
大型展厅	预应力-混凝土框架 钢结构[1]	18~27	空间结构或其杂交结构[2]	36~75
特大型展厅	预应力-混凝土框架 钢结构[1]	24~36	空间结构或其杂交结构[2]	50~108

注:①楼盖部分采用的钢结构包括钢框架体系、钢桁架体系、钢网架体系。
②屋盖部分采用的空间结构包括薄壳结构(含折板结构)、钢网壳体系、钢网架体系、悬索结构体系、膜结构体系。

展厅楼盖的恒荷载主要由布展的需要决定,设备专业可能在楼面铺装层或楼板下进行管线布置,在建筑设计时应考虑此部分高度对布展净空及布展形式的影响,见表4。

展厅楼板、屋盖部分的活荷载应根据具体的展品及布展来调整,见表5。

展厅恒荷载取值表　　　　　　　　　　　　　　表4

常见展厅建筑面层做法	厚度(mm)	恒荷载(kN/m³)
面层(含150厚水泥炉渣走管层)	220	5.25
管道布置于楼板吊顶范围内(考虑空调管道)	≥500	根据实际情况计算确定

展厅楼板、屋盖活荷载取值表　　　　　　　　　表5

楼层	活荷载	备注
底层	≥50kN/m²(综合性会展) ≥12kN/m²(特殊展厅)	未包括布展机械活荷载
二层及以上	≥12kN/m²	普通展品取值,对特殊展品(沙盘模型、巨型雕塑等)应另外计算
屋盖	≥0.5kN/m²	未包括吊顶及吊挂荷载,吊顶及吊挂荷载应根据布展类型具体计算,但不应小于0.5kN/m²

注:此表应结合"展览建筑[7]展位布置与展厅连接"相关内容综合取值。

给水排水设计要点

展览建筑具有建筑规模大、室内展场层高高且空间尺度大等特点,由于布展可变性大,展示具有临时性的特征,因此展览平面布局可变性大,给水排水设施及消防设施和管线的布置应充分注意到这一特点,尽量满足和适应展览建筑的功能需求,保证展览建筑的正常使用。

展览建筑常见结构类型及柱网尺寸表　　　　　　表6

展览规模	生活给水系统	排水系统	屋面雨水	消火栓系统	自动喷淋灭火系统	自动射流灭火系统
小型	根据当地城市供水条件选择直接供水或二次加压供水	室内排水点地面高于室外地面的卫生间等部位可采用重力排水系统直接排放。排水点地面低于室外地面的部位,应采用抽升排放设施或装置进行压力排水。室外卫生间宜尽量靠近建筑外墙面设置,以便于排水管出户。室内大空间中设置的"房中房"式卫生间等无法设置伸顶通气管时,可采用侧墙通气系统等方式来解决排水系统的通气问题	可采用外排水系统、半有压流内排水系统、虹吸压力流内排水系统	建筑体积大于5000m²时应设室内消火栓系统	任一楼层建筑面积大于1500m²或总建筑面积大于3000m²时应设自动喷淋灭火系统	室内净空高度大于12m的展厅(场)等高大空间部位,应设自动跟踪定位射流灭火系统或自动消防炮系统
中型			可采用半有压流内排水系统、虹吸压力流内排水系统	应设室内消火栓系统	应设自动喷淋灭火系统	
大型			宜采用虹吸压力流内排水系统、也可采用半有压流内排水系统			
特大型						
备注		展厅(场)内若布展需要预留给水点,可考虑设置综合地沟		应设置高位消防水箱及气压供水设备		

展览建筑 [14] 强电、暖通、建筑节能

强电专业设计要点

展览建筑电气系统通常由变配电系统、电力配电系统、照明系统、防雷接地及安全系统等构成。针对展览建筑的特点，电气设计中应关注以下几点。

1. 展览建筑用电负荷建设指标

非展览用电，如一般照明、空调、风机等设备容量可根据照明功率密度值及成品设备资料进行计算。通常展览建筑的设计负荷总密度约为100~150V·A/m²。

2. 展览建筑供电电源及变配电系统

原则：安全可靠、技术先进、经济合理、维护管理方便。

3. 展览建筑变配电所选址及低压配电线路布线系统

展览建筑变配电所选址原则：深入负荷中心、合理设置配电半径。

设计因素：结合工程特点、负荷性质、用电容量、所址环境、各地区供电条件和节约电能、绿色环保，并考虑未来发展的可能性。

展览空间布线系统，对高大无柱展览空间可采用综合管沟的方式。

4. 展览建筑人工照明设计

展厅优先考虑自然光与人工光结合的方式；营造人工光环境时，应减少光辐射对展品的损坏；考虑照明对灵活布展的适应性和节约能源的要求。

针对展厅为高大空间的情况，应考虑人工光源的启动和再启动性能，灯具的安装和检修方式。

用电负荷建设指标表　　　　　　　　　　　　　　　　表1

分类	轻型展	中型展	重型展
展览用电指标(W/m²)	50~100	50~150	150~300

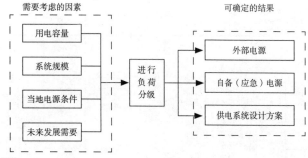

1 系统设计要素关系图

暖通专业设计要点

1. 展览建筑的空调系统形式应根据建筑所在地区的气候条件、室内的温湿度要求、展览建筑的功能、经营管理模式、当地的能源状况以及经济发展水平确定，应优先考虑余热、废热的利用。在技术经济合理的前提下，宜考虑可再生能源（如太阳能、地热能等）的利用。系统设计应达到运行节能、管理方便、使用灵活的目标（表2）。

2. 空调系统的划分应结合展厅的规模和管理模式确定，大型展厅应能符合兼顾局部使用的需要（表3）。

3. 下部回风口的位置应结合布展方案设计，避免出现遮挡和局部区域风速过高的现象（表4）。

4. 空调末端设备宜设置在专用的空调机房内。当空调机组采用室内外架设时，应设便利的维修通道和足够的维修空间。

5. 设置供暖的展览建筑，宜采用辐射型供暖末端。

6. 展览建筑常用通风方式归结起来有三种。

（1）自然通风：应优先采用。设计中尽量使主要房间获得良好的自然通风。必要时可通过设置中庭、通风塔、通风井等手段强化自然通风效果。

（2）机械通风：辅助的通风手段，宜与空调系统结合。空调系统的进、排风通路设计，应满足兼作机械通风系统时的功能要求。

（3）复合通风：自然通风和机械通风交替或联合运行。优先使用自然通风，自然通风量宜大于联合运行风量的30%。高大空间应考虑温度分层问题。

展览建筑常用空调方式的适用性　　　　　　　　　　表2

空调方式	集中空调系统	单元式空气调节机	屋顶式空调机组
适用性	适宜		冬季设计工况下COP值低于1.8时不适用

展览建筑常用气流组织形式　　　　　　　　　　　　表3

气流组织形式	顶部送风	分层空调	置换通风	地板送风
适用性	高大空间不宜	高大空间适宜	适宜	适宜

展览建筑常用空调末端形式　　　　　　　　　　　　表4

末端形式	组合式空调器	柜式空调器	多联机	风机盘管
适用性	适宜	适宜	适宜	适宜

建筑节能设计要点

1. 展厅内地面应选用耐磨材料，墙面、吊顶应选用耐久材料，墙面应采用吸声材料和保温隔热材料。

2. 展厅室内照明尽量利用自然光，减少白天对人工照明的依赖；自然采光可分为顶部采光和侧面采光。

3. 当展厅东西向开大面积外窗、透明幕墙时，宜同时采用遮阳措施。

4. 屋面应考虑保温和隔热，可根据实际情况选择蓄冷屋顶、种植屋顶等。应选用色彩较浅、反射能力较强的屋面。

5. 大型展厅外门在考虑人、车不同时段进出需要的同时，还应兼顾开门时能耗的损失，建议设置门斗。

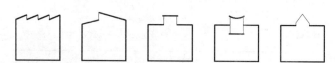

2 常见顶部采光举例

实例 [15] 展览建筑

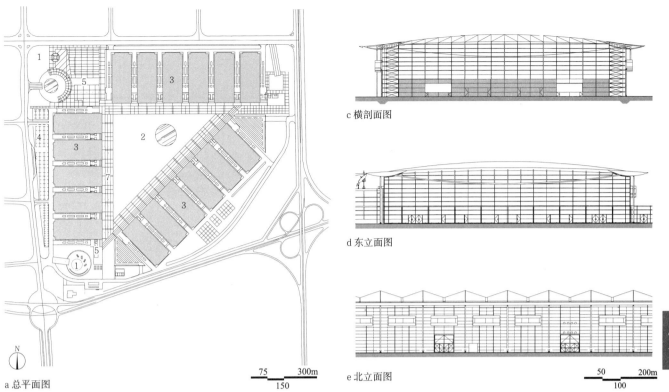

a 总平面图

1 入口广场　2 庭院　3 展厅　4 停车场
5 登录厅　6 卸货区　7 中廊　8 休息厅

c 横剖面图

d 东立面图

e 北立面图

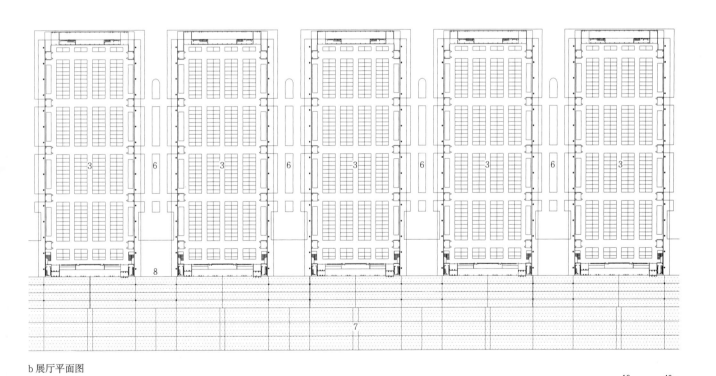

b 展厅平面图

1 上海新国际博览中心

名称	建筑面积	设计时间	设计单位	上海新国际博览中心每个展厅规模为70m×185m，面积为1.1万m²，展厅均为一层无柱式结构，共17个展厅，室内展览面积20万m²，室外展览面积10万m²
上海新国际博览中心	25000m²	2007	墨菲·扬建筑师事务所、华东建筑集团股份有限公司上海市建筑设计研究院有限公司	

4 博览建筑

323

展览建筑 [16] 实例

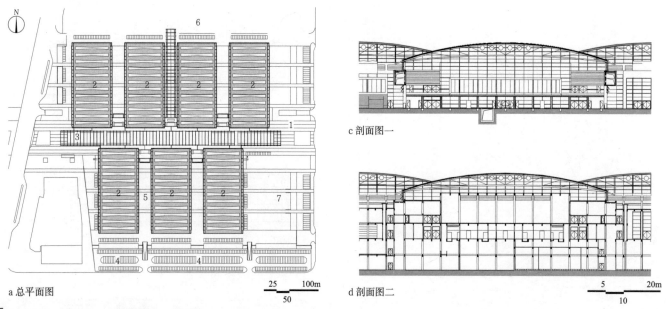

a 总平面图
c 剖面图一
d 剖面图二

1 入口广场　2 展厅　3 展览通廊　4 停车场
5 卸货区　6 旧展馆　7 室外展场　8 休息室

b 首层平面图

1 西安曲江国际会展中心

名称	建筑面积	设计时间	设计单位	
西安曲江国际会展中心	151866m²	2006	德国GMP建筑事务所、华南理工大学建筑设计研究院	西安曲江国际会展中心由7座新展览馆沿东西走向的会展中心交替布局排列。一条南北走向的交通轴线将原有展厅与新会展连接起来。每个展厅的尺寸为72m×144m，可容纳570个展位，最小净高为14m

实例 [17] 展览建筑

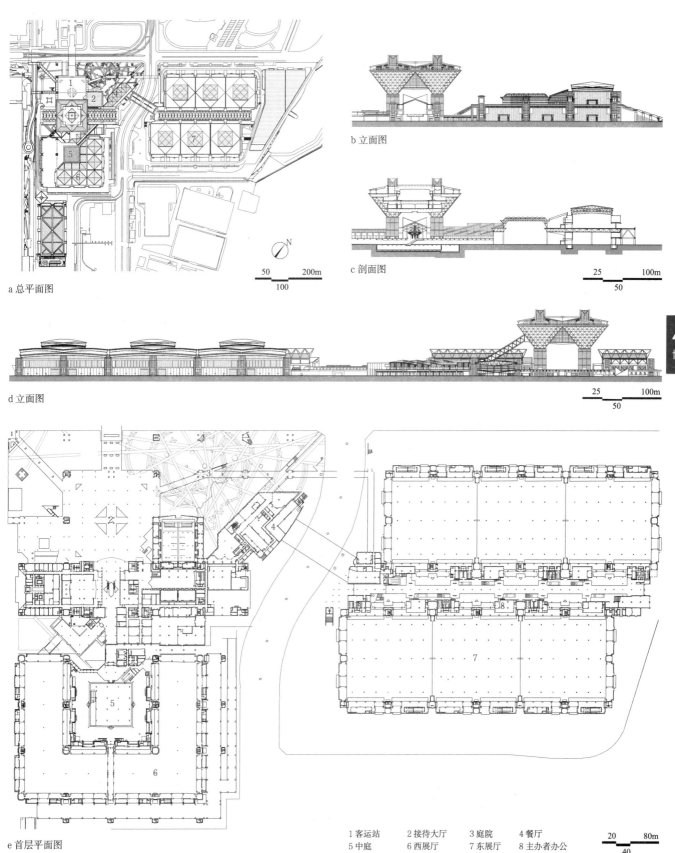

a 总平面图
b 立面图
c 剖面图
d 立面图
e 首层平面图

1 客运站　2 接待大厅　3 庭院　4 餐厅
5 中庭　6 西展厅　7 东展厅　8 主办者办公

1 日本东京国际展览中心

名称	建筑面积	设计时间	设计单位	东京国际展览中心由东京市政府修建，1995年11月建成，整个展览中心用地面积24.3万m²。由塔楼、西展厅和东展厅三部分组成
日本东京国际展览中心	230873m²	1991	佐藤综合计画	

展览建筑 [18] 实例

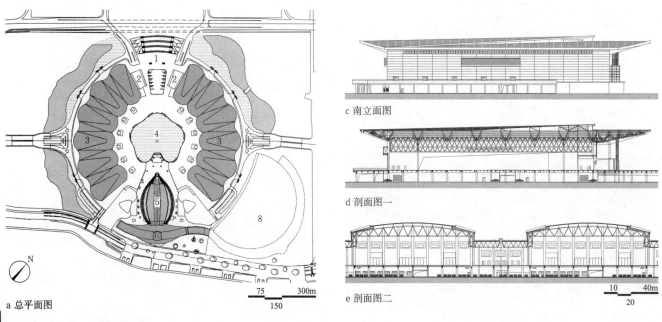

c 南立面图

d 剖面图一

e 剖面图二

a 总平面图

4 博览建筑

1 入口广场
2 登录厅
3 展厅
4 中央下沉广场
5 会议中心
6 酒店
7 酒店入口广场
8 室外展场

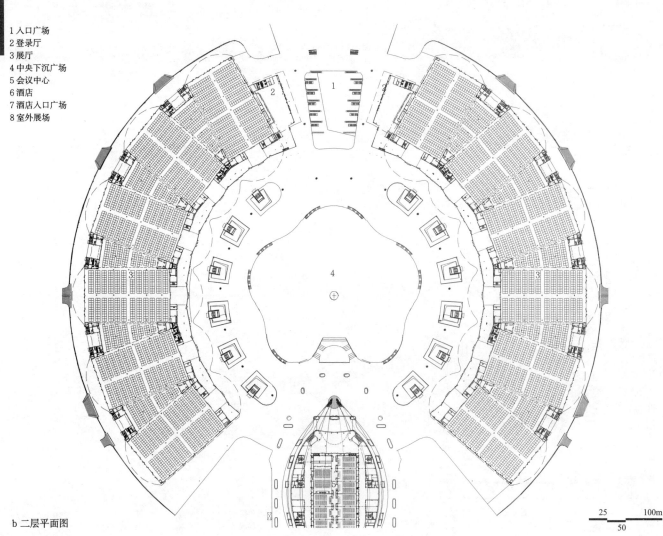

b 二层平面图

1 武汉国际会览中心

名称	建筑面积	设计时间	设计单位
武汉国际会览中心	457516m²	2011	深圳中深建筑设计有限公司、中信建筑设计研究总院有限公司

武汉新城国际博览中心，位于武汉新区汉阳四新滨江地带，造型以武汉市的"水"文化和地块本身的临江特征为立意，强调有机的自然韵律。以拱形屋架支撑的弧形屋面共同构成波状的展馆形式，以展现出临江建筑恢宏流畅的气势，体现轻盈、通透的现代感

实例 [19] 展览建筑

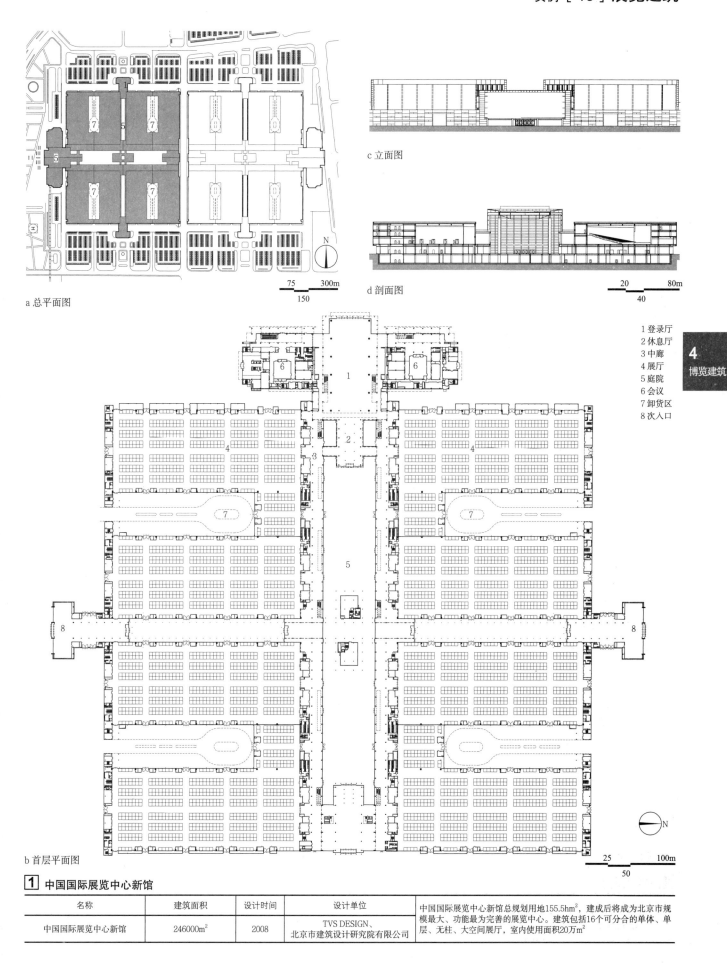

a 总平面图
c 立面图
d 剖面图
b 首层平面图

1 登录厅
2 休息厅
3 中廊
4 展厅
5 庭院
6 会议
7 卸货区
8 次入口

4 博览建筑

1 中国国际展览中心新馆

名称	建筑面积	设计时间	设计单位	
中国国际展览中心新馆	246000m²	2008	TVS DESIGN、北京市建筑设计研究院有限公司	中国国际展览中心新馆总规划用地155.5hm²，建成后将成为北京市规模最大、功能最为完善的展览中心。建筑包括16个可分合的单体、单层、无柱、大空间展厅，室内使用面积20万m²

展览建筑 [20] 实例

a 总平面图

1 中心广场　2 室外展场　3 展厅　4 西餐厅
5 办公室　6 酒店　7 写字楼　8 中央车道

c 剖面图一

d 剖面图二

b 首层平面图

1 保利会展中心

名称	建筑面积	设计时间	设计单位	
保利会展中心	365000m²	2006	华南理工大学建筑设计研究院、广州市设计院	保利会展中心分四期实施，一期为标准展馆，总建筑面积18.5万m²，共3层6个标准展厅，每个展厅约11000m²，可容纳640个国际标准展位。二期为6层的产品展示馆及22层办公楼，总建筑面积18万m²

4 博览建筑

实例 [21] 展览建筑

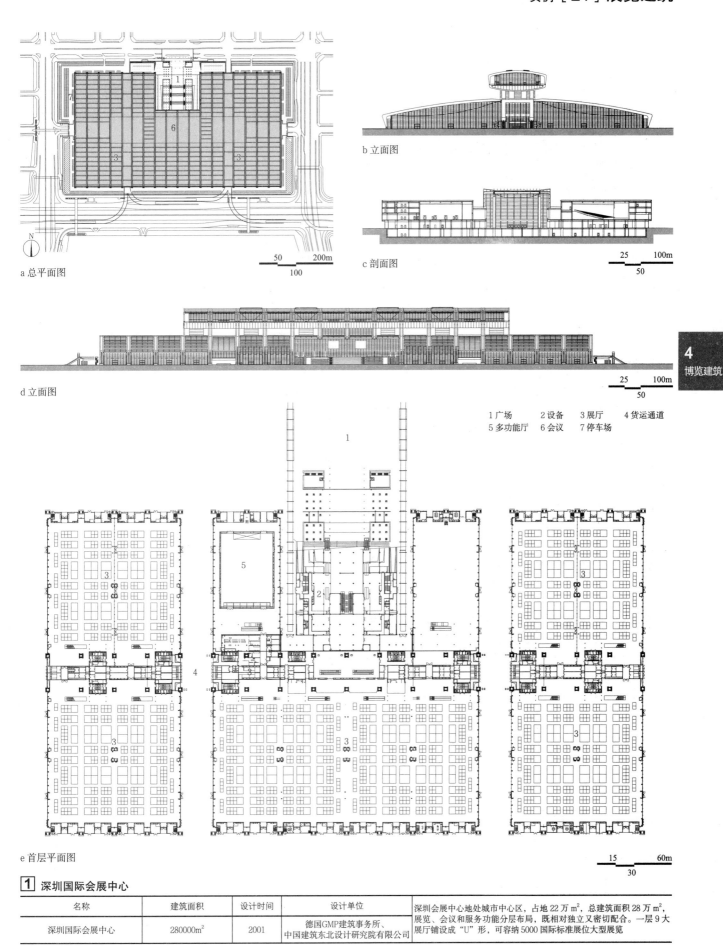

a 总平面图
b 立面图
c 剖面图
d 立面图
e 首层平面图

1 广场　2 设备　3 展厅　4 货运通道
5 多功能厅　6 会议　7 停车场

1 深圳国际会展中心

名称	建筑面积	设计时间	设计单位	
深圳国际会展中心	280000m²	2001	德国GMP建筑事务所、中国建筑东北设计研究院有限公司	深圳会展中心地处城市中心区，占地22万m²，总建筑面积28万m²，展览、会议和服务功能分层布局，既相对独立又密切配合。一层9大展厅铺设成"U"形，可容纳5000国际标准展位大型展览

展览建筑［22］实例

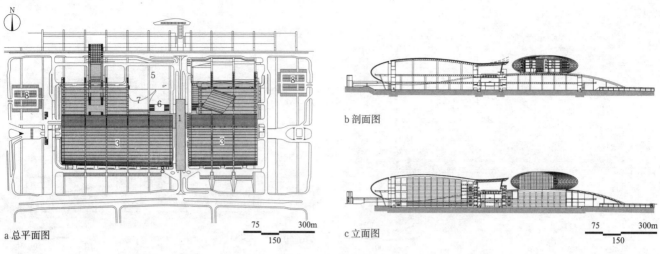

a 总平面图
b 剖面图
c 立面图

1 中央车道　2 货车通道　3 展厅　4 中庭
5 广场　　　6 大台阶　　7 水池　8 停车场

博览建筑

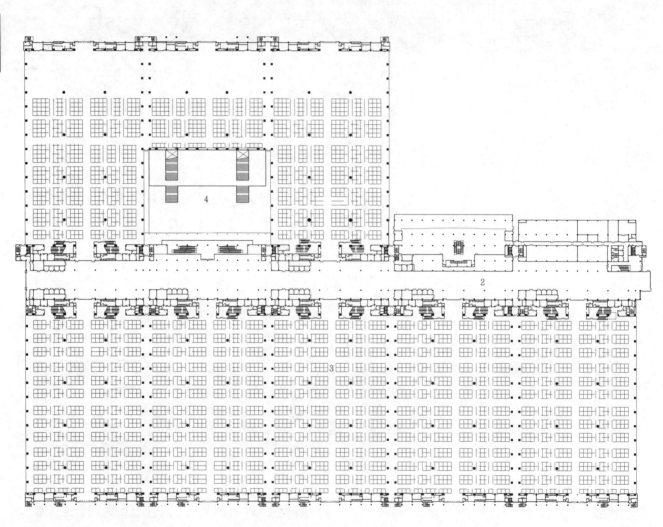

d 首层平面图

1 中国进出口商品交易会琶洲展馆

名称	建筑面积	设计时间	设计单位	
中国进出口商品交易会琶洲展馆	1110000m²	2000	佐藤综合计画、华南理工大学建筑设计研究院	该展馆总建筑面积110万m²，室内展厅总面积33.8万m²，室外展场面积4.36万m²。单个展厅面积均在1万m²左右，一、二层的13个展厅各有开阔的门面，多个展览可同时举办，互不干扰

330

定义

博物馆是为收藏、研究、保护、展示及传播人类与自然历史、人类成就、自然奇观、社会记忆等所设立的社会服务机构,包括纪念馆、美术馆、科技馆、陈列馆等。

博物馆建筑即为满足博物馆上述功能所建设的空间实体。

规模

博物馆建筑规模分类表　　　　　　　　　　　　表1

建筑规模类别	博物馆建筑规模（m²）
特大型馆	>50000
大型馆	20001～50000
大中型馆	10001～20000
中型馆	5000～10000
小型馆	≤5000

注：本表根据《博物馆建筑设计规范》JGJ 66-2015编制。

类型

按藏品和基本陈列内容分类,博物馆一般可划为综合类、专题类、艺术类、自然类和科技类五种类型。

博物馆的类型　　　　　　　　　　　　　　　　表2

编号	分类	藏品性质与展品	实例
1	综合类	综合展示人类、国家、地区、城市及乡村的全面历史进程	中国国家博物馆、故宫博物院、陕西历史博物馆、天津博物馆、安徽省博物馆、扬州博物馆、大英博物馆、法国卢浮宫博物馆、美国大都会博物馆
2	专题类	专题展示某一历史时期、历史事件、历史人物、历史线索	侵华日军南京大屠杀遇难同胞纪念馆、广州辛亥革命纪念馆、渡江战役纪念馆、大唐西市博物馆、汉阳陵帝陵外藏坑遗址博物馆、秦始皇陵百戏俑坑遗址博物馆、金沙遗址博物馆、中国科举博物馆、印度泰姬陵、巴黎凯旋门、毛主席纪念堂、鲁迅纪念馆、广岛和平纪念馆、犹太人大屠杀纪念馆
3	艺术类	专题展示古代艺术、工艺美术、当代艺术	中国美术馆、上海美术馆、陕西美术馆、金陵美术馆、中国工艺美术馆、扬州中国雕版印刷博、碑林博物馆石刻艺术博物馆、山东石刻艺术博物馆、日本美秀美术馆
4	自然类	专题展示自然历史变迁	北京植物园、华南植物园、北京动物园、上海水族馆、北京水族馆、北京天文馆、英国自然历史博物馆、巴黎国立自然历史博物馆
5	科技类	专题展示人类科技进步、科技成就	中国航空博物馆、中国铁道博物馆、中国邮电博物馆、上海航海博物馆、中国科技馆新馆、上海科技馆、中国航空博物馆、香港太空馆

选址及用地

博物馆的选址应针对博物馆的类型、规模及城市环境状况综合确定,可以新建,也可以利用旧建筑改造。

作为公共设施,博物馆选址应满足以下基本条件：

1. 交通便利,公用配套设施完备；
2. 保证安全,远离易燃易爆场所,远离噪声污染源；
3. 满足功能要求,基地面积应满足博物馆需要,并留有适当发展余地；基地的自然条件、人文环境应与博物馆的性质及功能特征相适应；
4. 符合城市规划的要求；
5. 遗址博物馆选址应符合文物保护规划要求。

博物馆建筑经济技术指标统计表　　　　　　　　　　　　表3

馆名	用地面积(m²)	总建筑面积(m²)	地上建筑面积(m²)	地下建筑面积(m²)	停车位	容积率	绿化率	建筑密度
中国美术馆	25700	106000	81000	25000	300	3.15	10%	62.82%
首都博物馆	10155	61680	32983	28697	304	1.37	30.1%	42.08%
天津博物馆	40922	63956	43110	20845	114	1.36	14%	51%
安徽省博物馆	28100	40430	38540	1890	—	1.37	38%	39.75%
上海博物馆	—	39200	20982	18218	—	—	—	—
大唐西市博物馆	14085	32000	14850	17150	200	2.3	30%	50%
宁波帮博物馆	47208	24107	20577	3530	100	0.51	34%	27%
扬州中国雕版印刷博物馆和扬州博物馆	50700	21238	21238	0	—	0.42	47.8%	15.7%
汉阳陵帝陵外藏坑遗址博物馆	24000	7850	0	7850	100	0.02	76.8%	1.8%
碑林博物馆石刻艺术博物馆	4900	7753	4736	3017	—	—	—	—
秦始皇陵百戏俑坑遗址博物馆	5973	3264	3264	0	—	0.54	45%	54%
安阳殷墟博物馆	8960	3525	1432	3525	—	—	76.5%	16%
中国科举博物馆	7402	17506	66	17440	205	0.82	35%	45%

注：本表所列部分博物馆为扩建、加建项目,部分数据并未单独列出。

总体布局

1. 博物馆应布局合理、功能分区明确；建筑与景观合理布局；室内展场与室外展场统筹安排；公众、业务、行政三个区域互不干扰、联系方便；新建博物馆建筑的建筑密度不应超过40%。

2. 建筑主要出入口应考虑与城市公共交通顺畅联系；停车场设置应交通便利；内部停车与公众停车宜分开设置,地下停车应避免流线交叉；停车场规模、停车数量应当符合城市规划要求以及博物馆规模要求。

3. 人流、车流、物流组织应合理；观众出入口应与藏品、展品进出口分开设置；藏品、展品的运输线路和装卸场地应安全、隐蔽,且不应受观众活动的干扰。

4. 博物馆室外环境景观是博物馆的重要组成部分,应围绕博物馆主题设计安排有利于室外展品的布置,以及公众休憩。

5. 博物馆布局应当注重安全防范,尽可能不留下死角,不给犯罪分子可乘之机。

6. 总体布局应考虑博物馆未来发展扩建,近期建设与长远发展相结合,留有备用地。

功能构成

不同类型的博物馆其功能构成也不同,但通常包括：收藏、整理、保护、研究、展示、教育、交流与公共服务八项功能。综合博物馆及大型博物馆功能设置较全,专题博物馆及小型博物馆可以侧重于某些方面,功能可以有取舍。

博物馆 [2] 布局与要求

博物馆建筑各区域的功能分区和主要用房组成表 表1

区域分类	功能区或用房别类	主要用房组成			
		历史类、综合类博物馆	艺术类博物馆	自然类博物馆	科技类博物馆
公众区域	陈列展览区	综合大厅、陈列厅、临时展厅、儿童展厅、特殊展厅及其设备间	综合大厅、陈列厅、临时展厅、儿童展厅、特殊展厅及其设备间	综合大厅、陈列厅、临时展厅、儿童展厅、特殊展厅及其设备间	综合大厅、陈列厅、临时展厅、儿童展厅、特殊展厅及其设备间
		展具贮藏室、讲解室、管理员室	展具贮藏室、讲解室、管理员室	展具贮藏室、讲解室、管理员室	展具贮藏室、讲解室、管理员室
	教育区	影视厅、报告厅、教室、实验室、阅览室、活动室、青少年活动室	影视厅、报告厅、教室、实验室、阅览室、活动室、青少年活动室	影视厅、报告厅、教室、实验室、阅览室、活动室、青少年活动室	影视厅、报告厅、教室、实验室、阅览室、活动室、青少年活动室
	服务设施	售票室、门廊、门厅、休息室(廊)、饮水、卫生间、贵宾室、广播室、医务室	售票室、门廊、门厅、休息室(廊)、饮水、卫生间、贵宾室、广播室、医务室	售票室、门廊、门厅、休息室(廊)、饮水、卫生间、贵宾室、广播室、医务室	售票室、门廊、门厅、休息室(廊)、饮水、卫生间、贵宾室、广播室、医务室
		茶座、餐厅、商店	茶座、餐厅、商店	茶座、餐厅、商店	茶座、餐厅、商店
藏品库区	库前区	拆箱间、鉴选室、暂存库、保管员、工作用房、包装、材料库、保管设备库、鉴赏室、周转库	拆箱间、鉴选室、暂存库、保管员、工作用房、包装、材料库、保管设备库、鉴赏室、周转库	拆箱间、鉴选室、暂存库、保管员、工作用房、包装、材料库、保管设备库、鉴赏室、周转库	拆箱间、保管员、工作用房、包装、保管设备库
	库房区	按藏品材质分类，可包括书画、金属器具、陶瓷、玉石、织绣、木器等库	按艺术材质分类，可包括书画、油画、雕塑、民间工艺、家具等库	按学科分哺乳、鸟、爬行、两栖、鱼、昆虫、植物、古生物类等库，按标本制作方法分浸制、干制标本库	工程技术产品库、科技产品库、模型库、音像资料库
业务区域	藏品技术区	清洁间、晾置间、干燥间、消毒室	清洁间、晾置间、干燥间、消毒室	清洁间、晾置间、冷冻室	
		书画装裱及修复用房、油画修复用房、实物修复用房、药品库、临时库	书画装裱及修复用房、油画修复用房、实物修复用房、药品库、临时库	动物标本制作用房、植物标本制作用房、化石修理室、模型制作室、药品库、临时库	按工艺要求配置
		鉴定实验室、修复工艺实验室、仪器室、药品库、临时库	鉴定实验室、修复工艺实验室、仪器室、药品库、临时库	生物实验室、仪器室、药品库、临时库	
	业务研究用房	摄影用房、摄影室、展陈设计室、阅览室、资料室、信息中心	摄影用房、摄影室、展陈设计室、阅览室、资料室、信息中心	摄影用房、摄影室、展陈设计室、阅览室、资料室、信息中心	摄影用房、摄影室、展陈设计室、阅览室、资料室、信息中心
		美工室、展品展具制作与维修用房、材料库	美工室、展品展具制作与维修用房、材料库	美工室、展品展具制作与维修用房、材料库	美工室、展品展具制作与维修用房、材料库
行政区域	行政管理区	行政办公室、接待室、会议室、物业管理用房	行政办公室、接待室、会议室、物业管理用房	行政办公室、接待室、会议室、物业管理用房	行政办公室、接待室、会议室、物业管理用房
		安全保卫用房、消防控制室、建筑设备监控室	安全保卫用房、消防控制室、建筑设备监控室	安全保卫用房、消防控制室、建筑设备监控室	安全保卫用房、消防控制室、建筑设备监控室
	附属用房	职工更衣室、职工餐厅	职工更衣室、职工餐厅	职工更衣室、职工餐厅	职工更衣室、职工餐厅
		设备机房、行政库房、车库	设备机房、行政库房、车库	设备机房、行政库房、车库	设备机房、行政库房、车库

注：本表根据《博物馆建筑设计规范》JGJ 66-2015编制。

流线组织

1. 博物馆交通流线主要由公众参观流线、业务流线以及行政办公流线构成；三种流线应合理组织、避免交叉。

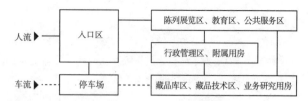

1 博物馆布局流线图

2. 公众参观流线为博物馆交通主流线，应保证方向明确、整体顺畅。

3. 业务流线主要考虑博物馆藏品及展品的运输流线，尽可能与其他流线分开设置，保证安全便捷；应考虑藏品及展品装卸场地的停车及装卸要求。

陈列与展示

1. 陈列、展示为博物馆的核心功能，一般由常设展厅、临时展厅、室外展场构成；三个区域布局应联系方便，相对独立。

2. 常设展厅一般由一个或数个展室组成，其空间应满足展品尺寸及数量要求，布局方式应当满足展陈大纲要求，并与参观流线的方向适应。

3. 临时展厅应能独立布展、撤展。

4. 室外展场设置应与环境景观相结合。

设施与设备

1. 博物馆专用设施与设备包括展陈设施、照明设施、贮藏设施、保护及修复设施、安防设施等；博物馆可根据其属性及规模有所取舍。

2. 展陈设施主要指展台、展柜及展架等；其选择应考虑展品的特征及展示需要，并保证展品安全。

3. 虚拟现实及多媒体展示技术日益成为博物馆的重要展示手段，应考虑其应用及设备。

4. 博物馆采光照明在保证展品的安全前提下，应优先考虑自然光，人工照明灯具应满足展品的照度、高度及光色的要求。

5. 贮藏设施应针对展品的不同类型进行选择和设计，应满足藏品保存温、湿度及空气质量、防震、防辐射等方面要求。

6. 安防设施包括防盗、防火和防爆三个方面，应保证展品安全以及公共安全。

7. 不同类型的博物馆应根据其展藏品的类型建立保护及修复室，购置必要的仪器设备。

环境与景观

环境与景观是博物馆的重要组成部分，其设计要求如下：

1. 应满足博物馆交通疏散等其他功能要求；

2. 应与博物馆的文化主题相一致，有助于公众沉浸于博物馆的文化氛围之中；

3. 应考虑室外展示需要，设计室外展场；

4. 应与地方自然环境、景观及物种相适应；

5. 应与地方文化及周边环境相协调。

展陈设计要求

展陈设计是博物馆承载的主体，建筑设计应当围绕展陈设计展开，并考虑以下展陈要素对设计的影响。

1. 功能配比：建筑的功能配比应当符合展陈容量及规模的需要，提供功能匹配、便于使用管理的空间。
2. 流线：建筑流线组织应基于展陈流线进行设计。
3. 空间：建筑空间的设计应满足展品尺寸及观赏要求，并结合展陈空间的布局和展示氛围的营造。
4. 采光：设计需考虑自然光源与人工光环境的综合运用，将建筑采光系统与展陈光环境要求结合设计。
5. 荷载：除对建筑结构常用荷载的考虑外，应结合展陈的特殊要求（如雕塑、临展等重型展品）进行设计。

建筑功能区域的构成

博物馆的功能按使用范围可以分为公众区域，业务区域，行政区域。功能区域的组成和各类用房的设置应根据博物馆的类型确定。

建筑功能区域划分及各类用房构成表　　　　表1

公众区域	陈列区	序厅、过厅、常设展厅、特殊展厅、临时展厅、儿童展厅、导览视听室、室外展区等
		展具贮藏室、讲解员室、安保室、管理员室等
	公众服务区	售票、门厅、休息室（廊）、饮水、厕所、清洁室、茶座、餐厅、商店、银行、游戏体验、接待室、信息咨询服务、广播室医务室、寄存、安检等
	研究教育区	研究讨论室、教室、专业图书阅览室、学术报告厅、互动式体验区等
业务区域	藏品库区	库前区：拆装箱间、包装材料库、暂存库房、周转库房、保管员工作室、保管设备贮藏室、鉴选、分级、编目室等
		藏品库区：分类库房、珍品库房、文献库房等
	藏品保护技术用房	摄影室、熏蒸消毒室、实验室、文物复制室、标本制作室、书画装裱与修复室、模型（标本）室、研究室、图书档案室等
行政区域	行政管理用房	办公室、会议室、值班室、安防消防室、接待洽谈室、资料室等
	设备用房	电梯机房、空调机房、变配电室、冷冻机房、水泵房、车库等

设计要点

1. 总体设计

（1）应当充分结合展陈设计进行功能布局。

（2）应分区明确，各类用房相对集中，自成系统，同时应考虑各类功能用房之间的联系方便。

（3）建筑的公众入口、藏品出入口、员工出入口应分开设置，并配备相应的安全监控措施。

（4）根据功能分区确定合理流线。参观流线应与展陈流线吻合并保持一定灵活性。公众流线与藏品流线应各自独立，互不影响；服务于公共区域的食品、垃圾等运送路线应避免与藏品流线交叉。

（5）各类功能布局和空间设计应为内部功能的适度调整和后续扩建提供可能。

2. 公众区域

（1）应当根据展陈设计的要求在建筑中设置多种形式的交通设施，多层的大型馆、特大型馆宜设置自动扶梯或者结合布展设置参观坡道。

（2）应根据展陈流线提供适当休息区域。陈列区中的休息区域可与公共区域相对独立，做到动静有别。

3. 工作区域

（1）藏品库区应接近陈列室区域布置，藏品不宜通过露天运输和在运输过程中经历大的温湿度变化。

（2）藏区库可设在地下室、半地下室，因此须有可靠的防水、排水、防潮、除湿等措施。

（3）藏品运送通道不应出现台阶，珍品及对温度敏感的藏品不应露天运送。

（4）设备用房与其他功能区相对独立但紧密联系。

（5）设备管路的走向应当避免影响展陈布置。

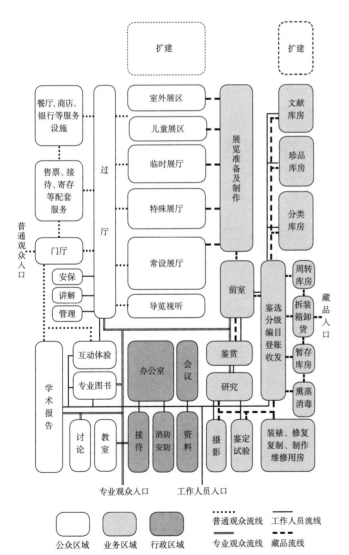

1 功能关系图

博物馆 [4] 陈列展览区

陈列展览区功能组成

陈列展览区一般由陈列展览空间、展具贮藏室、讲解员室、管理员室等部分组成。陈列展览空间应根据陈展内容的需要设置，可包括综合大厅、基本陈列厅、临时展厅等，还可因陈展设计或空间组织的需要设置序厅、导览视听室、儿童展厅、特殊展厅等。

设计要点

1. 陈列展览区的平面组合应满足展陈内容的系统性、顺序性，以及观众选择性参观的需要；观众流线的组织应尽量避免迂回、交叉、缺漏。

2. 基本陈列厅应布置在陈列展览区中最醒目便捷的位置。临时展厅由于展览内容需经常更换，设计中宜单独设置，满足独立开放、布展、撤展等要求。

3. 展厅设计应符合展示目的的需要，符合观众的行为和心理特征；应能满足部分观众抄录、临摹的需要；大、中型展厅应有观众休息区和座椅的设置；设有互动性展品的，应有相应保护措施。有特殊产品的展厅设计应符合展品的尺寸及工艺要求。

4. 为确保展品不受人为或自然破坏，展厅设计应有相应的实体防护和技术防范措施，并有利于管理人员维护展品安全和参观秩序。

5. 合理布置讲解室、管理室、展具储藏室等陈列展览区的附属用房。且与陈列室需要联系方便，便于组织观众参观、净场和展品保卫工作。

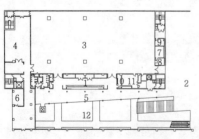

1 序厅　　5 休息平台　　9 安防值班室
2 礼仪大厅　6 设计室　　10 讲解员休息室
3 临时厅　　7 总服务台　11 库房
4 陈列制作中心 8 服务间　12 中庭上空

[1] 陈列展览区辅助空间位置示意图
（首都博物馆一层局部平面）

陈列展览区平面组合类型示意图　　　　表1

■ 大厅式

利用大厅综合展出或灵活分隔为小空间

法国巴黎蓬皮杜艺术文化中心标准层平面图

美国航空博物馆首层平面图

■ 串联式

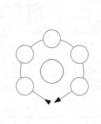

各陈列展览室相互串联

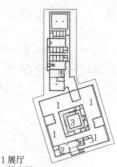

1 展厅
2 报告厅
3 中央书院

安阳殷墟博物馆首层平面图

1 展厅
2 报告厅
3 中央书院
4 原有的柏林博物馆

德国柏林犹太人大屠杀纪念馆平面图

■ 放射式

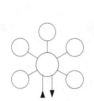

各陈列展览室环绕放射枢纽（门厅、庭院、走道等）布置

1 展厅
2 中庭
3 报告厅

宝鸡青铜器博物馆首层平面图

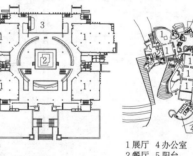

1 展厅　4 办公室
2 餐厅　5 阳台
3 商店

西班牙毕尔巴鄂古根海姆美术馆二层平面图

■ 混合式

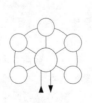

将上述一种或几种方式进行组合或分区，形成混合的空间布局

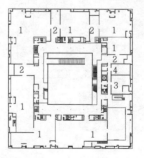

1 展厅
2 前厅
3 陈列展览设计
4 库房

广东省博物馆新馆三层平面图

1 展厅　　5 书店
2 自助餐厅 6 遗址区
3 中庭　　7 丝绸之路
4 会议室

西安大唐西市博物馆首层平面图

一般展厅布置形式

展厅是博物馆的核心空间。根据展品类型的不同可分为一般展品陈列形式、特殊展品陈列等。

一般展厅布置形式　　　　　　　　　　　　　　表1

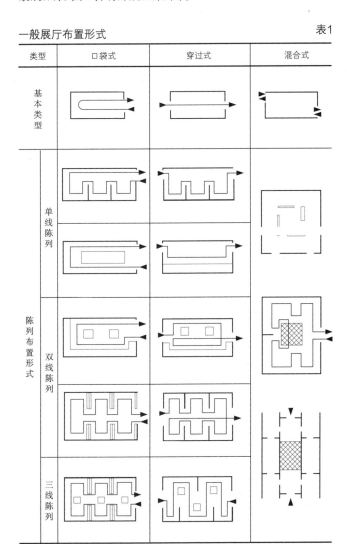

特殊展厅布置

博物馆的特殊尺寸展品因一般陈列方式无法满足观展视线要求，需要特殊尺寸的空间进行陈列和布置，并符合展品视距、视角的要求。

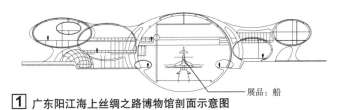

[1] 广东阳江海上丝绸之路博物馆剖面示意图

场景式陈列空间要求

场景式陈列是根据陈列内容还原或模拟一个场景，在设计陈列空间之前需要明确还原后的场景尺度。场景式陈列往往还加入声、光、电及多媒体等手段，是新的陈列形式之一。

[2] 宁波博物馆场景展厅

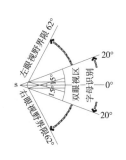

视野是以角度测量的空间范围。一只眼睛的视野为"单眼视野"。当双眼同时看物体时，两只眼睛的视野重叠，形成的"双眼视区"大约在左右60°以内。而字母识别范围为左右20°，该区域内为理想的视觉区。

a 水平视野

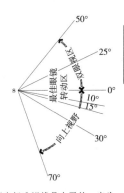

假定标准视线是水平的，定为0°，那么人的自然视线是低于水平线的，并且人站着时和坐着时有微小变化。站时，自然视线大约低于水平线10°，坐着时大约为15°。在很松弛的状态下，站和坐着的视线偏移很大。分别为30°和38°。观看展品的向下的最佳视区在低于标准视线30°的区域内。

b 垂直视野

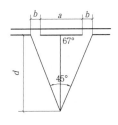

自视点s在水平面内所形成的夹角45°内布置展品较为理想。

d—视距；
a—展品宽度；
b—展品间距；
$d=(a/2+b)\tan 67°30'$。

c 由展品宽度确定视距

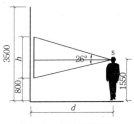

自视点s在垂直面内所形成的26°夹角内布置展品较为理想。

一般展品悬挂高度为距地0.8~2.5m，最高不宜超过3.5m。

d—视距；
h—展品高度；
$d\approx 1.5\sim 2h$。

d 由展品高度确定视距

[3] 视觉分析

博物馆 [6] 陈列展览区

陈列展示分类

```
陈列展示分类 ─┬─ 展陈方式 ─┬─ 悬挂与展柜式陈列
              │            ├─ 悬吊式陈列
              │            ├─ 放置式陈列
              │            ├─ 场景式陈列
              │            ├─ 互动式陈列
              │            └─ 多媒体陈列
              └─ 展品内容 ─┬─ 社会历史类
                           ├─ 自然历史类
                           ├─ 艺术类
                           └─ 科学技术类
```

1 陈列展示分类图

展陈设计要求

1. 应根据展品的性质、类型、数量、特色及展示要求等进行合理的展陈设计,达到烘托展品的目的。
2. 展陈方法应灵活运用,可兼用数种方法。
3. 展陈设计应保障展品安全和观众安全,满足展品对于光照、温度、湿度、空气质量、安防等方面的要求。

陈列厅尺寸统计表　　　　　　　　　　表1

馆名		位置	展览类型	陈列形式	开间(m)	进深(m)	层高(m)	面积(m²)
特大型馆	首都博物馆	二层	基本展厅	多线陈列	55	27	6	1485
	天津博物馆	五层	文房清供	单线陈列	30	28	7.5	830
	安徽省博物馆	四层	区域文化展厅	多线陈列	31.5	20	6.3	630
	中国美术馆改造装修工程	二层	书画专题厅	单线陈列	97.2	65.7	7.5	6386
大型馆	大唐西市博物馆	西安市劳动南路	土石遗址、出土文物	展台、展窗	12	12	4.5	144
	宁波帮博物馆	二层	历史综合资料	单线陈列	18	32	7.5	576
	扬州双博馆	三层	书画陈列	多线陈列	46.6	19.6	6.5	836
	上海博物馆	一层	青铜器展厅	多线陈列	64	32	5.5	1504
中型馆	韩美林艺术馆	-4m标高层	基本展厅	—	9.3	18.4	6	171
	乐山大佛博物馆	一层	基本展厅	—	16.5	19.2	7.2	285
	汉阳陵帝陵外藏坑保护展示厅	主厅	考古遗址	遗址展厅	30	71	6	2130
	碑林博物馆石刻艺术馆	主厅	石展品陈列	石刻陈列	8.5	39.6	7.5~12	336
小型馆	辽宁五女山高句丽遗址博物馆	首层	第一展厅	单线陈列	27	15	4	400
	安阳殷墟博物馆	±0.000标高层	—	单线陈列	28.5	14	4	399
	秦始皇陵百戏俑坑展示厅	秦始皇陵园内	陶俑、土遗址	展坑	25	54	5.3	1484

常见陈列品尺寸与视距统计表(单位:m)　　表2

陈列方式	长度	宽度	陈列品高度h	视距d	d/h
图板	—	1.5~3.0	0.6	1.0	1.6
陈列立柜	1.5~2.5	0.4~1.0	1.8	0.4	0.2
陈列平柜	1.0~1.2	0.8~1.2	1.2	0.2	0.19
中型实物	1.0~4.0	1.0	2.0	1.0	0.5
大型实物	—	—	5.0	2.0	0.4

展厅观众合理密度(e_1)与高峰密度(e_2)　　表3

编号	展品特征	展览方式	展厅观众合理密度e_1(人/m²)	展厅观众高峰密度e_2(人/m²)
I	设置玻璃棚、柜保护的展品	沿墙布置	0.18~0.20	0.34
II		沿墙、岛式混合布置	0.14~0.16	0.28
III	设置安全警戒线保护的展品	沿墙布置	0.15~0.17	0.25
IV		沿墙、岛式、隔板混合布置	0.14~0.16	0.23
V	无需特殊保护或互动性展品	展品沿墙布置	0.18~0.20	0.34
VI		沿墙、岛式、隔板混合布置	0.16~0.18	0.30
VII	展品特征和展览方式不确定(临时展厅)			0.34
VIII	展品展示空间与陈列展览区的交通空间无间隔(综合大厅)			0.34

注:1. 本表不适于展品占地率大于40%的展厅。
　　2. 计算综合大厅高峰限值M2时,展厅净面积S应按综合大厅中展示区域面积计算。

陈列密度统计表　　　　　　　　　　表4

馆名		展品类型	藏品件数(件)	陈列室面积(m²)	陈列密度(件/m²)	展品件数(件)
特大型馆	首都博物馆	北京历史+文物收藏	20万	27050	0.21	5622
	天津博物馆	天津历史+文物收藏	20万	13000	0.38	5000
	安徽省博物馆	安徽历史+文物收藏	23万	12170	0.26	3200
	中国美术馆改造装修工程	中国近现代艺术家作品	10万	45700	0.46	—
大型馆	大唐西市博物馆	土、石遗址、出土文物	24(其中一个展室)	144	0.16	24
	宁波帮博物馆	宁波帮历史及综合资料	3000	6680	0.08	541
	扬州双博馆	扬州历史及雕版印刷历史	雕版20万,其他文物3万	7774	0.28	雕版10万,文物1060
	上海博物馆	文物收藏	100万	12800	0.32	—
中型馆	韩美林艺术馆	绘画书法雕塑、民间工艺	5000	2400	0.83	2000
	碑林博物馆石刻艺术馆	陈列	无法计件	1154	1/7.7	150
小型馆	安阳殷墟博物馆	文物	—	2400	0.25	600
	秦始皇陵百戏俑坑展示厅	陶俑、土遗址	20	1484	0.01	20

空间尺度

1. **跨度**:与结构形式和陈列方式等有关。采用单线陈列时,跨度不宜小于5.0m;双线陈列时,跨度不宜小于9.0m。
2. **柱网布置**:为更好地进行陈列布置,陈列厅内最好不设立柱;必须设立柱时,柱距愈大愈好。综合考虑经济性和陈列布置的灵活性,柱距一般不宜小于6~9m。
3. **净高**

(1) 展厅净高可按下式确定:
$$h \geq a+b+c$$
式中:h—净高;
a—灯具的轨道及吊挂空间,宜取0.4m;
b—厅内空气流通需要的空间,宜取0.7~0.8m;
c—厅内隔板或展品带高度,取值不宜小于2.4m。

(2) 应满足展品展示、安装要求,顶部灯光对展品入射角的要求,以及安全监控设备覆盖面的要求;顶部空调通风口边缘距藏品顶部直线距离不应小于1.0m。

4. 展品内容类型不同、博物馆建筑规模不同的展厅,其空间尺度差别很大。

5. 特殊展品的展厅,如大型雕塑、全景画、场景式展厅等,空间尺寸应根据陈列要求设计。

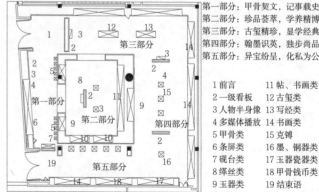

第一部分:甲骨契文,记事载史
第二部分:珍品荟萃,学养精博
第三部分:古玺精珍,显学经典
第四部分:翰墨识英,独步尚品
第五部分:异宝纷呈,化私为公

1 前言　　　　11 帖、书画类
2 一级看板　　12 古玺类
3 人物半身像　13 写经类
4 多媒体播放　14 书画类
5 甲骨类　　　15 克鼎
6 条屏类　　　16 墨、铜器类
7 砚台类　　　17 玉器瓷器类
8 缂丝类　　　18 甲骨钱币类
9 玉器类　　　19 结束语
10 文房类

2 天津博物馆志丹奉宝展厅布展平面图

公众接待服务空间

1. 合理安排普通观众、团体观众、贵宾、集会人员等不同参观人流，设置不同出入口，避免重复交叉。
2. 应在公众入口处设置门厅、领票（购票）厅、附属房间等，合理安排领票、验票、安检、雨具存放、小件及衣帽寄存、问讯、语音导览器及资料索取、残疾人轮椅及儿童车租用、电话间、邮箱、医务室、播音室等公众接待及服务空间。可根据功能需要，设置团体或贵宾接待室。
3. 合理安排门厅、综合大厅、序厅等空间的整合与转换，应在水平和垂直两个方向合理组织参观人流，并且方便博物馆内部各部分功能区域的连接。
4. 门厅、序厅、综合大厅等兼作庆典、礼仪活动、新闻发布会或社会化商业活动等功能空间时，应具有相应的空间尺寸、设施和设备容量，并符合疏散安全的要求。

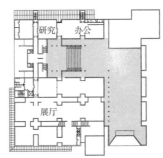

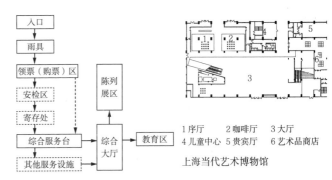

1 序厅　2 咖啡厅　3 大厅
4 儿童中心　5 贵宾厅　6 艺术品商店
上海当代艺术博物馆

1 博物馆普通观众流程示意图　　**2** 公共接待服务及后勤示意图

a 大唐西市博物馆二层平面　　b 天津博物馆

不同博物馆综合大厅空间尺寸　　表1

馆名		形状	面积（m²）	面宽（m）	进深（m）	高度（m）
特大型馆	首都博物馆	矩形	2000	39	50	34
	天津博物馆	梯形	2300	31	85	15
	安徽省博物馆	方形	2024	44	46	22
	中国美术馆改造装修工程	矩形	2660	40.5	65.7	22.5
大型馆	大唐西市博物馆	T字形	3500	21	78	18
	宁波帮博物馆	矩形	790	90	8.75	13.5
	扬州双博馆	扇形	300	18	17	19.5
	上海博物馆	方形	750	32	24	29.5
中型馆	韩美林艺术馆	矩形	90	8.1	11.2	
	乐山大佛博物馆	不规则	453	17.8	28.8	16
	碑林博物馆石刻艺术馆	矩形	180	9.9	18.4	120
小型馆	辽宁五女山高句丽遗址博物馆	梯形	127	9	13.5	—
	秦始皇陵百戏俑坑展示厅	方形	105.3	9	11.7	60

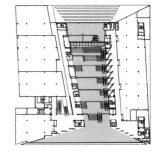

c 宁波博物馆　　公共服务空间

3 博物馆公众服务空间示例

不同博物馆公众服务设施统计表　　表2

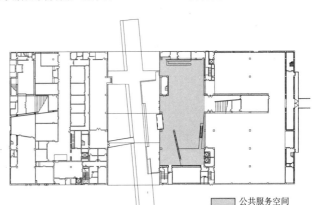

	公众服务设施 馆名	安检	票务		其他服务设施									分散/集中
			领票售票	验票	问讯	讲解员台	自助寄存	人工寄存	资料索取	轮椅或儿童车租借	雨具存放	医务室或母婴室	语音室	语音导览器租借	
特大型馆	天津博物馆	●	●	●	●	●	●	●	●	●	●	●		●	分散
	安徽省博物馆	●	●	●	●	●	●	●	●	●		●	●	●	分散
	中国美术馆改造装修工程	●	●	●	●	●	●	●	●	●		●		●	分散
大型馆	大唐西市博物馆	●	●	●	●	●	●	●	●		●	●		●	分散
	宁波帮博物馆		●	●	●				●						集中
	扬州双博馆	●	●	●	●	●	●	●	●			●	●	●	分散
	上海博物馆	●		●	●		●	●	●			●		●	分散
中型馆	汉阳陵帝陵外藏坑保护展示厅		●						●						集中
	碑林博物馆石刻艺术馆	●							●					●	分散
小型馆	秦始皇陵百戏俑坑展示厅		●		●	●		●							集中

注：●表示该博物馆具有该项公共服务设施。

博物馆 [8] 公共服务区

教育空间

1. 根据博物馆教育功能的定位，可设置包括报告厅、视听室、影视厅、教室、实验室、青少年活动室、阅览室等用房。

2. 教育普及空间应与门厅、中央大厅等联系紧密，或设置独立对外出入口。

博物馆报告厅、影视厅面积调查表 表1

馆名		形状	面宽(m)	进深(m)	面积(m)	座位数(个)
特大型馆	首都博物馆	椭圆	21	24.8	440	—
	安徽省博物馆	矩形	13	15	195	100
大型馆	大唐西市博物馆	方形	12	12	144	70
	天津博物馆	矩形	21	29.5	651	389
	宁波帮博物馆	矩形	15	20	301	282
中型馆	乐山大佛博物馆	梯形	12（中）	18.2	228	160
	汉阳陵帝陵外藏坑保护展示厅	矩形	30	71	2130	60
	碑林博物馆石刻艺术馆	矩形	8	6.8	50	20
小型馆	秦始皇陵百戏俑坑展示厅	方形	9	11.7	105.3	60

休息商业空间

1. 宜设置咖啡厅、茶室、休息廊等集中休息空间，每层最好设置局部休息空间，实现集中设置与分散设置相结合。

2. 集中休息空间宜靠近大厅设置，分散休息空间宜布置于展厅过渡处，并要求有良好环境。

3. 宜设置小卖部、纪念品商店、书店等商业服务空间，商业服务空间也常与休息空间结合布置。

4. 饮水处、卫生间、母婴室等设施应靠近休息空间布置。

休息商业空间调查表 表2

馆名		茶室	商店	书店	咖啡厅	小卖部	餐厅
超大型馆	首都博物馆		●	●	●		●
	天津博物馆		●	●	●	●	
	安徽省博物馆	●	●	●	●	●	
	中国美术馆改造装修工程		●	●	●		
大型馆	大唐西市博物馆	●	●		●		
	宁波帮博物馆	●	●	●	●		
	扬州双博馆		●			●	
	上海博物馆		●	●			
中型馆	韩美林艺术馆		●				
	汉阳陵帝陵外藏坑保护展示厅		●			●	
	碑林博物馆石刻艺术馆	●	●		●	●	
小型馆	安阳殷墟博物馆		●				
	秦始皇陵百戏俑坑展示厅	●	●	●			

注：●表示该博物馆具有该项休息商业空间。

公众区卫生设施配置标准 表3

设施	陈列展览区		教育区	
	男	女	男	女
大便器	每60人设1个	每20人设1个	每40人设1个	每13人设1个
小便器	每30人设1个	—	每20人设1个	—
洗手盆	每60人设1个	每40人设1个	每40人设1个	每25人设1个

注：1. 本表摘自《博物馆建筑设计规范》JGJ 66-2015。
2. 本表数据未包括商业服务设施。

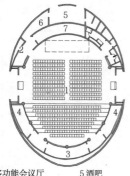

1 多功能会议厅 5 酒吧
2 会议准备间 6 备餐室
3 声光控制及放映室 7 库房
4 同声传译

a 首都博物馆多功能会议厅

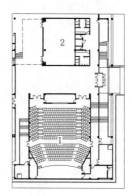

1 350座报告厅
2 学术讨论厅

b 安徽省博物馆教育区

1 不同教育普及空间平面图

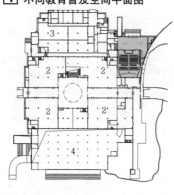

1 报告厅 3 库房
2 展厅 4 车库上空

a 四川博物馆底层平面

1 报告厅 4 展厅四
2 资料室 5 连廊
3 展厅三 6 中庭上空

b 乐山大佛博物馆标高7.200m平面

2 博物馆教育普及空间位置示意图

▓ 教育普及空间

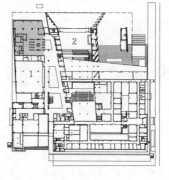

1 展厅
2 门厅

a 天津博物馆一层平面

1 文博书店 4 多媒体放映厅
2 门厅 5 安徽特色展厅
3 中庭 6 临时展厅

b 安徽省博物馆二层平面

3 博物馆休息商业空间位置示意图

▓ 休息商业空间

组成

藏品库区应由库前区和库房区组成。

藏品库区建筑面积占博物馆总建筑面积的比例要根据藏品实际种类和数量判断，一般在10%~25%之间，且有博物馆规模越大其藏品库区所占比例（后称"占比"）越高的规律；与博物馆类别的关系是，该占比按照历史艺术（文物）类、自然类、现代艺术类和科技馆类的序列呈逐步减小趋势。综合类博物馆的藏品库区占比与历史艺术（文物）类接近。

藏品库区建筑面积应满足现有藏品保管的需要，并应满足藏品增长预期的要求，或预留扩建的余地。

库前区位于库房区总门之外，由拆箱间、暂存库、缓冲间、保管员工作用房、包装材料库、保管设备库、鉴赏室等组成。库房区位于库房区总门之内，由分类库房（储藏间）和运输通道构成，库房（储藏间）宜按藏品材质或学科分类设置。小型馆至少应设有机藏品（字画、服装、书籍及生物标本等）和无机藏品（瓷器、金属器皿、石器等）两类库房，并宜设珍品库房（存放各类具有较高历史、艺术、科学价值的藏品、文献或贵重藏品）。

库房区外墙内侧宜设夹道，除了有防盗及温差缓冲作用外，可与运输通道合并兼用。

周转库可根据需要设置，一般在库房区内接近库房区总门的位置，库前区的暂存库有时也可作为周转库使用。

藏品库的种类　　表1

名称	特点
有机藏品库	库房区总门之内；对温湿度有较高要求
无机藏品库	库房区总门之内；有温度、洁净度要求
珍品库	库房区总门之内；宜单独建造或独立分区，并有更严格的恒温恒湿要求
周转库	一般位于库房区总门之内；用于临时存放需周转的藏品，例如预备布展的藏品，或与其他机构进行交换展的藏品
暂存库	库房区总门之外，属藏品管理区；为暂时存放尚未清理、消毒的藏品而专设的房间
半开放式库房/开放式库房	位于库房区总门之外，藏品库区与普通展览之间；可以与鉴赏室结合设置，供专业人员研究交流使用；也可供普通参观者观察或接触；需分别设置工作人员出入口和有安检设施的观众出入口

布局方式

藏品库的布局方式应该根据馆藏特点、用地条件等因素来确定，并以保证藏品安全、便于管理，和与展区及业务研究用房联系方便为原则。藏品库可放在地下，既可以减少对公共区的影响，同时有利于管理和安全防护，但库前区以及体积较大藏品的库房宜放在地面层。几种布局方式见表2。

藏品库布局方式　　表2

类型	图示	实例
独立式		1.安阳殷墟博物馆 2.成都鹿野苑石刻博物馆 3.美国堪萨斯州尼尔森-阿特金斯艺术博物馆（The Nelson-Atkins Museum of art, Kansas, Mo, USA） 4.美国得克萨斯州沃斯堡当代艺术博物馆（Modern Art Museum of Fort Worth, Texas, USA）
贴临式（水平）		1.良渚博物馆 2.意大利罗马市二十一世纪美术馆（MAXXI Museum, Rome, Italy） 3.宁波帮博物馆
贴临式（垂直）		1.苏州博物馆　　5.天津博物馆 2.中央美术学院美术馆　6.安徽省新博物馆 3.首都博物馆　　7.上海博物馆 4.美国纽约市当代艺术博物馆（New Museum of Contemporary Art, NY, USA）　8.中国美术馆 9.大唐西市博物馆
内附式		1.法国梅茨蓬皮杜中心（Centre Pompidou-Metz, France） 2.美国旧金山市德扬博物馆（De Young Museum, San Francisco, USA） 3.贾平凹文学艺术馆
开放式		1.法国民俗博物馆 2.加拿大温哥华市UBC人类学博物馆 3.美国纽约市大都会艺术博物馆亨利·R·鲁斯美国艺术研究中心（Henry R. Luce enter for the Study of American Art of Metropolitan Museum of Art, NY, USA）

注：S—藏品库（Storage），D—展厅（Display），A—管理（Administration）。

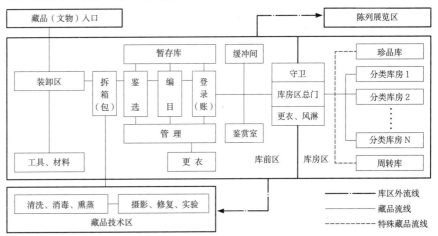

1 博物馆藏品库区工作流程图

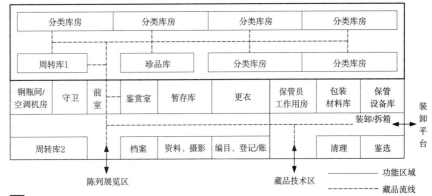

2 藏品库区平面组织示意图

博物馆 [10] 藏品库区

基本要求

1. 藏品库区（尤其是库房区）内应保证藏品运输便捷通畅。通道内不应设置台阶、门槛；当通道为坡道时，坡道的坡度不应大于1:20。

2. 收藏对温湿度较敏感的藏品，需加设缓冲间。

3. 藏品库区前宜设装卸平台或可封闭的装卸间。

4. 缓冲间可设在库房区总门内或总门前，但管理用房的垂直交通和货运电梯均应设在总门外。

5. 库前区入口处应布置拆箱（包）间，暂存库宜靠近拆箱（包）间。

6. 藏品宜按材质或学科分类分间贮藏；每间库房应单独设门；库房的面积、空间尺寸、柱网布置应综合以下因素确定：

（1）库房每间面积一般不宜小于$50m^2$；文物类、艺术类藏品库房以80~150m^2为宜；自然类藏品库房以200~400m^2为宜；

（2）库房的净高应高出保管装具柜顶0.4m以上，并应不小于2.4m；文物类藏品库房以2.8~3.0m为宜，现代艺术藏品、自然类藏品库房以3.5~4.0m为宜；

（3）特大体量藏品、科技类藏品库房的面积和高度应根据藏品实际尺寸和工艺要求确定；

（4）珍贵藏品的贮藏应设带有防盗装置的珍品库或专柜。

7. 藏品库房的开间或柱网应与库内保管装具的排列和藏品通道相适应。通道宽度应满足运输藏品及运输工具通行的需要，并且主通道净宽不小于1.2m，两行装具间净宽不小于0.8m。

8. 藏品库房的防水要做到六面防护，有条件的可以设置顶板和地板的防水夹层。有积水隐患的房间不应布置在库房区的上层或贴邻位置。与库房区无关的管线应尽量避开库区，尤其不应穿越库房。库房区内不应有空调水管、空气凝结水管穿越，并应防止结露；如设置自动灭火系统，宜采用细水雾灭火系统；如有遇水即损藏品的库房，应设气体灭火系统。

藏品库柜架及运输工具参数表 表1

分类	名称	材料	排列方式	备注
藏品柜架	书画柜	钢木	背靠背	抽屉尺寸根据藏品大小确定
	钱币柜	钢木	背靠背	
	印章柜	钢木		
	通用柜	钢木	背靠背	双开门，横档可调，根据需要，前后左右相邻两柜可连通
	密集柜	钢木	密集排列	下铺轨道，可移动
	柜架	钢木	背靠背	横档可调，陈列大件藏品
运输工具	标准运输箱			远距离运输时的装具
	手推车			运输小件藏品可进入库区
	梯子			带轮子可移动
	叉车	—	—	对成件托盘货物进行装卸、堆垛和短距离运输；可进入库区
	电动平板运输车			运输较大件藏品；环保清洁、可入库区
	柴油运输车			运输大件、大量藏品；不能进入库区

注：1. 本表仅包含藏具中的柜架，箱盒、囊匣等不涉及。
2. 柜体、柜架等宜做成圆角，避免磕碰。柜框一般为铁架（门），搁板宜为天然硬质耐腐木。
3. 有特殊环境要求的藏品宜专设恒温恒湿柜。

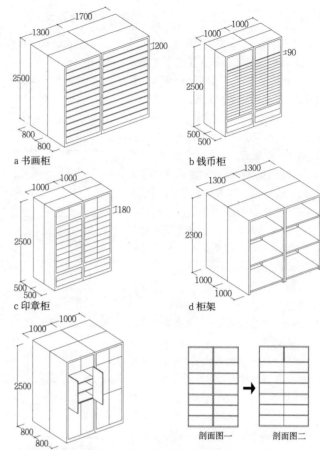

a 书画柜　　b 钱币柜　　c 印章柜　　d 柜架　　e 通用柜（背靠背排列，柜内空间根据需要前后或左右可通）　　f 密集柜

1 藏品柜架

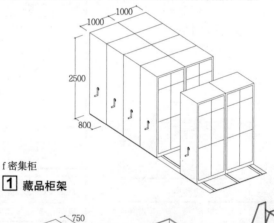

a 标准运输箱　　b 手推车　　c 梯子

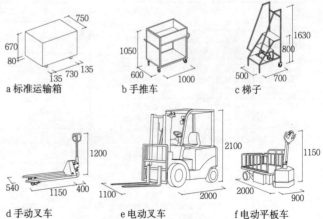

d 手动叉车　　e 电动叉车　　f 电动平板车

2 运输工具

注：上图所示尺寸仅供参考，具体尺寸参见厂家标准。

技术用房

1. 组成

技术用房按不同博物馆的功能类别分主要有：藏品清洁、晾置、干燥、消毒（熏蒸、冷冻、低氧）用房；装裱、修复、复制及辅助用房；动植物标本制作室及辅助用房；实验室及辅助用房四部分。

2. 基本要求

（1）各类用房应根据工艺、设备的要求进行设计，并应有一定余量，以适应工艺变化和设备更新的需要。

（2）特大型、大型博物馆应专设熏蒸室，宜两面靠外墙，面积不宜小于$20m^2$。建筑构造应密闭，并应设置滤毒装置和独立机械排风系统。中、小型博物馆可设熏蒸柜或熏蒸釜，四周留出走道，柜前或釜前留出足够的距离便于取放文物，墙面、顶棚和楼地面应宜于清洁。

（3）书画装裱及修复用房可包括修复室、装裱间、裱件暂存室、打浆室；修复室、装标间不应有直接日晒，应采光充足、均匀，应有供吊挂、装裱书画的较大墙面，并宜设置空调设备。

（4）油画修复室的平面尺寸、净高、电源、通风系统和专业照明等应根据设备和工艺要求设计。

（5）实物修复室可包括金石器、漆木器、陶瓷等修复用房及材料工具库；要有良好的采光、照明和通风，设置排气柜和污水处理设施。每间面积宜为$50\sim100m^2$，净高不应小于3.0m；金石器修复用房包括翻模砂浇铸室、烘烤间等；漆木器修复用房包括家具、漆器修复室、阴干间、晾晒场地等。

（6）动植物标本制作室宜位于地面层并配备露天场地，包含解剖室、鞣制室、制作室和缝合室，具有良好的采光和通风条件，易于清洁，房间注意防水和防腐蚀、易于清洁。

（7）实验用房应视博物馆类型和规模确定，可按生物实验室（一般$20\sim30m^2$）、化学实验室、物理实验室的要求设置，面积一般为$50m^2$，并应配备相应的无菌室、实验仪器贮藏室、药品库、毒品库或易燃易爆品库等，位置应远离库区。

（8）藏品保护技术用房应按工艺要求设置带通风柜的通风系统和全室通风系统，通风换气量按实验室的要求计算。

1 技术用房工艺流程图

1 熏蒸　2 资料检索　3 上光　4 暗室　5 药物器材

2 技术用房平面布置实例

业务科研用房

1. 组成

由图书、音像阅览及资料库，摄影用房，信息中心，导览声像制作用房，展陈设计用房，研究、出版用房及展品展具制作维修用房等部分组成。

2. 基本要求

（1）图书、音像资料库应包括阅览、库房、管理人员办公、复印等功能空间。阅览室应有良好的天然采光和自然通风。

（2）摄影室等用房应接近藏品库区布置，走廊及门的宽高应考虑藏品的运输方便；不应有阳光直射，宜朝北或采用人工光照明，人工光源要注意避免灯产生的热量及紫外线对藏品的危害。摄影室层高应满足设备架设与大尺寸藏品摄影的需要。

（3）信息中心机房不得与藏品库及易燃易爆物存放场所相邻。

（4）展陈设计、制作用房与展厅、藏品库房之间必须有便捷的交通以保证藏品的运送安全，应尽可能靠近货梯排布，净高$4\sim5m$，朝北设置，有良好采光。

（5）大型、特大型馆的研究、出版用房应自成一区，设置专用接待室供馆内外研究人员使用，并宜设独立出入口。需要从藏品库区提取藏品进行工作的研究室，应设置相关设施；与藏品库区的联系应设专用的安全通道或垂直通道。

（6）导览声像制导用房包括闭路电视系统和演播系统。演播系统为录像片制作区域，包括演播室、导控室、编辑室、录音室、资料室等部分，各房间的建筑设计应按工艺设计要求确定。

（7）展品展具维修用房应与展厅联系方便，靠近货运电梯。应考虑展品的运输通道尺寸要求，可根据工艺设置排风除尘设备。

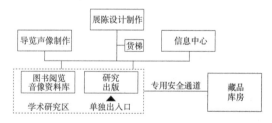

3 业务科研用房流线图

办公用房

1. 组成

由行政管理办公、会议、接待用房，安全保卫用房，职工餐厅、更衣室，设备机房四部分组成。

2. 安全保卫用房要求

（1）应根据博物馆风险等级和防护级别的不同要求，设置或部分设置以下安全保卫用房：报警控制中心或报警值班室、保卫人员办公室、宿舍（营房）、自卫器具贮藏室、卫生间。大型、特大型馆尚需在重要部位设报警控制室（分控室）。

（2）报警控制中心或报警值班室的设置位置及其设计，应根据安全防范的级别及其投资规模确定。报警控制中心宜为专用房间；不能与建筑控制室（BAS）或计算机系统机房合用，与消防中心控制室合用一室时，应取得安全管理部门的同意。

博物馆 [12] 常规展示

展柜

1. 展示性：展柜的作用是让展品尽可能完美地展示出来。应选择适合展品的尺寸、展示方式和光环境。
2. 安全性：展柜需要满足消防、安防、防震等要求。防止展品因为火灾、地震、人为等因素而遭到损坏。
3. 保护性：对于博物馆来说，因为有常展陈列，因此可以在展柜中实现局部物理环境控制，这样可以根据展品特点提供不同的物理环境，也较为节能。
4. 操作性：博物馆需要经常更换展品，因此需要展柜方便开启。

桌柜让观众通过水平平面观看柜内的展品，可以在桌柜内设置局部照明。

a 桌式展柜索引图　　b 桌式展柜实例

1 桌式展柜

独立式展柜四周的玻璃可以让人们从各个侧面观看展品。独立式展柜也可以组合摆放。

a 独立式展柜索引图　　b 独立式展柜实例

2 独立式展柜

通体展柜通常用来展示书画藏品等尺寸较大的展品。

a 通体展柜索引图　　b 通体展柜实例

3 通体展柜

贮藏式展柜分为陈列柜和贮藏柜两部分。

a 贮藏式展柜索引图　　b 贮藏式展柜实例

4 贮藏式展柜

壁挂式展柜是一种将展柜与墙壁结合的展柜，展柜悬挂于墙壁上。

a 壁挂式展柜索引图　　b 壁挂式展柜实例

5 壁挂式展柜

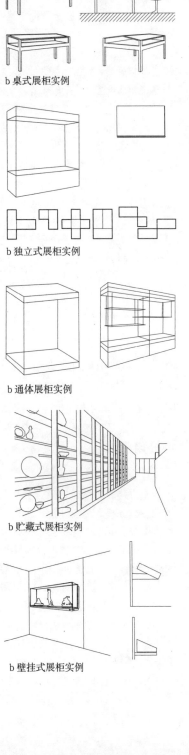

插板式展柜和抽屉式展柜可以不妨碍观众正常参观，陈列品免受光老化。

a 抽屉式展柜　　b 插板式展柜

6 其他展柜

 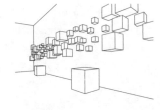

展墙是利用墙面扩大展示范围，对于同类型数量众多的展品较适合此种展示方式。

a 展墙索引图　　b 展墙实例

7 展墙

 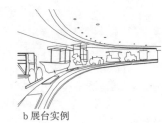

a 展台索引图　　b 展台实例

8 展台

展板

展板分为固定式展板和可移动展板。

 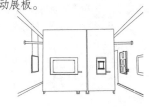

a 构造示意图　　b 金贝尔美术馆展板

9 地板上可移动双面展板

a 构造示意图　　b 中央美术学院美术馆展板

10 顶棚悬吊活动展板

 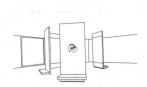

a 构造示意图　　b 耶鲁大学美术馆展板

11 地板上可移动独立展板

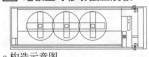 

a 构造示意图　　b 古根海姆美术馆展板

12 地板上可移动独立展板

注：构造示意图引自日本建筑学会编. 建筑设计资料集成（展示娱乐篇）. 天津：天津大学出版社，2007.

其他展示 [13] 博物馆

实体展

小型实体展示灵活多样，大中型实体展示的技术要点在于展品的运输、组装与放置或固定，其次展台或挂件需预留足够荷载，此外实体展厅还必须可以灵活实现背景更替。

a 家具展示　　　　a 奔驰汽车博物馆

b 古代日用品展示　　b 装置展示(大阪国立国际美术馆)

1 中小型实体展　　2 大型器物与装置展

雕塑展示

雕塑展示要求有方向性的主光源、射灯或自然光或灯泡，与雕塑成20°~30°角照射，另辅以环境光。

根据雕塑尺寸与主题确定展示方式与密度，保障能从各主要面近距离观赏，中小型雕塑尽量设置在人视线高度。

雕塑背景明度与色相宜与雕塑主体形成对比，使展品突出。

a 平面图　　　　　a 平面图

b 剖面图　　　　　b 剖面图

3 雕塑依附于墙面或背板展示　　4 雕塑独立于空间中展示

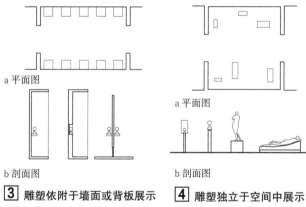

a 古堡博物馆透视图　　b 古堡博物馆平面图

c 古堡博物馆剖面图

5 雕塑展示实例

模型展示

根据展品尺寸、重量确定展示方式。

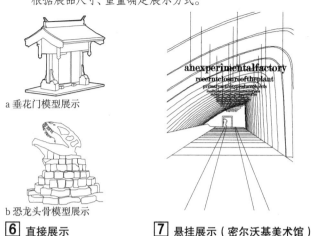

a 垂花门模型展示

b 恐龙头骨模型展示

6 直接展示　　7 悬挂展示（密尔沃基美术馆）

多媒体展示

1. 多媒体展示的技术与类型快速进步，但按其原理可分为投影式和LED屏两类。
2. 投影式可分为：平面幕、曲面幕、球幕或环幕。
3. 常用LED单元无缝拼贴技术。其中悬挂式要求屏幕8m²以下，500kg以下。

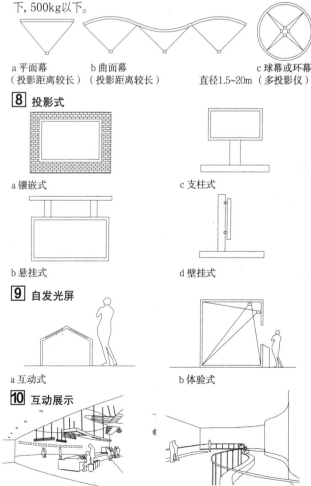

a 平面幕　　b 曲面幕　　c 球幕或环幕
（投影距离较长）（投影距离较长）　直径1.5~20m（多投影仪）

8 投影式

a 镶嵌式　　　　　c 支柱式

b 悬挂式　　　　　d 壁挂式

9 自发光屏

a 互动式　　　　　b 体验式

10 互动展示

a 自发光屏　　　　b 投影式

11 多媒体展示实例

博物馆 [14] 光环境

概述

1. 针对博物馆的基本功能和需求，博物馆的光环境设计要考虑：减少照明对文物的损害；照明系统应具备灵活性以满足不同的展示需求并达到最好的目视效果；照明应营造与主题呼应的气氛，使观赏者获得教育、学习与娱乐的体验。

2. 照明方式

从光的来源上分为人工照明、自然光照明两种。

3. 空间照明的布局

（1）天然光品质优于人工光。展厅应根据展品特征和展陈设计要求，优先采用天然光。

（2）天然光产生的照度应符合博物馆建筑的采光标准值。

（3）展厅内不应有直射阳光，采光口应有减少紫外辐射、调节和限制天然光照度值和减少曝光时间的构造措施。

（4）应有防止产生直接眩光、反射眩光、映象和光幕反射等现象的措施。

（5）当需要补充人工照明时，人工照明光源宜选用接近天然光色温的光源，并应避免光源的热辐射损害展品。

（6）顶层展厅宜采用顶部采光，采光均匀度不宜小于0.7。

（7）对于需要识别颜色的展厅，宜采用不改变天然光光色的采光材料。

（8）光的方向性应根据展陈设计要求确定。

（9）对于照度低的展厅，其出入口应设置视觉适应过渡区域。

（10）展厅室内顶棚、地面、墙面应选择无反光的饰面材料。❶

（11）在展厅的动线设计中应根据不同类别展品的曝光敏感度及自然光在动线中的位置、强度，确定最终展览路线。

（12）通过照度规划，使观展人既能享受阳光下观展的自然感受，又能确保敏感展品的保护性需求。

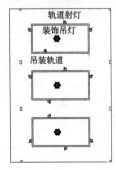

金贝尔艺术博物馆利用窄条状弧形天窗系统引入日光进入室内，特制光线漫反射板对引入的日光进行了重新的过滤和反射，既避免了直射光造成的眩光影响，又使室内获得了较舒适的自然光感受。

1 自然光在博物馆中的运用

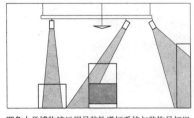

耶鲁大学博物馆运用吊装轨道灯系统与装饰吊灯组合的照明方式，塑造富有层次与深度的照明空间。

2 博物馆中的人工照明方式

❶ 参考《博物馆建筑设计规范》JGJ 66—2015。

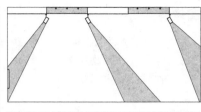

施塔德尔艺术学院美术馆将进入展厅的自然光以膜材过滤，光变得柔和均质；光线不足时，暗藏于膜结构的LED光源模拟自然光为展厅提供基础照明。需要强调画作时，轨道挂灯提供对画的重点照明。

3 博物馆中自然光与人工照明方式结合

空间转换中的暗适应

在展陈照明设计时，应针对毗邻空间的照度或亮度规划做衔接上的考虑。因为当人们从亮环境突然进入暗环境，由于视网膜细胞产生对弱光敏感的视紫红质需要时间，所以需要一定的时间才能慢慢地看清物体，这种现象称为暗适应，在展陈照明中应考虑到这个视觉现象对观展人的影响。

二维平面展示照明

展陈照明应从博物馆照明角度考虑布局，在满足不同展品对照明灵活性的要求以外，还需保证该布置在建筑布局中的美感。

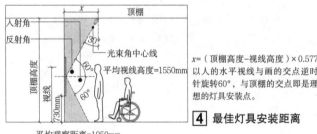

$x =$（顶棚高度−视线高度）$\times 0.577$
以人的水平视线与画的交点逆时针旋转60°，与顶棚的交点即是理想的灯具安装点。

4 最佳灯具安装距离

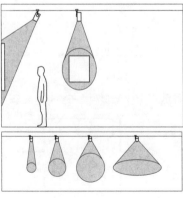

使用不同光束角的灯具来照亮不同尺度画幅的展品。

5 多种配光角度

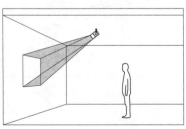

通过控制出光，形成在画幅边界内被均匀照明的效果。

6 可作艺术效果处理

三维展品展示照明

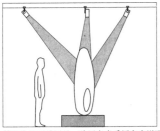
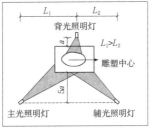

体积大的三维展品，除了考虑采用主光增强雕塑感外，还需增加辅助照明作为补光，减少过强阴影对展示效果的影响。

1 大体积展品照明方式

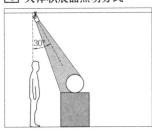

对于体积小的三维展品，展品的中心与灯具投光呈30°夹角为最佳。注意挑选合适的光束角灯具来塑造展品的明暗关系，增强立体感。

2 小体积展品照明方式

柜内展示照明[1]

a 可调角筒灯为展品提供重点照明　　b 轨道式射灯为展品提供重点照明

c 可嵌洗墙灯为展品提供背景照明

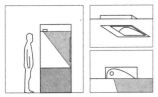

d 组合式照明提供有视觉层次的展品照明

e 使用光纤做展柜照明　　　　　　　　　　**3** 柜内展示照明

光源的选择

卤钨光源、金卤光源、光纤灯、荧光灯光源是展陈照明中过去常用到的传统光源。其中以卤钨灯光源的显色性最好；金卤灯光源常用于较高空间的照明；光纤在展柜照明中会过滤掉红外线和紫外线，而将热量和电都隔离在照射空间之外；荧光灯光源常用于营造自然光的观展氛围并可提供基础照明。这些传统光源随着LED等新光源的快速发展正逐渐退出历史舞台。相较于传统光源，LED灯具具有的高寿命、低耗能、较低含量的紫外线及红外线等优势，使其在博物馆、美术馆的应用中占有越来越重要的地位。

陈列室展品照度标准值　　　　　　　　　　　　　　　表1

类别	参考平面及其高度	照度标准值（lx）	年曝光量（lx·h/y）
对光特别敏感的展品，如织绣品、国画、水彩画、纸质物品、彩绘陶（石）器、染色皮革、动植物标本等	展品面	≤50（色温≤2900K）	50000
对光敏感的展品，如油画、不染色皮革、银制品、牙骨器、象牙制品、竹木制品和漆器等	展品面	≤150（色温≤3300K）	36000
对光不敏感的展品，如铜铁等金属制品、石质器物、宝石石器、陶瓷器、岩矿标本、玻璃制品、搪瓷制品、珐琅器等	展品面	≤300（色温≤4000K）	—

注：本表摘自《博物馆建筑设计规范》JGJ 66-2015。

眩光控制

在照明方案设计阶段，应仔细研究布局可能产生眩光的因素，并通过选择有效控制眩光的照明方式及眩光抑制良好的灯具，最大限度地避免眩光对观展人的影响。

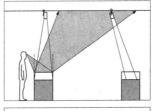
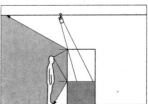

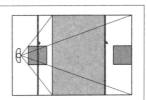
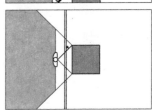

a 玻璃上产生镜像　　　　　　b 比较合理的布灯方式

阴影部分为容易在玻璃上产生镜像的区域。在此区域内，不建议安装灯具。如果不得不在该区域内设置灯具，建议通过调节灯具的投光角度或减少灯具出光口亮度的方式来抑制眩光。

4 控制眩光的详解

a 防眩光套　　b 遮光扉页　　c 蜂窝网　　d 防眩光环

5 控制灯具眩光的一些常用的光学配件

[1] Rüdiger Ganslandt, Harald Hofmann. Handbook of Lighting Design. Bertelsmann International Group company, Germany, 1992:238-239.

博物馆 [16] 藏品保护

基本要求

1. 藏品保存场所必须采取防止藏品受自然破坏和人为破坏的防护措施。

2. 防自然破坏的内容包括：温度与相对湿度控制、防污染、防生物危害、防水、防潮、防尘、防微振动、防地震、防雷、防日光和紫外线照射等。防人为破坏的内容包括防火和安全防范设计。

3. 应综合考虑藏品的性质、藏品的原生状态、外界气候的差异等因素，确定藏品的最佳保存环境和防止自然破坏的措施，并应配备相应的监控设备。

温湿度控制

1. 对温湿度敏感藏品的库房、展厅、藏品技术用房等，应设置空气调节设备。

2. 设置空气调节设备的藏品库房、展厅，其温、湿度应相对稳定，温度的日波动值不应大于2~5℃，相对湿度的日波动值不应大于5%。并应根据藏品材质类别确定最佳保存参数，其相对湿度要求可参照表1的规定。

博物馆藏品保存环境相对湿度标准　　　　　　　　　　表1

藏品材质类别	相对湿度（%）
金银器、青铜器、金属币、锡器、铅器、玻璃器等	0~40
陶器、瓷器、陶俑、唐三彩、紫砂器、砖瓦等	40~50
石器、碑刻、石雕、岩画、玉器、宝石、古生物化石等	40~50
彩绘泥塑、壁画、画像石等	40~50
书画、纺织品、服装、动植物标本、漆器、木器、象牙等	50~60

注：本表根据《博物馆建筑设计规范》JGJ 66-2015编制。

防生物危害

1. 藏品保存场所门下沿与楼地面之间的缝隙不得大于5mm。

2. 藏品库房和陈列室应在通风孔洞上加设防鼠、防虫装置。

3. 利用非文物的旧建筑改造的博物馆建筑，宜将其地基砖木结构改成石质结构和钢筋水泥材料。建筑物的木质材料应经消毒杀虫处理。

防污染控制

1. 藏品保存场所墙体内壁应使用易清洁、易除尘并能增加墙体密封性的材料；铺地材料应防滑、耐磨、消声、无污染、易清洁、具弹性。

2. 有藏品区域应配备空气净化过滤系统。藏品库房、展厅空气中烟雾灰尘和有害气体浓度限值不宜超过表2的规定。超过规定标准的区域，其通风系统应采取净化措施。对特殊陈列柜应独立安装空气净化设备，防止有害气体及灰尘超浓度限值。对于珍贵文物采用密封除氧充氮技术，创造特殊保存环境。

3. 固定的保管和陈列装具应表面平整、构造简洁，并应采用环保材料。藏品保存场所室内环境污染物浓度限值应符合藏品保存的要求，并应符合表3的规定。

博物馆藏品存放环境空气质量标准　　　　　　　　　　表2

污染物	日平均浓度限值（mg/m³）
二氧化硫	≤0.05
二氧化氮	≤0.08
一氧化碳	≤4.00
臭氧	≤0.12（1h平均浓度限值）
可吸入颗粒	≤0.12

注：本表摘自《博物馆建筑设计规范》JGJ 66-2015。

博物馆藏品存放环境污染物浓度限值　　　　　　　　　表3

污染物	最高浓度限值（mg/m³）
甲醛	≤0.08
苯	≤0.09
氨	≤0.2
氡	≤200 BQ/m³
总挥发性有机化合物	≤0.5

注：本表摘自《博物馆建筑设计规范》JGJ 66-2015。

防潮和防水

藏品存放场所均应做好防潮或防水。珍品库、无地下室的首层库房、地下库房必须采取防潮、防水、防结露措施；屋面防水等应为Ⅰ级；地下室防水等级应为一级。

库房区的楼地面应比库房区外高出15mm。当采用水消防时地面应有排水设施，确保库房地面不受水浸。

当藏品库房、展厅等用房设置在地下室或半地下室内时，应设置可靠的地坪排水装置；排水泵应设置排水管单独排至室外，排水管不得产生倒灌现象。

防盗

1. 藏品库房不宜开设除门窗外的其他洞口，必开洞时应采取防火、防盗措施。珍品库不宜设窗。门窗的设置应符合安全防范、防火、密闭、防盗、防虫的要求，并采取防紫外线、防盗、防虫等措施。

2. 藏品库房总门、珍品库房和陈列室应设置安全监视系统和防盗自动报警系统。

3. 展柜必须安装安全锁，并配备安全玻璃。展柜的照明空间、设备空间、检修空间与展示空间也要有隔离措施，避免内部人员检修时对展品的保管安全造成威胁。

消防

1. 珍品库房和一级纸（绢）质文物的展厅，藏品在1万件以上的特大型、大型、大中型、中型博物馆的藏品库房和藏品保护技术室、图书资料库，应设置气体灭火系统。上述规模博物馆的展厅宜采用气体灭火系统，也可采用细水雾灭火系统或自动喷水预作用灭火系统。

2. 藏品在1万件以下的小型博物馆的藏品库房和藏品保护技术室、图书资料库、展厅，可设置细水雾灭火系统或自动喷水预作用灭火系统，条件许可时有机质地的藏品库房和展厅宜采用气体灭火系统。

3. 当展厅、藏品库房等场所采用以水为介质的灭火装置时，对陈列有机质地藏品的陈列柜和收藏箱柜，应采用不燃材料且密封严实。

博物馆应合理考虑节能设计、声学设计、智能化设计和安防设计，选用适宜的节能措施，减少噪声与震动，设置合适的智能化系统。

节能设计

1. 措施
(1) 选择合理的建筑体型系数，合理设置建筑朝向布局。
(2) 合理利用天然光和自然通风，合理采用建筑遮阳设施。
(3) 注重设计、施工和运营的全过程统筹和全方位综合。

2. 节能材料和设备
(1) 合理选用建筑外墙及屋面保温隔热材料。注重当地材料的使用。
(2) 合理利用节能型光源与灯具，比如LED和光纤照明。
(3) 合理选定空调冷热源。可采用精密空调展柜（恒温恒湿）减少展厅能耗，根据实际情况选择回收空调排风中的冷热量。
(4) 合理利用节水器具和雨水、中水利用技术。

声学设计

1. 博物馆建筑应结合功能分区的要求，将安静区域与嘈杂区域隔离。
2. 展厅、陈列厅选择有吸声效果的地面、顶棚材料。
3. 条件许可时，宜将建筑内部的噪声源（如柴油发电机、锅炉房、水泵房等）设置在地下或建筑外。
4. 建筑设备及技术用房的设备做隔声、隔振处理，减少固体振动与传声。
5. 泥质、陶瓷、玉器、玻璃等易碎易损文物及展品，应采取防振、减振措施。藏品保护修复室的工作台应结构稳固防振，离墙摆放。
6. 公众区域的顶棚或墙面宜做吸声处理。
7. 公众区域应避免产生声聚焦、回声、颤动回声等声学缺陷。

室内允许室内噪声级　　　　　　　　　　　　　　　表1

房间名称	允许噪声级（A声级）(dB)
录音室、藏品库房等	≤35
陈列室、展厅、研究室、行政办公、休息室等	≤45
实验室等	≤55

不同房间围护结构的空气声隔声标准和撞击声隔声标准　表2

围护结构或楼板部位 房间类型	空气声隔声标准 隔墙及楼板 计权隔声量(dB)	撞击声隔声标准 层间楼板计权 标准化撞击声压级(dB)
有特殊安静要求的房间之间	≥50	≥65
有一般安静要求的房间与产生噪声的展览室、活动室之间	≥45	≥65
有一般安静要求的房间之间	≥40	≥75

公众区域混响时间　　　　　　　　　　　　　　　　表3

房间名称	房间体积（m³）	500Hz 混响时间（使用状态，s）
一般公共活动区域	200~500	<0.8
	501~1000	1.0
	1001~2000	1.2
	2001~4000	1.4
	>4000	1.6
视听室、电影厅、报告厅		0.7~1.0

智能化系统

智能化系统工程设计由通信网络系统、信息设施系统、公共安全系统、建筑设备管理系统、智能化集成系统构成。

应根据博物馆的建筑规模、使用功能、管理要求、建设投资等实际情况，选择配置相应的智能化系统。

1. 信息系统
(1) 在公众区域、业务与研究用房、行政管理区、附属用房等处，应设置综合布线系统信息点。
(2) 陈列展览区、公众服务区等场所，应设置多媒体信息显示系统、信息查询终端和无障碍信息查询终端。
(3) 应设置语音导览系统，支持数码点播或自动感应播放的功能。
(4) 宜在陈列展览区、藏品库区的门口设置有线对讲分机或可视对讲分机，满足业务管理的需要。

2. 公共安全系统
(1) 应符合国家相关博物馆风险等级、安全防护级别及安全防范系统要求的规定。
(2) 安全技术防范系统的监控应能适应陈列设计、布展功能调整的需要。
(3) 博物馆主入口和各陈列展览区入口宜设置客流分析系统，对观众进行人数统计、客流控制和设备管理。
(4) 观众主入口处宜设置防爆安检和体温探测装置，各陈列展览区入口宜设置客流分析系统。
(5) 藏品库区、陈列展览区、藏品技术区应设置出入口控制系统，业务与研究用房、行政管理用房、强电间、弱电间宜设置出入口控制系统。
(6) 在装卸区、拆包（箱）间及出入库交接场地的展（藏）品停放、交接、进出库区，应有全过程的视频监视。
(7) 敞开式珍贵文物的陈列展览应设置周界报警、双监探测等技术防护措施。

3. 设备监控系统
(1) 建筑设备管理系统应根据公众服务区、陈列展览区、藏品保护技术区、藏品库房、业务与科技区分别进行控制管理。
(2) 应根据观众流量对公众区域的温湿度和新风量进行自动调节，并对空气中二氧化碳、硫化物的含量进行监测。
(3) 应具有对熏蒸、清洗、干燥、修复等区域产生的有害气体进行实时监控的功能。
(4) 展柜、陈列展览区、藏品库区及技术用房中的修复区，应设置温湿度数据采集点。
(5) 宜应对陈列展览区、公众服务区的照明进行自动控制，对光线特别敏感的展品应采用触发照明装置。
(6) 藏品库房的电源开关统一安装在藏品库区的藏品库房总门之外。
(7) 库房窗应至少设置两层窗扇，采用一层密闭金属窗，缝嵌胶条，减少及阻止库外不适合的干湿空气侵入库内；一层安全防盗窗以备必要时开窗通风换气。窗玻璃应能吸收紫外线，涂刷紫外线吸收剂。
(8) 藏品库房、信息中心应设置漏水报警系统。

博物馆 [18] 实例

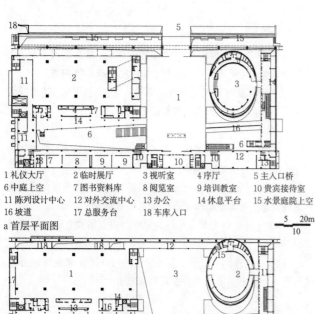

1 礼仪大厅　2 临时展厅　3 视听室　4 序厅　5 主入口桥
6 中庭上空　7 图书资料库　8 阅览室　9 培训教室　10 贵宾接待室
11 陈列设计中心　12 对外交流中心　13 办公　14 休息平台　15 水景庭院上空
16 坡道　17 总服务台　18 车库入口

a 首层平面图

1 基本展厅　2 专题展厅　3 礼仪厅上空　4 考古鉴定室　5 音像制作
6 教育广播室　7 室外空中花园　8 业务办公　9 室内空中花园　10 中庭上空
11 休息平台　12 步行天桥　13 序厅　14 库房　15 坡道
16 商店　17 室外平台　18 展厅休息平台

b 二层平面图

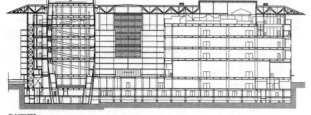

c 剖面图

1 首都博物馆

名称	建筑面积	设计时间	设计单位
首都博物馆	63390m²	2001	中国建筑设计院有限公司

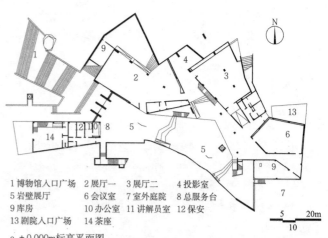

1 博物馆入口广场　2 展厅一　3 展厅二　4 投影室
5 岩壁展厅　6 会议室　7 室外庭院　8 总服务台
9 库房　10 办公室　11 讲解员室　12 保安
13 剧院入口广场　14 茶座

a ±0.000m 标高平面图

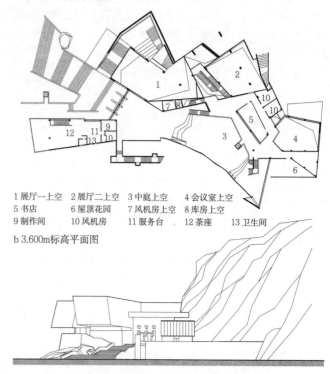

1 展厅一上空　2 展厅二上空　3 中庭上空　4 会议室上空
5 书店　6 屋顶花园　7 风机房上空　8 库房上空
9 制作间　10 风机房　11 服务台　12 茶座　13 卫生间

b 3.600m 标高平面图

c 西立面图

d 北立面图

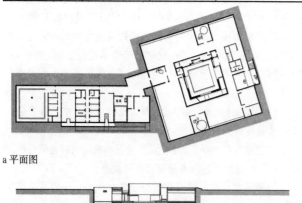

a 平面图

b 剖面图

2 殷墟博物馆

名称	建筑面积	设计时间	设计单位
殷墟博物馆	3525m²	2005	中国建筑设计院有限公司

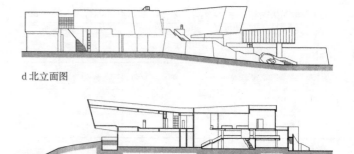

e 剖面图

3 乐山大佛博物馆

名称	建筑面积	设计时间	设计单位
乐山大佛博物馆	14012m²	2004	华南理工大学建筑设计研究院

实例 [19] 博物馆

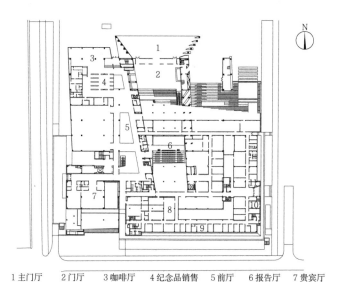

1 主门厅 2 门厅 3 咖啡厅 4 纪念品销售 5 前厅 6 报告厅 7 贵宾厅
8 网络中心 9 办公室 10 值班室 11 警卫室
a 首层平面图

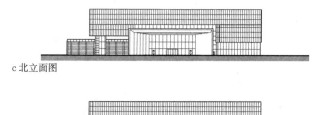

1 精品展厅 2 报告厅 3 宣教区 4 次门厅 5 办公室 6 上空 7 空调机房 8 设备间
b 二层平面图

c 北立面图

d 东立面图

e 剖面图

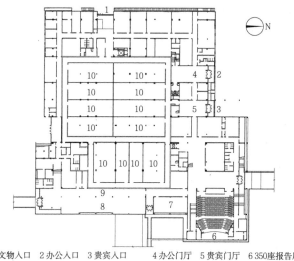

1 文物入口 2 办公入口 3 贵宾入口 4 办公门厅 5 贵宾门厅 6 350座报告厅
7 茶室 8 轻餐饮 9 休闲商业廊道 10 文物库房
a ±0.000m标高平面图

4 博览建筑

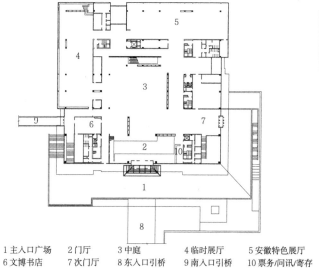

1 主入口广场 2 门厅 3 中庭 4 临时展厅 5 安徽特色展厅
6 文博书店 7 次门厅 8 东入口引桥 9 南入口引桥 10 票务/问讯/寄存
b 5.000m标高平面图

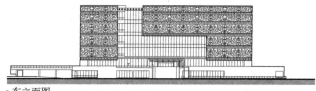

c 东立面图

d 剖面图

1 天津博物馆

名称	建筑面积	设计时间	设计单位
天津博物馆	57856m²	2008	华南理工大学建筑设计研究院

2 安徽省博物馆

名称	建筑面积	设计时间	设计单位
安徽省博物馆	41380m²	2009	华南理工大学建筑设计研究院

博物馆 [20] 实例

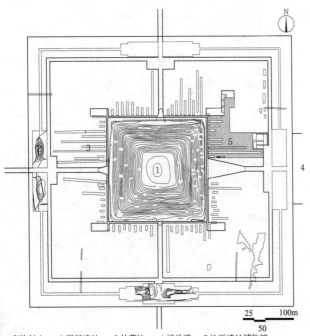

1 帝陵封土　2 阙门遗址　3 外藏坑　4 司马道　5 地下遗址博物馆
a 总平面图

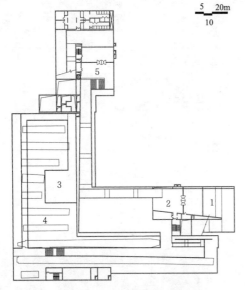

1 下沉庭院　2 门厅　3 遗址展示厅　4 陪葬坑遗址　5 休息厅
b -3m 标高层平面图

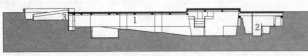

1 遗址展示厅　2 陪葬坑遗址　3 下沉庭院
c 剖面图一

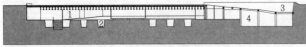

1 遗址展示厅　2 陪葬坑遗址　3 下沉庭院　4 设备用房
d 剖面图二

1 汉阳陵帝陵外藏坑遗址博物馆

名称	建筑面积	设计时间	设计单位
汉阳陵帝陵外藏坑遗址博物馆	7850m²	2003	西安建筑科技大学建筑设计研究院

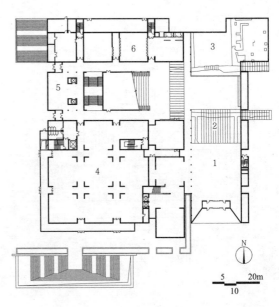

1 门厅　2 玻璃地面遗址展示　3 遗址　4 展厅　5 休息厅　6 贵宾厅
a 一层平面图

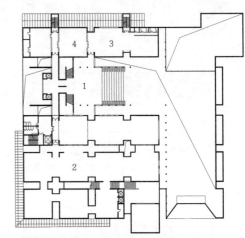

1 城市客厅　2 展厅　3 办公　4 研究修复
b 二层平面图

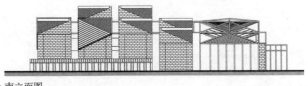

c 南立面图

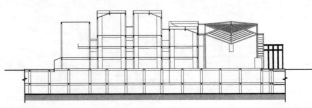

d 剖面图

2 大唐西市博物馆

名称	建筑面积	设计时间	设计单位
大唐西市博物馆	32000m²	2007	西安建筑科技大学建筑设计研究院

实例 [21] 博物馆

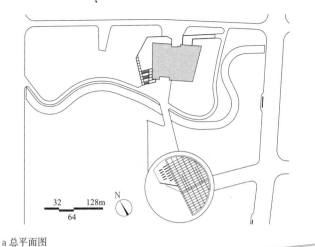

a 总平面图

1 展厅　　2 主入口门厅　　3 新闻发布厅　　4 贵宾厅　　5 4D影院
6 空调机房　7 消防控制、安保中控　8 咨询服务　9 纪念品　10 办公室

b 首层平面图

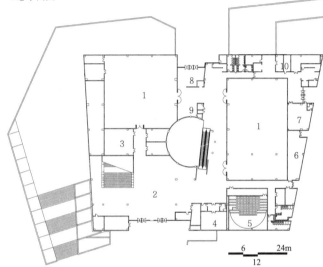

c 二层平面图

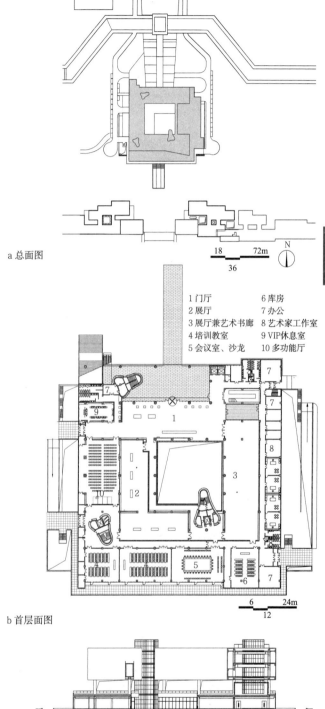

a 总面图

1 门厅　　　　6 库房
2 展厅　　　　7 办公
3 展厅兼艺术书廊　8 艺术家工作室
4 培训教室　　9 VIP休息室
5 会议室、沙龙　10 多功能厅

b 首层面图

c 立面图

1 成都金沙遗址博物馆

名称	建筑面积	设计时间	设计单位
成都金沙遗址博物馆	38000m²	2005	清华大学建筑设计研究院有限公司

文物陈列馆作为园区主体，建筑面积17000m²，以考古中的"探方"作为构思切入点，10m×10m基本模数隐喻文物考察的秩序

2 徐州美术馆

名称	建筑面积	设计时间	设计单位
徐州美术馆	23114m²	2007	清华大学建筑设计研究院有限公司

建设场地低于云龙湖北大堤约5m，结合地形情况，在二层设置了一个开放的市民艺术平台，将场地最好的景观资源开放为城市公共空间

博物馆 [22] 实例

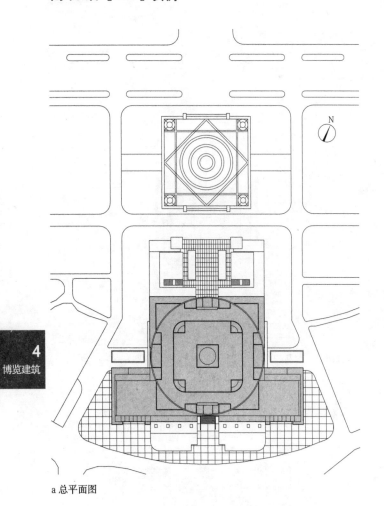

a 总平面图

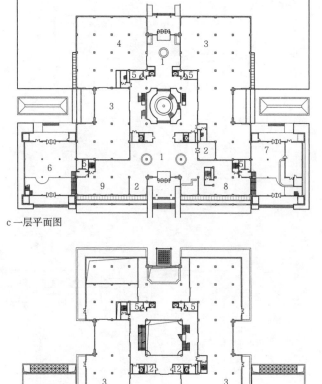

c 一层平面图

d 二层平面图

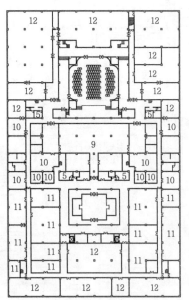

b 地下一层平面图

1 门厅　2 接待　3 展厅　4 临时展厅　5 厕所　6 画廊
7 餐厅　8 商店　9 书店　10 办公　11 库房　12 设备

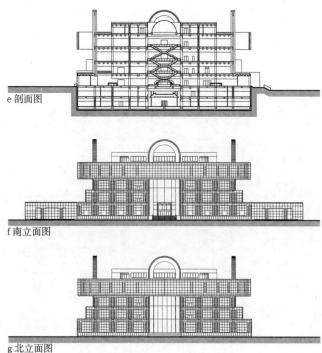

e 剖面图

f 南立面图

g 北立面图

1 上海博物馆

名称	建筑面积	建成时间	建筑层数	建筑高度	设计单位	
上海博物馆	39200m²	1996	4层	29.5m	华东建筑集团股份有限公司上海建筑设计研究院有限公司	本工程为上海博物馆，设有11专馆、2个展览厅，位于上海市人民广场

实例 [23] 博物馆

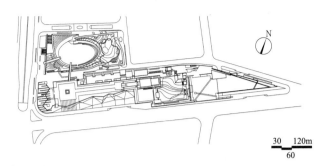

a 总平面图

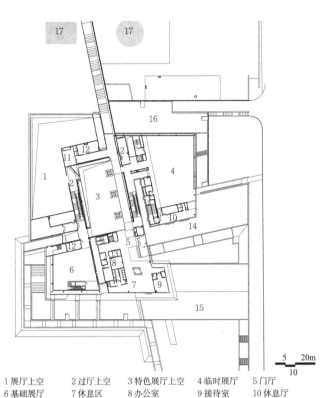

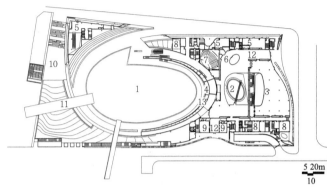

1 展厅上空　2 过厅上空　3 特色展厅上空　4 临时展厅　5 门厅
6 基础展厅　7 休息区　8 办公室　9 接待室　10 休息厅
11 报告厅　12 设备房　13 志愿者休息室　14 景观水池　15 室外下沉广场
16 室外下沉庭院　17 原址遗存建筑

a 一层平面图

1 胜利广场　2 序厅　3 展厅　4 胜利之路　5 商业配套　6 庭院　7 报告厅
8 辅助用房　9 贵宾室　10 下沉庭院　11 桥　12 门厅　13 胜利之墙

b 首层平面图

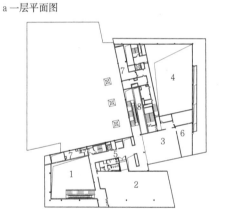

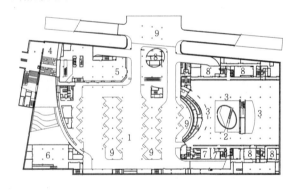

1 基础展厅上空　2 观众体验展厅　3 基础展厅　4 临时展厅上空　5 过厅
6 杂物间　7 设备房　8 天井

b 二层平面图

1 大巴车站　2 序厅　3 展厅　4 下沉庭院　5 商业配套
6 自行车库　7 投影室　8 辅助用房　9 天井

c 地下一层平面图

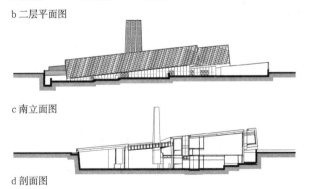

c 南立面图

d 剖面图

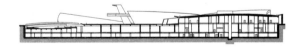

d 剖面图

e 南立面图

1 侵华日军第七三一部队罪证陈列馆新馆

名称	建筑面积	设计时间	设计单位
侵华日军第七三一部队罪证陈列馆新馆	11402m²	2015	华南理工大学建筑设计研究院

2 侵华日军南京大屠杀遇难同胞纪念馆三期

名称	建筑面积	设计时间	设计单位
侵华日军南京大屠杀遇难同胞纪念馆三期	53191m²	2015	华南理工大学建筑设计研究院

博物馆 [24] 实例

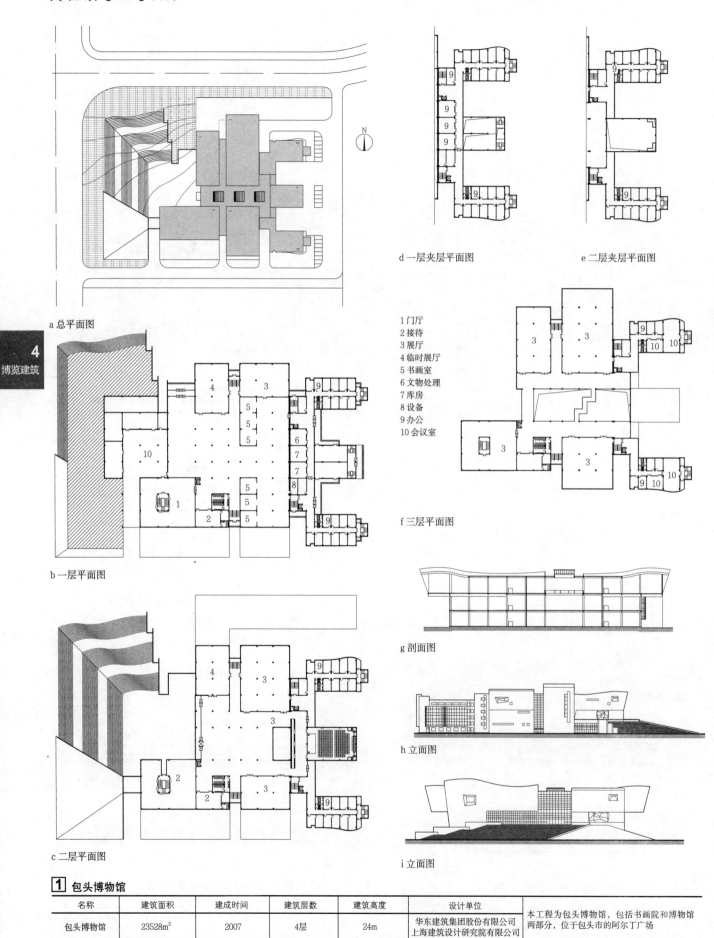

a 总平面图
b 一层平面图
c 二层平面图
d 一层夹层平面图
e 二层夹层平面图
f 三层平面图
g 剖面图
h 立面图
i 立面图

1 门厅
2 接待
3 展厅
4 临时展厅
5 书画室
6 文物处理
7 库房
8 设备
9 办公
10 会议室

1 包头博物馆

名称	建筑面积	建成时间	建筑层数	建筑高度	设计单位	
包头博物馆	23528m²	2007	4层	24m	华东建筑集团股份有限公司 上海建筑设计研究院有限公司	本工程为包头博物馆，包括书画院和博物馆两部分，位于包头市的阿尔丁广场

实例 [25] 博物馆

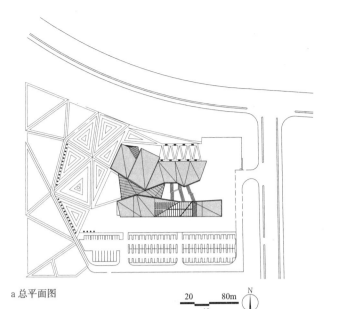

a 总平面图

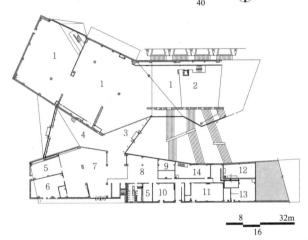

1 展厅 2 展厅上空 3 入口大厅 4 咨询服务中心 5 空调机房 6 库房 7 临时展厅
8 快餐厅 9 售票 10 厨房 11 变配电室 12 消防水池 13 热泵机房 14 弱电机房

b 首层平面图

c 西立面图

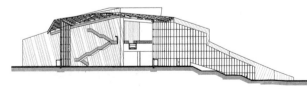

d 北立面图

1 北京房山世界地质公园博物馆

名称	建筑面积	设计时间	设计单位
北京房山世界地质公园博物馆	10000m²	2007	北京市建筑设计研究院有限公司

这是一座专门为房山世界地质公园配备的、以科普展示内容为主的专业博物馆。建筑的功能被划分为三个部分：展览部分、公共大厅、培训办公部分

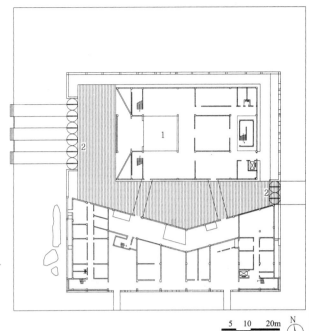

a 首层平面图

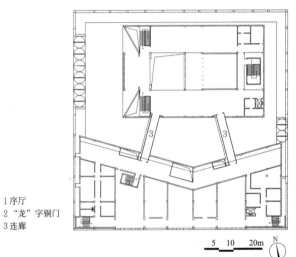

1 序厅
2 "龙"字铜门
3 连廊

b 二层平面图

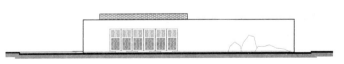

c 西立面图

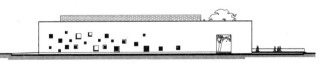

d 北立面图

2 钟祥明代帝王文化博物馆

名称	建筑面积	设计时间	设计单位
钟祥明代帝王文化博物馆	6200m²	2007	清华大学建筑学院

设计地段紧邻世界文化遗产明显陵，是以生于此地的明代嘉靖皇帝为主题的展馆。总体布局呈"明"字，其空间的疏密变化与博物馆功能相契合

博物馆 [26] 实例

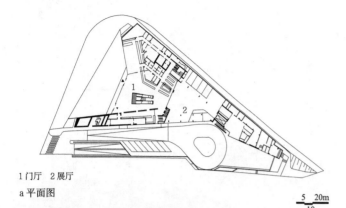

1 门厅　2 展厅
a 平面图

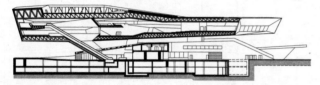

b 剖面图

1 德国保时捷博物馆新馆

名称	建筑面积	设计时间	设计单位
保时捷博物馆	13333m²	2006	奥地利德鲁根·梅斯尔建筑事务所

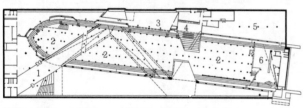

1 门厅　2 庭院　3 展厅一　4 报告厅　5 展厅二　6 咖啡厅
a 一层平面图

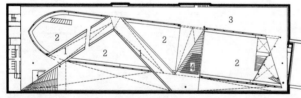

1 展廊　2 庭院上空　3 展厅　4 报告厅
b 二层平面图

c 剖面图一

d 剖面图二

2 丹麦国家海事博物馆

名称	建筑面积	设计时间	设计单位
丹麦国家海事博物馆	6040m²	2013	BIG、Kossmann Dejong 与 KiBiSi 合作

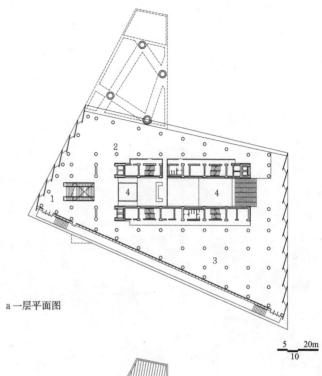

a 一层平面图

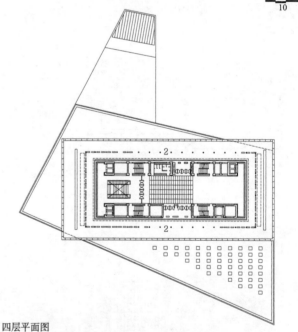

b 四层平面图
1 门厅　2 展廊　3 画廊　4 上空

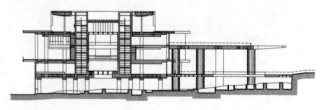

c 剖面图

3 希腊雅典新卫城博物馆

名称	建筑面积	设计时间	设计单位
希腊雅典新卫城博物馆	21000m²	2003	伯纳德·屈米建筑事务所

基本概念与选址布局 [1] 自然博物馆

定义

自然博物馆(Museum of Natural History),或称自然史博物馆,是一类收集和研究生物学、古生物学、人类学、地质学标本以及标本赋存环境资料的博物馆。

类型

根据藏品内容将自然博物馆分为综合性自然博物馆、专门性自然博物馆、苑囿性自然博物馆三大类。

选址

自然博物馆的选址因博物馆的主题及城市环境状况而定。综合性自然博物馆,特别是利用旧建筑改造的自然博物馆大多数位于市中心,专门性和苑囿性自然博物馆通常位于郊区。

自然博物馆分类　　　　　　　　　　　　　　　　表1

自然博物馆分类	特征	实例
综合性自然博物馆	包括社会历史和自然科学两大类内容。综合性自然博物馆建筑由于藏品杂、学科多、规模大,为使各学科互不干扰而要求分区布局、自成一体	美国自然历史博物馆、英国自然历史博物馆、日本茨城县自然博物馆,中国北京、天津、上海、重庆、浙江、大连、吉林、西安、台中等综合性自然博物馆
专门性自然博物馆	指收藏陈列某一专门自然学科门类藏品的博物馆,如地质、生物、天文等。专门性自然博物馆涵盖的范围非常广泛,建筑设计侧重点也各不相同	中国地质博物馆、南京古生物博物馆、自贡恐龙博物馆、青岛水族馆、香港海洋公园、国家动物博物馆、北京天文馆等
苑囿性自然博物馆	苑囿性自然博物馆多指陈列活生物的植物园、动物园、国家公园与自然保护区等,成规模的实体建筑较少	澳洲昆士兰植物园、中国秦岭国家植物园等

自然博物馆布局方式分类　　　　　　　　　　　　表2

自然博物馆分类	特征	实例
依附风景区和公园的自然博物馆	以成熟的公园和园林为主体,通过自然博物馆的建设提升公园的文化内涵,结合良好的环境使其成为多功能的文化设施	日本茨城县自然博物馆
"馆"与"园"融合的自然博物馆	依附园林和公园的自然博物馆在设计之初就对自然博物馆和园区进行整体规划,并且园区的功能设施与自然博物馆功能两者融合,形成互补	台中自然科学博物馆
自然博物馆建筑的公园化	基地往往位于城市中心地带,建筑用地相对紧张,难以提供室外环境。在这样的条件下采取的设计策略是建筑公园化	上海自然博物馆
城市中心地带的自然博物馆	在城市的中心地带修建自然博物馆有利于观众前往参观。这一类型的自然博物馆又可以分为新建博物馆和对既有建筑进行改造形成的博物馆	英国自然历史博物馆

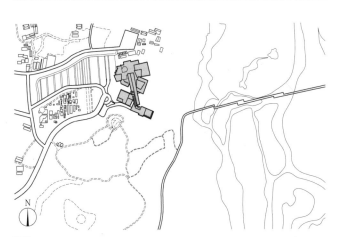

1 依附风景区和公园的自然博物馆(日本茨城县自然博物馆)

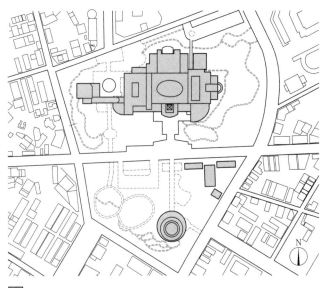

2 "馆"与"园"融合的自然博物馆(台中自然科学博物馆)

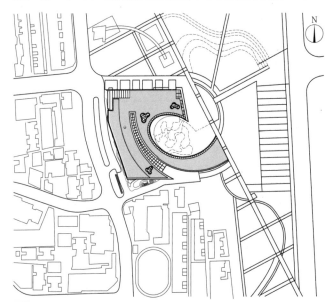

3 自然博物馆建筑的公园化(上海自然博物馆)

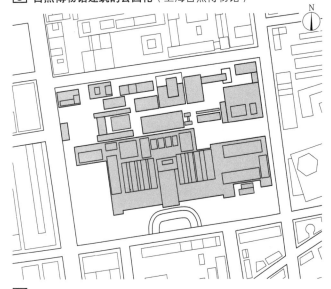

4 城市中心地带的自然博物馆(英国自然历史博物馆)

自然博物馆 [2] 功能构成·流线分析·展式方式·科研办公

功能构成

自然博物馆的使用功可能归纳为收藏修复、科研办公、展示陈列、科普教育和游乐服务五大类。

自然博物馆功能空间组成及特点　　　　　　　　　　表1

使用功能	组成部分	作用	特点
收藏修复	藏品贮藏、技术用房	贮藏和修复藏品	这两部分集中设置
展示陈列	陈列厅	陈列展品和服务观众	博物馆建筑的主体
科研办公	行政办公科学研究设备用房	提供服务管理和技术支撑	单独出入口，不对外开放
科普教育	科普教室	服务青少年	独立流线，闭馆仍能使用
游乐服务	纪念品销售、餐饮、室外展场	服务观众	获取经济效益的重要途径

国内新建自然博物馆功能区面积构成比例　　　　　　表2

博物馆	总建筑面积(万m²)	陈列区	库房区	业务用房及其他	观众服务设施
上海自然博物馆	4.5	37%	21%	16%	26%
重庆自然博物馆	3	48%	18%	16%	18%
浙江自然博物馆	2.6	44%	19%	12%	25%
天津自然博物馆	3.5	40%	—	—	—
吉林自然博物馆	1.47	40%	20%	12%	21%
大连自然博物馆	1.5	66%	—	—	—
赣州自然博物馆（在建）	2.8	45%	17%	14%	24%

流线分析

在设计时，应主要考虑对外和对内两种类型的四条流线。

外部和内部四条流线在设计时，应尽量分开、避免交叉，都应有各自独立的出入口。现代自然博物馆各流线之间也已转化为互相穿插，各类空间不再只是单一功能，多功能的复合空间成为一种新的趋势。

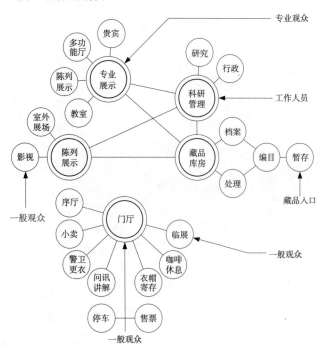

[1] 自然博物馆各功能空间的逻辑关系图

1. 外部流线

观众流线：主要包括进入博物馆参观的观众流线，和不参观展品只使用博物馆一些对外服务设施如教室、餐饮、商店等的公众流线。

专业观众流线：主要指到博物馆进行研究、学习、深造的专业人员的流线。

2. 内部流线

藏品流线：主要是指藏品的货运、修复、鉴定、整理和展出流线。

行政流线：主要是指工作人员以及技术人员的流线。

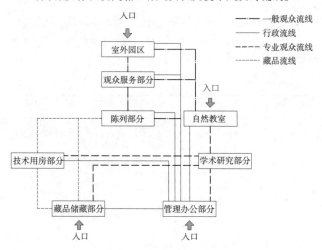

[2] 自然博物馆建筑流线分析图

展示方式

自然博物馆展示对象是以青少年为主的观众群体，现今自然博物馆已根据青少年观众的特点改变了传统展陈观念，变传统的以物为中心的"静态展示"为以人为中心的"静态与动态相结合的展示"。因此自然博物馆与观众的互动性、参与性、娱乐性以及展示所涉及的科技含量通常比其他类型博物馆要高。

传统博物馆与自然博物馆特点比较　　　　　　　　　表3

类型	观众	参与、体验	科技手段
传统博物馆	观众是单纯的看客	展品遥远、深奥、冰冷	展陈主要是展柜、实物加标签
自然博物馆	观众是主体，把博物馆当成是获得信息、知识，同时又是享受生活的教育和游乐场所	以兴趣主导自己的行为，寓教于乐，享受生活	综合光、电、声音等媒介，把想象发挥到极致

科研办公区

1. 自然博物馆的科研主要集中在自然历史领域，研究生物的进化、人类的进化、濒危物种、稀有物种等，也涉及分类学、生态学、形态学等更为专业的学科。其丰富的自然标本实物资料为科研提供了基础。自然博物馆科研水平的高低，反映在对藏品的鉴定水平、陈列水平，以及相关论著、出版物、国际交流的学术水平上。

2. 自然博物馆科研办公的功能组成主要包括行政办公用房、科研用房和设备用房。可参见一般博物馆设计要求。

展示陈列区 [3] 自然博物馆

特征

自然博物馆的展品，以自然类的标本、文物为主，包罗万象。既有各种时期的蝴蝶、蜘蛛、螳螂等昆虫类标本，也有大象、老虎、猴子等动物类标本，还有陨石、矿石、岩石等矿物标本，以及恐龙骨架、原始人化石等古生物标本。

展示方法

自然博物馆的展品所诠释的是自然界发展的历史，一般与其原始的生存环境联系紧密，而且同属一种生物纲的展品大多具有相似的原始环境，所以自然博物馆大多以恢复、模拟展品的原状环境为主线，与其他展品相互联系来打造展示空间。

自然博物馆展示分类　　　　　　　　　　　　　　表1

分类	展示方式	备注
系统分类展示	以展品系统分类关系为架构来安排展品	传统自然博物馆通常按界门纲目科属种的生物分类来展示
时间轴展示	以时代顺序为线索来安排空间和展品	说明单个展品在历史发展中的位置
空间轴展示	以地理的分布为架构来安排展品	也称为生息地的展示，将生息于同一地理区位中的各种生物排列在一起的展示法
模拟性展示	这种展示模式在自然博物馆中注重展品与原生环境中的其他展品结合在一起展示	也叫生态学展示。营造令人可信的环境和背景，达到真实的效果
主题性展示	以要传达的观念或信息为出发点来决定主题，选择、安排所需的展品及辅助展品，来充分阐述主题	观众通过对展示主题的把握，从而理解每个展品的意义

特定展示空间

特定展示空间指特别的、不同于其他的、具有自身特色的展示空间。以恐龙化石标本为例："恐龙"是自然博物馆中最为特殊的展品之一，恐龙标本体量巨大、品种繁多、生活时代久远，为自然博物馆展示的精华部分，要营造出恐龙动物群生存、繁衍、演化、灭绝的自然生态和自然法则的氛围，展示大厅必须空间开阔、高大。

恐龙厅空间尺寸调查表　　　　　　　　　　　　　表2

馆名	建筑面积	高度
美国自然博物馆	2000m²	15m
重庆自然博物馆	2611m²	14m
自贡恐龙博物馆	3600m²	11m

特定展示空间的特殊要求　　　　　　　　　　　　表3

展示空间	特征	特殊要求
恐龙厅	陈列大型恐龙骨架	室内高度在14m左右
地球厅	陈列地质标本	有特殊荷载要求，宜设置底层
生物厅	陈列生物、植物标本	防紫外线照射
临展厅	陈列短期展品，展品多样化	开放、布展灵活的空间

基本陈列布局类型比较　　　　　　　　　　　　　表4

类型	优缺点	备注
串联式	参观路线明确、连贯，但灵活性差	适合展出内容连续性强的中、小型或专门型自然博物馆
大厅式	具有多功能性，集多变、紧凑、灵活于一身，但也容易造成参观路线的交叉、无序以及噪声干扰	适合展出内容连续性强的中、小型或专门型自然博物馆
放射式	相互串联，形成放射串联的综合模式，观众可以灵活地选择参观全部或部分主题展厅	适合大型综合性自然博物馆

基本陈列布局类型

在不同的博物馆设计中，参照分组归类的方法，按照展厅观众人流循环的方式，大致可以归纳出以下几种空间布局方式。

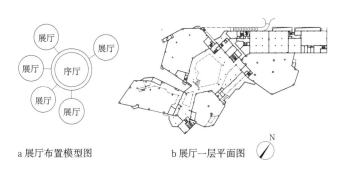

a 展厅布置模型图　　　b 展厅一层平面图

1 放射式（重庆自然博物馆）

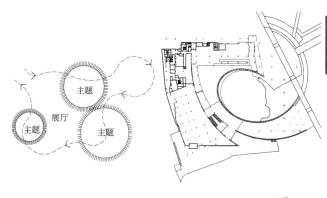

a 展厅布置模型图　　　b 展厅一层平面图

2 大厅式（上海自然博物馆新馆方案）

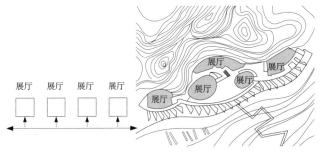

a 展厅布置模型图　　　b 展厅总平面图

3 串联式（重庆自然博物馆"恐龙骨"投标方案）

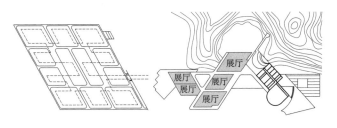

a 展厅布置模型图　　　b 展厅平面图

4 串联式（重庆自然博物馆投标方案）

自然博物馆 [4] 收藏修复区·科普教育区

收藏修复区

1. 组成

自然博物馆的标本种类繁多，涉及地矿、古生物化石、动物、植物四大类。需要为不同的标本提供不同的收藏和修复环境。主要由管理用房、库房和技术制作用房三部分组成。

收藏修复区组成　　　　　　　　　　　　　　　表1

组成	特征
管理用房	值班、报警、保安用房
库房	古生物标本库房、动物标本库房、地矿标本库房、植物标本库房和临时库房
技术制作用房	编目、照相、裱糊、熏蒸、超低温冷冻、标本鉴定、标本观察、标本修复、标本制作、标本研究、器具储藏

2. 流线

在自然博物馆建筑中，库房区与陈列区的联系最为紧密，库房区为陈列区提供藏品以供其展览，陈列区也要定期把置换下来的展品运回库房区收藏。

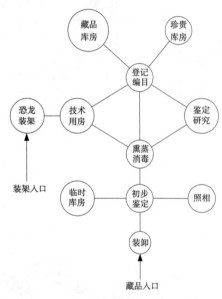

1 自然博物馆藏品入库流程图

3. 设计要点

（1）自然博物馆的藏品主要有地矿、古生物化石、动物、植物四大类，以后还可能涉及生物基因标本。其中地矿、古生物化石为石质材料，对温度控制要求不高，常温保存就可以，但应减少空气中的水分以及CO_2、SO_2等有害气体加速风化的作用，做到自然干燥和通风良好。如不使用空调则必须配备除湿机等设备。动、植物标本因富含有机质，在药品熏蒸和消毒处理后最好移入有温湿度控制的库房保存。

（2）珍贵标本库房(含生物标本基因库)主要收藏珍贵的动、植物标本，采用恒温、恒湿设备控制温湿度。其他动植物标本纳入普通库房，温度控制在20~23℃，湿度控制在40%~60%。

（3）古生物库房、地矿标本库房因纳入地下层不便开窗通风，可以考虑利用展馆中央空调系统除湿，并分别隔出1/3面积作为珍贵标本库房。

（4）在临时库房和标本修复间应配备超低温设备，用于新进动植物标本的灭菌储存。

（5）自然博物馆各种动植物标本经征集后进馆，需经过特殊处理、加工、制作方能成为藏品加以保存。例如，动物标本要进行剥制工作，将动物内脏及油脂取出，仅留其骨骼及皮毛，剥制工作中要经过消毒，有的动物还要做成生态标本。因此大型综合性自然博物馆多设有标本制作间。排除剥制过程中产生的有害气体，还需有专门的机械设施排放。

（6）标本熏蒸室应远离办公室，独立设置，并设高架排风管道。

（7）文物标本库房不宜与展厅在同一楼内。如果邻近可在二、三层设连接通道，有利于标本移动安全。

（8）不同库房的要求不一定相同。古生物库房由于化石标本体积高大，如各种恐龙化石、大型动物化石标本等，导致其所要求层高较高，而且需要自然采光、通风。地矿标本化石荷载巨大，最好置于地下层。

（9）自然博物馆还设有大型标本装架厅。标本装架厅其实也属于标本制作室的一种，只是所需空间更加巨大，层高更高，必要时也可开展展览陈列活动供观众参观，以便了解大型标本的制作程序，从而具有很高的使用价值。

恐龙装架厅不仅层高要求大于12m，而且在制作恐龙化石和装架的过程中容易产生有毒气体。因此，重庆自然博物馆的装架厅高达14m，通高2层。另外由于恐龙化石标本巨大沉重，为了方便运输，要求有独立货运入口，尽量避免与其他流线相交。装架厅应通风良好，光线充足。

（10）大部分库房要求层高大于5m。

（11）自然博物馆建筑的库房区所占面积占整个建筑面积的比例相当高，一般会大于总建筑面积的15%。

科普教育区

1. 自然博物馆教育作用的发挥是通过两个方面进行的：一是通过陈列区对藏品的展示，让观众在参观博物馆的同时接受教育；二是通过客观存在的、独立于陈列区的教育区直接发挥的使用功能。

2. 除了提供教育场所以及培训教师，科普与非正规教育的融合还表现在博物馆成立"工作室"。国外自然博物馆成立一些让公众动手、动脑、动心的实践场地，如发现屋、采集化石营、博物中心、地球实验室等。

3. 具有独立对外的功能，在自然博物馆闭馆的情况下，仍然可以单独使用，并不影响自然博物馆其他功能流线。

重庆自然博物馆科普教育区组成　　　　　　　表2

科普教育区组成	内容	面积
资料区	图书资料室、电子阅览室和网络中心	图书资料室260m²，电子阅览室120m²，网络信息中心100m²
教室区	自然教室、器具储藏室、办公室、卫生间	6间科普教室，每间面积60~80m²；2间办公室，每间面积40m²；器具储藏室，面积30m²；卫生间40m²

主题园［5］自然博物馆

特征

自然博物馆主题园将人与自然、建筑与环境高度融合，用良好的自然环境和生态方式来展示、宣传自然博物馆的主题。

设计要点

作为自然博物馆游乐服务功能的重要空间，主题园设计应该注意以下三点。

1. 以"主题"为单位的园区布局模式。与迪斯尼以游乐为主的主题意义设置不同，自然博物馆公园"主题"意义的设置应巧妙、紧密地与自然博物馆藏品内容相结合，以一个接一个的"故事"引人入胜，并以先进的游乐设施反映藏品内容，使得主题更加明确，更加贴近生活。

2. 一般自然博物馆的公园占地广大，其主题公园景观的营造应就地取材。

3. 公园与博物馆建筑应互相支撑，互相补充。从内容与精神上进行契合，形成"园即是馆，馆即是园"、建筑与公园融为一体的形式。

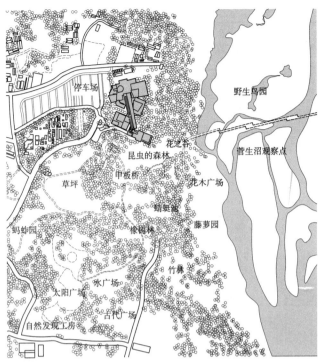

日本茨城县自然博物馆倡导"园即是馆，馆即是园"的设计理念，是建筑与公园融为一体的最佳典范。公园的设计以菅生沼泽湿地与观众的互动为中心，以多种生物群落的展示为主题。包括了野生鸟园、菅生沼泽湿地、花之谷、昆虫的森林、蜻蜓池、蚂蚱园、藤萝园、橡树林、竹林、太阳广场、水广场、古代广场、自然发现工房13大主题景点。

2 日本茨城县自然博物馆主题公园

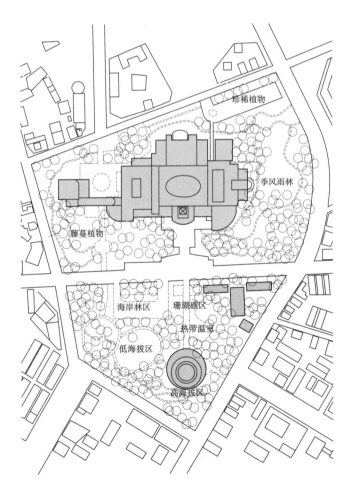

台中自然科学博物馆以展示台湾岛的原生植物为特色。用地4.5hm²，园区遍植中国台湾以及世界各地的珍稀植物，整个博物馆就像坐落在绿色的森林当中。园区以植物生长的不同地点划分为八大主题园区：珍稀植物、藤蔓植物、季风雨林、海岸林区、珊瑚礁区、高海拔区、低海拔区、热带温室。

1 台中自然博物馆主题公园

重庆自然博物馆新馆规划的主题公园完全依照自然博物馆藏品内容设置，包括12个主题：珍稀植物园、熊猫乐园、剑齿象园、神奇树屋、蝴蝶谷、地理奇观、火山冒险、恐龙山探险、星际探寻、四季花谷、攀岩、巨石阵、人工湿地、湿地公园、地震教育园、白鸽广场、广场入口。

3 重庆自然博物馆主题公园

自然博物馆 [6] 实例

重庆自然博物馆新馆建筑面积与层高分配表

序号	项目名称	建筑面积（m²）	层高（m）/备注
1	展示陈列	总面积：11817.98	
	序厅	890.10	22.8
	地球奥秘厅	893.03	7
	生物进化厅	893.46	7
	恐龙厅	2611.15	14
	西部厅	1041.05	7
	重庆厅	983.58	7
	临时展厅	2022.5	7
	环境厅	893.03	7
	古生物厅	893.46	7
	影视厅	696.64	7
2	收藏修复	总面积：8610.14	
	动物标本库房	605.62	6.3
	植物标本库房	315.24	6.3
	古生物标本库房	939.05	6.3
	地质标本库房	491.49	6.3
	暂存库房	279.65	6.3
	珍贵库房	1030.69	7
	恐龙装架厅	802.34	14
	其他技术用房与走道、卫生间、楼梯间等	4146.06	
3	科普教育	总面积：1280.10	
	自然教室及阅览室、图书资料室等	1280.10	包括走道、卫生间、楼梯间等
4	科研办公	总面积：4412.11	
	办公用房、科研用房	2327.34	包括走道、卫生间、楼梯间等
	主馆建筑内空调机房	748.31	
	独立设备用房	1336.46	
5	游乐服务	总面积：4722.17	不包括主题公园
	室外独立餐厅	1152.59	
	主馆公共卫生间、贵宾厅、电梯间、环廊、休息室等	3569.58	

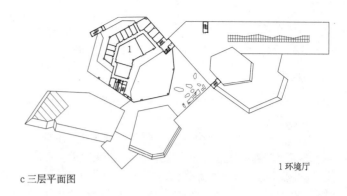

c 三层平面图

1 环境厅

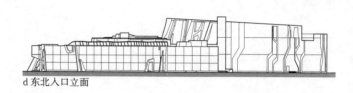

d 东北入口立面

e 东立面图

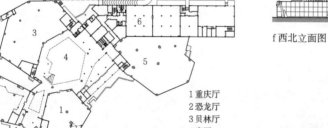

f 西北立面图

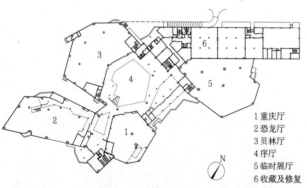

1 重庆厅
2 恐龙厅
3 贝林厅
4 序厅
5 临时展厅
6 收藏及修复

a 一层平面图

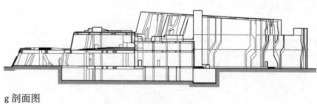

g 剖面图

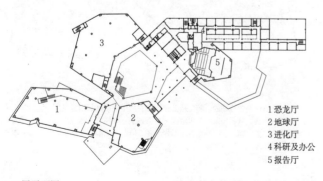

1 恐龙厅
2 地球厅
3 进化厅
4 科研及办公
5 报告厅

b 二层平面图

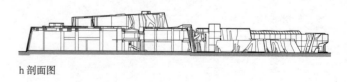

h 剖面图

1 重庆自然博物馆

博物馆名称	占地面积	建筑面积	主要建筑物层数	建成时间	设计单位
重庆自然博物馆	122800m²	30000m²	地上3层，地下1层	2014	重庆大学建筑设计研究院有限公司

实例 [7] 自然博物馆

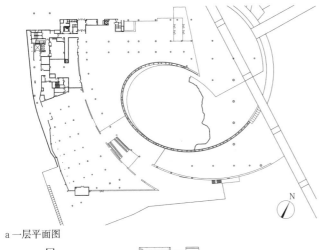
a 一层平面图

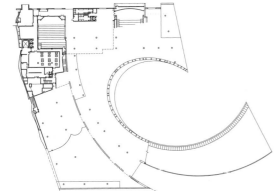
b 二层平面图

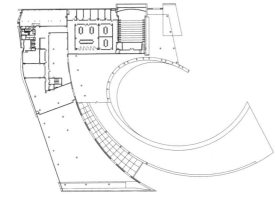
c 三层平面图

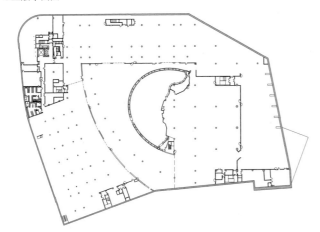
d 地下一层平面图

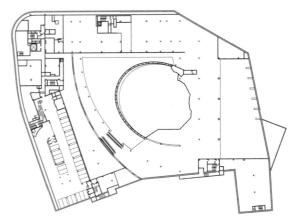
e 地下二层平面图

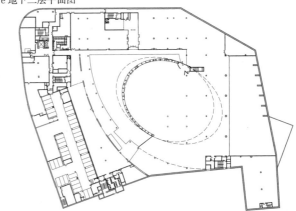
f 地下三层平面图

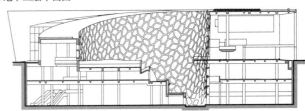
g 剖面图一

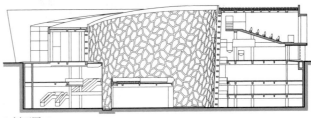
h 剖面图二

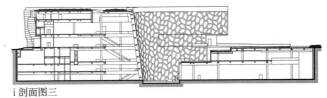
i 剖面图三

1 上海自然博物馆

博物馆名称	建筑面积	主要建筑物层数	建成时间	设计单位
上海自然博物馆	45000m²	地上3层，地下3层	2013	美国帕金斯威尔设计师事务所、同济大学建筑设计研究院（集团）有限公司

自然博物馆 [8] 实例

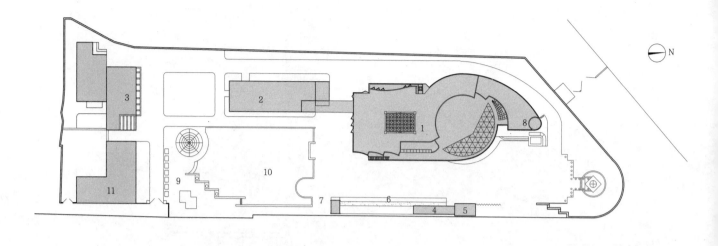

1 陈列馆　　2 藏品库　　3 业务办公楼　　4 地下自行车库　　5 售票、公共卫生间　　6 主题雕塑
7 古生物化石雕塑　　8 震旦亚界化石　　9 花房　　10 植物园　　11 还迁办公楼

a 总平面图

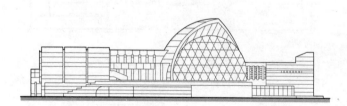

| 1 中心展厅 | 2 展厅 | 3 序厅 | 4 交通厅 | 5 空调机房 | 6 花台 | 7 中庭 |
| 8 过厅 | 9 消防控制室 | 10 办公 | 11 阀室 | 12 庭院 | 13 走道 | |

b 一层平面图

1 展厅　　2 中心展厅上空　　3 休息厅　　4 配电　　5 交通厅　　6 中庭上空
7 空调机房　　8 过厅　　9 配电　　10 办公　　11 走道

c 二层平面图

d 立面图

e 剖面图

1 天津自然博物馆

名称	场地面积	总建筑面积	主要建筑物层数	建成时间	设计单位
天津自然博物馆	20000m²	12000m²	地上3层	1998	天津市建筑设计院

基本内容 [1] 科学技术馆

定义

科学技术馆（Science and Technology Museum，简称科技馆），是以提高公民科学素质为目的，面向观众开展科学技术普及与社会化科普教育相关工作和活动的公益性机构。

概述

科普教育是现代科技馆的重要职能，它主要由展览教育、实验教育、培训教育组成。

科技馆展示理念　　　　　　　　　　　　　　表1

职能	科普教育为主要职能，收藏、保管、研究为次要职能
展品	以人工设计、制作的模型为主；以基本科学原理的解释、应用及高科技为主。强调科学性、知识性、通俗性、趣味性。一般展品对温湿度、光辐射的敏感度较低，可尽可能利用自然光
展览方式	利用现代展览技术，以动态展示为主。强调感官，激发思维，侧重现在和未来，鼓励动手、参与式、开放式。寓教于乐、布展自由灵活，适于更新
活动方式	可动手操作各种设备（按兴趣随意选择，不受时间、顺序限制）同时举办培训、实验活动、科普讲座、科教电影、科技表演等科普教育活动，出版科普读物
观众特点	以青少年为主，并经常为团体参观
库区	藏品库区面积较少，以维修、制作展品为主

科技馆建筑规模分级参考值　　　　　　　　　表2

序号	种类	规模与面积	设计使用年限
1	特大型馆	大于40000m²	宜100年
2	大型馆	20000~40000m²	宜100年
3	中型馆	8000~20000m²	50年
4	小型馆	小于8000m²	50年

科技馆主要构成模式　　　　　　　　　　　　表3

内容	主要功能	选址与规模
大型科学城	以普及科学技术知识为核心内容，将科学、技术、工业甚至音乐和其他文化艺术活动融为一体的新型文化综合体	建设规模大、占地大，对自然环境因素要求高，选址向郊区、城市新区发展，位于城市边缘或城市新区行政中心附近，占据优越的地理位置，交通条件方便
综合科技馆	综合展示一个国家或地区的科学技术发展历史和水平。展示内容全面，涉及科学技术发展的各个阶段和各个领域，同时收藏有历史价值的科技展品。有全套的辅助配套功能，并拥有科研队伍进行科学研究	结合城市综合文化设施选址，交通条件方便。形成较好的科学文化氛围，群体效应明显
专业科技馆	专业性强，一般为了展示某地区在某一特定领域的科学技术领先优势而建立的科学普及型博物馆	大、中、小型专业科技馆结合较好的城市自然环境选址，与周围的公园绿地统一规划，环境优雅，对青少年吸引力大

科技馆总平面设计

根据科技馆的建设规模和功能要求，结合环境特征，应采取不同的规划布局模式。

科技馆总平面布局特点　　　　　　　　　　　表4

种类	布局特点
集中式	主体形象突出，平面布局紧凑，参观流线短
复合式	根据科技馆的地形特点和各自功能空间的要求进行有机组合，布局相对集中，各功能空间相对独立
分散式	根据不同功能需求分成若干个单体建筑再进行总体规划设计的布局手法

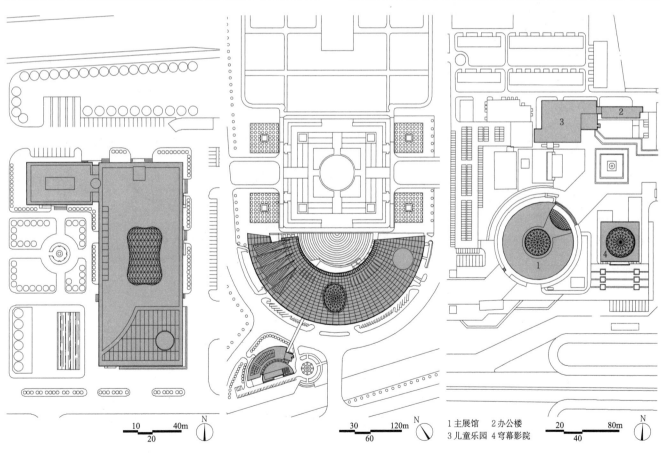

1 主展馆　2 办公楼
3 儿童乐园　4 穹幕影院

1 集中式（宁夏科技馆）　　**2** 复合式（上海科技馆）　　**3** 分散式（北京科学中心，原中国科技馆）

科学技术馆 [2] 功能构成·特效电影院设计

功能构成

科技馆主要功能用房组成及比例参考值　　　　　表1

分类	房间名称	特大型馆	大型馆	小型馆
展览教育用房	常设展厅、短期展厅、序厅、儿童展厅、报告厅、影像厅、培训室、实验室、科普活动室等	55~60	60~65	65~75
公共服务用房	大厅、问讯处、休息厅、饮水处、卫生间、商品部、餐饮室、广播室、医务室等	15~20	10~15	5~10
业务研究用房	藏教资源室、研究室、图书资料室、技术档案室、声像制作室、展品和材料室、展品制作、维修车间等	10~15	10~15	—
管理保障用房	行政办公室、接待室、会议室、安全保卫用房、设备用房等	10~15	10~15	—

特效电影院设计

1. 特效电影（特种电影）（Special-effect film）

特效电影是指以非常规电影制作手段，采用非常规电影放映系统及观赏形式的电影作品（如环幕、巨幕、球幕、动感及立体电影等）。特效电影建筑主要由观众厅、公共区域、影院设备用房等组成。

2. 特效电影院的总体布局要点

影院宜独立于展厅建造，且宜设置独立出入通道。

特效影院除满足消防疏散要求外，还应设置直达的垂直电梯或自动扶梯。应合理组织交通路线，并均匀布置安全出口、内部和外部的通道，进出场人流应避免交叉和逆流。

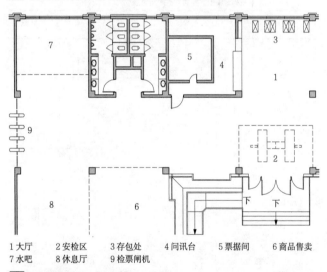

1 科技馆主要平面功能组成及人员流线简图

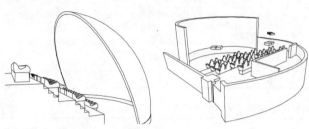

4 弧幕影院观众厅示意图

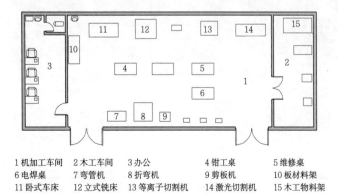

1 大厅　2 安检区　3 存包处　4 问讯台　5 票据间　6 商品售卖
7 水吧　8 休息厅　9 检票闸机

2 大厅平面示例

5 典型330座穹幕影院观众厅平面图

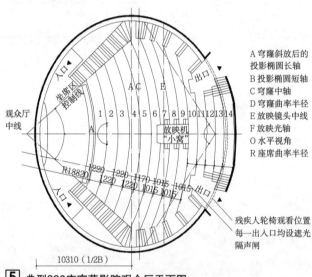

1 机加工车间　2 木工车间　3 办公　4 钳工桌　5 维修桌
6 电焊桌　7 弯管机　8 折弯机　9 剪板机　10 板材料架
11 卧式车床　12 立式铣床　13 等离子切割机　14 激光切割机　15 木工物料架

3 维修车间平面示例

6 典型330座穹幕影院观众厅剖面图

展览内容 [3] 科学技术馆

展览内容

根据联合国教科文组织《科学技术博物馆建设标准》，主要展览内容建议有：数学、天文、动力、电技术、运输等基础学科。针对我国科学技术领域、经济发展和社会进步有重大意义的内容建议有：生命科学、环境科学、信息科学、能源、交通、材料科学、制造技术、航天、激光技术等。

展品——向观众展示的实物、模型、演示装置等。

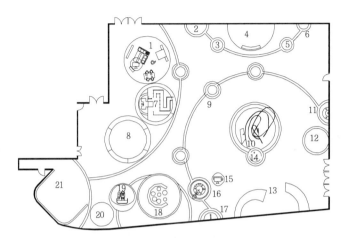

1 会说话的机器人	2 阳光照亮夜晚	3 风车发电	4 太阳能热发电
5 换灯前后	6 海上风浪	7 与机器人打乒乓	8 模拟驯马
9 激光协奏曲	10 能量转换机	11 游戏的胜负概率	12 虚拟穿衣镜
13 消失的人影	14 点亮天使环	15 人体收音机	16 转动风扇
17 凹面镜成像规律	18 智能超市	19 太空遥测	20 亲身体验ETC
21 漫游智能电网			

[1] 科技馆展厅平面布置示意图

展品内容

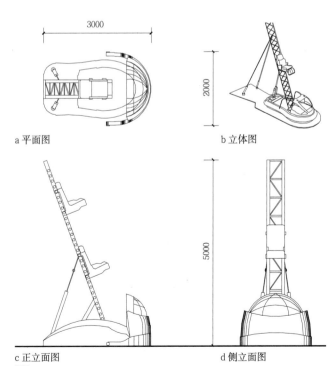

[2] 展品名称：紧急逃生设备

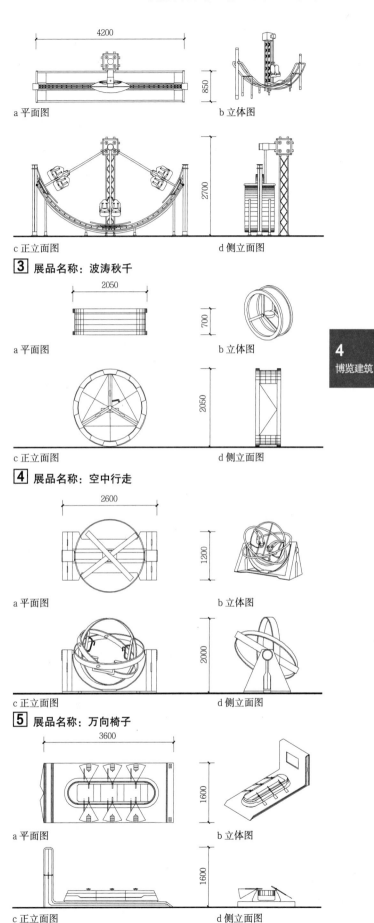

[3] 展品名称：波涛秋千

[4] 展品名称：空中行走

[5] 展品名称：万向椅子

[6] 展品名称：船舶的推动力

科学技术馆 [4] 实例

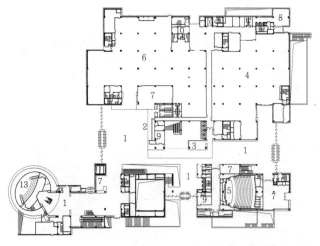

a 一层平面图

b 二层平面图

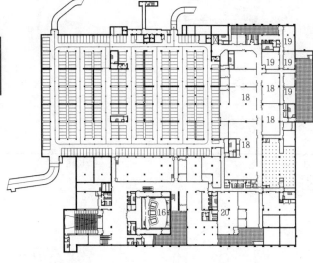
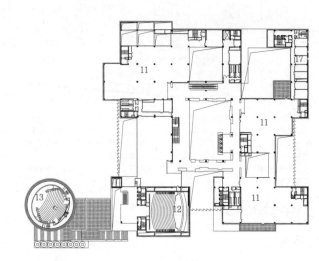

c 地下一层平面图

d 三层平面图

1 门厅　2 售票　3 寄存处　4 临时展厅　5 报告厅　6 儿童乐园　7 科技商店　8 接待室　9 VIP室　10 办公
11 常设展厅　12 巨幕影院　13 球幕影院　14 多功能厅　15 实验室　16 动感影院　17 资料室　18 库房　19 工作室　20 职工餐厅

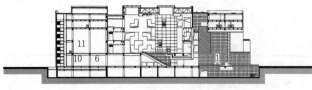

e 剖面图一

f 剖面图二

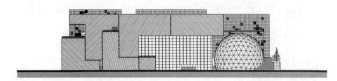
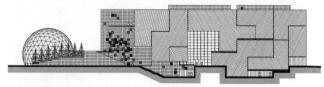

g 西立面图

h 南立面图

1 中国科技馆新馆

名称	占地面积	建筑面积	层数	设计时间	设计单位
中国科技馆新馆	4.8万m²	10.2万m²	地上5层，地下1层	2006	Callison RTKL、北京市建筑设计研究院有限公司

实例［5］科学技术馆

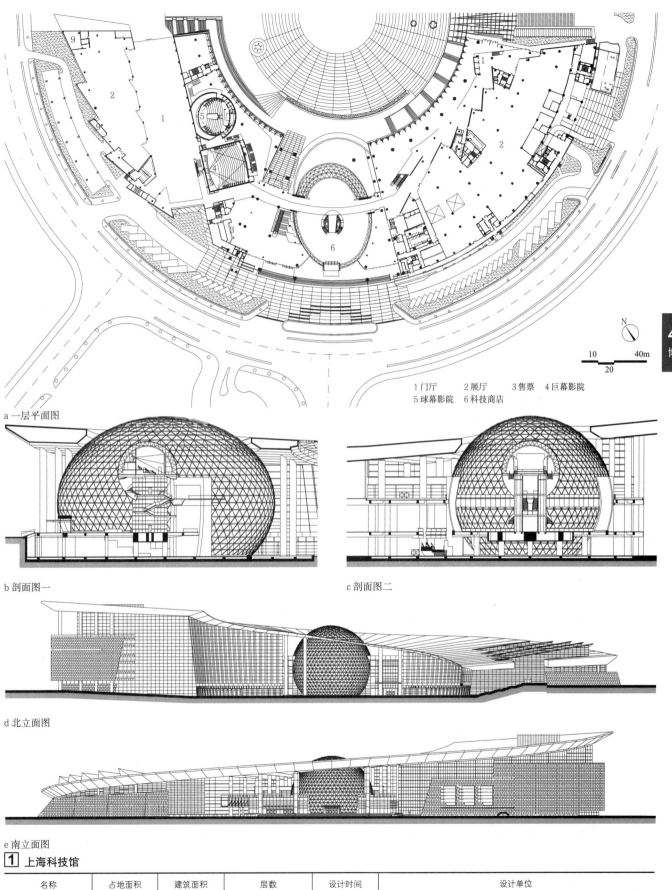

1 门厅　2 展厅　3 售票　4 巨幕影院
5 球幕影院　6 科技商店

a 一层平面图
b 剖面图一
c 剖面图二
d 北立面图
e 南立面图

1 上海科技馆

名称	占地面积	建筑面积	层数	设计时间	设计单位
上海科技馆	6.8万m²	9.8万m²	地上4层，地下1层	1999	Callison RTKL、华东建筑集团股份有限公司上海建筑设计研究院有限公司

科学技术馆 [6] 实例

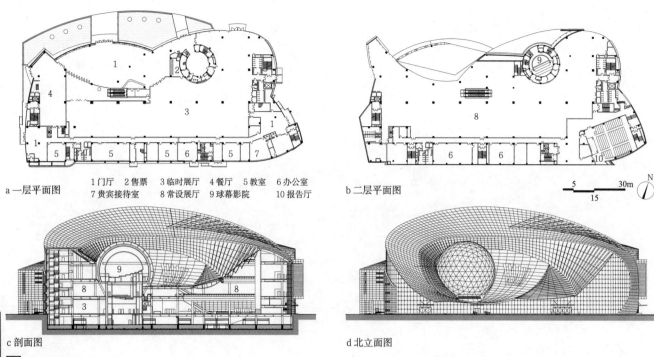

a 一层平面图　　1 门厅　2 售票　3 临时展厅　4 餐厅　5 教室　6 办公室
　　　　　　　　7 贵宾接待室　8 常设展厅　9 球幕影院　10 报告厅　　b 二层平面图

c 剖面图　　d 北立面图

1 广西科技馆

名称	占地面积	建筑面积	层数	设计时间	设计单位
广西科技馆	1.5万m^2	3.9万m^2	地上4层，地下1层	2006	中国航空规划设计研究总院有限公司

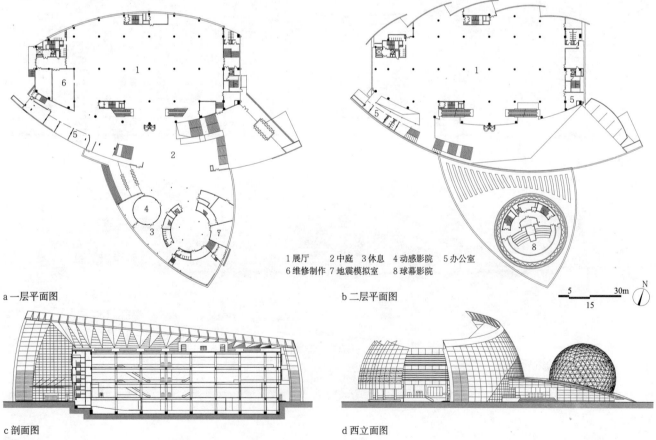

a 一层平面图　　1 展厅　2 中庭　3 休息　4 动感影院　5 办公室
　　　　　　　　6 维修制作　7 地震模拟室　8 球幕影院　　b 二层平面图

c 剖面图　　d 西立面图

2 黑龙江科技馆

名称	占地面积	建筑面积	层数	设计时间	设计单位
黑龙江科技馆	5.0万m^2	2.5万m^2	地上3层，地下1层	2003	中国航空规划设计研究总院有限公司

实例 [7] 科学技术馆

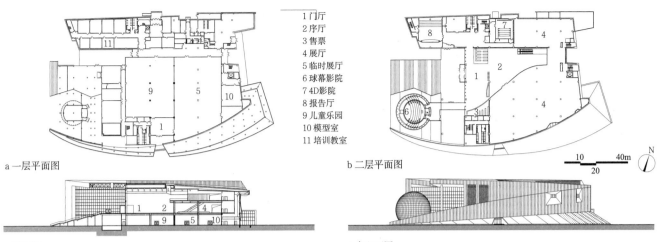

a 一层平面图　　b 二层平面图

1 门厅
2 序厅
3 售票
4 展厅
5 临时展厅
6 球幕影院
7 4D影院
8 报告厅
9 儿童乐园
10 模型室
11 培训教室

c 剖面图　　d 南立面图

1 榆林科技馆

名称	占地面积	建筑面积	层数	设计时间	设计单位
榆林科技馆	0.9万m²	2.0万m²	地上3层	2006	中国航空规划设计研究总院有限公司

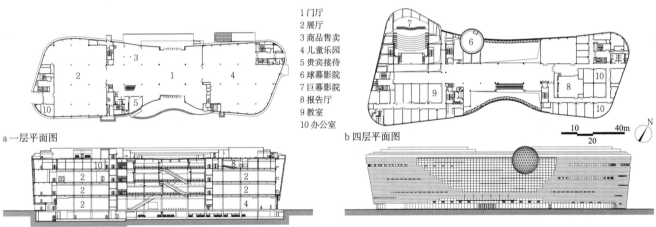

a 一层平面图　　b 四层平面图

1 门厅
2 展厅
3 商品售卖
4 儿童乐园
5 贵宾接待
6 球幕影院
7 巨幕影院
8 报告厅
9 教室
10 办公室

c 剖面图　　d 北立面图

2 杭州科技馆

名称	占地面积	建筑面积	层数	设计时间	设计单位
杭州科技馆	1.9万m²	3.4万m²	地上4层，地下1层	2008	中国航空规划设计研究总院有限公司

a 一层平面图　　b 二层平面图

1 门厅
2 售票间
3 展厅
4 临时展厅
5 中庭
6 报告厅
7 动感影院
8 4D影院
9 纪念品部

c 剖面图　　d 南立面图

3 嘉峪关科技馆

名称	占地面积	建筑面积	层数	设计时间	设计单位
嘉峪关科技馆	0.5万m²	1.1万m²	地上3层	2003	中国航空规划设计研究总院有限公司

4 博览建筑

纪念馆 [1] 概述

定义

为纪念特定人物、人群或特定自然、历史事件而建立的，陈列展览与纪念主题相关的实物、图片等展品的建筑物。

纪念馆建筑属于特定类型的博物馆建筑。

我国纪念馆在博物馆中所占比重　　　　　　　　　表1

等级划分	博物馆总数	纪念馆总数	所占比例
国家一级	96家	19家	约20%
国家二级	223家	30家	约13%
国家三级	406家	62家	约15%

注：本表数据统计时间截至2014年。

分类与分级

1. 纪念馆建筑按照纪念主题可分为人物型和事件型。
2. 我国纪念馆建筑通常划分为国家级、省级、市级和县级四个等级。每个等级内部又可再细分为不同级别。
3. 纪念馆建筑规模与级别的关系参见本册博物馆建筑部分。

我国纪念馆的分类　　　　　　　　　　　　　　　表2

类型		定义	实例
按纪念主题分	人物型 单一人物型	纪念已故的、被公众和历史认可的、在某个领域具有杰出成就的人物	鲁迅纪念馆、周恩来纪念馆、孙中山故居纪念馆、雷锋纪念馆
	人物型 群体人物型		新四军江南指挥部纪念馆、长春革命烈士纪念馆、中国人民解放军海军诞生地纪念馆
	事件型	纪念、铭记值得后人学习和反思的历史事件和自然事件	侵华日军南京大屠杀遇难同胞纪念馆、辛亥革命纪念馆、渡江战役纪念馆、汶川大地震震中纪念馆

我国国家级纪念馆的分级　　　　　　　　　　　　表3

等级	实例	建筑面积（m²）	占地面积（m²）
国家一级	中国甲午战争博物馆	8900	10000
	瑞金中央革命根据地纪念馆	1827	8084
	侵华日军南京大屠杀遇难同胞纪念馆	22500	74000
国家二级	中共代表团梅园新村纪念馆	2278	1640
	百色起义纪念馆	5500	66667
国家三级	郑州二七纪念馆	1923	6440
	求雨山文化名人纪念馆	5200	40000

设计原则

1. 纪念馆属于特殊类型的博物馆，除了应遵守博物馆类建筑都应遵守的设计原则之外，还应注意建筑设计与环境设计中"纪念氛围"的营造。
2. 纪念馆的外部空间设计应注意精心组织空间序列，合理引导参观者在参观过程中情绪的变化。
3. 纪念馆建筑内部空间设计也应注意突出其"纪念性"的特点，在陈列节奏的把握、空间氛围的营造等方面应充分注意参观者的内心感受。
4. 结合纪念原址建设的纪念馆建筑应充分尊重纪念原址，力求达到建筑与周围环境的和谐共生。
5. 纪念馆建筑的设计风格应与纪念主体精神内涵相一致，避免过度浪费和浮夸。

外部空间功能组成与流线

1. 纪念馆建筑外部空间序列一般由前导空间、过渡空间、主体纪念空间与其他纪念空间几部分组成。相关空间序列的组织应充分考虑与场地地形地貌有机结合。
2. 纪念馆建筑外部空间一般情况下包括入口广场、主纪念广场、休闲服务区、停车场等部分。
3. 入口广场一般为空间序列的前导空间，应适当体现纪念主题的空间氛围。
4. 主纪念广场是外部空间序列上的重点，应注意处理好广场与纪念馆主体建筑以及其他标志性构筑物之间的关系，体现纪念氛围，衬托纪念主体。主纪念广场的面积应考虑集会等纪念活动的需求。
5. 休闲服务区的设置对应了纪念馆参观活动多样化的需求，其设计应充分注意在风格上与主体建筑的协调统一。
6. 停车场的设置应充分考虑参观者的停车需求，尤其应注意旅游大巴车对停车空间的特殊需求。条件允许时应设专用的内部停车场。

外部空间功能配置面积表　　　　　　　　　　　表4

类型	名称	入口广场（m²）	主纪念广场（m²）	停车场（m²）	休闲服务区（m²）
人物	徐州李可染艺术中心及纪念馆	380	1200	420	130
	吴江费孝通江村纪念馆	480	1010	305	760
	金坛华罗庚纪念馆	—	2250	660	—
	河池韦拔群纪念馆	1750	13200	2200	3800
事件	合肥渡江战役纪念馆	7260	44300	13370	15500
	侵华日军南京大屠杀遇难同胞纪念馆	1685	3024	2095	5360
	青浦陈云故居暨青浦革命历史纪念馆	310	2400	6200	2000
	辛亥革命纪念馆	5520	6200	8330	—
	南京渡江胜利纪念馆	780	7460	3850	1810
	永乐人民抗日游击自卫总队纪念馆	162	260	158	468
	唐山矿陷万人坑纪念馆	506	760	825	1650
	孟良崮战役纪念馆	526	6520	3600	4880
	平津战役纪念馆	4540	9020	11900	1170
	汶川大地震震中纪念馆	—	2750	1425	—
	长春革命烈士纪念馆	1890	3575	1833	4110
	中国人民解放军海军诞生地纪念馆	1120	2500	300	—
	武汉辛亥革命纪念馆	1680	9940	8220	3032

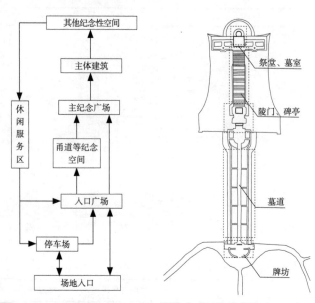

[1] 纪念馆外部空间功能关系图　　[2] 中山陵总平面图

纪念馆与纪念原址的关系

纪念原址一般指纪念主体事件的发生场所或者纪念人物的生活工作场所等,其典型实例包括名人故居、名人墓地、历史事件发生现场等。

纪念原址通常是纪念空间的核心价值所在,应该予以重点保护,同时应设法争取最大限度地发挥其纪念效果。

纪念原址不仅限于单独的地点,往往其周围环境也是纪念原址的重要组成部分。纪念原址的保护范围需要综合考虑多方面因素适当确定。

纪念原址在纪念场所中的利用方式包括场景还原、内部空间利用、外部空间利用等。

纪念馆与原址关系处理原则

1. 尽最大可能减小纪念馆建筑对于纪念原址的影响和破坏。
2. 新建纪念馆建筑应充分注意与纪念原址之间的协调,其中包括体量、材料与形式上的协调等。协调包括统一协调和对比协调等多种方法。
3. 应注意新建纪念馆建筑所带来的人流与车流对纪念原址及其周边的纪念环境产生的影响,设法妥善处理,将不利影响减少到最低。
4. 纪念空间序列的组织上应该高度重视纪念原址的作用,充分发挥其独有的纪念效果。
5. 应设法利用纪念馆建筑的兴建带动纪念原址及其周围环境的保护与发展。

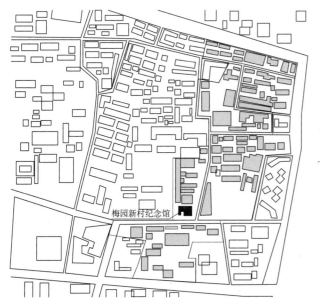

梅园新村纪念馆以"建筑环境的和谐,历史环境的再现"作为创作的中心思想,通过精心的设计使纪念馆建筑有机融合到城市环境中,既突出了纪念主题,又对纪念原址(周街区)的保护起到了引导和带动作用。

1 梅园新村纪念馆总平面图

纪念广场

纪念广场是纪念馆建筑的主要组成部分,由于纪念活动的特殊需要,往往要满足多人集会的需求。纪念广场的面积及其所容纳的活动人数、活动类型等调研数据参见表1。

纪念广场高峰期人均指标统计　　　　　　　　　　　表1

项目名称	广场规模（m²）	高峰时段容量（人次）	高峰时段人均占地面积（m²/人）
平湖李叔同纪念馆	450	400	1.13
侵华日军南京大屠杀遇难同胞纪念馆	4500	15000	0.30
南京渡江胜利纪念馆	7850	6000	1.31
南京雨花台烈士纪念馆	3050	15000	0.20
南京中山陵孙中山纪念馆	2100	1000	2.10
长春革命烈士纪念馆	3630	10000	0.36
辛亥革命纪念馆	6200	3000	2.07

注:本表数据通过调研取得,表中所统计的高峰时段多为有组织集会。

纪念性标志物与视线分析

纪念碑、主雕塑等纪念性标志物是纪念馆建筑外部空间的重要组成部分。其高度、视距、视角的调查数据参见表2。

标志物的视角实例　　　　　　　　　　　　　　　表2

主题类型	项目名称	标志物类型		标志物高度H（m）	视距D（m）	视角 a	高度/视距(H/D)
		纪念碑（塔）	纪念雕塑				
人物型	广州孙中山大元帅府		●	7.0	40.0	10°	0.18
	董存瑞烈士陵园	●		14.5	72.0	11°	0.20
	青浦陈云故居暨青浦革命历史纪念馆		●	4.0	30.0	7°	0.13
	梅园新村周恩来陈列馆		●	3.2	15.0	12°	0.21
群体型	黄麻起义和鄂豫皖苏区革命烈士陵园	●		27.1	110.0	14°	0.25
	唐山井陉矿万人坑纪念馆		●	4.0	48.0	5°	0.08
	广州起义烈士陵园	●		45.0	60.0	37°	0.75
	北京人民英雄纪念碑	●		37.9	220.0	10°	0.17
事件型	合肥渡江战役纪念馆	●		90.0	120.0	37°	0.75
	南京渡江胜利纪念馆	●		49.4	120.0	22°	0.41
	锦州辽沈战役纪念园		●	6.0	115.0	3°	0.05
	平津战役纪念馆	●		64.0	56.0	49°	1.14

注:●表示有这种标志物类型。

纪念馆外部空间地形处理分析

很多纪念馆建筑依靠山体选址,是为了利用场地原有地形地貌,通过高低起伏的地形使纪念馆建筑主体升高或降低,来促进参观者心理感受的变化。场地地形根据基面的抬升和下沉分为平地、凸地形和凹地形三种情况。

a 广州银河烈士陵园凸地形处理分析

b 长春革命烈士陵园凹地形处理分析

2 地形处理分析图

纪念馆 [3] 内部空间

功能组成与面积配比

纪念馆内部空间各部分功能组成表　　　　表1

类型	馆名	1	2	3	4	5	6	7	8	9	10	11	12	13	14	15	16	17	18	19	20	21	22	23	24	25
事件型	长春市烈士纪念馆	●	●	●		●	●		●	●	●			●				●	●				●		●	
	雨花台革命烈士纪念馆	●	●	●	●	●	●		●	●	●	●		●			●	●	●	●	●		●			
	镇海口海防纪念馆	●					●	●	●	●	●			●		●		●					●			
	侵华日军南京大屠杀遇难同胞纪念馆	●	●	●	●	●	●	●	●	●	●	●	●	●	●	●	●	●	●	●	●	●	●	●	●	
	中共一大会址纪念馆	●		●		●	●	●	●	●				●				●	●				●			●
	南京抗日航空纪念馆	●		●			●		●	●				●				●					●			
	辛亥革命纪念馆	●	●	●	●	●	●	●	●	●	●	●		●	●	●	●	●	●	●	●	●	●	●	●	
	武汉辛亥革命纪念馆	●	●	●	●	●	●		●	●	●			●			●	●	●				●			
	威海甲午海战纪念馆	●		●		●	●		●	●				●				●					●			
	南京梅园新村纪念馆	●		●			●		●	●	●			●				●					●			●
	汶川大地震震中纪念馆	●	●	●	●	●	●	●	●	●	●		●	●		●	●	●	●	●	●		●		●	
人物型	李可染艺术中心纪念馆	●		●			●		●	●								●					●			
	陈云故居暨青浦革命历史纪念馆	●	●	●	●	●	●	●	●	●	●			●		●	●	●	●	●	●		●	●	●	
	鲁迅纪念馆	●		●			●		●	●				●				●					●			
	平湖李叔同纪念馆	●		●		●	●		●	●								●					●			
	周恩来纪念馆	●		●			●		●	●	●							●					●			
	吴健雄纪念馆	●		●			●		●	●								●					●			
	金坛市华罗庚纪念馆	●		●		●	●		●	●								●					●			

注：1 门厅; 2 安检区; 3 问询台; 4 寄存处; 5 接待室; 6 安保室; 7 讲解员室; 8 售卖; 9 卫生间; 10 休息厅; 11 序厅; 12 冥思厅; 13 报告厅; 14 会议室; 15 影视厅; 16 资料室; 17 藏品库房; 18 史料研究; 19 展陈设计; 20 出版用房; 21 修复室; 22 办公室; 23 门卫室; 24 游客服务; 25 遗址故居。

纪念馆内部空间面积对比表（单位：m²）　　　表2

馆名	门厅	展厅	多功能厅	休息区	办公用房	商业	藏品库区
上海鲁迅纪念馆	365	1710	250	165	860	0	300
金坛市华罗庚纪念馆	35	967	200	160	60	0	34
徐州李可染纪念馆	180	1310	106	65	170	41	0
周恩来纪念馆	20	1237	1196	136	1066	0	456
辛亥革命纪念馆	268	6709	829	170	2098	0	775
平湖李叔同纪念馆	66	550	50	158	25	—	64
映秀震中纪念馆	200	1830	0	413	175	122	477
南京大屠杀遇难同胞纪念馆新馆	190	5510	104	260	5565	—	660
吴健雄纪念馆	130	545	275	50	150	0	70
新四军江南指挥部纪念馆	127	2483	145	40	220	—	62
镇海口海防历史纪念馆	108	1184	177	160	276	—	0
雨花台烈士纪念馆	120	2437	195	637	440	—	440
长春烈士陵园纪念馆	234	2607	960	430	470	143	411

流线组织

1. 纪念馆建筑属于博物馆建筑的范畴，博物馆建筑设计流线组织原则对纪念馆建筑均适用。

2. 纪念馆建筑内部空间的设计中应该注意通过具体的空间设计来引导参观者的情绪变化。

3. 纪念馆内部空间序列的组织通常包括序幕、铺陈、高潮、尾声几个部分。其中空间序列的高潮部分是激发参观者相应情感的最高峰环节，设计中应根据纪念主题的要求恰当选择高潮部分的所在位置。

4. 对于由特殊纪念主题所激发的，有可能对参观者身心造成较为激烈不利影响的情感，设计上应考虑安排相应的空间（例如冥想厅等）对参观者进行情绪上的疏解。

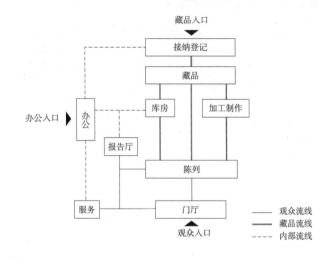

1 纪念馆内部功能关系图

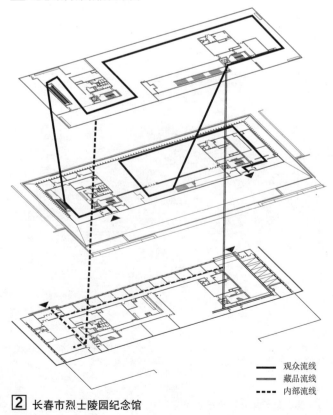

2 长春市烈士陵园纪念馆

内部空间 [4] 纪念馆

序厅

序厅的主要设计要求是通过简练精确的形象语言向观众揭示展览的主题或展览的背景,使观众为参观做好心理预设。

冥思厅

冥思厅的设计目的是使参观者在其中平复参观过程中出现的激烈情绪,其空间尺度与材料作法均应服务于这一根本目的。

序厅分析 表1

类型	事件型			人物型	
馆名	广岛和平纪念馆	长崎和平纪念馆	华盛顿犹太人大屠杀纪念馆	新四军江南指挥部纪念馆	周恩来纪念馆主馆
建筑总面积(m²)	3467	656	20155	4782	3277
序厅面积(m²)	22	51	120	135	183
序厅位置示意图					

冥思厅分析 表2

馆名	镇海口海防历史纪念馆	长崎和平纪念馆	华盛顿犹太人大屠杀纪念馆	以色列犹太人大屠杀纪念馆
建筑总面积(m²)	3200	656	20155	4235
冥思厅面积(m²)	121	319	540	583
冥思厅高度(m)	5	12	20	25
序厅位置示意图				

全景画、半景画展厅分析 表3

类型	全景画展厅		半景画展厅	
馆名	台儿庄大战纪念馆	辽沈战役纪念馆	中国人民抗日战争纪念馆	鸦片战争海战纪念馆
建筑总面积(m²)	6000	8600	21000	7960
展厅面积(m²)	3100	1450	500	170
全景画、半景画展厅位置示意图				

全景画、半景画展厅

全景画、半景画是指综合运用壁画、实物、塑形、灯光、音响等艺术手段来表现重大历史题材的一种综合造型艺术形式。

全景画、半景画展厅设计中,画面的高度和长度应根据题材内容和画面与观众距离的视觉效果而定。从观众到画面的最佳距离一般为13~15m。半景画展厅的视角一般为150°~180°。

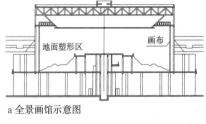

a 全景画馆示意图

b 半景画馆示意图

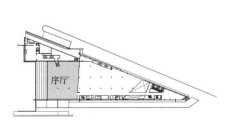

[1] 南京大屠杀遇难同胞纪念馆序厅平面布置图

[2] 美国华盛顿犹太人大屠杀纪念馆冥思厅平面布置图

[3] 全景画、半景画展厅示意图

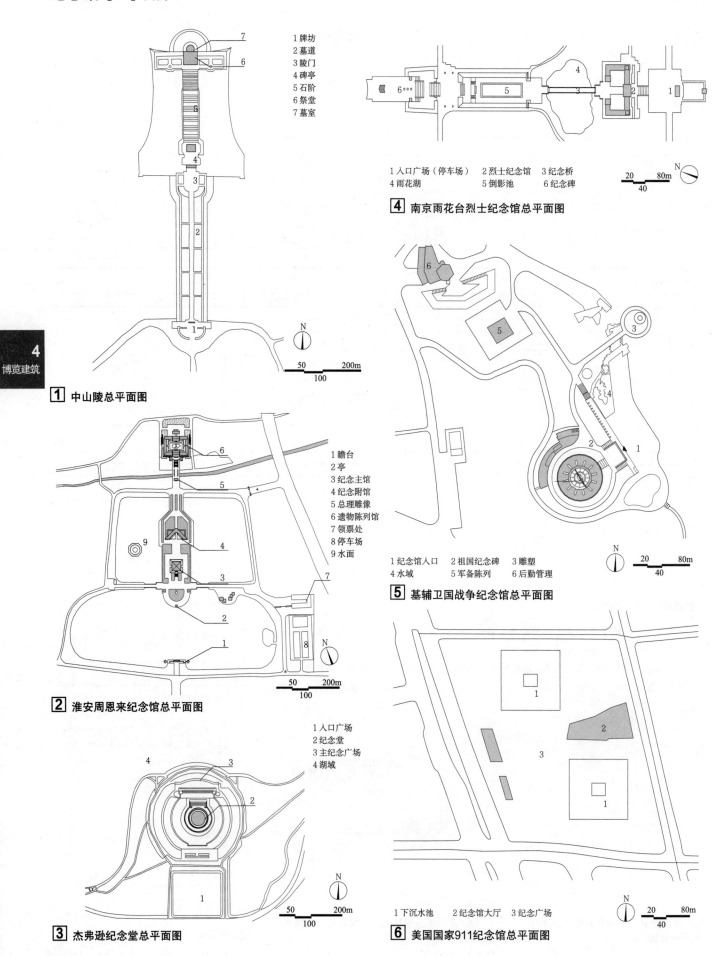

实例［6］纪念馆

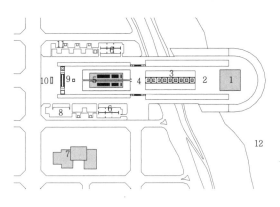

1 胜利塔　2 胜利广场　3 金沙滩　4 解放广场
5 纪念馆　6 小车停车位　7 渡江战役指挥部旧址　8 大客车车位
9 胜利之师雕塑　10 领导人群雕　11 辅助用房　12 巢湖
a 总平面图

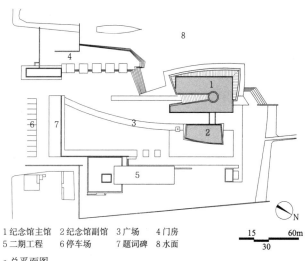

1 纪念馆主馆　2 纪念馆副馆　3 广场　4 门房
5 二期工程　6 停车场　7 题词碑　8 水面
a 总平面图

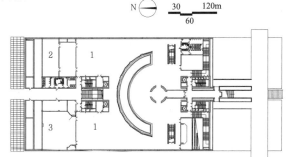

b 一层平面图

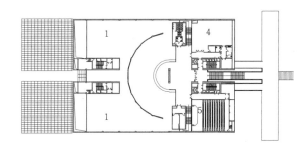

c 二层平面图

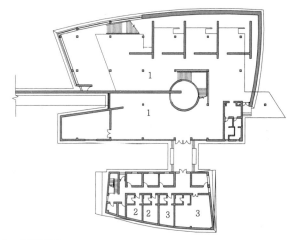

b 一层平面图

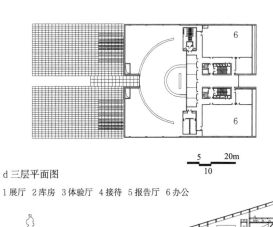

d 三层平面图

1 展厅　2 库房　3 体验厅　4 接待　5 报告厅　6 办公

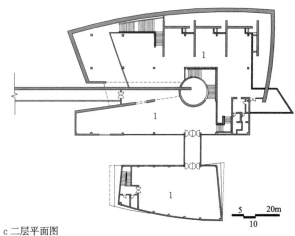

c 二层平面图

1 展厅　2 办公室　3 接待室

e 剖面图

1 渡江战役纪念馆

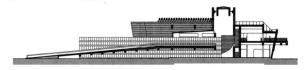

d 剖面图

2 中国人民解放军海军诞生地纪念馆

377

纪念馆 [7] 实例

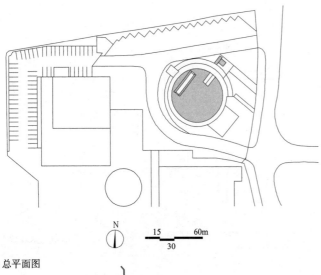

a 总平面图

1 入口 2 雕塑 3 餐厅 4 纪念馆
a 总平面图

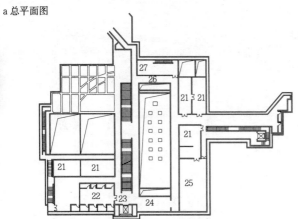

a 总平面图

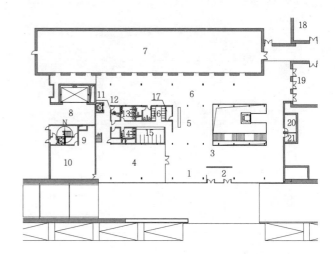

b 一层平面图

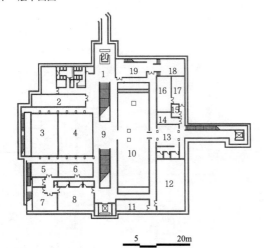

c 地下二层平面图

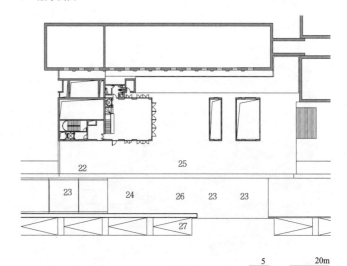

c 入口层平面图

1 入口大厅	2 和平信息中心1	3 中庭	4 交流大厅
5 培训室	6 和平信息中心2	7 馆长室	8 办公室
9 祈祷前厅	10 祈祷厅	11 会议室	12 机房
13 祈祷厅前室	14 中央控制室	15 空调机房	16 电气室
17 发电机房	18 书库	19 遗像笔记阅览	20 前台
21 展厅	22 研究室	23 电梯厅	24 团体祈祷室
25 多功能厅	26 笔记展示室	27 笔记保存库	

1 休闲广场	2 入口	3 入口大厅	4 自助咖啡
5 接待	6 互动展区	7 展品储存	8 卸货
9 备餐	10 主厨房	11 婴儿卫生间	12 残疾人厕所
13 女厕	14 男厕	15 行李寄存	16 婴儿车停放
17 录像监控室	18 学习空间	19 商店	20 急救
22 电梯设备	23 上空	24 酒吧	25 种植屋面
26 酒吧露台	27 露台		

1 日本长崎和平纪念馆

2 英国国家海事纪念馆

实例 [8] 纪念馆

博览建筑

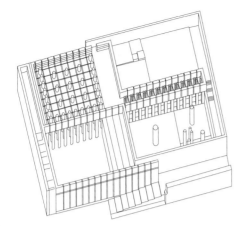

a 轴测图

b 一层平面图

1 入口广场　2 "森林"厅　3 "地狱"厅
4 "炼狱"厅　5 "天堂"厅　6 "帝国"空间

[1] 但丁纪念堂

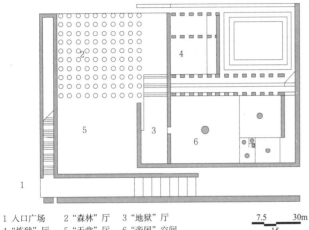

1 文书　2 办公　3 摄影与绘画
4 水池　5 书房　6 会议

a 一层平面图

b 剖面图

[2] 甘地纪念馆

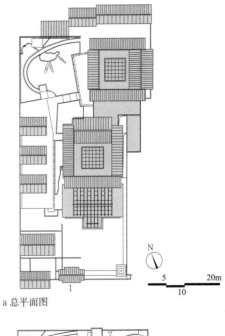

a 总平面图

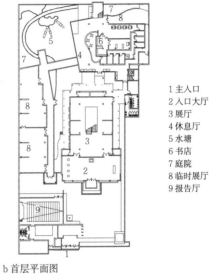

1 主入口
2 入口大厅
3 展厅
4 休息厅
5 水塘
6 书店
7 庭院
8 临时展厅
9 报告厅

b 首层平面图

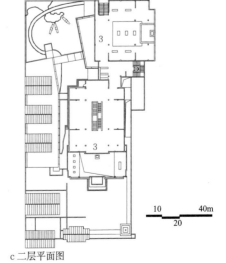

c 二层平面图

[3] 绍兴鲁迅纪念馆

379

纪念馆 [9] 实例

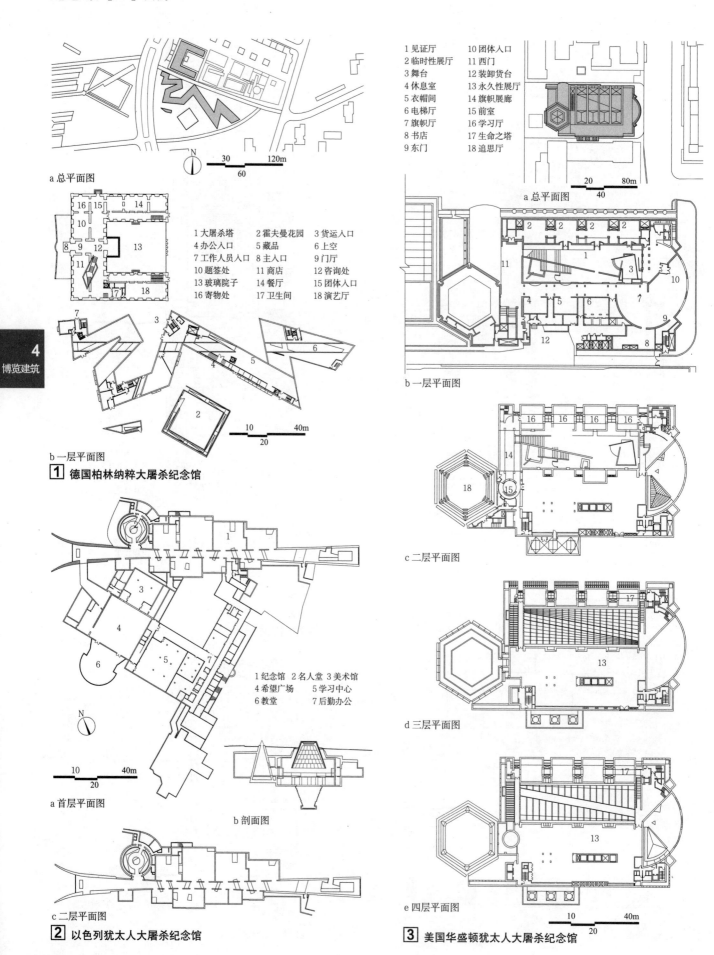

1 德国柏林纳粹大屠杀纪念馆
2 以色列犹太人大屠杀纪念馆
3 美国华盛顿犹太人大屠杀纪念馆

实例 [10] 纪念馆

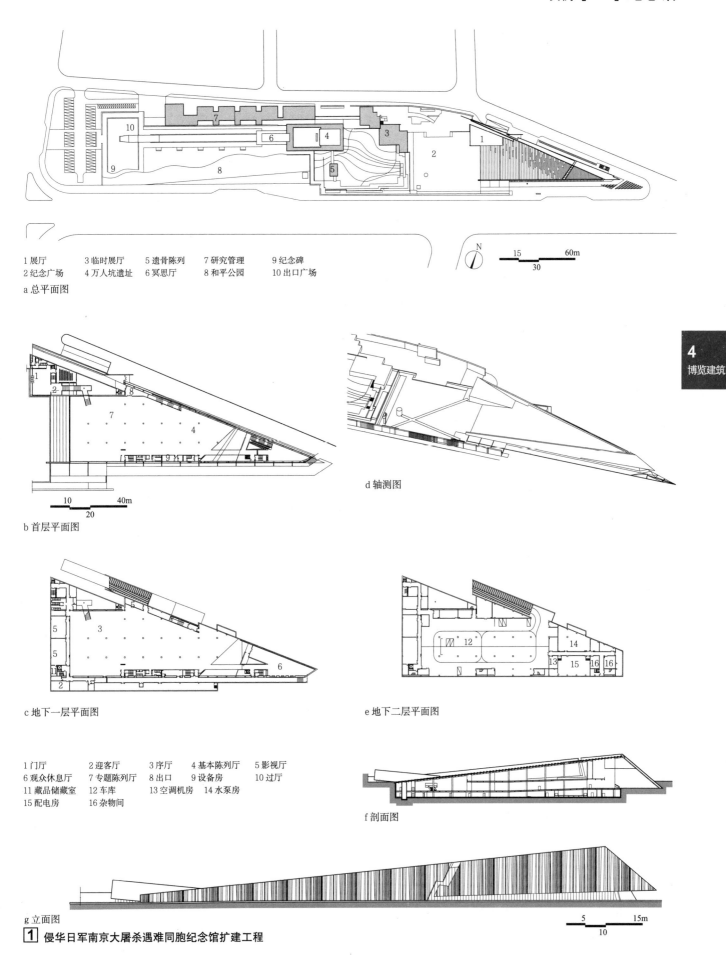

1 展厅　　3 临时展厅　　5 遗骨陈列　　7 研究管理　　9 纪念碑
2 纪念广场　4 万人坑遗址　6 冥思厅　　　8 和平公园　　10 出口广场
a 总平面图

b 首层平面图

d 轴测图

c 地下一层平面图

e 地下二层平面图

1 门厅　　　2 迎客厅　　3 序厅　　　4 基本陈列厅　5 影视厅
6 观众休息厅　7 专题陈列厅　8 出口　　　9 设备房　　　10 过厅
11 藏品储藏室　12 车库　　　13 空调机房　14 水泵房
15 配电房　　16 杂物间

f 剖面图

g 立面图

1 侵华日军南京大屠杀遇难同胞纪念馆扩建工程

城市规划展示馆 [1] 基本内容

定义

城市规划展示馆是以展示城市规划与城市建设的发展、变迁与成就为核心展示内容的博览类建筑。城市规划展示馆具有非营利性，为社会发展服务，向大众开放，以展示、发布、欣赏和教育为目地，具备传播人类城市文明与见证物的功能。在不同的城市和地区，可归纳为该类型建筑的名称还有：城市规划展览馆、城市规划建设展览馆、城市规划展示中心、城市博物馆等。英文名一般翻译为"Urban Planning Exhibition Hall"。

功能特征

不同于以展示文物、艺术品、遗迹、自然生物、科学技术、历史事件和历史人物的博物馆、纪念馆或科技馆，城市规划展示馆的展示内容以城市规划历史、城市规划与建设及城市未来发展为核心，同时进行城市规划成果公示、城市重要空间节点及核心建筑群和建筑的展示。展示方式以微缩模型、实物、图片、多媒体、互动影院、虚拟现实等方式为主。

城市规划展示馆建筑设计宜在方案阶段或初步设计阶段就与展陈设计结合。

功能构成

主要有四部分内容构成：展示区，互动交流与公共教育区，公共服务区，行政、办公、后勤、仓储区。

表1

展示区	总体规划模型展示区和分类规划建设展示区
互动交流与公共教育	互动体验区、多维电影或环幕电影区、场景模拟或复原体验区、报告厅、学术交流室、教室
公共服务区	门厅、团体接待、问讯、寄存、咖啡简餐、纪念品销售
办公后勤仓储区	办公室、会议室、展品展具制作及修补、库房及临时库房、设备安保用房

功能流线

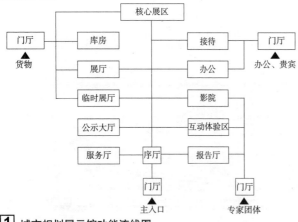

[1] 城市规划展示馆功能流线图

[2] 杭州城市规划展览馆展示内容空间组织分析图

各部分区域面积关系

在城市规划展示馆中，总体规划模型展区一般占总建筑面积的4%，个别特大型馆约6%~7%。其余展区相对比较灵活，强调以互动、参与、体验为主的互动交流区占较大比重。行政办公和观众服务区做到科学、合理即可。展品以模型及图片为主，实物较少，对于库房面积、位置朝向、保密措施没有特别要求。

大型城市规划展示馆功能指标建议　　表2

功能分区	面积比例（%）	主要组成
展示陈列	35	总体规划模型展，城市历史文化展，城市建设成就展，市区县规划展，专项建设展，规划公示
互动交流	20	互动体验区，影院，报告厅，会议室
观众服务	10	售票、问讯、寄存、纪念品销售、接待室、儿童活动书店、餐饮、观众休息、卫生间

城市规划展示馆的规模

城市规划展示馆分类参照博物馆分类标准　　表3

规模	特大型	大型	中型	小型
建筑面积（m²）	大于20000	20000~10000	10000~4000	4000以下
等级	直辖市规划展示馆	省会城市规划展览馆	地方级规划展示馆	县、区、镇级规划展示馆
实例	上海城市规划展示馆	杭州城市规划展览馆	宁波城市规划展览馆	苏州沧浪新城规划展示馆

城市规划展示馆规模参数统计表　　表4

名称	占地面积(m²)	建筑面积(m²)	展览面积(m²)	层数 地上	层数 地下	高度(m)	规模
重庆市规划展览馆	—	62000	30000	—	1	—	特大型
上海城市规划展示馆	4000	20670	7000	5	2	43.3	特大型
南京市规划建设展览馆	23000	35000	15500	3	—	—	特大型
广州城市规划展览中心	32523	84000	21000	9	3	48.5	特大型
大庆城市规划展览馆	26800	12500	—	3	—	—	特大型
沈阳市城市规划展览馆	15000	25000	—	4	—	35	特大型
烟台市规划展示馆	12900	18800	—	3	—	—	特大型
镇江市城市规划展览馆	15000	20000	10000	4	1	—	大型
苏州市规划展示馆	34779	19868	6650	—	—	—	大型
哈尔滨城乡规划展览馆	8800	21000	—	4	—	—	大型
成都规划馆	16980	—	12000	4	—	—	大型
北京市规划展览馆	—	16000	8000	3	—	—	大型
天津市规划展览馆	—	15000	10000	4	—	—	大型
无锡惠山展示中心	—	15000	—	—	—	—	大型
石家庄市规划展览馆	—	13600	7000	3	—	—	大型
大连城市规划展览馆	—	12600	8800	3	—	—	大型
杭州城市规划展览馆	—	—	12000	4	—	—	大型
上海崇明规划展示馆	—	—	12000	4	—	—	大型
江苏常州规划馆	—	9000	6000	—	—	—	中型
厦门城市建设成就馆	—	8000	6000	2	—	—	中型
宁波城市规划展览馆	—	7400	—	—	—	—	中型
呼和浩特市规划展览馆	—	6480	5000	4	—	—	中型
上海松江区规划展示馆	—	14000	6000	3	1	—	中型
汉中市规划展览馆	—	3000	—	—	—	—	小型
苏州沧浪新城规划展示馆	17000	1471.6	—	—	—	—	小型
西安市规划展览馆	—	2000	—	2	—	—	小型
济南城市规划展览馆	—	2000	—	1	1	—	小型
上海杨浦区规划展示馆	—	1428	—	2	—	—	小型
新加坡规划展览馆	—	—	—	—	—	—	小型
澳洲国家首都展示馆	—	—	—	1	—	—	小型

总体设计 [2] 城市规划展示馆

选址原则

1. 特大型、大型规划展览馆选址一般位于城市中心核心区，或新建新城区的中心区域。一般用地位置良好，普遍位于所在地行政中心周边地块或文化、展示建筑用地之中。
2. 中小型规划展示馆或依附于某些重要公共或文化建筑，例如政府行政中心办公大楼、图书馆等，占据这些建筑的部分体量或局部楼层。
3. 选址需考虑建筑相互之间的外部空间、交通流线及出入口的协调。
4. 基地内应有良好的市政配套设施。
5. 可利用既存建筑改造或扩建。
6. 交通条件良好，宜位于城市主要道路旁，周边宜靠近地铁站、轻轨站及公交站点，方便参观者到达。

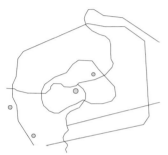
1 上海市及各区城市规划展示馆选址

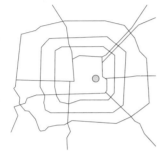
2 北京城市规划展览馆选址

设计要点

1. 城市规划展示馆基本为一次实施，独立建造，宜有两个及以上的基地出入口。若与其他建筑合建时，必须满足流线及使用要求，自成一区，单独设置出入口。观众出入口应与展品进出口分开设置。
2. 建筑密度宜在30%~35%左右，同时应设置有足够的外部空间，以举办户外展览展示、互动活动。
3. 人流与货物车流不应交叉，场地和道路布置应便于观众参观集散和展品装卸运输，设置有后勤场地，供临时存放、展品转运与后勤停车。
4. 按照当地停车配比标准，设置足够的机动车与非机动车停车场地。
5. 建筑宜设置普通参观者、团体参观出入口及VIP观众参观出入口，并设置相应的参观流线。
6. 展示区一般不超过4层，二层以上展区应考虑展品垂直运输设备。
7. 一般均以总体规划模型展示空间为核心来组织建筑空间和流线。
8. 除总体模型展示空间外，其余展厅柱网及层高可参照相关博览类建筑的展厅要求设计。
9. 注意动静空间分区，空间宜灵动流畅，注意展示空间使用的可变性。
10. 注重地域特色在建筑设计上的体现。
11. 注重绿色生态技术和本地建筑材料在设计上的运用。

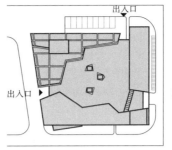
3 承德规划展览馆

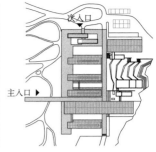
4 唐山市规划展览馆

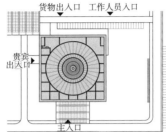
5 上海崇明规划展示馆

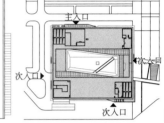
6 无锡惠山展示中心

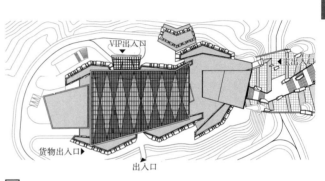
7 黄山城市规划馆

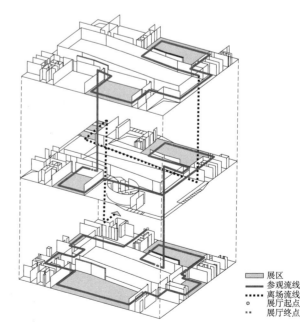
8 无锡惠山展示中心流线图

城市规划展示馆 [3] 展示区

展示区组成

城市规划展示馆展示区主要包括总体规划模型展示区与分类规划展示区。分类规划展示区包括：城市历史文化展览区；城市规划公示展览区；城市建设成就展览区；城市重要建筑模型展览区；城市专项建设展示区；市属区县镇规划展示区；城市建筑文化遗产展览区等。

设计要求

1. 总体规划模型展示区宜位于展示区中核心部位，占据展示的主导地位，一般也是展示面积最大的展区。由于需要高大的无柱空间，多位于城市规划展示馆的上部楼层并设置较大层高，一般均做观赏夹层；或占据2层到3层层高，可从本层及上层不同角度观赏总规模型。

2. 总体规划的模型比例根据城市的辖区范围大小，一般有如下几种比例：1∶800、1∶750、1∶700、1∶600等。模型占地面积一般从300m²到2000m²不等。

3. 总体规划模型展厅一般均配备一个大型多媒体LED或DID拼接屏，与总体规划模型互动。

4. 部分总体模型可结合大屏幕LED介绍内容上下起伏运动，在土建上宜预留相应的降板区域安放机械装置。

5. 展厅一般均采用人工光源照明，模型均配有可控的灯光演示系统和多媒体演示系统。

6. 其他分类展示区部分围绕在总体规划模型周围，按照一定的布展逻辑顺序排列，部分位于其他楼层结合互动与公共教育区布置。城市规划公示展厅通常位于展示区中较为醒目便捷的位置，一般位于底层或二层，方便该部分目的明确的参观者到达。

7. 人流应组织合理、参观线路应简洁明确，避免迂回交叉；参观宜设多条观展流线：VIP流线、普通流线、专业流线等。

8. 参观人流宜采用自动扶梯上下，VIP宜设置电梯。

9. 合理安排休息场所和卫生间，休息场所宜有自然采光及对外自然景观。

10. 宜按照展陈设计和展品要求进行平面布置。

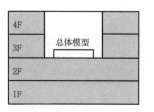
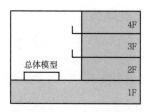

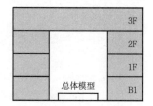

1 总体规划模型布局形式

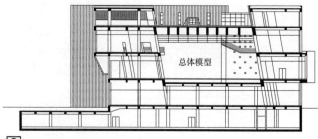

2 承德市规划展示馆剖面图

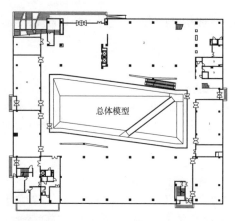

3 无锡惠山展示中心一层平面图

城市规划展示馆总体规划与建设模型展厅尺寸　　表1

馆名	比例（水平）	比例（垂直）	面积（m²）
重庆	1∶750		892
上海	1∶500		约600
大庆	—		2275
北京	1∶750		302
南京	1∶800		932
烟台	1∶1000		1100
沈阳	1∶1000	—	1500
柳州	1∶750		约500
杭州	1∶800	1∶500	580
石家庄	1∶800		1300
天津	1∶800		800
济南	1∶850		700
呼和浩特	1∶800	1∶650	635
盐城	1∶500	—	868
厦门	1∶1000		800
包头	1∶1100		376
重庆江津区	1∶1200	1∶1400	300
成都	—		1400
大连开发区	1∶750		1200

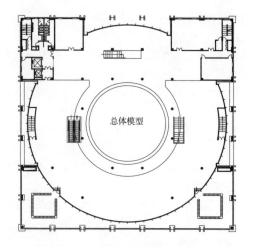

4 上海崇明规划展示馆三层平面图

基本内容

1. 互动交流与公共教育区：互动体验区，虚拟现实区，4D、3D动感影院、环幕影像厅，多功能报告厅，学术会议室和贵宾接待室。

2. 公共服务区：门厅，接待兼休息区，售票、问讯、寄存处，书店、纪念品销售区，儿童活动、哺乳室、咖啡简餐或茶室及卫生间。

3. 办公及后勤服务区：包括馆内管理人员办公区，展品装卸区，展品制作修补及工具间等。

设计要点

1. 互动交流区可以围绕展示区参观主线结合布置，穿插进行，增进参观乐趣。互动区通常通过模拟声音、色彩变化、灯光等设备提供感官体验。

2. 4D、3D动感影院、环幕影像厅的观众视线设计，声学设计，疏散通道设计，座席排列与放映机房、检修通道等应按厂家提供的工艺设计条件并参照《电影院建筑设计规范》JGJ 58设计。环幕影像厅一般可选择的投银幕有360°、270°、180°、120°等。根据以往实例统计，城市规划展示馆影厅容量以容纳不超过60人为宜。展馆影厅人数可根据需要及建筑规模来确定。

环幕影院系统的基本构成：环形投影硬幕通常弧幕长10m，环幕一般20m左右，高一般在3m上下，投影机选用高流明投影机（分辨率1024×768，亮度4500lm以上）、专业图形工作站、控制服务器、影院音响等设备。

3. 临时展厅、团体接待室、兼顾社会文化生活需要或人流量大的报告厅、影视厅等宜设有能独立对外开放的出入口。

4. 应在公众入口处设置门厅、门廊、售票厅、附属房间等，合理安排售票、验票、安检、雨具存放、小件及衣帽寄存、问讯、语音导览器及资料索取、残疾人轮椅及儿童车租用、电话间、邮箱、医务室、播音室等公众接待及服务空间。需要时可设置团体或贵宾接待室。

5. 在主入口内外应考虑特殊时段大量人流等候区域，该区域要考虑遮光、挡雨、空气流动及温度调节措施，有条件可设置等候座椅，附近宜设置卫生间或可移动厕所。

6. 城市规划展示馆如条件许可，咖啡简餐宜设置在建筑最高层，方便观赏城市景观。

7. 展品装卸、制作及修补区宜靠近展示区。货梯吨位、轿厢开间进深及高度应考虑展品运输方便。

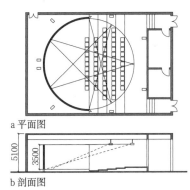

1 180°环幕

2 互动公共交流及公共服务区位图

3 广州城市规划展览中心平面图

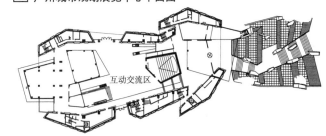

4 黄山城市规划馆一层平面图

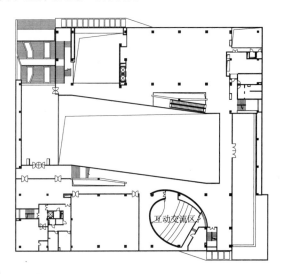

5 无锡惠山展示中心二层平面图

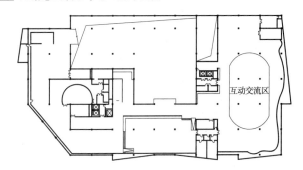

6 天津市规划展览馆二层平面图

城市规划展示馆 [5] 实例

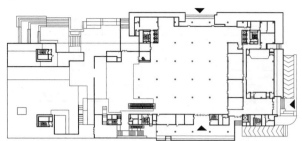

a 一层平面图

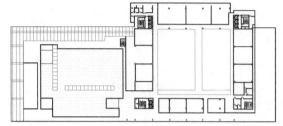

b 二层平面图

c 三层平面图

[1] 广州城市规划展览馆

名称	建筑面积	建成时间	建筑层数	设计单位
广州城市规划展览中心	84000m²	2017	8层	华南理工大学建筑设计研究院

本工程包括规划展示、公众参与、学术交流、城建档案、业务技术支持等功能,与白云新城国际会议中心隔路相望

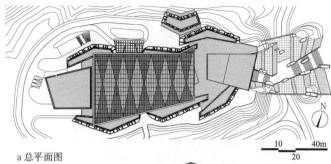

a 总平面图

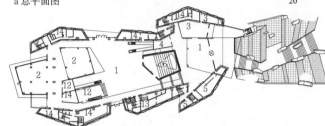

b 一层平面图

1 中央大厅
2 展厅
3 咖啡厅
4 纪念品发售
5 办公室
6 4D影院
7 3D投影厅
8 会议室
9 宴会厅
10 备餐
11 会客厅
12 库房
13 储存室
14 设备
15 上空

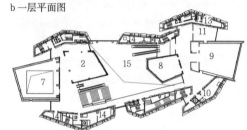

c 二层平面图

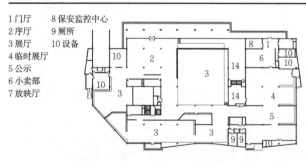

1 门厅　　8 保安监控中心
2 序厅　　9 厕所
3 展厅　　10 设备
4 临时展厅
5 公示
6 小卖部
7 放映厅

a 一层平面图

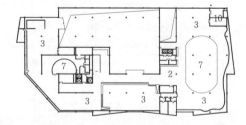

b 二层平面图

[2] 天津市规划展览馆

名称	建筑面积	建成时间	建筑层数	设计单位
天津市规划展览馆	15000m²	2009	4层	天津市建筑设计院

天津规划展览馆共4层,一至三层为展示区,共分为16个展区,第四层为办公区。位于海河之滨的意大利风情保护区内,与天津商业街隔河而望

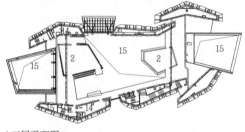

d 三层平面图

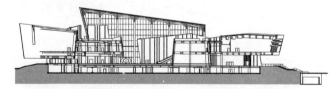

e 剖面图

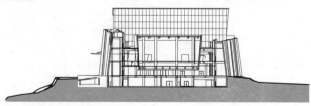

f 剖面图

[3] 黄山城市规划馆

名称	建筑面积	建成时间	建筑层数/高度	设计单位
黄山规划展示馆	17019m²	2014	3层/30.8m	华东建筑集团股份有限公司

本工程包括城市展示、主题展示、互动参与、精品文化展示、休闲消费等功能分区,位于徽州文化艺术长廊优先区东北部

实例［6］城市规划展示馆

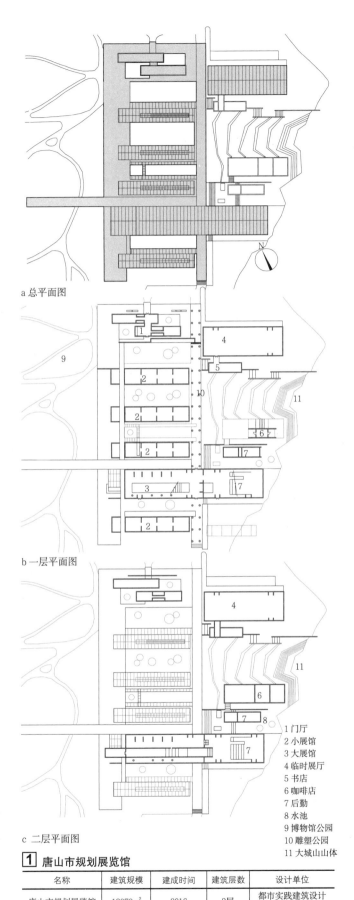

a 总平面图

b 一层平面图

c 二层平面图

1 门厅
2 小展馆
3 大展馆
4 临时展厅
5 书店
6 咖啡店
7 后勤
8 水池
9 博物馆公园
10 雕塑公园
11 大城山山体

1 唐山市规划展览馆

名称	建筑规模	建成时间	建筑层数	设计单位
唐山市规划展览馆	13070m²	2016	3层	都市实践建筑设计有限公司

本工程一、二层为规划馆和主题展区，三层为产业、招商、重点项目、县市规划和互动展区，位于南湖生态城世园会综合展示中心中段

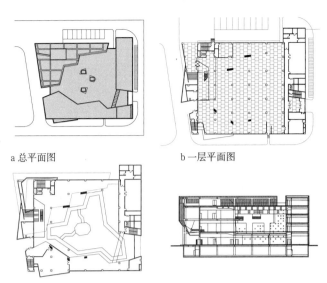

a 总平面图　　　　　b 一层平面图

c 二层平面图　　　　d 剖面图

2 承德市规划展示馆

名称	建筑规模	建成时间	建筑层数/高度
承德市规划展示馆	11700m²	2009	3层/12.15m

本工程包括一层为历史名城馆，二层为现代承德馆，三层为专项展示馆，位于开发东区武烈河畔

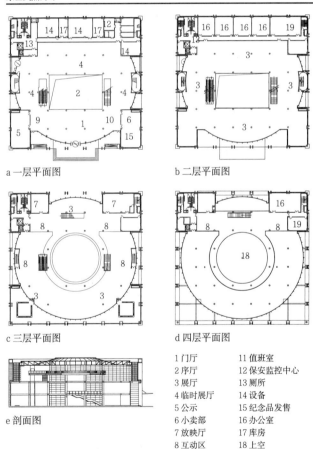

a 一层平面图　　　　b 二层平面图

c 三层平面图　　　　d 四层平面图

e 剖面图

1 门厅　　　　11 值班室
2 序厅　　　　12 保安监控中心
3 展厅　　　　13 厕所
4 临时展厅　　14 设备
5 公示　　　　15 纪念品发售
6 小卖部　　　16 办公室
7 放映厅　　　17 库房
8 互动区　　　18 上空
9 公共设施区　19 会议室
10 休息区

3 上海崇明规划展示馆

名称	建筑规模	建成时间	建筑层数/高度	设计单位
上海崇明规划展示馆	12000m²	2010	4层/23.5m	华东建筑集团股份有限公司华东都市建筑设计研究总院

本工程一、二、三层为展厅，四层为办公区，位于上海崇明区新城核心区

4 博览建筑

城市规划展示馆 [7] 实例

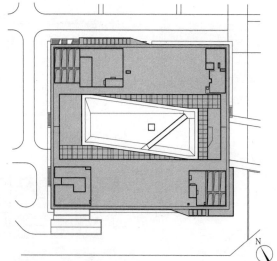

a 总平面图

1 独立展厅
2 开放展厅
3 专家评审室
4 临时展厅
5 3D影视
6 休息厅
7 景观平台
8 景观内庭
9 卫生间

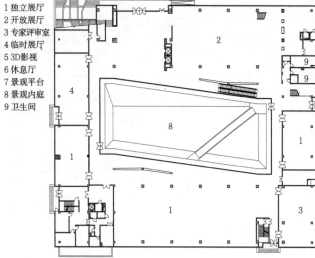

b 一层平面图

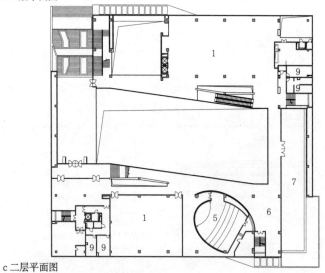

c 二层平面图

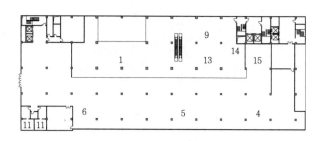

a 一层平面图

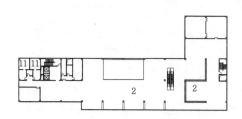

b 二层平面图

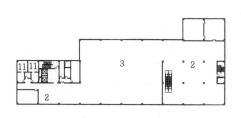

c 三层平面图

1 独立展厅　　10 环幕影院
2 开放展厅　　11 卫生间
3 总体模型　　12 办公
4 临时展厅　　13 城市书吧
5 公示区　　　14 儿童活动区
6 查询区　　　15 规划体验区
7 学术报告
8 贵宾接待
9 休闲咖啡厅

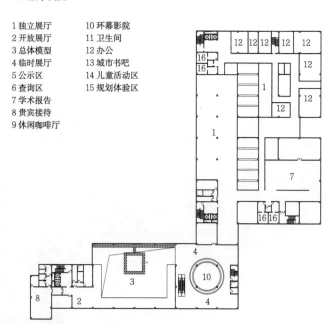

d 四层平面图

1 无锡惠山展示中心

名称	建筑规模	建成时间	建筑层数/高度
无锡惠山展示中心	15055m²	2008	3层/25.2m

本工程包括独立展厅、开放展厅、临时展厅和3D影视等，位于江苏省无锡市惠山新城核心区，基地北侧政和路与东侧惠山大道分别连通惠山中心区与无锡市区

2 杭州城市规划展览馆

名称	建筑规模	建成时间	建筑层数
杭州城市规划展览馆	12000m²	2008	4层

本工程为杭州市规划展示馆，展馆共分4层，按陈列分为"序厅"、"印象杭州"、"解读杭州"和"展望杭州"4个展厅，位于杭州市市民中心裙楼L座，展示馆与国际创业中心相邻，设在区水务大厦的一楼和四楼

定义

演艺建筑是特指为现场真人表演提供观演场所的建筑类型，包括歌剧院、音乐厅、戏剧院、实验剧场、主题剧场和演艺中心等。演艺建筑可以是只为一种类型的演出而专门定制的，也可以是多用途的。既可以是室内表演厅，也可以是室外演出场所。

演艺建筑是具有"观赏—表演"空间的公共建筑，不仅是观众欣赏各类歌剧、音乐、戏剧等表演艺术的演出场所，也是观众进行社会文化交流的场所。

演艺建筑具有双重属性，不仅有文化建筑的属性，也有商业建筑的属性，在设计之初就应考虑建成后商业运营的要求。

类型

演艺建筑空间一般由四部分组成。

1. 观看演出的空间——观众厅（席）。
2. 进行表演的空间——舞台。
3. 为观众使用的公共空间，包括前厅、休息厅、餐饮、厕所、展厅、商店等配套设施。
4. 为演员和工作人员使用的空间——后台，包括演出的服装、化妆、排练、道具、布景、技术用房、办公、研究中心等。

其中，观众厅和舞台部分需要满足"视—听—演"专业的声学、舞台机械、灯光和音响等的需求。

演艺建筑的类型   表1

分类		说明	分类				
按演出类型分类	歌剧院	以演出歌剧、舞剧为主。一般为镜框式舞台，舞台尺度较大，容纳观众较多，视距可以较远，演出以自然声为主	按舞台类型分类	镜框式舞台	标准镜框舞台：观众厅与舞台之间设有明显的台口作为分隔，设有箱形舞台和镜框式台口		
	音乐厅	以演奏、演唱音乐作品为主，对厅堂的音质要求较高，演出方式采用自然声。一般采用开敞式舞台			伸出式镜框舞台：舞台加大并伸向观众席，作为表演区域		
	戏剧院	话剧院：以演出话剧为主的剧场，观众厅规模以800~1200座为宜，音质清晰度要求较高，观众视距不宜过远。传统话剧以镜框式舞台和伸出式舞台为主，先锋话剧和实验话剧以开敞式舞台为主，一般不需要乐池		开敞式舞台	尽端式开敞舞台：舞台与观众席同处于一个空间，舞台位于观众厅的一端		
		戏曲院：以演出中国戏曲为主的剧场，观众厅规模以800~1000座为宜，音质清晰度要求较高，观众视距不宜过远。戏曲演出以镜框式舞台、镜框式结合伸出式舞台为主，通常设有乐池					
	实验剧场	以演出实验话剧、先锋话剧为主，亦可适用于其他中小型演出。其形式主要为开敞式（尽端式、伸出式和岛式），舞台与观众席的形式与位置灵活可变。观众席规模一般在300~600座之间					
	演艺中心	分散多厅：由多个不同类型演出剧场组成的综合建筑（群），通常还包含常驻的演出团体或研究机构。集中多厅的布局分为水平布置和垂直叠加两种			半岛式开敞舞台：舞台与观众席同处于一个空间，舞台被观众厅三面环绕		
		集中多厅					
	主题剧场	主题剧场属于定制式、驻演制剧场，上演的剧目和演出团队相对固定，剧场工艺根据剧目的演出需求来设计，后台用房根据剧团的使用需求而设置					
	室外剧场	利用周边环境、地形地貌进行空间布局的室外开放式演出场所，规模较室内剧场大。分为全露天和局部露天。一般会对舞台区域进行遮挡，满足其声学和灯光的要求			岛式开敞舞台：舞台被观众厅四面环绕		
	中国戏台	传统中国戏台大多为露天剧场或半露天式剧场，戏台通常为木构亭台式，近现代的中国戏台也有将戏台置于室内厅堂之内，观众席分布于舞台正面或三面围合					
按属性分类	场团合一剧场	以演出一个剧种为主，属于某类专用剧团（院）使用和管理	按规模分类	规模分类	特大型	大型	中型	小型
				观众容量	1501座以上	1201~1500座	801~1200座	300~800座
	综合经营剧场	自身没有演出团体，经营方式有自主经营、托管经营、合作经营、院线式经营等多种经营模式的剧场，演出剧种呈多样性	按等级分类	特级	国家级剧院、演艺中心等重点剧场属特等剧场，其技术要求根据具体情况确定			
				甲级	甲、乙级剧场在建筑质量标准及室内环境标准上符合《剧场建筑设计规范》JGJ 57有关章节的具体规定			
				乙级				

演艺建筑 [2] 概述 / 演变历史

演艺建筑空间演变的历史阶段　　　表1

历史时期	主要特点	代表作品
古希腊	利用自然地形，在山坡上用石块修筑起层层看台的露天剧场，中间是看台围绕的平坦的圆形表演区；观众与演员共处一个空间	埃庇达鲁斯剧场（公元前350年）①、②
古罗马	罗马剧场建造在城市里，舞台变成了半圆形，舞台后部建有楼房，舞台后墙装饰更精巧，剧场座位坡度更陡	奥朗日剧场（50年）③、④
文艺复兴时期	英国剧场受莎士比亚戏剧的影响，形成了舞台、演员和观众共处一个半露天空间的形式，距离拉近，观众从三面包围舞台，并参与演出的再创造，"观与演"交流直接	英国环球剧院（1614年）⑤、⑥
17、18世纪（巴洛克时期）	歌剧成为新的戏剧形式，歌剧院视听效果良好，设备精良；镜框式舞台台口和箱形舞台，观众厅为马蹄形，多层包厢成为普遍的模式	意大利那不勒斯圣·卡罗剧院（1737年）；米兰拉·斯卡拉歌剧院（1778年）⑦、⑧；博洛尼亚剧院
19世纪欧洲经典剧场发展盛期	在意大利歌剧院基础上，形成了经典歌剧院体制，并得以兴盛于全世界；注重视线需求的扇形观众厅平面，是对新观众厅形式的探索	奥地利维也纳国家歌剧院（1869年）；法国巴黎加尼叶歌剧院（1875年）；捷克布拉格国家歌剧院（1883年）⑨；德国拜罗伊节日剧场（1876年）⑩
20世纪二战前	剧院建筑较系统的科学知识大致在20世纪30年代日渐形成；受包豪斯运动影响，舞台和观众席的变换，形成多种观演关系，引导各种现代技术的应用和发展	格罗皮乌斯的万能剧院（1927~1935年设计）⑪、⑫

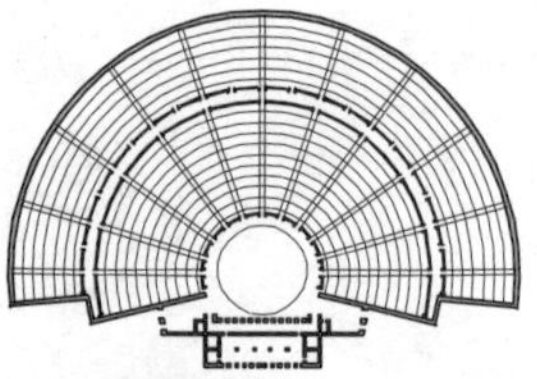

① 埃庇达鲁斯剧场
② 埃庇达鲁斯剧场 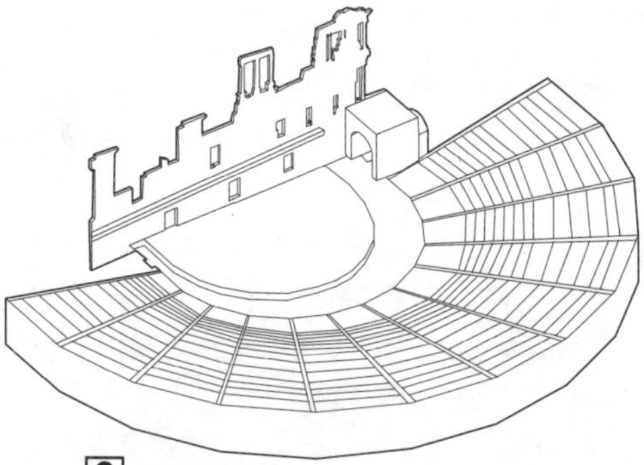
③ 奥朗日剧场 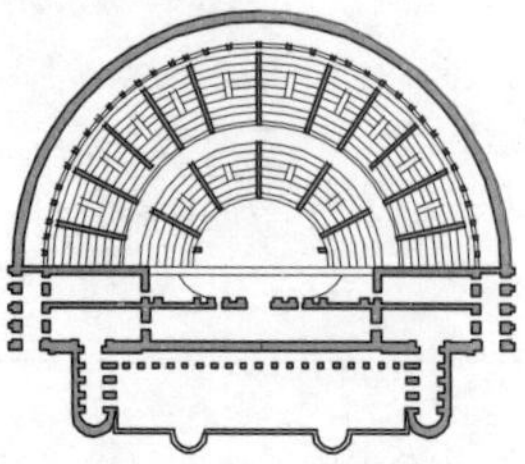 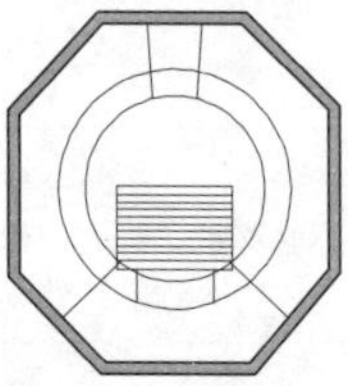
④ 奥朗日剧场
⑤ 英国环球剧院
⑥ 英国环球剧院
⑦ 米兰拉·斯卡拉歌剧院 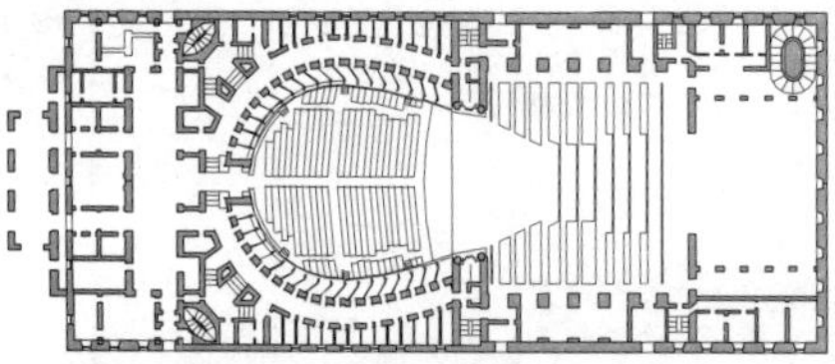
⑧ 米兰拉·斯卡拉歌剧院 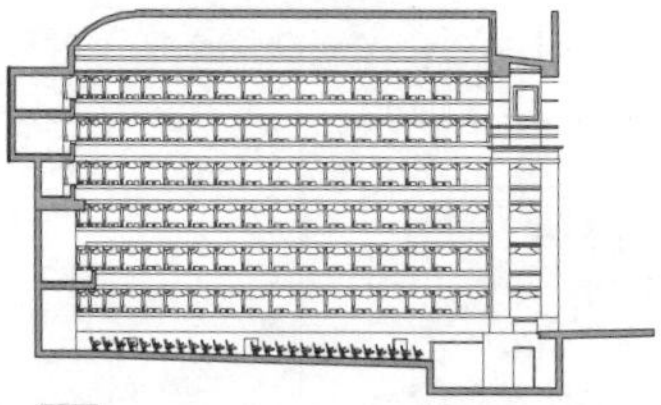
⑨ 捷克布拉格国家歌剧院 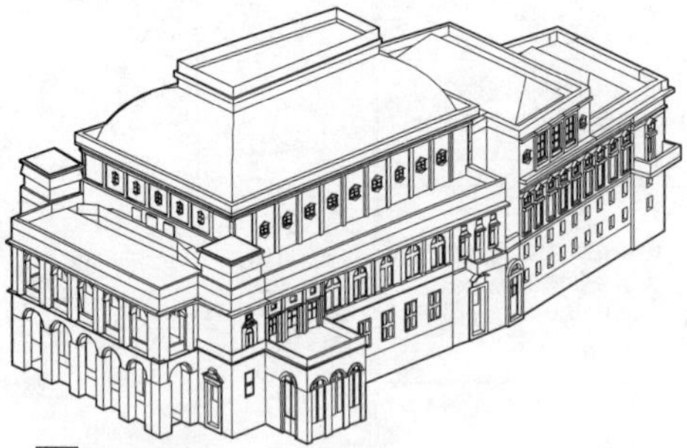
⑩ 德国拜罗伊节日剧场 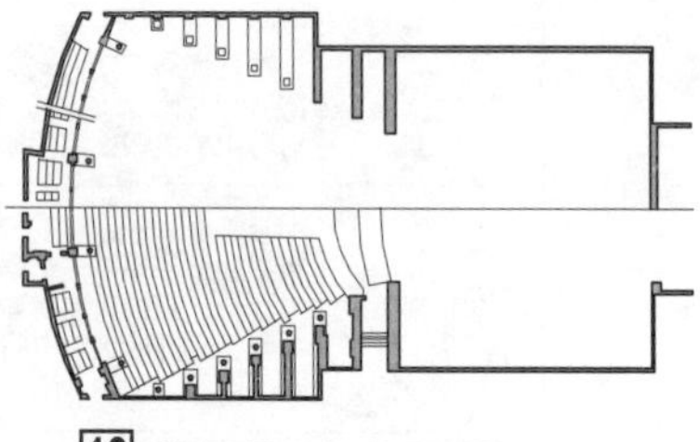
⑪ 格罗皮乌斯的万能剧院 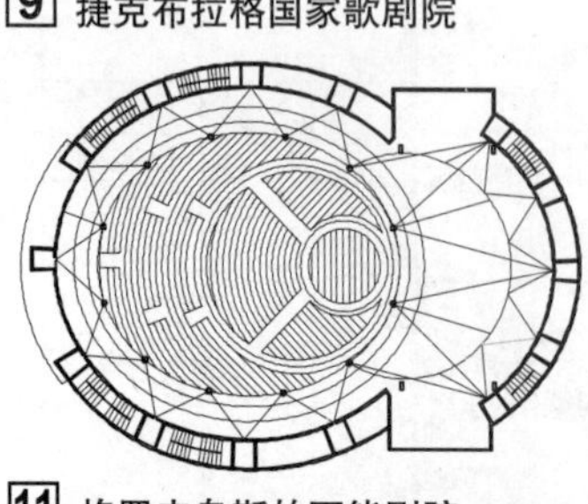
⑫ 格罗皮乌斯的万能剧院

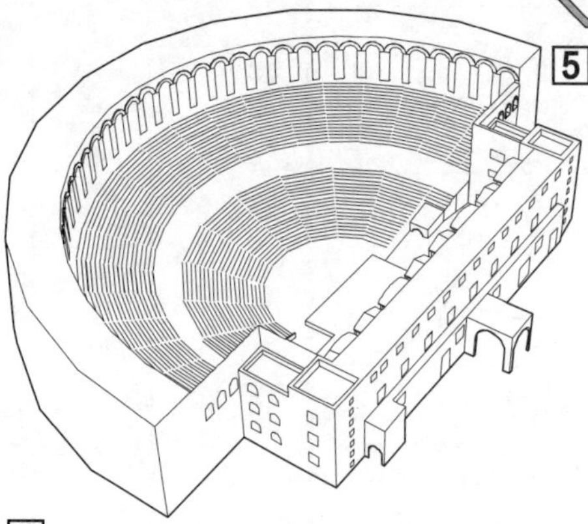

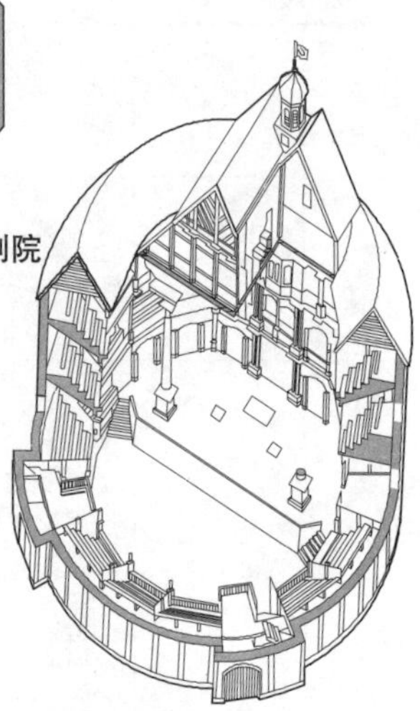

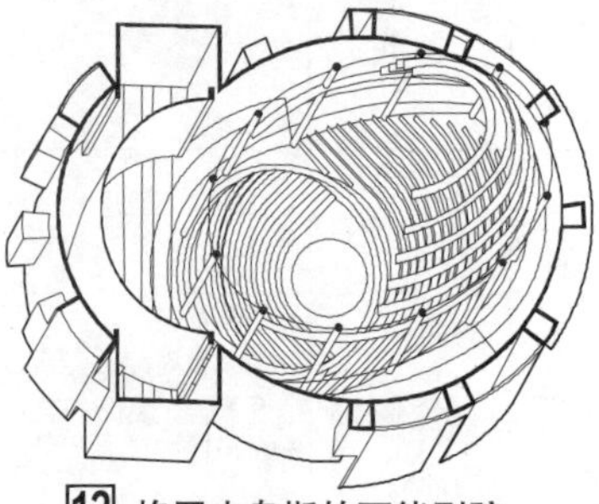

演艺建筑空间演变的历史阶段　　续表

历史时期	主要特点	代表作品
"二战"后	舞台与观众厅布局多样化，开敞式舞台兴起（尤其是现代伸出式），强调演员与观众的交流	英国国家剧院奥利弗剧场（1976年）①，加拿大斯特拉福德莎士比亚剧场（1957年）②
	剧场形式的象征和隐喻意义的出现	悉尼歌剧院（1973年）③，洛杉矶迪士尼音乐厅（2003年）④
	葡萄园台地式音乐厅的产生创造了音乐厅的新模式	柏林爱乐音乐厅（1963年）⑤
	演艺中心模式形成，多个观众厅的结合弥补了单厅的局限性	纽约林肯艺术中心（1966年）⑥；中国国家大剧院（2007年）⑦；日本新国立剧场（1997年）；肯尼迪艺术中心（1971年）
	传统镜框式舞台的演进——品字形舞台的发展应用	奥斯陆新歌剧院（2008年）⑧；上海大剧院（1998年）⑨；巴黎巴士底歌剧院（1989年）；纽约大都会歌剧院（1965年）
	演艺建筑类型随着演出形式而呈现多样化细分	—

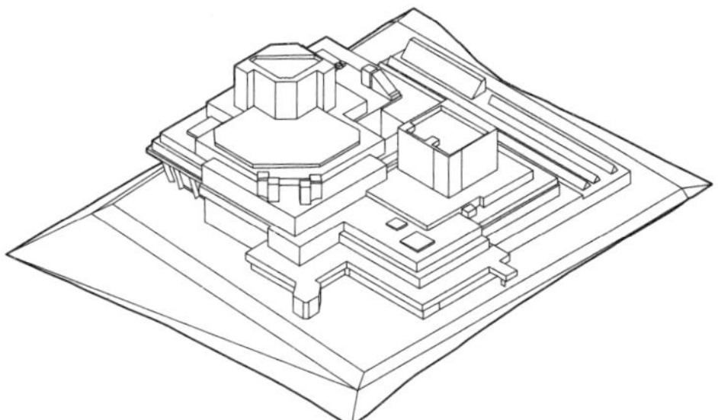

① 英国国家剧院奥利弗剧场

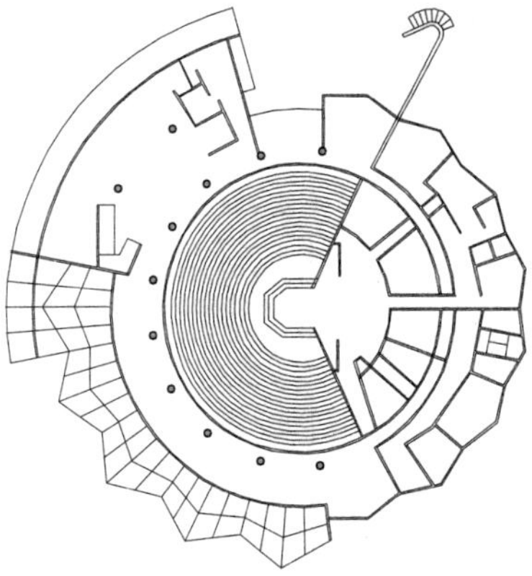

② 加拿大斯特拉福德莎士比亚剧场

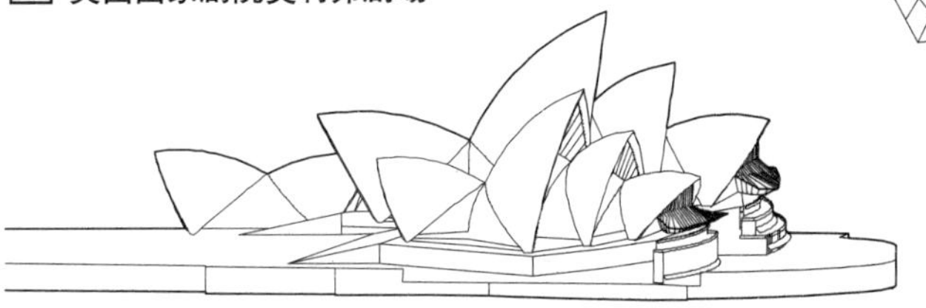

③ 悉尼歌剧院

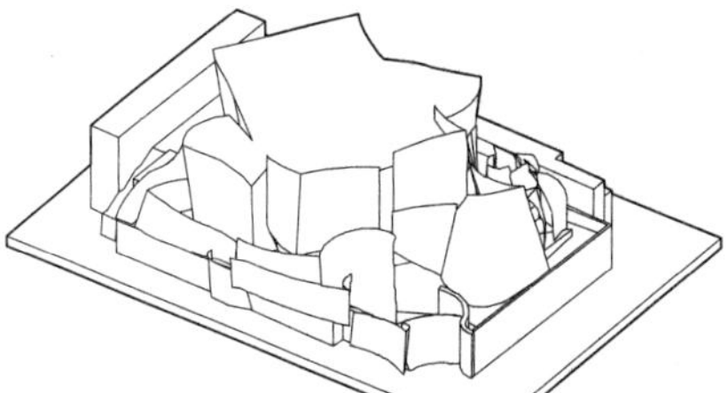

④ 洛杉矶迪士尼音乐厅

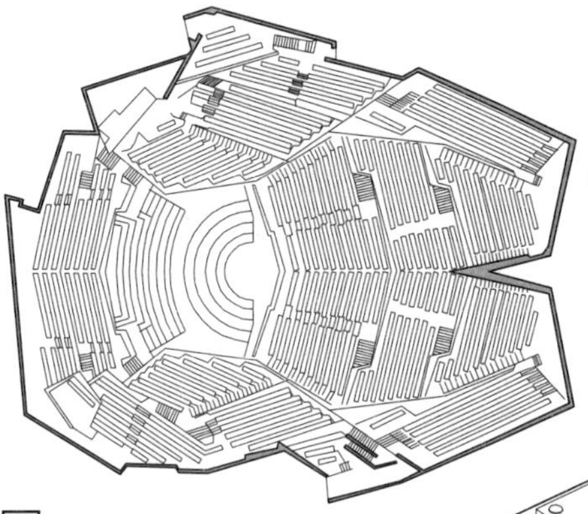

⑤ 柏林爱乐音乐厅

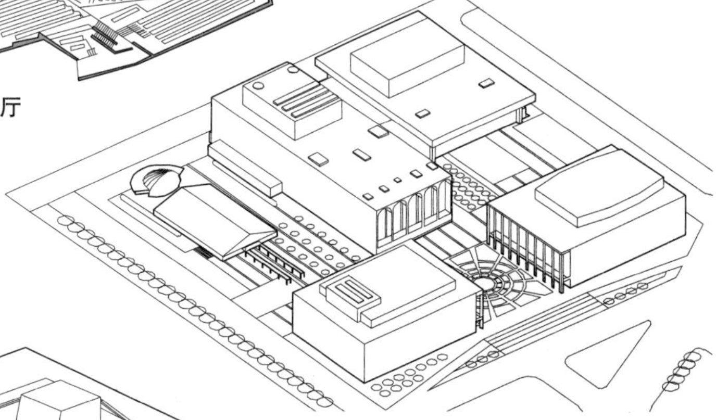

⑥ 纽约林肯艺术中心

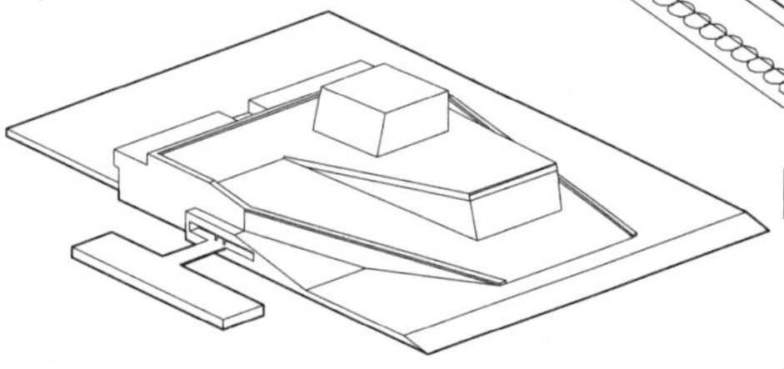

⑧ 奥斯陆新歌剧院

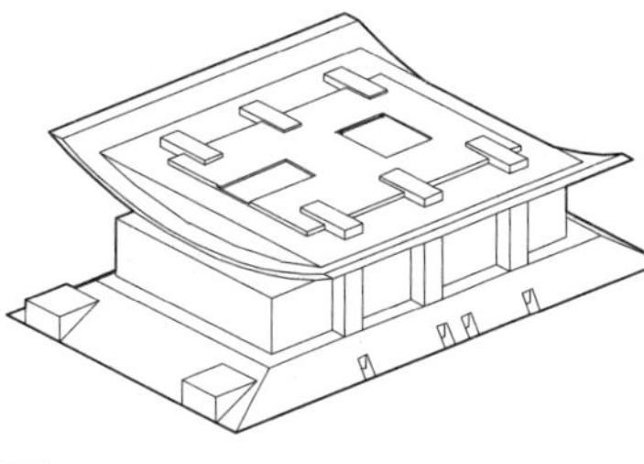

⑨ 上海大剧院

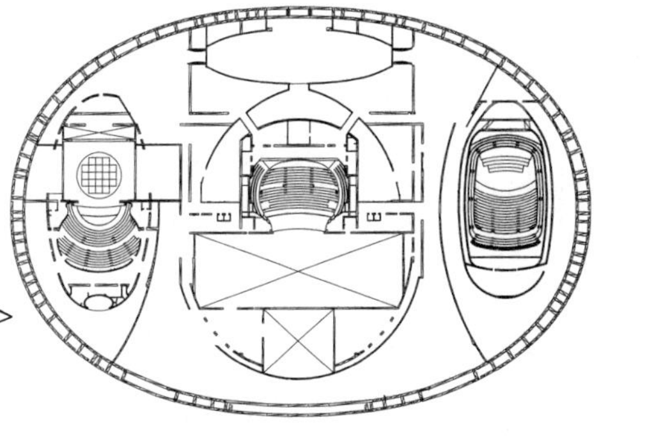

⑦ 中国国家大剧院

演艺建筑 [4] 设计要点

设计要点

1. 确定剧场性质、类型、经营、等级、规模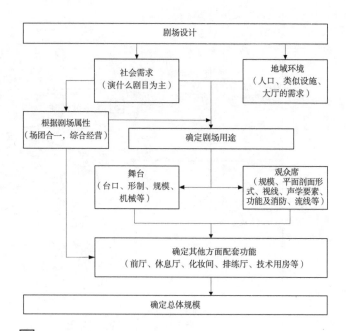[1]、[2]。
2. 基地选定之后，总平面设计应考虑剧场与城市环境、城市交通、道路的关系。合理安排观众集散流线、贵宾流线、货物流线和内部演职人员流线的关系。合理安排观众疏散与消防路线及场地。
3. 与声学工程师合作，确定合理的声学指标，选择观众厅类型、形态，并对观众厅进行声学分析和模拟计算；重大工程可制作观众厅的实体缩尺模型进行分析测试。
4. 进行视线分析，以视线升起曲线作为观众厅剖面设计的依据。
5. 与舞台工艺工程师及业主合作，确定舞台工艺设计，使舞台机械、舞台灯光、舞台音响等系统的设计与建筑设计同步且紧密配合。根据其具体情况，确定舞台工艺要求及具体布置。
6. 进行后台工艺布置，尽早确定剧场使用者，设计应满足其演出功能需求。
7. 根据演艺空间的功能特点，寻求剧场和观众厅空间的创新。
8. 剧场功能组成见[3]。

[1] 剧场设计规模参考标准　　[2] 剧场设计规模确定的流程

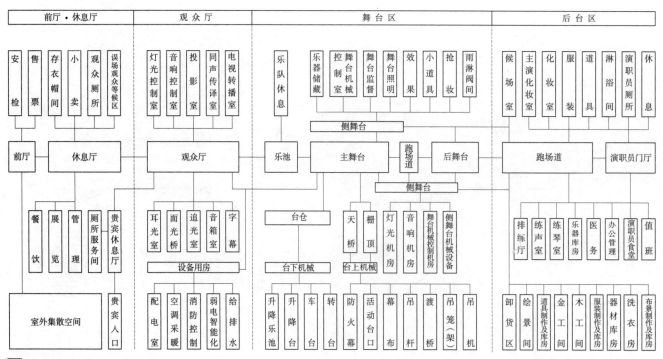

[3] 剧院基本功能关系图

基地选址

1. 应与城镇规划相协调，合理布点。重点剧场应选在城市的重要位置，形成的建筑群应对城市面貌有较大影响。

2. 选址应在位置适中、公共交通便利、远离工业污染源和噪声源的区域。剧场等级、规模和类型应与所在区域的服务人群的素养、艺术情趣相适应。儿童剧场应设在位置适中、交通便利、比较安静的区域。

3. 选址时应充分考虑对剧场今后运营的影响。在既有城区内选址时，要尽可能考虑依托现有成熟的街区并紧邻高品质的公共交通设施，如轨道交通、公交线路等。用地紧张时，可考虑与其他建筑毗邻修建或垂直叠加合建。

4. 剧场基地至少有一边面临城市道路，临街长度不少于基地周长的1/6，可通行的宽度不小于剧场安全出口宽度的总和。

5. 剧场前面应有不小于$0.2m^2$/座的集散广场，以保证剧场观众的滞留和疏散不至于对城市交通造成阻滞。剧场与其他建筑毗邻修建时，剧场前面若不能保证观众疏散总宽度及足够的广场时，应在剧场后侧或侧面另辟疏散口，连接通道宽度不少于3.5m。剧场与其他类型建筑合建时，应充分考虑剧场的可达性与可视性，保证剧场设有专用的疏散通道。室外广场也应作为剧场的集散广场。

总体流线设计

1. 观众流线

演艺建筑开演前和演出结束后，会短时间内集中大量的观众。设计足够的集散广场和出入口空间，不仅能缓和演出前后的拥挤，而且在紧急情况下能够提高安全性。同时应避免观众流线和车辆流线交叉。

2. 后台流线

后台流线避免和观众流线交叉，确保在各种情况下的畅通。应设专用的演职员出入口，便于集中管理。不仅在演出时段，即便是日常排练、运营时也能确保不受干扰。

3. 布景、道具流线

布景、道具的流线应简捷便利，其出入口应靠近舞台区。剧场和音乐厅都有很多布景及道具的进出，并且其搬运车辆一般情况下为4吨位大型车，歌剧等大型剧目演出时还会使用40英尺国际标准尺寸集装箱来搬运布景。因此布景及道具搬运出入口的流线应便捷，设计时还要有充分的车辆回转空间。

4. 贵宾流线

贵宾流线应避免与观众流线交叉，宜单独设置贵宾出入口和停车场(库)，其位置宜位于舞台上场门一侧。

总平面设计

1. 功能分区明确。避免观众人流与车流交叉，并有利于消防救援、停车和人流集散。演职员、布景运输流线要与观众流线分开，运景车辆应能直接到达景物出入口。

2. 与城市公共交通站点、停车场位置协调，避免剧场人流与城市人流交叉。

3. 总平面内部道路设计要便于观众疏散，同时便于消防设备的操作，并应设置照明。

4. 剧场应设停车场(库)，当基地不足以设置停车场(库)时，应与城市规划及交通管理部门统一规划解决。

5. 创造良好的环境，合理布局设备用房和停车场(库)，避免振动、噪声等污染源对演艺建筑的影响。环境设计及绿化是剧场设计的一个重要组成部分。

6. 塑造良好的外部艺术环境，适当预留功能扩展空间。

7. 剧场建筑用地指标及建筑覆盖率见表1。

剧场建筑用地指标及建筑覆盖率　　　　表1

项目	用地面积(m²/座)			建筑覆盖率
	特等	甲等	乙等	
指标	7~8	5~6	3~4	30%~40%

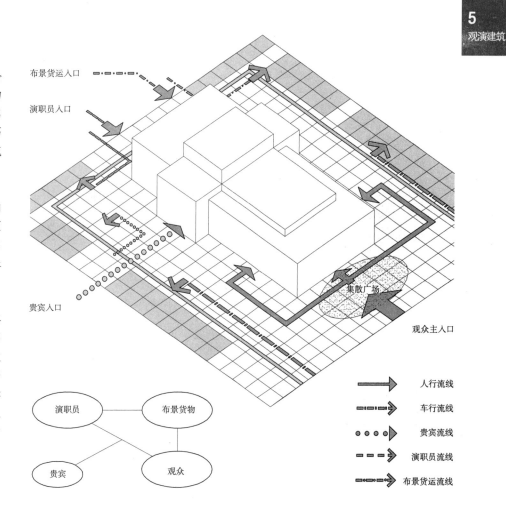

1 总平面流线关系图

演艺建筑 [6] 基地总平面

基地总平面类别   表1

基地类型	总平面设计	基地选址	实例	
独立式	便于统一合理考虑功能分区、集散、绿化景观和停车等设计	独立式A 基地完整，基地边界有1~2边临城市道路或被城市道路环绕	广州大剧院总平面图	上海大剧院总平面图
	塑造并提升城市空间，同时充分利用环境的景观资源	独立式B 位于城市景观较佳位置，如公园、湖河海边，至少有1条边界临城市道路	挪威奥斯陆新歌剧院总平面图	无锡大剧院总平面图
组合式	若集散空间不足，需考虑相关交通组织。毗邻或垂直叠加修建时，要充分考虑剧场的可达性和可视性。其观众厅和建筑的其他部分在结构上能实现声音隔绝	组合式A 位于城市闹市，与其他建筑毗邻或垂直叠加而建，能与城市道路相邻	1 梅兰芳大剧院 水平毗邻：北京梅兰芳大剧院	垂直叠建：美国华盛顿特区的薛尼·哈曼观众厅
	整体考虑建筑群体、公共广场、绿化景观、交通流线、停车布局等设计	组合式B 位于大型文化中心片区	1 大剧院 2 自然博物馆 3 博物馆 4 美术馆 5 图书馆 6 购物中心 7 青少年活动中心 8 中华剧院 天津文化中心大剧院总平面图	1 大都会歌剧院 2 菲希尔音乐厅 3 纽约州剧场 4 波蒙特剧场和纽豪斯剧场 5 茱莉亚音乐学院和爱丽丝度利厅 6 古根海姆户外音乐台 美国纽约林肯中心总平面图

设计要点

1. 前厅、休息厅设计应满足观众候场、休息、交谊、临时演出、展览、疏散等要求。
2. 前厅、休息厅内交通流线及服务分区应明确，附设有存衣间、小卖部或艺术商店、酒吧和餐厅、厕所、售票处、误场等候区、非正式演出空间、展览空间，以及贵宾休息室等。
3. 前厅、休息厅面积指标见表1。
4. 前厅、休息厅内部空间关系见 1 。
5. 其他：
   (1) 设有楼座观众厅的剧场，各层的休息厅面积宜根据各层观众数量予以适当分配；
   (2) 严寒及寒冷地区的剧场，前厅宜设门斗；
   (3) 前厅宜考虑安检设施的空间；
   (4) 前厅、休息厅应作吸声降噪处理；
   (5) 前厅、休息厅应设总控室，控制电器开关，并设服务员管理用房、休息室及清洁用具储藏室。

售票处

1. 售票处包括售票空间和顾客购票停留空间。其中售票空间应考虑经理、出纳、电话、网络、邮件售票、自助取票等功能。
2. 大型剧场售票处宜附设团体票洽谈室。
3. 售票处应考虑宣传品及海报陈列位置（空间）。

4. 售票处布置方式，一般可分为附设于前厅或独立设置。
5. 售票柜台具体布置见 2 。

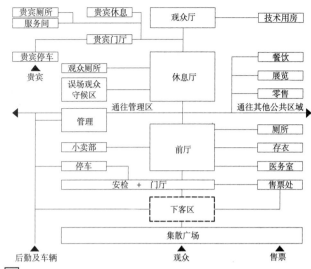

1 前厅、休息厅内部空间关系图

前厅、休息厅面积指标　　　表1

类别	前厅		休息厅		前厅兼休息厅		小卖
等级	甲	乙	甲	乙	甲	乙	
指标(m²/座)	0.2~0.4	0.12~0.3	0.3~0.5	0.2~0.3	≤0.6	0.3~0.4	0.04~0.1

售票窗口数量与观众座位数的关系　　　表2

观众座位数（座）	500以下	501~800	801~1200	1200以上
售票窗口数（个）	1~2	2~3	3~4	>4

售票处与前厅的关系　　　表3

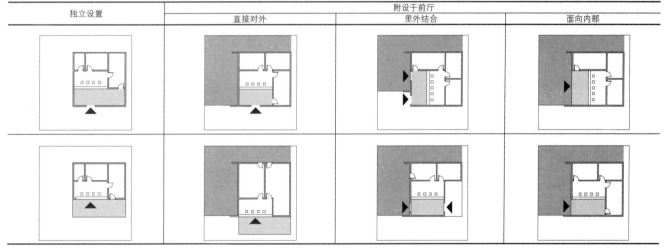

注：■ 前厅，□ 售票处。

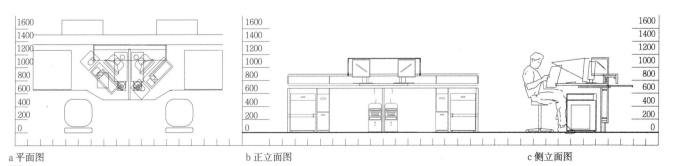

a 平面图　　　b 正立面图　　　c 侧立面图

2 前厅售票柜台图

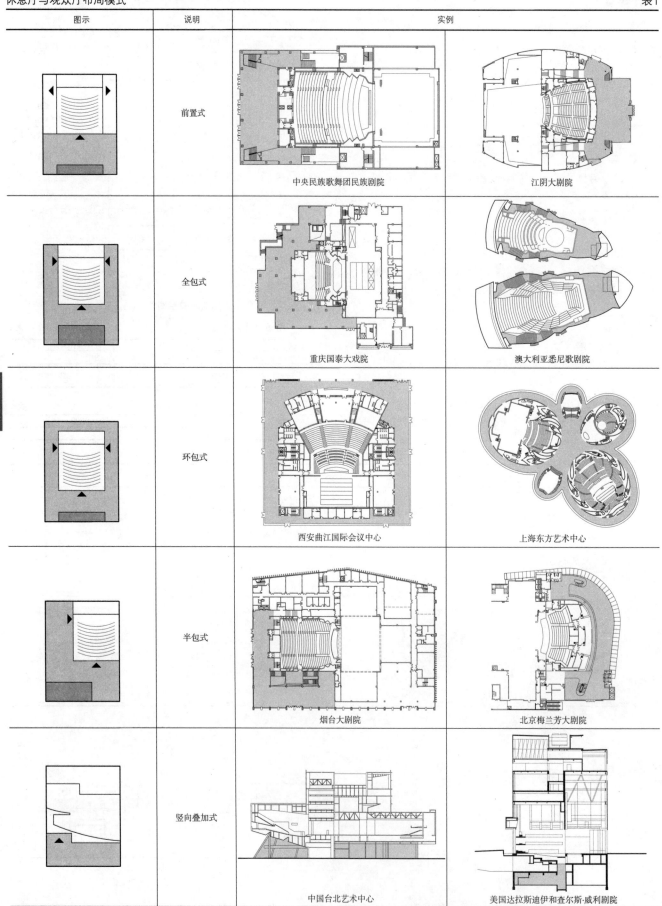

存衣间·厕所·误场观众等候区 / 休息厅 [9] 演艺建筑

存衣间

1. 存衣间可附设于前厅或休息厅前部。
2. 可专设衣帽间或设自助式储物柜厅。
3. 严寒及寒冷地区的指标宜适当提高。

存衣面积指标　　　　　　　　　　　　　　表1

类别	柜台以内面积	柜台以外面积	柜台长度
指标	0.04~0.08m²/座	0.07m²/座	1m/40~80座

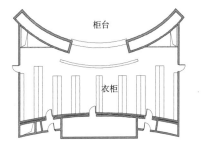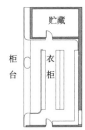

1 存衣间布置示例

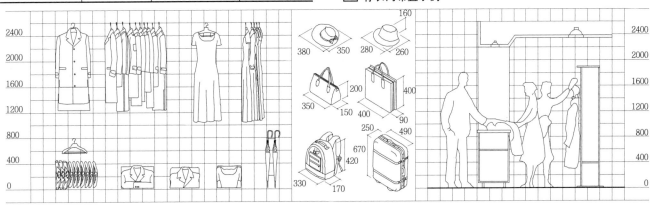

2 尺寸

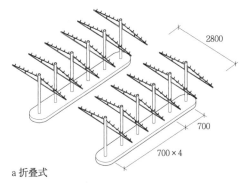

a 折叠式

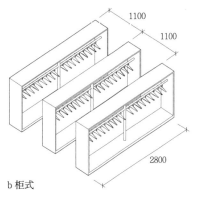

b 柜式

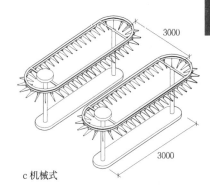

c 机械式

3 衣架

厕所

1. 厕所不得直接开向观众厅。
2. 厕所应设前室，并确保通行顺畅。
3. 厕所应避免靠近主舞台和观众厅隔墙。
4. 休息厅各层厕所的卫生器具数量宜与本层观众人数相匹配。
5. 厕所应满足无障碍规范要求，宜设置无障碍厕所。

厕所卫生器具指标　　　　　　　　　　　表2

类别	男			女		附注
	大便器	小便器	洗手器	大便器	洗手器	
指标（个/座）	1/150	1/60	1/150	1/20	1/100	男：女=1：1

误场观众等候区

1. 剧场应设误场观众等候区，一般可设置于休息厅内，或设置单独的等候厅。在布置时误场观众等候区应尽量集中设置于观众厅的出入口附近。
2. 等候区内应设有转播现场演出的音视频等设备。
3. 等候区内宜设置服务设施，如饮水设备、小型售卖、广告宣传品等。

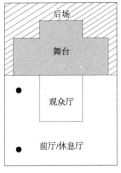

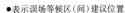

●表示误场等候区(间)建议位置

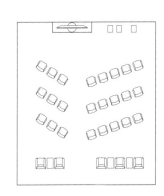

4 误场观众等候区位置　　**5** 误场观众等候区布置示意

演艺建筑 [10] 休息厅 / 贵宾休息室

贵宾休息室

1. 贵宾休息室应设独立的门厅和车辆出入口，避免与一般观众混合。即使当观众厅及公共空间没有对外开放时，也能实现可达性。门厅外宜设专用停车泊位。

2. 贵宾休息室一般设在观众厅与舞台的结合部位，便于进入专用座席和舞台。二者之间的通道应便捷，避免与观众及演职人员的交叉 1。

3. 贵宾休息室内应设置专用门厅、休息室、专用卫生间、茶水吧及服务间等，有条件时，可考虑与厨房或备餐空间直接相连 2。

4. 观众厅内设有贵宾席（包厢）的剧场，除了设置主要贵宾室外，还宜在各观众厅的贵宾座席附近设置配套的贵宾休息室 3。

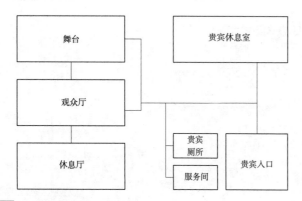

1 贵宾休息室功能关系示意

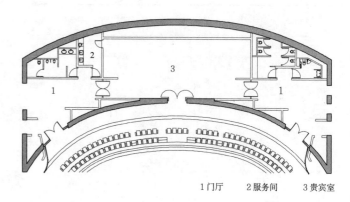

1 门厅　2 服务间　3 贵宾室

a 国家大剧院歌剧厅贵宾休息室

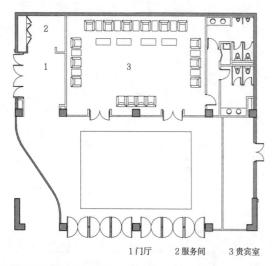

1 门厅　2 服务间　3 贵宾室

a 上海大剧院贵宾休息室

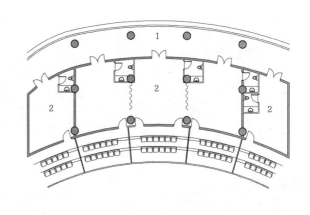

1 门厅　2 贵宾室

b 北京梅兰芳大剧院贵宾休息室

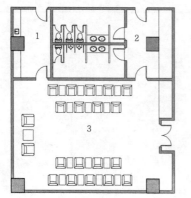

1 服务间　2 厕所　3 贵宾室

b 上海嘉定保利剧院贵宾室

2 专用贵宾休息室

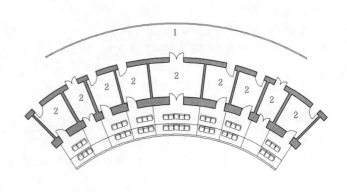

1 走道　2 贵宾室

c 鄂尔多斯大剧院贵宾休息室

3 临近贵宾席的贵宾休息区

本章节主要适用于演出歌剧、舞剧、话剧、戏曲等镜框式舞台的观众厅。

设计要点

1. 观众厅设计应注重整体环境,应有良好的视线、音质及完美的形象。
2. 根据规模、剧种不同,确定观众厅平、剖面形式和体积。
3. 观众厅应防止内外各种噪声源的干扰。
4. 观众厅的空间设计应紧密配合声学要求,使声学设计融入观众厅整体设计中,避免出现音质缺陷。观众厅内的装修面与土建墙之间应留有足够的空间,以满足声学装修要求。
5. 观众厅应配合专项舞台机械、灯光、音响等技术要求进行建筑设计。
6. 根据观众厅内的座椅样式(硬、软座)、位置(池座、楼座)、使用性质(普通、贵宾、残疾人)及相应规范等因素,决定座椅的排列形式。
7. 观众厅走道和门的宽度,以及疏散距离应符合规范要求。
8. 观众厅也是观演互动的场所,根据特殊需要演员可以走到台下进行演出,也可以把观众请到舞台上。

平面形式

应根据观众容量、演出剧种、视听效果、结构体系、建筑环境等综合因素选定平面形式。基本形式有:矩形、钟形、扇形、多边形、曲线形、非对称形等。

观众厅平面形式列表 表1

形式	特点
矩形平面	1.体型简洁,结构简单,观众厅空间规整;声能分布较均匀,池座前部受侧墙一次反射声能的空白区小,由于声能交叉反射,对丰满度有利。 2.随着跨度的增大,音质效果会变差;偏座较多。 3.适用于中、小型观众厅
钟形平面	1.保留了矩形平面简单和侧向早期反射声均匀的特点;减少了舞台两侧的偏座;音质、视线均有较好效果。 2.适用于大、中型观众厅
扇形平面	1.各排座位有较好的水平视角;在一定容量下,最远视距较短,能安排更多的座位;一般要求侧墙面与中轴线的水平夹角越小越好,夹角越大对池座前区获得早期反射声越不利;且宜把后墙做成向前倾斜的适当角度,以达到音质最好。 2.后区偏远座相对较多;由于前后跨度不一,结构体系和施工较复杂;对前期反射声很不利。 3.适用于大、中型观众厅
多边形平面	1.多边形最常见的一种是六角形,它是在扇形平面的基础上,将后部两侧偏座取消;池座中前区可得到早期反射声,声能分布均匀;在相同容量条件下,视角较正。 2.不易控制观众厅前侧墙张角和短延时反射声;视距较远。 3.适用于对视听质量要求较高的中、小型观众厅
曲线形平面	1.曲线形平面包括马蹄形、圆形、椭圆形、卵形等;这类平面的围合感好,增加观演气氛;容量大,在相同条件下,后座观众离舞台距离最短;偏远座位少,座椅位置质量的指标高。 2.台口两侧观众视线差;由于平面为曲线,音质方面如不处理时会有严重的声能不均匀现象(沿边反射及聚焦)。 3.适用于大、中型观众厅
非对称形平面	1.提供了丰富的室内空间效果。 2.声学、视线设计较复杂;结构设计难度较大

演艺建筑 [12] 观众厅／池座、楼座平面及剖面形式

池座平面及剖面形式

1. 贯通式池座：池座区域仅有一个层次的坡度，设计相对简单①。
2. 跌落式池座：池座区域有两个层次的坡度，即前池座区与后池座区，前后区可连通也可不连通。跌落式池座的优点是跌落的栏板对前区域的音质效果有利②、③。

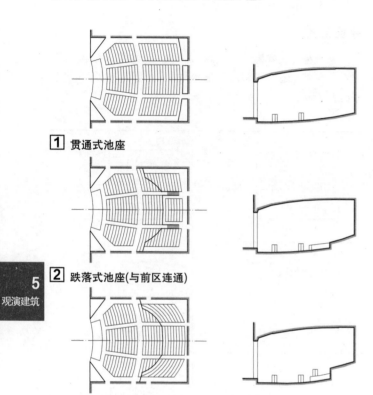

① 贯通式池座

② 跌落式池座（与前区连通）

③ 跌落式池座（与前区不连通）

楼座平面及剖面形式

800座以下可以不设楼座，800座以上宜设楼座。

楼座可以扩大容量，缩短视距，提高视听质量，节约面积、丰富观众厅空间。出挑的楼座栏板对观众厅的声扩散及反射很有利；同时，出挑的楼座也拉近了观众与演员的距离。但楼座挑台下需作音质处理。

1. 对称楼座：结构规整；建筑效果完整；视线设计简单。可分为一般式、跨越式、跌落式、挑廊式等④~⑦。
2. 非对称楼座：灵活多变的楼座形式，使观众厅更具特色；视线分析比对称楼座复杂，结构设计难度增大⑧。
3. 楼座层数：楼座一般为一层或两层；多层楼座声能消耗较大，音质效果较差，视线俯角大，一般较少采用。
4. 楼座后墙形式：分为两种，即楼层后墙层层对齐和楼层后墙逐层后退，其中后墙逐层后退的楼座对于观众厅的音质及减小俯角有利⑨、⑩。
5. 楼座深度与开口：以自然声演出为主的观众厅，如设有楼座，挑台的挑出深度(L)宜小于楼座下开口净高(H)的1.2倍；以扩声为主的观众厅，挑台的挑出深度(L)宜小于楼座下开口净高(H)的1.5倍④。

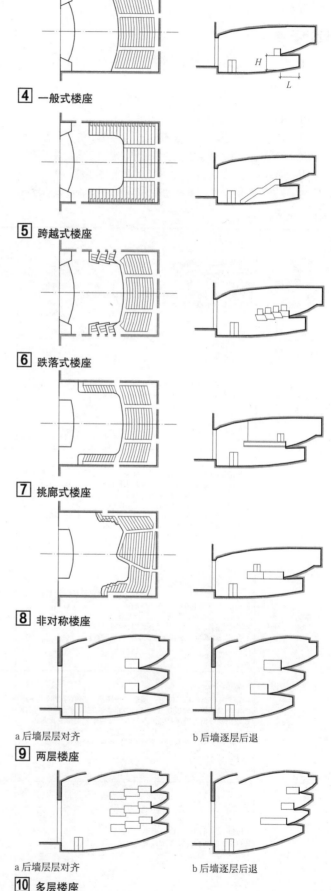

④ 一般式楼座

⑤ 跨越式楼座

⑥ 跌落式楼座

⑦ 挑廊式楼座

⑧ 非对称楼座

a 后墙层层对齐　　b 后墙逐层后退
⑨ 两层楼座

a 后墙层层对齐　　b 后墙逐层后退
⑩ 多层楼座

吊顶平面及剖面形式

观众厅的吊顶形式既要考虑建筑艺术效果，也要满足音质及面光桥（追光）、声桥、机电设备等多方面的要求；它是表现观众厅设计构思的重点装修部位。三种典型的吊顶形式示意见 ①～③。

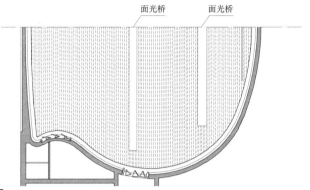

① 观众厅吊顶平剖面示意一

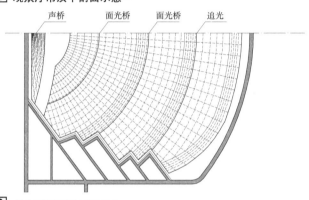

② 观众厅吊顶平剖面示意二

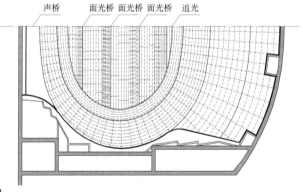

③ 观众厅吊顶平剖面示意三

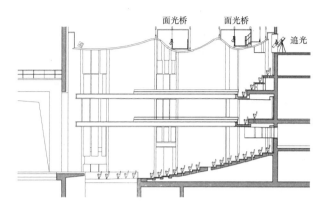

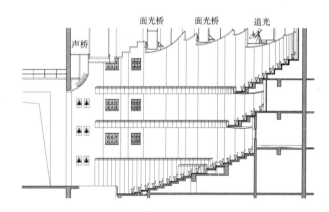

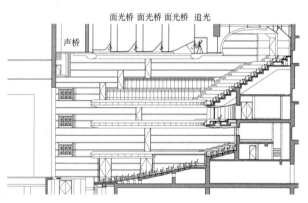

面积及容积指标

1. 观众厅每座面积：每座面积是衡量观众厅设计合理与否的一个指标。影响其变化的主要因素有：座椅类型（软椅、硬椅）、排列方式（排距大小、长排法与短排法的选用）、走道的面积等。从声学、视距、座席数量等方面考虑，座椅宜尽量紧凑布置，但同时也应当考虑观众的舒适度、消防疏散等方面的要求（表1）。

2. 观众厅每座容积：合理的每座容积可使观众厅获得合适的混响时间和声场强度等声学指标；除声学要求外，每座容积还需考虑建筑艺术造型等其他因素（表2）。

观众厅每座面积指标　　　　　　　　　　　　　　　　表1

规范值/参考值	面积指标（m²/座）
规范值	≥0.80（甲等），≥0.70（乙等）
参考值	0.70~0.95

观众厅每座容积指标　　　　　　　　　　　　　　　　表2

剧场类别	规范值/参考值	容积指标（m³/座）
歌剧、舞剧	规范值	5.00~8.00
	参考值	7.00~9.00
话剧、戏剧	规范值	4.00~6.00
	参考值	6.00~8.00

座椅排列原则

座椅排列设计涉及观众视觉质量、进出场流线组织、有效面积的利用和建筑空间艺术效果等因素。座椅排列设计应满足椅距、排距、视线升起及疏散等要求。

座椅排列方式

1. 短排法：座席区内设置纵横走道。双侧有走道时，不应超过22座；单侧有走道时，不应超过11座；超过限额时，每增加一个座位，排距相应增大0.025m [1]。

2. 长排法：座席为成片式布置，每个片区设边走道及前、后横走道。设双侧走道时，不应超过50座；设单侧走道时，不应超过25座 [2]。

椅距及排距要求

椅距（即座椅宽度）尺寸以扶手中距为准，硬席不应小于0.50m，软席不应小于0.55m。

排距与观众舒适度、视线、疏散等因素有关，采用合理的设计参数，可以节约观众厅面积，降低观众厅地面的升起高度。具体要求如下。

1. 短排法：硬椅排距不应小于0.80m，软椅排距不应小于0.90m。台阶式地面排距应适当增大，椅背到后面一排最突出部分水平距离不应小于0.30m。

2. 长排法：硬椅排距不应小于1.00m，软椅排距不应小于1.10m。台阶式地面排距应适当增大，椅背到后面一排最突出部分水平距离不应小于0.50m。

贵宾座席一般位于池座7~9排或一层楼座前排中区；排距及椅距应适当加大。参考值：排距1.0~1.10m，椅距0.6~0.65m。

观众厅内应适当预留轮椅座席，位置应方便残疾人入席及疏散，座席深为1.10m，宽为0.80m，并应设置无障碍标识。轮椅座席数量应满足规范要求 [3]。

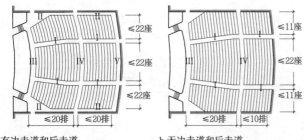

[1] 短排法

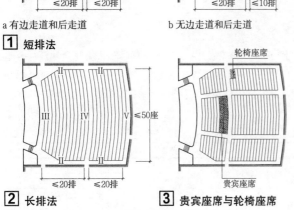

[2] 长排法　　[3] 贵宾座席与轮椅座席

注：Ⅰ—纵走道；Ⅱ—边走道；Ⅲ—池座首排横向走道；Ⅳ—横走道；Ⅴ—后墙走道。

座椅排列形式

1. 直线排列法：易于视线设计、施工地面起坡的标高控制及座椅安装；同一排观众边座比中座质量差（水平视角小、视距大），越靠近舞台越严重；适用于小型剧场 [4]。

2. 弧线排列法：每排视距大致相同，有良好的舒适度，各排观众都正对视中心，且同一排观众的视距基本一致；向心性好，优美柔和的弧形排列可构成完美的艺术空间；适用于不同规模的观众厅，为常用的座椅排列形式；对施工技术要求较高，弧线定位、地面标高控制较复杂 [5]。弧线曲率的确定方式有：

（1）单曲率法：弧形曲率选定方法一般以不小于观众厅的长度L作为第一排座位的曲率半径，反推出圆心，再依次作同心圆。曲率中心的位置并无严格规定，初步先画出第一排、最后一排和中间横走道一排的弧线，复核其弧度是否符合室内设计效果及整体布局要求，如不符合可根据观众厅形状和视距，通过圆心的前后调整求得最佳弧度 [6]。

（2）双曲率法：即以横走道为界，前后座席区采用不同的曲率中心。这种排列使得横走道中窄边宽，有利于人流疏散。曲率中心的个数亦可大于两个，应依据观众厅的池座与楼座的整体形状确定 [7]。

[4] 直线排列法　　[5] 弧线排列法

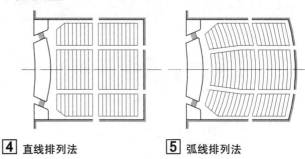

[6] 单曲率选定方法

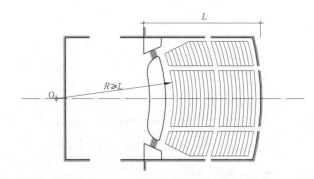

[7] 双曲率中心选定方法

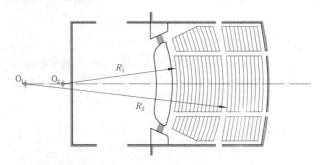

走道设计

1. 观众厅内走道的布局应与观众厅座席片区容量及规范相适应,与安全出口联系顺畅,宽度符合安全疏散计算要求。排列座椅时,应注意使纵走道两侧座椅排列整齐,可通过调整座椅间距的宽度达到要求。

2. 池座首排座位排距以外,与舞台前沿净距不应小于1.50m,与乐池栏杆净距不应小于1.00m;当池座首排设置轮椅座席时,应再增加不小于0.50m的距离。

3. 两条横走道之间的座位不宜超过20排;紧靠后墙设置座位时,横走道与后墙之间座位不宜超过10排。

4. 各走道宽度除应符合安全疏散计算要求外,走道的最小宽度见表1。

5. 观众厅纵走道应作防滑处理,坡度大于1:8时应做成高度不大于0.20m的台阶。

6. 座椅排号灯位置:可以设置于纵走道的地面上,采用较暗的LED光源或自发光源,以不影响演出为宜;或设在座椅侧边;也可以设在有一定厚度的椅背上方。

走道最小宽度(单位:m) 表1

走道位置	短排法	长排法	备注
纵走道Ⅰ	≥1.10	—	
边走道Ⅱ	≥0.80	≥1.20	
池座首排横向走道Ⅲ	≥1.50	≥1.50	排距以外,距舞台前沿(无乐池)
	≥1.00	≥1.00	排距以外,距乐池栏杆
横走道Ⅳ	≥1.10	≥1.20	
后墙走道Ⅴ	≥1.10	≥1.20	

座席等级分区

按照座席水平视角范围、与舞台距离及剧种的不同,观众厅座席区可以分为若干等级。其意义在于:获取座席范围的合理参数;合理布置纵横过道,使其位于座席质量较差的区域,保证较高的优良座席比例;确定合理的观众厅形式和尺度 1。

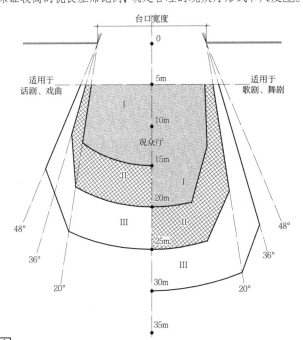

1 剧场席位等级分区示意

座椅设计

座椅形式无论是标准的还是非标准的,都应该满足舒适、牢固、耐用、造型美观和声学等要求。

座椅的声学特性对观众厅的混响时间控制有很大的影响,座椅的背板和底板应采用反射声材料,椅座上的背靠垫及坐垫应采用吸声材料。座椅应经过声学测试,其指标应符合声学设计要求。

座椅背板高度分两种:标准背板座椅适用于池座;高背板座椅适用于楼座。

座椅编号常见位置:椅背板、靠垫中间、椅背靠垫侧面、坐垫前侧面的中间等 2。

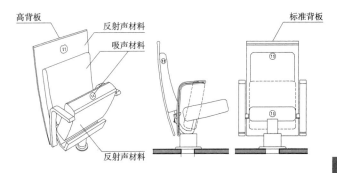

2 座椅示意图

后墙及楼座前排座椅排列

靠后墙座椅:考虑观众舒适度,座椅向后有一定的斜度,后排座椅与后墙之间,排距至少增大0.12m 3。

楼座第一排座椅前部实体栏板的距离与栏板的形式有关:垂直型栏板,可采用中区排距;向内倾斜型栏板,上部最小距离采用中区排距,可以提高观众腿部的舒适度;向外倾斜型栏板,下部最小距离可采用中区排距 4~6。

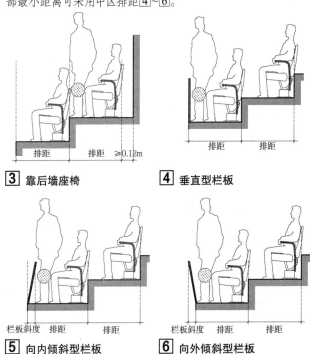

3 靠后墙座椅　　4 垂直型栏板

5 向内倾斜型栏板　　6 向外倾斜型栏板

演艺建筑 [16] 观众厅/楼座栏杆形式·观众厅声闸·椅下送风及静压箱·流动调音台位置

楼座栏杆形式

楼座栏杆分为垂直、折线、弧线、倾斜等形式[1]。

1. 楼座前排栏杆

楼座前排座席栏杆和楼层包厢栏杆高度不应遮挡视线，不应大于0.85m，下部实心部分不得低于0.45m。设在二层以上楼座的0.85m高的栏杆给人感觉不安全，可在视线不遮挡下适当提高栏杆高度。实体部分的栏板宜向外侧加大厚度并向外倾斜，以增强安全感，同时，有反射声效果对声学有利[5]。

2. 纵走道对面栏杆

在楼座纵走道对面应设置临空防护栏杆，或将楼座栏杆局部加高，参考高度为1.05~1.20m，不应遮挡视线[2]、[3]。

3. 大高差座席侧面栏杆

座席地坪高于前排0.50m（大高差）及侧面紧临有高差的纵走道或梯步时应设栏杆，栏杆应坚固，高度不小于1.05m，不应遮挡视线[3]。

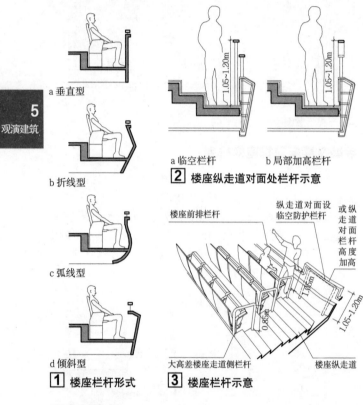

观众厅声闸

为了避免来自观众厅以外的噪声干扰，观众厅的出入口应设置声闸区及隔声门。声闸平面形式根据观众厅座位楼层与休息厅的平面、高差关系，可分为无高差和有高差（可以设踏步或坡道）两类。踏步距门应在1.40m以上；声闸内地面、墙面、吊顶需作吸声处理[4]。

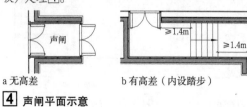

[4] 声闸平面示意

椅下送风及静压箱

近年国内新建剧院观众厅空调形式普遍采用椅下送风形式，对送风的噪声处理及观众的舒适度有很大改善。椅下送风原理：通过上部圆锥形阻流器和下部风量调节阀的作用，使从静压箱送来的风能够均匀地送到每个观众[6]。

椅下送风静压箱形式分为：土建式静压箱，用于池座；吊顶式静压箱，用于楼座。两种静压箱做法有一定区别[7]。

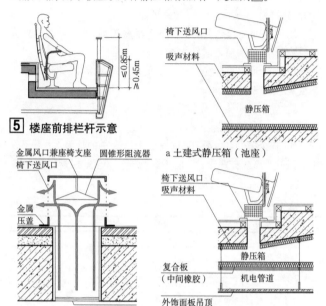

流动调音台位置

观众厅内根据演出的需要，可设置流动调音台，调音台的位置应与声学专业沟通后确定。一般有两种形式：平面流动式和垂直流动式。

平面流动式，一般常设置在三种位置：①位于池座中间横走道，走道宽度适当放宽，地面设置电源接线盒；②位于池座后区（楼座外沿下部），座椅下部设置电源接线盒；③位于池座后墙走道，通道宽度适当放宽，后墙处设置电源接线盒。这三种位置的调音台可放在座椅上面搭的平台上，或将座椅做成活动式。

垂直流动式，即机械升降式，不用时控制台暗藏在下部，上部可放置活动座椅，使用时升到需要的高度[8]。

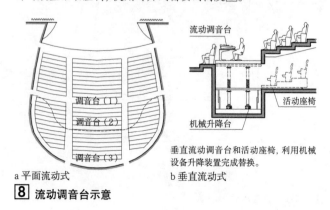

[8] 流动调音台示意

装修设计要点

1. 满足声学对装修材料（厚度、密实度）及构造（背后留有足够空间）要求。
2. 掌握音质缺陷的特征及处理方法。
3. 了解建筑装修材料及构造特点；根据声学要求，合理使用反射、扩散反射、吸声等各类装修材料，使观众厅装修效果与声学技术完美结合。

反射面

作用：是提供有益于音质的早期反射声的主要手段。

位置：吊顶、侧墙、楼座栏板、池座分区栏板等。

材料：反射面的材料要求密实坚硬。常用材料：GRC板（玻璃纤维增强混凝土板）、GRG板（玻璃纤维加强石膏板）、石膏板、木饰板、竹板、石材等 1～3。

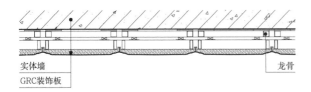

1 GRC板反射面墙体平面示意

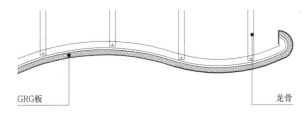

2 GRG板反射面吊顶剖面示意

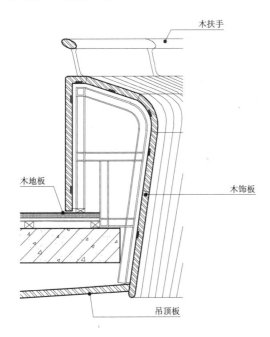

3 楼座木质栏板反射面剖面示意

扩散反射面

作用：扩散反射面的作用是保证观众厅内声场均匀，主要利用凹凸面作为扩散体反射来自各个方向的声音，克服了大面积反射板定向反射造成的生硬感，是消除音质缺陷的主要手段之一。

位置：吊顶、侧墙、栏板等。

材料：扩散体材料表面装饰要求密实坚硬，表面为不规则形状，或形状按照声学数论理论（MLS、QRD）设计。常用材料：木饰板、GRC板（玻璃纤维增强混凝土板）、GRG板（玻璃纤维加强石膏板）、木饰板等 4～7。

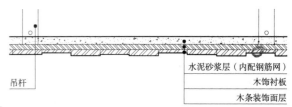

4 木条扩散反射吊顶剖面示意

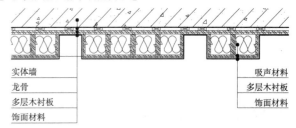

5 扩散反射面MLS墙体平面示意

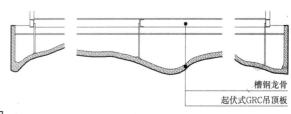

6 GRC扩散反射面吊顶剖面示意

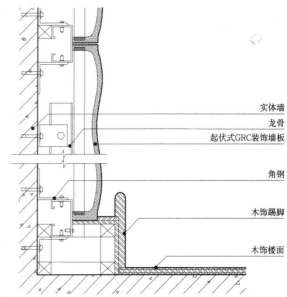

7 GRC扩散反射面墙体剖面示意

演艺建筑 [18] 观众厅 / 墙面装修设计

吸声面

作用：吸声材料主要控制混响时间及消除音质缺陷。

位置：后墙、吊顶周边、凹墙、侧墙下部等。

材料：织物面吸声结构，各类穿孔板背后加吸声构造等 1 ~ 3 。

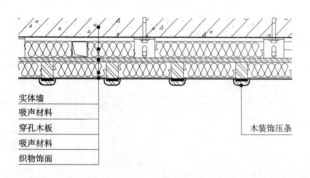

1 织物饰面吸声面墙体平面示意

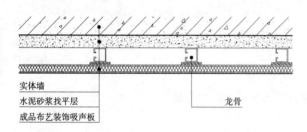

2 成品布艺阻燃装饰吸声板墙体平面示意

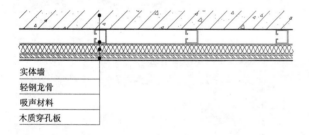

3 木饰面吸声面墙体平面示意

透声面

作用：主要解决声学要求与装饰效果不能完全统一的问题。内侧墙形状做法按照声学技术要求，外侧透声面装饰的形状满足建筑艺术效果要求。声音穿过外侧透声装饰面进入有反射或扩散功能的内侧声学墙面，再将声音反射到观众厅内。

位置：透声面常用于内侧声学实体墙的外侧，适用于装饰艺术效果较强的观众厅墙面及吊顶。

材料：金属网、铁艺、通透艺术木饰板等（透空率需满足声学要求） 4 ~ 6 。

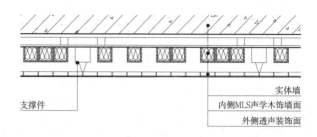

4 MLS声学墙面与透声装饰面平面示意

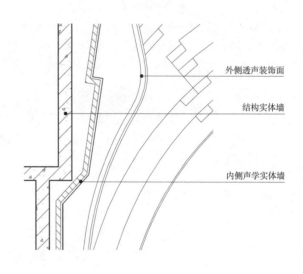

5 实体声学墙与透声装饰面平面示意

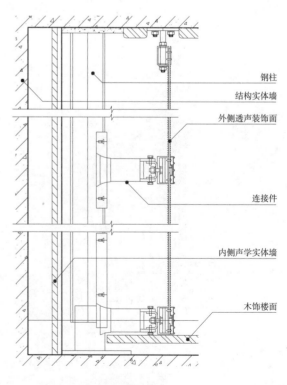

6 实体声学墙与透声装饰面剖面示意

视线设计原则

视线设计应使观众能看到舞台面主表演区的全部。当受条件限制时,也应使视觉质量不良座席的观众能到80%表演区。

坐姿观众参数

人眼正常视野的垂直视角为15°,转动眼球可增至30°;人眼的水平视角为30°,移动眼球可达60°,头部舒适转动视角为90°,头部转动最大视角为120° [1]。

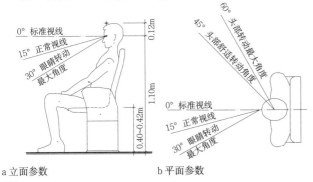

[1] 坐姿观众参数

视点

设计视点是划分可见与不可见范围的界限,一般以舞台面台口线的垂直中心线为准,具体选择原则如下:

1. 镜框式舞台,宜选在台口线中心台面处;
2. 大台唇式、伸出式舞台,应按实际需要,将设计视点适当外移;亦可按照在座席前区和后区分别采用水平和垂直控制确定视点;
3. 岛式舞台,视点应选在表演区的边缘;
4. 当受条件限制时,设计视点可适当上移,但不得超过舞台面0.30m;或向大幕投影线或表演区边缘后移,不应大于1.00m。

舞台面高度

舞台面距第一排座席地面的高度见表1、[3]。

舞台面高度 表1

舞台类型	高度(m)	备注
镜框式舞台	应为0.60~1.10	参考值为0.90~1.00m
伸出式舞台	宜为0.30~0.60	附有镜框式舞台的伸出式舞台,可与主台齐平
岛式舞台	宜≤0.30	可与观众席地面齐平

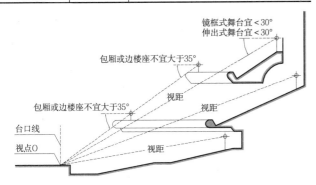

[2] 视距及俯角

视距

观众眼睛与视点的连线距离。视距越小观众对表演细节的体验越真切。根据各剧种不同的演出特点,不同剧种的最大视距为:歌舞剧剧场不宜大于33m;话剧和戏曲剧场不宜大于28m;伸出式、岛式舞台剧场不宜大于20m [2]。

俯角

观众眼睛至视点的连线与台面形成的夹角称为俯角。控制俯角主要是为了保证楼座后排观众的视觉质量。镜框式舞台观众视线最大俯角为:镜框式舞台楼座后排不宜大于30°;靠近舞台的包厢或边楼座不宜大于35°;伸出式、岛式舞台剧场俯角不宜大于30° [2]。

水平视角

对于镜框式舞台,水平视角指观众眼睛与台口两侧边缘连线所形成的夹角,以下称β角。β角在30°~60°之间的座位区为优质视觉区;最前排中座的β角宜不超过120°;最后排中座的β角不宜小于30° [4]。

视线超高值C

指后排观众视线(无遮挡地落到设计视点的视线)与前一排观众眼睛间的垂直距离。

C值应取0.12m,隔排计算C值,座席应错排布置[5]。

儿童剧场,伸出式、岛式舞台剧场C值可适当提高。

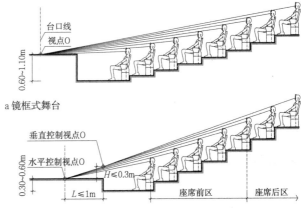

[3] 视点及舞台高度示意

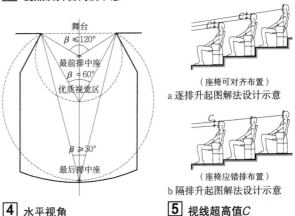

[4] 水平视角　　[5] 视线超高值C

图解法

即作图法，它不需要作具体演算，但不能直接求出观众厅中任意一排的地面升高，只能由前向后逐排作图。伴随计算机辅助设计的普及，其直观、简便、准确等优势凸显，已成为目前最为广泛使用的视线设计方法。

第一步，假设设计视点在O点，$C=0.12m$，观众眼睛距地面高度为h'（h'因年龄、性别、各人身材而异，我国取1.10m作为标准），第一排观众眼睛位置为A'点，设计视点至第一排观众眼睛的水平距离为a_1，排距为d。

第二步，A'点上加C值（0.12m）得到A点；由O、A连线延长至B'点，B'点即第二排观众眼睛的位置；B'点上加C值，得到B点，O、B连线延长至C'点，C'点即第三排观众眼睛的位置……直至最后一排。

第三步，画出各排观众眼睛距地面的高度h'，各排h'下端点即地面标高。它们的连线就是地面坡度线 1。

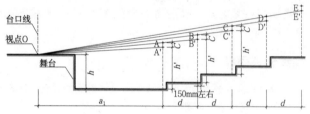

O—设计视点；C—视线升高值；d—排距；a_1—第一排至设计视点距离；h—舞台高度；h'—观众眼睛高度。

1 图解法

数解法

即相似三角形数解法：

第一步，先确定第一排观众眼睛距地面高度为h'；

第二步，根据相似三角形原理推算计算列表；

第三步，由计算公式和列表可依次计算出任何一排，或任何一组最后排观众眼睛与设计视点的高差 2。

分组折线法

即在数解法的基础上，将若干排数视作一组，总体计算地面升起的计算方法。

池座前区每组排数应较少，可为3~4排；后面每组排数可以较多，但不宜超过10排。

同一分组内的各排升起视为均等。

此方法减少了数解法的计算量，但精确度下降了，故比较适用于方案期间对主要标高的确定。

计算机模拟法

随着"计算机辅助建筑设计平台"的广泛应用和计算机设计程序的专门化，依靠设计人员自主开发的附加程序和插件，视线设计变得更为直观和准确。

在确定视点、C值、排距和中间过道宽度的基础上，计算机可以自动生成满足要求的座椅升起模型。

与其他基于单个剖面的设计方法不同，计算机模拟法可以将完成的观众厅内模型输入程序中校核，直观便捷地判断某个区域座椅甚至某一具体座位的视线设计情况。

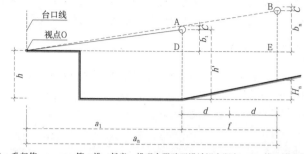

H_n—升起值；a_1、a_n—第一排、任意一排观众眼睛至设计视点距离；b_1—第一排观众眼睛与设计视点的高差；b_n—任意一排观众眼睛与设计视点高差；C—视线升高值；d—排距；h—舞台高度；h'—观众眼睛高度；f—相邻两排升起点距离，可等于排距或排距的整倍数。

$\because \triangle OAD \sim \triangle OBE$
$\therefore OD:OE=AD:BE$
$a_1/a_2=(b_1+c)/b_2$
$b_2=a_2(b_1+c)/a_1$
$b_n=a_n(b_{n-1}+c)/a_{n-1}$ ……（1）
$H_n=b_n+h-h'=b_n-b_1$ ……（2）

数解法各项数值列表

所求排	a_n	$a_n/a_{n-1}=k_n$	$b_{n-1}+c=p_n$	$k_np_n=b_n$	$b_n-b_1=H_n$
1	a_1			b_1	$H_1=0$
2	a_2	$a_2/a_1=k_n$	$b_1+c=p_2$	$k_2p_2=b_2$	$b_2-b_1=H_n$
3	a_3	$a_3/a_2=k_n$	$b_2+c=p_3$	$k_3p_3=b_3$	$b_3-b_2=H_n$
4	a_n	$a_n/a_{n-1}=k_n$	$b_{n-1}+c=p_n$	$k_np_n=b_n$	$b_n-b_{n-1}=H_n$

2 数解法

注：相似三角形数解法：根据公式（1）、（2）逐排计算，见上表。

设计要点

1. 有横过道时，视线设计升起段长度应增加过道宽度。

2. 楼座第一排的位置及标高，需综合考虑以下各种因素，反复调整后方可确定：

（1）楼座下挑台深度L与挑台开口高度H的关系应满足声学规范要求；

（2）应在池座最后一排观众视线与舞台口上沿连线之上，并扣除结构及装修厚度；

（3）不影响观众厅后面灯光控制室的投影；

（4）楼座栏杆上皮在楼座第一排观众视线与舞台面设计视点连线之下。

3. 楼座后排座椅的地面升起设计方法同池座。

4. 当观众厅的座椅排列较为复杂时，应取多道不同方向的剖面进行视线设计的计算和校核；最终用计算机模拟，给予直观的校核 3。

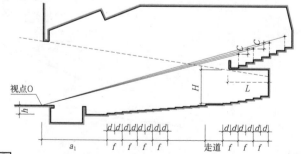

3 有横过道时视线设计及楼座视线设计

概述

演出使用的辅助用房部分统称为后台，供演员进行演出前的准备、演出中使用和演出后的整休，并布置为配合演出所需的各项设施。

后台的内容和规模与剧场的性质、等级、规模等直接相关，主要包括化妆室、服装室、道具室、候场区、抢妆室及跑场道等，并应与舞台保持便捷联系。

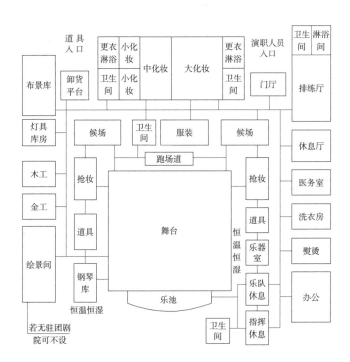

1 后台各房间功能关系图

化妆室

1. 演员上场前需要化妆，根据主要演出剧种和剧院等级不同，化妆室的使用人数、间数、面积的选用可参见表1。
2. 演员化妆应采用人工照明，其光源的光色及色温应与舞台灯光条件一致，室内应有良好的采暖通风条件，并设冷热水面盆；外窗要作遮光处理。所有的化妆室都应设扬声器或者舞台监控录像系统，以获取舞台上演出实况及舞台监督的信息。
3. 洗脸盆主要供演员卸妆时使用，特级按4人/个设置，甲级按4~6人/个设置，乙级6人/个设置，且不应少于2个。所有化妆室均应设置穿衣镜，中化妆室、大化妆室还应设置更衣间，特级按4人/个设置，甲级按4~6人/个设置，乙级按6人/个设置；特级、甲级小化妆室和指挥休息室需附设专用卫生间，等级较高的小化妆室、指挥休息室还需设会客室、休息室等。
4. 至少保证2/3数量的化妆室布置在舞台同层，也可设于台上、台下各一层。当在其他层设化妆室时，楼梯应靠近上下场门，特级、甲级剧场应设置电梯，乙级剧场有条件的宜设置电梯。
5. 化妆室应尽可能靠近舞台候演区，缩短演员上下场路线。
6. 化妆室与服务房间（浴、厕）等的联系要方便。

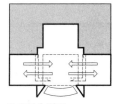
a 设在后台周围

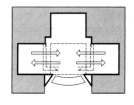
b 设在侧台前后

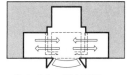
c 设在后台、侧台两侧

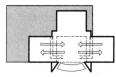
d 设在后台、侧台一侧

e 设在舞台后侧

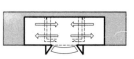
f 设在侧台两侧

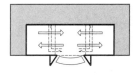
g 设在舞台两侧及后面

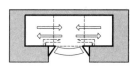
h 设在舞台两侧及前面

2 常用化妆室位置示意图

化妆室人数、间数、面积选用表　　　　　　　　　　　表1

类别	规模	人数（人）	使用面积（m²）	间数（间）	使用总面积（m²）	总人数（人）	卫生间面积（m²）
特级	主要演员化妆室	1~2	>20/间	2~4	40~80	2~8	5.0~6.0
	小化妆室	1~2	>12/间	4~6	48~72	4~12	4.5~5.0
	中化妆室	4~6	>4/人	5~10	80~240	20~60	
	大化妆室	10~20	>2.5/人	6~10	150~500	60~200	
甲级	小化妆室	1~2	>12/间	4~5	48~60	4~10	
	中化妆室	4~6	>4/人	4~8	64~192	16~48	
	大化妆室	10~20	>2.5/人	5~8	125~400	50~160	
乙级	小化妆室	1~2	>12/间	3~4	36~48	3~8	
	中化妆室	4~8	>4/人	3~4	48~128	8~32	
	大化妆室	10~20	>2.5/人	3~4	75~200	30~80	

注：化妆室的设置应考虑化妆台、洗脸盆、服装架、更衣间。

淋浴间

供演职人员沐浴更衣的地方，不应靠近主舞台，可与盥洗室、卫生间合设。

医务室

为演出过程中遇到的突发情况提供医疗服务的功能房间，应设于建筑首层，靠近室外出入口处。并应设洗脸盆、清洁池等设施。

化妆室

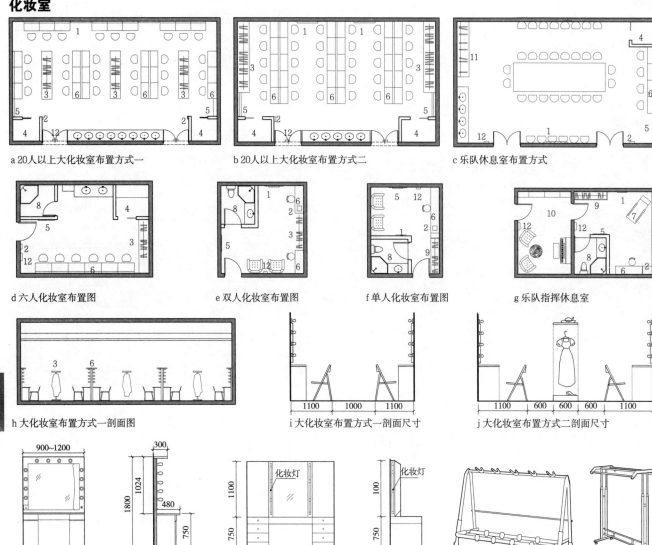

1 不同化妆室的平面布局尺寸及设备配置

1 电视　2 电话　3 衣架　4 更衣室　5 镜子　6 化妆台　7 躺椅　8 淋浴间　9 衣柜　10 会客厅　11 乐器架　12 时钟

乐队、指挥休息室

乐队休息室和指挥休息室是供乐队和指挥在演出前后准备和休息的房间，位置应与乐池表演区联系方便，并防止调音噪声对舞台演出的干扰，其出入口宽度要便于定音鼓、低音提琴等大型乐器出入。

乐池通向舞台的通道应方便快捷。

指挥休息室宜为单独设置的套间，与其他演奏人员休息室分开。乐队及指挥休息室布置方式见 2、3。

候场区

应靠近演员上下场口，门净宽一般剧场不应小于1.20m，大型剧场不宜小于1.50m。如需搬运9英尺演奏钢琴出入，净宽不宜低于1.80m，净高不宜小于2.40m。

候场区宜为开敞区域，面积30~40m²，高度不宜低于3m。大型剧院可扩大到70~80m² 3。候场区内应设置穿衣镜、饮水、休息椅，并设置催场广播、舞台监控显示器等；当没有设置单独抢妆室时，还应设置补妆台。

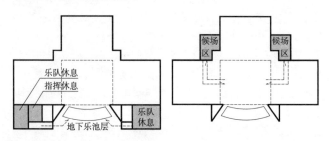

2 乐队、指挥休息室位置示例　　3 候场区位置示例

小道具室

上下场处临时存放演出节目的小道具的场所，应布置在演员上下场门旁，室内应设小道具柜架和盥洗盆 1、2。

抢妆室

供演员快速换妆的场所，宜设在主台两侧，室内应有化妆台、盥洗盆 2、3。

服装室

用于临时存放现时演出节目的服装的场所。宜设置单独的服装室，门的净宽不应小于1.40m；净高不低于2.4m。室内应设烫衣台、电源插座及盥洗池；应就近设置小型洗衣房及小件衣服存放处 3。

服装室面积、间数参照表　　　　　　　　　　　　　　表1

剧种	服装室间数	总面积（m²）
歌剧舞剧	1~2	50~160
话剧戏剧	1~2	50~100
音乐厅	1~2	30~50
实验剧场	1~2	30~50

道具存放处

开敞式存放场所，应靠近主台和侧台。门的净宽不得小于2.10m，净高不应低于2.40m 2、3。

道具室面积、间数参照表　　　　　　　　　　　　　　表2

名称	间数	面积（m²）		总面积（m²）
小道具室	2	上场口	4~8	12~20
		下场口	8~12	
大道具室	2	上场口	15~30	25~50
		下场口	10~20	
合计				37~70

灯光器材及音响设备存放间

在靠近舞台处需设置灯光器材及音响设备存放间 2、3。

灯光器材及音响设备存放间参照表　　　　　　　　　　表3

名称	间数	每间面积（m²）	总面积（m²）
灯光器材存放间	1~2	24	24~48
音响设备存放间	1~2	12	12~24
合计			36~72

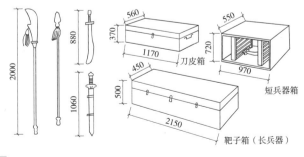

1 演出道具实例图示

2 候场区、抢妆、小道具功能图示

3 候场区、乐器库、服装间功能图示

后台跑场道

1. 后台跑场道地面标高尽量与舞台面一致，净宽不得小于2.10m，净高不得低于2.40m。
2. 后台跑场分为地上和地下。
3. 地上跑场方式有三种：①从隔声幕后侧返回到上场口侧；②从下场口出去，经后舞台外侧返回上场口侧，距离较远；③无后舞台及开敞式舞台的跑场方式 4、5、7。
4. 地下跑场经由舞台下通道返回到上场口侧 6。

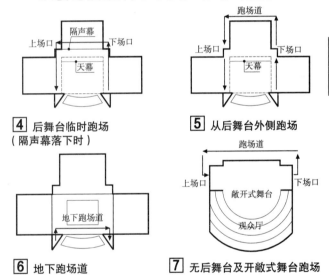

4 后舞台临时跑场（隔声幕落下时）

5 从后舞台外侧跑场

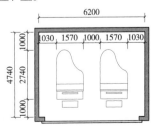

6 地下跑场道

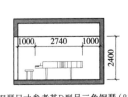

7 无后舞台及开敞式舞台跑场

钢琴库

钢琴库是专门用于存放钢琴的房间，一般与舞台或演奏台平层，便于搬运；当钢琴库与舞台或演奏台不同层时，应设置运送钢琴的专用电梯，电梯轿厢内净尺寸不得小于3.0m×2.0m，短边开门净宽度不得小于1.8m，长边开门净宽度不得小于2.8m。房间面积在30~40m²为宜。当钢琴数量较多时，应根据钢琴数量确定 8、9。

8 钢琴库平面（约30m²）

9 钢琴库剖面

钢琴尺寸参考某D型号三角琴（8英尺11¼英寸长）。

演艺建筑 [24] 后台 / 装卸平台・布景存放

装卸平台、升降平台的设计尺寸要求

国内绝大多数剧场配置的布景升降平台的尺寸与40英尺集装箱尺寸相近，一般为12.5m（长）×3.0m（宽），预留井道尺寸（长×宽×高）为13m×（4.5m无平衡重～5.0m有平衡重）×4m，卸货平台高出室外地面1m左右，方便与装卸搬运车辆平接，并应靠近侧台，方便布景道具的搬运。

40英尺集装箱货车转弯半径约18m，其室外卸货区域需满足车辆通行要求 1 。

升降平台是一种多功能起重装卸机械设备，适用于舞台与装卸平台不在同一标高的情况，用于垂直运送布景道具。升降平台基坑尺寸需满足集装箱货物运输尺寸（以40英尺HC标准干货集装箱为准：长12192×宽2438×高2896） 2 。

要注意升降平台穿越防火分区处的处理。

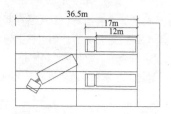

1 40英尺集装箱货车装卸区进深示意

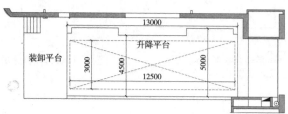

a 平面图

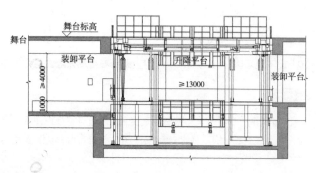

b 剖面图

本升降平台供大型40英尺HC标准干货集装箱运输存放，可按实际项目要求进行调整。

2 装卸平台、升降平台示例

布景存放间及运输

大型专业剧场设立布景存放间，中、小型剧场可利用附台临时存放。存放间应尽量靠近台侧，也可利用升降舞台将布景贮存于台仓内，位置见 3 a、b、c。

1. 硬景存放间最好置于台侧，硬景库净高不应低于6m，门净宽不应小于2.4m，门净高不应低于3.6m。设推拉门，便于景片

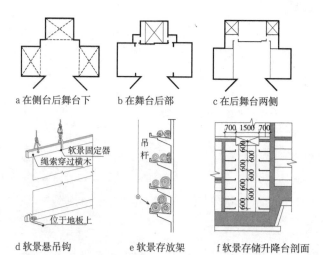

a 在侧台后舞台下　b 在舞台后部　c 在后舞台两侧

d 软景悬吊钩　e 软景存放架　f 软景存储升降台剖面

3 布景存放间示意图

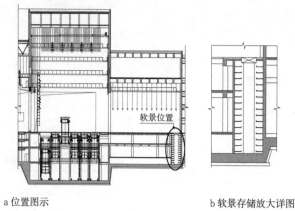

a 位置图示　　　　　　b 软景存储放大详图

4 软景存储位于后舞台下

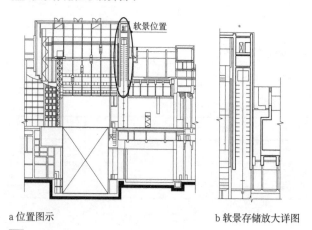

a 位置图示　　　　　　b 软景存储放大详图

5 软景存储位于舞台塔与后舞台之间的上空

出入，也可根据舞台的使用情况调整门口的位置。室内用型钢或方木做成支架，便于景片依靠。

2. 软景和地毯、地布等长形物品可存于天幕后或台侧，可设支架，形状见 3 e、f。装卸应设有操作平台，确保安全。

3. 软景存放间可安排在舞台塔与后舞台之间的上空、主舞台和后舞台之间 3 ～ 5 ，通过工作天车和存储电梯实现水平和垂直方向的运转。

排练厅

1. 排练厅是供剧目排演和演员练功用的房间。
2. 驻团式剧场必须设排练厅,非驻团剧场可不设或少设。
3. 排练厅与主体建筑分开时,应与后台有方便的联系。如果在主体建筑内,应防止人流和噪声对舞台演出的干扰。应设置声闸,提高隔声,防止串声。

排练厅位置　　　　　　　　　　　　　　　　　　　　　表1

布置方式	优点	局限
1 后台上部或侧面	大型排练	
2 主台后侧	大型排练;与化妆室联系方便	足够的基地纵深尺度;后台与排练厅二者不能同时使用
3 侧台上部	大型排练;空间利用合理	必须有侧台
4 观众厅两侧休息廊上部		与化妆室联系较远;房间面积受限;不适合大型排练厅;需防止噪声对观众厅的干扰
5 主台侧面或下面	利用地下的台仓解决大型排练	适用在无侧台或仅只单侧台,设有升降台或转台时
6 独立设置	规模及布置形式较为灵活,避免对舞台演出的干扰;平时彩排可对外开放,设一定的观众席和观众进出口	与舞台及化妆室联系较远;需另设男女更衣室和卫生间

排练厅分类　　　　　　　　　　　　　　　　　　　　　表2

分类	定义	尺寸、面积	设计要点
综合排练厅	可用于排练舞蹈、戏剧、音乐	18~20m × 16~18m	1.排练区尺寸与舞台表演区相同;2.可在二层设置声光控制室及挑台;3.吊顶考虑灯光设备的安装;4.净高≥6m,门高≥2.5m;5.墙面、顶棚应做音质设计,考虑不同频率的吸声处理;6.门窗需考虑隔声密闭;7.一般可预留少量观众席
舞蹈排练厅	用于舞蹈排练,也可进行话剧和地方戏剧排练	15~18m × 12m	1.在一侧整墙面上设置通长的镜子,高度2.0~2.5m;2.其他三面墙上宜设裙及练功用扶手,距墙0.2~0.3m,距地0.8~1.2m;3.地面设架空口木地板或其他有弹性的PVC整体地板
音乐排练厅	用于歌剧、合唱、乐队排练	18m × 12m	1.一般应按容纳大型交响乐队设定;2.合唱队排练厅,地面可设置台阶式临时装置;3.应作吸声和隔声处理,可考虑在顶棚及墙面用不同材料做成活动界面,以调节混响时间,适应大小型节目所要求的音响效果
戏曲排练厅	用于戏曲演员基本练功用	12m × 12m	1.设各种练功器械、垫子等;2.练功用地毯材质和尺寸应与舞台表演用地毯相同;3.其他同舞蹈排练厅
小排练厅	少数人排练使用	100~150m²	—

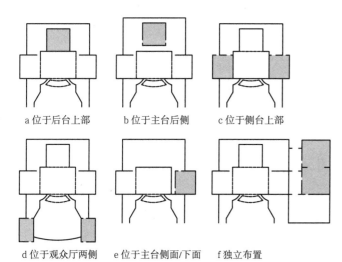

1 排练厅位置示意
a 位于后台上部　b 位于主台后侧　c 位于侧台上部
d 位于观众厅两侧　e 位于主台侧面/下面　f 独立布置

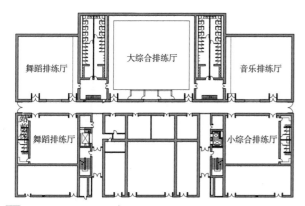

2 国家大剧院排练厅平面示意

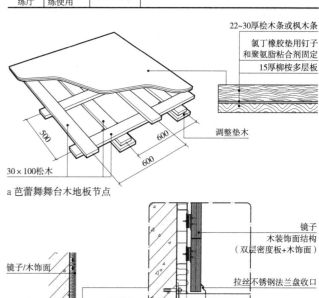

a 芭蕾舞舞台木地板节点

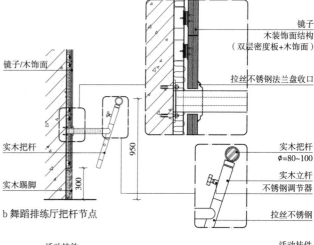

b 舞蹈排练厅把杆节点

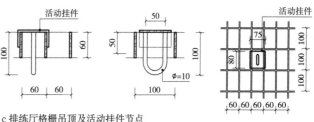

c 排练厅格栅吊顶及活动挂件节点

3 排练厅构造节点示意

琴房

根据演唱、乐器演奏的声级琴房分为三类：A类为低声级，作为一般演唱（钢琴伴奏）房间；B类为中等声级；C类为高等声级，作为打击乐、铜管乐的乐器房间。

1. 琴房设计要点

（1）一般练琴房容积较小，面积为 $12\sim20m^2$，吊顶高度3m，门宽不小于1.2m。

（2）应集中设置在一个区域，远离主台和噪声源。

（3）房间宜选择不规则体型和合理比例，以获得良好音质效果，防止"简并"现象。

（4）需根据琴房的大小和演奏内容确定"最佳"混响时间值与混响频率特性曲线。琴房混响时间可取0.2~0.5s。

（5）吸声、隔声设计：可设置可调吸声结构，以便灵活调节混响时间。防止室外环境噪声及琴房间的相互干扰（噪声传播主要通过窗绕射、走廊传声及隔墙、楼板传声三种途径）。

2. 琴房墙面构造做法

室内装修应根据设计的混响时间和控制噪声的要求确定。

（1）形状规则的琴房：墙面铺设吸声材料，地面铺地毯等，尽量不用光面反射材料；布置家具，在墙面上布置凸出的装饰物，使声音在房间中充分扩散。

（2）降低窗口噪声绕射传播：选用隔声、密封性能好的门窗。双层隔声窗的两层玻璃应不等厚，以避免吻合效应；可采取锯齿形外墙，或在外墙切角处开窗；常用采光窗关闭，通过带换气扇的消声道进行换气。

（3）琴房之间的隔墙可采用隔声砌体墙，隔墙和顶棚宜作吸声处理。

（4）宜在一般钢筋混凝土楼板之外增加弹性垫层或作局部隔振处理。

绘景间

1. 驻团式剧场应设置绘景间，用于绘制布景。

2. 室内应有充足光线，照明效果应与舞台一致，且靠近木工间和侧台，以便硬景片和大道具就近着色和搬运。

3. 可在舞台附近设置一个小型车间，对布景进行少量简单修理，并对舞台或者存放布景处敞开。

4. 绘景以平面绘为主，通过立面检验效果，常配置有升降、行进功能的绘景车，或搭设可灵活拆装的轻钢架，沿墙设置吊杆。平面绘需有较高的观察位置，沿墙三面或四面设工作天桥，便于观看大幅画面。

5. 面积一般不宜小于 $12m\times18m$，净高不应低于9m。

6. 门高≥3.6m，门宽为2.4~3.0m，向外开启。

7. 绘景间内应设带有水池/大型洗涤槽的工作小间。

8. 可设置专用壁柜，放置稀释剂、汽油动力材料和溶剂等危险材料；设准备颜料和清洗工具的台面。

9. 室内应具有良好自然通风或机械通风。

10. 地面应便于冲洗并设防排水设施，可设细木地板或硬质地面，间隔1~2m嵌入0.1m宽木条，以便钉钉子固定画布等。

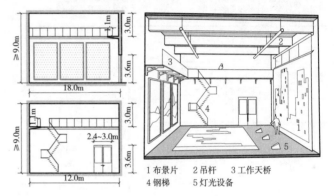

1 布景片　2 吊杆　3 工作天桥
4 钢梯　5 灯光设备

[2] 绘景间剖面示意　　[3] 绘景间透视示意

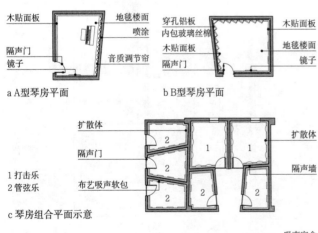

1 打击乐
2 管弦乐

c 琴房组合平面示意

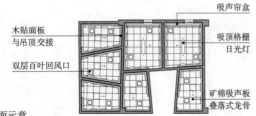

d 琴房吊顶平面示意

[1] 琴房平面及吊顶示意

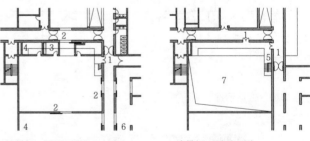

a 绘景间一层平面图　　b 绘景间二层平面图
1 人员入口　2 物品入口　3 洗涤间　4 库房　5 观察天桥　6 集装箱仓库　7 绘景间上空

[4] 绘景间平面示意

布景、道具制作间

1. 道具可以制作或租用，大型剧场及驻团式剧场宜设布景、道具制作间，一般剧场设置金工与电工合用的金工间、维修设备的木工间、涂装工具间，配备常用设备。

2. 布景、道具制作间可设在台后或其他适当部位。木工间长不宜小于15m，宽不宜小于10m，净高不低于7m；门净宽不宜小于2.40m，净高不宜小于3.60m。

舞台

舞台是观演建筑的演出空间。舞台的功能核心是表演(含演奏、演唱),表演区是舞台的核心空间。舞台也为表演需要的演职人员、布景道具、音响伴奏、灯光等提供空间。

[1] 舞台功能要素

舞台分类

舞台形式主要因演出剧种的要求不同而异。不同的舞台形式带给观众不同的观演感受,也伴随着不同的换景方式、上下场方式和舞台设备。根据舞台和观众席的空间关系,舞台主要分为镜框式舞台和开敞式舞台两大类。

镜框式舞台:表演区与观众席用开有镜框式洞口的墙体分

舞台设计体系

舞台设计是综合性很强的工作,尤其是现代化机械舞台。建筑设计除满足建筑基本功能和空间之外,还需要与业主、演出方、各工种、学科配合,为其提供条件。

[2] 舞台设计体系

成舞台箱和观众厅两个空间的舞台形式。主要有标准镜框式和伸出式镜框舞台两种分类。

开敞式舞台:表演区与观众席在一个空间内的舞台形式。主要有尽端式、半岛式和岛式开敞舞台三种分类。

舞台分类 表1

	镜框式舞台		开敞式舞台		
	标准镜框式舞台	伸出式镜框舞台	尽端式开敞舞台	半岛式开敞舞台	岛式开敞舞台
	也称"箱型舞台"。舞台空间独立,有利于隐藏布置和迁换各种设备、布景,能充分应用科技手段,是剧院最常用的舞台形式	将镜框式舞台的台唇部分向观演厅内延伸,扩大为正式表演区。兼具镜框式舞台和开敞式舞台的特点,常用于戏剧院、主题剧场、杂技剧场等	表演区位于观演空间一端的开敞舞台。常用于实验性剧场、音乐厅等	被观众席三面环绕的开敞舞台,常见于杂技剧场、主题剧场、露天剧场等	也称"中心式舞台",是被观众席四面环绕的开敞舞台,常见于马戏剧场、音乐厅等
	国家大剧院歌剧院	国家大剧院戏剧院	国家大剧院多功能小剧场	加拿大莎士比亚剧场	英国博尔顿剧场

演艺建筑 [28] 舞台 / 镜框式舞台

镜框式舞台

镜框式舞台因舞台空间独立似箱，又称"箱型舞台"，是剧院最常用的舞台形式。完整的镜框舞台一般包含主舞台、侧舞台、后舞台、台仓、台塔、台唇、乐池等部分，一些剧场在台唇两侧还设有耳台。

镜框式舞台四周界面完整，有利于布置景物、设备及开门。舞台前墙开有"镜框台口"与观众厅连通，镜框以外的舞台部分被墙体遮蔽，台口大幕可完全遮蔽舞台。镜框式舞台的良好遮蔽性能有利于布景、换景，隐藏杂乱的设施，提升空间效果。

总体尺寸

舞台作为演艺建筑的核心部分之一，其尺寸对演艺建筑的总体设计具有重要意义。本节介绍完整的机械化品字形舞台尺寸，非品字形舞台也可参考其中相应部分的尺寸。

台口作为取景框，其宽、高尺寸与表演区、幕布尺寸关系密切，进而影响到舞台各部分的尺寸，所以常以台口宽 A 和台口高 H 为基数推导舞台总体尺寸。

1 舞台平面总尺寸参考实例

台口与主舞台尺寸 表1

剧种	观众厅容量（座）	台口 宽(m)	台口 高(m)	主舞台 宽(m)	主舞台 进深(m)	主舞台 净高(m)
戏曲	500~800	8~10	5.0~6.0	15~18	9~12	13~15
	801~1000	9~11	5.5~6.5	18~21	12~15	14~17
	1001~1200	10~12	6.0~7.0	21~24	15~18	15~18
话剧	600~800	10~12	6.0~7.0	18~21	12~15	15~18
	801~1000	11~13	6.5~7.5	21~24	15~18	17~19
	1001~1200	12~14	7.0~8.0	24~27	18~21	18~20
歌舞剧	1200~1500	12~16	7.0~10.0	24~30	15~21	18~24
	1501~1800	16~18	7.0~12.0	30~33	21~27	24~30

注：戏曲、话剧两剧种对应的演艺建筑为戏剧院，歌舞剧对应的演艺建筑为歌剧院。

舞台平面尺寸

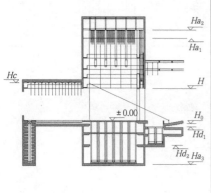

表2

主台总宽 $Wa=Wa_1+2\cdot Wa_2$，一般为 $A+12~14m$	
表演区宽 Wa_1	一般等于台口宽 A
工作区（含边幕）宽 Wa_2	6~7m
主台进深 $Da=Da_1+Da_2+Da_3$，一般为 $A+6m$	
台口大幕进深 Da_1	0.6~2.8m，见下页"台口大幕区"
表演区进深 Da_2	等于 $Wa_1(=A)$ 或 Wa_1-3m
天幕灯光区进深 Da_3	一般宽3~5m
侧台面宽 $Wb=Wb_1+Wb_2$，一般为 $A+2~3m$	
车台长 Wb_1	等于表演区宽 $Wa_1(=A)$
侧工作区宽 Wb_2	2~3m
侧台进深 $Db=Db_1+Db_2+Db_3$，一般为 $A+5~6m$	
前工作区进深 Db_1	2~3m，一般等于 Da_1
车台总宽 Db_2	等于表演区进深 $Da_2(=A)$
后工作区进深 Db_3	2~3m，一般等于 Da_3
后舞台面宽 $Wc=Wc_1+2\cdot Wc_2$，一般为 $A+4~6m$	
车台宽 Wc_1	等于表演区宽 $Wa_1(=A)$
侧工作区宽 Wc_2	2~3m
后舞台进深 $Dc=Dc_1+Dc_2$，一般为 $A+2~3m$	
车台进深 Dc_1	等于表演区进深 $Da_2(=A)$
后工作区宽 Dc_2	不含软景库2~3m，含软景库6~7m

舞台剖面尺寸 表3

舞台剖面尺寸（单位均为m）	参考算法和经验值（以舞台面标高为±0.00）	国家大剧院（歌）	重庆大剧院（歌）	广州歌剧院	国家大剧院（戏）	重庆大剧院（戏）	国家话剧院	国泰剧院（戏）
观众厅地面标高 H_0	一般为 -1~$-1.1m$	-1	-1	-1	-1	-1	-1	-1
台口高 H	见表1	14	12	12	9	9	7.5	10
舞台净高（栅顶下） Ha_1	等于 $2\times$ 台口高度 $+3~4m$，中小型舞台一般为 $2.5~3H$	35	36	30	23	23	19	21
舞台土建净高（结构下） Ha_2	等于 Ha_1+ 栅顶构造厚度+栅顶工作高度(>1.8m)，一般为 $Ha_1+2~2.5m$	38	40	36	26	27	22	23
主台仓深 Ha_3	设单层升降台10m左右，设双层升降台一般14~15m	-22	-16	-19	-19	-15	-13	-14
侧台净高 Hb	侧台口高(一般=H)+上空机械高，一般大于 $H+1.5m$	19	15	13	18	13	9	18
后舞台净高 Hc	后舞台口高(一般=H)+上空机械高，一般大于 $H+3.0m$	21	15	18	19.5	12.5	无	无
乐池标高 Hd_1	考虑音效不宜低于 $-2.2m$	-2.4	-2.8	-2.2	-2.5	-2.4	-2.3	-2.5

主舞台

主舞台是指位于台口线以内的舞台主要表演空间。

主舞台是舞台空间的中心，其上空是台塔，台面下方是台仓，侧舞台、后舞台等各部分围绕在主舞台周边并与之连通。最简单的镜框式舞台只有主舞台（含台塔）。

主舞台功能分区

主舞台在演出时可以按功能分为大幕区、表演区、天幕区、边幕区和舞台工作区五个平面分区（边幕区和工作区也可统称为工作区，成为四大分区）。其中表演区为舞台功能核心。

传统舞台面为固定木地板，机械化舞台的台面由多块可升降、平移的活动地板组成。升降台、微动台、车台、补偿台配合使用可实现快速更换布景和一些特殊表演效果。这些活动地板分区一般对应着舞台的功能分区，并且成为舞台各部分的平面核心。

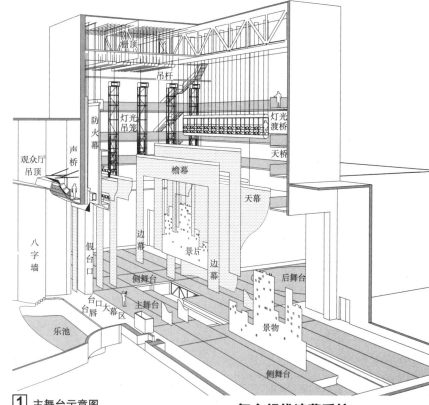

1 主舞台示意图

主舞台平面分区   表1

台口大幕区	表演区	天幕区	边幕区	工作区
台口幕布、假台口及防火幕等构造所占舞台平面区域。其进深根据幕布的配置繁简而不同	演员的主要表演空间和布景空间。平面尺寸依据剧种要求，一般为方形，或进深比面宽小一块升降板的深度。表演区由幕布围合，其宽度可通过边幕调节，进深可通过衬幕调节	天幕所占平面区域及天幕后空间。传统舞台在天幕前设地排灯槽，因与机械冲突近年多不设置	边幕所占平面区域，边幕是供视线穿帮的构造。演员通过边幕间空隙上下场。使用车台整体换景时需将边幕提升	候场及配合表演的其他活动所用区域。上方为侧天幕及其他设备的安装空间。无侧台时工作区需加宽

注：边幕区与工作区也可统称为工作区。

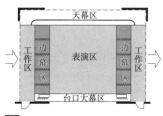

2 主舞台平面功能分区

3 主舞台活动台板划分

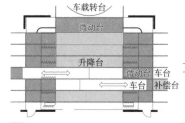

台口大幕区

台口面向舞台一侧的构造主要包括防火幕（如有）、台口幕布和假台口，其所占平面区域称为台口大幕区。

台口大幕区的进深尺寸由其设施配置决定。设计时根据剧场的投资定位、功能需求、消防设计，选用不同的台口大幕区配置，并预留相应的台口大幕区空间。

台口大幕区配置   表2

	台口大幕区进深	假台口	纱幕	场幕	大幕	台口檐幕	防火幕
最全配置	2.2~2.8m	有	有	有	有	有	大型、特大型剧场应设防火幕，其他情况根据《建筑设计防火规范》GB 50016设计确定
一般配置	1.4~1.6m	有	二选一		有	有	
最简配置	0.6m	无	无	无	有	无	

舞台视线遮蔽系统

为防止干扰观演，需利用幕布等手段将舞台非表演区遮蔽于观众视线之外，防止"穿帮"。视线遮蔽系统主要有平天幕加多道"边—檐幕"（也称横—侧幕）系统和圆天幕系统两种模式。前者是我国舞台一般采用的模式。

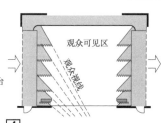

4 舞台视线遮蔽系统（平面）

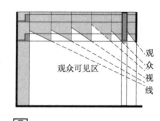

5 舞台视线遮蔽系统（剖面）

假台口又称伸缩台口，是设置在土建台口之后，由上片和两个侧片组成的活动机械。假台口可适度缩小台口可视洞口大小。可在假台口朝向舞台一侧的钢架上设置舞台灯具。

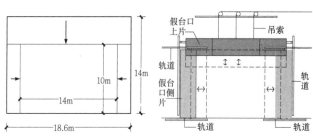

6 假台口尺寸实例（国家大剧院）   7 假台口的组成示意

演艺建筑 [30] 舞台/镜框式舞台

侧舞台

侧舞台设在主舞台两侧，是存放和迁换布景道具、演员候场的辅助区域。主舞台两侧宜布置双侧台，条件不足时可酌情灵活设置 [2]。

后舞台

后舞台设在主舞台后方，可增加表演区、景区纵深，也是存放和迁换布景的空间，又可兼作排练厅。有条件的剧场可设后舞台，并根据实际条件设计后舞台的尺寸。

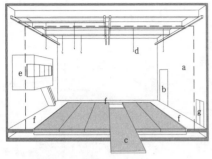

a 侧舞台口（图中虚线），高度一般同主舞台口；宽度为车台总宽两侧各加0.6m
b 大型布景进出门，净宽≥2.4m，净高≥3.6m。门外设装卸平台、暂存库或直接让货车开入侧台
c 车台
d 轨道吊机
e 舞台控制室一般在上场侧的侧台前墙
f 工作区
g 人员上下场门

[1] 侧台布置示意图

a 后舞台口，最小净宽为车台宽两侧同加0.6m，高度一般同主舞台口。后舞台口宜设隔声幕
b 吊杆
c 工作天桥
d 车台/车载转台
e 软景库，常见于有驻场剧团的剧场，存放可重复使用的软景，内含升降平台
f 工作区
g 人员上下场门

[4] 后舞台布置示意图

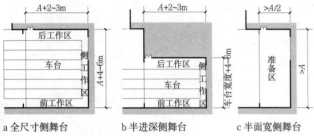

a 全尺寸侧舞台   b 半进深侧舞台   c 半面宽侧舞台

[2] 不同规格侧台平面示意图

后舞台为天幕背投幻灯提供了投射空间。传统设备放映距离不小于放映宽度的2/3，设备可置于后舞台天桥上或投影间内。进深不足时，采用新技术也可以实现天幕影像。

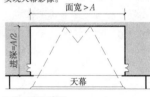

a 全尺寸后舞台   b 半进深后舞台

[5] 后舞台平面示意图

舞台组合

镜框式舞台的平面以主舞台为基础，通过侧舞台、后舞台的不同组合形成多样的布局。常见的布局由简到繁主要有四种：仅有主舞台、单侧台、双侧台、品字形。设计时根据演出要求、投资和场地等情况选择合适布局。

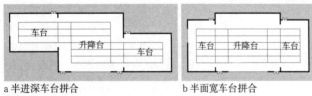

a 半进深车台拼合   b 半面宽车台拼合

[3] 侧台车台拼合使用方式

镜框式舞台的常见布局   表1

布局名称	仅有主舞台	单侧台	双侧台	品字形
适用	学校、活动中心综合剧场，市县小型综合剧场	一般城市中型综合剧场、戏剧院	大中型歌剧院、戏剧院	大型歌剧院
功能	舞台的基本配置，满足基本演出功能，换景需要闭合大幕现场搭设，时间长。适合单幕剧或不用频繁换景的剧目	机械化舞台的基本配置。能利用侧舞台车台进行快速换景，能满足多幕剧的演出要求	机械化舞台的较完整配置，双侧台都设车台，换景效率高。满足多幕布景需求	机械化舞台的高等级配置，双侧台都设车台，后舞台设车载转台，换景效率高，景深大。满足多幕布景需求
尺寸	在基本尺寸规则基础上，主舞台两侧工作区各加宽3m，提供演员和布景的准备区	在基本尺寸规则基础上，在无完整侧台一侧将主舞台工作区加宽，或设半面宽侧台形成工作准备区	按照基本尺寸规则设计	按照基本尺寸规则设计
机械化台面	常不设机械台面和台仓。也可在表演区范围内设置升降台、转台等，并设台仓	一般在主舞台表演区设升降台，全尺寸侧舞台设车台，半面宽侧台不设机械舞台，升降台与车台之间设微动台	一般在主舞台表演区设升降台，两个侧舞台设车台，升降台与车台之间设微动台。也可在其中一个侧舞台设车载转台	一般在主舞台表演区设升降台，两个侧舞台设车台，后舞台设车载转台，升降台与车台/车载转台之间设微动台
示意图				

台仓

台仓是舞台面以下的空间,供安装机械设备、储放景物之用。

机械化舞台在主舞台下方的台仓中央设机坑容纳升降舞台,四周设工作平台及储存空间。

台仓通往舞台和后台的出口不得少于2个;机坑、平台、通道和检修空间必须设固定工作梯和栏杆。演员通过舞台地面活门从台仓上下场时,台仓应设演员跑场楼梯、电梯和跑场通道。

台塔

台塔是主舞台上方至屋盖结构下缘的空间,是舞台上方机械安装、运作及检修的基本空间。台塔中央空间悬挂幕布、景片、照明灯具等各种设备,台塔四周设天桥,台塔上部设栅顶。

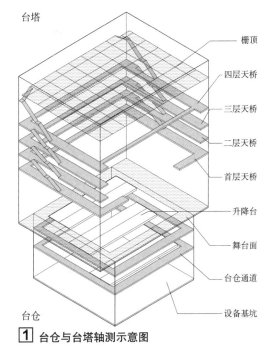

1 台仓与台塔轴测示意图

2 台塔首层天桥平面图

3 台仓平面示意图

天桥

天桥是安装、操纵和检修诸如吊杆电机、侧光灯/灯光吊笼等舞台上部机械的通廊。

天桥一般设2~3层,大型舞台设5~6层。最上层天桥一般在栅顶下2.5~3m处,首层天桥宜高出侧舞台口1m。天桥工作净高不应低于1.8m,相邻两层高差不应大于5m。天桥间设固定工作梯,高差超过2m不得采用垂直爬梯。有条件的宜设工作电梯,由台仓通往各层天桥直达栅顶。

侧天桥通行宽不宜小于1.2m。工作梯、后天桥等特殊部位不应小于0.6m。天桥应采用轻钢等不燃材料,边沿应翻起100~150mm踢脚。

栅顶

栅顶是舞台上部用于安装、检修吊杆滑轮系统及其他设备、管线的栅格状上人平台。甲、乙等剧场应设栅顶。不设栅顶的剧场应设净宽不小于0.6m的工作桥。

栅顶位置

栅顶工作净高不应低于1.8m。栅顶与屋架的关系主要有三种,见**5**。

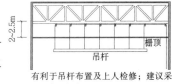

有利于吊杆布置及上人检修;建议采用的布置方式。

a 吊挂于屋架下弦以下2~2.5m处

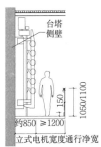

a 电机置于顶层天桥上

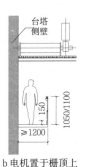

b 电机置于栅顶上

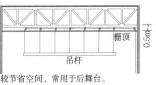

b 吊挂于屋架下弦以下0.5m处

5 栅顶位置

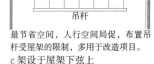

c 架设于屋架下弦上

最节省空间,人行空间局促,布置吊杆受屋架的限制,多用于改造项目。

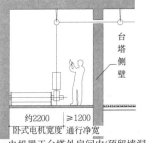

c 电机置于台塔外房间内(预留墙洞)

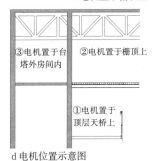

d 电机位置示意图

4 电机位置及相应天桥尺寸

栅顶构造

栅顶应采用轻钢等不燃材料制作,栅顶狭长形空隙短边不宜大于30mm,方孔形空隙不宜大于50mm×50mm。吊杆滑轮等受力构件宜固定于滑轮梁或主体结构上,不宜固定在栅顶结构上。

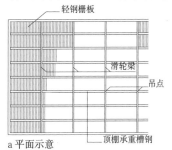

a 平面示意

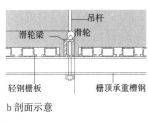

b 剖面示意

6 栅顶构造示意图

演艺建筑 [32] 舞台/镜框式舞台

台口外侧

台口面向观众厅的一侧主要具有声音反射、灯光和装饰功能，与观众厅一体设计。如台唇伸出较多，台口外侧上部可设吊机、吊杆等其他设备，甚至设置外台塔。

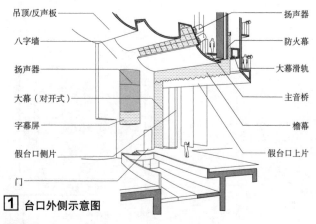

1 台口外侧示意图

台唇

台唇是台口线以外伸向观众席的台面，供报幕、谢幕、场间过场戏用。台唇较大时可形成伸出式舞台。台唇两侧常设台阶连接舞台与观众厅。台唇有多种平面形式。弧形台唇宽度（台口线到台唇边缘距离）最大处宜为2~2.5m，最窄处不应小于1.5m。

近年实例中台唇形式多平整简洁，取消了传统台唇地面上的脚光灯槽、观察孔、题词间等构造。

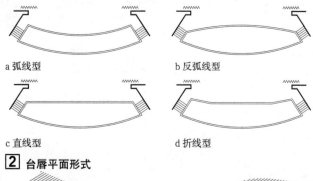

2 台唇平面形式

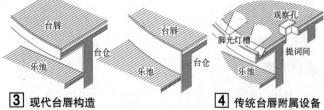

3 现代台唇构造　　4 传统台唇附属设备

耳台

台唇两侧宽于台口的区域称为耳台，供主持人站立、演员上下场等。有些剧场将耳台做大，提供额外的表演区域。耳台旁的墙上可设门，供演员从台口外上场。

5 耳台形式

乐池

乐池是乐队伴奏和伴唱队伴唱所使用的空间，一般设在台唇的前下方。歌剧院必须设乐池，其他剧场可视需要而定。乐池规模尺寸见表1。

乐池根据开口进深与池底进深的比例，可分为半封闭、半开敞和开敞式三类。乐池地面至舞台面的高度，在开口位置不宜大于2.2m，以利于声音传播。乐池可做成升降乐池，作为观众席或舞台使用，此时须设乐池台仓。

乐池尺寸 表1

剧场规模及用途	交响乐队及合唱队一般人数	乐池面积（m²）	乐池池宽（m）	乐池进深（m）
小型剧场	单管乐队29~40人，合唱队30人	35~50	10~12	不小于3.6
大中型综合剧场	双管乐队45~65人，合唱队30人	55~75	12~14	不小于4.2
大型歌舞剧场	三管乐队65~85人，合唱队30人	75~95	14~16	不小于5.4
特大型剧场	四管乐队100~120人，合唱队60人	120~140	16~18	6.5~7.5

注：乐池面积按交响乐队人均面积计算，演奏者不应小于1.00m²，伴唱者不应小于0.25m²。民族乐队与交响乐队人均占用面积相同，人数更少，剧场乐池大小可按交响乐队设计。

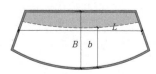

a 乐池平面形式一

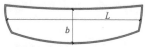

b 乐池平面形式二

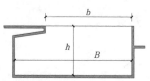

c 乐池典型剖面

B 乐池中轴处进深　L 乐池平均面宽
h 乐池底深　b 乐池开口宽度
$b \approx B$ 开敞式乐池（推荐采用）
$b \geq 2/3B$ 半开敞式乐池（声学不利）
$b < 2/3B$ 半封闭乐池（不应采用）

6 乐池平、剖面示意图

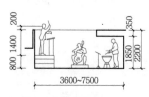

a 半开敞式乐池剖面图一

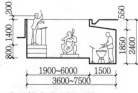

b 半开敞式乐池剖面图二

c 1.9m开敞式乐池剖面示意图

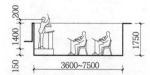

d 1.75m开敞式乐池剖面图（低音提琴和演奏者站立时可能干扰观众视线）

7 不同深度乐池剖面示意图

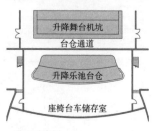

a 平面示意图

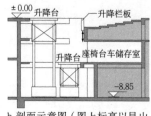

b 剖面示意图（图上标高以昆山大剧院为例）

8 乐池台仓

伸出式镜框舞台（复式伸出式舞台）

伸出式镜框舞台又称复式伸出式舞台,可视为镜框式舞台的衍生型,是兼具镜框内外两部分舞台的舞台配置。内、外舞台设计可分别参考镜框式舞台、半岛式开敞舞台。

伸出式镜框舞台对观众的视线、舞台的照明以及建筑声学提出了与常规镜框式舞台不同的要求,设计时应处理好以上三者的问题。

三种舞台使用方式

伸出式镜框舞台有两部分表演区,故可有三种使用模式。

1. 内外舞台同时使用时,拥有景区深度大,外区利于与观众互动,内区利于布/换景的优点;
2. 仅使用镜框内舞台时,外舞台降低成为乐池或观众席,成为典型的镜框式舞台;
3. 也可将台口大幕闭合,仅使用外舞台。

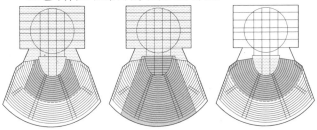

a 内外舞台同时使用　　b 仅使用内舞台　　c 仅使用外舞台

瑞典马尔默市立剧院的伸出式镜框舞台有三种使用模式,观众厅可利用活动隔断调节,适用不同的舞台使用模式。

2 三种舞台使用模式（瑞典马尔默市立剧院）

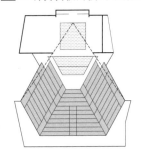

该剧场按内舞台设计观众视线,观众席总宽度小。

a 劳伦斯学院艺术中心剧场

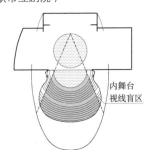

该剧院的观众席主要根据伸出式舞台设计,宽度较大,使用内舞台时两边观众视觉质量较差。

b 国家大剧院戏剧院

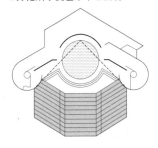

该剧场的圆形表演区跨越台口内外,观众席宽度大,台口宽度大,保证两侧观众视野。但台口大的同时削弱了台口的作用。

c 达拉斯汉弗莱斯剧场

该剧场采用可变观众厅,作为伸出式镜框舞台使用时,A为前舞台,B、C为观众席;仅使用内舞台时,A、B为观众席,C区不使用。

d 东京新国立剧院

3 视线设计实例

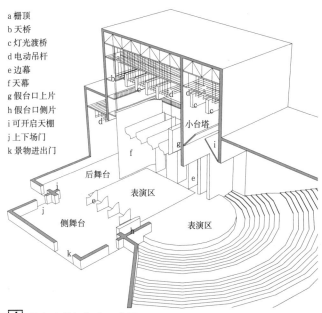

a 栅顶
b 天桥
c 灯光渡桥
d 电动吊杆
e 边幕
f 天幕
g 假台口上片
h 假台口侧片
i 可开启天棚
j 上下场门
k 景物进出门

1 伸出式镜框舞台示意图

伸出式镜框舞台视线设计

采用伸出式镜框舞台会令观众视线可见区域产生较大变化,要处理好这种舞台形式的平面视线和剖面视线设计。

1. 平面视线设计

伸出舞台部分的水平视角与镜框内舞台部分的水平视角相差很多。为了满足二者要求,有以下几种处理方法。

（1）基本按镜框内舞台设计平面视线。此方式的缺点是减少了观众席的数量。

（2）为了增加观众席数量,有时可适当加大观众席的宽度,增大水平视角,这种处理两边观众的视觉质量较差。

（3）加宽镜框舞台的台口宽度,改善加宽后的两侧观众席视觉质量,但这样会对正常演出造成影响。

（4）采用可变形式的观众厅,根据演出的剧目情况适当变换观众厅的形式,改变观众席的水平视角,满足正常视线质量的要求。此种形式的建筑结构较复杂。

2. 剖面视线设计

伸出式镜框舞台有两种视点选择方案 **4**。为了保证观众对伸出舞台有良好的观演视线,伸出式镜框舞台的视点一般选择在伸出舞台前沿地面或适当抬高,观众席坡度较陡。

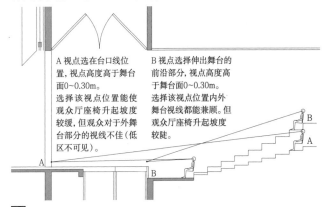

A 视点选在台口线位置,视点高度高于舞台面0~0.30m。选择该视点位置能使观众厅座椅升起坡度较缓,但观众对于外舞台部分的视线不佳（低区不可见）。

B 视点选择伸出舞台的前沿部分,视点高度高于舞台面0~0.30m。选择该视点位置内外舞台视线都能兼顾。但观众厅座椅升起坡度较陡。

4 视点选择分析

演艺建筑 [34] 舞台 / 开敞式舞台

开敞式舞台

开敞式舞台的表演区与观众席在同一个空间内，即没有独立的"舞台箱"和"观众厅"空间。这种布置具有建筑构造简单、观演双方距离近的优点。开敞式舞台一般用于无需频繁布/换景和人员上下场的演出，同时简化舞台设备，并采用涂黑、吊顶或其他装修方式弱化、遮蔽演出以外的设备、工作区域，并烘托装修气氛。

视点、视距、舞台高度

视点：岛式舞台应选在表演区的边缘，尽端式、半岛式舞台宜按实际需要将设计视点适当外移，当受条件限制时，设计视点可适当上移，但不得超过舞台面0.3m，或向大幕投影线或表演区边缘后移，后移距离不宜大于1m。

视距、视角：开敞式舞台剧场观众席对视点的最远视距不宜大于20m，观众视线最大俯角不宜大于30°。

舞台高度：尽端式、半岛式舞台面距第一排座席地面的高度宜为0.3~0.6m；岛式舞台台面不宜高于0.3m，可与观众席地面齐平。

舞台上下场

表演区上下场通道不得少于2条，主要考虑演出时加快演员上下场的速度。开敞式舞台通常没有侧台，也无可开门的侧墙，上下场通道/门的开设与镜框式舞台有较大不同。主要有舞台侧后部出入、通过观众席出入两种方式。设计时宜尽量不影响演出和布景，或结合布景，或借此增强演员与观众的互动。

舞台设备与装修处理

开敞式舞台与观众厅为一个整体空间。表演所需要的各种机械和设备数量繁多，为了避免影响建筑效果，需要进行装修遮蔽。舞台设备与装修的协调关系主要有三种方式 5。

设计要点

1. 充分利用其特点，围合布局，减小视距，加强演员与观众的交流。
2. 综合考虑各种因素，慎重选择视点、视距和舞台高度。
3. 解决好舞台布景道具的置换及演员上下场的方式。
4. 解决好舞台机械、照明、空调、音视频设备的布置，既要满足功能要求，同时又要隐蔽。

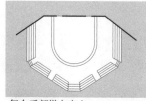
a 舞台后部纵向出入

b 舞台后部横向出入

c 矮墙出入

d 挑廊下方出入

e 观众席豁口出入

f 观众席间通道出入

4 开敞式舞台上下场方式

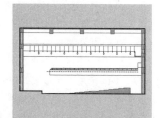
a 裸露式（设备常涂刷深色）

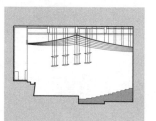
b 吊顶式

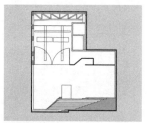
c 隐藏台塔式

5 开敞式舞台上部设计

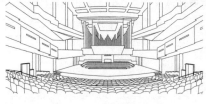
a 北京音乐厅（1986年完工，2004年整修）

a 上海马戏场（1999年完工）

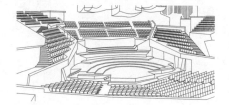
a 柏林爱乐音乐厅（1987年完工）

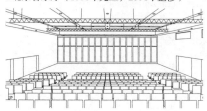
b 国家大剧院小剧场（2007年完工）

1 尽端式舞台实例

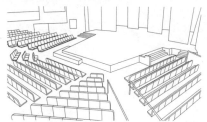
b 中央戏剧学院北剧场（2002年完工）

2 半岛式舞台实例

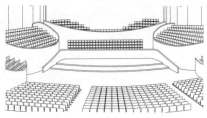
b 上海东方艺术中心音乐厅（2003年完工）

3 岛式舞台实例

概述

舞台机械是剧场舞台的核心设备，通过机械传动装置使舞台上空的悬挂装置及舞台台板升降、平移、旋转或倾斜，从而实现装卸台或迁换布景道具的目的。主要设备：吊杆、乐池升降台、主升降台、车台、车载转台、鼓筒式转台、芭蕾舞车台、演员活门及升降小车、反声罩等。

设计要点

1. 设备配置：根据剧院的功能定位及演出需求，确定舞台机械设备配置方案，一般可分为台下及台上两区域设备。
2. 荷载：根据设备运行承载参数及传动方案，提出作用于建筑结构体上荷载的位置、大小及方向。主要有动荷载和静荷载两种。动荷载：设备在运动时能承受的最大荷载。静荷载：设备在静止状态能承受的最大荷载。种类有：面荷载、线荷载、点荷载。方式有：组合叠加或取最大值等。
3. 专业用房：针对设备运行特点及使用功能、要求等，确定设备专业用房的大小、位置、温湿度以及配套设施等。
4. 用电条件：根据设备系统的安装位置、运行速度、荷载等技术参数，确定供电点位置、装机容量及配套设施。
5. 区域环境：针对设备系统运行工况，根据设备运行或待机状态的功率损耗，提出设备正常运行的温度及干湿度范围。
6. 噪声：提出设备运行可能产生的最大噪声量，确定相应的降噪措施。
7. 消防及其他：根据设备功能特点及消防要求提出相关消防设计的输入条件，如消防疏散、防火幕联动设置条件等。

分类

舞台机械分类要点　　　　　　　　　　　　　　　　表1

分类	类别	内容及要点
台下（台面）设备	升降台类	通过链条、钢丝绳、大螺旋、刚性链等升降驱动方式实现舞台垂直上下运动的设备。可与平移、旋转结合实现复合运动。如：主升降台、乐池升降台等
	车台类	通过链条、齿轮齿条、钢丝绳、销齿传动、刚性链等驱动方式实现舞台水平移动的设备。可与升降、旋转结合实现复合运动。如：车台、车载转台等
	旋转台类	通过齿轮、链条销齿或摩擦等实现舞台水平旋转的设备。可与升降、平移结合实现复合运动。如：鼓筒型转台、拼装转台等
	其他设备	与舞台安全或演出特殊要求相关的台下设备。如：演员活门、演员升降小车、升降栏杆等
台上（上空）设备	吊杆类	由钢丝绳卷扬机驱动，吊挂各类软硬景片、灯具或其他道具等。如：景杆、灯杆等
	幕布吊机类	由钢丝绳卷扬机驱动，吊挂各类幕布，可实现幕布各种升降和开启功能。如：大幕机、二道幕机等
	点吊类	由钢丝绳单点驱动。可单台运行，也可多台同步运行。如：固定单点吊机、自由单点吊机、轨道单点吊机、链式吊机等
	其他设备	与舞台安全或演出特殊要求相关的台上设备。如：灯光吊架、灯光吊笼、防火幕、反声罩、运景吊机等
升降台类	主升降台	位置：主舞台区； 驱动形式：链条、钢丝绳、齿轮齿条、刚性链等； 运动形式：垂直上下移动； 结构形式：双层台、单层台等
	演员活门	位置：双层台上台面； 传动方式：电动推杆装置； 运动形式：翻转
	升降小车	位置：主升降台二层台面； 传动方式：钢丝绳卷扬机；运动形式：升降
	乐池升降台	位置：台口前乐池上空； 驱动形式：大螺旋、刚性链、钢丝绳等； 运动形式：垂直上下移动； 结构形式：单层台
	辅助升降台	位置：主舞台区两侧及后侧； 驱动形式：链条、剪刀撑、偏心轮、刚性链等； 运动形式：垂直上下移动； 结构形式：单层台

舞台机械分类要点　　　　　　　　　　　　　　　续表

分类	类别	内容及要点
升降台类	运景升降台	位置：布景装卸区、附房区域； 传动方式：链条、钢丝绳、大螺旋等； 运动形式：垂直升降； 结构形式：单层台
	软景库升降台	位置：主舞台与后舞台之间、后舞台后部； 传动方式：链条、钢丝绳、大螺旋等； 运动形式：垂直升降； 结构形式：单层台
	补偿台	位置：侧舞台区、后舞台区； 传动方式：链条、剪刀撑、偏心轮、大螺旋等； 运动形式：垂直上下移动； 结构形式：单层台
车台类	车台	位置：侧台区、后台区； 传动方式：齿轮齿条、钢丝绳、自行方式等； 运动形式：水平移动； 结构形式：单层台
	车载转台	位置：后舞台区、侧车台； 传动方式：齿轮齿条、摩擦自行、销齿传动等； 运动形式：水平旋转； 结构形式：桥式单层台或薄片式单层台
旋转台类	鼓筒型转台	位置：主舞台区； 传动方式：齿轮齿圈、销齿、链条与摩擦轮等； 运动形式：水平移动； 结构形式：空间圆柱形框架结构
点吊类	固定单点吊机	位置：台口前乐池上空； 传动方式：钢丝绳卷扬机等； 运动形式：吊机位置固定，节点下绳点位置固定，或在同一组轨道上多个吊机组合使用
	自由单点吊机	位置：主舞台区上空； 传动方式：钢丝绳卷扬机等； 运动形式：吊机固定，下绳点位置可自由移动，节点在所需要的位置升降
	飞行机构	位置：主舞台区上空； 传动方式：水平与升降两台钢丝绳卷扬机； 运动形式：水平移动组合； 安装形式：可固定在栅顶下也可固定在吊杆上
吊杆类	吊杆	位置：主舞台区、后舞台区上空； 传动方式：钢丝绳卷扬机等； 运动形式：垂直升降； 结构形式："梯子"形杆体
	灯光吊杆	位置：主舞台区上空； 传动方式：钢丝绳卷扬机等； 运动形式：垂直升降； 结构形式：单层或双层杆体，适合吊挂灯具
	灯光渡桥	位置：主舞台区上空； 传动方式：钢丝绳卷扬机等； 运动形式：垂直升降； 结构形式：多层钢结构，可上人操作灯具
幕布吊机类	大幕机	位置：主舞台区上空靠近台口； 传动方式：升降—钢丝绳卷扬机，对开—钢丝曳引及均匀收缩机构，斜拉—钢丝绳卷扬机； 运动形式：升降、对开及斜拉
	二道幕机	位置：主舞台区上空，安装在吊杆上； 传动方式：电动或手动曳引； 运动形式：对开或随吊杆升降
特殊的机械设备	防火幕	位置：台口舞台内侧墙面； 传动方式：钢丝绳卷扬机+配重及液压阻尼装置； 运动形式：垂直升降； 结构形式：片体钢结构、隔热矿棉、外蒙钢板及防火涂料
	假台口	位置：主舞台上空靠近台口； 传动方式：上片（中片）配重+钢丝绳卷扬机，侧片摩擦自行或手动； 运动形式：上片垂直升降，侧片平移； 结构形式：多层钢结构
	灯光吊笼	位置：主舞台区上空两侧； 传动方式：钢丝绳卷扬机等； 运动形式：垂直升降及平移； 结构形式：钢结构，前侧挂灯，可上人操作
	侧台运景吊机	位置：侧舞台区上空； 传动方式：升降—链条或平移—摩擦自行； 运动形式：升降及平移
	乐池升降栏杆	位置：乐池前沿台唇； 传动方式：钢丝绳或刚性链等； 结构形式：圆弧形片状钢结构
	其他安全防护装置	各类安全防护网、防护门、防剪切装置等

演艺建筑 [36] 舞台机械/设备分布

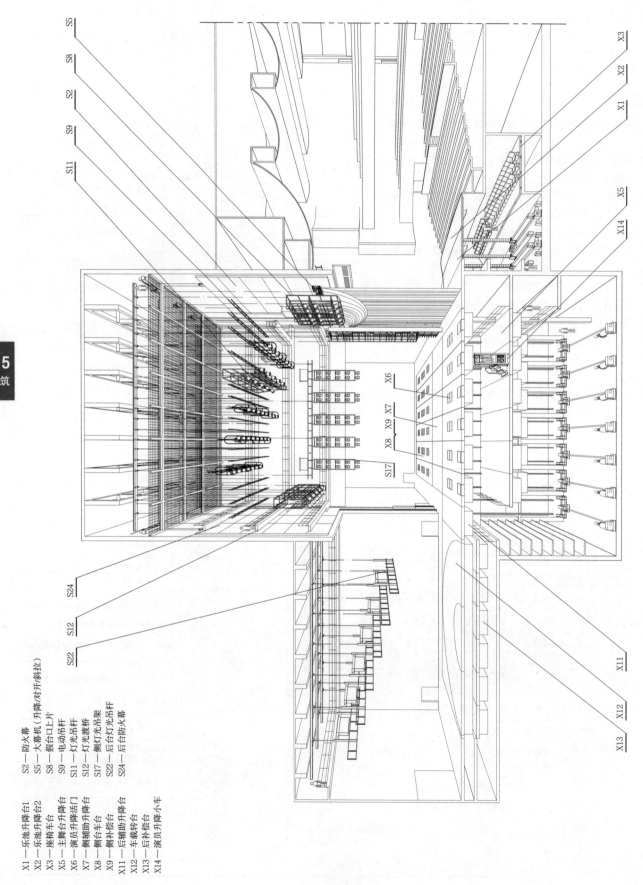

X1—乐池升降台1　　　S2—防火幕
X2—乐池升降台2　　　S5—大幕机（升降/对开/斜拉）
X3—座椅车台　　　　　S8—假台口上片
X5—主舞台升降台　　　S9—电动吊杆
X6—演员升降活门　　　S11—灯光吊杆
X7—侧辅助升降台　　　S12—灯光渡桥
X8—侧台偿台　　　　　S17—侧灯光吊架
X9—侧补偿台　　　　　S22—后台灯光吊杆
X11—后辅助升降台　　 S24—后台防火幕
X12—车载转台
X13—后补偿台
X14—演员升降小车

1 品字形舞台机械布置透视图

424

设备分布 / 舞台机械 [37] 演艺建筑

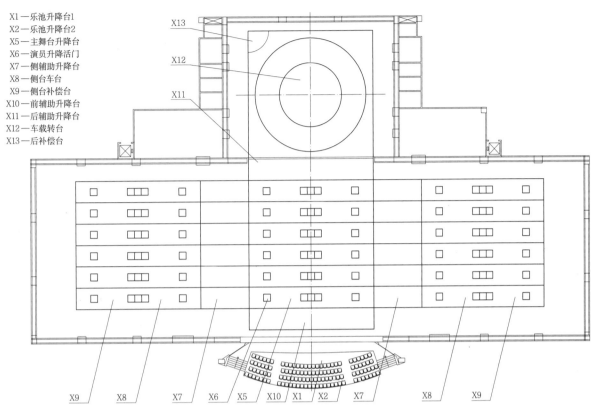

X1—乐池升降台1
X2—乐池升降台2
X5—主舞台升降台
X6—演员升降活门
X7—侧辅助升降台
X8—侧台车台
X9—侧台补偿台
X10—前辅助升降台
X11—后辅助升降台
X12—车载转台
X13—后补偿台

1 品字形舞台台下设备平面布置

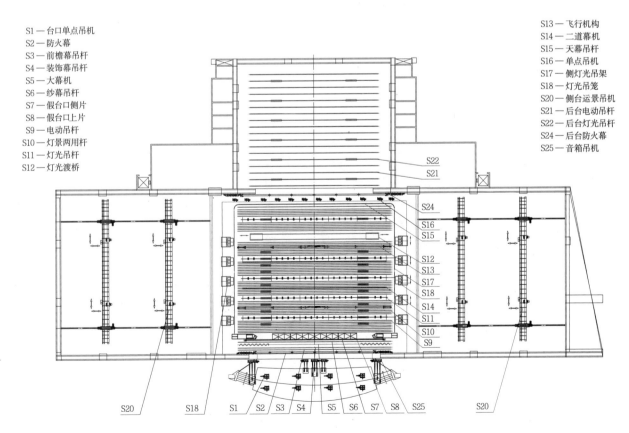

S1—台口单点吊机
S2—防火幕
S3—前檐幕吊杆
S4—装饰幕吊杆
S5—大幕机
S6—纱幕吊杆
S7—假台口侧片
S8—假台口上片
S9—电动吊杆
S10—灯景两用杆
S11—灯光吊杆
S12—灯光渡桥

S13—飞行机构
S14—二道幕机
S15—天幕吊杆
S16—单点吊机
S17—侧灯光吊架
S18—灯光吊笼
S20—侧台运景吊机
S21—后台电动吊杆
S22—后台灯光吊杆
S24—后台防火幕
S25—音箱吊机

2 品字形舞台台上设备平面布置

演艺建筑 [38] 舞台机械/设备分布

S1 — 台口单点吊机
S2 — 防火幕
S3 — 前檐幕吊杆
S4 — 装饰幕吊杆
S5 — 大幕机
S6 — 纱幕吊杆

S7 — 假台口侧片
S8 — 假台口上片
S9 — 电动吊杆
S11 — 灯光吊杆
S12 — 灯光渡桥
S13 — 飞行机构
S14 — 二道幕机
S15 — 天幕吊杆
S16 — 单点吊机
S17 — 侧吊杆
S18 — 灯光吊笼
S19 — 流动灯光车
S20 — 侧台运景吊机
S21 — 后台电动吊杆
S22 — 后台灯光吊杆
S23 — 反声罩
S24 — 后台防火幕
S25 — 音箱吊机

X1 — 乐池升降台1
X2 — 乐池升降台2
X4 — 提词间
X5 — 主舞台升降台
X6 — 演员升降活门
X7 — 侧辅助升降台
X8 — 侧台车台
X9 — 侧台补偿台
X10 — 前辅助升降台
X11 — 后辅助升降台
X12 — 车载转台
X13 — 后补偿台
X15 — 芭蕾车台

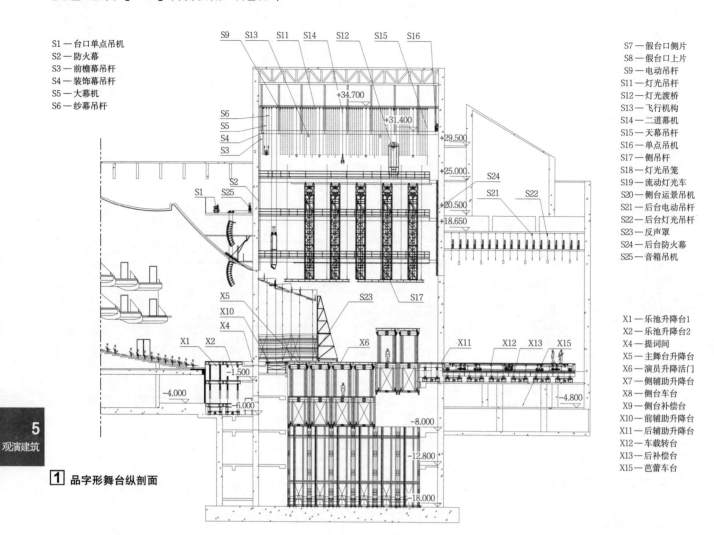

1 品字形舞台纵剖面

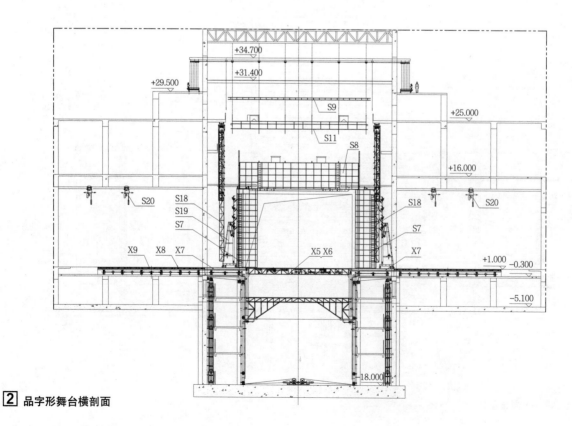

2 品字形舞台横剖面

概述

升降台一般设于主舞台上,可根据剧情需要升高或降低舞台台面,通常采取条形布局,长度与台口宽度相同,宽度一般在2.5~3.6m之间。主要设备有:单层升降台、双层升降台、子母升降台等,双层升降台上设有演员活门、演员升降小车等。

1. 空间预留:根据升降台台面尺寸、运行轨迹及行程确定基坑的深度及范围。
2. 荷载条件:根据升降台传动形式、承载力及自重确定升降台作用在建筑结构体上荷载的分布情况及大小,包括预埋件位置、大小和承载力。
3. 设计时要考虑与消防、装饰等专业的特殊接口条件。

单层升降台

台面结构为单层,可运送道具或演员,由舞台仓升到台面,或从舞台面升起参与演出。通常设备有:乐池升降台、主升降台、运景升降台、补偿台、辅助升降台等。设备组成主要有:台体钢结构、导向装置、传动系统、安全保护装置、配重装置及电气控制系统等。主要技术参数:台面尺寸、升降速度、动荷载、静荷载、行程及定位精度等。

1 单层升降台

双层升降台

一般设置在主表演区基坑内,基坑尺寸与构造和升降台的形式有一定关系。双层台面均可供表演使用,层间高度3.5~5m,通常升降行程为层间的高度,有时也可降得更深,供运送较高的舞美道具。升降台一般设置多块,可同步或单独升降。

设备组成主要有:台体钢结构、导向装置、传动系统、配重装置、安全保护装置以及电气控制系统等。

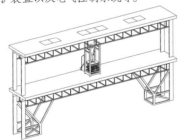

2 双层升降台

子母升降台

该设备分子台与母台两部分,子台设置在母台上,随母台升降。子母台传动系统相互独立,一般可单独升降,也可同时升降或一升一降。设备组成及技术参数同双层升降台。

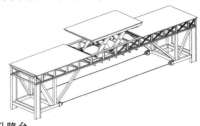

3 子母升降台

演员活门(上人孔)

设置在双层升降台上层台面或有下层演员换场条件的固定舞台面上。演员活门平面尺寸1m×1m,可以单独设置,也可两个或多个并排设置。活门门体向下翻转开启,配合演员升降小车使用。

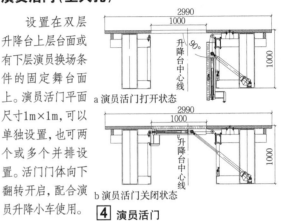

4 演员活门

演员升降小车

与演员活门配合使用,设置在双层台下一层台面上,台面尺寸0.98m×0.98m,与活门尺寸相对应。升降小车往往参与演出,所以要求速度较快,如0.5m/s。

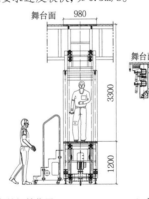 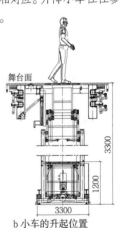

a 小车的初始位置   b 小车的升起位置

5 演员升降小车

国内主要剧院双层升降台技术参数汇总   表1

项目名称	台面尺寸(m)	层高(m)	速度(m/s)	行程(m)	静载(kN/m²)	动载(kN/m²)
国家大剧院	18.6×3.1	4.5	0.003~0.3	13.5	5+2车台自重	1.5+车台自重
杭州大剧院	18×3	5	0.002~0.2	15	5+2车台自重	1.5+车台自重
山西大剧院	16×3	4.0	0.0025~0.25	8.0	4+侧车台自重	1.5+侧车台自重
广州大剧院	18×3	4.5	0.003~0.3	13.5	5	4
重庆大剧院	15×3、5×1.5、15×1.5	4.5	0.01~0.3	7.5	5	4
青岛大剧院	18×3	4.5	0.002~0.2	9	4	4
福建大剧院	18×3.6	4.0	0.0025~0.25	8	5+侧车台自重	2.5+侧车台自重
内蒙古乌兰恰特大剧院	18×3.6	4.5	0.002~0.2	9	平均3.5,局部5.0	2+侧车台自重
武汉琴台大剧院	18×3	4.5	0.004~0.4	13.5	上层台面5+车台自重;下层台面4	上下层之和4+侧车台自重

演艺建筑 [40] 舞台机械/升降台

概述

升降台传动方式有刚性链、螺旋丝杠、链条、剪刀撑、大螺旋、钢丝绳等，各有不同特点，可根据不同使用要求选择。

1. 刚性链传动

通过电机减速机、传动轴传动链轮旋转，链轮拨动销轴将链板逐节由水平状态旋转至竖直状态，一节节将负载顶起。

特点：适合较浅的基坑使用，运行速度较高，噪声较低。但加工工艺要求较高，需和较大速比的减速机配套使用，整体造价较高，但目前国内外均有类似的产品。

2. 螺旋丝杠传动

通过电机减速机传动螺旋丝杠旋转带动螺母移动，或电机减速机传动螺母旋转带动螺旋丝杠移动，实现台体运动。

特点：传动精度较高，寿命长，可靠性高。但运行速度低，噪声大，传动效率低，冲击较大。

3. 链条传动

通过电机、减速机、链轮及链条牵引升降台升降。一般多点（四点）双向传动，各点间机械同步。

特点：台体结构用钢量较大，运行噪声低、高速较平稳。适用于中高速、大荷载的场合。运行速度不宜过快（≤0.3m/s），整体造价适中。

4. 剪刀撑传动

将剪刀撑机构与液压缸或螺旋丝杠或钢丝绳等传动形式结合实现升降。剪刀撑机构既是传动装置也是导向装置。

特点：适合较浅的基坑使用。运行速度及噪声与配套的传动形式有关。剪刀撑机构升起时靠自体导向，机构重心会产生一定水平偏移。抗水平力较弱，整体造价适中。

5. 大螺旋传动

大螺旋机构由水平设置的链轮、一组横片螺旋钢带、一组竖片螺旋钢带及一套机械旋合装置组成。大螺旋柱体直径为6英寸、9英寸、18英寸三个规格，不同规格传动（承受）荷载大小不同。

特点：适合较浅的基坑使用。但运行速度较低，噪声较大。柱体机构只能在规定的受压荷载下工作，不能承受水平推力，对控制系统保护要求较高，整体价格偏高。目前只有进口产品。

6. 钢丝绳传动

通过电机、减速机、卷筒、转向滑轮及钢丝绳牵引升降台升降。一般多点（四点）单向传动，各点间电气控制同步。

特点：台体结构用钢量较大，运行噪声低、高速平稳。适用于高速（>0.3m/s）、大荷载的场合。但钢丝绳寿命较短，需定期更换。长期重载下钢丝绳伸长需要补偿，对控制系统可靠性要求较高，整体造价高。

传动类型分类

表1

刚性链传动	剪刀撑传动
	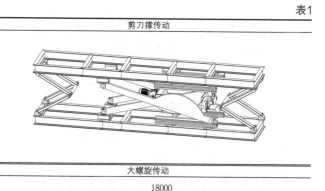
螺旋丝杠传动	大螺旋传动
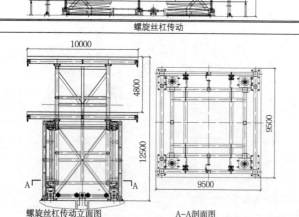	
螺旋丝杠传动立面图　A-A剖面图	大螺旋升降台立面图 大螺旋升降台平面图
链条传动	钢丝绳传动
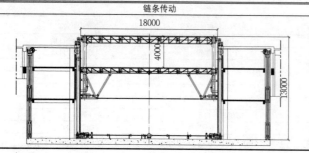	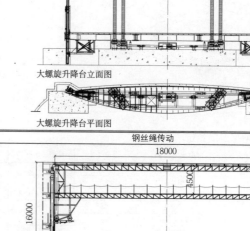

概述

车台主要用于将道具或演员由一个区域水平运送到另一个区域。设备组成主要有：车体钢结构、导向装置、驱动与行走系统、安全保护装置以及电气控制系统等。技术参数：台面尺寸、速度、动荷载、静荷载、行程以及定位精度等。主要设备有：侧台车台、座椅车台、芭蕾舞台板车台、冰车台等。设计时应考虑：

1. 空间预留：基坑深度，全行程中的平面空间；
2. 荷载条件：轮迹与导轨上产生的荷载；
3. 供电方式：被动式行走的固定点供电，主动自行式的蓄电池设充电站。

侧台车台

一般设置舞台侧台区域，台面尺寸与主升降台尺寸相同。主要传动形式：齿轮齿条、链轮链条、钢丝绳卷扬机等。

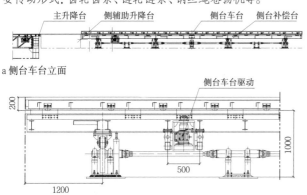

a 侧台车台立面

b 车台驱动系统

[1] 侧台车台

座椅车台

设置在乐池升降台前观众席的下层座椅台仓内。平台尺寸与乐池升降台台面尺寸相同。车台上设置座椅。主要传动形式：手动、电动关节链等。由于手动推力有限，因此手动座椅车台通常会采用分块设计。

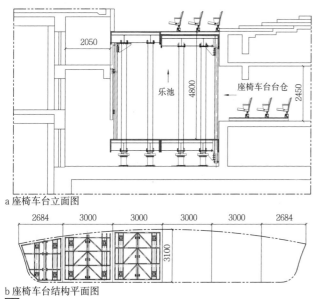

a 座椅车台立面图

b 座椅车台结构平面图

[2] 座椅车台

芭蕾舞台板车台

设置在后舞台台仓，尺寸与若干块主升降台总和相同。一般芭蕾舞车台由上下两层结构组成：上层是芭蕾舞台台面，有些专业芭蕾舞车台台面具有倾斜功能，上层结构设置倾斜翻转机构；下层是车台行走机构。主要传动形式：自行式、齿轮齿条。

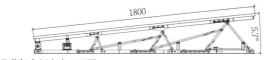

a 芭蕾舞台板车台立面图

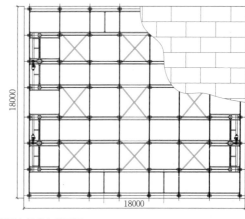

b 芭蕾舞台板车台平面图

[3] 芭蕾舞台板车台

冰车台

设置在后舞台下层台仓，尺寸与若干块主升降台总和相同。一般冰车台上设置的冰面为12m×12m，供专业冰上芭蕾舞演出使用。冰车台分上下两层结构组成：上层是制冰系统与冰槽，冷冻后成冰面，供演出使用；下层是车台行走机构。主要传动形式与芭蕾舞台板车台相同。冰面工作的温度通常以-6~-4℃为宜。在冰车台储存区域附近应设置给排水及水制冷处理设施。

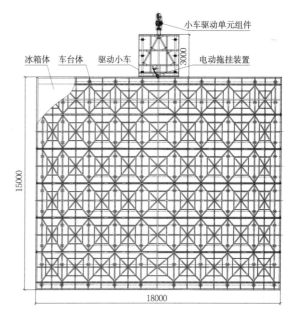

[4] 冰车台

演艺建筑 [42] 舞台机械/旋转台

概述

旋转台是在大型剧场中经常设置的可旋转舞台，以满足演出和换景的需求。按台面结构可分：单个旋转台、组合型旋转台、旋转升降台。按其构造形式及功能又可分为：车载转台、鼓筒型转台、拼装转台等。设计时应考虑：

1. 空间预留：基坑深度，台体结构与建筑层间结构相对应；
2. 荷载条件：基坑底部支撑和导向装置上产生的荷载；
3. 供电方式：旋转用中心滑环，行走用电缆拖链或蓄电池。

车载转台

在车台上设置转台，转台可随车台水平运行，可在车台行进时旋转。车台与转台的传动系统相互独立。转台一块或同心两块，中心转台还可升降。受到车台台体厚度的限制，转台一般都是薄片式结构，传动系统距台面较近，因此采用小功率多点驱动电气同步方式，以降低噪声。

设备组成主要有：车转台体钢结构、车台传动与行走系统、导向装置、转台传动系统、旋转导向装置、安全保护装置以及电气控制系统等。

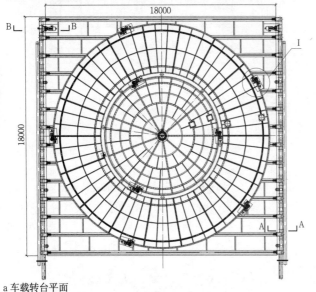

a 车载转台平面

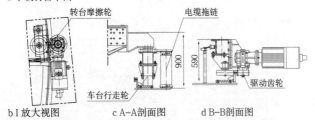

b I 放大视图　　c A-A 剖面图　　d B-B 剖面图

【1】车载转台

鼓筒型转台

以转台为基础，直径一般与建筑台口宽度相近，可实现大型布景平面旋转换景。转台上设置演员手动或电动活门、单层或双层升降台或升降旋转台，可随转台旋转。鼓筒型转台与周围固定结构相邻，演员与小型道具可通过舞台下层周围固定平台进入转台，再由转台上的升降台运送到舞台面。由于升降台行程较大，许多演员道具可由台下升到台面，因此，鼓筒型转台的整体高度比较大，形似鼓筒，故名鼓筒型转台。

国内鼓筒型转台主要尺寸参数　　表1

剧院名称	国家大剧院戏剧场转台	国家话剧院转台	辽宁大剧院转台
直径(m)/高度(m)	16/15	16/12	16/11.3

设备组成包括：转台结构台体、升降台（含升降块、旋转升降台等）、旋转机构、传动系统、供电滑环、安全装置、台面木地板和控制系统等。

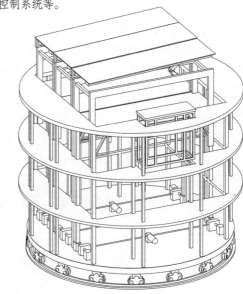

【2】鼓筒型转台

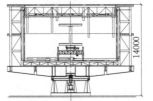　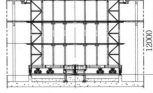

【3】无支撑轮结构　　【4】有支撑轮结构

拼装转台

采用模块化设计，使用时在舞台表演区域进行快速拼装，连接控制系统进行简单调试后即可使用。一般采用轻型铝合金材料制作，台体厚度小于300mm，方便运输与拼装。

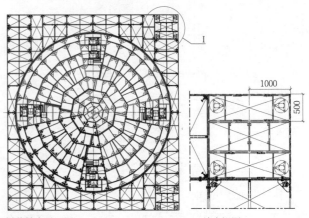

a 拼装转台平面图　　b I 放大视图

【5】拼装转台

吊杆/舞台机械 [43] 演艺建筑

吊杆

吊杆设置在舞台上空，吊挂升降布景道具、灯具等。一般由电动卷扬机传动升降。通常一个剧院的吊杆数量大致有40~80道左右。

根据吊挂对象的不同可分为：景物吊杆、灯光吊杆、灯光渡桥、侧灯光吊架、天幕吊杆、景灯两用吊杆等。

卷扬机形式：卧式卷筒卷扬机、立式卷筒卷扬机、卷筒固定式、卷筒移动式。

吊杆类设备分类   表1

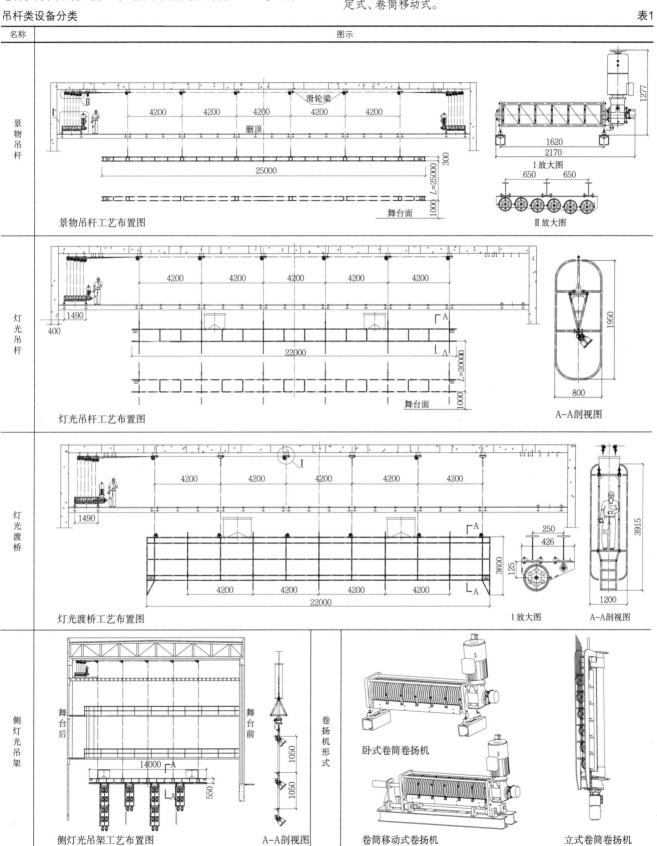

5 观演建筑

演艺建筑 [44] 舞台机械 / 幕布吊机

概述

在舞台上空吊挂各类幕布，可实现幕布升降、对开、斜拉、串叠等多种开启功能。如大幕机、场幕机、滚筒幕机等。

大幕机

1. 设置要求：设置在台口内，台口防火幕与前檐幕后面。大幕常见的有对开和升降功能，特殊的情况下还有斜拉、串叠功能。针对不同的功能设置相应的传动系统。大幕机主要包括升降系统、幕架、均匀伸缩对开系统、斜拉系统、控制系统以及对开手动装置等。

2. 荷载：大幕机升降的荷载主要包括大幕架体、对开与斜拉传动装置及幕布的自重，而对开与斜拉主要荷载为幕布的自重。一般幕布选用400~650g/m²。一套大幕机总重量大约1000kg。

3. 布局方式：升降传动系统设置在栅顶两侧台上卷扬机机房内，通过栅顶上空的滑轮和钢丝绳悬挂大幕架，大幕架上设置均匀伸缩对开系统、斜拉系统，大幕架下吊挂导轨及幕布。

大幕机的开启分类　　　　　　　　　　　　　表1

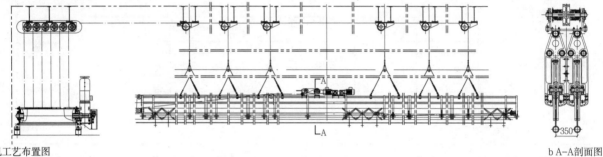

a 大幕机工艺布置图　　　　　　　　　　b A-A剖面图

1 大幕机

场幕机

设置要求：设置在舞台中前区上空或中后区上空，分隔舞台空间，用于戏曲等节目的背景幕，功能有对开和升降两种。二道幕架体安装在吊杆上，其升降功能由吊杆实现。架体设置导轨、滑车及挂点等装置，利用电动或手动方式实现对开功能。

荷载：二道幕荷载主要包括机架、对开传动系统及幕布的自重。一般幕布选用200~350g/m²。一套二道幕机总重量大约400kg。

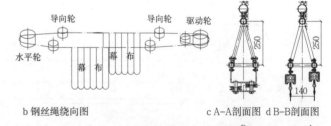

b 钢丝绳绕向图　　　　　　　　c A-A剖面图　d B-B剖面图

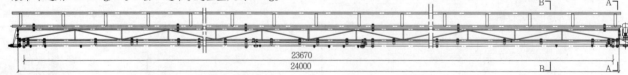

a 场幕机工艺布置图

2 场幕机

滚筒幕机

设置要求：设置在舞台上空，通过电机传动圆柱形滚筒旋转收放软景，实现换景功能。主要用于舞台栅顶过低，不能升降垂直换景的情况。

设备分类：水平滚筒幕、竖直滚筒幕等。

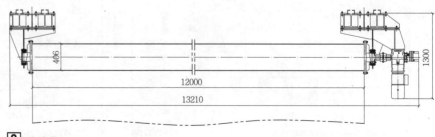

3 滚筒幕机

单点吊机

单点吊机的悬吊装置有单(双)根钢丝绳卷扬机传动和链条卷扬机传动两种方式，用于吊挂各类布景道具或演员。可单台运行，也可多台同步运行。主要设备有：自由单点吊机、固定式单点吊机、链式吊机。

自由单点吊机

主舞台单点吊机设置在舞台上空栅顶上后区，每个吊机对应设置水平转向滑轮和垂直转向滑轮，吊点可自由移动。

防火幕

设置要求：考虑到防火分区，在镜框舞台台口墙内侧设置刚性防火幕。在舞台发生火灾时将观众席与舞台分隔为两个区域，确保观众席安全。防火幕分为：升降传动系统、手动释放液压阻尼系统、幕体、配重系统等。通过手动释放液压阻尼系统，幕体可在40s内降下，封闭台口。

幕体尺寸：高度大于台口建筑高度0.5~1m，宽度大于台口建筑宽度每侧各0.5~1m，厚度大约100~200mm。

荷载：考虑到发生火灾时幕体两侧存在空气压差，因此要求幕体可承受水平35kg/m²的荷载。

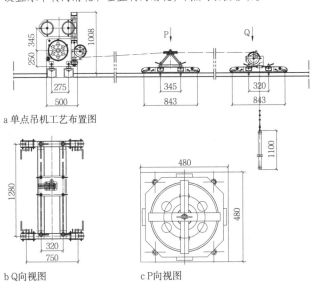

a 单点吊机工艺布置图

b Q向视图　　c P向视图

1 单点吊机布置图

固定式单点吊机

固定安装的单点吊机通常设置在台口外，舞台观众厅上空装修层以上的设备层上。

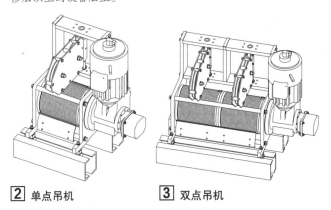

2 单点吊机　　**3** 双点吊机

链式吊机

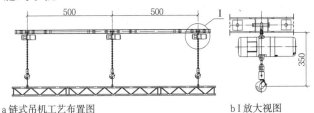

a 链式吊机工艺布置图　　b I放大视图

4 链式吊机

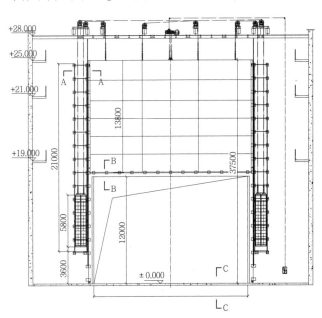

a 防火幕工艺布置图

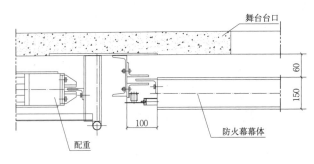

b A-A剖面图

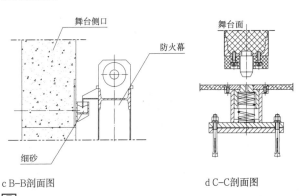

c B-B剖面图　　d C-C剖面图

5 防火幕

演艺建筑 [46] 舞台机械 / 飞行机构·运景吊机·拼装舞台·灯光吊笼

飞行机构

设置在舞台上空，一般安装在吊杆或直接安装在栅顶钢结构上，采用钢丝绳牵引，可以实现水平及升降两维运动。

a 工艺布置

b A-A 剖视图　　c I 放大视图　　d II 放大视图

1 飞行机构

运景吊机

设置要求：在侧舞台、后舞台或其他辅助舞台区上空设置运景吊机，用于吊挂布景或装卸、转移货物。吊机设置在移动大梁上，吊机本身可沿大梁移动，吊机本身的吊钩也可单独升降。

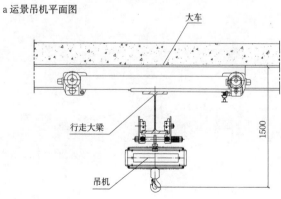

a 运景吊机平面图

b A-A 剖面图

2 运景吊机

铝合金拼装舞台

主要应用于多功能厅剧场以及户外广场等不宜设置舞台基坑的场合。模块化设计，铝合金材质，便于快速拆装。单块规格：1225mm×1225mm。舞台高度采用3级调节，600、800、1000mm，也可根据需求订制高度。底部采用M12×50mm调节脚。立柱之间用抱卡进行相互连接，起到舞台稳定作用。台板与台板间有螺钉连接，并有定位键。舞台板相互连接后，使舞台面形成一个整体。单块面积1.5m²，框架厚度75mm，存储空间小。50m²的房间可存储近1000m²的舞台板。

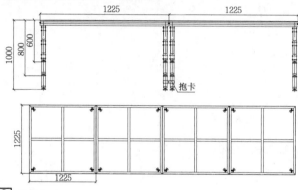

3 拼装舞台

灯光吊笼

设置要求：设置在舞台上空左右两侧，用于舞台侧光布置，每个吊笼可升降，可水平沿进深方向平移。

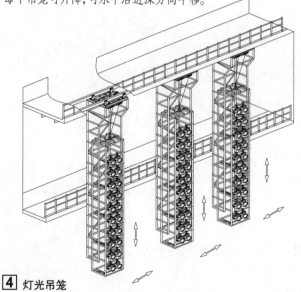

4 灯光吊笼

舞台活动反声罩

1. 剧场舞台活动反声罩是用来隔离舞台空间，在音乐会自然声演奏时获得完美音质的围挡式结构。针对演奏（唱）者和听众即声源与接收两方面而言，其声学功效如下。

（1）充分利用有限的自然声能，防止声能在空旷的舞台空间中逸散和吸收。反声罩顶部反射板可改善观众席大厅内前、中区座位的早期反射声，增加直达声强度。

（2）若反声罩声扩散和声反射设计得当，可使演奏（唱）者之间及时相互听闻，并得到音的"支持"，从而使演奏（唱）者正确掌握力度和速度，使演奏（唱）更加协调，达到声音的平衡和融洽。

（3）设置反声罩使罩内空间成为观众厅的延伸部分，可消除空旷舞台和观众席厅堂之间通过台口产生耦合而引起的音质缺陷。

（4）反声罩的设置可减少台口的声吸收，增加观众厅的容积，因而可适当提高观众厅的混响时间，一般重型封闭式反声罩的作用尤为明显。

（5）反声罩可以提高观众厅声场分布的均匀度。

2. 舞台反声罩的形式多种多样，大致可分为整体套叠自行式和分块拼装式两类。其目的都是在舞台上快速装拆，实现舞台功能多样化。

3. 反声罩通常分块储存，上板存于舞台上空，或分块叠放在专用小车上，和侧、后板一起存于后台或侧台周围固定台面上。

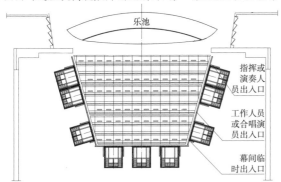

1 宁波大剧院舞台活动反声罩平面布置图

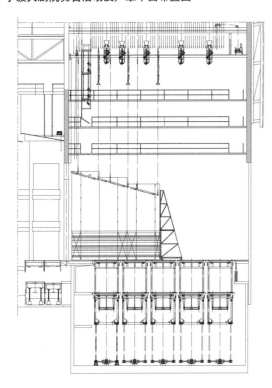

2 宁波大剧院舞台活动反声罩立面布置图

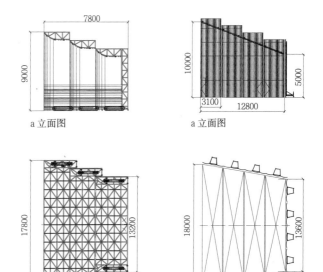

3 整体自行套叠式　　**4** 分块拼装式

乐池升降栏杆

沿台唇设置在乐池升降台与观众席之间，当乐池降下后为确保人员安全，乐池升降栏杆升起。当乐池升降作为扩展观众席使用时，升降栏杆降下与观众席地面齐平。当乐池升降台上升至舞台面高度时，升降栏杆也随之升起。栏杆与乐池升降台有位置互锁关系。栏杆升起后具有一定刚度，水平荷载为100kg/m。

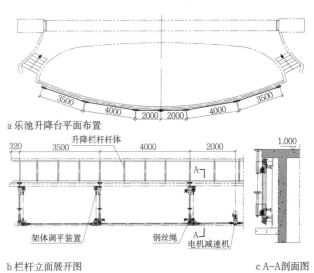

5 乐池升降栏杆

演艺建筑 [48] 舞台机械 / 舞台木地板

一般舞台木地板

主要由面层、毛地板、木龙骨、无纺布、弹性垫层、调平垫片、封边、挡板以及油漆等组成。木地板总体集成大约150mm厚。

地板面层材料主要有：俄罗斯红松、俄勒冈松、扁柏、枫木、橡木等，含水率：8%～13%。

规格：厚度有22mm、25mm、30mm、45mm，宽度90～130mm，长度2000mm。

龙骨材料主要有：樟子松板方、落叶松集成材、铁杉集成材、落叶松LVL，密度：$(0.5\sim0.6)\times10^3 kg/m^3$。

毛地板主要材料：落叶松、花旗松、樟子松板材，及松木芯、柳桉芯等多层板。胶水为酚醛树脂胶。产品环保等级E1级。

密度：$(0.6\sim0.7)\times10^3 kg/m^3$。规格：厚度为18mm，标准厚度公差±0.3mm，表面经过砂光处理。宽度1200mm，长度2440mm。实木毛地板宽度100～130mm，长度2000～4000mm。实木毛地板一般安装时与龙骨呈45°斜铺。

油漆：聚氨酯类油漆，油漆分4层，1层底漆，2层中漆，1层面漆，每层油漆涂量为120g/m²。油漆颜色通常为黑色或灰色，油漆光泽度为全亚光10度，油漆成膜厚度160μ，油漆硬度大于H。

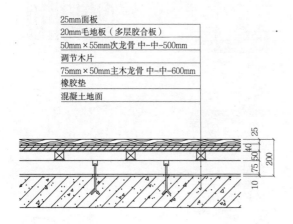

1 固定地面上的木地板

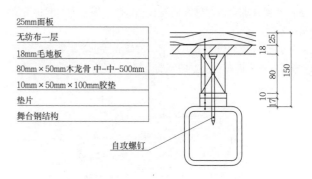

2 钢结构上的木地板

弹性舞台地板

适于舞蹈练习室或排练厅永久安装或作为流动舞台使用。适合于不同的舞蹈类别，使表演者能够专心于艺术表演，无需担心滑倒或受伤。弹性地板的统一悬浮结构使其具备减振性能，在接口处没有硬点。同时地板具有反弹力（能量在地板的"弹簧"中存储并释放给舞蹈者）。弹性舞台地板一般分固定安装和活动可拆装两大类，固定安装弹性地板是在混凝土或钢结构等基础层上直接固定纵横弹性木龙骨，龙骨与基层没有弹性垫，木龙骨上设两层木板以确保足够的强度，舞台地胶整张铺设。活动弹性地板一般将整体结构分块处理，便于安装拆解，因此舞台地胶也随木板是分块的，每块尺寸约700mm×700mm。据测试，现有的组合弹性地板的最大减振性能平均达到63%，而反弹力达到20.7%。

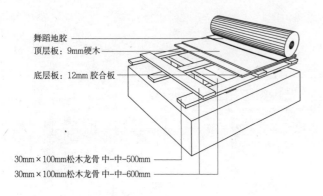

3 固定地面弹性地板

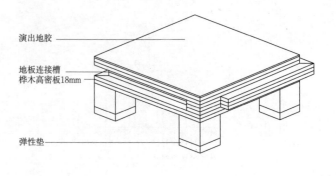

4 活动舞台弹性地板

幕布

幕布设置在舞台上空，吊挂在各类幕布吊机上，在舞台表演中起遮挡或陪衬的作用。主要分为大幕、檐幕、边幕、纱幕、天幕、二道幕等。

1. **大幕** 设置在台口防火幕及前檐幕后，大幕幕布一般选用400~650g/m²。一套大幕机总重量大约1000kg。

2. **纱幕** 设置在大幕后或天幕前。纱幕是舞台艺术用幕，常用于舞蹈、投影等特殊效果。

3. **天幕** 位于舞台的最后部位，是演出环境的背景幕。材质一般为纯棉帆布和纱卡，也分为有缝天幕和无缝天幕。

4. **二道幕** 设置在舞台中前区或中后区。幕布面料有蓝、黄、灰、黑等十余种颜色，280~500g/m²。

5. **边幕** 设置在主舞台上空两侧对称布置，与檐幕配合，在舞台上用于分隔景区，遮挡辅台。边幕与檐幕的数量与舞台景区的划分有关，通常一个景区对应一套檐幕和边幕。

6. **檐幕** 设置在大幕和边幕前，与大幕和边幕配合使用，用于遮挡灯具。通常舞台上空的檐幕设置在灯杆前面，高度3~4m；舞台上空的宽度与吊杆长度相同。

7. **幕布的阻燃** 目前幕布的阻燃处理方式为浸泡式（经过盐类物质浸泡）。在外界温度达到160℃以上时起化学反应，产生阻止燃烧的气体。阻燃等级：国家B1级标准《建筑材料及制品燃烧性能分级》GB 8624。

总控制室

一般设置在舞台的上场口侧（面向观众席右侧），贴台口墙，距离舞台面3~4m高。

地面设防静电地板厚>200mm，配置空调，温度5~25℃，相对湿度<85%；面对舞台的两侧墙面设置玻璃窗。

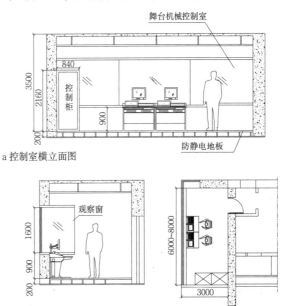

a 控制室横立面图

b 控制室侧立面图　　c 控制室平面图

2 控制室

控制柜机房

一般分台上设备控制柜机房（以下称"台上机房"）和台下设备控制柜机房（以下称"台下机房"）。台上机房一般在舞台上空两侧分别设置，每侧靠近吊杆卷扬机房，在同层或下一层。台下机房设在台仓靠近主升降台驱动装置附近。设计时应考虑：

1. **建筑**：地面设防静电地板厚>200mm，配置空调；温度5~25℃，相对湿度<85%。

2. **控制柜**：单面柜单台高2200mm、宽1000mm、厚400mm，300kg/台；双面柜单台高2200mm、宽1000mm、厚600mm，400kg/台。

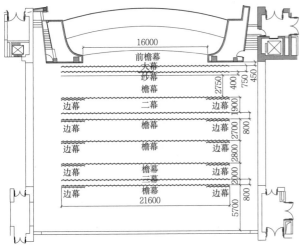

a 幕位平面布置图

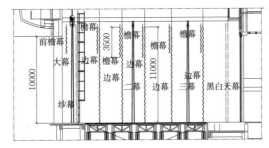

b 幕位立面布置图

1 幕位示意图

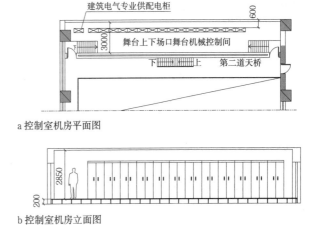

a 控制室机房平面图

b 控制室机房立面图

3 控制柜机房

演艺建筑 [50] 舞台灯光/设计要点

舞台灯光概述

舞台灯光的布置没有固定模式，不同类型演艺建筑和舞台形式、不同剧种或艺术风格，舞台灯位设置和灯具配置均有差异。但舞台灯光系统的设计原则是基本一致的，即为舞台创造立体、多变、快速、灵活的照明条件。

舞台灯光设计主要需要把握以下方面。

1. 提供立体照明与平面照明结合的合理灯光布局。
2. 合理配置灯光设备的种类、数量和质量。
3. 提供多种色光变化的空间气氛选择。
4. 广设灯位、电源和控制接口。

本节以镜框式舞台作为典型进行重点说明。

设计要点

1. 甲等剧场设不少于2道面光桥，乙等剧场，如未设乐池，面光桥可只设1道。第一道面光桥的位置，应使灯具出光口中心点到台口线的垂线与台面的夹角为45°～50°；第二道面光桥的位置，应使灯具出光口中心点到台唇边沿或升降乐池前边沿垂线与台面的夹角为45°～50°。面光灯具投射光束空间内不应有遮挡障碍物。

2. 甲等剧场可根据表演区前移的需要，设2道或3道耳光室；乙等剧场当未设升降乐池时，可只设1道耳光室。内墙面应深色、不反光。各层间有运灯具通道。第一道耳光室位置应使灯具光轴经台口边沿，射向表演区的水平投影与舞台中轴线所形成的水平夹角不应大于45°，并不遮挡边座观众视线，不影响台口声辐射。

3. 甲等剧场应设追光室；追光室应设在楼座观众厅的后部，左右各1个或中间通长1个。乙等剧场当不设追光室时，可在楼座观众厅后部设临时追光位。

4. 灯光控制室宜设在观众厅后部，通过监视窗口应能看到舞台表演区全部。

5. 调光柜室宜设在主舞台两侧台口高度的位置，宜与灯光控制室同一侧。

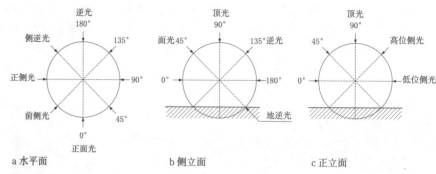

1 舞台灯光投射示意图

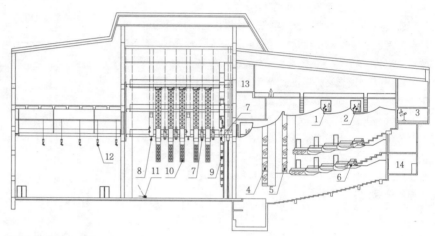

2 舞台灯光布置剖面图

1—面光　8 天排光
2 面光　9 柱光
3 追光　10 侧光
4 一道耳光　11 地排光
5 二道耳光　12 后舞台顶光
6 挑台光　13 调光柜室
7 顶光　14 灯光控制室

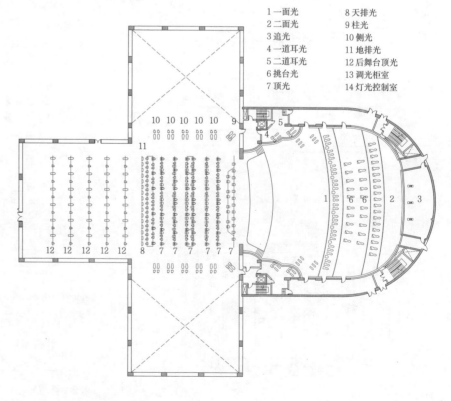

3 舞台灯光布置平面图

面光

面光桥长度不应小于台口宽度。射光口必须设金属护网,固定护网的构件不得遮挡光柱射向表演区;护网孔径宜为35~45mm,金属丝直径不应大于1.0mm。桥内活荷载大于2.5kN/m²,如设置大型追光应适当增加。

耳光

耳光室宜分层设置,第一层底部应高出舞台面2.5m;耳光室每层净高宜为2.1m;射光口应设金属护网,要求与面光相同。

挑台光

在挑台栏杆处可根据需要设置接口箱。挑台光的接口箱和灯具要配置防护设施。灯杆支架活荷载不应小于1kN/m。

柱光

可置于假台口侧片上。若无假台口则在台口两侧设固定或活动的柱光架。侧光最底层的底面应高于舞台地面2.5~3m,最高层等于或高于建筑台口高度。

侧光

一般采用吊笼、吊梯、排架形式,或设置于天桥栏杆上。吊笼应设置站人平台及上人爬梯,平台活荷载不小于1kN/m²。吊笼底层底面应高于舞台面2.5~3m。

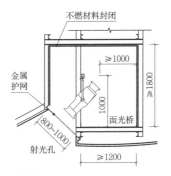

1 面光示例

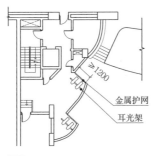

2 耳光示例

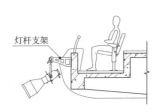

3 挑台光示例

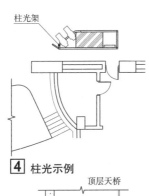

4 柱光示例

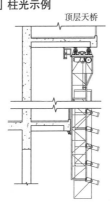

a 天桥栏杆形式侧光　　b 吊笼形式侧光

5 侧光示例

顶光

根据舞台深度和景区分配来配置,一般采用升降灯杆、升降渡桥形式,活荷载根据台口宽度设置。杆体上宜内置线槽,线槽内回路和控制线路隔离敷设。线槽侧面设置回路和控制接口。应设置收线框。

台口顶光设置在台口内上部或假台口上片上,一般为通道或渡桥型,宽度应大于1m。设在假台口上片时,应设置两层灯架,配置收线框。

镜框式舞台设大台唇,大台唇作为表演区时,可设置台口外顶光,台口外顶光宜采用易拆卸升降灯杆。

天幕光

分为天排光和地排光,设在天幕前3~6m处(有后舞台的可采用背投式)。天排光采用升降灯杆或渡桥,其形式与顶光相同;地排光用灯光槽或遮板。

流动光

视布光需要临时设置。为方便供电和控制信号传输,应在侧幕边或侧墙设置带盖接口盒(箱)。盒(箱)内应按灯具数量设置调光回路、直通回路和控制信号接口。

追光

追光室进深和宽度应不小于3.5m,追光室室内净高不应小于2.2m。追光室射光口下沿至最后一排观众高度不应小于1.8m;射光口下沿至地面不宜大于0.2m。

台口脚光

设置于台口前沿脚光槽内,脚光槽应有盖板,盖板材质与舞台地板相同,用时打开,不用时盖上。现代剧场较少使用脚光槽。

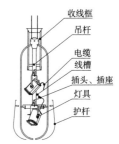

a 升降灯杆顶光

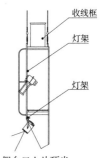

b 假台口上片顶光

6 顶光示例

7 地排光示例

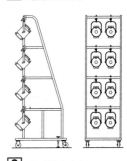

8 流动光示例

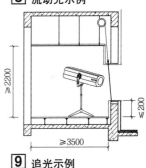

9 追光示例

演艺建筑 [52] 舞台灯光 / 灯光系统架构

灯光控制

灯光控制台有条件的可按双机热备份配置。

灯光控制网络宜采用兼容国际标准的Ethernet或DMX512通信协议。

灯光回路

调光回路可采用调光柜集中布置、分布式调光器分散布置或两者结合的形式。

调光回路应根据剧场类型和舞台大小配置。甲等歌舞剧场不应少于600回路；甲等话剧院不应少于400回路。

除可调回路外，舞台内各灯区宜配置1/3调光回路的直通电源，台口外灯区根据需要配置相应直通电源，每回路容量不应小于32A。随着智能化灯具和LED灯具在舞台上使用量增大，各灯区直通电源回路可适当增加。

灯光配线

由可控硅调光装置配出的舞台照明电缆不宜采用多回路共用零线方式，且各回路相线和零线之间宜采用互绞形式。

由可控硅（晶闸管）调光装置配出的舞台照明线路应远离电声、电视及通信等线路。当两种线路必须平行敷设时，其间距应大于1.0m，当垂直交叉时，其间距应大于0.5m，并应采用屏蔽措施。

供电

甲等剧院舞台照明为一级用电负荷。宜采用独立变压器双路供电，末端切换。供电系统采用TN-S接线方式。零线线径不小于相线线径。

根据调光/直通回路的数量和功率以及使用系数来计算配置电源柜。每只调光/直通柜独立开关控制。

舞台的台口两侧、舞台后墙两侧或一层天桥两侧宜设置三相回路专用电源。其电源容量为：甲等剧场宜不小于150A，乙等剧场宜不小于100A。

灯光控制设备宜由UPS供电。

接口盒（箱）

接口盒（箱）可以分成回路供电接口盒（箱）、信号接口盒（箱）、综合接线盒（箱），用于调光回路/直通回路连接和控制信号连接，其中用于调光/直通回路连接的插座采用符合国标的工业圆形插座，用于信号连接的插座采用符合通信协议标准的5芯XLR接插件和EtherCON接插件。地板接口盒装设在舞台面上，附带刻花盖板，以起到防滑和装饰的作用。

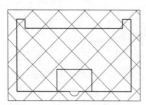

②地板接口盒盖板

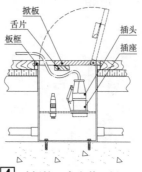

④地板接口盒安装示例

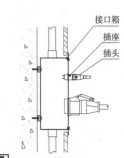

③综合接口箱面板

⑤墙面接口箱安装示例

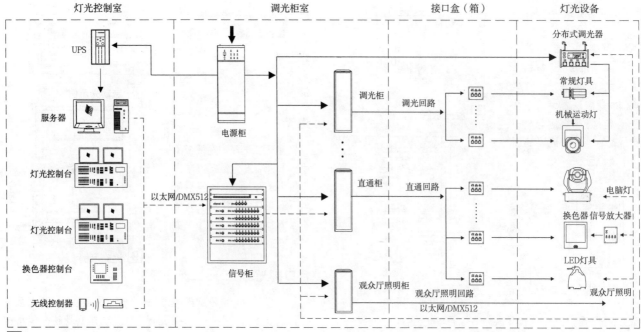

①舞台灯光系统示意图

机房

1. 灯光控制室

灯光控制室面积不宜小于20.0m²；窗口宽度建议不小于3.0m，窗口净高建议不小于1.2m，窗下口距观众席最后一排地面标高大于1.8m，室内要有良好的通风和散热，宜设置独立空气调节系统。灯光控制室内墙应不反光，作吸声处理；地面应铺设防静电地板，地板高度15~30cm。灯光控制室内宜配置专用的控制设备操作桌椅；宜配置能与舞台监督联络的视频监控系统、内部通信系统和信号提示系统。

2. 调光柜室

调光柜室应靠近舞台，其面积应与舞台调光回路数量相适应，甲等剧场不应小于20.0m²；乙等剧场不应小于14.0m²；调光柜室室内净高不宜小于2.5m，要具有良好的通风和散热，宜设置独立空气调节系统。宜配置视频监控系统、内部通信系统和信号提示系统。

观众厅/工作照明

观众厅照明应可以本地控制、多点控制，也可以由舞台灯光控制台来控制，控制面板应具有编程功能，应能实现渐亮、渐暗的平滑调节。

工作照明应采用分组蓝白两色灯具，范围应遍布整个剧场的所有技术区域：舞台栅顶、两侧天桥、侧舞台、后舞台、台仓、面光桥、声桥、各层马道、耳光室、追光室、演员上下场声闸等。

主舞台区应设置拆装台工作用灯。

灯具设备

灯具应根据剧场演出特点配备，种类和数量要满足基本的使用要求。舞台表演区的平均照度应不低于500lx。设计方法是先量出各灯位至投射区的距离，根据需要确定光斑的直径，然后根据灯位的灯光投射特点，来选择合适的灯种和灯具的角度。现代演出除使用常规灯具铺光外，常使用较多的自动化灯具、效果灯具。随着技术的进步，LED光源在舞台灯具中应用会越来越广泛。灯具配备除了考虑照度外还应注意光源的色温和显色指数，常用光源色温及显色指数见表1。

常用光源色温及显色指数　　表1

光源	色温（K）	显色指数（Ra）
普通白炽灯	2600~2800	>95
蒸铝泡	2800~2900	>95
卤钨灯	3000~3200	>95
三基色荧光灯	3200	85
日光灯	6000~6500	70~80
氙灯	5500~6000	>90
镝灯	5500~6000	80~90
LED灯	色温可变	>85

效果设备

常用效果设备包括换色器、烟机、干冰机、雪花机、泡泡机等，效果设备宜由灯光控制台统一控制。

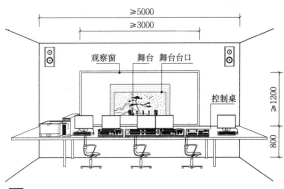

1 灯光控制室布置正面实例

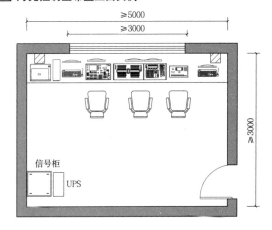

2 灯光控制室布置平面实例

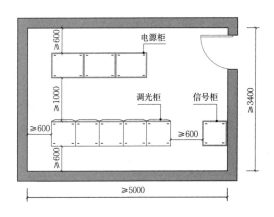

3 调光柜室布置平面实例

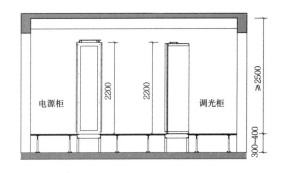

4 调光柜室布置剖面实例

演艺建筑 [54] 音频、视频 / 设计要点

音频、视频系统

演艺建筑的音频、视频系统通常包括扩声系统、闭路视频监视系统、视频/大屏幕显示系统、内部通信系统、灯光信号提示系统、演出时序信号控制系统、字幕系统、演员提词系统、音像录制系统、广播电视转播系统等。实际工程设计中，应按具体演出剧场的需求设置上述全部或部分音视频系统。

设计要点

1. 与土建各专业紧密配合，及时提出系统对各专业的要求。
2. 对各子系统控制室/机房进行合理布局。
3. 与装修专业配合，合理安排各系统设备安装位置，满足使用要求。
4. 各子系统对土建各专业的要求应视演艺建筑的类型、观众人数、各系统的架构和功能、计划选用的设备等决定。

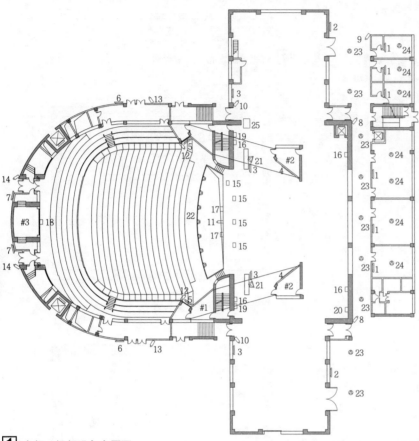

1 后台化妆区显示器　　15 舞台地面插座盒
2 候场区显示器　　　　16 舞台墙面插座箱
3 侧舞台显示器　　　　17 乐池墙面插座箱
4 台口两侧大屏幕　　　18 现场调音位插座箱
5 耳光室下方显示器　　19 扩声系统临时配电盘
6 迟到等候区显示器　　20 LED大屏幕系统临时配电盘
7 观众厅主入口显示器　21 舞台固定返送扬声器
8 后台化妆区摄像机　　22 前区补声扬声器
9 候场区摄像机　　　　23 候场区扬声器
10 侧舞台摄像机　　　 24 化妆间扬声器
11 乐池摄像机　　　　 25 舞台监督台
12 观众厅池座侧墙摄像机　#1 音频信号交换机房
13 迟到等候区摄像机　　#2 背投机房
14 观众厅主入口摄像机　#3 音频视频控制机房

1 音频、视频设备布置图一

主要信号点的要求　　　　　　　　　　　表1

信号点名称	安装位置	安装方式	数量
舞台地面插座盒	舞台前部台面	暗装	4
舞台墙面插座箱	舞台两侧前墙	明装	2
舞台墙面插座箱	舞台后区墙面	明装	2
乐池插座箱	乐池墙面	明装	2
现场调音位插座箱	观众厅后墙中央	暗装	1

注：主要信号点分布见1、2音频、视频设备布置图。

其他信号、控制点位要求　　　　　　　　表2

信号点名称	位置	要求	备注
扩声系统临时配电盘	台口两侧（上、下场门）附近	供电：三相五线30kW*	
LED大屏幕系统临时配电盘	舞台后墙右侧（下场门）附近	供电：三相五线160kW 峰值：$1kW/m^2$，平均值：$500W/m^2$*	大屏幕按16m×10m（宽×高）预留
字幕显示屏吊杆	台口外上方靠近台口处	荷载：600kg	屏幕按16m×1.2m（宽×高）30kg/m²预留

注：1. *不应与舞台灯光及动力用电取自同一变压器。
　　2. 信号点分布见1、2音频、视频设备布置图。

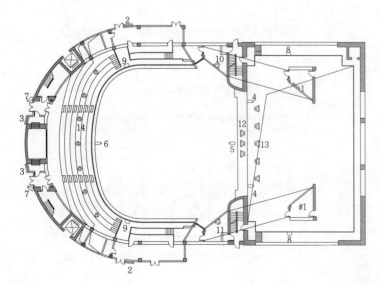

1 舞台设备机房显示器　　9 观众厅楼座前沿插座箱
2 迟到等候区显示器　　 10 左声道扬声器组
3 观众厅主入口显示器　 11 右声道扬声器组
4 主舞台台口上方摄像机　12 中央声道扬声器组
5 观众厅台口上方摄像机　13 舞台固定返送扬声器
6 观众厅挑台前沿摄像机　14 观众席后区补声扬声器
7 观众厅主入口摄像机　　#1 功放机房
8 舞台上方马道插座箱

2 音频、视频设备布置图二

扩声系统

扩声系统主要由以下几个子系统组成：观众厅扩声系统、舞台返送系统、效果声系统、附属用房扩声系统。

1. 观众厅扩声系统主要是服务于观众，为观众提供自然、清晰、平衡、有明确声音定位、有足够动态范围和声压级的人声、音乐声放大或人声、音乐声的重放。

2. 舞台返送系统主要是服务于舞台上特定演员、演员组或全部演员，满足演员特殊需求，提供清晰、有足够动态范围和信噪比的人声、音乐声放大或人声、音乐声的重放。

3. 效果声系统主要是服务于观众，为观众提供与演出剧目相关的，自然或特别制作的，清晰、有声音定位、有足够动态范围和声压级效果的声音的重放。

4. 附属用房扩声系统主要是指化妆室、化妆区走廊、服装间、观众休息区、VIP休息区等区域的扩声系统。

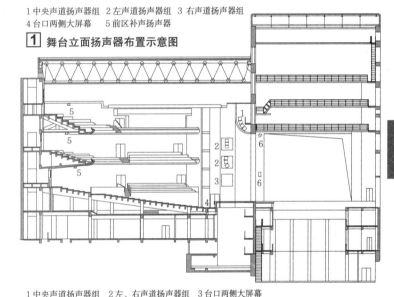

1 中央声道扬声器组　2 左声道扬声器组　3 右声道扬声器组
4 台口两侧大屏幕　5 前区补声扬声器

1 舞台立面扬声器布置示意图

1 中央声道扬声器组　2 左、右声道扬声器组　3 台口两侧大屏幕
4 前区补声扬声器　5 后区补声扬声器　6 舞台固定返送扬声器

2 建筑剖面扬声器布置示意图

扩声系统各子系统扬声器的安装位置　表1

子系统名称	扬声器系统名称	安装位置说明
观众厅扩声系统	主扩声扬声器	台口两侧和台口上方
	前区补声扬声器	台唇和乐池栏板
	后区补声扬声器	挑台下方（根据剧场的体形选择设置）
舞台返送系统	固定安装扬声器	舞台上方灯杆处、侧台墙面
	流动摆放扬声器	流动摆放于舞台地面
效果声系统	舞台效果扬声器	舞台墙面固定安装、流动摆放
	观众席效果声扬声器	观众席墙面、观众席顶棚内
附属用房扩声系统		化妆室、化妆区走廊、服装间、观众休息区、VIP休息区等区域吊顶或墙面

扬声器前方装修饰面做法　表2

饰面材料	龙骨要求	其他要求
织物	小于20mm×20mm	采用透声性能良好的材质
装饰条	小于20mm×20mm	采用木质或不产生二次噪声的材料及构造，透空率大于75%
穿孔板	小于20mm×20mm	宜采用合金铝板或镀塑钢板，板厚2.5~3mm，穿孔率大于50%

扩声系统主要扬声器的安装要求　表3

扬声器名称	安装位置*	安装空间（宽×高×深）	开口尺寸（宽×高）	荷载	其他要求
中央声道扬声器组	台口正上方距舞台地面约12m处暗装	8m×3.5m×2.5m	7m×3.5m	1800kg	预留吊架及检修走道
左、右声道扬声器组	台口距舞台地面约5m处的音箱室内暗装	3.5m×2.5m×2m	3.5m×2.5m	1000kg	预留吊架及进入音箱室的安装检修人孔
前区补声扬声器	暗装	0.3m×0.3m×0.2m	0.25m×0.25m	3kg	
后区补声扬声器	暗装	0.6m×0.8m×0.5m	0.6m×0.8m	20kg	
舞台固定返送扬声器	假台口侧片固定明装，灯杆下吊装			60kg	
周边厅室扬声器	化妆间、化妆室走廊、服装间、VIP休息室吊顶内分散暗装	0.3m×0.3m（直径×深）		5kg	招标确认型号后确定

注：*扬声器安装空间需做封闭音箱室，并在顶面和墙面进行隔声和强吸声处理。

闭路视频监视系统

剧场的闭路视频监视系统主要是为舞台监督、舞台技术人员等提供现场视频监视服务的系统。

摄像机的设置及需求　表4

摄像机安装位置	取景范围	其他主要技术需求	摄像机安装位置	取景范围	其他主要技术需求
观众厅一层挑台前沿正中	摄取舞台图像	变焦、云台、高清晰度摄像机	侧舞台、后舞台	摄取侧舞台和后舞台图像	变焦、云台、低照度摄像机
观众厅池座侧墙	摄取舞台图像	变焦、云台、高清晰度摄像机	演员候场区域	摄取候场区域演员图像	变焦、云台、标准清晰度摄像机
乐池	摄取乐队指挥图像	变焦、高清晰度摄像机	后台化妆区域	摄取化妆区域图像	变焦、云台、标准清晰度摄像机
观众厅台口上方	摄取观众厅图像	变焦、云台、高清晰度摄像机	观众厅主入口、迟到等候区	摄取观众图像	变焦、云台、标准清晰度摄像机
主舞台台口上方两侧	摄取主舞台图像	变焦、云台、低照度、红外摄像机			

演艺建筑 [56] 音频、视频 / 视频系统

视频监视及显示系统

视频监视及显示系统主要是为现场观众、演员、乐队、指挥、舞台监督、舞台技术人员、迟到观众等提供视频服务的系统。

视频显示设备的设置及需求　　　　　　　　　表1

显示设备安装位置及信号点位	服务区域	其他主要技术需求
舞台台口两侧	观众席	
舞台前区两侧和后区两侧综合插座箱	舞台上演职人员	
左、右侧舞台	舞台上演职人员	高清晰度图像
左、右第一道耳光室下方	舞台上演职人员	
观众入口区域	观众、工作人员	
迟到观众等候区	迟到观众、工作人员	
贵宾室/区	贵宾、服务人员	
化妆室、化妆区走廊及服装间	演职人员	
候场区上、下场出入口	演职人员	标准清晰度图像
各舞台设备控制机房	机房内操作人员	
舞台监督台	舞台监督	

字幕系统

字幕系统是指为剧场观众显示与演出相关的字幕或向观众播送通知、注意事项等的系统。

字幕系统由计算机、分配器、显示驱动器、LED显示屏组成。舞台台口外两侧通常设置竖向流动显示屏，台口上方通常悬吊横向显示屏。

字幕系统宜与闭路视频监视系统、视频显示系统共用控制机房。

内部通信系统、灯光信号提示系统

内部通信系统主要是为各舞台专业设备系统工作人员、演职人员提供语音通信服务的系统；灯光信号提示系统主要是为各舞台专业设备系统工作人员、演职人员提供灯光信号提示服务的系统。

1. 内部通信系统通常由有线通信系统和无线通信系统组成。系统分扩声系统组群、灯光系统组群、舞台机械系统组群、化妆区及化妆区走廊扩声系统组群、服装间扩声系统组群、VIP休息室扩声系统组群、若干无线通信组群、公共通信通道（舞台监督）、广播通知通道等。内部通信系统控制主机宜设置在舞台监督台内。

2. 灯光信号提示系统是在演出前或演出过程中，无法通过语音通信的方式与各相关系统或人员联系时采用的灯光联络方式。灯光信号提示系统由灯光信号提示器和逻辑信号灯组成。逻辑信号灯通常设置在乐池的乐队指挥处、舞台两侧演员候场处、舞台演员入口、现场调音位、现场调光位、返送调音位、现场舞台机械控制位等。灯光信号提示系统的控制主机宜设在舞台监督内。

内部通信系统主要点位分布　　　　　　　　　表2

组群名称	点位位置	点位形式	组群名称	点位位置	点位形式
扩声系统组群	控制机房	扬声器台站	灯光系统组群	面光桥	内部通信插座
	信号交换机房			耳光室	
	功放机房	内部通信插座		追光灯位	
	各接线箱			控制机房	扬声器台站
	现场扩声调音位			电气机房	
	返送系统调音位			卷扬机机房	
灯光系统组群	控制机房	扬声器台站	舞台机械系统组群	各接线箱	内部通信插座
	配电硅箱机房			现场舞台机械控制位	
	各接线箱	内部通信插座		台仓工作走廊、马道	
	现场调光位			舞台栅顶	

演出时序信号控制系统

演出时序信号控制系统是指为了舞台各设备专业在演出过程中能根据节目的时序同步协调动作，而向各系统发出的同步时间码信号。系统由时序信号发生器和分配放大器组成。演出时序信号控制系统的控制主机宜设在演出导演室内或舞台监督台内。

音像录制系统

演艺建筑的音像录制系统是指将演出节目的音视频作为资料进行记录的系统；或对记录的资料进行后期加工，制作成演出剧目音视频出版物的母版的系统。

演艺建筑内宜设有录音/演播室及多声道录音控制室、视频导演室（含调光室），以及调光器室、摄像机存放室、灯具室等相应配套的技术用房。

广播电视转播系统

演艺建筑的广播电视转播系统是指演出时的广播电视的现场直播或录播。

演艺建筑内一般不设广播电视的现场直播机房，但宜为现场直播留有相应的条件：在建筑物外合适的位置设广播电视转播车位、卫星车位、发电车位；在广播电视转播车位附近设电缆终端机房，机房与剧场内部之间预留线缆通道，方便临时敷设广播电视的现场直播电缆。机房内留有广播电视现场直播所需的电源、地线、剧场扩声系统引来的音频信号端口，以及通往广播电视台的光纤端口。

广播电视转播系统机房的要求　　　　　　　　　表3

房间名称	面积	工艺地沟	声学装修	供电*	工艺地线	散热量
广播电视转播机房	16m²	活动地板200mm	有	三相五线25kW	有	3kW

注：* 不应与舞台灯光及动力用电取自同一变压器。

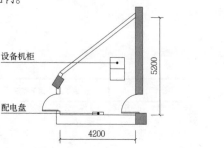

[1] 音频信号交换机房设备布置图

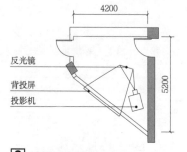

[2] 背投机房设备布置图

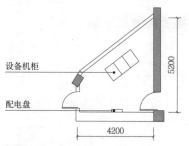

[3] 功放机房设备布置图

机房设计

各类机房的建筑设计要求

表1

机房名称	位置	面积（进深×面宽）	净高	荷载	其他
视频控制机房	台口左侧（上场门）附近，或与扩声控制机房合用	不小于16m² （4m×4m）	不小于2.5m	地面局部荷载：700kg/m²，总静荷载：1500kg	
背投机房	台口两侧	依据屏幕大小确定	不小于2.5m	背投硬质屏重量：150kg，投影机及吊架重量：200kg	墙体用实体墙、轻体墙均可，厚度建议在100mm以上，保证上、下梁不"塌腰"
音频信号交换机房	台口右侧（下场门）附近	不小于12m² （3m×4m）	不小于2.5m		
扩声控制机房	一层观众厅后部	不小于20m² （4m×5m）	不小于2.5m	地面局部荷载：700kg/m²，总静荷载：1500kg	面对观众厅内开升降窗或电动上翻窗，听取观众厅的直达声
功放机房	舞台上方声桥附近	不小于20m² （4m×5m）	不小于2.5m	地面局部荷载：700kg/m²，总静荷载：1500kg	

机房名称	供电[1]	工艺地线[2]	照度	散热量[3]	防静电地板（净空大于200mm）	装修要求
视频控制机房	三相五线 15kW	有	300lx	5kW	有	简单的声学装修
背投机房	由视频机房供电	无	300lx	2kW，备有排风系统	无	墙面全涂黑色、亚光乳胶漆，进行防尘处理
音频信号交换机房	三相五线 15kW	有	300lx	5kW	有	简单的声学装修
扩声控制机房	三相五线 15kW	有	300lx；调音台位设深罩灯，并设有调光开关	5kW	有	顶部：装饰性矿棉吸声板吊顶；墙面：1/2面积做50mm厚超细玻璃棉贴墙，表面罩阻燃织物
功放机房	三相五线 40kW	有	300lx	10kW	有	

注：[1] 不应与舞台灯光及动力用电取自同一变压器；[2] 与弱电系统相独立的专用地线，小于1Ω；[3] 设可单独控制的舒适性空调。

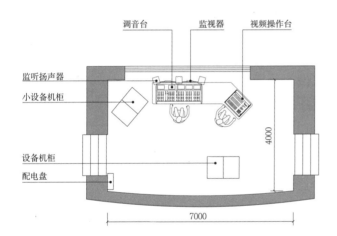

1 音视频控制机房设备布置图

2 音视频控制机房立面图

舞台监督系统

演艺建筑的舞台监督系统主要是为演出导演服务，其相关设备集中在舞台监督台机柜内。

1. 舞台监督控制台常有时钟、计时器、舞台工作灯（蓝、白）控制器、场灯控制器、大幕控制器、内部通信系统控制面板、视频监视系统控制器及切换器、灯光信号提示系统控制面板、演出时序信号控制系统面板、电话等。

2. 舞台监督台宜占两个标准机柜的宽度，宜有书写或放置文件的台面，宜配有局部照明灯。

3. 舞台监督台可在上场口或下场口附近流动使用。

4. 舞台监督台宜可升降，满足不同高度人员的使用。

5. 内部通信系统、灯光信号提示系统、演出时序信号控制系统的工作主机宜设在舞台监督台内。

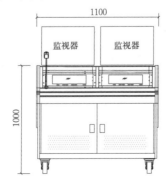

3 舞台监督台前视图

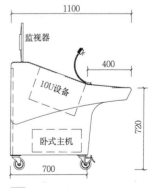

4 舞台监督台侧视图

演艺建筑 [58] 建筑声学 / 基本概念

基本概念

演艺建筑是以观和演为主要功能的建筑类型，建筑声学设计的目的是创造建筑内良好的声环境。声学设计应保证观众厅内没有声学缺陷和噪声干扰，同时具有合适的响度、良好的空间感、一定的清晰度和丰满度、声能分布均匀。

室内音质设计最终体现在室内容积（或每座容积）、体型尺寸、材料选择及其构造设计中，并要求与建筑的各种功能要求和建筑艺术处理综合考虑。

室内音质设计应在建筑方案设计初期就同时进行，而且要贯穿在整个建筑施工图设计、室内装修设计和施工的全过程，直至工程竣工前经过必要的测试鉴定和主观评价，进行适当的调整、修改，才可能达到预期的效果。

按演出类型不同，演艺建筑分为专业演出场所和多功能剧场，专业演出场所又分为音乐厅、歌（舞）剧院和戏（话）剧院。

设计过程

1. 演艺建筑中的声学设计是其建筑设计中的重要组成部分，其室内音质是评价演艺建筑质量优劣的重要指标。
2. 在确定建筑方案的过程中建筑师应与声学顾问密切配合，选择一个合理的空间布局是避免产生声学先天缺陷的必要措施。
3. 根据不同的剧种和演出形式共同确定合理的空间造型。
4. 协调好建筑声学、演出工艺、室内装修三者之间的关系，既保证有良好的音质、合理的演出功能，又能保证有完美的建筑形态。
5. 选择观众厅内墙面、顶棚的建筑装修材料及构造做法，既满足建筑装饰的要求，又满足各个部分对吸声系数的要求。
6. 声学设计是一个重复修改和调整的过程，应不断地进行测试和模拟以调整声学设计，使其逐步完善。

不同场所的声学特点 表1

类型	特点
音乐厅	以音乐演奏为主，可用于小型乐队组合演奏或大型交响乐演出。对室内音质的各项心理声学指标均要求达到较高的标准。观众厅容积大，演出需要用自然声，混响时间长
歌（舞）剧院	以歌剧、舞剧演出为主，舞台容积较大，演出人员较多。室内混响时间较长，用以烘托音乐气氛，演出过程中主要依靠演员和乐队的自然声演出，要求低背景噪声和良好的室内声场分布
戏（话）剧院	以戏剧演出和话剧演出为主，侧重于语言清晰度控制，保证演出过程中听清楚演员的对白，因此室内规模一般较小，混响时间偏短
多用途厅堂	以多功能使用为主，主要使用功能包括会议和文艺演出等。使用过程中会借助扩声系统。音质主要应保证语言清晰，厅内各处有合适的相对强感（强度因子）和均匀度

心理声学概念及指标 表2

主观感受	名称	物理意义	对感受的描述	参考范围
混响感、丰满度	混响时间（RT）/早期衰变时间（EDT）	室内声场稳定后衰减60dB所需要的时间	声音的丰满感和活跃度	
室内安静程度	背景噪声	观众厅内无观众且空调设备正常运行条件下室内噪声级	室内安静程度	
空间感	侧向声能（LF）双耳互相关系数（IACC）到达的低频声能强度	侧向反射来的声音与听到的声音总能量的比值	室内声场围绕感的指标，侧向声能比例高，说明空间围绕感好	15%~30%
环绕感	双耳互相关系数（IACC）表面不规则形状视觉检查	双耳互相关系数是指双耳听到声音的差别	用于评价声源定位的情况	
均匀度	室内声场不均匀度（SPL）	观众席室内各处的声音响度大小是否一致	是否存在声缺陷	±3~±4
响度	强度因子（G）	到达的中频声能的强度	空间对声源的支持程度	>0dB
亲切感	反射声纹理和初始时间间隙（tI）	根据反射声到达耳朵的时间顺序得出的对声音的主观印象称为反射声纹理	声音是否亲切	
明晰度	明晰度（C80）/清晰度（D50）	早期反射声和后期混响声能之比	人们听音过程中对不同音节或唱词的分辨程度	
温暖感	空场状态下低音比（BR）	低频混响时间与中频混响时间之比	声音的温暖感	
语言传输指数（STI）	语言清晰程度	纯语言使用条件下房间对语言传输的干扰程度		≥0.4
舞台支持度（ST1）	演员在舞台上的听闻感受	空场状态下舞台上距离声源1.0m处20~100ms之间的早期声能	室内墙面、顶棚和舞台上的反射罩等给予舞台上演员的支持程度	

混响时间

室内声音达到稳态后停止发声,声压级衰减60dB所需要的时间,单位:s。可通过衰变过程的-5~-25dB或-5~-35dB取值范围,作线性外推来获得声压级衰变60dB的混响时间,分别记作T_{20}和T_{30}。

设计要点

1. 根据不同的演出形式确定合适的混响时间。
2. 准确计算室内的容积和各种装修材料的面积。
3. 准确掌握材料做法的吸声系数,进行混响时间计算。
4. 根据声学计算结果,确定具体的装修施工做法。

每座容积建议值　　　　　表1

用途	V/n (m³)
音乐厅	8~10
歌剧院	7~9
戏曲、话剧	6~8
实验剧场	5~7

容积建议值　　　　　表2

用途	最大允许容积(m³)
歌剧院	20000
话剧	6000
独唱、独奏	10000
大型交响乐	20000

良好混响时间频率特性　　　　　表3

频率(Hz)	混响时间比值		
	歌剧	话剧、戏曲	音乐厅
125	1.0~1.3	1.0~1.2	1.2~1.5
250	1.0~1.15	1.0~1.1	1.1~1.3
2000	0.9~1.0	0.9~1.0	0.9~1.0
4000	0.8~1.0	0.8~1.0	0.8~1.0

各类演艺空间中合适的混响时间如①、②所示,所列值为中频500Hz时适宜的混响时间范围。将中频500Hz混响时间值乘以各频率的比值即为各频带混响时间。

一般厅堂,计算频率通常取125Hz、250Hz、500Hz、1000Hz、2000Hz和4000Hz等6个频带的中心频率。

目标混响时间和计算混响时间的允许误差为±10%,否则应该调整。

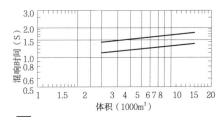
① 歌剧院最佳混响时间

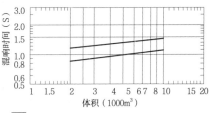
② 戏剧院最佳混响时间

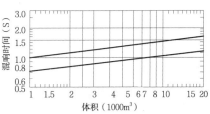
③ 多用途厅堂最佳混响时间

体型设计

1. 减少直达声损失,每排座位升起应使听众的双耳充分暴露于直达声范围之内,不能有任何遮挡。
2. 充分利用50ms之内的反射声能。
3. 厅堂内各处音质条件接近。

几何声线法

1. 将声音看成类似光线的直线传播,在反射面远大于声波波长时,声线按照光学反射原理反射。
2. 将自然声源发出来的声线投射至反射面,检查反射线分布是否均匀,是否会形成音质缺陷,必要时调整反射面的位置和倾斜角度,或作吸声处理。
3. 避免因体型不良而产生的音质缺陷,如回声、颤动回声、声聚焦及声影等。

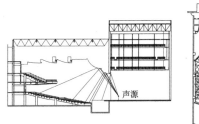
④ 某歌剧院剖面声线分析图　⑤ 某歌剧院平面声线分析图

计算机模拟要点

1. 厅堂的几何形状、界面尺寸和材料位置的表达。
2. 模拟声源的位置、指向性、声线数量及反射次数和接收区域。
3. 模拟结果的输出和显示方式。

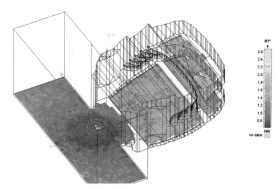
⑥ 某大剧院计算机模拟图

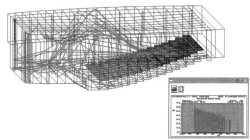
⑦ 某音乐厅计算机模拟声线图

实体缩尺模型测试

厅堂音质设计时采用缩尺模型,可预测厅堂的短延时反射声序列分布(脉冲声响应)、混响时间和声场不均匀度。模型试验的重点在于检查厅堂体型缺陷、预测声场分布和分析厅堂内声反射情况。

噪声及其控制

背景噪声是指在空调、电梯等设备正常运行，室外交通、商业活动等环境处于正常状态且室内空场状态下室内的噪声水平。常用背景噪声指标有两种表示方式，对于普通室内空间可用A计权声级表示，dB(A)，对于观演空间内通常会采用NR曲线来表示。NR噪声曲线相对于A计权声级更加全面，能够通过噪声曲线对全频带的噪声值进行限制，在相同背景噪声状态下，A计权声级值会比NR曲线值高5~7dB。

良好混响时间频率特性　　　　　　　　　　　　　　表1

观众厅类型	自然声演出	采用扩声系统
歌剧、舞剧剧场	NR~25	NR~30
话剧、戏曲剧场	NR~25	NR~30
音乐厅	NR~25	NR~30
会堂、报告厅和多用途厅堂	NR~30	NR~35

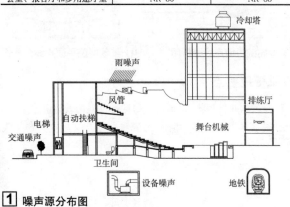

1 噪声源分布图

常见噪声源及处理方式　　　　　　　　　　　　　　表2

声源类型	传播方式	处理方式
建筑周围环境噪声	空气声传播	增加墙体隔声，可采用高隔声量墙体或双层墙；金属屋面可增加隔声层；出入口设声闸，安装隔声门；周围公共空间作吸声处理
观众厅空调系统	通过风管传播	对送回风系统安装消声器；设备机房作吸声降噪处理
电梯运行噪声	结构传声	电梯动力组作减振处理；轨道作减振处理；电梯井道作吸声降噪
空调机组振动	结构传声	空调机组作减振处理，安装橡胶减振器、弹簧减振器或浮筑地面；空调管道增加软连接，安装弹性吊架，穿墙位置作弹性密封处理
卫生间给排水管噪声	空气声和结构声	管道作隔声包扎和弹性支架；与噪声敏感房间之间做双层墙
地铁振动噪声	结构传声	地铁轨道作减振处理；敏感房间远离地铁，基础作减振处理
金属屋面雨噪声	结构传声	屋面结构增加隔声层或在屋面下增加隔声吊顶

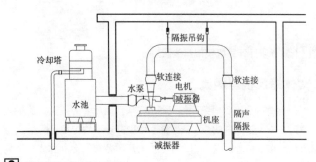

2 机房噪声控制示意图

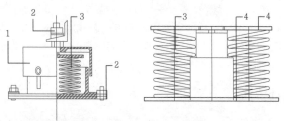

1 外壳　2 固定螺栓　3 弹簧　4 顶、底钢板

a 弹簧减振器一　　　　b 弹簧减振器二

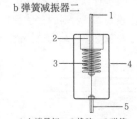

1 橡胶　2 固定螺栓　3 铁件　　1 上端吊杆　2 橡胶　3 弹簧　4 外壳　5 下端吊杆

c 橡胶剪切式减振器　　　　d 弹性吊杆

3 常用减振器示例

不同类型消声器用途　　　　　　　　　　　　　　表3

类别	形式	消声性能	主要用途
阻性消声器	管式、片式、蜂窝式（列管式）、折板式、声流式、弯头式（消声弯头）、小室式、百叶式	中高频	通风空调系统管道、机房进出风口等
抗性消声器	扩张式（或膨胀式）、共振式、微穿孔板式、干涉式	中低频	柴油机等以中低频噪声为主的设备噪声
复合消声器	阻抗复合式、阻性及共振复合式、抗性及微穿孔板复合式	宽频带	宽频带噪声
有源消声器	前馈式、反馈式	低频	低频噪声的通风管道

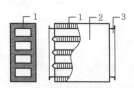 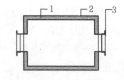

1 吸声材料　2 镀锌钢板　3 法兰

a 阻性消声器　　　　b 抗性消声器

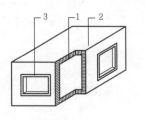 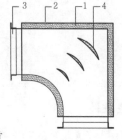

1 吸声材料　2 镀锌钢板　3 法兰　4 导流片

c 消声静压箱　　　　d 消声弯头

4 常用消声器示例

概述

演艺建筑的防火设计主要根据建筑内观众厅、舞台区、演员准备区、办公区、休息室、公共大厅及设备区等不同用途的区域的火灾荷载、可燃物分布、装修特点、结构特点及人员密度等,确定其防火分隔、安全疏散和消防设施。

设计要点

1. 剧场舞台是易发生火灾的区域,设计时应重点设防。舞台与观众厅连通的台口、舞台通向各处的洞口、各个部件所采用的建筑材料以及应设置的报警、灭火系统均应按建筑设计防火规范和剧场建筑设计规范防火设计章节的规定严格执行。

2. 根据剧场的特点做好建筑的防火分区,特别是由多个剧场组成的演艺中心或与其他建筑合建或毗邻时应形成独立的防火分区。

3. 提供安全、便捷和明显的疏散通道,当发生火警时能在规定的时间范围内将观众及演职人员疏散至安全区域。

4. 根据剧场高大空间的特点,合理地选择灭火设施、排烟设施和火灾自动报警系统。

5. 舞台及观众厅应考虑排烟设施。

6. 消防控制室设在交通方便之处,便于消防队员以最便捷的方式进入。

7. 为消防队员迅速到达火灾发生地点提供便捷的通道和有利的消防救援条件。

疏散设计

1. 疏散时间控制(表1)

疏散时间控制(单位:分钟) 表1

观众厅容量	一、二级耐火等级建筑		三级耐火等级建筑	
	全部疏散时间	从座位到观众厅疏散门时间	全部疏散时间	从座位到观众厅疏散门时间
≤1200	4	2	3	1.5
1201~2500	5	2.5	—	—

2. 疏散门数量

剧场观众厅疏散门的数量应经计算确定且不应少于2个。每个疏散门的平均疏散人数不应超过250人;当容纳人数超过2000人时,其超过2000人的部分,每个疏散门的平均疏散人数不超过400人。

3. 疏散门最小宽度

观众厅的疏散门,其净宽度不应小于1.4m,且不应设置门槛,紧靠门口内外各1.4m范围内不应设置踏步。人员密集场所的室外疏散通道的净宽不应小于3.0m,并应直通宽敞地带。

4. 百人宽度指标

观众厅内疏散走道的净宽度应按每100人不小于0.6m计算,且不应小于1.0m;边走道的净宽度不宜小于0.8m。剧场观众疏散的所有内门、外门、楼梯和走道的各自总宽度,应根据疏散人数,按表2每100人的最小疏散净宽度计算确定。

疏散计算

1. 剧场观众厅的疏散应满足以下两个措施要求:

走道、楼梯及疏散门的宽度应满足表2的百人宽度指标要求;

从座席到安全区的疏散时间应满足表1的疏散时间控制要求。

2. 疏散时间应分成两段计算。一段是从座席至观众厅门外,另一段是从观众厅门外至安全区门外。

3. 设有一层或多层楼座时,由于每层疏散人数不同、疏散的路线不同,应分别进行计算,并以时间最长者为准。

4. 单股人流通行能力为40人/min,平坡地面行走速度为43m/min,楼梯地面行走速度为37m/min。

5. 单股人流宽度为0.55m。

计算公式

$$T = \frac{N}{A\sum b} + \frac{S_1}{V_1} + \frac{S_2}{V_2}$$

式中:T—控制疏散时间(min);
N—本层观众人数;
A—单股人流通行能力(40人/min);
$\sum b$—本层内门能通过的人流股数总和;
S_1—最长平坡地面水平通道各段距离之和(m);
V_1—平坡行走速度(43m/min);
S_2—内门至外门经过楼梯的水平距离总和(m);
V_2—行走楼梯的速度(37m/min)。

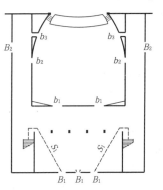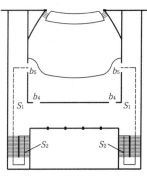

a 池座平面 b 楼座平面

B_1、B_2分别表示外门能通过的人流股数;b_1、b_2……b_5分别表示本层内门能通过的人流股数。

[1] 疏散计算示意图

剧场门、走道和楼梯疏散宽度百人指标(单位:m) 表2

观众厅座位数(座)			≤2500	≤1200
耐火等级			一、二级	三级
疏散部位	门和走道	平坡地面	0.65	0.85
		阶梯地面	0.75	1.00
	楼梯		0.75	1.00

灭火设施

剧院建筑多为高大空间，所选用的灭火设施应满足其特殊要求，一般剧院多采用以下几种灭火设施。

1. 消防软管卷盘

消防软管卷盘主要供建筑内的工作人员扑救初期火灾使用。

2. 雨淋系统

雨淋系统是一种开式自动喷水灭火系统，特点是由火灾自动报警系统开启雨淋阀及消防供水泵，所有由雨淋阀控制的开式洒水喷头同时洒水，形成大面积、大流量喷水覆盖，从而扑灭火灾。多用于舞台部位。

3. 大空间智能型主动喷水灭火系统

大空间智能型主动喷水灭火系统分为三类，分别是大空间智能灭火装置、自动扫描射水灭火装置和自动扫描射水高空水炮灭火装置，其各自的参数和适用条件如表1所示。

4. 消防水炮灭火系统

包含固定和移动两种类型。它是一种高强度、高射程的灭火系统。固定消防水炮的流量有20~200L/s多种规格，相应入口工作压力为0.8~1.4MPa，射程为48~120m，其用水量应按两门水炮的水射流同时到达防护区任一部位的要求计算，民用建筑的用水量不应小于40L/s。

剧场观众厅内部自动灭火系统的设计应适合大空间火灾的特点，一般可用大空间智能型主动喷水灭火系统。

消防控制室

消防控制室应为单独的房间，宜靠外墙布置并有直通室外的出口。消防控制室布置要求如下。

1. 设备面盘前的操作距离：单列布置时不应小于1.5m；双列布置时不应小于2m。
2. 在值班人员经常工作的一面，设备面盘至墙的距离不应小于3m。
3. 设备面盘后的维修距离不宜小于1m。
4. 设备面盘的排列长度大于4m时，其两端应设置宽度不小于1m的通道。
5. 集中火灾报警控制器或火灾报警控制器安装在墙上时，其底边距地面高度宜为1.3~1.5m，其靠近门轴的侧面距墙不应小于0.5m，正面操作距离不应小于1.2m。

不同类型智能灭火装置的适用条件　　表1

配置灭火装置的名称	标准喷水流量（L/s）	标准保护半径（m）	喷头安装高度（m）	设置场所净空间最大高度（m）	喷水方式
大空间智能灭火装置	5	≤6	≥6 ≤25	顶部安装≤25 架空安装不限	着火点及周边圆形区域扫描洒水
自动扫描射水灭火装置	2	≤6	≥2.5 ≤6	顶部安装≤6 架空安装不限 边墙安装不限 退层平台安装不限	着火点及周边扇形区域扫描射水
自动扫描射水高空水炮灭火装置	5	≤20	≥6 ≤20	顶部安装≤20 架空安装不限 边墙安装不限 退层平台安装不限	着火点及周边矩形区域扫描射水

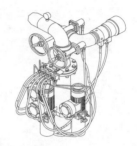
1 液控消防直流/喷雾水炮外形图

2 手控消防水炮外形图

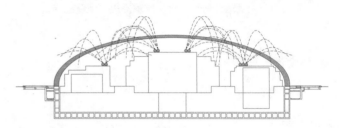
3 壳体大空间水炮保护范围示意图

防火幕

舞台与观众厅交接的台口处应设置防火幕，侧舞台与后舞台及主舞台交接处根据防火分区要求设置。幕体形式见5，构造做法见演艺建筑"舞台机械"章节。

a 整体垂直升降式

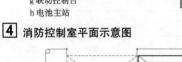
a 监视器
b 报警控制器（柜式）
c 对讲电话（柜式）
d 极早期空气采样主机
e 应急照明控制主机
　火灾漏电报警主机
f 水炮控制台
g 联动控制台
h 电池主站

4 消防控制室平面示意图

b 整体横向移动式（单侧）　　c 分体横向移动式（双侧）　　d 分体垂直升降式

5 防火幕幕体形式示意图

火灾自动报警系统

选择火灾探测系统前首先要仔细分析剧场建筑的结构和环境特点。在大空间建筑中，烟气流动的距离较长，其温度和浓度都会迅速降低。在火灾初期，相当多的烟气可能升不到顶棚便开始发生弥散。不同高度的空间内典型火灾探测器的选择见表1。

随着科学技术的发展，近几年涌现出来一批新型的大空间早期火灾探测器，对于大空间建筑可采用的火灾探测系统有：红外光束感烟火灾探测系统、吸气式感烟探测系统、光截面图像感烟探测系统和火焰探测系统等，各种系统的比较见表2。

剧场观众厅中可采用大空间感烟探测系统（红外光束感烟火灾探测系统、吸气式感烟探测系统、光截面图像感烟探测系统等）和火焰探测系统相结合的方式。

火灾探测器选择   表1

房间高度h (m)	感烟探测器	感温探测器			火焰探测器
		一级	二级	三级	
12<h≤20	不适合	不适合	不适合	不适合	适合
8<h≤12	适合	不适合	不适合	不适合	适合
6<h≤8	适合	适合	不适合	不适合	适合
4<h≤6	适合	适合	适合	不适合	适合
h≤4	适合	适合	适合	适合	适合

大空间火灾探测器选择   表2

探测系统	传感机理	探测距离(m)	控制面积(m²)	防振性	热障影响	安装方式
吸气式感烟探测	接触式吸气感烟	单管长度100m，总长200m	500~2000	好	有	顶棚吸气管
普通光束对射探测	减光式光电感烟	100	1400	差	有	空间中部侧墙，需准直
反射光束感烟探测	减光式光电感烟	50~100	<1400	一般	有	空间中部侧墙，需准直
光截面图像感烟探测	图像式感烟	30~100	>1400	好	有	空间中部侧墙，无需准直
光电火焰探测	热辐射感火焰	15~30	300	好	无	空间中部侧墙，无需准直
图像火焰探测	图像式感火焰	100	1200	好	无	空间中部可定位，无需准直

排烟设施

剧场可采用高侧窗及天窗进行自然排烟，高侧窗的开启方式应为上部向外开启，天窗在设置时应注意开启方式及开启方向的选择，避免向同一个方向开启，以尽量减少环境风对排烟效果的影响，同时排烟口净面积不小于地面面积的5%。

当观众厅采用自然排烟有困难时，可采用机械排烟，机械排烟系统的设计要确保在火灾发生时，上部楼座人员能够及时安全疏散。

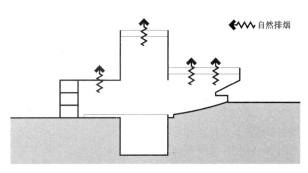
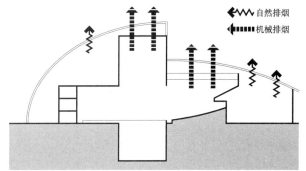
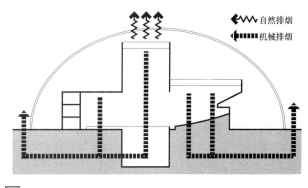

[1] 几种排烟方式示意图

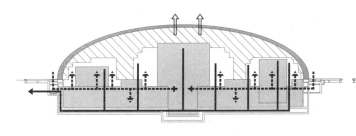

图中斜线阴影区采用自然排烟，其他区域采用机械排烟。深色阴影区采用挡烟垂壁与观众厅进行分隔，其中实线箭头为机械排烟方向，虚线箭头为补风方向。

[2] 国家大剧院排烟示例

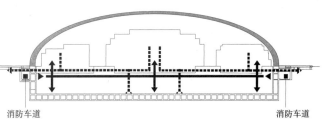

图中实线箭头为消防队员开展消防救援方向，虚线箭头为人员安全疏散方向。消防救援与人员安全疏散路径不交叉，避免相互影响。

[3] 国家大剧院消防救援与人员疏散示例

演艺建筑 [64] 歌剧院 / 特征

歌剧院特征

歌剧，是通过在乐队伴奏下的演唱和表演技巧来表达剧情的剧种。

歌剧院通常具有下列特点：

1. 歌剧院适合于演出歌剧、舞剧。

歌剧、舞剧这类演出剧种一般场面较大，舞台布景较多，登台演员人数多，活动范围广，因此，要求有较大的台口和舞台。

传统歌剧院和现代歌剧院基本上采用镜框式舞台台口。

2. 歌剧院的观众厅容量较大，通常可达1500座以上，大型的歌剧院可容纳2000人以上。

由于演出时动作幅度大，场面宏大，服饰鲜艳，因此，观众视距较一般剧种剧场可以稍远。

3. 歌剧院的观众厅容积比戏剧院要稍大，空间宏大。见后页表1。

4. 歌剧院的观众厅形式通常按时代划分为传统的和现代的两种。

传统歌剧院以马蹄形多层包厢为固定模式。

现代歌剧院的平面形态多样，如钟形、扇形、圆形、多边形和不规则形等。

5. 传统歌剧院镜框式舞台通常只有主舞台和两个侧台。

现代歌剧院较多采用品字形舞台，一般歌剧院均设有可容纳三管制管弦乐队的乐池。

6. 后台区域较大，一般能容纳150~250人，功能用房较为齐全。

7. 通常有驻场剧团。

8. 歌剧院有时要兼顾其他演出，比如交响音乐会，需要在舞台上增设反声罩，并考虑相应的声学可调措施。

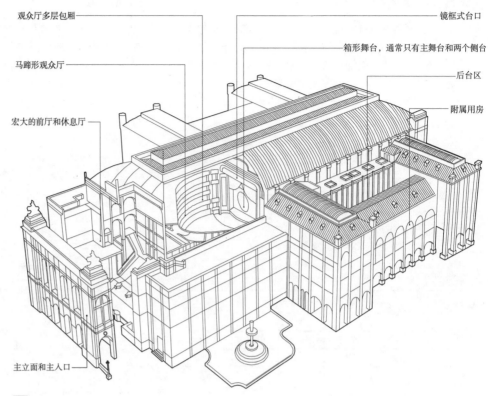

1 传统歌剧院（奥地利维也纳国家歌剧院）

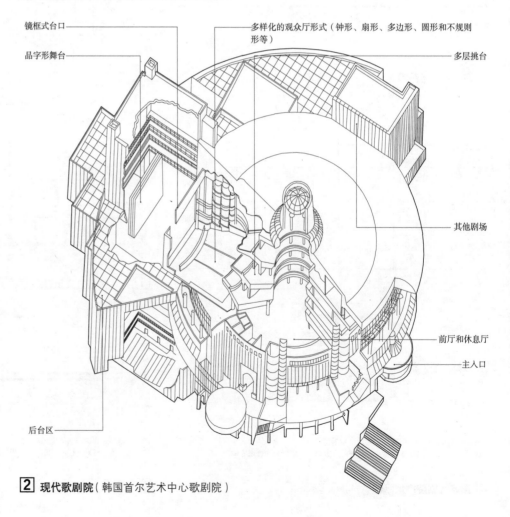

2 现代歌剧院（韩国首尔艺术中心歌剧院）

歌剧院观众厅的模式和规模

1. 单层式：平面规整，结构简单，观众容量受限制。
2. 后楼座式：观众厅有较好视角，同时缩短视距。
3. 三面楼座式：造型丰富，有围合感，可接受来自舞台的直达声，有较强的侧向早期反射声。但两侧看台效果不佳，空间造型古典。
4. 三面包厢式：空间造型古典，耳光和面光设置难度大。

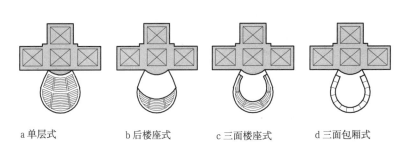

a 单层式　　b 后楼座式　　c 三面楼座式　　d 三面包厢式

1 歌剧院观众厅模式图（镜框式舞台）

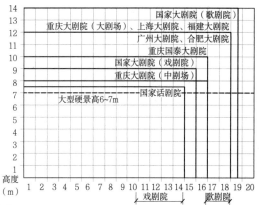

2 歌剧院台口尺寸参考实例

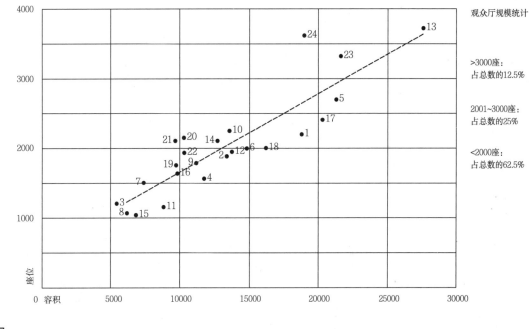

观众厅规模统计
>3000座：占总数的12.5%
2001~3000座：占总数的25%
<2000座：占总数的62.5%

1 中国国家大剧院歌剧院
2 上海大剧院
3 香港演艺学院大剧院
4 台北文化中心歌剧院
5 巴士底歌剧院
6 都灵歌剧院
7 悉尼歌剧院
8 埃森歌剧院
9 维也纳歌剧院
10 肯尼迪艺术中心歌剧院
11 莫扎特歌剧院
12 新国立歌剧院
13 新大都会歌剧院
14 伦敦皇家歌剧院
15 巴塞尔国家剧院
16 汉堡歌剧院
17 科隆歌剧院
18 斯图加特歌剧院
19 莱比锡歌剧院
20 斯卡拉歌剧院
21 加尼尔歌剧院
22 拜罗斯歌剧院
23 旧金山战争纪念歌剧院
24 老大都会歌剧院

3 国际著名歌剧院的规模

国内外歌剧院主要数据　　　　　　　　　　　　　　　　　　　　　　　　　　　　　　表1

	名称	规模（观众席数）	建成时间	台口		主台		
				宽（m）	高（m）	宽（m）	深（m）	高（m）
国外歌剧院	法国里昂歌剧院	1300	1693年始建，1993年改建	14	11	34	17	23
	美国大都会歌剧院	4000(3788)	1883年始建，1965年改建	16.5	16.5	30	24.6	33
	德国莱比锡歌剧院	1800	1766年始建，1961年新建	18.5	11	30	22	27
	德国柏林德国歌剧院	1900	1743年始建，1955年改建	15.8	9	21	21	12
	英国格林登堡节日歌剧院	1342	1934年始建，1993年重建	11.6	9.25	18.3	17.4	21.3
	意大利拉·斯卡拉歌剧院	2289	1778年，二战后重建	15	13	26.5	23	17
	法国巴士底歌剧院	2700	1989年	12~19	7.5~11.5	—	—	—
	日本新国立歌剧院歌剧厅	1814	1997年	16.4	12.5	29	24.5	30.5
	美国奥德威歌剧院	1815	1985年	14.6~20.1	10.7	43	17.7	24.4
国内歌剧院	上海大剧院歌剧厅	1730	1998年	18	12	30	24	30.5
	重庆大剧院歌剧厅	1833	2009年	18	12	33	23.8	35
	青岛大剧院歌剧厅	1659	2010年	18	12	32	23.2	30
	国家大剧院歌剧院	2354	2007年	18.6	14	32.6	25.6	32
	宁波大剧院歌剧院	1503	2002年	18	12	32	22.6	24.1
	天津大剧院歌剧院	1603	2012年	18	12	28	25.5	31
	广州歌剧院歌剧厅	1800	2011年	18	12	32	24	30
	上海文化广场	1850	2011年	20	11.5	36	22	28.8

演艺建筑 [66] 歌剧院 / 实例

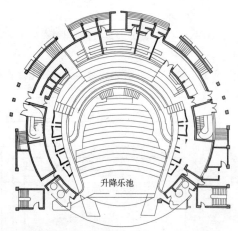

a 平面图

1 英国格林登堡节日歌剧院观众厅

名称	地点	座位数	建设时间	设计师
英国格林登堡节日歌剧院	英国格林登堡	1342座	1934年始建，1993年重建	Michael Hopkins & Partner

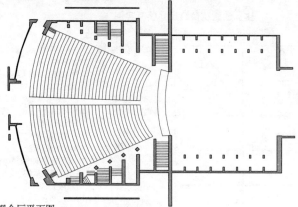

a 观众厅平面图一

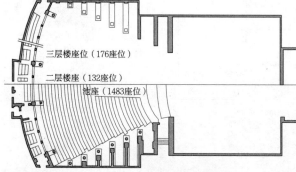

b 观众厅平面图二

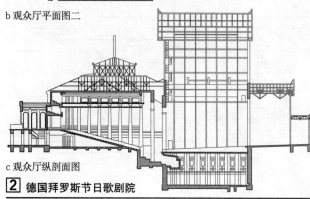

c 观众厅纵剖面图

2 德国拜罗斯节日歌剧院

名称	地点	座位数	建成时间	设计师
德国拜罗斯节日歌剧院	德国法朗科尼亚镇	1460座	1876	瓦格纳

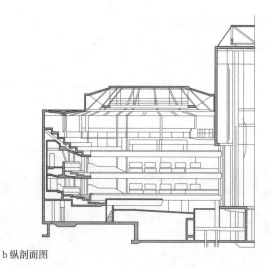

b 纵剖面图

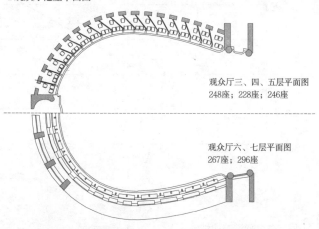

a 观众厅池座平面图

观众厅三、四、五层平面图
248座；228座；246座

观众厅六、七层平面图
267座；296座

b 观众厅侧包厢平面图

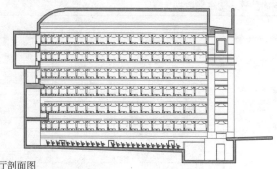

c 观众厅剖面图

3 意大利米兰斯卡拉歌剧院

名称	地点	座位数	建成时间	设计师
意大利米兰斯卡拉歌剧院	意大利米兰	2289座	始建于1778年，"二战"后重建 2002~2004年重要翻新工程	皮尔马里尼

实例 / 歌剧院 [67] 演艺建筑

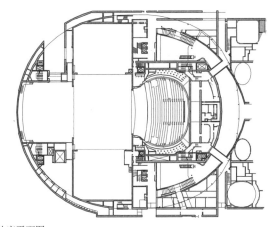

a 池座平面图

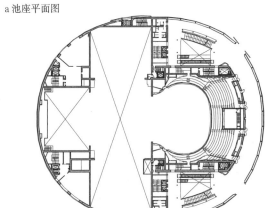

b 一层楼座平面图

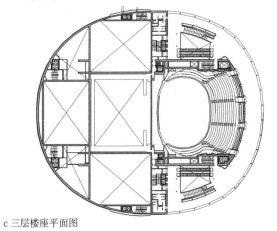

c 三层楼座平面图

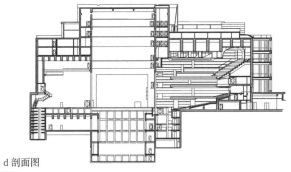

d 剖面图

1 国家大剧院歌剧院

名称	地点	座位数	建成时间	设计单位
国家大剧院歌剧院	中国北京	2354座	2007	法国巴黎机场公司、北京市建筑设计研究院有限公司

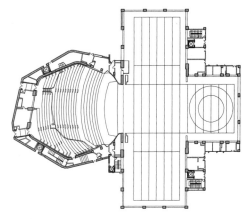

a 池座平面图

b 一层楼座平面图

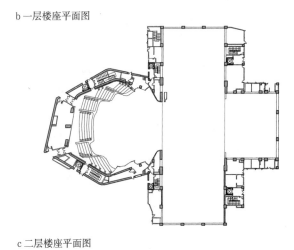

c 二层楼座平面图

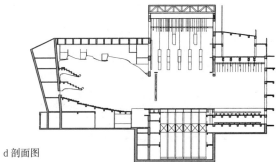

d 剖面图

2 广州大剧院

名称	地点	座位数	建成时间	设计单位
广州大剧院	中国广州	1800座	2011	英国扎哈·哈迪德建筑事务所、广州珠江外资建筑设计研究院有限公司

演艺建筑 [68] 歌剧院 / 实例

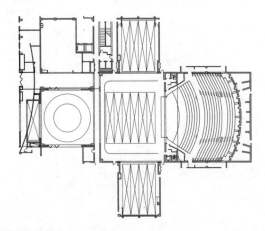

a 池座平面图

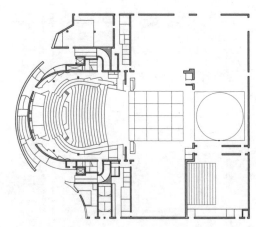

a 池座平面图

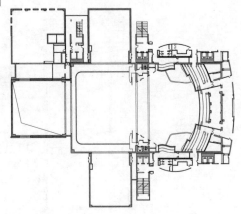

b 一层楼座平面图

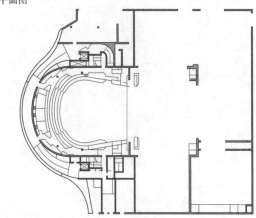

b 一层楼座平面图

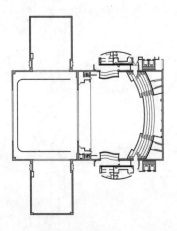

c 二层楼座平面图

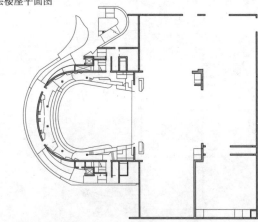

c 二层楼座平面图

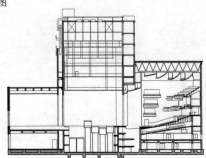

d 剖面图

1 上海大剧院

名称	地点	座位数	建成时间	设计单位
上海大剧院	中国上海	1800座	1998	法国夏氏建筑师事务所（ARTE）、华东建筑集团股份有限公司

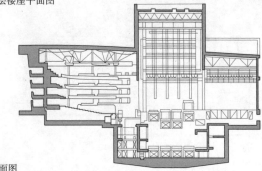

d 剖面图

2 挪威奥斯陆新歌剧院

名称	地点	座位数	建成时间	设计单位
挪威奥斯陆新歌剧院	挪威奥斯陆	1350座	2008	斯内赫塔建筑师事务所

实例 / 歌剧院 [69] 演艺建筑

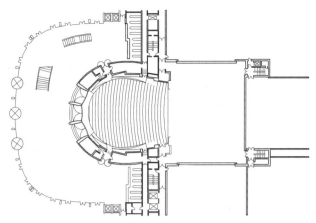

a 池座平面图

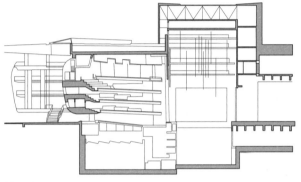

b 剖面图

1 丹麦哥本哈根歌剧院

名称	地点	座位数	建成时间	设计师
丹麦哥本哈根歌剧院	丹麦哥本哈根	1434~1647座	2005	亨宁·拉森斯

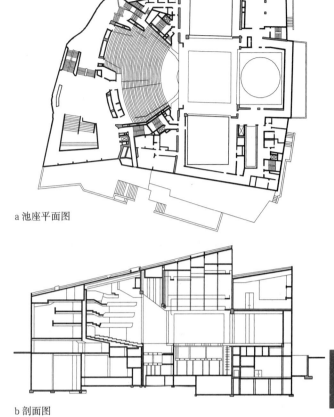

a 池座平面图

b 剖面图

2 德国埃森歌剧院

名称	地点	座位数	建成时间	设计师
德国埃森歌剧院	德国埃森市	1125座	1988	阿尔瓦·阿尔托

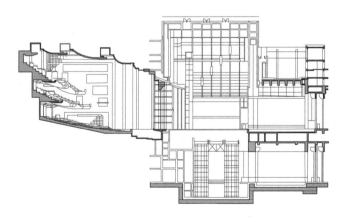

a 剖面图

3 法国巴士底歌剧院

名称	地点	座位数	建成时间	设计师
法国巴士底歌剧院	法国巴黎市	2700座	1989	卡洛斯·奥特

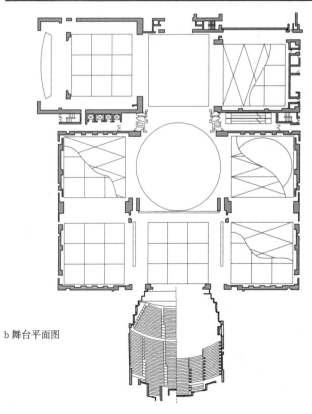

b 舞台平面图

演艺建筑 [70] 戏剧院 / 特征

戏剧院特征

戏剧，指以语言、动作、舞蹈、音乐、木偶等形式以叙事为目的舞台表演艺术的总称。

戏剧剧场与其他剧场相比，最大的特点在于因演出形式多样化而呈现多样的空间形式，因此其观众厅规模、舞台的形式及演出设施等设置应与演出的戏剧形式相匹配，而不宜定式化。

戏剧院通常具有下列特点。

1. 戏剧院又可分为话剧院、戏曲剧场、儿童剧场、木偶剧场等，一般规模相对歌剧院而言较小，台口及舞台尺寸与演出剧种相适应。
2. 在声学上，话剧院应以对白的语言清晰为主，音乐通常起到背景和陪衬作用。戏曲剧场应兼顾语言清晰和音乐丰满，乐师或乐队在台口或乐池伴奏，戏曲剧场需设置乐池。
3. 戏剧院通常以自然声演出，扩声系统起辅助和效果作用。
4. 戏剧院要求视距较短，使观众能看清演员的表情和细微的动作，加强观众与演员之间的情感交流和互动。
5. 戏剧院根据舞台位置分为：镜框式舞台（标准镜框式、伸出式镜框舞台）和开敞式舞台（尽端式、半岛式和岛式）。镜框式舞台和伸出式镜框舞台优点是视觉效果好，观众席设置在台前120°（表演展开角）的扇形覆盖区内。敞开式舞台的优点是打破了观演分隔的传统观念，将表演区设置在观众席之中，使观演融为一体。
6. 戏剧院的观众厅形式呈多样化，如传统的马蹄形、扇形以及现代的钟形、矩形、圆形（包括椭圆形）、多边形、不规则形等。

戏剧院的厅堂模式图

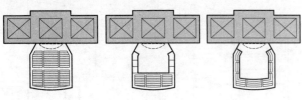

a 单层式　　　　b 后楼座+侧包厢　　　c 三面楼座式

[1] 镜框式舞台（含伸出式镜框舞台）

a 单层式

b 后楼座式　　　c 三面楼座式

[2] 半岛式舞台

 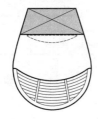 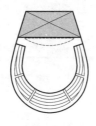

a 单层式　　　　b 后楼座式　　　　c 三面楼座式

[3] 尽端式舞台

[4] 岛式舞台　　　[5] 中间式舞台

■ 舞台　　▥ 座席　　▢ 伸出舞台

国内外戏剧院主要数据　　表1

	用途	规模（观众席数）	台口宽（m）	台口高（m）	观众厅形式
北京首都剧场	话剧	1227	13	8.5	钟形
天津中华剧场	京剧	1006	14.5	8	钟形
国家大剧院戏剧场	戏剧	1038	15	9	扇形
上海大剧院中剧场	戏剧	622	15	9	矩形
重庆大剧院中剧场	综合	946	16	8.5	矩形
上海艺海剧院	综合	1004	14	8	钟形
福建梨园古典剧院	戏曲	524	12	8	钟形
国家话剧院	话剧	912	14	7.5	钟形
上海戏剧学院剧院	话剧	997	12	7	钟形
上海兰心大戏院	话剧	749	8.8	7.4	钟形
梅兰芳大剧院	京剧	980	18	9	钟形
中国评剧大剧院	地方戏	800	14	8	钟形
美国圣迭戈普拉扎剧院	话剧	560	17.4伸出式	9.1	不规则
英国国家剧院奥利弗剧场	话剧	1160	伸出式	—	六角形
美国洛杉矶音乐中心剧场	综合	742	伸出式	—	圆形
英国莎士比亚纪念剧场	话剧	1008	9.1伸出式	8.1	扇形
日本东京新国立剧场中剧场	戏剧	1038	16.8	9	扇形（可变）
日本东京国立剧场大剧场	歌舞伎	1746	22	6.5	扇形

实例 / 戏剧院 [71] 演艺建筑

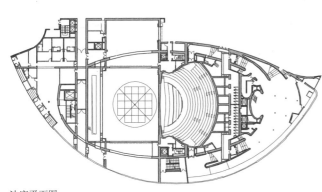
a 池座平面图

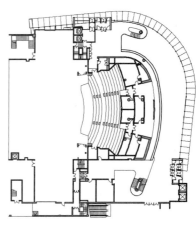
a 一层平面图

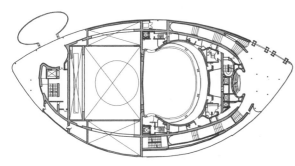
b 一层楼座平面图

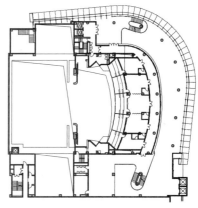
b 二层平面图

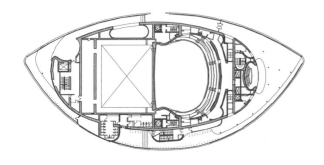
c 二层楼座平面图

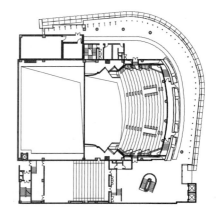
c 四层平面图

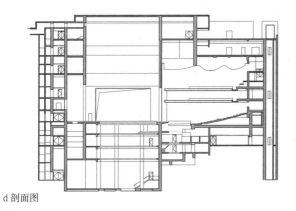
d 剖面图

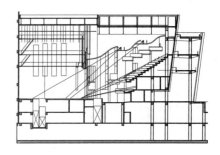
d 剖面图

1 国家大剧院戏剧场

名称	地点	座位数	建成时间	设计单位
国家大剧院戏剧场	中国北京	1038座	2007	法国巴黎机场公司、北京市建筑设计研究院有限公司

2 梅兰芳大剧院

名称	地点	座位数	建成时间	设计单位
梅兰芳大剧院	中国北京	980座	2007	中国中元国际工程有限公司

演艺建筑 [72] 戏剧院 / 实例

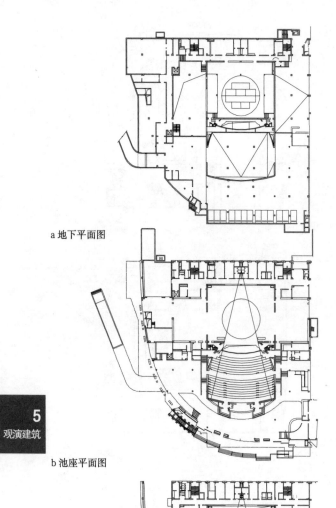

a 地下平面图

b 池座平面图

c 楼座平面图

d 剖面图

1 中国国家话剧院

名称	地点	座位数	建成时间	设计单位
中国国家话剧院	中国北京	880座	2009	中国中元国际工程有限公司

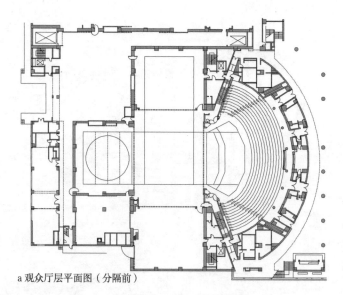

a 观众厅层平面图（分隔前）

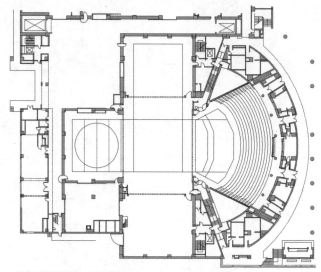

b 观众厅层平面图（分隔后）

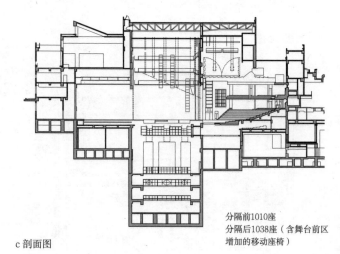

c 剖面图

分隔前1010座
分隔后1038座（含舞台前区增加的移动座椅）

2 日本新国立剧场中剧场

名称	地点	座位数	建成时间	设计单位
日本新国立剧场中剧场	日本东京涩谷区	1010座	1997	柳泽孝彦&TAK事务所

实例/戏剧院 [73] 演艺建筑

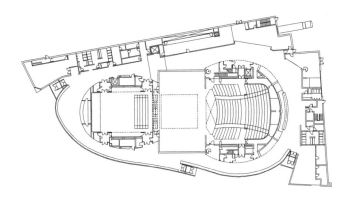

a 观众厅层平面图

b 观众厅剖面图

1 英国莱切斯特剧院和表演艺术中心

名称	地点	座位数	建成时间	设计师
英国莱切斯特剧院和表演艺术中心	英国莱切斯特市	大厅750座/小厅350~450座	2008	拉菲尔·维诺里

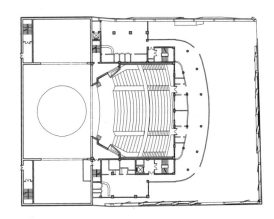

a 一层平面图

b 剖面图

3 辽宁艺术中心话剧院

名称	地点	座位数	建成时间	设计单位
辽宁艺术中心话剧院	中国沈阳	800座	2014	北京市建筑设计研究院有限公司

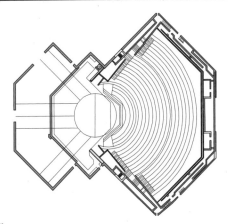

a 一层平面图

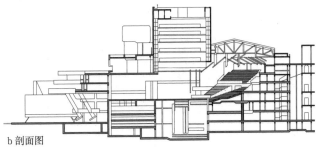

b 剖面图

2 英国国家剧院奥利弗剧场

名称	地点	座位数	建成时间	设计师
英国国家剧院奥利弗剧场	英国伦敦	1160座	1976	拉斯顿

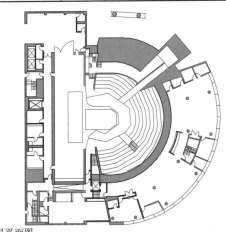

a 一层平面图

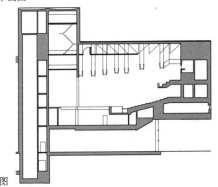

b 剖面图

4 美国格思里剧场（大剧场）

名称	地点	座位数	建成时间	设计师
美国格思里剧场（大剧场）	美国明尼阿波利斯	1100座	2006	让·努维尔

演艺建筑 [74] 戏剧院 / 实例

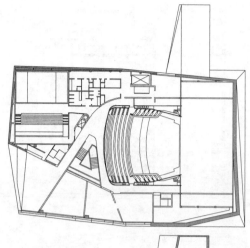

a 一层平面图

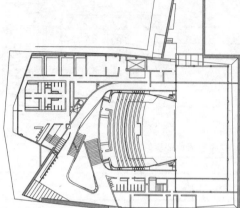

b 二层平面图

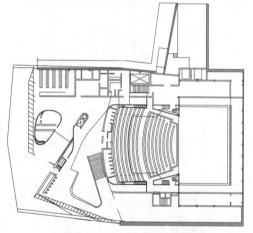

c 三层平面图

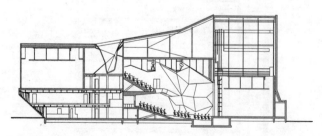

d 观众厅剖面图

1 荷兰市场剧院

名称	地点	座位数	建成时间	设计单位
荷兰市场剧院	荷兰莱利斯塔德市	725座	2007	Un Studio 建筑事务所

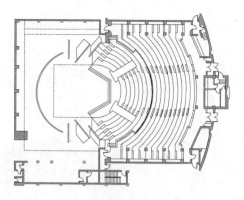

a 观众厅层平面图

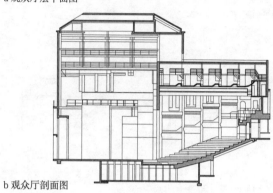

b 观众厅剖面图

2 美国亚拉巴马莎士比亚剧院

名称	地点	座位数	建成时间	设计师
美国亚拉巴马莎士比亚剧院	美国亚拉巴马州安尼斯顿	750座	1985	L·佩里·皮特曼

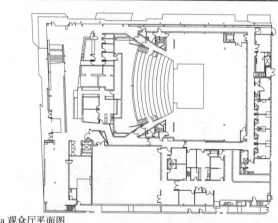

a 观众厅平面图

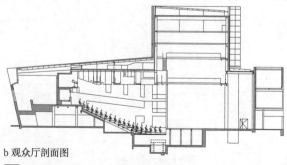

b 观众厅剖面图

3 澳大利亚墨尔本剧院公司的南岸剧院

名称	地点	座位数	建成时间	设计师
澳大利亚墨尔本剧院公司的南岸剧院	澳大利亚墨尔本	500~550座	2009	伊恩·麦克杜格尔

设计要点

1. 音乐厅是专供音乐演出用的公共建筑，一般演出内容有交响乐、室内乐、合唱、重(独)奏(唱)、管风琴演奏。由观众部分(观众厅、门厅、休息厅等)、演奏部分(演奏台、合唱台、管风琴间等)和演出准备部分(化妆室、调音室、练习室、乐队和指挥休息室、贮藏室等)组成。音乐厅对音质有较高的要求，不同音乐类型、乐器对于音乐厅的音质有不同需求。音乐厅可以独立，也可以与其他演艺建筑合建，成为演艺中心的一部分。

2. 音乐厅设计尤其要求建筑设计艺术和声学技术的高度融合。专业音乐厅的设计要考虑一定范围内的适应性。音乐厅的规模(座席数)与其音质之间存在密切关联，音乐厅的观演模式决定了其核心空间的类型。

3. 总平面设计中应特别注意流线设计和防噪隔声处理。

流线设计主要包含观众流线、后台流线、道具(特别是大道具)流线。

防噪隔声设计，尤其是建设用地毗邻繁华街道、铁路、地铁、公路的情况下，要尽量使大厅远离振动和噪声源。如果是由数个音乐厅、剧场组成的建筑综合体，设计时还要考虑各厅间的隔声。如无法避开噪声源，可采用有效的隔振和隔声措施。

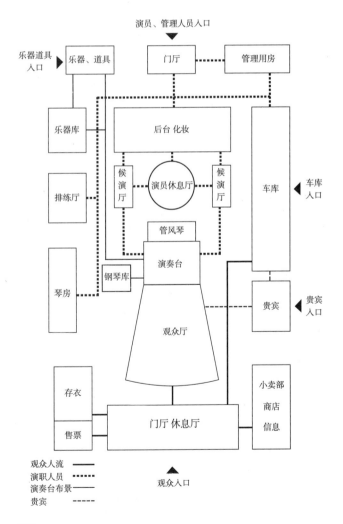

1 音乐厅功能关系图

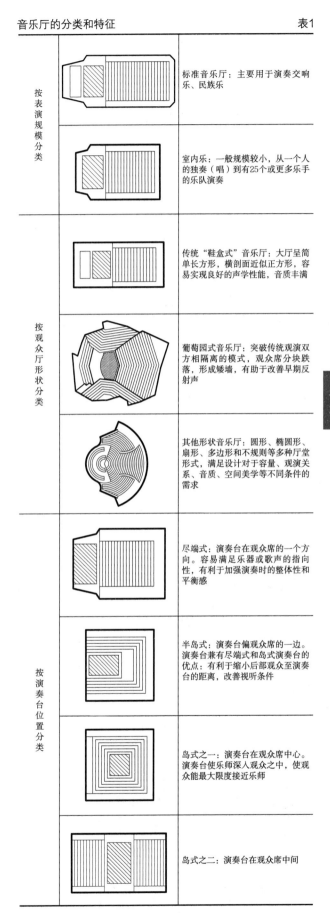

音乐厅的分类和特征　　表1

演艺建筑 [76] 音乐厅/体型

体型

音乐厅空间的大小和形状是音乐厅设计的重要因素，观众席面积和容座比与音乐厅的音质之间具有重要关系。音乐厅观众厅的体型受形状、比例和容积大小等因素影响，其设计与声学、观演模式、演出形式和规模等有关。

音乐厅的体型主要由上部的顶棚、四周的侧墙、下部的观众席及演奏台决定；饰面、反声板等辅助设施也能一定程度上改变其体型。

一般音乐厅应控制好规模和体积。室内乐音乐厅的规模一般在300~800座之间，以500座左右为宜，每座容积通常在8m³左右。交响乐音乐厅的规模在1200~3000座，一般控制在2000座右为宜，每座容积10m³左右。合唱音乐厅的规模通常在200~700座，每座容积约为8m³。管风琴演奏厅的每座容积较大，约为10~20m³之间。合唱音乐厅和管风琴演奏厅较为少见。

常见的音乐厅体型有鞋盒式、多边形、圆形、椭圆形、钟形、扇形、马蹄形和不规则平面等。

观众席的各部位能否获得时差在20ms以内的近次反射声，是决定厅内体型的关键。如鞋盒式音乐厅，为了确保短延迟时间的反射声，演奏台前部侧墙之间的距离最好为15~19m左右，由顶棚高吊下来的反射板最好距台面7~9m，厅的跨度最好为20~25m，其长、宽、高之比约为2:1:1，甚至稍长些。为保证直达声的响度，池座和楼座最后一排距乐队指挥的距离应分别控制在30m和42m以内。

特点：平面规整、结构简单、声能分布均匀。
a 鞋盒式

特点：多以六边形、八边形两种平面形式出现，声场扩散性较好。
b 多边形

特点：空间造型优美流畅，但是此类平面的声学处理复杂，容易出现声聚焦。
c 圆形、椭圆形

特点：结构简单、声场分布均匀，前区侧墙有利于声学性能改善，此平面通常用于大容量音乐厅。
d 钟形

特点：演奏厅可以保证在较小长度下容纳更多的观众，但是厅堂的声学性能较差。
e 扇形

特点：一般有多层大型圆弧形挑台，空间高敞，气氛热烈。多层挑台也使得演奏厅用地相对节约。
f 马蹄形

特点：拥有良好的声学扩散性能。
g 不规则平面

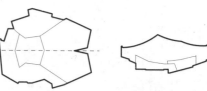

1 音乐厅的体型

世界上几个著名室内乐音乐厅的基本参数　表1

国家	音乐厅名称	容积（m³）	容量（座）	混响时间（s）
英国	伦敦威格摩尔厅	2900	544	1.5
英国	伦敦伊丽莎白女王厅	9600	1106	1.8
英国	施耐普马尔汀斯音乐厅	7950	824	1.6
英国	剑桥音乐学院礼堂	4100	496	1.5
德国	斯图加特莫扎特音乐厅	5500	800	1.7
德国	柏林室内乐音乐厅	12500	1064	1.8
荷兰	鹿特丹德多兰室内乐音乐厅	4040	604	1.2
中国	广州星海音乐厅室内乐厅	3400	462	0.8~1.3
中国	台北文化中心室内音乐厅	2700	365	1.5

世界著名古典交响音乐厅基本参数　表2

音乐厅名称	厅堂类型	容积（m³）	观众区面积（m²）	演奏台面积（m²）	总面积（m²）	厅堂高度（m）	座席数	每座容积（m³）	每座面积（m²）	中频满场混响时间（s）	演奏台高度（cm）	最远视距（m）
中国国家大剧院音乐厅	椭圆形	21500	1880	276	2243	18.3	1966	10.6	0.9	2.2	43	33
奥地利维也纳爱乐之友金色大厅	鞋盒式	15000	955	163	1118	17.4	1680	8.9	0.57	2.05	99	40.2
美国波士顿音乐厅	鞋盒式	18750	1370	152	1522	18.6	2625	7.1	0.52	1.9	137	40.5
德国莱比锡音乐厅	鞋盒式	10600	905	116	1020	10.3	1560	6.8	0.59	1.55	91	—
荷兰阿姆斯特丹音乐厅	鞋盒式	18780	1125	160	1285	17.1	2037	9.2	0.55	2.0	149	25.6
美国达拉斯梅森交响乐音乐厅	鞋盒式	23900	1161	250	1411	26.2	2065	11.6	0.56	2.0	—	40.5
英国爱丁堡厄什尔音乐厅	马蹄形	15700	1338	120	1530	17	2547	6.16	0.52	1.5	135	35
美国芝加哥交响乐音乐厅	马蹄形	27000	1425	233	1667	27.6	2530	10.7	0.56	1.7	109	35
德国斯图加特贝多芬音乐厅	不对称马蹄形	16000	1300	176	1535	13.4	2000	8.0	0.65	1.6	125	40.8
丹麦哥本哈根广播大厦一号录音厅	扇形	11900	721	288	1009	17.7	1081	11.0	0.67	1.5	70	22.9
委内瑞拉加拉加斯音乐厅	扇形	24920	1886	204	2090	17.7	2660	9.37	0.71	1.4	100	35.4
德国柏林爱乐音乐厅	不规则平面	21000	1385	172	1558	12.8	2215	9.0	0.62	1.9	—	30
日本大阪音乐厅	钟形	17800	1236	285	1521	20.7	1702	10.5	0.725	2.0	—	30.0
澳大利亚悉尼歌剧院音乐厅	钟形	24600	1563	181	1744	16.8	2679	9.2	0.58	2.0	—	44.5
荷兰鹿特丹多兰音乐厅	六边形	24070	1509	195	1704	14.3	2242	10.7	0.67	—	—	38.4
新西兰克莱斯特彻奇音乐厅	椭圆形	20500	1416	194	1610	18.6	2662	7.7	0.53	1.8	—	28.4

座席

池座剖面形式（根据地坪起坡情况）　　　　　　　　　表1

形式	说明
平地式	常见于鞋盒式音乐厅或以音乐演奏为主的多功能厅。台面较高，多在1m以上，以缓解池座后区直达声不足
斜坡式	起坡较缓，能够改善视听质量
阶台式	地坪升起较大，可以保证直达声
混合式	池座前区采用平底或者缓坡，后区用阶台式
散座式	将观众席分区布置在许多以矮墙、栏板围隔的大起坡阶台式地坪上

楼座剖面形式　　　　　　　　　　　　　　　　　　　表2

形式	说明
悬挑式	楼座后墙与池座后墙在同一垂直线上，楼座座位都位于池座上空。楼座的出挑不宜太深，挑台下的开口高度与进深比值宜大于1:1.2
后退式	楼座后墙与池座后墙不在一个垂直面上，而是向后退，出挑少而容量大
浅廊式	楼座沿边出挑，进深小且观众席呈连续分布
包厢式	包厢的使用具有独立性和私密性，形式上也具有一定的节奏感与美感，以跌落式包厢较为常见

注：音乐厅的各种平面形式均可设置楼座。带楼座的音乐厅在空间高敞、出挑合适的情况下，可以提供更多的声反射界面。

演奏台

1. 演奏台的面积和尺寸一般由乐队演奏者所需面积之和来确定，目前音乐厅的演奏台可容纳四管乐队的尺寸约为 $W \times D=16.8m \times 12.2m$，在 $150 \sim 200m^2$ 左右。演奏台的宽度一般不宜超过17m，深度不宜超过11m。按照不同的厅堂布置形式可分为岛式、半岛式和尽端式三种。相比于池座前端一般有1m左右的升起。

2. 演奏台的其他功能还包括合唱席，可考虑设置管风琴。
合唱席所占面积有两种配置方式。一种是作为演奏台的组成部分，设置在打击乐后面升起的台阶上，每个合唱队员约占 $0.25 \sim 0.3m^2$。另一种是按观众席形式配置在演奏台打击乐后面，作为演奏厅观众席的组成部分。

3. 演奏台的出入口与乐队的休息室、乐器的存储如钢琴房，要尽可能靠近。如钢琴房和演奏台不在同层，需要考虑增加钢琴升降台。

4. 演奏台地面的有效振动能够增加乐器音的音量。一般采用龙骨架空木地板方式。

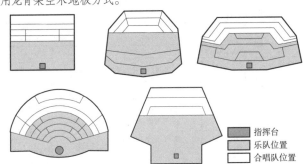

1 5种演奏台布局方式图示

观众厅座席平面布局　　　　　　　　　　　　　　　表3

尽端池座	浅楼座
池座位于音乐厅一端，根据规模确定升起的状况。此种形式可不设楼座	楼座三面环绕，增加观众厅空间的环绕感和丰富性。楼座三面都较浅
大挑台包厢	环绕楼座
位于演奏台正面的大挑台形式，能容纳较多观众，两侧包厢离演奏台较近，增加环绕感	楼座四面环绕，空间围合度高，增加观众、演出的视线交流，能缩短观众与演奏台的距离
三面浅楼座	
增加演奏台的围合度，便更多观众能接近演奏台	

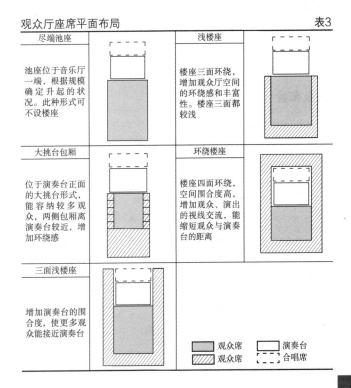

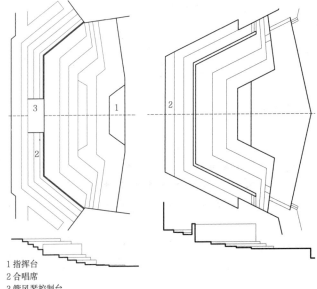

1 指挥台
2 合唱席
3 管风琴控制台

a 合唱席设置在演奏台　　b 合唱席设置在观众席

2 演奏台合唱席布局

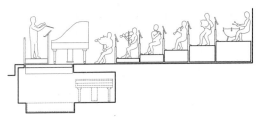

3 演奏台剖面图

乐队组成

交响乐队根据双簧管或单簧管的多少，分为单管、双管、三管、四管乐队等，其编制及人数在一定范围内变动。民乐队分大型、小型两类。

乐队布置

乐队乐位分区按照演奏协调平衡的要求，有常规的排列方式，也可按指挥者安排作个别调整。

1 指挥（1人）　2 二胡（4人）　3 高胡（4人）　4 扬琴（2人）
5 琵琶（2人）　6 大、中、小阮（3人）　7 三弦（2人）　8 低音马头琴（2人）
9 中胡（4人）　10 大马头琴（2人）　11 新笛（1人）　12 低、中、高音笙（3人）
13 打击乐（2人）　14 喉管（1人）　15 唢呐（1人）　16 海笛（1人）

1 民族乐队一般演奏乐位布置

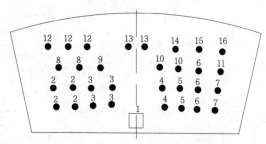

2 双管乐队乐位布置

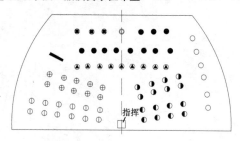

3 三管乐队乐位布置

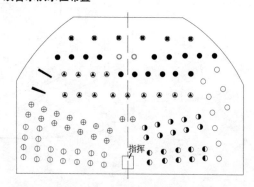

4 四管乐队乐位布置

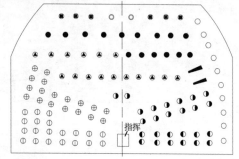

乐队面积及指标

民族乐队　表1

乐组	大型（人）	小型（人）	乐组	大型（人）	小型（人）
高胡	8	4	三弦	2	2
二胡	6	4	唢呐	2	1
中胡	4~8	1	笛	2	—
马头琴	3	2	海笛	2	1
低音马头琴	2~3	—	新笛	2	1
板胡、椰胡	1~2	—	改良喉管	4	1
扬琴	2	2	笙	3	1
大扬琴	1	—	高音笙	1	1
高音扬琴	1~2	—	低音笙	1	1
琵琶	4	2	倍低笙	1	—
大琵琶	1	—	鼓锣钹铃	10	2
小阮	1	1	总人数（人）	70~78	29
中阮	4~6	1			
大阮	2	1	乐队所占面积（m²）	>70~78	>29

交响乐队　表2

乐组	单管乐队	双管乐队	三管乐队	四管乐队	图例
第一小提琴	8~10	12~14	18	20	⊕
第二小提琴	6~8	10~12	16	18	
中提琴	4~6	8	10	14	◐
大提琴	4~6	8	10	12	
低音大提琴	4	6	9	10	○
木管乐长笛	2	3	3	4	
双簧管	1	2	3	4	
单簧管	1	2	3	4	▲
巴松管	1	2	3	4	
铜管乐小号	2	3	4	4	
圆号	2	4	6~7	6~7	●
长号	1	4	4	4	
大号	—	—	1	1	
打击乐	若干	若干	若干	若干	■
竖琴	1	1	2	2	╱
定音鼓	1	1	2	2	◎
总人数	40人左右	65人左右	85~100人	120人左右	
乐队所占面积（m²）	>40	>65	>85~100	>145	

注：1. 歌剧、舞蹈的伴奏通常在乐池，最大为三管乐队。四管乐队是交响乐演出。
2. 交响乐在演奏台上演出时，小提琴、中提琴平均乐位面积为1.2m²/人，其余乐位1.2~1.5m²/人。
3. 大型交响乐演出，有时包含合唱队，兼或包含民乐队。含合唱时，合唱队置于交响乐队两侧或者后排。合唱队平均面积需0.3m²/人。

交响乐队乐位最小尺寸　表3

乐器	乐位尺寸（mm）	乐器	乐位尺寸（mm）	乐器	乐位尺寸（mm）
小提琴	800×1200	大管	900×1200	三角钢琴	3000×2000
中提琴	800×1200	小号	900×1200	立式钢琴	1500×650
大提琴	900×1400	圆号	900×1200	钢片琴	800×600
低音提琴	1000×1400	长号	1000×1400	木琴	1500×800
竖琴	1400×1200	大号	1400×1200	风琴	1200×600
长笛	1000×1200	定音鼓	2400×2400	六弦琴	1000×1200
双簧管	900×1200	大鼓	1600×1600	手风琴	1000×1200
单簧管	900×1200	小鼓	1600×1200	指挥台	1200×900

注：三角钢琴尺寸宽度一般为1550mm，深度约为1550~3080mm。

民族乐队乐位尺寸　表4

乐器	乐位尺寸（mm）	乐器	乐位尺寸（mm）	乐器	乐位尺寸（mm）
二胡	1000×1200	伽倻琴	1600×1000	板鼓	1000×1100
低胡	1150×1300	古琴	1400×1250	长鼓	1200×1200
大马头琴	1200×1200	箜篌	800×1000	铃鼓	1000×1000
低音马头琴	1200×1200	唢呐	800×1200	堂锣	1200×1500
马头琴	1400×1200	低音唢呐	800×1400	套锣	1300×1200
京胡	1199×1200	笛	900×1100	锣	1000×1200
扬琴	1400×1200	笙	900×1100	小锣	1000×1000
琵琶	1000×1200	芦笙	900×1200	钹	1000×1000
三弦	1250×1200	堂鼓	1400×1400	定音鼓	2500×2000
大低阮	900×1200	小鼓	1600×1200	指挥台	1200×900

民族器乐乐位尺寸

1 民族器乐乐位尺寸

演艺建筑 [80] 音乐厅 / 管弦乐队乐位尺寸

管弦乐队乐位尺寸

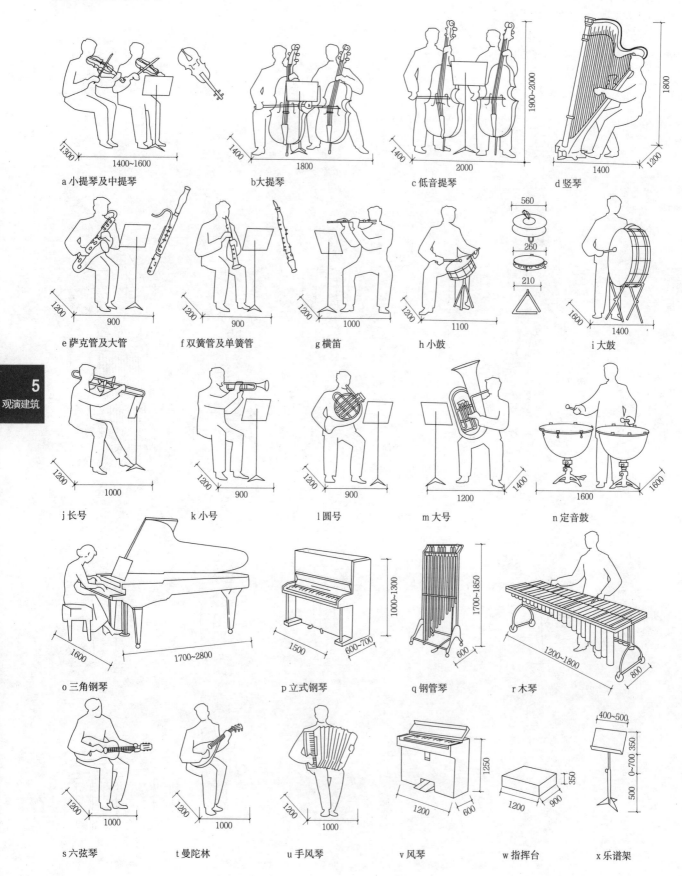

1 管弦乐队乐位尺寸

管风琴

1. 概述： 管风琴主要由演奏操作台、音管、气室、拉杆机构、风机和电器柜等组成，其大小和音栓数量与音乐厅容积相适应。音管/气室布置在厅堂的中轴线上最理想。管风琴一般置于鞋盒式音乐厅演奏台的背景墙面上，或者葡萄园式音乐厅的某些侧墙面上。演奏操作台的位置需要保证管风琴师、合唱队、乐队、指挥之间有良好的视线关系。混响时间宜为2~3s。

2. 演奏方式： ①固定式（通常为机械式）演奏操作台位于管风琴的一侧，演奏时背对观众。②移动式演奏操作台位于演奏台，需要预先在演奏台中预埋控制电缆接插盒。演奏操作台一般布置在乐队的左侧或者右侧，斜对着观众。移动式演奏操作台通常保存在地下乐器库，可通过升降设施运送到演奏台上。

3. 安装要求： 管风琴上方区域不能铺设空调管或者强热源灯具，否则会引起音管热胀冷缩导致音频变化。音管上方不宜设置喷淋设备，以免误操作引起喷淋放水，损坏风管设备。风机房尽可能靠近管风琴，可提高送风效率，并应采取隔声措施。

管风琴箱体宽度一般小于16m，高度小于12m，进深3.5m左右，不宜超过5m。音管也可采取无箱体的开放式布置。

管风琴规模的一般性建议 表1

座席数	音栓数	键盘数	音管/气室空间要求（含调音检修面积，管列排布的进深与面宽的比例在1:2与1:4之间）			
			垂直布局		水平布局	
			占地面积（m²/音栓）	高度（m）	占地面积（m²/音栓）	高度（m）
400	26~35	2~3	0.3~0.6	6~8	0.5~0.7	5~8
500	34~50	3	0.3~0.6	6~8	0.5~0.7	5~8
600	39~57	3~4	0.3~0.6	6~8	0.5~0.7	5~8
700	46~64	3~4	0.3~0.6	6~8	0.5~0.7	5~8
800	50~71	3~4	0.3~0.6	8~11	0.5~0.7	5~8
900	57~78	3~4	0.3~0.6	8~11	0.5~0.7	5~8
1000	65~86	4	0.3~0.6	8~11	0.5~0.7	5~8

演奏操作台的常规尺寸和重量 表2

键盘数量	宽(m)	深(m)	高(m)	重量(kg)
2(小型)	1.5	1.5	1.2	230
2	1.8	1.5	1.3	320
3	2.0	1.7	1.3	450
4	2.1	1.8	1.4	590

国内外管风琴实例参数 表3

项目	座席数	键盘	音栓数	总音管数（木管占总管比例，其余为金属管）	类型	完成时间
国家大剧院音乐厅	1966	IV/P	94	6500 (3.6%)	机械琴键，电气式音栓，移动演奏操作台	2007
武汉琴台音乐厅	1600	IV/P	68	4576 (7.3%)	机械琴键，电气式音栓，移动演奏操作台	2008
西安音乐厅	1300	IV/P	60	4209 (6.6%)	机械琴键，电气式音栓	2008
法国里尔市大教堂法国电台	约1000	IV/P	105	6860 (4.93%)	移动演奏操作台	2007
西班牙扎拉哥拉大教堂	约2500	IV/P	71	5427 (8.11%)	机械演奏操作台	2005
新西兰奥克兰市政厅	1530	IV/P	84	5291 (7.7%)	移动演奏操作台	2007
阿曼苏丹国皇家音乐厅	1100	IV/P	84	4542 (6.6%)	机械演奏操作台	2011
丹麦奥胡斯音乐厅	1176	III	45	3242 (10.8%)	移动演奏操作台	2010
俄罗斯莫斯科国际音乐厅	1735	IV	84	5582 (8.9%)	机械演奏操作台	2004
新加坡滨海艺术中心音乐厅	1942	III	61	4738 (3.4%)	机械演奏操作台	2002
德国多特蒙德音乐厅	1500	III	53	3565 (8.6%)	移动演奏操作台	2002

注：1. 40~50音栓已经可以涵盖绝大部分的管风琴音乐作品。
2. 键盘一栏：I、II、III、IV指键盘的数量，例如IV就指有四排键盘；P指脚键盘（只有一排）。

管风琴室尺寸与荷载 表4

项目	宽(m)	进深(m)	高(m)	荷载(t)
国家大剧院音乐厅	15.5	3.8	13.7	59
武汉琴台音乐厅	11.5/12.5	3.1	11.3	39.3
西安音乐厅	15.3	3.3	11.5	22.3
沈阳音乐厅	15.3	4.35	7.15	23.8

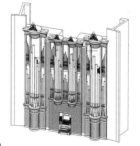

2 大型管风琴布置

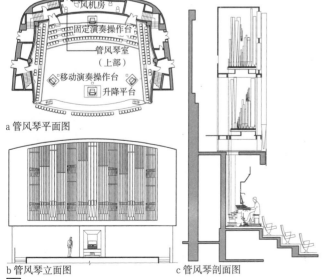

1 中型管风琴布置

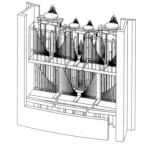

3 古典管风琴正面和背面轴测图

演艺建筑 [82] 音乐厅／声反射板

声反射板

当音乐厅空间适中时，可利用观众厅的侧壁、顶棚的空间形式，辅以适当材料，作为演奏台声反射的界面，不再单设声反射板。古典音乐厅多属此类 1、2。

当音乐厅较高时，为了使乐队的声音能够有效、均匀地扩散到观众席和演奏台的各个部位，宜在演奏台上方设置声反射板，防止声能在高大的演奏台上空逸散、吸收。

原则：根据声学计算确定，同时应结合室内设计加以考虑。
位置：通常位于演奏台上空，角度和高度可固定或可调节。
布局：有集中式、分散式、综合式（既有集中又有分散）。
材料：通常由透明安全玻璃、石膏板、混凝土、有机玻璃板等容重较大的材料构成。
尺寸：声反射板的整体面积根据声学计算确定，其宽度通常为演奏台宽度的2/3左右。
形式：声反射板的设计要满足声学和艺术两方面的要求。

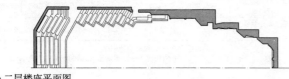
a 二层楼座平面图

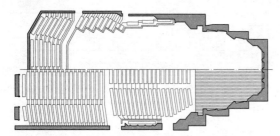
b 池座及楼座平面图

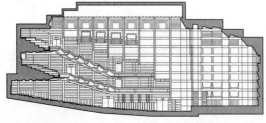
c 剖面图

1 声反射板集约式布局

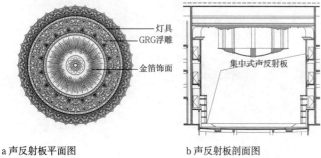
a 声反射板平面图　　b 声反射板剖面图

2 声反射板集中式布局

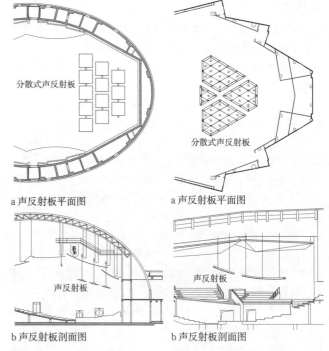
a 声反射板平面图　　a 声反射板平面图

b 声反射板剖面图　　b 声反射板剖面图

3 声反射板分散式布局一　　**4** 声反射板分散式布局二

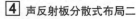

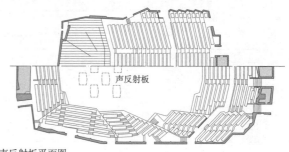
a 声反射板平面图

b 声反射板剖面图

5 声反射板分散式布局三

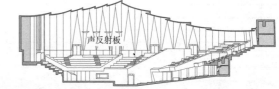

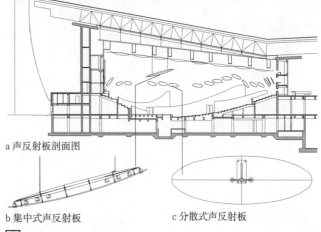
a 声反射板剖面图

b 集中式声反射板　　c 分散式声反射板

6 声反射板综合式布局

厅堂内表面

厅堂的内表面可分为演奏台周边墙壁、演奏台吊顶、池座的侧墙、观众厅的吊顶等几个方面。

1. 演奏台周边的墙壁和顶棚设计既要考虑到将乐队声音扩散至观众厅，又要考虑到将声音扩散到乐队各声部，以获得各声部声音的相互监听。

2. 观众厅顶棚应采用密度较大的有利于声反射的材料，其形式应促使声音均匀扩散。同时要处理好与灯具的关系。

3. 观众厅的墙面亦应采用密度较大的易于反射声音的材料，其形式应根据观众厅的形状变化不同的角度，使声音均匀地扩散至观众厅的各个部位，避免反射声集中于某一部位。

4. 墙面和顶棚的设计既要满足建筑声学的要求，也要满足建筑形象的要求，二者应有机结合。

音乐厅后台

音乐厅后台的配套用房相比剧场简单，化妆间、服装道具间所占的比例较小。

1. 演员用房

包括化妆室、贮存室、休息厅、卫生间、练琴房等。化妆室的设置见表1及 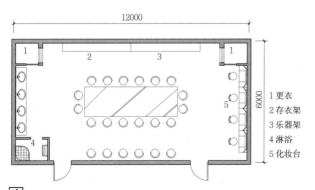。化妆台的数量可按演员人数的1/3~1/4考虑。

2. 排练厅

有驻团的音乐厅，一般设有排练厅。其音质要求接近音乐厅的效果。

3. 候演区

候演区是演员等待出场的地方。候演区要设置能够直接看到演奏台演出情况的监视器、催场广播。

4. 钢琴房

大型音乐厅应考虑4~5台钢琴的贮存间，要求恒温恒湿，不设门槛，在钢琴高度以下的墙面要使用弹性材料以保护钢琴和墙面。如演奏台面上设有钢琴的升降台，要考虑二者联系的便利性。

音乐厅化妆室人数、间数、面积选用表　　　表1

类别	人数/间	面积/间（m²）	总间数
指挥	1	40	1（套间）
主要演员	1~2	16~20	4~6
乐队及合唱队	20~30	50~80	4~5

① 音乐厅后台化妆间布局

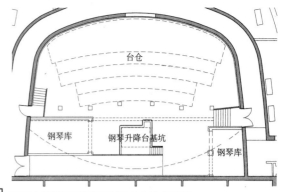

② 国家大剧院音乐厅演奏台台仓和钢琴房

可调混响

1. 机械手段

（1）通过使用可变反声面（如演奏台反声罩）改变厅堂的声学尺度，从而改变早期反射声和混响声的相对关系，通常用于非专业音乐厅。

（2）使用可变吸声结构如可伸缩的吸声帐帘、翻转墙面板，在吸声和反射之间进行转换等，改变厅堂的总吸声量，从而改变混响时间，通常用于非专业音乐厅。

（3）通过升降活动顶棚改变容积，通过改变空间平面分隔或添加混响室等改变厅堂体积，从而改变混响时间，通常用于专业音乐厅。

（4）通过使用移动座席改变演奏台、合唱席面积，改变每座容积和混响时间。

2. 电子手段

通过在厅堂内安装电子音响系统来调节混响时间的长短。

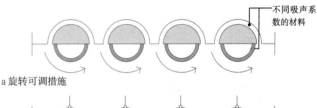

a 旋转可调措施

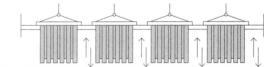

b 幕帘可调措施

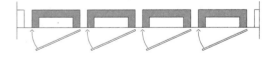

c 空腔式可调措施

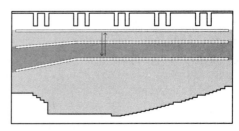

d 顶棚可调升降措施

③ 可调混响措施

演艺建筑 [84] 音乐厅 / 实例

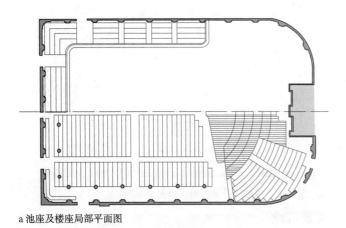

a 池座及楼座局部平面图

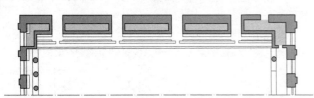

b 剖面图　　　　座位数：2037　容积：18780m³　混响时间：2.0s

1 阿姆斯特丹音乐厅

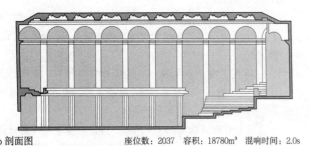

a 楼座局部平面图

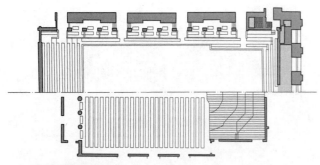

b 池座及楼座局部平面图

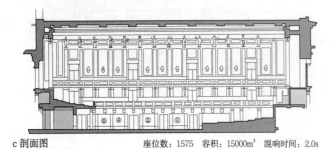

c 剖面图　　　　座位数：1575　容积：15000m³　混响时间：2.0s

2 柏林音乐厅

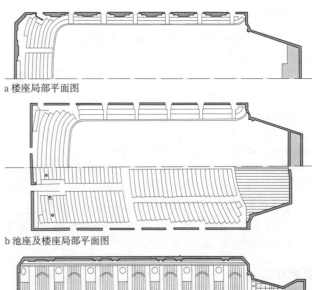

a 楼座局部平面图

b 池座及楼座局部平面图

c 剖面图　　　　座位数：2625　容积：18750m³　混响时间：1.9s

3 波士顿音乐厅

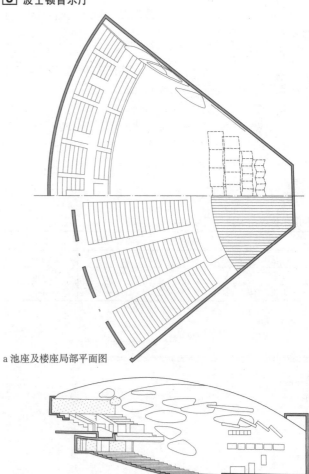

a 池座及楼座局部平面图

b 剖面图　　　　座位数：2660　容积：22803m³　混响时间：1.25s

4 委内瑞拉奥拉马格那音乐厅

实例 / 音乐厅 [85] **演艺建筑**

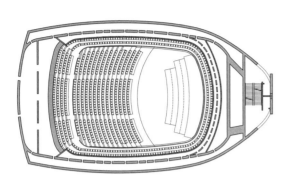

a 国家大剧院音乐厅池座平面图

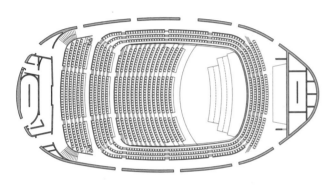

b 国家大剧院音乐厅一层楼座平面图

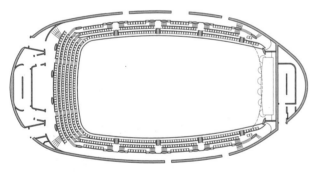

c 国家大剧院音乐厅二层楼座平面图

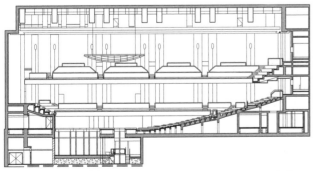

d 国家大剧院音乐厅剖面图　座位数：1966　容积：20000m³　混响时间：2.2s

[1] 国家大剧院音乐厅

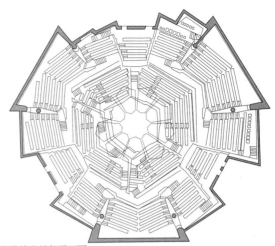

a 池座及楼座局部平面图

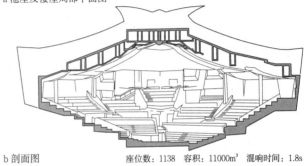

b 剖面图　座位数：1138　容积：11000m³　混响时间：1.8s

[2] 柏林爱乐室内乐音乐厅

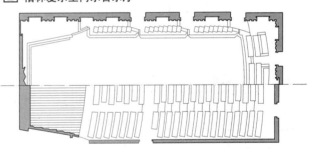

a 池座及楼座局部平面图

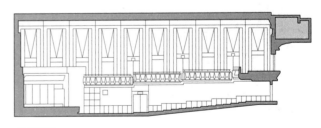

b 纵剖面图

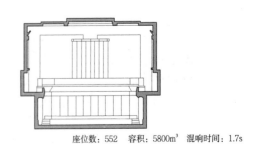

c 横剖面图　座位数：552　容积：5800m³　混响时间：1.7s

[3] 日本东京浜离宫朝日音乐厅

5 观演建筑

473

演艺建筑 [86] 音乐厅 / 实例

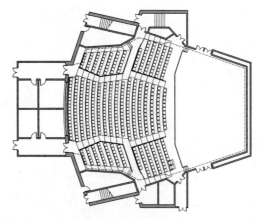
a 一层平面图

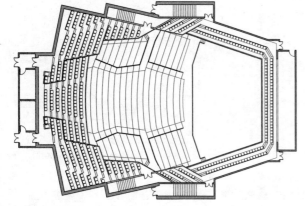
b 二层平面图

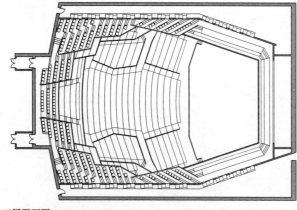
c 三层平面图

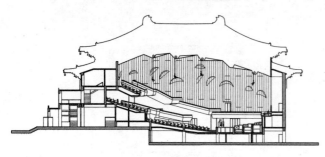
d 剖面图　　座位数：1255　容积：15560m³　混响时间：2.0s

1 西安大唐不夜城音乐厅

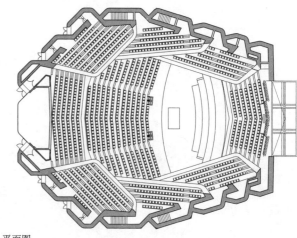
a 平面图

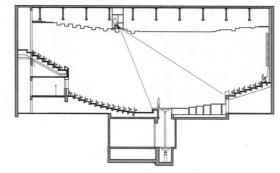
b 剖面图　　座位数：1190　容积：16000m³　混响时间：1.9s

2 天津大剧院音乐厅

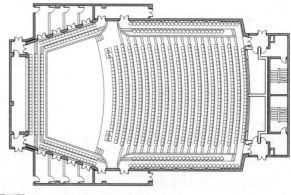
a 平面图

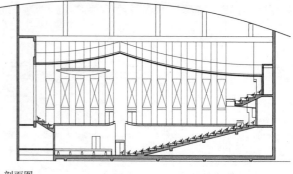
b 剖面图　　座位数：1006　容积：9700m³　混响时间：2.0s

3 合肥大剧院音乐厅

概述

实验剧场通常为开敞式舞台，具有一定的适应性和灵活性，能通过舞台、观众席及演出设备、可调声学设施等的改变来适应不同剧目的演出要求。目前国内外新建的实验剧场能实现"一厅多用"的演出功能，充分发挥剧场使用效率，故一般也称为多功能剧场。

分类

在使用方式上大致分为两种。

活动式舞台：可变为镜框式、伸出式和开敞式（尽端式、岛式和半岛式）舞台等各种空间布局，探索戏剧演出的多种可能。

固定式舞台：以一种演出和空间布局为主，兼顾其他使用功能。

特点

1. 观众厅的空间布局可变，舞台多是可活动的，或与固定舞台相结合。

2. 观众席的布置往往以活动座椅为主，或是固定座席与可活动座席相结合。活动座椅参见后页。

3. 应有足够的贮藏空间，用以收纳活动舞台、活动座椅和灯光、音响等器材。

4. 此种剧场平面类型相对简单，以矩形为主，亦有圆形、扇形、多边形等变化。

5. 此种剧场的舞台及观众厅共存于同一空间，没有明确界限；为了满足声学和视距的较高要求，观众容量不大，一般在300~600座之间。

6. 此种剧场的音质设计一般以自然声为主，扩声为辅。通常采用声学可调措施来保证每种使用功能均达到较佳的音质效果。可调措施大致可分为三类：可调吸声结构（如可收放的吸声帘幕、转筒式可变吸声体等）、可调容积结构（耦合空间混响室、高度可变的顶棚等）和电子混响系统。

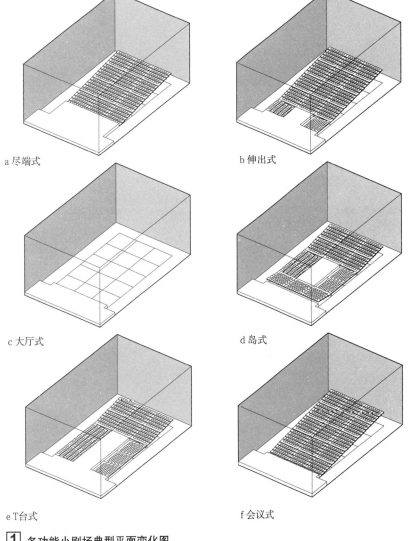

a 尽端式　　b 伸出式
c 大厅式　　d 岛式
e T台式　　f 会议式

1 多功能小剧场典型平面变化图

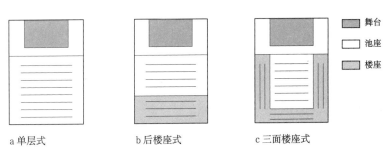

a 单层式　　b 后楼座式　　c 三面楼座式

2 固定式实验剧场平面布局方式

国内外新建剧院中的实验剧场主要数据　　　　表1

项目	规模（观众席数）	平面形式	功能	尺寸（长×宽×高）(m)
广州歌剧院多功能剧场	400	矩形	综合、戏剧、会议	26×18×9.7
国家大剧院多功能剧场	510	矩形	综合、话剧、戏曲、歌舞音乐会等	28.5×24×12
青岛大剧院多功能剧场	400	矩形	综合、戏剧、会议、音乐会	26×26×10.6
天津大剧院多功能剧场	400	矩形	综合、戏剧、会议	24×19×9.5
合肥大剧院多功能剧场	508	矩形	戏剧、会议、音乐会	31×22×14.7
杭州大剧院多功能剧场	400	矩形	综合、戏剧	30×21×15
宁波大剧院多功能剧场	745	矩形	综合、戏剧、会议	26×25×13.5
加拿大基奇纳广场中心多功能厅	300	矩形	话剧、综合	—
日本桐生市民文化馆小剧场	310	椭圆	综合、音乐会等	—

演艺建筑 [88] 实验剧场 / 活动座椅

实验剧场活动座席常用的方式

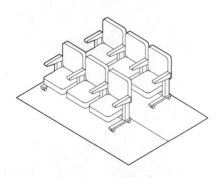

特点：无需固定于台板上，可任意按使用要求布置，不受场地限制。

1 单排可移动座椅

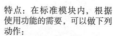

特点：在标准模块内，根据使用功能的需要，可以做下列动作：
1. 模块的整体转向（90°、180°、-90°）；
2. 每排台板的独立升降；
3. 每排台板上的座椅可折叠并翻转至台板之下。

2 模块式升降座椅

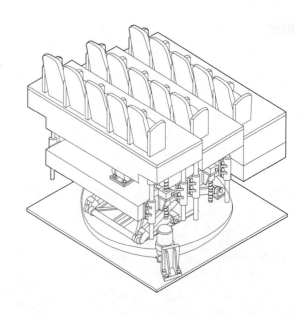

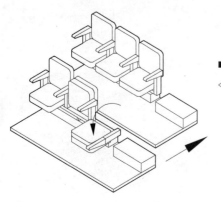

a 展开 b 收纳

特点：座椅折叠，看台在使用时呈阶梯状，回缩后呈匣状。

3 伸缩看台/折叠座椅

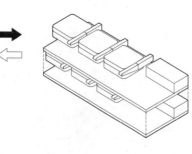

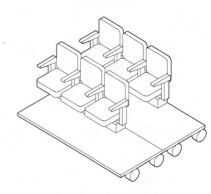

特点：座椅固定在移动平板上，平板可任意平移或转向。

4 平板式可移动座椅

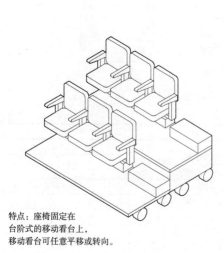

特点：座椅固定在台阶式的移动看台上，移动看台可任意平移或转向。

5 台阶式可移动座椅

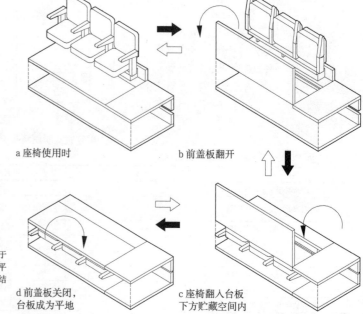

a 座椅使用时 b 前盖板翻开
d 前盖板关闭，台板成为平地 c 座椅翻入台板下方贮藏空间内

特点：收藏空间置于台板下方，座椅与平地快速切换，可以结合升降或转向装置，作多模式布置。

6 翻转式座椅

设计要点

实验剧场舞台灯光基本架构与剧场舞台灯光大致相同。但需要满足多种不同表演艺术形式的演出或其他活动的需要，一般不设置固定的舞台区域，因此舞台灯光应更加灵活多变，并可方便、迅速地转换舞台位置和布光类型。实验剧场舞台灯光布置通常采用多种悬挂方式的组合，典型的有以下几种模式。

模式一：升降灯杆、灯光渡桥、天桥光组合。灯光渡桥可多角度悬挂灯具并可在剧场内平面移动以适应舞区的变化。人员可上至渡桥进行灯具调整；升降灯杆可悬挂面光、顶光灯具，降至舞台面进行灯具调整。四周天桥栏杆处设置固定挂灯杆，可悬挂正、侧光灯具；也有在天桥底部设置固定挂灯杆。典型布置见 1。渡桥轨道典型做法见 2。

模式二：透光栅顶、活动灯杆组合。灯光栅顶采用透光的钢丝网敷设，灯具悬挂于栅顶上部的活动灯杆上，光线透过钢丝网投射至舞台。活动灯杆可在任意位置采用铝管或钢管以卡箍方式灵活搭设。也可在栅顶下设置灯具滑轨。典型布置见 3。透光钢丝网和灯架搭设做法见 4。

模式三：轨道单点吊机、桁架、轨道天桥灯架组合。根据剧场宽度在舞台上空设置4~6组轨道，单点吊机悬挂安装于轨道下，并可前后移动，多台单点吊机的吊点可在任意位置与桁架灵活组合为灯杆。同时设置2~3层环形技术天桥，在天桥上设置轨道式灯架，灯架可沿轨道水平移动。典型布置见 5。轨道式灯架典型做法见 6。

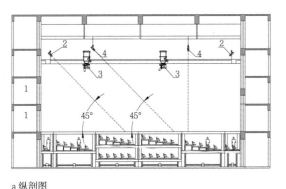

1 灯光布置模式一

a 纵剖图 b 横剖图

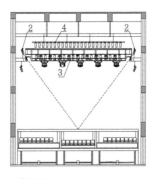

2 渡桥轨道实例

1 技术用房
2 天桥光
3 灯光渡桥
4 升降灯杆
5 渡桥轨道

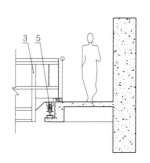

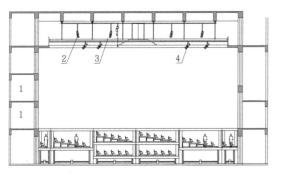

3 灯光布置模式二

a 纵剖图 b 横剖图

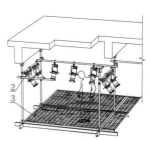

4 透光钢丝网、灯架搭设做法

1 技术用房
2 活动灯杆
3 透光钢丝网
4 灯具滑轨

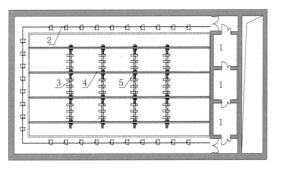

5 灯光布置模式三

a 纵剖图 b 横剖图

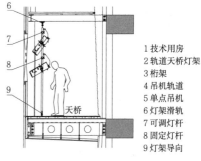

6 轨道式灯架典型做法

1 技术用房
2 轨道天桥灯架
3 桁架
4 吊机轨道
5 单点吊机
6 灯架滑轨
7 可调灯杆
8 固定灯杆
9 灯架导向

演艺建筑 [90] 实验剧场 / 实例

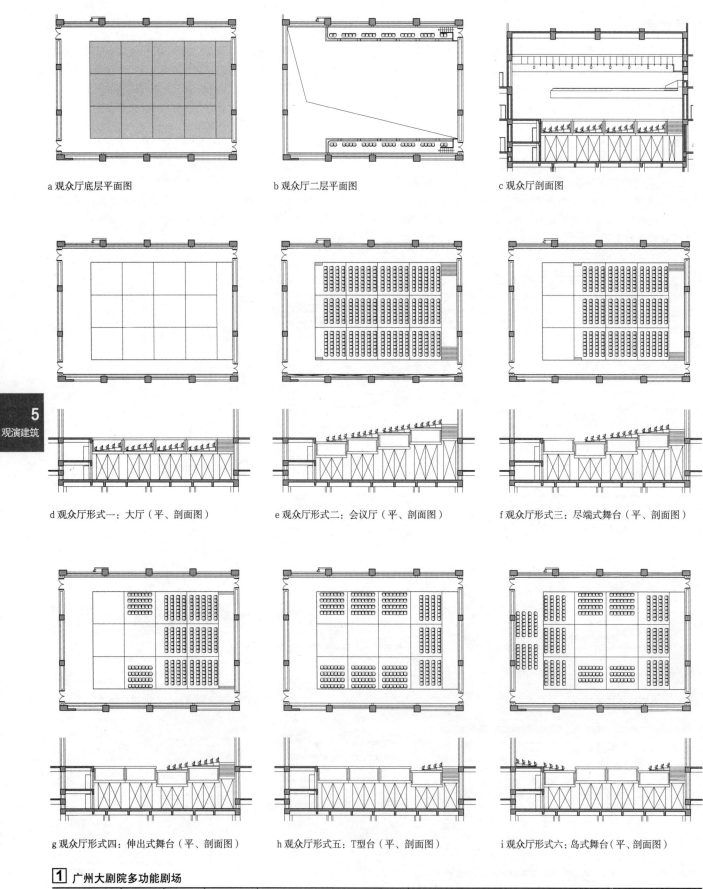

a 观众厅底层平面图　　b 观众厅二层平面图　　c 观众厅剖面图

d 观众厅形式一：大厅（平、剖面图）　　e 观众厅形式二：会议厅（平、剖面图）　　f 观众厅形式三：尽端式舞台（平、剖面图）

g 观众厅形式四：伸出式舞台（平、剖面图）　　h 观众厅形式五：T型台（平、剖面图）　　i 观众厅形式六：岛式舞台（平、剖面图）

1 广州大剧院多功能剧场

名称	地点	座位数	建成时间	设计单位	
广州大剧院多功能剧场	中国广州	400座	2009	英国扎哈·哈迪德建筑事务所、广州珠江外资建筑设计研究院有限公司	400座的多功能演艺厅兼备室内音乐、小型话剧、曲艺、新闻发布、会议、时装表演、展示及演员排练等多种使用功能

实例 / 实验剧场 [91] 演艺建筑

5
观演建筑

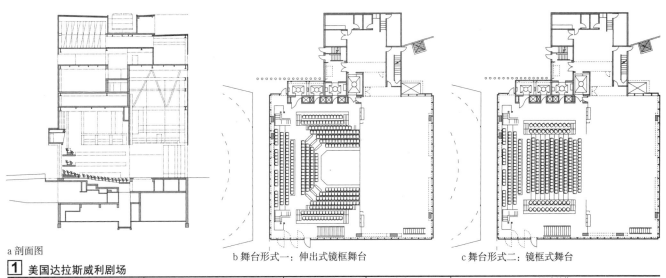

a 剖面图　　　　　　　　　　　　　b 舞台形式一：伸出式镜框舞台　　　　　　c 舞台形式二：镜框式舞台

1 美国达拉斯威利剧场

名称	地点	座位数	建成时间	设计单位
美国达拉斯威利剧场	美国达拉斯	600座	2009	OMA事务所、乔舒亚·普林斯·拉莫斯

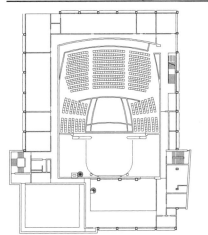 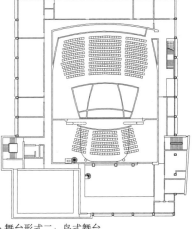 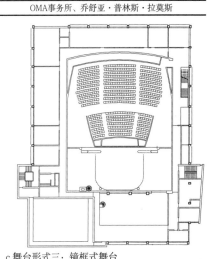

a 舞台形式一：伸出式镜框舞台　　　　　b 舞台形式二：岛式舞台　　　　　　c 舞台形式三：镜框式舞台

2 美国波士顿劳埃布戏剧中心

名称	地点	座位数	建成时间	设计单位
美国波士顿劳埃布戏剧中心	美国波士顿哈佛大学	600座	1960	休·斯塔宾斯事务所、乔治·埃深沃平

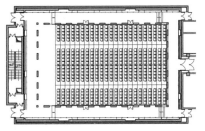 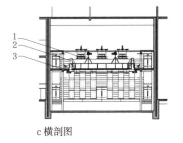 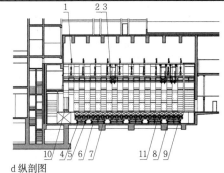

a 座席布置图　　　　　　　　　　　c 横剖图　　　　　　　　　　d 纵剖图

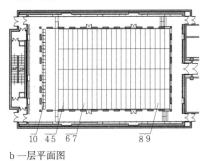

b 一层平面图

序号	名称	数量	序号	名称	数量
1	灯光吊杆	30	7	升降座椅子台2	64
2	可移动工作渡桥	3	8	升降座椅母台3	4
3	渡桥内吊杆	3×2=6	9	升降座椅子台3	16
4	升降座椅母台1	4	10	活动伸缩座椅	1
5	升降座椅子台1	12	11	电动翻转座椅	552
6	升降座椅母台2	16			

3 杭州大剧院多功能剧场

名称	地点	座位数	建成时间	设计师
杭州大剧院多功能剧场	中国杭州	220~250座	2004	卡洛斯·奥特

概述

1. 针对专一剧目量身定制

主题剧场属于定制式、驻演制剧场，上演的剧目和演出团队相对固定，剧场工艺根据剧目的演出需求来设计，后台用房根据剧团的使用需求而设置。这些设计要求决定着整个剧场的规模、体形，甚至外观特点。

2. 主要服务对象是游客

主题剧场的主要观众群体是游客，设计前需首先研究和分析当地旅游业的发展状况和游客特点，这些因素决定着剧场的定位、规模、选址、造价、功能配置等诸多方面的内容。

3. 看台较大，剧场专业设备复杂

主题剧场的观众数量一般较大，上空常有表演需求。剧场采用声、光、电、机、水、气、火等特技较多。舞台机械、灯光、音响特效专业设备较复杂。

4. 观演关系形式多样

主题剧场的观演格局随着驻演剧目需求的差异，产生了很多类型。常见观演格局所对应的舞台形式见表1。

常见观演格局的舞台形式对照　　　　　　　　表1

形式	特点	观演格局
镜框式	类似有镜框式台口的箱型舞台，或者小型伸出式舞台，表演区在观众席一端，观众视线为单一方向	
中心式	岛式和半岛式舞台，表演区在观众席中间，观众视线为向心方向	
环绕式	环绕、半环绕式和多表演区舞台，表演区在观众席周围，或分为几个区域，观众视线为辐射向或多方向	
可变式	在演出过程中，舞台或观众席可利用机械装置进行改变，从而实现不同观演格局之间的转换，或者主要表演区的变化	
开合式	室内剧场利用机械装置打开较大面积的墙体或屋顶，成为露天或者局部开敞的剧场，从而引入室外景观，或者让观众感受到自然环境	

设计要点

1. 工艺配合

设计过程中需同导演组、舞台美术、舞台机械和各种演出设备的设计单位紧密配合。剧场的建筑体型、观演格局、功能布局和流线应能满足导演组提出的演出工艺，舞台和观众厅的室内设计应注意同舞台美术设计保持一致，建筑外观和公共空间的室内设计与当地所在旅游主题以及驻演剧目相协调。

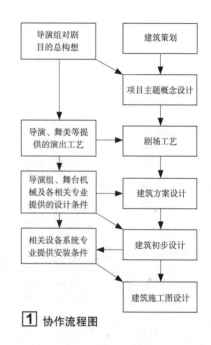

1 协作流程图

2. 视线设计

因为观演格局形式多样，设计视点的位置、观众观看的范围和方向都可能发生变化，所以视线设计要根据演出工艺的特点做出针对性的方案。

伸出式、中心式舞台的设计视点取距离舞台前沿0~500mm的位置，高度距离舞台面0~400mm。环绕式舞台应先针对主表演区进行设计，再对其他表演区进行分析，最后调整设计结果。复杂的和可变的舞台形式要对各表演区都进行视线分析，地面升起按照最不利情况或者主次权重后再进行计算。

不同的表演区域中，距离观众座席最近、与观众席首排地面高差最小、水平视角最大的表演区域，一般都是视线设计中的最不利点，在完成主要方向的视线设计后，应该对这些最不利点进行校核和调整。

3. 声学设计

主题剧场一般设置扩声系统，使用中以电声效果为主，设计时需首先避免建筑声学缺陷和噪声干扰，然后考虑扩声系统的相关需求，混响时间的选择宜适当偏低。当剧场考虑承接综艺活动或者兼顾会堂、报告厅等功能时，声学设计可参考多用途厅堂的相关要求。

4. 合理设置功能用房

公共部分可结合观众的实际需求来设置。通过对主要观众群体（如游客）进行分析，可以估计观众在公共区域里需要的服务和停留时间。再根据建设规模和造价酌情设置功能用房及规模。

后台用房可分为演出用房和辅助用房。演出用房在演出过程中使用，属于必备的功能用房，包括抢妆间、化妆间、服装间、道具间、跑场道、候场区、卫生间等；辅助用房在非演出时使用，可以根据剧团需求和建设规模酌情设置，包括排练厅、盥洗淋浴间、洗衣熨烫间、道具制作间、绘景间、音像制作间、各类储藏间等。

实例 / 主题剧场 [93] 演艺建筑

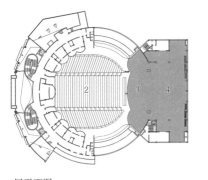 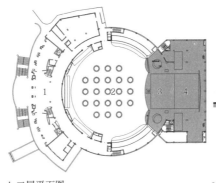 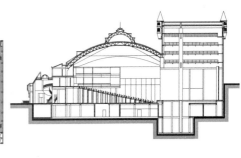

a 一层平面图　　　　　　　　　b 二层平面图　　　　　　　　　c 剖面图

观众厅池座可伸缩，非演出时间能作为餐厅或会议厅。观众席前区两侧玻璃墙体可以升降，实现了全封闭和半开敞剧场之间的转换。　　　　1 门厅　2 观众席　3 舞台　4 后台

1 深圳东部华侨城大剧场

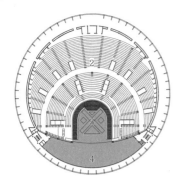 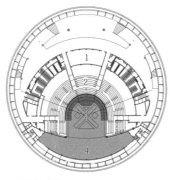 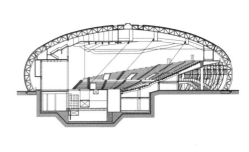

a 一层平面图　　　　　　　　　b 二层平面图　　　　　　　　　c 剖面图

突出的半岛式舞台使观众和表演处于同一空间内，具有很强的互动性，舞台前端的水池可以进行多种水上表演。　　　　1 门厅　2 观众席　3 舞台　4 后台

2 上海华侨城森林剧场

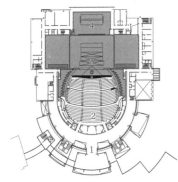

a 一层平面图　　　　　　　　　b 二层平面图　　　　　　　　　c 剖面图

观众厅前区被弧形耳台包围，使演出面充满观众视野。可喷发洪水设备、台口前水池和耳台前瀑布共同组成规模宏大的立体水景。　　　　1 门厅　2 观众席　3 舞台　4 后台

3 北京华侨城大剧场

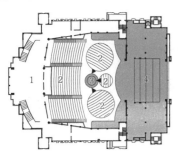

a 岛式舞台　　　　　　　　　　b 镜框式舞台

观众席里有3个可旋转的区域，实现了镜框式舞台和岛式舞台之间的转换。舞台后墙可以平移打开，演出时能够引入室外景观。

1 门厅　2 观众席　3 舞台　4 后台

4 珠海海泉湾梦幻剧场

演艺建筑 [94] 主题剧场 / 实例

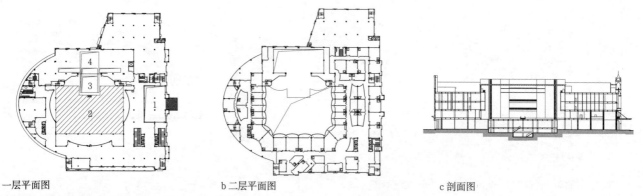

a 一层平面图　　　　　　　　　b 二层平面图　　　　　　　　　c 剖面图

具有大型立体全景式伸缩、升降舞台，国际一流的声、光、电高科技视听设备，天幕、飞索、冰台、喷泉等设备均为量身定制。　　1 门厅　2 观众席　3 舞台　4 后台

1 东莞天域歌剧院

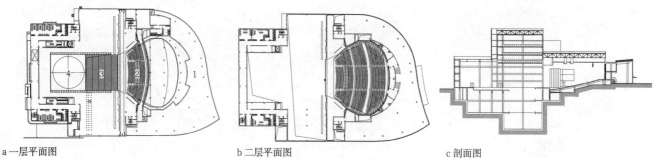

a 一层平面图　　　　　　　　　b 二层平面图　　　　　　　　　c 剖面图

舞台面积2200m²，4套20m×3.6m主升降台，可下降14m、上升20m（高出舞台6m），配一万余块LED屏、灯光、音响等演出设备。　　1 门厅　2 观众席　3 舞台　4 后台

2 成都华侨大剧场

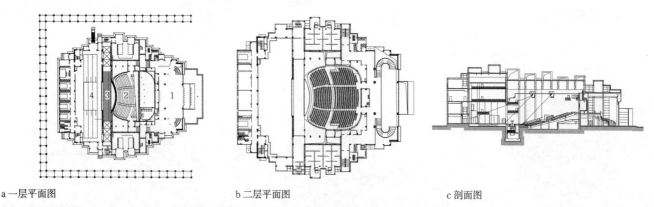

a 一层平面图　　　　　　　　　b 二层平面图　　　　　　　　　c 剖面图

舞台表演区与常规剧场不同，除了中央舞台，两侧还增加了弧形伸出式舞台，呈环抱姿态延展到观众厅，演出效果新奇震撼。　　1 门厅　2 观众席　3 舞台　4 后台

3 锦州世园会演艺中心

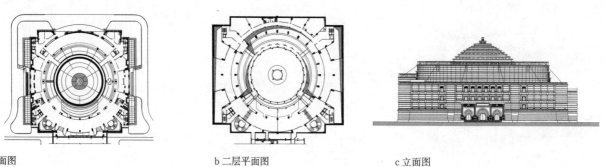

a 一层平面图　　　　　　　　　b 二层平面图　　　　　　　　　c 立面图

圆形超大型旋转舞台剧场，可容纳1500名观众。上空是高达30多米的巨大穹顶，1500盏莲花灯瞬间开启，刹那间千万盏明灯拱聚的穹顶，仿若星光灿烂的天穹。

4 无锡灵山梵宫剧场　　　　　　　　　　　　　　　　　　　　　　　1 门厅　2 观众席　3 舞台

设计要点

1. 演艺中心是指能够进行多种表演艺术，如歌剧、舞蹈、话剧、音乐、戏曲等观演活动的建筑综合体，通常包含有多个观演场所，如歌剧院、音乐厅、戏剧场、实验剧场以及其他类型的观演场所，个别演艺中心也将电影院包含其中。演艺中心的目标是为不同类型的表演艺术分别提供专业性的表演场所，有别于多功能、适应性的单一剧场。

2. 演艺中心的基本组成为两个及以上适应不同表演艺术的观演空间以及相应的配套设施。通常还与其他文化、商业、教育、研究等设施结合，成为建筑综合体。

3. 演艺中心的总平面图设计：充分考虑与城市公共交通站、停车场的关系，保障良好的可达性；避免演艺中心人流和城市人流的冲突；保证足够的疏散广场，可考虑与城市广场相结合；观众、贵宾、演职员、道具运输的流线尽量避免交叉；充分避免噪声影响；在城市设计、建筑设计、景观设计三个方面统筹考虑。

4. 设计中，首先要了解各种观演建筑类型的设计要点，整合不同观演建筑类型的相互关系，如功能关系、空间关系。其次，充分考虑各个专业设计的协作。同时要考虑内部空间资源的共享，如共享后台、设备用房、休息厅甚至舞台等各项设施。剧场设备（舞台机械、灯光、音响）的配备设计要充分考虑使用者和运营者的需求。

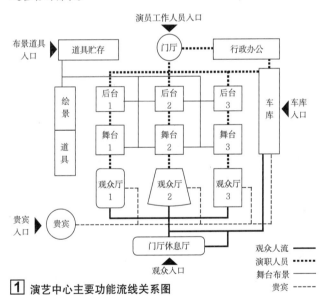

1 演艺中心主要功能流线关系图

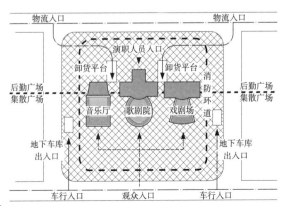

2 演艺中心总平面示意图

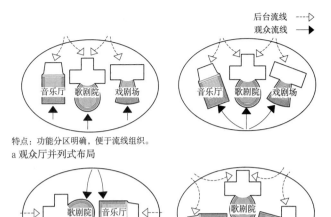

特点：功能分区明确，便于流线组织。
a 观众厅并列式布局

特点：集约入口空间，后台归属明确，对前厅人流管理要求高。
b 观众厅集中式布局

特点：后台设施共用，集约空间，提高空间、设施的使用效率。
c 舞台集中式布局

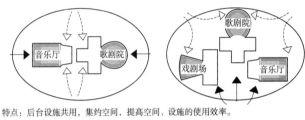

特点：节约用地，垂直交通负担大，结构复杂。
d 垂直式集中布局

3 演艺中心集中式平面布局示意图

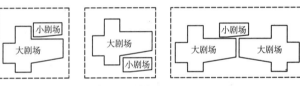

特点：因地制宜，能独立运营管理，适应大规模多剧场同时运作。

4 演艺中心分散式平面布局示意图

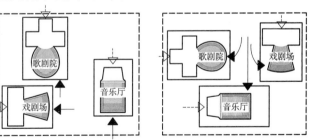

特点：部分场馆集中，部分分散，兼顾集中式和分散式的优势。

5 演艺中心综合式平面布局示意图

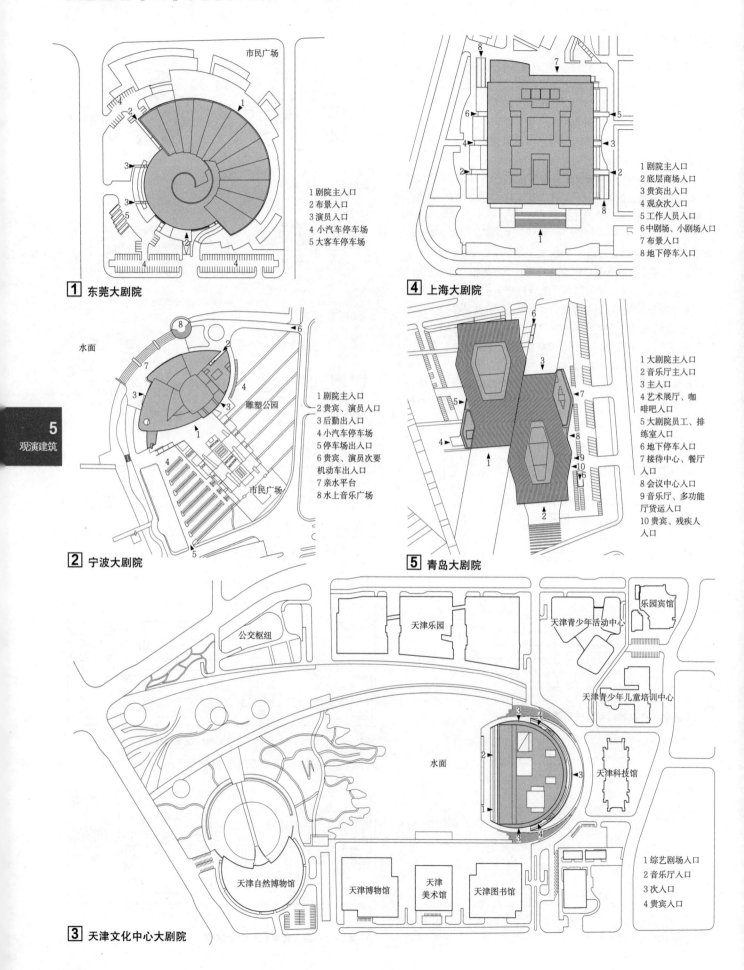

概述

露天剧场指用于娱乐和表演的露天场所，基本组成包括舞台和观众席。场地的选择因地制宜，例如坡地、公园、广场、街道，甚至水面或某些现存的建筑物等。舞台和观众席的形式根据表演的需要有所不同，可以是固定的建筑，也可以是临时搭建的场所。灯光、音响等设备可以根据演出的需求设置，可用于举办歌剧、舞蹈、话剧、音乐、戏曲等多种表演活动。露天剧场对声音和座席都没有严格的要求，可以根据不同类型的表演活动灵活使用。露天剧场可以独立，也可以与其他观演建筑合建，成为演艺中心的一部分。

露天剧场的构成主要有观众席、舞台、后台（化妆、灯光、道具及相应配套设施）。

分类

1. 露天剧场

古希腊、古罗马式的剧场大多是露天剧场，古希腊剧场一般依山势而建，此类室外剧场的特点是观众席形状和围合度不是根据人的需求，而是依地形情况而定，形状既有严整规则的，又有自由流畅的。

2. 半露天音乐剧场

半露天剧场主要用于音乐演出。

半露天剧场的特点是：一般建在公园大草坪的低地位置，顶棚一般设在舞台以及前部观众席的上空，前部观众席有正式座位，外部观众则坐在斜坡的草坪上。有些半露天剧场在局部或者整体的上空加上可以活动的临时性顶棚，以提高剧场的使用效率。

3. 移动剧场

移动剧场也可以称作临时剧场，它来源于巡回的综艺演出、马戏表演以及马路剧场，通常使用帆布帐篷作为剧场顶棚，并用运输工具运载所有演出设施。

此类露天剧场的特点是运送帐篷的设备可以兼作后台和化妆等其他功能使用。移动剧场的场地还可以选择水面等特殊环境。

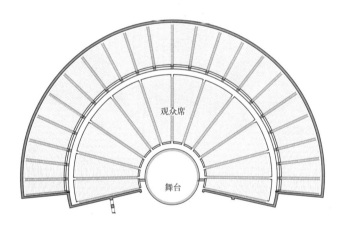

[1] 古希腊埃皮达鲁斯古剧场平面

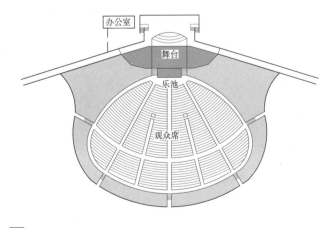

[2] 美国雷德兰兹露天剧场平面

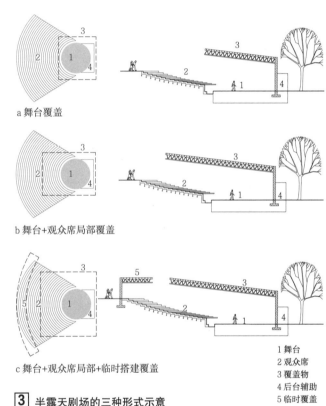

a 舞台覆盖

b 舞台+观众席局部覆盖

c 舞台+观众席局部+临时搭建覆盖

1 舞台　2 观众席　3 覆盖物　4 后台辅助　5 临时覆盖

[3] 半露天剧场的三种形式示意

舞台设计

舞台的形式因地而异，有尽端式、半岛式和岛式。根据演出、灯光、音响的布置需求，也可在舞台后部及顶部设置固定或临时的墙体、顶棚，构成类似箱型舞台的空间。

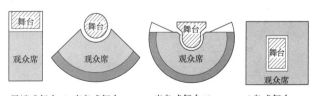

a 尽端式舞台　b 半岛式舞台一　c 半岛式舞台二　d 岛式舞台

[4] 舞台形式

演艺建筑 [98] 露天剧场/辅助设施·实例

辅助设施

1. 露天剧场的配套用房一般放在舞台下方、舞台背面、观众席下方或者其他合适的地方。一般可考虑安排演员休息、化妆间，音响、灯光设备用房，卫生间等。

2. 灯光照明

露天剧场较多使用面光、侧面光、侧光、逆光、侧逆光、追光等。面光常设于观众席后方，需要搭建灯架固定，提供表演区的主要照明；侧面光用以加强面光，位于表演区两侧；逆光位于表演区后方；侧逆光位于舞台后部两侧。灯光设计需要因地制宜，灯光设计师可根据需要，选择适宜的地点搭建灯塔。

3. 电声设计

露天剧场的音响设施一般放在主舞台两侧。可以设置固定的音响设施，也可临时搭建。

实例

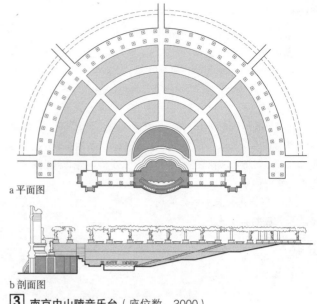

③ 南京中山陵音乐台（座位数：3000）

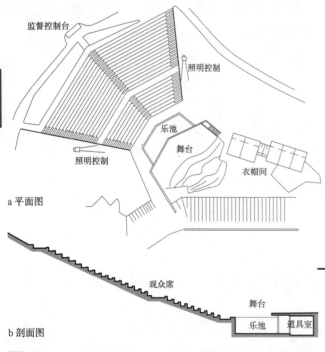

① 德国萨尔布吕肯露天剧场（座位数：1223）

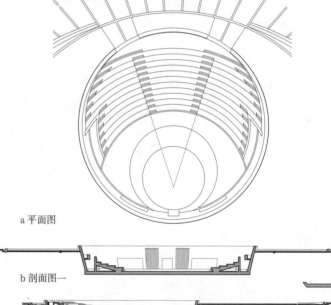

④ 杭州大剧院露天剧场（座位数：700）

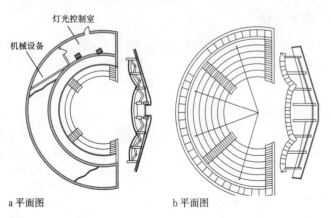

② 洛杉矶迪斯尼音乐厅露天剧场（座位数：600）

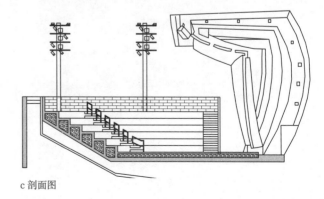

概述

中国传统戏台是用于传统戏曲表演的建筑。除已经消失的瓦舍勾栏、晚清出现的茶园剧场以及少量的园林戏台、皇家戏台外，传统戏台很少单独存在。它们一般依附于祠堂或庙宇（含会馆），位于其前部，并且要面向正殿（堂）。正殿（堂）、厢房（廊）以及戏台与正殿之间的场地，就成为观众席。

构成

从平面上看，戏台分前台和后台。前台用于表演，后台用于候场和化妆。前、后台之间用板壁隔开，板壁两侧分别为上场门和下场门。前台面宽为一间或三间，每间3m左右；进深小的是3~4m，大的是5~6m甚至更深。后台有的与前台同宽，有的比前台宽；进深小的只有1~2m，大的也能到5~6m甚至更多。

从立面上看，戏台由台基、台柱、屋顶三部分构成，一般为带顶的木构建筑。除少数为两层或三层外，大多数戏台只有一层。台基高度1~2m左右，由砖、石、土筑就，或由木构搭成，其中较高者常可供人由下部穿行。台柱多为木质，少数戏台用石柱，柱高约3m。规模较小的戏台，前台与后台合用一个屋顶。规模较大的戏台，前台与后台有各自的屋顶，从而形成造型丰富的建筑外观。屋顶有硬山、悬山、歇山、攒尖等形式。一些较高级的戏台有华丽的重檐屋顶，形如楼阁，其中最华丽的要数清代皇家的几座3层大戏台和四川自贡市的三秦会馆戏台。

平面构成　　表1

分类	图示	说明
按间数分	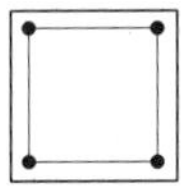	面宽一间的戏台
按间数分	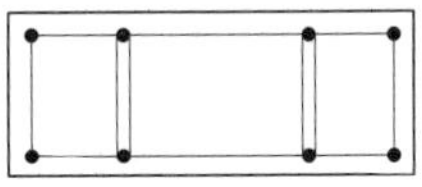	面宽三间的戏台
按平面构成分	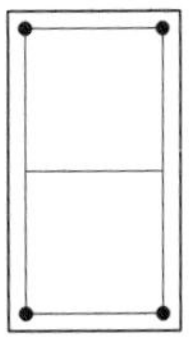	前后台同宽的戏台
按平面构成分	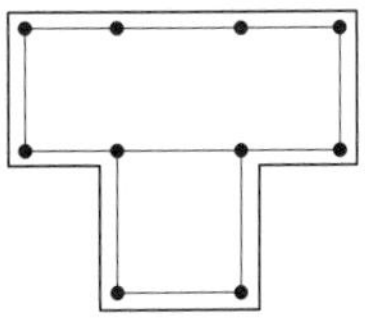	后台比前台宽的戏台

分类	图示	说明
按立面构成分	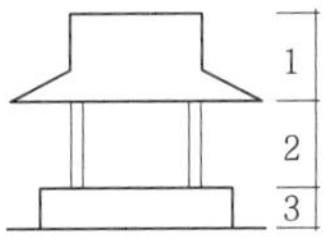	1屋顶 2台柱 3台基
按剖面构成分	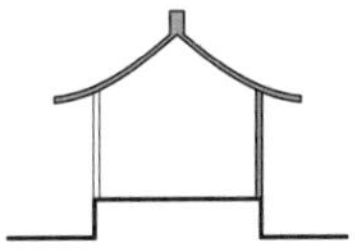	低台基戏台，底部不可穿行
按剖面构成分	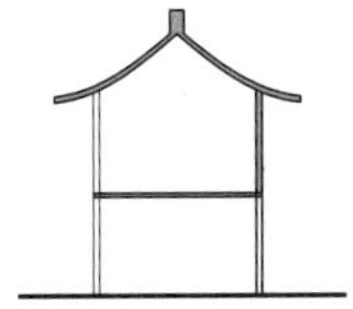	高台基戏台，底部可穿行
按屋顶构架分	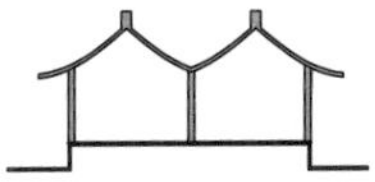	前后台屋架分开
按屋顶构架分	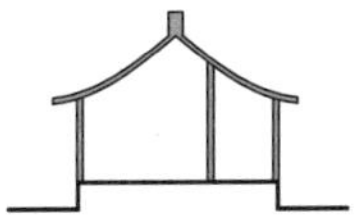	前后台共用屋架

分类

根据前台有无侧墙，戏台有一面观（即镜框式）和三面观（凸出式）两种形式。从所属建筑分，戏台分祠堂戏台和庙宇（含会馆）戏台。①祠堂戏台。由于祠堂多分布在南方而其建筑又多为天井式布局的缘故，所以经常与祠堂大门前后相接或上下相叠。这种观戏场所是半露天式的，四周有明确边界，围合感强，尤其适合有血缘关系的社群一起看戏。②庙宇戏台。有庭院内和庭院外两种，前者的布局与祠堂戏台类似，而后者的观戏场地是露天式的，场地不完全围合，适合来自不同社群的人共同看戏。

戏台分类　　表2

分类	图示	说明
按台口分	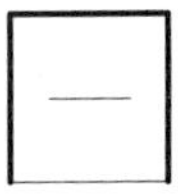	镜框式戏台
按台口分	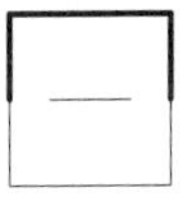	凸出式戏台
按观演空间分	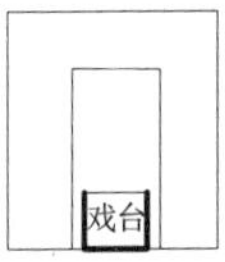	戏台在庭院内并伸出于内部
按观演空间分	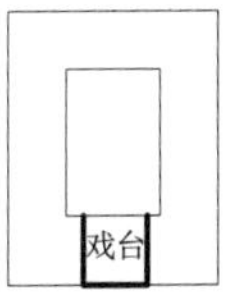	戏台与大门结合
按观演空间分	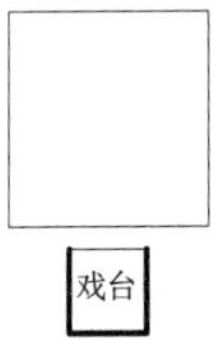	戏台在庭院外

装饰

多数戏台都比较注重装饰，如前柱悬挂或镌刻有楹联，檐下有斗拱、雕花板或木雕牛腿，梁架或天花板上施彩绘等。山西临汾一带有几座金元时期的戏台，天花是用层层递举的梁架和斗栱形成的斗八藻井，结构清晰而优美。江浙一带的戏台，常见一种当地叫"鸡笼顶"的藻井做法，由螺旋式密布的小斗栱叠成，极富装饰效果。

演艺建筑 [100] 中国戏台

中国传统戏台

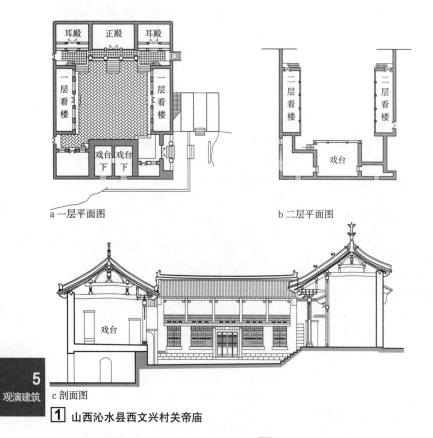

a 一层平面图
b 二层平面图
c 剖面图

1 山西沁水县西文兴村关帝庙

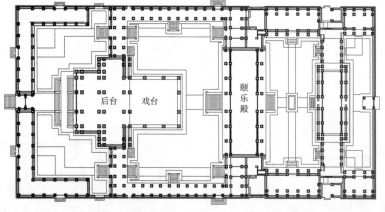

2 颐和园德和园戏台平面图

a 一层平面图
b 二层平面图

3 北京湖广会馆

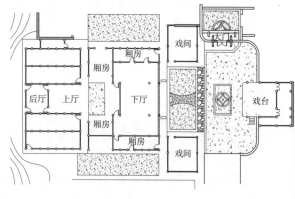

a 平面图

4 福建连城市培田村衍庆堂平面图

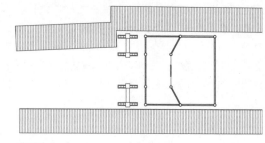

b 立面图

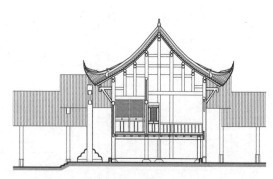

c 立面图

5 四川罗城镇广场戏台

中国戏台 [101] 演艺建筑

a 剖面图

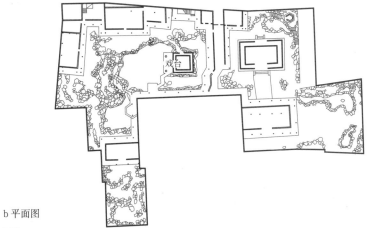

b 平面图

1 扬州何园戏台

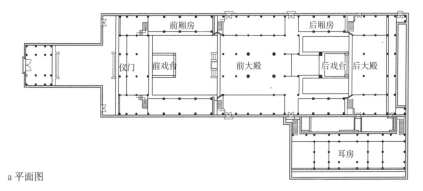

a 平面图

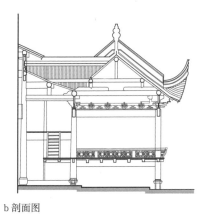

b 剖面图

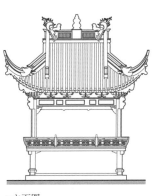

c 立面图

2 宁波庆安会馆戏台

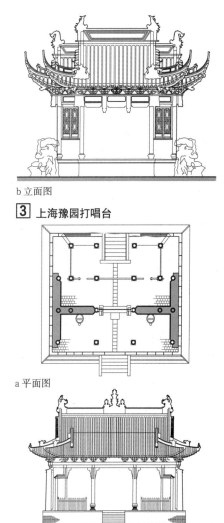

a 平面图

b 立面图

3 上海豫园打唱台

a 平面图

b 立面图

c 侧立面图

4 运城市解州关帝庙雉门戏台

5 观演建筑

演艺建筑 [102] 实例

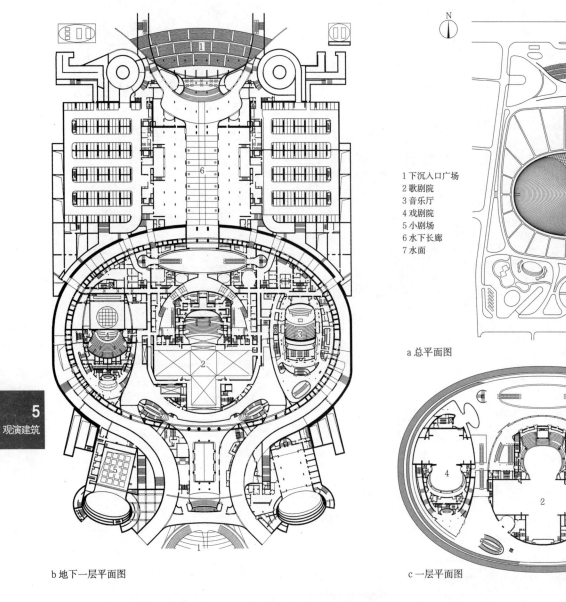

1 下沉入口广场
2 歌剧院
3 音乐厅
4 戏剧院
5 小剧场
6 水下长廊
7 水面

a 总平面图
b 地下一层平面图
c 一层平面图
d 剖面图

1 中国国家大剧院

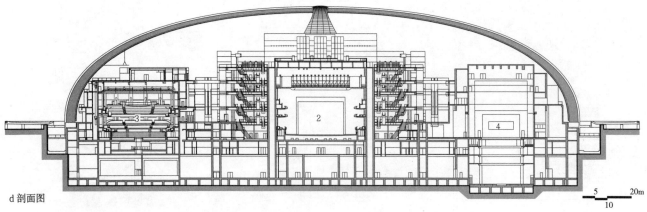

名称	建筑规模	建成时间	设计单位
中国国家大剧院	172861m²	2007	法国巴黎机场公司、北京市建筑设计研究院有限公司、清华大学建筑设计研究院有限公司

中国国家大剧院位于北京人民大会堂西侧、西长安街以南,由剧院主体建筑及南北两侧的水下长廊、地下停车场、人工湖、绿地组成,总占地面积118900m²。建筑内设有4个剧场,中间为2354座歌剧院、东侧为1966座音乐厅、西侧为1038座戏剧院,南门西侧为510座小剧场。平面采用并列式布局,4个剧场既相对独立又可相互连通。主体建筑呈半椭球形,外部为钢结构壳体,由18000多块钛金属板拼接而成,中部为渐开式玻璃幕墙,由1200多块超白玻璃单元构成。建筑主体由人工湖环绕,湖面面积达35500m²

实例 [103] 演艺建筑

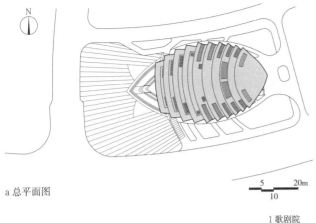

a 总平面图

1 歌剧院
2 音乐厅
3 小剧场
4 排练厅

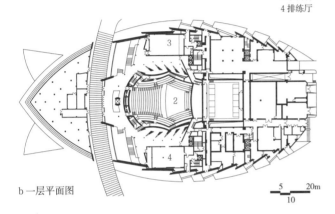

b 一层平面图

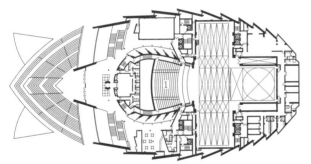

c 二层平面图

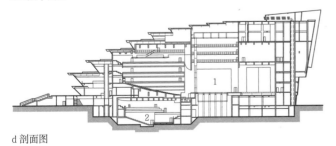

d 剖面图

1 温州大剧院

名称	建筑规模	建成时间	设计单位
温州大剧院	32182m²	2009	CARLOS OTT 建筑师事务所、同济大学建筑设计研究院（集团）有限公司

温州大剧院位于温州府东路东侧，市府路北侧。建筑主要包括1425座歌剧院、646座音乐厅、194座小剧场及排练厅等部分。建筑局部地下2层，地上7层。在平面设计上，采用垂直式布局，将歌剧厅落在音乐厅的正上方，垂直分层的入口使得同时进行的不同的表演活动能互不干扰

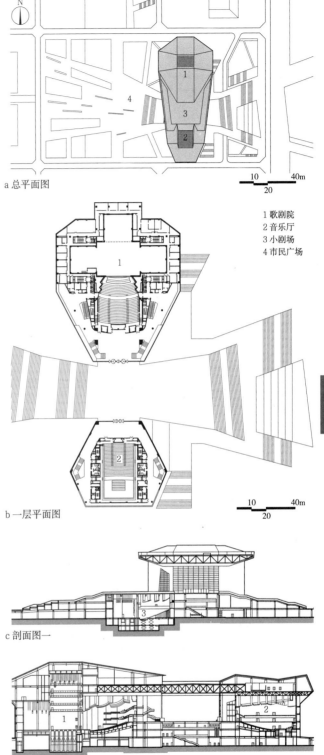

a 总平面图

1 歌剧院
2 音乐厅
3 小剧场
4 市民广场

b 一层平面图

c 剖面图一

d 剖面图二

2 山西大剧院

名称	建筑规模	建成时间	设计单位
山西大剧院	73133m²	2011	法国夏邦杰设计事务所、山西省建筑设计研究院

山西大剧院位于太原市长风街以南、文化岛中部，建于文化岛二层平台的东西主轴线上，是绿岛文化建筑群的中心。平面采用碰头式布局，设有1600座歌剧院、1200座音乐厅和500座小剧场。建筑整体设计简明洗练，其厚重有力的建筑造型、宏大的门式空间，体现了"山西之门"的设计构思

演艺建筑 [104] 实例

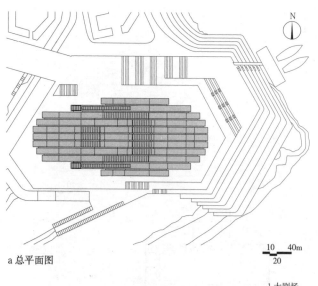

a 总平面图

1 大剧场
2 中剧场

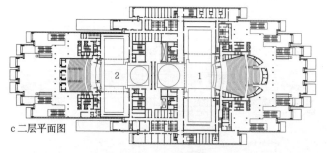

b 一层平面图

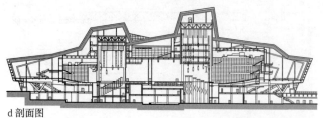

c 二层平面图

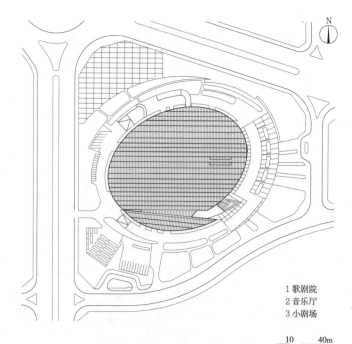

a 总平面图

1 歌剧院
2 音乐厅
3 小剧场

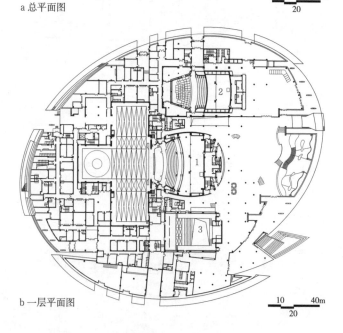

b 一层平面图

d 剖面图

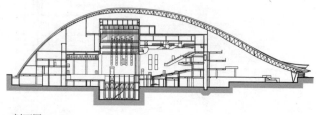

c 剖面图

1 重庆大剧院

名称	建筑规模	建成时间	设计单位
重庆大剧院	99000m²	2009	德国 GMP 建筑事务所、华东建筑集团股份有限公司

重庆大剧院位于江北嘴两江汇合处临江地段，建筑总高度64m。剧院内含1826座大剧场和938座中剧场，平面采用对尾式布局，后台和服务设施可以被大剧场和中剧场共享，同时两个剧场也可独立使用。一排排相互错开的宽大玻璃板所构成的形体隐喻了船的造型。

2 合肥大剧院

名称	建筑规模	建成时间	设计单位
合肥大剧院	60000m²	2009	上海秉仁建筑师事务所、同济大学建筑设计研究院（集团）有限公司

合肥大剧院位于合肥市政务文化新区天鹅湖畔，平面采用并列式布局，主要包含1515座歌剧院、975座音乐厅、456座小剧场及排练厅等部分。建筑造型以层层交叠的流线型屋面构造出不同的水平分割线，或落地或起翘，以曲线形态将公众大厅及休息前厅向湖面展示，形成倒影。

实例 [105] 演艺建筑

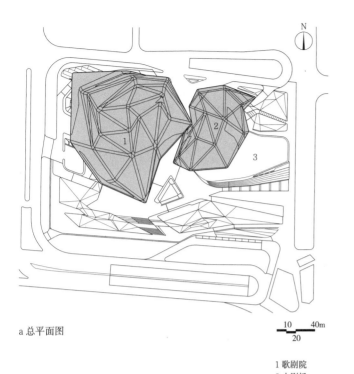

a 总平面图

1 歌剧院
2 小剧场
3 水面

b 一层平面图

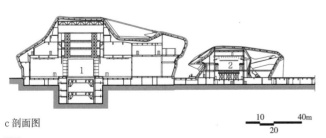

c 剖面图

1 广州大剧院

名称	建筑规模	建成时间	设计单位
广州大剧院	73000m²	2011	英国扎哈·哈迪德建筑事务所、广州珠江外资建筑设计研究院有限公司

广州大剧院位于珠江新城花城广场旁，紧邻临江大道。建筑独特的"圆润双砾"外形设计，成为城市的文化地标，其中"大砾石"是1800座歌剧院和录音棚、艺术展览厅等，"小砾石"则是400座的小剧场等。平面采用分散式布局，总占地面积约42000m²

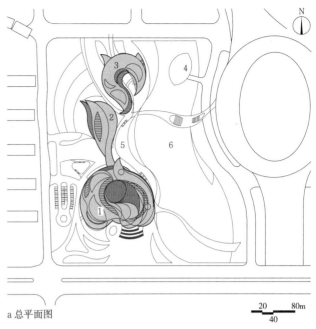

a 总平面图

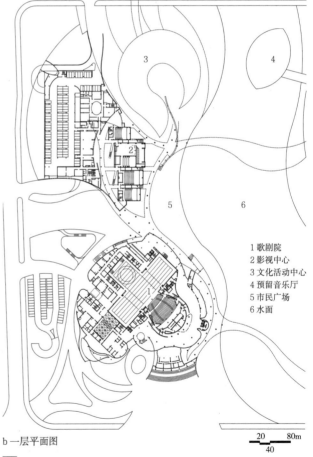

b 一层平面图

1 歌剧院
2 影视中心
3 文化活动中心
4 预留音乐厅
5 市民广场
6 水面

2 昆山文化艺术中心

名称	建筑规模	建成时间	设计单位
昆山文化艺术中心	44166m²	2011	中国建筑设计院有限公司

昆山文化艺术中心位于江苏省昆山市前进西路，平面采用分散式布局，整个建筑选取昆曲并蒂莲作为母体，沿水体曲线布置，具有水乡的"神韵"。整个建筑群分两期实施，一期包括1400座的歌剧院、300座的小剧场、会议中心、影视中心及配套车库，二期包括文化活动中心与展示中心

5 观演建筑

493

演艺建筑 [106] 实例

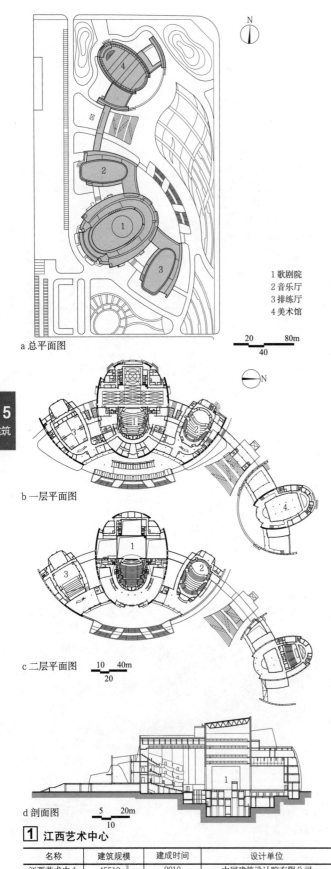

1 歌剧院
2 音乐厅
3 排练厅
4 美术馆

a 总平面图
b 一层平面图
c 二层平面图
d 剖面图

[1] 江西艺术中心

名称	建筑规模	建成时间	设计单位
江西艺术中心	45510m²	2010	中国建筑设计院有限公司

江西艺术中心位于南昌市京东开发新区，占地面积7.82hm²，建筑面积45510m²。平面采用综合式布局，包括1500座歌剧院、882座音乐厅、排练厅及美术馆。艺术中心充分考虑几大演出功能的需要以及建筑多功能使用的可能性，公共空间可分可合，后台服务区可以互相借用，满足灵活使用的需求

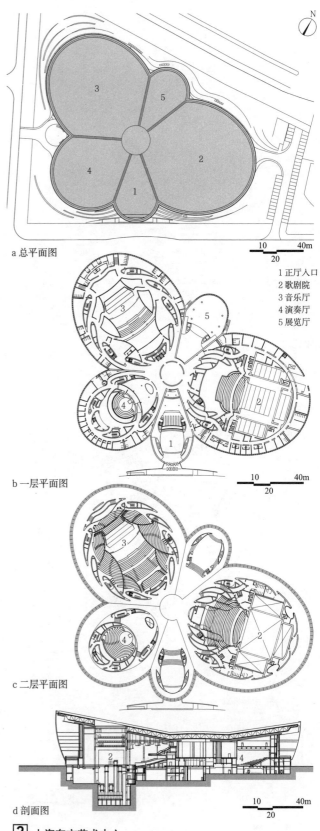

1 正厅入口
2 歌剧院
3 音乐厅
4 演奏厅
5 展览厅

a 总平面图
b 一层平面图
c 二层平面图
d 剖面图

[2] 上海东方艺术中心

名称	建筑规模	建成时间	设计单位
上海东方艺术中心	44166m²	2003	法国巴黎机场公司、华东建筑集团股份有限公司

上海东方艺术中心坐落于浦东行政文化中心，由1015座歌剧院、1953座音乐厅和333座的演奏厅组成。平面采用碰头式布局，从高处俯瞰，5个半球体依次为：正厅入口、演奏厅、音乐厅、展览厅和歌剧厅，整体外形宛若一朵美丽的"蝴蝶兰"

实例 [107] 演艺建筑

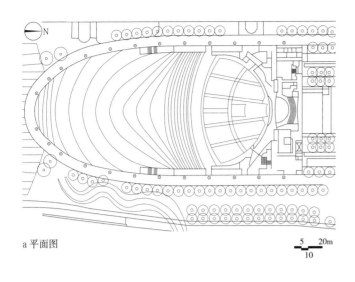

a 平面图

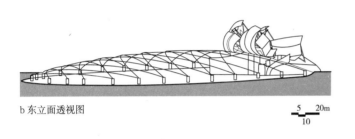

b 东立面透视图

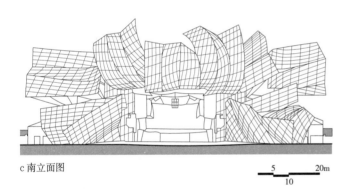

c 南立面图

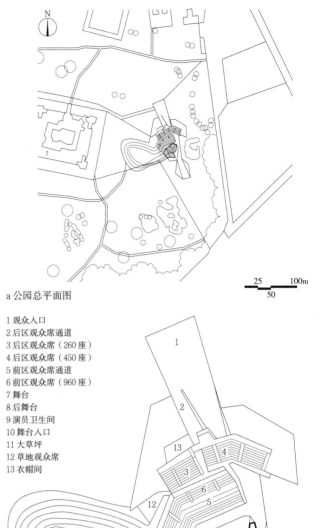

a 公园总平面图

1 观众入口
2 后区观众席通道
3 后区观众席（260座）
4 后区观众席（450座）
5 前区观众席通道
6 前区观众席（960座）
7 舞台
8 后舞台
9 演员卫生间
10 舞台入口
11 大草坪
12 草地观众席
13 衣帽间

b 平面图

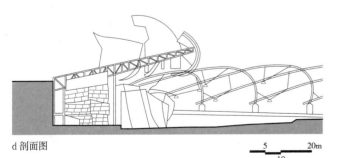

d 剖面图

c 剖面图

1 芝加哥千禧公园露天音乐厅

名称	建筑规模	建成时间	设计单位
芝加哥千禧公园露天音乐厅	4000座固定座席	2004	美国弗兰克·盖里建筑事务所

芝加哥千禧公园内的露天音乐厅设有4000个固定座位，后面的草地上还可以容纳7000人同时欣赏节目。纤细交错的钢构组成的网架天穹覆盖在草地的上空，并将音箱悬吊在交叉的网架上，使得在草地区域的听众也能享受高水准音效

2 维也纳云塔露天音乐厅

名称	建筑规模	建成时间	设计单位
维也纳云塔露天音乐厅	1670座固定座席	2007	The Next ENTERPrise

云塔露天音乐厅位于Grafenegg城堡旁。该项目利用自然地势，将舞台设计在最低洼处，舞台的顶棚与后台建筑融合为一体，观众席面积大约650m²，共设有1670个座席，后面的草地上还可以容纳300人。舞台可以最多容纳200人规模的乐团进行演出

演艺建筑 [108] 实例

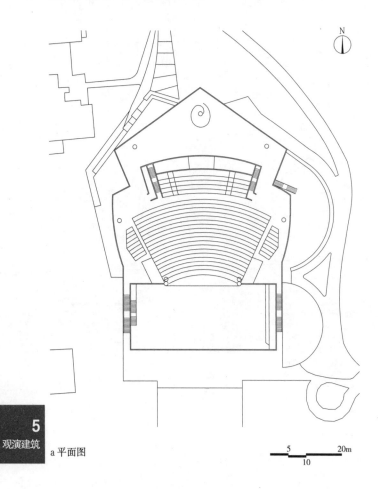

a 平面图

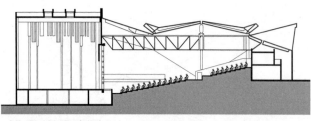

b 剖面图（屋顶闭合状态）

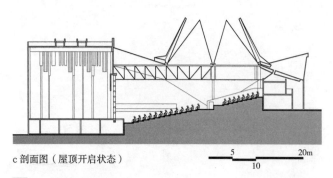

c 剖面图（屋顶开启状态）

1 美国罗克福德星光剧院

名称	建筑规模	建成时间	设计单位
美国罗克福德星光剧院	1100座固定座席	2003	美国 Studio Gang Architects

星光剧院位于罗克福德的岩谷大学校园内，在原有600座露天剧场的基础上扩建为1100个座席，增加了镜框式舞台和悬挂的设备。为了剧场的使用不受天气条件限制，增加了一个由一组三角形不锈钢板组成的可开启屋顶，屋顶开启时，露出的天空形状就像一颗星星。

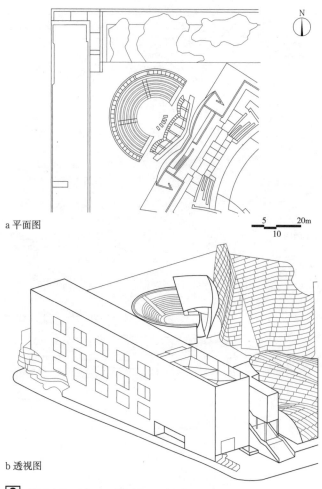

a 平面图

b 透视图

2 美国迪斯尼音乐厅屋顶露天小剧场

名称	建筑规模	建成时间	设计单位
美国迪斯尼音乐厅屋顶露天小剧场	300座固定座席	2003	美国弗兰克·盖里建筑事务所

迪斯尼音乐厅露天小剧场位于音乐厅建筑群二层屋顶的西北角，有一个很小的带顶的舞台，半圆形的台阶座席可以容纳约300人

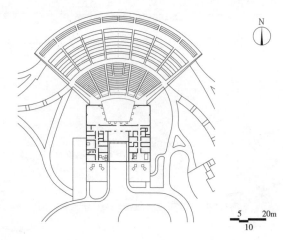

3 美国伯特利伍兹露天音乐厅

名称	建筑规模	建成时间	设计单位
美国伯特利伍兹露天音乐厅	4500座固定座席	2006	美国 Westlake Reed Leskosky

伯特利伍兹露天音乐厅位于伯特利伍兹艺术中心内，扇形的屋盖覆盖了舞台和4500个座席，远处的草坪还可以容纳1万人。该露天音乐厅在伍德斯托克音乐艺术博览会的原址旁

概述 [1] 杂技、马戏剧场

概述

传统杂技：杂技的表演艺术特点是强调难度与技巧，与一些体育运动项目有类似之处，演出形式见表1。

传统马戏：马戏的表演艺术特点是强调滑稽与神秘感，体现人与动物不同寻常的默契，演出形式见表2。

现代杂技与马戏：现代杂技与马戏表演强调创意、娱乐性。在技巧性的基础上，亦追求更高的艺术性和观赏性。

杂技演出形式分类　　　　　　　　　　　　　　　　表1

杂技演出形式分类	项目列表
手技类	球、环、棍、圈、棒、弹球、火炬、水晶球等
技巧类	甩缸、舞流星、抖技、蹬技、毽子、飞叉、踢碗、拉硬弓、肩上芭蕾等
平衡技	独轮车、晃板、走索、晃梯、走球、顶技、口签子、高车踢碗、蹬人、坛技等
跟头类	钻圈等
高空类	笼内飞车、大飞轮、空中飞人等
力量类	爬杆、皮条、力量等
柔韧类	软功等
倒立类	单手倒立、倒立技巧、造型等

马戏演出形式分类　　　　　　　　　　　　　　　　表2

马戏演出形式分类	项目列表
演员类	小丑、驯兽师、魔术等
动物类	马、熊、狮子、老虎、豹、大象、鸟类、海豚、海狮、北极熊、犬、猴、家禽等

设计要点

1. 总体：总体布局、平面功能、设备设施要充分考虑演员、动物、大型道具、儿童的使用需要。
2. 平面：平面功能要能满足演员、动物、大型道具的独立出入；要能满足演出期间演员与观众的互动。
3. 空间：考虑到大型道具、高空类、飞行类演出的需要，台上、台下空间要有足够的预留。
4. 设施：考虑到特殊剧目演出的需要、剧目翻新的需要，舞台机械要有足够的土建预留。
5. 消防：此类剧场火灾危险性大，尤其是涉火剧目中的火灾危险物，应充分注意。在演出排练时，将灭火系统的自动装置切换为人工控制状态，非演出时间将系统切回到自动状态。
6. 防疫：注意动物驯养的检疫、防疫和疾控。

分类

1. 杂技演出剧场：演员演出为主，舞台形式为镜框式舞台。
2. 马戏演出剧场：动物演出为主，舞台形式为岛式舞台。
3. 杂技、马戏综合演出剧场：结合演员与动物的演出形式，舞台形式为伸出式镜框式舞台，见表3。

杂技、马戏综合演出剧场又有非定制剧场与定制剧场两种形式，两者的显著区别在于剧场的设计与建设是否依托特定一场剧目。多数剧场为非定制剧场，定制剧场更类似于"秀"场。定制剧场设计流程见 1 。

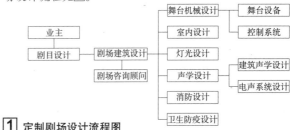

1 定制剧场设计流程图

组成

杂技演出剧场与普通剧场组成相似。马戏演出剧场及杂技、马戏综合演出剧场组成见 2 。

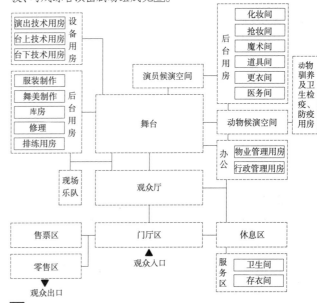

2 马戏演出剧场及杂技、马戏综合演出剧场组成图

杂技、马戏剧场分类　　表3

镜框式舞台	岛式舞台	伸出式镜框舞台、半岛式舞台
杂技演出剧场	马戏演出剧场	杂技、马戏综合演出剧场
优点：适合单向性剧目演出	优点：适合多向性剧目演出及互动式剧目演出。在相同视距条件下，观众座席数量最多	优点：适合多向性剧目演出及互动式剧目演出
缺点：不适合多向性剧目演出及互动式剧目演出；在相同视距条件下，观众座席数量最小	缺点：不适合单向性剧目演出	缺点：在相同视距条件下，观众座席数量适中。单向性剧目演出，会有局部视线角度差的座席

杂技、马戏剧场 [2] 总平面

用地选址

在满足普通剧场选址的基本条件之外,还需注意:

1. 符合当地城乡总体规划与文化设施的布局要求,综合考虑与周边商业、服务、娱乐等设施的资源整合与共享,合理布点,充分发挥杂技、马戏剧场的人员聚集效应。

2. 充分考虑杂技、马戏,以及杂技、马戏综合演出的演出方式对基地的不同使用要求。当有动物参与表演时,需注意动物驯养产生的污染、气味、废物、疾控、噪声、安全等对基地周边环境的不利影响。

3. 充分考虑青少年及儿童使用者的参与,基地选址应位置适中,位于公共交通便利的区域。

4. 在可能的条件下综合考虑用地与城市绿化、水系等景观元素的有机结合,提升城市的整体风貌,营造杂技、马戏剧场的独特氛围。

5. 杂技、马戏剧场的建设经常与主题公园相结合。

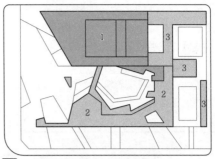

1 主表演馆(含演员用房)
2 杂技艺术展厅
3 业务办公用房

1 吴桥杂技艺术中心总平面简图

总平面设计

1. 总则

(1)基地出入口与城市道路、公共交通站点、停车场等周边环境应相互协调,合理利用基地周边交通设施。考虑杂技、马戏剧场建筑群对城市开放空间与整体形象的影响。

(2)杂技、马戏剧场主表演馆、业务办公用房、动物驯养用房、配套服务设施等主要功能应分区明确、布局合理。

(3)公众流线、演出流线、后勤流线应避免交叉,同时结合基地所在的场地环境将演员、动物流线分开,减少相互之间的干扰。机动车流线、人行流线应合理分流。应有足够的室外疏散广场,合理设置消防流线。合理规划道具流线,使演出所需各类道具能够较便捷地运送至后台区。贵宾流线需相对独立于公众流线。

(4)充分利用铺装广场、绿化、水景、景观小品、夜景照明等元素,与主表演馆形成呼应,创造宜人的室外环境,营造杂技、马戏剧场的独特氛围。考虑将室外场地作为杂技、马戏剧场演出的延伸,形成室外表演区。

1 主表演馆(含演员用房)
2 后勤辅助用房
3 动物驯养用房
4 配套服务设施

2 白俄罗斯国立马戏剧场总平面简图

2. 杂技剧场总平面设计要点

以主表演馆为核心,合理布置与其相关的展示、商业、业务办公等功能[1]。

3. 马戏剧场总平面设计要点

动物驯养用房应布置在远离观众活动的区域,通过绿化或其他手段适当隔离、隐蔽,将动物驯养用房产生的污染、气味、噪声等不利影响降到最低,同时需考虑安全和疾控措施。注意动物驯养用房与主表演馆的交通联系,预留动物上下场专用通道[2]。

4. 杂技、马戏综合剧场总平面设计要点

合理组织与剧场配套的零售、娱乐、体验、餐饮等多种商业设施以及业务办公用房。注意商业配套服务设施与主表演馆之间的有机联系,丰富空间层次,增强场所活力,提升商业价值[3]、[4]。

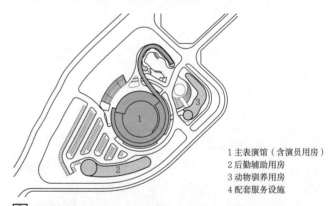

1 主表演馆(含演员用房)
2 后勤辅助用房
3 动物驯养用房
4 配套服务设施

3 重庆国际马戏城总平面简图

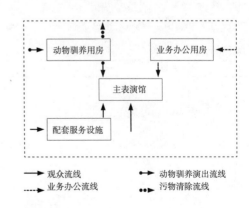

4 总平面交通流线简图

前厅［3］杂技、马戏剧场

概述

杂技演出剧场、马戏演出剧场的前厅功能与普通剧场并无太大区别，前厅的规模较大，各功能齐全；杂技、马戏综合演出剧场的前厅拥有更大规模的商业设施，不仅仅局限于小型餐饮、纪念品等，更多的是与杂技、马戏剧目相关的衍生品的销售。

杂技、马戏演出与商业化的运作模式密不可分。优秀的演艺团体在编排、创作新的剧目的同时，也会设计、制作、销售其专属的衍生产品，例如：特色餐饮、纪念品、玩具、服饰、装饰品、音像制品等。因此，杂技、马戏剧场的前厅设计会涵盖更多的商业内容，前厅零售规模大于普通剧场的基本需求。

功能组成

前厅功能包括门厅区、休息区、售票区、零售区、服务区。杂技演出剧场、马戏演出剧场与杂技、马戏综合演出剧场前厅数据统计见表1。

门厅区

1. 观众入口除了满足消防疏散宽度要求外，需要预留至少两套安检设施的区域，减少观众排队等候时间。
2. 观众入口与出口宜分开设置，出口宜靠近零售区。

休息区

1. 演出正式开始前，休息区会有用于暖场与观众互动的小型表演，因此，休息区的空间尺寸要适当大于普通剧场。
2. 休息区内结合咖啡厅、水吧设置休息座椅，同时考虑一定数量的儿童餐椅。

售票区

1. 要有足够长度的售票柜台，现场售票柜台应与电子取票柜台分设；问讯柜台应与售票柜台分设。
2. 售票柜台与观众入口不宜太近，要有足够的排队空间。
3. 票务信息系统安放在醒目位置，便于观众选择时间与场次。

零售区

1. 杂技、马戏演出的衍生产品种类很多，尤其是针对儿童的产品，因此，零售区的面积要适当大于普通剧场的基本需求。
2. 零售区一般为开敞式布局，自选式的购物区，应设计合理的购物流线。
3. 零售区宜布置在散场必经的路线上，靠近观众出口。

服务区

1. 卫生间：在满足普通剧场卫生洁具数量要求的基础上，应考虑设置一定数量的儿童小便斗、儿童洗手池。
2. 存衣间：宜采用自助式存衣柜。

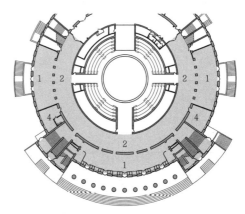

1 马戏演出剧场前厅示意图

1 门厅区
2 休息区
3 售票区
4 零售区
5 服务区

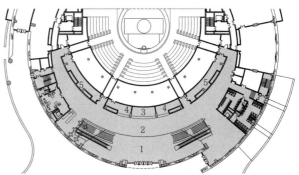

2 杂技、马戏综合演出剧场前厅示意图

前厅数据统计表　　　　　　　　　　　　　　　　　　　　　　　　　　　　　　　　　　　　　　　表1

剧场分类	剧场名称	门厅区		休息区	售票区	零售区	服务区					存衣间
								卫生间				
							面积(m²)	男厕			女厕	
		面积(m²)	进深(m)	面积(m²)	面积(m²)	面积(m²)		厕位	小便器	手盆	厕位	手盆	面积(m²)
杂技演出剧场	河北省艺术中心	1438.0	17.2	302.6	—	168.3	295.0	14	36	12	32	12	33.5
马戏演出剧场	白俄罗斯国家马戏团	192.9	5.1	616.0	—	211.0	251.4	10	18	10	37	19	—
	法国Elbuef马戏剧场	66.6	6.2	763.5	69.3	138.4	142.3	4	4	4	10	6	—
	国家体育馆副馆	155.8	9.8	454.8	—	—	160.8	6	15	4	24	5	30.3
杂技、马戏综合演出剧场	上海马戏城	420.9	12.6	722.6	120.1	71.8	219.0	10	20	8	16	8	—
	重庆国际马戏城	200.0	8.5	859.7	215.1	243.3	260.7	6	20	8	30	8	88.2
	奥兰多迪斯尼公园La Nouba剧场	210.8	6.8	492.0	—	172.0	150.1	7	6	—	13	—	—
	东京迪斯尼公园ZED剧场	345.5	15.2	995.1	312.7	236.2	308.0	—	—	—	—	—	31.4

杂技、马戏剧场 [4] 观众厅

设计要点

1. 规模控制

观众厅规模的确定应以杂技、马戏节目的观赏效果和演出效果为主要依据。大型杂技、马戏剧场多为1500~3000座,不宜超过3500座,以保证视线距离不会过远。中小型杂技、马戏剧场没有具体座位数目要求,但为保证演出气氛与经济效益,座位数量不宜过少,见表1。

2. 选择与舞台合理的互动关系

杂技演出剧场,马戏演出剧场,杂技、马戏综合演出剧场由于表演特点不同,对舞台和观众厅的平面形状、连接方式、观众与演员的互动方式均有不同需求,需要根据项目的实际情况选择与设计。

3. 观众厅的防火设计

在设有马圈式舞台和伸出式舞台的剧场内,由于观看表演和与演员互动的需要,观众厅和舞台往往处于同一空间内,无法设置两者间的防火分隔,在此情况下,要对剧场的消防设计进行特殊研究与处理。

[1] 杂技演出剧场观众厅平面

[2] 马戏演出剧场观众厅平面

[3] 现代杂技、马戏综合演出剧场观众厅平面

杂技、马戏剧场座位数量　　　　　　　　　　表1

剧场	类型	座位数
河北省艺术中心	杂技演出剧场	2800座
上海马戏城	杂技、马戏综合演出剧场	1670座
重庆国际马戏城	杂技、马戏综合演出剧场	1498座
安徽百戏城	杂技演出剧场	1137座
珠海长隆国际马戏剧场	杂技、马戏综合演出剧场	2700座
美国拉斯韦加斯MGM Grand剧场	杂技演出剧场	1951座
莫斯科国家大马戏团	马戏演出剧场	3400座
白俄罗斯国立马戏团	马戏演出剧场	1667座
奥兰多迪斯尼公园La Nouba剧场	杂技、马戏综合演出剧场	1671座
东京迪斯尼公园ZED剧场	杂技、马戏综合演出剧场	2170座

平面形式

1. 杂技演出剧场的观众厅

观众厅平面与一般剧场较为接近,可以有矩形、扇形、马蹄形、椭圆形等多种形式,各种形式的适用对象可参见戏曲剧场、话剧剧场设计要求[1]。

2. 马戏演出剧场的观众厅

观众厅平面多采用圆形平面,根据舞台的位置又分为同心圆与偏心圆两种形式。同心圆观众厅各点视距均等,可以获得较多的观众座席数量,但不适宜有演出背景设置的表演形式;偏心圆观众厅可以适应设置演出背景的需要,但观众座席数量相对同心圆平面会有减少[2]、[4]。

3. 杂技、马戏综合演出剧场的观众厅

观众厅平面多采用围绕舞台的扇形平面,根据扇形的围合度有多种平面形式。扇形围合度越高,相应获得的表演界面越多,演出亲切感越强。但角度超过120°的扇形平面要考虑边缘观众座席的舞台可见范围以及演出布景对视线的干扰[3]、[5]。

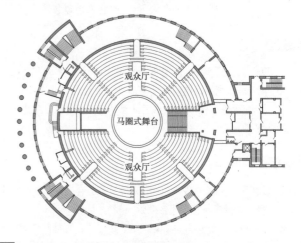

[4] 白俄罗斯国立马戏团剧场观众厅平面图

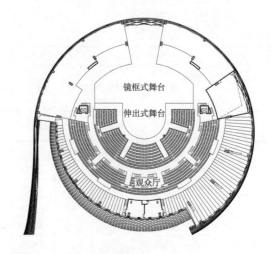

[5] 重庆国际马戏城观众厅平面图

观众厅 [5] 杂技、马戏剧场

剖面形式

1. 杂技演出剧场观众厅剖面与一般剧场较为接近，多采用池座+单层楼座的剖面形式。楼座的设置既能增加观众容量，又可以缩小视距。

2. 在马戏演出剧场，杂技、马戏综合演出剧场，以及观众厅上空有高空表演需求的剧场中，观众厅多采用不设楼座的跌落式剖面形式。为提高观演质量，观众席逐排升起宜适当增大。

3. 杂技、马戏剧场观众厅天棚形式较为简单。当观众厅上方设有演出用马道和舞台机械时，高度需要22m以上。

4. 杂技、马戏剧场观众厅四周及顶棚内装修标准略低于普通剧场，以满足吸声的主要目的。

3. 视线超高值C及升起

C值应取0.12m。由于杂技、马戏剧场一般不设乐池，第一排座席距离舞台较近，因此观众厅地面坡度升起较陡，这有助于消除视线遮挡，使观众获得更好的观演感受。

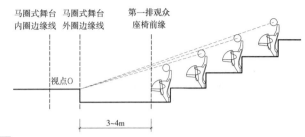

[3] 视点选择与安全缓冲区

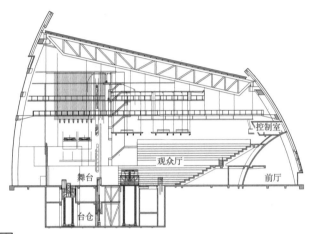

[1] 重庆国际马戏城观众厅剖面图

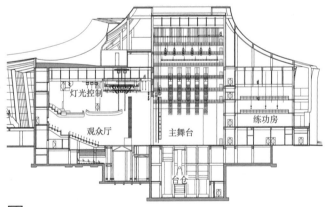

[2] 安徽百戏城杂技剧场剖面图

视线设计

1. 视点

杂技演出剧场视点选择与一般剧场相同。马戏演出剧场与杂技、马戏综合演出剧场的视点O宜设在马圈式舞台外圈边缘处[3]。

2. 视距

为保证观众既能够看清杂技、马戏演出中细腻的技巧表演，又能有宏大的演出场景，观众座席视距应控制在24~30m以内。有动物表演的剧场中，第一排观众座椅前缘与马圈式舞台外边缘之间应设置不小于3~4m的安全缓冲区[3]。

现场乐队

马戏演出剧场的现场乐队多设置在观众席后区，通过纵走道与主舞台联系。当设置在出场口上方时，可以充分利用视线较差的观众座席，但乐队无法观察到演员的出场情况。当设置在出场口对面时，乐队能够观察到演员的出场情况，但会占用一部分视线较好的观众座席[4]。

杂技、马戏综合演出剧场的乐队多设置在观众座席两侧，通过侧台与主舞台联系。乐队位置通常比较隐蔽，需要突出乐手时，可用专用灯光照亮乐手席位[5]。

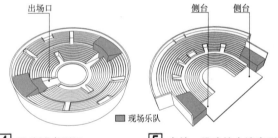

[4] 马戏演出剧场现场乐队位置　　[5] 杂技、马戏综合演出剧场现场乐队位置

现场调音台

杂技、马戏演出的音响控制台通常设置在灯光音响控制室内，控制室多位于观众座席正后方，保证能观察到各个演出区域的现场表演情况[6]。

考虑到杂技、马戏演出的互动性，也可以将现场调音台设置在观众座席中间区域，这样能与现场观众形成更活跃的互动关系，但会占用一部分视线较好的观众座席[7]。

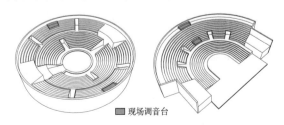

[6] 马戏演出剧场现场调音台位置　　[7] 杂技、马戏综合演出剧场现场调音台位置

杂技、马戏剧场 [6] 舞台

设计要点

1. 根据演出内容确定舞台形式，杂技演出一般采用镜框式舞台，马戏演出采用带马圈的岛式舞台，杂技、马戏综合演出多采用镜框式舞台与伸出舞台组成的伸出式镜框舞台。

2. 为适应现代杂技、马戏演出对互动性与参与性的要求，除主舞台外可另设辅助舞台。辅助舞台常设于观众座席后区或两侧空间，也可利用观众厅通道设置，如入口通道、上下层座席间通道等 1、2。

3. 考虑到剧目内容翻新的需要，舞台设计要为未来发展预留空间。

4. 杂技、马戏剧场的运营形式分为巡演式与驻演式。巡演式剧场的舞台设计要有较强的适应性，能够满足各种演出团队与剧目的需要；驻演式剧场的舞台设计具有较强的针对性，应与驻演剧团共同完成。

平面尺寸

1. 镜框式舞台

杂技演出的舞台形式、舞台设计要点与一般剧场舞台设计相同。考虑杂技演出高空节目对建筑空间的需要，台口高度不应小于8m，台口宽度不小于12m。为尽量缩小演员与观众间的距离，可以采用扩大台唇、增加耳台等舞台形式，使表演区域更加接近观众。扩大台唇深入观众厅6~8m，耳台宽度2~3m，耳台后设候演空间 3。

2. 马圈式舞台

马圈式舞台为马戏演出的舞台形式，舞台尺寸以马圈尺度为主要依据。国际标准马圈尺寸为内圈直径13m，外圈直径14~15m，外侧多配有升降环台 4。为适应除传统马戏外的其他表演形式的需要，马圈外圈尺寸有逐渐增加的趋势，新建马戏剧场中直径超过20m的圆形舞台并不少见。

3. 伸出式镜框舞台

伸出式镜框舞台是杂技、马戏综合演出常用的舞台形式。其中镜框式舞台的台口宽度宜在22m以上，进深在18m以上，两侧需设置侧台，用于存放、组装舞台布景。伸出舞台部分在满足标准马圈尺寸的同时可根据演出需要适当扩大 5。

伸出式舞台与镜框式舞台可采用多种组合方式 6。

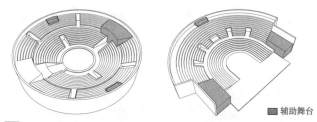

1 设于观众座席后区和两侧的辅助舞台

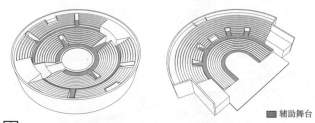

2 利用观众厅通道设置的辅助舞台

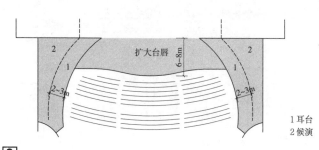

3 扩大台唇的镜框式舞台

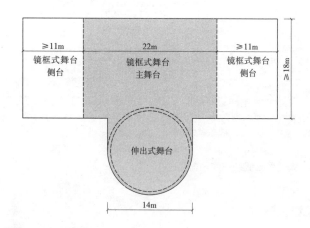

5 伸出式镜框舞台的平面尺寸

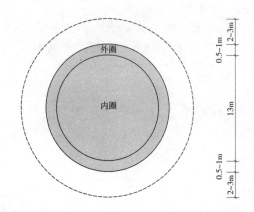

4 马圈式舞台的平面尺寸

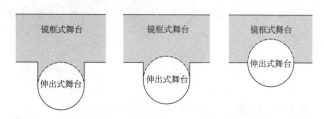

6 伸出式镜框舞台的组合方式

舞台形式与地面设计

根据剧目演出需要设计,可设置转台、升降台、车台等多种机械活动舞台,也可设置水台、冰台、气垫台等多种材质的舞台。

杂技、马戏演出往往需要借助道具器械完成表演,舞台地面应设置各种固定装置,以适应器械的锚固和拉伸。固定装置应满足装拆方便、快速、稳定、安全的需要。

杂技、马戏演出的舞台地面多采用具有弹性的木地板材料;有动物表演的舞台地面要采用承重高、耐磨、易清理的台面材料,如橡胶地板、锯木地板等。

高度设计

舞台高度的确定需要综合考虑表演所需高度、空中辅助机械的设置与隐藏、空中布景的设置及大型空间结构支撑构件的高度等,高度不足会制约表演项目的种类。

目前,飞行类杂技表演需要的净高在15m以上,舞台表演区高度宜在22~32m。

墙面与顶棚设计

舞台墙面与顶棚设计以功能为首要目的,考虑吸声的功能需求,墙面与顶棚多采用深灰色或黑色防火乳胶漆。

安全措施

1. 舞台和观众厅的地面上应设置地锚设施,以固定高空表演需要的安全绳。

2. 有动物表演的剧场中,舞台边缘到第一排观众座席宜设置不小于3~4m的安全缓冲区,或设水池相隔。

3. 有大型动物表演时,舞台边缘需设安全网或高度在5m以上的护栏。安全网可收纳在高空,使用时降下,与地面挂钩固定。

4. 升降舞台周边楼板应设有防止演员坠落的安全保护设施。

台口设计

舞台台口应结合舞台布景综合设计,形成平面位置和剖面位置的多样性布局。

有动物表演的剧场中,演员与动物的上下场口应分别设置。动物上下场通道宜设置能够隔离视线的分隔措施,避免上下场动物相互影响。

1 奥兰多迪斯尼公园La Nouba剧场舞台台口设计

杂技、马戏演出剧场舞台资料　　表1

剧场名称	河北省艺术中心	上海马戏城	重庆国际马戏城	安徽百戏城	白俄罗斯国立马戏团
建设年代	1998年	1999年	2013年	在建	1946年建成 2010年改建
座位数量	2800座	1670座	1498座	1137座	1670座
舞台形式	镜框式舞台	复合式舞台	复合式舞台	复合式舞台	马圈式舞台
舞台尺寸	主舞台宽30m,进深24m,侧舞台宽16m,进深15.5m;乐池进深6.5m	伸出式舞台内圈直径14m,外圈直径15m;镜框式舞台宽度最小处9m,宽度最大处19m,进深7m	伸出式舞台内圈直径15m,外圈直径18m;镜框式舞台宽41.4m,进深最大处16m	伸出式舞台直径20m;镜框式舞台主舞台宽33.8m,侧舞台宽16.5m,进深18.2m;乐池进深5.3m	马圈式舞台内圈直径13m,外圈直径14m
舞台净空高度	24m	17m	18m	35.9m	—
舞台机械装置	台口中心设有直径3m升降台;主舞台前区设有宽24m、进深4m的气垫移动台;主舞台设有宽24m、进深2m的4块升降台,其中最后一块升降台又分为4小块升降面;乐池设有宽24m、进深5.8m升降台	伸出式舞台外环有0.4m宽升降台,后区有90°环形舞台,分为3个扇形升降区	镜框式舞台后区设有宽16.5m、进深1.2m的3块升降台,其中最后一块升降台又分为3小块升降台面;伸出式舞台中心设有直径9m升降台,前区有面积45m²的水池	台口两侧设有直径4.5m升降台,主舞台中心区设有宽20m、进深4m的升降台,主舞台前区设有直径7m旋转升降台,后区设有宽19.5m、进深5.3m升降乐池,观众席前区下方为水台储存区	设有4个活动舞台:橡胶地面台、木质地面台、冰台、光电台
互动舞台位置	—	伸出式舞台外设有宽2.4m互动区,观众座席后设有宽2.8m互动区	伸出式舞台外设有宽2.4m互动区;舞台疏散楼梯平台区域	—	舞台上场口上方的观众席区域
现场乐队位置	—	镜框式舞台两侧、二层观众座席最边缘的区域	镜框式舞台两侧、化妆间屋顶区域	台口外两侧	舞台上场口对面的观众席后区

杂技、马戏剧场 [8] 后台

概述

在满足普通剧场对后台流线、化妆间及其他业务用房、排练厅的基本要求之外，还需注意杂技剧场，马戏剧场，杂技、马戏综合剧场的演出对后台的特殊要求。

1. 多维度的演员候场、演出流线

（1）高空表演的演员由临近后台区的垂直设施上至马道层或进入飞行器进行表演 [1]、[2]。

（2）互动表演的演员可由舞台直接进入位于观众席的互动表演区，也可由观众通道进入互动表演区 [3]。

（3）升降表演的演员由舞台下部的跑场道进入升降舞台区域，通过升降设备完成上下场 [4]。

2. 动物候演、演出流线

（1）动物候演区与动物驯养用房之间设置便捷并相对独立的交通联系，动物候演区的净高不小于5m。

（2）动物候演区与演员候演区宜分开设置，动物上下场通道宜设置分隔措施，避免上下场动物相互影响 [5]。

3. 道具存放运送

（1）可利用升降舞台下的台仓区域存放多层道具，通过台下机械设备完成各层道具的运送。

（2）可根据剧目演出的需要将道具悬挂于栅顶，通过吊杆完成道具的运送。

（3）普通道具存放间的净高不小于5m，宜临近电梯等垂直交通设施以便道具的运送。

化妆间

化妆间的组成主要包括单人化妆间、双人化妆间、大化妆间、抢妆间等，各类化妆间内均设置卫生间。各类化妆间的面积与间数可参考普通剧场。

排练厅

1. 杂技类排练厅净高应不小于18m，面积不宜小于300m²。根据使用需要按不同面积配置多个排练厅。

2. 马戏类排练厅应能满足标准马圈场地的使用要求，净高应不小于8m。

3. 根据排练需要设置马道、栅顶、吊杆等排练设施以及灯光、音响等辅助设施。

动物驯养用房

1. 位置：应远离公众活动区，与其他建筑适当隔离，与主表演馆联系便捷，预留动物上下场专用通道。

2. 组成：一般由大型动物笼舍、小型动物饲养间、动物训练厅、饲料间、配料间、垃圾收集区、办公区、与主表演馆联系的动物专用通道组成 [6]。

3. 流线：合理组织办公、饲养、货物、污物流线，减少交叉。办公区与饲养区需分别设置独立的出入口。

4. 设施：设置良好的采光、通风、排水、排污系统，动物笼舍内需设置清洗用排水槽、食槽等设施，当豢养水生动物时需要设专用水池。

5. 布局：根据动物类别、习性合理布置各类动物用房的位置、空间尺寸、围护材料。当用地比较紧张时可考虑按两层设计，楼层间设置电梯。

6. 安全：大型动物笼舍开敞处需设置金属安全网。

7. 动物保护：目前国内对动物演出相关环节的标准要求及管理力度日益加强，将对国内马戏演出涉及的动物演出方式及发展方向产生影响。

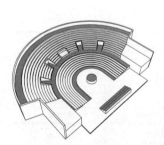

[1] 多维度的演出流线

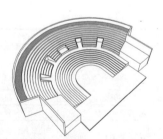

[2] 高空表演

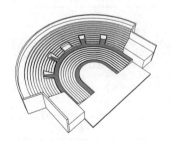

[3] 互动表演

[4] 升降表演

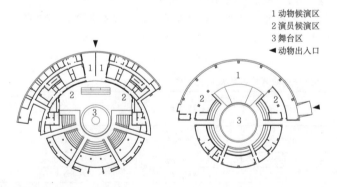

[5] 动物、演员候演区

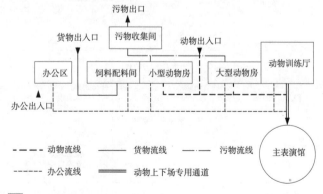

[6] 动物驯养用房组成示意图

舞台机械

杂技、马戏等技巧类表演产生后,相当长一段时间内对舞台机械的要求并不高。随着杂技、马戏表演的艺术表现力、剧情丰富性、视觉震撼感的要求越来越高,舞台机械的应用越来越广泛和多样,甚至成为剧目的核心表演元素之一。

杂技、马戏表演中常用的舞台机械包括:

1. 升降台:由多块方形或圆形的台面板组成,使舞台台面空间具有多样变化性,需要保证升降完成后舞台的平整度。
2. 移动台:可伸缩移动,扩大表演区域。
3. 翻转台:提供垂直或倾斜的表面,辅助实现特殊效果。
4. 升降机:将演员或道具送往高空表演地点。
5. 飞行器:帮助表演者实现空中滑行的效果。
6. 吊杆:吊挂布景、幕布、灯具。
7. 索具和吊架:辅助演员实现空中飞腾表演。

舞台机械设计需要预留充足的土建条件,便于舞台机械的安装与维修,台仓和屋顶结构的荷载要求需要给予充分考虑。

灯光系统

马戏剧场灯光系统架构与剧场舞台灯光基本相同,主要特点是灯位采用环形布置。马戏剧场舞台多为圆形,周边设置2~3层环形天桥,灯具悬挂于天桥灯杆上。舞台顶部设置井字天桥,用于悬挂道具、垂直投射灯具。扇形舞台上空设置3~8道弧形升降灯杆。马戏灯光典型布置见[1]~[3],平投光和脚光典型布置见[4],追光灯布置典型做法见[5],天桥灯杆典型做法见[6]。

声学设计及音响系统

杂技、马戏表演音效以电声演出为主,声学设计目标应保证电声系统发挥最佳音响效果,无聚焦和回声等声缺陷。由于杂技、马戏剧场的观众厅和舞台处于同一空间中,每座容积较大,混响时间不易控制,观众厅内应有强吸声处理。

镜框式舞台音响系统的设计与普通剧场基本相同;马圈式舞台、复合式舞台应处理后扬声器位置布局和声场均匀度;为满足演出效果要求,宜设置效果声扬声器系统。

由于杂技、马戏演出的多样性,扩声系统要求安全系数高、使用灵活,具有良好的兼容性和扩展性。

舞台特效及舞台设备

杂技、马戏演出的特效包括烟雾、烟火、喷泉、降雨及背景的投影变换等。对复杂的杂技、马戏表演需要设置控制总部,综合控制舞台机械、灯光、音响、特效、各类监视系统等,并做好安全检测、报警和防护,保证演出的顺利进行。

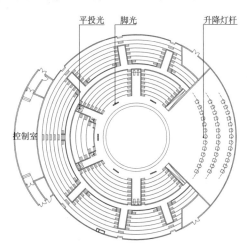

[1] 马戏演出剧场舞台灯光布置平面图

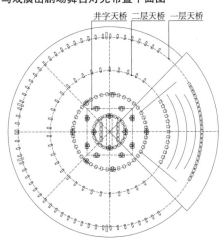

[2] 马戏演出剧场天桥灯光布置平面图

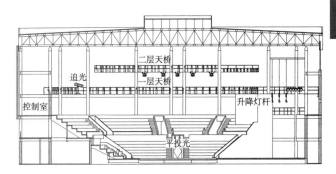

[3] 马戏演出剧场灯光布置剖面图

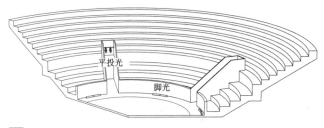

[4] 马戏演出剧场平投光和脚光布置示意图

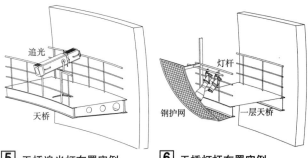

[5] 天桥追光灯布置实例   [6] 天桥灯杆布置实例

杂技、马戏剧场 [10] 专业设备

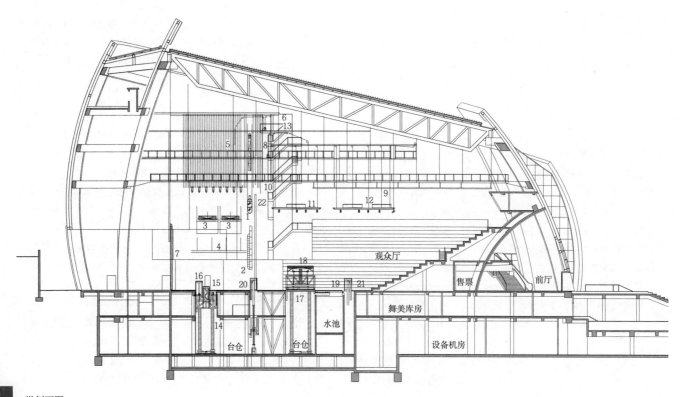

a 纵剖面图

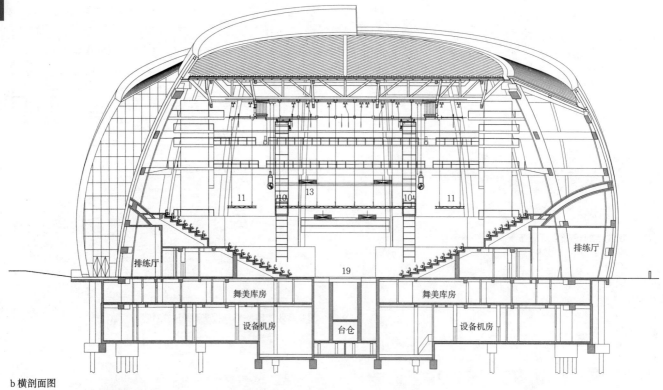

b 横剖面图

1 主舞台灯光吊杆　　　　2 柱光灯排　　　　　　　3 侧光灯吊架　　　　　　4 侧吊架
5 侧舞台吊杆　　　　　　6 自由单点吊机　　　　　7 LED 对开机械　　　　　8 马圈式舞台自由单点吊机
9 马圈式舞台飞行机构（升降）　10 马圈式舞台飞行机构（水平）　11 外部环形吊杆（小）　12 外部环形吊杆（大）
13 马圈式舞台灯光吊杆　　14 主升降台　　　　　　　15 子升降台一　　　　　　16 子升降台二
17 马圈式舞台升降台　　　18 转台升降台　　　　　　19 水池盖板　　　　　　　20 升降围栏一
21 升降围栏二　　　　　　22 大幕机吊杆

[1] 重庆国际马戏城舞台机械

实例 [11] 杂技、马戏剧场

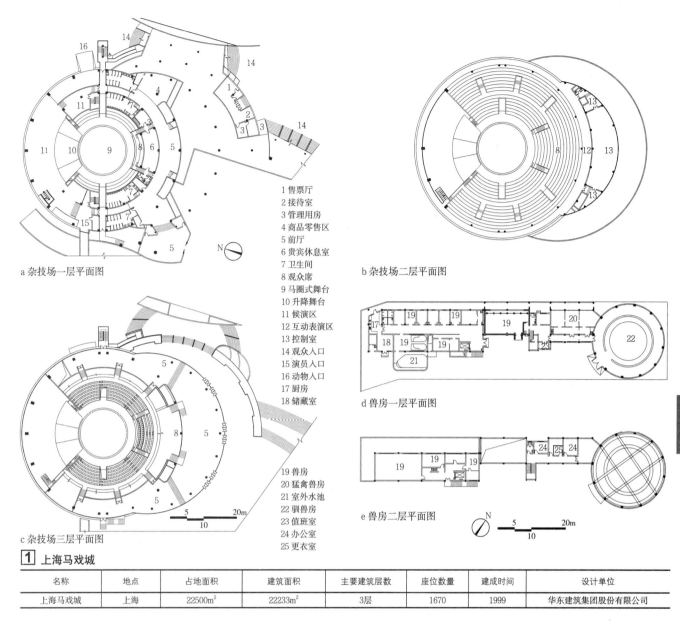

a 杂技场一层平面图
b 杂技场二层平面图
c 杂技场三层平面图
d 兽房一层平面图
e 兽房二层平面图

1 售票厅
2 接待室
3 管理用房
4 商品零售区
5 前厅
6 贵宾休息室
7 卫生间
8 观众席
9 马圈式舞台
10 升降舞台
11 候演区
12 互动表演区
13 控制室
14 观众入口
15 演员入口
16 动物入口
17 厨房
18 储藏室
19 兽房
20 猛禽兽房
21 室外水池
22 驯兽房
23 值班室
24 办公室
25 更衣室

1 上海马戏城

名称	地点	占地面积	建筑面积	主要建筑层数	座位数量	建成时间	设计单位
上海马戏城	上海	22500m²	22233m²	3层	1670	1999	华东建筑集团股份有限公司

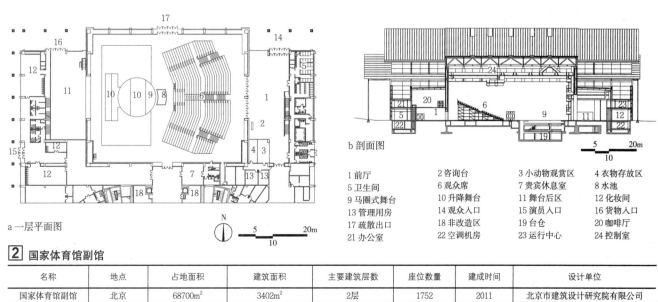

a 一层平面图
b 剖面图

1 前厅　2 咨询台　3 小动物观赏区　4 衣物存放区
5 卫生间　6 观众席　7 贵宾休息室　8 水池
9 马圈式舞台　10 升降舞台　11 舞台后区　12 化妆间
13 管理用房　14 观众入口　15 演员入口　16 货物入口
17 疏散出口　18 非改造区　19 台仓　20 咖啡厅
21 办公室　22 空调机房　23 运行中心　24 控制室

2 国家体育馆副馆

名称	地点	占地面积	建筑面积	主要建筑层数	座位数量	建成时间	设计单位
国家体育馆副馆	北京	68700m²	3402m²	2层	1752	2011	北京市建筑设计研究院有限公司

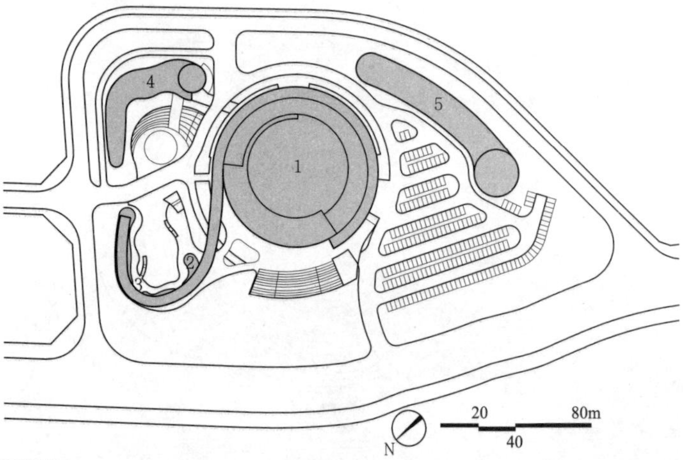

杂技、马戏剧场 [12] 实例

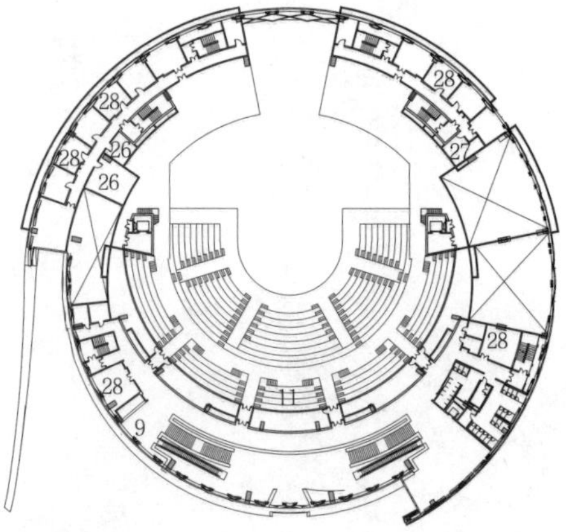

a 总平面图 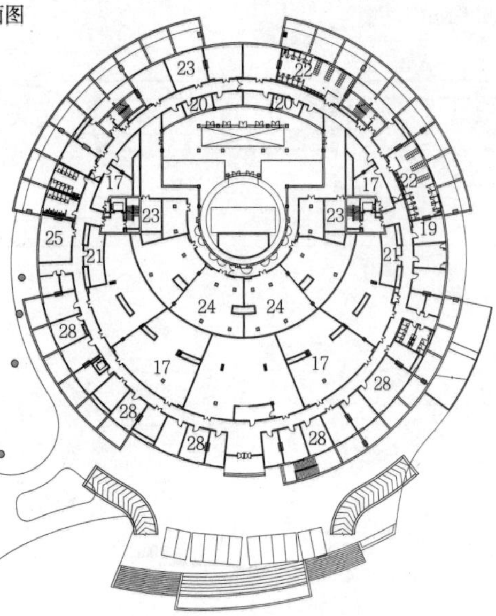
b 地下一层平面图
c 一层平面图
d 二层平面图
e 三层平面图
f 主表演馆剖面图
g 主表演馆北立面图

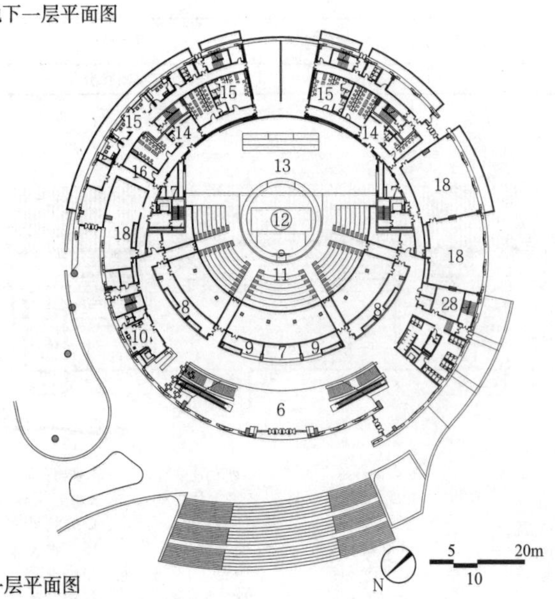

1 主表演馆
2 售票厅
3 商业休闲娱乐设施
4 动物驯养用房
5 办公及业务生产用房
6 前厅
7 票务中心
8 衣物存放
9 零售
10 贵宾室
11 观众厅
12 伸出式舞台
13 镜框式舞台
14 候演室
15 化妆间
16 服装间
17 道具间
18 排练场
19 乐队休息间
20 琴房
21 魔术
22 更衣盥洗室
23 舞美制作
24 舞美库房
25 服装制作
26 控制室
27 功放室
28 办公室
29 台仓
30 飞行器平台

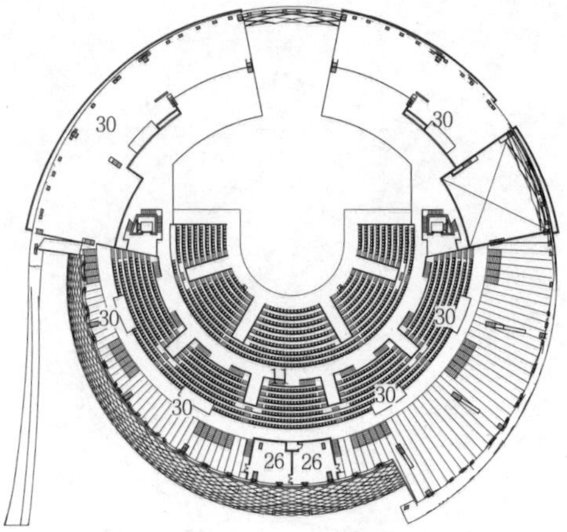

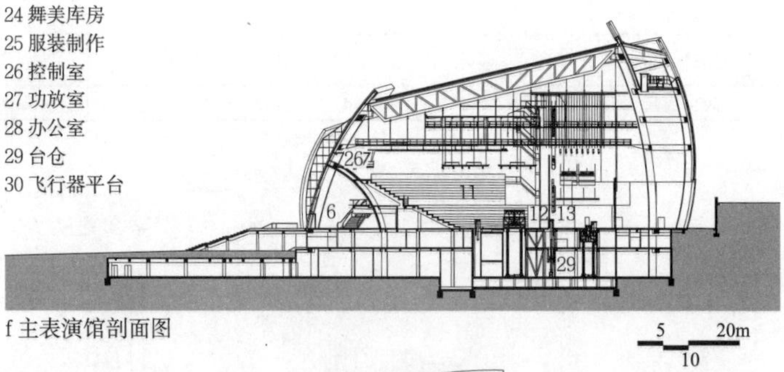

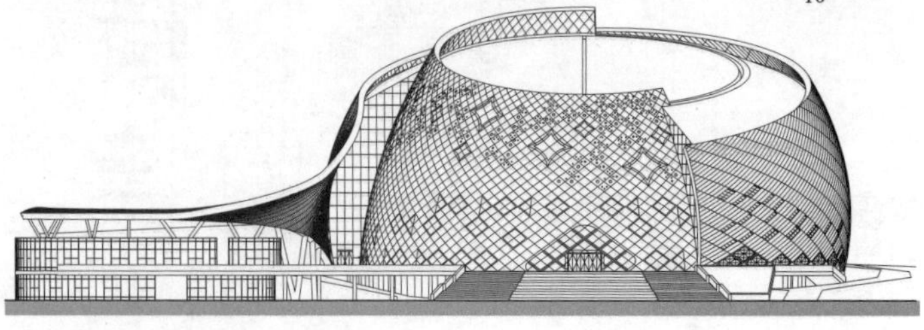

1 重庆国际马戏城

名称	地点	占地面积	建筑面积	主要建筑层数	座位数量	建成时间	设计单位
重庆国际马戏城	重庆	33300m²	35171m²	3层	1498	2014	北京市建筑设计研究院有限公司

实例 [13] 杂技、马戏剧场

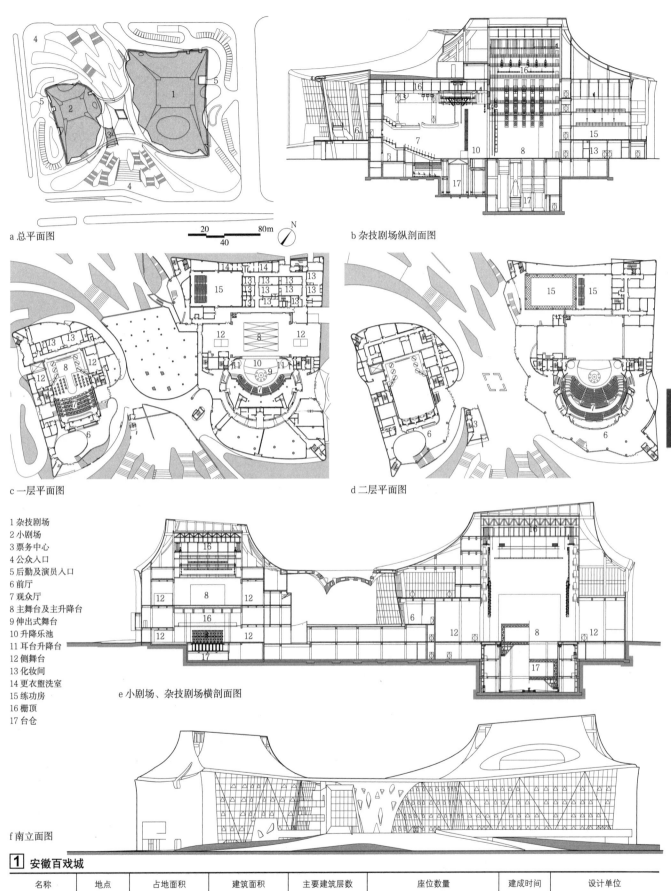

a 总平面图
b 杂技剧场纵剖面图
c 一层平面图
d 二层平面图
e 小剧场、杂技剧场横剖面图
f 南立面图

1 杂技剧场
2 小剧场
3 票务中心
4 公众入口
5 后勤及演员入口
6 前厅
7 观众厅
8 主舞台及主升降台
9 伸出式舞台
10 升降乐池
11 耳台升降台
12 侧舞台
13 化妆间
14 更衣盥洗室
15 练功房
16 栅顶
17 台仓

1 安徽百戏城

名称	地点	占地面积	建筑面积	主要建筑层数	座位数量	建成时间	设计单位
安徽百戏城	合肥	39805m²	40792m²	4层，局部5层	杂技剧场1137座，地方戏剧场554座，综合剧场369座	2015	中国建筑设计院有限公司

杂技、马戏剧场 [14] 实例

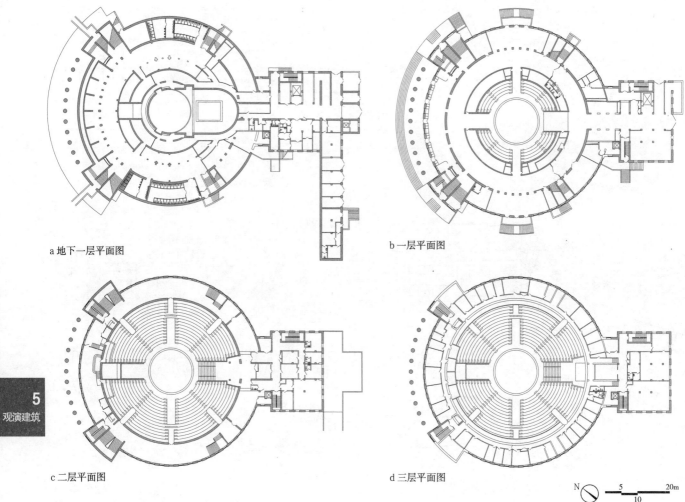

a 地下一层平面图
b 一层平面图
c 二层平面图
d 三层平面图

1 白俄罗斯国立马戏团

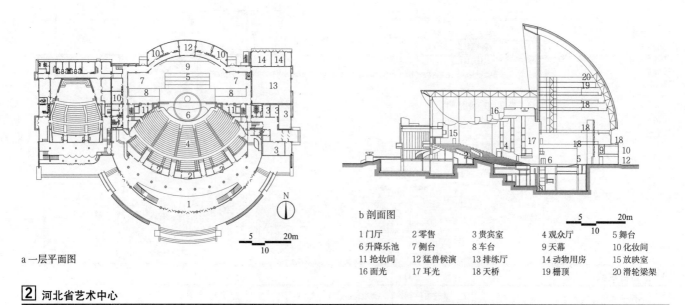

a 一层平面图
b 剖面图

1 门厅　2 零售　3 贵宾室　4 观众厅　5 舞台
6 升降乐池　7 侧台　8 车台　9 天幕　10 化妆间
11 抢妆间　12 猛兽候演　13 排练厅　14 动物用房　15 放映室
16 面光　17 耳光　18 天桥　19 栅顶　20 滑轮梁架

2 河北省艺术中心

名称	地点	占地面积	建筑面积	主要建筑层数	座位数量	建成时间	设计单位
河北省艺术中心	石家庄	24000m²	32059m²	2层	2780	1999	河北省建筑设计研究院有限公司

实例 [15] 杂技、马戏剧场

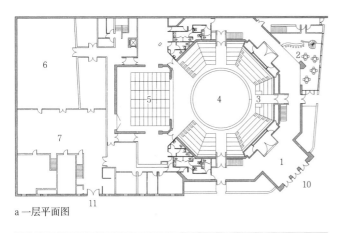

a 一层平面图

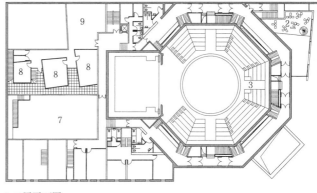

b 二层平面图

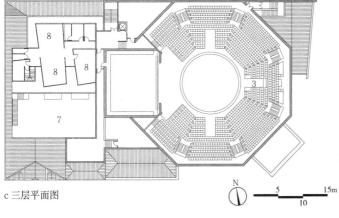

c 三层平面图

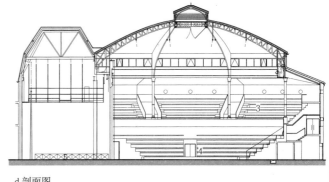

d 剖面图

1 前厅　　　　　2 咖啡厅　　　　　3 观众厅
4 马圈式舞台　　5 升降舞台　　　　6 排练厅
7 内院　　　　　8 化妆间　　　　　9 候演厅
10 观众入口　　 11 演员入口

观演建筑

1 法国上诺曼底Elbeuf杂技剧场

名称	地点	主要建筑层数	座位数量	建成时间
法国上诺曼底Elbeuf杂技剧场	法国上诺曼底大区	3层	圆形排布913座，梯形排布777座，前观众厅708座，伊丽莎白式排布799座	1892年建成，2007年改建

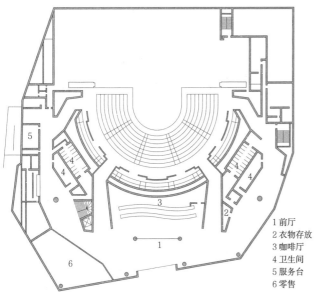

1 前厅
2 衣物存放
3 咖啡厅
4 卫生间
5 服务台
6 零售

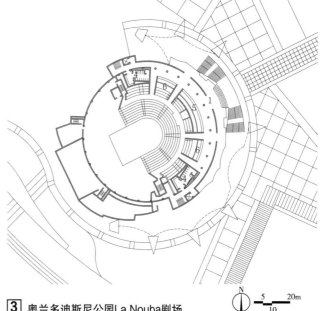

2 东京迪斯尼公园ZED剧场

名称	地点	建筑面积	座位数量	建成时间
东京迪斯尼公园ZED剧场	日本东京	5487m²	2170	2010

3 奥兰多迪斯尼公园La Nouba剧场

名称	地点	座位数量	建成时间
奥兰多迪斯尼公园La Nouba剧场	美国奥兰多	1671	2010

电影院 [1] 概述

概述

1. 本章所称电影，是指运用视听技术和艺术手段摄制、以数字载体记录、由表达一定内容的有声或者无声的连续画面组成、符合国家规定的技术标准、用于电影院等固定放映场所或者流动放映设备公开放映的作品。

2. 电影院是为观众放映电影的场所。电影院必须满足电影放映的工艺要求，应有良好的视觉和听觉效果。

3. 本章内容主要适用于放映宽银幕和遮幅宽银幕两种画幅制式，以及巨幕数字电影的新建、改建、扩建电影院建筑设计；对于兼放电影且有固定放映设备的其他厅堂剧场也可参考本章有关的技术要求。

4. 电影院一般由公共区域、观众厅区域、放映室和其他用房等组成；根据电影院规模、等级以及经营和使用要求，各类用房可增减或合并。主要用房的组成关系见 1 。

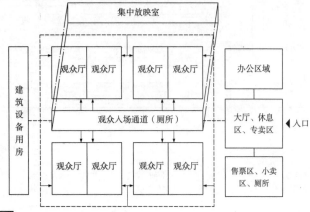

1 电影院主要用房组成关系示意图

电影院分类 表1

分类方式	类别	内容及要点
按建设方式分类	独建式	电影院自成体系、独立建设，它以放映电影为主，兼顾其他经营用房
	合建式	将影院建在商业综合体/商业广场等其他综合体建筑内
按影片载体分类	胶片电影	以胶片拷贝作为影片载体；主要有16mm、35mm和70mm特种胶片放映；目前16mm、35mm胶片放映已被数字放映取代
	数字电影	以数字拷贝作为影片载体
按银幕分类	普通电影	是利用数字技术及其设备将高品质的图像（2K/4K等）和声音等信息还原并呈现给观众的电影系统，放映形式分为2D和3D电影，银幕画面分为宽银幕和遮幅宽银幕
	特种电影	是指以非常规电影摄制手段，采用非常规电影放映系统及观赏形式之电影，放映形式分为3D和4D电影，根据银幕画面分为巨幕电影（IMAX电影、中国巨幕等）、环幕电影、球幕电影、水幕电影、地幕电影等多种形式
按规模分类	特大型	总座位数应大于1800个，观众厅不少于12个
	大型	总座位数一般为1201~1800个，观众厅一般为8~12个
	中型	总座位数一般为701~1200个，观众厅一般为6~10个
	小型	总座位数一般不多于700个，观众厅一般不少于6个
按等级分类	特、甲、乙三个等级	以等级为标准进行分类，与电影院星级评定的关系见表4
按星级评定分类	一至五星级	以视听技术条件等作为分级标准，主要要求见表2

注：特种电影主要应用于电影院、科技馆、博物馆、游乐场、主题公园等场合，本章节主要介绍巨幕电影。

电影院星级划分 表2

	项目	一星级	二星级	三星级	四星级	五星级
设施和设备	1 大堂面积（包括休息厅和售票厅）（m²/座）	应≥0.1	应≥0.2	应≥0.3	应≥0.4	应≥0.5
	2 通风换气和冷暖设施	夏季宜≤28℃，冬季宜≥16℃	夏季宜≤28℃，冬季宜≥16℃	夏季应≤28℃，冬季应≥16℃	夏季≤26℃，冬季宜≥18℃	夏季≤26℃，冬季宜≥18℃
放映建筑工艺	1 座椅中到中宽度（m）	宜≥0.50	宜≥0.52	宜≥0.54	宜≥0.56	宜≥0.56
	2 座椅净宽度（m）	应≥0.44	应≥0.44	宜≥0.46	宜≥0.46，应≥0.44	宜≥0.48，应≥0.46
	3 排距（短排法）(m)	应≥0.85	应≥0.90	应≥0.95	应≥1.00	应≥1.05
	4 设计视点高度（m）	宜≤2.00	宜≤1.80	宜≤1.70	宜≤1.60	宜≤1.50
	5 最大有效画面宽度（m）		宜≥6.0	宜≥7.0	宜≥8.0，应≥6.0	
	6 最近视距与最大有效放映画宽度之比		宜≥0.5倍		宜≥0.55倍，应≥0.5倍	宜≥0.60倍，宜≥0.5倍，应≥4.80m
	7 最远视距与最大有效放映画宽度之比		宜≤2.5倍	宜≤2.2倍	宜≤2.0倍	宜≤1.8倍
	8 视线超高值（m）		宜≥0.12		应≥0.12	
	9 最大仰视角		宜≤45°		宜≤40°	宜≤40°，应≤45°
	10 放映窗口高度（m）		宜≥1.80		宜≥2.00	
放映光学和声学	1 2D或3D放映光轴的水平偏角	宜≤3°				
	2 2D或3D放映光轴的垂直偏角	宜≤6°				
	3 相邻厅相互之间的隔声量	宜≥45 dB(C)		宜≥50dB(C)	宜≥60dB(C)	宜≥70dB(C)
	4 观众厅门（或声闸）、墙的隔声量	宜≥35 dB(C)		宜≥40dB(C)	宜≥45 dB(C)	
	5 观众厅混响时间规定范围	不应超过此范围30%		不应超过此范围10%	应在范围内	
	6 观众厅动态本底噪声	不宜低于NR30噪声评价曲线			不宜低于NR25噪声评价曲线	不应低于NR25噪声评价曲线

电影院设计要点 表3

序号	主要内容
1	前期策划上应合理确定电影院的类型、等级、规模、厅数和经营方式等
2	规划上应根据城镇规划、交通、商业网点、文化设施等因素综合考虑确定用地，合理确定独建或合建的方式
3	建筑设计上应合理组织建筑空间布局，功能分区明确，人流组织合理，做到入场、散场分流
4	观众厅建筑设计需要提高视听质量与舒适度，应满足电影放映工艺要求
5	放映室宜集中设置
6	合建的电影院应综合考虑平面及竖向交通关系
7	建筑立面造型和室内装修不仅要有娱乐气氛，也要有电影文化、地域文化的建筑特色
8	应符合国家行业标准《无障碍设计规范》GB 50763的有关规定
9	公共信息标志用图形符号，应符合现行国家标准《公共信息标志用图形符号》GB 10001中的有关规定

电影院等级 表4

等级	主体结构耐久年限	耐火等级	通风空调设施	对应电影院分级等级
特级	50年或100年	不低于二级	中央空调和供暖设施	五星级
甲级	50年		设有通风换气和冷暖设施/中央空调和供暖设施	三、四星级
乙级	25年或50年		设有通风换气和冷暖设施	一、二星级

注：电影院等级在观众厅工艺方面的要求详见"电影院[5]观众厅/工艺要求"。

选址与总平面 [2] 电影院

选址与总平面

选址要点 表1

序号	主要内容
1	电影院的选址符合当地总体规划、电影产业规划和文化娱乐设施的布局要求
2	应讲求经济效益和社会效益,兼顾人口密度、组成及服务半径,合理布点
3	应充分利用附近的商业公共服务设施和基础设施
4	交通应便捷,宜有配套的交通设施
5	用地至少应有一面直接临接城市道路
6	用地应有2个或2个以上不同方向通向城市道路的出口
7	用地和电影院的主要出入口,不应和快速道路直接连接,也不应直对城镇主要干道的交叉口

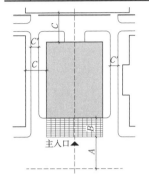

符号	小型	中小型	大型	特大型	含义
A	宜≥8m	宜≥12m	宜≥20m	宜≥25m	与用地临接的城市道路的宽度
B	宜≥0.2m²/座		宜≥0.2m²/座,深度≥10m		电影院主要出入口前集散空地深度
C	≥防火间距				电影院与周边建筑的最小距离
C'	≥4m				消防通道净宽

1 总平面布局示意图

国内部分电影院线指标统计表 表2

电影院名称	总建筑面积(m²)	总座位数(座)	总厅数(个)	每座面积(m²/座)	每厅座位数(座/厅)	建设位置
上海17.5乐虹坊影城	1512	506	5	2.5	100	生活广场四层
北京博纳通州店	>1500	556	5	2.7	111	名苑小区四层
北京搜秀影城	4000	686	5	5.8	137	搜秀城九、十层
北京长虹影城	7000	800	6	8.8	133	独建
北京17.5京通苑影城	2000	800	6	2.5	200	杨闸环岛PLUS华润三层
上海星美松江店	4000	836	5	4.8	167	玩库三层
北京橙天嘉禾上地店	2400	873	5	2.7	175	华联购物中心四层
北京金逸新都店	3000	1000	6	—	—	新都购物广场一层
深圳华谊兄弟影院太古城店	3200	1000	8	3.2	125	宝能太古城商业区B132号
深圳横店电影城	3000	1015	7	2.9	145	宝安民治书香门第上河坊
北京星美望京店	7140	1072	7	6.7	153	望京国际商业中心四层
深圳金逸怡景中心店	4000	1100	6	3.6	183	怡景中心城G层
北京世纪东都国际影城	4000	1118	7	3.6	160	华腾新天地五层
北京CGV星星奥体店	8000	1188	8	6.7	149	新奥购物中心B1层
北京新华国际大钟寺店	3700	1228	8	3.0	153	中坤广场C座三层
北京博纳方庄店	>6000	1300	11	4.6	118	芳群园一区
北京中影永旺店	4300	1343	8	3.2	168	永旺国际商城三层
上海金逸张江店	2550	1354	5	1.9	271	传奇广场二层
深圳中影今典国际影城	5500	1381	7	4.0	197	深国投广场三层
北京嘉华国际影城	4500	1400	7	3.2	200	圣熙八号购物中心五层
北京星美世界店	5033	1408	11	3.6	128	世界城E座地下一层
北京UME国际影城安贞店	5000	1450	10	3.4	145	环球贸易中心商场内E座的B1、F1、F3层
北京万达CBD店	6000	1505	9	4	167	万达广场3层
北京星美金源店	10889	1588	7	6.8	227	金源时代购物中心五层
北京华谊兄弟影院洋桥店	7000	1600	13	4.4	123	银泰百货商场六层
美嘉欢乐影城中关店	8000	1680	8	4.8	210	津乐汇三层
首都电影院(西单大悦城店)	10369	2008	14	5.2	143	综合楼十层
深圳保利国际影城	8000	2200	9	3.6	244	文化广场B区
北京耀莱国际影城	15000	3500	17	4.3	206	华熙乐茂五层

总平面设计要点 表3

序号	主要内容
1	应符合当地城市总体规划和环境噪声的要求
2	应满足电影放映工艺流程的要求,做到场地内各建筑功能分区明确,观众流线(人流、车流)、内部线路明确便捷,互不干扰,应在紧急状态下,能使观众和工作人员迅速疏散到集散空地,并便于消防作业
3	合理设置停车场、道路及绿化景观等设施,并宜为将来的扩建和发展留有余地
4	应为消防提供良好的消防车道和救援场地,并应设置照明
5	电影院主要出入口前应设有供人员集散用的空地或广场,与基地临接的城市道路的宽度不宜小于电影院安全出口宽度总和,且与电影院连接的道路宽度A满足规范要求
6	以上情况一般适用于独建电影院,若合建在商业综合体内,应从属于综合体建筑物的总平面要求和防火疏散要求(如电梯、楼梯等),以确保迅速、安全地疏散到室外或其他防火区之内
7	建在综合楼内的应以电影院总平面柱网设计为准,还应满足电影院楼层选择、空间剖面、独立使用水平竖向交通等特殊要求

最大人数计算 表4

序号	影院类型	计算人数
1	单厅电影院	观众厅的满座席席数+候场最大人数
2	独建式多厅电影院	最大计算人数为:所有厅实际固定座位总数+候场最大人数 [最大几个(总厅数/4)厅固定座位数之和]
3	合建式多厅电影院	

注:最大计算人数和疏散人数是两个概念,考虑到上座率折减和计算简单,根据防火规范,有固定座位的按实际座位数的1.1倍计算电影院疏散人数,也适用于集散广场、门厅和休息厅、厕所的计算人数。

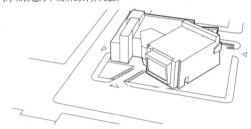

a 国内某电影院

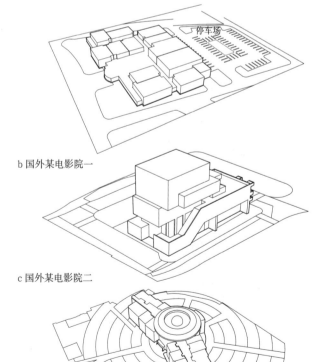

b 国外某电影院一

c 国外某电影院二

d 国外某电影院三

2 国内外电影院鸟瞰图

电影院 [3] 观众厅 / 单厅

概述

观众厅是电影院的主要组成部分，银幕是观众厅设计的核心，为追求大视野的视觉感受，要求银幕的画面应充满影厅前区，在观众厅内，银幕的尺度决定了该影厅的工艺条件。不同功能电影的观众厅体形又各有特点，例如，普通电影院观众厅通常呈矩形或梯形，地面有一定坡度，银幕在观众厅前区；环幕电影的观众厅为环形，银幕依环形墙面设置为9~11块；球幕电影为半球形，银幕设置在观众席上部穹顶位置。

设计内容　　　　　　　　　　　　　　　　　　　　表1

序号	主要内容
1	将银幕有效画面做到最大，尽量做到墙到墙的银幕，以显示电影的特点
2	保证电影放映效果：体形设计应避免声聚焦、回声等声学缺陷
3	保证视线无遮挡
4	保证有舒适的座椅：电影院座椅不同于剧场座椅，一定是软椅，符合人体工程学，采用高靠背且具备杯托等多方面要求
5	观众厅的体形设计应与银幕的设置空间统一考虑，普通观众厅长度与宽度的比例宜为(1.5±0.2):1，巨幕观众厅长宽比例宜为(1.1±0.1):1，观众厅的长度不宜大于30m

注：最大有效画面宽度是指，在一个厅所放映的不同画幅制式影片中，以银幕放映画面宽度最大者为最大有效画面宽度。在正常放映状况下，银幕两边黑幕分别合理遮掉画面四周的虚边，未遮掉的画面宽度为有效画面宽度。

平面类型

长宽比例控制在1:1~1.2:1，主要用在巨幕影厅。
a 方矩形

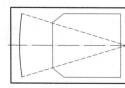

长宽比例控制在1.2:1~1.7:1，为最常见形式，体形及结构简单。
b 长矩形

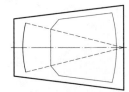

容量大、平面利用率高。
c 梯形一

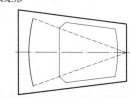

d 梯形二

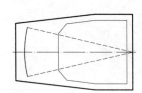

近年有缩短加宽的趋势。
e 钟形

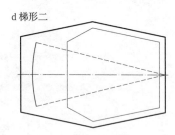

f 六角形（包括不等边六角形）

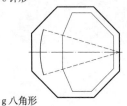

g 八角形

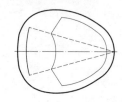

h 卵形

[1] 观众厅常见体形

剖面类型

剖面设计是观众厅设计的重要组成部分。决定观众厅剖面的主要因素为银幕有效画面高度及其上下两边黑幕高度、顶部建筑设备的高度、观众席视线设计的地面坡升高度、出入场交通及放映室楼面标高等因素。一般将放映室设在紧靠观众厅后墙的适当空间中，可以在夹层空间中，下面做休息或入场走廊等。

一般适用于家庭影院。
a 平坡

座椅错排排列、需做好视线分析。
b 小坡

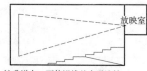

坡升增大，可使视线基本无遮挡。
c 阶梯座席一

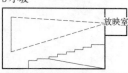

对于放映室过高的电影院，为满足放映俯角标准要求，可同时抬高银幕和凳椅距地高度。
d 阶梯座席二

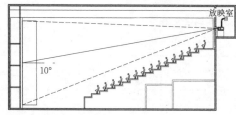

e 巨幕厅剖面图一（画幅比1.85:1，垂直放映偏角10°）

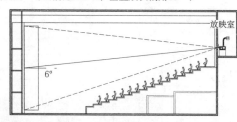

f 巨幕厅剖面图二（画幅比1.85:1，垂直放映偏角6°）

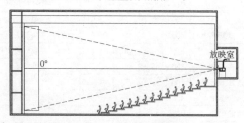

g 巨幕厅剖面图三（画幅比1.85:1，垂直放映偏角0°）

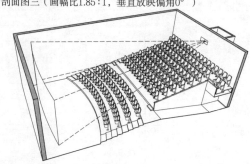

h 单厅剖透视图

[2] 观众厅剖面图

平面组合

平面组合方式　　　　　　　　　　　　　　　　　　　表1

类别	内容及要点
分散式	受建筑内其他功能限制、难于集中布置观众厅时采用，此方式不便于放映管理，增加运营成本，但观众厅位置灵活
并排式	把观众厅平行排列，放映空间连通集中设置，节约面积，经济性好，有利于放映工作，减少放映员
串联式	观众厅背靠背布置，中间部分为共用放映室，它具有上述两种方式的经济性、灵活性

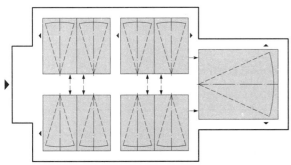

a 串联式多厅组合，巨幕厅单独放在一端，便于大小厅综合布置

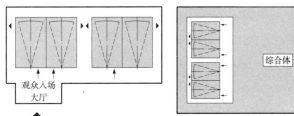

b 并排式多厅组合　　　　c 并排式多厅组合，建在综合楼内，全面考虑交通及疏散

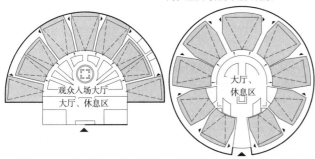

d 并排式多厅组合，集中观众入场等候区和放映室　　e 并排式环形多厅组合，集中观众入场等候区

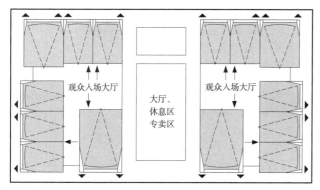

f 分散式+并排式多厅组合，分设观众入场等候区和放映室

1 多厅影院平面组合方式

影厅组合原则　　　　　　　　　　　　　　　　　　表2

序号	主要内容
1	电影院宜由观众厅、公共区域、放映室和其他用房等组成。根据电影院规模、等级以及经营和使用要求，各类用房可增减或合并
2	根据功能分区，合理安排观众厅区、放映室区的位置，尽量做到观众厅区相对集中，放映室相对集中
3	应解决好各部分之间的联系和分隔要求
4	人流组织应保证观众的有序入场及疏散，观众入场和疏散人流不宜有交叉
5	应合理安排放映、经营之间的运行路线，观众、管理人员和营业运送路线应便捷畅通，互不干扰

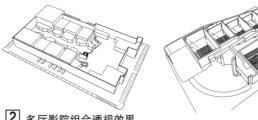

2 多厅影院组合透视效果

剖面组合

剖面组合方式　　　　　　　　　　　　　　　　　　表3

类别	内容及要点
单层	多个观众厅为同一层；便于室内外的联系，有利于疏散，用地不经济（占地大）
多层	多个观众厅不在同层，在上下层；布局紧凑，用地经济，利用楼梯完成层间的联系
高层	布局非常紧凑，用地紧张，一般在垂直向实行功能分区
错层	各个观众厅错半层，并且不在同层

注：有效画面高度、视线无遮挡、放映俯角选择和出入场交通应为剖面设计的重点。

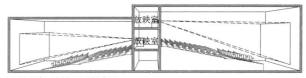

a 阶梯座席+陡坡，两侧布置

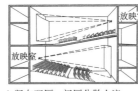 

b 竖向双厅，门厅分散人流　　c 国外某电影院剖面组合一

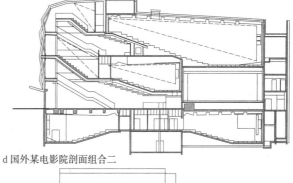

d 国外某电影院剖面组合二

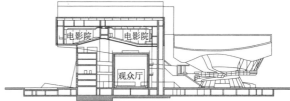

e 国外某电影院剖面组合三

3 多厅影院剖面组合方式

电影院 [5] 观众厅 / 工艺要求

观众厅工艺要求

观众厅视距、视角、放映角、银幕及尺寸等之间的相互关系　表1

类别	代号	名称	特级	甲级	乙级	说明
观众厅平剖面尺寸	$L_净$	观众厅净长(m)	矩形观众厅长宽比例宜为(1.3~1.7):1			此尺寸为观众厅内装修完成面净尺寸
	$W_净$	观众厅净宽(m)				银幕宽度(m)=$W_净$-(0.3~1.0)
	$H_净$	观众厅净高(m)	高宽比例宜为(0.68~0.45):1			宜在银幕高度基础上增加1.5~2.0m
	A	净面积(m^2)	与观众人数N的关系 $A=(1.3\pm0.2)\times N$			面积算至银幕后墙
			宜≥1.3/座	1.2~1.3/座	1.1~1.2/座	
	V	净容积(m^3)	每座宜≥6	每座5~6		净容积算至吊顶(不含银幕后面空间容积)
	L_1	银幕至前墙净距离(m)	宜≥0.8			指最窄处
	L_2	末排至放映镜头(m)	取决于观众后墙厚度			镜头至放映室前墙
	M_1	画面下沿至第一排地面(m)	宜≤1.5			相当于视点h的高度
	H_1	画面上沿至吊顶(m)	宜≥0.5			一般在1.0m左右
	H_3	放映口底至末排地面(m)	宜≥2.00	宜≥1.80		以人站起来不遮挡光束为原则
银幕与视距的关系	L	放映距离(m)				放映物镜至银幕中心的水平距离
			宜≥8	宜≥7		
	W	银幕有效画面宽度(m)	$W_净-1.0$			在一个厅所放映的两种不同画幅制式影片中,以银幕放映画面宽度最大者为最大有效画面宽度。在正常放映状况下,银幕两边黑幕分别合理遮掉画面四周的虚边,未遮掉的画面宽度为有效画面宽度
	H	银幕有效画面高度(m)	$W/2.39$或$W/1.85$			银幕画幅宽高比为2.39:1或1.85:1两种模式
	L_3	最近视距	宜≥0.60W	宜≥0.55W	宜≥0.50W	观众厅第一排中心座观众眼点至银幕中心的水平距离
	L_4	最远视距	宜≤1.8W	宜≤2.0W		观众厅最后一排座席观众眼点至银幕中心的水平距离
视线与视角		水平视角(°)	最小(末排)约30°,最大(首排)约80°			人的双眼水平视角约40°,以内为辨别视场,逾此则为周边视场
	α	斜视角(°)	宜≤35°	宜≤40°	宜≤45°	观众厅第一排边座观看银幕中心的视线与银幕中轴线形成的水平夹角
	δ	仰视角(°)	≤40°		≤45°	观众厅第一排中心座位观众眼点与水平线银幕上缘所构成的垂直夹角
	h	最低设计视点高度(m)	1.1~1.2(巨幕除外)			银幕上两种制式画面中最低有效画面下缘距第一排观众席地面的高度(以首排座椅位置的地面至视点水平基准到银幕画面下缘中点的垂直距离为视点高度);两画幅制式的高度H相等(等高法),则最低设计视点高度均为h
			$h=h_0-(H-H_0)/2$			当两种画幅制式高度不等时(等宽法)最低设计视点高度的计算公式,$(H-H_0)$为两种画幅有效画面高度差
	h_0	最高视点高度(m)	宜≤1.5	宜≤1.6	宜≤1.8	放映不同画幅比例格式影片时,若出现矛盾,以最低视点高度,以最高视点作为评定基准
	c	视线超高值(m)	每排≥0.12			视线超高值c=0.12m,取自我国人体工程学,即人眼至头顶的高度,是用来计算视线无遮挡设计的一个参数,改造项目可取用0.12
	R	银幕曲率半径	宜1.5~2.0L			宽银幕在水平方向呈弧面设计时,其曲率半径宜为放映距离L的1.5~2倍
放映光束与放映角	R'	座席曲率半径	1/2厅长弧线的曲率半径=L			观众厅正中一排或1/2厅长弧线的曲率半径一般等于放映距离
	P_h	水平放映角(°)	宜≤3°			放映光轴与银幕中轴线夹角在水平面上的投影
	P_v	垂直放映角(°)	宜≤6°			放映光轴与银幕中轴线的垂直夹角,分为放映仰角和放映俯角两种
	O	放映光束至厅内任何突出物的距离(m)	应≥0.5m,宜≥1m			—

注:1.本表主要指普通电影院的观众厅工艺。
2.后文图中代号参见本表。

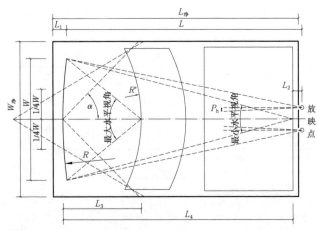

1 观众厅工艺设计平面图

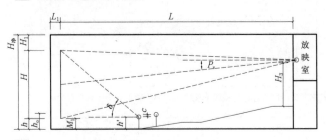

2 观众厅工艺设计纵剖面图

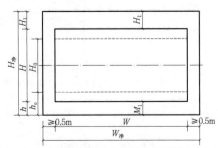

各画幅中心高度的水平轴线应为同一轴线,而不能将各画幅的下缘比齐。

3 观众厅工艺设计横剖面图

注:h_0—最高视点高度(m);
h'—观众眼睛离地高度(m);
H_0—2.39:1银幕有效画面高度(m)。

视距

视距一般用W的倍数表示。与最近视距0.6W相对应的水平视角为80°,与最远视距1.8W相对应的水平视角为37°。

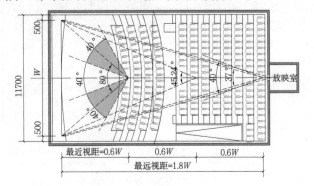

4 人眼双目视场与视距关系示意图

座席台阶排布

根据疏散方便和优良视线区域多放席位的原则,进行座席区域和纵横走道布置,每排座椅背线可分为直线、曲线、折线或混用,具体根据厅型大小及土建条件确定。

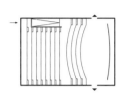
a 小厅单侧入,直线排列,无横走道

b 小厅单侧入,直线排列,有横走道

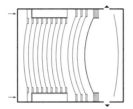
c 中厅单侧入,直曲结合排列,有横走道,两侧边走道

d 大厅双侧入双侧出,曲线排列,有横走道

[1] 座席台阶排布类型

观众厅座席排布设计要点　　　　　　　　　　　　表1

序号	主要内容
1	观众厅内走道的布局与观众座位相适应,与疏散门联系顺畅
2	两条横走道之间的座位不宜超过20排,靠后墙设置座位时,横走道与后墙之间的座位不宜超过10排
3	纵走道之间的座位数每排不宜超过22个;仅一侧有纵走道时,座位数减少一半
4	小厅座位宜按直线排列,大、中厅座位宜按直线与弧线两种方法单独或混合排列
5	观众厅内座位楼地面宜采用台阶式地面,前后两排地坪相差不宜大于0.45m
6	观众厅走道最大坡度不宜大于1:8,当坡度为1:10~1:8时,应作防滑处理;当坡度大于1:8时,应采用台阶式踏步,走道踏步高度不宜大于0.16m且不应大于0.20m
7	供轮椅使用的坡道应符合现行国家标准《无障碍设计规范》GB 50763中的有关规定
8	观众厅内座席台阶结构应采用不燃材料

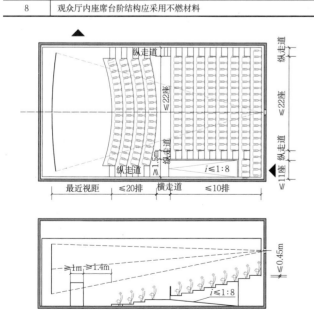

[2] 观众厅座席平剖面图

座椅排布

纵走道之间的座位数每排不宜超过22个;仅一侧有纵走道时,座位数应减少一半。

不同等级电影院的观众座席尺寸与排距　　　　　　表2

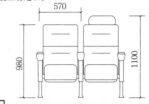

	等级	特级	甲级	乙级
	扶手中距(m)	≥0.56		≥0.55
	净宽(m)	≥0.48		≥0.46
	排距(短排法,m)	≥1.10	≥1.00	≥0.95
	排距(长排法,m)	≥1.15		≥1.10

注:靠后墙设置座位时,最后一排排距为排距、椅背斜度的水平投影距离和声学装修层厚度三者之和。

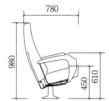

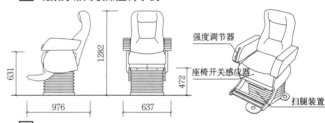

[3] 观众厅常用软席座椅示例

[4] 观众厅4D软席座椅示例

座席弧线排列做法

弧线座席排列是平面视线设计的重要因素,与剖面视线设计同等重要,其做法就是如何确定座席曲率半径,座席曲率半径主要做法有两种[5]。做法二比做法一的弧度要弯。

做法一:观众厅正中一排(或1/2厅长处)座席弧线的曲率半径R',一般等于放映距离;R'在中轴上的圆心为O'点,以此做同心圆即得各排弧线。

做法二:从斜视角的最边座,通过银幕宽度1/4处,与厅中轴线相交点位圆心,作为弧线排列的曲率半径。依据是最边座只需面向银幕宽度1/4处就可以了。

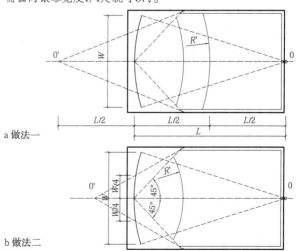

a 做法一

b 做法二

[5] 视听弧形座席排列做法

电影院 [7] 观众厅 / 视线与疏散

视线设计

视线设计既有剖面视线设计（垂直视线设计），又有平面视线设计（水平视线设计），剖面视线设计主要解决观众厅的地面升高（H_n），地面升高应符合视线无遮挡的要求，即后一排观众的视线从前一排观众的头顶能够看到银幕有效画面的下缘（或全部），使视线不受遮挡。

1. 地面升起高度取决于视点s的高度，视线超高值（视高差）c、排距d，及最小视距L_1。c值标准应每排$\geq 0.12m$。新建或改造单厅影院的标准可降低，但任何情况下不应低于隔排$0.12m$。

2. 人眼至其头顶距离为0.12m，后排观众的视线与前排观众眼睛之间的视高差为c，若能达到$c \geq 0.12m$，则无遮挡，$c < 0.12m$，则有不同程度的遮挡。

3. 视线设计有图解法、数解法和图表法等，本章主要简介图表法，其余做法可参见演艺建筑视线设计部分。

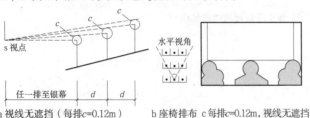

a 视线无遮挡（每排$c=0.12m$）　　b 座椅排布 c每排$c=0.12m$，视线无遮挡

1 视线无遮挡示意图

H_n 的计算　　　　　　　　　　　　　表1

所求点	X_n	$K_n=X_1/(X_{n-1})$	$P_n=Y_{n-1}-c$	$Y_n=K_n \times P_n$	$H_n=Y_0-Y_n$
0	X_0	—	—	$Y_0=h'-h$	0
1	X_1	$K_1=X_1/X_0$	$P_1=Y_0-c$	$Y_1=K_1P_1$	$H_1=Y_0-Y_1$
2	X_2	$K_2=X_2/X_1$	$P_2=Y_1-c$	$Y_2=K_2P_2$	$H_2=Y_0-Y_2$
3	X_3	$K_3=X_3/X_2$	$P_3=Y_2-c$	$Y_3=K_3P_3$	$H_3=Y_0-Y_3$
n	X_n	$X_1/(X_{n-1})$	$P_n=Y_{n-1}-c$	$Y_n=K_n \times P_n$	$H_n=Y_0-Y_n$

视线设计图表法示意图

注释表　　　表2

序号	主要内容
X_0	前一排观众眼睛到设计视点的水平距离（m）
X_n	后一排观众眼睛到设计视点的水平距离（m）
Y_0	前一排观众眼睛到设计视点的垂直距离（m）
Y_n	后一排观众眼睛到设计视点的垂直距离（m）
c	视线超高值，0.12m
H_n	地面升高值
h	设计视点高度（m）
h'	观众眼睛离地高度，1.10~1.15m

观众厅内疏散走道宽度 表3

名称	疏散宽度
中间走道净宽（m）	应≥ 1.00
边走道净宽（m）	宜≥ 0.80
横走道通行净宽（m）	应≥ 1.00

注：上表所列宽度与观众厅内疏散宽度计算数值矛盾时，取较大值。

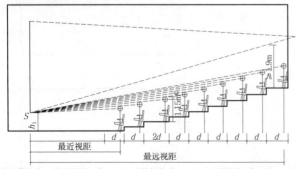

W为银幕宽度。最近视距：宜$\geq 0.6W$（特级）/宜$\geq 0.55W$（甲级）/宜$\geq 0.5W$（乙级）；最远视距：宜$\leq 1.8W$（特、甲级）/宜$\leq 2.0W$（乙级）

2 地面升高的无遮挡视线设计剖面图

电影院疏散

观众厅疏散　　　　　　　　　　　　　　表4

要点	序号	主要内容
特点	1	多厅和小厅：所谓小厅是指观众厅规模不大，普通观众厅的最大面积约720m²，最小面积75m²，巨幕观众厅的最大面积约860m²，最小约600m²，人数规模最大厅不宜超过600座
疏散门	2	观众厅疏散门的数量应经计算确定且不应少于2个，当面积$\leq 75m²$，且座位不超过30人时，可设置1个疏散门，详见表5
	3	每个疏散门的平均疏散人数应≤ 250人，净宽度应满足表6的计算要求，且不应小于0.90m
	4	疏散门不应设置门槛，在紧靠门口内外1.40m范围内不应设置踏步
	5	应采用向疏散方向开启的平开门或自动推闩式外开门，人数不超过60人且每樘门的平均疏散人数不超过30人的观众厅，其疏散门的开启方向不限
厅内疏散走道	6	观众厅内疏散走道的净宽度应按每100人不小于0.65m计算，且应小于1.00m；边走道的净宽度不宜小于0.80m。详见表3
	7	横走道之间的座位排数不宜超过20排；纵走道之间的座位数每排不宜超过22个，仅一侧有纵走道时，座位数应减少一半
	8	当疏散走道有高差变化时宜做成坡道；当设置台阶时，应有明显标识、采光或照明
	9	疏散走道应设置保持视觉连续的发光疏散指示标识
	10	观众厅内疏散走道宽度除应满足表5计算要求外，还需满足表3规定
厅内疏散距离	11	疏散门不少于2个的观众厅，其室内任一点至最近疏散门的直线距离应$\leq 30m$

观众厅疏散门数量　　　　　　　　　表5

厅型		净面积(m²)	人数规模(座)	每座净面积(m²/座)	疏散门数量	说明
VIP厅		≤ 75	≤ 30	2.5~3.35	1	疏散门一定是隔声门，不一定是防火门
		75~110	22~44		≥ 2	
普通观众厅	小厅	76~250	57~210	1.19~1.33	≥ 2	
	中厅	251~400	189~336		≥ 2	
	大厅	401~720	301~600		≥ 3	
巨幕观众厅		500~900	345~600	1.35~1.45	≥ 3	

电影院和观众厅每100人所需最小疏散净宽度（单位：m/百人）表6

疏散部位	耐火等级	一、二级
门和走道	平坡地面	0.65
	阶梯地面	0.75
楼梯		0.75

电影院疏散特点　　　　　　　　　　表7

序号	主要内容
1	关于多厅，小到4个厅，大到20个厅，座位总规模400人到2000人不等
2	运营时间不确定，经常24小时运营
3	电影院建筑应根据其建筑高度、规模、使用功能和耐火等级等因素，合理设置安全疏散和避难设施
4	独建电影院建筑应在满足电影放映工艺流程的条件下，使功能分区明确、交通路线组织合理，安全出口布置均匀，进出场人流应避免交叉和逆流，互不干扰
5	电影院散场观众回流至影院门厅内再进行其他的休息娱乐活动，或看另一场电影。在紧急状态下，能使观众和工作人员迅速疏散到集散空地，这是多厅电影院的疏散特点3
6	当电影院位于其他民用建筑内，其功能区域或者附近竖向交通（电梯和楼梯）应保证电影院24小时正常使用，同时应从属于综合体建筑物的平面和防火疏散要求，以确保迅速、安全地疏散到室外或其他防火区之内

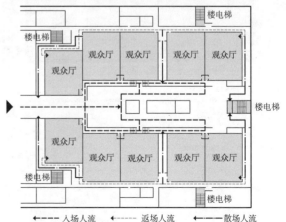

3 多厅电影院人流疏散示意图

单厅观众厅设计及实例

根据电影院观众厅的工艺要求,可合理确定观众厅规模或座位数,估算出观众厅净面积;依据矩形影厅长宽比例要求,可推导出影厅长宽尺寸,确定放映距离;根据银幕有效画面宽度和画幅比例,可计算出有效画面高度,完成观众厅的平、剖面设计(实例为一个平面对应两种画幅比例模式剖面图,具体工程中可根据实际情况调整)。

观众厅建筑工艺设计技术参考指标　　　　　　　表1

项目	分项	VIP厅	小厅	中厅	中厅	大厅	多功能厅
附图	平面、两种画幅模式剖面	大厅、多功能厅参见本页①、②,VIP厅、小厅、中厅参见后页①-④					
平面	影厅净长$L_净$(m)	15.00	14.60	20.36	26.40	28.20	33.20
	影厅净宽$B_净$(m)	8.70	9.00	11.70	15.00	18.00	22.00
	影厅净平面积A(m²)	131	131	238	396	508	730
	最大水平视角(°)	77.32°	79.61°	82.95°	81.89°	84.75°	84.5°
	最小水平视角(°)	31.89°	32.78°	37.59°	31.9°	346.69°	35.96°
	最近视距	0.6W	0.6W	0.6W	0.6W	0.6W	0.6W
	最远视距	1.75W	1.70W	1.76W	1.80W	1.64W	1.59W
	斜视角(°)	32.25°	33.1°	38.41°	39.97°	40.03°	41.81°
	影厅座席尺寸(m×m)	0.79×1.8	0.56×1.1	0.565×1.1	0.57×1.1	0.56×1.1	0.57×1.1
	影厅总座位数(座)	39	100	197	332	405	550
	影厅每座面积(m²/座)	3.35	1.31	1.21	1.19	1.25	1.33
2.39:1有效画面模式		—	—	—	—	—	—
银幕大小	W:银幕有效画面最宽(m)	8.00	8.00	10.70	14.00	17.00	20.00
	H:银幕有效画面最高(m)	3.35	3.35	4.48	5.85	7.12	8.38
	影厅净高$H_净$(m)	4.95	4.95	6.10	8.00	8.75	10.00
体形比例	长:宽:高	1.72	1.62	1.74	1.76	1.57	1.51
		1.00	1.00	1.00	1.00	1.00	1.00
		0.57	0.55	0.52	0.53	0.49	0.45
剖面指标	垂直放映角(°)	5.11°	5.63°	4.74°	3.3°	2.67°	1.99°
	最大仰角(°)	33.42°	34.51°	34.73°	34.85°	34.84°	34.83°
	影厅净体积V(m³)	589	594	1252	2730	3942	6336
	影厅平均混响时间T(s)	0.38	0.38	0.47	0.60	0.67	0.78
	影厅每座容积(m³/座)	15.10	5.94	6.35	8.22	9.73	11.52
1.85:1有效画面模式		—	—	—	—	—	—
银幕大小	W:银幕有效画面最宽(m)	8.00	8.00	10.70	14.00	17.00	20.00
	H:银幕有效画面最高(m)	4.33	4.33	5.79	7.57	9.19	10.81
	影厅净高$H_净$(m)	5.93	5.93	7.39	9.67	10.79	12.42
体形比例	长:宽:高	1.72	1.62	1.74	1.76	1.57	1.51
		1.00	1.00	1.00	1.00	1.00	1.00
		0.68	0.66	0.63	0.64	0.60	0.56
剖面指标	垂直放映角(°)	3.22°	3.68°	2.86°	1.17°	0.57°	0.11°
	最大仰角(°)	40.56°	41.72°	41.80°	41.84°	41.86°	41.91°
	影厅净体积V(m³)	697	699	1556	3150	4950	8096
	影厅平均混响时间T(s)	0.40	0.40	0.51	0.63	0.72	0.84
	影厅每座容积(m³/座)	17.88	6.99	7.90	9.49	12.22	14.72

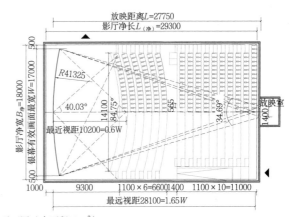

a 平面图（净面积508m²）

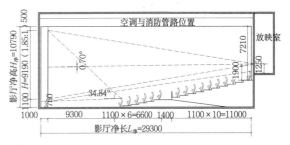

b 剖面图（画幅比1.85:1）

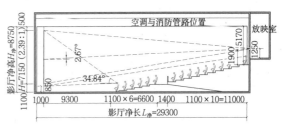

c 剖面图（画幅比2.39:1）

① 大厅（405座）

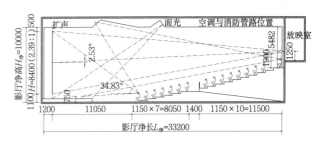

b 剖面图（画幅比2.39:1）

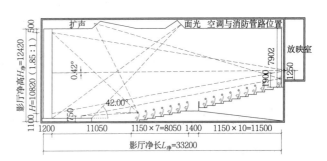

c 剖面图（画幅比1.85:1）

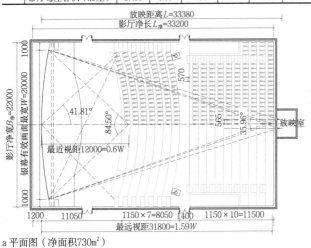

a 平面图（净面积730m²）

② 多功能厅（550座）

电影院 [9] 观众厅 / 实例

单厅座位规模分类、空间尺度、面积、容积和银幕宽表　　　　表1

厅型	最大人数(座)	标称面积范围(m²)	净宽(m)	净长(m)	长宽比	净高(m)	银幕宽(m)	净容积(m³)	每座净容积(m²/座)	备注
大厅	629	740~750	24	31	1.3:1	11.62	23	7659	12	净长不宜大于32m
	581	690~700	24	29	1.2:1	14.43	23	8779	15	
	578	680~690	23	30	1.3:1	11.21	22	6781	12	
	622	740~750	23	32	1.4:1	13.89	22	9054	15	
	529	620~630	22	29	1.3:1	10.79	21	5973	11	
	691	820~830	22	37	1.7:1	13.35	21	9667	14	
	482	570~580	21	27	1.3:1	10.37	20	5231	11	
	630	750	21	36	1.7:1	12.81	20	8452	13	
	437	520	20	26	1.3:1	9.95	19	4553	10	
	571	680	20	34	1.7:1	12.27	19	7343	13	人数宜大于350
	394	460~470	19	25	1.3:1	9.53	18	3936	10	
	516	610~620	19	32	1.7:1	11.73	18	6335	12	
	354	420~430	18	23	1.3:1	9.11	17	3378	10	
	463	550~560	18	31	1.7:1	11.19	17	5423	12	
	413	490~500	17	29	1.7:1	10.65	16	4604	11	
	366	430~440	16	27	1.7:1	10.11	16	3871	11	
中厅	316	370~380	17	22	1.3:1	8.69	16	2875	9	
	280	330~340	16	21	1.3:1	8.28	15	2424	9	
	246	290~300	15	20	1.3:1	7.86	14	2023	8	
	321	380~390	15	26	1.7:1	9.57	14	3220	10	人数宜350~201
	214	250~260	14	18	1.3:1	7.44	13	1668	8	
	280	330~340	14	24	1.7:1	9.03	13	2647	9	
	241	280~290	13	22	1.7:1	8.49	12	2146	9	
	206	240~250	12	20	1.7:1	7.95	11	1712	8	
小厅	185	220	13	17	1.3:1	7.02	12	1357	7	
	157	180~190	12	16	1.3:1	6.60	11	1088	7	
	132	150~160	11	14	1.3:1	6.18	11	856	6	
	173	200~210	11	19	1.7:1	7.41	10	1340	8	人数宜80~200
	109	130	10	13	1.3:1	5.77	9	660	6	
	143	170	10	17	1.7:1	6.86	9	1027	7	
	88	100~110	9	12	1.3:1	5.35	8	496	6	
	116	130~140	9	15	1.7:1	6.32	8	766	7	
VIP厅	28	80~90	8	10	1.3:1	4.93	7	361	13	人数宜小于60
	36	100~110	8	14	1.7:1	5.78	7	554	15	
	21	60~70	7	9	1.3:1	4.51	6	253	12	
	28	80~90	7	12	1.7:1	5.24	6	384	14	

注：1. 普通厅每座面积：不宜小于1.19m²/座；VIP厅每座面积为2.5~3.35m²/座。
　　2. 净容积≈0.88×净长×净宽×净高。

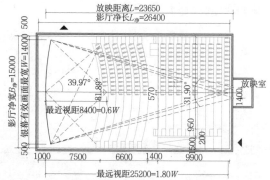

a 平面图（净面积396m²）

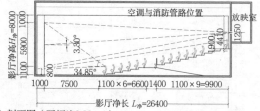

b 剖面图（画幅比2.39:1）

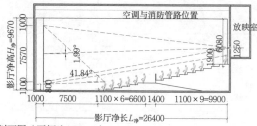

c 剖面图（画幅比1.85:1）

3 中厅（332座）

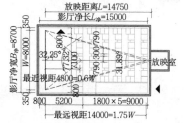

a 平面图（净面积130m²）

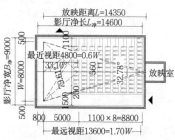

a 平面图（净面积131m²）

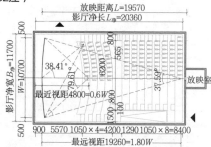

a 平面图（净面积238m²）

b 剖面图（画幅比2.39:1）

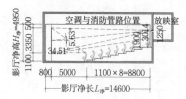

b 剖面图（画幅比2.39:1）

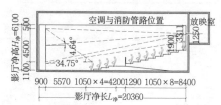

b 剖面图（画幅比2.39:1）

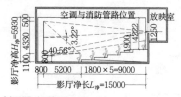

c 剖面图（画幅比1.85:1）

1 VIP厅（39座）

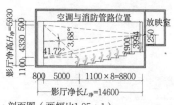

c 剖面图（画幅比1.85:1）

2 小厅（100座）

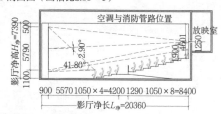

c 剖面图（画幅比1.85:1）

4 中厅（197座）

有效画面的设置

根据影厅高与宽、视点高度以及所需黑边框的大小，计算银幕（有效画面+黑边框）的最大有效画面。有效画面的设置见表1。

银幕画幅制式配置方法　　　　　　　　　　　　　　　表1

序号	配置方法	说明	适用范围	特点
1	等高法	两种制式银幕高度一致，左右宽度可根据画幅宽高比调整	目前多采用，适用于比较宽、矮的空间	两种画幅的银幕影像质量比较接近且较好；银幕结构简单，容易施工
2	等宽法	银幕宽度一致，上下高度可根据画幅宽高比调整	小厅宜采用，用于比较高、窄的空间	突出了遮幅银幕加大的优势，给观众更强的临场感；银幕结构复杂，施工难度大
3	等面积法	宽银幕和遮幅幕的面积宜相等，高度可根据画幅宽高比调整	大厅、巨幕厅宜采用，用于比较宽、高的空间	通过改变变形银幕的高度与遮幅幕的宽度，保证两种画幅格式银幕面积基本一致，通过调整幕框与镜头焦距的方法来获得

数字电影有效画面宽高比　　　　　　　　　　　　　　表2

分类	有效画面宽高比	放映方式及观赏条件					
		1.3K		2K		4K	
		高清分辨率	像素(万)	分辨率	像素(万)	分辨率	像素(万)
宽银幕	2.39:1	1920×817	131	2048×858	221	4096×1714	885
遮幅	1.85:1	1920×1080		1998×1080		3996×2160	
—	1.3K宽银幕宽高比2.35:1，遮幅为1.78:1（高清标准）	国内标准，适用于小厅		国际标准配置，适用于小、中、大厅		标准高，适用于大厅、巨幕厅	

注：有效画面宽高比是指画面宽度与高度的比例；它是电影技术领域中重要的基础标准参数，在电影技术的发展过程中，使用过很多类型的画面宽高比（例如1.33:1、1.37:1、1.66:1，在数字电影技术中也不再使用）；任何电影制作、发行、放映必须选定宽高比，K值越高，分辨率越大，清晰度越高，画面信息也越多，效果越好。

银幕架和黑幕框　　　　　　　　　　　　　　　　　　表3

	功能	银幕是观众视觉效果的最终媒质，银幕架（银幕框架）是银幕的载体，银幕张挂是否规范，将直接影响观众的视觉享受
银幕架	固定	应采用固定式银幕
	结构	采用金属框架，银幕架固定在影厅前墙地面或局部固定在前墙上
	尺寸	上下左右各边缘宽大于银幕有效画面0.50m
	弧形	弧形银幕架适用于银幕宽度≥10.0m的影厅，有利于提高银幕画面亮度分布的均匀度，银幕弧面中心点至幕后的墙面距离宜≥1.2m。银幕架两端宽度应依据弧形向两边延长，且应大于银幕画面的弧形中心深度[4]
	平面	平面银幕架适用于放映距离和银幕宽度的比值大于1.5，且银幕宽度≤10.0m的影厅，银幕至幕后的墙面距离宜≥1.0m
黑幕框	功能	银幕前应设置活动黑幕框，应将银幕有效画面以外部分全部遮挡，增加观众观看影像的舒适度。上沿与顶棚至少应有0.5m以上的空间
	材料	黑幕框一般使用金属框架，黑幕采用黑色（或深色）、无干扰光、透声、阻燃的织物
	活动幕框	电动装置应活动自如、定位准确，移动时不应产生明显噪声。当"等高法"放映时左右活动，上下边框固定；当"等宽法"放映时上下活动，左右边框固定；当"等面积法"放映时，上下左右活动
	边沿	应平（垂）直，应平整，如果是弧形银幕，黑幕框宜做成弧形安装
	间隙	黑幕框与银幕之间要有间隙，宜≥0.05m
	控制	宜遥控电动装置，操控系统要安全可靠，操作便捷

银幕曲率半径

幕面呈为弧形是放映质量的要求，应根据放映距离、银幕增益系数和有效散射角确定。

银幕曲率半径选择参考值　　　　　　　　　　　　　　表4

序号	放映距离	曲率半径	参考厅型
a	$L≤8m$	为直线	小厅
b	$8m<L≤10m$	放映距离和银幕宽度的比值大于1.5，为直线；放映距离和银幕宽度的比值小于1.5，$R=1.5～2.0L$	小厅、中厅
c	$10m<L≤14m$	$R=1.5～2.0L$	中厅、大厅
d	$14m<L≤20m$	单机放映：$R=1.2～1.5L$；双机放映：$R=1.5～2.0L$	大厅
e	$L>20m$	双机放映：$R=1.2L$	巨幕

注：L—放映距离，R—弧形幕的曲率半径。

银幕的类型及适用范围　　　　　　　　　　　　　　　表5

银幕类型	主要适用范围
白幕	中小厅，2D电影
增益白幕	大中小厅，2D、3D电影
金属银幕	大中小厅，2D、3D、巨幕电影

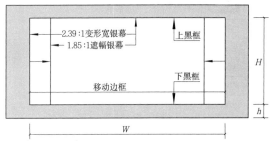

1 "等高法"银幕画幅制式配置

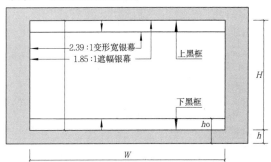

2 "等宽法"银幕画幅制式配置

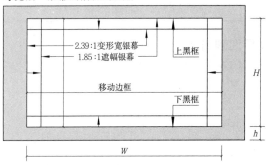

3 "等面积法"银幕画幅制式配置

注：W—银幕最大画面宽度(m)；H—银幕最大画面高度(m)；h—设计视点高度(m)；h_0—最高视点高度。

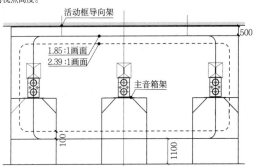

4 银幕架示意图

电影院 [11] 声学设计 / 概述·混响时间

概述

声学设计原则 表1

分类	内容
建声	重点在观众厅的体形设计，避免回声、颤动回声、声聚焦等声学缺陷
	应保证观众厅内达到合适的混响时间及其频率特性的控制
	确保观众厅有均匀的声场、足够的响度
	控制噪声的侵入
电声（还音系统）	设计重在还音设备的选择与布置
	确保观众厅内声场的均匀分布
	确保声辐射方向合理
	确保还音音质良好

设计要点 表2

分类	内容
扬声器	扬声器的安装位置与高度要符合观众厅声场客观条件
	扬声器的特性（指向性、频率特性、功率等）必须满足电影立体声还音的技术条件
	银幕后主声道扬声器与环绕声扬声器的相对距离要满足声像定位条件（不宜超过50ms的声距离）
	电影还音系统及扬声器布置应确保还音质量，即原录制时的音质效果
观众厅	银幕后墙面应作中高频吸声处理，有利于控制银幕后中高频反射声，有利于银幕后多组主扬声器的声像定位
	后墙应采用防止回声的全频带强吸声结构
	具有良好立体声效果的座席范围宜为全部座席的2/3以上
	不宜设置楼座
	适当控制观众厅每座容积（包括银幕区），观众厅每座容积一般为乙级4.7~6m³，甲级6~8m³，VIP厅8m³以上

观众厅混响时间

1. 电影院观众厅混响时间，应根据观众厅的实际容积按下列公式计算或从 1 中确定：

500Hz时的上限公式为：$T_{60} \leq 0.07653 V^{0.287353}$ (s)

500Hz时的下限公式为：$T_{60} \geq 0.03281 V^{0.333333}$ (s)

式中：T_{60}——观众厅混响时间（s）；
V——观众厅的实际容积（m³）。

2. 特、甲、乙级电影院观众厅混响时间的频率特性应符合表3的规定。

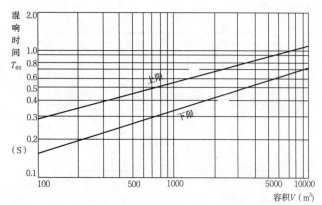

1 观众厅内所要求的混响时间与其容积的对应关系

电影院观众厅混响时间表的频率特性 表3

频率（Hz）	63	125	250	500	1000	2000	4000	8000
T_{60}^f / T_{60}^{500}	1.00~1.75	1.00~1.50	1.00~1.25	1.00	0.85~1.00	0.70~1.00	0.55~1.00	0.40~0.90

观众厅混响时间设计目标值计算表 表4

项目	分项	VIP厅	小厅	中厅	中厅	大厅	大厅
平面	影厅净长$L_净$（m）	15.00	14.60	20.36	26.40	28.20	33.20
	影厅净宽$B_净$（m）	8.70	9.00	11.70	15.00	18.00	22.00
	影厅净平面面积A（m²）	131	131	238	396	508	730
	影厅总座位数（座）	39	100	197	332	405	550
	影厅净高$H_净$（m）	4.95	4.95	6.10	8.00	8.75	10.00
面积	单侧墙面积（m²）	67.70	66.00	107.00	182.00	219.00	288.00
	前墙高（m）	4.95	4.95	6.10	8.00	8.75	10.00
	后墙高（m）	3.39	3.16	3.31	4.41	5.31	5.76
	影厅表面积S（m²）	469.0	467.8	800.5	1342.2	1706.3	2383.4
	影厅净体积V（m²）	589	594	1252	2730	3942	6336
	前墙面积（m²）	43.1	44.6	71.4	120.0	157.5	220.0
	后墙面积（m²）	29.5	28.4	38.7	66.2	95.6	126.6
指标	混响时间下限（s）	0.291	0.291	0.380	0.481	0.559	0.659
	混响时间上限（s）	0.502	0.503	0.633	0.775	0.882	1.016
	影厅混响时间T（s）	0.38	0.38	0.47	0.60	0.67	0.78
	影厅每座容积（m³/座）	15.10	5.94	6.35	8.22	9.73	11.52

注：1. 本表为2.39:1有效画面模式的数据。
2. 混响时间目标值以本册P519 1、2和P520 1~4中有关数据为依据。

观众厅混响时间计算表（实例） 表5

电影厅基本情况：$V=2730m^3$，$S=1342m^2$

位置	材料和构造	净面积（m²）	125Hz		250Hz		500Hz		1000Hz		2000Hz		4000Hz	
		S	α	$S\times\alpha$	α	$S\times\alpha$	α	$S\times\alpha$	α	$S\times\alpha$	α	$S\times\alpha$	α	$S\times\alpha$
顶棚	12厚石膏板+50厚玻璃棉+150空腔	396.0	0.29	114.8	0.10	39.6	0.05	19.8	0.04	15.84	0.07	27.7	0.09	35.6
前墙	25厚玻璃棉	120.0	0.05	6.0	0.20	24.0	0.60	72.0	0.85	102.0	0.80	96.0	0.75	90.0
后墙	织物+50玻璃棉+150空腔	66.0	0.86	56.8	0.99	65.3	0.99	65.3	0.99	65.34	0.99	65.3	0.99	65.3
侧墙	12厚穿孔石膏板（穿孔率8.7%）+100玻璃棉+170空腔	90.0	0.74	66.6	0.71	63.9	0.61	54.9	0.53	47.70	0.40	36.0	0.34	30.6
	双层12厚石膏板	90.0	0.15	13.5	0.09	8.1	0.05	4.5	0.04	3.60	0.07	6.3	0.09	8.1
	织物+50玻璃棉+150空腔	148.0	0.86	127.3	0.99	146.5	0.99	146.5	0.99	146.52	0.99	146.5	0.99	146.5
地面	橡胶地板	123.0	0.02	2.5	0.03	3.7	0.03	3.7	0.04	4.92	0.04	4.9	0.04	4.9
走道	化纤地毯	123.0	0.12	14.8	0.18	22.1	0.30	36.9	0.41	50.43	0.52	64.0	0.48	59.0
门	隔声门	5.0	0.15	0.8	0.15	0.8	0.08	0.4	0.06	0.30	0.08	0.4	0.08	0.4
观察窗	玻璃	1.0	0.18	0.2	0.06	0.1	0.04	0.04	0.04	0.04	0.02	0.02	0.0	0.0
观众席	观众坐在座椅上	180.0	0.60	108.0	0.74	133.2	0.88	158.4	0.96	172.80	0.93	167.4	0.85	153.0
空气吸声	$4mV$		—	—	—	—	—	—	—	24.57	—	60.1		
	RT		—	0.68		0.69		0.60		0.57		0.55		0.54
	频率特性					1.13		1.14		1.00		0.94		0.91	0.89

观众厅噪声控制 表1

序号	主要内容
1	噪声容许标准：当放映机及空调系统同时开启时，空场情况下，观众席连续稳态噪声的平均声压级不应超过表2内各噪声评价曲线所规定的数值
2	观众厅宜利用休息厅、门厅、走廊等公共空间作为隔声降噪措施，观众厅出入口宜设置声闸
3	观众厅内均设有较多的吸声材料，这些吸声材料除了起吸声作用之外，还能使厅内的声压级降低
4	设有空调系统或通风系统的观众厅，应采取防止厅与厅之间串声的措施。空调或通风系统均应采用消声降噪、隔振措施，见表3

观众厅背景噪声的声压级 表2

等级	特级	甲级	乙级
观众厅	应≤NR25	应≤NR30	宜≤NR30

通风和空调的噪声控制与机电设备的隔振措施 表3

通风和空调系统的噪声控制	一般规定	新风、空调机房应远离观众厅
		风机或空调箱等设备应安装在有效的隔振基础上
		应选用运行高效率、低噪声的空调设备及风机
	消声设计	消声设计应在31.5Hz~4000Hz中心频率范围内各1/1倍频程带内进行计算
		确定空气动力机械（或系统）的噪声功率级和各倍频带声功率级
		选定消声器的装设位置
		确定消声器的类型
		选用或设计适用的消声器
		除应消除空调设备或风机所产生的空气动力噪声外，还应消除在共用风道系统内的各观众厅之间的相互串声
	风速	通风、空调系统的风道内及观众厅出风口，应避免风速过高引起的再生噪声。风道及出风口的风速应控制在表4的范围内
机电设备的隔振	一般规定	机电设备应根据设备与观众厅的距离、振源传播途径等情况进行隔振设计
		电梯竖井和泵房、冷却塔应远离观众厅
		为了减小振源的振幅，机座应具有一定质量的惯性机座。对于水泵，惯性机座重量宜大于设备重量的1.5倍
		机房内的水表管道、风机送、回风管应采用隔振吊钩（或支架）
		风机送回风管、水泵、冷冻机、气体压缩机等设备与其管道系统间，应采用柔性连接
	管道弹性连接	穿越隔声楼板或墙的水泵、冷冻机管道，应采用柔性材料与楼板或墙隔开
		风管等穿过双重隔声墙时，墙洞内应装穿墙套管，风管由套管内穿过。套管与风管之间，套管与墙洞之间均应用多孔吸声材料填充密实，不能有刚性连接

风道及送、回风口处风速的设计推荐值（单位：m/s） 表4

位置 NR评价曲线	主风道	支风道	出风口
25	5	4.5	2.5
30	6.5	5.5	3.3
35	7.5	6	4.0

影厅与周边房间/区域之间的隔声要求（单位：dB） 表5

名称	建筑围护结构			
	影厅	走道	放映室	空调机房
影厅	≥60，低频≥50（措施1）	≥50（措施2）	≥45（措施2）	≥60，低频≥50（措施1）
门	无声闸≥45，有声闸≥35（措施3）	—	无声闸≥45，有声闸≥35（措施5）	—
窗	≥45（措施4）	—	≥45（措施4）	—
楼板	撞击声≤50或≤45（措施6）		撞击声≤45dB（措施6）	

措施1	双道加气混凝土块（或砖墙），两墙之间留120空腔，内填容重的高容重岩棉板（或玻璃棉板），再加双面抹灰，或者240砖墙+空腔+石膏板和玻璃棉组合轻质墙的组合详见表6
措施2	单层墙，加气混凝土块（或砖墙）双面抹灰
措施3	成品隔声门
措施4	成品放映观察窗，放映窗宜采用一层≥12厚的光学玻璃，观察窗有隔声要求时宜使用双层（或多层）不同厚度的浮法玻璃，在各玻璃层间的窗框四周作吸声处理；玻璃与窗框之间应用弹性材料减振并采取密封措施；窗框与墙洞之间的缝隙必须填充密实。隔声窗临观众厅一面的玻璃宜倾斜6°以上
措施5	出入口宜设1道或2道隔声门，设置2道隔声门时，"声闸"内应有强吸声处理，隔声门应有良好的机械性能
措施6	在中间楼板上做简易浮筑地面，楼板下做隔声、吸声吊顶。浮筑楼板的计权规范化楼板撞击声压级宜低于45dB
说明	门的空气声隔声性能为空气声隔声单值评价量+频谱修正量（dB），即计权隔声量+粉红噪声频谱修正量R_w+C
	楼板的空气声隔声性能要求为撞击声隔声单值评价量（dB），即计权规范化撞击声压级$L_{n,w}$
	观众厅如为上、下层时，两层楼板之间的隔声颇为重要，除了要隔绝前述空气声外，还要隔绝观众走动、座椅翻动等撞击产生的固体声传

双墙隔声量 表6

编号	材料	构造（mm）	面密度（kg/m²） m1+m2	空气层后附加隔声量（dB）	双层墙的隔声量（dB）	频率(Hz)
1	砖墙+砖墙	240+100+240	432+432	12	72.17	500
2	砖墙+加气墙	240+100+200	432+110		68.93	
3	加气墙+加气墙	200+100+200	110+110		62.66	
4	加气墙+加气墙	250+100+250	137.5+137.5		64.21	

注：穿墙管线要作软连接处理，两厅之间的墙不要开洞进线以免降低隔声效果。

观众厅顶部楼板的撞击声隔声标准 表7

楼板部位	撞击声隔声单值评价量（dB）			
	计权规范化撞击声压级$L_{n,w}$（实验室测量）		计权标准化撞击声压级$L'_{nT,w}$（现场测量）	
	乙级	特级、甲级	乙级	特级、甲级
观众厅	<50	<45	≤50	≤45

声学装修材料布置 表8

编号	部位	材料要求	说明
1	银幕后的墙面	25~50mm厚玻璃棉板实贴墙面，外包黑色玻璃丝布或阻燃布	中高频吸声处理
2	观众厅前区两侧墙面	低频吸声材料和中高频吸声材料间隔布置	宜设计成反射面，同时避免颤动回声
3	观众厅前区吊顶	低频吸声材料和中高频吸声材料间隔布置	宜设计成反射面，观众厅前区吊顶高度一般为银幕高度再加0.5~1.0m，并能满足银幕安装及运行的空间要求
4	观众厅中后区吊顶	低频吸声材料和中高频吸声材料间隔布置	避免颤动回声
5	观众厅中后区两侧墙	低频吸声材料和中高频吸声材料间隔组合	应避免侧墙环绕扬声器的颤动回声，环绕扬声器的轴线应指向观众席
6	观众厅后墙	全频吸声材料，空腔不小于150mm	强吸声处理
7	观众厅前区地面	宜采用地毯	阻燃
8	墙面、顶面的龙骨	宜采用金属厚壁龙骨	间距不宜大于600mm

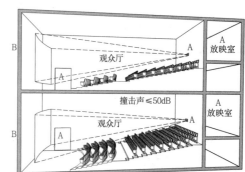

1 观众厅隔声性能要求透视图

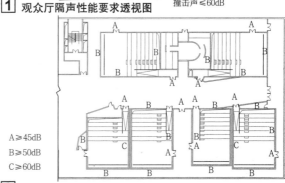

2 观众厅隔声性能要求平面图

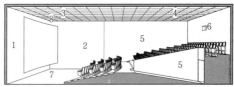

3 材料布置图　　图中数字对应内容详见表8。

电影院 [13] 还音系统

还音系统

还音系统设计要点　　表1

序号	项目		要求
1	定义		是指由数字电影音频处理器、功率放大器、监听与扬声器系统构成的电影院内的立体声还音系统
2	音频处理器		电影的声音从数字影院播放服务器出来，通过音频处理器到功放再到各扬声器
3	功率放大器	主声道	宜在满足峰值功率电平配置的基础上留有≥3dB的功率裕量
		环绕声道	每组功率配置宜在满足峰值功率电平配置的基础上留有≥3dB的功率量
		次低频声道	应在满足峰值功率电平配置的基础上亦留有相应的功率裕量
4	还音机柜		还音机柜通常设置在放映室内，主要由数字电影音频处理器、电子分频器和各声道功率放大器构成
5	扬声器	位置	还音系统中B环扬声器设置在观众厅内
		主声道	主要有左、中、右3组（大/巨幕另算），设置在银幕后面　最大声压级103±3(dBC)
		环绕声道	分别设置在观众席的左、右侧墙与后墙，对于多声道立体声系统，在观众厅顶部与左、右后墙面也可设置环绕扬声器　最大声压级100±3dBC
		次低频声道	可根据观众厅的容积配置，一般为2~4个，也置于银幕后地面，利用互耦效应提高声辐效率　最大声压级113dBC
6	声道制式	传统平面类环绕立体声 5.1	3组主声道扬声器在银幕后，2组环绕声扬声器左后环和左后环，右环和右后环，其中".1"声道则是一组次低频扬声器在银幕后面，构成5.1（或称6声道）立体环绕声系统
		7.1	在5.1基础上，增加2个新的侧环绕声道，3组主声道扬声器在银幕后，4组环绕声扬声器左环、左后环、右后环，一组次低频扬声器在银幕后面，构成7.1（或称8声道）立体环绕声系统
		杜比全景声	音效可从任意方向（包括头顶）产生，增顶部扬声器，一侧多个音箱可逐个发出不同声响，最多采用64个独立扬声器输出
		电影多平面立体声 巴可沉浸声	通过三维（长度、宽度和高度）环绕声，特别是增加了上方环绕声场，使观众可感受到来自四周及上方不同纬度的声音层次，5.1可升级至本系统格式，同时支持5.1、7.1或13.1系统
		中国13.1多维声	采用5个前方声道、2个环绕声道、2个后环绕声道、2个后角声道、2个顶部声道、1个次低音声道，构成了影院14个有效声道的三维空间，可从5.1升级至本系统格式，也为15.1、22.1等多声道格式预留空间

部分还音扬声器外形尺寸及重量　　表2

生产厂家	类型	型号	外形尺寸(mm) 高	宽	深	重量(kg)	额定功率(kW)	分频与单元	适用厅型
美国QSC	主音箱(S)	SC-2150	1412	762	368	53	1.0+0.32+0.080	三分频	中小厅
		SC-424				116	1.6+0.3+0.5+0.8		
		SC-414	1460		514	77	0.8+0.3+0.5+0.8	四分频	大中厅
	银幕上层扬声器	SC-423C-F	2032	800	483	116	1.6+0.35+0.275+0.075		
		SC-424-8F	1016	800		116	1.6+0.5+0.5+0.8		
	次低频(SB)	SB7218	1220		610	95	1.50	2只单元	大厅
		SB-1180	912	762	297	40	0.50	低频单元	中小厅
		SB-15121	1238		610	91	2.50		大厅
	环绕声(SR)	SR-8200	495	363		11	0.40		中小厅
		SR-8101	495	305	244	8.4	0.30	二分频	小厅
		SR-1030	495	401	259	16.5	0.80		
	顶部环绕声	AP-5122	660	381	330	30	0.55		大厅
		AP-5152	813	445	386	36	0.63		
	顶部低音扬声器	GP-118	531	656	772	50	1.70	2只单元	
		GP-218	508	1198	762	87	3~4		
美国JBL	主音箱(S)	JBL4722N	1265			55	0.8+0.085	两分频线列	小厅
		JBL4732	2427	762	450	84	0.8+0.2+0.085		大厅
		JBL3732	1937			78	0.5+0.15+0.085	线阵列	中小厅
	次低频(SB)	JBL4642A	762	1219	610	98	1.20	2只单元	大厅
		JBL4645C	1010	674	450	63	0.80	低频单元	大厅
	环绕声(SR)	JBL8340A	457	457	260	9	0.25		大中厅
		JBL8320	406	343	224	5	0.15+0.6	二分频	中小厅
中国音霸	主音箱(S)	EP-CPS4211	1860	820	960	98	1.6+0.6		大中厅
		EP-CPS4215	1350	700		65	1.2+0.3		中小厅
		EP-CPS4216	1910	760	450	89	1.6+0.6	三分频	大厅
	次低频(SB)	EP-CPS4241	1050	640	540	60	0.80	低频单元	
		EP-CPS4242	760	1220	600	92	1.60	2只单元	中小厅
	环绕声(SR)	EP-CPS4282	370	380	220	6	0.40	二分频	
		EP-CPS4284	465	455	250	12	0.50		大中厅
中国飞达	主音箱(S)	FD-3315MVA	2400	760	400	120	0.8+0.4	三分频	大厅
		FD-2215MVA	1770	745	450	75	0.8+0.1		中厅
		FD-2152MVA	1220	760	400	62	0.6+0.1	二分频	中小厅
	次低频(SB)	FD-118BMV	657	400	1014	53	0.60	低频单元	中厅
		FD-218BMV	1203	605	780	100	1.20	2只单元	大厅
	环绕声(SR)	FD-08MVP	330	227	430	7	0.12	二分频	中小厅
		FD-10MVP	420	245	500	8	0.20		大中厅

注：以上数据以厂家最终产品为准。

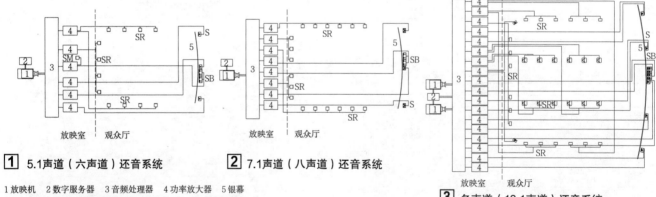

① 5.1声道（六声道）还音系统　　② 7.1声道（八声道）还音系统　　③ 多声道（13.1声道）还音系统

1 放映机　2 数字服务器　3 音频处理器　4 功率放大器　5 银幕
S 主扬声器　SB 次低频扬声器　SR 环绕扬声器　SM 监听扬声器

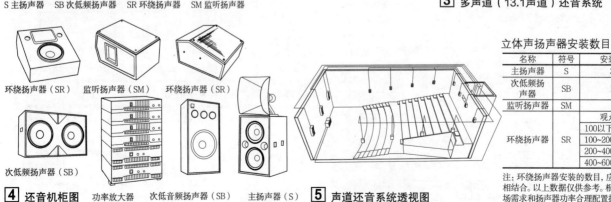

④ 还音机柜图　　功率放大器　　次低音扬声器(SB)　　主扬声器(S)　　⑤ 声道还音系统透视图

环绕扬声器(SR)　监听扬声器(SM)　环绕扬声器(SR)
次低频扬声器(SB)

立体声扬声器安装数目　　表3

名称	符号	安装数目	
主扬声器	S	3~5	
次低频扬声器	SB	1~4	
监听扬声器	SM	2	
环绕扬声器	SR	观众席数	
		100以下	8
		100~200	8~10
		200~400	12~16
		400~600	18以上

注：环绕扬声器安装的数目，应与安装要求相结合。以上数据仅供参考。根据观众厅声场需求和扬声器功率合理配置扬声器数目。

扬声器布置

各声道扬声器主要有主声道、环绕声道和次低频三种类型。1为典型的电影院观众厅内的布置方式。

环绕扬声器的安装高度推荐值表　　　　　　　　　表1

观众厅的净宽 $W_净$(m)	7	8	9	10	11	12	13	14	15	16	17	18	19	20	21
环绕扬声器的安装高度 H_4(m)	3.10	3.03	3.01	3.03	3.07	3.14	3.22	3.31	3.41	3.52	3.64	3.76	3.89	4.02	4.15
观众厅的净宽 $W_净$(m)	22	23	24	25	26	27	28	29	30	—	—	—	—	—	—
环绕扬声器的安装高度 H_4(m)	4.29	4.43	4.57	4.71	4.86	5.01	5.15	5.30	5.46	—	—	—	—	—	—

扬声器布置尺寸　　　　　　　　　　　　　　　　表2

符号	说明	备注
$L_净$	观众厅净长（m）	普通$L_净:W_净=(1.3\sim1.7):1$
$W_净$	观众厅净宽（m）	巨幕$L_净:W_净=(1.0\sim1.25):1$
$H_净$	观众厅净高（m）	普通$H_净:W_净=(0.68\sim0.45):1$
L_1	银幕与前墙的净距离（m）	$L_1\geq0.8$
L_3	观众厅第一排中心座观众眼点距银幕中心的水平距离（最近视距）	普通$L_3\geq0.5W$，巨幕$L_3\geq0.50W$
L_5	主扬声器声轴与观众厅第一排的距离（m）	$L_5=1/2\sim1/3L_净$
L_6	银幕与后墙的净距离（m）	$L_6\leq L_净-0.8$
W	银幕有效画面宽度（m）	$W=W_净-1.0$
H	银幕最大画面高度	宽高比$W:H=2.39/1.85:1$
H_0	各种画幅制式的高度（m）	—
H_1	画面上沿至吊顶（m）	$H_1=H_净-H-h\geq0.5$
h	设计视点高度（m）	$h=h_0-(H-H_0)/2$
h_0	最高视点高度（m）	$h_0=h+(H-H_0)/2$
T_1	主扬声器间距（3组或5组之间间距）（m）	$T_1=(W-0.9)/2$ 或 $T_1=(W-0.9)/4$
h_2	主扬声器高音号筒中心与银幕画面下沿的距离（m）	$h_2=1/2\sim2/3H$
E	环绕扬声器的间距（m）	普通$E=2.5\sim4$，全景声$2\sim3$
E_1	环绕扬声器与后墙净距离（m）	$E_1\geq2/3E$
E_2	环绕扬声器与侧墙净距离（m）	$E_2\geq E$
H_4	环绕扬声器辐射中心离地面（m）	$H_4=\sqrt{W_净^2-16+90/6W_净}$
S	银幕后主声道扬声器（声辐射中心高度应一致）	$h=h_0-(H-H_0)/2$
SB	银幕后次低频扬声器	—
SR	环绕扬声器	—

注：1. 为满足安装高度要求，主扬声器应以钢支架支承。钢支架应有足够刚度，扬声器发出声音时不应产生杂音。钢支架与扬声器间应设弹性垫层。
2. 主扬声器一般分左、中、右3个声道分别供声以确保立体声效果。左右声道扬声器与侧墙前端环绕扬声器之间距大于左、中、右声道扬声器间距，以减少环绕扬声器对主扬声器声像方向的干扰。
3. 两侧扬声器的边距不宜超过银幕边框。前区环绕扬声器与后区环绕扬声器的最大距离不宜大于17m，前区环绕扬声器的水平位置不宜超过第一排座席。
4. 以上内容详见1。

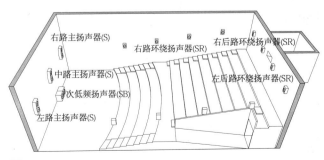

1 观众厅内电影立体声扬声器布置方式

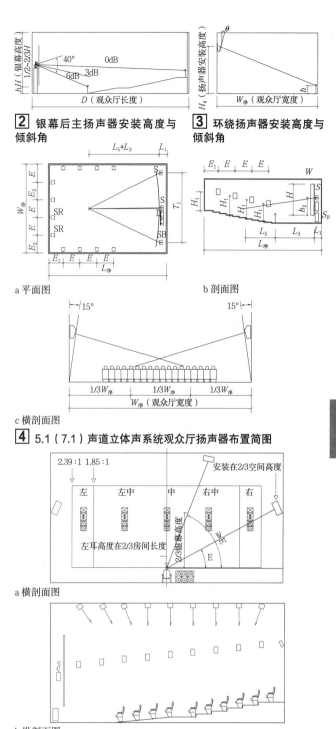

2 银幕后主扬声器安装高度与倾斜角

3 环绕扬声器安装高度与倾斜角

4 5.1(7.1)声道立体声系统观众厅扬声器布置简图

5 多声道立体声系统观众厅扬声器布置简图

电影院 [15] 放映系统

放映系统

放映系统　　　　　　　　　　　　　　　　　　　　　　　表1

数字影院放映系统	数字影院放映系统[1]主要由数字放映机、播放服务器、电影立体声还音设备、音频处理器、功率放大器及银幕等其他相关配套设备组成
	数字放映机负责将图像投射到银幕上，可根据银幕画幅尺寸与亮度标准要求选用1台或2台放映机
	播放服务器负责存储和播放数字电影节目，对数字电影数据包（DCP）进行解包解封装、接收密钥传送消息（KDM）并提取解密密钥、内容解密、图像解压缩等处理，并分别将图像和声音信号传送至数字放映机和还音系统
	还音设备可设置为5.1声道、7.1声道或其他形式多声道
	数字电影音频处理器处理6声道（8声道）数字声信号，并馈送给左、中、右、次低频、左环绕、右环绕（左后环绕、右后环绕）声道的功率放大器与扬声器
数字影院自动化放映系统	影院自动化管理系统的引入，健全了电影院节目存储、节目与密钥分发、电影放映全自动、全方位的管理，见[2]。图中系统的中央服务器，通过电影厅的播放服务器与网控配电终端实现节目传输、设备管理、电影的实时播放与监控。在可靠网络条件下，可完成数十个电影厅的全部放映与管理
可控4D形式自动化放映系统	自动化放映系统中增加4D形式电影的控制与管理[3]

放映方式分类　　　　　　　　　　　　　　　　　　　　　　　表2

序号	放映形式	放映机（含服务器）/辅助硬件/周边设备	光源	还音设备	银幕中心亮度	适用范围
1	2D	单机	汞灯、氙灯	5.1声道	$48±10.2$ cd/m²	大中小厅
		单机+激光光源柜	激光			
2	单机3D	单机+液晶偏振片屏（Real-D技术）	汞灯、氙灯/激光	5.1/7.1声道	16^{+6}_{-3} cd/m²	中小厅
		单机+圆偏振转盘控制装置（MasterImage3D技术）				
		单机+同步转换器、信号发射器（XpanD 3D技术，主动式眼镜）				
		单机内部设置滤光轮装置、同步控制器（Dolby 3D技术）				
		上下双镜头各加液晶偏振片屏				
3	双机3D	两个单机3D并列设置	氙灯/激光	5.1/7.1 /9.1/11.1 /13.1/15.1 全景声道		大中厅
		两个单机3D并排设置				
		两个单机3D上下叠加				
		两个单机3D 90°放置				
		两个单机3D 180°放置				
4	巨幕	通常双机3D	氙灯/激光		立体眼镜后观看宜$≥15$cd/m²	巨幕
		少量大功率单机3D				
5	4D/5D（兼容2D/3D）	兼容2D或4D	汞灯、氙灯/激光	5.1/7.1声道	16^{+6}_{-3} cd/m²	小厅
		在3D基础上增加4D动感座椅系统				
		在4D基础上增加座椅和观众厅特效系统				

部分播放服务器的外形尺寸与重量　　　　　　　　　　　　　　表3

播放服务器		外形尺寸(mm)			重量(kg)
品牌	型号	高	宽	深	
环球GDC	SX-2001A	177	482	616	25
杜比Dolby	DSS-200	133	483	686	29.5
Doremi	DCP2K4	130	480	520	20

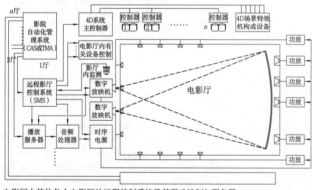

[1] 数字影院放映系统基本架构图

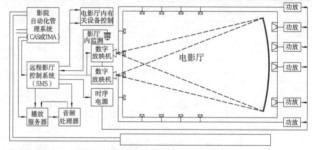

电影厅内其他各个电影厅的远程控制系统及其联动控制与服务器。

[2] 数字影院自动化放映系统架构图

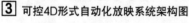

电影厅内其他各个电影厅的远程控制系统及其联动控制与服务器。

[3] 可控4D形式自动化放映系统架构图

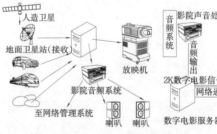

[4] 数字电影放映系统简图

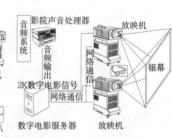

[5] 双机3D数字电影放映简图

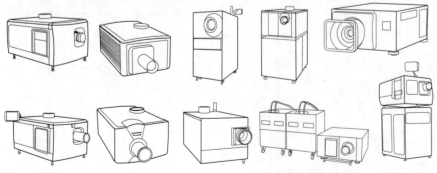

[6] 常见放映机简图

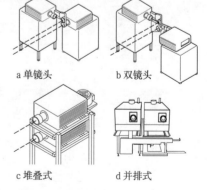

a 单镜头　　b 双镜头
c 堆叠式　　d 并排式

[7] 3D双机放映简图

放映系统 [16] 电影院

部分数字放映机产品参数 表1

生产厂家	机型号	高度(mm)	宽度(mm)	长度(mm)	重量(kg)	银幕最大宽度(m)	分辨率/光源	处理器	外接抽风管	灯泡功耗(kW)	光输出(lm)	适用厅型
比利时巴可(Barco)	DP2K-10S	325	626	925	67	≤10m	2K/短弧氙灯	2D/单机或双机均可放3D	无	2.2	9000	无放映室小厅
	DP2K-12C	558	694	1034	100	≤12m	2K/氙灯		有	1.2、2	9500	小厅
	DP2K-15C				102	≤15m				1.2~3	14500	中厅
	DP2K-20C					≤20m				1.2~4	18500	大厅
	DP2K-19B	604	754	1129	133	≤19m				1.2~3	19000	大中厅
	DP2K-23B				140	≤23m				1.2、4	24500	大厅
	DP2K-32B					≤32m				3、7	33000	
	DP4K-23B				134	≤23m	4K/氙灯			1.2、4	24500	大厅/巨幕
	DP4K-32B				141	≤32m				3、7	33000	
	DP4K 60L	—	—	—	—	≤24m	4K/激光	—	无		60000	
美国科视(Christie)	CP2215	395	685	688	55	≤15m	2K/氙灯	2D/单机或双机均可放3D	无	1.4、1.8、2.0、2.3	15000	无放映室中小厅
	CP2220	448	640	1175	116	≤21.3m	2K可升4K/氙灯		7m/s	2、3	22000	大厅/巨幕
	CP2230	479		1204	111	≤32m			14m/s	7	32000	
	CP4220	483	635	1811	116	≤21.3m	4K/氙灯		7m/s	3.3	22000	
	CP4230			1194	111	≤32m			14m/s	7	34000	
	Duo画画重合	两台Solaria与Duo集成套件组合				≥20m	2K、4K/氙灯/激光	双机3D			60000	
日本NEC	NC900C	314	621	798	44	≤10m	S2K/双汞灯	单机放3D	无/≤52dB	350W×2	7000	无放映室小厅
	NC1200C			990	92	≤14m	2K/氙灯		595m³/台·h	1.2~2.0	9300	中小厅
	NC2000C	503	700		99	≤20m		单机或双机放3D	780m³/台·h	1.2~4.0		大中厅
	NC2300S			1124		≤22m			780m³/台·h	4	18300	
	NC3200S				97	≤32m或	4K/氙灯		960m³/台·h	4.0、7.0	33000	大厅/巨幕
	NC3240S					≤22m			780m³/台·h			
	NC1100L	314	798	621	63		2K/激光	2D/3D	无/<54dB	—	—	无放映室小厅
SONY	SRX-R510P	634	548	1119	139	≤10m	4K/汞灯	2D/单机3D双头上下堆叠	有	0.45	9000	小厅
	SRX-R515P	570	546	1015	150	≤12m	2K/2D/3D,4K/2D/汞灯		934m³/台·h	2.3	15000	中小厅
	SRX-R320	640	700	1250	195	≤17m	4K、2K/氙灯		有	2/3/4.2	30000	大中小厅
	SRX-R220	1536	740	1396	300	≤14/17/20m	4K、2K/氙灯	2D	有	2/3/4.2	9000/13000/21500	
	Dual	两台SRX-R320并排或垂直组合3D系统				≤25m	4K、2K/氙灯	双机3D或2D	有	2×4/2×3灯10.8kW	40000	大厅/巨幕
SINOLASER	SL-2KC12B					14~21m	2K/激光	单机3D+激光光源	无/无噪声/独立水冷系统	5+10/光源机柜重量150~200kg	12000	中大厅
	SL-2KC20B			990							20000	
	SL-2KC25B	503	700		90~100					5+16/光源机柜重量19,210kg	25000	
	SL-2KC35B					14~22m					35000	
	SL-4KC20B			1124		22~33m	4K/激光			7+16/光源机柜重量180,220kg	20000	大厅
	SL-4KC38B					14~33m					38000	

注：以上数据以厂家最终产品为准。

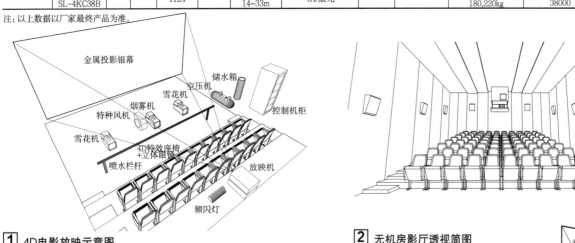

1 4D电影放映示意图
2 无机房影厅透视简图
3 双6P激光放映简图
4 单6P激光放映简图
5 多厅激光放映简图

4D电影放映及特效功能 表2

序号	设备	特效功能		
1	3D设备	在放映单或双机3D电影的同时，4D动感座椅和各类特效发生器配合影片内容，让观众在视觉、听觉、触觉、互动等方面感觉身临其境，这种环境特效被看作4D电影放映		
2	4D动感座椅	运动		上下、左右、前后翻滚运动，模拟升降、滚转、俯仰等动作
		特效	面部喷水	能把少量水喷于观众面部，模拟打喷嚏、水管破裂等情境
			面部喷气	模拟画面中爆炸冲击、子弹飞驰等感觉；模拟花香、咖啡、香水、火药等多种气味，喷气效果由每个座位的空气喷嘴完成，作用于观众头部颈部
			振动	设备内置在座椅坐垫内，作用时能够上下振动，实现12Hz的振动频率，让观众感觉上下的"振动"感
			扫腿	座椅下的弹性空气软管会拍观众的小腿部位，可以模拟动物钻到观众腿下的感觉
			推背	座椅靠背内置新型设备，实现5Hz的振动频率向前推动，让观众感觉背部强烈的"推背"和"触电"感
3	吊顶上特效设备	第一排座椅前铁栏杆		上留两小孔，会吹风、喷水、出雾、飘香
		安装风机、频闪灯、发泡机及香薰机等特效设备，模拟大风、闪电、爆炸、气泡、气味、降雪、降水、火焰、烟雾、激光等		
4	控制设备	通过电脑程序控制各种特效：控制风力大小、座椅的振动幅度、气泡设备启动时间，另外兼容2D和3D		

电影院 [17] 放映室

放映室

设计要点 表1

1	放映室是安装放映设备和放映员工作的地方,应能满足放映机(含服务器)、还音机柜、抽风散热装置、通风设备和配电装置等放映设备的安装要求
2	各观众厅的放映室宜集中设置,集中设置的放映室每层不宜多于两处,并有走道相通,走道净宽宜≥1.10m,放映室门/楼梯净宽宜≥0.90m,转弯处空间宜≥1.30m
3	放映机房的长、宽、高等尺寸应能满足数字放映设备的安装要求
4	放映室楼面均布活荷载标准值应≥2.5kN/m²
5	环境应清洁,温湿度应合适,应有良好通风,放映机背后墙上不宜开设窗户,当设有窗户时,应有遮光措施
6	放映设备安装的布局应合理、美观,便于放映操作
7	放映室的装修应考虑吸声

放映窗及观察窗设计要点 表2

1	双窗口方式(放映窗及观察窗分开时)	放映窗口宜呈喇叭口,喇叭口不应阻挡光束
		单机2D,放映窗内口净尺寸应为0.25m×0.25m
		单机被动式3D(镜头前加偏光镜):0.30m(宽)×0.50m(高)
		并排双机3D,放映窗内口净尺寸宜设计为0.60m(宽)×0.35m(高)
		上下叠放双机被动式3D,放映窗口应根据两台镜头的高度进行设置
		观察窗宜呈喇叭口,内口尺寸宜为0.30m(宽)×0.25m(高)
		放映窗口中心距观察窗中心宜为750mm
2	单窗口方式(放映窗及观察窗可等高合并)	合并后的放映窗口宜呈喇叭口,内口尺寸宜为0.90m(宽)×0.40m(高),喇叭口的外口尺寸不应阻挡光束
3	放映镜头中心距地高度	放映镜头中心宜在银幕的中心线上
		一般为1.20~1.25m,(标准机柜高度为880mm,放映镜头中心距机柜顶面为370mm)
		放映俯角过大时,为770mm(机柜高度为400mm)
4	放映窗	应安装光学玻璃,其安装不能与放映光轴垂直,应倾斜一定角度(以放映到光学玻璃面的任何反射光线不能反射到放映镜头为原则)
		宜配置防火闸门
5	观察窗	宜安装普通玻璃,宜设关闭装置,以防干扰光到观众厅

注:本表主要针对6声道和8声道的功放设备,若是采用其他多声道设备,应根据实际加宽放映室的长度。

放映室尺寸要求 表3

符号	名称	尺寸(m)	备注
a	放映机长度(含镜头)	0.8~1.811	参考"电影院[16]放映系统"表1
b	放映机宽度	0.62~0.76	
c	放映机高度	0.314~0.64	
A	放映机镜头至放映室前墙面净距	0.20~0.40	放映镜头宜在银幕宽度的中心线上
V	放映机身后部距放映室后墙净距	宜≥1.20	—
V_1	背靠背方向放映时,两台放映机之间的距离(过道)	宜≥1.00	—
J_1	放映机操作一侧距侧墙(或设备)的距离	宜≥1.00	—
J_2	放映机非操作一侧距侧墙(或设备)的距离	宜≥0.80	—
W_1	放映室净深(单侧放映时)	$W_1 \geq A+a+V$	≥2.2~3.40m
W_2	放映室净深(两侧放映时)	$W_2 \geq 2A+2a+V_1$	≥3.0~5.4m
L_1	单机放映净长	$L_1 \geq J_1+J_2+b+0.6m$	≥3.0~3.2m
L_2	双机放映净长	$L_2 \geq J_1+J_2+b+1.4m+0.6m$	≥4.4~4.6m
H	放映室净高	应≥2.20	宜≥2.60
B	放映窗口外侧的观众厅最后一排地坪前沿距放映光束下缘	应≥1.80	宜≥1.90
Z	双台放映机的轴线间距	≥1.40	

注:放映机位置偏离银幕中心应≤1.5m。

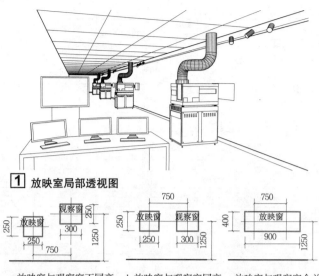

1 放映室局部透视图

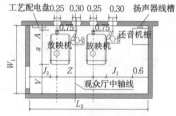
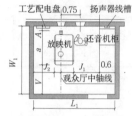

a 放映窗与观察窗不同高　b 放映窗与观察窗同高　c 放映窗与观察窗合并

2 放映窗口形式

a 单侧双机(3D)放映室平面图　　b 单侧单机放映室平面图

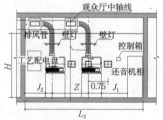
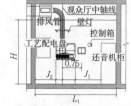

c 双侧双机(3D)放映室平面图　　d 数字双机垂直放映剖面图

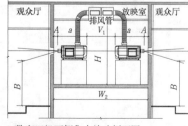

e 单侧双机(3D)放映室剖面图　　f 单侧单机放映室剖面图

g 数字单机放映剖面图　　h 数字双机两侧集中放映剖面图

3 放映室示意图(单位:m)

暖通设计要点　　　　　　　　　　　　　表1

序号	项目	部位	设计要点
1	冷热源	制冷（热）机房	宜独立设置，方便管理、计量和经营
2	观众厅内通风空调系统	各观众厅	各厅设置独立的空调、排风和排烟系统
3	观众厅用空调机组	各观众厅空调机房	观众厅用空调机组宜采用双风机形式，使过渡季节全新风运行。若采用单风机形式，过渡季节新风量不小于60%，空调箱风机带变频
4	隔振降噪	邻观众厅的空调机房、各空调系统	邻观众厅的空调机房应有可靠的隔振建筑措施；消声器应设在观众厅外
5	空调通风噪声控制	供观众厅内送（回）、排风（烟）系统	空调箱选用低噪声型，送回风主风管风速建议<6m/s。特别是出屋面的排烟、排风系统要设置消声器，排烟（风）的室外出口应远离噪声源
6	观众厅内风口位置要求	观众厅吊顶	所有风（烟）口不应靠近银幕，距银幕的垂直距离宜≥4m
7	观众厅风口形式	观众厅内空调风口	净空高度>7m，宜采用旋流风口；净空高度<7m，宜采用散流器（考虑台阶的高度）
8	防火（排烟）阀设置	—	不应设在观众厅内
9	售票小卖区空调	售票小卖区域	宜有单独的空调送风口，或者单独的风机盘管
10	巨幕放映室空调	巨幕无尘放映室	应有独立空调，应考虑设备的额外5kW散热，新风量大于1100m³/h，过滤为高效过滤器
11	放映室机械通风或空调	放映室	无机械通风或空调的应组织好自然通风 放映室处于空气负压，宜空调新风。空气进风口不应设置在放映机上方，集中放映的新风总量按观众厅1100m³/h×厅数，根据空间别1~2台。集中放映也可设全新风系统或者风机盘管+新风系统（风机盘管明装），新风应顺畅、清洁，并应有过滤设施（粉烟尘m10<0.15mg/m³） 宜配备温湿度计（温度10~28℃，相对湿度5%~60%），湿度大的地区应设抽湿机
	排风		
1	卖品库房排风	卖品库房	单独设分体空调或排风系统
2	爆米花机排风	爆米花机位	宜单独设机械排风，排风机风量按3000m³/h·台，管道上应设隔油装置
3	放映机散热排风	放映室	每组放映机宜单独设排风，可在机组正上方预留203mm的排风口（双机3D及巨幕预留300mm）；集中排风，应满足放映机的排风风速风量要求（风速12~15m/s）；巨幕排风设置双风机（一用一备）；排风量1000~1100m³/h，管道出口应有防雨、防溅和防虫措施
	管线	—	
1	管道跨观众厅隔声处理	被穿越的观众厅	风管不应跨越观众厅。水管道不宜串厅，如必须串厅，穿墙处应加套管并作柔性封堵
2	喷淋头	放映室	不应设在放映机上方
3	管井设置	—	各种管井应设在观众厅墙外
4	排风（抽风机）	—	放映机需配一台抽风机，流量为3000~3500m³/h（此风机为电影专用风机，由电影设备供应商提供），以保证同路量有余量。总风管应有总风管风机，总风管的截面、走向和总风管风机规格由通风设计定

电气设计要点　　　　　　　　　　　　　表2

序号	项目	部位	设计要点
1	用电组成		设置一台观众厅配电箱，该配电箱负责各观众厅普通照明、放映机（含服务器）、还音机柜、抽风散热装置、银幕控制箱等工艺设备的供电
2	电源		照明和电力的电压偏差允许值为±5%，应设UPS电源
3	用电量		放映设备（一个厅）一般可按15kW考虑预留，若设置2K机（4kW灯时），用电量应不小于15kW
4	照明配电	放映室	每个观众厅单独设置照明配电箱，配电箱容量主要由场灯照明、清扫用照明、墙面壁灯、台阶灯或座位排号灯、银幕后照明、放映口壁灯、观众厅和放映室插座等施用电量综合确定；一般可按4~6kW考虑综合容量 照明配电宜设在放映室工艺配电箱一侧，应远离还音机柜，防止干扰还音效果
5	观众厅照明控制		观众厅的照明应智能平滑或分档调节明暗 照明控制开关宜两地设置，一处设置在放映室观察窗口附近，一处设置在入口处附近
6	自动放映系统		应设置对应的弱电系统及其设备
7	接地		电源接地：将各放映设备的机壳接在此地线上，常设置在配电盘的接地位置 信号接地（数字放映机、信号源服务器和音频还音系统）；放映室内设独立的专用信号接地装置时，接地电阻≤4Ω。采用共用接地装置时，接地电阻≤1Ω，应将还音机柜的外壳接在专用的信号地线上
8	强电/弱电布线	观众厅、放映室	电源线独立走线，网线、TMS、SMS的信号线分类布线

注：当放映机使用3kW氙灯时，通常供电容量要求在15kW以上；如果采用5kW氙灯时，供电容量要求在20kW以上。

电影放映机的排风量、排风速度选用表　　　　　　表3

	2kW氙灯	3kW氙灯	4kW氙灯	6kW氙灯	6.5kW氙灯	7kW氙灯
排风量（m³/台·h）	500	600	800	900	900	1000
风速（m/s）	≥8~12	≥8~12	≥8~12	≥10~15	≥10~15	≥10~15

注：排风软管直径为201~203mm的，并可以延长到放映机安装位置。

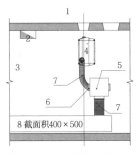
a 单机放映室通风平面简图

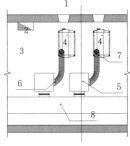
b 双机放映室通风平面简图

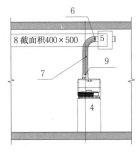
c 单机放映室通风剖面简图

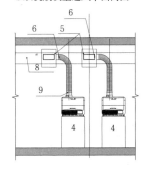
d 双机放映室通风剖面简图

1 观众厅　　4 数字放映机　　7 软管/软连接
2 放映配电箱　　5 风机　　8 总风管
3 放映室　　6 风机与软管夹箍　　9 软管与放映机风管口夹箍

1 单机、双机放映室通风简图

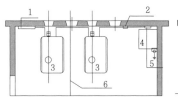
a 单侧双机放映室电气平面简图

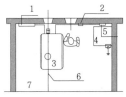
c 单侧单机放映室电气平面简图

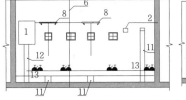
b 单侧双机放映室电气立面简图

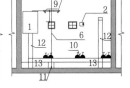
d 单侧单机放映室电气立面简图

1 工艺配电箱　　6 观众厅中轴线　　10 插座
2 银幕、场灯控制箱　　7 放映室　　11 金属线槽1
3 放映机　　8 壁灯　　12 金属线槽2
4 还音机柜　　9 工作照明灯　　13 金属线槽3
5 扬声器线槽

2 单侧单机、双机放映室电气简图

电影院 [19] 公共区域

公共区域设计要点　　表1

主要用房	功能和设计要点
组成	公共区域宜由门厅和休息厅、售票处、卖品部、厕所、寄存处、入场通道、贵宾接待室和营业用房等组成
门厅和休息厅	门厅是室内外各个交通空间交会处和枢纽，是人流出入汇集的场所 休息厅应适当布置座椅，供候场观众休息，或布置咖啡厅或茶座休闲消费区 门厅和休息厅内交通流线及服务分区应明确，宜设置售票处、卖品部、衣帽间、小件物品寄存处或衣物存放处等 电影院门厅和休息厅（含售票处和小卖部）合计使用面积指标应满足：甲级电影院不宜小于0.50m²/座；乙级电影院不宜小于0.30m²/座；门厅、休息厅的面积可综合计算，灵活调配。厅内人数按有固定座位的按实际座位数的1.1倍计算 电影院设有分层观众厅时，各层的休息厅面积宜根据分层观众厅的数量予以适当分配 门厅或休息厅宜设有观众入场标识系统
售票处	人工售票、自助售票、网络售票兑换及问讯 三种布置：一是影院门厅内设柜台式的售票处，二是售票处独建在场地或门入口处；三是在主体建筑内另1个售票间，窗口向室外 售票窗口（或售票柜台）的数量每300座不宜小于1个，相邻两个售票窗口（或售票柜台）的中心距离不宜小于1.00m，售票处的建筑面积宜按每窗口（或售票柜台）1.50~2.00m²计算；中型及以上电影院宜设团体售票服务间 朝向室外的售票窗口，其窗口上部应设置雨棚 宜安装醒目的显示设施，可显示出节目单、厅号、放映时间表、价格表等 中型及以上电影院售票处宜设有1m线标识和购票活动栏杆
卖品部（或冷饮部）	小卖部柜台分为前柜台、后柜台，后柜台上方设价目表和食品广告灯箱 前柜台台面上设施主要有收银机、饮料机，前柜台正面有食品展示柜和爆米花保温柜，前柜台背面主要有衣帽柜、储藏槽和杆盖分配器等 后柜台台面设施主要有：爆米花机、雪泥机、热饮机、热狗机、玉米脆片保温柜、热水器等，以及洗手盆和洗碗盆。落地设施有制冰机和冰柜 可根据观众厅的位置，就近分散设置，面积指标不应小于该区域观众厅0.04m²/座，并宜设置适当的等候区域 柜台宜预留电源和给水排水接口 前后柜台宽度不宜小于0.70m，间距不宜小于1.10m
寄存处	宜设置自助寄存或衣物存放处 衣物存放处布置主要由柜台和衣架组成，其布置方式有敞开式、半敞开式和滑动存衣架的方式 面积指标不宜小于0.04m²/座
入场通道	检票入场口，将各个观众厅和交通空间联系起来 宽度应满足防火规范疏散宽度要求，且不小于2.20m（放映室最小进深） 入场通道附近宜设置厕所或贵宾休息室
厕所	属于附属式公共厕所，应设置在门厅和休息厅附近，也宜设置在入场通道，服务人数应有固定座位的按实际座位数的1.1倍计算，女厕位与男厕位（含小便站位）的比例不应小于2:1，其设置应符合《城市公共厕所设计标准》CJJ 14中的有关规定
贵宾接待室	作为VIP影厅的休息室，或根据甲级电影院举办首映式、电影明星与影迷见面会的需要设置贵宾接待室
营业用房	由电影产品专卖店、餐饮经营用房、室内游艺、娱乐设施、电影产品陈列室等用房组成
其他设施	应有电影院布局图和观众厅标识，应有提供影片放映信息的显示设施，应有活动和固定的影像宣传设施，其宣传面积见表2

1 前厅与观众厅组合常用方式

2 前厅统一于所在建筑层高　　**3** 前厅二层通高

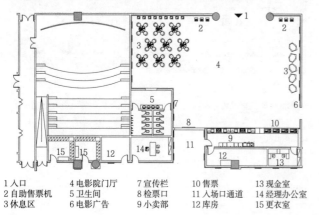

1 入口　　4 电影院门厅　　7 宣传栏　　10 售票　　13 现金室
2 自助售票机　5 卫生间　　　8 检票口　　11 入场口通道　14 经理办公室
3 休息区　　6 电影广告　　9 小卖部　　12 库房　　15 更衣室

4 电影院门厅平面布置

影院门厅星级评定要求　　表2

	一星级	二星级	三星级	四星级	五星级
门厅大小（m²/座）	0.10	0.20	0.30	0.40	0.50
宣传位大小（m²）	≥10	应≥15	≥20	≥30	≥40

注：1. 门厅包括休息厅和有中、英文标识的售票厅等。
　　2. 宣传位主要指宣传广告橱窗和其他宣传设施。

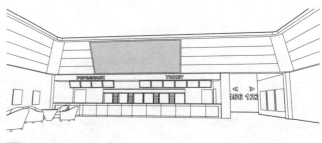

5 小卖部局部透视图

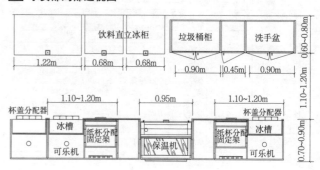

6 小卖部前、后排柜台平面布置

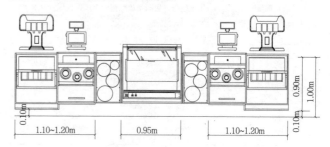

7 小卖部前排柜体立面图

8 小卖部后排柜体立面图

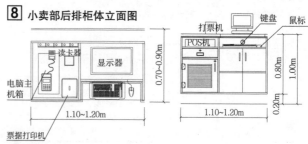

9 售票柜台单元平、立面布置

巨幕影院 [20] 电影院

数字巨幕影院观众厅放映主要技术参数　　表1

序号	项目		技术要求
1	银幕	尺寸	有效画面宽度W(弦宽)(m)　应≥20
			有效画面高度H(m)　宜≥11
			画幅宽高比($W:H$)　1.85:1
		安装	宜垂直安装,在水平方向应采用弧面安装
			采用增益型银幕,表面应平整,不应出现褶皱、下垂、伸长和收缩等现象
			其弧面半径R　应根据银幕增益系数、有效散射角和放映距离确定
			弧面半径R　宜1.2W
			银幕的下视点高度(m)　应≤0.50
2	观众厅座椅		宜采用软椅,其吸声性能宜接近于人体
			表面应采用深色面料,避免产生银幕干扰光
			两扶手中心到中心宽度(m)　宜≥0.58
			扶手间净宽(m)　宜≥0.48
3	视距		最近视距　宜≥0.5W
			最远视距　宜≤1.3W
4	排距		最小座椅排距(m)　应≥1.15
			用长排法布局的排间净宽(m)　应≥0.40
			用短排法布局的排间净宽(m)　应≥0.35
5	视线超高值(c值)		观众厅的地面升高　应满足视线无遮挡的要求
6	最大仰视角		首排座位观众的垂直最大仰视角　应≤46°
7	观众厅表面内饰		靠近银幕区域的侧墙、顶棚和地面的表面应使用深色低反光材料,以减少产生银幕干扰光
8	放映光轴偏角		水平放映偏角　宜≤3°
			垂直放映偏角　应≤6°, 宜≤10°
9	放映距离L		放映物镜至银幕中心的距离　应≥1.15W
10	放映机安装		位置　应使产生的银幕上的图像几何畸变尽量最小
			采用双机放映时　应使银幕上的两幅独立图像重合度尽量最大
			放映主光轴投射到银幕后　应能反射到观众座席中心区域
11	放映窗口	玻璃	应使用高透光率的光学玻璃
			尺寸应适宜,以恰能使最大的放映画面形成的光斑通过窗口而不遮挡为宜
			外开口的下边缘距离放映厅最后排座椅所在地面的高度应≥2.0m
			安装放映窗口玻璃时应调整玻璃与放映光轴之间的夹角,避免放映时在银幕上出现影响画面质量的附加影像
12	观众厅建筑声学特性		混响时间(T_{60}),频率特性,声场分布,背景噪声,声缺陷　应符合《电影院建筑设计规范》JGJ 58的技术要求

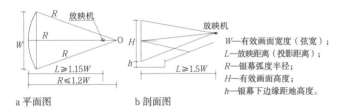

W—有效画面宽度(弦宽);
L—放映距离(投影距离);
R—银幕弧度半径;
H—有效画面高度;
h—银幕下边缘距地高度。

a 平面图　　b 剖面图

1 巨幕影院放映简图

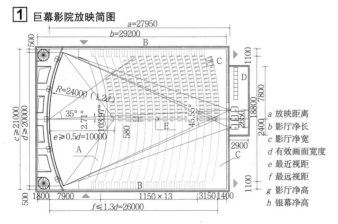

2 巨幕厅(467座)平面图(巨幕宽20m,厅净面积613m²)

巨幕厅各种类型基本指标(画幅比1.85:1)　　表2

项目	分项	巨幕厅1			巨幕厅2			巨幕厅3			指标
		剖面一	剖面二	剖面三	剖面一	剖面二	剖面三	剖面一	剖面二	剖面三	
银幕大小	画幅比($W:H$)	1.85			1.85			1.85			1.85:1
	银幕有效画面宽W(m)	20.00			23.00			25.00			应≥20
	银幕有效画面最高H(m)	10.81			12.43			13.50			宜≥11
	银幕有效画面积(m²)	216			286			338			宜216~350
	银幕曲率半径(m)	1.2W									宜1.2W
平面	影厅净长$L_净$(m)	29.20			33.00			33.15			宜≥29
	影厅净宽$B_净$(m)	21.00			24.00			26.00			宜≥21
	最大水平视角(°)	103.97°			103.97°			103.99°			宜≤104°
	最小水平视角(°)	45.55°			45.55°			49.26°			宜≥45°
	最近视距	0.5W			0.5W			0.5W			宜≥0.5W
	最远视距	1.3W=26.00			1.3W=29.90			1.2W=30.00			宜≤1.3W
	最大斜视角∠B	35°			35°			35°			应≥35°
	水平放映偏角(°)	2.71°			2.52°			2.51°			宜≤3°
	座席曲率半径(m)	1.0~1.2W									1.0~1.2W
剖面	垂直放映角(°)	10°	6°	0.87°	10°	6°	0°	10°	6°	0°	应≤10°宜≤6°
	最大仰视角(°)	40.9°	42.96°	45.45°	40.41°	42.63°	45.69°	38.75°	41.07°	45.22°	应≤46°
	前墙高(m)	11.81			13.43			14.50			宜≥12
	后墙高(m)	3.96	5.76	8.05	6.12	9.18	4.63	6.70	10.18		宜≥4.0
	影厅净高$H_净$(m)	11.81			13.43			14.50			宜≥12
比例	净长:净宽:净高	1.39			1.38			1.28			(1.28~1.38):1:0.56
		1.00			1.00			1.00			
		0.56			0.56			0.56			
面积	单侧墙面积(m²)	235	259	289	299	330	375	328	358	412	宜≥200
	前墙面积(m²)	248.0			322.4			377			宜≥240
	后墙面积(m²)	83	121	169	97	147	220	120	174	265	宜≥80
	影厅平面净积A(m²)	613			792			862			宜600~900
	影厅表面积S(m²)	2028	2113	2222	2601	2719	2877	2877	2992	3190	宜1800~3000
指标	影厅座席尺寸(m×m)	0.58×1.15									宜≥0.58×1.15
	影厅座位数(座)	467			595			616			450~620
	影厅每座面积(m²/座)	1.31			1.33			1.40			宜≥1.30
	影厅平均混响时间T(s)	0.72	0.74	0.77	0.81	0.83	0.87	0.85	0.87	0.91	宜0.70~0.90
	影厅净体积V(m³)	4935	5439	6069	7165	7910	9005	8528	9316	10712	宜4300~10000
	影厅每座容积(m³/座)	10.6	11.6	13.0	12.0	13.3	15.1	13.8	15.1	17.4	宜10~17
	影厅净面积与有效画面积比	2.84			2.77			2.55			宜2.6倍
图例		本页:②、③,下页:①、②			下页:③、④、⑤、⑥			下页:⑦、⑧、⑨、⑩			—

注: 1. 本表格示意图分布于本页及下页。
2. 巨幕厅银幕背面均设置声障板,影厅净体积以声障板至观众厅后墙的净容积计。影厅平面净面积含声障板后面音响空间面积。

A 前横走道
B 纵走道
C 后横走道
D 放映室
E 观众厅中轴线
F 银幕边缘
G 放映光线上缘
H 扩音器支架
I 前横走道
J 放映中心光束
K 放映光线下缘
L 静压箱

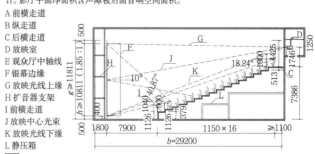

3 巨幕厅(467座)剖面图(垂直放映偏角10°)

电影院 [21] 巨幕影院

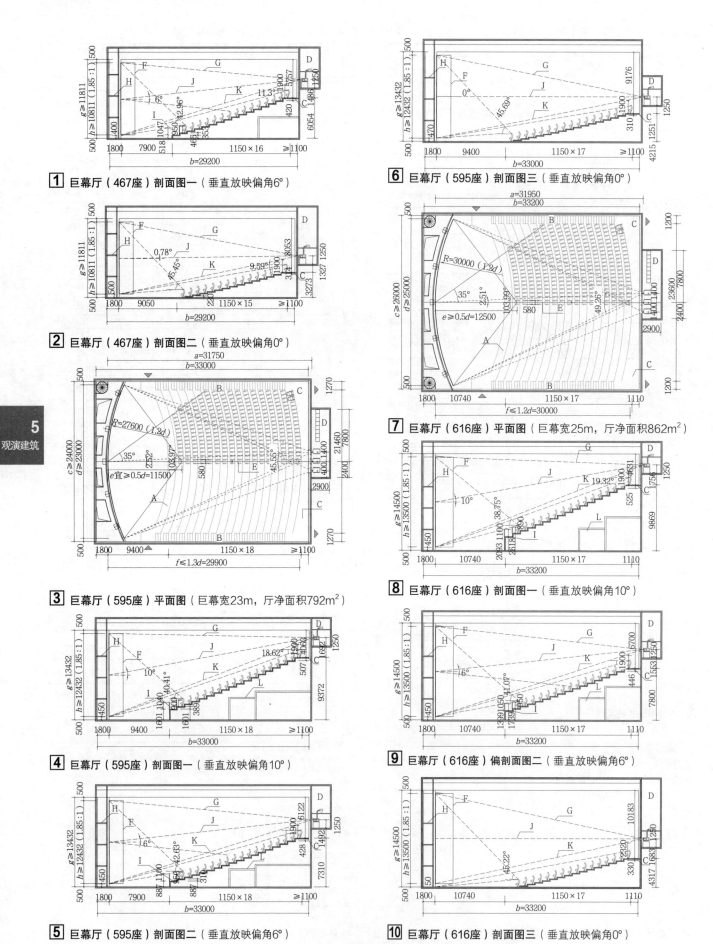

1 巨幕厅（467座）剖面图一（垂直放映偏角6°）
2 巨幕厅（467座）剖面图二（垂直放映偏角0°）
3 巨幕厅（595座）平面图（巨幕宽23m，厅净面积792m²）
4 巨幕厅（595座）剖面图一（垂直放映偏角10°）
5 巨幕厅（595座）剖面图二（垂直放映偏角6°）
6 巨幕厅（595座）剖面图三（垂直放映偏角0°）
7 巨幕厅（616座）平面图（巨幕宽25m，厅净面积862m²）
8 巨幕厅（616座）剖面图一（垂直放映偏角10°）
9 巨幕厅（616座）偏剖面图二（垂直放映偏角6°）
10 巨幕厅（616座）剖面图三（垂直放映偏角0°）

实例 [22] 电影院

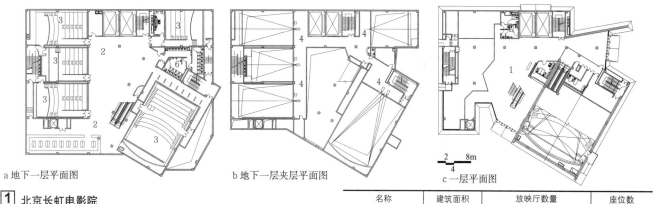

a 地下一层平面图　　b 地下一层夹层平面图　　c 一层平面图

1 北京长虹电影院

名称	建筑面积	放映厅数量	座位数
北京长虹电影院	7000m²	6个厅，含VIP厅	600余席

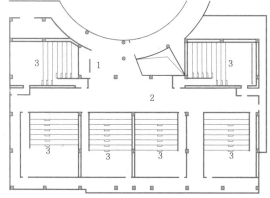

a 一层平面图

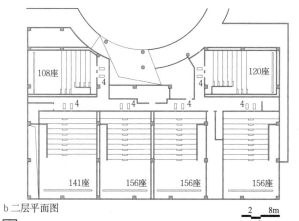

b 二层平面图

2 昆明百老汇电影院

名称	建筑面积	放映厅数量	座位数
昆明百老汇电影院	3135 m²	7个厅，6个普通影厅和1个IMAX影厅	1143 席

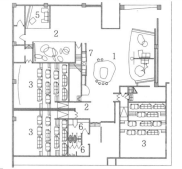

1 门厅
2 入场通道
3 观众厅
4 放映室
5 贵宾等候区
6 卫生间
7 售票、小卖部

3 某高端私人会所式影院平面图

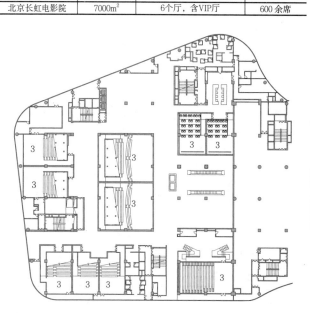

a 七层平面图

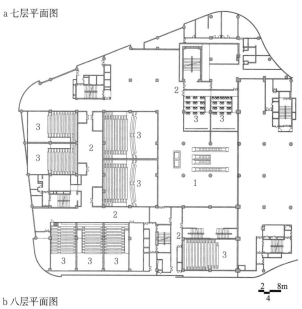

b 八层平面图

4 武汉像素盒电影院

名称	建筑面积	设计单位
武汉像素盒电影院	8800m²	One Plus Partnership Limited

电影院 [23] 实例

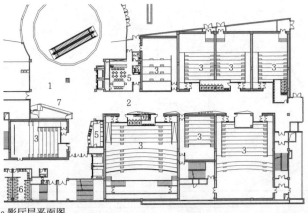

a 影厅层平面图

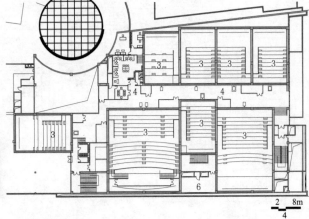

b 放映层平面图

1 杭州中影国际影城

名称	放映厅数量
杭州中影国际影城	8个豪华放映厅，其中1个中国巨幕影厅，1个VIP厅

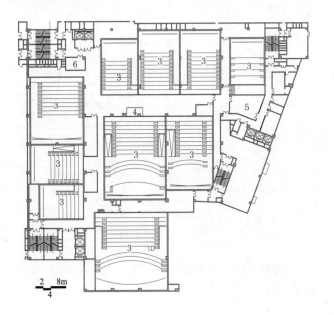

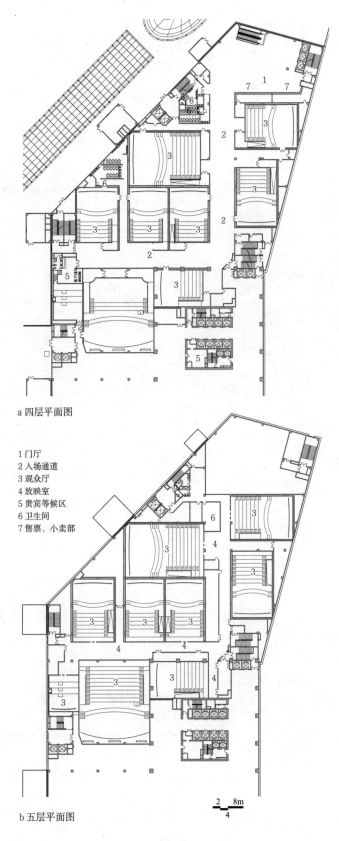

a 四层平面图

1 门厅
2 入场通道
3 观众厅
4 放映室
5 贵宾等候区
6 卫生间
7 售票、小卖部

b 五层平面图

2 宁德万达广场

名称	建筑面积	放映厅数量	座位数
宁德万达广场	约5200m²	7个国际化标准影厅	1600席

3 合肥影城

名称	建筑面积	放映厅数量	座位数
合肥影城	5767m²	9个厅，其中1个IMAX影厅，1个VIP厅	1600席

实例 [24] 电影院

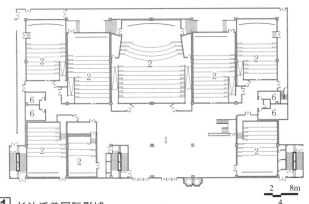

1 长沙沃美国际影城

名称	建筑面积	放映厅数量	座位数
长沙泛美国际影城	约4000m²	8个厅，6个普通放映厅、1个VIP放映厅、1个双机3D金属幕放映厅	1300余席

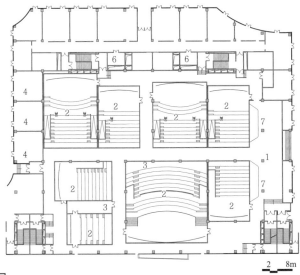

2 泉州沃美国际影城

名称	建筑面积	放映厅数量	座位数
泉州泛美国际影城	约5000m²	8个厅，其中1个VIP厅，1个巨幕厅	1400余席

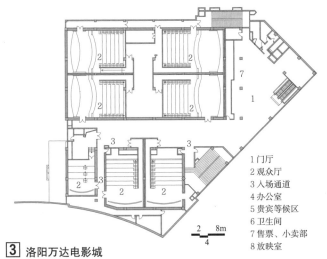

1 门厅
2 观众厅
3 入场通道
4 办公室
5 贵宾等候区
6 卫生间
7 售票、小卖部
8 放映室

3 洛阳万达电影城

名称	建筑面积	放映厅数量	座位数
洛阳万达电影城	4000m²	8个厅，其中6个普通厅，1个IMAX厅，1个VIP厅	900余席

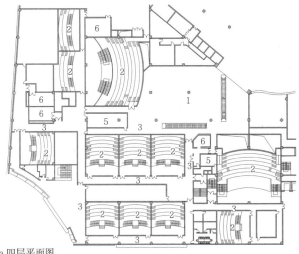

a 四层平面图

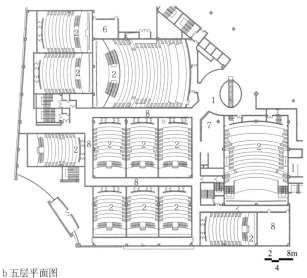

b 五层平面图

4 杭州百老汇

名称	建筑面积	放映厅数量	座位数
杭州百老汇	8000m²	12个厅，含1个IMAX厅	2000余席

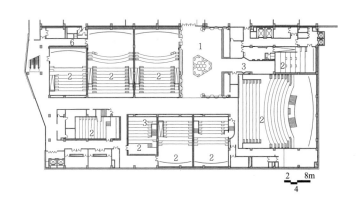

5 华融天津远洋国际影城

名称	建筑面积	放映厅数量	座位数
华融天津远洋国际影城	7140m²	9个厅，其中1个VIP厅，1个巨幕厅	1690席

5 观演建筑

电影院 [25] 实例

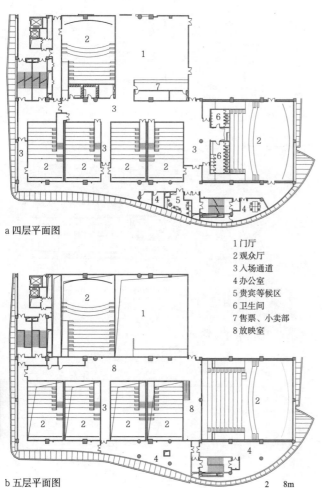

a 四层平面图

1 门厅
2 观众厅
3 入场通道
4 办公室
5 贵宾等候区
6 卫生间
7 售票、小卖部
8 放映室

b 五层平面图

1 佛山万科电影城

名称	建筑面积	放映厅数量	座位数
佛山万科电影城	3500m²	6个厅,其中5个3D影厅,1个中国巨幕影厅	1000余席

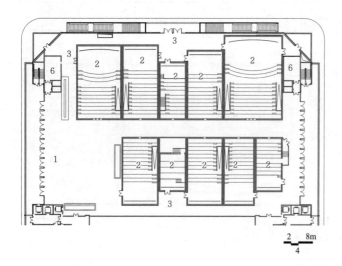

2 上海UME国际影城宝山店

名称	建筑面积	放映厅数量	座位数
上海UME国际影城宝山店	近5000m²	10个厅,其中1个中国巨幕影厅	1300席

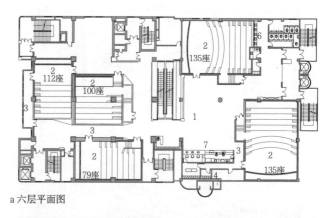

a 六层平面图

b 七层平面图

3 中影国际影城泰州姜堰凤凰文化广场店

名称	建筑面积	放映厅数量	座位数
中影国际影城泰州姜堰凤凰文化广场店	2200m²	5个厅	560余席

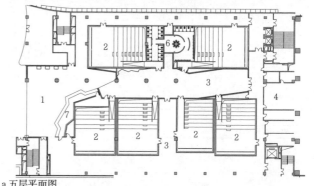

a 五层平面图

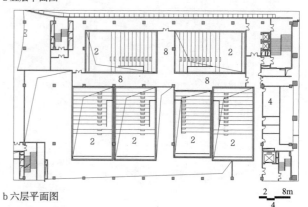

b 六层平面图

4 中影国际影城广东普宁店

名称	建筑面积	放映厅数量	座位数
中影国际影城广东普宁店	5800m²	6个厅	1035席

实例 [26] 电影院

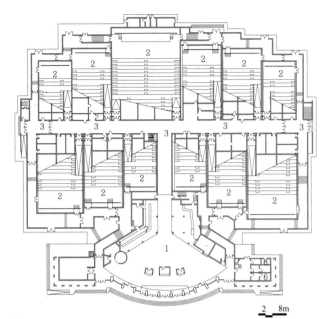

1 意大利乌迪内斯Cinecity电影城

名称	建筑面积	放映厅数量	座位数	设计师
意大利乌迪内斯Cinecity电影城	9200m²	12个厅	2500席	Andrea Viviani

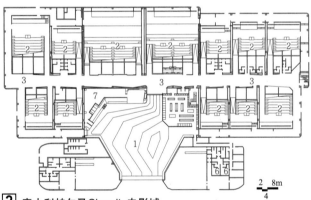

2 意大利帕尔马Cinecity电影城

名称	建筑面积	放映厅数量	座位数	设计师
意大利帕尔马Cinecity电影城	9200m²	12个厅	2516席	ElenaComai、SimoneBrombin、MarcoRuffato

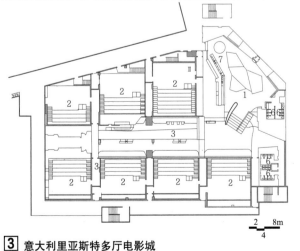

3 意大利里亚斯特多厅电影城

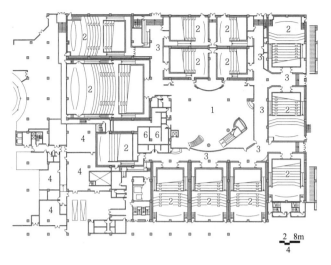

a 一层平面图

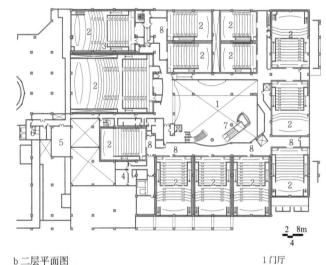

b 二层平面图

4 日本东京美荻雅影剧院

地点	建筑面积	放映厅数量	座位数
日本东京美荻雅影剧院	8359m²	13个厅	3034席

1 门厅
2 观众厅
3 入场通道
4 办公室
5 贵宾等候区
6 卫生间
7 售票、小卖部
8 放映室

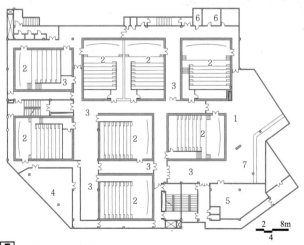

5 韩国CGV电影院

电影院 [27] 实例

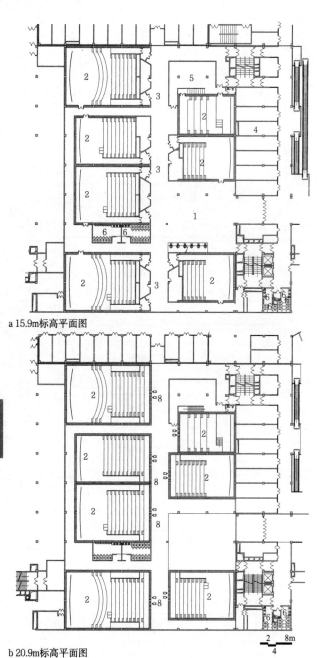

a 15.9m标高平面图

b 20.9m标高平面图

1 即墨宝龙星美国际影城

名称	建筑面积	放映厅数量	座位数
即墨宝龙星美国际影城	约5000m²	7个国际化标准影厅	1198席

1 门厅
2 观众厅
3 入场通道
4 办公室
5 贵宾等候区
6 卫生间
7 售票、小卖部
8 放映室

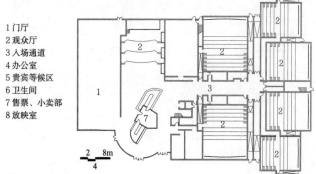

2 内布拉斯娱乐中心

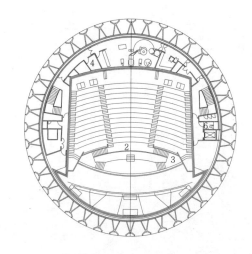

a 平面图

b 剖面图

3 伦敦BFI IMAX电影院

名称	放映厅数量	座位数
伦敦BFI IMAX电影院	1个厅	477席

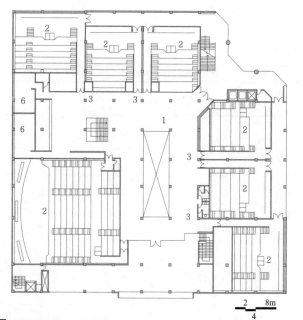

4 圣何塞多功能电影院IMAX

地点	放映厅数量	座位数
圣何塞多功能电影院IMAX	7个，其中1个巨幕厅	1331席

附录一 第4分册编写分工

编委会主任：何镜堂、崔愷
　　副主任：顾均、张祺、汪恒、倪阳、郭卫宏、陶郅

编委会办公室：汤小溪、迟鸣、杨晓琳、刘骁

项目	编写单位		编写人员
1 教科建筑	主编单位	华南理工大学建筑设计研究院	主编：郭卫宏 副主编：黎志涛、黄汇、丘建发、梁海岫、汤朝晖、崔彤
	参编单位	OPEN建筑事务所、 天津市建筑设计院、 中国中元国际工程有限公司、 中国建筑设计院有限公司、 中国科学院大学建筑研究与设计中心、 中国航空规划设计研究总院有限公司、 中科院建筑设计研究院有限公司、 中科院基建处、 东南大学建筑设计研究院有限公司、 东南大学建筑学院、 北京市建筑设计研究院有限公司、 北京华清安地建筑设计事务所有限公司、 西安建筑科技大学建筑学院、 同济大学建筑与城市规划学院、 同济大学建筑设计研究院（集团）有限公司、 华东建筑集团股份有限公司、 直向建筑设计事务所、 浙江大学建筑设计研究院有限公司、 清华大学建筑学院、 奥意建筑工程设计有限公司	
幼儿园	主编单位	东南大学建筑学院	主编：黎志涛
基本内容		东南大学建筑学院、 东南大学建筑设计研究院有限公司	黎志涛、马晓东
平面组合			
活动室			
寝室•卫生间			
综合活动室•专用活动室			
厨房•保健室•隔离室•洗衣房			
交通空间			
室外活动场地			
实例			
中小学校	主编单位	北京市建筑设计研究院有限公司	主编：黄汇、聂向东
综述		北京市建筑设计研究院有限公司	黄汇、李玎、霍然
校园		中国建筑设计院有限公司	杨金鹏、杨子孚
体育场地			
供暖通风设施		天津市建筑设计院	杨红
给水排水设施		天津市建筑设计院	白学晖
电气		天津市建筑设计院	温海水、张峰
建筑构成1		中国建筑设计院有限公司	杨金鹏、杨子孚
建筑构成2~3		西安建筑科技大学建筑学院	李曙婷、李志民
墙体和门窗		北京市建筑设计研究院有限公司	邓悦
教室基本设备		北京市建筑设计研究院有限公司	王瑞鹏

项目	编写单位	编写人员
普通教室	西安建筑科技大学建筑学院	李志民、李曙婷
新型普通教室（教学区）		
科学教室	北京市建筑设计研究院有限公司	张昊、姜兰
实验室	北京市建筑设计研究院有限公司	王宁
物理实验室		
化学实验室		
生物实验室		
综合实验室	北京市建筑设计研究院有限公司	霍然、李玎
演示实验室	北京市建筑设计研究院有限公司	任振华
史地教室	北京市建筑设计研究院有限公司	张曾峰
计算机教室	北京市建筑设计研究院有限公司	张文龙
语言教室		
美术教室·书法教室	北京市建筑设计研究院有限公司	张曾峰
音乐教室	北京市建筑设计研究院有限公司	解菲
舞蹈教室		
劳动教室	北京市建筑设计研究院有限公司	张昊、姜兰
技术教室		
合班教室	北京市建筑设计研究院有限公司	任振华
风雨操场	北京市建筑设计研究院有限公司	解菲
风雨操场·游泳池（馆）		
图书室	北京市建筑设计研究院有限公司	宫新
体质测试室·心理辅导室·心理活动室	北京市建筑设计研究院有限公司	唐昱、姜吉佳
广播室·网络控制室·发餐室·饮水处		
卫生室（保健室）		
实例1	清华大学建筑学院、北京华清安地建筑设计事务所有限公司	王丽方、马学聪、童英姿
实例2	中国建筑设计院有限公司	文兵、刘磊
实例3	北京市建筑设计研究院有限公司	王小工、周娅妮、朱佳佳
实例4	华南理工大学建筑设计研究院	何镜堂、郭卫宏、陈文东、王智峰
实例5	北京市建筑设计研究院有限公司	王小工、王铮、李楠
实例6	中国建筑设计院有限公司	崔愷、邓烨
实例7	OPEN建筑事务所	李虎、黄文菁
实例8	北京市建筑设计研究院有限公司	王敬先、崔海东、徐超
高等院校	主编单位 华南理工大学建筑设计研究院	主编：郭卫宏、丘建发
概述	华南理工大学建筑设计研究院	丘建发、刘骁
校园总体规划1	华南理工大学建筑设计研究院	丘建发、刘骁、麦恒
校园总体规划2	华南理工大学建筑设计研究院	丘建发、刘骁
校园总体规划3~4	华南理工大学建筑设计研究院	丘建发、童敬勇、刘骁
校园总体规划5	华南理工大学建筑设计研究院	丘建发、麦恒、刘骁
校园总体规划6~14	华南理工大学建筑设计研究院	丘建发、刘骁、唐雅冰
大学园区规划	东南大学建筑设计研究院有限公司	高崧、姜辉、卢冉冉
校园改扩建	东南大学建筑设计研究院有限公司	高崧、姜辉、蔡佳林

项目	编写单位		编写人员
教学科研区	浙江大学建筑设计研究院有限公司		董丹申、陆激、陈帆
体育运动区			
学生生活区			
公共教学楼	同济大学建筑设计研究院（集团）有限公司		王文胜、王辉
公共实验楼			
院系学院楼	同济大学建筑设计研究院（集团）有限公司		王文胜、周峻
综合型教学建筑	同济大学建筑设计研究院（集团）有限公司		王文胜、史巍
图书馆	东南大学建筑设计研究院有限公司		高崧、孙菲、蔡佳林
活动中心	同济大学建筑设计研究院（集团）有限公司		王文胜、姜都
食堂	东南大学建筑设计研究院有限公司		高崧、孙菲、马骏
职业教育院校	主编单位	华南理工大学建筑设计研究院	主编：梁海岫、褚平、王琰
概述		华南理工大学建筑设计研究院	梁海岫、郭俊亿
实训中心			
实训室		华南理工大学建筑设计研究院	陈勇、王琰
校园总体规划			陈勇、陈伟杰、吴思文
实例			
特殊教育学校	主编单位	华南理工大学建筑设计研究院	主编：汤朝晖
概述		华南理工大学建筑设计研究院	张翼
建筑设计			
普通教室			
专用教室			
公共活动及康复用房			
生活服务用房·资源教室			
技能培训用房			
室外空间·室内环境			
器材与无障碍设计			
实例			
科学实验建筑	主编单位	中科院建筑设计研究院有限公司	主编：崔彤
总论		中科院建筑设计研究院有限公司、中科院基建处	崔彤、赵正雄、张京 邹凡
规划与布局		中科院建筑设计研究院有限公司	崔彤、赵正雄、陈希
建筑平面与布局		中科院建筑设计研究院有限公司	崔彤、何川、陈希
平面交通系统			
实验与研究室		中科院建筑设计研究院有限公司	崔彤、何川、司亚琨
单元模块		中科院建筑设计研究院有限公司	崔彤、何川、张润欣
空间尺度			
交往空间		中科院建筑设计研究院有限公司	崔彤、何川、司亚琨
空气环境设计		中科院建筑设计研究院有限公司	孟庆宇
配套管线工程		中科院建筑设计研究院有限公司	王建华
化学实验室		中科院建筑设计研究院有限公司	崔彤、张润欣
生物安全实验室		中国中元国际工程有限公司	陈自明、严向炜
实验动物设施		华东建筑集团股份有限公司华东建筑设计研究总院	陈红
地学实验室		中科院建筑设计研究院有限公司	崔彤、何川、司亚琨

项目		编写单位	编写人员
天文观测建筑		中科院建筑设计研究院有限公司	赵正雄、张京、郏冬阳
电子实验室		奥意建筑工程设计有限公司	赵嗣明
工业测试实验室		中国航空规划设计研究总院有限公司	陈海风
声学实验室		清华大学建筑学院、 中国科学院大学建筑研究与设计中心	朱相栋、彭相国
光学实验室		同济大学建筑与城市规划学院、 中科院建筑设计研究院有限公司	陆珍、毛乾楣、周伟民、顾国瑞、 曹一民、杨正光、林漳生、刘家驹
2 文化建筑	主编单位	中国建筑设计院有限公司	主编：张祺
	参编单位	广州市城市规划勘测设计研究院、 中国建筑西北设计研究院有限公司、 中国建筑科学研究院、 华东建筑集团股份有限公司、 国家档案局科研所、 清华大学建筑学院、	
文化馆	主编单位	中国建筑设计院有限公司、 深圳市建筑设计研究总院有限公司	主编：崔海东、唐大为
定义•规模•选址•总平面		中国建筑设计院有限公司	张婷婷、刘新刚、高楠翔
房间组成			
平面设计			
空间形式与组合			
观演用房•游艺用房		深圳市建筑设计研究总院有限公司	何锐、张长静、刘芳
展览用房•交谊用房			
阅览用房•培训用房			
实例		中国建筑设计院有限公司、 深圳市建筑设计研究总院有限公司	张婷婷、高楠翔、李练英
档案馆	主编单位	广州市城市规划勘测设计研究院	主编：潘忠诚
概述		广州市城市规划勘测设计研究院	潘忠诚、张庆宁
选址总平面•空间组合•库厅扩建		广州市城市规划勘测设计研究院	潘忠诚、张庆宁、胡展鸿
库房1		广州市城市规划勘测设计研究院	潘忠诚、胡展鸿、朱颖
库房2		广州市城市规划勘测设计研究院	潘忠诚、张庆宁、朱颖
对外服务用房1		广州市城市规划勘测设计研究院、 国家档案局科研所	张庆宁、潘忠诚、杨战捷
对外服务用房2		国家档案局科研所、 广州市城市规划勘测设计研究院	杨战捷、张庆宁、刘莹
对外服务用房3		国家档案局科研所、 广州市城市规划勘测设计研究院	杨战捷、张庆宁、李志
业务及技术用房1		广州市城市规划勘测设计研究院、 中国建筑科学研究院	张庆宁、潘忠诚、常钟隽
业务及技术用房2		中国建筑科学研究院、 广州市城市规划勘测设计研究院	常钟隽、刘莹、刘勇
特殊的构造方法		广州市城市规划勘测设计研究院	潘忠诚、刘勇、李志、刘莹
设备的特殊要求		广州市城市规划勘测设计研究院	潘忠诚、刘汉华、蔡昌明、刘杰峰
图书馆	主编单位	中国建筑设计院有限公司	主编：张祺、李建广、许懋彦、 姜世峰、张晔
概述		中国建筑西北设计研究院有限公司、 清华大学建筑学院	李建广、马晓东、李苏平、高雁、 许懋彦、薛芃
选址与总平面		中国建筑设计院有限公司	张祺、孙宇、吴一凡、张一闳
总体空间布局		清华大学建筑学院	许懋彦、薛芃、董笑笑
阅览室		华东建筑集团股份有限公司上海建筑设计 研究院有限公司	姜世峰、刘莹
阅览室设计技术参数			
阅览室家具常用设计参数			
书库		中国建筑设计院有限公司	张祺、张一闳、吴一凡、孙宇

项目	编写单位		编写人员
公共服务区		华东建筑集团股份有限公司上海建筑设计研究院有限公司	姜世峰、刘莹
信息查询空间			
借阅处			
业务用房		中国建筑西北设计研究院有限公司	李建广、马晓东、李苏平、高雁
室内环境		中国建筑设计院有限公司	张晔、郭林
相关技术设计		中国建筑西北设计研究院有限公司	李建广、马晓东、李苏平、高雁
实例1		华东建筑集团股份有限公司上海建筑设计研究院有限公司	姜世峰、刘莹
实例2		中国建筑设计院有限公司	张祺、张一弛、王媛、张蓁
实例3		华东建筑集团股份有限公司上海建筑设计研究院有限公司	姜世峰、刘莹
实例4		中国建筑设计院有限公司	张祺、张一弛、王媛、张蓁
实例5~6		清华大学建筑学院	许懋彦、杜嘉希、尤晓慧
实例7		中国建筑设计院有限公司	张祺、张一弛、王媛、张蓁
实例8		清华大学建筑学院	许懋彦、杜嘉希、尤晓慧
实例9~11		中国建筑设计院有限公司	张祺、张一弛、王媛、张蓁
实例12		华东建筑集团股份有限公司上海建筑设计研究院有限公司	姜世峰、刘莹
青少年活动中心	主编单位	中国建筑设计院有限公司	主编：曹晓昕
概述		中国建筑设计院有限公司	曹晓昕、周萱
功能分析与流线		中国建筑设计院有限公司	曹晓昕、周萱、尚蓉
展览展示•观演区域•普通教室		中国建筑设计院有限公司	曹晓昕、耿佳元、孙海霆
美术教室•舞蹈教室		中国建筑设计院有限公司	曹晓昕、孙海霆
音乐教室			
辅助空间及用房•安全防护•无障碍设计•室内家具设计		中国建筑设计院有限公司	曹晓昕、耿佳元
实例1		中国建筑设计院有限公司	曹晓昕、周萱
实例2~3		中国建筑设计院有限公司	周萱、尚蓉
实例4		中国建筑设计院有限公司	周萱、耿佳元
实例5~7		中国建筑设计院有限公司	周萱
3 宗教建筑	主编单位	清华大学建筑学院	主编：王贵祥
	参编单位	上海复旦规划建筑设计研究院有限公司、天津大学建筑学院、中国建筑西北设计研究院有限公司、西安建筑科技大学建筑学院、华东建筑集团股份有限公司	
宗教建筑总论	主编单位	清华大学建筑学院	主编：王贵祥
定义•分类•功能构成•建设场地		清华大学建筑学院	王贵祥
佛教建筑	主编单位	清华大学建筑学院	主编：王贵祥
基本内容		清华大学建筑学院	王贵祥、胡南斯、张亦弛
历代寺院布局		清华大学建筑学院	贺从容、胡南斯、张亦弛
礼佛区建筑•山门		清华大学建筑学院	王贵祥、胡南斯、张亦弛
天王殿•钟鼓楼			
大雄宝殿			
大雄宝殿•藏经阁			
配殿•罗汉堂•楼阁			
其他配殿			
佛塔•经幢			
佛学院		上海复旦规划建筑设计研究院有限公司	罗继润、路坦

项目		编写单位	编写人员
实例		清华大学建筑学院	王贵祥、胡南斯、张亦弛
道教建筑	主编单位	华东建筑集团股份有限公司华东都市建筑设计研究总院	主编：武申申
概述		华东建筑集团股份有限公司华东都市建筑设计研究总院	武申申、陶金、曹梦思
规划布局			
平面组合			
空间组合		华东建筑集团股份有限公司华东都市建筑设计研究总院	武申申、陶金、曹梦思、佘佳铮
各功能区设计			
实例1			
实例2		华东建筑集团股份有限公司华东都市建筑设计研究总院	武申申、陶金、曹梦思
基督教建筑	主编单位	天津大学建筑学院	主编：陈春红
概述·分类		天津大学建筑学院	陈春红
方位·规模·功能布局			
功能分区·建筑风格			
平面布局			
空间特征·光线特征		天津大学建筑学院	陈春红
洗礼池·圣坛·歌坛			
修道院			
实例			
伊斯兰教建筑	主编单位	西安建筑科技大学建筑学院	主编：宋辉
概述		西安建筑科技大学建筑学院	宋辉
清真寺			
陵墓			
教经堂			
建筑装饰			
实例		中国建筑西北设计研究院有限公司	王波峰
4 博览建筑	主编单位	华南理工大学建筑学院	主编：倪阳 副主编：陶郅
	参编单位	北京市建筑设计研究院有限公司、 大连市建筑设计研究院有限公司、 广州中信恒德设计院有限公司、 中广电广播电影电视设计研究院、 中国妇女儿童博物馆、 中国建筑西南设计研究院有限公司、 中国建筑设计院有限公司、 中国航空规划设计研究总院有限公司、 西安建筑科技大学建筑学院、 同济大学建筑设计研究院(集团)有限公司、 华东建筑集团股份有限公司、 华南理工大学建筑设计研究院、 重庆大学规划研究院有限公司、 重庆大学建筑城规学院、 清华大学建筑设计研究院有限公司、 赛恩照明	
会议建筑	主编单位	北京市建筑设计研究院有限公司	主编：潘子凌、谢欣
概述		北京市建筑设计研究院有限公司	潘子凌
场地设计		北京市建筑设计研究院有限公司	潘子凌、谢欣
功能组成·布局原则		北京市建筑设计研究院有限公司	潘子凌、彭岳
平、剖面设计要点		北京市建筑设计研究院有限公司	潘子凌、谢欣

项目	编写单位	编写人员
入口大厅·公共大厅·会议厅前厅·卫生间	北京市建筑设计研究院有限公司	谢欣、布超
剧场式会议厅		
剧场式会议厅·大型多功能厅		
特殊功能会议厅及其他功能空间		
会议室		
会议设施		
会议设施·顶棚系统·视线设计		
声学设计	中广电广播电影电视设计研究院	谢拯民
主要技术用房	北京市建筑设计研究院有限公司、中广电广播电影电视设计研究院	陈建华、谢欣
音视频系统	中广电广播电影电视设计研究院	陈建华、莫皎平
灯光系统	中广电广播电影电视设计研究院	边清勇
空调设备系统	北京市建筑设计研究院有限公司	杨帆
实例	北京市建筑设计研究院有限公司、广州中信恒德设计院有限公司、大连市建筑设计研究院有限公司	谢欣、布超、陈海津、崔岩、单颖
展览建筑	主编单位 华南理工大学建筑设计研究院	主编：倪阳
概述	同济大学建筑设计研究院（集团）有限公司	任力之、汪启颖
场地设计·建筑组合类型	北京市建筑设计研究院有限公司	刘明骏
外部交通流线		
功能分区与流线	华南理工大学建筑设计研究院	倪阳、黎少华
标准展厅	华南理工大学建筑设计研究院	倪阳、林琳、杨晓琳
模块式设计及展厅配套		
展位布置与展厅连接		
室外展场·登录厅		
公共交通廊、休息区及其他		
餐饮中心·贵宾接待·商业设施·卫生设施		
消防设计		
仓储区及辅助设施	中国建筑设计院有限公司	徐磊、李磊
技术、结构及给水排水	中国建筑西南设计研究院有限公司	钱方
强电、暖通、建筑节能	中国建筑西南设计研究院有限公司	袁野、宋卓尔
实例	华南理工大学建筑设计研究院	倪阳、黎少华
博物馆	主编单位 华南理工大学建筑设计研究院	主编：陶郅
基本概念	西安建筑科技大学建筑学院	刘克成、车通
布局与要求		
基本构成	中国建筑西南设计研究院有限公司	钱方、宋卓尔
陈列展览区	华南理工大学建筑设计研究院	陶郅、吴中平、陈向荣、涂悦
公共服务区		
藏品库区	中国建筑设计院有限公司	张男、马欣
技术用房·业务科研用房·办公用房	华东建筑集团股份有限公司华东都市建筑设计研究总院	金鹏
常规展示	清华大学建筑设计研究院有限公司	庄惟敏、苗志坚
其他展示		
光环境	赛恩照明	王东宁

项目		编写单位	编写人员
藏品保护		中国妇女儿童博物馆	王瑞
节能设计·声学设计·智能化系统		华东建筑集团股份有限公司华东都市建筑设计研究总院	金鹏
实例		华南理工大学建筑设计研究院、 清华大学建筑设计研究院有限公司、 华东建筑集团股份有限公司华东都市建筑设计研究总院、 西安建筑科技大学建筑学院 中国建筑设计院有限公司	陶郅、陈向荣、涂悦 庄惟敏、苗志坚 金鹏 刘克成、车通 张男
自然博物馆	主编单位	重庆大学建筑城规学院	主编：胡纹
基本概念与选址布局		重庆大学建筑城规学院、 重庆大学规划研究院有限公司	胡纹、李志立
功能构成·流线分析·展示方式·科研办公			
展示陈列区			
收藏修复区·科普教育区			
主题园			
实例			
科学技术馆	主编单位	中国航空规划设计研究总院有限公司	主编：熊涛
基本内容		中国航空规划设计研究总院有限公司	熊涛、董岳华、蔡明成
功能构成·特效电影院设计			
展览内容			
实例			
纪念馆	主编单位	华南理工大学建筑学院	主编：刘宇波
概述		华南理工大学建筑学院	刘宇波
外部空间			
内部空间			
实例			
城市规划展示馆	主编单位	华东建筑集团股份有限公司华东都市建筑设计研究总院	主编：金鹏
基本内容		华东建筑集团股份有限公司华东都市建筑设计研究总院	金鹏、刘智伟、钱胜辉
总体设计			
展示区			
互动区、服务区及办公后勤区			
实例			
5 观演建筑	主编单位	中国建筑设计院有限公司	主编：周庆琳 副主编：孙宗列
	联合主编单位	中国中元国际工程有限公司	
	参编单位	中广电广播电影电视设计研究院、 中国电影科学技术研究所、 北京市建筑设计研究院有限公司、 华东建筑集团股份有限公司、 杭州子午舞台设计有限公司、 国家消防工程技术研究中心、 总装备部工程设计研究总院、 清华大学建筑学院	
演艺建筑	主编单位	中国建筑设计院有限公司	主编：周庆琳
概述		华东建筑集团股份有限公司华东建筑设计研究总院	崔中芳、汪涛、程翌

项目		编写单位	编写人员
设计要点		华东建筑集团股份有限公司华东建筑设计研究总院	崔中芳、汪涛、陈跃东
基地总平面			
休息厅		华东建筑集团股份有限公司华东建筑设计研究总院	崔中芳、汪涛、陈跃东
观众厅		北京市建筑设计研究院有限公司	张秀国、陈威、王东亮
后台	概述·化妆室	中国建筑设计院有限公司	赵丽虹、任毅伟
	化妆室与辅助用房		
	辅助用房		
	装卸平台·布景存放		
	排练厅	中国建筑设计院有限公司	赵丽虹、朱蕾
	琴房·绘景间·布景、道具制作间		
舞台		中国建筑设计院有限公司	景泉、徐元卿、吴锡嘉
舞台机械	设计要点·分类	总装备部工程设计研究总院	陈威、徐原平、王迎东、温庆林
	设备分布	总装备部工程设计研究总院	陈威、刘建斌、龚奎成、王彦芳
	升降台1	总装备部工程设计研究总院	陈威、韩凌
	升降台2	总装备部工程设计研究总院	陈威、杨元永
	车台	总装备部工程设计研究总院	陈威、郑志荣
	旋转台	总装备部工程设计研究总院	陈威、王超
	吊杆	总装备部工程设计研究总院	陈威、郑辉
	幕布吊机	总装备部工程设计研究总院	陈威、鲍加铭
	单点吊机·防火幕	总装备部工程设计研究总院	陈威、常嵩
	飞行机构·运景吊机·拼装舞台·灯光吊笼		
	活动反声罩·升降栏杆	总装备部工程设计研究总院	陈威、陈博
	舞台木地板	总装备部工程设计研究总院	陈威、李同进
	幕布·控制机房	总装备部工程设计研究总院	陈威、张丽萍
舞台灯光		杭州子午舞台设计有限公司	鲁星、邱金华
音频、视频		中广电广播电影电视设计研究院	陈怀民、莫皎平
建筑声学		清华大学建筑学院	燕翔、朱相栋
消防设计		国家消防工程技术研究中心	倪照鹏、王宗存
歌剧院		华东建筑集团股份有限公司华东建筑设计研究总院	崔中芳、汪涛、郭航、何志鹏
戏剧院			
音乐厅		清华大学建筑学院	卢向东、任广璨、张玉龙、罗敏杰、王敬舒、王丽莉、郭璁、孙中轩
实验剧场		华东建筑集团股份有限公司华东建筑设计研究总院	崔中芳、汪涛、郭航、何志鹏
主题剧场		总装备部工程设计研究总院	徐原平、程治国、靳紫威
演艺中心		清华大学建筑学院	卢向东、任广璨、张玉龙、罗敏杰、王敬舒、王丽莉、郭璁、孙中轩
露天剧场		清华大学建筑学院	卢向东、任广璨、张玉龙、罗敏杰、王敬舒、王丽莉、郭璁、孙中轩
中国戏台1		清华大学建筑学院	罗德胤、范秉乾
中国戏台2~3		清华大学建筑学院	罗德胤、卢向东、王丽莉、王敬舒
实例		中国中元国际工程有限公司	孙宗列、郭骏、姜涛、王淼、张颖、韩庆、孟冬华、高诚
杂技、马戏剧场	主编单位	北京市建筑设计研究院有限公司	主编：张浩

项目			编写单位	编写人员
概述			北京市建筑设计研究院有限公司	张浩
总平面			北京市建筑设计研究院有限公司	李少琨
前厅			北京市建筑设计研究院有限公司	张浩、赵雯雯
观众厅			北京市建筑设计研究院有限公司	陈文青、赵雯雯
舞台				
后台				
专业设备1			北京市建筑设计研究院有限公司	赵雯雯
专业设备2			北京市建筑设计研究院有限公司	赵雯雯、李少琨
实例1~2			北京市建筑设计研究院有限公司	赵雯雯、张浩
实例3			北京市建筑设计研究院有限公司	赵雯雯、李少琨
实例4~5			北京市建筑设计研究院有限公司	赵雯雯、陈文青
电影院		主编单位	中广电广播电影电视设计研究院	主编：刘世强
概述			中广电广播电影电视设计研究院	刘世强、胡海兴
选址与总平面				
观众厅	单厅		中广电广播电影电视设计研究院	刘世强、胡海兴、张涛
	多厅			
	工艺要求			
	座椅排布			
	视线与疏散			
	实例		中广电广播电影电视设计研究院	刘世强、胡海兴
银幕				
声学设计			中广电广播电影电视设计研究院	刘世强、欧涛
还音系统			中广电广播电影电视设计研究院、中国电影科学技术研究所	刘世强、毛大平、杨洪涛、欧涛
放映系统			中广电广播电影电视设计研究院、中国电影科学技术研究所	刘世强、毛大平、杨洪涛、胡海兴
放映室			中广电广播电影电视设计研究院、中国电影科学技术研究所	刘世强、胡海兴、毛大平、杨洪涛
暖通与电气			中广电广播电影电视设计研究院	刘世强、胡海兴、黄义成、王红旗
公共区域			中广电广播电影电视设计研究院	刘世强、欧涛
巨幕电影			中广电广播电影电视设计研究院	刘世强、胡海兴
实例			中广电广播电影电视设计研究院、中国电影科学技术研究所	刘世强、欧涛、张涛、杨洪涛

附录二　第4分册审稿专家及实例初审专家

审稿专家（以姓氏笔画为序）

教科建筑
大纲审稿专家：沈国尧　沈济黄　黄　汇　黄星元
第一轮审稿专家：刘玉龙　邱小勇　沈国尧　沈济黄　陈自明
　　　　　　　　黄星元　傅绍辉　薛　明
第二轮审稿专家：丘建发　刘玉龙　邱小勇　沈国尧　沈济黄
　　　　　　　　陈自明　黄星元　薛　明

文化建筑
第一轮审稿专家：祁　斌　吴英凡　何玉如　唐玉恩　陶　郅　曹　伟
第二轮审稿专家：祁　斌　吴英凡　何玉如　唐玉恩

宗教建筑
第一轮审稿专家：王小东　路秉杰
第二轮审稿专家：王小东　张玉坤

博览建筑
第一轮审稿专家：时　匡　陈梦驹　孟建民　施建培　柴裴义
第二轮审稿专家：陈梦驹　徐　磊

观演建筑
第一轮审稿专家：甘文峰　吴亭莉　张三明　邱正选　金志舜　胡绍学　郭晋生
第二轮审稿专家：甘文峰　吴亭莉　邱正选　金志舜　胡绍学　郭晋生

实例初审专家（以姓氏笔画为序）

王贵祥　邓孟仁　卢向东　朱文一　刘光亚　刘克成　孙宗列　周庆琳　郝佳俐
郭卫宏　黄　汇　崔　愷　楚锡璘　黎志涛

附录三 《建筑设计资料集》（第三版）实例提供核心单位[1]

（以首字笔画为序）

gad浙江绿城建筑设计有限公司
大连万达集团股份有限公司
大连市建筑设计研究院有限公司
大连理工大学建筑与艺术学院
大舍建筑设计事务所
万科地产
上海市园林设计院有限公司
上海复旦规划建筑设计研究院有限公司
上海联创建筑设计有限公司
山东同圆设计集团有限公司
山东建大建筑规划设计研究院
山东建筑大学建筑城规学院
山东省建筑设计研究院
山西省建筑设计研究院
广东省建筑设计研究院
马建国际建筑设计顾问有限公司
天津大学建筑设计规划研究总院
天津大学建筑学院
天津市天友建筑设计股份有限公司
天津市建筑设计院
天津华汇工程建筑设计有限公司
云南省设计院集团
中国中元国际工程有限公司
中国市政工程西北设计研究院有限公司
中国建筑上海设计研究院有限公司
中国建筑东北设计研究院有限公司
中国建筑西北设计研究院有限公司
中国建筑西南设计研究院有限公司
中国建筑设计院有限公司
中国建筑技术集团有限公司
中国建筑标准设计研究院有限公司
中南建筑设计院股份有限公司
中科院建筑设计研究院有限公司
中联筑境建筑设计有限公司
中衡设计集团股份有限公司
龙湖地产
东南大学建筑设计研究院有限公司
东南大学建筑学院
北京中联环建文建筑设计有限公司
北京世纪安泰建筑工程设计有限公司
北京艾迪尔建筑装饰工程股份有限公司
北京东方华太建筑设计工程有限责任公司
北京市建筑设计研究院有限公司
北京清华同衡规划设计研究院有限公司
北京墨臣建筑设计事务所

四川省建筑设计研究院
吉林建筑大学设计研究院
西安建筑科技大学建筑设计研究院
西安建筑科技大学建筑学院
同济大学建筑与城市规划学院
同济大学建筑设计研究院（集团）有限公司
华中科技大学建筑与城市规划设计研究院
华中科技大学建筑与城市规划学院
华东建筑集团股份有限公司
华东建筑集团股份有限公司上海建筑设计研究院有限公司
华东建筑集团股份有限公司华东建筑设计研究总院
华东建筑集团股份有限公司华东都市建筑设计研究总院
华南理工大学建筑设计研究院
华南理工大学建筑学院
安徽省建筑设计研究院有限责任公司
苏州设计研究院股份有限公司
苏州科大城市规划设计研究院有限公司
苏州科技大学建筑与城市规划学院
建设综合勘察研究设计院有限公司
陕西省建筑设计研究院有限责任公司
南京大学建筑与城市规划学院
南京大学建筑规划设计研究院有限公司
南京长江都市建筑设计股份有限公司
哈尔滨工业大学建筑设计研究院
哈尔滨工业大学建筑学院
香港华艺设计顾问（深圳）有限公司
重庆大学建筑设计研究院有限公司
重庆大学建筑城规学院
重庆市设计院
总装备部工程设计研究总院
铁道第三勘察设计院集团有限公司
浙江大学建筑设计研究院有限公司
浙江中设工程设计有限公司
浙江现代建筑设计研究院有限公司
悉地国际设计顾问有限公司
清华大学建筑设计研究院有限公司
清华大学建筑学院
深圳市欧博工程设计顾问有限公司
深圳市建筑设计研究总院有限公司
深圳市建筑科学研究院股份有限公司
筑博设计（集团）股份有限公司
湖南大学设计研究院有限公司
湖南大学建筑学院
湖南省建筑设计院
福建省建筑设计研究院

---

[1] 名单包括总编委会发函邀请的参加2012年8月24日《建筑设计资料集》（第三版）实例提供核心单位会议并提交资料的单位，以及总编委会定向发函征集实例的单位。

后 记

《建筑设计资料集》是20世纪两代建筑师创造的经典和传奇。第一版第1、2册编写于1960～1964年国民经济调整时期，原建筑工程部北京工业建筑设计院的建筑师们当时设计项目少，像做设计一样潜心于编书，以令人惊叹的手迹，为后世创造了"天书"这一经典品牌。第二版诞生于改革开放之初，在原建设部的领导下，由原建设部设计局和中国建筑工业出版社牵头，组织国内五六十家著名高校、设计院编写而成，为指引我国的设计实践作出了重要贡献。

第二版资料集出版发行一二十年，由于内容缺失、资料陈旧、数据过时，已经无法满足行业发展需要和广大读者的需求，急需重新组织编写。

重编经典，无疑是巨大的挑战。在过去的半个世纪里，"天书"伴随着几代建筑人的工作和成长，成为他们职业生涯记忆的一部分。他们对这部经典著作怀有很深的情感，并寄托了很高的期许。惟有超越经典，才是对经典最好的致敬。

与前两版资料相对匮乏相比，重编第三版正处于信息爆炸的年代。如何在数字化变革、资料越来越广泛的时代背景下，使新版资料集焕发出新的生命力，是第三版编写成败的关键。

为此，新版资料集进行了全新的定位：既是一部建筑行业大型工具书，又是一部"百科全书"；不仅编得全，还要编得好，达到大型工具书"资料全，方便查，查得到"的要求；内容不仅系统权威，还要检索方便，使读者翻开就能找到答案。

第三版编写工作启动于2010年，那时正处于建筑行业快速发展的阶段，各编写单位和编写专家工作任务都很繁忙，无法全身心投入编写工作。在资料集编写任务重、要求高、各单位人手紧的情况下，总编委会和各主编单位进行了最广泛的行业发动，组建了两百余家单位、三千余名专家的编写队伍。人海战术的优点是编写任务容易完成，不至于因个别单位或专家掉队而使编写任务中途夭折。即使个别单位和个人无法胜任，也能很快找到其他单位和专家接手。人海战术的缺点是由于组织能力不足，容易出现进度拖拖拉拉、水平参差不齐的情况，而多位不同单位专家同时从事一个专题的编写，体例和内容也容易出现不一致或衔接不上的情况。

几千人的编写组织工作，难度巨大，工作量也呈几何数增加。总编委会为此专门制定了详细的编写组织方案，明确了编写目标、组织架构和工作计划，并通过"分册主编—专题主编—章节主编"三级责任制度，使编写组织工作落实到每一页、每一个人。

总编委会为统一编写思想、编写体例，几乎用尽了一切办法，先后开发和建立了网络编写服务平台、短信群发平台、电话会议平台、微信交流平台，以解决编写组织工作中的信息和文件发布问题，以及同一章节里不同城市和单位的编写专家之间的交流沟通问题。

2012年8月，总编委会办公室编写了《建筑设计资料集（第三版）编写手册》，在书中详细介绍了新版资料集的编写方针和目标、工具书的特性和写法、大纲编写定位和编写原则、制版和绘图要求、样张实例，以指导广大参编专家编写新版资料集。2016年5月，出版了《建筑设计资料集（第三版）绘图标准及编写名单》，通过平、立、剖等不同图纸的画法和线型线宽等细致规定，以及版面中字体字号、图表关系等要求，统一了全书的绘图和版面标准，彻底解决了如何从前两版的手工制图排版向第三版的计算机制图排版转换，以及如何统一不同编写专家绘图和排版风格的问题。

总编委会还多次组织总编委会、大纲研讨会、催稿会、审稿会和结题会，通过与各主要编写专家面对面的交流，及时解决编写中的困难，督促落实书稿编写进度，统一编写思想和编写要求。

为确保书稿质量、体例形式、绘图版面都达到"天书"的标准，总编委会一方面组织几百名审稿专家对各章节的专业问题进行审查，另一方面由总编委会办公室对各章节编写体例、编写方法、文字表述、版面表达、绘图质量等进行审核，并组织各章节编写专家进行修改完善。

为使新版资料集入选实例具有典型性、广泛性和先进性，总编委会还在行业组织优秀实例征集和初审，确保了资料集入选实例的高质量和高水准。

新版资料集作为重要的行业工具书，在组织过程中得到了全行业的响应，如果没有全行业的共同奋斗，没有全国同行们的支持和奉献，如此浩大的工程根本无法完成，这部巨著也将无法面世。

感谢住房和城乡建设部、国家新闻出版广电总局对新版资料集编写工作的重视和支持。住房和城乡建设部将以新版资料集出版为研究成果的"建筑设计基础研究"列入部科学技术项目计划，国家新闻出版广电总局批准《建筑设计资料集》（第三版）为国家重点图书出版规划项目，增值服务平台"建筑设计资料库"为"新闻出版改革发展项目库"入库项目。

感谢在2010年新版资料集编写组织工作启动时，中国建筑学会时任理事长宋春华先生、秘书长周畅先生的组织发起，感谢中国建筑工业出版社时任社长王珊云先生、总编辑沈元勤先生的倡导动议；感谢中国建筑设计院有限公司等6家国内知名设计单位和清华大学建筑学院等8所知名高校时任的主要领导，投入大量人力、物力和财力，切实承担起各分册主编单位的职责。

感谢所有专题、章节主编和编写专家多年来的艰辛付出和不懈努力，他们对书稿的反复修改和一再打磨，使新版资料集最终成型；感谢所有审稿专家对大纲和内容一丝不苟的审查，他们使新版资料集避免了很多结构性的错漏和原则性的谬误。

感谢所有参编单位和实例提供单位的积极参与和大力支持，以及为新版资料集所作的贡献。

感谢衡阳市人民政府、衡阳市城乡规划局、衡阳市规划设计院为2013年10月底衡阳审稿会议所作的贡献。这次会议是整套书编写过程中非常重要的时间节点，不仅会前全部初稿收齐，而且200多名编写专家和审稿专家进行了两天封闭式审稿，为后续修改完善工作奠定了基础。

感谢北京市建筑设计研究院有限公司副总建筑师刘杰女士承接并组织绘图标准的编制任务，感谢北京市建筑设计研究院有限公司王哲、李树栋、刘晓征、方志萍、杨翊楠、任广璨、黄墨制定总绘图标准，感谢华南理工大学建筑设计研究院丘建发、刘骁制定规划总平面图绘图标准。

感谢中国建筑工业出版社王伯扬、李根华编审出版前对全套图书的最终审核和把关。

在此过程中，需要感谢的人还有很多。他们在联系编写单位、编写专家和审稿专家，或收集实例、修改图纸、制版印刷等方面，都给予了新版资料集极大的支持，在此一并表示感谢。

鉴于内容体系过于庞杂，以及编者的水平、经验有限，新版资料集难免有疏漏和错误之处，敬请读者谅解，并恳请提出宝贵意见，以便今后补充和修订。

《建筑设计资料集》（第三版）总编委会办公室

2017年5月23日